生命科学名著

结构生物学

从原子到生命

（原书第二版）

Textbook of Structural Biology

（Second Edition）

〔瑞典〕

A. 利亚斯（Anders Liljas）
L. 利亚斯（Lars Liljas）
M.-R. 阿什（Miriam-Rose Ash）
G. 林德布卢姆（Göran Lindblom）
P. 尼森（Poul Nissen）
M. 谢尔德高（Morten Kjeldgaard）

编著

苏晓东 等 译

科 学 出 版 社

北 京

图字：01-2018-3200 号

内 容 简 介

本书以生物学功能为主线，以生物大分子及其复合物的三维原子结构为中心，全面深刻地解析了重要生命活动过程的结构基础及由此阐发的分子机理，内容涵盖了从蛋白质、核酸、脂类到生物膜的基本结构信息及知识，以及从遗传信息 DNA 到 RNA 到蛋白质的传递，基因产物蛋白质的合成与降解，从各类生物信号转导、细胞运动、物质输运与相互作用，到免疫系统的结构生物学和病毒结构与功能。本书涉及的知识系统深入，内容丰富翔实，图文并茂，既整合了迄今最新的研究成果和学科知识，又展现了从生物大分子的原子结构到重要生命活动的内在联系和基本原理。

本书适合对结构生物学感兴趣的各学科、各层次的科研工作者参考，特别适合从事结构生物学相关领域研究的高年级本科生和研究生使用。

图书在版编目（CIP）数据

结构生物学：从原子到生命：原书第二版/(瑞典）A. 利亚斯（Anders Liljas）等编著；苏晓东等译. —北京：科学出版社，2023.3
（生命科学名著）
书名原文：Textbook of Structural Biology (Second Edition)
ISBN 978-7-03-073788-5

Ⅰ. ①结…　Ⅱ. ① A…　②苏…　Ⅲ. ①生物结构–分子生物学　Ⅳ. ① Q617

中国版本图书馆 CIP 数据核字（2022）第 221244 号

责任编辑：罗　静　刘　晶/责任校对：郑金红
责任印制：赵　博/封面设计：刘新新

科学出版社出版
北京东黄城根北街 16 号
邮政编码：100717
http://www.sciencep.com

涿州市般润文化传播有限公司印刷
科学出版社发行　各地新华书店经销
*
2023 年 3 月第　一　版　开本：889×1194　1/16
2025 年 1 月第二次印刷　印张：26 1/4
字数：850 000

定价：280.00 元
（如有印装质量问题，我社负责调换）

谨以本书纪念我们的合著者尤雷·皮什库尔（Jure Piskur)

译者简介

苏晓东 教授，博士生导师，国家杰出青年科学基金获得者，长江学者。北京大学生物医学前沿创新中心（BIOPIC）常务副主任，北京大学生命科学学院长江特聘教授。现任亚洲晶体学会（AsCA）主席；历任中国晶体学会（CCrS）理事长、秘书长、大分子专业委员会主任；国际晶体学会（IUCr）大分子专业委员会主席。苏晓东教授1985年本科毕业于北京大学物理系（现物理学院）；1994年于瑞典卡罗林斯卡医学院细胞与分子生物学系获得理学博士学位；1995—1998年在美国加州理工学院（California Institute of Technology）生物学部霍华德·休斯医学研究所（The Howard Hughes Medical Institute，HHMI）做博士后研究，师从免疫结构生物学著名教授帕梅拉·比约克曼（Pamela Bjorkman)；1998—2002年历任瑞典隆德大学（Lund University）化学中心助理教授和副教授；2003年至今被北京大学生命科学学院聘为长江特聘教授，获得2003年度国家杰出青年科学基金。

主要研究领域为结构生物学、生物化学及分子生物学、单分子生物物理、新一代基因组测序技术、基于结构的疫苗及抗体合理化设计等。自1994年获得博士学位以来，已经发表各类学术论文200多篇，撰写译作及著作6部（包括书中章节），特别是两次组织翻译了国际结构生物学畅销书 *Textbook of Structural Biology*（《结构生物学：从原子到生命》）。在国际权威学术期刊如 *Cell*、*Nature*、*Science*、*Nature Cancer*、*Cell Research*、*Immunity*、*Annual Review of Pharmacology and Toxicology*、*Nature Structural & Molecular Biology*、*Genome Research*、*National Science Review*、*Protein and Cell*、*PNAS*、*The EMBO Journal*、*EMBO Reports*、*Cell Reports*、*Nucleic Acid Research*、*Journal of Biological Chemistry*、*Journal of Molecular Biology*、*Journal of Immunology* 等发表论文。承担 *Cell* 等重要国际科学期刊审稿人工作，多次参加国家自然科学基金委各种项目的评审工作。

近二十年来，在北京大学建成高通量、半自动化蛋白质克隆、表达、纯化、结晶以及晶体结构解析技术平台，实现了利用高通量进行结构基因组学（蛋白质晶体学）研究的目标；同时研发具有独立知识产权的以蛋白质晶体学为主要手段的结构生物学自动化系统及相关方法、设备，进一步提高自动化程度，降低成本。发展了基于三维结构的大分子药物（抗体及疫苗等)、小分子药物及大小分子联用药物的设计与研发；利用现代化高通量深度测序技术（NGS）研究肿瘤基因组学，力图发展新的技术方法，发现新的疾病相关基因及基因突变。

作者简介

Anders Liljas 教授是瑞典著名结构生物学家，在瑞典最为古老的两所大学——Uppsala 大学和 Lund 大学读书、教学、科研五十多年，曾是瑞典国家同步辐射装置（MAX-Ⅱ）蛋白质晶体学线站的发起者及负责人。他多年来专注于核糖体蛋白的结构与功能研究，是核糖体结构与功能及蛋白质翻译领域的学术权威之一，主编过多本关于核糖体的专著，发表各类学术论文 100 多篇，在 *Nature*、*Science*、*EMBO J.*、*Structure*、*JMB* 等国际著名科学期刊上发表过多篇重要的蛋白质结构与功能研究文章，特别是与核糖体及体内蛋白质合成相关的文章。2006 年退休后，Anders Liljas 教授致力于著书立说，担任了世界科技出版社的“结构生物学丛书”的主编，参与组织、编辑并亲自撰写了这套丛书中的大部分书籍。由于他的出色工作及学术影响力，Anders Liljas 教授获得过很多荣誉及各类头衔，包括瑞典皇家科学院院士、欧洲分子生物学组织（EMBO）委员，并且担任很多国际学术期刊编委。他担任过的职务中最引人注目的是诺贝尔化学奖评选委员会委员。

第二版中译本序

自 20 世纪中叶以来，结构生物学历经半个多世纪的发展，在揭示核酸及蛋白质越来越复杂的原子结构及其复合物的组装方面做出了巨大贡献。由于越来越多困难结构问题的出现，使得相关仪器、计算机及方法学一直在快速发展演进中。这让我们不禁发问，随着越来越多、越来越大的大分子复合物结构被逐一解析，对于结构生物学的需求会终止吗？或者说会有一本包括所有结构知识的终极（结构生物学）图书在将来出版吗？答案是确定的：不会！

每个活着的机体都是由众多分子及其之间的相互作用组成的复杂宇宙，不仅如此，人们对现存的生物世界及其进化至今的过程和机理的理解越来越深，就会不断产生出需要结构生物学才能够解决的问题。在当前的 21 世纪，许多非常复杂的生物学系统，如核糖体、剪切体及光合作用系统的复合物结构都可以被研究了。同时，幸运的是，各种各样的新仪器及方法，如同步辐射、中子光源及冷冻电镜等都可以作为我们进一步扩展结构知识的工具。很显然，目前的这本书只是努力描述了当前特定阶段的结构生物学的成果，新的书籍还需要由此进一步扩展。总的来说，结构生物学中的一些经典知识已经逐渐积累形成了任何一本结构生物学教科书籍都需要的理论基础。随着结构生物学的不断发展，以前只能梦想的结构研究已经初现端倪，然而这些只能寄希望于未来的教科书等书籍进行记录了。

迄今，蛋白质及核酸研究是结构生物学的主体。当能够得到脂类和膜，特别是多糖类物质的精细结构的方法出现的时候，结构生物学中更新、更重要的章节也将涌现出来。

Anders Liljas

2020 年 5 月 18 日于瑞典

第一版中译本序

古时候，西方国家的通用学术语言是拉丁语，现在主要是英语。长期以来，东亚文明（如中国和日本）的学术界主要使用自己的语言。在当前这个日趋全球化的世界，大家使用一种共同语言进行交流是很有益的，然而，要让全世界的人们使用一种通用语言变为现实还需要长时间地不断努力。因此，我们（《结构生物学》的作者们）非常欣喜地看到这本书籍幸运地被同时翻译为汉语及日语。

结构生物学这门学科致力于研究生命系统中的大分子及其复合物的三维原子结构细节，已经给生物学的每一个被它提供了结构信息的分支带来了巨大革命，给相应的生物学功能提供了原子水平的分子机理和更加深入可靠的认识。这场革命始于 1953 年，DNA 双螺旋原子模型是其标志性结构，其深远影响直到今天仍在继续。纵观结构生物学的发展历程，也是众多科学领域精诚合作的成功典范，物理学、化学、生物学、医学、计算机科学及其他学科的相互交叉渗透与合作成就了今天的结构生物学，使其不仅停留在学术活动层面，而且已经成为药物研究及生物技术领域的重要基础。

中国在结构生物学领域的研究努力可以回溯到 20 世纪 70 年代对胰岛素晶体学研究做出的出色工作。如今，很多具有很强活力的结构生物学中心正在很多大学及研究所中以指数级增长，遍及中华。以中华民族的人口与技能计，我们可以确信地预见中国将很快成为结构生物学领域的领头国家。如果此书能够对此过程尽绵薄之力，我们将不胜荣幸。

Anders Liljas

2012 年 8 月 18 日于瑞典

第二版译者序

这部《结构生物学》自12年前首次出版以来受到国际上的广泛好评，3年前又出版了大幅度修订以后的第二版。本书译成中文时的副标题“从原子到生命”是译者加上的，旨在更加明确地提醒读者“原子”及“分子”这两个人尽皆知的物理化学实体与生命科学特别是“结构生物学”的密切关系。

著名理论物理学家（也是纳米科学的理论预言人）理查德·费曼（Richard Feynman）曾经说过：“关于物质最重要的性质是物质都是由原子组成的（The most important thing about matter is that it is all built of atoms)”。而当代最伟大的生物学家之一悉尼·布伦纳（Sydney Brenner）则说：“我认为关于生命系统最重要的事情是它们都具有基因（I think the most important thing we know about living systems is that they've got genes)”。在科学发展的早期，人们意识中的无机物质界与生命界是泾渭分明，各自遵循其不同的自然规律的。自从20世纪50年代以来，DNA双螺旋结构的发现促使分子生物学的诞生，使得人们渐渐意识到生命科学的规律统一到了生物大分子（蛋白质、核酸、多糖及脂类）及其相互作用上来，利用已有的化学、物理和数学知识，加上强有力的、方兴未艾的、高速发展的计算机模拟及预测，特别是人工智能的广泛应用，应该可以解释及理解生命的现象及其本质。迄今为止也还没有发现分子生物学中存在与已知物理、化学规律完全不相容的现象。而结构生物学则是在“原子分辨率”上展示生物大分子及其复合物的精确三维结构以及结构的变化和生命现象关系的科学分支，这样的大分子三维结构及其动态相互作用是我们理解生命活动规律以及进行深入系统的生物医药研究的“终极”物质结构基础。因此，“从原子到分子再到生命”应该是完整理解分子生物学的“终极”途径和目的。

我们现在知道，经典遗传学可以把“基因”这个概念抽象出来，完全不必关心一个基因的大小及物质组成，利用孟德尔遗传定律及摩尔根后来进一步发展的遗传现象和规律的数学性质进行遗传学操作研究，揭示了丰富的生命现象并且创立了“遗传学”这一生物学的强大分支。后来，随着DNA双螺旋结构的确立，以及生物化学与分子生物学的一系列重大发现，明确了基因实际上也是大分子物质，是由核酸（DNA或者RNA）编码的序列信息，基因及其产物最为重要的性质仍然是它们都是由原子构成的有序三维结构，其功能是由这些在漫长的生命演化过程中逐渐形成及优化（演化）的三维结构执行的，要全面深入地理解生命现象及发展生物医药转化，结构生物学不可或缺。因此，我们再一次翻译这本书，向更广泛的中国生物学读者介绍结构生物学的基本内容，集中讲述目前已知的基因及其产物的三维原子结构，特别是如何利用这些原子结构来深入理解生命过程的机理与功能。

根据目前确切知道的关于生命现象的起源、产生和发展演化的过程，都是在地球表面的常温、常压（包括海底中的略高于地面的高温、高压环境）下，随时间缓慢变化的，无一例外均在有水的环境中进行。在水溶液中进行的化学反应，属于低能量范畴，我们有理由相信原子与电子层面的精细三维结构及其动态特征是我们理解及研究生命过程与机理的“终极”分析极限，对于这个极限层面的深入理解及更加全面的包括随时间变化的动态信息（所谓“四维”结构）将是生物学走向系统合成研究的最根本的物质基础。地球上基因及产物的数量众多、千变万化并且异常复杂，然而它们终究是可数的、有限的，随着当前“后基因组时代”及“后人工智能时代”的到来，生物科学快速地向定量化、自动化、高通量化及高智能化不断发展，我们有充分的理由相信，在不远的未来，结构生物学和结构基因组学能够基本确定地球上绝大部分基因及其产物的三维原子结构，这必将把生物学的研究和应用带向一个更新的时代。

因此，目前的共识是无论生命系统表面看起来如何复杂，其详细机理是能够在原子分辨率结构（包括动态结构）水平得到理解的；生命系统与非生命系统一样，在原子和电子水平上遵从我们已知的物理和化学原理。这种“原子性”与宏观生物学观察到的某些多尺度的生物学现象非常不同，例如，近似的物种，大鼠与小鼠的个体大小差异，犬种类之间非常显著的大小及形态差异。植物中这种现象的存在更为广泛。但是，相近物种间的基因组序列是高度保守的，而这种保守性更多地反映在其基因产物高度一致。这种“原子性”上的一致性把所有生物大分子统一到了一个“绝对的原子”尺度，使得大分子结构与功能的普适性适用于一切生物物种及个体。因此，原子分辨率的结构生物学正在成为理解生物功能现象的“终极”结构基础，这并不是说知道了某个生物系统的所有结构就可以洞穿它的一切奥秘，但不了解生物大分子的原子结构则绝不可能很好理解其功能。

“工欲善其事，必先利其器”，结构生物学是特指生物大分子及其复合物的原子分辨率的三维结构，其技术手段及目标与其他生物结构研究不同，其他更大尺度的生物结构分别属于解剖与组织胚胎学、细胞学与显微形态学等。目前已经有近二十多万个不同大小和复杂程度的蛋白质、核酸及其复合物结构被解析及收录在蛋白质结构数据库（Protein Data Bank，PDB）中，而高于 95% 预测可信度的人工智能方法 AlphaFold2 则原则上可以给出所有已知蛋白的三维结构预测。在八十多年的蛋白质三维结构实验测定发展历程中，X 射线晶体学、计算机科学及相关算法、基因工程及蛋白质制备与纯化技术、磁共振、中子衍射、同步辐射技术，特别是近十年发展出来的“原子分辨率”冷冻电镜技术（Cryo-EM）等很多重大技术的突破性进展和广泛应用，均成为结构生物学原子分辨率结构测定的“利器”，大大推动了结构生物学的发展，使其成为今天生物学中的一门“显学”。关于结构生物学技术发展的综述可见 *Protein Crystallography From the Perspective of Technology Developments*（Xiao-Dong Su, Heng Zhang, Thomas C. Terwilliger, Anders Liljas, Junyu Xiao and Yuhui Dong Crystallogr Rev. 2015. 21(1-2): 122-153），此文从技术发展的角度，比较详尽地介绍了结构生物学（不仅仅是蛋白质晶体学）发展的来龙去脉及未来方向。由于篇幅所限，本书中对于结构生物学的方法学几乎没有涉及，这是一个遗憾，对于大分子及其复合物三维（或者四维）结构的理解及评判，在许多方面是离不开对于其解析方法和分辨率的了解的，希望这方面的内容在以后的版本中可以得到补充。

我们再次通过翻译这本结构生物学专著的第二版向中国更广泛的生物学工作者介绍本书，希望为发展我国的结构生物学研究与教学出力，为生命医药领域令人振奋的快速发展作出应有的贡献。本书的面世是北京大学生命科学学院结构生物学实验室（主要是苏晓东和肖俊宇实验室）的许多老师和同学两年多来，克服新冠疫情所带来的各种困难，共同努力的结果，由于学识及时间所限，不当之处还望读者反馈指正，我们将在以后合适的时机进行修改更正。本书第二版与第一版的主要异同的详细介绍可见 *Textbook of Structural Biology—Second edition*（Xiao-Dong Su. Crystallography Reviews. 2018. 24(3): 209-211）。

本书的主要翻译参与者有：北京大学生命科学学院苏晓东实验室的陈红、陈睿琦、徐永萍博士、帅瑶博士、彭天博、程乃嘉、杜郑威、徐华、张羿、张鑫、王博博士、邓明静博士、郭秋芳博士、于洋、杨敏等；以及北京大学生命科学学院肖俊宇实验室和北京大学未来技术学院陈雷实验室的部分成员。详细工作分工请见每章最后的标注。需要特别致谢的是陈红同学和陈睿琦女士，她们在最后半年的统稿、校对及图表翻译标注等方面做了大量细致烦琐的工作，没有她们耐心细致的辛勤工作及各位同学、老师的鼎力支持，完成本书是不可能的。

苏晓东

2021 年 12 月 28 日于北京大学

第一版译者序

美国著名理论物理学家理查德·费曼（Richard Feynman）曾经说过：“物质最重要的性质是物质都是由原子构成的（The most important thing about matter is that it is all built of atoms）”。而当代伟大的生物学家悉尼·布伦纳（Sydney Brenner）则说：“我认为关于生命系统最重要的事情是它们都具有基因（I think the most important thing we know about living systems is that they've got genes）”。我们现在知道，基因也是物质，基因及其产物的最为重要的性质仍然是它们都是由原子构成的有序三维结构，其功能是由这些在生命演化过程中形成的有序结构执行的。我们翻译的这本书就是集中讲述目前已知的基因及其产物的三维原子结构，以及利用这些原子结构我们可以怎样深入理解生命的机理与功能。

当前已确切知道的关于生命现象的起源、产生和发展过程是在地球的常温常压的环境中进行的，我们因此有理由相信原子与电子层面的精细三维结构及其动态特征是我们理解及研究生命过程与机理的最后分析极限，对于这个极限层面的全面深入理解与知识将是生物学走向系统合成研究的物质基础。地球上基因及其产物的数量众多、千变万化并且异常复杂，然而它们是可数的、有限的，随着“后基因组时代”生物科学向定量化及自动化、高通量、高效率、低成本化的不断发展，我们相信，在不远的未来，结构生物学和结构基因组学能够基本确定绝大部分基因及其产物的三维原子结构，这必将把生物学的研究和应用带向一个更新的层次及时代。我们希望通过翻译介绍这本结构生物学专著到中国，为发展我国的结构生物学研究与教学出力，为生命科学的令人振奋的发展前景做出应有的贡献。

本书的翻译及校对工作是北京大学生命科学学院结构生物学实验室的许多同学和老师两年多来共同努力的结果，由于学识及时间所限，错误与不当之处还希望读者反馈指正，我们将在以后合适的时机进行修改更正。本书的主要翻译人员如下：前言及第一、二章：苏晓东；第三、七章：金坚石；第四章：王开拓博士；第五、十二章：曹騣；第六、十三章：王晓君博士；第八、十五章：邢栋博士；第九、十六章：王子曦博士；第十章：刘翔宇博士；第十一、十四章：范雪新博士。附录A至C由高嵘博士翻译，附录D、E由王晓君博士翻译，附录F由苏晓东译校。校对工作主要由下列人员完成：高嵘、苏晓东、王家槐、金坚石、邢栋、曹騣、范雪新、王子曦、刘翔宇等。

我们还特别要衷心感谢北京大学生命科学学院结构生物学实验室李兰芬老师两年多来对于此书翻译工作的大力支持及组织，衷心感谢中国科学院生物物理研究所王大成院士和许瑞明研究员、中国科学院上海生命科学研究院生物化学与细胞生物学研究所丁建平研究员以及清华大学医学院和生命科学学院施一公教授对于本书的大力支持、鼓励与推荐。

译者

2012年11月2日

前　　言

距我们出版第一版《结构生物学》已经有七年多了，我们的合著者 Jure Piskur 教授由于癌症在 2014 年离世，我们非常怀念他的洞见力及对本书的贡献。

第一版图书出版以来，结构生物学领域有了快速且全面的发展和巨大进步，特别是越来越明显地看到许多分子系统可以相互高度整合，常常形成巨大的集合体。这种复杂性的秘密正逐渐显现，并可应用于结构生物学研究。膜蛋白领域取得了非常显著的进展，在第二版中，我们专门用了一章来更具体地介绍相关内容。另外，我们增加了新的一章来介绍碳水化合物，这是一个与蛋白质和细胞结构、功能高度结合的新兴领域。

鉴于现在已有大量独特的蛋白质结构涌现出来，将它们在任何一本独立的书中全部涵盖显然是不可能的。所以，我们仅专注于不断增长的大分子系统的结构及其相互作用相关的内容。

我们得到了许多将第一版作为教科书的同行们的帮助。此外，在审阅一些特定章节的时候我们也得到了一些专家的帮助，我们要特别感谢 Ulf Lindahl 教授对于碳水化合物章节给予的专业性见解。另外，我们要感谢 Lars Erik Andreas Ehnbom 和 Saraboji Kadhirvel，他们非常专业地制作了部分插图。书中的很多插图使用了 Per Kraulis 的 Molscript 软件制作。

目　录

第1章
导　　论

1.1　生命

我们的周围充满了微生物、植物与动物这些我们一眼就能够识别出的生命体（图 1.1）。但是给生命下一个简明的定义并非易事。就本书的目的来说，或许可以将生命定义为具有化学活性且能进行繁殖和演化的单元。

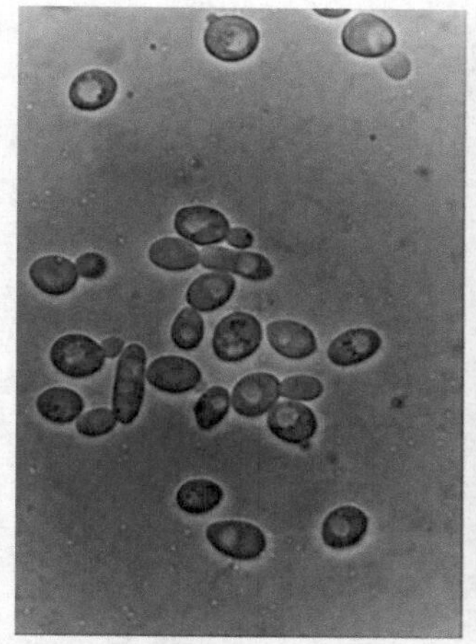

图 1.1　生命体具有很多种不同形式。上左：酿酒酵母（*Saccharomyces cerevisiae*）细胞的显微图片（由 Concetta Compagno 提供）；上右：北极花（*Linnea borealis*）覆盖着拉普兰（Lapland）的广阔区域（由 Bernarda Rotar 提供）；下：麋鹿，斯堪的纳维亚半岛最大的陆地动物（由 Aca.Pixus.dk 提供）。在这些不同外部形式的内部存在着非常类似的分子结构，决定着生命载体的生活方式。

化学活性又称代谢，涉及能量与物质转换。这些活性使生命机体以不同形式获得能量与化学物质。上千种化学活性可以在活着的机体中同时发生，这些反应必须很好地协调以保证生命单元的稳定性。

这些生命单元在繁殖（产生新的单元）过程中同时产生延续性及变异性这两种重要的生命特征。繁殖、信息的水平转移及“出错”复制的组合构成了演化的基础。换句话说，生命单元的组成应该能够随时间变化以更好地适应变化中的环境条件。生命机体看起来有着非常不同的外形和生活方式，然而，生命的基本特征（包括代谢、繁殖和演化）却是由非常相似的亚结构——生物大分子和细胞组成及掌控的。

1.2 生命组织的层次

生命世界由小到大具有几个等级层次。最底层是分子，其次是无机化合物、有机化合物及生物大分子的混合体，然后是亚细胞结构、细胞、组织、器官、机体、种群、群落及生物圈，这些构成了地球上的所有生物群。

大分子是所有生命机体的核心。它们是由重复单元构成的巨大多聚物。这些重复单元可能相同也可能不同，以共价键或者非共价键相连。大分子执行众多功能，是代谢、繁殖和演化的基础，这些功能包括能量或信息的储存、反应的催化、协作与调控、通讯、结构支持、防御、运动与运输。以其化学组成为基础，我们讲述三种类型的大分子：①多肽和蛋白质，是由氨基酸残基组成的多聚体；②核酸，是由核苷酸组成的多聚体；③碳水化合物，由糖组成的多聚体（图 1.2）。这里需要提到的其他与生命活动相关的核心分子是脂类。虽然脂质不是大分子，但是会自己组装成为大分子尺度的聚合体，包括脂质双分子层（细胞膜的重要组成部分）、含有胆汁分子的胶束聚合物，以及在血液中运输胆固醇和脂肪的脂蛋白的聚合物。在接下来的章节，我们将尝试理解生物大分子的结构，并且将它们与功能以及更高层次的生命世界相联系。

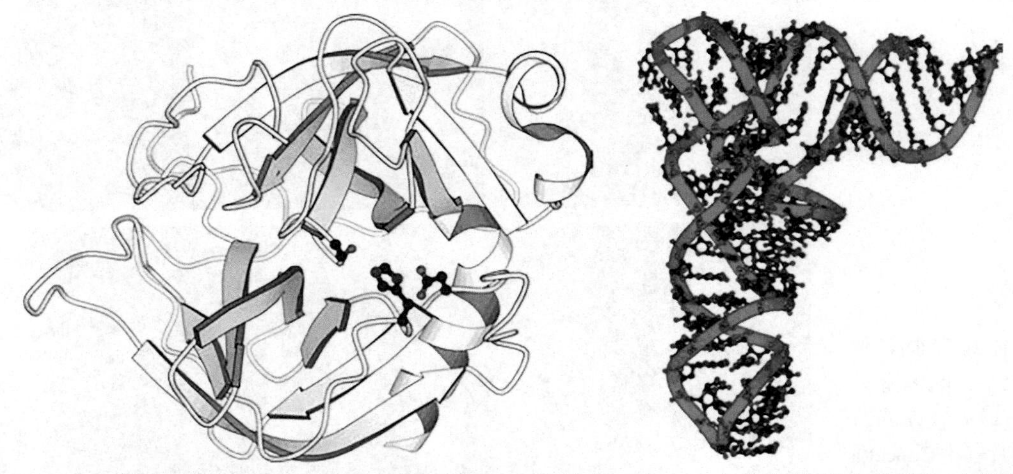

图 1.2 两个生物大分子的简化结构图，这是之后章节关注的重点。左：一个著名的蛋白质结构（糜蛋白酶，PDB：4CHA）；右：一个核酸分子的结构（酵母的 $tRNA^{Phe}$，PDB：1EHZ）。

生命的基本单元是细胞（图 1.3）。细胞被质膜包围，从而与外界环境分离并形成分开的空间以保持可控的内部环境。细胞一般具有两种组织模式：①细菌和古菌的原核生物特征；②真核生物的真核生物特征。原核细胞一般以单细胞形式存在，比真核细胞要小，平均直径为 1μm。原核细胞的基本结构为：细胞膜；包含 DNA 的细胞内类核体及包含剩余胞内物质的胞质，且胞质中含有核糖体、酶和细胞骨架元件等。真核细胞有分离间隔和细胞器的内膜，一般至少比原核细胞大 10 倍，也更加复杂，细胞器包括：①细胞核，储存遗传物质，并且是复制和基因转录系统；②胞质，蛋白质合成和许多重要生化反应的发生地；③线粒体，

“发电厂”和能量储存室；④内质网和高尔基体，蛋白质成熟和进一步分送的场所；⑤溶酶体及液泡，蛋白质等多聚大分子降解成可用的代谢物的场所。

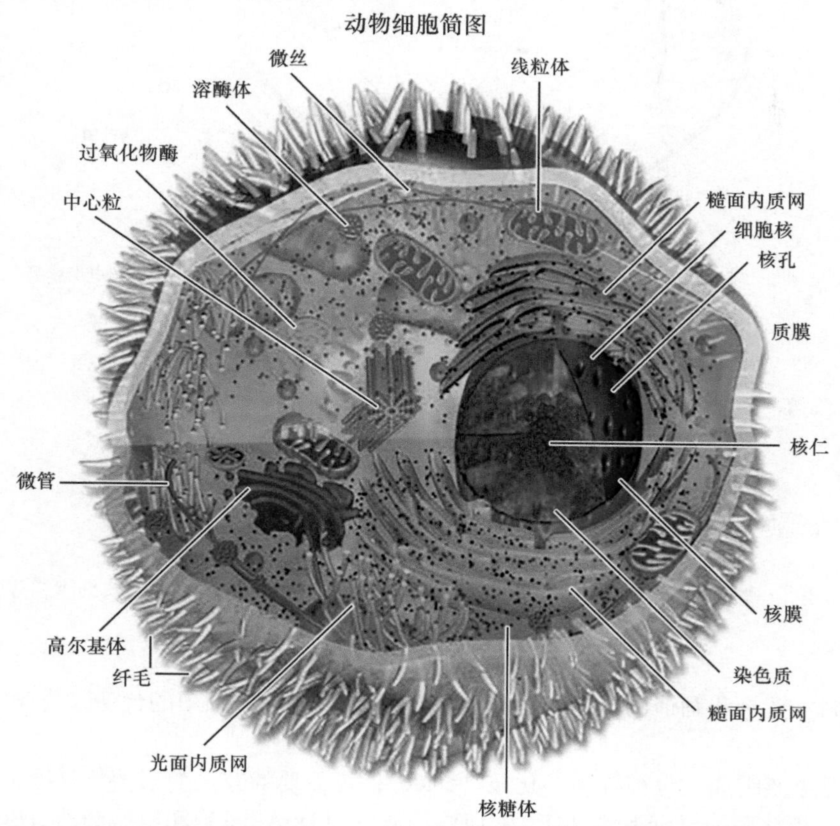

图 1.3 动物细胞简图。展示了细胞核、膜系统（ER）及线粒体等亚细胞结构。（由 Michael W. Davidson, Florida State University 制作）

人们相信地球上所有生物体都起源于一种（原始的）单细胞生物。尽管有许多其他可能性，“所有生物都起源于相同的细胞”这种说法主要是因为所有生物物种都使用相同的核苷酸和氨基酸，同时也拥有相同的遗传密码（由核酸语言翻译为蛋白质语言的“词典”）。此外，像转录和翻译这样的中心分子系统也是紧密相关的。尽管原则上有许多其他可能的选择，但像 ATP 这样的小分子却成了所有生物体中能量的通用货币。

今天，我们发现了几百万种不能相互交配繁殖的生命机体，它们被称为物种（图 1.4）。在某种意义上，它们似乎是完美的，因为它们都成功适应了其所处的不同环境。但是，一种特定的生命形式可能明天就因不再适应环境而灭绝，就像之前广泛分布在地球上而今已经灭绝的物种。由于环境的变化，更加适应环境的物种不断进化出来，这种进化主要通过大分子结构的不断改变而实现。

导致目前生物多样性的一系列事件可以被表述为一棵“演化树”，它展示了一个物种分叉演化成新物种的（时间）顺序。这棵“树”记录了生活在过去不同时间的祖先演化为后代的足迹。换句话说，“演化树”显示了现代及古代物种之间的演化关系。当我们比较不同物种相似生物过程中的大分子结构时，理解这些物种间的演化关系是至关重要的。由于没有足够的化石记录，一些早期的分支是很难重构出来的。然而，基于现存生命机体的分子（序列）证据，我们可以把所有活着的生命分为三个“界”（domain），它们在十多亿年以前就已经各自分离演化出来了：①古细菌；②细菌；③真核生物。尽管表面上看来古细菌和细菌的形态很相似，其实它们在演化历史的很早期就已经分成截然不同的谱系了。

古细菌经常在极端环境中，如酸性温泉、海底、盐井等地方被发现，不过在相对“正常”的环境中也

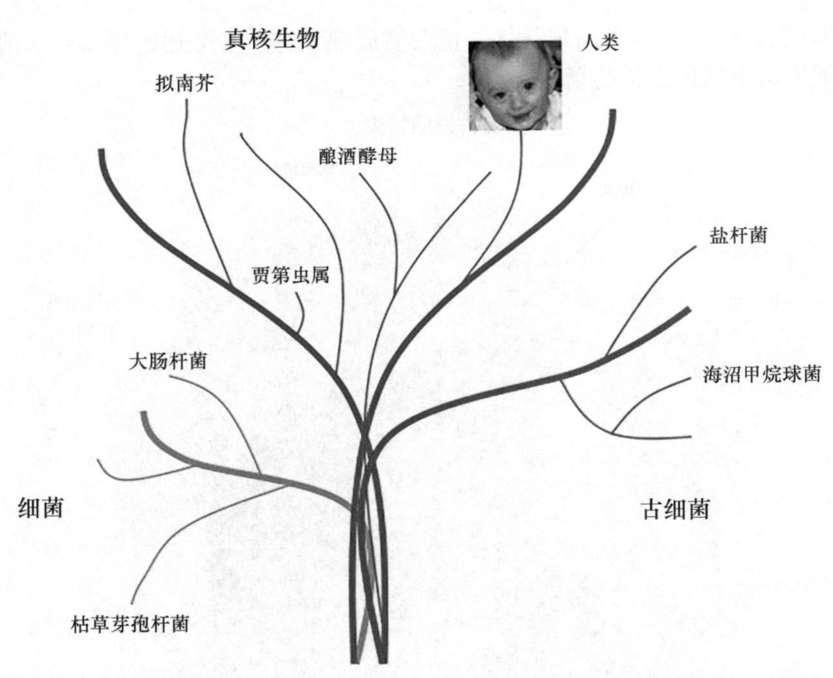

图 1.4 简化的生命树。生命的共同祖先起源于大约 40 亿年以前。介于细菌、古细菌和真核细胞祖先之间的第一个分叉的具体位置仍然不清楚。

会存在。它们的复制、转录和翻译的机器与真核生物的类似，但是古细菌的代谢及能量转换系统与细菌的更为相似。

细菌由十多种亚家族组成，也被称为演化枝（clade），最重要的有：变形菌族（Protobacteria）、蓝细菌族（Cyanobacteria）、螺旋菌族（Spirochete）、衣原体菌族（Chlamydias）和厚壁菌族（Firmicutes）。变形菌族是最大且非常多样化的亚家族，其中包括目前被研究得最为深入的物种——大肠杆菌（*Escherichia coli*）。有些时候，细菌按其细胞壁的组成分为革兰氏阳性菌［如枯草芽孢杆菌（*Bacillus subtilis*）］和革兰氏阴性菌如大肠杆菌。细菌在生化代谢上展现出极大的多样性。

真核生物可以分为四大类：原生生物界、植物界、真菌界及动物界。原生生物界主要包括单细胞生物，且具有多重起源，其中有一些是非常初级的真核生物，如鞭毛虫（*Giardia*）；另一些则与动物类联系密切，如盘基网柄菌属（*Dictyostelium*）；红藻（red algae）等则与植物类联系密切。吞噬（phagotrophy）是一种由质膜形成小袋来包裹“食物”的取食方式，是真核生物的主要特征。

1.3 地球上的生命简史

化学演化理论认为，第一批生物分子出现在约 40 亿年前的原始地球上。奥巴林（Oparin）和霍尔丹（Haldane）在 20 世纪 20 年代各自独立地提出，如果地球最初的大气是还原性的并且有外界能量输入，那么一系列的有机化合物是有可能被合成的。20 世纪 50 年代，斯坦利·米勒（Stanley Miller）和哈罗德·尤里（Harold Urey）在实验室模拟了这些条件。他们将水蒸气、氢气、氨气和甲烷气体混合并给予其电击，几天以后便可以在此系统中观察到好几种复杂分子，如氨基酸、核酸等构成今天生命的基本物质。得到这些单体之后，即使在非生命条件下进行多聚化也并不困难。但是，最早的多肽和核酸是怎么“活起来”的？换句话说，它们是怎么开始繁殖和演化的呢？

“复制子”(replicator)是指一种结构，这种结构仅当周围预先存在同种类型结构时才能形成。例如，将一个微小晶种引入过饱和的盐溶液时会引起结晶。然而，这个例子仅表示一个基于单一结构的简单“复制子”。更复杂的“复制子”应该存在几种可遗传的形式。在可持续的演化中，遗传需要接近无限多的结构形式和可遗传的变异。首个人造的“复制子”是一个无需酶来复制的脱氧六核苷酸（由单体聚合而成），由冯·凯德罗夫斯基（von Kiedrowski）在1986年合成。现在，我们认为最早的短链RNA分子能催化其子代分子的多聚化。最早复制的RNA分子需要同它自己的其他错误拷贝及低效率的复制系统竞争，以成功得到复制所需要的单体。即使能够自我复制的RNA分子满足了上述生命起源的需求，通往第一个细胞的道路仍然是艰难曲折的。其中主要的步骤是引入多肽和蛋白质从而建立RNA-蛋白质世界，再引入膜系统从而与外界环境分离形成原始细胞。

作为目前所有生命体共同祖先的第一个细胞，其起源可以追溯到大约35亿年前，那时，简单的复制和翻译机器就已经存在。有一个假说提出，大约在接下去的20亿年中，单细胞系统就已经演化到具有精细的代谢反应网络，该代谢反应网络联结越来越多的复杂分子机器，这些分子机器用于核酸复制和RNA到蛋白质的翻译，同时可以维持细胞较大的可塑性以适应复杂多变的外界环境的要求。在这段时期，初始活细胞的主要能量来源仍然依赖于非生物起源的有机化合物。后来，在大约25亿年前，一个重要步骤是演化出了利用太阳光作为代谢能量的能力。光合作用提供了独立的能量来源，并且很快产生了大量的有机物质和氧气。有氧代谢的演化显著地改变了细胞的生化反应。许多酶反应变得直接或间接依赖于氧。有氧代谢使得细胞长得更大。其他一些重要的演化步骤包括两性的起源、多细胞生命的起源和社会群体的起源。所有这一切演化事件背后都是蛋白质、核酸、糖类及脂类的结构与功能的演化过程。

1.4 结构生物学是什么、始于何时?

结构生物学领域聚焦在一个经典共识：要真正理解某事，我们需要看见它（的结构）。正如中西方常用谚语“眼见为实”或“百闻不如一见（A picture says more than a thousand words)”，这个共识对于宇观研究对象（如天文学与天体物理）、宏观研究对象（如鸟和鱼）、微观研究对象（如生物化学系统或粒子物理）都是如此。结构生物学是试图使生物学中的亚细胞及分子客体（结构）可视化并以此来理解机理的科学。

要精确指出结构生物学的起点是困难的。其发展的一个重要步骤是提纯大分子的组分。弗雷德里希·米歇尔（Friedrich Miescher）于1869年发现并分离了脱氧核糖核酸（DNA)。而对其生物学功能则一直要到1944年在艾弗里（Avery)、麦克劳德（MacLeod）和麦卡蒂（McCarty）提出DNA是遗传物质之后才得到诠释。1953年对DNA结构的揭示是结构生物学的一个重大里程碑。弗朗西斯·克里克（Francis Crick）和詹姆斯·沃森（James Watson）利用罗莎琳德·富兰克林（Rosalind Franklin）和莫里斯·威尔金斯（Maurice Wilkins）测得的衍射数据搭建了DNA结构模型。这个模型使我们详细地了解了DNA的复制、DNA到RNA的转录，以及翻译这些分子生物学中的关键步骤。

在1964年的一篇综述里，James Watson指出：“不幸的是，除非我们先知道其结构，否则不可能在化学水平精确描述一个分子的功能”。这的确在很大程度上点中了问题的要害，这个观点也不断被生物学的发展所证实。

人们很早之前就知道蛋白质了，但一直不太清楚其分子本质。瑞典著名化学家永斯·雅各布·贝采利乌斯（Jöns Jacob Berzelius)（1779—1848）引入了“蛋白质”一词。当时，蛋白质被归类为没有确定形状与结构的胶体。最早被结晶的蛋白质可能是1840年由许内费尔德（Hünefeld）得到的血红蛋白晶体。在当时，该晶体被称为“血晶”，人们还没有意识到这个红色的晶体是由蛋白质构成的。其他几种蛋白质也在早期被结晶。当特奥多尔·(特)·斯韦德贝里［Theodor (The) Svedberg］利用他发明的分析型超速离心法证明了蛋白质具有特定的分子质量之后，蛋白质的性质也变得更好理解。

在 19 世纪，人们深入研究了胃液对固体蛋白质的降解作用。其中的一种活性组分被称为胃蛋白酶，但是它的性质并不清楚。渐渐地，这种催化物质被命名为“酵素”或者“酶”。当时很多人包括诺贝尔奖获得者维尔施泰特（Willstätter）都认为酶与脂质、糖类和蛋白质性质不同，只在动植物中以很低的浓度存在。J. B. 萨姆纳（Sumner）和后来的 J. H. 诺思罗普（Northrop）提纯并结晶了脲酶和胃蛋白酶，从而证明了酶是蛋白质，且蛋白质具有确切的独特结构。约翰・D. 伯纳尔（John D. Bernal）和多罗西・克劳福特（Dorothy Crowfoot）[结婚后姓霍奇金（Hodgkin）] 发现在潮湿的环境下，胃蛋白酶晶体具有明确的 X 射线衍射，证明了蛋白质具有特定的结构，而其脱水之后该结构就不存在了。与此同时，F. C. 鲍登（Bawden）、N. W. 皮里（Pirie）和 W. M. 斯坦利（Stanley）结晶了好几种病毒。不断完善结晶蛋白质的方法及利用晶体学方法分析蛋白质和酶晶体结构经历了几十年的发展，直到 1959 年和 1968 年科学家们分别解析出了肌红蛋白和血红蛋白的晶体结构之后才成熟起来。

除衍射和散射之外，结构生物学还包括其他几种研究方法。在早期，电子显微学已经成为提供生物系统和大分子组织情况的重要技术。这方面的一个重要进展是卡斯珀（Caspar）和克卢格（Klug）在 20 世纪 50 年代末至 60 年代初分析病毒颗粒的结构。在其研究中推导出了对称性原理，从而能确定较大病毒中不同的功能组分。在电子显微学领域的另一个重大进展是 R. 亨德森（Henderson）和 N. 昂温（Unwin）利用电子衍射研究了细菌视紫红质的二维晶体结构。尽管这些工作开辟了结构生物学研究崭新的可能途径，但却只能对有限的、能得到足够好材料的研究对象进行结构研究。随后经过进一步发展，低温大分子复合物的单颗粒重构法（cryo-EM，冷冻电镜）和断层重构法大大扩展了电子显微学在不同分辨率下对结构生物学的贡献。单分子重构技术已经引起了领域内一系列新的革命，它能够得到之前很难甚至无法得到的大分子复合物的原子分辨率结构。另外，冷冻电镜还能够确定单一样品中的几种不同构象，从而可能得到功能分子的动态图像。

结构生物学对很多生物系统的理解已经从表征大分子团块推进到原子坐标及详细的分子相互作用层次。

晶体学的局限性是，其给出的只是所研究分子系统的静态图像，很难研究其动态过程。在很幸运的情况下，好几种不同状态的蛋白质可以被结晶并表征到原子分辨率。但是，许多情况下我们需要得到一些晶体学无法得到的状态（或许是因为这些状态的寿命太短）来了解系统的动力学信息。在这方面，核磁共振研究有时候可以提供缺失的信息。

一般来说，在无法得到晶体的情况下，核磁共振提供的蛋白结构数据就非常宝贵。如果核磁共振和晶体结构都可以得到，晶体学信息的质量通常更高。但是，核磁共振谱学的独特贡献来自于对结构已知的系统进行动力学研究时，运动及瞬时相互作用的细节都可以被刻画出来。

想要得到最完整的信息，应该同时使用几种方法。这样，错误信息可以被纠正，片面的信息可以得到扩展。在理解得最好的生物系统中，物理学家及理论化学家会从更多的角度在实验或者计算方面对理解这个系统作出贡献。

1.5 对本书的简短介绍

这是一本面向本科生和研究生的结构生物学书籍。本书结合生物学中有趣的内容，重点涵盖结构生物学中最重要及最受关注的方面。本书没有试图覆盖生物学或者分子生物学的所有领域，而是将重点放在那些结构信息已经了解得较多的系统上。

我们力求全面地覆盖蛋白质、核酸、脂类、膜和碳水化合物的结构及功能的相关知识。本书并不试图描述得到这些结果的方法。除了有关蛋白质、核酸、脂类及糖类的基本结构知识之外，本书侧重于表述有关DNA中的遗传信息表达到蛋白质的各个步骤。同样的，大分子的降解过程也被涉及。很多生物学功能都和膜相关，它们包裹着细胞和细胞器。物质与信息的跨膜运输对于所有的细胞生物学过程都至关重要，近年来这方面的结构知识发展得很快。在多细胞生物中，细胞与细胞的相互接触和相互作用对于协调多细胞活性是非常必要的。与此相关的细胞和机体的运动原理也被了解得越来越充分，这些领域在本书中都有介绍。

结构生物学研究也使我们能够更加深入理解生物系统演化及功能基因组学。完整基因组的DNA测序正在以前所未有的速度增长，并且产生海量的数据库。只要序列同源性比较高，DNA和蛋白质序列就能够很可信地被确定出来。很多情况下，序列本身并不说明问题。然而，结构的相关性可以说明蛋白质的演化关系及其功能。本书最后一章提供了一些利用各种不同的预测方法只通过序列数据就能洞见结构的途径。

延伸阅读

Avery GT, Macleod CM, McCarty M. (1944) Studies on the chemical nature of the substance inducing transformation of pneumococcal types. Induction of transformation by a desoxyribonuleicacid fraction isolated from pneumococcus type iii. *J Exp Med* **79**: 137-158.

Bernal JD, Crowffot DC. (1934) X-ray photographs of crystalline pepsin. *Nature* **133**: 794-795.

Franklin RE, Gosling RG. (1953) Molecular configuration in sodium thymonucleate. *Nature* **171**: 740-741.

Fruton JS. (2002) A history of pepsin and related enzymes. *Quart Rev Biol* **77**: 127-147.

Kendrew JC, Dickerson RE, Strandberg BE, *et al.* (1960) Structure of myoglobin: a thre-dimensional Fourier synthesis at 2 A resolution. *Nature* **185**: 442-427.

McPherson A. (1991) A brief story of crystal growth. *J Cryst Growth* **110**: 1-10.

Miescher F. (1871) Über die chemische Zusammensetzung der Eiterellen. *Hoppe-Seyler's medici-nisch-chemische Untersuchungen* **4**: 441-460.

Northrop JH. (1929) Crystalline pepsin, *Science* **69**: 580.

Olofsson I, Liljas A, Lidin S. (2014) From a grain of salt to the ribosome. The history of crystallog-raphy as seen through the lens of the Nobel Prize. World Scientific, Síngapore.

Sumner JB. (1926) The isolation and crystallization of the enzyme urease: preliminary paper. *J Biol Chem* **69**: 435-441.

Watson JD, Crick FH. (1953) Molecular structure of nucleic acids: a structure for deoxyribose nucleic acid. *Nature* **171**: 737-738.

（张 羿 译，苏晓东 校）

第 2 章
蛋白质结构基础

2.1 化学键与相互作用

从分子、细胞或者是机体水平上看，大部分生物过程中的主角都是蛋白质，因此理解蛋白质的功能十分重要。蛋白质的结构决定其功能。大多数蛋白质被设计来结合其他蛋白质、DNA、RNA 或者其他类型的分子，这需要蛋白质能够形成并且保持其功能基团精确的空间组成形式。尽管大部分蛋白质具有确定的构象，但它们不是刚性的。各种类型的构象柔韧性（侧链及环区的移动、结构域的转动等）常常对其功能至关重要。

蛋白质的可塑性极高。它们可以具有非常不同的形状及构型。在保证蛋白质结构和功能不变的情况下，蛋白质序列中的大部分位置仍是可变的。蛋白质可以是球状或者纤维状的，坚硬的或者富有弹性的。它们可以进行或精妙细微、或差别巨大的构象变化。它们可以是酶，既能合成或大或小的各种分子，也可以催化降解这些分子；它们也可以是分子马达，产生旋转或者平移运动。在本章及后续章节中，我们将详细描述这些能够使蛋白质具有不同功能角色的结构特征。

在了解蛋白质结构的细节之前，回顾一下化学中的一些相关的原理是很值得的。

2.1.1 共价键

如果两个原子的原子核和电子的重新排布的总能量比两个分开的原子的能量之和更低，这两个原子之间就能形成化学键。如果最低的能量状态是由一个或者多个电子从一个原子完全转移到另一个原子形成的，就会形成离子，它们通过静电吸引力（库仑力）形成化合物，我们称之为离子键，如 NaCl 盐晶。如果最低的能量状态是通过共享电子对形成的，则原子间通过共价键连接，进而形成了独立存在的分子，如 H_2 和 NH_3。对生物大分子来说，共价键是最常见的。氢键也普遍存在（见 2.1.4 节），而离子键有时会在蛋白质表面的所谓“盐桥”中被发现。当共价键形成时，原子间共享电子对，直至达到所谓的“惰性气体构型”(Lewis 的八隅体规则)。最外层电子（价电子）移动到新位置时产生的能量变化对于化学键的生成至关重要，也就是说，原子的电子结构变化在成键过程中起到关键作用。要在理论上描述化学键，就需要用到分子的量子力学理论。表 2.1 中给出了一些已观察到的典型键长。

表 2.1 一些化学键的平均键长

化学键	平均键长/Å
C—H	1.09
C—C	1.54
C—C（苯）	1.39

续表

化学键	平均键长/Å
C=C	1.34
C≡C	1.20
C—O	1.43
C=O	1.12
O—H	0.96
N—H	1.01
N—O	1.40
N=O	1.20

化学键的强度可以用平均键能来评估，有时候也叫做键的解离能，即将 1 摩尔（mol）特定化学键打开所需要的能量。键能通常为 160 ～ 1100kJ/mol，取决于原子间的成键数目（N_2 的三键键能为 942kJ/mol），或者取决于是否存在大部分的离子性电荷（F_2 的键能为 155kJ/mol）。键能随着原子序数的变化，有明显的系统趋向性。通常随着原子序数增大，键能会减弱，如 HF > HCl > HBr > HI。键能与键长一样，相同原子间的键能在不同化合物中是比较一致的（变化在 10% 以内）。这样便可以通过测量一系列的化合物键能来总结其平均键能。作为最后的例子，应当指出，当 C—C 变为 C≡C 时，平均键能从 345kJ/mol 增大为 809kJ/mol。

2.1.2　二硫键

蛋白质的一个特性就是两个半胱氨酸的硫原子之间可以形成共价的二硫键（2.2.1 节将讨论各种氨基酸）。二硫键在氧化条件下形成，可稳定蛋白质。通常情况下，胞质环境是还原性的。在真核生物中，蛋白质中的二硫键一般在糙面内质网或者线粒体膜间隙的氧化条件下形成。在还原条件下，二硫键被打开，硫原子被质子化。对有些蛋白质来说，这种相互作用的氧化还原特性是非常重要的。二硫键两个硫原子之间的距离为 2Å 左右。

2.1.3　电荷相互作用

在生物体系中，静电相互作用是十分重要的。我们无法在此涉及整个静电理论，只能略提一二。对于球状蛋白或者脂质膜表面来说，其带电基团往往是被溶剂化的，并且其附近有相反电荷。这些带电基团包括蛋白质中的赖氨酸和精氨酸残基，以及脂质膜上的磷脂酰乙醇胺和磷脂酰丝氨酸基团（见第 6 章）。在蛋白质内部或者脂双层核心区域单独包埋一个带电基团，不仅会导致其溶剂化能量的损失，也需要付出其静电的代价。带异种电荷的离子之间相互吸引作用由库仑定律给出，其正比于 $e^2/\varepsilon r$，其中，e 是单位电荷，r 是被当作点电荷的两个离子之间的距离，ε 是电荷所处的介质的介电常数。在水溶液中，介电常数 ε 约等于 80，而在蛋白质或者脂双层的疏水核心中则低得多（只有 2 ～ 20）。所以，如果一个电荷被包埋在蛋白质内部，那么在尽量靠近的地方包埋一个适合的异种电荷，就会有巨大的能量优势。这是盐桥产生的一个原因，也解释了为什么需要跨膜的通道来传递离子（第 13 章）。

当考虑到蛋白质或膜的带电表面和离子的相互作用及结合时，静电理论会变得更加复杂。这也适用于两个带相同或者不同电荷的细胞膜，抑或是一个中性的膜与另一个带电的膜之间的相互作用，在这种情况下还需要考虑渗透压和熵的因素，本书在此不做介绍。

2.1.4 氢键

氢键在生物体中非常重要，它们的形成有利于化学基团之间的稳定和取向。氢键是在一个质子与两个邻近的、具有孤对电子的电负性原子（供体和受体）之间形成的。这也表明质子在某段时间内可以结合到这两个原子中的任意一个。氢键供体和受体的取向及距离变化很大。氢键的强度主要与其长度和几何线性相关。通常情况下，氢键的键长约为 2.8Å，成键的 ΔH（焓变）大约为 20kJ/mol。供体、质子和受体之间的键角一般接近 180°。偏离这个角度会降低氢键的强度。受体原子的键角（例如，羰基氧形成的氢键，C—O—H 之间的夹角）通常是 120°，其对应于氧原子中孤对电子的取向。这个角度的偏离不似前者（供体、质子和受体之间的键角）那么重要。例如，在通过氢键来稳定的蛋白质二级结构中，这个角度（受体原子的键角）往往接近 180°，这很可能是由空间位阻导致的。

在大分子中，氢键的供体和受体通常是氮原子和氧原子，供体通过共价键与氢原子相连，而受体具有一孤对电子。硫原子的氢键在半胱氨酸中也有发现。

大分子中存在大量氢键的供体和受体。在蛋白质或者核酸分子内部，这些氢键的受体总是会找到与其相应的供体。蛋白质内部因无法形成合适的氢键而造成的高能量对结构的稳定性是不利的。肿瘤抑制因子 p53 是一个高度不稳定的蛋白质的例子。它的不稳定性可归因于其内部的一些氢键缺乏合适的供体或受体。

2.1.5 范德华相互作用

蛋白质的主链是高度极性的，而许多侧链则是非极性或者疏水的。侧链尽可能地彼此相互作用，而不与极性溶剂水相作用。这就使得疏水侧链的原子通过范德华相互作用被包埋在蛋白质内部，相邻原子间的距离大约是 3.6Å。生物大分子中大量存在的范德华相互作用对其稳定性起到了显著的作用（见 3.1.1.1 节）。

2.2 氨基酸和蛋白质骨架

2.2.1 氨基酸

蛋白质由氨基酸构成，而氨基酸由一个四面体 α 碳和四个取代基组成，这四个取代基分别是一个氨基、一个羧基、一个可变的侧链以及一个氢原子（图 2.1）。因为 α 碳的四个取代基都不一样，所以氨基酸具有手性。这意味着氨基酸的镜像分子与其自身是不能重叠的（图 2.1）。该规则的一个特例是甘氨酸，因为它的侧链只有一个氢原子（图 2.2）。

所有天然形成的蛋白质都是由 L 型氨基酸组成的（L 代表 *levo*=左）。其相反的手性（镜像）被称为 D 型（D 代表 *dextro*=右）。沿着 L 型氨基酸的 H-Cα 键看向 α 碳，按顺时针可以看到羰基（COO^-）、侧链（R）和氨基（NH_3^+）基团（即 CORN 规则；图 2.1）。

氨基酸的序列是蛋白质的初级结构。演化过程中，20 种氨基酸被选择为组成蛋白质的标准集合（图 2.2）。还有两种氨基酸（硒代半胱氨酸和吡咯赖氨酸）也参与遗传编码，但比较罕见。许多氨基酸的翻译后修饰被识别确定（表 2.2），这些翻译后修饰具有重要的信号转导功能。

氨基酸可以根据其性质进行分类，下面是一种分类方法。

非极性氨基酸：Ala、Val、Ile、Leu、Met、Pro 和 Phe

带电的极性氨基酸：Asp、Glu、His、Lys 和 Arg

不带电的极性氨基酸：Ser、Thr、Cys、Asn、Gln、Tyr 和 Trp

没有侧链的氨基酸：Gly

上述分类方法并不总是适用的：大的芳香环氨基酸残基 Tyr、Trp 和 Cys 基本上是疏水的，虽然它们可形成氢键。His 在 pH 低于 7 时带正电荷；Pro 有很特殊的性质，它的侧链是与主链氮共价连接的（图 2.7 及 4.6.4.2 节）。

氨基酸的氨基和羧基的 pK_a 值分别约为 9 和 2，这意味着在中性 pH 条件下这两个基团是带电的，且氨基酸会以两性离子的形式存在（换句话说，它的净电荷为 0；图 2.1）。主链两端及氨基酸侧链所带的电荷与其功能有关。

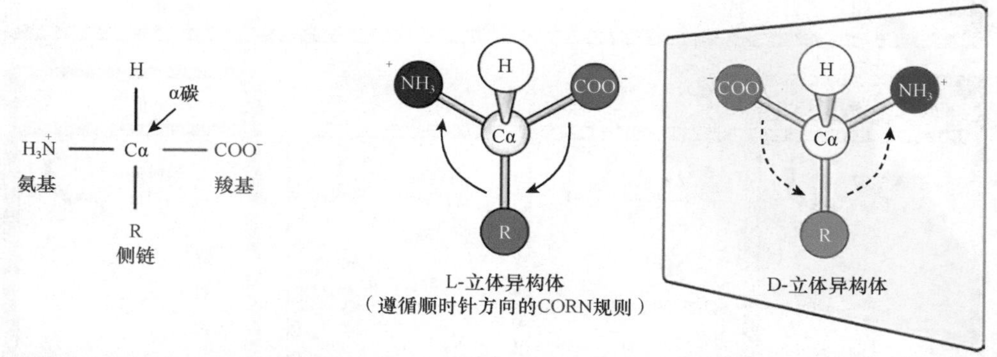

图 2.1 左：氨基酸的一般结构。中：L 型氨基酸 CORN 规则的图示，顺着 H-Cα 键看向 α 碳，顺时针方向可以看到 COO^-、R 基和 NH_3^+。右：D 型氨基酸，L 型氨基酸的镜像立体异构体。

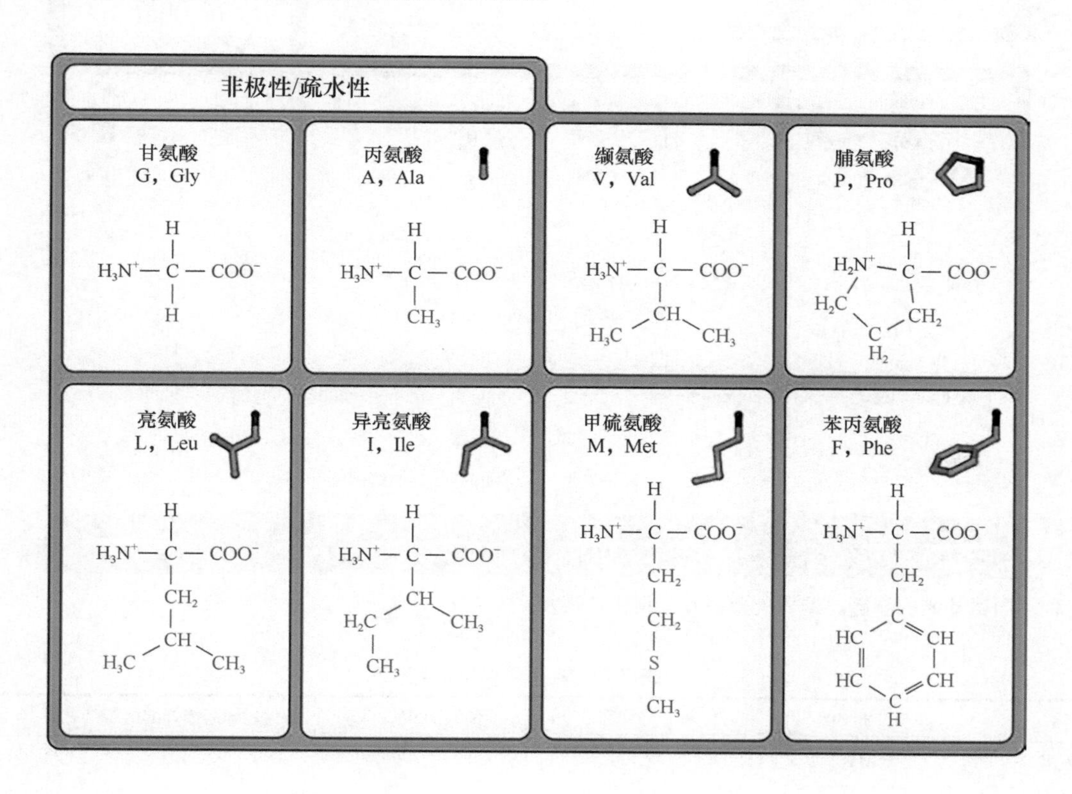

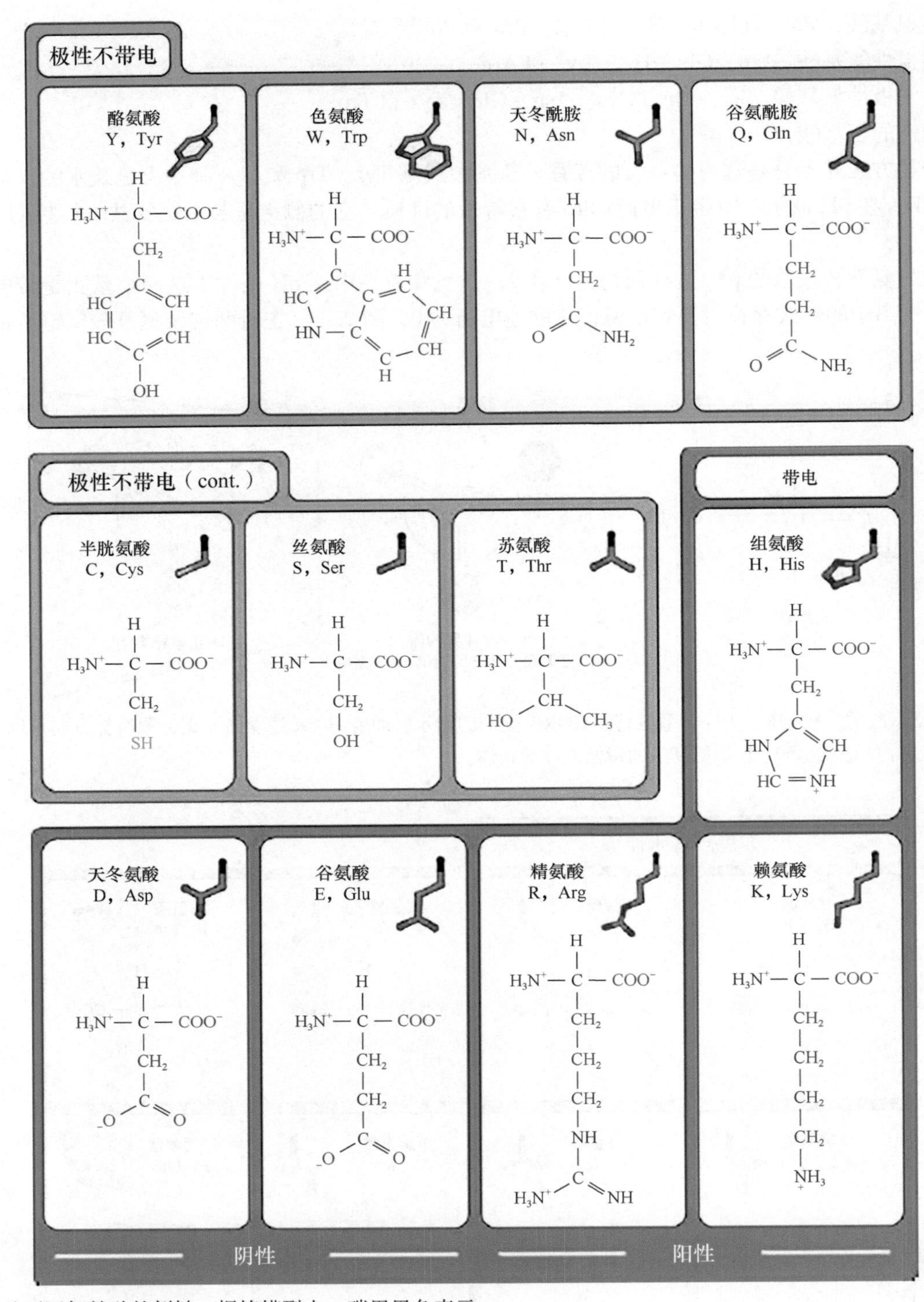

图 2.2　20 种不同氨基酸的侧链。棍棒模型中 α 碳用黑色表示。

表 2.2　氨基酸基本信息

名称	三字母简称	单字母简称	侧链的 pK_a	酶促翻译后修饰的例子（见第 10 章信息栏）
丙氨酸	Ala	A	—	
精氨酸	Arg	R	12.5	甲酰化
天冬酰胺	Asn	N	—	糖基化

续表

名称	三字母简称	单字母简称	侧链的 pK_a	酶促翻译后修饰的例子（见第 10 章信息栏）
天冬氨酸	Asp	D	3.9	
半胱氨酸	Cys	C	8.2	二硫键、异戊烯基
谷氨酸	Glu	E	4.1	羧基
谷氨酰胺	Gln	Q	—	
甘氨酸	Gly	G	—	
组氨酸	His	H	6.0，14.5	磷酸化
异亮氨酸	Ile	I	—	
亮氨酸	Leu	L	—	
赖氨酸	Lys	K	10.5	甲酰化、乙酰化、羧基、泛素化及 SUMO 化
甲硫氨酸	Met	M	—	
苯丙氨酸	Phe	F	—	
脯氨酸	Pro	P	—	胶原蛋白中的羟基化
丝氨酸	Ser	S	14.2	糖基化、磷酸化
苏氨酸	Thr	T	15	糖基化、磷酸化
色氨酸	Trp	W	—	
酪氨酸	Tyr	Y	10.5	磷酸化、硫酸化
缬氨酸	Val	V	—	

2.2.2　侧链及其相互作用

氨基酸侧链的序列使得蛋白质拥有独特的性质。它们不仅决定了蛋白质的折叠，也决定着其表面性质，从而对蛋白质与其他分子的选择性相互作用及化学催化反应至关重要。

氨基酸侧链的 pK_a 值如表 2.2 所示。除了通常所说的带电荷的精氨酸、赖氨酸、天冬氨酸和谷氨酸外，半胱氨酸、组氨酸、丝氨酸、苏氨酸及酪氨酸的侧链在生理环境下有时也会带电。

根据氨基酸所处环境，其 pK_a（以及质子化状态）可以有很大的变化。例如，如果两个羧基基团（来自 Asp 和 Glu 残基）离得足够近而没有其他正电荷基团来平衡它们的负电荷，它们的 pK_a 会显著提高。所以它们更容易被质子化，从而消除两个负电荷基团之间的排斥力。

侧链与侧链、侧链与主链都有很多种相互作用的方式。非极性或者疏水侧链会与其他非极性侧链相互作用（2.1.5 节），其中大部分在蛋白质内部被发现。而极性侧链则会通过氢键与其他侧链或者主链相互作用（2.1.4 节）。带电基团常与蛋白质表面上带异种电荷的侧链相互作用从而形成盐桥（2.1.3 节）。

组氨酸有几种不同的质子化状态。咪唑环侧链上的两个氮原子都可以被质子化或去质子化。一个咪唑环上两个氮原子中任意一个带有一个质子时是电中性的；当两个氮原子都被质子化时，咪唑环带正电荷。在少数情况下，当咪唑环用它的两个氮原子桥联两个金属离子时，它的两个氮原子都去质子化。在铜锌超氧化物歧化酶中就是如此，组氨酸侧链的咪唑环居中，像桥一样连接两个金属离子，此时组氨酸侧链的净电荷为–1。

有时为了提高蛋白质的稳定性或是探究蛋白质的柔性，会人为地通过突变引入二硫键。引入二硫键时，已经被证明遵循自然生成的 S—S 键的原理是必要的。从 S—S 键向下看，两个半胱氨酸的 C_β 原子的夹角应为 90°（图 2.3）。

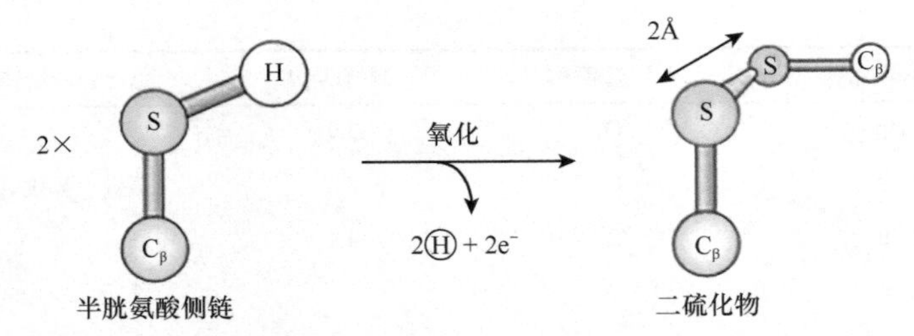

图 2.3　二硫键的形成：其主要构象中，从 S—S 键向下看，S—C_β 键之间的夹角为 90°。

氨基酸残基的修饰有很多种，赖氨酸尤其多（表 2.2）。某些氨基酸侧链在体内的酶促或非酶促修饰将在第 10 章进一步讲解。

2.2.3　芳香环的相互作用

核酸（碱基；见第 5 章）或蛋白质（Trp、Tyr、Phe 和 His 残基的侧链；见 2.2.1 节）中的芳香环基团可提供一种特殊的稳定相互作用。位于芳香环上、下两侧的 π 电子云可以提供部分负电荷，而芳香环的原子周边则具有相应部分的正电荷（图 2.4）。这些部分电荷主要通过两种方式在芳香环基团之间起稳定作用。一种方式是芳香环基团彼此堆积，这里所说的不是完美整齐地堆积在一起，而是芳香环基团之间有相对移动，即一个芳香环基团边缘的正电荷与相邻芳香环基团的 π 电子云相互作用（图 2.4b）。另一种方式是两个相互作用的芳香环相互垂直。在这里，一个环的边缘又一次朝向另一个环的表面（图 2.4c）。最后，蛋白质中的芳香环基团还可以与阳离子相互作用，比如精氨酸或者赖氨酸的侧链，形成阳离子-π 相互作用（图 2.4d）。另外，一些芳香环基团的 π 电子云可与糖基上没有羟基的一侧相互作用（见 7.1 节），同时也可与金属离子或甲基化的氨基基团作用（例子可见 10.3.1.2 节），并部分地中和它们。

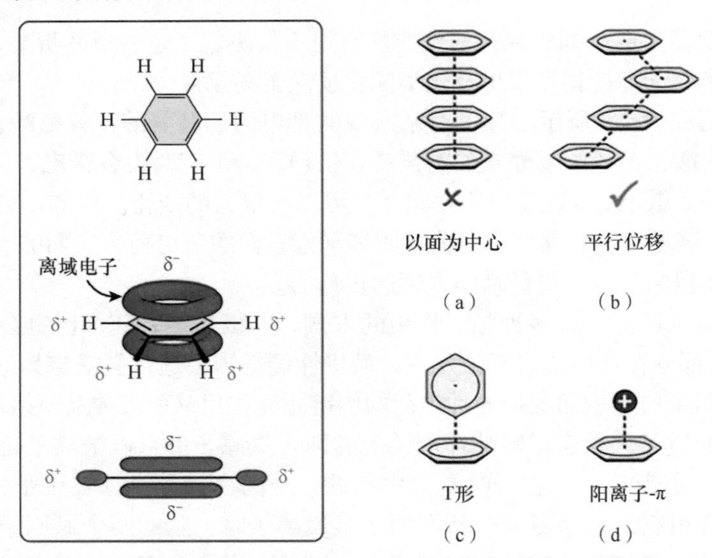

图 2.4　芳香环的相互作用。左：电子在苯环中的排列。右：(a) 芳香基团相互整齐堆叠是不利的。(b) 堆叠总是有一个侧向位移，以达到最佳的电荷相互作用。(c) 芳香基团可以以垂直的方式相互作用，叫做 T-堆叠。(d) 芳香基团的 π 电子一般可与任何带正电的基团作用。

2.2.4 蛋白质主链

在蛋白质中，氨基酸残基由肽键（又称酰胺键）连接。它们是一个氨基酸的羰基碳和下一个氨基酸的氨基氮之间的共价键（图 2.5）。肽键由核糖体大亚基催化（第 11 章）而成，同时涉及一个水分子的释放。在蛋白质和多肽中，第一个氨基酸的游离氨基称为 N 端，最后一个氨基酸的游离羧基称为 C 端。我们习惯从 N 端到 C 端来书写蛋白质序列，该顺序与蛋白质在核糖体中合成的顺序相同。

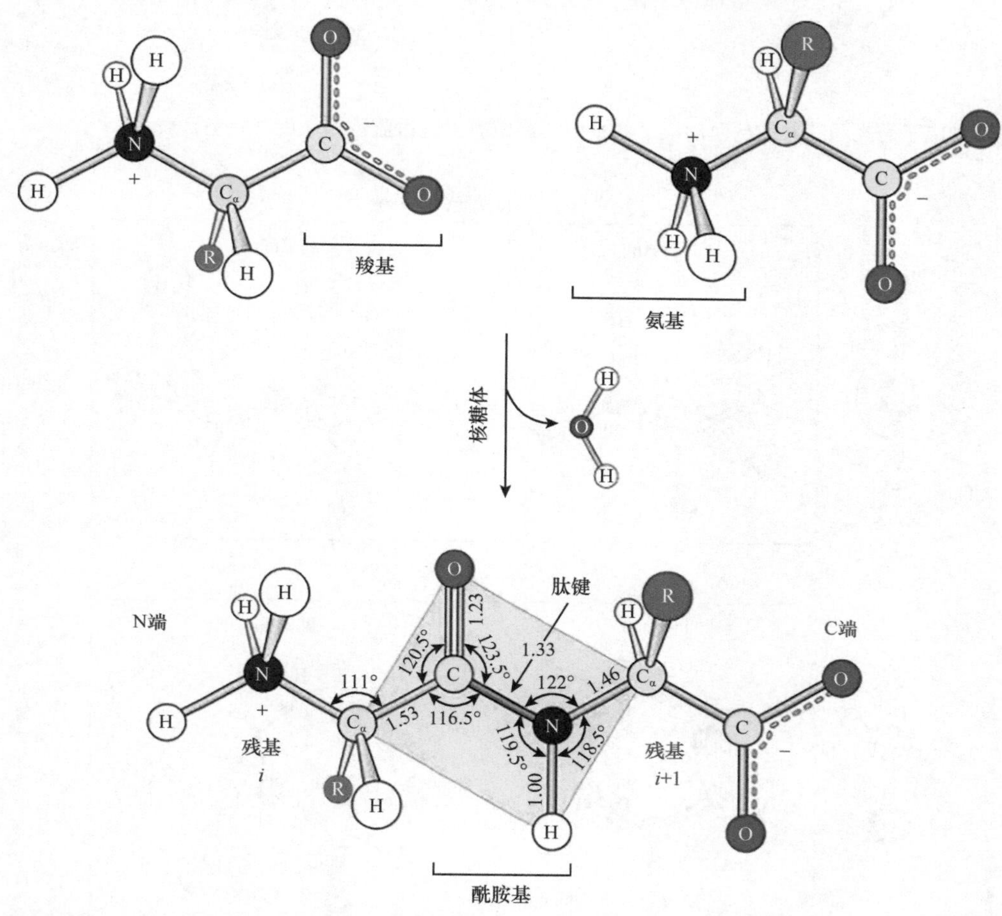

图 2.5　两个氨基酸之间肽键的形成。图中氨基酸为自由的两性离子形式，但当与核糖体上的 tRNA 结合时，氨基和羧基都是不带电的。肽键各原子之间的距离（Å）和角度如图所示。

CO 基团和 NH 基团之间的肽键具有部分的双键性质，这是因为其主要形式（约 60%）与 C 及 N 之间形成的双键形式（约 40%）之间存在共振（图 2.6）。双键是不能旋转的，所以两个连续的氨基酸 C_α 原子之间的 6 个原子总处在一个被称为肽平面的平面上。

由于肽平面的约束，肽键周围的蛋白质主链只有两种可能的取向：①反式（*trans*），也就是两个相邻的 C_α 位于肽键的两侧（图 2.7，上）；②顺式（*cis*），两个相邻的 C_α 处在肽键的同一侧（图 2.7，下）。这两种构象可以用肽键的扭转角（或二面角）ω 来描述。顺着肽键观察，ω 就是第 *i* 个氨基酸残基的 C_α—C 键与第 *i*+1 个氨基酸残基的 N—C_α 之间的角度（图 2.7）。所以，反式构象的 ω=180° 而顺式构象的 ω=0°。

由于相邻侧链的空间位阻，从能量角度考虑顺式构象的肽键是非常不利的（图 2.7），所以蛋白质中几乎所有的肽键都是反式构象。当确实需要顺式构象的肽键时，会有专门的酶将反式构象的键转变为顺式（12.1.1.1 节）。

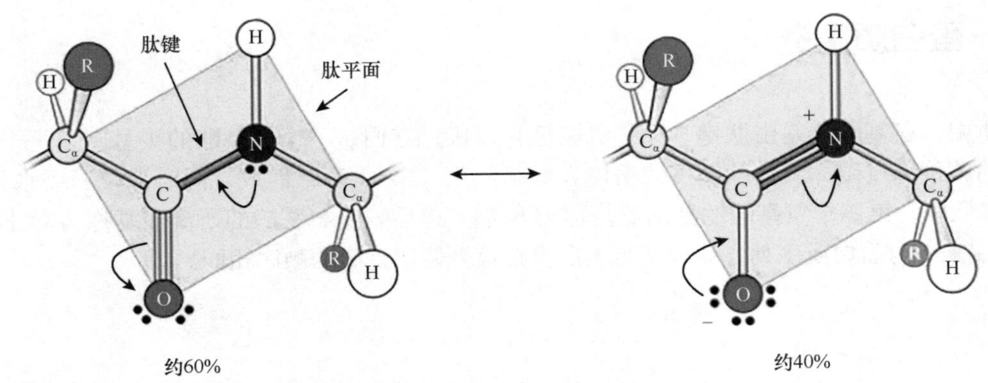

图 2.6　肽键是两种电子态之间的共振从而形成了肽平面。蛋白质主链用蓝色和红色（肽键）表示。

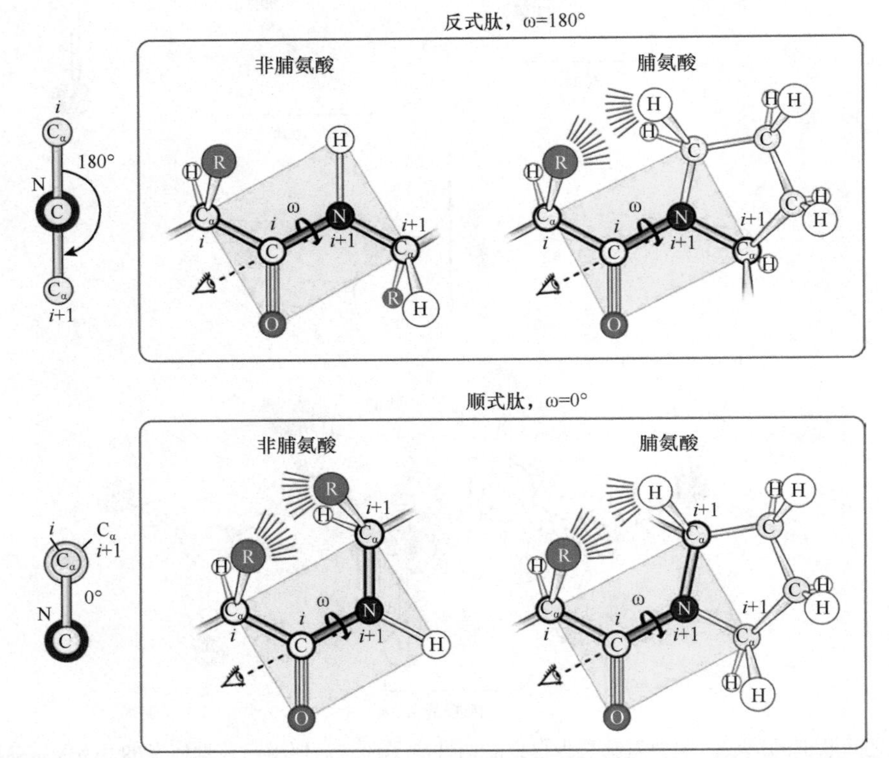

图 2.7　非脯氨酸和脯氨酸前面肽键的顺反构象。红线表示空间冲突。对于大部分氨基酸来说，顺式构象的两个相邻侧链之间距离过近，所以反式构象更有利且更常见。在脯氨酸中，两种构象都存在一定的空间位阻。

有趣的是，在脯氨酸残基前，顺式构象的肽键会更常见（X-Pro 肽键中顺式构象占 6%，而没有脯氨酸的肽键中顺式构象只占 0.4%）。这是因为在反式构象的肽键中，环形的脯氨酸侧链也会产生一些空间位阻(图 2.7)。所以，顺式构象与反式构象之间的能量差距减小，顺式构象出现的频率比非脯氨酸的更高。

由于肽键的平面性，多肽主链的每个残基的构象只需用两个扭转角来描述（图 2.8）。这两个扭转角来自蛋白质主链中仅有的两个可旋转的单键：N_i—$C_{\alpha i}$ 键（角 ϕ）和 $C_{\alpha i}$—C_i 键（角 ψ）。角 ϕ 和 ψ 的计算方法如图 2.8 所示。角 ϕ 和角 ψ 的范围为−180° 到+180°。从 N_i—$C_{\alpha i}$ 键（角 ϕ）或 $C_{\alpha i}$—C_i 键（角 ψ）往下看，如果后键相对于前键顺时针旋转，那么角 ϕ 和角 ψ 为正值。

由于羰基氧、NH 基团的氢、C_α 碳上的氢和侧链原子之间的空间位阻，角 ϕ 和角 ψ 只能取有限的值。这被用来定义角 ϕ 和角 ψ 的允许区域，并由拉氏图（Ramachandran plot）来表示（图 2.9）。拉氏图中两块主要的允许区域对应于蛋白质中被观察到的两种主要构象类型（α 螺旋和 β 片层）。一块对应于左手螺旋构

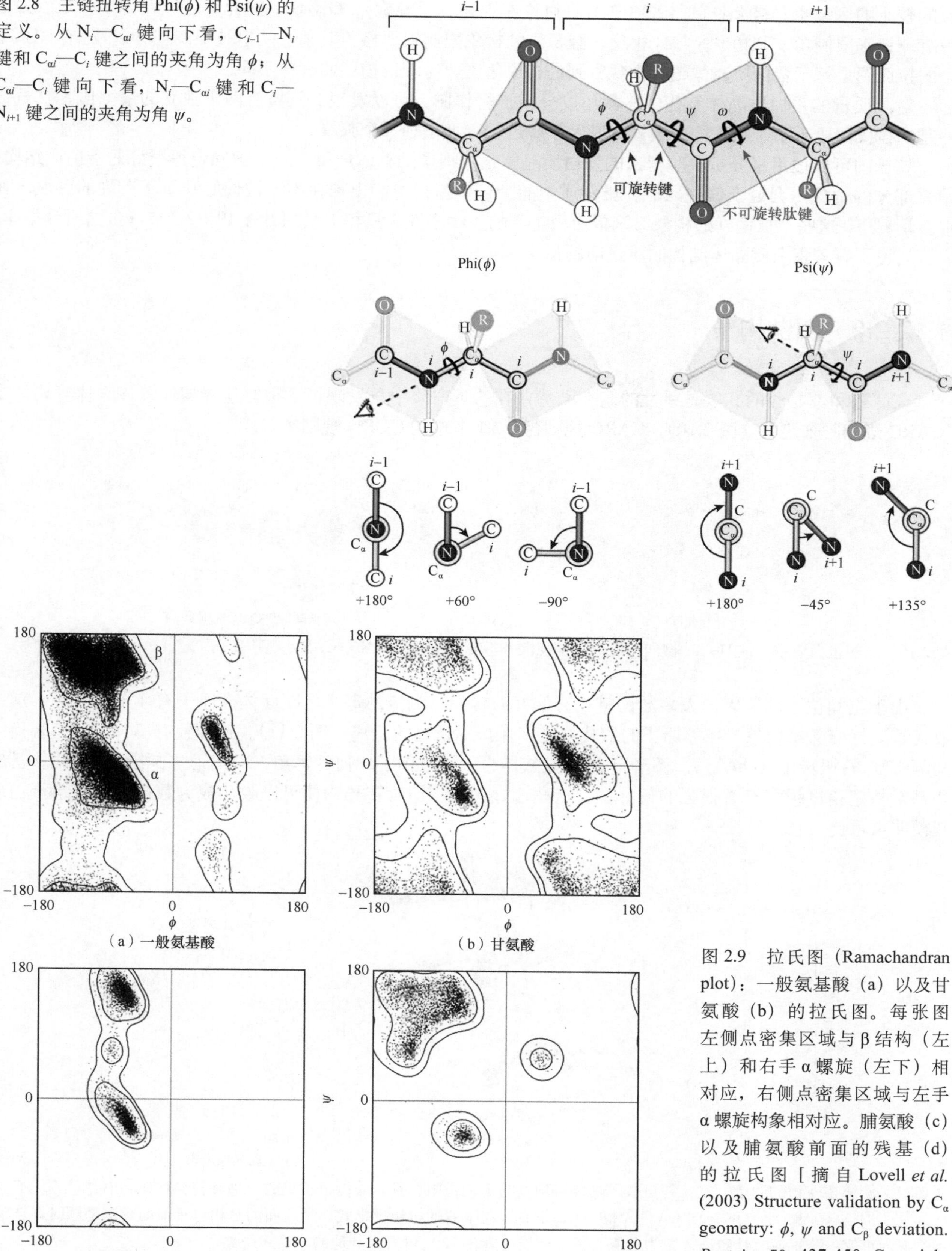

图 2.8　主链扭转角 Phi(ϕ) 和 Psi(ψ) 的定义。从 N_i—$C_{\alpha i}$ 键向下看，C_{i-1}—N_i 键和 $C_{\alpha i}$—C_i 键之间的夹角为角 ϕ；从 $C_{\alpha i}$—C_i 键向下看，N_i—$C_{\alpha i}$ 键和 C_i—N_{i+1} 键之间的夹角为角 ψ。

图 2.9　拉氏图（Ramachandran plot）：一般氨基酸（a）以及甘氨酸（b）的拉氏图。每张图左侧点密集区域与 β 结构（左上）和右手 α 螺旋（左下）相对应，右侧点密集区域与左手 α 螺旋构象相对应。脯氨酸（c）以及脯氨酸前面的残基（d）的拉氏图［摘自 Lovell *et al.* (2003) Structure validation by C_α geometry: ϕ, ψ and C_β deviation. *Proteins* **50**: 437-450. Copyright (2003) Wiley］。

象的较小的区域也是被允许的（2.3.1.2 节将讨论左手和右手螺旋）。Gly 残基的允许区域大得多，是因为它没有侧链来限制角 ϕ 和角 ψ。与此相反，脯氨酸的构象限制很严格，其角 ϕ 的值被限制在–60° 左右。图 2.9 中的拉氏图是基于蛋白质晶体结构中观察到的构象角度，与理论描述的有些不同。

对高质量的蛋白质晶体结构的构象角度分布进行作图，可以发现 β 区域有两个独立的最大值。甘氨酸残基的拉氏图显示出一个不同的模式，其左手螺旋的区域出现一个强峰。

拉氏图可以被用来分析实验得到的蛋白质晶体结构模型的总体质量。对于被确定得很好的蛋白质结构，绝大部分的构象角会处于偏好区域。蛋白质中的个别残基仍可能出现在不太被偏好甚至不允许的区域。在很多情况下，这些不被偏好的构象与该蛋白质重要的生物学性质是相关联的［在 19.1.2.2 节（蛋白质数据库）中，讨论了有关蛋白质晶体结构的质量问题］。

2.2.5 侧链构象

亮氨酸和苏氨酸的 β 碳是手性的。在天然存在的蛋白质中只发现了一种立体异构体，该立体异构体由“CARC 规则”来定义（图 2.10）。CARC 规则与 2.2.1 节中的 CORN 规则类似。

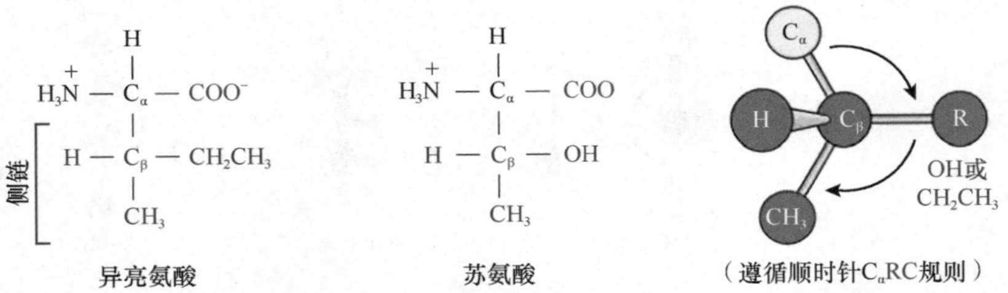

图 2.10 一般蛋白质中，从 H—C_β 键向下看时异亮氨酸和苏氨酸的侧链构象（CARC 规则）。

由于空间位阻的原因，大多数侧链也有偏好的构象。侧链的每一个四面体碳原子有 4 个取代基，这些取代基偏好交叉式构象，相邻原子的取代基之间保持尽量远的距离（图 2.11）。这导致有三种可互相替换的间隔 120° 的扭转角（chi，χ）。图 2.11 用谷氨酸作为例子展示了如何计算角 χ。蛋白质结构分析表明氨基酸残基对特定角度组合有着很强的偏好性。这些偏好构象，即旋转异构体可以收集成为数据库，对于蛋白质建模非常重要（表 2.3）。

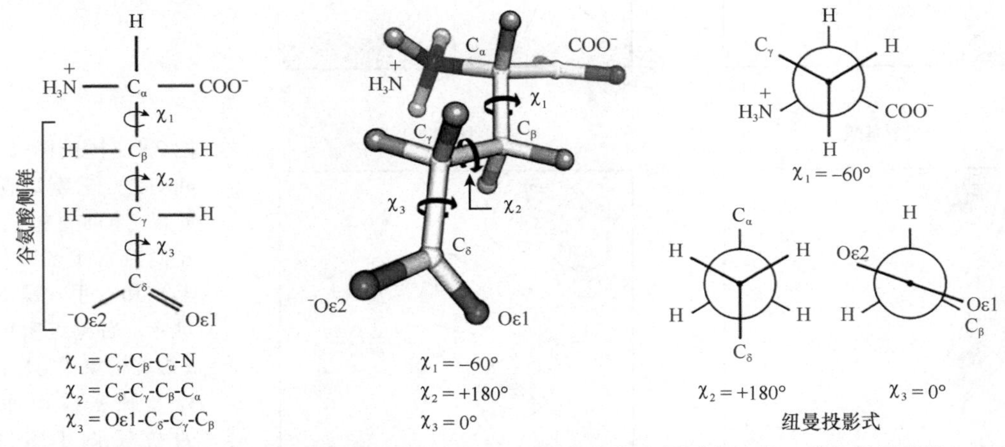

图 2.11 侧链扭转角的图示。左：谷氨酸残基侧链角度的定义；中：谷氨酸侧链常见的一种旋转异构体；右：从 C_β—C_α 键（χ_1，上）、C_γ—C_β 键（χ_2，下左）、CΔ—C_γ 键（χ_3，下右）向下看的纽曼投影式。当后面的键相对于前面的键是顺时针转动，那么 χ 为正值；若是逆时针转动，则为负值。正向或反向旋转 120° 可得到其他的交叉式构象。

表 2.3　四种氨基酸残基偏好的旋转异构体

残基	旋转异构体	χ_1	χ_2	χ_3	发生频率
GLU	–t0	–70	–177	–11	0.27
GLU	tt0	–176	175	–7	0.26
GLU	––0	–65	–69	–33	0.11
GLU	–+0	–56	77	25	0.09
GLU	+t0	70	–179	7	0.09
GLU	t+0	–174	71	14	0.06
GLU	+–0	63	–80	16	0.05
HIS	––	–63	–74	—	0.34
HIS	t–	–175	–88	—	0.25
HIS	–+	–70	96	—	0.16
HIS	+–	68	–81	—	0.14
HIS	t+	–177	101	—	0.09
HIS	++	48	86	—	0.02
ILE	–t	–61	169	—	0.45
ILE	––	–60	–64	—	0.18
ILE	+t	62	164	—	0.16
ILE	tt	–167	166	—	0.13
ILE	t+	–175	72	—	0.03
VAL	t	174	—	—	0.67
VAL	–	–63	—	—	0.26
VAL	+	69	—	—	0.05

注：缬氨酸只有一个扭转角，组氨酸及异亮氨酸有两个，谷氨酸有三个。实际的角度值是旋转异构体观测值的平均值。偏好的交叉式构象标记为 trans（180°）、gauche+（60°）和 gauche–（–60°）（在上表中分别对应于 t，+和–）。谷氨酸、谷氨酰胺及其他一些残基，末尾部观测到的角 χ（如 χ_3）与理想的交叉式构象有偏差，在此表中记为 0。摘自 Ponder JW, Richards FM. (1987) Tertiary templates for proteins. Use of packing criteria in the enumeration of allowed sequences for different structural classes, *J Mol Biol* **193**: 775-791。

2.3　二级结构

拉氏图（Ramachandran plot）显示蛋白质主链构象的可能性是有限的。一连串的氨基酸常常采用相同的构象。这就形成了蛋白质所谓的“二级结构”。蛋白质主链具有两种主要的规则二级结构，对应于拉氏图中的两块主要区域（图 2.9）。它们是 alpha（α）螺旋和几个 β 束形成的 beta（β）片层。α 螺旋和 β 片层在蛋白质内部能够有效地满足氢键的受体和供体所需，从而参与形成氢键。蛋白质中没有规则构象角的部分被称为环形或者卷曲区域。这些区域常常出现在蛋白质表面，且常常具有柔性。

2.3.1 螺旋

2.3.1.1 α 螺旋

一条多肽链理论上可能采取几种不同的螺旋构象，但实际上只有三种螺旋经常出现（表 2.4）。最常见的螺旋类型被称为 α 或者 3.6_{13} 螺旋。在这个命名中，数字 3.6 代表每圈螺旋的残基数目，而下标（13）表示在由主链 NH 和 CO 基团形成氢键的一圈中原子的数目。在 α 螺旋中，蛋白质主链在羰基的氧原子和下一圈（残基 n 和 n+4）的 NH 氮原子间形成氢键。螺旋的每个残基上升 1.5Å，而每一圈上升 5.4Å（图 2.12）。α 螺旋理想的主链构象角 ϕ 和 ψ 分别为–60° 和–45°（图 2.9 和表 2.4）。

表 2.4 蛋白质中的各种螺旋参数

类型	3_{10}	α	π
每圈螺旋残基数	3.0	3.6	4.1
氢键环原子数	10	13	16
氢键连接	n—n+3	n—n+4	n—n+5
相邻残基间的夹角	120	100	88
每个残基螺旋上升高度	2.0	1.5	1.15
ϕ（°）	–71	–60	–75
ψ（°）	–18	–45	–40

α 螺旋的侧链从螺旋轴向外指出，其侧链绕螺旋轴的间隔角度大约为 100°（因为在完整的 360° 一圈内有 3.6 个残基），而且 C_β 原子都指向螺旋的 N 端。

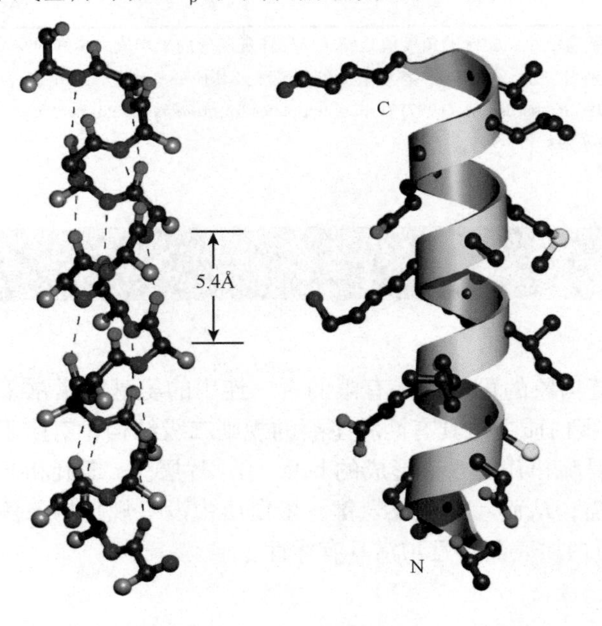

图 2.12 α 螺旋。左：α 螺旋的主链和 C_β 原子（灰色），螺旋周期（每圈上升高度）为 5.4Å；右：显示出所有侧链的 α 螺旋。主链为飘带形，C_β 原子指向螺旋的 N 端（下侧）。

不同的氨基酸形成 α 螺旋的倾向性不同，特别是脯氨酸和甘氨酸形成 α 螺旋的倾向性较低。如果螺旋中有脯氨酸，它会通过侧链环破坏螺旋氢键（见图 4.14），使螺旋弯曲或产生纽结。另外，脯氨酸经常在螺旋的氨基末端被发现，在末端其不会参与螺旋氢键的形成。

2.3.1.2　螺旋的手性

所有的螺旋或扭曲都有固有的手性，可分为右手手性或左手手性。这一概念经常出现在结构生物学中，不仅用来描述 α 螺旋的三维构象，也用来描述 DNA（5.2 节）、β 片层（2.3.2 节）和卷曲螺旋（3.3.2 节）。确定螺旋手性的一种方法是沿着主链顺时针方向向下看螺旋轴。如果路径为进入页面内，则为右手手性（图 2.13）；如果路径指出页面外，则为左手手性。

几乎所有的 α 螺旋都是右手手性的。这是因为所有天然产生的蛋白质都是由 L 型氨基酸构成的，同时由于侧链的空间位阻，L 型氨基酸很难形成左手螺旋（如果蛋白质由 D 型氨基酸组成，就很难形成右手螺旋）。然而，虽然很罕见，还是在某些蛋白质结构中发现了短的左手螺旋（约 4 个氨基酸长度）。这些左手螺旋中一般都至少包括一个甘氨酸残基，因为甘氨酸侧链小，可以使得主链的柔性更大。

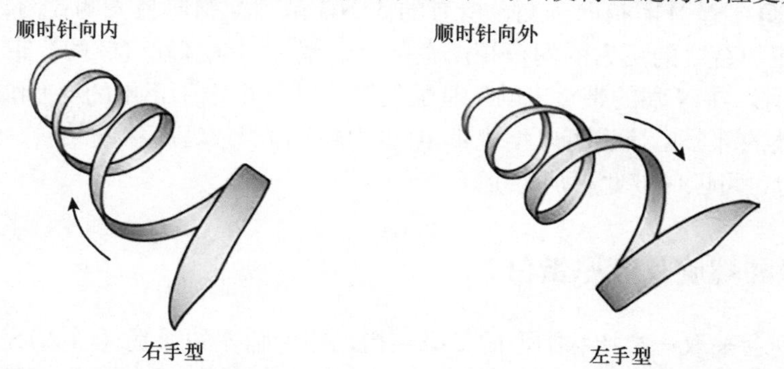

图 2.13　确定 α 螺旋手性的方法。左手和右手螺旋是不可能重叠的镜像。从螺旋的任何一侧观察都不会改变其手性——手性是螺旋的固有性质。

2.3.1.3　3_{10} 螺旋和 π 螺旋

除了 α 螺旋外，还有其他类型的螺旋。最常见的是 3_{10} 螺旋，其氢键是在残基 n 和残基 n+3 之间形成的。3_{10} 螺旋比 α 螺旋窄一些，也不如 α 螺旋稳定，并且长的 3_{10} 螺旋的例子很少（图 2.14）。

图 2.14　左：*Aplysia limacina* 肌红蛋白（PDB：1MBA）中的一个 3_{10} 螺旋；右：*Methylococcus capsulatus* 的甲烷单加氧酶羟化酶（PDB：1MTY）中的一个 π 螺旋。

另外还有一种螺旋被称为π螺旋。它的氢键在残基 *n* 和残基 *n*+5 之间形成。这是最少见的螺旋形式。这种螺旋曾被归类到 4.4_{16}。然而对π螺旋的研究发现每个螺旋圈合适的残基数大约是 4.1，因此称它为 4.1_{16} 更合适（表 2.4）。π螺旋被认为是很不稳定的，因为较大的圆周长可能使螺旋中心产生一个洞。然而，实际对π螺旋的研究发现，因为肽平面沿着螺旋的方向倾斜，沿着螺旋看并没有明显的空洞存在。

按理来说，螺旋末端可以有几个残基采取π螺旋的氢键模式，已经观察到相当一部分数量的蛋白质结构中有至少 7 个连续残基形成π螺旋。

2.3.1.4 螺旋的偶极矩

所有螺旋都有一个重要的共同点。因为所有肽平面的取向基本都是相同的，每个肽键可被看成是小的偶极矩（即所有的 δ-CO 羰基基团指向一侧，所有的 δ+NH 基团则指向另一侧；图 2.12），所以整个螺旋可以看成是这些小偶极矩加合成的更大的偶极矩。实际上，螺旋的氨基端（N 端）带有部分正电荷而羧基端（C 端）带有部分负电荷。在 N 端的带负电的氨基酸侧链，以及 C 端带正电的氨基酸侧链常常会稳定螺旋结构。同样的，螺旋末端的部分电荷也可以增强带电的配体如辅酶或者底物的结合。由于静电相互作用，相邻螺旋排列成反向平行也可以使彼此更加稳定。

2.3.1.5 聚脯氨酸螺旋及胶原蛋白

富含脯氨酸的序列会采取一类特殊类型的二级结构，即聚脯氨酸螺旋（图 2.15）。其有两种变体。一种是聚脯氨酸Ⅰ（PPⅠ）螺旋，其更加紧密并由顺式（*cis*）构象的脯氨酸组成，PPⅠ螺旋是右手螺旋。聚脯氨酸Ⅱ（PPⅡ）螺旋更加常见，由反式（*trans*）构象的脯氨酸组成，PPⅡ螺旋是左手螺旋。在拉氏图中，PPⅠ位于β结构区域内，ϕ=–75°、ψ=160° 附近，PPⅡ在 ϕ=–75°、ψ=150° 附近。PPⅡ在卷曲区域很常见，但并不总是被确定为聚脯氨酸Ⅱ。使用光谱方法，PPⅡ也可以在天然未折叠的蛋白质中被检测到。

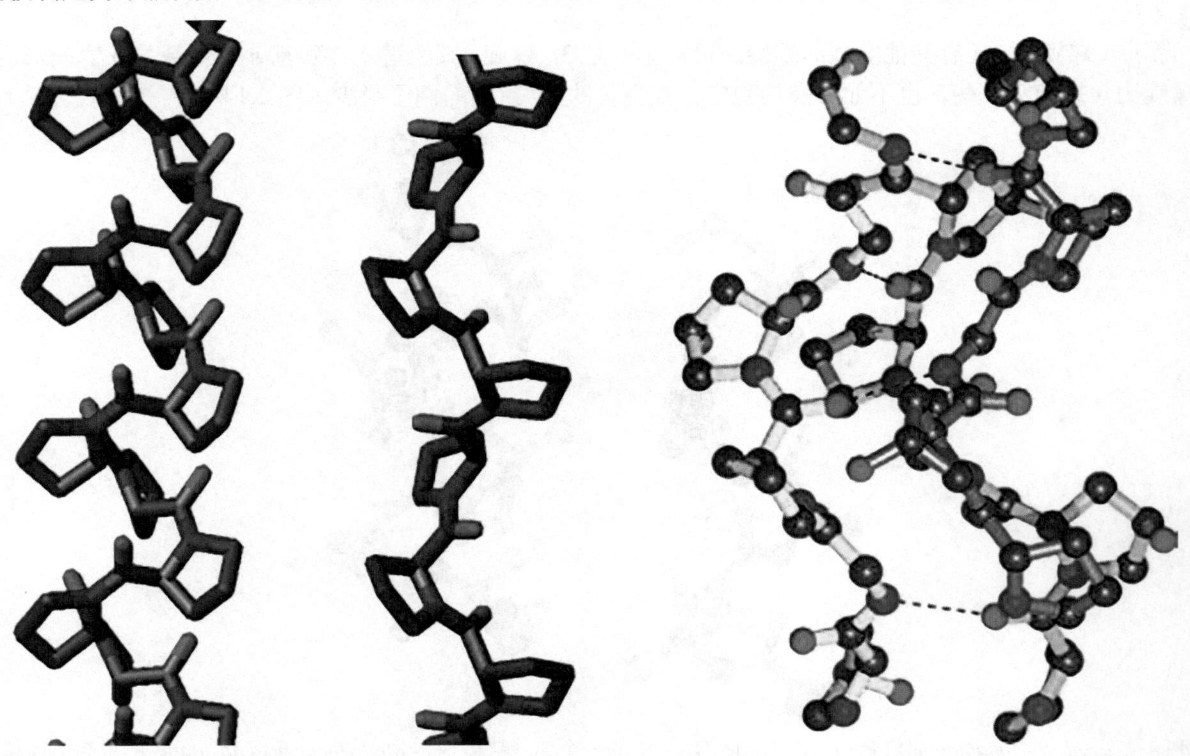

图 2.15　左：聚脯氨酸Ⅰ、Ⅱ螺旋的结构（来自 Wikipedia）；右：一段胶原蛋白的三股螺旋。这三条链具有重复的序列单元——脯氨酸-羟脯氨酸-甘氨酸。甘氨酸允许链紧密接触并形成链间氢键（PDB：1Q7D）。

PPⅡ螺旋是胶原蛋白二级结构的主要类型。三股具有高度重复性的多肽链（脯氨酸-羟脯氨酸-甘氨酸)$_n$，分别都具有左手螺旋的 PPⅡ螺旋构象，它们相互缠绕形成一种特殊的右手三股超螺旋（图 2.15)。在极少数情况下，这种类型的结构在可溶性蛋白中也有发现，如补体系统中的 C1q，以及富含甘氨酸的 ObgE 因子的 N 端结构域，该因子参与核糖体的翻译。

2.3.2 β 结构

2.3.2.1 β 片层

另一种常见的二级结构是 β 片层。这是由伸展的多肽链（即 β 束）组成的，其中 CO 和 NH 基团可以和两侧相邻的 β 束形成氢键。依据 β 束的方向不同，β 片层可以是平行、反平行或者是混合型的（图 2.16)。在一个理想片层中，内部 β 束的所有 CO 和 NH 基团可与相邻的 CO 和 NH 基团形成氢键。一些 β 束可形成闭合桶状结构（见 4.7.2 节)，但在开放的 β 片层结构中，边缘的 β 束会有自由的 NH 和 CO 基团。

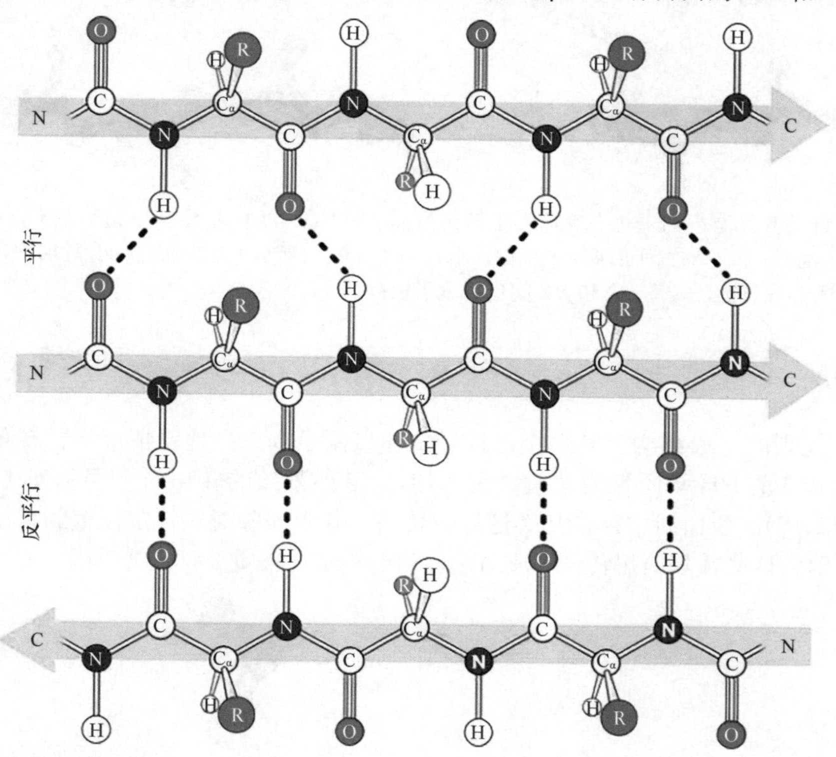

图 2.16　混合型 β 片层的氢键连接。

侧链顺着多肽链从两侧交替伸出。β 片层中相邻的 β 束的侧链指向相同的方向——侧链的伸展方向与主链的方向垂直（图 2.16 和图 2.17)。β 片层并不平坦，而总是向着某个方向扭转，不同片层扭转的角度也不相同（图 2.17)。

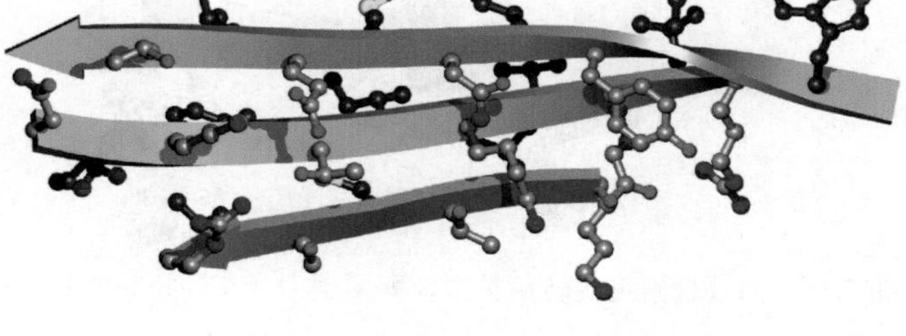

图 2.17　在一个反向平行的 β 片层结构中，显示片层两侧的侧链位置。沿着 β 束，侧链交替着指向相反的方向，而 β 束之间相邻侧链则指向相同方向。片层下侧的侧链的碳原子被涂成灰色，而上侧的碳原子被涂成黑色（PDB：2BU1)。β 片层在某种程度上总是扭曲的。

片层末端的β链带有许多暴露于溶剂中的CO和NH基团，它们倾向于结合更多的β链并延伸片层。在很多蛋白质中，亚基的聚集就是以β片层的配对形成的。同样的，肽链底物和蛋白质水解酶的结合也是通过酶和底物的β束相互作用。蛋白质的淀粉样聚集也是由于蛋白质中某些部分的β束间的相互作用引起的，这些部分在正常情况下应该形成折叠好的结构，与淀粉样聚集时的构象可能不相同（见3.3.3节）。

2.3.2.2 β突起

在反向平行的β结构中，经常会发现突起。与理想状态下的氢键模式相比，一个β束的额外的一个氨基酸残基从与其他残基相互作用的β片层中移开，导致残基相互间的排列发生错位偏移（图2.18）。该β突起增强了β片层的扭转。β突起有一些典型的标准构象，可以被包括在有规则的二级结构中。

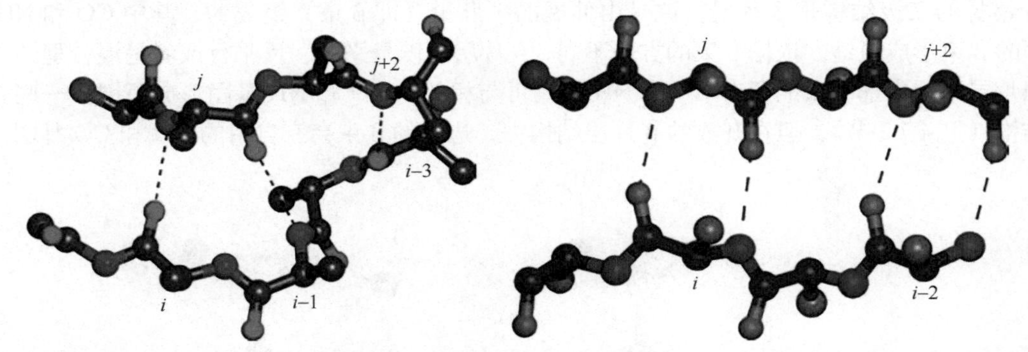

图2.18 左：反向平行的β片层中的一个β突起：上链的残基j的NH和CO基团与下链残基i的CO基团及残基i–1的NH基团形成氢键。残基j+2和i–3之间也形成了氢键；右：为了比较，展示了反向平行的β片层中正常的氢键形成。残基i和j的NH与CO基团形成氢键，残基i–2和j+2间也形成了氢键。

2.3.2.3 转角

转角是另一种规则的二级结构。其短小，且经常连接两条β束。理想情况下，转角或β转角由残基n的CO基团与残基n+3的NH基团形成氢键（图2.19）。这种紧致的转角对于残基n+1和n+2的构象角度有很大的限制（图2.19）。蛋白质中存在几类这样的转角，其中一些对在特定位置的特定残基（Gly和Pro）有很强的偏好性，因为这些残基的扭转角性质对于转角的稳定性很重要（表2.5）。

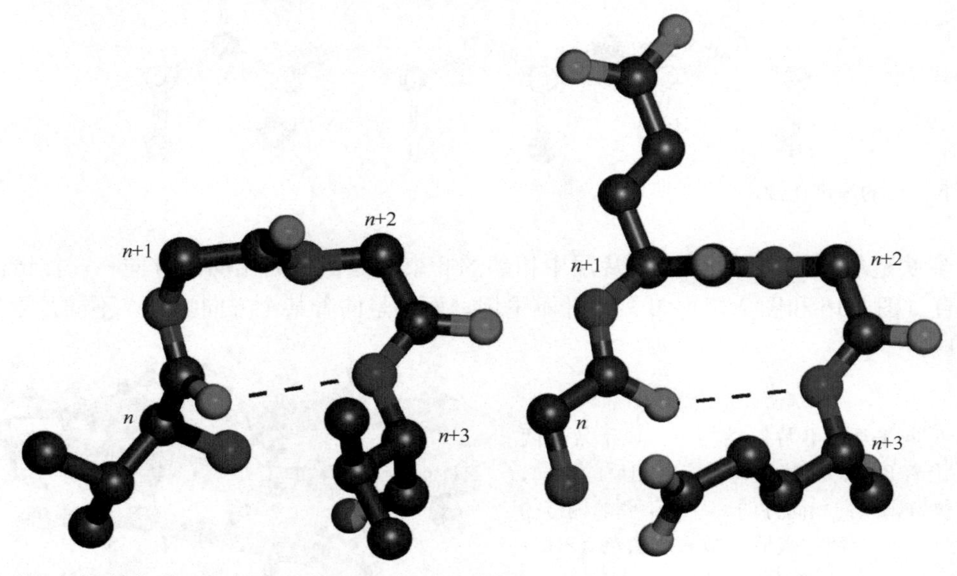

图2.19 两种最常见的转角类型，即类型Ⅰ′（左）和类型Ⅱ（右）。

表 2.5　最为常见的 β 转角类型中的构象角及偏好的氨基酸

类型	Phi	Psi	Phi	Psi	氨基酸偏好性
Ⅰ	–60	–30	–90	0	Pro(*n*+1), Gly(*n*+3)
Ⅰ′	60	30	90	0	Gly(*n*+2)
Ⅱ	–60	120	80	0	Pro(*n*+1), Gly(*n*+2),
Ⅱ′	60	–120	–80	0	Gly(*n*+1)
Ⅵa	–60	120	–90	0	
Ⅵb	–135	135	–75	0	
Ⅷ	–60	–30	–120	120	

注：*n* 是转角的第一个残基，构象角 Phi 和 Psi 是残基 *n*+1 及 *n*+2 的。

另一种在很多蛋白质中发现的转角是 γ 转角，其中残基 *n* 的 CO 基团与残基 *n*+2 的 NH 基团之间形成氢键。

2.4　三级和四级结构

一个蛋白质的三级结构（图 2.20）是当蛋白质具有生物学活性时的构象或折叠方式，也叫做天然构象。很多蛋白质与其他相同的蛋白质拷贝或者不同的蛋白质形成寡聚体，这种寡聚体被叫做蛋白质的四级结构。我们将在接下来的章节中讨论这两个结构层次。

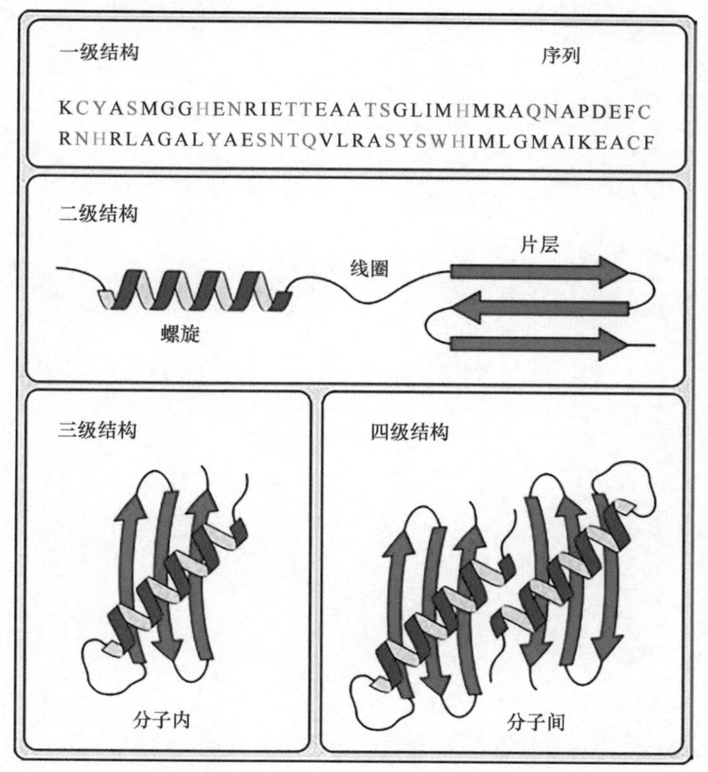

图 2.20　蛋白质四级结构图示。

延伸阅读

原始文献

Fleming PJ, Rose GD. (2005) Do all backbone polar groups in proteins form hydrogen bonds? *Prot Sci* **14**: 1911-1917.

Fodje MN, Al-Karadaghi S. (2002) Occurrence, conformational features and amino acid propensities for the π-helix. *Prot Engin* **15**: 353-358.

Lovell SC, Word JM, Richardson JS, Richardson DC. (2000) The penultimate rotamer library. *Prot Struct Funct Genet* **40**: 389-408.

Richardson JS, Getzoff ED, Richardson DC. (1978) The β bulge: A common small unit of nonrepetitive protein structure. *Proc Natl Acad Sci USA* **75**: 2574-2578.

综述文章

Adzhubei AA, Sternberg MJE, Makarov AA. (2013) Polyproline-Ⅱ helix in proteins: Structure and function. *J Mol Biol* **425**: 2100-2132.

Chothia C. (1984) Principles that determine the structure of proteins. *Ann Rev Biochem* **53**: 537-572.

Steiner T. (2002) The hydrogen bond in the solid state. *Angew Chem Int Ed* **41**: 48-76.

（张 羿 译，苏晓东 陈 红 校）

第 3 章

蛋白质的折叠过程、折叠类型和功能

3.1 蛋白质的稳定性及其动力学特性

3.1.1 疏水作用

已折叠的蛋白质的稳定性取决于很多因素，其中至关重要的是疏水核心（hydrophobic core）的形成。这个核心是由蛋白质或者蛋白质结构域内部的非极性侧链堆叠而成。疏水核心形成的根本原理是以熵变为本质的疏水作用。在未折叠状态下，蛋白质中的疏水侧链暴露在水相溶剂中，但是折叠后，这类侧链的大部分避开溶剂，导致水分子的熵增。如果极性基团出现在疏水核心内，它们会通过形成氢键和盐桥来进一步稳定蛋白质的结构。

位于疏水核心中多肽主链上的极性基团通常会通过氢键相互作用形成常见的模式，如 β 片层和 α 螺旋。由于极性基团包埋在疏水核心内在能量上不利而螺旋和 β 片层的蛋白质骨架上的所有极性基团都参与形成氢键，所以螺旋和 β 片层形成了大部分蛋白质的中心部分，更多关于疏水作用的信息详见第 6 章脂膜部分。

3.1.1.1 折叠过程

蛋白质的构象或者三级结构域是由其氨基酸序列决定的，因此也是由相应基因的碱基序列决定的。蛋白质构象与氨基酸序列的直接关系最早由安芬森（Anfinsen）的实验证明，在该实验中，变性的葡萄球菌核酸酶片段重新折叠并且恢复了功能。现在我们对氨基酸侧链怎样形成正确构象的过程，即折叠过程（folding process）了解得更加充分。

即使对于一个很小的蛋白质来说，理论上可能的多肽链构象的数目也是巨大的。Levinthal 曾经发表过一个经典陈述：对于一个只有 100 个氨基酸残基的蛋白质来说，需要花费比宇宙年龄更长的时间来尝试三种拉氏（Ramachandran）角的完全取样，合计 3^{198} 种构象。尽管如此，蛋白质的折叠很迅速，这意味着，多肽链不可能尝试所有的构象找到最稳定的状态。这个现象的一个可能解释是折叠过程是沿着一条或者有限几条路径来到达最终折叠状态的。换句话说，即蛋白质折叠过程的能量景观（energy landscape）可以被形容成一个漏斗，蛋白质可能找到绝对最小状态，也可能被困在局部最小状态（图 3.1）。蛋白质折

图 3.1 折叠漏斗——蛋白折叠过程图示。

叠在多肽链翻译未完成时就已经开始，即所谓的“伴翻译折叠”（co-translational folding）。因此，不能排除折叠过程本身及其动力学对于最终构象的重要性，也就是说，氨基酸序列不仅编码了天然构象，而且编码了折叠过程本身。

对于大多数蛋白质来说，天然构象似乎是最稳定的构象，尽管折叠和非折叠状态间的能量差距一般较小（20 ～ 40kJ/mol）。迫使蛋白质折叠成三维结构的力和形成二级结构的力是相同的：共价键作用力、氢键、静电和范德华相互作用力。此外，疏水作用也做出了重要贡献。氢键（见 2.1.4 节）是蛋白质折叠的一个重要部分。相较于其他力，它们除了对蛋白质折叠有重要的能量贡献外，还具有方向性与协同性，因此对蛋白质的折叠有很大程度的决定作用。几个氢键的损失就足以破坏蛋白质的折叠。

蛋白质天然折叠可能并不代表能量最低的构象，因为折叠过程中可能不允许任何路径达到这个状态。在这样的情况下，天然状态是折叠过程中允许到达的最低能量构象。折叠和非折叠状态之间较小的能量差也是蛋白质生物学功能的重要特性，并且它导致蛋白质具有不同的柔性特征。更进一步讲，对多种生物学过程的控制需要蛋白质具有有限的寿命，而且可以被降解。一个非常稳定的蛋白质构象不符合这些需求。

折叠路径在不同蛋白质之间似乎差异巨大。一些蛋白质折叠似乎不需要经过任何中间状态。而另一些蛋白质的折叠过程涉及中间状态，有时称为“熔球状态”（melton globlue state），在该状态下，某些天然相互作用已经建立，但是完全紧致的折叠状态尚未达到。例如，在这些中间状态中，二级结构已经形成，但是其堆积尚未优化。

在细胞中，有很多被称为“分子伴侣”（chaperon）的蛋白质，它们帮助一些蛋白质折叠（见第 12 章）。分子伴侣并不特别针对某种特定折叠。它们与非天然折叠的蛋白质结合，通过阻止聚集并使其重新折叠的方式发挥功能。因此，分子伴侣的功能并不是指导特定构象的折叠过程，而是提高折叠的效率。

有些蛋白质只能以前体蛋白的形式正确折叠，折叠完成后，多肽链的一段会被去除。一个著名例子是小蛋白激素——胰岛素。该段被去除的小肽的作用很可能是除去折叠途径中的动力学屏障。

3.1.1.2 蛋白质的堆积及蛋白质中的空洞

对蛋白质的稳定性来说，二级结构的堆积最为重要。与未折叠多肽链结合的水分子大部分会在蛋白质折叠过程中被释放出来。这使得体系的熵增加，并稳定了蛋白质。一些水分子仍然困于能够形成氢键的结构内部（见 3.1.2.2 节）。然而，在结构中也会有一些更小的空洞或者堆积缺陷。它们中的大多数因为空洞太小而无法结合任何东西。在其他一些情况下，也会有更大并且疏水的空洞存在，大小在 25 ～ 150Å^3。惰性气体（如氙气或者氪气）能够结合在这些更大的空洞中。

由此类空洞造成的蛋白质稳定性损失在细菌噬菌体 T4 的溶酶体中得到研究。研究者进行了一系列疏水核心区域氨基酸的突变，利用小侧链的氨基酸，如丙氨酸，取代具有较大疏水侧链的氨基酸。尽管原本空腔周围的残基有一些移到了空腔中，但是这些突变大多并不会改变蛋白质的整体结构，也未观察到水分子与疏水空腔结合。研究者估算这些突变造成的稳定性损失为 100 ～ 140J/mol/Å^3 每空腔体积，或者 80J/mol/Å^2 每空腔表面积。

蛋白质的结构是其功能的主要决定因素，但其动态性也起着至关重要的作用。为了使蛋白质能够采取不同的构象，蛋白质的一部分需能够移动到新的位置。这种构象改变可能很小，但是对蛋白质的功能仍然很重要。如果蛋白质中存在空余空间，就能够允许它的某些部分采用不同的构象。因此，蛋白质中的空洞具有重要的功能意义。这点在肌红蛋白中通过不同的技术和一系列的定点突变被广泛研究。在肌红蛋白中，运输配体进入或者离开血红素需要通过蛋白质上的空腔，同时 CO 与这些口袋的结合可以使用光谱技术以及时间分辨的晶体学方法［劳厄（Laue）晶体学］通过光解离进行追踪。对影响空腔的突变的研究发现，配体的传输速率取决于空腔核心的氨基酸组装。这个例子表明蛋白质的氨基酸序列不仅仅编码蛋白质的折叠，同时也影响蛋白质的动力学性质。

3.1.1.3　变性——热稳定性

蛋白质的稳定性较弱，折叠状态的稳定性可被描述为两个符号相反的大数即焓变（*H*）和熵变（*G*）之间的差别。描述蛋白质稳定性的自由能可表示为：

$$\Delta G = \Delta H - T\Delta S$$

其中，*T* 表示温度。蛋白质很容易通过各种方法变质，这些方法包括加入化学变性剂（尿素、盐酸胍）、改变 pH，或者升高温度。此外，通过二硫键 S—S 交联或者结合金属离子可以稳定一些蛋白质。

比较来自不同物种的、具有同样功能但不同氨基酸序列的蛋白质，可以发现这些蛋白质具有不同程度的稳定性来对抗变性，这可能反映出这些物种不同的生存环境。例如，嗜热（heat-loving）物种的酶在热变性过程中通常更稳定。另外，在低温下，它们比相应的嗜温物种的酶活性更低，而后者又比相应的嗜冷物种中的酶活性更低。

理解热变性，是在工业高温作业下使用酶的重要前提。如何能提高酶的热稳定性？其一是用较大侧链填充空洞，因为从之前的突变分析可以发现空洞会破坏稳定性。其二是增加氢键数目以及电荷间相互作用。另外，引入二硫键也可以增强酶的稳定性。

3.1.2　水分子

3.1.2.1　结合水

大部分蛋白质分子在水环境中折叠并行使功能。它们与水的关系是讨论蛋白质结构和功能的中心内容。蛋白质的表面（不包括与其他蛋白质结合部分）大部分都是亲水的，但也有疏水的区域。在大分子结构研究中，其结构的表面、口袋和内部都发现了大量的水分子。晶体结构的分辨率越高（见 3.2 节），水分子的识别性越好。第一水合壳层的水分子是蛋白质整体的一部分，对蛋白质分子的稳定性及功能有直接贡献。蛋白质表面可被晶体学确认的水分子通常与一个或多个蛋白质表面的极性基团形成氢键。在某些部位，第二层水合壳层水分子的一部分也可以被观察到。

水分子中的氧原子通过两个氢原子以及两个自由电子对（孤电子对）形成四面体几何结构，因此水分子可以同时成为两个氢键的供体和其他两个氢键的受体。这些氢键的供体和受体原子间距为 2.7 ～ 3.3Å。在特殊环境下（如与金属原子结合），水分子的 pK_a 会被干扰。在不同研究体系中，不同 pH 会使特定的水分子去质子化变成 OH^-，或者质子化变成 H_3O^+。

3.1.2.2　内部水分子

完全被包埋在蛋白质中的水分子也经常能被观察到。某些蛋白质具有部分或者完全穿透蛋白质的、充满水的通道。以膜转运蛋白（第 13 章）为例，这些通道可能是水、质子或离子跨膜转运的功能性通道的一部分。有时候水分子会广泛地形成氢键连接，然而聚集成簇的水分子即便在弱极性或者非极性的空腔中也至少可以被瞬时稳定。内部水分子的交换可以通过核磁共振（NMR）或者中子衍射法研究。

水分子可以看成是在蛋白折叠过程中被困于内。蛋白质基团间部分极性的空腔更偏好于结合水分子而不是形成空洞，因为空洞中的氢键势能无法被满足。NMR 观察发现，这类水分子会快速与外部水分子进行交换，蛋白质分子通过进行“呼吸”运动来简化这些水分子的交换。

3.2 三级结构：蛋白质折叠

蛋白质可以形成多种形状。蛋白质的经典图像是球状结构。最早测定的蛋白质结构是肌红蛋白、血红蛋白和鸡蛋清蛋白溶菌酶，它们都呈现球状结构。然而，延伸的结构或是纤维状结构也已经被发现很长一段时间了。头发中的角蛋白是一种由 α 螺旋构成的明显的纤维状蛋白质。另外，蚕丝是由 β 链组成的纤维蛋白。已知的蛋白质结构被存储于蛋白质数据库（Protein Data Bank，PDB）中（第 19 章）。

3.2.1 结构域

许多蛋白质是围绕一个单一的疏水核心构成的，但是大多数蛋白质结构是由分开的折叠单元——结构域构成的。一个结构域通常围绕一个独立的疏水核心构成，这个特点可以用作结构域的定义。通常情况下，结构域是沿着多肽链的独立单元。蛋白质中一种结构域的排布是通过基因的复制和融合形成的。通过这种方式，同样的折叠可以在多肽链上重复一至多次。其中一个经典的例子是天冬氨酰蛋白酶，这种酶有时由两个完全相同的亚基以二重轴相关联构成。但在其他一些情况下，这种酶由一条多肽链上的两个同源结构域以一个近似的二重轴相关联而成。

很多情况下，蛋白质各部分之间没有明确的分界。将一个蛋白质的部分分类为结构域或者亚结构域具有主观性。尽管结构域是独立的折叠单元，但它们并不总沿着多肽链连续排布。多肽链的一些片段会从一个结构域中延伸出去形成另一个独立的结构域。在这种情况下，结构域间至少会有两个连接。

3.2.2 蛋白质折叠的分类

二级结构元件及这些元件之间的连接方式构成了蛋白质的拓扑结构（topology）和三级结构（tertiary structure）。蛋白质折叠的方式众多，因此有必要对折叠方式进行分类以便比较研究。两个独立的蛋白质折叠分类研究导致了 CATH 和 SCOP 数据库的产生（第 19 章）。这两个研究的基本分类单元都是蛋白质结构域。当蛋白质由多个结构域构成，且有不同的折叠方式时，它们就会被归类到数据库中不同的地方。这两个数据库都是分级分类的，首先根据所发现的主要二级结构元件（主要是 α、β 或混合 α 和 β）对结构域进行分类，然后将这些类细分为一些独特的拓扑结构。蛋白质折叠不如自然界氨基酸序列多样。即使在没有明显演化关系的情况下，很多蛋白质都有相同的或者相似的折叠。这两个数据库很重要的一个方面是，将蛋白质根据假定的演化关系分成不同的超家族。这些分类主要基于蛋白质的序列相似性，辅以结构和功能上的相似性。

3.2.3 拓扑结构和模体

3.2.3.1 反平行和平行 β 片层

对现有蛋白质的分析表明，有些二级结构元件的排列方式比其他结构更为常见。这类排列方式称为模体（motif）。由 β 链形成的几种结构如图 3.1 所示。反平行 β 片层通常由 β 发夹（两个由环或者弯钩连接的连续反平行 β 链）组成。如果发夹模体重复，我们会得到一个被称为 β 回纹波形的上下片层。

很多蛋白质中都有上下片层存在。在很多情况下，它们经常形成开放片层，但它们也会形成桶状或圆柱状结构（图 3.2）。有一大类蛋白质是 β 螺旋桨蛋白，每个桨片由四束反平行上下片层构成。具有 4 片、5 片、6 片、7 片、8 片桨片的螺旋桨蛋白有很多，但 10 片桨片的螺旋桨蛋白只有一个。在大多数这类蛋白质中，其中的一个桨片由一束来自 N 端和三束来自 C 端的 β 链组成，通过这种方式封闭并锁住螺旋桨结构。

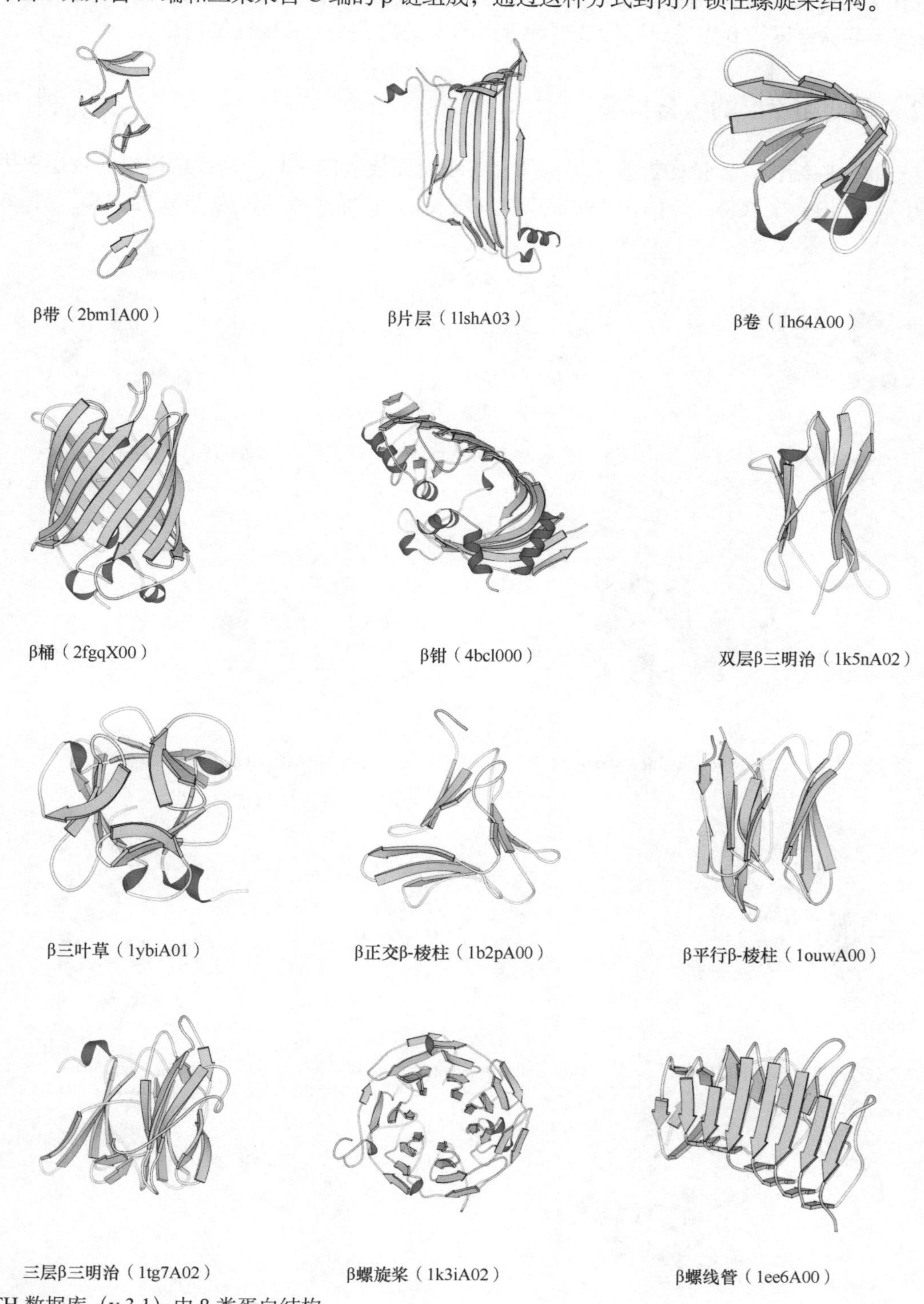

图 3.2　CATH 数据库（v 3.1）中 β 类蛋白结构。

一个四束反平行片层也能够形成希腊钥匙拓扑结构。这种模体可以被看成是一个 β 发夹再弯折产生了四束反平行片层。希腊钥匙模体在 β 片层蛋白中也非常常见。

一种特殊的希腊钥匙结构是一个拓展的、被称为“果冻卷”（jellyroll）的版本。这是一个由两个四束片层组成的 β 三明治排列方式。

主要由 β 结构组成的蛋白质一般具有反平行片层，但是其中的一个例外是具有 β 螺旋或 β 螺线管拓扑结构的蛋白质，其肽链以短 β 束通过平行及螺旋排列的方式构成一个三棱柱结构。

3.2.3.2 螺旋和片层的组合折叠

除了单一的片层结构，大量的折叠由螺旋和片层组合而成（图 3.3）。这种结构中的片层多由平行链组成，它们中的一些由一个模体——βαβ 单元形成，如常见的 αβ 桶（通常称为 TIM 桶）和三层 αβα 三明治。

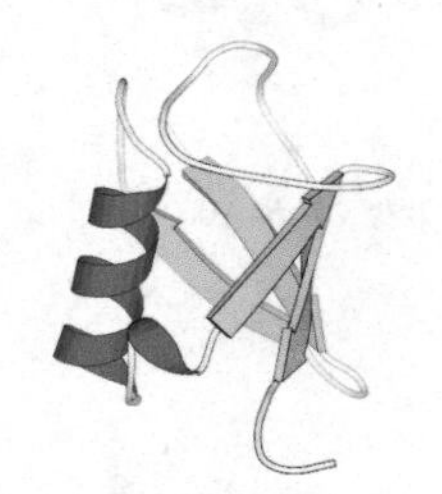

αβ卷（laarA00）

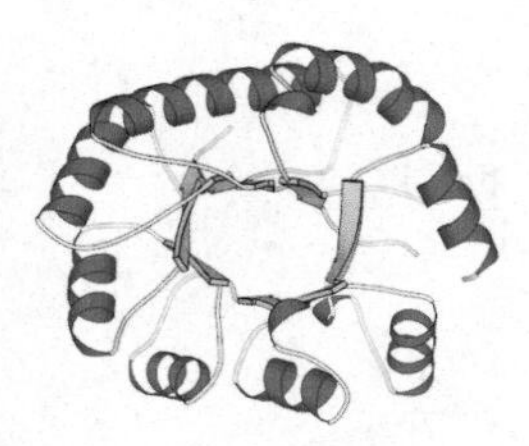

αβ桶（7odcA02）

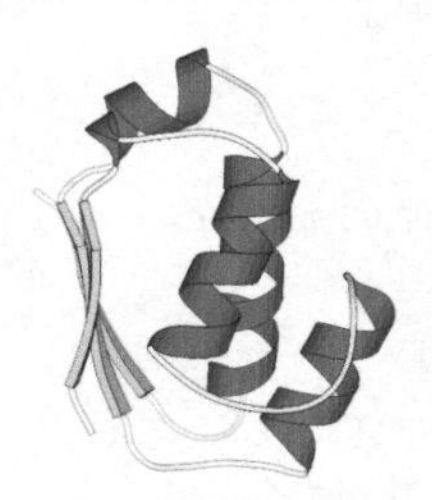

双层（αβ）三明治（lay7B00）

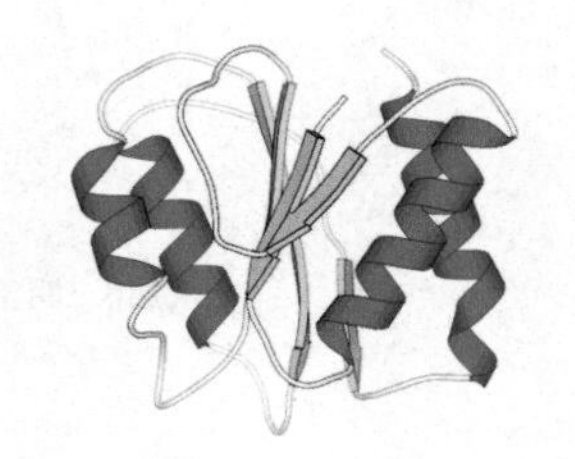

三层（αβα）三明治（4fxn000）

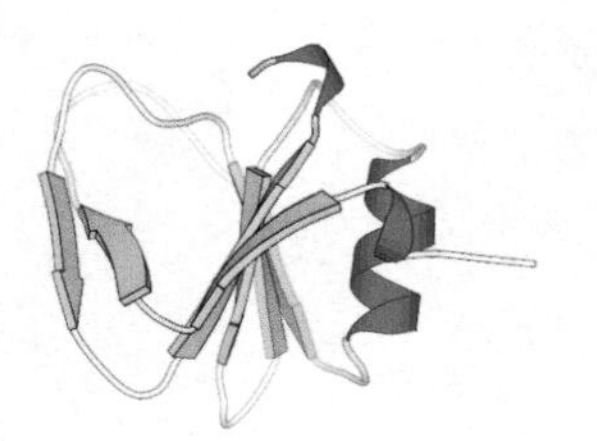

三层（ββα）三明治（1bhtB01）

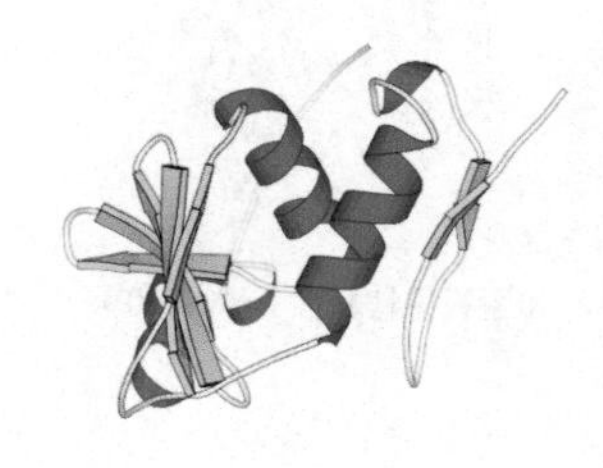

三层（βαβ）三明治(1d15A02）

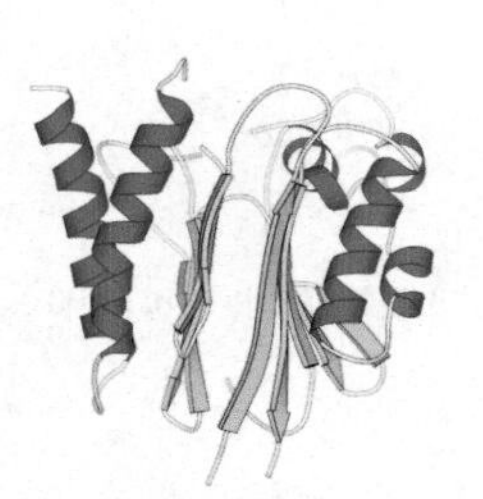

四层（αββα）三明治(1txoB00）

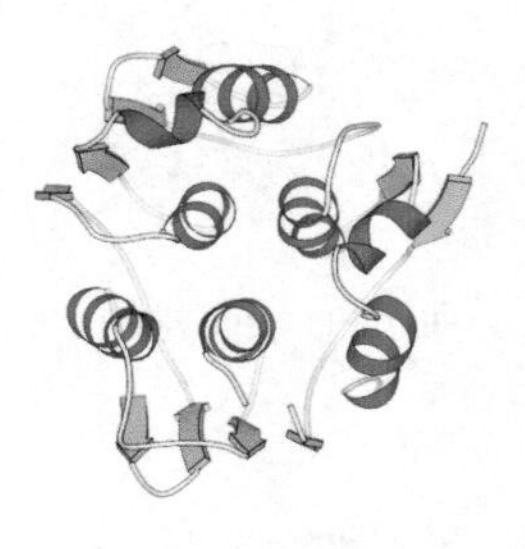

αβ棱镜（1g6sA01）

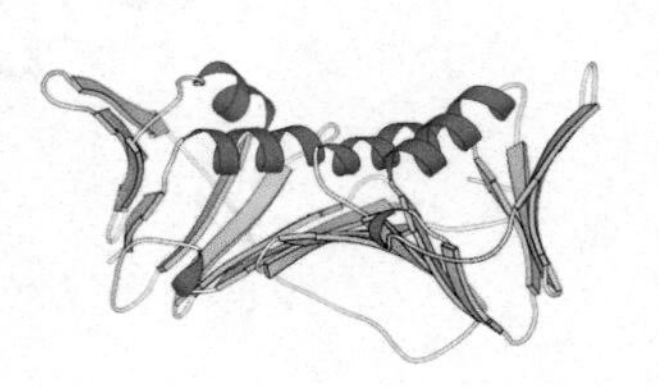

αβ盒（1plq000）

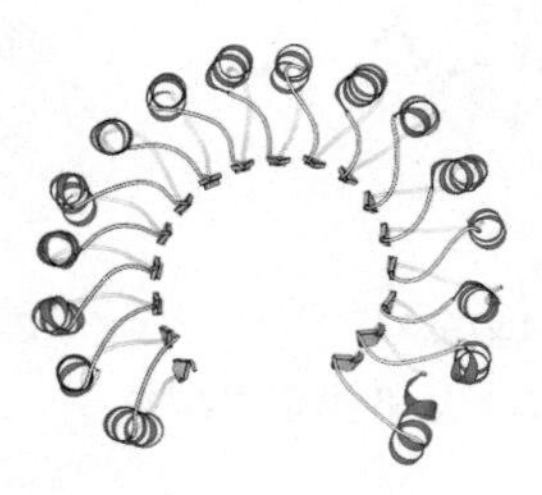

Aβ马蹄（2bexA00）

图 3.3 由 α 和 β 二级结构组合而成的三维结构。

这种单元由两条平行链和它们之间的螺旋连接构成。这种模体通常有两种存在形式，但目前最常见的是右手旋进方式。TIM 桶的命名来源于磷酸甘油醛异构酶（triose phosphate isomerase）。这种折叠由 8 个 β-α 单元形成，$(\alpha/\beta)_8$ 构成了一个圆桶。其中 8 条平行链形成一个封闭的圆桶，8 个螺旋包在 β 圆桶外。大量的酶都存在这种结构。有时会去掉一对 β 束和 α 螺旋形成一个开放的 $(\alpha/\beta)_7$ 结构。三层 αβα 三明治结构的一个例子是罗斯曼（Rossman）折叠，它在许多蛋白质中被发现，由 βαβ 模体构成。罗斯曼折叠最早在乳酸、马来酸及乙醇脱氢酶中被发现，6 条平行链位于蛋白质的核心。在罗斯曼折叠中，N 端链位于片层的中间。两个 βαβ 单元分别形成片层的一半（βαβαβ），其余的部分由一个相似的单元构成，它们起始于第一条链的旁边，并以近似的二重轴相关联。由于单元的手性及二重轴关系，几个螺旋会处在片层的两边。许多蛋白质都具有这样类似的拓扑结构，但在 β 链的数目和排布顺序上有时会有细微变化。

3.2.3.3 螺旋的堆积

螺旋蛋白质只有有限的几种堆积结构（图 3.4）。螺旋的堆积趋向于平行或正交。其中一种常见的螺旋堆积结构是四螺旋束，两对反平行螺旋沿螺旋轴成 20° 相交。四螺旋束存在于很多蛋白质中。还有一种简单的形式是上下螺旋束。正交束（如球蛋白折叠）是另一种螺旋堆积的例子。

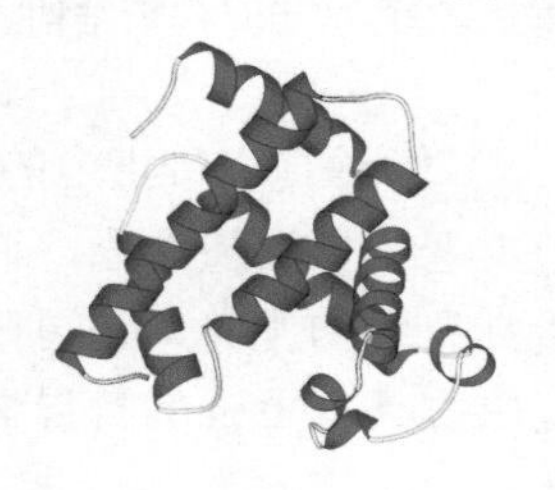

α正交束（1mbn000）

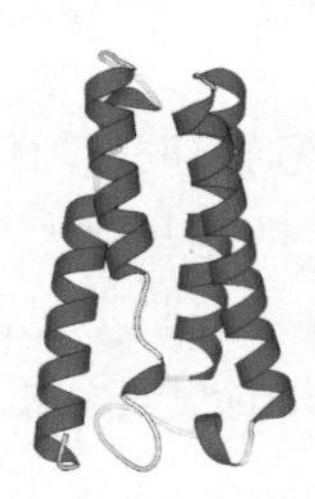

α上下束（1e85A00）

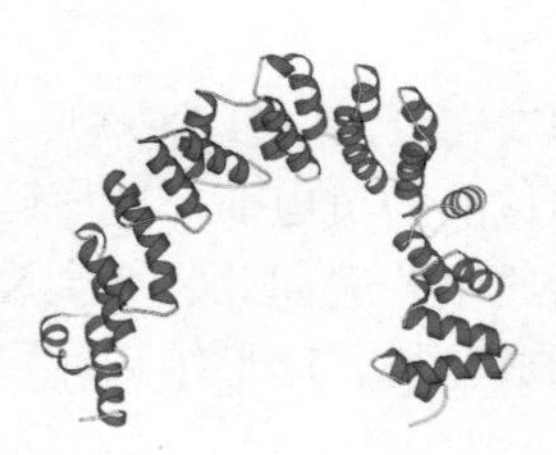

α马蹄（1qsaA01）

α螺线管（1pprM01）

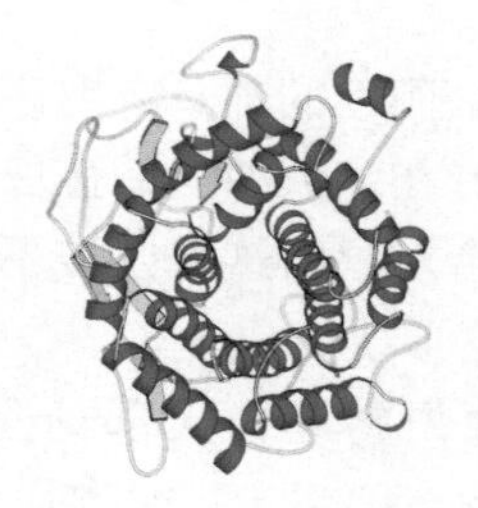

αα桶（1fce001）

图 3.4 α 类结构。

3.2.4 蛋白质的柔性和无序性

3.2.4.1 环形区和尾端

二级结构元件由环形区或转角相连接。这种环有时会很长，并且会从蛋白质更紧致的部分延伸出来。这种环可能缺乏二级结构，也可能形成 β 缎带（β-ribbon）或螺旋。其他从紧致部分延伸出来的可能是 N 端或者 C 端的尾部。这些尾部也可能会有二级结构。不论环形区还是尾部通常都会有结构支撑作用，多数情况下用来稳定蛋白质寡聚体的结构。例如，在四聚体乳酸脱氢酶中，N 端的 20 个氨基酸残基形成一个臂状折叠伸入另一个亚基中，来稳定四聚体酶的两个二聚体之间的相互作用（图 3.5）。其相关酶马来脱氢酶缺少这个 N 端延伸臂，因而常常仅形成二聚体。

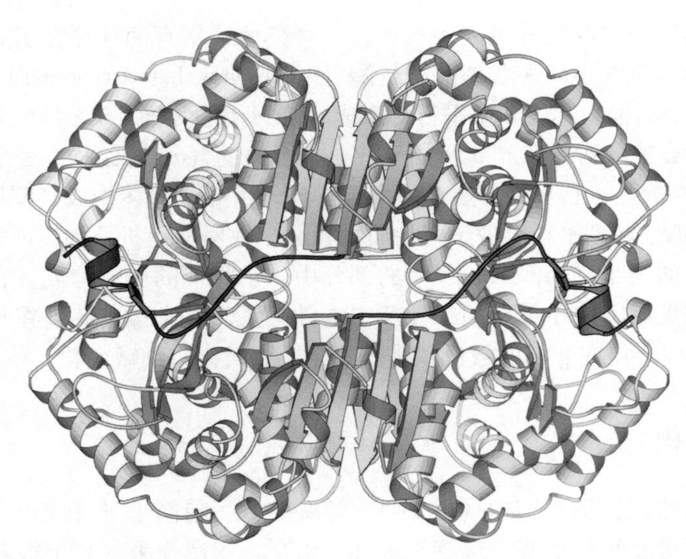

图 3.5 四聚体酶乳酸脱氢酶。N 端延伸臂被重点标示出，它与其他亚基相互作用以保持复合物稳定（PDB：1LDM）。其他物种中的相关酶马来酸脱氢酶缺乏这个延伸臂，因此常形成二聚体。二聚体对应于蓝-绿或红-黄相互作用结构。

病毒的衣壳蛋白（第 18 章）、组蛋白（第 19 章）和核糖体蛋白（第 11 章）常常具有带正电的延伸部分，用其来中和核酸的负电荷。这些延伸元件很可能是这些巨大聚集体中最为古老的蛋白质元素，而且很可能在其他蛋白质中普遍如此。与金属离子相比，带有一些正电荷会使蛋白质具有别构优势，还可以与核酸的磷酸基团形成盐桥。球形结构域可能是后来增加到这些多肽上的，它使蛋白质具有更强的特异性和额外的功能。

3.2.4.2 天然不折叠蛋白质

大多数蛋白质尽管不是刚性的却具有有序结构，但很多情况下蛋白质中都会具有或大或小的高度柔性区域。上述讨论的尾部区域在多数独立的蛋白质中都是无序的。其中的一种解释是柔性区域的功能是结合其他分子，但是在缺乏结合对象时这个区域不稳定。更进一步讲，结合后的构象可能是延展的，或者是一种在拓扑上很难结合的刚体形状。

我们越来越强烈地意识到有一大部分蛋白质天然不折叠或者仅瞬时折叠。一类内禀非结构蛋白（intrinsically unstructured protein，IUP）如胸腺素 β_4，可结合 G-肌动蛋白以阻止纤维状肌动蛋白的组装（15.1 节）。在结合状态下，螺旋结合在肌动蛋白单体的另一端以防止其聚合。此蛋白质利用其螺旋作为结合元件。这些螺旋在分离的未折叠蛋白中仅短暂存在，因此可以降低完全非结构蛋白结合其靶蛋白时的熵损失。

3.2.5 趋同演化和趋异演化

3.2.5.1 常见折叠

现存的蛋白质折叠类型是演化的结果，而不是因为特定类型的蛋白质折叠对于某一类功能的适应性，尽管很多功能特点与特定的折叠类型相关联。其中的一个例子是免疫球蛋白：所有免疫球蛋白都有好几个结构域，这些结构域都是 β 三明治，并具有很相似的拓扑结构。这类结构域不仅仅在我们的免疫系统蛋白中存在，也存在于许多细胞表面受体中。造成这种相似性的原因很可能是大部分或者所有这类蛋白质都有共同的起源。

除了免疫球蛋白的折叠，很多其他折叠在很多看起来不相关的蛋白质中被发现。一些常见的折叠类型见表 3.1。

表 3.1　一些存在于不同蛋白质家族中的常见折叠类型

名称	折叠类型	举例	数字
α/β 双缠绕	主要为平行片层，螺旋分列两边	Ras 折叠、枯草芽孢杆菌蛋白酶、腺苷酸激酶	3.6，11.18
TIM 桶	8 条 β 链封闭圆柱，间以螺旋相连	磷酸甘油醛异构酶、乙醇酸氧化酶、醛缩酶	3.3
劈裂 α/β 三明治	反平行片层，螺旋位于一侧	4Fe-4S 铁氧还蛋白、酰基磷酸酶、RNA 结合蛋白	3.3，3.18
免疫球蛋白	β 三明治	免疫球蛋白、受体结构域、超氧化物歧化酶	17.1
α 上下折叠	四对反平行螺旋	血红素、TMV 病毒衣壳蛋白	3.4
球蛋白	两层非平行螺旋	血红蛋白、藻青蛋白	3.4
瑞士果冻卷	β 三明治	肿瘤坏死因子、病毒衣壳蛋白、伴刀豆球蛋白	18.5
三叶形	三片层形成的圆柱	白细胞介素、蓖麻毒蛋白	3.2
泛素 α/β 卷	小片层，螺旋位于一侧	泛素、2Fe-2S 铁氧还蛋白	12.29

很多酶具有 TIM 桶折叠。很多功能不相关且序列无明显相似性的酶都具有这种折叠，似乎这种折叠是在这些蛋白质的演化过程中独立发展出来的。酶的活性位点总是位于桶的同一端。

另一种常见折叠是果冻卷折叠，一般存在于很多病毒衣壳蛋白和其他一些功能完全不相关的蛋白质中，如肿瘤坏死因子。其他被发现的折叠都只存在于具有特定功能的某一家族蛋白质中，如碳酸酐酶和小 RNA 噬菌体衣壳蛋白。

很多蛋白质都具有简单拓扑结构的相似折叠。这些功能不相关的蛋白质中的相似折叠是否由趋异演化而来还不得而知。这类简单的折叠可能会因为它们高效精准的折叠过程而在演化过程中受到青睐。

随着越来越多的蛋白结构被测定，人们观察到的折叠数目也在不断增加。从完整基因组测序中获得的大量数据为我们估计折叠的数目提供了可能性。这是通过将所有序列分类成同源蛋白质组来完成的。由于构象比序列更保守，这样的一个组中的每一个蛋白质都具有相同的折叠（只要分类正确！）。许多具有相同折叠的蛋白质可能是演化相关的，但趋异演化导致没有显著的序列相似性存留下来，而其他蛋白质可能独立地演化出同一折叠类型，并且确实是非同源的。从新序列属于已知同源组的比例，人们可以外推并估计出活细胞中存在显著序列相似性的同源蛋白质组总数。根据不同序列组相关联的折叠数目，我们可以估计有多少组会具有独特的折叠。目前的估计是最多只有几千种不同的折叠类型，其中大约 1000 种已知。

目前已知的折叠类型数目虽然庞大，但并不等于多肽链［有时称为折叠空间（fold space）］可能形成的所有折叠类型的总数。可能的氨基酸序列总数是巨大的。对于一个 100 个氨基酸的小蛋白质来说，有 20^{100} 种可能的序列。由于相对刚性的主链以及形成良好堆积的疏水核心的需求，严重限制了蛋白质的折叠，也许只有极小部分理论上可能的氨基酸序列会折叠成稳定的球状结构。因为现存的折叠是生物演化的结果，并没有探索所有可能的序列组合，所以很可能许多稳定的折叠在自然界中并不存在。

3.2.5.2　丝氨酸蛋白酶：一个趋同演化的例子

应该意识到，蛋白质结构的折叠类型分类与功能分类无关。一般来说，特定的功能并不会局限于特定的折叠类型。丝氨酸蛋白酶及相关酶类就很好地说明了这一点，它们是好几种来自不同家族的蛋白质，具有相似的功能但折叠类型不同。丝氨酸蛋白酶——糜蛋白酶属于大量真核生物蛋白水解酶的一大类，它由两个相似的 β 桶折叠结构域组成（图 3.6）。糜蛋白酶的活性位点及催化机理都与枯草芽孢杆菌蛋白酶（subtilisin，一种细菌蛋白酶）很相似，然而却具有完全不同的折叠类型（α+β 类）。显然，这两种蛋白质没有共同的起源。然而，参与催化机理的三个残基丝氨酸-组氨酸-天冬氨酸（催化三联体 Ser-His-Asp）完全一样，但出现的序列顺序有差异。尽管如此，它们的催化中心和机理非常相似。这是趋同演化（convergent evolution）的一个例子：两种蛋白质独立演化出了相同的功能。丝氨酸蛋白酶的例子显示蛋白质折叠实际上可以被看成是用来形成稳定的骨架结构。在这个骨架上，活性位点和其他功能特性可以被塑造出来。另一个例子是碳酸酐酶，它有针对同一种功能的不同折叠方式（见第 8 章）。

图 3.6 丝氨酸蛋白酶糜蛋白酶（左）和枯草芽孢杆菌蛋白酶（右）的折叠类型有很大区别，但是这两种蛋白质具有相同的功能和酶学机理。丝氨酸-组氨酸-天冬氨酸（Ser-His-Asp）催化三联体如图所示（PDB：分别是 4CHA 和 1GCI）。

3.3 四级结构：蛋白质寡聚体的形成

生物大分子的功能不仅取决于它们的结构，而且取决于它们之间的相互作用。不仅仅是较小的分子和离子，大分子间的相互作用也在很大程度上决定了其功能。蛋白质能够形成大的寡聚体，或者由一种构筑单元（homo-oligomer）组成，又或者由多种单元（hetero-oligomer）组成。要形成稳定的相互作用，溶剂可接触表面积的减少就需要足够大。稳定复合物的平均相互作用面积约为 1600Å^2（指两条链的接触面积之和）。这些相互作用的本质与蛋白质折叠相同，但是通常疏水残基及其疏水作用在其中起关键作用。当然，电荷和氢键都需要找到与之平衡的对象。蛋白质在演化中避免了不合适的相互作用或者聚集（这些聚集可能会破坏相互作用）。蛋白聚集的优点是允许蛋白质在体外结晶从而用于结构测定。

3.3.1 寡聚体蛋白、对称和对称破缺

蛋白寡聚化的排列方式似乎具有无限可能性。相同蛋白质分子相互作用时通常利用不同蛋白质亚基（原聚体）上的相同表面。这常常会导致一个固定分子数目的单个分子封闭排列，或者在具有相同相互作用的许多分子之间开放排列。封闭排列通常具有某种对称性（图 3.7，表 3.2）。

开放的相互作用可以是线性（较少见）或者螺旋的。很多被详尽研究的蛋白质都具有螺旋对称。一些螺旋聚集蛋白的例子见表 3.3。

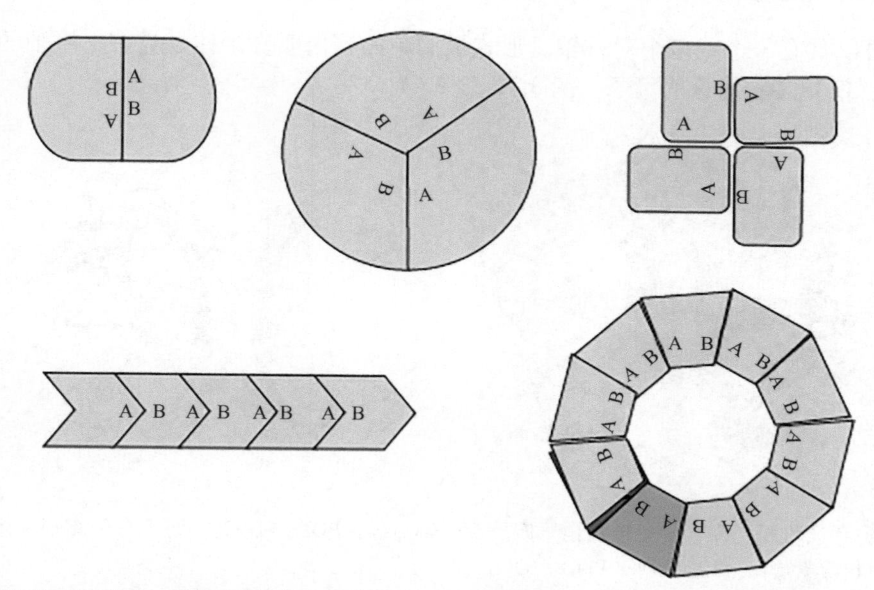

图 3.7　蛋白质寡聚体的一些例子。根据亚基（A 和 B）相互作用表面的相对取向，蛋白寡聚体可以形成一个二聚体、三聚体、四聚体、线性（开放）排列或者螺旋排列的寡聚体。

表 3.2　周期对称聚集的蛋白质

旋转对称	举例	说明
2	乙醇脱氢酶	
3	膜孔蛋白、流感病毒凝血蛋白	
4	流感病毒唾液酸苷酶、水通道蛋白	
5	AB_5 肠毒素	
6	C-藻蓝蛋白	
7	GroES	
8	捕光复合物 2	
9	捕光复合物 2	
11	Trp RNA 结合减弱蛋白（TRAP）	
16	捕光复合物 1	
17	TMV 衣壳蛋白环	双环
39	穹窿核糖核蛋白	

表 3.3　螺旋聚集蛋白的一些例子

蛋白质	单体螺旋上升距离/Å	单体间旋转角/°	说明
肌动蛋白	27	167	
Ⅳ型纤毛	10.5	100	
纤维状噬菌体（fd）	32	72 及 180	具有相反取向的五聚环
烟草花叶病毒（TMV）	1.4	22	

封闭的结构可以具有一个或多个对称轴。形式最简单的蛋白质寡聚体是具有二重轴的简单二聚体。在生物系统中有多达 39 重旋转对称的例子（图 3.8，表 3.4）。

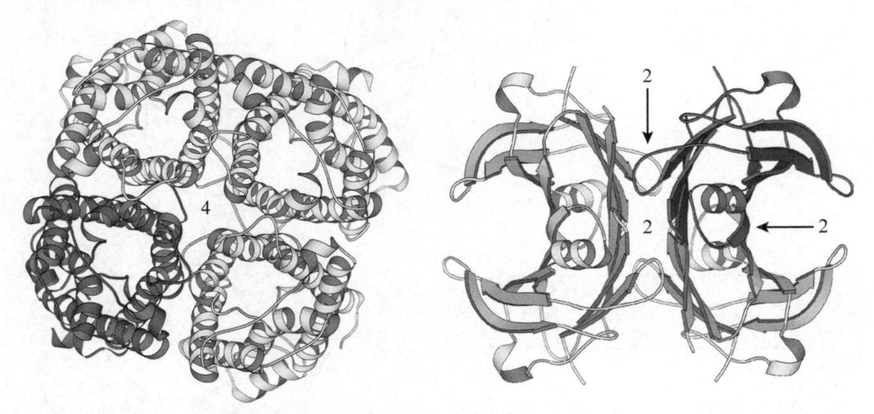

图 3.8　四聚体的两种不同堆积。左：水通道蛋白（四重旋转轴对称，PDB：3D9S）。每个分子有一个让水分子从其中间通过的通道。右：运甲状腺素蛋白（222 对称，PDB：1OO2）。

表 3.4　具有多重对称轴的蛋白质复合物

对称性类型	举例	说明
222	乳糖脱氢酶	4 个亚基
32	天冬氨酸甲氨酰转移酶	两种 12 个亚基
422	蚯蚓血红蛋白、乙醇酸氧化酶	8 个亚基
622	谷氨酰胺合成酶	12 个亚基
72	GroEL	14 个亚基
23	蛋白酶 3,4-双加氧酶	四面体对称，12 个亚基
39/2	穹窿核糖核蛋白	78 个亚基
432	铁蛋白	八面体对称，24 个亚基
532	正二十面体病毒	二十面体对称，60 个或者 60 的倍数个亚基

寡聚体中最复杂的对称性包括不同方向上的多重对称轴。最简单的这类排列为具有三个相互垂直的二重轴（222 对称性，图 3.8）的四聚体对称。已经发现了包括三重、四重、六重和七重对称性与相互垂直的二重轴组合的例子。最复杂的对称性是不同形式的立方对称，如正二十面体病毒具有 532 对称性（表 3.4）。立方对称性是由 4 个沿着立方体对角线方向的三重轴产生的。

3.3.1.1　多聚化-去多聚化

一些蛋白质因为生理需求需要经历多聚化-去多聚化反应，如肌肉中的蛋白质——肌动蛋白（见第 15 章）。肌动蛋白有两种存在形式，即 G-肌动蛋白和 F-肌动蛋白。F-肌动蛋白是聚集的，或者称为丝状的。它可以形成螺旋状多聚体或者去多聚化，这取决于其与其他大量蛋白质的相互作用。肌动蛋白在肌肉细胞中形成细丝。另一种蛋白质，即微管蛋白，可以被其他蛋白质调控实现多聚化-去多聚化，从而在细胞中形成微管。

很多病毒衣壳蛋白也可以在病毒感染宿主时去多聚化，并在它们准备好离开宿主细胞去感染其他新细胞时多聚化形成新的病毒颗粒。

3.3.1.2　结构域互换

包含几个结构域的单体蛋白有时可能以结构域互换（domain swap）的非天然方式聚集。一条多肽链上的结构域与另一条多肽链的结构域相互作用，而不是选择与同一条多肽链上的结构域相互作用（图 3.9）。

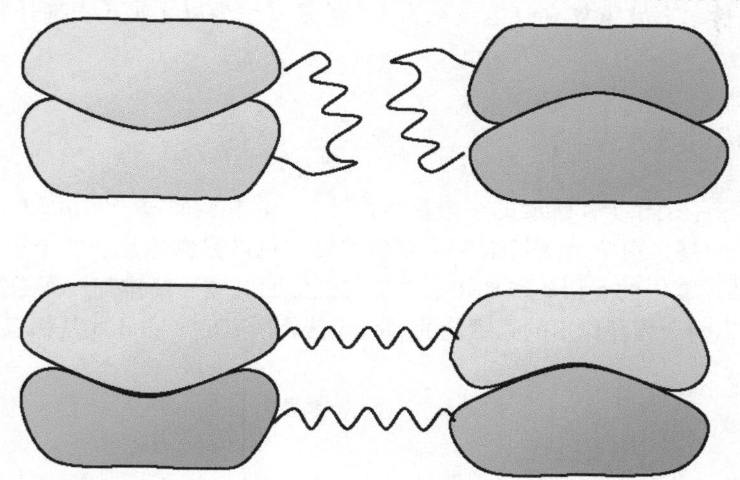

图 3.9　蛋白结构域互换。上：正常情况下蛋白质是一个单体，两个结构域在单体内相互作用；下：蛋白质的两个结构域以与正常情况下相同的方式作用于不同的单体。

有时这种方式也会延伸成为线性或者分支结构的寡聚体。最后的结果是导致单体的聚集。

3.3.2　螺旋卷曲和七肽重复

3.3.2.1　总体特征

在一些蛋白质中，亚基中的 α 螺旋间会相互作用形成寡聚体，被定义为特殊的模体。它们基本都是螺旋卷曲，并被赋予不同且合适的名字，如亮氨酸拉链（表 3.5）。

表 3.5　螺旋形成的模体

名称	重复模体	结构作用	职能作用
亮氨酸拉链	每 7 个残基一个亮氨酸，七肽重复	沿螺旋轴的疏水相互作用	蛋白质二聚
无规则卷曲	七肽重复序列（abcdefg），a 和 d 是疏水的	两个或多个螺旋之间的相互作用	可形成长的“绳状”结构（肌球蛋白、原肌球蛋白）
甘氨酸拉链	GXXXGXXXG	右手螺旋组装。螺旋间的距离很小	膜通道蛋白

在蛋白质-蛋白质间形成的寡聚体中经常可以见到一种独特的螺旋堆积方式——螺旋卷曲（colied-coil），在这种方式下，独立的螺旋相互缠绕形成延伸的超级螺旋。经典的螺旋卷曲是由 2 ～ 5 个螺旋平行或者反平行排列，但是自然界中也存在由多达 12 个螺旋环形排列的非常复杂的方式。

大多数卷曲螺旋是由被称为七肽重复（heptad repeat）的序列模体形成的。这种重复序列包含 7 个氨基酸（abcdefg）——在超级螺旋中沿着螺旋重复。a 和 d 位置的残基几乎总是疏水氨基酸，如亮氨酸、异亮氨酸和缬氨酸，它们互相堆积并在卷曲螺旋之间形成一个疏水的界面。疏水残基 a 和 d 的包埋是螺旋堆积的主要驱动力，其余 bcefg 的位置通常被极性氨基酸占据，它们能与水相溶剂相互作用。鉴于 a 和 d 残基在卷曲形成时的重要性，七肽重复有时也被称为 3-4 重复（因为以 a 或 d 残基开始的片段分别有 3 个或 4 个残基）。

3.3.2.2 卷曲形成的分子基础

卷曲螺旋形成的分子基础在于 α 螺旋的一个基本特性——α 螺旋的每一圈由 3.6 个残基组成（见 2.3.1.1 节）。由于每圈有 3.6 个残基，由 7 个残基组成的七肽重复不足以完成螺旋中两个完整的旋转（需要 7.2 个残基）。因此，相邻七肽重复中的 a 和 d 残基并不是沿着螺旋面的同一侧排列，而是沿着螺旋轴有轻微旋转（图 3.10，左图）。所以，两个相互作用的直螺旋的结合无法将所有的 a 和 d 残基都包埋在内部。

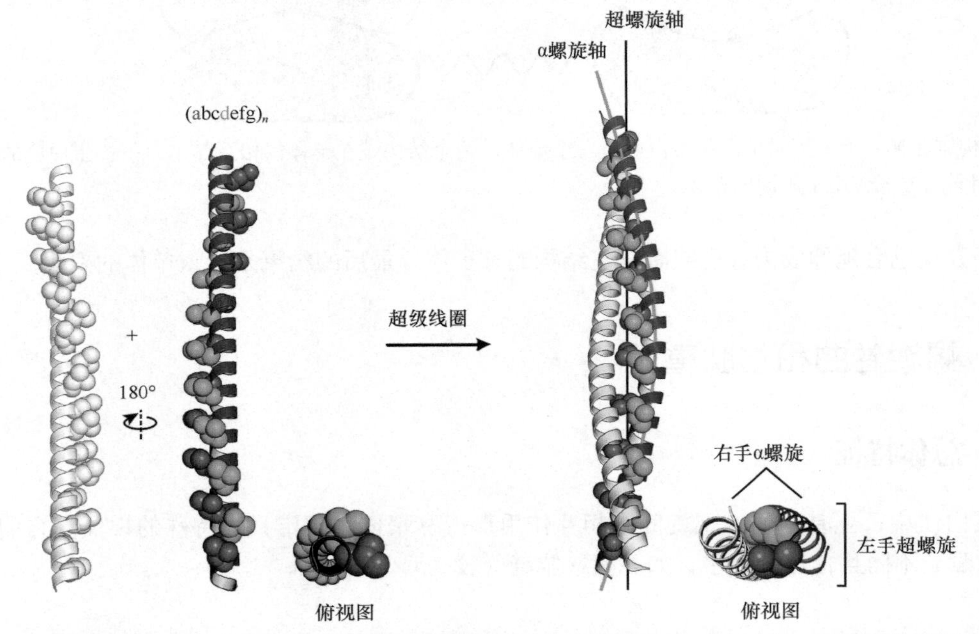

图 3.10 七肽重复和卷曲螺旋的形成。左图：多个连续的七肽重复序列组成的两个直螺旋。a 和 d 残基的侧链（为简单起见，都用亮氨酸表示）显示为球。为清楚起见，只显示超螺旋中两个螺旋之一的 a 和 d 的侧链。

为了补偿 a 和 d 残基在系统上的漂移，螺旋轴本身必须以与右手螺旋骨架相反的方向［或手性（handedness）］相互缠绕，形成左手超螺旋（图 3.10，右图）。这样一来，占据 7 个残基片段的 a 和 d 氨基酸就全部指向超螺旋轴的内部，在两条链之间形成疏水核心（图 3.11）。由此，卷曲螺旋的形成有效地将螺旋每圈需要的残基从 3.6 个变成了 3.5 个。

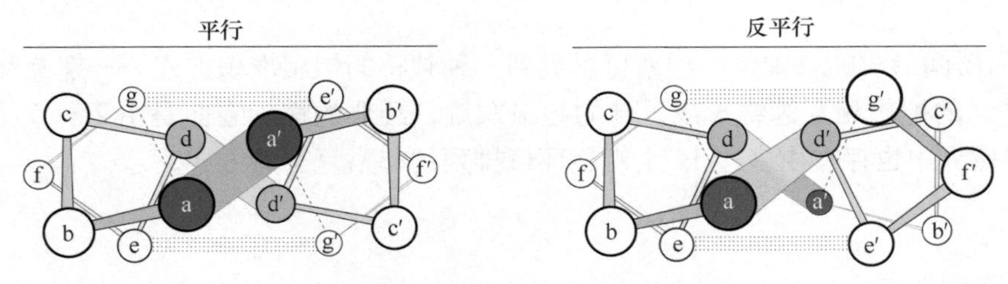

图 3.11 两束平行（或反平行）卷曲螺旋互作界面上的残基相互作用。在螺旋轮图中，点表示极性残基 e 和 g 的静电或氢键相互作用。对角线上残基 a 和 d 的疏水作用用红蓝阴影表示。

3.3.2.3 卷曲螺旋互作面上的侧链相互作用

在卷曲螺旋互作面上的侧链相互作用经常用螺旋轮图（helical wheel diagram）表示，该图展示了俯视超螺旋时每个残基的位置。螺旋轮是由七肽重复 abcdefg 组成两圈螺旋卷曲，绕着两个相对圆的半径绘制而成（图 3.11）。

由图 3.11 可以明显看出，超螺旋界面上的分子细节在平行和反平行螺旋卷曲中是不同的。当螺旋平行时，来自两个螺旋的残基 a 和 a′ 沿对角线堆积，d 和 d′ 同理。这样一来，沿着超螺旋方向形成了重复的 a-a′ 层和 d-d′ 层。在反平行螺旋卷曲中，a 和 d′ 相互作用，a′ 和 d 相互作用，形成了混合层。此外，平行螺旋 e-g′ 在疏水核心周围相互作用（通常形成盐桥或者氢键），而在反平行螺旋中，是 g-g′ 间的极性相互作用。这些相互作用的互补性赋予了互作界面特异性，并且在决定超螺旋是平行还是反平行上至关重要。

卷曲螺旋中互作界面的残基都依据“结节入洞”（knobs-into-hole）原理堆积，这个原理由 Francis Crick 在 20 世纪 50 年代首次提出。在这种堆积模型下，一条螺旋中相互作用的 a 和 d 残基从螺旋上突出［即结节（knob）］，堆积进由另一条相对螺旋上相邻四个侧链形成的空腔［即洞（hole）］内。这个概念常常用螺旋网图（helical net diagram）来表示，它用二维图像描述了 α 螺旋中侧链的相对位置。为了理解这些图，Crick 建议人们想象一张纸围绕一个 α 螺旋旋转，并在其上标记氨基酸侧链的位置（图 3.12）。将这张纸展开后就得到了螺旋网，利用这个信息，就可以对卷曲螺旋互作界面的几何形状及相互作用进行建模。

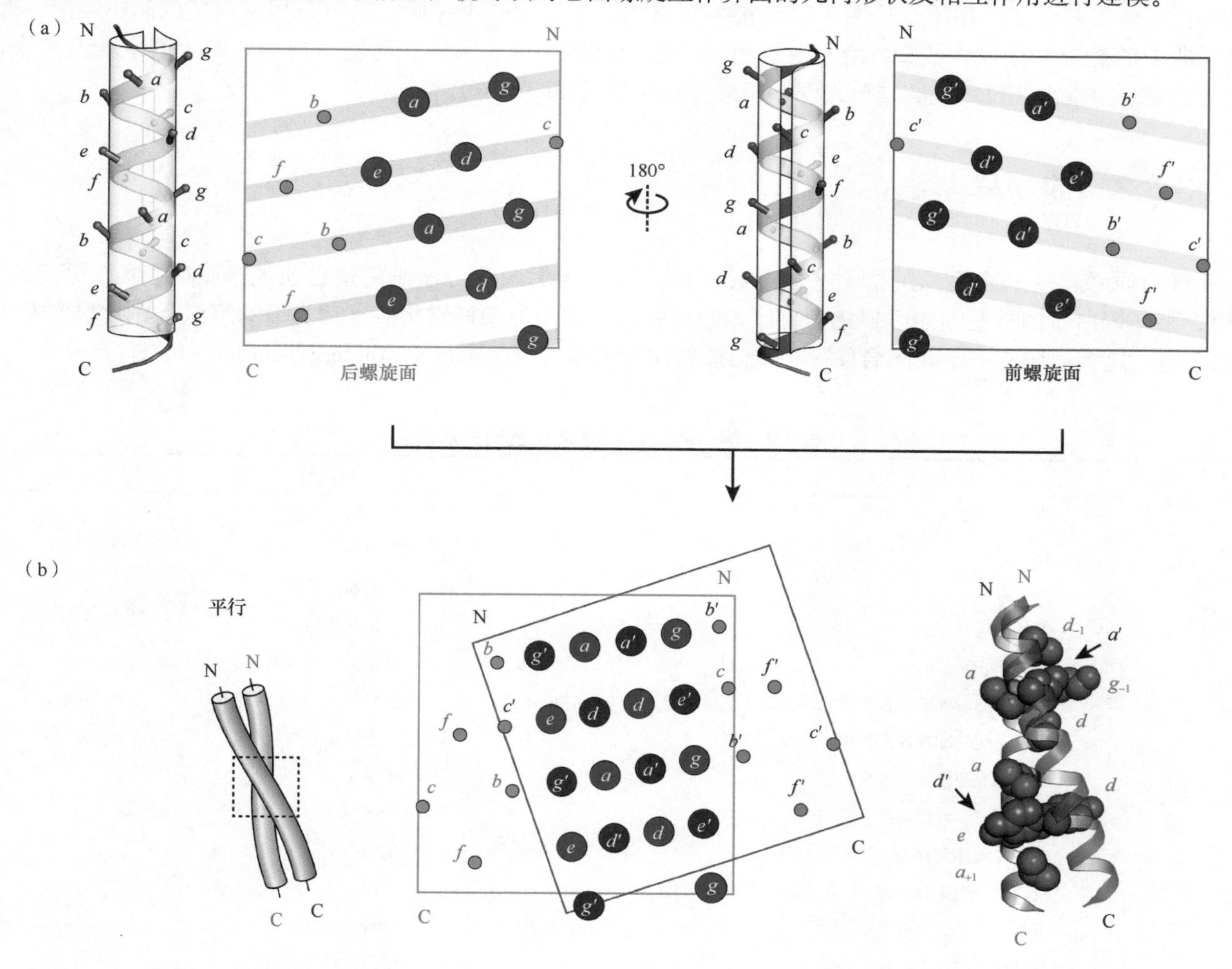

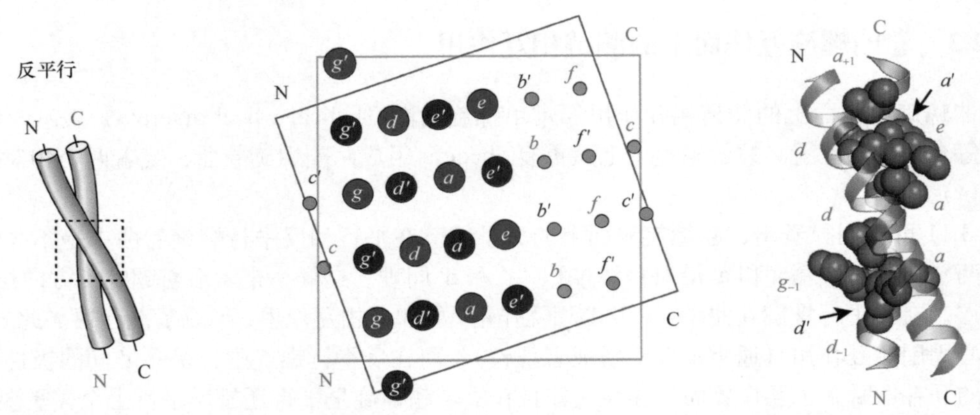

图 3.12 螺旋网图和结节入洞堆积。(a) 螺旋网图的形成。相互作用界面的 a、d、g 和 e 残基用大粗圆表示。(b) 用平行叠加或反平行叠加螺旋网图的方式说明结节入洞堆积原理。两个螺旋以约 20° 角相交。平行螺旋卷曲结构来自原肌球蛋白 (PDB：1IC2)，反平行结构来自丁型肝炎 D delta 抗原 (PDB：1A92)。

图 3.12 阐释了两条链平行和反平行的螺旋卷曲的结节入洞堆积模型。对于平行螺旋卷曲来说，a′ 结节堆积在 $d_{-1}g_{-1}ad$ 洞内，d′ 结节堆积在 $adea_{+1}$ 洞内 (–1 和+1 分别指代前一个和后一个七肽重复)。这种模式在反平行螺旋卷曲中正好相反。从图 3.12 还能明显看出，为了使一个螺旋的结节与相反螺旋的洞相匹配，螺旋卷曲中的螺旋必须以大约 20° 角相对于另一个螺旋倾斜。这一角度在跨膜蛋白的 α 螺旋间也普遍存在，这些螺旋之间常常通过侧链的结节入洞堆积来相互作用 (4.6.3.1 节)。

3.3.3 淀粉样聚集

蛋白质必须有一个合适的折叠才能行使功能。分子伴侣系统可以避免蛋白质的不正确折叠 (见第 12 章)。某些蛋白质的折叠倾向于聚集为有序不溶性纤维，称为淀粉样聚集。这种类型的沉淀会导致很多疾病 (表 3.6)。这类问题有一个共同名称——蛋白质错误折叠紊乱 (protein-misfolding disorder，PMD)。

表 3.6 蛋白质错误折叠紊乱及相关疾病

疾病	蛋白质
阿尔茨海默病	Aβ 多肽
克-雅病	朊粒蛋白
帕金森病	α-突触核蛋白
亨廷顿病	亨廷顿蛋白
2 型糖尿病	胰岛淀粉样多肽 (IAPP)
家族性淀粉样多发性神经病	甲状腺素
老年系统性淀粉样变性病	甲状腺素
遗传性系统性淀粉样变性病	溶菌酶
芬兰型家族性淀粉样变性病	凝溶胶蛋白
轻链淀粉样变性病	免疫球蛋白 VL 结构域
英国家族老年痴呆症	ABri
主动脉中的淀粉样蛋白变性	Medin 蛋白
继发性系统性淀粉样变性病	血清淀粉样蛋白 A
脊髓小脑性共济失调症	共济失调蛋白 1, 3, 7
血液透析相关淀粉样变性病	β-2 微球蛋白

通常情况下，纤维由一类单一的蛋白质聚集而成。能形成淀粉样的蛋白质间没有普遍关系。然而，对淀粉样纤维的结构研究显示出一个独特且常见的纤维衍射图形，称为交叉-β 衍射（图 3.13）。在与赤道面垂直的方向上（沿着纤维方向），在 4.7 ～ 4.8Å 处对应一个峰，正好是 β 片层链与链之间特有的距离，这表明 β 链沿着纤维轴顺序排列形成 β 片层。在赤道平面上，纤维衍射图形在距离为 8 ～ 10Å 处有一个衍射峰，这个峰可以用多个垂直于纤维轴的 β 层堆积来解释。根据片层中氨基酸的组成，它们会堆叠出一些不同的间距。图 3.14 显示一个会产生交叉-β 衍射图案的平行扭转 β 片层。由于所有的 β 片层都是扭转的（2.5.4.4 节），所以堆积的片层之间沿着纤维轴扭转。

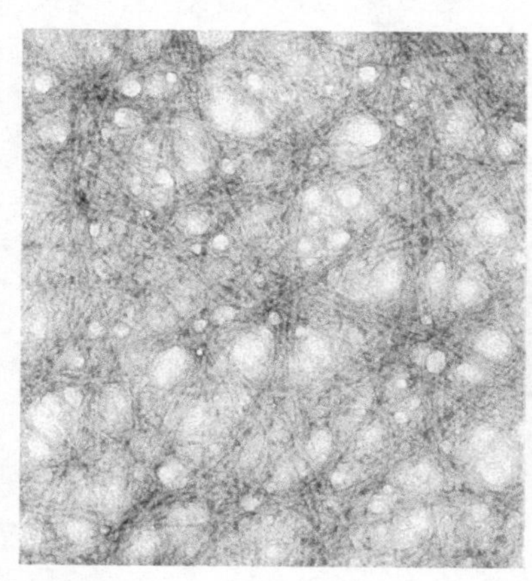

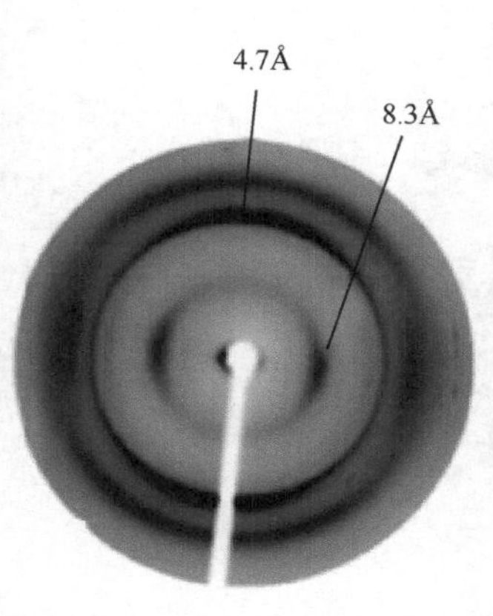

图 3.13　左图：IAPP（残基 1 ～ 37）的淀粉样聚集纤维（由 G.Westernmark 提供）。右图：淀粉样聚集纤维的交叉-β 衍射图案的一个例子。4.7Å 衍射的距离对应于 β 片层中链与链的间距。8.3Å 的衍射距离是可变的，取决于堆积片层之间的距离［经许可重印自 Bader R, Seeliger MA, Kelly SE, *et al.* (2006) Folding and fibril formation of the cell cycle protein Cks1. *J Biol Chem* **281**: 18816-18824. Copyright (2006) Elsevier.］。

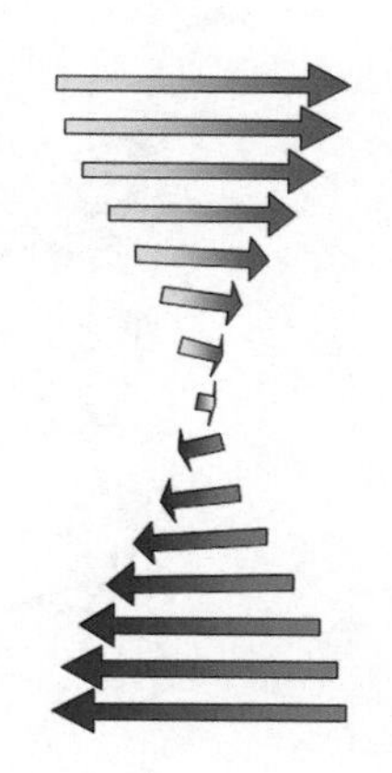

图 3.14　聚集成为平行 β 结构的多肽，能产生典型的交叉-β 衍射图案。这样的 β 片层有多种相互堆积方式。

如果一个含有 β 结构的蛋白质，其边缘没有被侧链或者其他结构封闭，那么 β 片层就能自由延伸。运甲状腺素蛋白（一种能导致 PMD 的蛋白质）似乎就是这样的一个例子。有时淀粉样聚集不仅仅涉及 β 链间相互作用。如果这个 β 链是某个蛋白质两个结构域间连接的部分，蛋白质结构域也可以以失控结构域互换（runaway domain swapping）的方式成为纤维聚集的一部分（图 3.15）。

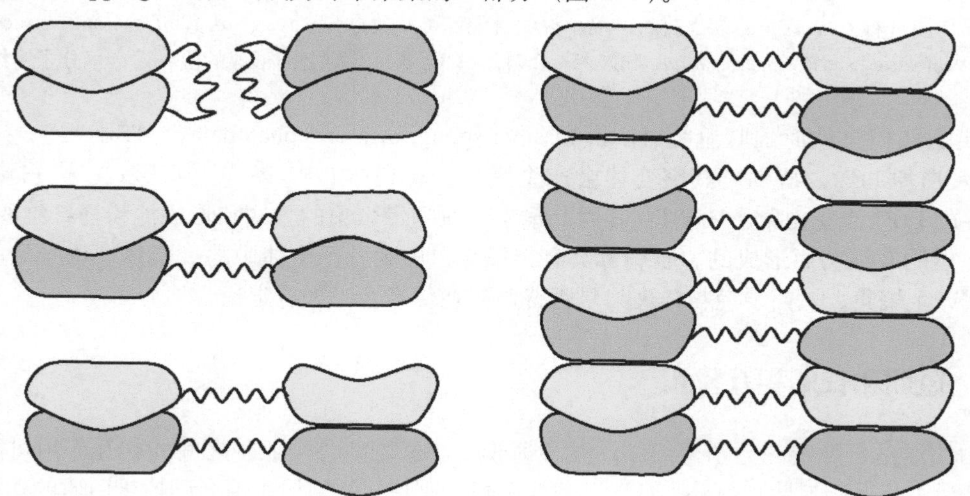

图 3.15　失控域间结构域交换现象的说明。左上角显示了两个单体。这两个单体可以通过两种不同的方式形成结构域间交换二聚体（左下方）。同时，结构域之间相互连接可以形成 β 片层。这两种形成方式通过 β 片层和交换结构域的相互作用使蛋白质多聚成纤维。

某些肽已被证实是淀粉样蛋白形成的主要原因。它们中的一些结构提供了交叉-β组织模式的丰富细节。这些多肽的晶体结构呈现出交叉-β排列方式。多肽形成了与纤维轴垂直的平行或反平行的β链（图 3.16）。链间距为 4.9Å。多肽链上的氨基酸残基完美对齐排列，不仅是主链间，而且侧链间也能相互形成氢键。β片层间有两种不同的相互作用界面。其中一种为干界面，其间距为 8.5Å。由于层间的侧链具有广泛的互补性，干界面通常排列非常紧密。另一种为湿界面，其间有大量的水分子，界面间距为 15Å。这可能是淀粉样纤维的一个共性。

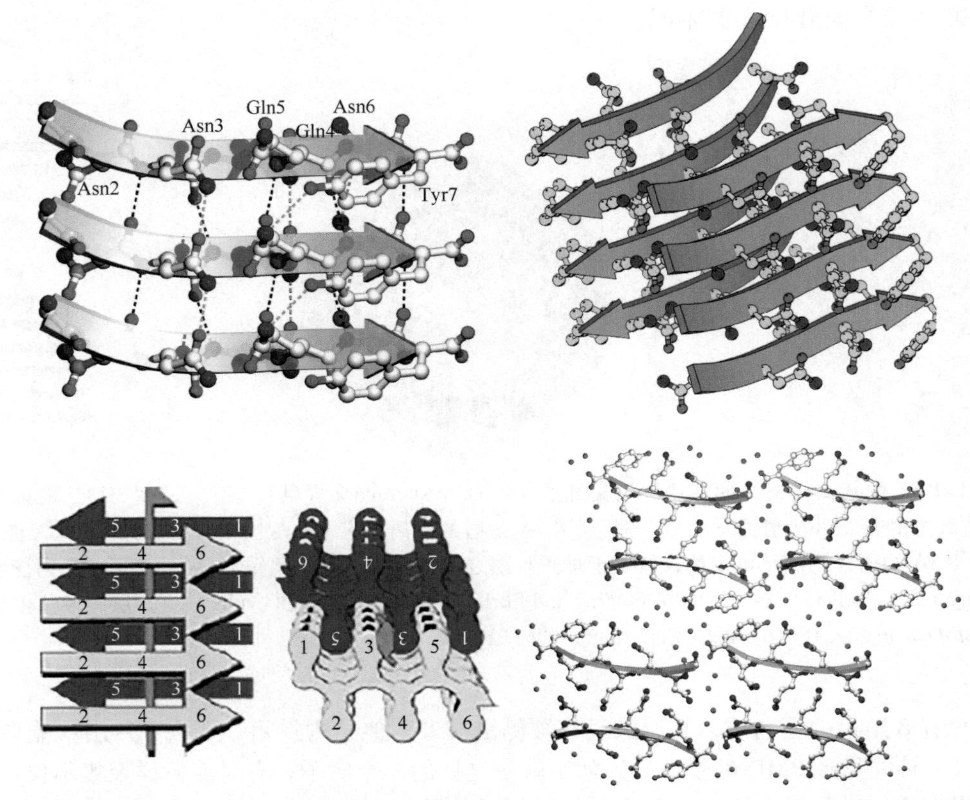

图 3.16 上图：多肽 GNNQQNY 的结构细节，这种多肽能形成淀粉样结构（PDB：1YJP）。β链沿纤维轴排列。多肽链对齐排列（左上）。多肽链之间不仅形成主链氢键（黑），还形成侧链氢键（绿色）。两个相邻的β片层以反平行的方式堆叠，形成了完全的干界面（右上）。左下：多肽排布的简单说明［经许可转载自 Sawaya *et al.* (2007) Atomic structures of amyloid cross-b spines reveal varied steric zippers. *Nature* **447**: 453-457］。右下：β片层对之间形成的湿界面（水分子用红点表示）。

朊病毒疾病如传染性海绵状脑病（transmissible spongiform encephalopathy，TSE）或“疯牛病”都和 PMD 相关。蛋白质 PrP^{C}，特别是其突变体会产生聚集。聚集体 PrP^{Sc} 即为致病形式，当它接触到 PrP^{C} 时会诱导可溶性的 PrP^{C} 改变构象形成 PrP^{Sc} 并因此聚集。朊病毒聚集的方式和形成淀粉样纤维的蛋白质相似，都是通过可扩展的β结构而形成的。朊病毒具有传染性，因为一个个体中的聚集体会诱导另一个健康个体中的正常形式产生聚集。然而，淀粉样聚集是否普遍存在传染性尚未有定论。

3.3.3.1 短期和长期相互作用

寡聚蛋白质通常是稳定的分子聚集体，其寿命较长。寡聚酶各个亚基之间的相互作用可能不是为了获得功能，而是为了获得稳定性。另外，对于一些寡聚酶，亚基间的别构作用会调控蛋白质的功能（第 8 章）。稳定的寡聚体，如病毒的衣壳蛋白或丝状肌动蛋白，也可以具有动力学特性，能够通过从单体聚集和解聚成单体来执行特定功能。

许多蛋白质参与短期的相互作用，酶就属于这一类（见第 8 章）。它们结合自身底物，有时是其他大分子，行使它们的酶活性后与之解离。在这个过程中，底物或酶可能会改变其构象，导致分子间亲和力降低。许多没有酶活性的蛋白质也能与其他大分子发生暂时的相互作用。例如，信号通路中的适配体蛋白将其他蛋白质聚集在一起，使它们能够在所需的底物上发挥酶活性（见第 14 章）。

3.3.4 辅酶和金属离子

3.3.4.1 辅基和辅酶

许多蛋白质，特别是酶，只有先结合了非蛋白分子（辅助因子），才能发挥它们的生化功能。这些辅助因子可以是无机或有机分子。在某些情况下，诸如金属离子锌、铜或血红素等，都可以和蛋白质紧密结合在一起。这些辅助因子被称为辅基。而另一些辅助因子在与底物发生反应后，需要被释放以进行下一次反应。它们通常被称为辅酶，有时也被称为辅底物，如 ATP、烟酰胺腺嘌呤二核苷酸（NAD^+）和 *S*-腺苷甲硫氨酸。

3.3.4.2 金属结合

金属是许多生物系统、蛋白质和核酸的基本组成部分。蛋白质数据库（Protein Data Bank，PDB）中约有 40% 的蛋白质含有金属。表 3.7 总结了不同金属的作用及其常见的蛋白质配体。金属可以通过交联结构的不同部分来稳定蛋白质的三维结构；有时也通过中和负电荷（如天冬氨酸或谷氨酸残基）来稳定结构（否则负电荷间会互相排斥）。许多酶经常利用过渡金属进行催化，因为这些金属很容易在不同的氧化态之间循环。作为阳离子和蛋白质结合的金属有钠、镁、钾、钙、锰、铁、钴、镍、铜和锌。能结合金属的蛋白质侧链有天冬氨酸、天冬酰胺、谷氨酸、谷氨酰胺、丝氨酸、苏氨酸、半胱氨酸和组氨酸，以及更少见的酪氨酸和甲硫氨酸。多肽的氨基或羧基末端可能参与金属结合，主链上的羰基氧常作为金属 Na^+、Mg^{2+}、K^+、Ca^{2+}、Mn^{2+}的配体。水分子是常见的金属配体，有时水分子会去质子化参与水合反应，如碳酸酐酶的催化反应（见 8.1 节）。金属总是和配体的孤电子对结合。有时，天冬氨酸、谷氨酸和组氨酸能通过两个侧链原子与两种金属离子结合。天冬氨酸和谷氨酸也可以与单个金属离子产生双配位结合。

表 3.7　蛋白质中的金属：状态、配体及功能

金属	正常氧化态	配位数	常见的蛋白质配体	常见距离金属-配体/Å	主要生物学功能	示例图
钠 Na	Ⅰ	6	C═O，H_2O	2.4	电荷载体，平衡渗透压	8.24
钾 K	Ⅰ	8	C═O，H_2O	2.8	电荷载体，平衡渗透压	13.5
镁 Mg	Ⅱ	6	Asp，Glu，Ser，Thr，C═O，H_2O	2.1	稳定结构，水解酶，异构酶	5.51，16.7
钙 Ca	Ⅱ	6 或 7	Asp，Glu，Ser，Thr，C═O，H_2O	2.4	稳定结构，启动触发，电荷载体	15.9，15.16，16.7
锰 Mn	Ⅱ，Ⅲ	5 或 6	Asp，Glu，His，H_2O	2.2	光合作用	16.7
铁 Fe	Ⅱ，Ⅲ	5 或 6	His，Cys，Asp，Glu，Tyr，H_2O	2.1	稳定结构，氧化酶，氧气运输与存储，电子转移，固氮	3.17
镍 Ni	Ⅱ	4 或 6	His，Cys，H_2O	2.3	氢化酶，水解酶	3.17
铜 Cu	Ⅰ，Ⅱ	3 或 4	His，Cys，Met，Asp	2.0	氧化酶，双氧运输，电子转移	
锌 Zn	Ⅱ	4 或 6	His，Cys，Asp，Glu，H_2O	2.0	稳定结构，水解酶	8.4，10.15，10.16

不同金属对蛋白质配体的偏好性不同，即便是同一种金属，在不同的氧化价态下，对配体的偏好性也不同，所以结合力的强弱会有明显的差异。因此，锌与半胱氨酸中的硫原子具有很强的结合力（图 3.17）。它与组氨酸残基中的氮原子也有很强的结合力。另一方面，钙不与硫结合，也很少与氮结合，与氧原子只产生很弱的结合。因为钙离子能结合也能释放，所以可以作为信号分子发挥作用。

不同金属原子的配位方式也是相对多变的。镁是一个特例，它要求与之相距较近的配位氧原子具有八面体环境。而其他的金属，如钾，则有更多的配位几何坐标。不同金属和配体间的键长也是很多变的。

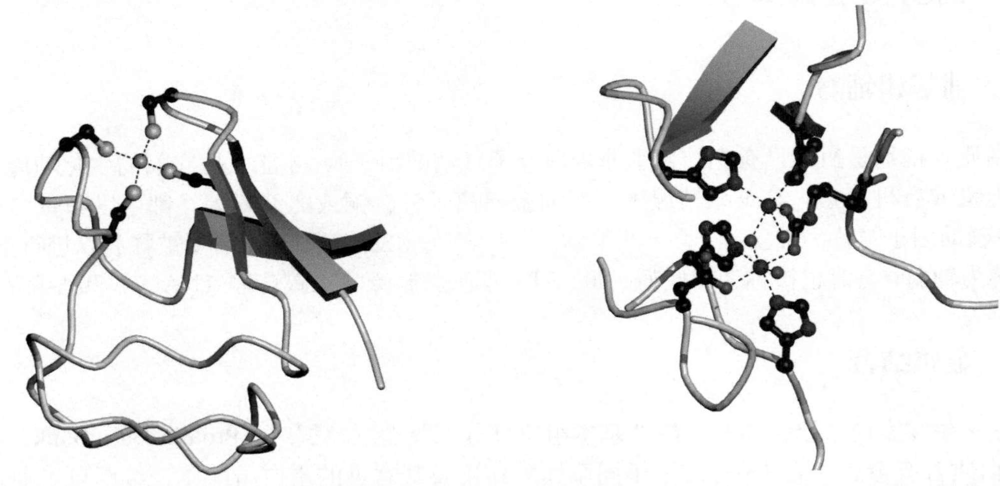

图 3.17 金属结合。左图：氧化还原蛋白（PDB：7RXN）。四个半胱氨酸和一个铁离子结合。右图：脲酶（PDB：2UBP）。两个镍离子分别和两个来自组氨酸残基的氮原子结合。它们都和一个羧基赖氨酸残基上的氧原子结合，其中一个镍离子还与天冬氨酸中的氧原子结合。它们都结合了两个溶剂分子（其中一个是共享的）。

3.3.4.3 无机或有机金属团簇

有些蛋白质，特别是酶，会含有一些金属原子或离子团。其中的一类是由半胱氨酰残基结合的 FeS 簇，它在电子传递蛋白中很常见。FeS 簇中可含有 2 ～ 4 个铁离子，组成 2Fe-2S、3Fe-4S 和 4Fe-4S 复合物，其中无机硫原子作为桥联配体，通过半胱氨酸将铁离子结合到蛋白质上。这些复合物是 2Fe-2S、3Fe-4S 和 4Fe-4S。后两种复合物中，Fe 和 S 原子位于立方体的角上（图 3.18）。当只有三个铁原子时，立方体的一个角是缺失的。

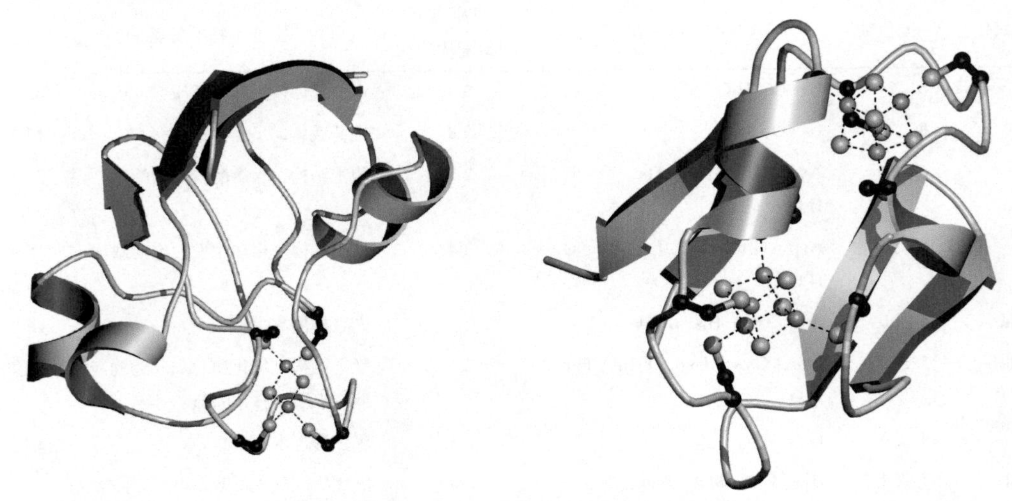

图 3.18 铁氧还蛋白（2Fe-2S，PDB：1FRR）和铁氧还蛋白 2 中的金属结合方式（4Fe-4S，PDB：1DUR）。

一个极端的例子是铁蛋白，它是一种铁储存蛋白。蛋白质外壳有 24 个亚基，共 4 个螺旋束，以 432 对称排列。内腔直径有 75Å，可容纳超过 4000 个铁原子的铁氧化物。此外，核心中含有一定量的磷酸盐。蛋白质外壳的内侧也通常是亲水的。

有机金属复合体也是蛋白质特别是酶的一部分。其中主要的例子是卟啉，它们能结合金属，其结合铁形成血红素，或者结合镁形成叶绿素。

金属以独特的方式参与氧化还原反应。具有多种氧化态的金属常常参与这类反应。铁、锰和铜在这方面具有重要作用。

延伸阅读

原始文献

Bourgeois D, Vallone B, Arcovito A, *et al.* (2006) Extended subnanosecond structural dynamics of myoglobin revealed by Laue crystallography. *Proc Natl Acad Sci USA* **103**: 4924-4929.

Eriksson AE, Baase WA, Zhang X-J, *et al.* (1992) Response of a protein structure to cavity-creating mutations and its relation to the hydrophobic effect. *Science* **255**: 178-183.

Gassner NC, Baase WA, Mooers BHM, *et al.* (2003) Multiple methionine substitutions are tolerated in T4 lysozyme and have coupled effects on folding and stability. *Biophys Chem* **100**: 325-340.

Lo Conte L, Chothia C, Janin J. (1999) The atomic structure of protein-protein recognition sites. *J Mol Biol* **285**: 2177-2198.

Prangé T, Schiltz M, Pernot L, *et al.* (1998) Exploring sites in proteins with xenon or krypton. *Prot Struct Funct Genet* **30**: 61-73.

综述文章

Branden C, Tooze J. (1999) Introduction to Protein Structure, 2nd edn. Garland Publishing, New York.

Chothia C. (1984) Principles that determine the structure of proteins. *Annu Rev Biochem* **53**: 537-572.

Eisenberg D, Jucker M. (2012). The amyloid state of proteins in human disease. *Cell* **148**: 1188-1203.

Harding MM, Nowicki MW, Walkinshaw MD. (2010). Metals in protein structures, a review of their principal features. *Cryst Rev* **16**: 247-302.

Marsh JA, Teichmann SA. (2015) Structure, dynamics, assembly and evolution of protein complexes. *Ann Rev Biochem* **84**: 551-575.

Oldfield CJ, Dunker AK. (2014) Intrinsically disordered proteins and intrinsically disordered protein regions. *Ann Rev Biochem* **83**: 553-584.

Razvi A, Scholtz JM. (2006) Lessons in stability from thermophilic proteins. *Prot Sci* **15**: 156-1578.

Richardson JS. (1981) The anatomy and taxonomy of protein structure. *Adv Prot Chem* **34**: 167-339.

（帅　瑶　译，陈　红　校）

第 4 章

膜蛋白基础

4.1 导言

真核细胞与原核细胞由生物膜包裹，该生物膜能使细胞从它们所在的环境中分离出来，并且保护其免受环境的侵害。真核细胞也拥有内膜结构，这些结构在细胞中会划分出独立的空间，允许不同化学过程和细胞内资源在空间上分离。有一些常驻蛋白嵌入生物膜，它们发挥很多基本功能。例如，允许细胞吸收营养物质，排出废物；感知和响应细胞外刺激；保持和选择性消除电化学势；在多细胞生物中，允许不同细胞之间的交流。在很多致病细菌中，膜蛋白也是一些致病因子，它们使致病菌黏附到宿主细胞上，赋予致病菌抗生素抗性，介导其生存需要的金属元素的摄入。

由于膜蛋白在很多生物过程中都发挥重要作用，因此它们是很多治疗性抗体，以及现今大约一半的小分子药物的靶点，这使得这些蛋白质成为结构研究中特别吸引人的课题。然而不幸的是，测定膜蛋白的结构极其困难。事实上，在蛋白质数据库中膜蛋白的占比不到 1.5%，而它们约占所有生物中 30% 的基因。产生这么大的差距原因何在？

首先，膜蛋白的表达量比可溶性蛋白更低，在结构研究中获得必要的蛋白量很困难。其次，必须在纯化和结晶之前把膜蛋白从天然脂双层中提取出来，这经常需要使用到刺激性的洗涤剂，它会影响到蛋白质的稳定性。最后，长出质量足够好的、能够进行 X 射线衍射研究所需的蛋白质晶体存在一些特有的障碍，因此一个典型的膜蛋白结构需要花费数年时间测定。尽管有这些挑战，膜蛋白生物学方面的重要意义鼓舞了不断增加的、雄心勃勃的研究者测定它们的结构，今天，我们正在看到他们努力的成果。本章将会总结目前在这类重要蛋白家族的结构特性方面已获得的知识。

4.2 生物膜的两性环境

生物膜由两性的脂质分子组成（第 6 章），所以脂双层本身也是两性的（图 4.1）。这种特性提供了容纳常驻膜蛋白的一个独特空间，它包括两个来自脂质头部基团的极性区域，以及脂肪酸尾部的疏水环境。膜的疏水内部大概有 30Å 厚，非常不利于高度极性和带电物质在这个区域存在。就像我们将会在 4.4.1 节看到的一样，这个简单的事实给所有跨膜蛋白的二级结构施加了一些严格约束。

膜的两个极性部分因为处于疏水膜核心和膜外大量水分子的交界面而被称为界面区域（interfacial region）。与大家预想的相反，膜蛋白核心与其界面区域或者界面区域与膜外大量水分子之间没有清晰的界限。相反，界面区域是水分子、离子、脂质骨架、脂肪酸链和脂质头部的动态混合区。这个异质区域在内部疏水的膜两侧分别有大约 15Å 厚（图 4.1），当与脂双层核心的距离不断增加时，它们的极性会增强。

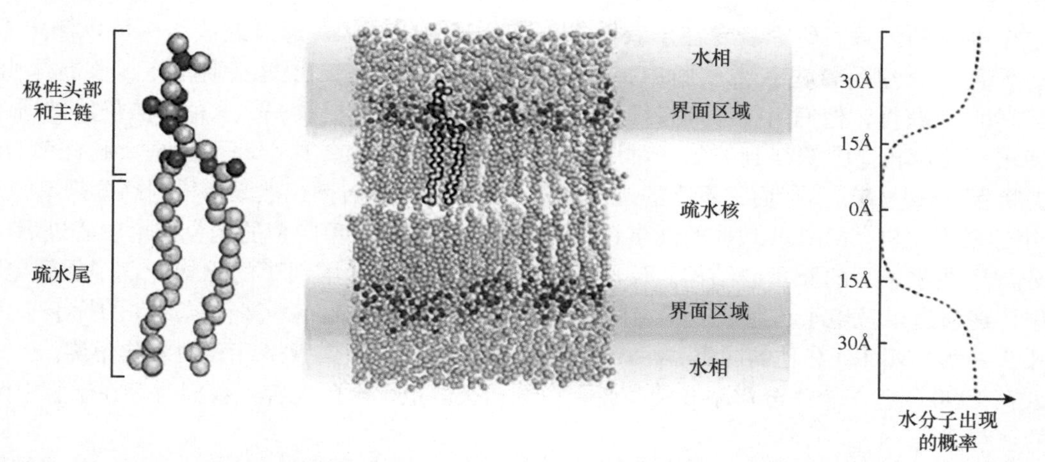

图 4.1　两性膜环境。左：脂质磷脂酰胆碱（PC）（第 6 章）。为了看上去清晰，氢原子被省略。碳原子为浅蓝色，氮原子是深蓝色，磷原子和氧原子分别是橘黄色和红色。右：动态脂双层图。水分子显示为黄色。概率曲线显示水分子并不总是处于膜核心。水分子可以通过渗透作用暂时穿膜。脂双层坐标在文献［Wennberg CL, van der Spoel D, Jochen S. (2012) Large influence of cholesterol on solute partitioning into lipid membranes. *J Am Chem Soc* **134**: 5351-5361］中被报道。

细胞膜的两性环境与球蛋白折叠和发挥功能场所的细胞质内的水溶液环境差异很大。跨膜蛋白进化出了一些独特的结构特性，这些特性能够使它们适合于疏水核，以及与极性界面区域相互作用。这些特性会在 4.6 节和 4.7 节探究。

4.3　第一个膜蛋白结构

第一个膜蛋白结构在 1975 年被测定，当时 Henderson 和 Unwin 展示了一个具有开创性的、被嵌在天然脂双层中（“紫色膜”）的细菌视紫红质蛋白二维晶体结构的电子显微研究。他们从一系列电子衍射图中得到了分辨率为 7Å 的蛋白质的三维电子密度图，该图展示了跨膜的 7 个圆柱体棒状密度，每个长 35 ～ 40Å（图 4.2）。人们因此断定该蛋白质由 7 个紧密组装的跨膜 α 螺旋构成，让我们第一次看到 α 螺旋类膜蛋白是如何嵌入脂双层中的（4.6 节）。

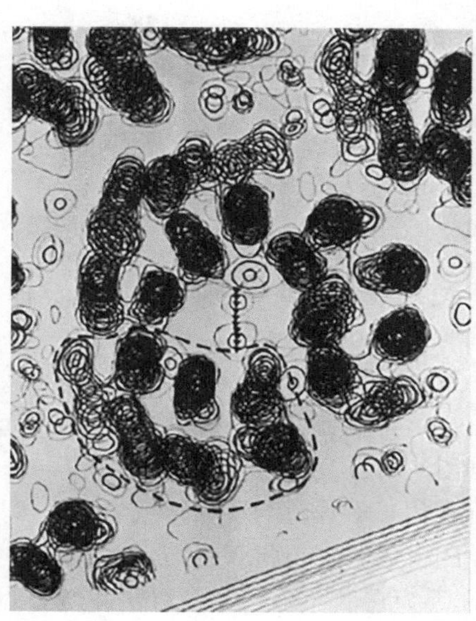

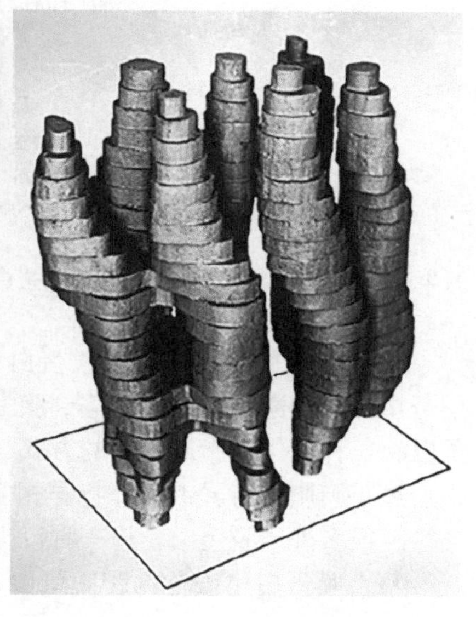

图 4.2　第一个膜蛋白结构。左：通过电子显微镜得到的细菌视紫红质投影图。虚线勾画出蛋白质的一个拷贝。右：以膜平面为视角得到的细菌视紫红质的三维重构［经许可转载自 Henderson R, Unwin PNT. (1975) Three-dimensional model of purple membrane obtained by electron microscopy. *Nature* **257**: 28-32. Copyright (1975) Nature］。

受到这个结果的鼓舞，研究者专注于获取有更高分辨率的结构，通过这些结构可以测定多肽的分子结构细节。然而，这需要首先获得从膜中提取、纯化出的膜蛋白长出的三维晶体。该晶体由 Michel 和 Osterhelt 于 1980 年获得，他们用洗涤剂将细菌视紫红质从脂双层中提取——这种方法仍然被当今的结构生物学家所使用。使用相同方法得到的另一种膜蛋白几乎被同时报道，这个膜蛋白是大肠杆菌 OmpF 蛋白，它是 β 桶类膜蛋白（4.7 节）。然而，不幸的是，这两种蛋白质晶体目前仍然没有得到高分辨率的结构。

1985 年迎来了转机，Michel 和他的同事在将研究方向转为绿假单胞菌的光合作用中心以后，他们报道了第一个分辨率在原子级的膜蛋白结构。反应中心及其配体和金属辅因子的结构开辟了揭示电子传递链、电子在膜中传递通道以及电子与脂质分子之间相互作用机制的新天地——甚至以现在的标准来评价，这也是一项非凡的成就。Michel 和他的同事 Deisenhofer 以及 Huber 共享了 1988 年诺贝尔化学奖。

最后，在 1990 年，一个高分辨率 β 桶类膜蛋白结构被测定，至此完善了我们对存在于膜中两类蛋白质基本结构的理解。

4.4 膜蛋白的结构分类

4.4.1 外周膜蛋白和整合膜蛋白

自第一次对膜蛋白结构进行开创性研究以来，我们对这类大分子有了更加深入的理解。如今，根据膜蛋白的二级结构以及它们在脂双层中的结合情况，膜蛋白可以被分为很多不同类别。

从比较宽泛的角度来说，膜蛋白被分为外周膜蛋白和整合膜蛋白，目前有两种可行的定义方式。第一种定义方式（本书通篇使用该定义）是外周膜蛋白只与脂双层的一侧结合，而整合膜蛋白横跨脂双层（图 4.3）。第二种定义是基于膜被高盐浓度缓冲液（0.5 ～ 1.0mol/L）处理之后的蛋白质行为。在这里，外周膜蛋白指当脂双层处于高盐浓度下时，能从中膜上解离下来的蛋白质，而整合膜蛋白在高盐浓度下仍然结合在脂双层上（这种行为的分子基础在 4.5.1 节被描述）。注意到这两种分类系统不总是同义的是很重要的，因为一些不横跨脂双层的蛋白质，如果它们的结构插入膜的疏水核心区，在高盐浓度下仍然无法从脂双层中分离出来。

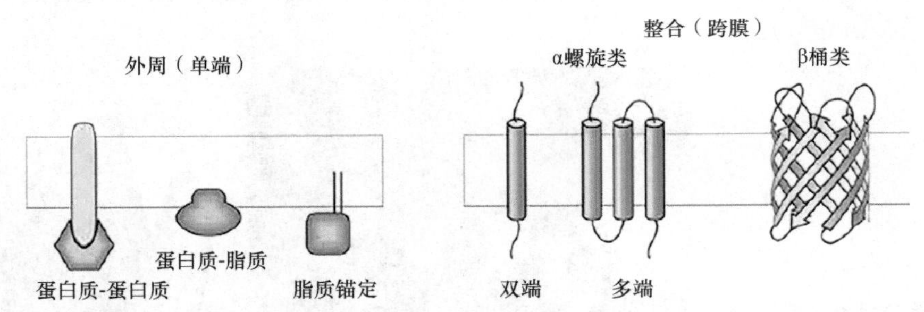

图 4.3 膜蛋白的种类。α 螺旋整合膜蛋白可以被进一步分为额外的亚家族，在 4.4.2 节描述，参见图 4.4。

外周膜蛋白（也称单端膜蛋白，monotopic membrane protein）可以一直结合在脂双层上，或者在一些信号事件的刺激下被暂时募集到膜上。后者也被称为条件性膜蛋白（conditional membrane protein）。外周膜蛋白有三种定位在脂双层上的方式（图 4.3）：①通过与整合（横跨膜 membrane-spanning）膜蛋白相互作用；②通过与膜脂质特异或者非特异相互作用；③通过与脂质链或者嵌入膜中的糖磷脂酰肌醇（GPI）部分共价连接。很多外周膜蛋白使用一种以上的上述方式与脂双层结合。

整合膜蛋白也被称为跨膜蛋白，因为它们完全横跨脂双层。所有的跨膜蛋白都归入 α 螺旋和 β 桶这两种结构类型中，这两种类型由其跨膜区域的二级结构区分（图 4.3）。α 螺旋跨膜蛋白可以跨膜一次［两端（bitopic）或者单通过（single-pass）］或者很多次［多端（polytopic）或者多通过（multiple-pass）］。它们也可以进一步被分为很多亚型，这会在 4.4.2 节描述。与之相反，β 桶类没有额外的结构亚型，而且这些蛋白质的主链总是多次跨膜（见 4.7 节和图 4.3）。

考虑到大部分可溶性蛋白质由多种螺旋、折叠和线圈混合而成（2.3 节），而整合膜蛋白只由两种互斥二级结构得到的结构框架中的一种构成，刚开始这看上去会让人感到惊讶，然而，当我们回忆起膜蛋白核心是一个疏水环境时就能够解释：这种疏水环境不利于像裸露的多肽主链这类极性物质的存在（4.2 节）。肽键有显著的氢键势能，将这些基团从细胞质溶液中移入膜的疏水内部在能量上是不利的。α 螺旋和 β 折叠二级结构避免了这个问题，因为所有极性主链的基团在分子内部形成氢键，从而完全满足了它们的氢键势能（2.3.1.1 节和 2.3.2.1 节）。

4.4.2 螺旋整合膜蛋白的类型

α 螺旋跨膜蛋白的分类不仅仅只有简单的“双端”或“多端”之别，一种更普遍的分类方法是，将双端膜蛋白进一步分为两个亚类，即Ⅰ型或Ⅱ型螺旋膜蛋白，并将所有多端蛋白归为Ⅲ型螺旋膜蛋白（图 4.4）（虽然在使用过程中，我们很少把多端膜蛋白称为Ⅲ型螺旋膜蛋白）。Ⅰ型和Ⅱ型双端膜蛋白在它们的膜中的取向不同。在Ⅰ型中氨基端位于细胞质外，而在Ⅱ型中氨基端位于胞质内。

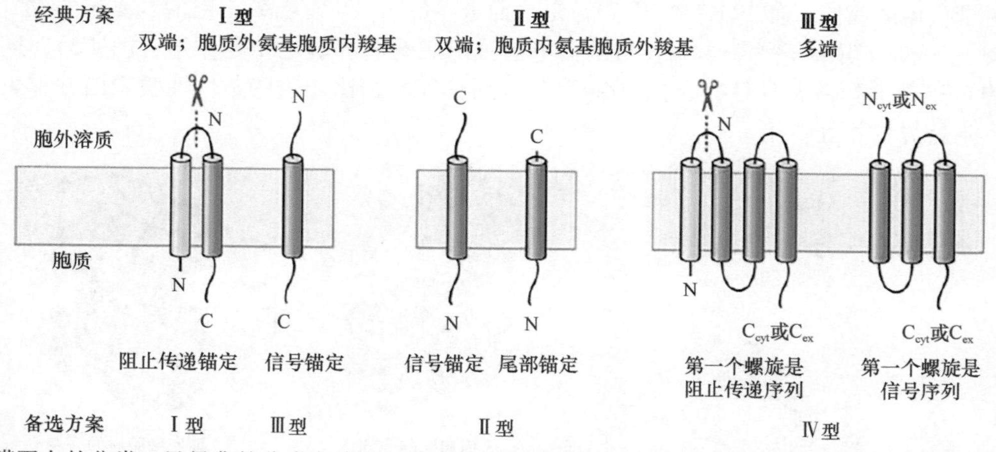

图 4.4 螺旋膜蛋白的分类。最经典的分类方式在图的上方用粗体显示。与其备选的方式（没有在本书中使用但有时会在其他地方使用）在图的下方显示。信号肽段由黄色螺旋展示，这些肽段在成熟蛋白中会被切断。对于多端蛋白，“N_{cyt} 或者 N_{ex}”指氨基端在胞质内外都可以出现（图中只显示了其中一种方式）。相同的命名法在羧基端也被使用。

双端膜蛋白可以进一步被分类为阻止传递锚定（stop-transfer anchored）、信号锚定（signal-anchored）或者尾部锚定（tail-anchored）（图 4.4）。阻止传递锚定膜蛋白有一个信号肽，这个信号肽位于蛋白质的氨基端，在蛋白质的膜定位时起作用，当蛋白质折叠好后会被切除。这些蛋白质的跨膜区有两个不同的功能：它们在翻译时阻止多肽链在膜中的传递（4.6.7.2 节），以及它们会将成熟的蛋白质锚定在膜上。因此，它们被称为“阻止传递锚定”膜蛋白，它们的跨膜螺旋经常被称为阻止传递序列。成熟的阻止传递锚定膜蛋白的氨基端一直在细胞质外侧形成Ⅰ型朝向（更多的细节在 4.6.7.2 节描述）。多端膜蛋白也可以拥有信号肽，它们的第一个跨膜螺旋有阻止传递序列的作用。因此，有一段信号肽的多端膜蛋白在成熟的蛋白结构中，氨基端也总在细胞质外侧（图 4.4）。

相反，信号锚定的双端蛋白没有信号肽。它们通过跨膜区定位于细胞膜中，这段跨膜区（也被称为一段信号锚定序列）本身发挥内在信号序列的功能。这类蛋白质既可以采取Ⅰ型也可以采取Ⅱ型方向，这取决于它们的序列和结构特性（4.6.6.1 节）。大部分多端膜蛋白通过内部信号锚定序列（比如它们的第一个跨膜螺旋）而不是通过信号肽的方式被定位于脂双层中。

最后，尾部锚定膜蛋白是Ⅱ型双端蛋白，它有一个大的氨基端区域和一个很短的羧基端尾巴。通常情况下，它们的跨膜区域位于不超过 30 个氨基酸的羧基末端。尾端锚定的双端蛋白非常独特，因为它们插入膜的方式与信号锚定和阻止传递锚定的蛋白质不同（4.6.7.1 节）。

4.5 外周膜蛋白

4.5.1 静电作用的重要性

外周膜蛋白以多种不同的方式结合到脂双层。一些蛋白质只与脂质的极性头部相互作用，而其他的蛋白质将它们结构的一部分嵌入膜的疏水核心中。一些膜蛋白特异性地结合到特定的脂质上，而其他一些膜蛋白非特异性地识别更大范围的膜的化学和物理特性。尽管外周膜蛋白的相互作用具有多样性，其结构揭示了它们识别和结合生物膜的一些共同点。

外周膜蛋白的一个典型特征是它们结合膜的表面经常富含碱性（带正电）氨基酸残基，如精氨酸和赖氨酸（图 4.5），这是由于膜表面大体上带负电，因为生物膜由不带电的脂质（如糖脂）、两性脂质（如 PC 和 PE），或者带负电的脂质（如 PG、PS 和 PI）组合而成（6.1.1 节）。当带正电的残基聚集在外周膜蛋白的一侧，且该侧几乎没有阴离子残基，就会与带负电的膜形成有利的静电相互作用（图 4.5）。这种非特异的静电吸引力也可以帮助招募条件性膜蛋白（4.4.1 节）到膜表面，比如这些条件性膜蛋白在那里会开始与脂质极性头部发生特异性相互作用。

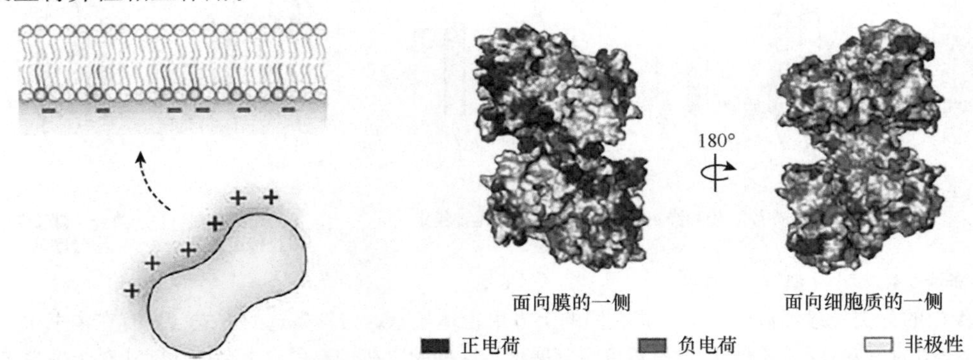

图 4.5 外周膜蛋白与生物膜之间的静电相互作用。左：带正电的外周膜蛋白表面结合到带负电的膜表面。右：外周膜蛋白角鲨烯-戊环化酶的表面静电势（PDB：2SQC）。与膜相互作用的表面带正电的残基与带负电的脂质头部基团相互作用，而非极性区域被包埋入疏水膜内。

这些主要基于静电相互作用而与膜蛋白结合的外周膜蛋白，在实验室里经常可以用高盐浓度的缓冲液分离，因为这种处理方式可以干扰电荷-电荷相互作用。这与另外一些能够与膜蛋白内部脂肪酸链形成大量的疏水相互作用的外周膜蛋白形成对比。后者只能被模拟两性膜环境的洗涤剂分子分离。

4.5.2　结合于膜上的两亲螺旋

4.5.2.1　两亲螺旋的角色

两亲螺旋的极性和非极性残基在空间分布上有偏向性，使其具有两个特性差异巨大的对立面。在 3.3.2 节，我们看到了可溶性蛋白中的两亲螺旋如何形成延展的线圈结构。然而在外周膜蛋白中，两亲螺旋扮演了一个完全不同的角色。当它平行于膜蛋白表面的界面区域（4.2 节）时，它们的极性端可以与脂质骨架和极性头部相互作用，而其非极性端可以与疏水脂肪酸尾部相互作用（图 4.6）。因此这种螺旋可以为膜结合提供完美的结构骨架，并且在外周膜蛋白的结构中很常见。

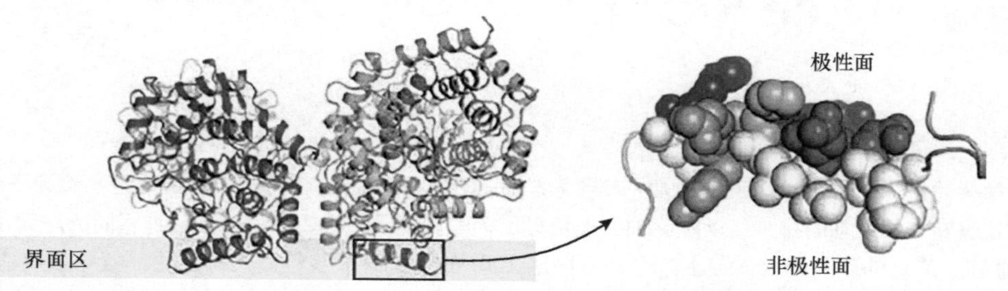

图 4.6　外周膜蛋白中的两亲螺旋。左：角鲨烯-戊环化酶同源二聚体的外周膜蛋白结构（PDB：2SQC）。它的两亲螺旋由红色标出。右：角鲨烯-戊环化酶的两亲螺旋特写以球状方式显示。非极性氨基酸以白色显示，极性残基以橘黄色显示，酸性残基以红色显示，碱性残基以蓝色显示（弱碱性组氨酸以浅蓝色显示）。

在一些外周膜蛋白中，两亲螺旋可以在感知膜弯曲度方面扮演一个特殊的角色。基于它们特有的序列特征，一些两亲螺旋会结合在高度弯曲的膜上，如囊泡。因为高度弯曲的生物膜减少了囊泡外部脂质组装的密度，从而在组装上产生缝隙，进而使螺旋更容易插入膜中。通过这种方式，一些外周膜蛋白基于膜的曲度被正确地招募到膜上（也可见 6.3.5 节的 BAR 蛋白）。

两亲螺旋有时候也在形成膜弯曲度方面扮演重要角色，因为它们只被插入脂双层中的一层。这会使得脂双层中有螺旋的一层与另一层相比更加延展，因此能够增加其弯曲度（图 4.7）。这里的一个例子是脂双层上的 CTP：碳酸胆碱酶的影响，将在 6.3.4.1 节讨论。

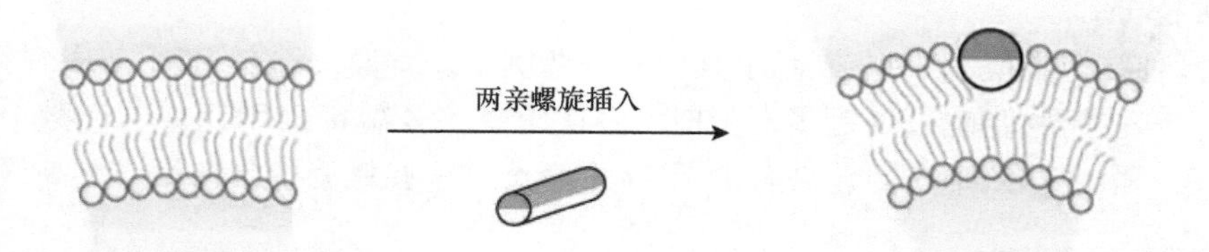

图 4.7　两亲螺旋会影响膜弯曲度。在右侧，螺旋以其轴的视角呈现。它的极性面以橘黄色显示，而它的疏水面以白色显示。

4.5.2.2　两亲螺旋的识别

外周膜蛋白的两亲螺旋的线性序列比由简单七肽重复形成的螺旋卷曲（coiled-coil）更难识别（3.3.2 节）。这是因为结合膜的两亲螺旋没有重复序列模体。但当它们排列成三维螺旋时，仍然在空间上有极性和非极性的分布偏好性（图 4.6 和图 4.8）。幸运的是，两亲螺旋可以很容易在螺旋轮图（helical wheel diagram）中被识别，这种图形展示了以螺旋轴方向为视角的氨基酸侧链的分布状况。螺旋轮是由螺旋的氨基酸序列映射到圆圈外周形成的，每个后继残基在螺旋中相差 100°（因为对于一个 α 螺旋，一个完整的 360° 圈有 3.6 个氨基酸残基；2.3.1.1 节）。一级序列结构、α 螺旋几何结构和螺旋轮的关系可见于图 4.8。

当使用螺旋轮图来预测两亲螺旋时，其两性度由螺旋疏水距（helical hydrophobic moment）来量化。疏水距表示了沿螺旋轴极性和非极性氨基酸空间分布的偏好性程度。

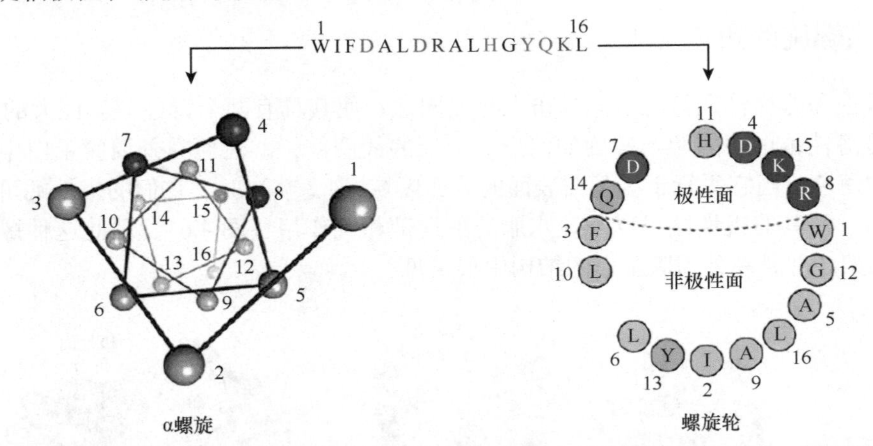

图 4.8 通过螺旋轮图来识别两亲螺旋。顶端：来自角鲨烯-戊环化酶的、与膜相互作用的两性 α 螺旋序列，它的结构在图 4.6 中显示。左：α 螺旋中各残基的排列。以螺旋轴的视角显示，其中球形表示 C_α 原子。右：将相同的序列用螺旋轮的形式展示。对于更长的螺旋，连续的残基也会以与上一个残基间隔 100° 的位置继续被绘制入螺旋轮。氨基酸残基的颜色与图 4.6 保持一致。

4.6 α 螺旋整合膜蛋白

4.6.1 该结构类型的存在性和多样性

跨膜蛋白的螺旋类型（α-TMP）使用 α 螺旋这种二级结构穿过脂双层。这种类型的蛋白质数量大概是 β 桶整合膜蛋白（4.7 节）的 10 倍，占所有生物中所有基因的 20% ～ 30%。几乎所有来自真核生物和原核生物的膜蛋白都包含广泛的螺旋膜蛋白。但是，在革兰氏阴性菌的外膜中只存在少量的例子（在该菌的外膜中，β 桶蛋白占主要部分）。

螺旋膜蛋白有多种结构类型，图 4.9 展示了其中的一些例子。就像我们在 4.4.1 节中看到的一样，α-TMP 可以是双端蛋白，仅一次跨膜；也可以是多端蛋白，多次跨膜。多端 α-TMP 可以有奇数个，也可以有偶数个跨膜螺旋，虽然在一个多肽链中它们经常有少于 14 个螺旋。一些螺旋膜蛋白形成更高级的同源或者异源

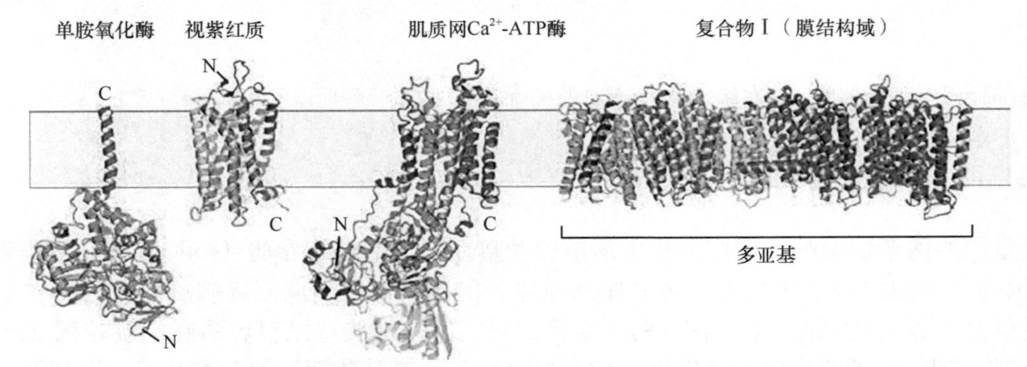

图 4.9 α 螺旋膜蛋白的例子。这些结构分别是单胺氧化酶 A（MAOA；PDB：2Z5X）、视紫红质（1F88）、肌质网 Ca^{2+}-ATP 酶（SERCA，3B9B），以及呼吸复合物 I 的膜结构（4HE8）。复合物 I 的膜结构域由 7 个独立亚基构成，并且以不同颜色绘制。

寡聚体，而其他的螺旋膜蛋白包含了一个非常大的可溶性区域（图 4.9）。目前，由于技术难度的存在，使用重组蛋白表达方法通常只允许与蛋白跨膜区域分开的可溶结构域部分被测定。

4.6.2　跨膜 α 螺旋的基本特征

所有螺旋膜蛋白的基本结构单元是 α 螺旋（2.3.1.1 节）。α 螺旋的两个重要特性对于 α-TMP 的结构很重要。这两个特性分别是所有侧链都指向螺旋轴外侧，以及每个残基上升 1.5Å。这两个特征决定了哪些特定的氨基酸在跨膜螺旋中更受青睐，以及需要多少残基跨膜。

由于每个 α 螺旋的侧链都指向螺旋外侧，跨膜区的残基会存在于两种可能的环境之一：①暴露于脂肪酸链中；②在螺旋-螺旋交界面（图 4.10，左侧）。疏水残基在这两种环境中都占主要成分，因此，跨膜螺旋包括了长的、连续延伸的疏水残基（如苯丙氨酸、亮氨酸和异亮氨酸）。α 螺旋中每个残基上升 1.5Å，意味着需要 21 个疏水残基或者非极性残基穿过 30Å 的脂双层脂肪酸核心。实际上，大部分跨膜螺旋相对脂双层偏转 10° ～ 30°，因此它们的疏水残基部分会更长（经常为 21 ～ 25 个残基左右）。少于 20 个残基的跨膜螺旋很少见但也存在，还有超过 35 个残基的高度偏转或弯曲的螺旋存在。

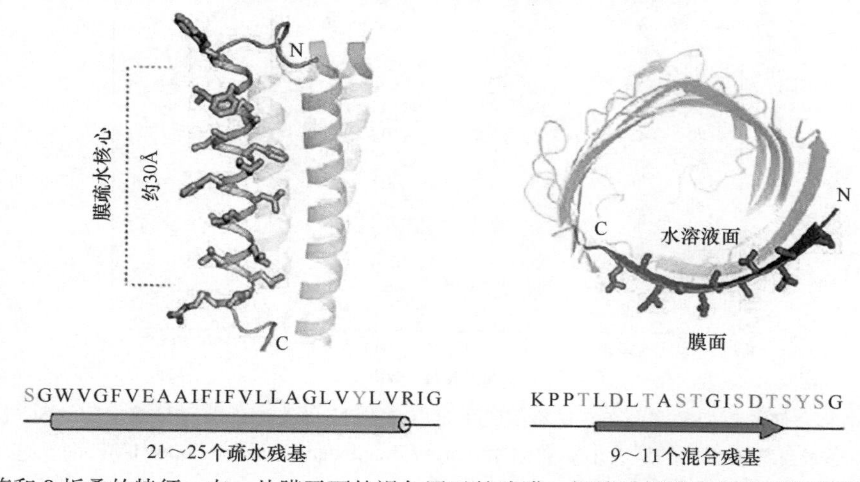

图 4.10　跨膜 α 螺旋和 β 折叠的特征。左：从膜平面的视角展示的跨膜 α 螺旋。螺旋左侧残基与脂肪酸链相互作用，其右侧残基与相邻 α 螺旋相互作用。原子坐标来自呼吸复合物 I（PDB：3RKO）。右：从膜上方视角看 β 桶水孔的 β 链。链上的小球代表向内的甘氨酸残基（因为甘氨酸在侧链上只有一个氢原子）。为了更清楚地描述，有些桶的 β 链被省略。原子坐标来自蛋白 TolC（1TQQ）。图下方是螺旋、β 束序列，其氨基酸颜色与图 4.6 一致。

跨膜螺旋中长且连续的疏水区域在 α-TMP 的氨基酸序列中很容易被识别，这使得识别跨膜部分相对比较轻松和准确。这与 β 桶膜蛋白的状况形成鲜明的对比。就像我们将在 4.7 节看到的那样，β 桶的跨膜区域更短（只有 9 ～ 11 个残基），而且它们的侧链内外交替排列（图 4.10，右侧）。因此，它们的组分 β 束中，疏水和极性残基不明显地混合在一起，使得跨膜区很难与非跨膜区区分开。

虽然非极性和疏水氨基酸在跨膜螺旋中占主导，极性和带电残基有时也会在膜的核心区出现。但它们几乎很少指向脂质尾部，而是介导螺旋-螺旋氢键或者盐桥的形成。事实上，大部分跨膜螺旋的界面由至少一个螺旋间氢键或者盐桥稳定。

跨膜区的极性残基也可以指向蛋白质内部，其在功能上发挥重要的作用。例如，它们在转运蛋白如 P 类 ATP 酶中作为离子的结合位点（13.3.1.1 节），在通道蛋白中为极性溶质提供通道（13.2.2 节），或者在整合膜蛋白酶和电子传递蛋白中介导辅因子的结合。

4.6.3 膜中螺旋-螺旋相互作用

4.6.3.1 螺旋-螺旋对的几何结构

为了使膜蛋白形成有功能的三维结构，组成它的螺旋必须在脂双层中正确地相互结合。但在研究螺旋界面的分子细节之前，我们将首先从它们整体的几何结构出发给螺旋对分类。

多端跨膜螺旋或者多聚双端 α-TMP 采取螺旋束（helical bundle）这类四级结构，在这个螺旋束结构中，所有螺旋的取向近似平行（见图 4.9）。然而，由于氨基酸侧链组装的约束，几乎所有的跨膜螺旋之间都存在一个比较小的角度。这使得螺旋界面有一个内在的手性特征。最简单的确定螺旋界面手性的方式是通过膜平面内部的视角来研究（图 4.11）。如果前面的螺旋相对于后面螺旋向左侧倾斜，则该螺旋界面是左手型；反之，则是右手型。由于两个相互作用螺旋既可以相对平行，也可以相对反平行，这导致了四种可能的界面类型：左手平行、右手平行、左手反平行、右手反平行（图 4.11）。

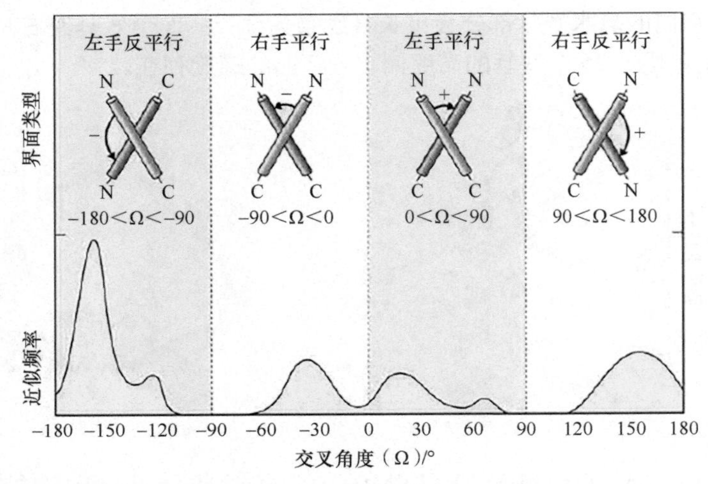

图 4.11 螺旋界面类型和它们的近似频率分布。螺旋交叉角是 N 端到 N 端或者 C 端到 C 端之间的角，也称为 Ω（即 N-to-N 或者 C-to-C）。近似频率来自跨膜蛋白的螺旋组装数据库（http://biocluster.iis.sinica.edu.tw/TMPad），这个数据库储存着所有已知膜蛋白（2011 年及以前）的所有界面的交叉角的计算数据。

使用螺旋交叉角度（helical crossing angle）或者螺旋间角度（interhelical angle，Ω）来描述这四种界面的类型。这个角度是两个螺旋轴之间的符号角。在使用螺旋交叉角时有两个约定：第一个（这个约定在整本书中都适用）是交叉角度的大小在−180° 和+180° 之间，并且是两个相同末端之间的夹角（N-to-N 或者 C-to-C；图 4.11）。因此，平行螺旋间呈锐角而反平行螺旋间呈钝角。在测定 N-to-N 或者 C-to-C 的角度时，如果后面螺旋相对于前面螺旋顺时针旋转，则角度为正值，而负值暗示了旋转方向为逆时针。因此，当 Ω 角度的大小和符号给定时，人们可以推断该界面的手性是左手型还是右手型。

在确定交叉角度的第二种约定中，螺旋的方向性（也就是说螺旋是平行还是反平行）被忽略了，因此两螺旋之间的交叉角度是锐角。这种简化的两螺旋之间的交叉角度的大小在−90° 到+90° 之间，其符号与上一段所描述的一致。为了全面地描述角度，这时候需要额外描述两螺旋是平行的还是反平行的，例如，一个交叉角度为−160° 的螺旋界面也可以描述成“+20°，反平行”。

就像图 4.11 所示，已知结构的膜蛋白中的螺旋交叉角度被分为 4 个主要类别。这种交叉角度的非均匀分布反映了螺旋在膜中维持近似平行的分布时，其侧链在组装时存在的约束。图 4.11 也很明显地反映了这四种界面类型存在的频率不同。最常见的螺旋组装几何结构为左手反平行类型，其交叉角度大约为−160°。这种几何结构（其等效角度 Ω 约为+20°）与被观察到的纤维蛋白中的卷曲螺旋一致。这是因为膜蛋白侧链组装方式与卷曲螺旋的特性即“knobs-into-holes”方式相同，这曾在 3.3.2.3 节和图 3.13 中描述过。

4.6.3.2　螺旋-螺旋界面的序列特征

即使最近几年的技术取得进步，我们仍然缺乏对膜蛋白中螺旋之间相互作用的模体和力的详细了解。尽管如此，在很多螺旋界面高表达甘氨酸、丙氨酸和丝氨酸这一点是非常清楚的。跨膜螺旋中甘氨酸的广泛存在，这乍看起来很令人惊讶，其实是因为它所在的主链柔性很高且其扮演了“螺旋破坏者”的角色，即甘氨酸在可溶性蛋白的螺旋中几乎不存在。

甘氨酸、丙氨酸和丝氨酸的哪些共性使得它们在跨膜螺旋界面大量存在？图 2.2 显示了这些残基拥有的侧链很小，这使得跨膜螺旋之间能够比由大侧链组成的螺旋更紧密地结合在一起。跨膜螺旋的这种紧密结合可以通过多种方式稳定膜蛋白的结构。首先它增强了侧链之间有利的范德华相互作用（2.1.5 节）。这种相互作用是螺旋在膜蛋白中寡聚的重要驱动力，因为它们主要以非极性侧链间形状互补的方式结合。普遍认为，两个螺旋之间的紧密接触允许主链间形成 Cα–H···O 较弱氢键的相互作用。这种相互作用在可溶性蛋白中很罕见，但是有助于特定跨膜螺旋界面的稳定。最后，来自界面丝氨酸的羟基基团可以与相邻螺旋的其他极性侧链，或者对面的主链碳基团形成氢键。

除了这种普遍的序列趋势，现已识别出一种特定模体（以及具有合适的互补形状或者氢键势能的其他残基），它介导了 α-TMP 中的一些螺旋-螺旋相互作用。这种模体是 GxxxG（或者 Gx_3G）模体，它包括两个位于螺旋-螺旋界面的甘氨酸残基，且这两个甘氨酸之间由任意三个氨基酸隔开。通过将甘氨酸替换为丙氨酸或者丝氨酸可以拓展这种序列模式，因此这种模体通常也被描述为 Sm-xxx-Sm 模体（“Sm”代表任意小侧链残基，如甘氨酸、丙氨酸或者丝氨酸）。

这种 GxxxG 模体可以在图 4.11 中的所有四种界面中存在，而且经常在螺旋对中的一条链中被发现。经典的 GxxxG 二聚体模体分子细节的一个典型例子是双端膜蛋白的血型糖蛋白 A（C*p*A），这类模体首先在该蛋白中被发现。由于甘氨酸缺少侧链，两个甘氨酸残基在界面处形成凹槽，该凹槽可以使另一相对螺旋的长侧链深入其中（图 4.12）。通过这种方式，螺旋间的近距离接触成为可能。

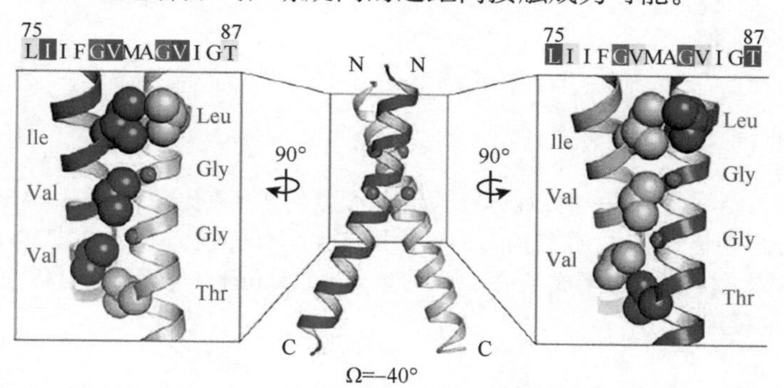

图 4.12　糖蛋白 A 的 GxxxG 模体。GxxxG 的甘氨酸 Cα 原子以红色球体显示。图中也显示了 GpA 二聚化界面的序列。原子坐标来自人二聚体糖蛋白的跨膜部分（PDB：1AFO）。由于该蛋白是对称的同源二聚体，在界面处存在两处相互作用。

4.6.4　从简单 α 螺旋的衍生

4.6.4.1　3_{10} 和 π 螺旋

虽然经典 α 螺旋是直的且不弯折（见图 2.12），但至少 50% 的螺旋多端膜蛋白包括一个或者更多非经典结构模体，图 4.13 展示了这些非经典模体。例如，有时在 α-TMP 中会出现 3_{10} 和 π 螺旋，分别导致更窄或者更宽的螺旋存在（2.3.1.3 节）。就像可溶性蛋白一样，膜蛋白中的 3_{10} 和 π 螺旋的长度经常小于 8 个氨基酸，这是因为它们的长程稳定性减弱了。由于这个原因，目前没有已知的 3_{10} 或者 π 螺旋能够完整跨过脂双层的例子。3_{10} 或者 π 螺旋在 α 螺旋为主导的膜蛋白中以短延展的方式（经常不超过两圈螺旋）出现（而且经常连接一个螺旋扭结；4.6.4.2 节）。

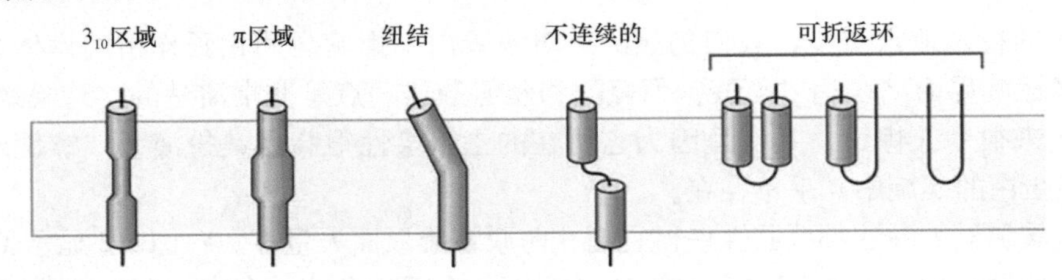

图 4.13 跨膜 α 螺旋非经典结构单元。

4.6.4.2 螺旋扭结

螺旋扭结是跨膜螺旋中最普遍存在的不规则结构。含扭结的螺旋是螺旋轴方向在某个特定位置发生改变的螺旋，这会伴随着一个或多个主链氢键的局部破坏（图 4.14）。这种扭结程度可以比较轻（< 15°），也可以很重（> 50°），虽然其大部分在 15° ~ 30° 范围内。螺旋扭结扮演两个关键角色。首先，它们通过使跨膜螺旋采取非经典构象而增加跨膜蛋白结构的多样性；其次，在螺旋扭结处的主链氢键的损失（在某些场合）创造了一个柔性铰链，从而使得蛋白质在转运或传递信号时可以绕它移动。

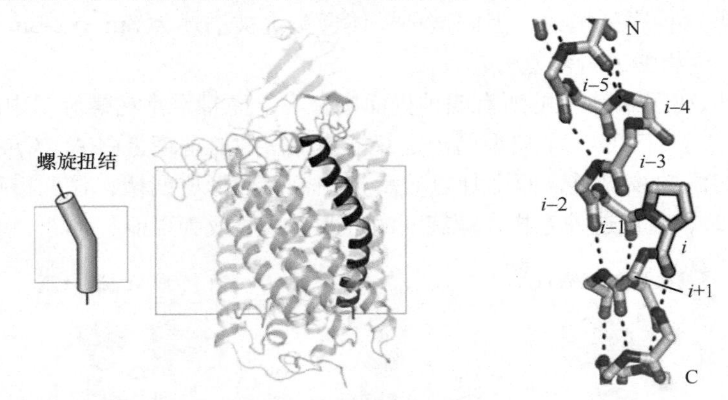

图 4.14 脯氨酸诱导的螺旋扭结结构基础。脱氮副球菌 aa_3 型细胞色素 c 氧化酶（PDB：1AR1；A 链，残基 218 ~ 251）。位于 *i* 位置的扭结诱导的脯氨酸用黑线框出。扭转角为 34°。i^{NH} 与 i–4^{CO} 之间的氢键以及 i+1^{NH} 与 i–3^{CO} 之间的氢键被断开（来自残基 *i*–3 的碳基离 *i*+1 残基太远从而无法形成氢键）。请注意，虽然是位于 *i* 位置的脯氨酸诱导了螺旋扭结的形成，但是扭结大概位于残基 *i*–3、*i*–4 的位置。

大约 35% 的跨膜螺旋扭结由脯氨酸导致，脯氨酸在跨膜螺旋中比在可溶性蛋白（脯氨酸在可溶性蛋白螺旋中最罕见）的螺旋中更加普遍。脯氨酸能够扭转螺旋的能力可以从它的独特侧链中得到解释——环形吡咯烷的环中包括了一个主链氮原子（见图 2.2 和图 4.14）。这种独特性能够以两种方式诱导一个螺旋扭结。首先，由于脯氨酸的主链缺少一个酰胺氢原子，所以它无法提供一个氢供体给第 *i*–4 个氨基酸残基的羰基氧（*i* 代表了脯氨酸的位置；图 4.14）。这破坏了典型的 α 螺旋氢键网络（2.3.1.1 节），从而给了第 *i*–4 个残基更大的自由度。其次，由于侧链的环状结构无法使它指向螺旋轴外侧，导致与第 *i*–4 个氨基酸的羰基基团存在构象上的冲突，从而进一步增强了螺旋的重新定向。这种结构上的差异导致局部至少一个氢键的缺失：几乎总是 i^{NH} 和 i–4^{CO} 之间的氢键，经常也有 i+1^{NH} 和 i–3^{CO} 之间的氢键，有时也有 i–1^{NH} 和 i–5^{CO} 之间的氢键缺失。这些氢键的缺失使得螺旋扭结成为可能。

然而，应该强调的是，虽然脯氨酸残基是导致螺旋扭结最常见的原因，并且会产生最宽的扭转角，但扭结也可以在没有脯氨酸时出现。另外，跨膜区大概 1/3 的脯氨酸不形成扭结，该螺旋的主链只存在比较弱的扭曲。虽然如此，这些不导致扭转的脯氨酸还是会允许主链有更大的柔性，这可能在构象的改变和动力学方面仍然发挥一定的作用。因此，其他影响因素如螺旋之间的堆积相互作用对于跨膜螺旋中扭结的形成也很重要。

4.6.4.3　不连续螺旋和可折返环

大约 5% 嵌入膜的氨基酸残基没有 α 螺旋二级结构而形成线圈，这个事实刚开始看上去可能很令人吃惊，因为极性多肽主链以解折叠的方式嵌入疏水脂双层中能量是高度不利的（4.2 节）。然而，嵌入膜的线圈主链很少与脂肪酸尾部相互作用。相反，它们经常被埋入蛋白核心内。通过这种方式，它们可以形成极性的蛋白内部微环境，或者与极性侧链之间形成氢键。

膜中的线圈区域既可以形成不连续螺旋，也可以形成可折返环。不连续螺旋（也被称为松开的螺旋）包括膜嵌入区的线圈残基的短延展，但是仍然可以全部穿过膜（图 4.15）。不连续螺旋的线圈区域经常在功能上很重要。例如，在 Ca^{2+}-ATP 酶和很多次级主动转运蛋白中，线圈主链为转运离子提供内部结合位点（13.3.1.1 节和图 13.8）。不连续螺旋也可以为离子的结合提供有利的静电环境，因为螺旋偶极子（2.3.1.4 节）经常会在蛋白质内部暴露出来（图 4.15）。

螺旋膜蛋白也可以有折返环结构，在这种结构中，多肽链从膜蛋白的一侧进入，然后深入疏水内核中，随即改变方向从膜的同一侧出去（图 4.15）。反折叠环有三种基本形式：螺旋-线圈-螺旋；螺旋-线圈（或者线圈-螺旋）；只有线圈的区域（图 4.13）。反折叠环比跨膜螺旋的疏水性更弱，而且很难将其从蛋白序列中识别出来。像不连续螺旋一样，线圈区域或者暴露的反折叠环螺旋偶极子经常在离子或者其他物质结合中发挥重要作用。水通道蛋白就是其中的一个例子，这会在 13.2.2 节描述。

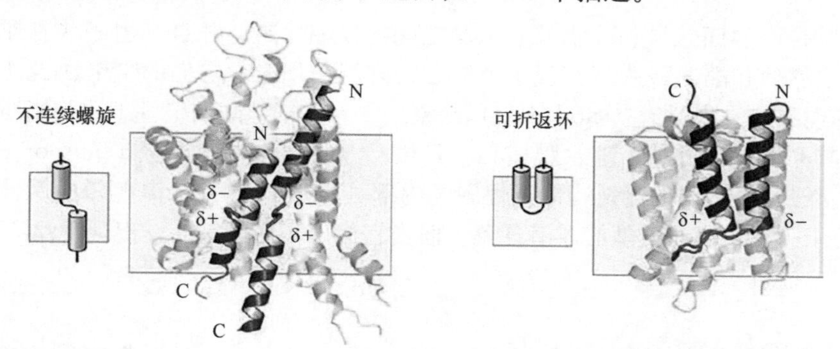

图 4.15　不连续螺旋和可折返环。左：肌质网 Ca^{2+}-ATP 酶（PDB：3B9R）。膜嵌入区线圈由红色标出，且螺旋偶极子被标出。可溶结构域为了描述清晰而被省略。右：螺旋-线圈-螺旋类的一个可折返环，来自尿嘧啶/质子同向转运蛋白 UraA（PDB：3QE7）。

4.6.5　螺旋膜蛋白的界面区域

4.6.5.1　界面区域的序列特征

我们对螺旋膜蛋白的结构研究，目前主要涉及嵌入脂双层疏水核心的膜蛋白部分。然而，跨膜蛋白必须穿过并且与脂双层的极性界面区相互作用（4.2 节）。螺旋和线圈这两类二级结构在这些区域占主导，而且该部分的蛋白序列与膜内的蛋白序列区别很大。

极性残基在界面区比在疏水核心区更常见。这是因为它们可以与脂质头部基团和主链之间相互作用。大量色氨酸和酪氨酸围绕在螺旋膜蛋白两端形成芳香带（aromatic girdle 或 aromatic belt）（图 4.16）。这些侧链大量存在的原因是它们独特的氨基酸侧链，包括芳香环和极性基团。非极性的芳香环可以与脂肪酸尾部相互作用，而极性基团可以与脂质头部和骨架形成氢键（图 4.11）。

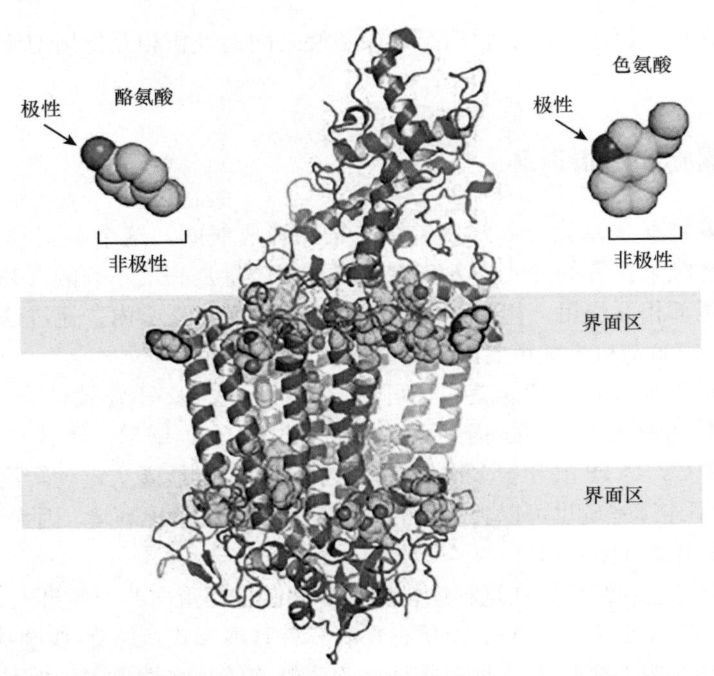

图 4.16 由色氨酸和酪氨酸形成的芳香带。色氨酸和酪氨酸残基以环体的形式标出。原子坐标来自绿假单胞菌光合作用中心（PDB：1PRC）。

一些氨基酸残基位于界面区域和疏水核心区域之间的模糊地带，并且产生一些有趣的方向偏好性。当精氨酸、赖氨酸、色氨酸和酪氨酸残基在疏水膜核心的外周出现时，它们的带电和极性头部会指向界面区域（图 4.17）。这种现象被称为浮潜（snorkeling）现象。它允许氨基酸的极性基团与脂质骨架和头部基团相互作用，同时保持其非极性部分处于疏水膜核心。其相反方向被称为反浮潜（antisnorkeling），位于界面的疏水残基（如苯丙氨酸）将它们的侧链指向两性膜的内部（图 4.17）。由于其侧链的两性特征，色氨酸残基（或者酪氨酸）在位于膜核心时有典型的浮潜现象，而当它位于界面区域时，出现反浮潜现象。

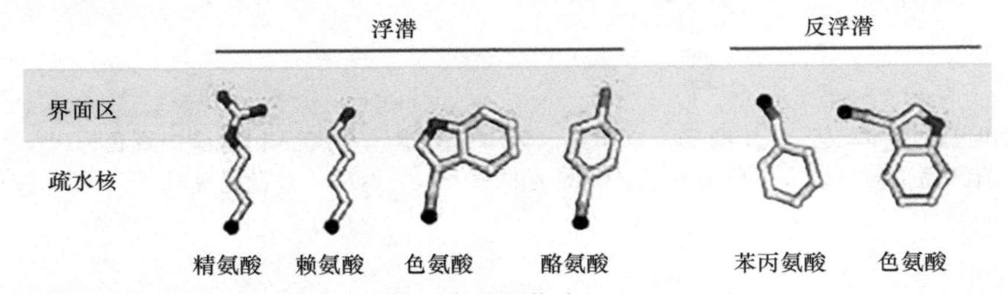

图 4.17 一些氨基酸浮潜和反浮潜倾向。Cα 原子的位置由黑圈指出。

4.6.5.2 界面螺旋

有时能在螺旋膜蛋白中发现界面螺旋（interfacing helix），这是一种引人注目的结构元件。它横卧在界面区域的膜平面上（图 4.18）。这些螺旋存在于蛋白质的氨基端或者羧基端，或者它们也可以连接两个跨膜螺旋。界面螺旋的特征与很多同膜结合的外周蛋白的螺旋很相近，它们通常也是由具有空间偏向性的两性氨基酸混合物构成的（4.5.2 节）。在这种方式下，它们的一端可以与膜内部的疏水区域相互作用，而另一端与极性界面区域相互作用（图 4.6 和图 4.18）。

图 4.18　螺旋膜蛋白中界面螺旋。左：钾离子通道蛋白 KirBac1.1（PDB：1P7B）的界面螺旋（深蓝色）。右：以球体模型展出的相同界面螺旋，展示了其两性以及在膜中的相对位置。残基颜色与图 4.6 一致。

4.6.6　螺旋膜蛋白的拓扑结构

4.6.6.1　拓扑决定子

在研究了构成一个螺旋膜蛋白的每个独立元件（其跨膜螺旋、界面以及界面结构）之后，我们现在来考虑这些要素如何在全长蛋白中组合起来。膜蛋白的结构通过拓扑结构在最简单的层面上描述，即它们的跨膜螺旋的数量及其在脂双层中的方向性。环状区以及氨基和羧基端的位置也在蛋白质的拓扑结构中被刻画出来。所有的这些特征都可以在拓扑结构图（topology diagram）中被总结，这个拓扑结构图展示了蛋白主链相对于脂双层的位置（例如，图 4.19，底部）。

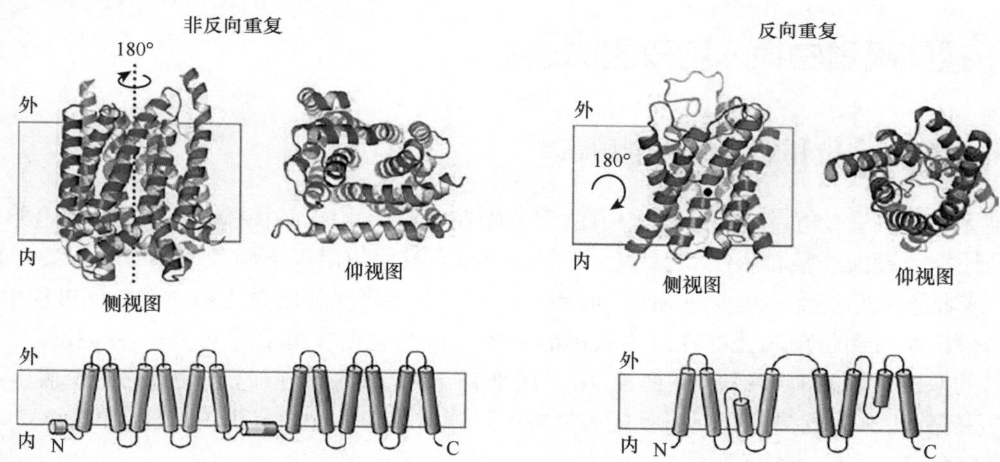

图 4.19　α 螺旋膜蛋白中内部结构对称性。氨基端和羧基端分别重复蛋白质的一半，并且分别用蓝色和红色标出。左：二重对称轴与膜平面垂直，形成非反向重复。原子坐标来自细菌外排转运蛋白 AcrB（PDB：2GIF）。右：二重旋转对称轴与膜平面平行导致反向重复。旋转对称轴与页面垂直（由黑点标出）。原子坐标来自水通道蛋白（2F2B）。每个蛋白质的一半也包括一个不穿膜的反折叠环（4.6.4.3 节）。

用于表征螺旋膜蛋白的整体方向性的最主要因子是内部正电荷规则（positive-inside rule），该规则指出胞质面（“inside”）有大量像精氨酸和赖氨酸这类带正电的侧链。这种模式在所有生物的双端和多端 α-TMP 中都正确，但在细菌中最明显。真核细胞线粒体内膜和叶绿体类囊体膜上的 α-TMP 也都遵循这一规则，它们带正电的一侧指向细胞器的内部。该规则的分子机制还没有完全被理解，但是它似乎起源于新生肽链、膜脂质和膜蛋白插入机器之间的相互作用。带负电的残基对拓扑结构的影响更弱，而且在细胞质和胞外环形区的分布没有显著差异。

除了内部正电荷规则，其他很多因素也会影响跨膜螺旋的取向。这些因素很多也很复杂，包括但不限于以下这些因素：蛋白质中第一个（或者只有一个）跨膜部分的相对位置；真核生物细胞质外的糖基化结构域；翻译过程中可溶结构域折叠的速度。

今天，我们对膜蛋白序列特征的了解已在许多不同的计算机程序中得到应用，这些程序试图仅从序列预测膜蛋白拓扑结构。第 19 章对此进行了更详细的讨论。

4.6.6.2 内部结构对称性

很多 α-TMP 在三维折叠中展示出一个有趣的特征：其跨膜螺旋束的两部分在结构上有同源性，且它们之间有一个二重旋转轴从而使其具有内部对称性。如果二重旋转对称轴与膜平面垂直，则其结构重复是非反向重复（non-inverted repeat）（图 4.19）。当对称轴与膜平面平行时，则会出现反向重复（inverted repeat），从而使结构同源单元在脂双层中指向相反方向（图 4.19）。

具有超过 8 个跨膜螺旋的蛋白质最可能有内部对称性，虽然结构同源区域并不一定在序列上有相关性。结构对称性被认为来自全部或者部分基因在进化过程中的复制（以及在蛋白质层面可能的倒位）。这导致两个旁系同源区域融合后共同编码一个更长且内部有对称性的蛋白质。

内部复制事件经常在次级主动转运蛋白（13.4 节）中被观察到。在转运周期中，同源区被认为可以协调不同构象状态的结构转换。LeuT 蛋白就是其中的一个例子，这将在 13.4.2.1 节详细描述。

4.6.7 螺旋膜蛋白插入脂双层的过程

4.6.7.1 蛋白膜定位和插入的两个通路

和可溶性蛋白一样，定位于生物膜上的蛋白质首先在细胞内水溶液中的核糖体上合成（第 11 章）。然而，最终它们还需要靶向并整合入脂双层中。该定位和插入过程使用以下两条途径中的一条：共翻译（co-translational）或者翻译后途径（post-translational pathway）。共翻译途径就是蛋白质在翻译过程中插入膜。这是我们理解得最清楚且到目前为止存在最为普遍的途径。这个途径被用于插入所有多端膜蛋白和除了尾部锚定蛋白之外的双端膜蛋白（4.4.2 节和图 4.20）。尾部锚定的双端蛋白（这些膜蛋白的跨膜区只有羧基端 30 个以内的氨基酸），采取的是翻译后途径插入细胞膜。通过翻译后途径将蛋白质插入细胞膜这个过程发生在将全多肽序列合成完之后（图 4.20）。

为了理解双端尾部锚定蛋白必须在翻译后被插入，我们首先需要了解一下经典的共翻译途径的早期膜定位事件。这种途径开始于当氨基端信号肽或者跨膜区域从核糖体的出口隧道出现时。这两种氨基酸序列都有疏水性并且被信号识别小体（SRP，图 4.20）识别和结合，SRP 暂时阻止翻译并作为核糖体新生肽链复合物（RNC）中新生肽链的分子伴侣帮助共翻译插入细胞膜（4.6.7.2 节）。

在将肽段暴露到胞质中并使其有机会与 SRP 结合之前，核糖体出口隧道本身可以承载 30 ～ 40 个氨基酸残基。因此，很明显，对于尾部锚定的双端蛋白（它的跨膜螺旋距离羧基端很近），其翻译会在多肽链从出口隧道中出现之前终止（图 4.20）。这一简单的物理限制使这些蛋白质需要在翻译后被插入。因为一旦蛋白质翻译结束，SPR 与跨膜区域的结合能力会变得很弱，因此翻译后途径会利用一个与共翻译途径完全不同的蛋白质集合来定位和插膜。

由于目前我们仍然缺少对蛋白质在翻译后插入脂双层细节的理解，因此我们将把目光转向更普遍存在以及已经研究得更详尽的共翻译途径的细节。

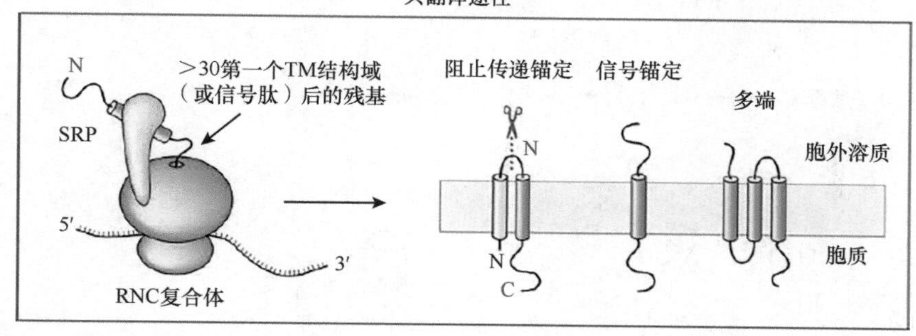

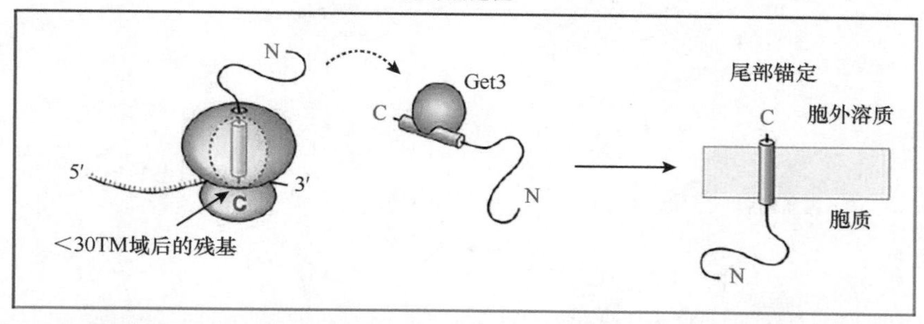

图 4.20　螺旋膜蛋白插入的两条途径。阻止传递锚定蛋白的可切割信号肽（4.4.2 节）由黄色标出。有标记的末端表示多肽可能的单一取向，而无标记的末端表示多肽可以存在任何一种取向（这取决于内部拓扑形成信号；4.6.6.1 节）。“TM” 代表 “跨膜”。Get3（人中是 TRC40）是尾部锚定蛋白的分子伴侣，帮助其插入生物膜。

4.6.7.2　共翻译膜插入的细节

由共翻译插入的膜蛋白首先以 SRP 作为分子伴侣锚定到正确的生物膜上。这些生物膜在原核生物中是内膜，而在真核生物中经常是内质网膜。在被插入和折叠之后，蛋白质会从内质网膜上被转运到其他位置。SPR 可以将 RNC 转到易位蛋白质（translocon）上，该易位蛋白质是一个跨膜分子组装系统，它有助于将蛋白质整合到脂双层上。

易位蛋白质是一个令人印象深刻的多蛋白复合物，该复合物由很多不同亚基及辅助蛋白构成，这些蛋白质涉及膜蛋白插入、折叠和组装（以及分泌型可溶性蛋白的排出）的不同阶段。它的核心是一个异源三聚体 Sec 复合物：真核生物中的 Sec61αβγ 以及原核生物中的 SecYEG。Sec 复合物在膜中形成一个通道，从而为新生肽链在翻译时提供容纳空间（图 4.21 和图 4.22）。真正的蛋白质加工孔道由 Sec61α 亚基构成，它为新生肽链提供两个出口：一个垂直于膜的孔道，多肽链可以通过该孔道穿出细胞质进入内质网内部（或者周质/细胞外空间）；侧门（lateral gate），该侧门给膜平面打开了一个通道（图 4.21，上侧）。蛋白质也有一个塞子结构域，当该蛋白质中不存在新生链时，该结构域可以堵住垂直通道（图 4.21）。

那么易位蛋白质如何将螺旋膜蛋白插入脂双层中，其拓扑结构又是如何形成的？为了回答这个问题，让我们首先看一个信号锚定双端膜蛋白整合入膜的过程。就像我们在 4.4.2 节看到的一样，信号锚定双端膜蛋白可以采取Ⅰ类（氨基端在胞质外）或者Ⅱ类（氨基端在胞质内）方向中的一种，它们正确的拓扑结构必须于插入前在易位蛋白质中形成。为了形成Ⅰ类方向，多肽链可以简单地在氨基端的引导下进入易位蛋白质，且它的羧基端（仍然与核糖体有接触）留在胞质中（图 4.21，上侧）。一旦跨膜螺旋位于 Sec 复合物通道中，侧门打开，从而允许新生肽进入脂双层。这个过程自发进行，且被认为是由疏水螺旋对两性膜内部的倾向性驱动而非主要由极性 Sec61 通道所致。

Ⅱ类信号锚定双端蛋白在易位蛋白质中形成正确的拓扑结构的过程与Ⅰ类相比可能更难想象。虽然这类过程的分子细节仍然在不断被发现，但整体来说，新生肽链可能会在易位蛋白质通道中尝试Ⅰ类和Ⅱ类方向

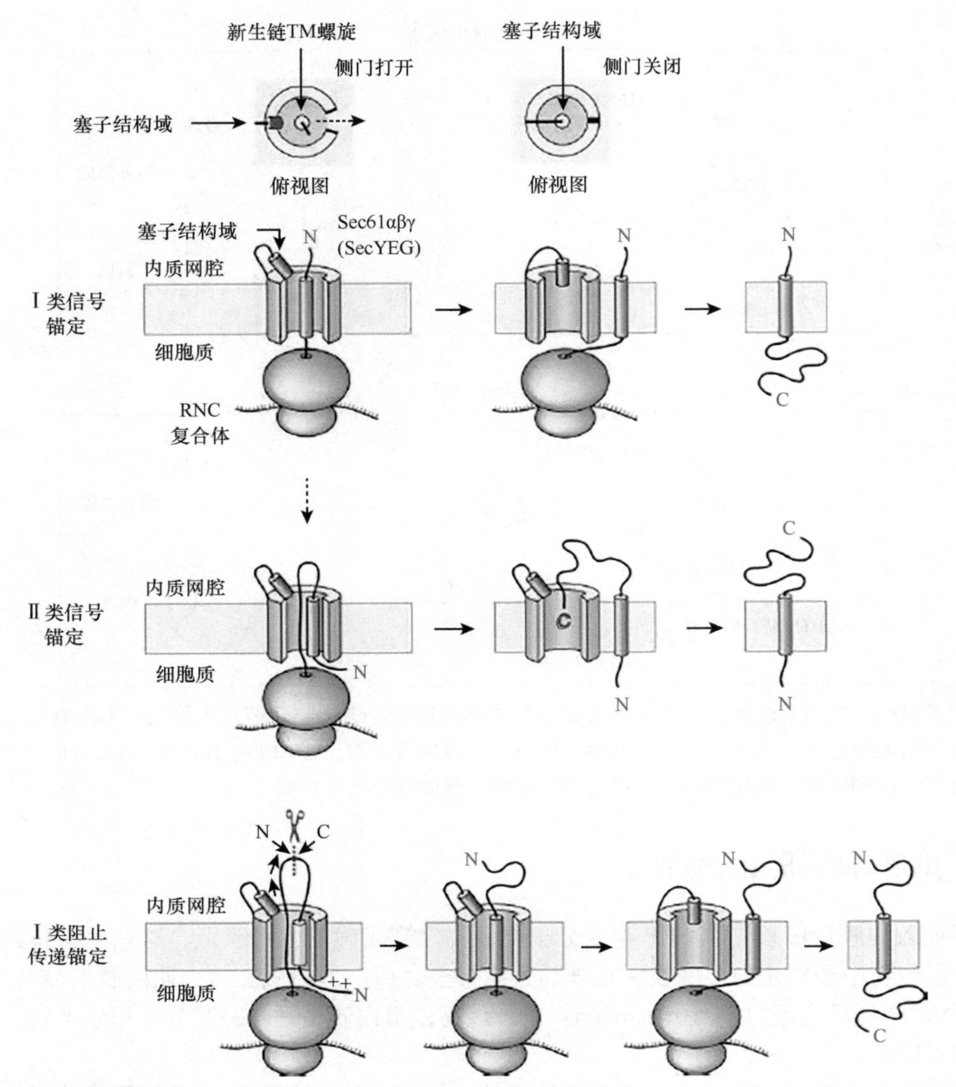

图 4.21 双端膜蛋白的共翻译插入。易位蛋白质的一部分在前视图中被切除。“TM”代表“跨膜”。真核生物内质网腔内空间与原核生物周质或者细胞外空间对应。上面Ⅰ类和Ⅱ类中间的虚线箭头代表当新生肽链在易位蛋白质通道中时一个可能的螺旋方向的改变。阻止传递锚定蛋白的信号肽标为黄色而跨膜区标为蓝色。多端膜蛋白中的第一个跨膜螺旋也是按照上述方式插膜的。多端膜蛋白插膜过程见图 4.22。

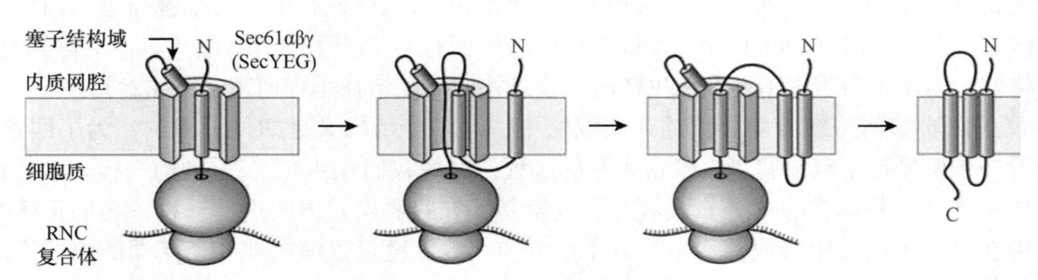

图 4.22 多端膜蛋白的共翻译插入。在这个例子中，第一个跨膜螺旋是Ⅰ类方向。第一个螺旋Ⅱ类方向的拓扑结构形成早期阶段见图 4.21。

（图 4.21，上侧和中间）。当螺旋达到了其首选的方向时，随即会分布于膜中。抑或是，螺旋可能会直接以Ⅱ类方向进入易位蛋白质中（图 4.21，中间）。例如，一个大的氨基端结构域的存在会阻止氨基端通过通道，进而使螺旋更倾向于直接以Ⅱ类方向进入易位蛋白质。

不像信号锚定蛋白，通过可切割的疏水信号肽定位于膜中的阻止传递锚定蛋白被认为是Ⅰ类方向。这是因为信号肽本身在定位于疏水膜之前，其氨基端拥有一个短的带正电区域。在它被传递给易位蛋白质时，信号肽会采取Ⅱ类方向（4.6.6.1 节和图 4.21，底部），这与内部正电荷规则相一致。接下来，信号肽的切断会使得其氨基端被留在胞质外，而它的跨膜区（在翻译和插入之后）处于Ⅰ类方向（图 4.21，底部）。

上述涉及双端蛋白的所有原则也可以应用于多端膜蛋白的第一段跨膜螺旋的拓扑结构的形成和插入膜过程。下游螺旋会按照离开核糖体的顺序插入脂双层中，且每个螺旋的拓扑结构在易位蛋白质中按此顺序形成（图 4.22）。第一个螺旋的拓扑结构将会对后续螺旋有很大影响。这是因为多肽主链会在膜中来回移动，从而使每个螺旋必须以交替方向插入膜中。然而，虽然这个序列模型对多端膜蛋白来说很有可能是正确的，但也存在一些跨膜螺旋可以留在脂双层外部直到下游螺旋合成并被插入膜中的例子。多端膜蛋白拓扑结构的形成是一个复杂的过程，需要对每个案例分别考察。

4.7　β 桶膜蛋白

4.7.1　结构的形成及其多样性

第二类跨膜蛋白是 β 桶蛋白。不像 α 螺旋类蛋白（4.6 节），β 桶只存在于革兰氏阴性菌外膜、真核生物线粒体及质体的外膜。由于这个原因，β 桶跨膜蛋白经常被称为外膜蛋白或者 β 桶膜蛋白（OMP）。OMP 比螺旋膜蛋白更少见，只占革兰氏阴性菌所有基因的 2% ～ 3%，且在真核生物中占比更少。尽管它们相对较少，OMP 会发挥多种关键细胞功能：它们经常是膜孔蛋白（13.2.1 节），或者甚至是依赖能量的转运蛋白——这些转运蛋白用于分子的跨膜交换，还有些蛋白质发挥酶或者细菌黏附素的功能。

所有 OMP 的跨膜区域形成一个基础 β 桶折叠结构，但它们的整体结构仍然有很大的差异（图 4.23）。例如，OMP 可能是单体，或者可以寡聚形成有功能的二聚体或三聚体。β 桶的孔径大小也有很大差异，在已知结构中，OMP 被发现由 8 ～ 24 条跨膜链构成（虽然就像我们将在 4.7.3 节看到的，它们通常由偶数条链构成）。一些 OMP 也可由多条肽链组装而成，每条肽链形成单个桶的一部分。这里的一个例子是由很多细菌分泌的穿孔毒素，它使用几十个独立亚单位形成了一个大 β 桶结构。最后，OMP 也包括一个从膜上伸

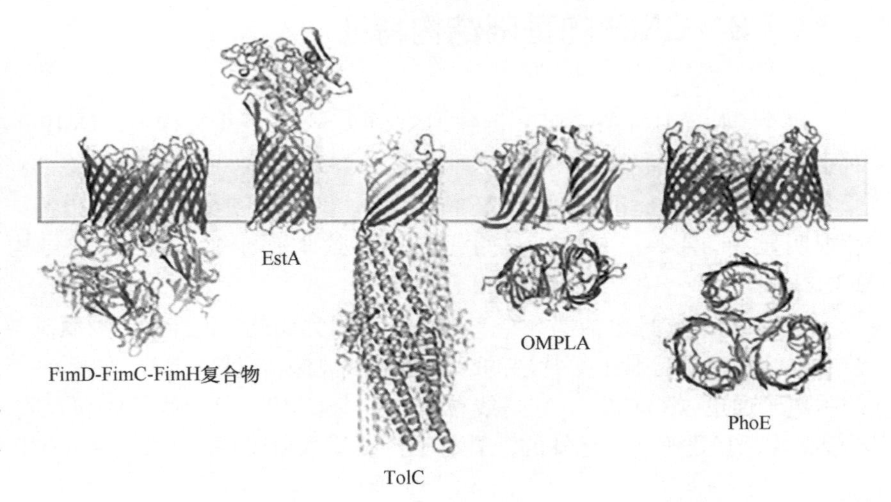

图 4.23　跨膜 β 桶蛋白的结构多样性。每个蛋白质的 β 桶部分标为蓝色，而环区、可溶区或者塞子区标为黄色。展示的结构分别是 Fim 复合物（PDB：3RFZ；β 桶由 FimD 形成）、EstA（3KVN）、TolC（1EK9）、OMPLA（1QD6）和 PhoE（1PHO）。TolC 是同源三聚体，由三个相同的亚基形成一个 β 桶（其中一个亚基用蓝色显示，而其他亚基用灰色显示）。OMPLA 和 PhoE 分别寡聚形成同源二聚体和三聚体。这两个蛋白质的结构也以顶部视角显示。

出的可溶结构域，或者它们也包括一个处于桶内部的插头结构域。该塞子结构域可以有多种结构，并且经常介导β桶转运蛋白的开与关。

4.7.2 与可溶性β桶的比较

β桶通过β折叠二级结构（2.3.2.1节）环绕形成圆柱状，其两端折叠片以氢键方式相互作用结合。这种折叠类型并不是膜蛋白独有，很多可溶性蛋白，如著名的绿色荧光蛋白（GFP）也形成β桶结构。然而在可溶和跨膜β桶蛋白之间有一些重要的结构差异。首先，OMP的β折叠有一个反平行β片层或者上下片层结构，这意味着组成OMP的β折叠片的排布顺序与其按肽链序列顺序形成的二级结构一致。接着，其氨基端和羧基端会以氢键的方式结合起来从而封闭桶状结构（图4.24，左侧）。跨膜β桶有时被称为上下片层桶，它们的拓扑结构与可溶性β桶结构有差异，后者常使用如希腊钥匙之类的β折叠模体组装而成（3.2.3.1节）。

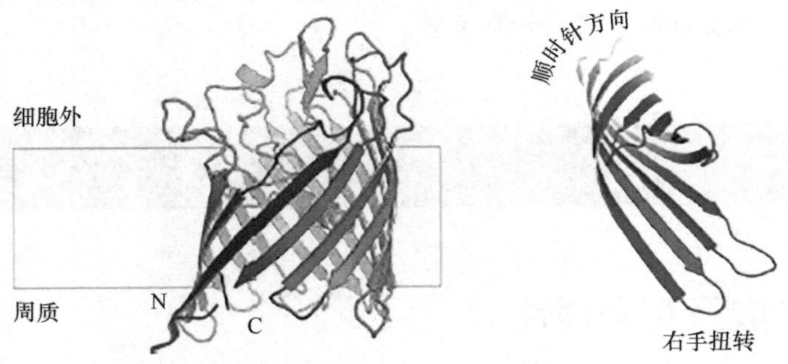

图4.24 OMP的结构特点。左：一个OMP中的β链的反平行组装。原子坐标来自蛋白OmpF（PDB：2OMF）。右：β桶的手性。由于按顺时针方向跟踪时β链会移到页面内，因此桶是右手性（2.3.1.2节）。原子坐标来自蛋白OmpX（1QJ9）。

另一个可溶性β桶与OMP的区别在于它们内外表面的氨基酸类型不同。这是由于两者折叠和发挥功能的环境不同，一个在细胞内的水溶液环境中，而另一个在疏水膜中。可溶性β桶的外表面带有极性或者带电残基，这些残基可以与溶剂相互作用，而它们的内部形成一个紧密组装的疏水核心。这种模式在整合β桶膜蛋白中正好相反（4.7.4节）。由于OMP不需要形成紧密组装的疏水核心，因此它们比可溶β桶蛋白更大且经常在膜中形成一个通道。

在本章的其他部分，当描述可溶和跨膜桶的共有结构特性时，使用宽泛的术语“β桶”，而跨膜β桶采用更加严格的术语“OMP”。

4.7.3 OMP的基础结构特征

每个OMP中每条跨膜β折叠通常由9～11个残基构成。OMP（或者可溶β桶蛋白）的β折叠都相对于桶轴倾斜，而不是严格地以垂直膜的方式跨膜（图4.24，左侧）。该倾斜产生的原因是β折叠的扭转（2.3.2.1节），它也有利于侧链在桶中组装。β桶经常按右手方向扭转。当以桶轴方向为视角时，这种右手性很明显（图4.24，右侧）。左手扭转会导致β桶与图4.24所示的结构呈现镜面对称（对手性的讨论可见2.3.1.2节）。

OMP几乎总是包括偶数个β折叠。正因为如此，β折叠链的氨基端和羧基端经常以反向平行的形式组装成桶结构，并且其上下片层的组装形式会被保留（图4.24，左侧）。一个有名的例外是真核生物的电压门控阴离子通道（VDAC），它是线粒体的一个OMP，负责线粒体和胞质之间代谢物的交换。VDAC有19个β折叠片，且是第一个已知的、具有平行氨基端和羧基端折叠片的OMP的例子。

最后，细菌的 OMP 有另外一个明显的特征：位于周质空间一侧的 β 折叠片间的 β 转角被组装得很紧，而且其环区很短，而其位于细胞外的那一侧包括长环区，该区域经常与蛋白质的功能有关（图 4.24，左侧）。

4.7.4　OMP 的序列特征

很多 OMP 有一个内部极性区域为水溶性溶质提供一个通道，否则溶质很难通过难以渗透的细胞膜。这意味着 OMP 经常是一些两性蛋白——有一些疏水残基（如缬氨酸、亮氨酸和异亮氨酸）指向膜的脂肪族核心，在它们内表面有一些极性或带电残基（见图 4.10）。为了维持这种空间上有偏向性的氨基酸分布，OMP 链有一个非常松散的重复极性-疏水对偶序列模式。因此，当排列成 β 折叠时，连续的极性和疏水侧链将位于桶的相对面上（2.3.2.1 节和图 4.10）。OMP 的两性特征意味着只从序列分析来识别跨膜折叠片是困难的。因此，OMP 拓扑结构的计算预测仍然是一个挑战，而且远远滞后于 α 跨膜螺旋蛋白的预测（19.2.3.1 节）。

OMP 中处于膜的边界区域的部分富含芳香族残基，如色氨酸、酪氨酸和苯丙氨酸（4.2 节）。这些残基形成蛋白质两侧的芳香带（图 4.25）——该结构特性在 4.6.5.1 节解释过。这些 OMP 中的色氨酸、酪氨酸和苯丙氨酸也同 α 螺旋膜蛋白一样存在浮潜和反浮潜现象（4.6.5.1 节，图 4.17 和图 4.25）。

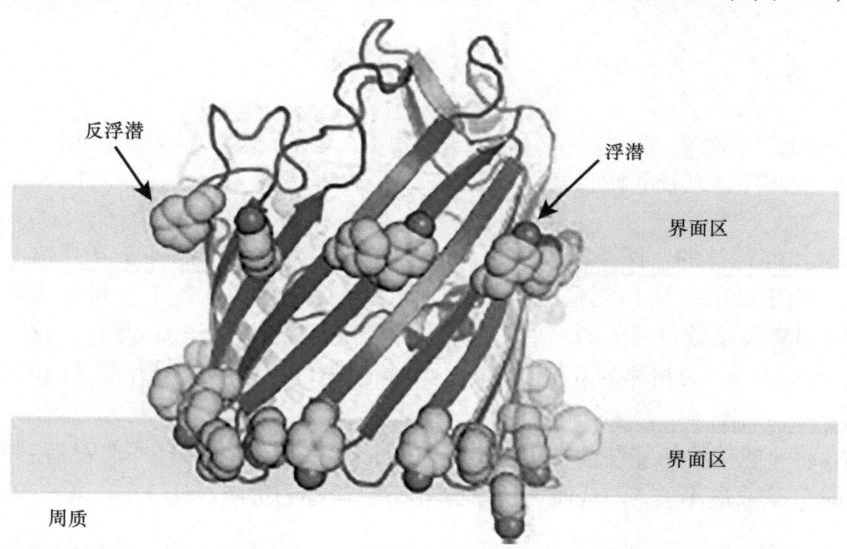

图 4.25　OMP 界面区域的芳香带。色氨酸、酪氨酸和苯丙氨酸侧链以球体显示。注意到苯丙氨酸不是 α 螺旋膜蛋白的芳香带的特征（4.6.5.1 节）。反浮潜苯丙氨酸和浮潜酪氨酸被标出。原子坐标来自 OmpF（PDB：2OMF）。

4.7.5　β 桶剪切数

可溶和跨膜 β 桶的结构几乎可以用剪切数（S，细节在下面描述）和组成链的数量（n）这两个参数完全描述。一旦桶的 S 和 n 已知，则很多其他结构特征可以被计算，包括 β 折叠的整体倾斜角、桶半径（假设存在一个圆形截面），甚至是桶中侧链的组装模式。

由于一个 β 桶的 β 折叠沿着桶轴倾斜，β 链也会沿着桶轴存在交错（图 4.26）。交错度由剪切数量化，该值越大，表明链与桶轴之间的倾斜角 α 越大（图 4.27）。一个桶的剪切数取决于组成它的 β 链的数量，其最佳范围为 $n < S < 2n$，从而产生一个理想的、大约 45° 的倾斜角。

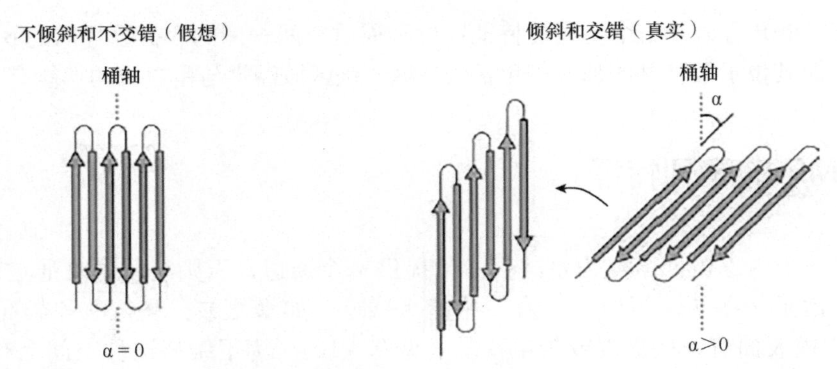

图 4.26 折叠倾斜和链交错的关系。左：一个假想桶，倾斜角（α）为零且链间不交错。右：由倾斜和交错的 β 链组成的真实的 β 桶。倾斜的桶以两个方向展示，方便与非倾斜桶进行比较，并且阐明链的交错特性。

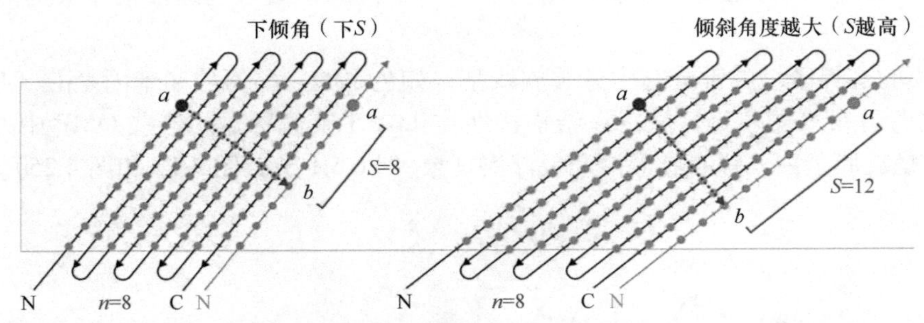

图 4.27 计算 β 桶的剪切数。有两个不同倾斜角的例子。每个折叠总共有 8 条链（n=8），但是第一条链重复了一次，且重复那次用灰色标出。蓝色圆圈代表从桶中朝外的氨基酸，而短线代表朝向桶内。

但剪切数实际是如何计算的？图 4.27 描述了一个简单方法。从链 1 的残基 a 开始，然后以氢键方向沿着桶的每条链移动。由于链的交错，完整的一圈会使得该路径最终到达链 1 与起始残基 a 不同的残基 b 的位置。b 和 a 之间的偏离残基数量（b–a）就是剪切数。它的值经常是正值，因为 β 桶经常沿着右手方向倾斜。剪切数也经常为偶数，因为相邻的 β 链上相邻的氨基酸侧链指向相同的方向（同时朝外或者同时朝内；见图 2.16 和图 4.27）。

计算一个真实β桶的剪切数的复杂性在于β桶中有β凸起的存在，这会将外部残基引入β链（2.3.2.2 节）。因此，计算剪切数时总是取最小值 S，从而能够排除 β 凸起存在的影响。

4.7.6 OMP 的定向和插入

所有 OMP 先在细胞质的核糖体中全部合成，然后再通过翻译后途径插入生物膜。肽链折叠和插膜同时发生，因此蛋白质必须以一种未折叠的形式到达正确的膜上。

在革兰氏阴性菌中，延展的多肽链必须在到达外膜之前首先跨过内膜，并在外膜中被插入（图 4.28，左侧）。这是通过一段能将蛋白质定位到膜的周质中的氨基端信号肽实现的。细菌 OMP 通过 SecYEG 易位蛋白质的垂直通道穿过内膜，这个蛋白复合物也介导 α 螺旋膜蛋白的插入，这曾在 4.6.7.2 节描述过。与之相反，真核生物 OMP 没有信号肽，而是通过内部信号序列定位于线粒体和叶绿体外膜。有趣的是，线粒体的 OMP 并不直接从胞质插入外膜，它们首先以一种未折叠的方式通过 TOM 复合物穿过外膜，然后在内膜空间折叠并插入外膜（图 4.28，右侧）。

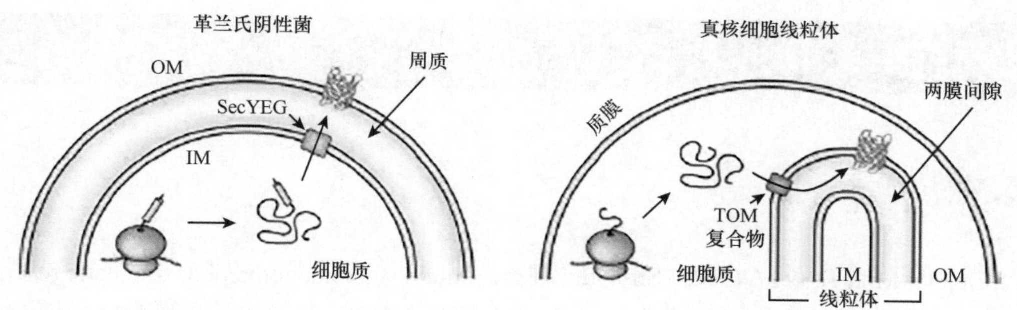

图 4.28　OMP 在革兰氏阴性菌中的运输。外膜和内膜分别标为"OM"和"IM"。细菌 OMP 的氨基端信号肽用黄色圆柱表示。未折叠的 OMP 在折叠到外膜前先通过细菌 SecYEG 易位蛋白质或者真核生物 TOM 复合物。为了清晰，伴侣蛋白被省略。

来自革兰氏阴性菌的 OMP 通过与用于翻译后分泌的可溶性蛋白相同的 SecAB 通道定位和穿过内膜。这条通路在图 4.29 中被阐明。当多肽链到达周质空间，其在 BAM 复合物的帮助下折叠并插入细胞膜。BAM 复合物的精确组分在不同的细菌种类中区别很大，但在大肠杆菌中，它包括 5 个亚基：β 桶蛋白 BamA 和 4 个外周膜蛋白，这些外周膜蛋白通过脂质锚定子结合于脂双层（BamBCDE）。BamA 是 OMP 插入机器的核心，而且这个亚基是所有革兰氏阴性菌和真核生物线粒体中唯一保守的亚基。OMP 在体内折叠和插入膜的过程中，BamA 亚基是必需的，它以协同的方式起作用。然而，BamA 及其辅助亚基辅助 OMP 折叠和插膜过程的分子机制仍然有待探究。

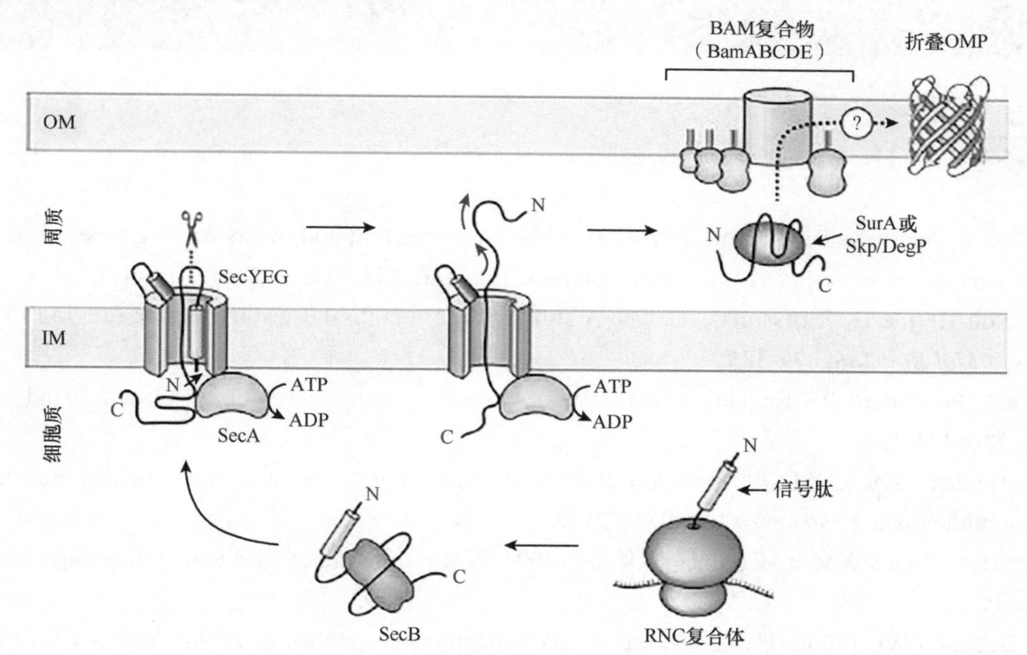

图 4.29　细菌 OMP 的生成和插入。SecA 蛋白负责将未折叠的蛋白质泵出 SecYEG 易位蛋白质。未折叠的蛋白质在递送到 BAM 复合物中折叠和插入之前与胞质中的分子伴侣（SecB）和胞质外侧分子伴侣（SurA 或者 Skp/DegP）结合。图中的 BAM 复合物来自大肠杆菌。真实的、由 BAM 介导的折叠和插入机制还不清楚。图中的缩略语如下：RNC，核糖体新生肽链；IM，内膜；OM，外膜。

延伸阅读（4.3 节）

原始文献

Deisenhofer J, Epp O, Miki K, *et al.* (1985) Structure of the protein subunits in the photosynthetic reaction centre of *Rhodopseudomonas viridis* at 3A resolution. *Nature* **318**: 618-624.

Henderson R, Unwin PN. (1975) Three-dimensional model of purple membrane obtained by electron microscopy. *Nature* **257**: 28-32.

综述文章

Deisenhofer J, Michel H. (1989) Nobel lecture. The photosynthetic reaction centre from the purple bacterium *Rhodopseudomonas viridis*. *EMBO J* **8**: 2149-2170.

延伸阅读（4.6 节）

原始文献

Devaraneni PK, Conti B, Matsumura Y, *et al.* (2011) Stepwise insertion and inversion of a type Ⅱ signal anchor sequence in the ribosome-Sec61 translocon complex. *Cell* **146**: 134-147.

Granseth E, von Heijne G, Elofsson A. (2005) A study of the membrane-water interface region of membrane proteins. *J Mol Biol* **346**: 377-385.

MacKenzie KR, Prestegard JH, Engelman DM. (1997) A transmembrane helix dimer: Structure and implications. *Science* **276**: 131-133.

Tsirigos KD, Hennerdal A, Kall L, Elofsson A. (2012) A guideline to proteome-wide alpha-helical membrane protein topology predictions. *Proteomics* **12**: 2282-2294.

Van den Berg B, Clemons WM Jr., Collinson I, *et al.* (2004) X-ray structure of a protein-conducting channel. *Nature* **427**: 36-44.

Walters RF, DeGrado WF. (2006) Helix-packing motifs in membrane proteins. *Proc Nat Acad Sci USA* **103**: 13658-13663.

综述文章

Bowie JU. (2011) Membrane protein folding: How important are hydrogen bonds? *Curr Opin Struct Biol* **21**: 42-49.

Dowhan W, Bogdanov, M. (2009) Lipid-dependent membrane protein topogenesis. *Ann Rev Biochem* **78**: 515-540.

Li E, Wimley WC, Hristova K. (2012) Transmembrane helix dimerization: Beyond the search for sequence motifs. *Biochim Biophys Acta* **1818**: 183-193.

Senes A, Engel DE, DeGrado WF. (2004) Folding of helical membrane proteins: The role of polar, GxxxG-like and proline motifs. *Curr Opin Struct Biol* **14**: 465-479.

Shao S, Hegde RS. (2011) Membrane protein insertion at the endoplasmic reticulum. *Ann Rev Cell Dev Biol* **27**: 25-56.

von Heijne G. (2006) Membrane-protein topology. *Nat Rev Mol Cell Biol* **7**: 909-918.

延伸阅读（4.7 节）

原始文献

Murzin AG, Lesk AM, Chothia C. (1994) Principles determining the structure of beta-sheet barrels in proteins. I. A theoretical analysis. *J Mol Biol* **236**: 1369-1381.

Kim S, Malinverni JC, Sliz *et al.* (2007) Structure and function of an essential component of the outer membrane protein assembly machine. *Science* **317**: 961-964.

综述文章

Fairman JW, Noinaj N, Buchanan SK. (2011) The structural biology of beta-barrel membrane proteins: A summary of recent reports. *Curr Opin Struct Biol* **21**: 523-531.

Knowles TJ, Scott-Tucker A, Overduin M, Henderson IR. (2009) Membrane protein architects: The role of the BAM complex in outer membrane protein assembly. *Nat Rev Microbiol* **7**: 206-214.

（陈　红　译，徐永萍　校）

第5章
核酸基础

核酸，也称为多聚核苷酸，是由众多核苷酸单体组合而成的线性聚合物。多聚核苷酸骨架由磷酸基团连接的五碳糖单元组成。每个核糖单体上连接一个嘌呤或嘧啶分子。它们被称为碱基，该术语源于这些分子的酸碱性质。有两类主要的多聚核苷酸对于所有生命形式都是必需的，即脱氧核糖核酸（DNA）和核糖核酸（RNA）。

DNA将细胞的遗传信息存储在由腺嘌呤（A）、胸腺嘧啶（T）、鸟嘌呤（G）和胞嘧啶（C）四种碱基组成的不同序列中。在翻译过程中（第11章），通过使用RNA分子作为DNA特定区域的临时拷贝，该序列被转化为功能性蛋白质分子。这些基因或基因组的拷贝被称为信使RNA（mRNA），因为它们不仅在DNA分子和翻译机器之间作为信息传递者，而且还可以作为细胞代谢状态的信使（第10章）。

RNA分子也可以存储遗传信息（如在一些病毒中），同时，RNA还在其他过程中扮演重要角色。与核酸相关的最核心的代谢过程是复制、转录和调控，它们都依赖于蛋白质对核酸序列信息的识别。因此，为了能够看到核酸和蛋白质生物学相关的多种可能的相互作用，首先理解DNA和RNA的结构特征是非常重要的。

1953年4月25日，《自然》杂志连续发表三篇论文，其中的两篇包含DNA纤维衍射实验的数据和结果。这三篇中最有名的一篇是沃森和克里克写的短文，题目是《脱氧核糖核酸的结构》(*A Structure for Deoxyribose Nucleic Acid*)。当时只知道DNA由通过磷酸基团连接而成的核苷酸单元组成，但所谓的糖-磷酸骨架的整体构象还是未知的。沃森和克里克他们自己没有做任何实验，但他们的确从其他两篇论文的X射线光纤衍射照片中获得了信息，特别是由Rosalind Franklin的合作者R. G. Gosling记录的那张著名的“照片51”(图5.1)。照片51是一张来自“湿”DNA纤维的纤维衍射照片，被称为“B-DNA”，与“A-DNA”更复杂、更难解释的半结晶衍射图相比，“B-DNA”比较简单。

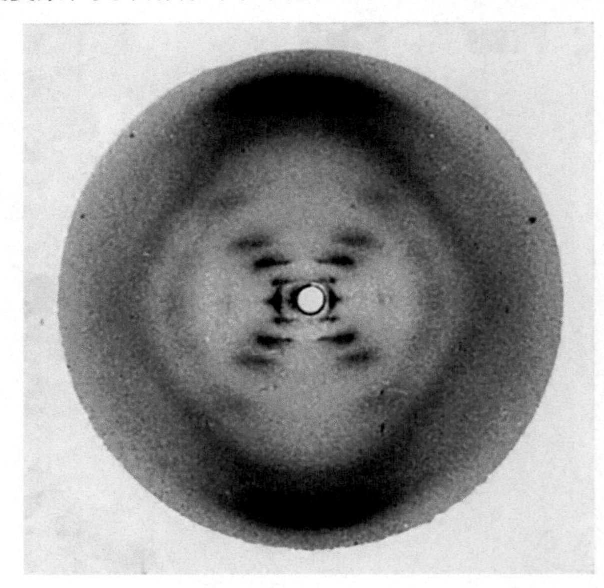

图5.1　由R. G. Gosling所拍摄的B-DNA的著名“照片51”光纤衍射图。通过将拉伸的湿DNA纤维以垂直于纤维轴的角度暴露于X射线来形成图像。“X”图案清晰可见。“X”中的斑点看起来落在水平且等距的线上（也称为层线）。这些层线之间的距离经计算为34Å，对应于螺旋纤维的周期性。在照片的底部和顶部，可以看到非常强烈的反射，这些反射落在3.4Å间隔距离相应的第十层线上。从这些数据可以推断，DNA纤维是螺旋的，重复距离为34Å，每个螺旋对应10个碱基［经许可引自Franklin RE, Gosling RG. (1953) Molecular configuration in sodium thymonucleate. *Nature* **171**: 740-741. Copyright (2009) Macmillan Publishers Ltd.］。

克里克和科克伦（Cochran）于1952年建立了三维原子螺旋阵列的衍射理论，他们的理论预测DNA的X射线衍射将呈现一种有“X”特征的图案，这些衍射结果可以通过贝塞尔函数（Bessel functions）的组合在数学上进行描述。在确定了螺旋衍射的数学基础之后，克里克认识到，Rosalind Franklin和Gosling记录的X射线衍射图像揭示了DNA的双螺旋结构。此外，从衍射图像中可以计算出螺旋的宽度（20Å）、碱基对之间的距离（3.4Å）和螺旋的螺距（一圈的高度为34Å），从而揭示了DNA沿着纤维轴线的重复结构。也许沃森和克里克最具突破性的发现就是在DNA螺旋内部形成的碱基对。用他们自己的话说：

“该结构的新颖之处在于两条链是由嘌呤和嘧啶碱基连接在一起的。碱基的平面垂直于纤维轴。碱基之间成对地连接在一起，该碱基对分别来自两条不同的链，因此它们在同一个z坐标下并排排列。该碱基对中的一个必须是嘌呤且另一个必须是嘧啶才能成键。”

该碱基配对方案（图5.2）是沃森通过碱基的卡板（cardboard）模型想出的，这是DNA模型构建中的一个关键步骤，因为它给了结构重要的限制：磷酸骨架放在DNA纤维的外侧，且链的数量是两条。从A-DNA衍射图像的单斜对称，可以得出两条链必须是反平行的结论。因此，以来自Rosalind Franklin和Maurice Wilkins小组所做实验的关键基础性结果，以及前期晶体学工作中核苷酸的立体化学特性的知识，沃森和克里克得以在剑桥MRC实验室使用黄铜原子模型部件建立了DNA的物理模型。

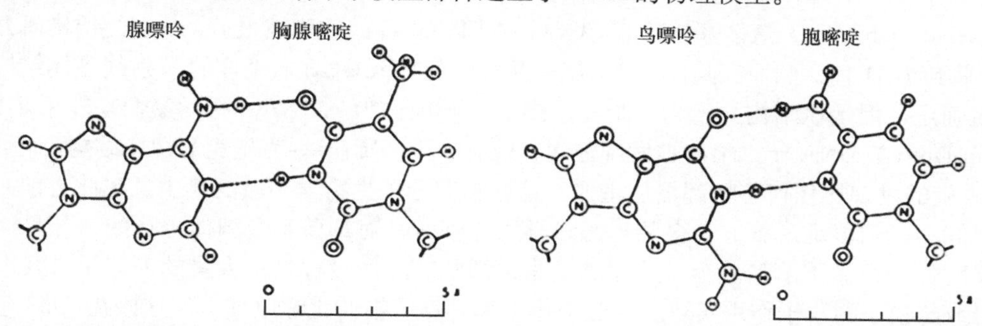

图5.2　1953年5月30日在沃森和克里克发表于《自然》的杂志中，腺嘌呤与胸腺嘧啶、鸟嘌呤与胞嘧啶的碱基配对。后来认识到G∶C对中有三个氢键［经许可引自Watson JD, Crick FHC. (1953). Genetical implications of the structure of deoxyribonucleic acid. *Nature* **171**, 964-967. Copyright (2009) Macmillan Publishers Ltd.］。

该模型显示两个糖-磷酸链沿相反方向排列（图5.3）。碱基位于螺旋内部，磷酸盐位于外部。鉴于其标准构象中核苷酸的几何限制，碱基的平面与螺旋轴垂直，并且两个凹槽沿着纤维呈螺旋形，其中一个比另一个宽。由于A∶T和G∶C碱基对具有相同的尺寸，因此无论碱基的顺序如何，螺旋都是直径均匀的圆柱体。完整的一圈螺旋有10个碱基对，因此同一条链中相邻残基之间的夹角为36°。

从今天的眼光来看，一篇128行、没有实验数据、只有6篇参考文献的论文不太可能在《自然》杂志被接收发表。然而，沃森和克里克的DNA模型解释了如此多当时不被人理解的科学成果，他们的模型根本不能被驳回。由Avery、MacLeod和McCarty十年前进行的实验表明，遗传信息确实由DNA携带，但没有人知道如何被携带。最普遍的想法是基因通过某种模板机制被复制，例如，由Pauling提出的第一种DNA的模型中，糖-磷酸骨架位于纤维内部，而碱基指向纤维外部，碱基的分布方式可以被细胞的其他组分（可能涉及蛋白质）所识别和复制。沃森和

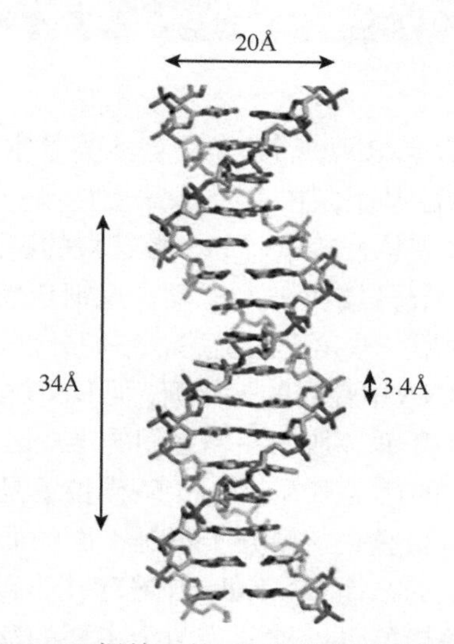

图5.3　DNA双螺旋。糖-磷酸骨架以两种扭转方向（ridge）互相缠绕。碱基对在中心位置，就像Wilkins等于1953年4月25日在《自然》杂志上发表的论文中所提到的：“像一叠硬币一样一个堆积到另一个上面”。

克里克在他们的论文中不明显地提道：

“我们注意到，我们假设的这种特定的碱基配对方式立即暗示了遗传物质的一种可能的复制机制。”

沃森和克里克在5月30日版的《自然》杂志的第二篇论文中对这句话进行了详细的阐述。他们确立了双螺旋DNA结构的第一个特征是其由两条链组成，两条链通过碱基之间的氢键合并在一起，并且，为了使两条链合并，该碱基对中的一个必须是嘌呤而另一个是嘧啶。如果碱基对由两个嘌呤组成，则其空间不足。两条链中的碱基处于它们最可能的互变异构形式，这意味着唯一可能的碱基配对方式是腺嘌呤与胸腺嘧啶配对、鸟嘌呤与胞嘧啶配对，见图5.2。这种结果可以使DNA成为一对模板，每条链都可以作为模板形成一条新的伴侣链。沃森和克里克提出，游离核苷酸将通过与已经存在的链上的碱基形成氢键而被连接起来。他们也意识到，两条链如果要分开，解开链是必不可少的，而且想要整个染色体分离，大量解旋是必需的。他们也能够解释自发突变的现象。碱基配对原则还解释了Chargaff的实验，他早先证明了腺嘌呤与胸腺嘧啶、鸟嘌呤与胞嘧啶的比率都为1∶1。

沃森和克里克的第二篇论文中的观察基本上都是正确的，但双螺旋结构被X射线晶体学证实又经过了很多年。1974年，当时转运RNA（tRNA）的结构由两个团队独立确定：一个是波士顿麻省理工学院（M. I. T），另一个是剑桥分子生物学MRC实验室。tRNA确实含有双螺旋茎，这将在本章后面看到。1980年，所谓的自体互补Dickerson-Drew十二聚体寡核苷酸CGCGAATTCGCG的结构被报道，从它的结构研究中人们第一次看到右手双螺旋B-DNA。然而在其前一年，反向互补序列CGCGCG六聚体的X射线晶体结构由M.I.T.的A.Rich研究组确定，但是该结构显示为一个左手螺旋，并被称为Z-DNA。科学家们在左手Z-DNA结构和右手Dickerson-Drew B-DNA十二聚体被发现之间，曾有一段怀疑沃森-克里克双螺旋结构正确性的焦虑期。

DNA双螺旋的发现比任何事情都更加重要，这标志着分子生物学领域的诞生。在此之前，细胞的许多生命过程是已知的，但很难理解。大多数生命科学研究都是针对细菌和噬菌体进行的，并且这些观察结果与纯生物化学有何关系尚不清楚。今天的观点认为，细胞的生命过程是由大量的大分子（其本质是纳米机器）相互作用或与较小的分子作用实现的，这些作用都遵循严格的化学原理，但这些在1953年来看是很遥远的。DNA双螺旋模型是对未来的第一次瞥见。

5.1 构建模块

DNA和RNA都是以核苷酸为基本单元，在环状核糖（RNA）或2′-脱氧核糖（DNA）的5′-羟基上连接一个磷酸基团，在1′-碳原子上连接一个碱基。

在多聚核苷酸中，一个核苷酸的磷酸基团连接到下一个核苷酸的糖的3′-羟基上（图5.4）。核酸分子因此具有一个5′端和一个3′端。戊糖连接一个碱基后被称为核苷，在细胞中我们可以找到各种核苷。骨架的构象可以用一些角度来描述，它们分别是α、β、γ、δ、ε和ζ（图5.4）。

在RNA中存在的是核糖，而DNA中存在的是2′-脱氧核糖（图5.5）。戊糖部分的碳原子按顺序从1′至5′编号。核糖和2′-脱氧核糖之间的唯一区别在于后者中的2′-羟基缺失。2′-羟基有助于RNA分子的催化能力。从聚合物的角度来看，3′-和5′-碳位置是最重要的，因为它们直接参与磷酸二酯连接，将单体连接在一起。

核糖和脱氧核糖分子不是平面的而是折叠的。折叠类型有多种，但是C2′-endo构象是DNA双链分子中最常见的，而C3′-endo普遍存在于双链RNA中。在RNA分子的单链区域可存在这两种折叠方式。所有的折叠构象可以被分为两个主要的家族，即E和T。如果呋喃醛糖环的四个原子几乎处于一个平面上，则这种构象可以被描述为信封构象（E）（主要是画出的图像像一个信封），否则被描述为扭曲构象（T）（图5.6）。A型和B型DNA之间的主要区别是核糖的构象。在A型中，核糖处于C3′-endo构象，而B型处于C2′-endo构象。

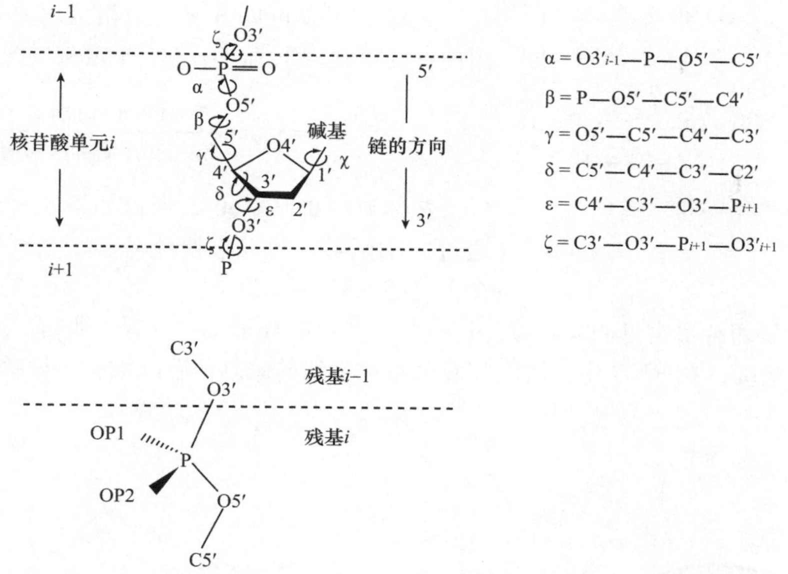

$\alpha = O3'_{i-1}—P—O5'—C5'$

$\beta = P—O5'—C5'—C4'$

$\gamma = O5'—C5'—C4'—C3'$

$\delta = C5'—C4'—C3'—C2'$

$\varepsilon = C4'—C3'—O3'—P_{i+1}$

$\zeta = C3'—O3'—P_{i+1}—O3'_{i+1}$

图 5.4 DNA 骨架部分，显示了原子的名称和各种扭转角的名称。其中的环是骨架的脱氧核糖部分，连续的核糖单元是通过磷酸基团连接的。因此，骨架经常被称为“糖-磷酸骨架”。下：链的方向的习惯性定义是通过核糖的两个氧原子 O5′ 和 O3′ 确定的，指定转录进行的方向（在一条新链中从 5′ 到 3′ 方向）。

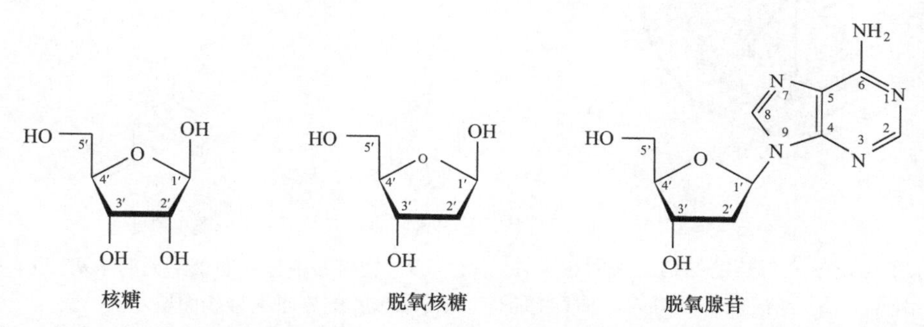

图 5.5 左边和中间：在核酸分子中存在的两种核糖类型。右边：一种核苷（脱氧腺苷），表示腺嘌呤碱基通过这种方式连接到 2′-脱氧核糖上。

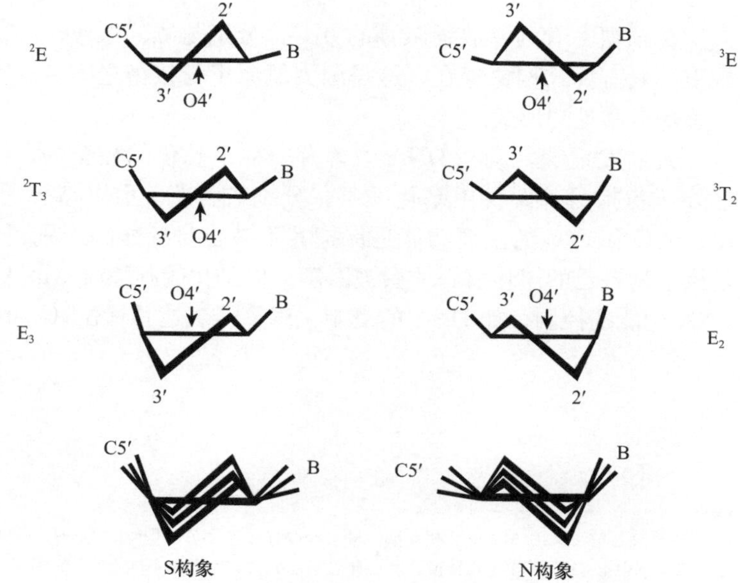

图 5.6 不同的糖环折叠构象。左边部分表示 S (south)；右边的部分表示 N (north)。可以看到 C3′-endo 构象在右上方，而 C2′-endo 构象在左上方。E 和 T 构象的符号同样被给出。E 或者 T 的上角标数字表示与 C5′ 参考平面（水平线）同一侧的碳原子数；E 或者 T 后边的下角标表示在参考平面另一侧的原子数。

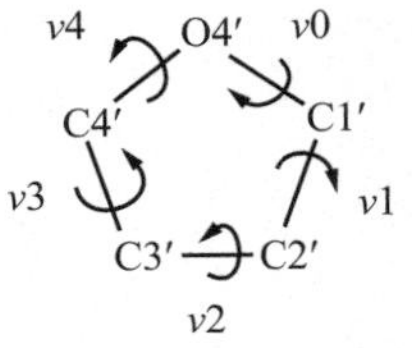

v4 O4′ v0 C4′ C1′ v3 v1 C3′ C2′ v2

$v0 = C4'—O4'—C1'—C2'$

$v1 = O4'—C1'—C2'—C3'$

$v2 = C1'—C2'—C3'—C4'$

$v3 = C2'—C3'—C4'—O4'$

$v4 = C3'—C4'—O4'—C1'$

图 5.7 核苷酸中糖环扭转角命名的示意图。

核糖的折叠可以方便地用相位角 P 来描述，相位角可以用内在的核糖构象角（$v_0 \sim v_4$）定义（图 5.7）①：

$$P = \arctan\frac{(v_4+v_1)-(v_3+v_0)}{2v_2\left[\sin(\pi/5)+\sin(2\pi/5)\right]}$$

P 必须在 0° ～ 360°，所以如果 $v_0 < 0°$，那么 $P=P+180°$。通过 P 的函数，可以方便地沿着一个圆给核糖环的各种构象命名（图 5.8）。

腺嘌呤和鸟嘌呤是两种最常见的嘌呤碱基，但在一些核酸分子中也发现有肌苷。DNA 有两种类型的嘧啶，即胞嘧啶和胸腺嘧啶。在 RNA 中，胸腺嘧啶通常被类似的碱基尿嘧啶取代，尿嘧啶缺少胸腺嘧啶中的甲基（图 5.9）。

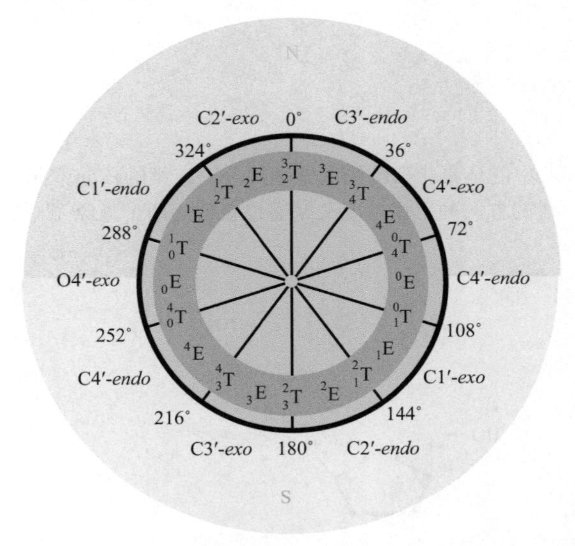

图 5.8 该图显示了相位角 P 与核糖结构之间的相关性。扭曲构象（T）出现在 18° 的偶数倍 P 值处，信封构象（E）在两者之间出现。构象角的 P 值分为两类，北（N）代表构象 v_2 为正值，南（S）代表构象 v_2 为负值。

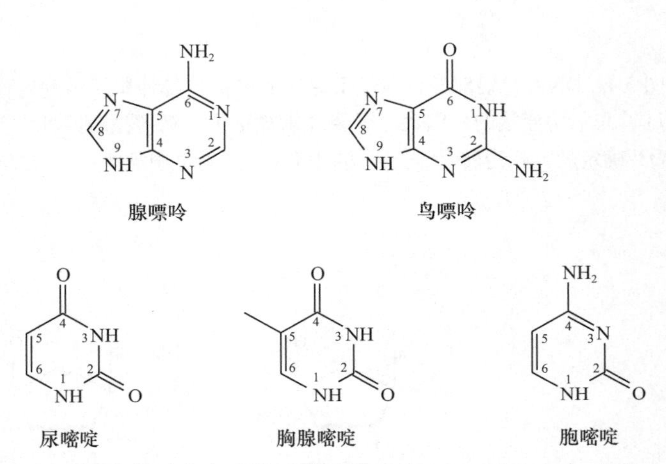

图 5.9 在核酸中存在的最常见的碱基。上：嘌呤；下：嘧啶。嘌呤和嘧啶的原子编号如图所示。

在核糖上有两种放置碱基的方式，分别是顺式（*syn*）和反式（*anti*）（图 5.10 和图 5.11）。在嘧啶核苷酸中，只有反式构象存在，这是因为氧原子与核糖之间存在空间位阻。嘌呤可以有这两种取向，但是反式构象是最常见的形式。

人们发现哺乳动物 DNA 中含有一种甲基化的核苷酸，即 5-甲基胞嘧啶（m^5C）。细菌 DNA 除了 m^5C 之外还包括另外两种甲基化碱基，分别被称为 N6-甲基腺嘌呤（m^6A）和 N4-甲基胞嘧啶（m^4C。在细菌中，m^5C 和 m^4C 的主要功能是保护其不被自身核酸酶识别，这样在细胞中只有外来无甲基化的 DNA 和不是该生物自己的遗传材料才会被降解。甲基化的腺嘌呤（m^6A）被认为参与致病因子的调控以及对一些细菌 DNA 功能的控制，如 DNA 的复制、修复、表达和移位（transposition）。

① 假旋转的定义由 Altona C 和 Sundaralingam MJ（1972, Am Chem Soc 94，8205-8212）给出。当使用图 5.7 中给出的扭转角度的定义时，必须使用该文章中第 8207 页给出的转换，所以此处给出的公式看起来不同于它们的公式（3）。

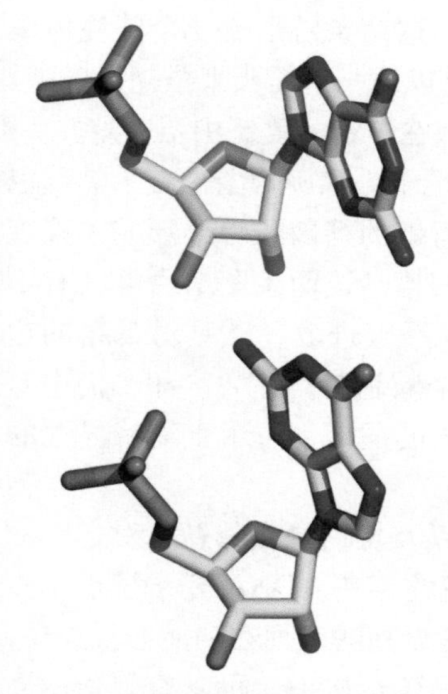

图 5.10 鸟嘌呤单磷酸反式和顺式构象。

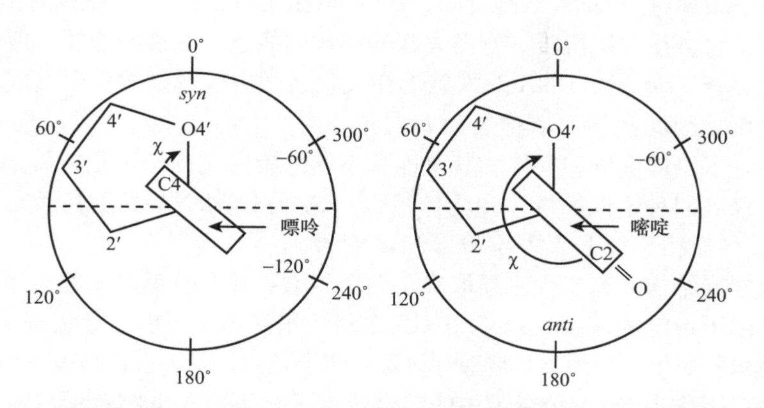

图 5.11 *N*-糖苷键周围的扭转角χ的定义图。五边形表示核糖单元，碱基被描述为边缘。用于定义该角度的原子序列是嘌呤的 O4′-C1′-N9-C4 和嘧啶衍生物的 O4′-C1′-N1-C2。因此，当 χ=0° 时，O4′-C1′ 键分别与嘌呤的 N9-C4 键和嘧啶衍生物的 N1-C2 键重叠。顺式构象用 χ= ± 90° 定义而反式构象用 χ=180° ± 90° 定义；因此，顺式构象区域在上半部分给出，而反式构象在下半部分给出。在左侧的嘌呤是顺式构象区域，而在右侧的嘧啶是反式构象区域。

5.2 DNA 的二级结构：双螺旋

DNA 可以以一条单链或者一条双螺旋的形式存在。生命的基础是核酸分子形成碱基对的能力，一条核酸链的碱基序列通过碱基配对和另一条链结合。一条单链可以作为模板用于合成另一条互补序列。多聚核苷酸的方向可以通过相邻的两个核苷酸之间的磷酸二酯键来定义（见图 5.4）。在核糖和磷酸部分，磷酸基团连接一个脱氧核糖部分的 3′ 碳原子和接下去的另一个脱氧核糖的 5′ 碳原子，从而将脱氧核糖依次连接。一条链两端是不相同的；5′ 碳原子没有连接另一个核苷酸的一端被称为 5′ 端，另一端被称为 3′ 端。这两端可能含有或缺少自由的磷酸基团。

DNA 四种碱基中的每一种都含有一个独特的氢键供体和受体集合，这允许它与其他碱基形成碱基对。在双链 DNA 中，我们发现 AT（腺嘌呤-胸腺嘧啶）碱基对含有两个氢键，而 GC（鸟嘌呤-胞嘧啶）碱基对含有三个氢键（图 5.12）。为了纪念第一个提出这些碱基对是遗传基础的两位科学家，这些相互作用的碱基对被称为 Watson-Crick 碱基对。

大沟

小沟

鸟嘌呤 胞嘧啶

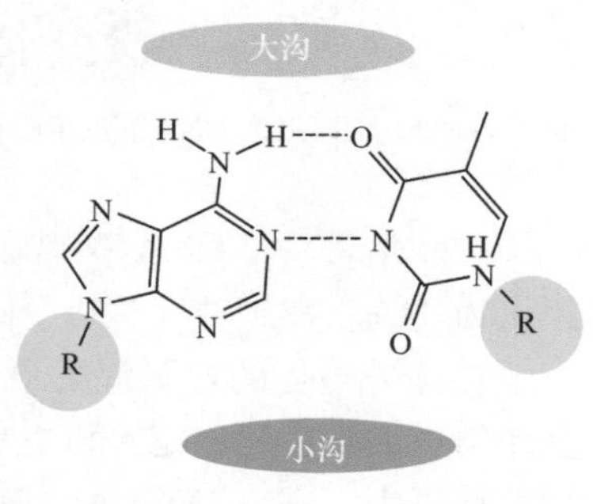

图 5.12 Watson-Crick 碱基对。核糖由 R 表示。注意，左边的 GC 碱基对通过三个氢键相互作用，而右边的 AT 碱基对只有两个氢键。这导致了 GC 碱基对及 GC 含量高的 DNA 比 AT 碱基对及 AT 含量高的 DNA 更稳定。

在双螺旋中，平面型碱基在双螺旋的中心形成碱基对，并垂直于螺旋轴。这两条链形成一个圆柱体螺旋并沿相反的方向延伸。一条链的 5′ 端和另一条链的 3′ 端配对，反之亦然。可以用一个箭头来描述每条链，从 5′ 端向 3′ 端延伸。箭头指出了不同的方向——它们是反平行的。该方向参数在单链的复制中至关重要。

在一条理想的 DNA 双螺旋中，DNA 每圈大约含有 10 个碱基对。通常情况下，螺旋构型是右手的，也就是说，它会往右侧扭转，就像大部分螺丝的线条。在螺旋边缘，两条反平行链的糖磷酸骨架形成了螺旋周围的尖脊（ridge）。DNA 双螺旋上在尖脊之间由核糖磷酸骨架形成了两条凹槽。这两条凹槽通常具有不同的宽度，因此我们习惯称之为大沟和小沟。大沟比小沟更宽，且碱基更容易被进攻。碱基对暴露的边缘含有许多氢键供体和受体，其可以和不同的蛋白质分子相互作用。对于每个碱基对，在大沟和小沟中暴露的边缘有四种不同的供体和受体组合。这样沿着 DNA 双螺旋形成各种各样的图谱，可用于高特异性的 DNA-蛋白质相互作用（见第 10 章和第 11 章）。

双螺旋结构的稳定性主要取决于两个因素：在互补链之间的碱基配对，以及特别是相邻碱基对之间的堆积。由于特定的碱基序列、AT/GC 含量、平衡离子，以及稳定/去稳定蛋白的存在，DNA 分子呈现了相当大的构象变化。因为 AT 碱基对只含有两个氢键，因而它容易被扭曲。AT 含量高的序列在功能上很重要，一般情况下作为 DNA 结合蛋白的结合位点。在 TATA 框结合蛋白复合物的晶体结构中，可以看到蛋白质造成了一个有意义的 DNA 弯曲（见 10.5.1.2 节）。

双链 DNA 可以采取一些构型，也叫做形态（form）（图 5.13）。这些构型由水的运动和平衡离子的性质决定。在细胞中，DNA 的构型还受到蛋白质存在的影响。即使各种各样的形态已经在体外条件下被观察到，但是它们是否在体内环境下行使生理学功能依然是未知的。

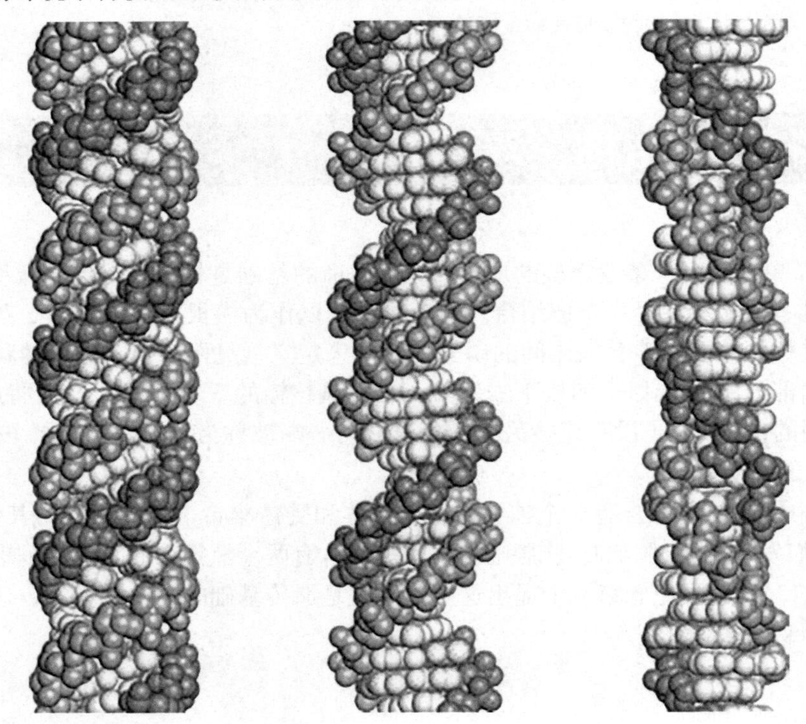

图 5.13　A-、B-和 Z-DNA 的 CPK 模型。

在水溶液中，DNA 双螺旋一般以 B 型出现，每转一圈为 10 个碱基对。一个完整的螺旋在轴方向上的距离为 34Å。螺旋轴穿过每个碱基对的中心位置，碱基垂直于螺旋轴堆积。

在体外适当的相对湿度下，结构转变就会产生，DNA 将会采取 A 型构型。这一构型通过螺旋-螺旋相互作用更加紧密和稳定。可以想象，在裸 DNA 紧密堆积的条件下，这种形式也可以在体内被发现，例如在一些病毒中。在 A-DNA 中，碱基对不再垂直于螺旋轴而有 13° ～ 19° 的倾斜。螺旋轴将从碱基对的中心发生位移，将会出现更大的大沟，同时小沟出现了收缩。因此，碱基对的暴露图像和B型中已经不同了，并且蛋白质和DNA之间序列特异的相互作用将会出现特征性改变。

当水的活性在体外条件下变得更低时，C型将会出现。这一构型压缩性较低，透明度也较低，且它在预变性条件下可能会出现。除此之外，另外的一些DNA构型也曾被报道过。其中一个最特别的构型描述的是一段G和C碱基交替的短DNA结构。该构型被称为Z-DNA，它是左手螺旋的，由一个二核苷酸单位的重复组成。它的每个螺旋圈含有6个二核苷酸，展示了特有的Z字形骨架（图5.13，右）。表5.1给出了最重要的螺旋参数的总结。

表5.1 DNA三种主要构象的螺旋参数

	A	B	Z
每转碱基对	11	10	12
每对碱基的旋转	33°	36°	–30°
碱基对之间的距离	2.55Å	3.4Å	3.7Å
碱基对倾斜	19°	–1°	–9°
螺旋的直径	23Å	20Å	18Å
糖环折叠构型	C3′-endo	C2′-endo	C2′-endo (C), C2′-exo (G)
N-糖苷键构型	反式	反式	反式（C），顺式（G）

有一些结构展示了各种不同几何形状的组合，很可能反映了细胞中的真实状况。最近得到了一些生物学相关的结构数据，如X型霍利迪（Holliday）结构，为解释生物学过程提供了非常多的信息。这一构象是在DNA进行重组时得到的，两条双螺旋DNA通过一个十字交叉位点连接到了一起。在这一过程中，两个螺旋区域交换了DNA链。这是大部分生物变异的分子基础（图5.14）。

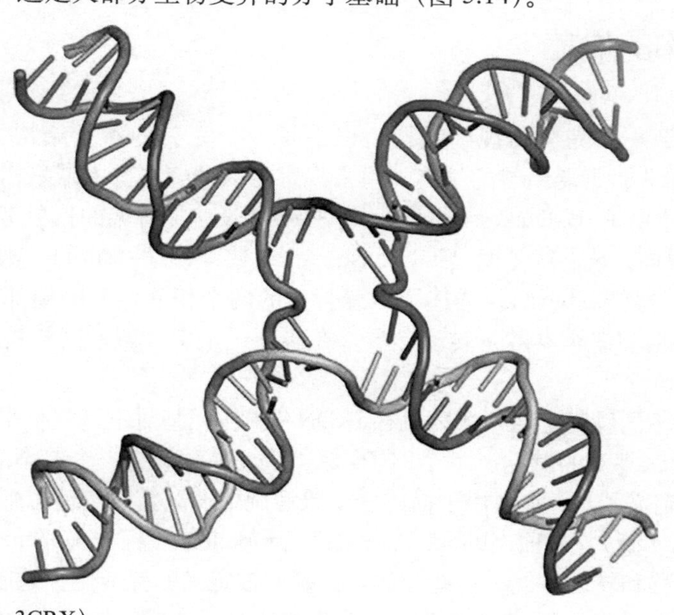

图5.14 Holliday结构（PDB：3CRX）。

结构生物学中的基本问题是序列如何确定构象。对于蛋白质和RNA来说这是非常复杂的，因为它们可以采取各种不同的构象。而DNA比较刚性，一般采取非常有限的几种结构。人们一直希望，如果确定了短链的所有可能结构，就可以把这些模块组合到一起来解释序列在整体结构上的影响。这可以帮助人们去预测一个更长分子的结构。但是，真实的结构往往要比由从小模块开始预测的结构复杂得多。

室温下 DNA 在水溶液中一般采取螺旋构象。当温度升高时，螺旋将经历一个螺旋-卷曲转变的过程，并且 DNA 分子变成无规律的卷曲构型（图 5.15）。这一过程被称为变性或者融化（melting)，且它是可逆的。一个螺旋-卷曲转变过程可以是协同的，也可以是不协同的。在完全协同的情况下，有一个全或无的特征。换句话说，任何给定的分子要么是完全螺旋状态的，要么是完全无规律卷曲状态的。对变性这一性质的研究，对于理解 DNA 的生物化学方面的特性是必不可少的。简单地说，可逆和局部变性是 DNA 复制和基因表达中必不可少的部分。

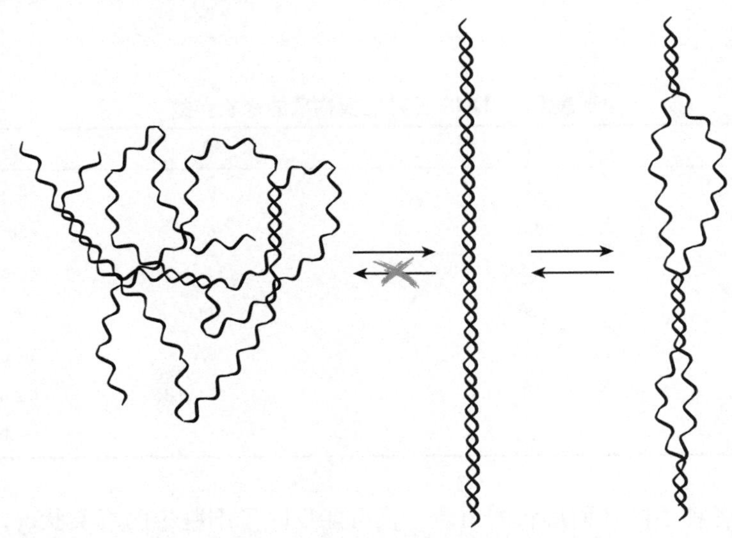

图 5.15　这一图示描述了双螺旋结构转变的过程，一个局部可逆的变性过程和全局不可逆的变性。在完全变性的情况下，随机的碱基配对可能出现，因为一直会有大量的短互补序列。

5.2.1　理想结构的偏差

DNA 双螺旋结构不是一个完美的规则结构，也不是一个完美的棒状结构。相反的，在染色体中的 DNA 采取一个紧紧缠绕和非常紧凑组装的结构。用来规定在双螺旋结构中碱基构象的参数已经在剑桥会议（Cambridge Convention）中由 R. E. Dickerson 明确。这些参数没有把骨架的构象考虑在内，只是考虑了嘌呤和嘧啶部分的相对空间取向。6 个碱基间（inter-base）的参数［移动（shift)、滑动（slide)、升起（rise)、倾斜（tilt)、滚动（roll)、扭转（twist)］描述了沿着骨架的两个相邻碱基的局部构象。在这些参数中，前面 3 个参数是平移参量，后面 3 个参数是转动参量。在实际运用中，碱基间的构象用这 6 个参数的线性组合表示。

碱基对是由相反链上不同碱基配对形成，且在 B-DNA 中，碱基对不是完全平面的。相对于理想平面的偏离程度取决于参与形成碱基对的碱基。举个例子，A∶T 碱基对具有一个典型的、$-15° \sim -20°$ 的螺旋桨式扭曲。在剑桥会议上还定义了 6 个参数用于描述一个双螺旋中的碱基偏离理想平面的情况［剪切（shear)、拉伸（stretch)、错开（stagger)、弯曲（buckle)、螺旋（propeller)、打开（opening)］。这些参数描述了参与形成碱基对的碱基的平移和转动情况。这些参数在由螺旋轴定义的标准坐标系中被计算得到（图 5.16)。

当利用碱基间参数取值不同的碱基对来搭建一个双螺旋时，螺旋的轨迹将取决于这些取值。图 5.17 显示由于 2 个参数的变化而出现了不同的双螺旋构象。双螺旋将采取碱基之间范德华相互作用最强的构象。

一些参数的组合是不可能出现的，或是因为空间位阻效应，或是因为其能够造成螺旋的弯曲和回转。一种构象存在与否也受到 DNA 中特定序列的影响。基因编码是简并的，因此 DNA 的碱基组合发生改变时可能不会导致蛋白质的突变。因此，DNA 碱基序列不仅仅是基因信息的存储器，同时也是形成自身三维结构的原因。

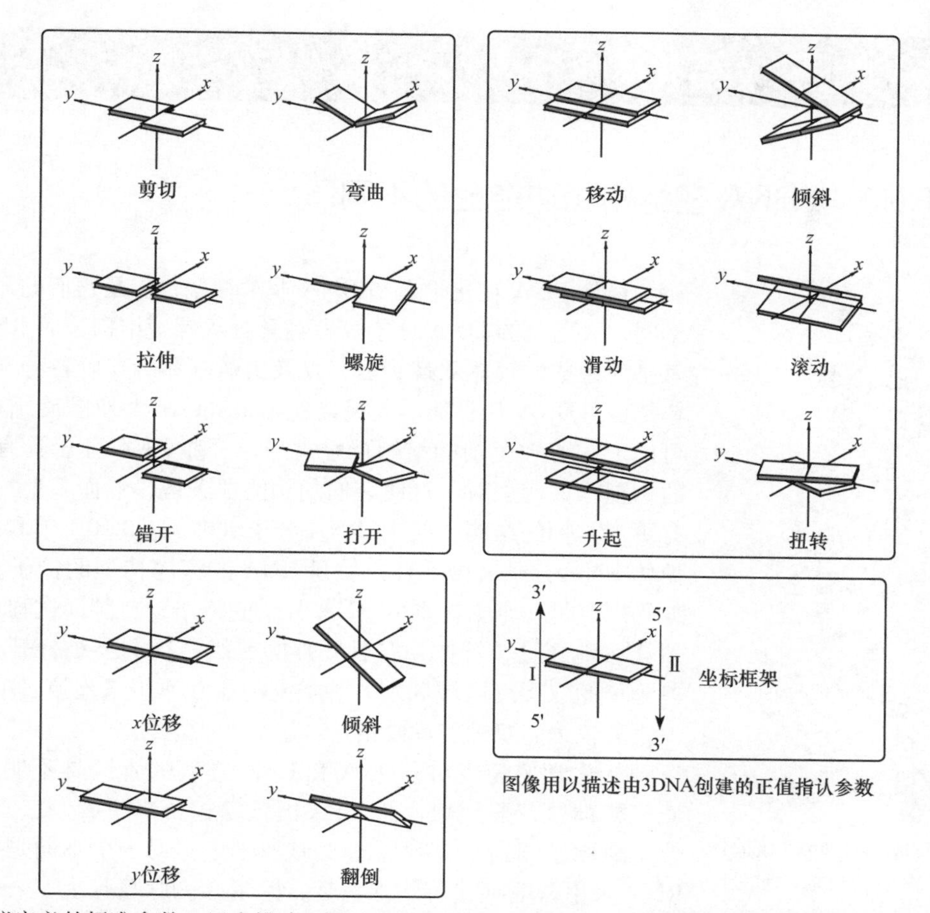

图 5.16　剑桥会议定义的标准参数，用来描述双螺旋中碱基的相对取向［经许可转载自 Lu X-J, Olson WK. (2003) 3DNA: A software package for the analysis, rebuilding, and visualization of three-dimensional nuclei acid structures. *Nucl Acids Res* **31**: 5108-5121. 牛津大学出版社版权所有（2003)］。

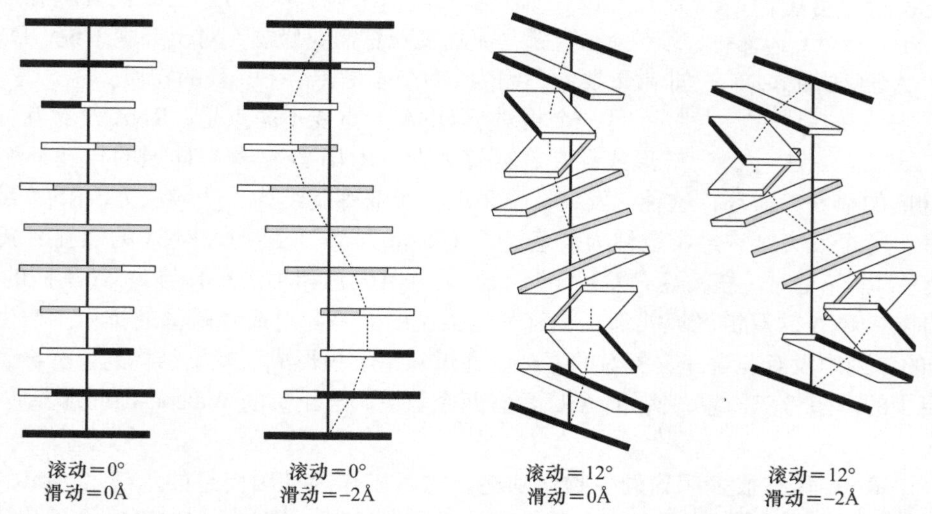

图 5.17　碱基间的参数对螺旋路径的影响［经许可转载自 Lu X-J, Olson WK. (2003) 3DNA: A software package for the analysis, rebuilding, and visualization of three-dimensional nuclei acid structures. *Nucl Acids Res* **31**: 5108-5121. 牛津大学出版社版权所有（2003)］。

5.3 RNA 的三级结构

5.3.1 RNA 与 DNA 在结构和功能上的不同

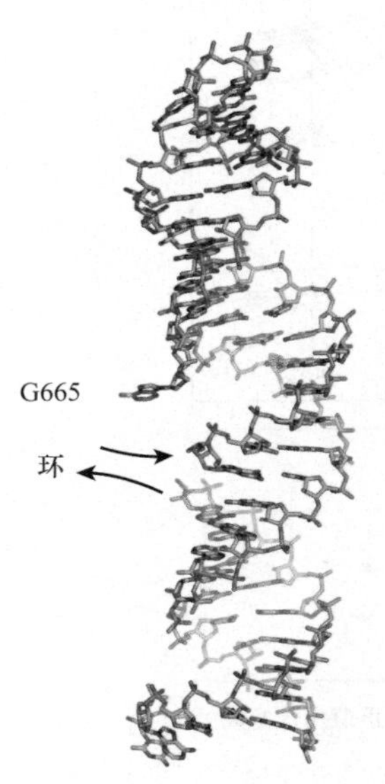

图 5.18 RNA（*T. thermophilus* 核糖体 16S rRNA 中的螺旋 23，PDB：1N32）。除了核苷酸 717 ~ 733（标记为“环”）和 683 ~ 704（在图的底部链的连接），核苷酸 656 ~ 750 都显示出来了。核苷酸 656 位于图的顶部，链的底部是核苷酸 682，其中 G665 的碱基未堆叠（标记）。核苷酸 705 ~ 750 从底部延伸到顶部。双链 RNA 通常接近 A-DNA 构象（见 5.2 节）。

虽然 RNA 在化学上和 DNA 非常相似，但是它们的三维结构却非常不同。大部分的 DNA 分子较大且具有双螺旋结构，而 RNA 分子包含由碱基对组成的较短双螺旋区，以及由碱基和骨架以各种不同方式组成的单链区。DNA 几乎都形成经典的 Watson-Crick 双螺旋结构，而 RNA 却可以形成更大范围的结构折叠类型。一些 RNA 分子具有明确的、独特的构型，该构型对于行使它们的功能很关键，然而其他一些分子可能会有更加柔韧的结构。其中 tRNA 分子（参见 5.3.10.1 节和第 11 章）和核糖体 RNA 分子（图 5.18）就是 RNA 的有序构型的例子。信使 RNA 的编码区域是一个柔韧型的 RNA 分子的例子，在翻译过程中这种 RNA 必须连续地穿过核糖体，并且局部的二级结构需要被打开（或绕开）。这些分子的双螺旋区域利用各种类型的相互作用来连接，单链区域与序列上距离较远的双螺旋片段相互作用。

从化学的角度讲，DNA 和 RNA 之间的不同是不明显的。DNA 由脱氧核糖核苷酸构建，而 RNA 由核糖核苷酸组成，它们之间的不同是一个氧原子加到了核糖环的 2′ 碳原子上。另一个不同是对碱基的选择：RNA 采用尿嘧啶代替胸腺嘧啶，除了在胸腺嘧啶上多一个甲基基团外，其余都相同。但是这看上去很奇怪，为什么在 DNA 和 RNA 中不使用相同的四种碱基呢？这就需要从进化以及化学层面来回答这个问题。胞嘧啶通过化学降解形成尿嘧啶是一种非常常见的 DNA 突变现象，但是这很容易被识别和修复。如果 DNA 利用尿嘧啶代替胸腺嘧啶的话，细胞将不会知道哪些尿嘧啶碱基需要修复。对于细胞来说，DNA 的保真性是非常重要的，因为 DNA 才是传给下一代的物质。

另一个相对于 DNA 的重要不同点是，RNA 没有互补链，经常以单链形式存在。尽管如此，RNA 经常含有伸展的自互补序列，可以返回折叠形成一个伸展的“发夹”环，这种“发夹”环采取一个双螺旋结构。一般认为，RNA 结构包含了很多螺旋（茎）和环，一个发夹结构经常被称为“茎-环”（“stem-loop”）结构。RNA 的螺旋区域经常具有 A 型结构，一圈含有 11 个碱基对。核糖具有 C3′-endo 折叠，并且大沟和小沟具有与 DNA 不同的形状。Watson-Crick 碱基对也能在 RNA 的双链区域找到，也有其他类型的碱基配对或者碱基的排列。产生这一现象的原因是 RNA 分子的序列中没有包含完美配对的序列。通过碱基堆积形成双螺旋结构的趋势导致碱基对中含有更少的氢键和更少的理想骨架构象，例如，GU 只有两个氢键，与正常的 Watson-Crick 碱基对配对原则有所差别。

在生物学上，RNA 具有很多明确的生物学功能。它可以作为基因信息的承载者（mRNA、RNA 病毒中的病毒基因组），也可以作为一个结构实体（rRNA）。它在识别（tRNA、siRNA）及催化化学反应（核糖酶）中也有作用。扮演如此众多角色的原因是 RNA 分子具有采取多种三维结构的能力。这又是源于 RNA 比 DNA 更加具有柔韧性这一事实。人们可能觉得核糖基团（相比于脱氧核糖基团）具有一个额外的羟基，因此其立体构象应该会更加被限制，但是为什么 RNA 就是比 DNA 更柔韧呢？答案是，脱氧核糖倾向于选择一个 2′-endo 糖折叠构象，而核糖倾向于选择 3′-endo 糖折叠构象。这样带来的结果是，核糖-磷酸骨架的构象更加呈线性，因此更加可能采取不同的构型。尽管核糖环确实是刚性的，它依然具有更加柔韧的 RNA 骨架。

这一柔韧性的不同也同时在 RNA 双螺旋构型中得到了体现。这一改变的糖折叠方式造成了相邻磷酸基团的连接距离缩短了大概 1Å（图 5.19）。DNA 更倾向于采取 B 型螺旋形式，一圈螺旋含有 10 个核苷酸，而 RNA 更倾向于 A 型，一圈螺旋含有 11 ～ 12 个核苷酸。在 DNA 中，碱基对的中心处于螺旋轴上；但在一个 RNA 双螺旋中，碱基对的中心偏离了螺旋轴大约 5Å。所有这些因素都导致了 RNA 双螺旋具有更加紧凑的组装形式。

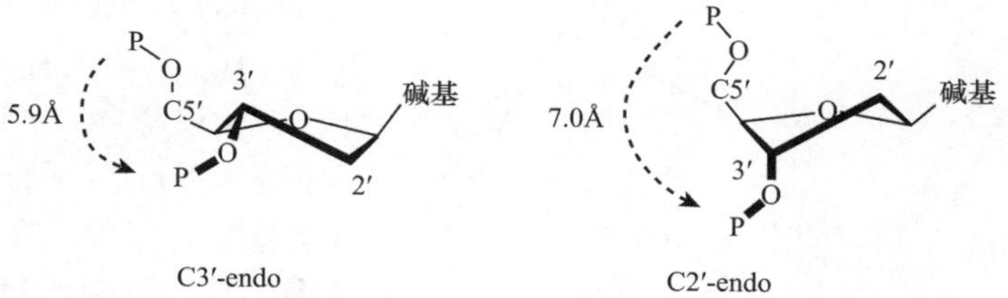

图 5.19　在核酸中的两种最常见的糖折叠形式。其中 3′-endo 折叠普遍存在于 RNA 和 A 型 DNA 中，而 2′-endo 折叠是 B 型 DNA 的特征。可以看到，3′-endo 折叠在骨架上具有更加短的磷酸-磷酸键，导致了更加紧凑的螺旋构型。

RNA 螺旋的表面与 DNA 双螺旋的表面非常不同。由于 RNA 大沟中的尿嘧啶残基没有胸腺嘧啶中的甲基基团，RNA 的大沟更窄和深；相反的，小沟更加宽和浅。由于这个原因，在 RNA 中大沟和小沟更多地被称为深沟（deep groove）和浅沟（shallow groove）。RNA 的深沟是阳离子、水分子和蛋白质侧链最喜欢的结合位点。

5.3.2　一级、二级、三级结构

我们可以用与蛋白质相同的方法对 RNA 的结构进行分类。它的二级结构由碱基配对决定。除了常规的 Watson-Crick 碱基对以外，错配的碱基对也能找到，如 GU 碱基对。二级结构可以形成复杂的结构模式，如十字形 tRNA。二级结构是由能量大约为–12kJ/mol 的氢键形成的。单碱基对的形成在能量上是不利的。碱基对的堆积在稳定能量（约为–23kJ/mol）方面作出了最大贡献。碱基对的堆积能不是对称的，比如 GC 在 AU 上的堆积与 AU 在 GC 上的堆积的能量是不相同的。最复杂的结构层次当属三级结构。三级结构是二级结构单元在空间上的排列形式，如茎-环结构。一个环可以和结构中另外一部分形成氢键，从而使其稳定。除此之外，范德华力和静电力也对三级结构的形成具有很大贡献，最后蛋白质分子可以与 RNA 的三级结构相互作用并且稳定它。像大部分的多肽链一样，RNA 链的基本原则是：不会形成拓扑结构。

大型 RNA 结构的分辨率通常最高为 2.5Å。可能是由于在实验中很难获得足够高纯度的材料来生产高质量的晶体，在中等层次的分辨率（2.5 ～ 3.5Å）下，磷酸盐和碱基平面可以被相当可靠地定位，但核糖环，特别是它们的精确构象，通常在电子密度图中不能很好地确定。由于 RNA 晶体学在实验上的困难度，RNA 的结构信息目前还是很有限的。最近几年，随着核糖体结构被成功解析，这一里程碑式的工作引领了一场 RNA 分子晶体结构分辨率逐渐提高的风暴。

5.3.3　RNA 允许备选碱基配对方式

在 RNA 分子结构中很多碱基被发现通过非 Watson-Crick 碱基配对原则相互作用。这些碱基经常涉及形成和稳定三级结构。为了纪念 1963 年发现这一现象的科学家 Karst Hoogsteen，这一类备选的碱基配对方式以他的名字命名。

虽然备选的碱基配对方式有时候要比规则的 Watson-Crick 碱基配对方式具有更少的氢键，但是增强的堆积能量补偿了这一能量的损失，从而变得在能量上有利。因此，RNA 能够适应各种结构要求，同时保持最佳的稳定性。由于未饱和的氢键能够与蛋白质或其他因子相互作用，含有备选碱基对的位点通常是生物学上重要的位点。

为了使非经典碱基对合理化，Leontis 和 Westhof 提出了一种方案，即定义嘌呤和嘧啶的碱基配对侧面（edge）。嘌呤有三个侧面［Watson-Crick（WC）、Hoogsteen（H）和 Suger（S）侧面］，而嘧啶只有两个（图 5.20）。一个碱基对可根据参与碱基配对的侧面来分类。一种标准的碱基对就是 WC/WC，而胡斯坦（Hoogsteen）碱基对可以是（比如）H/WC 或者 WC/H。嘌呤上有三个侧面，嘧啶上有两个侧面，所以嘌呤-嘧啶总共有 6 种组合。如果考虑链的平行/反平行方向，总共有 12 种不同的碱基配对家族，所有的碱基对都包含在这 12 个家族中（表 5.2）。如果糖苷键在碱基对平面对称线的同一侧，则这个碱基对被称为顺式；相反的，这个碱基对被称为反式。

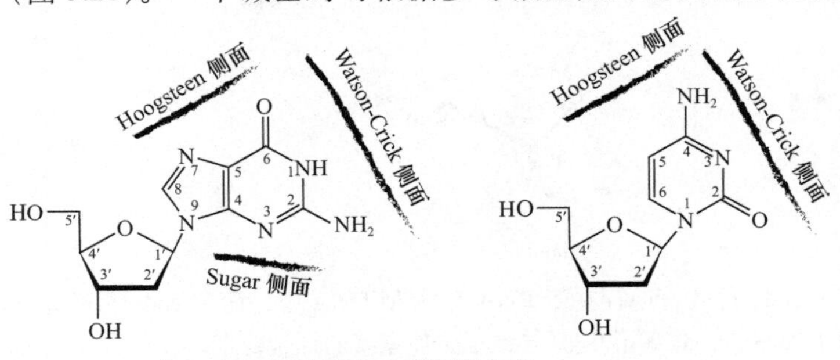

图 5.20　嘌呤和嘧啶中碱基成对侧面的定义。

表 5.2　Leontis/Westhof 碱基对分类中碱基配对的 12 个主要家族

序号	糖苷键的方向	参与相互作用的侧面	链之间的方向	符号
1	*cis*	Watson-Crick/Watson-Crick	反平行	
2	*trans*	Watson-Crick/Watson-Crick	平行	
3	*cis*	Watson-Crick/Hoogsteen	平行	
4	*trans*	Watson-Crick/Hoogsteen	反平行	
5	*cis*	Watson-Crick/Sugar Edge	反平行	
6	*trans*	Watson-Crick/Sugar Edge	平行	
7	*cis*	Hoogsteen/Hoogsteen	反平行	
8	*trans*	Hoogsteen/Hoogsteen	平行	
9	*cis*	Hoogsteen/Sugar Edge	平行	
10	*trans*	Hoogsteen/Sugar Edge	反平行	
11	*cis*	Hoogsteen/Sugar Edge	反平行	
12	*trans*	Hoogsteen/Sugar Edge	平行	

注：符号在 *cis* 构象时被完全填充，而在 *trans* 构象时是中空的。圆圈表示 Watson-Crick 碱基配对方式，方框表示 Hoogsteen 碱基配对方式，三角形表示糖侧面（Sugar Edge）。

在经典定义中，Hoogsteen 碱基对通常总是沿着嘌呤的“Hoogsteen 侧面”进行相互作用，其中鸟嘌呤有两个氢键受体（N7 和 O6），而腺嘌呤有一个受体和一个供体（N7 和 N6）。相反，在 Hoogsteen 碱基对中，两条链是平行的，这意味着嘧啶配基被翻转，核糖环最终在 *trans* 位。

图 5.21 显示了在平行骨架链之间获得的一个标准的 GC Watson-Crick 碱基对（*cis* WC/WC）与 GC 反向碱基对（*trans* WC/WC）。由于平行链不是由 RNA 通常的茎环折叠模式产生的，反 Watson-Crick 相互作用是三级相互作用。

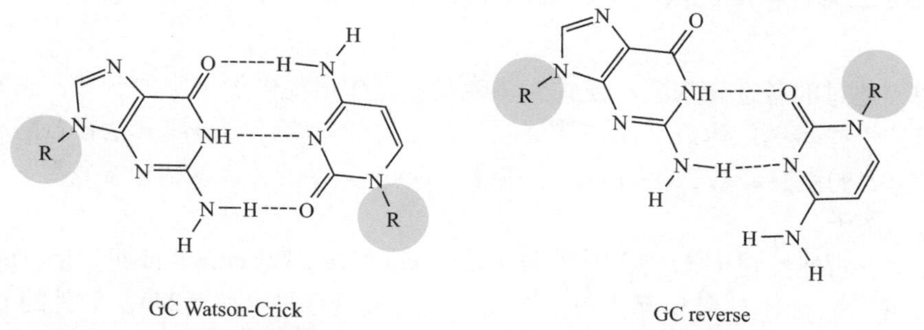

GC Watson-Crick　　　GC reverse

图 5.21　左：规则的 GC Watson-Crick 碱基对（*cis*），右：GC 反向 Watson-Crick 碱基对（*trans*）。

另一个事实是，从 RNA 的三维结构上看，骨架之间的距离在 *cis* 和 *trans* 构型中是不同的（图 5.22）。骨架链之间的距离在 AU Hoogsteen 碱基对中要比 AU 反向 Hoogsteen 碱基对中短。

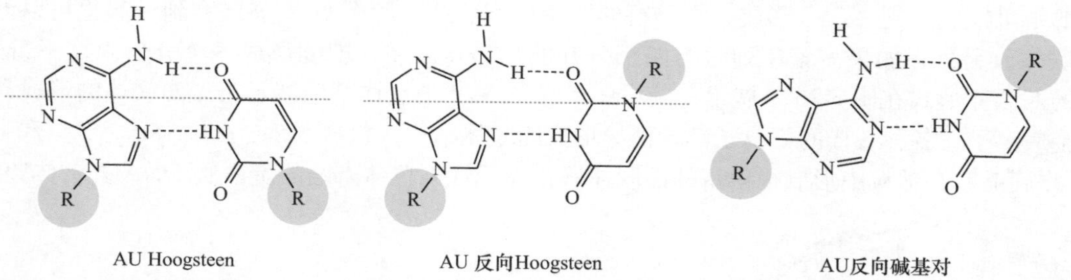

AU Hoogsteen　　　AU 反向Hoogsteen　　　AU反向碱基对

图5.22　左：AU Hoogsteen碱基对；中：AU 反向 Hoogsteen碱基对；右：AU 反向 Watson-Crick 碱基对。蓝色虚线表示对称线，用来定义碱基对的 *cis*/*trans* 构型。AU Hoogsteen 碱基对就是 *cis*-H/WC，AU 反向 Hoogsteen 碱基对就是 *trans* H/WC。

Francis Crick 提出了一个术语叫“摆动”（“wobble”）的碱基对，用来表示在密码子和反密码子相互作用中非互补的 GU 碱基配对，这可以由基因编码的简并性来加以说明（见第 11 章）。图 5.23 显示了最常见的备选碱基配对模式 GU 的摆动碱基对和 GU 的反向摆动碱基对，后者中尿嘧啶碱基只是简单地围绕胺氢键的轴进行了翻转。GU 摆动碱基配对方式导致鸟嘌呤失去一个氢键，但空置氨基常与邻近的其他碱基形成氢键（可能通过与相邻的亚胺基相互作用）。GU 摆动碱基配对可以看成是典型的 Watson-Crick 模式并发生了嘧啶伴侣的转变。

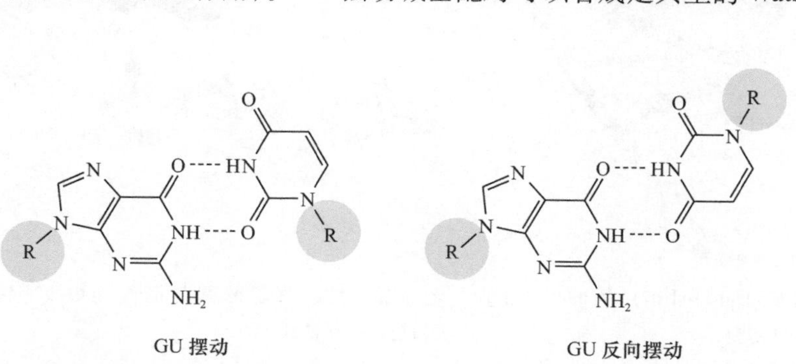

GU 摆动　　　GU 反向摆动

图 5.23　左：GU 摆动。右：GU 反向摆动。

GU 摆动碱基对具有的几何性质，使其能够很好地适应常规的 A 型螺旋，因此其经常替代常规的 Watson-Crick 碱基对。在特定的化学环境中，A 碱基的 N1 位置可以被质子化。当这种情况发生时，A 碱基可以和 C 碱基形成氢键，形成一个（A+）：C 碱基对。（A+）：C 碱基对在几何上是和 GU 摆动碱基对空间异构的。

5.3.4 碱基三联体和四联体：著名的三级结构模体

在前面章节中描述过的备选碱基配对模式为多碱基相互作用提供了丰富的选择。当两个核苷酸形成一个碱基对时，碱基的一些氢键供体或受体依然可以与蛋白质的氨基酸侧链或其他核苷酸相互作用。这些多碱基相互作用中最重要的就数碱基三联码了，它在维持 RNA 分子的三级结构中很重要，下面几节将介绍一些三碱基相互作用的例子。

三联码相互作用的可能性在 1957 年第一次被 Felsenfeld 发现，Felsenfeld 证明一个（poly-A）：（poly-U）双链体分子可以与第二个 poly-U 链相互作用，形成一个三链复合物（图 5.24）。额外的 poly-U 链会与双链大沟中的 poly-A 链形成 Hoogsteen 碱基对。后来科学家们发现一些其他的序列组合也可以形成三螺旋构型，只要它们含有两个嘧啶和一个嘌呤，如 C：G-C。三螺旋构型的形成被认为在基因修复上起作用。

另一个更有序的结构是四联体（quadruplex 或 tetraplex）。四个鸟嘌呤残基可以连接在一起形成具有平面环状氢键结构的 G 四分体（G-tetrads）（图 5.25）。如果一条核酸序列具有连续两个或更多的鸟嘌呤碱基，四条单独的链可以联合到一起，形成一个平行的四聚体四联体。两个 G-发夹联合到一起也可以形成另一种类型的四联体。另外，如果一条序列含有四个分开的鸟嘌呤区域，就能形成一个分子内反平行的四联体。这些不同的四联体形式在图 5.26 中展示，其中一个在图 5.27 中更详细地展示出。四联体的形成和稳定依赖于特定的金属离子。各种各样的阳离子都能诱导形成四联体结构，包括 NH_4^+、Tl^+、Sr^{2+}、Ba^{2+}和 Pb^{2+}。

DNA 序列能够在端粒中形成很丰富的四联体（覆盖线性染色体末端的蛋白质-DNA 复合体；9.3 节）。

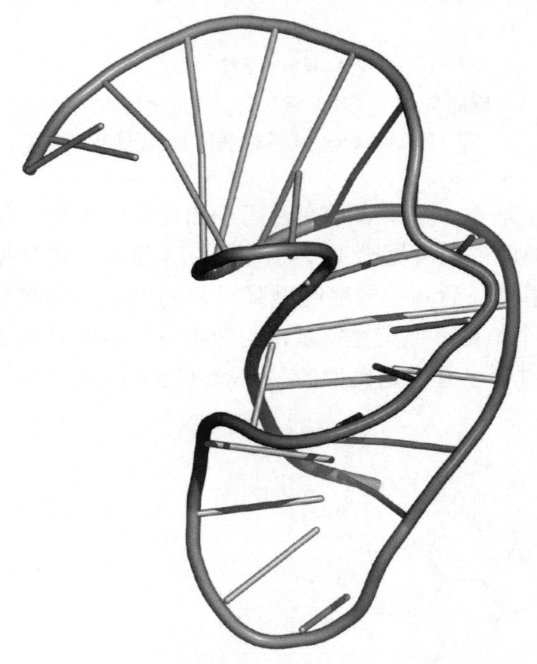

图 5.24 一个碱基移位（frame-shift）的假结中的三聚 RNA 螺旋（PDB：1e95）。

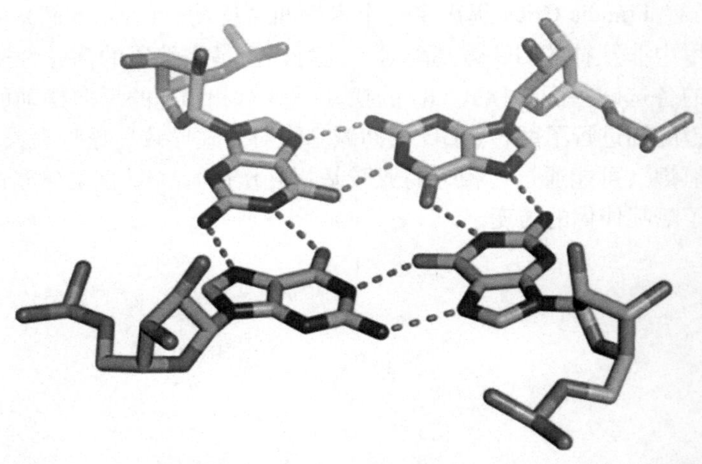

图 5.25 四个鸟嘌呤残基形成的 G-四聚体（通过 GG Hoogsteen 碱基对相互作用）。

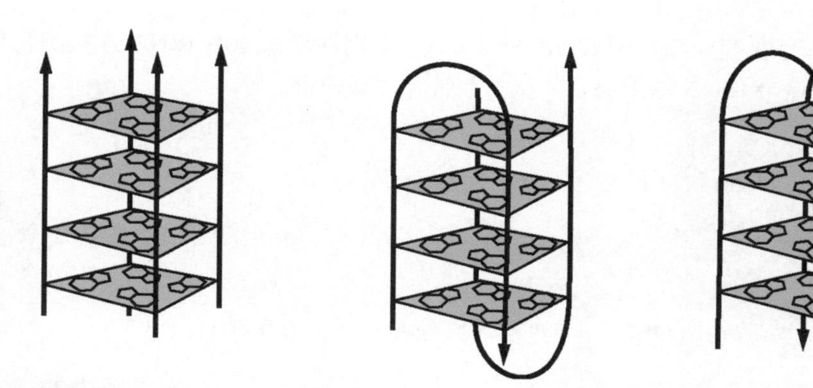

图 5.26　三个基本的四联体结构形式。左：平行四聚体四联体。中：两个 G-发夹组成的四联体的一种。右：分子内反平行四联体。

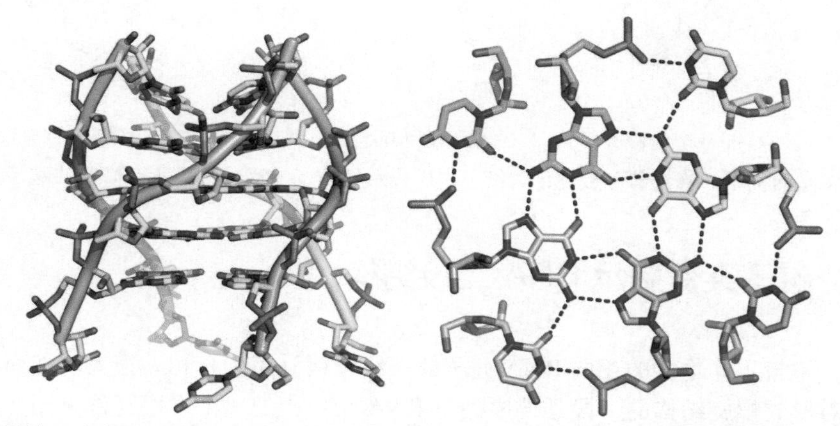

图 5.27　左：RNA 四联体，由序列 UGGGGU 形成的平行四联体。右：由来自同一结构的鸟嘌呤和尿嘧啶碱基组成的 8 个分子。其中尿嘧啶碱基来自晶体中相邻的四联体（PDB：1J8G）。

有很多端粒蛋白可以结合到四联体结构。另一种显示能与 DNA 四联体相互作用的蛋白质是人类 DNA 拓扑异构酶Ⅰ。这种酶可以结合到四链四联体上，也可以结合到单分子的四联体上，除此之外，也可以诱导四链四联体结构的形成。

四联体形成序列也在免疫球蛋白类型转换区域（immunoglobulin switch region）和基因启动子区域被找到。此外，在胰岛素样生长因子Ⅱ的 mRNA 中发现了一个四联体形成位点，该位点被认为是可以保护周边序列的一个切割位点，或者可能抑制和调节附近基因的翻译。

5.3.5　RNA 含有的修饰碱基

RNA 的转录后修饰导致了其比 DNA 具有更多种类的修饰碱基。在功能性 RNA(如 tRNA 和 rRNA）中尤为如此，它们的核糖和碱基都可以被修饰。修饰后的碱基可以彻底地改变 RNA 分子的化学特性，有助于分子的稳定性，以及参与分子与外部的相互作用和反应。

一个说明翻译后修饰重要性的例子是针对 AUA 密码子的大肠杆菌特异性 $tRNA^{Ile}$。该 tRNA 在反密码子的第一个位置含有修饰碱基赖西汀。它是一种胞苷，是通过翻译后修饰，在 C2 位置添加赖氨酸后形成的(图 5.28)。如果这个残基被天然胞苷取代，异亮氨酸将会显著减少，而且出人意料的是，其出现了接受甲硫氨酸的活性。这是怎么发生的呢？事实证明，在大肠杆菌中，只有当反密码子环中存在赖西汀残基时，同源异亮氨酰 tRNA 合成酶才能识别并对 $tRNA^{Ile}$ 进行供能。此外，$tRNA^{Ile}$ 的反密码子序列是 CAT，其通常编码甲硫氨酸。如果不存在赖西汀，则 tRNA 将被 CAT-识别性甲硫氨酰 tRNA 连接酶识别并错误供能。因此，该翻译后修饰对于这个 tRNA 的编码及其氨基酸特异性很关键。

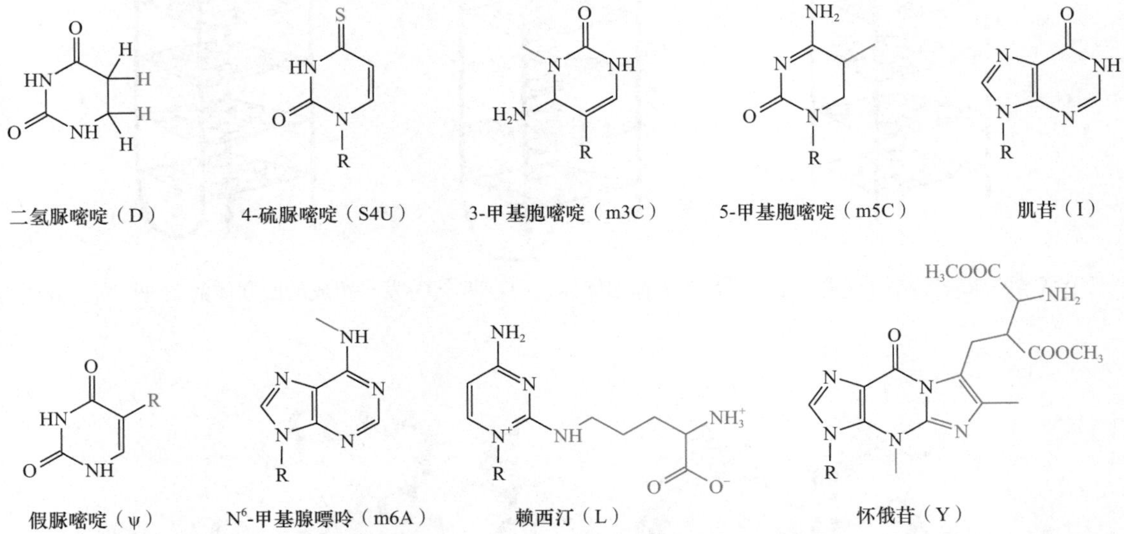

二氢脲嘧啶（D） 4-硫脲嘧啶（S4U） 3-甲基胞嘧啶（m3C） 5-甲基胞嘧啶（m5C） 肌苷（I）

假脲嘧啶（ψ） N^6-甲基腺嘌呤（m6A） 赖西汀（L） 怀俄苷（Y）

图 5.28 RNA 中修饰碱基的例子。修饰部分被标记为红色。R 表示核糖。注意，不是所有修饰的碱基都是平面的。

5.3.6 互补碱基突变揭示 RNA 二级结构

和蛋白质一样，来自不同物种的相同 RNA 分子的一级结构（序列）相差很大。然而，它们的三维结构差异较小。可以成对形成螺旋结构的一段延伸序列是 RNA 结构中的一个主要元件（图 5.29）。通常情况下，对于碱基配对问题会有不同的解决方案，这导致形成不同和相互矛盾的螺旋结构。

由于单链区域通常具有特定的功能，其序列保守性常常大于双螺旋区域。tRNA 和核糖体 RNA 已经证明了这一点。这是预测 RNA 双螺旋的一个主要问题。然而，保守结构要求双螺旋中碱基对的形成是保守的。一条链上的变化导致另一条链上的相应变化。因此，二级结构的预测需要来自多条相关序列的信息。

从大量生物的多条相关 RNA 序列的比对中，可以准确地判断出 RNA 的二级结构。基本的假设是，虽然 RNA 可以发生突变，但 RNA 的二级和三级结构仍然保持不变。如果一个点突变出现在双螺旋区域，螺旋将失去一对碱基，从而变得不稳定。为了使螺旋碱基配对得以维持，这种突变通常会被另一条链上的碱基变化所补偿，因此，通过在序列比对中寻找互补碱基的改变，可以推断出能够保持不变的双螺旋区域。

当仅仅涉及 Watson-Crick 碱基配对相互作用时，一旦 RNA 的二级结构被推导出来，同样的原理也可以用于检测三级结构相互作用。然而，当 RNA 中的三级相互作用是非典型的（通常如此），或者涉及一段由于其他原因而被保存的序列时，则这种共变异（covariation）信息是不可能被观察到的。因此，在 RNA 中确定三级相互作用仍然是一个理论上的挑战。

5.3.7 RNA 结构基序

就像蛋白质分子的三维结构是由各种 α 螺旋和 β 折叠组成的那样，RNA 的二级结构基序（motif）也为它提供了结构骨架。这些结构基序主要有两类：发夹环（hairpin loop）和内部环（internal loop）。当一段 RNA 序列呈反向自互补时，就会产生发夹环。举个例子，在 23S rRNA 中 A 环（A loop）的一段序列（见第 11 章）：

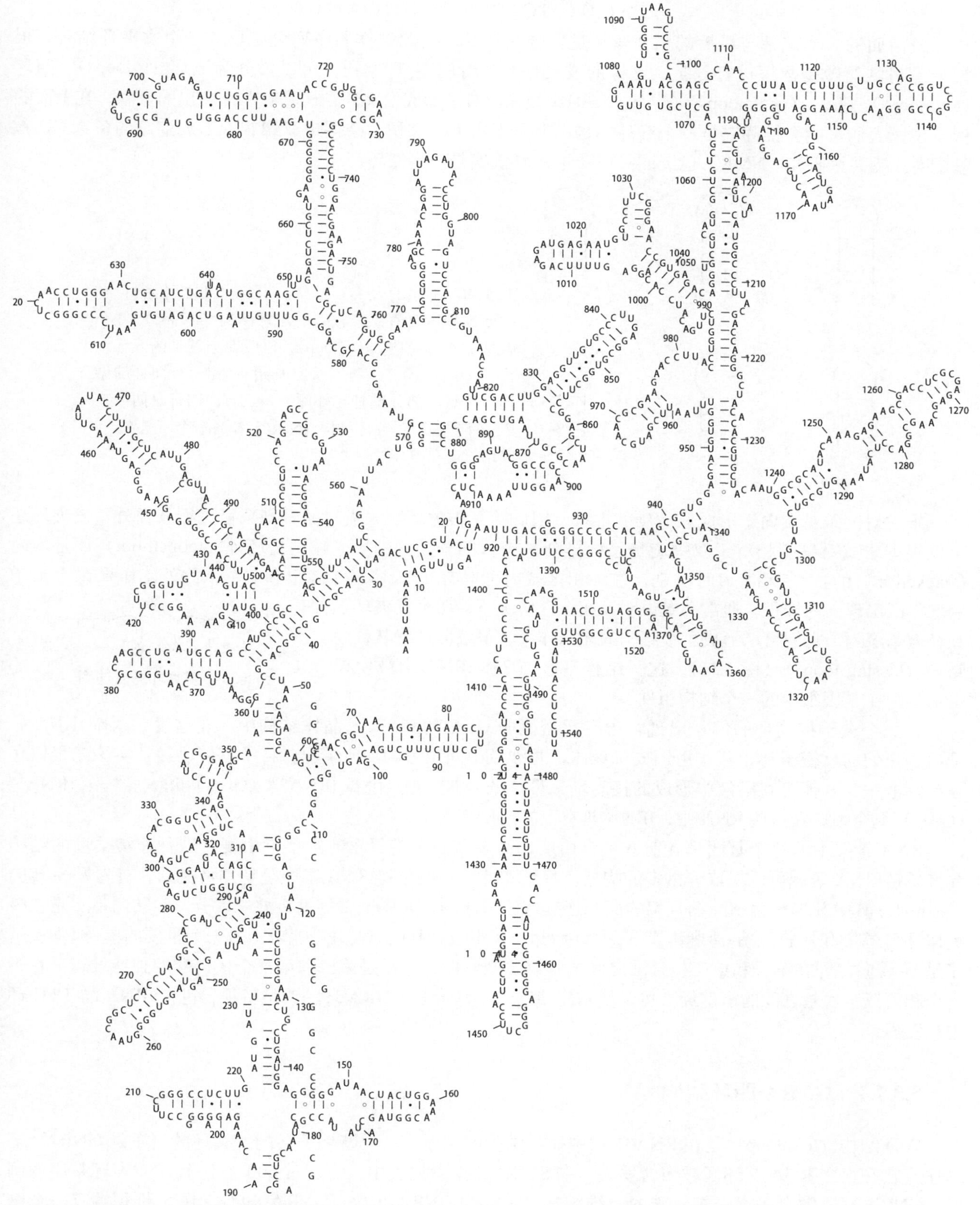

图 5.29　大 RNA 的二级结构将变得非常复杂。这是大肠杆菌中 1542 个核苷酸长度的 16S rRNA 结构。

G G C U G G C U G U U C G C C A G C C

最前面的 7 个碱基与最后的 7 个碱基是完全互补的，因此这样的序列可以形成一个发夹环结构。根据未配对区的碱基数目进行分类，这样的发夹环，或者叫茎-环结构，可以被分为三环（triloops）、四环（tetraloops）、五环（pentaloops）等（图 5.30）。堆积力对于形成发夹环结构具有非常突出的贡献。在上面的例子中，人们可能会推测它是一个五环结构，但是事实上，堆积力会促进双螺旋中形成连续的备选 CU 碱基配对。磁共振研究（NMR）已经证实核糖体 A 环确实是一个三环。

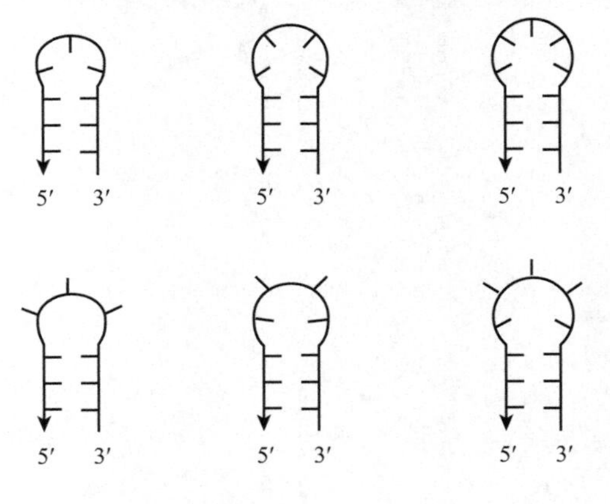

图 5.30 不同的发夹环结构。上行（从左开始）：在主要堆积区含有 3 个碱基的三环结构（triloop）、4 个碱基的四环结构（tetraloop），以及 5 个碱基的五环结构（pentaloop）。下行（从左开始）：和上行同样的结构，只是一部分碱基在外侧——三环、四环（两个在内，两个在外）、五环结构（5′ 和 3′ 端各一个碱基在内，其余三个在内外）。

未成对的碱基倾向于形成双螺旋的堆积，因此除了根据环区未成对的碱基数目进行分类外，发夹环还可以根据未成对碱基相对于双螺旋是怎样排列来进行细分类［例如，碱基是环外（looped-out）还是堆内（stacked-in）的］。三环有多种类别，在堆积区域内可以有 0 个、1 个、2 个和 3 个。此外，如果在 5′ 或 3′ 端堆积区出现向内堆积，通常会做说明。在特殊情况下，两个发夹环包含有互补碱基序列，它们可以形成三级结构的相互作用，很浪漫地将其称为“接吻环（kissing loop）”（图 5.31）。这一结构基序在 23S rRNA 中被发现，其也是 HIV-1 基因组中的一个结构组件。

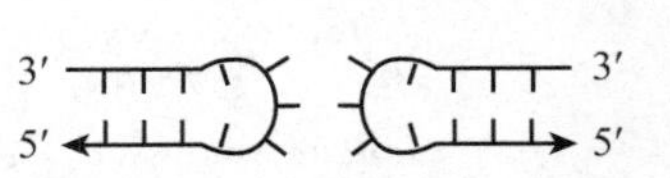

3′ 3′
5′ 5′

图 5.31 接吻环的表述图。

另一个关于接吻环的例子出现在含有反密码子 GUC 的 $tRNA^{Asp}$ 晶体结构中。在这里，两个 tRNA 分子通过它们的反密子环相互作用形成二聚体，并涉及中间位置的 UU 错配。科学家们已经证实该二聚体存在于溶液中。其他可在溶液中形成的接吻环二聚体的 tRNA 包括酵母 $tRNA^{Asp}$（GUC）和大肠杆菌 $tRNA^{Val}$（GAC）复合物。在这些 RNA 中，tRNA 具有互补的反密码子。

RNA 骨架中的每个基团都含有 6 个自由度，而多聚肽主链只含有 2 个自由度。这种非常柔性的结构允许单链 RNA 区域可以采取非常多的构象。尽管如此，一些单链 RNA 基序是特别常见的。首先是 S-转向（S-turn），其中 S 形是由磷酸糖骨架的两个连续弯曲形成的，并以倒置的糖折叠来区分。S-转向基序是在核糖体环 E 基序和八叠球菌-蓖麻毒素（sarcin-ricin）环中被找到的（见 11.4 节）。另一个重要的单链 RNA 基序是 U-转向，即在第一和第二核苷酸之间的骨架急剧弯曲，然后是第二和第三个核苷酸的独特堆积。在第一个和第三个残基之间的氢键经常可以使基序稳定。U-转向是 GNRA 环的典型特征，也在 tRNA 的 TΨC 环中被发现。

5.3.7.1 GNRA 四环结构

四环结构（tetraloop）是在 RNA 结构中非常常见的基序，一个特别著名的发夹环的例子是 GNRA[①] 环基序，它在很多 RNA 茎环区域闭合发夹。在 SCOR 数据库列表中，有超过 600 个关于 GNRA 环基序的例子。GNRA 环通常会采用一个特殊的三维结构，被称为 GNRA 折叠（GNRA fold），在 5′ 堆积端有一个碱

① R 表示嘌呤；N 表示任何一个碱基；Y 表示嘧啶。

基，而在3′堆积端含有三个碱基。这一折叠含有一个U-转向，通过一个修剪过的非经典碱基对GA来稳定。GNRA环基序经常由一个CG Watson-Crick碱基对来闭合。

GNRA折叠在环上会出现4个、5个或者6个核苷酸。一个显示GNRA折叠的五环（pentaloop）例子（共有序列GNRNA）是GAAAA。在这种情况下，第四个碱基是在环外侧的，而剩下的碱基采取与GNRA四环相同的空间位置（图5.32）。序列UMAC的四环家族会形成相同的折叠（M=[AC]）。相似的，UNCG基序也是一个在核糖体和一些其他的功能性RNA中可以找到的稳定的四环结构。在UNCG折叠中（UNCG fold），在5′堆积端含有U和C碱基，在3′堆积端含有G碱基，在环外含有N碱基。同样的折叠也在GUUA四环中被观察到。

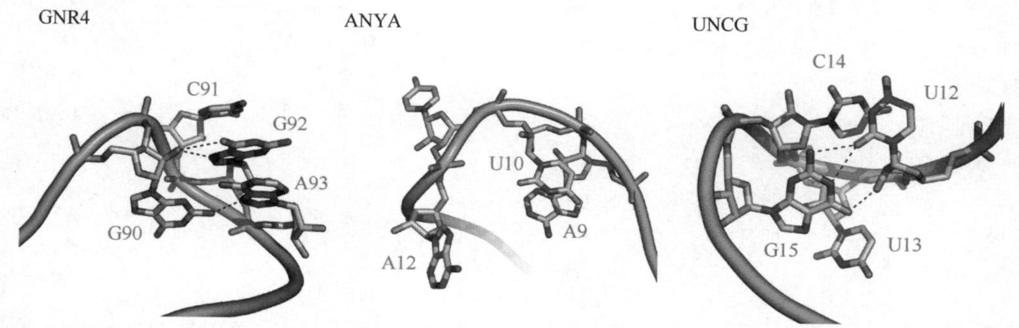

图5.32　多种四环折叠的三维结构。左侧：5S rRNA中的GNRA环（PDB：1JJ2）。第一个G在环中通过与第四个碱基形成氢键稳定了环。中间：MS2-RNA复合物的ANYA环（PDB：1DZS）。碱基1和2形成了一个堆积相互作用，而环中的碱基3和4在环的外侧，可以很容易地和其他的片段相互作用。碱基11是一个稀有的修饰碱基（pyridin-4-one）。右侧：16S rRNA的UNCG四环结构（PDB：1BYJ）。四环中的第一个U和最后一个G通过氢键相互作用，而环中的碱基1和2则形成堆积相互作用。环中的第3个碱基可以和其他的片段进行相互作用。

另一个著名的四环基序是ANYA，它在MS2病毒结合了RNA发夹环的衣壳蛋白中被发现（见第18章）。

5.3.7.2　内环

一般情况下，内环（internal loop）会与两个规则的A型螺旋毗邻，环内的碱基是不配对的，它们经常参与非标准的碱基配对（图5.33）。紧密结合的水分子稳定了这一环区，且这些与水杂合的氢键加宽了深的小沟。

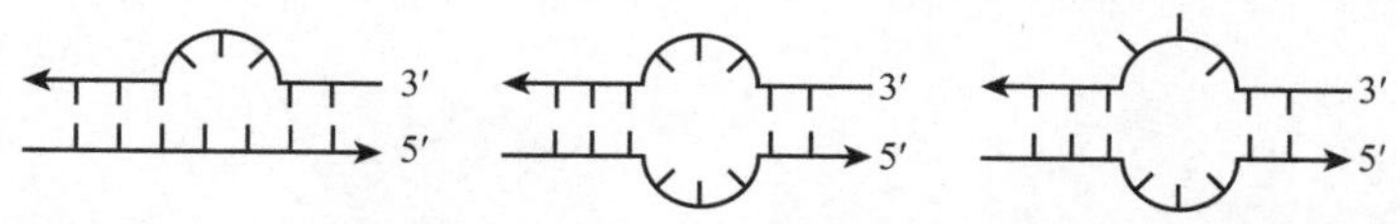

图5.33　内部RNA环的不同例子。左：一个三碱基凸起。中：含有环内侧碱基的对称的内部环。右：含有环外侧碱基的不对称的内部环。

内环通常是蛋白质的结合位点。HIV-1 Rev蛋白结合在10个核苷酸反对称的内环上。

内环可以根据毗邻螺旋的碱基配对的性质以及环自身碱基的堆积来分类。显而易见，这些可以导致很多不同的环构象（表5.3）。

使内环得到广泛关注的例子是环E基序（loop E motif），该结构第一次被发现是在20世纪80年代，当时在真核5S rRNA和PSTV病毒RNA中发现一些相似的、保守的内环结构，当它们处在紫外光下时，具有惊人的交叉联结特性（图5.34）。后来，环E基序在核糖体23S rRNA中的sarcin-ricin环（SRL）中也被发现，其参与延伸因子EF-Tu和EF-G的结合。在大肠杆菌5S rRNA中，环E基序是核糖体蛋白L25的特异性结合位点（图5.35）。因此，很明显这个基序是一个重要的活性位点和分子识别区域。通过高分辨率的NMR和晶体学实验，5S rRNA和SRL都已经被研究得很透彻了（见11.5.2.1节）。

表 5.3 根据 SCOR 分类的内环类别

内部环	亚类
堆积的，完全配对的非 Watson-Crick 双链	9
堆积的，一个碱基没有配对，左右两边都有碱基	2
碱基在环外	2
含有三联体碱基的环	3
含有二核苷酸的环	3
含有反方向糖苷键的环	4
含有不配对、不堆积碱基的环，碱基在环内侧	24
含有十字堆积的环	6
含有交错堆积碱基的环	n/a
含有中断堆积的环	n/a
含有外部堆积碱基的环	2
纽结转向	n/a
螺旋弯曲	4
含有两个独立堆积的环	n/a
S-转向	2
含有潜在可配对碱基的环	n/a

注：亚类的存在意味着模体可被更进一步分类。

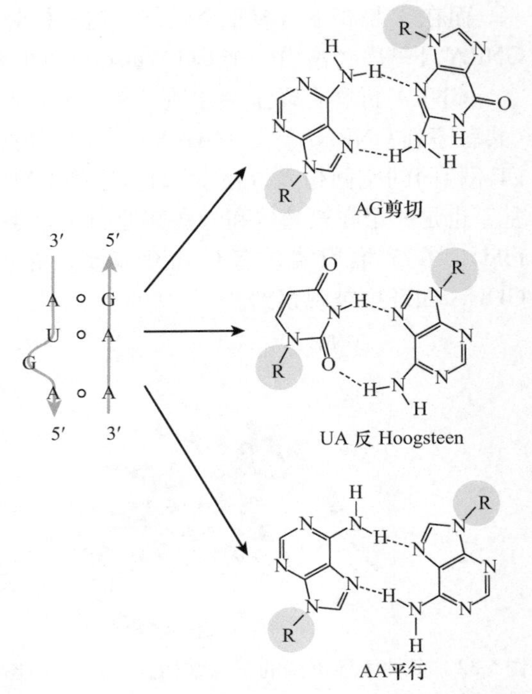

图 5.34 共有的环 E 家族基序。左边的二级结构图的圆圈指出了非 Watson-Crick 碱基配对。

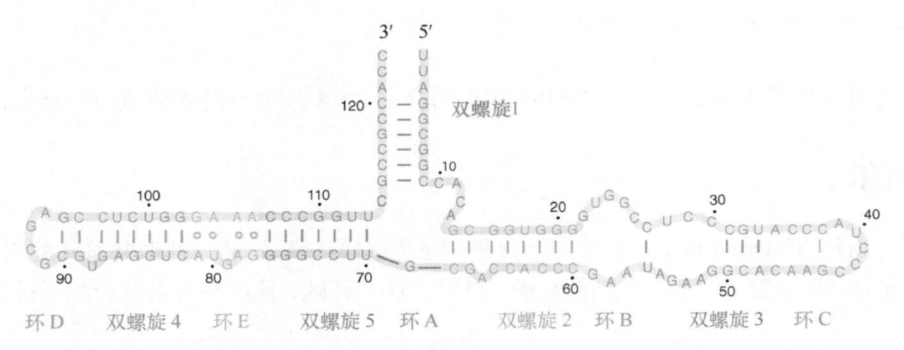

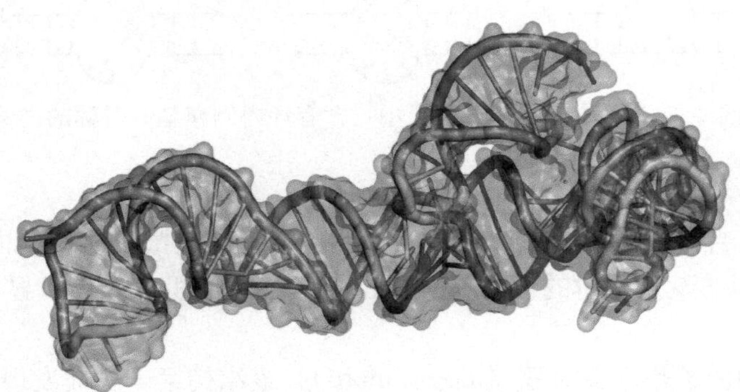

图 5.35 上：*H. marismortui* 的 5S rRNA 的二级结构，在一个大核糖体亚基的晶体结构中观察到。下：5S rRNA 的三维结构图示。方向和颜色标注与上图是一致的。

环 E 是一个非对称的内环，它具有 7 个高度保守的非 Watson-Crick 碱基配对的堆积。其氢键模式也特别保守。第一个碱基对是一个 AG 剪切对（sheared pair），还有一个 UA 反 Hoogsteen 对，接着有一个 G 碱基凸起，最后由一个反（*trans*）Hoogsteen AA 碱基对结束，形成了一个局部平行的骨架构型（见图 5.34）。

AU颠倒（reverse）Hoogsteen碱基对在环E中被观察到，它是在核糖体RNA中除正常Watson-Crick碱基配对以外最多的AU相互作用的例子。

5.3.7.3 凸起

一定数量的碱基插入其规则的螺旋区域中形成的一个结构基序被称为凸起，事实上这种凸起只是内环结构的一种特殊情况（图5.36）。一个凸起一般插入在RNA双螺旋结构中的弯折处，该基序是一个重要的结构元件，因为它能够确定茎-环结构取向，进而影响整个分子的三级折叠。

在RNA凸起中未成对的核苷酸可以在环的外侧，也可以在堆积区的内侧。如果在环的外侧，核苷酸通常形成三级结构相互作用的位点，或者蛋白质的特异性识别位点。图5.36显示了一个单碱基凸起，但是在凸起中可以有不止一个碱基。

在HIV-1的反式激活（*trans*-activation）响应区域（TAR）有一个被研究得很透彻的RNA凸起（图5.37）。该凸起是一个含有59个核苷酸的RNA茎-环结构，存在于所有HIV-1 mRNA中的5′非编码区域，它在调控HIV基因表达中扮演了重要的角色。这个TAR区域与病毒Tat蛋白相互作用，激活病毒的基因表达，是病毒复制的必要条件。有实验证据显示Tat是直接与TAR片段结合的，而且这一结合与核苷酸序列无关，只取决于茎上3-核苷酸凸起的完整性。

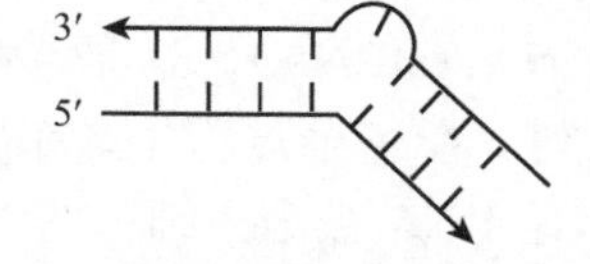

图5.36 一个碱基在环内的凸起模体。

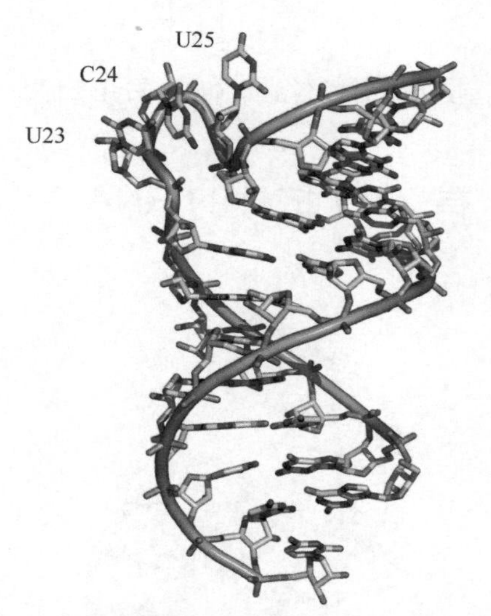

图5.37 TAR茎-环结构中的凸起特写（PDB：397D）。

5.3.7.4 连接区

连接区（junction）是连接两个或更多茎结构的RNA区域。在各个茎结构之间的链可以有大于或等于0个碱基长度，这些被称为连接（linking）或者联合（joining）区域（图5.38）。稳定的RNA中存在大量的三茎（three-stem）连接区，如核糖体RNA、病毒RNA和核酶。在后面的章节中我们将进一步讨论锤头状的核酶（三茎连接的一种）。四茎（four-stem）连接——有时候被称为十字形连接区（cruciform junction）——也是一种比较常见的结构，例如可以在tRNA中找到。

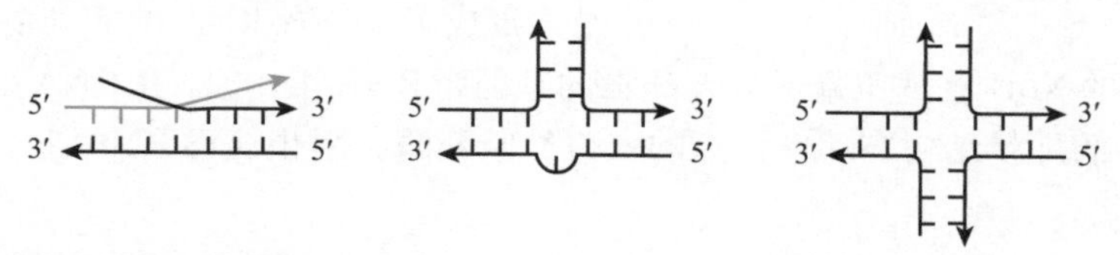

图5.38 二茎、三茎和四茎RNA连接区域图解。

三茎连接的拓扑结构已经被描述得非常清楚了。根据连接区域的长度不同，两个螺旋同轴堆积的三茎连接可以根据连接区域的长度分成三个家族，这又在三茎的相对方向上表现出来。连接区域的长度在茎-茎之间相互堆积时是很重要的，因为如果连接区域很长，螺旋可以相对于其他螺旋转动。图 5.39 展示了三个家族的三茎连接结构的示意图。在家族 A 中，连接区域 J31 比 J23 要短，螺旋 P3 近似垂直于 P1-P2 共堆积轴。在家族 B 中，连接区域 J31 和 J23 一样长，螺旋 P2 和 P3 并排堆积。家族 A 和家族 B 连接区域可以在核糖体 23S 和 16S rRNA 中被找到。最后，在家族 C 中，连接 J31 比 J23 要长，螺旋 P3 与螺旋 P1 平行堆积，连接区域 J31（大部分是发夹结构）与 P2 的浅沟具有广泛的相互作用。家族 C 连接区域可以在各种各样的结构 RNA 中被找到，例如，锤头状核酶、自剪切内含子（intron）的 P4-P6 结构域，以及信号识别颗粒结构域 S 和 G 核糖开关（riboswitch）。剪接体在第 10 章中有详细描述。

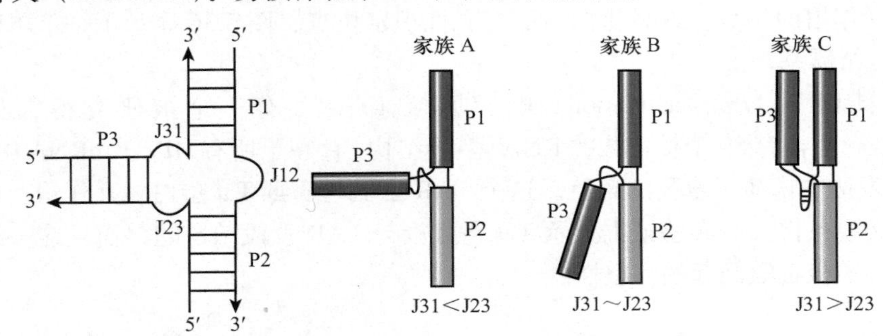

图 5.39　左：三茎连接区域的各部分命名。右：三种方式连接的三个家族示意图。

5.3.8　有 Xrn1 抗性的 RNA

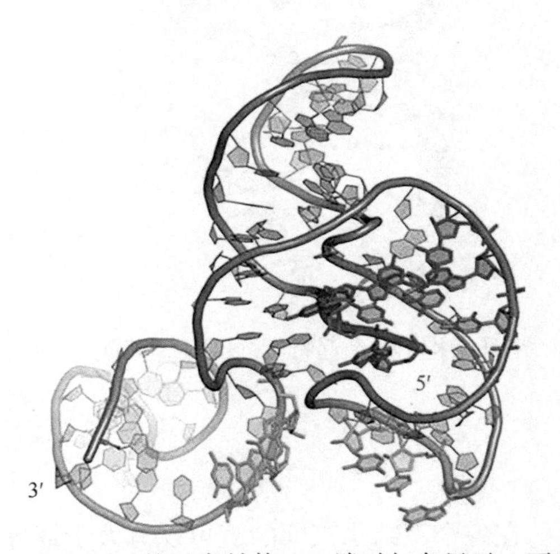

图 5.40　xrRNA 的示意结构。5′ 端以红色显示，可以看出，其从结构背面穿过环状结构的中心，由高度保守的核苷酸碱基对连接在一起，如红色、橙色和蓝色所示。在这个观点中，Xrn1 外切酶从前端进入，遇到 RNA 序列上的“支架”，阻止了它的前进（PDB：4PQV）。

在蚊媒黄病毒的 RNA 中，我们可以看到一个关于三茎连接如何存在并具有功能意义的三维结构的迷人例证（第 18 章）。其中许多病毒是严重的人类病原体，正在造成全球范围内的健康威胁。该病毒的遗传物质包括亚基因组黄病毒 RNA（sfRNA），这是与病毒的细胞毒性相关的 RNA 序列。在感染过程中，sfRNA 是由局部耐降解的病毒基因组 RNA 被宿主细胞的 Xrn1 部分降解而产生的，其中 Xrn1 是一种 5′ → 3′ 核糖核酸外切酶，能够降解多种结构 RNA。

生物化学和生物信息学的研究表明，分离出的耐 Xrn1 的茎-环结构（xrRNA）是高度保守的紧密折叠 RNA，这对结构和功能都至关重要，并促进了进一步的结构分析。图 5.40 显示了来自墨累河谷脑炎（Murray valley encephalitis）病毒 3′ 非翻译区域的 xrRNA 结构，其由 X 射线晶体学测定。xrRNA 结构的核心三茎连接不是独立折叠的，而是在形成第三级空间碱基对时出现，结果形成了一个有 RNA 的 5′ 端穿过的类似环状的结构。这暗示了宿主细胞的 Xrn1 在从 5′ 端沿着黄病毒的基因组 RNA 工作时，在 RNA 上遇到“纽结”的机制。模型研究表明，xrRNA 的环状结构在活性位点的入口处阻断酶，阻止病毒 RNA 进一步被 Xrn1 的类解旋酶活性展开。

5.3.8.1 K-转向

通过对死海盐盒菌（*Haloarcula marismortui*）的 50S 核糖体颗粒的三维结构进行分析，人们发现了一个小 RNA 基序，这一基序被称为纽结-转向（kink-turn），或者 K-转向。K-转向是由 15 个残基组成的双链环状螺旋基序（图 5.41）。它是一种不对称的内部环，在糖-磷酸骨架上具有一个纽结特征，导致 RNA 螺旋急剧转弯。弯曲出现在浅沟一侧，将两个毗邻螺旋的浅沟拉到了一起。其中一个螺旋被称为 C 茎（经典茎），只含有 Watson-Crick 碱基对；另一个螺旋含有非经典的碱基配对，因此被称为 NC 茎。

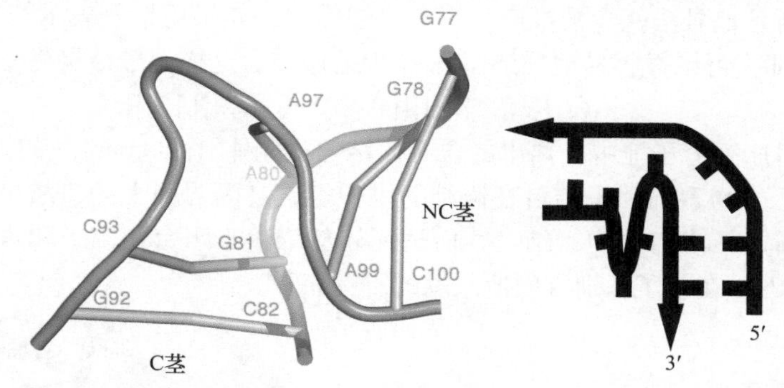

图 5.41 左：*H. marismortui* 23S rRNA 的螺旋 7 中的 K-转向示意图。右：K-转向的二级结构图谱。

这两个茎通过包括 A-次级（A-minor）相互作用在内的一系列的堆积相互作用叠在一起。其中一个未配对的环状核苷酸明显突出，使这个基序成为核糖体蛋白识别的理想基序。在 *H. marismortui* 50S rRNA 中有 6 个 K-转向，而在 *T. thermophilus* 30S rRNA 中有 2 个，U4 snRNA 和 L30e pre-mRNA 中各有 1 个。通过一个保守序列基序，人们预测了许多 RNA 中 K-转向的存在，包括 L10 mRNA 的 5′-UTR、大肠杆菌 23S rRNA 中螺旋 78，以及人类核糖核酸酶 MRP。K-转向的上面部分含有两个 CG 碱基对，下面部分含有两个 AG 碱基对，在其后面通常跟随有两个 Watson-Crick 碱基对。纽结一般在一条链上含有没有配对的三个碱基。

K-转向的一个未配对环上的核苷酸明显突出。这使得对于蛋白质来说，K-转向成为一个重要的 RNA 识别基序：在 23S rRNA 中，6 个 K-转向中的 5 个与至少 1 个核糖体蛋白具有显著的相互作用。

5.3.8.2 括号记号

RNA 二级结构可以用被称为括号记号（bracket notation）的方法来表示，即一个核苷酸序列可以由等长的一串点号和匹配的括号表示。未成对的碱基用点号（有时候用冒号）来表示，如果一个碱基对在碱基 i 和碱基 j 之间，就用 i 位置一个“(”和 j 位置一个“)”来表示。这样二级结构就成了图 5.42 所示的茎-环结构。

(((...((((.....))))..)))

括号记号方法从位于一条序列的大概中间位置的 loop 开始读起是最方便的。在上面的例子中，由四个碱基对组成茎的茎-五环结构通过字符串（((((.....))))）给出，由此可以在两个方向上延长结构。内部环的一条链上含有三个碱基，另一条链上则含有两个碱基，这两个元件在记号中分得非常开。对于较短的序列来说，括号记号是非常容易被理解的；但是对于大结构而言，这种表示法变得很复杂，且主要适合于输入到计算机程序中。

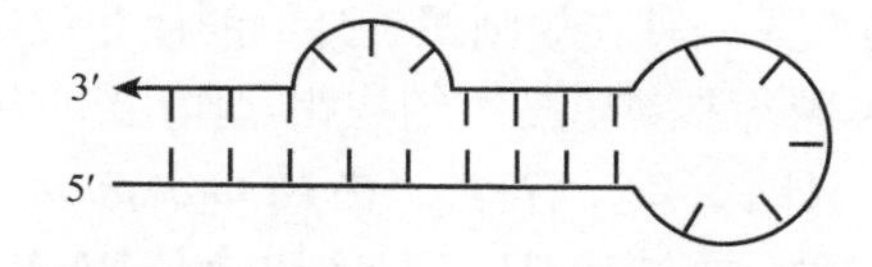

图 5.42 与上文中括号记号一致的茎-环结构。

5.3.8.3 RNA 假结

假结（pseudoknot）是一个包含两个茎-环结构的 RNA 二级结构，其中第一个茎-环结构的环形成第二个茎中的一部分。1982 年，科学家在芜菁黄花叶病毒（Turnip yellow mosaic virus）中首次发现了假结，此后在许多 RNA 结构中都相继发现了这种结构（大部分来自病毒）。假结会折叠成紧凑的但不是真正的拓扑结的三维构型。事实上，它更像是在三级结构上相互作用形成的一个双螺旋结构。

与大多数二次结构预测算法的要求不同，在假结中两个相互作用的茎-环区域没有分层嵌套。然而，只需作一点细微的改动，括号记号法就能被推广至用于描述假结。如果用括号表示一个茎-环结构，用方括号表示另一个茎-环结构，那么可以很容易地描述图 5.43 中的假结。这样记号结果将变成：

(((.((((........[[[[[[[[[)))).))) - - - .....]].]]]]]]

图 5.44 显示了从随机序列分子池中分离出的含有假结的适配体（aptamer①）的结构。该适配体因为能结合生物素而被选择出来。生物素辅因子结合在假结的堆积螺旋之间界面上的口袋中。生物素结合蛋白［如亲和素（avidin）］通过疏水核心与生物素结合，而适配体却依赖于水合镁离子和水分子来结合其配体。这个策略展示了蛋白质和 RNA 在分子识别方面所采取的不同路径。

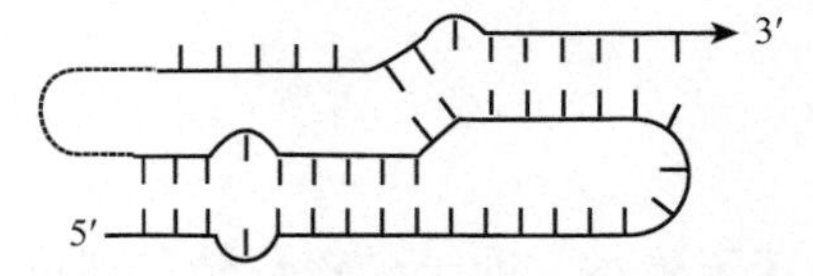

图 5.43　一个假结的图示结构。假结包含有两个相互作用的茎-环结构，因此一个茎-环的环是另一个的茎。

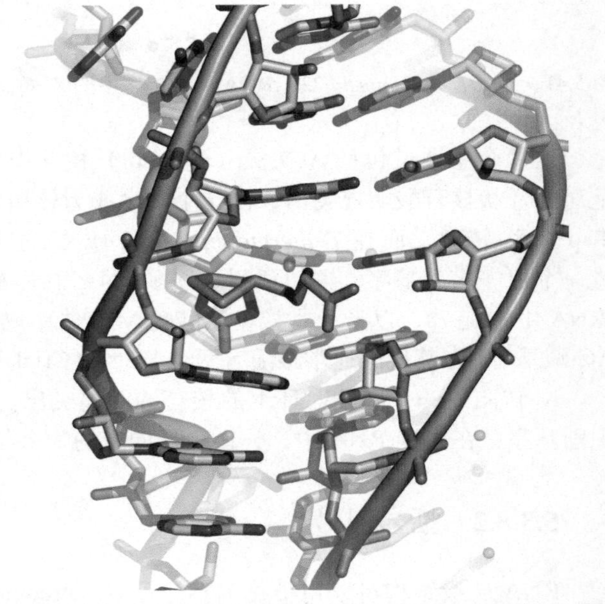

图 5.44　在假结中生物素结合位点的细节。生物素被显示为紫色（PDB：1F27）。

5.3.8.4 A-小基序

一级序列上距离较远的核苷酸之间的碱基对相互作用对 RNA 三级结构的稳定性有重要影响。众所周知，腺苷酸是一种在规则螺旋外侧的保守位置最普遍出现的核苷酸。50S 核糖体亚基中 rRNA 的检测显示：大多数 A 碱基参与了三级结构相互作用，这些相互作用按照一种被称为 A-小基序（A-minor motif）的有限模式进行（图 5.45）。确实，在 *H. marismortui* 23S rRNA 中 26% 的腺嘌呤碱基（这其中的 64% 具有超过 95% 的保守性）通过其 N1-C2-N3 边缘与 RNA 浅（小）沟相互作用，这些沟是光滑的，因为它们缺少其他碱基的外环原子。

① 适配体是通过体外选择，经重复循环演化得到的核酸种类，与各种分子目标结合，如小分子、蛋白质或核酸。

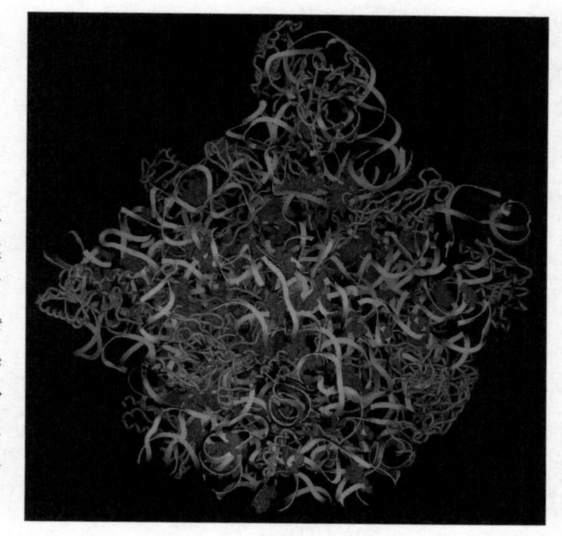

图 5.45 *H. marismortui* 中 50S 核糖体亚基的结构，该图显示了形成 A-小基序相互作用的 186 个腺苷酸［经许可转载自 Nissen P, Ippolito JA, Ban N, *et al.* (2001) RNA tertiary interactions in the large ribosomal subunit: The A—Minor motif. *Proc Natl Acad Sci USA* **98**: 4899-4903. Copyright (2001) National Academy of Science, USA.］。

迄今为止的研究表明，A-小基序是 RNA 结构中双螺旋堆积的主要三级相互作用。因此 A-小基序可能是形成 RNA 三级结构中最重要的结构组件。根据 A 碱基上 O2′ 和 N3 原子，以及在受体螺旋中碱基对的 O2′ 原子相对位置的不同，可以将 A-小基序分成四个类型（图 5.46）。在类型 I 基序中，A 碱基的 O2′ 和 N3 原子都在受体碱基对浅沟的内侧（图 5.46）。这一排列使得腺嘌呤能够更加完美地匹配沟槽，也最大限度地增加了可以形成的氢键的数量。

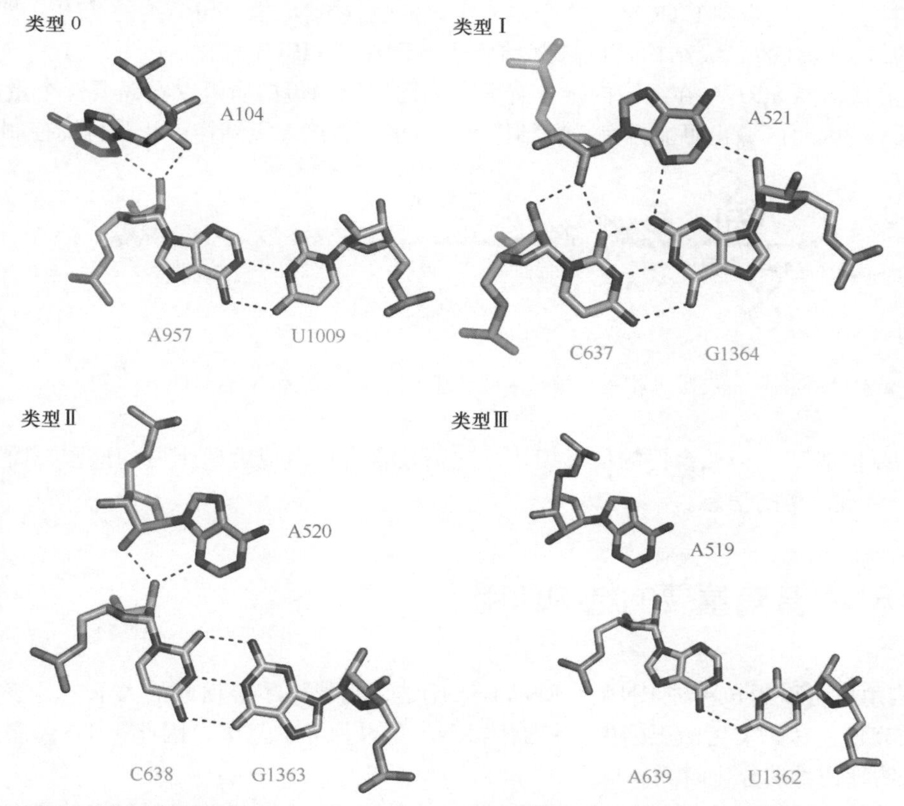

图 5.46 四个 A-小基序相互作用类型的例子，来自 *H. marismortui* 23S rRNA。

类型Ⅱ基序中，A 碱基的 O2′ 原子在浅沟的外侧，而 N3 在内侧，两者都与螺旋的糖-磷酸骨架上的 2′-羟基基团相互作用（图 5.46）。类型Ⅲ基序的特点是：A 碱基的位置使得 A 碱基上的 O2′ 和 N3 原子都处在浅沟的外侧（图 5.46）。在第 4 个较少出现的类型 0 基序中，A 碱基的核糖与受体螺旋骨架上的核糖相互作用（图 5.46）。类型 0 的相互作用不是碱基特异性的，因为它是由插入残基的核糖填满浅沟，而事实上，类型Ⅲ也不是碱基特异性的。然而，在类型 0 和类型Ⅲ相互作用中，当碱基是腺嘌呤时，插入碱基和受体螺旋之间的接触是最优化的。GC 受体碱基对从外形和氢键模式上看是最佳的互补碱基对，因此 A-小基序中的插入 A 碱基对其有强烈的偏好。

5.3.9 RNA 是遗传信息的载体

在染色体到核糖体的遗传信息传递中，RNA 具有一个重要的角色，可以作为传真或是信使。信使 RNA（mRNA）是一种这样的 RNA 分子，它编码了一个单基因或者转录单元的拷贝。mRNA 首先由 RNA 聚合酶从 DNA 模板上转录出来（第 10 章），然后携带编码信息到蛋白质合成场所的核糖体上（第 11 章）。在一些病毒中，单链或双链的 RNA 组成了病毒基因组（第 18 章）。

在 5′ 端（“头”端），真核信使 RNA 含有一个甲基鸟苷（m^7G）帽，这是在转录时被添加到 mRNA 上的一种经过修饰的鸟苷核苷酸（图 5.47）。帽的存在对于核糖体识别 mRNA 是至关重要的，另外它还可以保护 mRNA 不被核糖核酸酶降解。在 3′ 端，多腺苷酸聚合酶将一段腺嘌呤核苷酸序列添加到 mRNA 前体（pre-mRNA）的尾部。这一 poly(A) 尾巴有时可以达到数百个核苷酸那么长。除了编码区域以外，mRNA 还包含一些不会被翻译成蛋白质的区域，其在 mRNA 稳定、定位和翻译效率方面具有很重要的作用。这些不被翻译的区域（UTR）会出现在起始密码子（5′UTR）的前面和终止密码子（3′UTR）的后面。它们含有界限清晰的二级结构区域。结合到 UTR 区域的蛋白质可以影响核糖体结合 mRNA 的能力，进而影响翻译的效率。mRNA 的 5′UTR 区域的二级结构可以被起始因子 eIF4A 和 eIF4B 融化（melt），这个过程需要 ATP 水解作用。3′UTR 被认为与 mRNA 在细胞内定位有关，因此编码的蛋白质可以在需要这个蛋白质的细胞的部分被翻译。mRNA 的编码区域也可能含有二级结构元件，事实上该二级结构被认为可以控制 mRNA 的翻译。

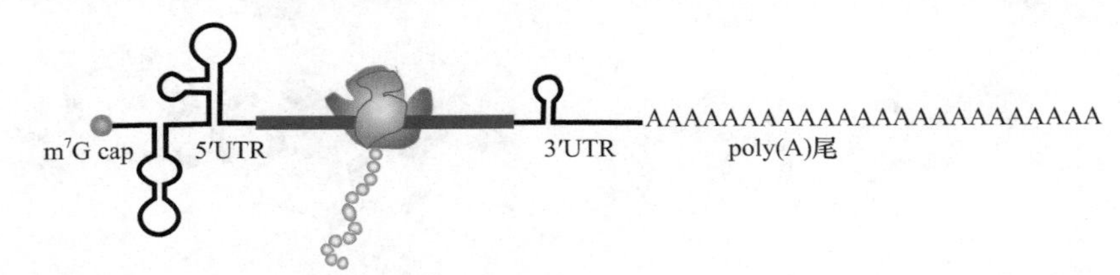

图 5.47　真核生物 mRNA 的图示，包括 5′ 帽子、编码区域（红色），以及 5′ 和 3′ 端 UTR。

因此，mRNA 构成了一个综合性的信息模块，它不仅含有供合成编码蛋白的谱图，而且还含有控制及决定 mRNA 分子自身命运的信息。

5.3.10 RNA 具有重要的结构作用

RNA 的结构角色可以用核糖体 RNA（rRNA）来阐述，它形成了核糖体的大部分［核糖体是合成蛋白质的场所（11.3 节）］。在三类生命王国中，核糖体 RNA 是最保守的基因，因此，rRNA 序列经常被用作分类学的依据，来估计物种的分化时间。

核糖体的三维结构显示了核糖体 RNA 的复杂结构。最初 rRNA 被认为只是核糖体蛋白附着的支架，但现在这种观点已经不准确了。现在人们知道，核糖体 RNA 与催化作用密切相关。一些核糖体蛋白以一种防止自由折叠的方式穿过 rRNA 结构。尽管更小的 rRNA 在溶液中可以形成一致的三维结构，但是观察到的实验数据证明核糖体蛋白参与了 rRNA 的正确折叠，并且 rRNA 至少参与了一些核糖体蛋白的正确折叠。

一个17个碱基序列的环（原核生物中是15个碱基），即八叠球菌-蓖麻毒素（sarcin-ricin）环（SRL），是最高度保守的核糖体RNA之一（见11.5.2.1节）。真菌的毒性酶八叠球菌（sarcin）在环上切断一个磷酸键，蓖麻毒素（ricin）（一个来自蓖麻籽的毒素）在基序上脱掉一个重要的腺嘌呤。八叠球菌和蓖麻毒素因此破坏了SRL，阻止了延长因子（elongation factor）的结合，从而破坏了核糖体的正常功能。

一种结构功能还可以被归因于上面讨论过的UTR（5.3.9节）。不同mRNA的UTR在多序列比对中显示了非常好的二级结构保守性，这再一次证明了自身三维结构的保守性。因此，mRNA的三维结构隐藏了对于蛋白质表达的调节与控制的玄机。

5.3.10.1 tRNA

另一类在识别中起主要作用的RNA是转运RNA（tRNA）。tRNA是在翻译阶段起作用的一类小RNA（73～93个核苷酸），其作用是在蛋白质合成的核糖体位点将特定的氨基酸转移到增长的多肽链上（见11.1.1节）。每个tRNA都有一个与mRNA的特定密码子相匹配的三碱基反密码子。在分子的末端，tRNA携带着氨基酸，与其5′端共价连接进而与特定的密码子匹配。每一种tRNA只可以运载一种类别的氨基酸，但是因为基因编码的简并性，多种tRNA可以运载同一种氨基酸。唯一没有匹配tRNA的密码子是终止密码子UAG、UAA和UGA。tRNA在翻译中的功能将在第11章中更加详细地说明。

tRNA的结构是1974年被两个独立竞争的实验室解析出的，一个是英国剑桥的MRC，另一个是在美国剑桥的MIT。事实上，这是在Crick和Watson提出他们的DNA双螺旋结构模型后的第一个核酸双螺旋的晶体结构。

不同类别的tRNA具有非常相似的序列，携带氨基酸的3′端始终是一个CCA单链悬垂（overhang）。tRNA包含有很多修饰的碱基，特别的，当腺苷酸出现在反密码子的第一个位置时，它经常被修饰为肌苷[inosine (I)]，它是缺少了氨基基团的嘌呤环。肌苷对与之配对的碱基的要求比较宽松，可以与A、U或者C配对，这在很大程度上解释了遗传密码子的简并性。

tRNA的二级结构是一个四茎连接，由于其二级结构的特征性外观，它通常被描述为“三叶草”（“cloverleaf”）（图5.48）。其中两个环根据它们包含的修饰碱基被命名为D-环（因为dihydro-U）和TΨC环（或者T-环）。tRNA结点中心的非螺旋区域的三维结构是非常复杂的。骨架、碱基，以及核糖环的2′-羟基基团，甚至是水分子和镁离子都参与到保持tRNA紧凑结构的精密相互作用网络中。图5.49给出了三叶草形二级结构是怎样折叠成一个三维结构的示意图。受体臂（acceptor stem）堆积到TΨC茎上形成了一个同轴螺旋，同样的，反密码子臂堆积到可变环和D-茎之间的连接序列的顶部，形成了另一个近似完美的同轴螺旋。

TΨC和D-环之间的三级相互作用使得三叶草形结构成为一个L型三级结构。T-环上的核苷酸G-57、A-58与D-环上的G-18、G-19形成了堆积，C-56与G-19、G-15与可变环（variable loop）上的C-48分别形成了碱基对。这些相互作用有效地使分子的两部分扭结到了一起（图5.50a）。

T-环环绕着受体臂，为了稳定这样的结构，在环区的U-54和mA-58位置之间形成一个反向的Hoogsteen碱基对（图5.50）。突变研究显示，当把这个位置改成可能的、与UA碱基对相同构象的排列（isosteric）时，采用G-54：A-58或者G-54：G58同样可以稳定三维结构。它的解释是，这些嘌呤-嘌呤碱基对很好地模拟了反Hoogsteen碱基对UA，因此可以在功能性tRNA中的T-环中取代它。然而，其他突变不能重现结构54：58碱基对的原貌，也就没法形成稳定的三维结构。

在tRNA的骨架上含有四个非常大的急转弯：一个是在D-环上，一个是在可变环上，一个是在反密码子环上，最后一个是在T-环上。后面的两个是经典的U-转弯基序结构，其在一个保守的尿苷残基和沿链的磷酸骨架之间具有一个特征性的稳定氢键。

在$tRNA^{Phe}$反密码子环上，核苷酸34、35和36构成了反密码子三联码GAA。33～35位置形成了一个U-转向，其中尿苷内环的N3和A-36上的磷酸氧形成了一个氢键，U-33核糖上的O2′-羟基与A-35中的N7

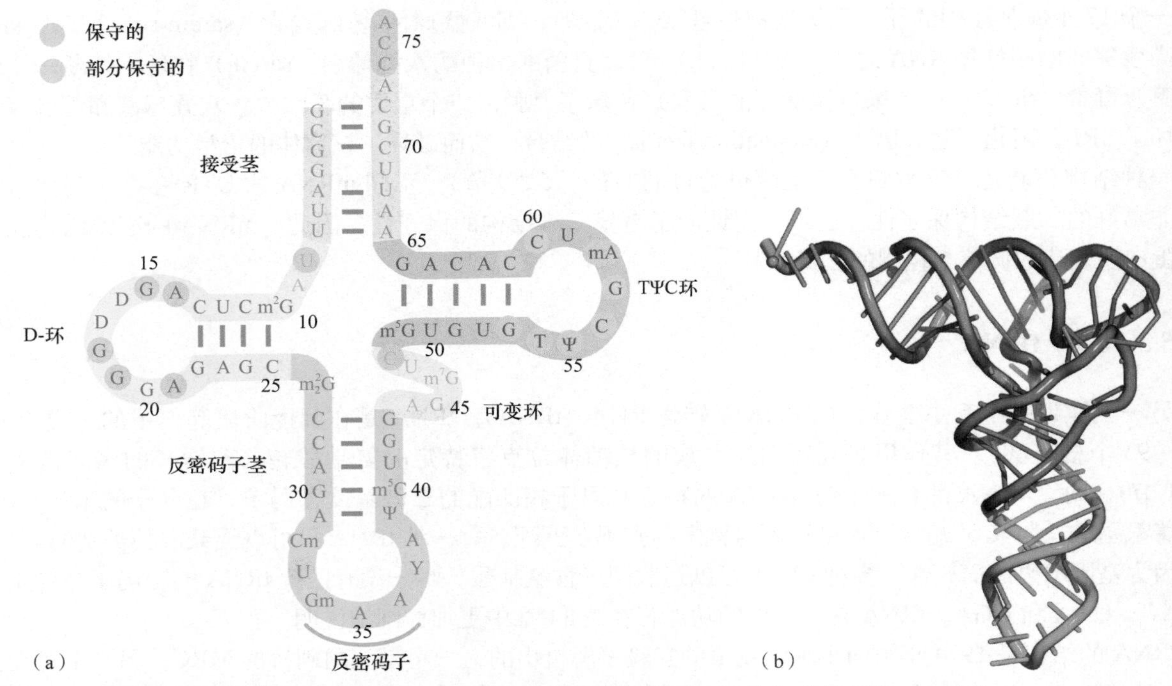

图 5.48 (a) 酵母中 tRNA^{Phe}的二级结构。(b) tRNA 分子的三维折叠图，与 (a) 中的颜色一一对应。

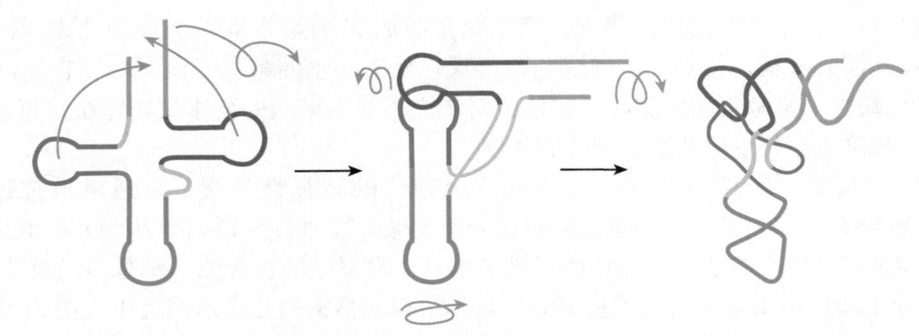

图 5.49 tRNA 链折叠的图解描述。很多保守残基负责 tRNA 三级结构相互作用，颜色与图 5.48 对应。

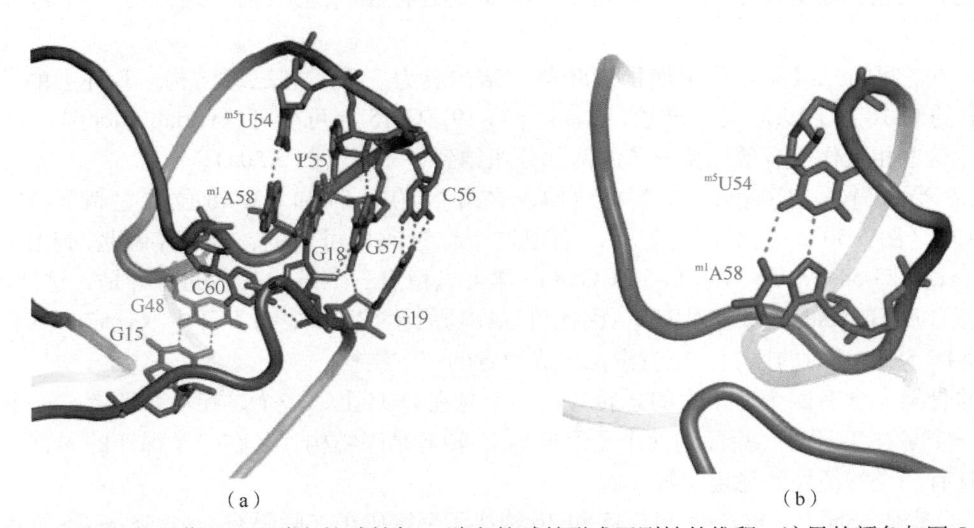

图 5.50 D-和 T-环之间的相互作用。T 臂上的碱基与 D 臂上的碱基形成了刚性的堆积。这里的颜色与图 5.49 对应。

形成了一个氢键（图 5.51a）。这一 U-转向导致了三联反密码子中的碱基暴露在溶液中，从而准备与对应的密码子相互作用。

U-转向基序也在 tRNA 的 T-环中被找到。残基 55-57 ΨCG 形成了一个 U-转向，骨架的急转弯由 Ψ55 的 N3 和核苷酸 58 的磷酸基团之间的氢键来实现（图 5.51b）。在这两个 U-转向中，尿苷碱基都是处在环的内侧，与骨架进行相互作用。tRNA 骨架中最明显的急转弯出现在可变环中，在核苷酸 C48 和 m^5C49 之间。与分子的其他部分的相互作用有效地使这两个核苷酸的碱基处在了相反的方向上，在主链上形成了一个非常大的急转弯（图 5.51b）。这一急转弯通过 m^5C49 与 U7 之间的堆积相互作用使得在 9-11 位置的转向更加稳定了。9-11 转向位于连接 D-环的区域中，这很重要，因为它允许主链从接受臂上折回到它的相反方向，并将 D-环的一个叶片折叠到结构骨干上（图 5.48）。9-11 转向在镁离子的帮助下与相邻核苷酸 8、12 和 13 磷酸基团共同形成配位键，从而形成它的结构。最后，9-11 转向通过 D-茎上不变的 U8 和 D-环上不变的 A14 之间的反 Hoogsteen 配对来稳定结构。

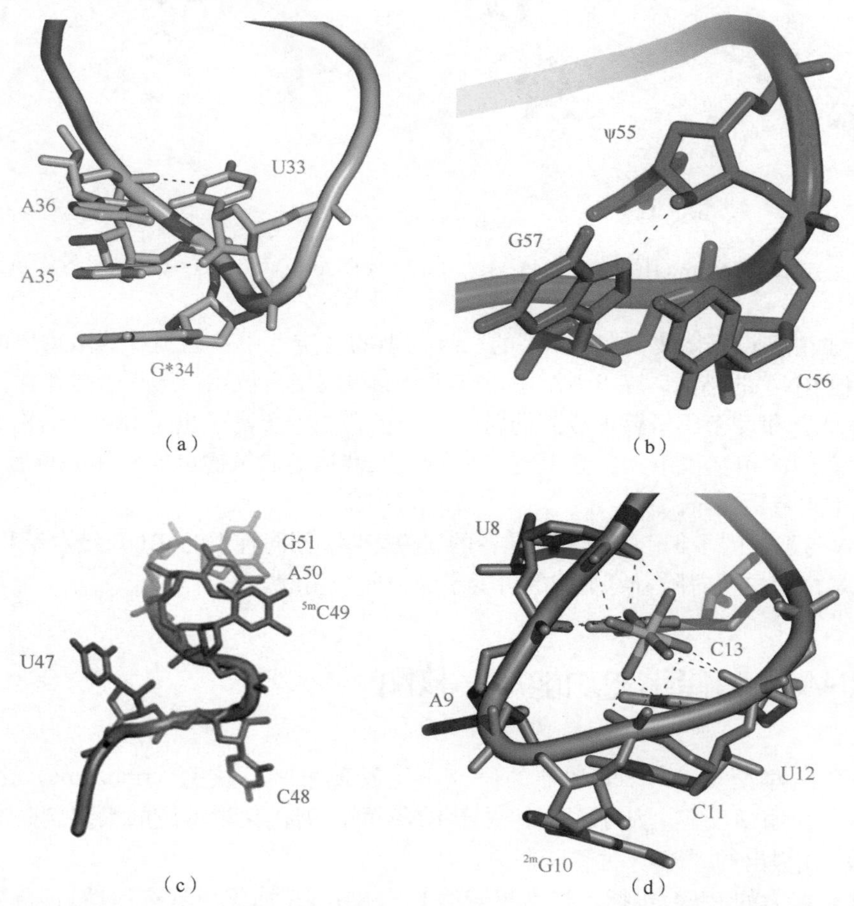

图 5.51　tRNA 结构中的急转弯。(a) 反密码子环 U-转向 33-36。这一转向是通过 U33 的氢键来稳定的。反密码子碱基延伸到了可见的位置。(b) T-环的 U 转向。(c) 可变环的急转弯。碱基 49-51 与 T-茎中的碱基形成 Watson-Crick 碱基对，而 U47 与 D-环的一部分相互作用。(d) 急转弯 9-11，位于 D-环前，由镁离子稳定。

A9 还涉及另一种三级空间相互作用：它被插入到碱基 G45 和 m^7G46 之间。为了给这两个碱基提供空间，骨架通过在 m^7G46 上的 C2′-endo 糖折叠被伸展。

很明显，U-转向和 tRNA 结构的转向——在规则的螺旋结构区域外面，含有丰富的三级空间相互作用，是形成分子正确折叠形式的重要因素。

tRNA 结构的中心也显示了一些涉及稳定分子紧密包装核心的碱基三联体。它们处在结构非常核心的位置，即分子 L 型结构的转角位置。相关的一些细节见表 5.4 和图 5.52。

表 5.4 tRNA 中碱基三聚体的详细资料

三聚体	描述
m^2G10:C25/G45	G45 与 D-茎中的第一个 Watson-Crick 碱基对的大沟形成了 Sugar/Hoogsteen 型的相互作用
U12:A23/A9	U12:A23 大沟中的 A9 氢键，与 A23 形成了一个反 Hoogsteen 碱基对。这稳定了碱基 9 和 10 之间的急转弯
C13:G22/m^7G46	可变环（variable loop）上的 m^7G46 与 D-茎的 G22 形成了一个 Watson-Crick/Hoogsteen 型的碱基配对相互作用，它是与 C13 碱基配对的。这使得可变环锚定在 D-茎上

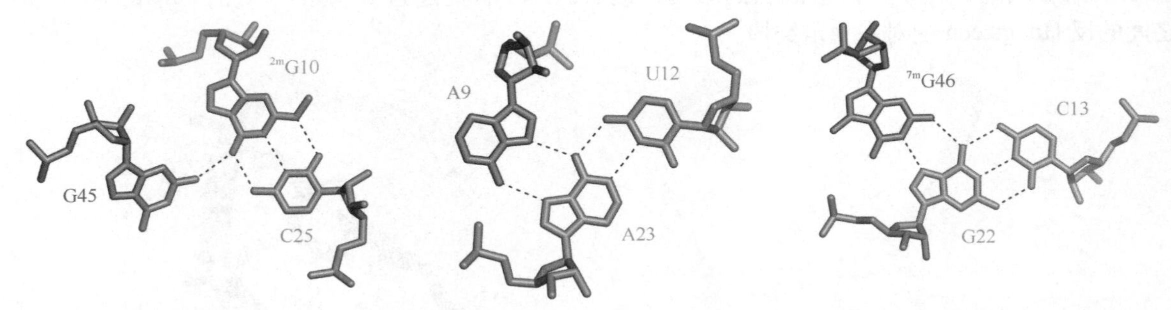

图 5.52 tRNA 的碱基三联体。左，m^2G10∶C25/G45。中，U12∶A23/A9。右，C13∶G22/m^7G46。更多细节见表 5-4。

聚胺类物质，如精胺和亚精胺，在 tRNA 的三级构型的稳定性中也起到了非常重要的作用。精胺经常用于 tRNA 或者其他 RNA 的结晶。在 tRNA 中，有两个亚精胺结合位点：第一个是在深沟处由 T 臂和受体臂形成。第二个由 D 臂和反密码子臂形成。同时，水分子和二价阳离子也是 tRNA 结构的重要部分：一些水分子介导了碱基之间的相互作用，实际上是“延伸”了碱基形成氢键可能到达的位置。结构中还包括 6 个水合镁离子和 3 个水合锰离子。

最近关于 tRNA 与延伸因子 Tu（EF-Tu）结合的研究表明，不同种类的 tRNA 结合亲和力存在显著差异。这种可变性本质上是由蛋白质对附着氨基酸的可变亲和力所平衡的。

5.3.11 RNA 具有催化的功能——核酶

在 20 世纪 80 年代早期 T. R. Cech 和他的研究小组发现第一个核酶（ribozyme）之前，人们一直相信只有蛋白质可以催化酶学反应。从那以后，关于 RNA 可以催化化学反应的大量例子被发掘，支持了由 Woese、Crick 和 Orgel 提出的“RNA 世界”假说。

已知的具有催化能力的 RNA 包括：核糖核酸酶 P（在 tRNA 加工中具有活性）；自剪切核酶，如锤头核酶、发夹核酶、HDV 核酶和 VS 核酶。

mRNA 的组Ⅰ和组Ⅱ内含子形成了另一个类别的催化 RNA。组Ⅰ内含子是一个自剪切内含子，需要 GTP 来帮助剪切。它包含一个活性位点，使得它能够在前体 mRNA 中切断自己，然后连接邻近的外显子。这一自剪切反应可以生成一个完整的 mRNA、tRNA 或者 rRNA。组Ⅱ内含子在某些真核生物细胞器的 rRNA、tRNA、mRNA 和细菌的 mRNA 中被发现。核糖体的肽基转移酶中心也主要由 rRNA 组成。L1 连接酶是一种人造的 RNA 分子，它可以催化 5′-三磷酸核苷酸连接到一个 RNA 链的 3′ 端。这支持了“RNA 世界”假说：在生命出现早期，RNA 分子存在于一个“RNA 世界”中，在这个世界中核酶完成了自我复制必需的任务。

5.3.11.1 锤头核酶

关于锤头核酶的故事是非常有趣的，因为它阐明了一些关于RNA三级结构的问题。锤头核酶催化酯交换反应，在这一反应中，核苷酸17和1.1之间的3′,5′磷酸二酯键被切断（图5.53）。锤头核酶的第一个结构在1994年被测定，它是一个RNA-DNA杂合子，其底物链被DNA链替代了。这种杂合的核糖酶不具有催化活性，因为脱氧核苷酸在17位缺少了2′-羟基基团，而该基团对于剪切反应来说是非常重要的。如果核苷酸17被单个核糖核苷酸取代，则催化活性又回来了。

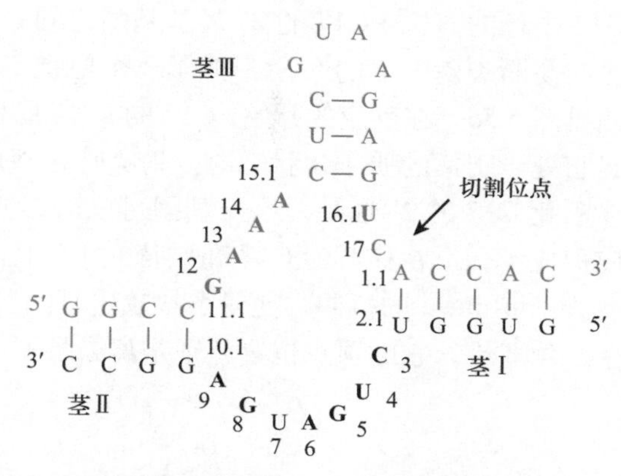

图5.53 图示表示最小的锤头核酶的二级结构。底物链被标记为红色。三联中心环的保守残基被标记为黑体。该图也给出了锤头核酶核苷酸的残基编号。

另一个锤头核酶结构是一个全RNA结构，在剪切位点的胞嘧啶17的2′-羟基被2′-甲基基团取代，而底物的其他位置的原子不变。锤头核酶是一个最小的、可以在体外构建的、具有活性的结构，它包含一个16核苷酸的酶链和一个25核苷酸的底物链。除增加了一些氢键相互作用以外，这一结构确实与之前被确定的DNA杂合体核酶很相似。这一结果被认为是一个核酶晶体结构与没有修改的核酶的真实的溶液结构非常相近的依据。

尽管如此，最小的核酶锤头核酶结构和它的催化活性之间的关系还是引来了越来越多的争论。要使晶体结构与实验简单地协调是不可能的。另外，关于催化活性需要怎样的构象变化也出现了两个相互排斥的假说：一个假说认为需要二价离子，如镁离子的参与；另一个假说则认为需要酸碱催化作用。2006年，研究人员测定了来自人类寄生虫曼氏血吸虫（*Schistosoma mansoni*）的全长核酶的晶体结构，为其催化机制提供了新的线索。三茎区域（three stem region）排列成几乎很完美的连续同轴螺旋。茎Ⅰ部分形成了这一复合螺旋的侧枝，其结构就像冰岛语字母thorn（þ）的形状（图5.54）。基于连接区域的长度，核酶的三茎连接属于A家族。茎Ⅰ含有一个凸起，通过氢键和堆积作用与茎Ⅱ的环互作。与最小的核酶结构相比，这个三级相互作用诱导了催化活性位点的一个显著重组。在C17处围绕剪切键的骨干区域引入了一个急转弯。

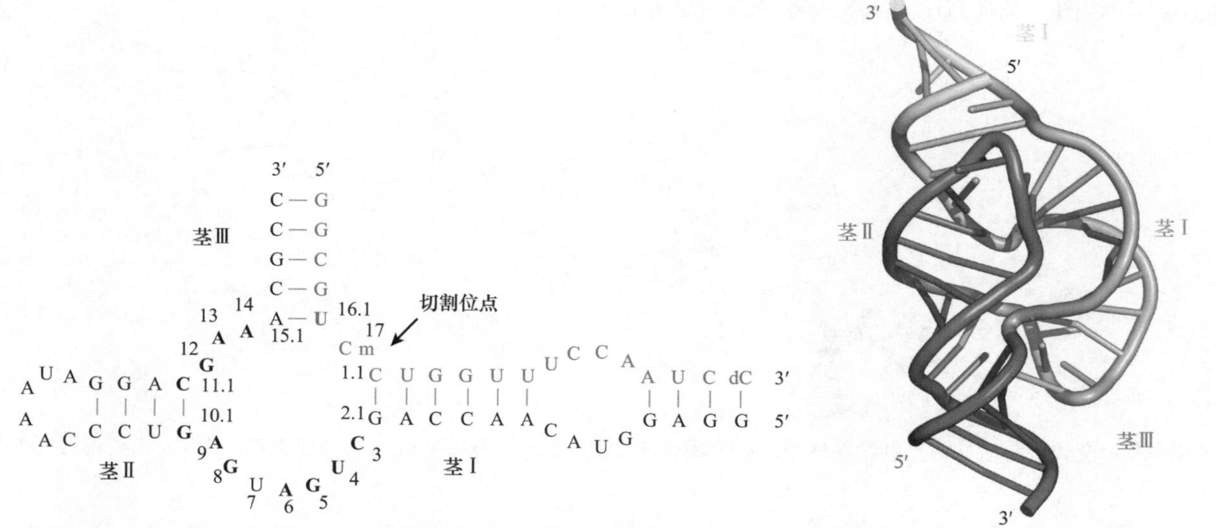

图5.54 左：全长核酶的二级结构图（PDB：2GOZ）。红色核苷酸是底物链。黑体字母表示保守序列基序。在底物3′端的小写字母“d”表示一个脱氧核糖核苷酸，用来提高合成效率。活性位点被标记为Cm，表示它是被2′-甲氧基化的。右：全长核酶的图示。注意三茎形成了一个同轴螺旋，分别用红、蓝和黄表示。

虽然从二级结构图上没法看到，但是中心环的连接区的碱基确实与活性位点密切相关（见图 5.54）。残基 C3、U4 和 G5 形成了一个急剧的 U-转向，这些碱基朝向 C17 暴露在外侧的核糖，协助核苷酸的就位。G12 内环的 N1 与 C17 的 2′-羟基基团之间处在氢键键长范围之内，这是反应的亲核进攻。G8 的 2′-羟基基团与易断裂磷酸上的 5′ 氧形成了一个氢键，这说明其可能参与了稳定离去基团的作用。锤头核酶的催化机制见图 5.55。在反应的开始，C17 的 2′-羟基必须被活化，这是 G12 的任务，G12 的内环 N1 就在附近。然而，当它处于正常的质子化状态时，鸟嘌呤在 N1 位有一个氢原子，但是它的烯醇互变异构体没有。假设 N1 可以活化 C17 的 2′-羟基，这一基团可以对连接在相同碱基 3′-羟基上的易离去的磷酸进行亲核进攻。这一反应形成了一个在核苷酸 C17 和核苷酸 1.1 上自由 5′-羟基之间的环状 2′,3′-磷酸二酯键。这一催化模型是一个共线（in-line）的机制，使得亲核攻击基团、磷酸盐原子和离去基团在一条线上。反应中间产物的外形是一个三角双锥，它的顶点位置分别是离去基团（5′-OH）和进攻基团（2′-OH）。

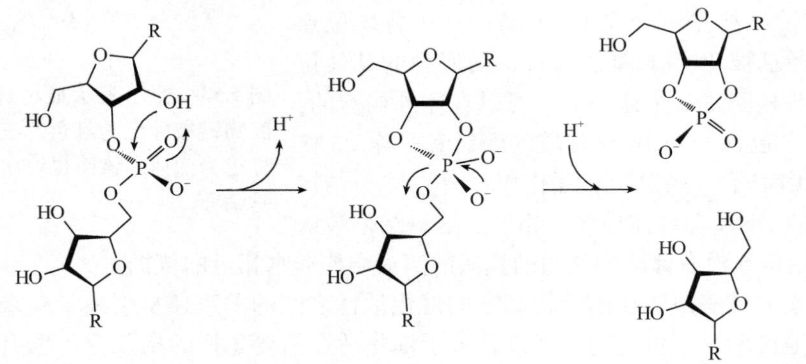

图 5.55 锤头核酶的催化机制假说。

图 5.56 显示了在活性位点周围重要碱基的位置。在晶体结构中，C17 的 2′-羟基基团被甲氧基化了，因此反应不能进行。核苷酸 A9 用它的 N1 基团稳定地朝向 G12，准备激活。氢键和堆积相互作用的网络使得在易断裂磷酸骨架上形成了一个急转弯。这样一个骨架转弯在其他一些结构中也曾被观察到，如核酸酶。我们甚至可以把骨架想象成像棍子一样“折断”（“snapping”）。图 5.56 也同样显示了一个假定的反应过渡态的化学结构图，碱基 G12 和 G8 与过渡态的稳定有关。

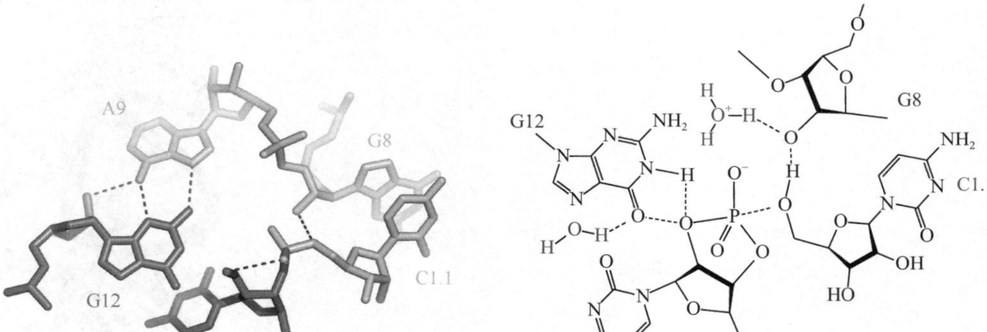

图 5.56 左：全长核酶活性位点的结构细节。右：假设的过渡态结构，G12 正在开始亲核进攻，而 G8 正在稳定离去基团 C1.1。

最小的核酶的结构没有错误，在一个可信的分辨率下，晶体学分析完全正确。但是最小的核酶结构与全长核酶相同的假设却被证明是错误的。三十年的蛋白质晶体学实验经验告诉我们，蛋白质亚基从较大的结构中分离后很少会改变结构。从这些结果看，RNA 结构更加复杂，更难预测，最小结构和全长结构之间的差别虽然是细微的，但是很重要。虽然三茎连接的整体折叠几乎完全相同，但全长核酶中附加的三级相互作用引起了活性位点区域显著的构象变化。重要的是，生物化学证明对反应至关重要的一个碱基出现在全长核酶活性位点附近，而最小核酶中则出现在相距活性中心 20Å 的地方。

结构和生化试验的不一致无论何时都需要认真对待，这不一定表示结构是不正确的，但是可能有些事情并不是看到那样，有可能一个非常有趣的故事正隐藏在数据中。

5.3.11.2　P4-P6

四膜虫（*Tetrahymena*）组 I 内含子 mRNA 中含有 160 个核苷酸的 P4-P6 结构域的 2.8Å 的晶体结构提供了一些 RNA 折叠基序的详细信息，也给出了关于前面章节中讨论的一些 RNA 结构基本原理的例证。

组 I 自剪切内含子催化自身前体 mRNA 的切除。组 I 内含子可以被归类为核酶。*Tetrahymena* 组 I 内含子的催化核心包含两个主要的结构域，催化位点在两个域之间分裂。而 P4-P6 结构域只包含一半的活性位点，所以它自身没有催化活性。

图 5.57 显示了 P4-P6 的结构，包括碱基对片段 P4、P5 和 P6，以及连接区域 J3/4、J4/5 和 J5/6。P4-P6 也包含有一个延伸的部分——P5abc（P5a、P5b 和 P5c），它只在组 I 内含子的一个亚类中被找到，但当它存在时，对于催化活性至关重要。

两个螺旋区并排排列，主导了 P4-P6 的结构（图 5.58）。螺旋 P6b、P6a、P6、P4 和 P3 通过同轴堆积在分子的一侧（保守核）形成一个直筒，而延伸元件 P5abc 形成香蕉状的第二部分。

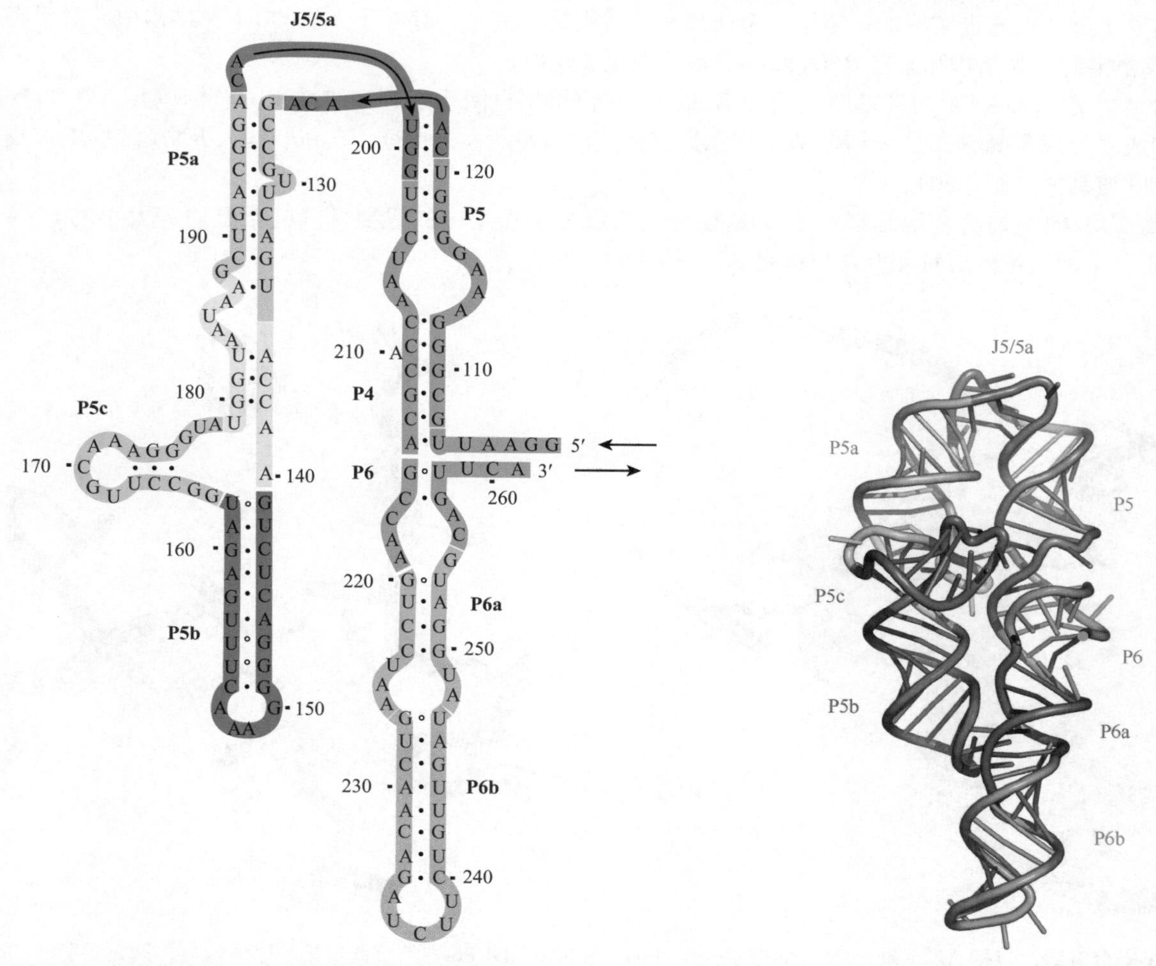

图 5.57　组 I 内含子 P4-P6 结构域的二级结构图示。

图 5.58　P4-P6 分子与图 5.57 所示的二级结构同向排列。

两个重要的三级相互作用形成了延伸片段和保守核心之间的界面。其中之一是在P4螺旋的浅沟和富含A凸起的碱基之间的相互作用。另一种相互作用来自P5abc片段尖端的GAAA四环和保守核心的四环受体，位于螺旋P6a和P6b之间的内环上（J6a/6b）。

在晶体结构中，富含A的凸起形成了一个转向，其中的A碱基都被倒置到了外面。凸起的四个A碱基与堆积相互作用和氢键都有关，是分子中两个螺旋堆积的有效桥梁。为了稳定富含A凸起的紧急转向，两个镁离子直接与环上的磷酸氧形成了配位键。在凸起中的最前面两个A碱基结合到了螺旋P4的深沟上，而最后面两个碱基则结合到了延伸片段三茎连接的口袋中。

关于富含A凸起对于维持P4-P6结构域三维结构重要性的观察，很好地与定点突变和化学保护研究相吻合，这也强调了整个结构对于凸起上的突变非常敏感。

GAAA四环的构象让人想起用核磁共振研究观察锤头状核酶的类似环，证实了GNRA折叠确实是一个刚性实体。四环与结构域中保守核心的11个核苷酸的受体片段相互作用。这三个突出的腺苷酸是处于*anti*构象的，它们进入P5b和P6b螺旋的浅沟中，使它们可以与受体片段中的碱基形成堆积相互作用。受体内环上的相邻腺苷酸促进了这一堆积，形成一个特殊的三碱基相互作用，这就是所谓的A-A平台（A-A platform）结构（图5.59）。除了堆积，GAAA环的每个腺嘌呤与受体都形成了一个特定的氢键。

富含A凸起和GAAA四环将P4-P6分子的两个圆柱形部分紧密地靠在一起，导致核糖-磷酸骨架的紧密组装。这两种基本类型的相互作用用于稳定该组装在RNA结构中很常见。

第一种相互作用来自相邻螺旋的磷酸的紧密堆积是由水合镁离子介导的。此外，可以看到结晶缓冲液中的两个钴原子整齐地嵌进结构的口袋里。金属离子（特别是镁离子）存在于大量的RNA结构中，对于将RNA折叠成稳定的三级结构和某些RNA酶的催化活性至关重要。

在富含A凸起和GAAA四环基序之间的第二种相互作用来自两个螺旋交错堆积的核糖单元，在2′-羟基基团之间成对形成了氢键。这一结构基序被称为核糖拉链（ribose zipper），它在一些大RNA结构中被找到，包括50S核糖体（图5.60）。

P4-P6结构域的结构清楚地阐释了A碱基在形成三级相互作用中的重要性（甚至是中等大小的RNA中），事实上，上面讨论的五种相互作用都是A-小基序的一些例子。

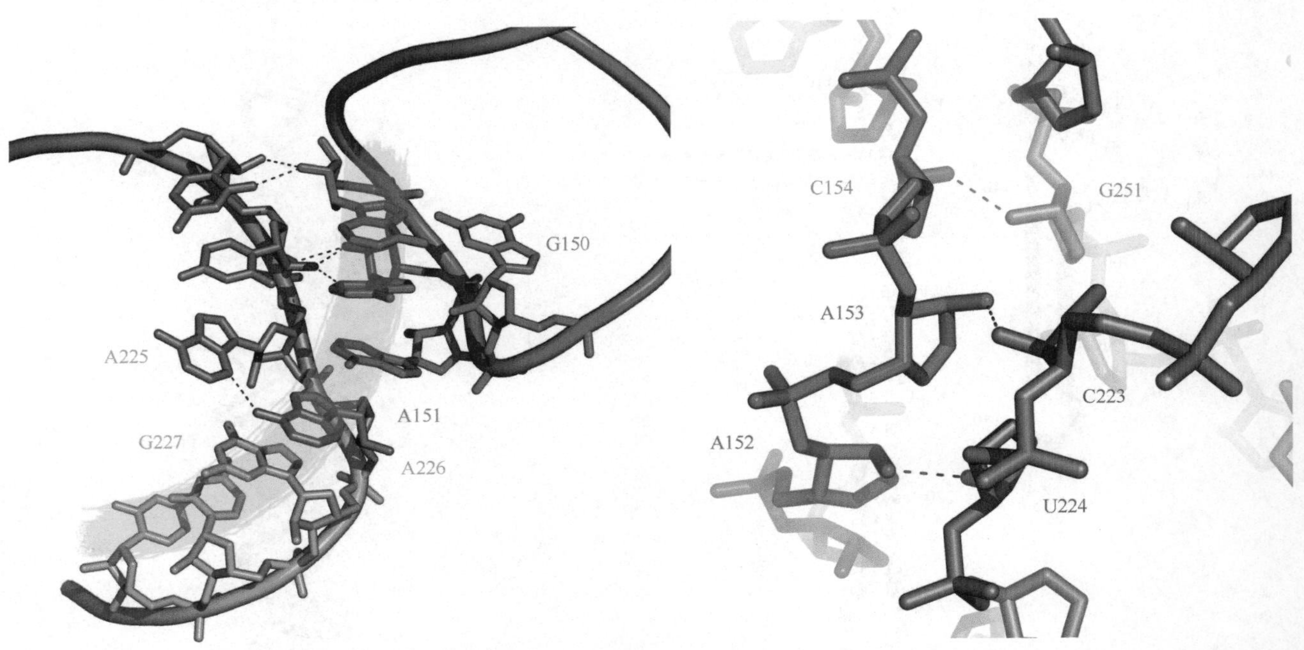

图5.59　A-A平台碱基，包括A225和A226，促进了一个外加的疏水堆积，这一相互作用用蓝色表示。

图5.60　P4-P6中的核糖拉链基序的特写。只显示了糖-磷酸骨架。

延伸阅读（5.1 节和 5.2 节）

综述文章

Dickerson RE. (1989) Definitions and nomenclature of nucleic acid structure components. *Nucleic Acids Res* **17**: 1797-1803.

原始文献

早期文献见第 1 章。

延伸阅读（5.3 节）

原始文献

Cate JH *et al.* (1996) Crystal structure of a Group Ⅰ ribozyme domain: Principles of RNA packing. *Science* **273**: 1678-1685.

Leontis NB, Westhof E. (1998) Acommon motif organizes the structure of multi-helix loops in 16S and 23S ribosomal RNAs. *J Mol Biol* **283**: 571-583.

Nissen P *et al.* (2001) RNA tertiary interactions in the large ribosomal subunit: The A-minor motif. *Proc Natl Acad Sci USA* **98**: 4899-4903.

综述文章

Hendrix DK, Brenner SE, Holbrook SR. (2005) RNA strutural motifs: Building blocks of a modular biomolecule. *Quart Rev Biophys* **38**: 221-243.

Leontis NB, Westhof E. (2001) Geometric nomenclature and classification of RNA base pairs. *RNA* **7**: 499-512.

Lescoute A, Westhof E. (2006) Topology of three-way junctions in folded RNAs. *RNA* **12**: 83-93.

Akiyama BM, Eiler D, Kieft JS. (2016) Structured RNAs that evade or confound exonucleases: Function follows form. *Curr Opin Struct Biol* **36**, 40-47.

数据库链接

NDB: http://ndbserver.rutgers.edu

SCOR: http://scor.berkeley.edu

RNA modification database: http://library.med.utah.edu/RNAmods

Non-canonical base pair database: http://prion.bchs.uh.edu/bp_type

Metal binding sites: http://merna.lbl.gov

（徐永萍　译，杜正威　校）

第 6 章
脂类和膜结构基础

导言

100 多年前，查尔斯·欧沃堂（E. Charles Overton）发现非离子的分子或中性分子通过细胞膜的速率和这些分子在液态脂肪中的溶解度密切相关。利用蝌蚪进行实验后，他发现全身麻醉剂的作用效果同其在水和橄榄油中的分配系数相关。因此，他总结出，膜的很大部分是由脂质组成的，如与脂肪类似的分子。

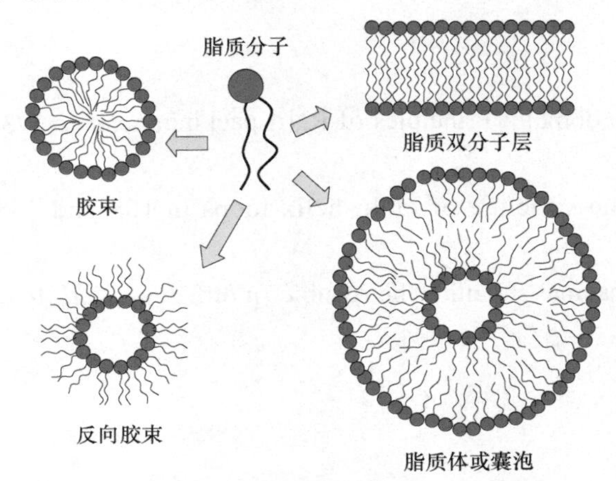

图 6.1　四种代表性脂质聚集体结构示意图。一个脂质双分子层也可能形成一个被称为脂质囊泡或者脂质体的封闭结构。请注意这些图只显示了平均几何结构。事实上，这些结构的形状和动态要复杂得多。

活细胞与其周围环境的边界被称为质膜，只有 6nm 厚。这种膜屏障由大量的脂类和镶嵌其中的蛋白质组成，控制着营养物质和其他分子进出细胞，并且对激素和外界的其他信号做出反应。早在 1925 年，戈特（Gorter）和格伦德尔（Grendel）就提出这些膜脂形成了一层两分子厚的脂质双分子层，脂质双分子层的结构参见图 6.1。图 6.1 展示了脂质分子的疏水（讨厌水）非极性烃链如何聚集在一起形成一个双分子层，以及亲水（喜欢水）的极性头部（图中分子的红色部分）如何与水形成交界面。图 6.1 也展示了脂质可能形成的一些其他典型聚集结构。

生物膜的曲率可以有非常广的变化范围，有一些弯曲得异常厉害，如线粒体和叶绿体中的类囊体（图 6.2）。

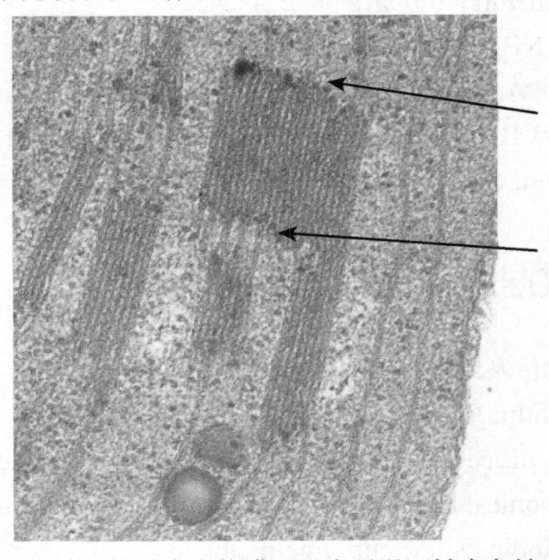

图 6.2　来自叶绿体的类囊体膜展示在平滑区域有急转弯（箭头处）（电镜照片由 C.Weibull 拍摄，P.Å. Albertsson 惠赠）。

在本章的后半部分，我们将会讲到这些弯曲异常厉害的膜与平坦的双层膜的脂质组成有所不同。

脂质中最丰富的种类是脂肪，脂肪是在动物和许多植物中存储能量的一类化合物。一些脂质形成了植物外侧的角质层（复杂的长链脂质和羟基脂肪酸形成的混合物），还有一些脂质形成了羽毛或者毛发保护层（通常是蜂蜡）。另外，维生素 A、D、K、E 和辅酶 Q（泛醌）都是脂质，且各种激素和吸收光的植物色素（如叶绿素和类胡萝卜素）也是脂质。这些情况和其他基本问题通常在生物化学和生物学相关的普通教科书中有详细讨论。在这本书中，我们将采用在普通教科书中不常见的方法，着重强调脂质分子的结构和动力学，及其在膜形成和物理性质中的作用。显然，脂质双分子层提供了几乎所有生物膜的基本结构，但是脂质对于直接或间接控制在膜上发生或由膜介导的多种生物学功能也至关重要。有越来越多的证据显示膜脂质的基本功能可能和蛋白质一样重要，与其他组学类似，一种新的、以明确脂质功能为目的的、被称为脂质组学的新科学分支在生命科学领域涌现了出来。对脂质物理特性的更深入了解对于理解生命世界及其功能方式至关重要。在本章中，我们就具有分子结构界面的软物质而言，强调了脂质膜的物理特性。我们突出了不同构象下膜脂质的相（phase）行为，特别是涉及脂质形成（除双分子层以外）的其他结构对应的膜的一些功能。

本章将提供以下几个方面的基本知识：

——为什么膜质会聚集；

——不同的膜结构在什么时候会形成；

——脂质不同的物理化学特性如何被细胞所利用。

6.1 形成膜的分子

6.1.1 脂质的分类和它们的特性

什么是脂质？事实上，对该问题的回答在过去的很长一段时间里都有一定的困难。磷脂是一类典型的脂质，但是胆固醇是不是也是一类脂质呢？最近，一次尝试给脂质分类的工作已经发表（参见“延伸阅读”）。依据脂质的化学功能骨架，可以将其分为聚酮类（polyketides）、甘油酯类（acylglycerols）、鞘脂类（sphingolipids）、萜醇类（prenols）或糖脂类（saccharolipids）。然而，因为一些历史和生物信息分析的原因，人们将属于聚酮类的脂肪酰类、属于甘油酯类的甘油磷脂、属于萜醇类的类固醇单独分出，作为独立分类，因此，总共有 8 种不同的脂质种类（表 6.1 和图 6.3）。

表 6.1 脂质分类和举例

分类	缩写	举例	图 6.3 中的结构
脂肪酸	FA	十六烷酸	(a)
甘油酯	GL	1-十六酰基-2-（9Z-十八酰基）-*sn*-甘油	(b)
磷酸甘油酯	GP	1-十六酰基-2-（9Z-十八酰基）-*sn*-甘油-3-磷脂酰胆碱	(c)
鞘酯	SP	*N*-十四酰基-4-鞘胺醇	(d)
固醇酯类	ST	5-en-3β-胆固醇	(e)
孕烯醇酮脂类	PR	2E-6E-10E 法尼醇	(f)
糖脂类	SL	UDP-3-氧-（3R-羟基十四酰基）-αd-*N*-乙酰氨基葡萄糖	(g)
聚酮类	PK	黄曲霉毒素 B_1	(h)

注：Z 代表顺式双键；E 代表反式双键。

建立一套脂质分类系统和术语命名方案需要参照脂质的结构。一些网站提供了有用的在线资源（参见“延伸阅读”），在这里，我们提供了一种脂质结构的简化版本，这对于理解细胞膜的组成元件是足够的。不像蛋白质、多糖和核酸，大多数脂质不是多聚体，而是由一些更小的小分子组件连接起来的。脂质的组件中有脂肪酸、甘油、磷酸和糖类。脂质既有极性区域，又有非极性区域，这使得脂质具有两亲性质，这种两亲性质解释了为什么脂质在水中倾向于聚集成膜结构或者液晶相结构（见 6.2.2 节）。

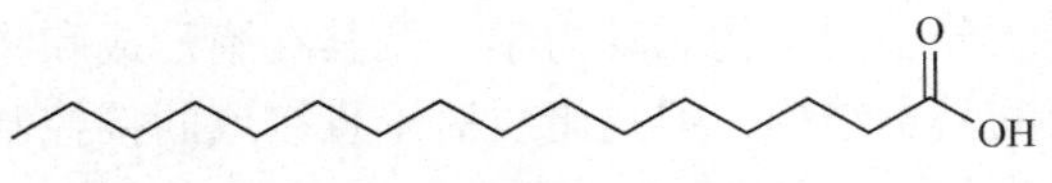

（a）脂肪酸：十六酸

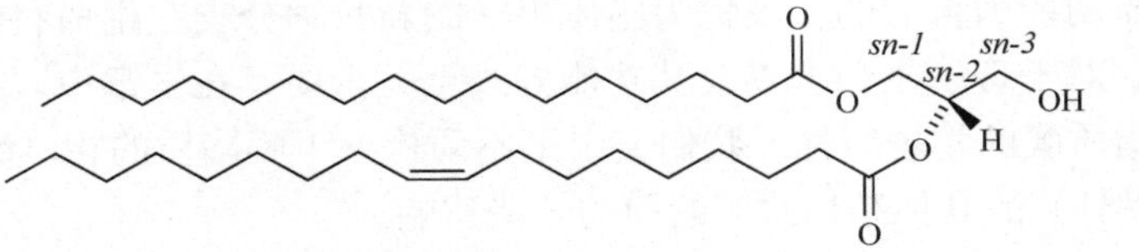

（b）甘油酯：1-十六烷基-2-（9Z-十八烯酰基）-*sn*-甘油

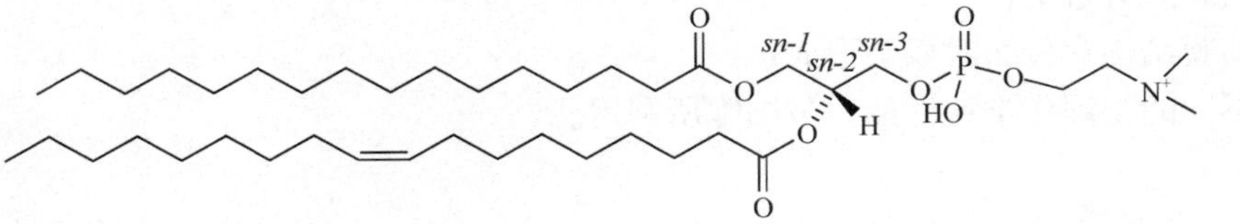

（c）甘油磷脂：1-十六烷基-2-（9Z-十八烯酰基）-*sn*-甘油-3-磷酸胆碱

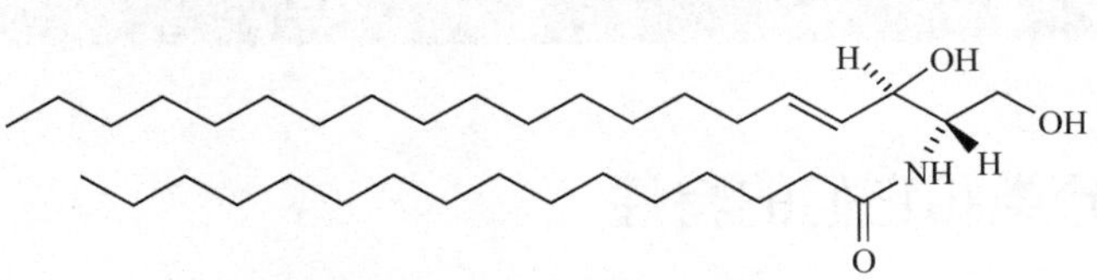

（d）鞘脂：*N*-（十四烷酰）-鞘脂-4-烯酸

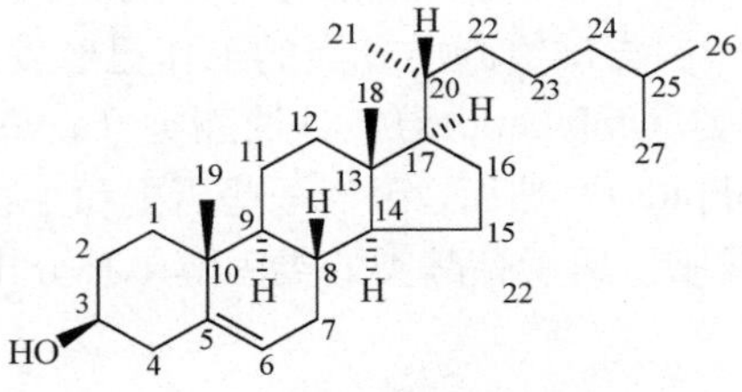

（e）甾醇脂质：胆固醇-5-烯-3β-醇

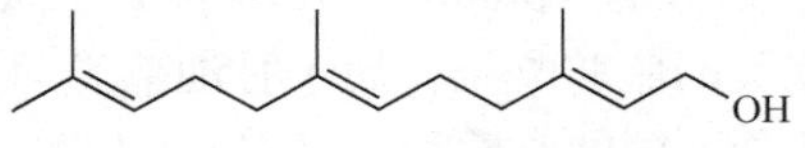

（f）丙烯醇脂质：2E、6E、10E法尼醇

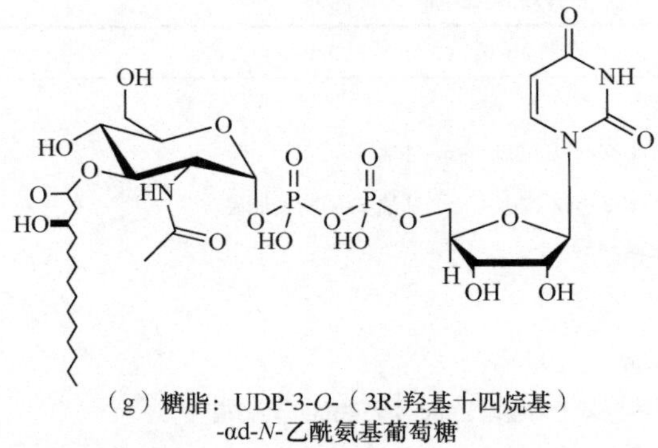

（g）糖脂：UDP-3-*O*-（3R-羟基十四烷基）-αd-*N*-乙酰氨基葡萄糖

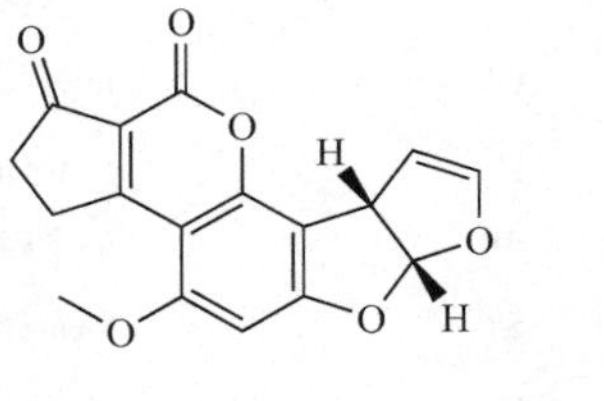

（h）聚酮：黄曲霉毒素B_1

图 6.3　每种脂质的代表结构［经授权根据 Fahy *et al.* (2005) A comprehensive classification system for lipids. *J Lipid Res* **46**: 839-861. Copyright (2005) American Society for Biochemistry and Molecular Biology 改编］。

大多数膜脂质有两个连在甘油骨架上的脂肪酰链，这两个脂肪酰链在图 6.3b 和图 6.3c 中被称为 *sn*-1 和 *sn*-2。在这里用立体化学编号 *sn* 来表述，而不是用 D 和 L 或 R 和 S 来表述。这种表述方式是脂质领域约定俗成的表述方式。需要指出的是，虽然甘油自身没有手性，甘油 *sn*-2 位脂肪酰链连接在一个手性碳原子上(图 6.3b)。图 6.4 展示了一些重要的饱和与不饱和脂肪酸。尽管脂肪酸种类似乎无穷无尽，但是在一个生物体中，只有少数种类处于优势地位。因为在脂肪酸的生物合成过程中，每个循环添加一个两碳单位，所以大多数脂肪酸有偶数数量的碳原子（见 8.4 节）。植物和动物含有的脂肪酸主要是含有 16 个碳原子的饱和棕榈酸和 18 个碳原子的顺式不饱和油酸。除了这两种外，动物还有大量的含有 18 个碳原子的饱和硬脂酸，以及少量含有 20 个、22 个、24 个碳原子的酸。食物中的多不饱和脂肪酸在人类食谱中有着重要作用，其中花生四烯酸（有 4 个不饱和键）用于合成前列腺素和前列腺素类化合物的前体。我们大脑的磷脂中含有大量的二十二碳六烯酸（这种脂肪酸有 6 个不饱和键）。细菌中通常缺乏多不饱和脂肪酸，但是拥有支链脂肪酸、环丙烷酸和羟基脂肪酸。

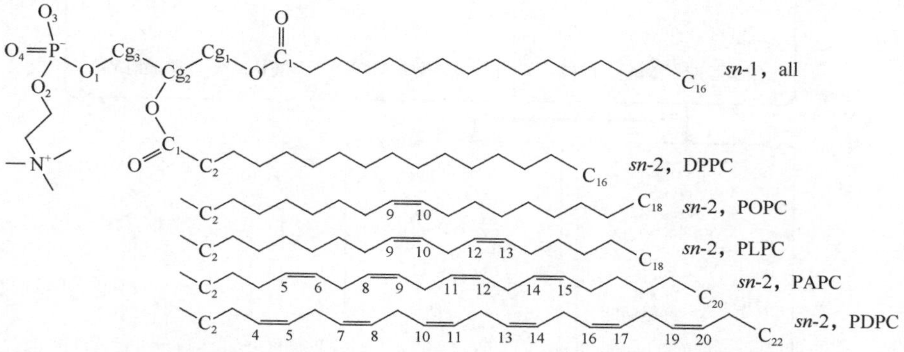

图 6.4　磷脂酰胆碱（PC）中常见的脂肪酸酰基链。DPPC 代表二棕榈酰基磷脂酰胆碱；POPC 代表棕榈酰油酰胆碱；PLPC 代表棕榈酰亚油酰胆碱；PAPC 代表棕榈酰花生四烯酰胆碱；PDPC 代表棕榈酰二十二碳六烯酰胆碱。

复杂脂质中的各个组分通过多种方式连接在一起，通常甘油作为连接的中间体。因此，一般脂肪组织的脂肪和植物油都是三酰甘油，又被称为甘油三酯，由三个脂肪酸通过酯键连接在甘油骨架上形成。

6.1.1.1　磷脂

作为生物膜组成成分的一大类物质，磷脂在所有的活细胞中发挥了重要的作用（除了在某些细菌中，糖脂是脂质主要组分；见 6.3.1.2 节）。磷脂主要分为两类：甘油磷脂和鞘磷脂。甘油磷脂含有一个甘油，鞘磷脂含有乙醇鞘氨醇（图 6.5）。磷脂含有多种不同种类的极性头部基团，例如，胆碱和乙醇胺使得磷脂的头部基团在中性 pH 下形成两性离子，而丝氨酸、甘油和磷酸使得头部基团带负电。

磷脂酰胆碱和相关的磷脂通常在 *sn*-1 位置含有一个饱和脂肪酸，但在 *sn*-2 位置含有一个不饱和脂肪酸，这个不饱和脂肪酸可能含有 1 ～ 6 个双键。图 6.3 和图 6.4 展示了甘油骨架上的 *sn*-1 和 *sn*-2 碳原子，*sn*-2 位置的酯键水解会得到一个 1-脂酰-3-磷酸甘油，它也被称为溶血磷脂。它像是一种烈性表面活性剂或去垢剂，可以引起细胞的裂解，例如，一些蛇毒含有磷脂酶，可以在磷脂酰胆碱上去掉一个酰基链，从而形成溶血磷脂酰胆碱。

另一类磷脂含有六羟基环己烷，又被称为肌醇。在所有真核生物质膜上都有磷脂酰肌醇存在，这些磷脂酰肌醇在对细胞外界的激素以及其他信号作出反应过程中发挥了特定的作用。此外，它还可以形成一些锚定点，使得特定的蛋白质可以被固定在质膜表面。

细菌和植物通常合成带有负电荷的磷脂酰甘油，它由甘油的第二个碳原子被极性的磷酸头部基团酯化而成。细菌和线粒体含有双磷脂酰甘油，又被称为心磷脂。心磷脂甘油骨架上第 1、3 个碳原子上各有一个磷脂酰基团。

在一些嗜盐、嗜热或者是产甲烷的细菌中，大多数脂质以磷酸脂或者是糖脂（糖基形成了头部基团）的形式存在，不论哪种形式，都包括 20 个碳原子的类异戊二烯植烷（isoprenoid phytanyl）基团，或者是 40 个碳原子的双植烷基团（diphytanyl），类异戊二烯醇或长链 1,2-二醇（图 6.3f）。例如，古细菌含有一系列独一无二的磷脂，这些磷脂与和它连接的植烷链以醚键相连，而不是与酰基链以酯键相连，因为这些磷脂由古细菌中的 2,3-二-*O*-植烷基-*sn*-甘油（2,3-di-*O*-phytanyl-*sn*-glycerol）衍生而来。此外，它们还含有立体

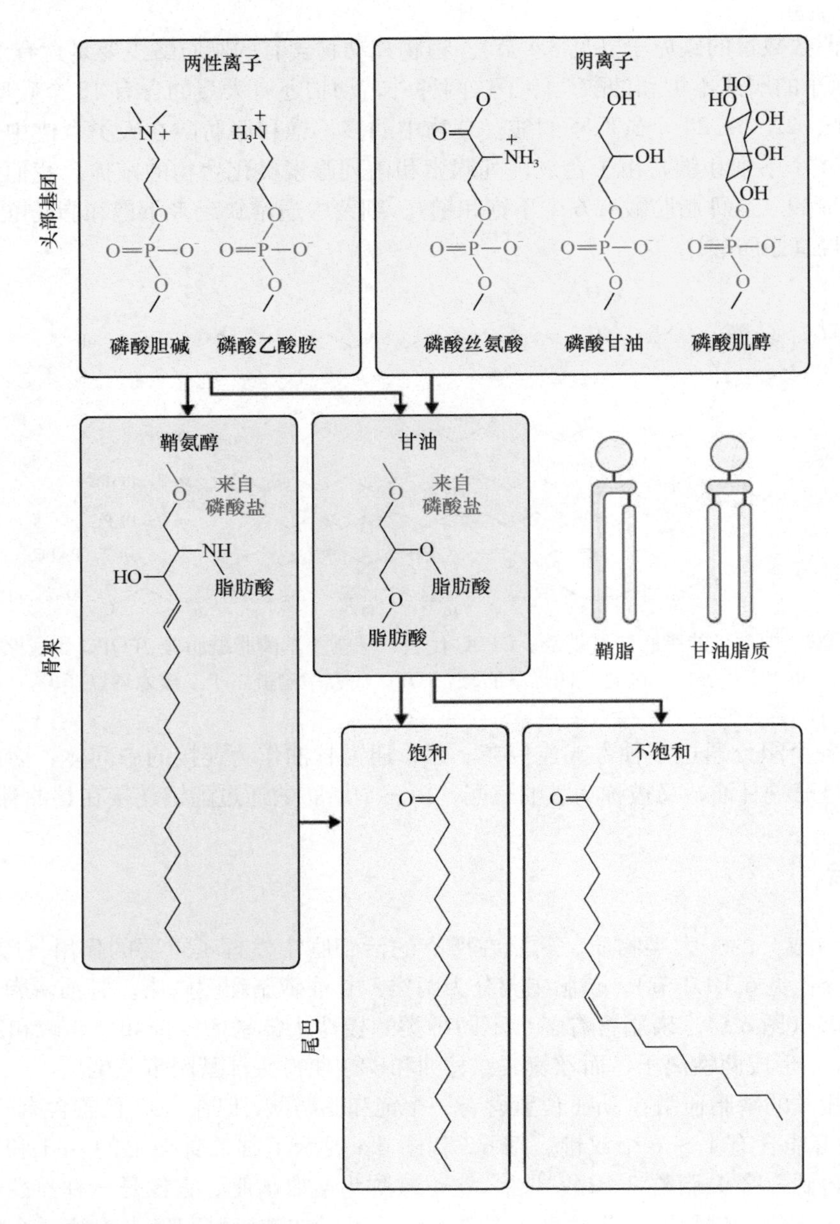

图 6.5 有相同头部基团的磷脂和鞘脂的结构。

化学中不常见的头部基团，酯化在 *sn*-1 位上的头部磷酸基团或者磷酸化的糖脂，而不是常见的甘油骨架上的 *sn*-3 位的碳原子。

纤毛原生动物（如四膜虫）和其他一些无脊椎动物中含有十分丰富的 C—P 键磷脂。在这些磷脂中，磷脂酰乙胺替代了磷脂酰乙醇胺，使得这些脂质可以抵抗磷酯酶 C 的消化。四膜虫外膜的磷脂也是醚脂，在磷脂的 *sn*-1 位的碳原子上有一个烷氧基。这也使得它们可以抵抗磷酸酯酶 A1 的消化，并且这两种特性似乎保护了原生动物裸露的细胞膜免受自身分泌到环境中的磷酸酯酶的消化。另外，在某些海洋藻类中还发现一种含砷的特殊磷脂，即氧-磷脂酰三甲基胂乳酸。

6.1.2　膜脂形成的液晶相

由于极性脂质分子由两个部分组成，即亲水部分和疏水部分，因此它们又被称为两亲分子。图 6.6 展示了一个典型的脂质分子的结构，在这个例子中，两个疏水部分与甘油骨架残基相连。在水中，这些脂质可以聚集形成不同类型的聚集体，进而形成液晶相。众所周知，油和水不互溶，这种现象被称为疏水效应。这种疏水作用使得脂质分子的脂肪烃链尾部尽可能多地被水筛选出来，这一筛选是通过脂质的聚集来实现的。尾部的烃链分子不能形成氢键，因此流体烃油只能通过偶极子-偶极子或范德华力相互作用结合在一起。控制脂质组装形成聚集结构的驱动力有两种：①在烃-水交界面的疏水吸引力使得分子缔合；②脂质头部的亲水性、离子性或立体排斥性使得它们被迫相对，保持与水接触的状态。这两种相互作用是相互竞争的，1980 年，坦福德（Tanford）提出了两种“反作用力”的概念，这两种反作用力主要作用于聚集体与水的交界面处。其中一个力趋于减小在聚集体中每个分子与水相的交界面，而另一个力则趋于增加这个交界面。

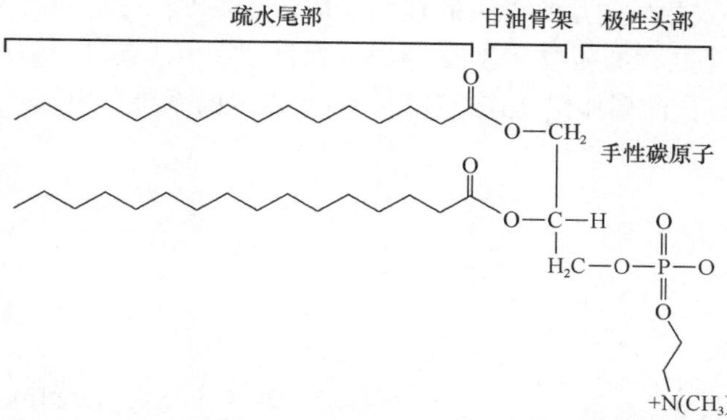

疏水尾部　甘油骨架　极性头部

手性碳原子

$^{+}N(CH_3)_3$

图 6.6　该图显示了一个典型的脂质结构，磷脂（磷脂酰胆碱，PC，通常称为卵磷脂）。磷脂两亲特性由疏水性烃酰基链（尾部）和亲水性极性头部基团（磷酸胆碱）经骨架连接体现，在这种情况下为甘油。

脂质和蛋白质是细胞膜的主要组成成分，它们之间密切的相互作用被越来越广泛地认为是生物膜发挥功能的基础。长期以来，人们认为脂质在生物膜中只作为配角发挥了“惰性基质”的作用，而现在，人们普遍认为脂质有着更为重要的功能，而不是仅仅作为蛋白质镶嵌的二维基质。脂质和水形成的系统展现出非常丰富的多态性，目前已知的相结构有 10 ～ 15 种。脂质形成这些所谓的液晶相的能力，也引起了多门学科研究者极大的兴趣，特别是胶体化学、生物化学、材料科学和结构生物学这些学科。液晶是一种物质的特殊状态，具有介于常规液体和固态晶体的性质。例如，液晶相可以像液体那样流动，但其分子却以类似晶体的方式排列。溶致液晶具有相转变的特性，在溶剂（通常为水）中，相转变是温度和组成成分的函数，脂质/水体系就是一个很好的例子。

了解胶体或脂质体系的相图是理解其物理化学性质及其在膜中的生物化学作用的第一步。因此，生物物理化学家花费了大量时间来确定脂质的相图。一般来说，确定一个完整的相图是一件冗长而乏味的工作。因为脂质体系通常非常黏稠，所以在观察不同液晶相之前，不同脂质组分形成的混合物通常需要很长时间（有时几周或更长时间）才能达到平衡。只有当相位易于宏观分离时，才能通过用肉眼观察法或偏光显微镜观察法来确定相图。但是，即使在平衡状态下，液晶相以 10 ～ 100nm 的区域尺度相互分散的现象依旧是非常常见的。因此，对于这样的系统，视觉观察法是不够的，必须使用其他方法，最常用的方法包括量热法、X 射线散射法和光谱学方法［例如，核磁共振（NMR）、电子自旋共振（ESR）和荧光］。量热法测量通常仅仅用来制作温度组成（T-X）图。差值扫描量热法（DSC）通常用来测量作为温度函数的热容量。小角 X 射线散射法（SAXS）可以用于确定成相的聚集体的总体结构。光谱法测量的一些参数往往对局部分子环境十分敏感。因此，处于不同相位的同一个分子，光谱法测量会产生不同的信号。在多相样品中，这种特点非常有用，利用这个特点可以计算相位的数量，并且可以揭示相位所具有的物理化学性质。其中，^{2}H 和 ^{31}P

标记的核磁共振方法是一个非常有效的方法（参见“延伸阅读”）。

一些和脂质相关的有趣技术的应用使得一些事情成为可能，如利用脂质材料自组装特性使其形成不同的聚合结构，或者利用这些脂质微结构作为模板来制造稳定的沸石样复合材料。近来，脂质液晶相被用来作为生物相容性介质发挥功能，如药物递送。从众多商业化企业的涌现可见人们在脂质研究方面日益增长的兴趣，这些商业化企业旨在将这些最普通的材料应用于医药和化妆品领域。

6.1.2.1 如何阅读相图

在水中散布的脂质既呈现出温度的多态性（如温度变化会引起相的转换），又呈现出溶解度的多态性（如溶剂会引起相的转换）。用于描述相位平衡的最重要的热力学原理是吉布斯相律，其公式是

$$F+p=c+2 \tag{1}$$

式中，F 表示当我们将所有约束条件考虑在内后剩下的自变量数目的自由度［例如，内涵变量（intensive variable）是一个与系统大小（物质的量）无关的独立变量，如温度、压力和摩尔比等一些与物质的量无关的变量］；p 表示在平衡状态下共存的相位个数；c 是成分数目。在恒压条件下，$F=c-p+1$。在一个脂/水的二元系统［如图 6.7 所示的二棕榈酰磷脂酰胆碱（DPPC）-水组成的系统］中，$c=2$（用于定义系统中所有相组成的独立种类），而 $F=3-p$。

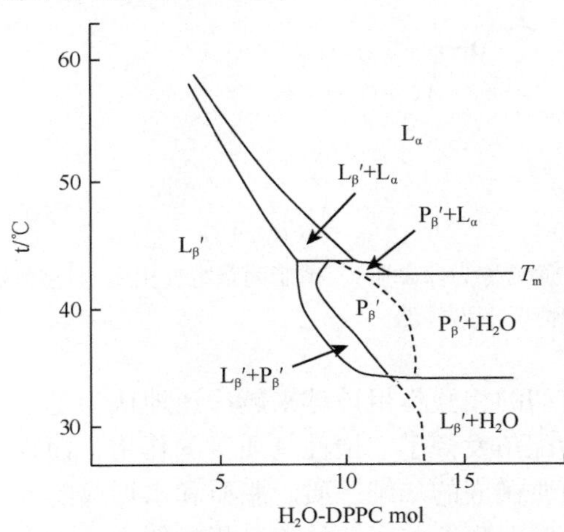

图 6.7 DPPC 和水的部分相图。在低温时会形成凝胶状的 L_β' 相位，在高温及较高的水含量时则会形成稳定的薄层状液晶 L_α 相位。在相图的中间 P_β' 相位仅在狭窄的温度和水相中稳定［经许可改编自 Ulmius J,Wennerstrom H, Lindblom G, Arvidson G. (1977) Deuteron NMR studies of phase equilibria in a lecithin-water system. *Biochemistry* **16**: 5742-5745. Copyright (1977) American Chemical Society］。

通常，膜脂在整个浓度的变化范围内都会形成一种薄层状（L_α）相位（例如，$p=1$）（表 6.2），此时 $F=2$。因此，在该单相区域中，温度、脂质和水含量均可变化。然而，在过量的水中，L_α 相位可以与“纯”水平衡，也就是 $p=2$ 时，$F=1$，即只有温度可以发生变化。在含有过量水的系统由胶体相位（一种结晶态）向 L_α 相位转变时，$p=3$、$F=0$，此时，系统是不变的。因此胶体相位和 L_α 相位只能在特定的温度下共存，这个温度被称为主相变温度 T_m。注意，含有不同长度的酰基链及不饱和的膜脂质混合而成的物质，由于有着大量不同的组分，并不能形成一个真正的二元系统。然而，总体来说如果我们把所有的具有细微差别的膜脂质都看成一种，并不会对我们绘制相图产生任何的困难，但是始终要记住的是，在这样一个“假二元系统”中，可能会出现“出乎意料”的结果。

表 6.2 膜脂质形成的液晶相位和凝胶相位

相位	维度	命名	规则性
薄层	一	L_α	不规则，液相
波纹胶状	二，斜的或者居中的	P_β'	波纹状
凝胶	一	L_β	全反式*酰基链

续表

相位	维度	命名	规则性
普通六角	二	H_I	不规则，液相油在水中
反向六角	二	H_{II}	不规则，液相水在油中
立方	三	I	不规则，液相
普通立方	三	I_I	不规则，液相
反向立方	三	I_{II}	不规则，液相

* 这里全反式表示酰基链的构象（见任何有机化学教科书）。

对于恒压条件下的三种组分（如三种不同的脂质），$F=4-p$，如果我们想绘制一个二维的相图，就需要将温度固定。因此，对于三组分系统，我们使用一种三角形的图表来绘制相图，三角形的三个顶点分别表示一种纯的组分（图 6.8a，b）。平衡态相位的最大数目是三，三元相图是三相三角形的面积，这与二元系统的三相分界线相类似。三元混合物（图 6.8a 中的 P 点）的摩尔组分（有时候是 wt%）如图中的三角形坐标（X_A、X_B 和 X_C；$X_A+X_B+X_C=1$）所示。相对于点 P，胆固醇（图 6.8a 中三个组分中的一个，组分 C）的增加是可以发生的，沿着图中的剖面线 X_OC，而脂质 A 和 B 的摩尔比（X_A/X_B）是不变的。

结果表明，三元相图在“筏”的形成中扮演着重要角色，详见 6.3.6 节，尤其是当由胆固醇和另两个链融化温度具有很大差异的脂质的三元复合物可以在双分子层中发生相分离时图 6.8b 中显示了一个示例。相分离发生的细节将在 6.4.5 节中讨论。

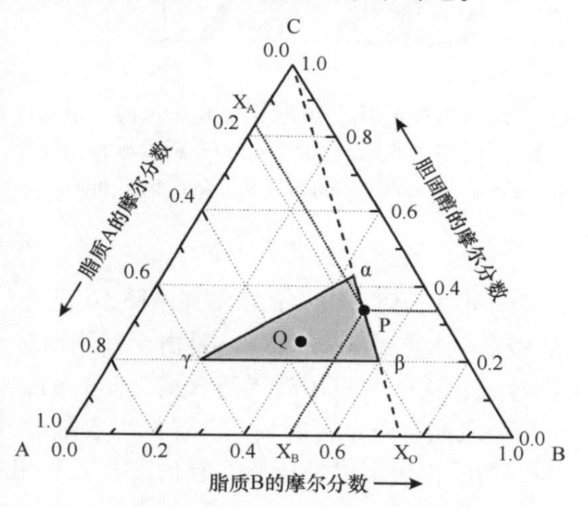

图 6.8a　恒温恒压下由脂质 A、脂质 B 和胆固醇 C 组成的三元相图的组分和相。等边三角形各边表示摩尔分数，X_A、X_B 和 X_C，三角形的角表示 100% 的 A、B、C。α-β、β-γ、α-γ 是相位线 (tie line)，αβγ 是一个三相的三角（平衡状态的三相）[经许可改编自 Marsh D.(2009) Cholesterol-induced fluid membrane domains: A compendium of lipid-raft ternary phase diagrams. *Biochim Biophys Acta* **1788**: 2114-2123.Copyright (2009) Elsevier]。

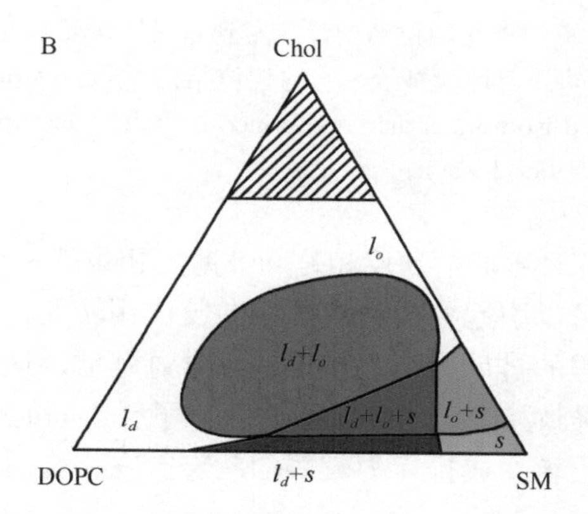

图 6.8b　23℃下由 DOPC/SM/Chol 组成的三元混合物的相图中的一、二、三相区域的边界的粗略估计（SM，从鸡蛋中提取的鞘磷脂；DOPC，二油酰基磷脂酰胆碱；Chol，胆固醇）。不同的单相区域由 l_d、l_o 和 s 表示（这三种不同的相的结构在 6.3.6 节中的脂质结构域中有讨论）。l_d+l_o、l_d+s、l_o+s、l_d+l_o+s 分别表示不同的二相或三相区域。示意图顶部阴影部分表示的相由 l_d 和胆固醇一水化物结晶组成［经许可转载自 Bezlyepkina N,Gracia RS, Shchelokovskyy P, Lipowsky R, Dimova R.(2013) Phase diagram and tie-line determination for the ternary mixture DOPC/eSM/cholesterol. *Biophys J* **104**: 1456-1464. Copyright (2013) Biophysical Society］。

在绘制相图的过程中，所谓的“层级定律”是非常有用的。在相图（二维或者三维）中，两相区域中的一个点不仅可以定性表示两种相位的存在，而且可以定量表示每一种相位的相对含量。处于平衡状态的两相的相对量取决于其连接线上特定点［连接两点的线（tie line）代表处于平衡状态的相］与相应相边界的相对距离——这就是层级定律。对于二元系统来说，两平衡相成分点间的连接线（tie line）总是水平的；而对于一个三元系统，这种连接线的方向的预测则并不简单，只能用实验的方法确定。此时，NMR 的方法最为方便，因为 NMR 波谱中的一个峰值下的面积是与给出信号的原子核的个数或者分数成正比的。这可以用于确定所研究样品中不同相的比例。

以下的命名规则在描述由脂质形成的不同的相中会经常遇到。大写的拉丁字母描述长程有序的类型（一、二或三维格子），下标的希腊字母表示的是有序的（β）或者无序的（α）脂肪酰链。下标的罗马数字Ⅰ和Ⅱ分别表示普通的及反转的液晶状结构。

液晶相和所谓的凝胶相在膜脂质中最为常见（表 6.2 和图 6.9）。注意在凝胶相中，酰基链是结晶的全反式状态。

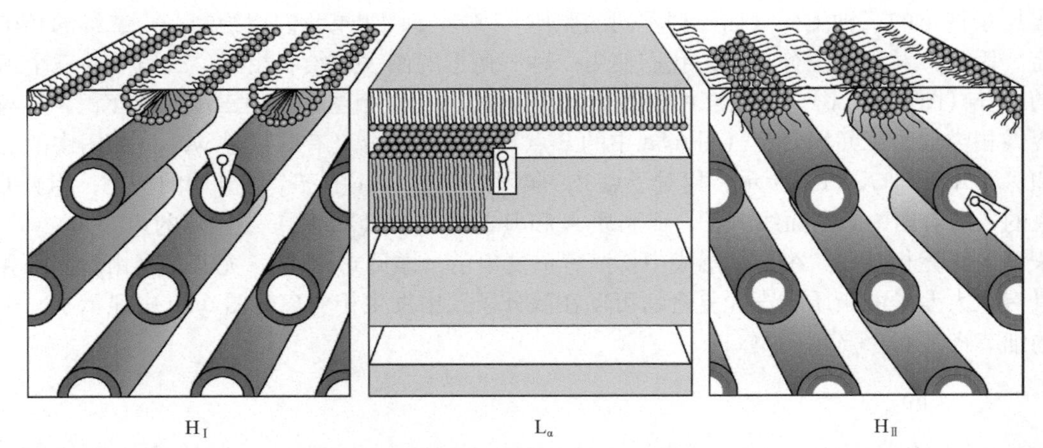

图 6.9 一些常见的液晶相位结构。从左到右（即按照水含量降序排列）：普通六角相位 H_{I}、薄层相位 L_{α}、反向六角相位 H_{II}。注意脂质的几何形状指示不同的相位结构（phase structure）（见 6.2 节）[经许可改编自 Lindblom G, Rilfors L. (l989). Cubic phases and isotropic structures formed by membrane lipids-possible biologica1 relevance. *Biochim Biophys Acta*, **988**: 221-256. Copyright (1989) Elsevier]。

包含了几种不同的薄层相位和非薄层相位的一个二元相图的例子可见于图 6.10。如图 6.7 和图 6.10 所示，降低水含量可以引起相位由液晶相向胶体相转变，或者在不同的液晶状相位之间转变。这是由于磷脂双分子层通过短程的排斥力相互作用，水含量越低，这种相互作用就越强。这种聚集体间（脂双层之间）的相互作用可以导致相变。因此，脂质双分子层之间的作用力与相位行为之间有着紧密的关系。降低水含量时，脂双层倾向于转变成排斥力较弱的状态。在相变时，脂双层之间的相互作用可以补偿脂双层内部相互作用的差别。

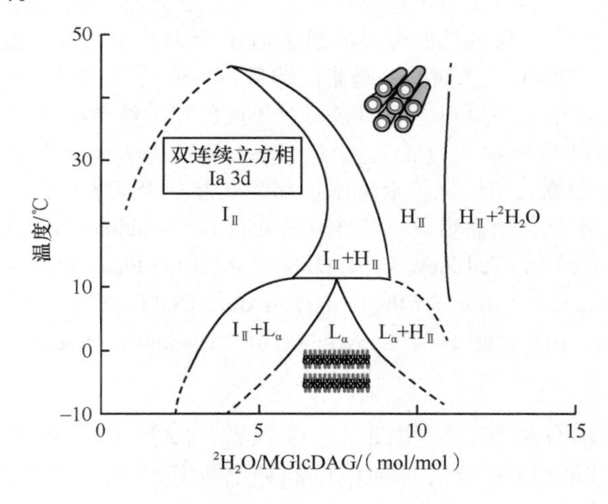

图 6.10 单葡萄糖基双酰甘油（MGlcDAG）/重水系统的部分相图。其中，MGlcDAG 来自细菌莱氏无胆甾原体。注意 L_{α} 相位仅在远远低于生长温度的低温下稳定，也就是说，在生长温度下只能形成 H_{II} 和 H_{III} 这两种非薄层相位［经许可改编自 Lindblom G, Rilfors L. (1989) Cubic phases and isotropic structures formed by membanelipids-possible bio1ogica1 relevance. *Biochim Biophys Acta* **988**; 221-256.Copyright (1989) Elsevier］。

6.1.2.2 皮肤膜-脂质相图的应用

皮肤是我们最大的器官，皮肤的主要渗透屏障是最外层的粗硬部分——角质层（SC）。这层屏障又薄（circa，20μm）又干，将富含水分的身体内部环境与干燥的外界环境分开。此外，它还可以暴露在非常极端的湿度和温度梯度中，以及化学试剂如药物。SC 的结构像是砖壁，死细胞（角质细胞）组成砖，中间的“灰浆”是由脂质组成的双分子层结构。该非凡器官很强的独特性在很大程度上是由这些脂质决定的。当这些脂质是液态时；渗透性可能会很强，当这些脂质是结晶态时，渗透性几乎为 0。

人类皮肤两侧的物理环境是非常不同的。由于脂质在不同水含量和温度下会采取一系列不同的相结构（详见 6.1.2.1 节的相图），磷脂在屏障膜含水量丰富的一侧偏好一种结构排列，在另一侧（含水量少）偏好另一种结构。这种情况在（人类）皮肤中也会出现，因此，皮肤的屏障性能受到皮肤外侧大气环境变化的影响。现在，“灰浆”中脂质的相结构由“灰浆”中特定脂质的相图决定。例如，从相图 6.7 中可以推断出，在温度不变的情况下，水分的减少会导致薄层状液晶相（L_α）向凝胶相（L_β）转变。此外，实验显示，L_α 相的含水量增加时（超过 10%），脂双层的厚度是不变的。然而，脂双层之间的距离是随着水分的增加而增加的（图 6.11 所示，图中的红色和绿色框中，从上往下，含水量越来越高）。图 6.11 中左侧的红框里，从图的顶端开始，是固体相（L_β），水含量的增加不但会引起双分子层之间距离的增加，还会导致 L_β 相向 L_α 相转变。L_β 相是在低的相对湿度下获得的（RH，图 6.7 中的低水含量）。因此，脂膜内部结构的变化会导致膜屏障性能发生剧烈变化，并且这个反馈机制被用于模式膜的理论和实验研究（图 6.11）。水含量或者皮肤外侧湿度的变化会导致脂质的相变，进而影响 SC 的渗透性。因此，SC 膜的一个重要特点就是，它的性能是受环境变化调控的。例如，当皮肤含水量高时，其对模式药物的渗透性能会陡增［阻塞效应（occlusion effect），图 6.11］，这个特点被应用于“穿皮给药法”。对这种现象的解释是，跨膜的水的梯度变化导致了 SC 膜内分子重排。对完整的 SC 膜的 NMR 研究，证明了水合作用会增加 SC 组分的流动性（参见“延伸阅读”）。

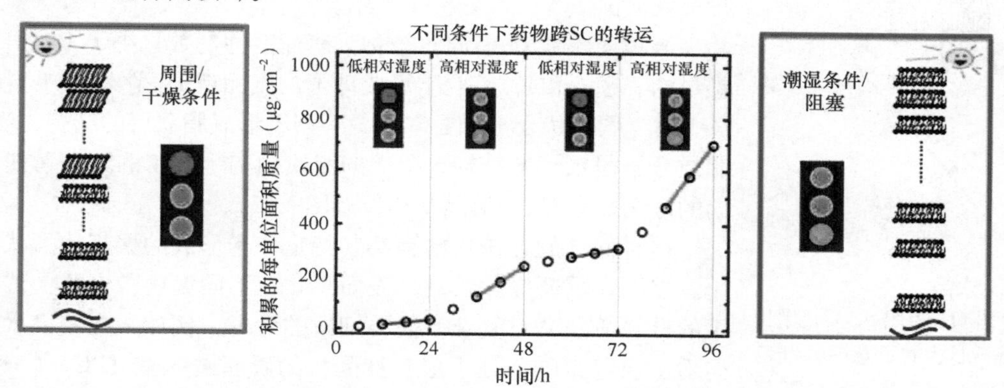

图 6.11 皮肤“阻塞效应”的分子解释。该图显示不同湿度条件下的药物渗透进角质层（SC）膜，以及在渗透梯度的存在与否条件下脂质多层膜的渗透情况。渗透梯度可能会导致异构肿胀，还会导致液相和单薄层相的转换，进一步导致膜的渗透性能改变。注意，当相对湿度（RH）高的时候，水含量的增加会导致双分子层之间的距离增加（绿框中，从上往下），而当相对湿度（RH）低的时候，水含量的增加还会导致固相向液态薄层相的转变（红框中，从上往下）。中间的图显示了模式药物（甲硝唑）透过猪的完整 SC 的稳态流实验数据。膜的屏障能力可以被外部的水梯度控制［数据来源于 Bjorklund S, Engblom J, Thuresson K, Sparr E. (2010) A water gradient can be used to regulate drug transport across skin. *J Contr Rel* **143**: 191-200. Emma Sparr 惠赠］。

6.1.2.3 闭合球状脂双层或囊泡

在各向同性的溶液中，脂双层会形成球壳而不是无穷的平面双层。这是自发的，因为在闭合的双分子层里，能量不适宜的边缘被消除了。囊泡的大小差异显著，我们将它们分为半径小于 100nm 的单层小囊泡

(SUV)、单层大囊泡（LUV）和多层脂质体（在过量的水中是 L_α 相)。这些囊泡很少处于真正的热力学平衡状态，但是往往在长时间内处于相对稳定的状态（几天到几周），因此可用于膜蛋白、脂质结构域形成和囊泡融合等多种实验。

囊泡的制备方法决定了囊泡溶液的性质。一个常用而简单的方法是给多层的脂质体做超声。这样的处理产生的囊泡的大小具有较大的差异，但是以 150 ～ 200Å 的小囊泡为主。另一种制备囊泡的方法是胆酸盐透析，这种方法得到的结果更可控。这些囊泡具有更统一的大小，并且可以通过控制离子浓度、温度和 pH 来控制结果。最后，还有一种制备囊泡的办法是把溶解在一种有机溶剂或溶剂混合物中的脂质加到过量的水里。当有机溶剂蒸发或溶解在水中时，会形成大的单层囊泡（LUV）或巨大的单层囊泡（GUV）。囊泡系统的动力学稳定性由两个囊泡融合成一个更大的囊泡这个过程的速率决定。这是胶体稳定性问题中一个很好的例子。融合的过程将在 6.3.3 节中讨论。

6.2 两亲分子自组装成不同的聚集体结构

6.2.1 脂质组装和自发弯曲

定量理解两性系统相行为的一个最有用的概念的基础是一个脂质分子的几何构造或者整体形状（图 6.12）。脂质分子的自组装取决于用比例定义的无量纲的填充参数：

$$P=v/al$$

式中，v 是流动的烃基链的体积；l 是分子的长度；a 是极性头部基团的最优横截面面积[①]，如图 6.12 所示。

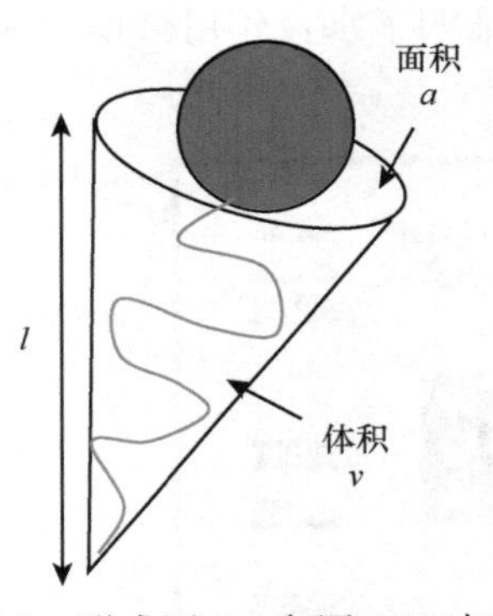

图 6.12 形成图 6.1 和图 6.13 中球状胶束的脂质分子形状的示意图。红色小球是极性头部基团，疏水性的尾部用灰色表示。用来定义填充参数的成分如图所示。

当填充参数 P(有时也被称为表面活性剂数）小于 1 时，脂质分子是锥形的（图 6.12），有利于形成球形的微团或 H_I 型聚合物（图 6.13）。当 P=1 时（圆柱状分子，图 6.13），有利于形成脂双层的结构。当 $P>1$ 时，脂质分子呈楔形的结构，单层的脂质倾向于向水的方向弯曲，即形成反向的微团或者 H_{II} 型液晶状相位（图 6.13）。

这种简单的方法在解释某些特定分子形成的聚集体形状方面非常有用。然而，需要提醒的是，表面积 a 在不同温度、电荷、盐浓度的情况下的计算方法非常复杂，需要细致的考虑。例如，在较高水含量时，当向看上去稳定的、处于层状液晶相的磷脂酰胆碱（PC）（一种圆柱形脂质分子）中添加烷烃或者疏水性多肽时，会形成反向的六边形 H_{II} 相位，而分子形状的改变并不能充分解释这种现象。显然，这说明 PC 分子在形成单层时的包装系数稍大于 1，但其他的因素限制其形成弯曲的单层状结构。事实上，如果不生成一个大的真空间隙容积，将 PC 分子组装成一个大 H_{II} 型圆柱体是不可能的，下面的讨论将会说明这一点。

这种 PC 分子形成的脂双层是“有挫折的（frustrated)”(见后文)。这可以用一个被称为脂单层弹性的概念来解释，脂单层弹性与填充参数相关，但是有更为广泛的应用范围，而不仅仅只与脂质分子有关。膜变形所需要的能量是由膜的结构和弹性所决定的。没有变形的、无应力的膜状态被称为自发态。膜的弹性

① 需要注意的是，横截面面积通常不是头部基团大小的定量测量，比如仅仅通过观察分子是无法测量面积的。该面积的大小还取决于很多周围环境因素，诸如 pH、电荷、电解质等。这些因素对于离子两亲性物质特别重要。然而，我们总是可以预测某个系统中某种特定改变导致的横截面面积 a 变化的趋势，这对于实验数据的定量解释非常有用。

性质取决于与自发态之间的偏差、造成这些偏差需要的力及新形状中积累的能量。

为了理解这些，我们首先简单回顾一下膜弯曲的物理化学性质和涉及的热力学知识。首先，我们需要做出一些定义。在三维空间内的一个薄层上的任意一点，都可以定义两个主要的曲率半径 R_1 和 R_2，以及局部的曲率 $c_1=1/R_1$，$c_2=1/R_2$（图 6.14）。

曲率的正负是可以随意定义的，按照惯例，人们通常使用图 6.14 中的定义方式，从双层膜的内部包裹的区域向周围介质的方向“向外”凸起的部分具有正的曲率。因此，球状的微团具有均匀的正曲率，因为其曲率半径 R_1 和 R_2 相等且都是正的。在双连续性的立方相位结构（图 6.16）或者出芽小泡颈部发现的马鞍状膜的曲率在一个主轴方向是正的，而在另一个方向则是负的。将单层结构弯折，每单位面积所消耗的能量可以使用吉布斯弹性曲率能量（Gibbs elastic curvature energy）描述，它是两项的和，一项由单层结构的总曲率（c_1+c_2）所决定，另一项则是由 c_1 和 c_2 的乘积决定：

$$g_c=1/2k_c\{1/2(c_1+c_2)-c_0\}^2+k_Gc_1c_2 \tag{2}$$

式中，k_c 是弹性弯曲常数；k_G 是鞍状曲面（又称高斯曲面）常数。$c_0=1/R_0$，是自发曲率，即松弛无张力脂质单层结构的半径 R_0。自发曲率是一种测量脂质单层弯曲形成非平面几何结构的趋势的量（总弹性曲率能量 G_c，是将 g_c 在整个单层结构上进行积分的结果）。

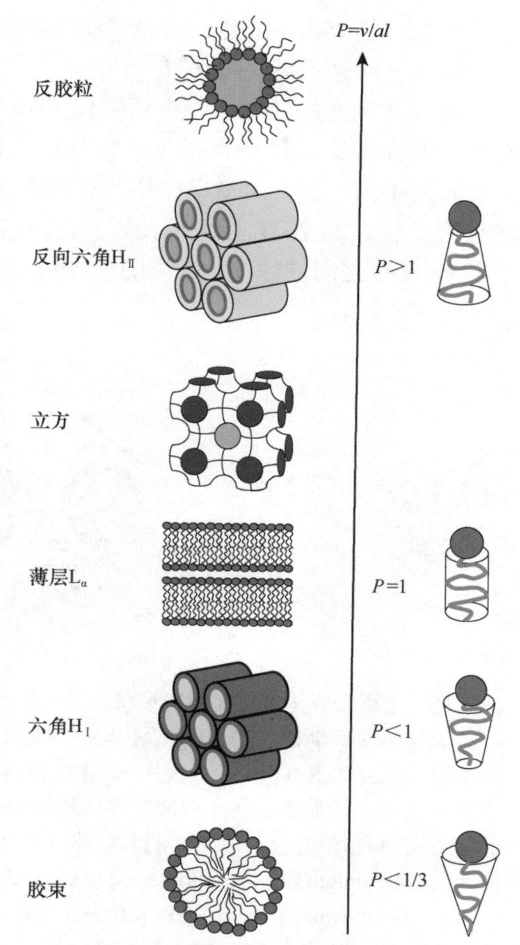

图 6.13　具有不同形状和填充参数的脂质分子。在不同相位（胶束溶液及液晶相位）时可能形成的聚集结构如图左侧所示。液晶相位具有液体的特点，同时像晶体一样具有长程的规则性。

由公式可见，使平均曲率 $1/2(c_1+c_2)$ 尽量接近自发曲率 c_0 从而使曲率的自由能最小是有利的。在 H_{II} 型相位结构中，单层脂质弯折形成半径为 R 的圆柱状结构。研究发现，形成 H_{II} 型相位所需的吉布斯自由能包含两个部分。第一部分是弯曲部分的能量，因为在 H_{II} 型相位中，脂质分子的酰基链必须伸展才能填满邻近的圆柱体之间形成的疏水性区域（图 6.15 中的绿色区域）。第二部分能量是非零的填充能量 g_p。总的吉布斯自由能就是弹性曲率能量和填充能量的和，即 $g_{tot}=g_c+g_p$。因此我们得到两种相反的物理作用力，即曲率作用和填充作用共同作用的情况，这种情况就是前面提到的所谓“有挫折的”情况。研究发现，这种“有挫折的”情况在加入疏水性分子如烷烃时会减少或者消除。在 H_{II} 型相位中，这些加入的分子会优先分配到圆柱体之间的烷烃区域（绿色区域），以此来填充在生成 H_{II} 型相位时产生的空隙体积（图 6.15）。

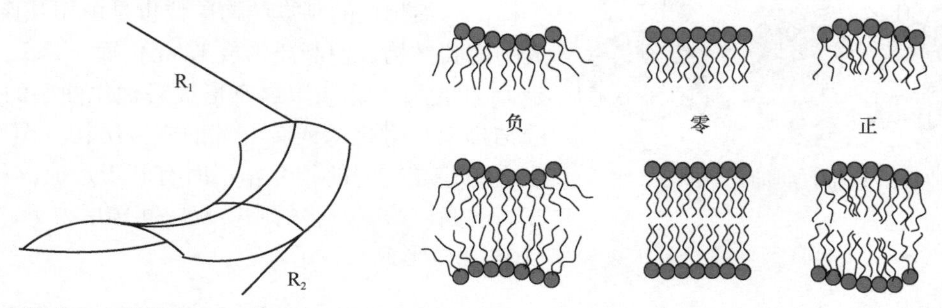

图 6.14　左：两个膜曲率半径的定义，在本图中，马鞍状的表面其两个半径符号相反；右：定义曲度半径正负符号（按照惯例）的图解。

最后，需要指明的是，跨膜多肽在特定的条件下也可以诱导 H_{II} 型相位，但其中的原理和烷烃的影响是不一样的（参见“延伸阅读”）。

在双连续性的立方相位中还发现了另一种由弯曲的单层膜组成的、迷人的液晶状结构。这里的单层膜在每一侧面都保持最小表面（在最小表面上每一个点的平均曲率接近于零，即 $c_1+c_2=0$）。这一表面描述了双层膜的中间平面，而不是在其与极性或疏水区域的交界处（图 6.16）。在这种结构中，脂单层由于立方相的结构，与 L_α 或者 H_{II} 相位相比较，“有挫折的”程度在立方相中更弱，因此立方相经常出现在脂质相图 L_α 或者 H_{II} 相位之间的位置。三维的立方相结构被看成是膜蛋白结晶的一种有用的基质。

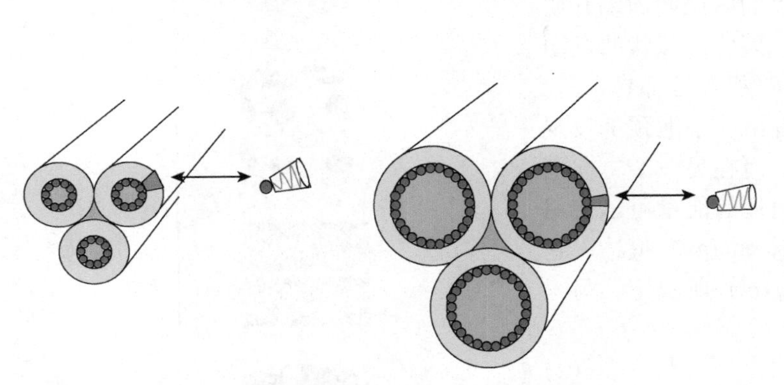

图 6.15 当脂质分子（放大的）形状变得不那么像楔状，组成 H_{II} 相位的圆柱体曲率半径增加，H_{II} 圆柱体中吸收的水量随之增加。绿色的中间孔隙的体积也会升高，此时 H_{II} 相位仅会在圆柱体之间含有疏水分子如烷烃时形成。注意有饱和脂肪链的脂质比有非饱和脂肪链的脂质在 H_{II} 相位时会形成较大的圆柱体［经许可改编自 Sjölund M, Rilfors L, Lindblom G. (1989) Reversed hexagonal phase formation in the lecithin-alkane-water systems with different acyl chain unsaturation and alkane length. *Biochemistry* **28**: 1323-1329. Copyright (1997) American Chemical Society］。

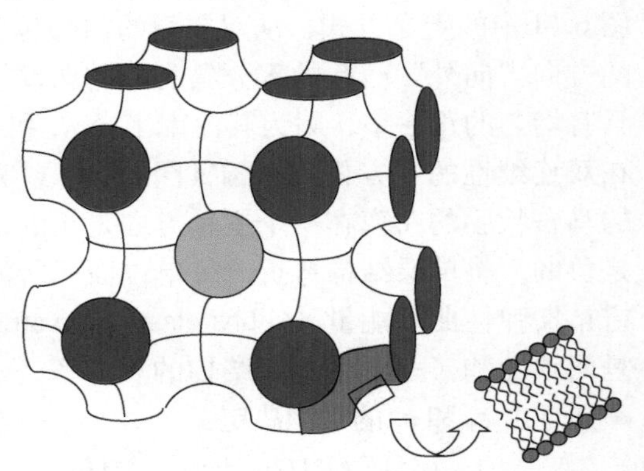

图 6.16 一种双连续立方相位（有时也被称为“水管工的梦魇”）的结构示意图。注意脂质单层依附在最小表面（Schwarz 表面）的内、外两面形成“皱褶的”脂质双层。这个相位中有两个独立的“水系统”，在蓝色区域的水分子永远无法穿过脂双层到达绿色的区域［经许可改编自 Lindblom G, Rilfors L. (1989) Cubic phases and isotropic structures formed by membrane lipids—Possible biological relevance. *Biochim Biophys Acta* **988**: 221-256. Copyright (1989) Elsevier］。

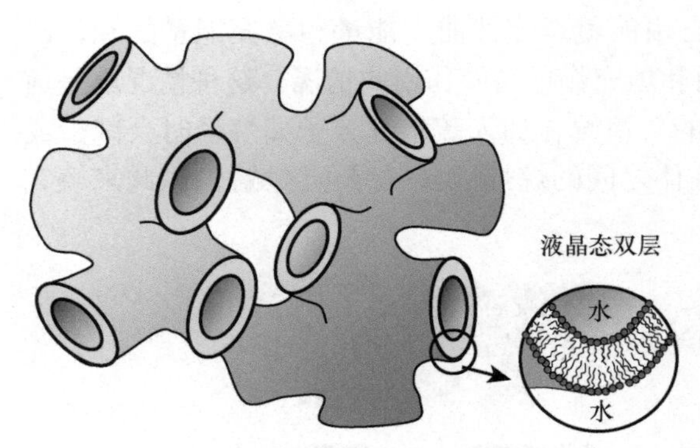

图 6.17 海绵相位（L_3 相位）的示意图。

最后，在考虑双连续立方相位的稳定性时，曲率能量起到重要的作用。另一种在很多非离子型双亲分子-水系统中发现的液晶状相位是各向同性的 L_3 相位（经常被称为海绵相位），它通常在稀溶液中处于 L_α 相位平衡态。海绵相位一般仅在很窄的温度和组成范围内比较稳定。与许多立方相位一样，海绵相位的基本结构单位也是由相互连接的脂双层形成的网状结构。使脂质形成 L_3 相位而不是 L_α 相位的驱动力是 L_3 相位可以让脂单层有形成最优化曲率的机会。L_3 相位的结构来自融化的或者混乱的立方结构（图 6.17）。在脂双层之间存在较弱的相互作用时有利于形成这种混乱的结构。在高的脂质浓度及强的脂质双层间作用力下，立方相位可以与 L_3 相位形成一种平衡态。

6.2.1.1　脂质填充和横向压力

脂双层另一个重要的物理化学特点就是其横向压力。如前所述，使脂质脂肪链远离水分子的疏水作用最终使得脂质分子聚集形成脂双层。然而如前所述，由于被限制在会出现由填充条件引起的有挫折结构的脂双层结构中，脂质分子经常受到巨大的压力。这引出了脂双层的一个最重要的物理特征，即横向压力分布（图 6.18）。

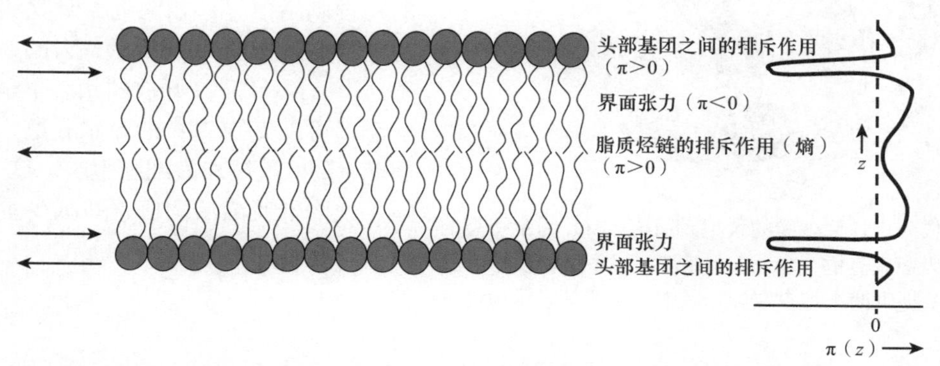

图 6.18　横向压力 $p(z)$ 在脂双层上的分布图。脂双层中压力的坐标系 z 显示在图的右侧。脂双层中间的横向压力可能非常高，但是脂双层上总的压力为零（Ole Mouritsen 惠赠）。

从图 6.18 中可以推断，在稳定脂双层聚集体的过程中涉及不同的力。当然，对于形成平衡状态的脂双层，各种作用力相互抵消使其净合力为零。由于各种力作用于不同的平面，在双层膜的各个部分的压力分布也是不均匀的。横向压力包含三个方面，即头部基团之间的排斥作用形成的正向压力、疏水／亲水表面的界面张力所形成的负向压力，以及柔性的脂质烃链熵排斥造成的正向压力（参照 6.2.1 节关于向脂双层中添加烷烃使相位向 H_{II} 相转变的讨论）。因此，构成脂双层的脂质决定了其横向压力分布，即具有大的脂肪酸侧链的脂质会比含有饱和直链脂肪酸的脂质造成更大的链压力。由于脂双层非常薄，两个界面之间大的界面张力需要分布在很短的距离之内。这意味着脂质链带来的反向作用的压强非常大，典型的是几百个大气压。脂双层每个表面的界面张力（γ）约为 $50mNm^{-1}$。由此可以简单地计算出脂双层内部的横向压力需要抵消其在脂双层厚度（d=2.5 ～ 3nm）距离上的张力。横向压力等于 $2\gamma/d$，约 40 000kPa，即 400 个大气压。这种巨大的横向压力可以影响膜蛋白，如改变蛋白质结构等（图 6.19）。

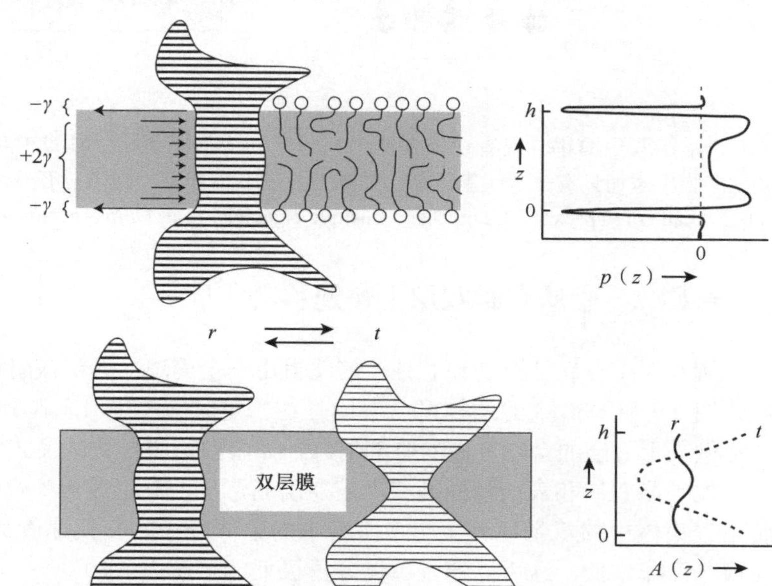

图 6.19　横截面 $A(z)$ 显示高的横向压力 $p(z)$ 可以使整合膜蛋白（条纹或者虚线）的构象发生变化。蛋白质可能处于 r 和 t 两种状态中的任意一种。γ 是界面张力［经许可重印自 Cantor RS. Lateral pressures in cell membranes: A mechanism for modulation of protein function. *J Phys Chem B* **101**: 1723-1725. Copyright (1997) American Chemical Society)］。

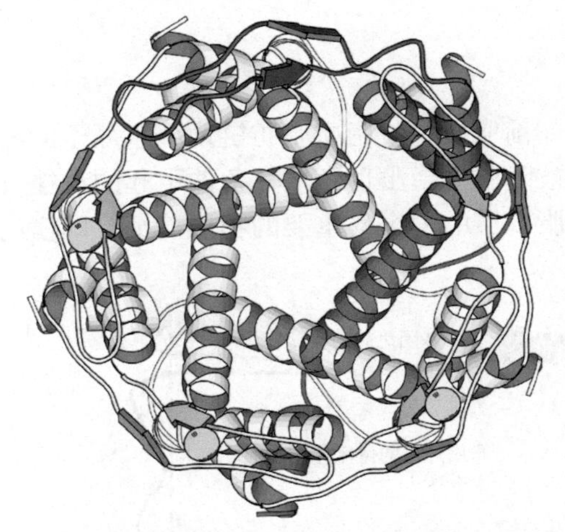

图 6.20 位于结核分支杆菌外膜的大型膜通道 MscL 闭合状态的结构。图为与膜表面垂直的视角。5 个亚基构成了蛋白质的跨膜部分，每一个亚基提供两个跨膜螺旋。其中一个亚基显示为红色（PDB：2OAR）。

与上述内容类似，向双层膜中引入不同形状的脂质可以改变横向压力，使细胞膜上的通道或者孔道处于开放或者关闭的状态。这样的通道被称为机械敏感通道。机械敏感通道可以作为膜包埋的机电开关，可以感应脂双层的变形而开放大的、充满水的孔道。这个过程对于生物感受直接的物理刺激信号，如触觉、听觉和渗透调节是极为重要的。如图 6.20 所示，大的原核生物机械敏感通道（MscL）在开放的状态下呈现高度变化的状态，可以支持 25Å 的充水孔道。当溶血磷脂酰胆碱（LPC）被加入细胞膜时，这个通道会打开，显著地降低其激活阈值，并减少蛋白质的横向压力（图 6.21）。

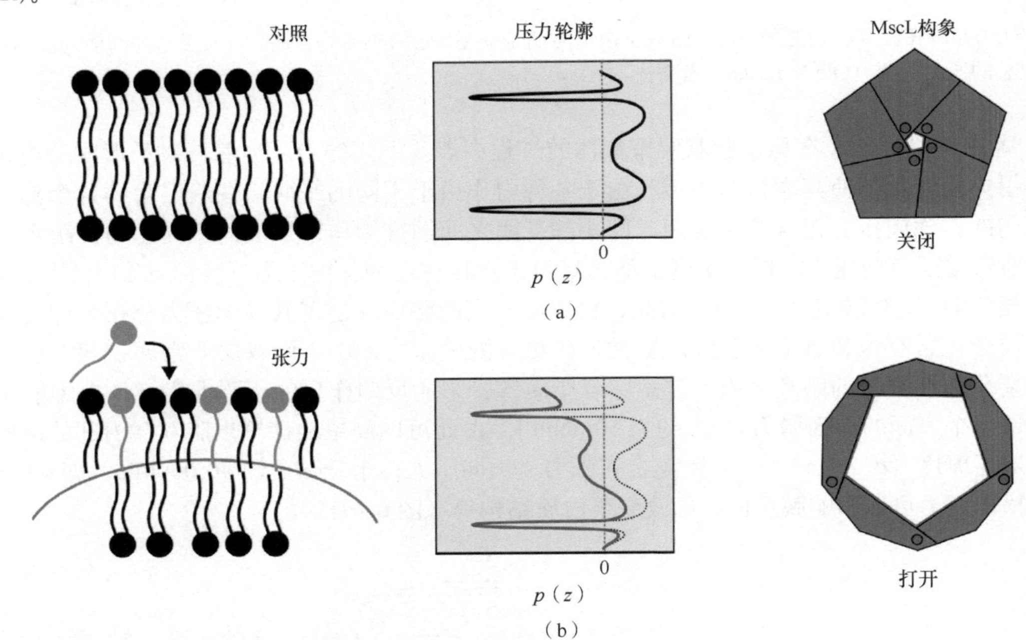

图 6.21 脂双层曲率（或者说横向压力）对于压力敏感蛋白（MscL）的影响示意图。(a) 处于静止状态，通道关闭；(b) 向膜中添加只有一个烃基链的脂质如溶血磷脂酰胆碱，通道打开［经许可改编自 Perozo E, Rees DC. (2003) Structure and mechanism in prokaryotic mechanosensitive channels. *Curr Opin Struct Biol* **13**: 432-442. Copyright (2003) Elsevier］。

6.2.1.2 脂质在脂双层上快速移动

脂双层中存在活跃的动态性，这使得用一个简单的图形或者模型模拟脂膜变得困难。图 6.1 显示的脂双层，图 6.9 和图 6.13 的结构可以看成是在一定时间尺度（范围在微秒到毫秒之间）的平均值。这些图形不会提供关于可能的动态方面的全部信息，如蛋白跨膜导致的反式双层结构。

比较脂双层和表面活性剂或者溶血磷脂形成的球形胶束的性质可以看出脂双层独特的分子性质。因此，胶束聚集体中的双亲性分子与水溶液中的单体分子的交换速度为 $10^{-6} \sim 10^{-3}s^{-1}$。在脂双层中，单体分子的交换速度非常低，这可以通过单体分子极低的溶解力（$10^{-10} \sim 10^{-5}mol \cdot L^{-1}$）推测出来。典型胶束的聚合寿

命为 $10^{-3} \sim 10^{-1}$s，而脂双层的聚合寿命可以达到几天甚至几年。因此，脂双层达到平衡的时间需要几小时、几天甚至几年。然而，脂双层内的脂分子运动非常迅速，具有不同的动态过程。它们不断改变分子内构象，摆动、向外反转并且横向扩散。这些运动在一个巨大的时间跨度范围内，从皮秒到小时。它们的构象变化非常快，因为涉及 C—C 键的旋转，通常需要几皮秒；脂分子的旋转，通常需要几纳秒；横向扩散在几十纳秒的范围。典型的脂分子一般绕它的旋转轴旋转一次，对应的距离为分子的大小。烃链的摆动导致在脂双层内取向的变化要慢得多，通常是几十毫秒。此外，脂双层有两种不同的扩散模式，即双层平面内的横向扩散，以及脂质分子从一个单层运动到另一个单层，被称为翻动滑落过程。后者的扩散模式极其缓慢，时间以小时计算，也有可能是几天，因为该过程需要极性头部基团旋转穿过脂双层的油状内部。在真正的生物膜中，一种被称为翻转酶的特殊的膜蛋白，可以促进脂质分子在两个单层之间重新分配。

脂质在膜平面内的快速横向扩散是一种典型的液体性质。对于一个典型大小的细胞，一个脂质分子可以在不到半分钟内流动过整个细胞膜。当然，脂质侧向扩散取决于温度和脂质双层的物质状态。如果脂膜处于固态（凝胶阶段，见图 6.2 和图 6.11），所有的动态过程急剧下降，横向扩散速度下降至少 100 倍。

脂质双层中的扩散可以通过一些实验技术来监测，如荧光相关光谱和脉冲场梯度 NMR 方法（pfg-NMR）。后一种方法具有非入侵性的特点，是唯一不需要探针的方法。脂质侧向扩散系数（D_L）可以直接从堆叠脂质双层样品中获得。该方法也可用于研究双层中的脂质结构域（见 6.3.6 节）。表 6.3 给出了使用 pfg-NMR 方法测定的不同体系的横向扩散系数。由表 6-3 可以看出，侧向扩散系数取决于双层中的脂类的填充；填料越紧（较小的横截面头部基团面积），扩散系数越小。横向扩散速率随着双键数目的增加而增加，这是由于不饱和引起的头部基团面积的增加造成的。从表 6.3 中也可以推断，扩散系数 D_L 以 DOPC ＞ POPC ＞ DPPC ＞ DMPC 的顺序降低，主要与酰基链的饱和/不饱和度导致的头部基团面积的减少一致。此外，卵鞘磷脂（eSM）具有比 DPPC 更低的扩散系数，二油酰基磷脂酰甘油（DOPG）排斥带电的头部基团，具有比 DOPC 更大的扩散系数，再一次与用双层系统中的头部基团面积来预期的结果相一致。

表 6.3　SAXS 实验的头部基团面积和双层膜中某些脂类的对应 D_L

脂质	脂肪酸链组成	面积/nm^2	D_L/($\mu m^2 \cdot s^{-1}$)	t/℃
DOPC	18：1/18：1	0.72	8.25	25
POPC	16：0/18：1	0.68	7.79	25
DPPC	16：0/16：0	0.64	17.8	45
DMPC	14：0/14：0	0.61	5.82	25
SOPC	18：0/18：1	0.63	6.6	25
SLPC	18：0/18：2	0.66	8.2	25
SAPC	18：0/20：4	0.68	10	25
SDPC	18：0/22：6	0.70	11.2	25
eSM		0.53	4.5	50
DOPG	18：1/18：1	0.80	15	30
莱氏无胆甾原体脂质提取物 CHOL/（CHOL+DMPC）		ca 0.6	2.7	30
0.0		0.61	9.0	30
0.1		0.53	4.9	30
0.2		0.48	2.6	30
0.3		0.44	2.0	30

注：脂肪酸链的组成由 C：D 给出，其中 C 和 D 分别代表单链中碳原子的数量和双键的数量。每条脂质都含两个值，分别代表其中的一条脂肪酸链。注意测量 DPPC 扩散系数时的温度为 45℃，而 eSM 为 50℃，这些系统都处于流动脂双层状态（T_m 值大概为 41℃）。

最后，脂质填充的变化对 D_L 的影响可以由磷脂和胆固醇的混合物和胆固醇的“凝聚效应”的经典系统所揭示。在表 6.3 中，可通过在 DMPC 双层中增加 CHOL 的含量来说明的。扁平、刚性的胆固醇环系统有效地增强了烃链的填充，从而减少了脂质侧向扩散。

这将在 6.3.6 节中详细讨论，其中所谓的脂筏是用核磁共振方法研究的。

6.3 脂质在膜功能中起到基础性作用

生物膜包含多种不同的脂质，许多脂质本身不参与形成脂双层。脂双层对于形成具有功能的、紧密不泄露的细胞膜是必需的，那么生物体为何会消耗能量合成不形成脂双层的脂质呢？对于细胞膜来说，需要在其与所处环境之间建立合适的屏障。细胞中存在可观数量的脂质，它们分开或者扩散在水中时不形成脂双层而是形成其他聚集结构，显然这里也有其他的原因。在过去 20 ～ 30 年中，人们对于生物膜中的脂质成分的理解得到了长足的进步。

前面我们看到，脂质形成聚集结构取决于温度、组成成分、分子结构等一系列参数。下面，我们将讨论脂质的物理化学性质、生物如何根据细胞所处的环境条件改变其细胞膜中脂质成分、什么决定了膜中脂质的横向组织（如域的形成），以及胆固醇的重要性。

6.3.1 膜脂质组成的调节

许多文献证明所有的生物体都会根据其所处的主要环境及生理条件调节其膜脂质构成。这对于保持一个稳定不泄露的脂双层是必需的。细胞可以利用下面三种策略来改变脂双层中脂质分子的几何形状或物理化学性质：①改变酰基链的结构；②改变极性头部基团的结构；③不改变平均的酰基链构成而是对其进行重新组合以形成新的脂质类型。

6.3.1.1 大肠杆菌

革兰氏阴性菌大肠杆菌是最为著名的原核模式生物。大肠杆菌只有三种在原核生物和真核生物中常出现的主要膜磷脂。野生型的细胞对于脂质组成的调节来自于对酰基链结构的改变，主要表现为对酰基链饱和程度的改变。对于许多生物来说，这是一种常见的对环境温度变化进行的反应。由此，大肠杆菌可以成功地保持其脂质以脂双层的状态存在，而避免了它们形成晶状或者非薄层状液晶相结构。

磷脂酰乙醇胺（PE)、磷脂酰甘油（PG）和二磷脂酰甘油（心磷脂，DPG）是野生型大肠杆菌合成的三种主要膜脂质。PE 具有最强的、形成反向非薄层相的倾向，这种特性受到其酰基链长度和不饱和程度的影响。野生型大肠杆菌可以自己合成自身所需的所有脂肪酸，因此这些脂肪酸不会从其生长的培养基中掺入。当大肠杆菌的生长温度增加时，极性头部基团的组成几乎保持恒定，而其酰基链的饱和度则提高（图 6.22)。通常，温度升高可以使膜脂质的相平衡由薄层状向立方和（或）六边型相位（H_{II}）转变。野生型大肠杆菌对生长温度升高的对策是通过将更短和更饱和的酰基链掺入其膜脂质中。这种改变可以降低 PE 形成非薄层相位的能力，并以此抵消温度升高带来的影响（图 6.22)。

6.3.1.2 莱氏无胆甾原体

缺失细胞壁的细菌莱氏无胆甾原体（*Acholeplasma laidlawii*）A 型菌株对于膜脂质组成的调节机制得到

了详尽的研究。这个物种主要通过调节极性头部基团的结构，进而对某些生长条件加以适应。这样，细胞得以保持其脂质在形成脂双层和形成反向非薄层结构之间的平衡关系。因而，基于以下两个原因，这个物种可以成为研究完整细胞膜物理化学性质的绝佳模式生物：①可以可控地向膜酰基链中引入变化，以及向膜中引入固醇类及其他分子；②从其中可以简单地得到没有污染物的纯净膜成分。早期的差示扫描量热法研究显示，莱氏无胆甾原体膜中的脂质表现出可逆的凝胶-液晶相转换的特性。而且，从 X 射线散射和 ^{2}H 核磁共振波谱的研究可以推断，这些膜是由流动的脂双层结构建造而成。莱氏无胆甾原体对于膜脂质相位平衡的代谢调节与大肠杆菌使用的是不同的策略，但是其对于膜的物理化学性质的影响结果是相同的。

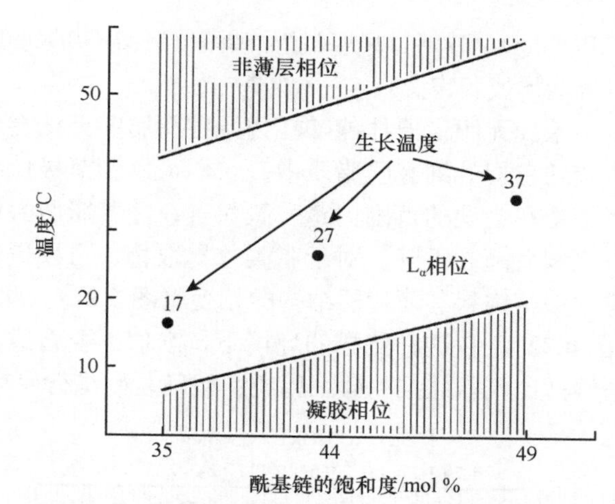

图 6.22 细菌大肠杆菌在一个温度和酰基链的饱和度的“窗口”生长。大肠杆菌需要调整脂肪酰基链的饱和度，从而保持无法形成薄层和形成薄层的脂质之间的平衡［经许可改编自 Lindblom G, Orädd G, Rilfors L, Morein S. (2002) Regulation of lipid composition in *Acholeplasma laidlawii* and *Escherichia coli* membranes: NMR studies of lipid lateral diffusion at different growth temperatures. *Biochemistry* **41**: 11512-11515. Copyright (2002) American Chemical Society.］。

在支原体中，如莱氏无胆甾原体（*A. laidlawii*），占主导的脂类是糖脂、单葡萄糖基双酰甘油（monoglucosyldiacylglycerol，MGlcDAG）和双葡萄糖基双酰甘油（diglucosyldiacylglycerol，DGlcDAG），含有相对少量的磷酸糖脂，（其磷酸基团与头部糖基团酯化）（图 6.23）及磷脂酰甘油（PG）（见图 6.5）。莱氏无胆甾原体一共合成 7 种膜脂质。其中形成非薄层相的三种脂类包括 MGlcDAG、单酰-MGlcDAG（MAMGlcDAG）和单酰双葡糖基双酰甘油（MADGlcDAG），而 PG、双葡萄糖双酰甘油（DGlcDAG）、甘油磷酰-DGlcDAG

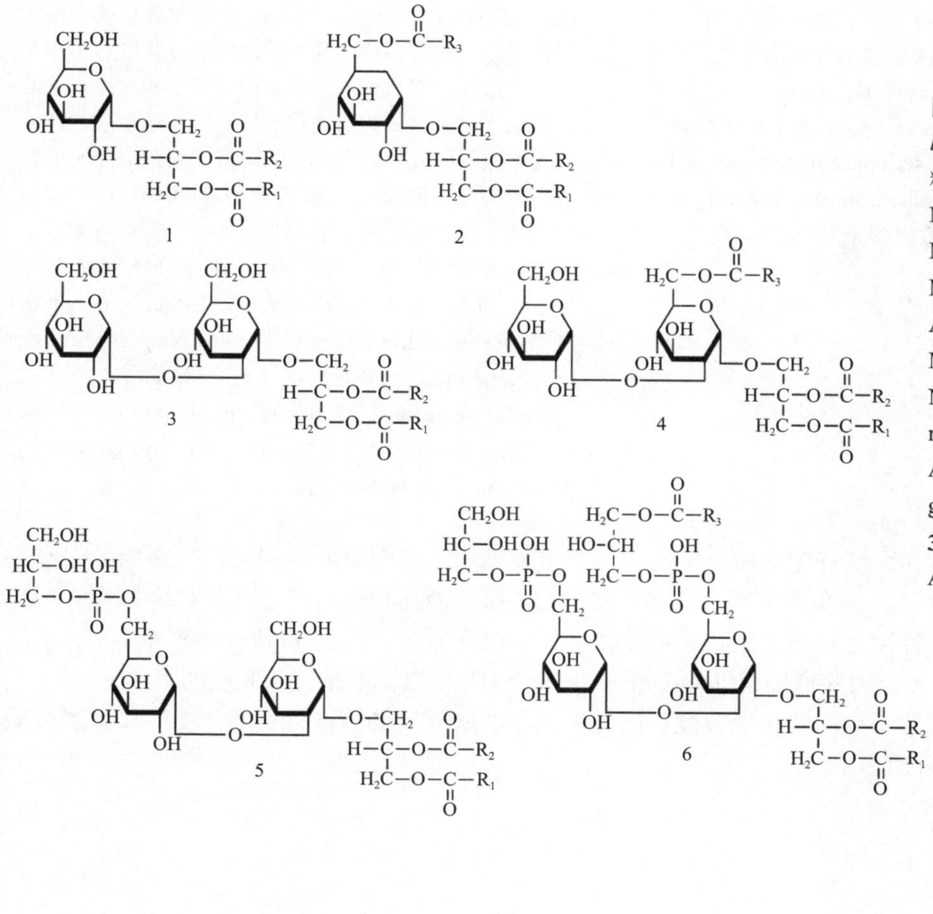

图 6.23 莱氏无胆甾原体（*A. laidlawii*）膜中葡萄糖和磷酸糖脂的结构：1. MGlcDAG；2. MAMGlcDAG；3. DGlcDAG；4. MADGlcDAG；5. GPDGlcDAG；6. MABGPDGlcDAG［经许可改编自 Andersson A-S, Rilfors L, Bergqvist M, Persson S, Lindblom G. (1996) New aspects on membrane lipid regulation in *Acholeplasma laidlawii* A and phase equilibria of monoacyldiglucosyldiacylglycerol. *Biochemistry* **35**: 11119-11130. Copyright (1996) American Chemical Society］。

(GPDGlcDAG）和单酰双甘油磷酰（MABGPDGlcDAG）能够形成片层。在高含水量的环境下，GPDGlcDAG也可能形成胶束。

莱氏无胆甾原体能够在内源性脂肪酸无法合成的情况下生长，退而求其次，细胞不得不整合外源的脂肪酸到它们的细胞膜脂质中。它们可以调节极性头部的组成以适应酰基链的变化，并且极性头部的组成始终保持在合理的范围内。一般而言，随着脂肪酸链长度和不饱和度的增长，脂质形成的反向非薄层结构所占比例会随之下降。对于脂类总提取物，可以通过调节不同脂质的比例，实现在很窄的温度范围内完成由薄片层结构到非薄片层结构的相变（图 6.24）。此外，酰基链的不饱和度和链长对于细菌的存活也至关重要(图 6.25)。在这种严酷的环境下，它们需要合成一种饱和短链的特殊脂类，以维持片层和非片层脂质间的精妙占比，以此推测膜上脂质的精确装配是行使功能的基础（图 6.25)。

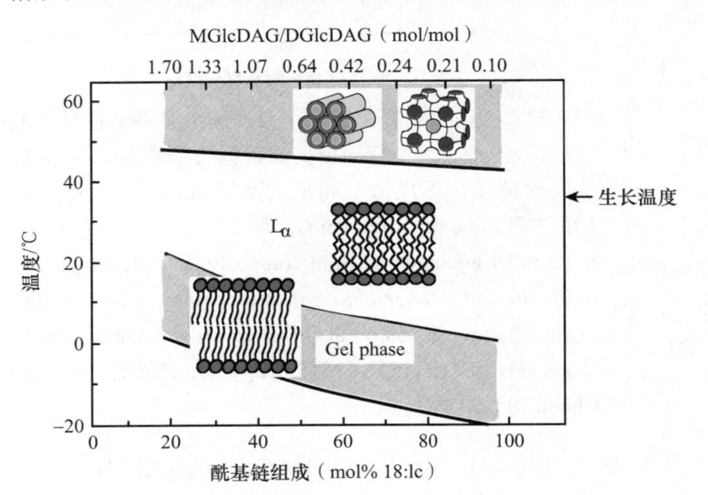

图 6.24 当脂质处于层状时，细菌莱氏无胆甾原体会生长。图中显示的“窗口”中无法形成薄层和形成薄层的脂质处于平衡状态。注意上面的相位向非薄层状态转变的温度几乎是恒定的。细菌生长的温度比这个转变温度低 10 ～ 15℃。膜中脂质的组装可能至关重要［经许可改编自 Lindblom G, Rilfors L. (1989) Cubic phases and isotropic structures formed by membrane lipids—possible biological relevance. *Biochim Biophys Acta* **988**: 221-256. Copyright (1989) Elsevier］。

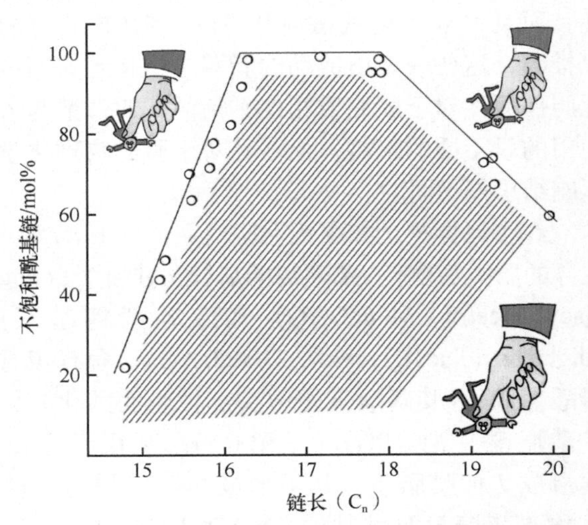

图 6.25 存活的莱氏无胆甾原体膜中脂质酰基链的不饱和度是链长度的函数。莱氏无胆甾原体仅能在图中蓝色阴影区域内存活，其脂质的脂肪链长度和不饱和性处于最优的组装关系，无法形成薄层和形成薄层的脂质赋予质膜合适的物理化学性质。在蓝色阴影区域的左手边，即酰基链非常短的时候，细菌需要合成新的、具有三个酰基链的脂质 MADGlcDAG（图 4.22）以保持生存。在细菌具有稍长的 16 ～ 17 个碳的低不饱和酰基链时，细菌合成另一种脂质 MAMGlcDAG［经许可改编自 Andersson A-S, Rilfors L, Bergqvist M, Persson S, Lindblom G. (1996) New aspects on membrane lipid regulation in *Acholeplasma laidlawii* A and phase equilibria of monoacyldiglucosyldiacylglycerol. *Biochemistry* **35**: 11119-11130. Copyright (1996) American Chemical Society］。

我们从对莱氏无胆甾原体和大肠杆菌的研究中得出一个重要结论，细胞需要时刻对膜上磷脂的组成进行调节，以稳固薄层状的液晶相位，避免凝胶或者非薄片层结构的脂质液晶相位的产生（图 6.24 和图 6.22)。细胞膜脂类的组成和脂类物化特性之间的关系在其他原核生物中也有研究，如 *A. laidlawii* 和 *E. coli*、丁酸梭菌（*Clostridium butyricum*）和巨大芽孢杆菌（*Bacillus megaterium*）可以调节细胞膜脂质的组成。

温度驯化或者适应可能调节了脂类的相变温度，因此使流动的脂双层结构保持稳定，而生长温度被凝胶和非薄层相限制在一个特定的范围内。

6.3.1.3 真核生物

像真菌和变温动物——该类动物的温度随环境变化，真核生物会随周围环境的温度变化调节膜上的脂类组成。植物中也有类似的调节机制。燕麦和黑麦叶片的质膜不耐寒，是由于低温诱发细胞脱水，致使细胞膜不稳定。分离春燕麦和冬黑麦叶片细胞膜的脂类发现，两者组成大不相同，前者含有大比例的磷脂、脑苷脂和酰基化的甾醇糖苷类物质，后者则含更多的磷脂和更少的脑苷脂类，同时还有更多的自由固醇类。然而，春燕麦和冬黑麦在寒冷环境下都会导致磷脂比例上升而脑苷脂类下降。这说明在寒冷刺激下，磷脂形成 H_{II} 相。H_{II} 相位的发生率与原生质体和叶片组织的致死性创伤紧密相关，这可以由原生质体对渗透压反应性的丧失及叶片细胞内容物的泄露显示出来。可以理解的是，冬黑麦和春燕麦之间冰冻诱导形成 H_{II} 相位所依赖的起始温度明显不同，这与质膜脂质组成的不同有关联。然而，当两种植物在寒冷环境中驯化后，由于质膜中的脑苷脂成分大幅下降，则不会产生冷冻诱导的 H_{II} 相位。脑苷脂在低温下促进 H_{II} 相位的形成与这种适应性相适应。脑苷脂的极性头部基团的亲水性较低，从而使其分子形状更像楔形，更容易填充形成 H_{II} 相位。因此，黑麦和燕麦的质膜之所以会有在冷冻诱导时脱水而从薄层相向 H_{II} 相位转变的特点，应该是膜脂质物理化学性质造成的，包括双层膜表面水化及脂质的填充等。

6.3.2 不能形成薄层状的脂质在膜功能中的作用

长期以来，薄层状液晶相位中的多层脂双层结构被用作生物膜模型，而单层囊泡在制药业中有广泛应用。随着对非薄层结构形成了解的逐步加深，对于膜脂质在细胞过程中的功能认知有了改观。越来越多的实验和理论证据显示，脂质与细胞发挥的许多重要功能相关。出乎意料的是，到目前为止，生物化学教科书中关于脂质的描述很少。

6.3.2.1 特殊的膜结构

细胞合成不能形成薄层结构的膜脂质，并维持此类脂质和形成薄层的膜脂质的平衡，原因之一是细胞需要这类脂质来形成非脂双层结构，或者具有小曲率半径的脂双层结构。非双层结构与膜的融合及分离有关。具有小曲率半径的脂双层在很多生物膜中都存在，如内质网、线粒体内膜及叶绿体内类囊体膜上堆叠的基粒（见图 6.2）。特别是在透射电子显微镜下，观察到光面内质网和线粒体内膜类似于双连续性立方体或者 L_3 相位结构（见图 6.16 和图 6.17）。白色质体是在黑暗中生长的植物叶片中发现的一种细胞器，在白色质体中存在一种被称为原片层体（prolamellar body）的高度规则、分支的管状膜结构。在经过光照后，白色质体转变为叶绿体，而原片层体则发育成为叶绿体的类囊体膜。

6.3.2.2 对于膜结合蛋白活性的影响

从 20 世纪 80 年代开始，一些研究发现在重组成囊泡的过程中，蛋白质插入的效率和蛋白质插入后的活性，在有不能形成薄层结构的膜脂质或者脂双层结构的膜中掺入会使该脂双层结构不稳定的分子时，两者皆有提高。蜡状芽孢杆菌（*Bacillus cereus*）的卵磷脂特异性磷酸酶 C 的活性在有使薄层相位不稳定的脂质分子存在时增强。这种增强作用来自脂双层的填充压力（“有挫折的”），而不是实际形成的反向非薄层相位。这种“有挫折的”脂双层对于锚定和激活外周膜蛋白有一定的作用（见 4.4.1 节）。对蛋白激酶 C 来说，当存在不能形成薄层结构的脂质时，酶插入膜中的比例及与膜结合的酶的活性都会升高。真菌中的多肽丙甲菌素（阿拉霉素）在膜中会形成一种电压门控离子通道，当脂双层中无法形成薄层的脂质比例升高时（如两个脂单层的自发曲度升高时），这个离子通道呈现一种更高的电导状态。

6.3.3 膜融合与分裂

膜融合是细胞中普遍存在的重要现象，即两个分离的细胞膜经过多个中间状态最终融合到一起。它与膜运输、囊泡介导的物质运输、精卵结合及病毒融合等过程有关。尤其是在分泌通路中，蛋白质的运输由囊泡介导，并且依赖于多样的细胞融合和分裂过程，如从内质网转运蛋白到高尔基体。在过去的 10 年中，对于融合过程的分子机制在实验上和理论上都做了详尽的研究。尽管细节之处尚存疑问，但假设是所有融合的核心基本都是脂质。这里我们仅讨论发生在简单的脂质系统中的融合现象，特别是有非薄层结构参与膜融合和分离过程的系统。融合的关键步骤在于将两个相对的膜中的脂质分子重组形成一个连续的膜。为了理解融合的过程，需要综合考虑动力学和结构两个方面。

有人曾提出，为了在膜融合过程中重组膜结构，需要先破坏脂双层再形成其他的聚集结构。溶血磷脂胆碱（LPC）可以介导红细胞之间的，以及红细胞和成纤维细胞之间的融合，而人们已经知道 LPC 由于其低填充参数而在高含水量时会形成正常的胶束溶液（见图 6.13）。在添加合适的试剂使完整的红细胞融合时，会看到反向的非层状聚集结构。在膜融合过程中会涉及结构向 H_{II} 或者立方相的转变，并且特定脂类如血溶性脂类（lysolipids）或者其他类型的多肽或蛋白质含量减少，能够显著提高模型膜或者生物膜的融合速率（图 6.26）。

脂质膜融合的第一步是在两个膜的膜外单层之间有紧密接触，而远端膜单层仍然保持分离。最初形成的两膜间的脂质桥被称为融合茎（图 6.26），这一阶段被称为半融合。这个膜茎是一个像脖子一样的结构，仅两个融合双层膜的外侧单层膜融合在一起。形成茎-环结构的过程中，膜的曲率增大，这个过程可能由局部非片层的结构介导。逐渐地，两个膜的内侧单层融合，形成连接两个囊泡内部区域的通道。

脂质膜的融合仅在特定的脂质组成、周围水溶液中存在特定的离子，或者在膜内接触并脱水的条件下才能发生。在初始状态下，膜脂单层积聚能量并在融合过程中释放。如果相接触的膜单层的曲率与它们的自发曲率不一致，促进融合的能量就会升高（见 6.3.1 节）。

膜分离，即将最初连续的膜分成两个独立的膜，是通过形成膜颈来进行的，该膜颈使人联想到融合茎环。因此，分裂始于茎部膜内侧单层膜的融合，产生一个融合茎的类似物。接下来发生外侧单层脂膜的融合，进而完成分裂过程。

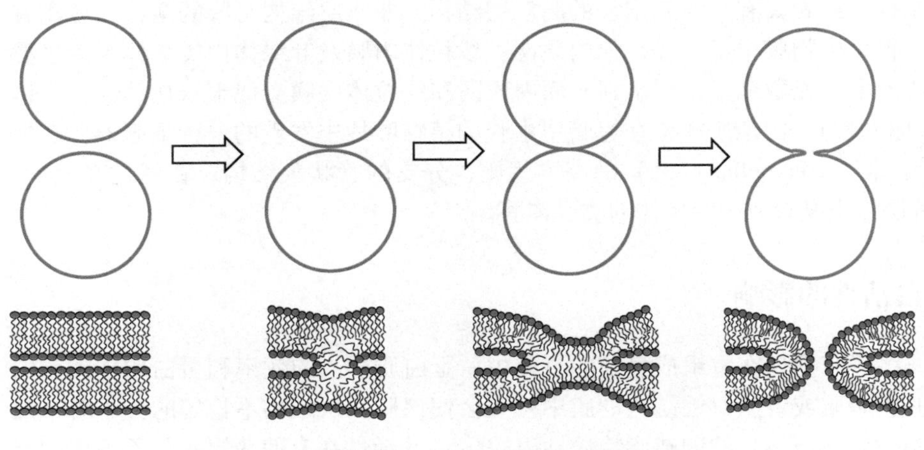

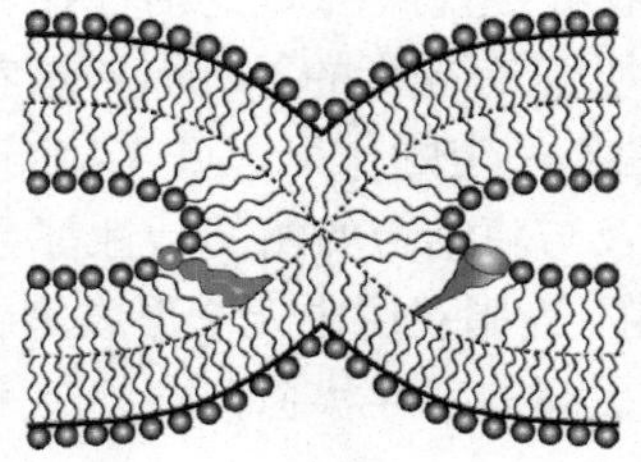

图 6.26 上：膜融合和分裂的步骤。第三阶段中，茎-环形成。脂质的形状对于形成茎-环非常重要（参照脂双层曲率的章节，6.2.1 节）。下：膜融合过程中出现的茎-环结构假想图。虚线表示脂双层中腔。绿色圆锥形脂质分子如 PE（茎环的左侧翼部）与茎-环结构相配，而红色的倒圆锥形脂质分子如 LPC（茎环的右侧翼部）会破坏茎-环脂质的组装。

蛋白质可以影响接触的单膜中脂质的组成，从而使脂质具有负的自发曲率。因而，起始酶促级联反应的磷脂酶和酰基转移酶可以促进融合，这些酶可以使特定脂质如双酰基甘油和 PE 浓度升高，参与一些细胞内的融合反应过程。融合蛋白可以使脂双层结构扭曲，从而引发弹性压力并导致融合。例如，流感病毒的血凝素（HA）介导的融合取决于插入膜的融合多肽结构域形成的一种特殊的回旋镖样的构象，这种构象被认为可以形成融合所需要的脂双层的扭曲。

SNARE 蛋白［可溶的 NSF（*N*-乙基马来酰亚胺敏感因子，*N*-ethylmaleimide-sensitive factor）附属蛋白受体］对于细胞膜囊泡的融合至关重要。SNARE 蛋白最基础的作用是在胞吐过程中介导囊泡融合。可以将 SNARE 分为两类：第一类是囊泡型（*v* 型 SNARE），在囊泡形成过程中被嵌入转运囊泡中；第二类叫做靶标型（*t* 型 SNARE），会定位到细胞膜的目标区域。两种类型的 SNARE 复合体相互作用并且相互缠绕，形成一个亮氨酸拉链（见 3.3.2 节），拉近融合膜，促成了最终的膜融合。

最后，细胞膜融合和囊泡融合的机制在分子水平上并不清晰，各种不同的观点相继提出。然而很明显，这都涉及某些融合肽和蛋白质，如 SNARE 蛋白、蛋白脂质复合体和钙离子激活的受体。同时，融合需要膜上的脂质有局部的重排，以形成足够大的曲率。特别是因为某些拓扑学的原因会形成反向液晶的中间结构。因此，易于形成 H_{II} 或反向立体结构的脂质会有利于膜融合过程，如 PE 脂质；相反的，形成片层状的 PC 则不利于膜融合过程。

6.3.4　合成脂质的酶

脂肪酸合成酶的结构描述见 8.4 节。在哺乳动物细胞中，内质网作为细胞内各种合成酶存在的地方，是主要的脂质工厂，大量的磷脂、固醇类以及大量的储存类脂质（包括三酰甘油和甾醇脂类等）在内质网被加工生产。此外，鞘磷脂的前体物神经酰胺也在内质网中合成。内质网产生的脂质大部分会被运送到高尔基体和细胞膜，因为这些分泌器官几乎很小或者没有能力产生它们自己的脂质。尽管大量的物质交换通过膜的流动转运实现，如通过囊泡，但内质网和细胞质膜的脂质组成呈现出显著差异，如固醇在高尔基体和质膜上的分布远盛于内质网。

膜脂质组成的调节作用暗示着合成脂质的酶（脂合成酶）的活性会根据细胞的主要生长环境加以调节。因而，一些反映脂双层状态的信号必须从脂双层传递至脂合成酶中。通常来说，脂合成酶或多或少都与脂双层紧密相连，因此，一种可能性是这些酶的活性直接受到脂双层特征的影响（见图 6.19 和图 6.27），而另一种可能则是合成活性受到与酶结合的效应分子的调节。这些效应分子包括膜脂质，或者依次感受脂双层状态的特殊蛋白质。

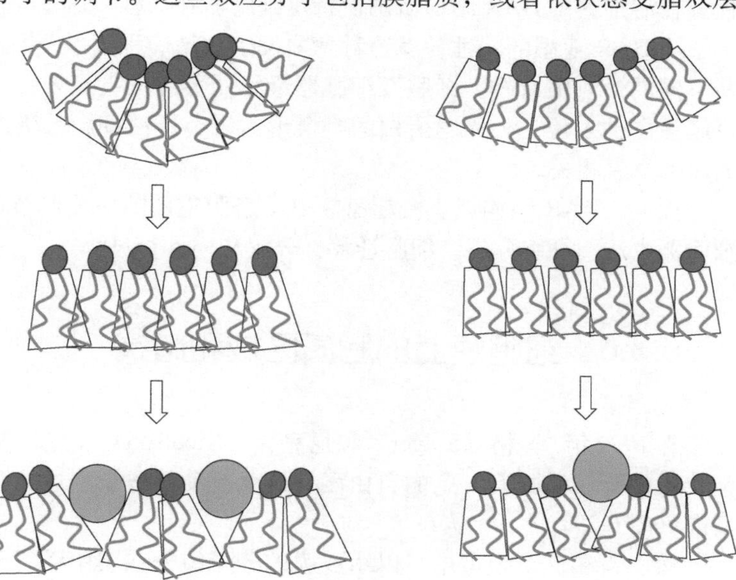

图 6.27　细胞通过将 CCT（绿色，从螺旋轴往下看）与 DOPE（左）或者 DOPC（右）脂双层结合以调节膜弹性张力的卡通示意图。由于两种脂质分子的形状不同（图 6.13），使 DOPE 脂双层松弛（平坦）比使 DOPC 脂双层松弛需要更多的 CCT 分子［经许可改编自 Attard GS, Templer SH, Smith WS, *et al*. (2000) Modulation of CTP: phosphocholine cytidylytransferase by membrane curvature elastic stress. *Proc Natl Acad Sci USA* **97**: 9032-9036. Copyright (2000) National Academy of Sciences, USA］。

6.3.4.1 三磷酸胞嘧啶核苷（CTP）:磷脂酰胆碱

磷脂酰胆碱（PC）是多数真核细胞的一种主要膜脂质。因而，CTP：磷脂酰胆碱胞苷酰转移酶（CCT）活性的调节对于膜的生物合成非常重要。CCT的活性在阴离子磷脂和中性脂类如双酰基甘油存在的条件下升高。CCT的一段两亲α螺旋肽段（11个氨基酸的三维折叠重复）可以结合阴离子脂质小泡，阴离子脂质的激活作用来自于这些脂质和两亲螺旋中的碱性氨基酸残基的静电相互作用。

CCT的活性受到单层脂膜中存储的曲率或者弹性压力的调节。当脂单层中的弹性压力上升时，它也单调递增（图6.27）。相反，当少量的去垢剂分子掺入脂双层（见图6.12），即脂单层的自发曲率下降时，酶活性显著降低。这样，一个纯粹的物理反馈信号可以在调控膜脂质的合成中发挥关键的作用。然而，分子细节仍然未知。

这个模型意味着脂双层中储存的弹性能量可以通过与两亲性的α螺旋的相互作用来改变一些曲率敏感的酶的活性。由于它们的结合取决于脂质的构成，所以其存储的弹性能量的调节取决于脂双层中脂质的填充状态，这是一个生物物理的反馈机制。质膜中形成薄层的和不能形成薄层的脂质必须保持平衡，而特定脂质的浓度也必须加以限制。利用莱氏无胆甾原体中测量得到的脂质曲率的值，虽然还不能做到完全定量，理论模型对于膜过程的描述已经很全面（见“延伸阅读”）。

6.3.5 BAR域维持膜的曲率

真核细胞内部包含众多结构，如囊泡、微管和圆盘，这些细胞器膜的折叠既有确定的方式，又有动态的几何变化。理解细胞膜的形状在胞内是如何被调控的，是当今细胞生物学的重要问题。

外周膜蛋白在细胞膜的重建中担任了重要角色。这些蛋白质有不同种类的膜结合域，如所谓的BAR结构域（Bin/载脂蛋白/Rvs；载脂蛋白在大脑中含量丰富，其N端结构域可以与脂质发生相互作用）。这是高度保守的蛋白二聚化结构域。BAR结构域的外形像一个香蕉（图6.28），并通过其凹面与膜结合。对于曲面的结合偏好可以使它识别出膜的曲率。这个结构域在能够使脂质膜微管化的一个大蛋白家族中非常常见。

许多BAR蛋白含有其他的脂类特异性结构域，以帮助它们特异性地结合到某些特定膜区域上。有些蛋白质含有能够结合动力蛋白的SH3结构域（或者结合双载蛋白和内吞蛋白这些特殊的蛋白质，图6.28），因此也参与到囊泡的分离重排中。这些蛋白质参与到内吞过程中，这是一个需要大量重建和转运细胞膜的工程。在活细胞中BAR结构域诱使特定细胞器在“秒”这一时间尺度上快速发生曲率变化，形成的曲率依赖于不同BAR亚型的特性。就这种弯曲发生的精确程度以及所产生的形态与内源性细胞事件的关系而言，这些不同的影响很有趣。细胞及细胞器最终的形态发生受多种机制的影响。脂质填充的方式、脂质种类、整合膜蛋白的定位、外周膜蛋白的类楔形嵌入、蛋白拥簇、蛋白支架和基于细胞骨架的机制等都与内细胞膜的曲率息息相关。

因此，BAR结构域蛋白超家族是动态膜重建的主要调节蛋白，在众多细胞过程中都发挥重要功能，如细胞器生成、细胞分裂、细胞迁移、分泌和内吞等过程。

6.3.6 细胞膜上的脂质区域和脂筏

在1972年，辛格（Singer）和尼克森（Nicolson）建立了他们经典的膜基质模型。这个模型中，脂质“海洋”中的蛋白质具有一定的自由度。这个流动镶嵌模型成为我们目前理解双层膜及它的生理功能的框架和基准（图6.29）。

然而，在这个模型中，以组成膜的分子组分在膜中随机分布为特点的膜的均一性不久后被修正了。许

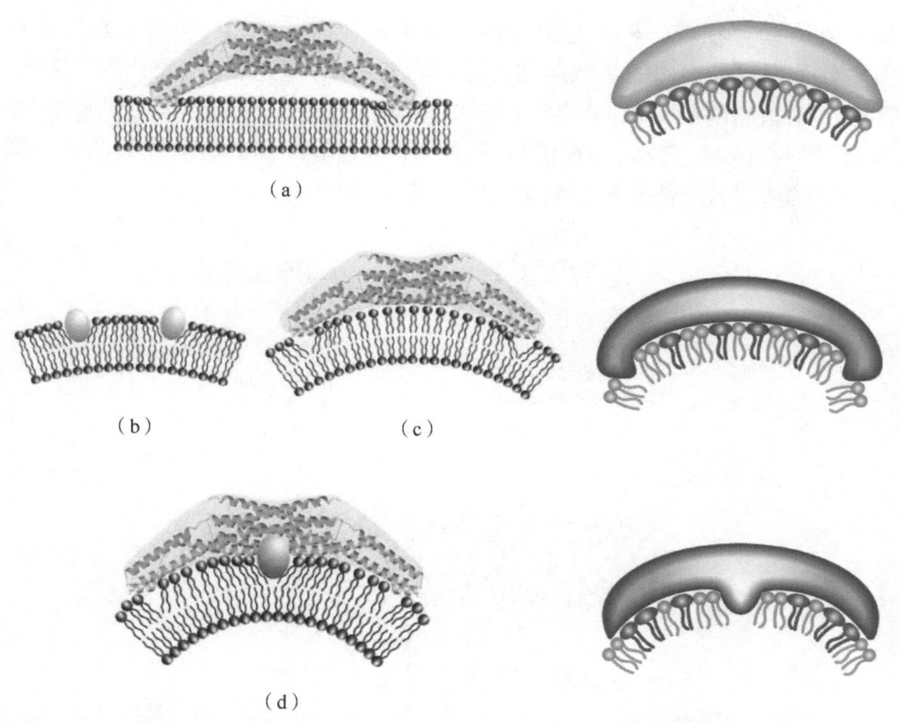

图 6.28 左：BAR 蛋白驱动膜弯曲的两种潜在的机制。(a) BAR 结构域亲附在平面脂质双分子层上。BAR 蛋白呈现一个香蕉形状的结构，其末端的两亲性螺旋对于其和膜的结合至关重要，可以使得螺旋插入脂质双分子层的界面。(b) 大分子的疏水部分插入膜的一侧，可以在双分子层的表面造成一些差异，进而导致膜的弯曲。(c) 简单 N-BAR 结构域的蛋白质，如 amphiphysin，可以通过将其凹面压到膜上来造成膜的弯曲。这种机制的完成需要分子的刚性。(d) 内吞蛋白质 endophilin 的 BAR 结构介导的膜变形除了通过膜表面的亲和吸附，还运用刚性的新月形介导的膜变形以及在凹表面插入疏水部分，最终驱动膜的弯曲。[经许可改编自 Masuda M, Takeda S, Sone M, *et al.* (2006) Endophilin BAR domain drives membrane curvature by two newly identified structure-based mechanisms. *EMBO J* **25**: 2889-2897. Copyright (2006) European Molecular Biology Organization]。右：BAR 结构域对于膜形状的塑造。上图：通过结合带负电的倒圆锥形状的脂（红色）来完成膜形状塑造的脚手架机制。中图和下图：疏水插入机制使得蛋白质部分嵌入脂双层。[经许可改编自 Qualmann B, Koch D, Kessels MM. (2011) Let's go bananas: Revisiting the endocytic BAR code. *EMBO J* **30**: 3501-3515. Copyright (2011) European Molecular Biology Organization]。

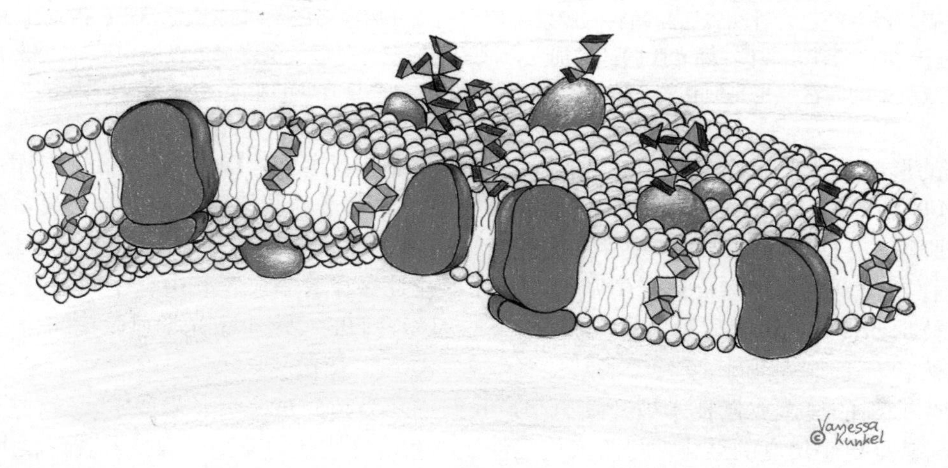

图 6.29 1972 年 Singer 和 Nicolson 提出的生物膜的流动镶嵌模型示意图。黄色的跨膜分子表示胆固醇，绿色的突出伸向溶液的部分代表糖分子，红色表示膜蛋白（Vanessa Kunkel 惠赠）。

多最新的研究表明，细胞膜存在着一种相当复杂的横向组织结构。例如，应用单颗粒追踪技术发现，被标记的脂质或者蛋白质分子表现为横向的扩散运动，除非它们可以暂时地被限制于膜上的独立区域。

膜中富含胆固醇、鞘脂和磷脂的横向区域（被称为脂筏）是脂质生物学研究的核心领域（图 6.30）。这些流动相膜上纳米尺度的筏区域，被认为在信号转导、脂质运输、膜蛋白活性的调节和胞移作用（大分子通过囊泡从细胞的一侧运输到另一侧）中起到至关重要的作用。

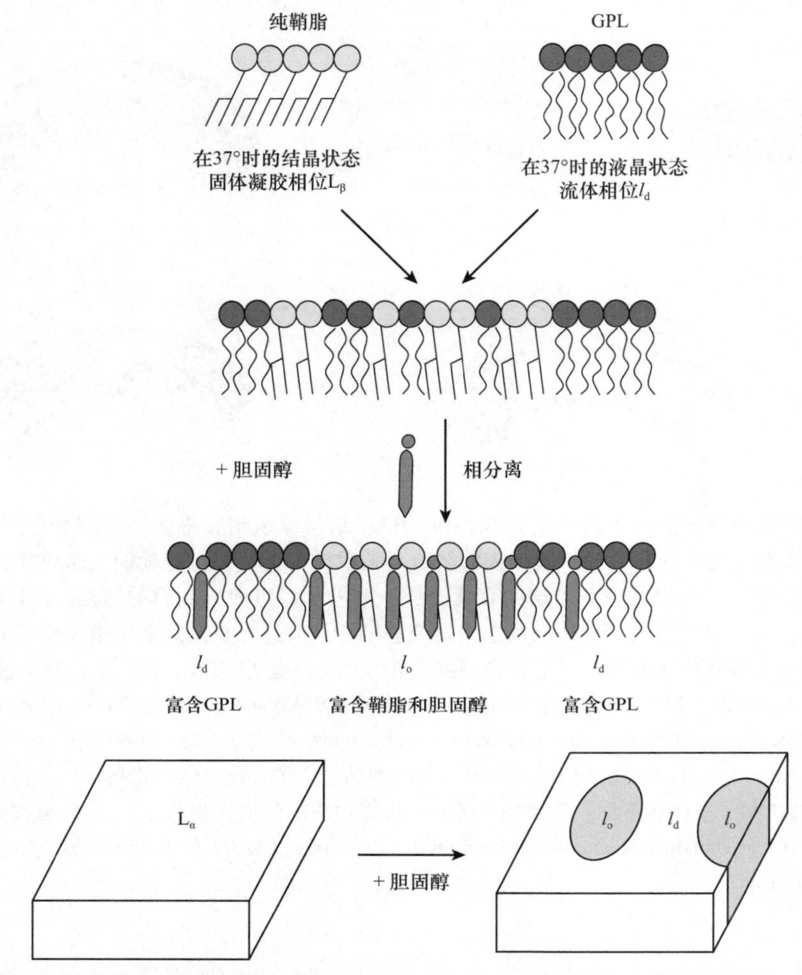

图 6.30 上：胆固醇诱发的包含甘油磷脂和鞘脂的膜发生侧向相位分离而形成不同的区域。GPL 代表甘油磷脂。膜上下部的灰-黄色的部分代表了筏结构。下：随着胆固醇的加入，液相脂质双分子层上的区域或筏结构形成。注意，光滑圆形截面的产生是由于脂双层中的 l_o 区域也是液相的。L_α 代表一个薄层相位，l_o 是有序的脂质区域，l_d 是无序的相。

脂质区域的形成首先在能够抵抗去垢剂的膜（DRM）中被观察到，DRM 能够抵抗去垢剂 Triton X-100 的溶解。DRM 的胆固醇和总体饱和脂质鞘磷脂非常丰富，而余下的其他膜区域则含有更多的不饱和脂质，主要是磷脂酰胆碱。支持不同的细胞膜中存在脂筏结构的证据越来越多，尽管大部分证据都是间接的。因此，生物膜中是否存在稳定的筏结构仍然受到密切的关注，并且存在着争议。其中一个问题是，膜筏太小而难以用最常见的技术如传统的荧光显微成像方法下定论，因为它们的尺度小于光学显微镜的衍射极限。图 6.31 展示了一个天然状态下肺膜的例子。

然而，近年来新的显微成像技术被开发出来，我们称之为超分辨率荧光显微术，这种成像技术可以分辨 20 ～ 200nm 甚至更小尺度的结构。尽管人们已经试图利用这些新的荧光成像技术观察膜上的筏结构，然而细胞膜似乎是一个十分复杂的系统，因此我们仍然只能去期待明确的膜筏的照片（见“延伸阅读”）。因此，直接在活细胞上观测这些筏结构的物理性质，如尺寸、寿命、动态和脂质的构成等仍然十分困难。另

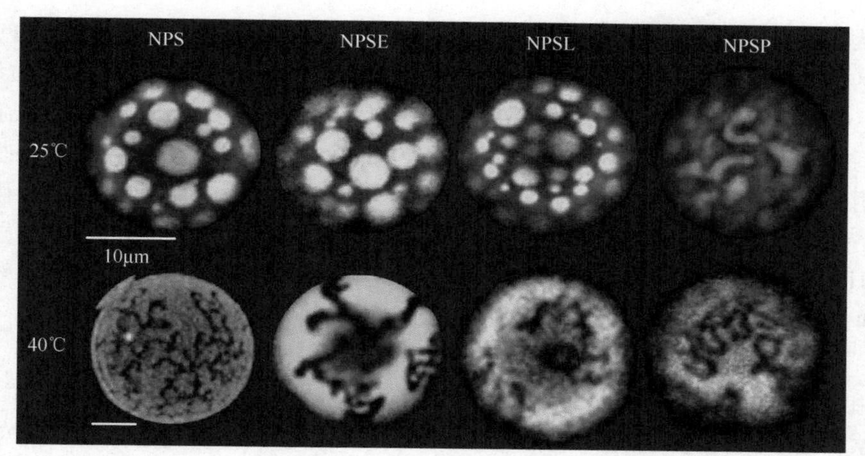

图 6.31　在天然的肺表面活性膜和由其一些组分重组的产物中，温度对于相分离的影响。通过共焦显微镜观察由天然状态下的肺膜（NPS）及其组分（NPSE，包含所有脂质成分和疏水蛋白；NPSL，没有蛋白质的脂质成分；NPSP，没有蛋白质和胆固醇的脂质成分）制成的 GUV，在低于（25℃）和高于（40℃）肺膜的热致型转变的温度，都能够观察到相变的现象。成像是通过使用 0.1mol% 的 DiIC18（红色）和 Bodipy-PC（黄色）来完成的。所有图像的标尺都表示 10μm，除了在 40℃条件下观察的制作于 NPS 的 GUV 有自身的较小标尺外，图中 10μm 长的标尺对于所有的图都适用［经许可改编自 Bernardino de la Serna J, Orädd G, Bagatolli LA, *et al.* (2009) Segregated phases in pulmonary surfactant membranes do not show coexistence of lipid populations with differentiated dynamic properties. *Biophys J* **97**: 1381-1389. Copyright (2009) Biophysical Society］。

一方面，对脂质模型膜的研究非常有用，脂质结构域或横向相分离的存在已被广泛接受。

脂质区域已经在多-双层脂膜系统、脂质单层或者脂质囊泡（大型）中被观察到，观察的方法包括原子力显微镜、荧光显微镜、荧光淬灭、单颗粒示踪、差示扫描量热法、固相核磁共振、核磁共振扩散法和 X 射线衍射。图 6.32 展示了使用这些研究方法重构出来的通用的相图。一个详细的相图对于理解脂双层中这些区域形成的驱动力非常重要。事实上，似乎迄今为止最为相关的脂质系统，以及最早发表的由二棕榈酰基磷脂酰胆碱（DPPC）、胆固醇（CHOL）和水组成的系统具有类似的相行为。在这个相图中，人们发现规则液态薄层相（l_o）和不规则液态薄层相（l_d）之间存在相互平衡。这两种相位都处于一种流动液晶的状态，但 l_o 相位比 l_d 相位的烃链更有序或者舒展。相图中 l_o 和 l_d 相位之间还包含一大块存在着 l_o 和 l_d 相位的两相区域，也可以参见前面讨论的三元相图（图 6.8b）。细胞膜中的筏结构被认为是由这种 l_o 相位组成的（见“延伸阅读”）。

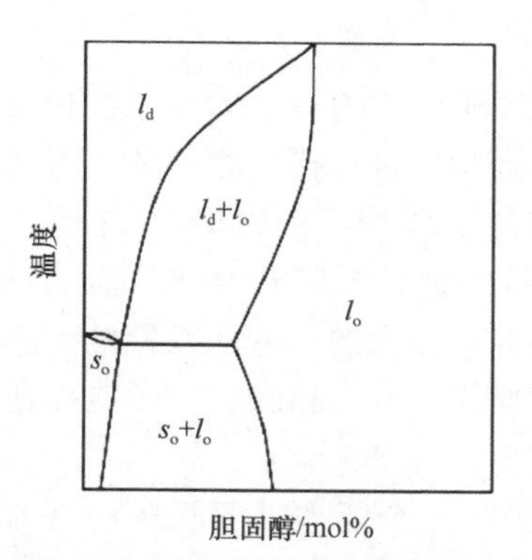

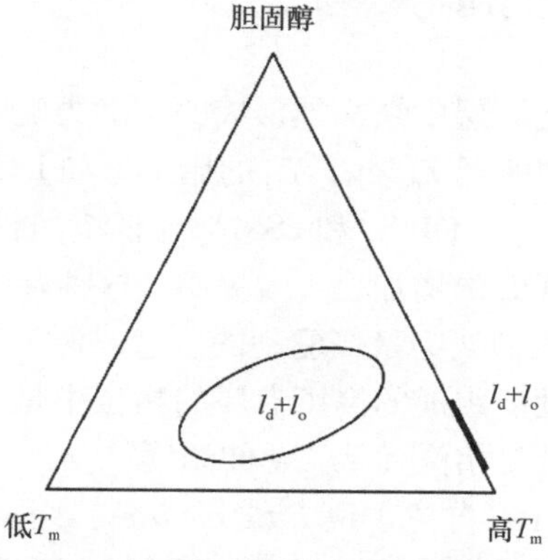

图 6.32　一般情况下饱和磷脂、胆固醇（CHOL）和水的温度/浓度二元体系相图（左），以及饱和脂质（低 T_m）、不饱和脂质（高 T_m）、胆固醇和水的三元体系相图（右）。在三元相图中我们只描画了液-液相共存的区域。注意两相区域既包含无序的 l_d，又包括规则的 l_o 薄层相。s_o 代表凝胶相。T_m 表示从凝胶相向薄层相转变的温度［经许可改编自 Lindblom G, Orädd G. (2009) Lipid lateral diffusion and membrane heterogenity. *Biochim Biophys Acta* **1788**: 234-244. Copyright (2009) Elsevier］。

筏结构被认为含有高水平的胆固醇、鞘脂及饱和磷脂。鞘磷脂、鞘糖脂及胆固醇的存在促进了脂质烃链的有序化，这也使得人们认为筏结构类似于 l_o 相位。让我们简要地介绍一下如何通过 NMR 扩散方法（pfg-NMR）检测双层中的脂质结构域，并从数据中获得相图的一部分。这些区域的存在会影响脂质的横向扩散，所以我们可以通过 NMR 的方法检测脂双层膜中的横向相分离。脂质会借助一些交换的机制从液体双层膜分离的相中向内或者向外扩散，不同区域之间的边界对于脂质的扩散会产生阻碍，从而限制脂质的平移运动。我们选择观察 eSM/CHOL 系统，其在 6 ～ 22mol% CHOL 的范围内显示出了区域的形成，这从曲线 D_L 相对 CHOL 的突然变化中可以看出（图 6.33）。由于 l_o 和 l_d 两相的快速转换，观察到的扩散系数 $D_L(2\Phi)$，将是这两个不同相的扩散系数的加权平均。

$$D_L(2\Phi)=p_oD_L(l_o)+(1-p_o)D_L(l_d) \tag{3}$$

式中，p_o 代表 l_o 相的相对量。随着 p_o 的增加，扩散会减少，因为此时 $D_L(l_o)$ 占主导地位（注：较低的扩散是由于 l_o 相中更紧凑的填充）。快速的交换意味着其区域比平均扩散长度更小，其中平均扩散长度（1μm）可由 $r^2=4D_Lt$ 计算得出。在两相区每一侧的单相区，扩散系数基本上是一个常数。在图 6.32 中，液相的两相区域（l_o 和 l_d）由 2Φ 暗示。

对于由饱和、不饱和脂质及胆固醇组成的三元系统，可以观察到更大的区域，同时在核磁共振（NMR）实验中不同的区域之间不存在交换（图 6.33）。另一个有趣的发现是，如果分子存在于膜的同一个区域或者同一个相中，那么所有组分的横向扩散都是相同的，与分子结构（包括胆固醇）无关。

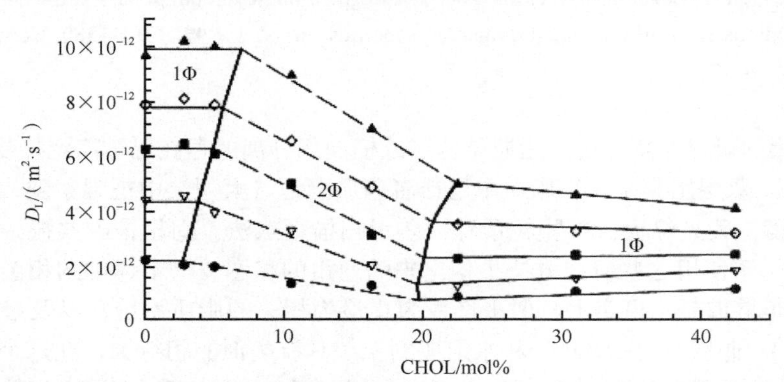

图 6.33　eSM/CHOL 系统中不同胆固醇浓度下 eSM 扩散系数。这一系统包含 35wt%^2H_2O 和不同的温度［313K（圆形）、318K（自顶向下的三角形）、323K（正方形）、328K（钻石形）和 333K（自下向顶的三角形）］。加粗的实线是对两相区扩展（l_o 相和 l_d 相）的估计。实线和虚线分别表示在单相（1Φ）和两相（2Φ）中对于 D_L 的估计［经许可改编自 Filippov A, Orädd G, Lindblom G. (2003) The effect of cholesterol on the lateral dif- fusion of phospholipids in oriented bilayers. *Biophys J* 3079-3086. Copyright (2003) Biophysical Society］。

我们如何理解脂双层中结构域形成的驱动力呢？就有序相位中的脂质的有序性和不饱和脂质的可混合性而言，三元体系中的低 T_m 和高 T_m 的脂类（如 DOPC 和 eSM）进行横向相分离或者区域的形成可以被合理化。高 T_m 的脂质（如 DPPC 和 eSM）与低 T_m 的类似物（如 DOPC 和 SDPC）相比，可以形成更加有序的相，同时随着 CHOL 的增加，大大提高了这种有序性，特别是对于高 T_m 的脂质而言。因此，横向的相位分离形成 l_d 或 l_o 相位被认为是熵驱动的。这起源于将一个拥有庞大的、弯曲双键的、不饱和脂质整合到主要由饱和脂质和胆固醇组成的高度有序的相位中是非常困难的。不饱和脂质更倾向存在于 l_d 相位，而饱和脂肪则更倾向存在于 l_o 相位（见“延伸阅读”）。

细胞膜上小窝（来自拉丁语 *little cavities*）组成了脂筏的一个亚型（图 6.34）。它们通常是内皮细胞、脂肪细胞和平滑肌细胞膜表面微观的、瓶形的内陷。小窝的主要蛋白质是胞膜小窝蛋白 caveolin，它是一个脚手架蛋白，可与胆固醇高效地结合，并能够结合多种多样的信号大分子，包括 G 蛋白和钙调蛋白。caveolin 可能也会调节细胞内和表面的胆固醇水平。对 caveolin-1 蛋白敲除的小鼠（此小鼠缺失 caveolin-1，因此缺失小窝）进行实验发现，此小鼠表现出动脉舒张、肌张力和运动耐量的缺陷，这种缺陷产生的原因是由细胞信号转导和 NO 代谢异常造成的。

脂筏也被认为在动脉粥样硬化、高血压、阿尔茨海默病、朊病毒病和病毒感染等疾病中起作用。

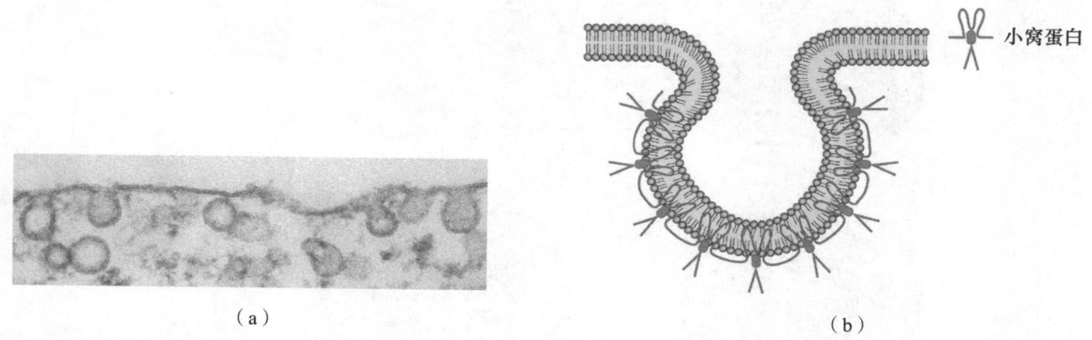

图 6.34 薄片电子显微镜（EM）(a) 和小窝蛋白 (b) 与脂质双分子层相互作用的示意图。

6.4 脂蛋白——“好”胆固醇和“坏”胆固醇

脂蛋白是重要的蛋白质-脂质组装物，其负责通过血液将脂质运输到身体的不同部位。脂蛋白主要有五大类，其共性是它们都有一个由胆固醇酯和三酰甘油酯组成的内部核心区域。这两种分子都是疏水的，因此仅微溶于水溶液，如血液。脂蛋白通过在疏水内部的外面包裹一层两性的、由磷脂和未酯化的胆固醇组成的物质，从而解决了这一问题，也就是说，脂蛋白是通过非共价键作用完成聚集的 [参看胶束(micelles) 和脂双层膜]。脂蛋白的另一种组分是名为载脂蛋白的蛋白质。至少有 9 种不同的载脂蛋白与人类的脂蛋白相结合，其中大部分的结构是相似的。其结构包含含量很高的 α 螺旋，螺旋的一侧往往含有非极性的氨基酸残基，而另一侧则包含极性的氨基酸残基。非极性的氨基酸残基与脂蛋白中磷脂的非极性尾部相互作用，而极性的氨基酸残基则与极性的头部基团相结合。因此，载脂蛋白包围着脂质形成脂蛋白(见图 6.35)。低密度脂蛋白（LDL）中的胆固醇酯在 25℃和 35℃之间表现出一种与温度相关的液晶—各向同性的转变过程。最近，应用低温电子显微技术，低密度脂蛋白及其受体（LDLr）的复合物三维结构被报道（图 6.35）。

脂蛋白可以根据其密度进行分类。由于蛋白质成分的密度比脂质大，因此蛋白质成分较少的脂蛋白密度也较小。脂蛋白可以分为极低密度脂蛋白（VLDL）、低密度脂蛋白、中等密度脂蛋白（IDL）、高密度脂蛋白（HDL）和乳糜微粒。LDL 和 HDL 尤其引起了人们的兴趣，因为它们对人类的健康会有影响——更高水平的 LDL 被认为能够造成健康问题以及引发心血管疾病，而高水平的 HDL 似乎与较低风险的心血管疾病相关。因此，LDL 通常被称为“坏”胆固醇，而 HDL 则被称为“好”胆固醇或健康的胆固醇。

6.4.1 载脂蛋白和脂双层可以形成纳米圆盘

由于很难找到一个合适的、可以模拟膜的介质去维持蛋白质结构和功能，因此整合膜蛋白的结构研究非常困难。常用的去垢剂可以形成微团，用于从双层膜中提出蛋白质，然而这样的微团系统通常不能给膜蛋白发挥其正常的功能提供一个天然的场所。近期，一个名为磷脂纳米盘（nanodiscs）的膜系统成为膜蛋白领域十分受欢迎的系统，其由脂质双分子层和两份脂质结合蛋白组成。在该系统中，膜蛋白可以在没有去垢剂且与天然的脂质环境类似的条件下被研究。可以定制更小的纳米盘来容纳不同大小的膜蛋白，以适应和帮助使用核磁共振光谱学手段进行膜蛋白结构的测定。通过核磁共振光谱学手段，可以在一个几乎是

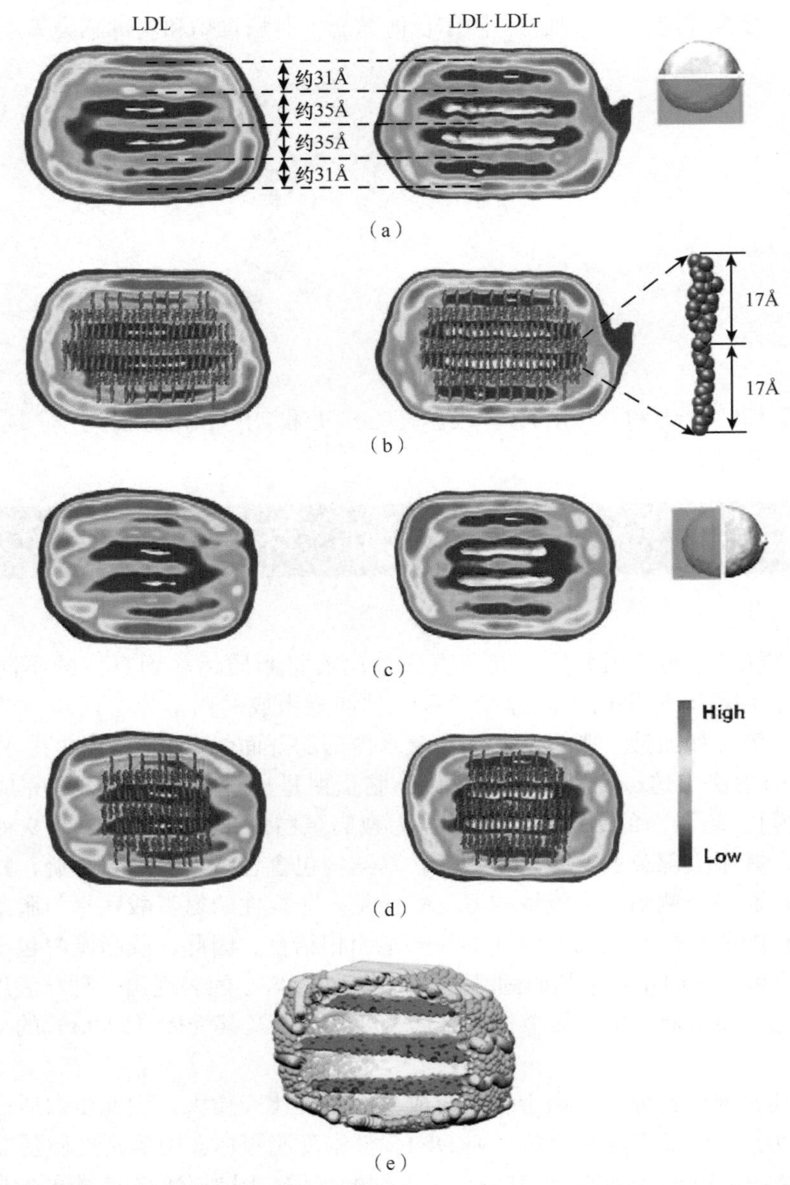

图 6.35 低密度脂蛋白（LDL）内部胆固醇酯核心的结构。(a) LDL（左）和 LDL · LDLr 复合体（右）三维密度图的侧切图。这两者的核心区都包括光条纹，这些光条纹在颗粒中心被约 35Å 的长度所分隔，表面处被约 31Å 的长度所分隔。(b) 核心主要由胆固醇酯组成，在此模型中用并列的栈表示。在这个模型中，胆固醇酯分子的高密度固醇部分（品红色）共面，而其酰基链则向外伸出到平行平面的两侧，构成四个较低密度的区间。(c) 和 (d) 展示的是分别垂直于 (a) 和 (b) 的角度。其展示了相似的特点，包括低密度的间隔内部的光条纹跨越了整个的核心区，并在共面层中容纳胆固醇酯。(e) 低密度脂蛋白的侧切图，展示了 apo B-100 蛋白的表面结构，以及胆固醇酯固醇部分的内部组织。磷脂头部、胆固醇酯和三酰甘油分别显示为青色、品红色和蓝色的球。根据观察到的核心区的大小和部分胆固醇酯特定的体积，有条纹的核心区域大约可以容纳 1200 个胆固醇酯分子。基于低密度脂蛋白的构成，则得到一个类似的值——1400。胆固醇（17Å）和 18 个碳的酰基链（17Å）最长尺寸的附加长度是 34Å，这与 X 射线散射测量的结果相一致。胆固醇酯的长度与并列栈模型中的相类似，固醇部分的间隔尺寸是 34Å。外围附近更小的间隔（31Å）可能是外壳的蛋白元件造成的，例如，8Å 厚的 β 折叠富集的区域，比固醇部分的 17Å 要薄，而且因为外侧栈中固醇部分酰基链的数目更少，会造成一些链的倾斜［经许可改编自 Ren G, Rudenko G, Ludtke SJ, *et al.* (2010) Model of human low-density lipoprotein and bound receptor based on cryoEM. *PNAS* **107**: 1059-1064. Copyright (2010) National Academy of Sciences USA］。

天然的环境中获取膜蛋白的三维结构信息，同时纳米盘的使用也能够完成蛋白质在脂质双分子层中动态性的测定（图 6.36）。最常用的纳米盘直径为 10nm，厚约为 4nm。

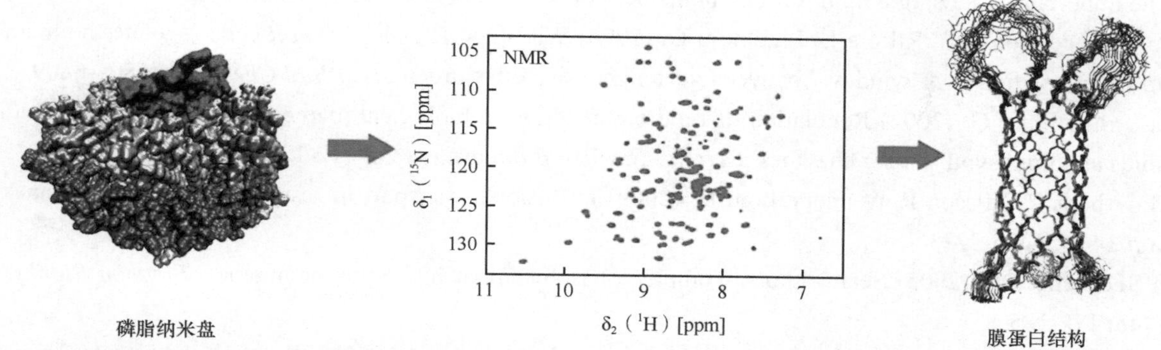

图 6.36 尺寸优化了的磷脂纳米盘，此盘被用于通过 NMR 光谱研究膜蛋白结构。纳米盘包括被两份载脂蛋白 A-1(ApoA-1) 包围的脂质。ApoA-1 的长度规定了 nanodisc 的直径。截短的 ApoA-1 构建可以产生更小的纳米盘，从而适用于借助核磁共振光谱测定更高分辨率的结构［经许可改编自 Hagn F, Etzkorn M, Raschle T, Wagner G. (2013) Optimized phospholipid bilayer nanodiscs facilitate high-resolution structure determination of membrane proteins. *J Am Chem Soc* **135**: 1919-1925. Copyright (2013) American Chemical Society］。

延伸阅读

系统命名法和网站

Fahy E *et al.* (2005) A comprehensive classification system for lipids. *J Lipid Res* **46**: 839-861.

LIPID MAPS, http://www.lipidmaps.org; http://lipidlibrary.co.uk; http://lipidbank.jp; http:// www.lipidat.chemistry.ohio-state.edu and http://www.cyberlipid.org

International Union of Pure and Applied Chemists, and the International Union of Biochemistry and Molecular Biology (IUPAC-IUBMB) (see further reading for URL address http://www. chem.qmul.ac.uk/iupac/)

Christie WW. What is a lipid? http://www.lipidlibrary.co.uk

原始文献

Alley SH, Ces O, Templer RH, Barahona M. (2008) Biophysical regulation of lipid biosynthesis in the plasma membrane. *Biophys J* **94**: 2938-2954.

Gibson NJ, Brown MF. (1993) Lipid headgroup and acyl chain composition modulate the MI-MII equilibrium of rhodopsin in recombinant membranes. *Biochemistry* **32**: 2438-2454.

Honigmann A, Mueller V, Hell SW, Eggeling C. (2013) STED microscopy detects and quantifies liquid phase separation in lipid membranes using a new far-red emitting fluorescent phospho-glycerolipid analog. *Faraday Discuss* **161**: 77-89.

Ipsen JH, Karlström G, Mouritsen OG, *et al.* (1987) Phase equilibria in the phosphatidylcholine-cholesterol system. *Biochim Biophys Acta* **905**: 162-172.

Killian JA, Salemink I, de Planque MRR, *et al.* (1996) Induction of nonbilayer structures in diacylphosphatidylcholine model membranes by transmembrane α-helical peptides: Importance of hydrophobic mismatch and proposed role of tryptophans. *Biochemistry* **35**: 1037-1045.

Lindblom G, Brentel I, Sjoölund M, *et al.* (1986) Phase equilibria of membrane lipids from *Acholeplasma laidlawii*. The importance of a single lipid forming nonlamellar phases. *Biochemistry* **25**: 7502-7510.

Morein S, Andersson A-S, Rilfors L, Lindblom G. (1996) Wild-type *Escherichia coli* cells regulate the membrane lipid composition in a "window" between gel and non-lamellar structures. *J Biol Chem* **271**: 6801-6809.

Rilfors L, Lindblom G. (2002) Regulation of lipid composition in biological membranes—Biophysical studies of lipids and lipid synthesizing enzymes. *Colloids Surf B—Biointerfaces* **26**: 112-124.

Sparr E, Åberg C, Nilsson P, Wennerstroöm H. (2009) Diffusional transport in responding lipid membranes. *Soft Matter* **25**: 3225-3233.

Veatch SL, Keller SL. (2005) Seeing spots: Complex phase behavior in simple membranes, *Biochim Biophys Acta* **1746**: 172-185.

Vist MR, Davis JH. (1990) Phase equilibria of cholesterol/dipalmitoylphosphatidylcholinemixtures: ^{2}H nuclear magnetic resonance and differential scanning calorimetry. *Biochemistry* **29**: 451-464.

综述文章和书

Brown MF. (2012). Curvature forces in membrane-protein interactions. *Biochemistry* **51**: 9782-9795.

Chernomordik LV, Zimmerbergh J, Kozlov MM. (2006) Membranes of the world unite! *J Cell Biol* **175**: 201-207.

Nicolson GL. (2014) The fluid-mosaic model of membrane structure: Still relevant to understanding the structure, function and dynamics of biological membranes after more than 40 years. *Biochim Biophys Acta* **1838**: 1451-1466.

Killian JA. (2003) Synthetic peptides as models for intrinsic membrane proteins. *FEBS Lett* **555**: 134-138.

Lindblom G. (1996) NMR spectroscopy on lipid phase behaviour and lipid diffusion. In *Advances in Lipid Methodology*, WW Christe (ed.), Oily Press, Ltd., Dundee, Scotland, pp. 133-209.

Lindblom G, Orädd G. (2009) Lipid lateral diffusion and membrane heterogeneity. *Biochim Biophys Acta* **1788**: 234-244.

Luckey M. (2011) *Membrane Structural Biology*. Cambridge University Press, New York, NY, USA, ISBN 978-0-521-85655-3.

Marsh D. (2009) Cholesterol-induced fluid membrane domains: A compendium of lipid-raft ternary phase diagrams. *Biochim Biophys Acta* **1788**: 2114-2123.

McIntosh TJ (ed.) (2007) Lipid rafts. *Meth Mol Biol*, Vol. 398, Springer Verlag, Berlin.

Mouritsen O. (2005) Life—As a matter of fat. The emerging science of lipidomics. Springer Verlag, Berlin, Heidelberg GmbH & Co. K., ISBN 3-540-5 23248-6.

Owen DM, Gaus K. (2013) Imaging lipid domains in cell membranes: The advent of super-resolution fluorescence microscopy. *Front Plant Sci* **4**: 1-9.

Owen DM, Magenau A, Williamson D, Gaus K. (2012) The lipid raft hypothesis revisited—New insights on raft composition and function from super-resolution fluorescence microscopy. *Bioessays* **34**: 739-747.

Sherman GC, Tyler A Ⅱ, Brooks NJ, *et al.* (2010) Ordered micellar and inverse micellar lyotropic phases. *Liq Cryst* **37**: 679-694.

Tanford C. (1980) The hydrophobic effect. Wiley, New York, USA.

Yeagle PL. (2005) The structure of biological membranes. CRC Press, Boca Raton, Florida, USA, ISBN 0-8493-1403-8.

（陈雷实验室　译，徐永萍　校）

第 7 章
碳水化合物基础

自然界中存在着丰富的碳水化合物或糖类（carbohydrate）。绝大多数糖类均可用化学式 $C_m(H_2O)_n$ 来表示，因此过去曾误认为这类物质是碳（carbon）的水合物（hydrate）。糖类物质以单糖（monosaccharide）、寡糖（oligosaccharide）和多糖（polysaccharide）三种形式出现。其中，单糖是单个的糖单元，寡糖是由数个单糖连接形成的短的糖链，而多糖是由较多的单糖连接形成的长的糖链。糖类常常作为生物体内主要的能源储存物质，这样的糖类分别以淀粉（starch）和糖原（glycogen）的形式存在于植物和动物中。除此之外，在生物体的结构和功能上也起着重要作用（图 7.1）。

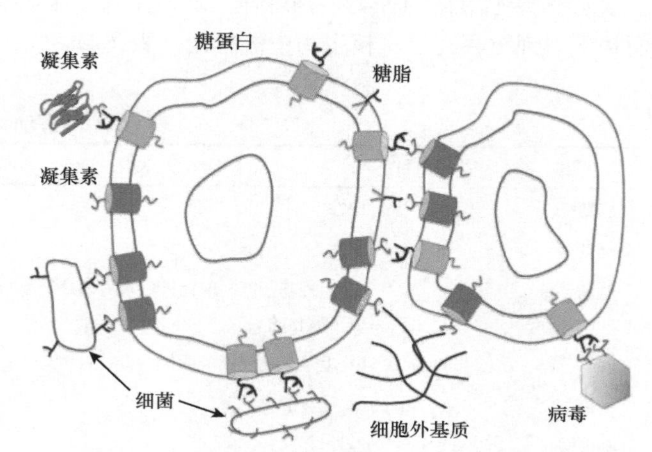

图 7.1　糖类参与的与细胞互作的图示。图中，糖类以棕色表示，糖蛋白以绿色表示，与膜结合或不结合的凝集素蛋白均以蓝色表示。

纤维素（cellulose）是地球上最丰富的有机聚合物（表 7.1）。绿色植物通过产生纤维素来形成它们的细胞壁，许多其他的物种也能产生纤维素。棉花纤维和木材均有极高的纤维素含量。壳多糖（chitin）也称几丁质，是一种在结构上与纤维素十分相似的多糖，它构建真菌的细胞壁，同时也是节肢动物（螃蟹、虾）的外骨骼和昆虫翅膀的主要结构物质。除此之外，也有一些存在于细胞外部的糖类，如透明质酸（hyaluronan），它可以作为一种运输屏障而在细胞外基质中发挥重要功能，同时也可作为一种信号分子作用于发育过程和防御机制。

表 7.1　糖类的分布和结构性作用

名称	物种	定位	作用
纤维素	植物	细胞壁	保护
半纤维素	植物	细胞壁	保护
壳多糖	真菌	细胞壁	保护
	节肢动物	外骨骼	保护
肽聚糖	细菌	细胞壁	保护
透明质酸	真核生物	细胞外基质	润滑、细胞黏附、细胞信号
蛋白聚糖	真核生物	与膜结合或分泌	骨架作用、细胞信号
糖脂	全部	与膜结合	细胞间识别
糖蛋白	全部	与膜结合或分泌	

细菌（尤其是革兰氏阳性菌）的细胞壁中含有大量的肽聚糖（peptidoglycan）。肽聚糖由短肽交联的多糖链构成，其中的多糖链由两种单糖交替排列而形成。

自然界中，还有一大类糖是以糖蛋白（glycoprotein）的形式存在。人体内所有的蛋白质中，超过 50% 都是被糖基化的，如抗体。大量结合着糖类的蛋白质或脂质都覆盖在真核细胞和病毒的表面，例如，HIV 和流感病毒的表面均有多种糖蛋白。一类叫做凝集素（lectin）的蛋白质能够特异性地结合不同的糖类（图 7.1）。

7.1 常见单糖

自然界中单糖的种类多种多样，真核生物中至少有 12 种不同的单糖，细菌中单糖的种类更加多样。我们将简单介绍存在于真核生物中的单糖（表 7.2）。

表 7.2　高等动物中常见的单糖

名称	碳原子数目	特性	举例
戊糖	5	中性	D-木糖 [Xyl]，核糖，脱氧核糖
己糖	6	中性	D-葡萄糖 [Glc]，D-半乳糖 [Gal]，D-甘露糖 [Man]
氨基己糖	6	C2 上羟基被氨基取代，氨基可以是游离的、乙酰化的或硫酸化的	*N*-乙酰-D-葡糖胺 [GlcNAc]，*N*-乙酰-D-半乳糖胺 [GalNAc]
脱氧己糖	6	C6 上羟基被氢原子取代	L-岩藻糖 [Fuc]
糖醛酸	6	C6 被羧酸化	D-葡糖醛酸 [GlcA]，L-艾杜糖醛酸 [IdoA]
唾液酸	9	酸性	*N*-乙酰神经氨酸 [Neu5Ac]

葡萄糖（glucose）常常可以被转化为其他的糖类，因此在单糖中处于中心地位。图 7.2 展示了葡萄糖的线形和环形结构式，其中环形又分为六元环［吡喃糖（pyranose）］和五元环［呋喃糖（furanose）］两种。依据与氧原子相邻的 C 上羟基基团的取向，环形葡萄糖又可分为 α 和 β 两种类型。单糖主要以环状形式出现，图 7.3 向我们展示了一些常见的环形单糖。线性单糖中至少包含一个不对称碳原子（asymmetric carbon atom)，并且不对称碳原子的数目等于糖分子内部 CHOH 基团的数目。己醛糖（aldohexose）分子式为 $C_6H_{12}O_6$，有 4 个不对称碳原子和 16 种不同的异构体，L-葡萄糖和 D-葡萄糖就是这 16 种异构体中的两

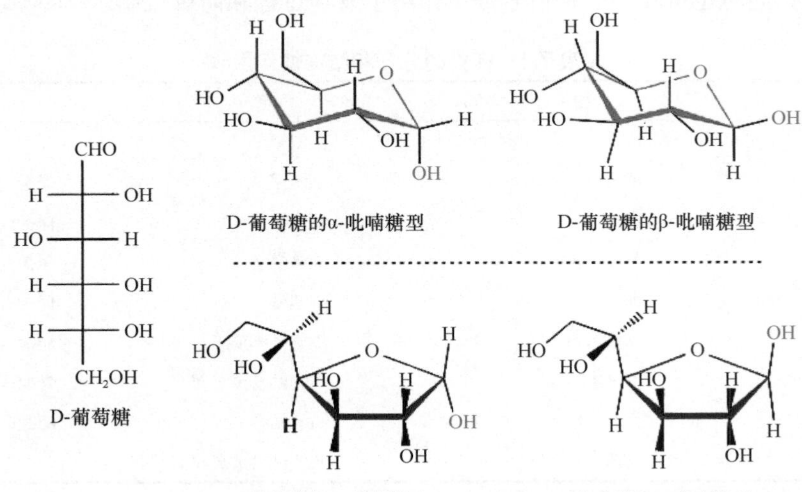

图 7.2　图中展示了 D-葡萄糖的线形和环状形式。环状的可分为吡喃糖和呋喃糖，每种糖又有各自的 α 和 β 形式。L-葡萄糖是 D-葡萄糖的镜像形式，在自然界中并不常见（该图由 Lars Erik Andreas Ehnbom 绘制）。

种（图 7.3 底部）。单糖的 D 型和 L 型由离醛基碳原子最远的一个不对称碳原子的构象来决定，在己糖中是 C-5，而在戊糖中是 C-4。当线性的单糖发生环化时，会引入一个不对称的碳原子，人们依据这个不对称的碳原子来确定单糖的α和β类型。此外，单糖上的羟基基团还可以发生脱氧化（羟基被氢原子取代）、磷酸化、硫酸化、甲基化、*O*-乙酰化，或者被加上 *N*-乙酰胺基基团或脂肪酸。

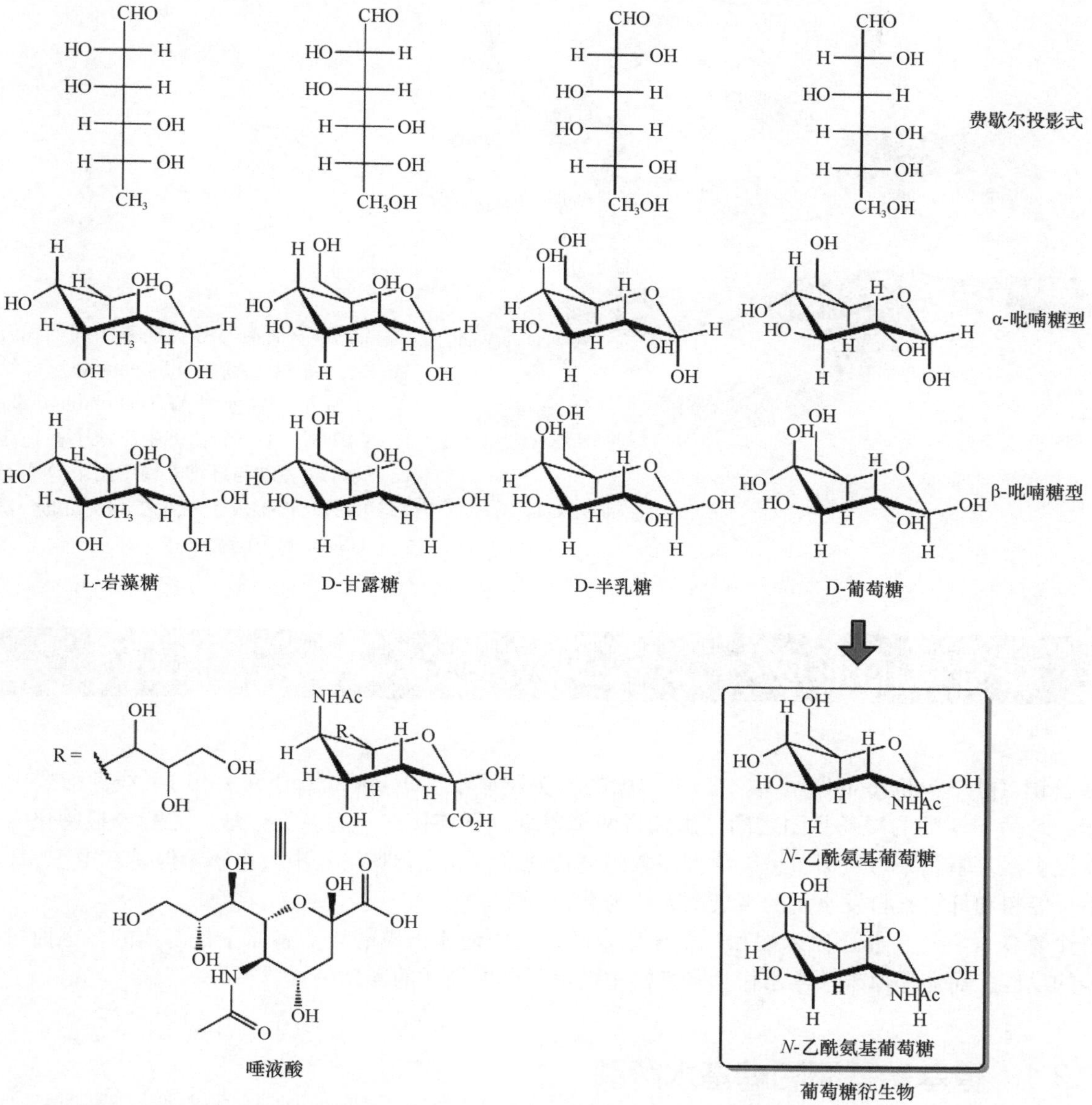

图 7.3　一些单糖的费歇尔投影式（Fisher projection）和椅式构型（该图由 Lars Erik Andreas Ehnbom 绘制）。

图 7.2 和图 7.3 中的平面构型是简化后的展示方式。单糖一般均采用椅式构型（chair conformation），这是最稳定的一种构型（图 7.3，下面）。同时也存在一些其他的构型，如平面构型（planar conformation）、半椅式构型（half-chair conformation）、船式构型（boat conformation）及扭船式构型（twist-chair conformation），但这些均不如椅式构型稳定。

糖类可以发生电子的移位，这是通过其环状结构一端的羟基基团吸引电子并在无羟基的表面形成一个部分的正电荷中心而实现的。这个带有部分正电荷的表面可以更好地与蛋白质中的芳香族基团相结合（见 2.2.3 节），这样便可以在糖与蛋白质之间建立电荷-电荷间的相互作用（图 7.4）。

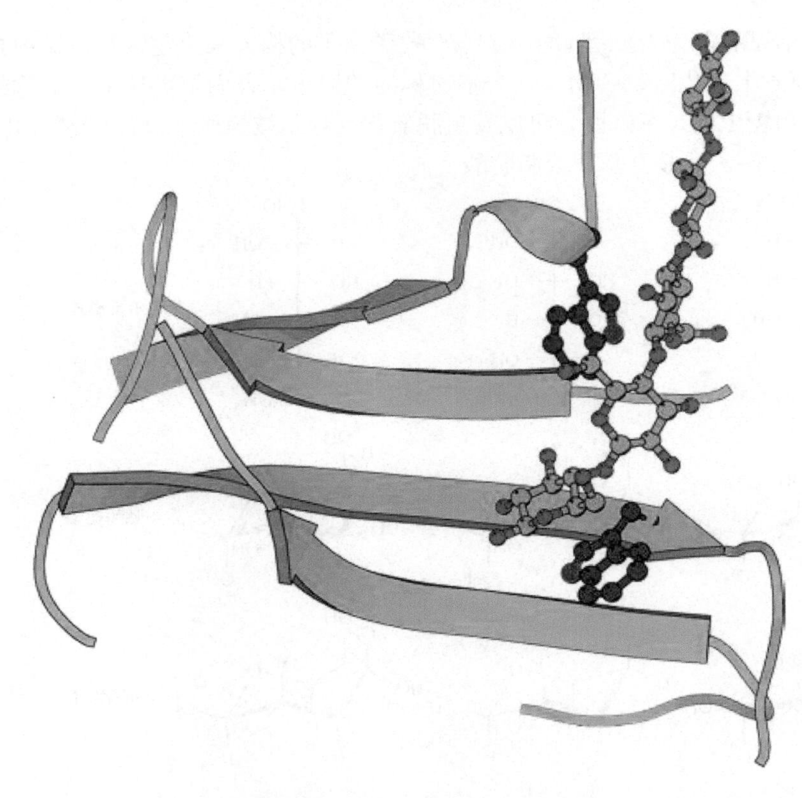

图 7.4　糖类与芳香族基团间的相互作用。纤维五糖（cellopentaose）可结合于纤维二糖水解酶（cellobiohydrolase，CBH1）的一个孔道中，这个孔道中的两个色氨酸与纤维五糖中两个 D-葡萄糖间的互作构成了相互作用表面的一部分（PDB：6CEL）。

7.2　糖苷键的形成

糖苷键（glycosidic bond）形成于一个单糖的异头碳原子（anomeric carbon atom）（线性形式中的醛基碳原子）与另一单糖的羟基基团之间，由此将两个单糖分子连接在一起。类似地，乙醇或羟基化的氨基酸也可以提供羟基基团来形成糖苷键。绝大多数的糖苷键都可以在稀酸溶液中被水解，但是在中性 pH 及室温条件下，淀粉和纤维素自发水解的半衰期大约为数百万年。

一个寡糖含有一个非还原末端和一个还原末端，其中还原末端的异头碳原子是游离的，因而可以发生进一步的反应，而非还原末端常常作为寡糖链中糖单元顺序描述的起始位置。

7.2.1　糖基转移酶和糖基水解酶

糖基转移酶（glycosyl transferase，GT）是负责合成糖类或者将糖类添加到蛋白质上的一类酶。目前，人们已鉴定出糖基转移酶三种不同的折叠方式，分别是 GT-A、GT-B 和 GT-C，它们均是金属酶，其中 GT-C 结合于膜上并且参与细胞壁的合成。糖苷水解酶（glycoside hydrolase），也称糖苷酶，是负责移除部分或整个糖链的一类酶。在已知基因组编码的蛋白质中，糖基水解酶所占的比例为 1% ～ 3%。人类大约有 230 个糖基转移酶基因，而杨树有超过 800 个糖基转移酶基因。处理糖类的酶可以人为地分为 200 多个家族（http://afmb.cnrs-mrs.fr/CAZY/），其中大量的结构已经被人们所解析。人们按照这些酶行使功能的差异将它们分为四个大类，分别是糖苷水解酶（135 个家族）、糖基转移酶（97 个家族）、多糖裂解酶（polysaccharide lyase）（23 个家族），以及糖酯酶（carbohydrate esterase）（16 个家族）。

7.3 糖蛋白和糖脂

糖基化（glycosylation）是一种共价修饰，是将一个或多个糖基基团转移至蛋白质或脂肪酸上的过程。对于糖脂（glycolipid）的相关内容，我们在第 6 章中进行了简单的讨论。对于糖基化的蛋白质，我们又可将其分为糖蛋白（glycoprotein）和蛋白聚糖（proteoglycan）两种形式。

糖基化有酶促反应和非酶促反应两种类型，其中非酶促反应的糖基化又称为糖化作用（glycation），这种糖化作用可能会削弱蛋白质的功能。酶促反应的糖基化作用发生在蛋白质的特定位点上。近乎一半的蛋白质都会被糖基化，因此它是一种最为常见的翻译后修饰类型，广泛存在于真核生物、古细菌和细菌中。在真核生物中，几乎所有的分泌蛋白和与膜结合的蛋白质都会被糖基化，而胞质蛋白或核内蛋白一般不发生糖基化。事实上，关于糖基化的内容非常复杂和广泛，在这里我们只对其基础内容进行一些简单的介绍。

将糖单元加到蛋白质上是一个十分复杂的过程。与蛋白质的合成不同，蛋白质的糖基化并不是由基因组直接编码的。第一，可以被加至蛋白质上的糖基基团种类复杂多样。第二，糖基化可以只有一个单糖，也可以由多个单糖连接成有分叉或无分叉的多种形式。第三，糖链上的所有羟基均可以作为节点来进行新的连接。如果按照这样的方法将三种特定的单糖进行组合的话，就可以产生数千种不同的三糖。如果额外的糖分子成为三糖单元的一部分，或者糖基化的糖单元包含的糖分子数超过三个，那么糖基化的复杂性又会显著增加。此外，一个蛋白质可能含有一个也可能含有多个糖基化位点，这也增加了糖基化的复杂性。由于以上种种原因，糖基化的所有组合数将会是一个巨大的天文数字。幸运的是，自然界中真实存在的组合方式仅仅限于若干种特定的形式。

被加到蛋白质上的寡糖链常常具有各种各样重要的功能，包括帮助蛋白质形成正确的折叠、稳定蛋白质的结构、保护蛋白质不被水解，以及参与细胞间的识别等。近些年来，人们又逐渐发现了蛋白质糖基化的更多特异的功能。大量的糖基转移酶能够修饰表皮生长因子（epidermal growth factor）。*O*-GlcNAc 转移酶（*O*-GlcNAc transferase，OGT）对成千上万种蛋白质底物进行 *O*-乙酰氨基葡萄糖修饰（*O*-GlcNAcylation），从而将营养物质的代谢与基因表达联系起来，而特异性的氨基葡萄糖苷酶（glucosaminidases，OGA）可以将修饰的单糖移除。蛋白质的糖基化和去糖基化修饰水平通过调控大量的底物从而调控各种各样的生命活动，这其中就包括转录过程中所涉及的 RNA 聚合酶Ⅱ和许多转录因子（详见第 10 章）。

酶促反应将一个单糖转移至受体（如单糖、寡糖、脂质、核酸、抗体或蛋白质）上时，需要使用具有活性的底物作为供体，这个供体通常是由一个糖基基团连接在 UDP、GDP、CMP 或磷酸酯的磷酸基团上而形成的，其中 UDP 是主要的供体形式。一般情况下，一次转移反应只可以转移一个单糖。所以在合成寡糖链的过程中，一个酶的产物常常又是下一个酶的底物。这些过程中的酶通常都是整合膜蛋白。

蛋白质的糖基化有两种形式：*O*-糖基化（*O*-glycosylation）和 *N*-糖基化（*N*-glycosylation）。*O*-糖基化主要发生在蛋白质丝氨酸或苏氨酸残基侧链的氧原子上，在一些较少的情况下，酪氨酸的侧链也可以作为 *O*-糖基化位点。*O*-糖基化发生在真核生物的高尔基体中，并且目前还没有识别到 *O*-糖基化位点的特定保守序列模体存在。这种形式的糖基化的糖链一般比较短（1 ～ 4 个糖残基），短糖链通过 *N*-乙酰葡糖胺与受体的羟基基团相连，而反应中的供体通常是 UDP。参与这些反应的多种糖基转移酶已经被人们鉴定出来，这些酶具有特异性，其特异性随底物的特定氨基酸序列不同而不同。这些酶的特异性是多方面的，一方面是对糖核苷酸的特异性，另一方面是对受体的特异性，受体一般是蛋白质或者之前被添加的糖。除此之外，这些酶也能够特异性地决定蛋白质中哪一个羟基基团会作为受体而被糖基化。

N-糖基化是最常见的糖基化形式，它发生于蛋白质正在被翻译的内质网的内腔表面。内质网也是膜蛋白和分泌蛋白合成的场所。在真核细胞中，*N*-糖基化就是将单糖或整个寡糖链转移至 N-X-S/T 序列的天冬酰胺残基的氮原子上，该序列中的 X 可以是除脯氨酸以外的其他任意氨基酸（图 7.5）。然而，并不

是所有符合此要求的序列都会被糖基化修饰。在细菌中，这个特定的序列可扩展成为D/E-X-N-X-S/T。由于真核生物中的识别序列相对短小，所以其糖基化的特异性也更为广泛。糖基化所用到的糖链是一个巨大的、带分枝的寡糖链，一般情况下这个寡糖链由3个葡萄糖、9个甘露糖和2个*N*-乙酰葡糖胺构成[(glucose)$_3$(mannose)$_9$(*N*-acetylglucose)$_2$]。这个寡糖链是预先合成好的，并附着于多萜醇（dolichol）上，多萜醇是一种结合于膜上的长形脂类。在寡糖链被转移至蛋白质上之后其会进入修剪过程，包括将糖链外侧的葡萄糖移除。这个过程参与了监测蛋白质折叠是否正确的检验机制，正确折叠的蛋白质将会被转移至高尔基体并进行后续的加工。

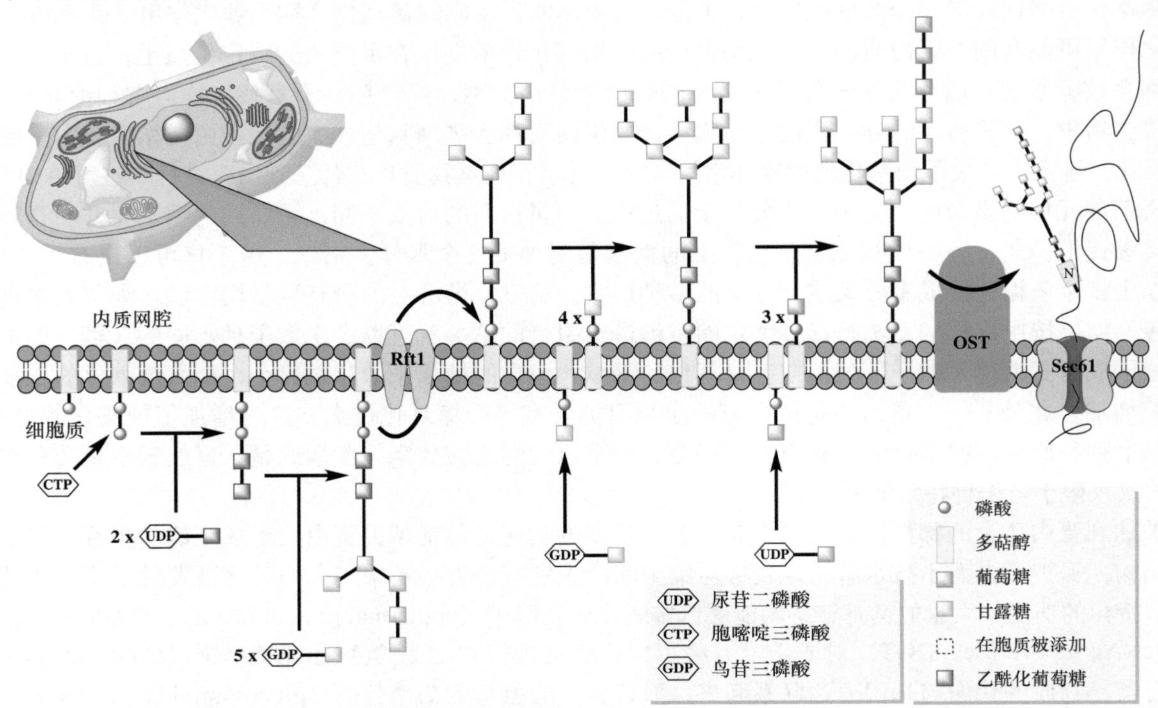

图 7.5 图中展示了前体多糖如何在内质网的胞质一侧起始合成，再翻转至内质网的内腔一侧继续合成的过程。寡糖链合成完成后，被寡糖转移酶（oligosaccharide transferase，OST）转移至正在合成的肽链的谷氨酰胺残基上（该图由 Lars Erik Andreas Ehnbom 绘制）。

修饰的糖基具有高度的亲水性，因而暴露于蛋白质的表面。此外，这些糖基基团具有高度的柔韧性，因此人们在将蛋白质进行结晶时通常会移除蛋白质表面的寡糖链，这几乎不会影响蛋白质的构象。

7.4 重要的多糖

大量具有重要生理功能的多糖已经被人们所知。其中，只由一种单糖组合而成的多糖称为同多糖（homopolysaccharide），如纤维素和壳多糖；而由两种单糖交替排列组合而成的多糖称为杂多糖（heteropolysaccharide），如糖胺聚糖（glycosaminoglycan）、透明质酸、硫酸软骨素（chondroitin sulfate）、硫酸皮肤素（dermatan sulfate）、肝素（heparin）和硫酸乙酰肝素（heparan sulfate）等。在蛋白聚糖的结构中，硫酸化糖胺聚糖以共价的形式结合于蛋白质上。目前，关于多糖合成和降解的结构生物学信息正处于逐渐积累的阶段，特别是纤维素这个例子中，科学家们从两个方面下手均获得了一些重要信息。

7.4.1　纤维素

7.4.1.1　合成

纤维素是地球上最常见的有机聚合物，它是绿色植物细胞壁的一种主要结构组分。据估计，地球上纤维素的总量达到 7×10^{11}t。纤维素还是生物质的基本组分，经过一系列的加工后可生成生物能，其中一个基本的方法就是通过酶的水解过程生成可发酵的糖分子。纤维素是由 D-葡萄糖连接而成的长线形多糖，该过程由纤维素合酶（cellulose synthase）催化（图 7.6）。纤维素残基间通过 β-1,4 糖苷键连接，每个残基相对于前一个残基翻转 180°。

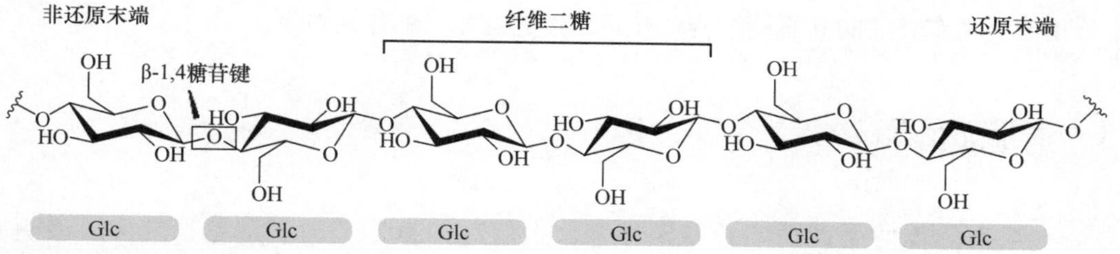

非还原末端　纤维二糖　还原末端
β-1,4糖苷键
Glc　Glc　Glc　Glc　Glc　Glc

图 7.6　由 β-D-葡萄糖构建而成的纤维素结构（该图由 Lars Erik Andreas Ehnbom 绘制）。

微纤维（microfibril）是植物中由 36 个纤维素链平行排列而成的纤维素聚合物，长度是 500 ～ 15 000 个残基（图 7.7）。这些微纤维可以排列形成巨原纤维（macrofibril），这些聚合物又通过广泛的氢键连接而形成相当长的纤维（fiber）。纤维素的合成前体是尿苷二磷酸-葡萄糖（uridine diphosphate-glucose，UDP-glucose），它是具有活性的葡萄糖供体，合成过程由一个质膜上的多亚基复合体催化完成。该复合体由 36 个单元组成，提供了产生合成微纤维所需的组分。纤维素组成木材干重的 30% ～ 35%，而其他的聚合物如半纤维素（hemicellulose）和木质素（lignin）分别构成木材干重的 20% ～ 30%。

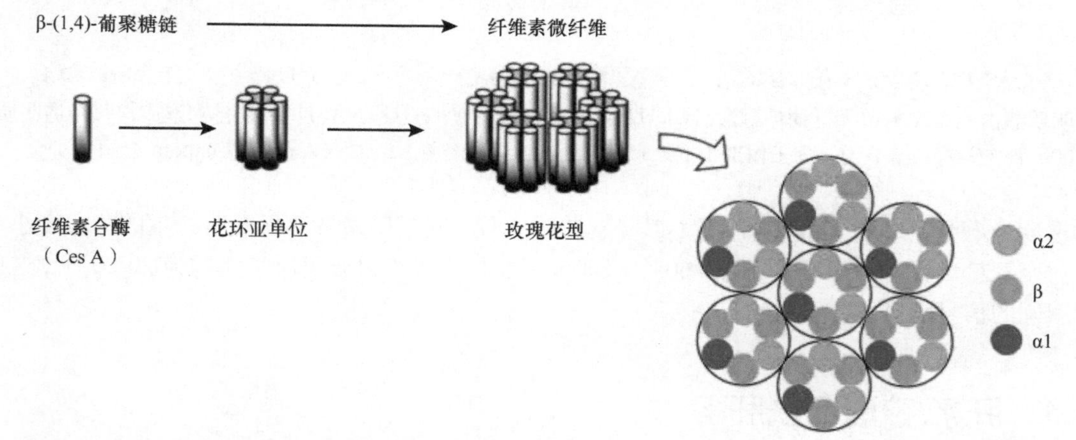

图 7.7　三种不同类型的纤维素合酶玫瑰花状排列，纤维素合酶可产生微纤维［Doblin *et al.* (2002). 该图由 Lars Erik Andreas Ehnbom 绘制］。

细菌也可以合成纤维素，一定程度上是为了形成生物膜。

淀粉是另外一种由葡萄糖构成的同多糖。与纤维素不同的是，淀粉内部是由 α-1,4 糖苷键连接，而不是在纤维素中发现的 β 连接。正是由于这个不同点，淀粉可以在动物体内进行代谢并产生能量。

7.4.2 壳多糖

壳多糖是一种由 *N*-乙酰-D-葡糖胺（*N*-acetyl-D-glucosamine）构成的长链多糖，它构建真菌的细胞壁和节肢动物（包括螃蟹、虾和昆虫）的外骨骼，是自然界中第二丰富的多糖。壳多糖在结构上与纤维素十分相似，只是每个葡萄糖残基上的一个羟基被乙酰胺基所取代。

目前，人们掌握的关于壳多糖合成的结构信息十分有限，然而壳多糖酶（chitinase）却被人们广泛地研究，它的降解产物在工业和医药领域均有广泛的应用。病毒、细菌、高等植物和动物中均含有壳多糖酶。截至目前，人们发现壳多糖酶至少存在两个不同的家族，它们在结构和催化机制上完全不同。其中的一个家族，具有 TIM-桶折叠结构，并且反应的产物中保留了异头物的构象。而其他的壳多糖酶在结构上与鸡蛋清溶菌酶十分相似，具有高度的 α 螺旋结构，并且采用完全相反的作用机制。

7.4.3 透明质酸

随着多糖一系列的重要生理功能被鉴定出来，人们对多糖分子的了解越来越多。透明质酸（HA，图 7.8）是一种巨大的线形糖胺聚糖，它的相对分子质量超过 10^7，带有大量的负电荷并且高度水合。它广泛存在于细胞外基质中，在滑液、脐带和眼睛的玻璃体等组织中尤为丰富。透明质酸可以作为关节之间的润滑剂；在软骨中，它又可以与硫酸软骨素蛋白聚糖相互作用来形成大分子复合体，从而提供抗压缩能力。同时，透明质酸在细胞黏附、凋亡、迁移和增殖中也具有重要作用。透明质酸的合成具有严格的调控机制，在哺乳动物中它由三种质膜上的同工酶合成。大量不同类别的蛋白质也可以结合在透明质酸上。

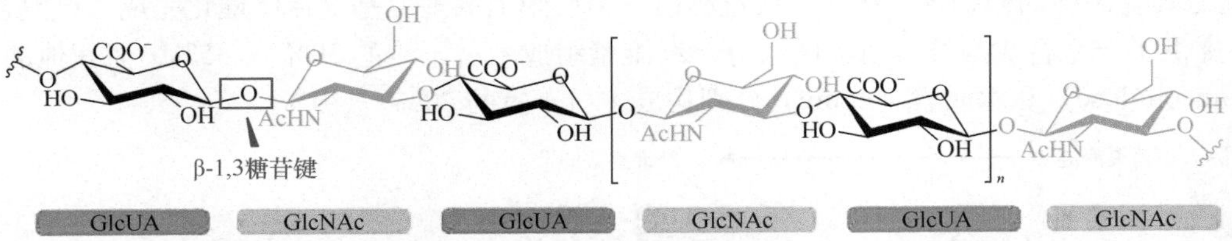

图 7.8 透明质酸由一个二糖单元［葡糖醛酸（GlcUA）和 *N*-乙酰葡糖胺（GlcNAc）］重复排列形成，每个透明质酸分子平均含有 10 000 个这样的二糖单元。分子内部由 β-1,3 糖苷键连接（该图由 Lars Erik Andreas Ehnbom 绘制）。

多种透明质酸酶（hyaluronidase）都可以降解透明质酸，它们降解透明质酸所产生的片段大小也不尽相同，小至一个双糖单元，大至含有 50 ～ 60 个双糖单元的片段（相对分子质量大约为 20 000）。这些寡糖可以参与细胞间的信号识别。

7.4.4 肝素/硫酸乙酰肝素

肝素和硫酸乙酰肝素十分相似，都是重要的糖类，它们参与了生物体内许多重要的生理过程。肝素由一个简单的二糖单位重复排列构成，这个二糖单位由糖醛酸和葡糖胺组成。肝素结构中存在着广泛的 *O*-磺基、*N*-磺基和 *N*-乙酰基修饰，整个分子的分子质量在 5 ～ 40kDa。肝素一般仅存在于肥大细胞中，是带负电最多的生物分子。在肥大细胞中，肝素以蛋白聚糖的形式存在，并且紧紧地与蛋白酶结合在一起，但是可以被内源的葡糖醛酸酶降解成片段再释放到细胞外基质中。尽管肝素可以与大量不同的蛋白质相互作用，但是它整个的生理功能仍然不清楚。与肝素相比，硫酸乙酰肝素通常会较少地被硫酸化，并且是以细胞特异性和高度可变的方式进行。它作为一种组成成分存在于细胞外基质中，除此之外，细胞表面也富含硫酸乙酰肝素，可作为细胞表面受体的一部分。

7.4.4.1　肝素在凝血中的作用

丝氨酸蛋白酶抑制剂抗凝血酶（antithrombin）[丝氨酸蛋白酶抑制剂（serpin），详见 12.3 节] 是参与凝血过程的多种蛋白酶的重要抑制剂，而肝素可以激活抗凝血酶从而影响凝血过程。凝血酶（thrombin）是凝血级联响应中的最后一个蛋白酶，它负责切割纤维蛋白（fibrin）以形成纤维蛋白凝块（fibrin clot）。抗凝血酶是控制凝血酶活性系统中的一部分。肝素可以激活抗凝血酶，在血管系统中，硫酸乙酰肝素也可以潜在地激活抗凝血酶，其原理是基于与一个特异的戊多糖序列的互作。尽管目前抗凝血剂肥大细胞肝素在血管外的功能仍然不清楚，但是肝素仍然能够作为一种最常用的天然药物，在临床上用于阻止血栓的形成。

肝素也能够以很高的亲和力结合纤维母细胞生长因子（fibroblast growth factor），以此来辅助它们与纤维母细胞生长因子受体的相互作用。这个受体由多个 Ig 结构域构成（详见 14.1 节）。

7.5　细胞壁和细胞外基质

在许多细胞的外部都有一个复杂的外层，人们称之为细胞壁，细胞壁上的糖类具有十分重要的作用。细菌的细胞壁也被称为肽聚糖（peptidoglycan）或者胞壁质（murein），是存在于细胞质膜外侧的一个复杂网络，由短肽交联着交替排列的 *N*-乙酰葡糖胺（*N*-acetylglucosamine）和 *N*-乙酰胞壁酸（*N*-acetylmuramic acid）构成。在植物细胞中，细胞壁主要由纤维素、半纤维素和果胶构成。细胞壁可以达到数微米厚，以抵挡内部强烈的渗透压。动物细胞没有细胞壁。

细胞外基质（extracellular matrix，ECM）存在于多细胞结构的细胞与细胞之间，它与细胞黏附、细胞与细胞间的交流和细胞分化密切相关（详见第 16 章）。细胞外基质在结构上是由纤维状蛋白（fibrous protein）和糖胺聚糖（glycosaminoglycans，GAG）形成的连锁网线。蛋白聚糖的核心蛋白上附着大量的糖胺聚糖聚合物，包括硫酸乙酰肝素、硫酸软骨素、硫酸皮肤素和硫酸角质素等，然而透明质酸是个例外。胶原蛋白（collagen）是细胞外基质中最主要的蛋白质，但是弹性蛋白（elastin）也是一种重要的组分，它的存在使组织具有良好的弹性。纤连蛋白（fibronectin）是一种糖蛋白，它将细胞与胶原纤维（collagen fiber）连接在一起，并且辅助细胞的运动和重组。整联蛋白（integrin），又称整合素，是一类蛋白受体，它能够建立细胞内部与其他细胞或细胞外基质中分子的连接。

网站

http://afmb.cnrs-mrs.fr/CAZY/

延伸阅读

原始文献

Li W, Johnson DJKD, Esmon CT, Huntington JA. (2004). Structure of the antithrombin-thrombin-heparin ternary complex reveals the antithrombotic mechanism of heparin. *Nat Struct Mol Biol* **11**: 857-862.

Lizak C, Gerber S, Numao S, Aebi M, Locher KP. (2011). X-ray structure of a bacterial oligosaccharyltransferase. *Nature* **474**: 350-355.

Morgan JLW, Strumillo J, Zimmer J. (2013). Crystallographic snapshot of cellulose synthase and membrane translocation. *Nature* **493**: 181-187.

Shaya D, Tocilj A, Li Y, Myette J, Venkatram G, Sasisekharan R, Cygler M. (2006). Crystal structure of heparinase Ⅱ from Pedobacter heparinus and its complex with a disaccharide product. *J Biol Chem* **281**: 15525-15535.

书目和综述文章

Arki *et al.* (2009). Essentials of glycobiology. 2nd ed. Cold Spring Harbor Press. Cold Spring Harbor. New York.

Boraston AB, Bolam DM, Gilbert HJ, Davies GD. (2004). Carbohydrate-binding modules: fine-tuning polysaccharide recognition. *Biochem J* **382**, 769-781.

Breton C, Fournel-Gigleux S, Palcic MM. (2012). Recent structures, evolution and mechanisms of glycosyltransferases. *Curr Op Struct Biol* **22**: 540-549.

Hurtado-Guerrero R, Davies GJ. (2012). Recent structural and mechanistic insights into post-translational enzymatic glycosylation. *Curr Op Chem Biol* **16**: 479-487.

Lairson LL, Henrissat B, Davies GJ, Withers SG. (2008). Glycosyltransferases: Structures, functions and mechanisms. *Ann Rev Biochem* **77**: 521-555.

Malik V, Black GW. (2012). Structural, functional, and mutagenesis studies of UDP-glycosyl transferases. *Adv Prot Chem Struct Biol* **87**: 87-115.

Sandgren M, Ståhlberg J, Mitchinson C. (2005). Structural and biochemical studies of GH family 12 cellulases: improved thermal stability and ligand complexes. *Prog Biophys Mol Biol* **89**: 246-291.

Wang M, Liu K, Dai L, Zhang J, Fang X. (2013). The structural and biochemical basis for cellulose biodegradation. *J Chem Technol Biotechnol* **88**: 491-500.

（李雅鑫　王禹心　译，徐永萍　陈　红　校）

第 8 章
酶

酶（enzyme）是指可以催化生物化学反应的蛋白质，在这个过程中其本身不被消耗，能够反复不断地进行相同的反应。它们具有广泛的催化特性，并且可以以此为基础分类，如水解酶（hydrolase）、连接酶（ligase）、还原酶（reductase）、氧化酶（oxidase）等。

酶通常是大分子，但只有其上小部分氨基酸残基参与催化反应。酶中与底物结合并发生催化反应的位点被称为活性中心。活性中心通常位于酶结构的凹处或者洞中。有时辅因子（如金属离子）或辅酶（如 NADH）结合在活性中心，参与反应过程。

很多酶对于它们的底物是高度特异的。这是由底物与活性中心的形状互补导致的。互补可能也包括底物和活性中心之间的电荷、极性和疏水性关系。由于这些互补性，酶通常是高度立体特异性的，具有错误手性的底物也许不能够与之结合。人们已提出了许多模型来描述酶与底物的关系。一个较早期的描述是“锁与钥匙模型”，该模型阐明了互补性，但是没有说明酶如何行使功能。

像所有蛋白质一样，酶是柔性的分子。其动力学涉及原子振荡、侧链重新定位和整个结构域主链的运动。这些动态特征对于酶活性是必要的。在结合和催化的过程中，活性中心的残基或酶的较大部分能够经历构象变化，就像底物经历化学变化一样。强调酶和底物构象变化的一个模型被称为“诱导契合”（induced fit）模型（图 8.1）。伴随着构象变化，参与催化的基团离得更近。

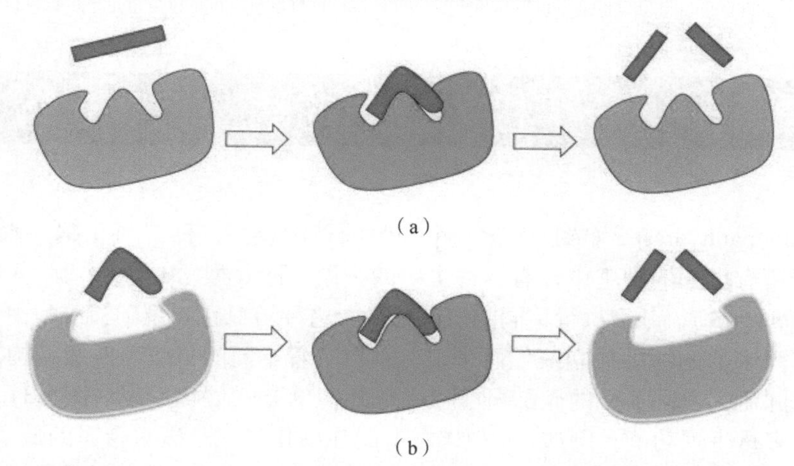

图 8.1 （a）简化的酶机制。（b）底物以一种紧张的构象强制与酶结合，导致底物的降解。参与反应的酶通过构象变化以结合底物并催化反应。在（a）和（b）中，底物或酶，分别经历诱导契合。处于红色状态的酶稳定该过渡状态。

酶的一个通用功能是降低化学反应的活化能（图 8.2）。如果酶以最合适的距离和朝向与底物结合，催化反应就很容易发生。这与提高底物或产物的浓度是类似的。

酶对于过渡状态的亲和力可能比对于底物或产物的亲和力高（过渡状态的稳定性）。这导致在底物中产生应力。在催化有共价键形成或破坏的反应时，酶可能可以使底物之间的距离比范德华距离更近，从而帮助键的形成，或者是拉紧应被破坏的共价键使之断裂。非催化反应中显然缺少这种可能。

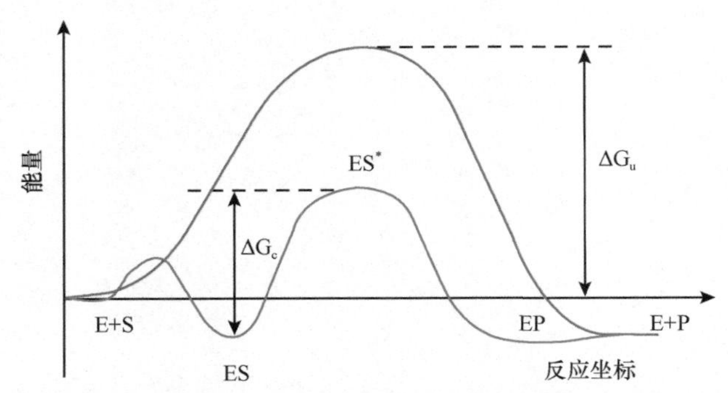

图 8.2 化学反应具有活化能。非催化的反应显示为蓝色曲线，酶通过降低活化能来催化反应（红色曲线）。E 代表酶，S 代表底物，P 代表产物。ES* 表明在过渡状态的、被激活的酶和底物的复合物。

很多酶催化去质子或加质子的反应（酸/碱催化）。这些酶的残基，通常是 pK_a 值接近中性的组氨酸参与的反应过程。通常，活性位点处基团的 pK_a 值可能由于静电相互作用而显著改变。

静电效应经常在催化反应中激活亲核或亲电基团，或者在稳定离去基团方面发挥重要作用，在这种情况下，带电的氨基酸或金属辅因子则扮演最重要的角色。

一些酶（如丝氨酸蛋白酶中的胰蛋白酶）与底物形成一个共价结合的中间产物。这很显然是一个只有在酶存在的情况下才可发生的反应路径。同样，酰胺 tRNA 合成酶最初通过结合分子激活氨基酸，然后再将其转移至 tRNA 底物上。

一些酶具有别构效应，并受到小分子结合调控，这种结合能够通过诱导构象变化来影响活性中心，从而激活或抑制这些酶。对于很多酶而言，如果不使用能使酶停止在催化的一系列构象状态中的某一构象状态的抑制剂，就不能分析催化机制。

在本章中，我们展示了一些具有非常不同的作用模式和重要生物学功能的酶。其中，第一种酶催化一个极为快速的反应；第二种酶在生物体内受到严格的调控；第三种酶是分子马达家族；第四种酶是一个分子开关；第五种酶则是一个具有多重功能的酶。更多类型的酶会在本书其他章节继续讨论。

8.1 碳酸酐酶——一个极为快速的酶

碳酸酐酶（carbonic anhydrase，CA）催化一个非常简单的反应，即二氧化碳的水合反应及其逆反应。碳酸酐酶广泛存在于所有已知的细胞中，有 5 种主要的类型，即 α 型、β 型、γ 型、δ 型和 ζ 型。碳酸酐酶中有许多同工酶（isoenzyme），分别执行不同的生理任务，这种情况在 α 型碳酸酐酶中尤其多见。至少 3 种类型的碳酸酐酶从不同来源的物种独立演化而来，并且也有着不同的三级、四级结构。部分 ζ 型的碳酸酐酶与 β 型具有相同的起源。不同类型的碳酸酐酶以十分相似的方式催化反应（图 8.3）。这个酶最有趣的一点是它的催化速率和多重生理功能。例如，α 型碳酸酐酶在催化二氧化碳水合时的最大转换速率（maximal turnover rate）是 $10^6 s^{-1}$，这已经非常接近扩散极限。碳酸酐酶是如何设计的？又是通过什么样的机制使得它可以如此快速地行使功能？先来看看它所催化的反应步骤：

$$Zn\text{–}H_2O=Zn\text{–}OH^-+H^+$$

$$H^++His=His\text{–}H^+$$

$$His\text{–}H^++Buffer=His+Buffer\text{–}H^+$$

$$Zn\text{–}OH^-+CO_2+H_2O=HCO_3^-+Zn\text{–}H_2O$$

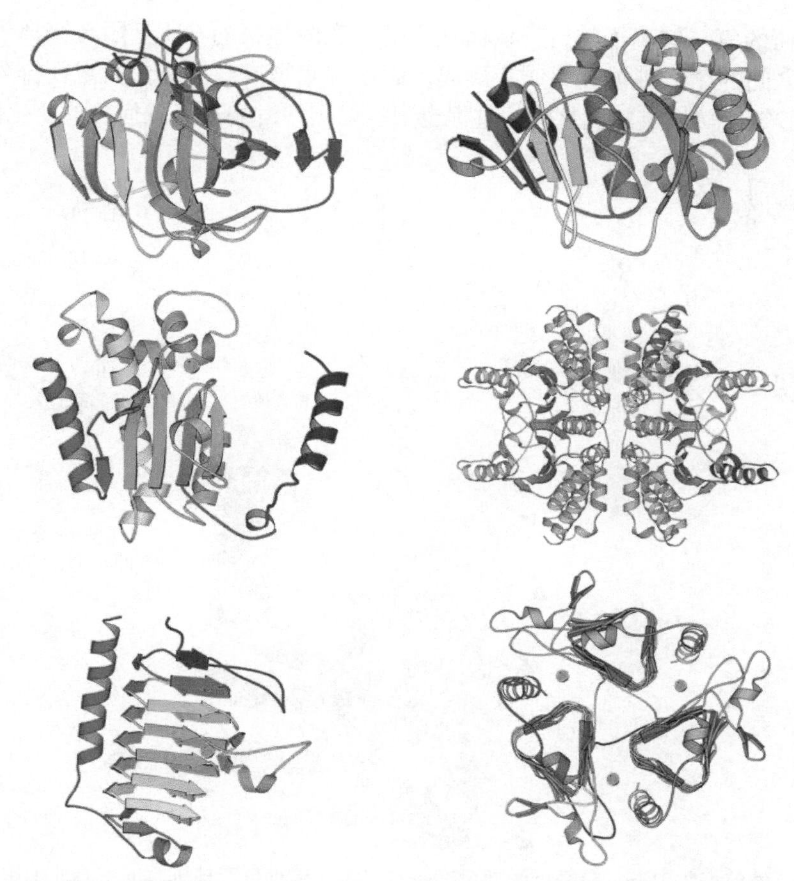

图 8.3　四种不同类型碳酸酐酶的结构图，从上至下分别为 α 型（最上左侧，PDB：2CBB）、ζ 型（最上右侧，PDB：3BOB）、β 型（中间，PDB：1I6P）及 γ 型（底部，PDB：1QRE）。在所示的结构中可以看出，它们的折叠方式是完全不同的。另外，α 型的碳酸酐酶是单体，而 β 型是由两个、三个或四个二聚体组成的四聚体、六聚体或者八聚体，γ 型碳酸酐酶则是由 β 螺旋组成的三聚体。在图中所示的 β 型和 γ 型碳酸酐酶聚体结构中（第二行和第三行右侧），都用彩色标出了其中的一个单体。通过锌离子的位置（图中绿色圆点所示）可以得知图中每一个碳酸酐酶活性位点的位置，并可见在 γ 型碳酸酐酶中，其活性位点位于各单体间的界面上。

在碳酸酐酶的活性位点中一般都存在着一个金属离子（通常是锌离子）。然而，在体内 γ 型碳酸酐酶很可能含有一个铁离子，ζ 型碳酸酐酶利用镉离子。这两种形式的酶也能在锌离子的条件下发挥功能。在 α 型和 γ 型的碳酸酐酶中，金属离子结合在三个组氨酸残基上；而在 β 型和 ζ 型碳酸酐酶中则与一个组氨酸残基和两个半胱氨酸残基结合。在 α 型、β 型和 δ 型碳酸酐酶中，金属离子为+2 价（图 8.4）。

这个金属离子对于激活水分子是必需的，它是通过将其 pK_a 值降低至 7 左右来完成对水分子的激活。于是在活化形式的碳酸酐酶中存在着一个结合在金属离子上的羟基离子。反应生成的质子能够以与催化反应相同的速率被释放到外部的水或缓冲液中，这在大多数情况下是限速步骤。为了做到这一点，活性最高的碳酸酐酶（α 型酶同工酶 Ⅱ）活性位点中有一个组氨酸残基作为局部临时的缓冲分子，这个组氨酸残基不以氢键形式结合任何其他的残基，可以自由地旋转以释放反应生成的质子。该组氨酸残基并不直接处于与锌离子结合的水分子旁边，而是以一些水分子作为桥梁来传递质子。

碳酸酐酶活性中心口袋的大小对底物及产物的扩散速率没有限制作用，为了使催化反应快速进行，酶既不应该强力地结合底物或产物，也不应该产生大的构象变化（conformational change），这正是碳酸酐酶反应如此快速的秘密。碳酸酐酶迫使底物以一种出乎意料的方式与其结合，在锌离子附近存在着一个特定的氢受体，使得只有质子化的配体才可以结合到锌离子上（图 8.4）。这个被称为“守门员”的氢受体便是 199 位苏氨酸的羟基，这个羟基中的氢与 106 位谷氨酸形成氢键而被牢牢地占据着，这就防止了碳酸酐酶的底物，即碳酸氢根以带负电荷的氧与锌离子结合，取而代之的是碳酸氢根的 OH 基团与锌离子结合。这个碳酸氢根 OH 基团与碳原子之间的化学键被破坏或者形成，而没有底物或产物的任何重新排列，也不需要底物质子的转移。此外，碳酸氢根转换成二氧化碳的过程也不需要碳酸酐酶进行任何构象变化。

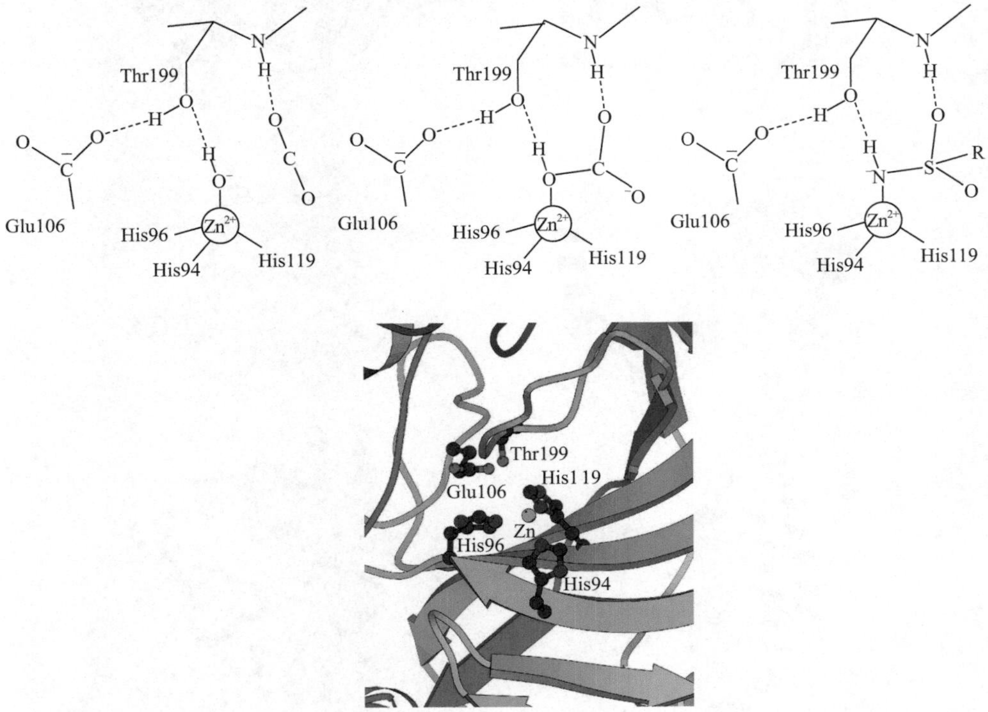

图 8.4 α 型碳酸酐酶的活性位点。上左：羟基已经处于准备对二氧化碳进行亲核进攻的状态。上中：碳酸氢根离子中质子化的氧而非带负电荷的氧结合在碳酸酐酶的锌离子上，这是因为碳酸酐酶第 199 位苏氨酸的羟基与第 106 位谷氨酸形成了氢键，于是第 199 位苏氨酸羟基的位置及方向阻止了非质子化的基团与锌离子的结合。这个催化反应的速率仅仅取决于羟基和碳酸氢根离子之间化学键的形成或打断。上右：碳酸酐酶与磺胺类抑制剂（sulfonamide inhibitor）结合的模型。抑制剂的 NH 基团上的质子与碳酸酐酶第 199 位的苏氨酸有氢键相互作用，从而使整个带负电荷的 NH 基团被摆放在最合适的锌离子第四个配位键的位置。该抑制剂类型模拟了一个过渡状态。下：碳酸酐酶活性位点示意图（PDB：2CBB）。

在生成碳酸氢根时，氢氧根离子对二氧化碳分子进行亲核攻击。负电荷被转移到二氧化碳分子中离锌离子最近的那个氧上，而这个氧原子可能经过了一个微小的取向变化后变成锌离子的一个远端配体。碳酸氢根通过这种中性的、质子化的氧结合在锌离子上，结合力不是很强，于是它很快被一个水分子取代。水分子结合后被去质子化成羟基离子，从而导致碳酸氢根解离。

β 型和 γ 型的碳酸酐酶似乎以相同的机制发挥功能，尽管酶的结构及活性位点的残基完全不同。

8.1.1 过渡态的稳定

芳香磺酰胺（aromatic sulfonamide）是所有碳酸酐酶的强效抑制剂（图 8.4），它们是酶促反应中间产物类似物，属于一类经典的抑制剂。总的来说，酶是通过降低反应路径的能量壁垒的方式来实现催化的。化学反应的过渡态（transition state）是一种高能状态，反应物必须穿越这个状态以生成产物，许多酶都通过稳定这种中间状态来降低反应的能量壁垒从而促进反应进行。在碳酸酐酶催化的反应中，与锌离子结合的带负电的羟基离子和二氧化碳发生反应以生成碳酸氢根，芳香磺酰胺的磺胺基团则是其中间产物的类似物。带负电荷且质子化的 NH 基团与金属离子结合，并且作为氢供体与第 199 位苏氨酸的 OH 形成氢键，同时磺胺基团的两个氧原子以一种类似于二氧化碳或者是碳酸氢根中的两个非质子化氧的方式结合在锌离子上。另外，磺酸并不能作为碳酸酐酶的抑制剂，因为硫酸根（SO_3^-）中缺少质子。

碳酸酐酶的催化反应速率如此之快的原因除了这个反应本身十分简单以外，碳酸酐酶中的锌离子、第 199 位苏氨酸及第 106 位谷氨酸的排列方式也功不可没。如果将第 199 位苏氨酸点突变成其他氨基酸，可以发现碳酸氢根与锌离子的结合会更加紧密，并且其两个氧原子成为锌离子的配体。这就在很大程度上降低了碳酸酐酶的催化效率。同样，如果突变了第 106 位谷氨酸，碳酸酐酶的催化效率也会大大降低。

尽管 α 型、β 型和 γ 型的碳酸酐酶有着非常不同的结构，并且在活性位点上的残基也不尽相同，但锌离子始终是所有碳酸酐酶的主角。在 β 型碳酸酐酶中，与锌离子结合的配体与另两类碳酸酐酶有些许不同，但磺胺类抑制剂同时是所有三种类型碳酸酐酶的强效抑制剂，这意味着这三种类型的碳酸酐酶的催化机理的中间状态非常相似。因此可以说碳酸酐酶的存在是趋同演化（convergent evolution）的一个例子——就像车轮在历史上曾经被独立地发明了 5 次。

8.2 核糖核苷酸还原酶——一种被高度调控的酶

核糖核苷酸还原酶（ribonucleotide reductase，RNR）催化将核苷酸第 2 位的羟基替换成氢原子，从而生成脱氧核糖核苷酸（deoxyribonucleotide）的反应（图 8.5），这正是合成 DNA 所需原料被制作出来的过程。这个酶的演化是 RNA 世界转变为 DNA 世界的一个关键性步骤。由于该酶的重要功能，它是癌症和病毒治疗的一个有吸引力的靶标。蛋白质中的一个被转变为含硫自由基（thiyl radical）的半胱氨酸残基是催化反应的中心组件。

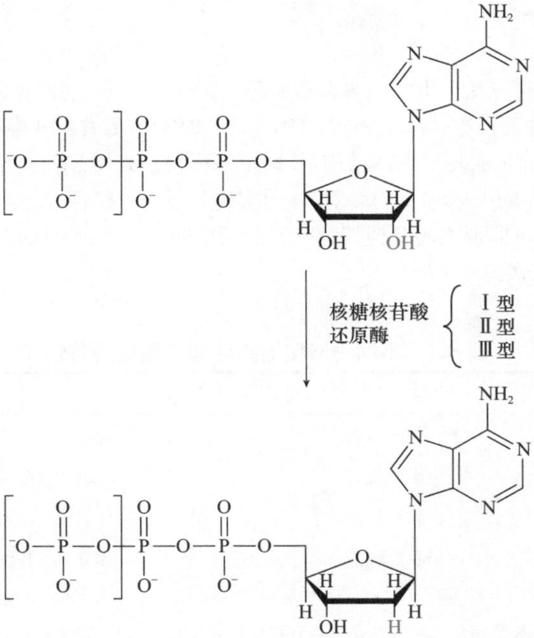

图 8.5 由核糖核苷酸还原酶所催化的反应。ATP 的核糖环上 2′ 位的羟基基团被替换为氢原子而成了 dATP，其他核苷酸以受控制的方式经历相同的变化（特别感谢 Derek Logan 提供此图）。

核糖核苷酸还原酶有三种类型，即Ⅰ型、Ⅱ型和Ⅲ型（图 8.6），它们的区别在于与氧原子的相互作用方式及生成稳定或瞬时自由基以便生成含硫自由基的方式（表 8.1）。对于多亚基的Ⅰ型及Ⅲ型核糖核苷酸还原酶来说，含硫自由基是由一个不参与催化的活化亚基生成的；而Ⅱ型核糖核苷酸还原酶是直接在催化亚基上切割腺苷酰钴胺素（adenosylcobalamin）生成含硫自由基。这些过程所需的电子有不同的来源，Ⅰ型核糖核苷酸还原酶生成自由基需要氧的帮助而Ⅱ型不需要氧；对于Ⅲ型核糖核苷酸还原酶来说，甘氨酸自由基的生成反而受氧抑制（表 8.1）。因此，三种不同类型的核糖核苷酸还原酶的分化可能取决于在演化过程中氧气的存在与否。

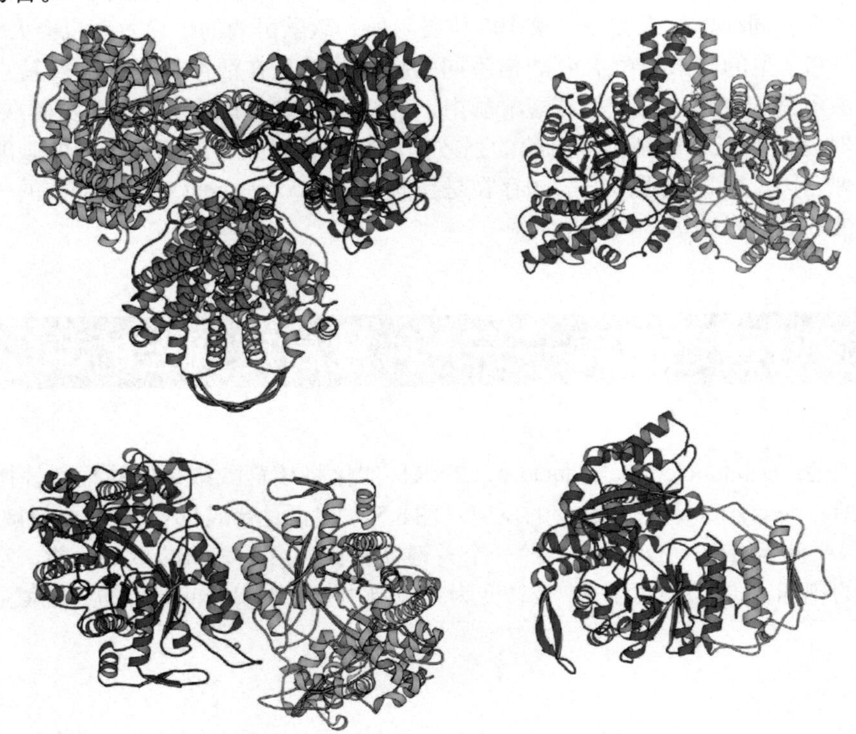

图 8.6　三种不同类型的核糖核苷酸还原酶。上左：来自于大肠杆菌（*E. coli*）的四聚体形式的Ⅰ型核糖核苷酸还原酶。这是一种之前未被发现过的含对称性的复合体（基于 PDB：1RLR 和 1RIB）。上右：T4 噬菌体（phage T4）的Ⅲ型核糖核苷酸还原酶是四聚体形式，这是其中 α 催化亚基二聚体结构（PDB：1HK8）。Ⅲ型核糖核苷酸还原酶 β 亚基的结构目前尚未解出。下左：来自海栖热袍菌（*Thermatoga maritima*）二聚体形式的Ⅱ型核糖核苷酸还原酶（PDB：1XJE）。下右：来自莱氏乳杆菌（*Lactobacillus leichmannii*）单体形式的Ⅱ型核糖核苷酸还原酶（PDB：1L1L）。图中所有催化亚基均为蓝色和青绿色，而Ⅰ型核糖核苷酸还原酶的 R2 亚基为红色。

表 8.1　不同类型核糖核苷酸还原酶的特性

特性	Ⅰ型	Ⅱ型	Ⅲ型
寡聚化状态	$R1_2{*}R2_2$	α 或 α_2	$\alpha_2\beta_2$
需氧情况	需氧	不需要氧	厌氧（氧造成损害）
首要自由基	酪氨酸	腺苷酰钴胺素	甘氨酸
自由基生成处	Fe-O-Fe 中心	腺苷酰钴胺素	[4Fe-4S] 中心，硫代腺苷甲硫氨酸，还原态的黄素氧化还原蛋白
电子供体	硫还原蛋白或谷氧化还原蛋白	硫还原蛋白或谷氧化还原蛋白	甲酸盐

核糖核苷酸还原酶可以还原所有的 NTP 或 NDP 生成相应的 dNTP 或 dNDP。而仅靠核糖核苷酸还原酶一种酶就可以维持生物组织内 4 种脱氧核糖核苷酸供给平衡。酶活性调节原则也十分简单：哪种脱氧核糖核苷酸短缺，就合成哪种脱氧核糖核苷酸。这种调节是通过一个调控位点来完成的，这个位点可以结合 rNTP 或 dNTP，并由此调节酶的底物特异性（表 8.2）。这种活性调控的结构背景正在逐渐浮现出来。

表 8.2　核糖核苷酸还原酶的别构调节

特异性位点	最适底物		
	Ⅰ型	Ⅱ型	Ⅲ型
dTTP	GDP	GDP	GTP
dGTP	ADP	ADP	ATP
dATP	CDP/UDP	CDP/UDP	CTP
ATP	CDP/UDP	CDP/UDP	CTP

8.2.1　核糖核苷酸还原酶的结构

三种不同类型的核糖核苷酸还原酶有着相似的三维结构，并且参与别构调节的二级结构也相同。因此，这三种不同类型的核糖核苷酸还原酶必然是由同一个祖先经过趋异演化（divergent evolution）而来的(图 8.7)。所有类型的核糖核苷酸还原酶催化亚基的核心都是一个 10 股 α/β 桶结构（10-stranded α/β-barrel），这个桶由两个 5 股的平行 β 片层以反平行的方式连接起来。

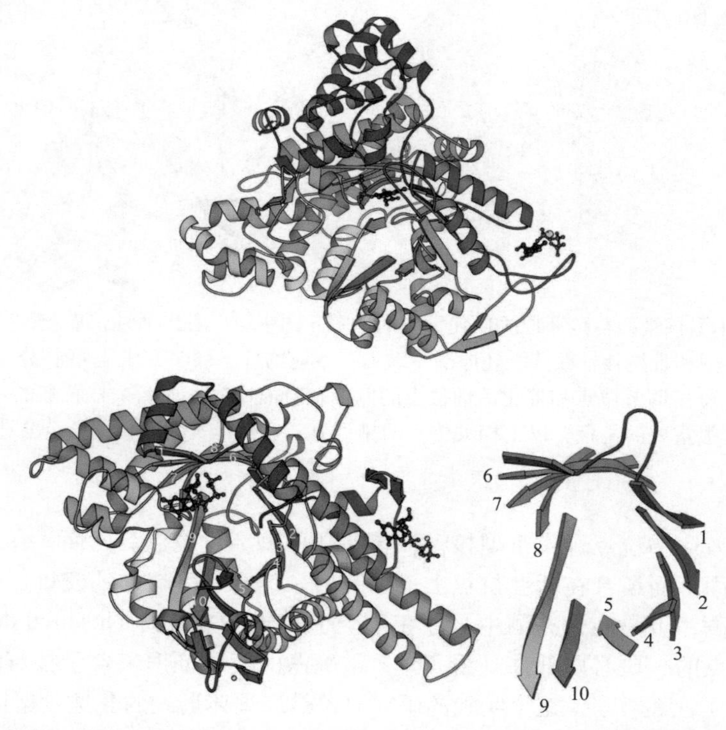

图 8.7　核糖核苷酸还原酶催化亚基的结构。上方所示为来自海栖热袍菌的Ⅱ型核糖核苷酸还原酶（PDB：1XJE)，这个结构代表了Ⅰ型和Ⅱ型的核糖核苷酸还原酶。下方所示为来自 T4 噬菌体的Ⅲ型核糖核苷酸还原酶（PDB：1HK8)。从图中的结构可以明显看出，三种类型的核糖核苷酸还原酶在演化上是有关联的，桶状结构的 10 股编号如下右方所示，在此只显示了桶状结构中的 β 链结构，核糖核苷酸还原酶的活性位点结合核苷酸，处于 β 桶状结构的中心，而特异位点位于图中结构的右侧。

8.2.1.1　生成自由基的位点

三种类型的核糖核苷酸还原酶产生含硫自由基的方式是截然不同的，并且是由使用氧的方式决定的。在Ⅰ型核糖核苷酸还原酶中具有两个亚基，这两个亚基负责酶反应的不同部分，自由基最初是由一个靠近铁-氧-铁复合体（Fe-O-Fe complex）的酪氨酸残基生成的，而这个铁-氧-铁复合体被包埋在酶的R2亚基中，这两个亚基似乎仅产生瞬时的相互作用。而在相互作用时自由基必须从R2亚基转移（或许作为电子-质子的协同转移）到活性中心的半胱氨酸残基上去，而活性中心所在的R1亚基离R2亚基有30Å的距离。其他类型的核糖核苷酸还原酶不需要进行如此大距离的自由基转移。在Ⅱ型核糖核苷酸还原酶中，钴胺素（cobalamin）很可能直接与半胱氨酸残基作用从而生成含硫自由基。而在Ⅲ型核糖核苷酸还原酶中，甘氨酸自由基也离活性位点很近。

8.2.1.2　酶活性的调节

如前所述，核糖核苷酸还原酶含有一个（有时两个）调节酶活性的位点，以保证细胞内4种脱氧核糖核苷酸的供给平衡。（不受调节的）总体活性位点（overall activity site）并不总是存在（图8.8）。当ATP结合该位点时，酶活性被激活；而当dATP结合该位点时，酶活性被抑制。酶活性被抑制的酶可以聚集形成非生产性的寡聚体结构。相较于ATP，其对dATP的结合更能深入到活性中心，因为dATP缺少2′-OH。

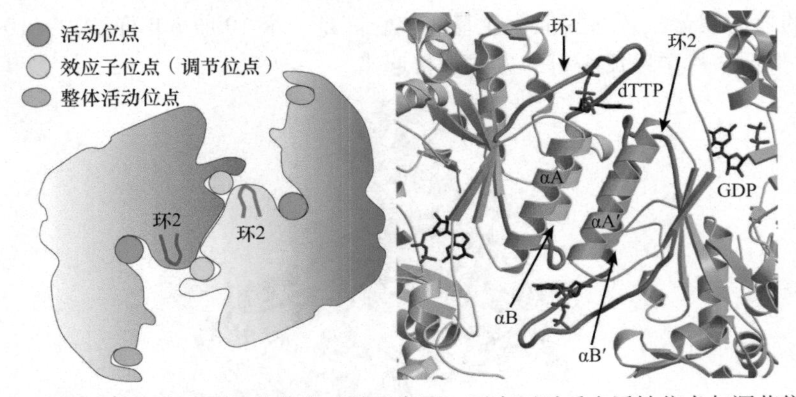

图8.8　左：二聚体形式的Ⅰ型核糖核苷酸还原酶催化亚基示意图。图中可以看出活性位点与调节位点的空间位置关系。总体活性位点只存在于一些Ⅰ型和Ⅲ型核糖核苷酸还原酶中。右：效应物分子（dTTP）与底物分子（GDP）结合位点的结构细节。值得注意的是，环2位于调节位点和催化活性位点的两个核苷酸中间，而两个核苷酸的碱基均朝向环2。环2在调节底物的选择性方面扮演着很重要的角色。以上相关位点的排列方式在其他类型的核糖核苷酸还原酶中也是类似的（在此感谢Derek Logan提供此图）。

底物特异性位点或效应物位点远离Ⅰ型核糖核苷酸还原酶活性位点。然而，在二聚体形式中，这个调控位点跨过亚基的交界面从而结合在活性位点上（图8.8）。乍看之下这样的安排似乎无法适用于单体形式的Ⅱ型核糖核苷酸还原酶，但是在这些酶中，存在一个小的插入结构域（inserted domain），其模拟了所缺失的亚基上的特异性位点的一些必要部件（图8.6）。最确凿的实验证据来自于核苷酸同时结合在两个位点（特异性位点和活性位点）上的实验，这个实验的研究对象是二聚体形式的Ⅱ型核糖核苷酸还原酶（图8.9）。

在不同的复合物中，效应核苷酸以及底物核苷酸的糖环和磷酸均以相同的方式与蛋白质结合，并且与蛋白质的相互作用也一样。这样就提高了处于效应位点的核苷酸影响核苷酸结合到活性位点的可能性。环1仅与结合在效应位点的核苷酸相互作用。而处于αB和βC之间的环（即环2）则是影响效应位点的核苷酸与底物结合位点关系的关键性元素。环2（以海栖热袍菌的Ⅱ型核糖核苷酸还原酶为例，即第199位至210位的残基）的位置横跨两个亚基的界面，处于效应位点和活性位点之间。这个环具有很强的柔性，与效应位点结合的核苷酸，与不同的主链基团结合从而导致较大的构象变化（图8.9）。这种构象变化导致了活性位点对于底物的不同倾向性（图8.10）。在所有的复合体中，底物是被第210位的丙氨酸所固定的。第207位精氨酸的胍基有些时候（但并不总是）与底物的碱基形成堆积作用，并且与磷酸形成电荷相互作用。第202位的赖氨酸和第203位的谷氨酰胺是两个关键性的残基，它们与底物的碱基形成氢键，并且对于不同的底物有着不同的形成氢键的方式。对于环2的构象比较及这些关键残基的位置可见图8.11。

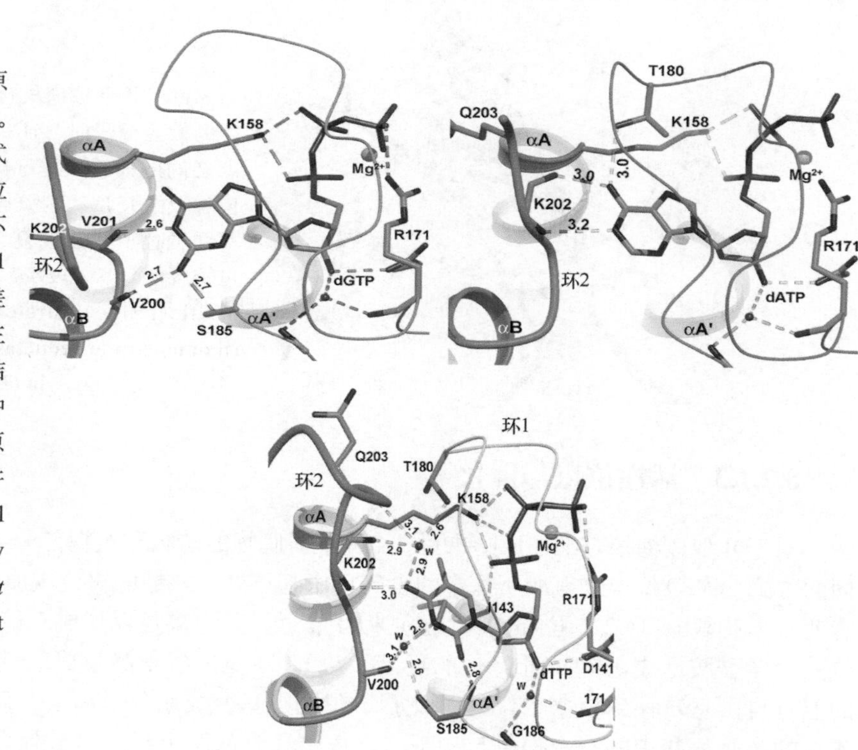

图 8.9　dNTP结合在Ⅱ型核糖核苷酸还原酶的效应位点（dGTP、dATP 和 dTTP）。脱氧核糖以及磷酸均以一种相似的方式结合并将其核苷酸固定在一个特定的位置。这样的结果是核苷酸的碱基以非常不同的方式与环 1 和环 2 相互作用，而环 1 和环 2 所采取的构象也相应地有着显著差异。这些相互作用主要发生在环 2 的主链原子。效应分子通过这种方式将其结构信号传递给活性位点，从而决定哪种核苷酸可以与活性位点结合并发生还原反应 [PDB：1XJJ、1XJF 和 1XJM［经许可转载自 Larsson *et al.*（2004）Structural mechanism of allosteric substrate specificity regulation in a ribonucleotide reductase. *Nat Struct Mol Biol* **11**, 1142-1149. Copyright (2004) Nature］。

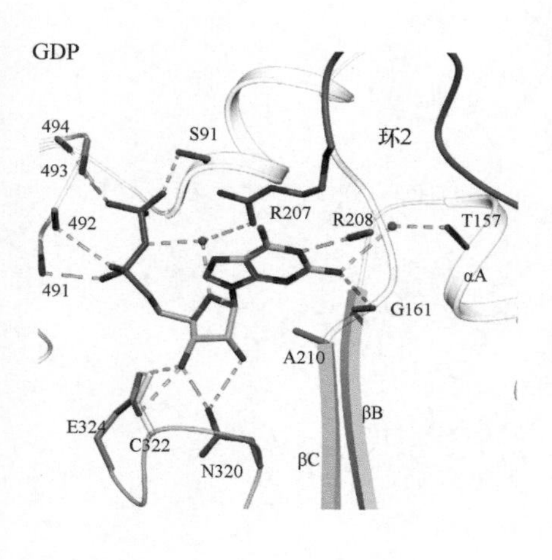

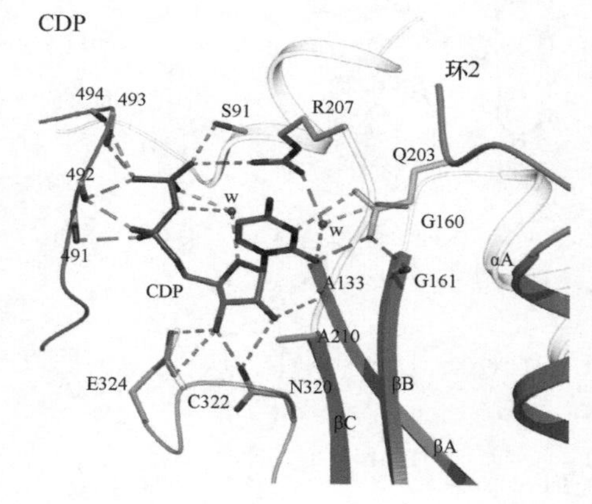

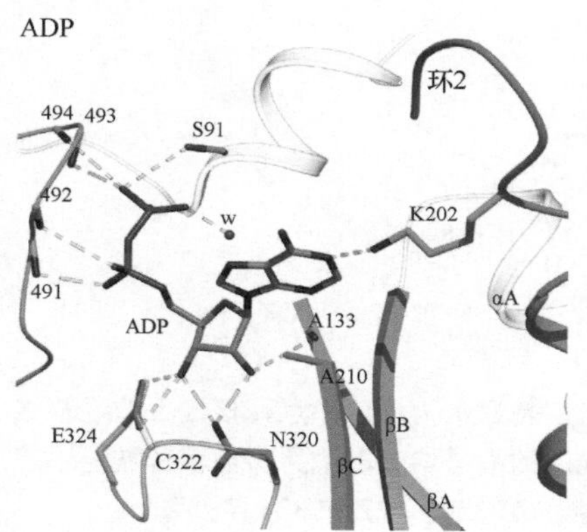

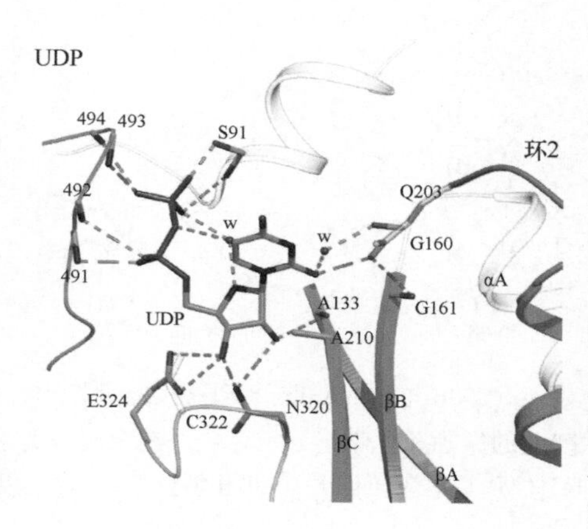

图 8.10　Ⅱ型核糖核苷酸还原酶的活性位点对于底物的选择。核糖和磷酸以完全相同的方式结合在活性位点上，对底物的选择性则是由环 2（199 位至 210 位的残基）的构象所决定的，反过来，环 2 的这种选择性又依赖于结合在效应位点（或者说是底物特异性位点）上的核苷酸。有趣的是，核糖核苷酸还原酶对 GDP 的识别完全是通过主链原子完成的。在这个复合体中，环 2 的底物一侧是完全有序的。在另一个复合体中，另一些来自于环 2 效应位点一侧的残基指向了活性位点，而环 2 靠近底物的一侧则是无序的（PDB：1XJE、1XJN、1XJK 及 1XJG）［经许可转载自 Larsson *et al.*（2004）Structural mechanism of allosteric substrate specificity regulation in a ribonucleotide reductase. *Nat Struct Mol Biol* **11**, 1142-1149. Copyright (2004) Nature］。

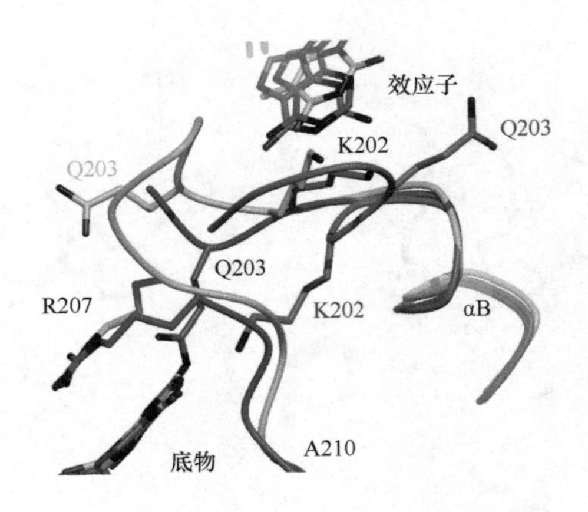

图 8.11 Ⅱ型核糖核苷酸还原酶分别结合三种不同的效应分子时，环 2 与处于效应位点和活性位点之间的关键残基（即第 202 位赖氨酸及第 203 位谷氨酰胺）的构象比较（PDB：1XJN 和 1XJK，不同颜色所代表的复合体与图 8.10 一致）[经许可转载自 Larsson *et al.* (2004) Structural mechanism of allosteric substrate specificity regulation in a ribonucleotide reductase. *Nat Struct Mol Biol* **11**, 1142-1149. Copyright (2004) Nature]。

8.2.1.3 活性位点与催化

对于Ⅱ型核糖核苷酸还原酶来说，4 种不同底物的磷酸和核糖部分与活性位点的结合均采用几乎完全相同的方式。C439 位半胱氨酸所携带的含硫自由基正处于核糖的 3′ 位碳原子附近（图 8.12）。在核糖的另一边，有两个半胱氨酸（C225 位和 C462 位）相互靠近，其距离足以形成二硫键。核糖上的两个羟基基团与 N437 位的天冬酰胺形成氢键，而 3′ 位的羟基又与 E441 位的谷氨酸形成氢键。含硫自由基通过吸收核糖 3′ 碳上的氢将自由基转移到核糖上，这导致了 2′ 位的羟基变成水分子离去，而变成水分子所需的那个质子由两个靠近的半胱氨酸中的一个提供。接下来，核糖又会从两个半胱氨酸处重新获得一个氢原子，而此时这两个半胱氨酸形成二硫键，且重新获得了自由基，二硫键需要被还原以便继续参与下一循环的反应。

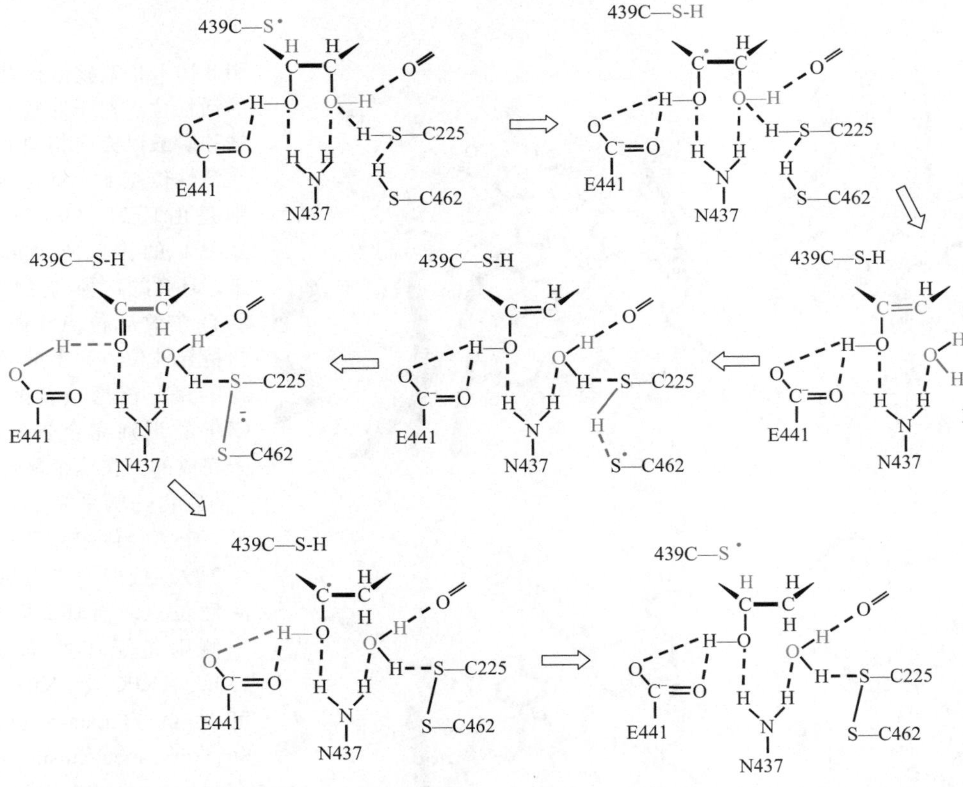

图 8.12 核糖核苷酸还原酶的催化机理（2006 年由 Nordlund 和 Reichard 提出）。自由基显示为绿色小点，核糖上的羟基显示为红色，与下一个步骤相比发生变化的原子和化学键显示蓝色。图中所有关于残基的编号均是以Ⅰ型核糖核苷酸还原酶为模板，故本图中第 437、439 及 441 位残基对应于图 8.10 即Ⅱ型核糖核苷酸还原酶的第 320、322 和 324 位残基。

8.3 马达蛋白和分子开关

ATP是细胞的“能量货币”，在生物组织中需要消耗大量的ATP。一个成年人一天要消耗50～75kg的ATP。ATP通过跨膜的化学梯度差再生，这种梯度差的产生一般是源自于膜两侧不同的pH或钠离子浓度（详见图8.15和第13章）。这种梯度差可以被用来产生运动，即动能，用于产生以ATP的形式存储的化学能。ATP水解的化学能可以被用来驱动一系列的分子过程。大量的ATP水解酶（ATPase）负责水解ATP，并产生构象变化，被用来完成不同种类的工作从而成为马达蛋白。

GTP水解酶（GTPase）是另一种水解三磷酸核苷酸的酶，它通过水解GTP来发挥功能。GTP水解酶，又称G蛋白（G-protein），被广泛当作分子开关来使用，通常有“开”（ON）和“关”（OFF）两种状态，用来告知整个系统它们的工作即将完成或者已经完成。有一些GTP水解酶也可以行使马达蛋白的功能。马达蛋白和分子开关的重要差异是核苷酸被水解的时间节点不同。经典的马达蛋白会在构象发生变化前，即在工作完成前水解ATP分子。而分子开关在“开”的状态时会诱导发生一个过程，当这个过程完成后，核苷酸才被水解，从而导致分子开关的构象发生变化，造成分子开关与其受体的亲和性下降。因为产物的排斥，所以三磷酸的水解过程是不可逆的。ATP合成酶利用ADP和P_i重新生成ATP需要能量。

8.3.1 具有P-环的三磷酸核苷酸水解酶类

NTP水解酶都含有一个位于中心的、几乎为平行排列的β片层，而每个β片层之间是由螺旋连接的折叠（Rossmann折叠）。很多NTP水解酶属于一个含有P-环的（含有保守序列GXXXXGKT/S）蛋白质超家族（superfamily），P-环也称为Walker A模体。它与核苷酸的磷酸相互作用。特别的是，P-环的一些残基的主链氮原子与β磷酸相互作用（图8.13）。

NTP水解酶也具有Walker B模体，这个模体带有一个或两个酸性残基，后面紧跟着4个疏水的残基。在很多P-环蛋白中，这些模体位于连接邻近的β链和α螺旋的环上。然而，通过独特的β片层拓扑结构及其他一些元素可以区分出不同的家族成员。这些酶的实例描述如下。这部分更详细的信息见表8.3。

8.3.1.1 RecA和RecA-like蛋白

RecA是一个约为38kDa的细菌蛋白，参与相似序列dsDNA分子的重组。RecA由具有ATP结合位点的中心结构域，以及较小的N端和C端结构域组成。Rad51是真核生物和古细菌中相对应的蛋白质（图8.14）。它是很多生物体内重组酶蛋白的原型。RecA以螺旋的形式在ssDNA上聚合，作用于链交换（详见9.4节）。ATP结合位点通常位于亚基之间，来自两个亚基的残基都参与催化。特别地，参与稳定催化过渡态的γ磷酸的精氨酸（精氨酸指，Arg finger），通常是相邻亚基的一部分。

在使用ATP进行不同类型的机械工作的酶中发现了RecA-like结构域。RecA中心的β片层具有平行β折叠的顺序：32451678，第7条链是反平行的。如果将第3、7、8条链视为更基础的模体的附加元件，则链的顺序变为23415。这是大量的NTP水解酶常见的顺序。由于小部分酶具有相似的小的结构特征，因此可以鉴定出一些亚家族。该酶通过ATP和ADP状态之间的构象变化来发挥作用。

RecA-like蛋白通常形成六聚体的环（表8.3），但是有时它们是具有两个RecA-like结构域的单体。ATP结合在亚基之间，或者在单体的情况下，ATP结合在结构域之间。在RecA蛋白中，从与Walker A和B模体相关的链分离出一个附加链（4号），该附加链包含在结合的ATP附近的、被称为sensor-1的序列。

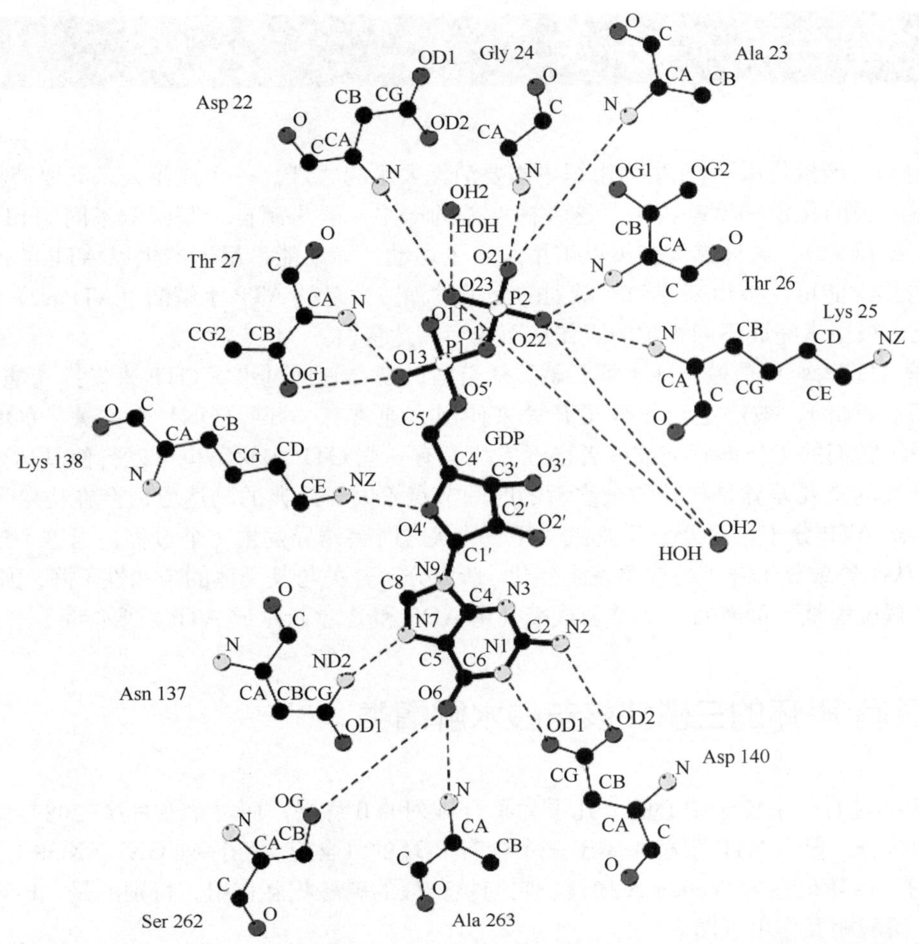

图 8.13 嗜热栖热菌（*T. thermophilus*）EF-G 蛋白与 GDP 的相互作用。24 位的甘氨酸、25 位的赖氨酸和 26 位的苏氨酸均属于 P-环中用来结合 α 和 β 磷酸的保守残基。137 位的天冬酰胺、138 位的赖氨酸和 140 位的天冬氨酸是 G4 模体（NKXD）的一部分，用来结合鸟嘌呤。262 位丝氨酸和 263 位丙氨酸属于 G5 模体，同样与鸟嘌呤相互作用。开关Ⅰ和开关Ⅱ（分别为 G2 和 G3 模体）与镁离子和 γ 磷酸相互作用［经许可转载自 Al-Karadaghis S, Euarsson A, Garber M, *et al* (1996)The structure of elongation factor G in complex with GDP: conformational flexibility and nucleotide exchange. *Structure* **4**: 555-565. Copyright: Elsevier］。

表 8.3 P-环 NTP 水解酶家族以及这些家族的蛋白质举例

结构域家族	链顺序	蛋白示例	寡聚状态	水分子激活	章节
RecA-like	23415	Bact. RecA，重组酶	右手螺旋丝状细丝		8.3，9.4
	32451	F_1-ATP 合酶，α, β 亚基	准六聚体	Glu	8.3
		DNA 解旋酶	单体，两个 RecA 结构域		9.2
		DNA 解旋酶（DnaB）	六聚体，一个 RecA 结构域		9.2
		ABC 转运蛋白	二聚体		13
AAA+	23415	复制起始（DnaA）	准六聚体		9.2
		DNA 解旋酶	六聚体		9.2
		解旋酶装载器（DnaC）	六聚体，不对称的		9.2
		夹钳装载器	五聚环		9.2
		Hsp100, ClpA-C, B-C, Lon	六聚体，两个 AAA+结构域		12

续表

结构域家族	链顺序	蛋白示例	寡聚状态	水分子激活	章节
AAA		Clp-A-N 和 B-N, FtsH, Hsp104, Hsp78	六聚体		12
马达蛋白	2314，第 2 条链是反平行的	肌球蛋白驱动蛋白重链			15，18
激酶	23145		单体		14
G 结构域	231456，第 2 条链是反平行的	Ras (p21)	单体	Gln	8.3，14
		三聚 G 蛋白，α 亚基	异源三聚体	Gln	14
		翻译因子（EF-Tu，EF-G）	单体	His	11

注：链顺序（strand order）集中于核心保守元素（conserved element），P-环之前的链（strand）定为 1 号。

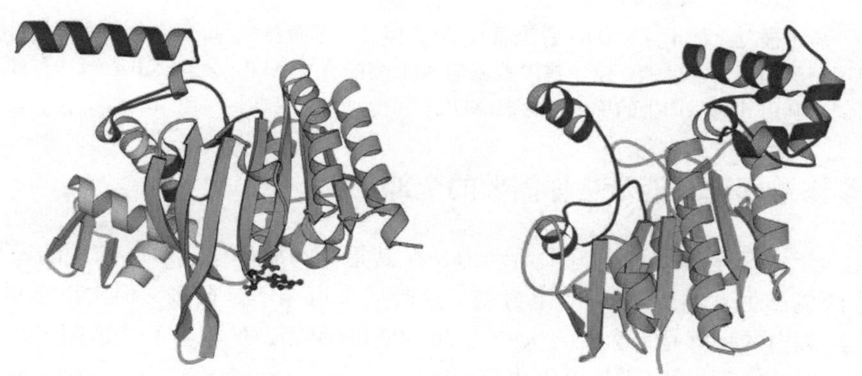

图 8.14　左：大肠杆菌中 RecA 的结构。中心结构域显示为绿色，它是很多蛋白质中 RecA 折叠的原型。图中也显示了结合的 ADP 分子。N 端结构域显示为蓝色，C 端结构域显示为橙色（PDB：1REA）。右：人类 Rad51 蛋白的中心片层具有相同的拓扑结构，但是 N 端结构域不同（PDB：1SZP）。

8.3.1.2　AAA 和 AAA+蛋白

RecA-like ATP 水解酶中有一个很大的家族被称为 AAA+蛋白，即与各种细胞活性相关的 ATP 水解酶（ATPases associated with various cellular activity）。它们参与各种不同类型的工作，通常形成六聚的环。具有 ATP 结合位点的 AAA+结构域有 200 ～ 250 个氨基酸残基。AAA+酶一个决定性的特征是位于第 5 条链前的一个螺旋靠近 C 端一侧的精氨酸指。该精氨酸指向相邻亚基的 ATP。以这种方式，第 4 条链在两个相邻 ATP 位点之间形成连接，能够将一个亚基中的核苷酸状态向下一个亚基传递，对于涉及解旋酶、蛋白拆解或 AAA+分子的其他物理作用的构象变化非常重要（表 8.3）。

经典的 AAA 蛋白是 ATP 水解酶中 AAA+家族的一个亚群。一个典型的结构特征就是第 2 条链和第 2 个螺旋之间一个小的螺旋，以及与精氨酸指相关的 GNR 模体。FtsH 及 ClpA 和 B 的 N 端 ATP 水解结构域是这个家族的成员，其中 CplA 具有双 AAA+结构域，N 端结构域属于 AAA 家族，C 端结构域具有 AAA+的典型特征。

ATP 合酶具有 3 个 α 亚基和 3 个 β 亚基，都具有 AAA+结构域（表 8.3）。

8.3.2　ATP 合酶

ATP 是由 ATP 合酶（F_1F_o-ATPase）在线粒体、叶绿体及细菌中合成的。ATP 合酶是一个普遍的马达蛋白，而且在从细菌到人类的生物体中都很保守。由 ATP 合酶所催化的将 ADP 和磷酸合成为 ATP 的反应，是几乎所有细胞中发生最多的生理反应。图 8.15 所示的是参与产生离子梯度及合成 ATP 的系统。ATP 合酶是转动 ATP 酶家族的一个成员，该家族也包括液泡 H^+-ATP 酶（V-ATPases）和 A_1A_o-ATP 酶（A-ATPases），功能上都可以作为 ATP 合成酶和离子泵，我们将主要关注 F_1F_o-ATP 酶。所有形式的转动 ATP 酶均由膜结合单元（如 F_o）和一个可溶性的单元（如 F_1）组成。每个单元都能够基于离子流的方向驱动另外一个单元。

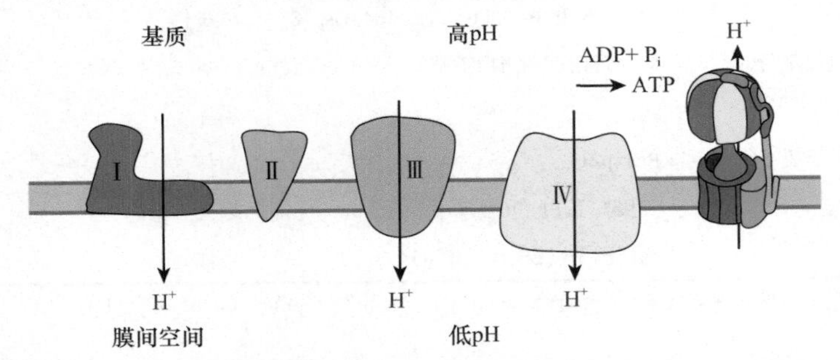

图 8.15　在呼吸链中，质子被复合体 I （NADH 脱氢酶）、复合体Ⅲ（细胞色素 bc_1 复合体）和复合体Ⅳ（细胞色素 c 氧化酶）泵出膜从而形成了跨膜的质子梯度差，这个梯度差驱动 ATP 合酶合成 ATP。复合体 II （琥珀酸脱氢酶）没有参与泵出质子。ATP 合酶（右侧）利用其他酶产生的梯度差合成 ATP。

8.3.2.1　化学渗透理论：能量是你需要的全部

细胞不是由化学反应而是靠一种电流供给动力，尤其是靠跨膜质子（H^+）浓度的差异。由于质子带正电，浓度差异在膜两侧产生大约 150mV 的电势差，这听起来可能不是很多，但由于它只在大约 50nm 厚度的膜上运行，微小距离内的场强是巨大的，大约为 30 000 000V/m。这相当于一道闪电。该电流驱动力被称为质子动力（proton-motive force）（详见以下内容）。

本质上，所有细胞都由该力场供给动力，其对地球上生物的普遍性相当于遗传编码。该巨大的电势能够被直接利用，比如用来驱动细菌鞭毛的运动，或用于产生富含能量的 ATP。

然而，该力场产生和被利用的方式非常复杂。合成 ATP 的酶是一个转动马达，由质子向内流动供给动力。另一个帮助产生膜电势的蛋白质——NADH 脱氢酶，像一个蒸汽机，利用一个移动的活塞来泵出质子。这些神奇的纳米机器一定是漫长的自然选择的产物。合成 ATP 的过程被称为氧化磷酸化（oxidative phosphorylation）：

$$ADP+P_i \Leftrightarrow ATP+H_2O \quad \Delta_r G^{\ominus}=+31kJ\cdot mol^{-1}$$

细胞中 ATP 的合成使得细胞中的 ATP 浓度远远大于上述平衡中的产物浓度，并被细胞中许多需要 ATP 参与来完成其功能的生物过程利用。ATP 在细菌细胞和线粒体中是直接由 ADP 及磷酸合成的。这样的过程是如何发生的曾经困扰了人们多年。在 1961 年，皮特-米歇尔（Peter Mitchell，1978 年诺贝尔化学奖获得者）提出了以下几个必要的特点：

- 能量传递（承接氧化和 ATP 生成过程）的中间载体是跨膜的离子梯度差。
- 参与形成梯度差的离子是质子（或者 H_3O^+）。

以上两个方面构成了化学渗透理论的基本假设。“化学渗透（chemiosmotic）”这个名词表明了化学反应和储存于跨膜梯度差中的能量（“渗透能”）的关联。因此，根据米歇尔的理论，电子沿着传递链转移的过程所释放的能量，以 H^+梯度及电势梯度的形式得以保留，并且这个梯度差驱动了氧化磷酸化。伴随着电子顺电子传递链“流下”，氢离子被从线粒体的膜内驱赶至膜间（见图 8.15），这导致了线粒体内膜之内的 pH 上升而内膜外部的 pH 下降——于是一个持续的 pH 梯度就这样产生。而跨膜的电势差也同时上升，因为膜外比膜内有更多带正电荷的氢离子。外面的质子有一个回流的热力学趋势，以便平衡膜两侧的 pH。也就是说，必须消耗吉布斯自由能来维持质子梯度。当质子回流到线粒体内部，它们的能量被释放，其中一些能量被用于驱动 ATP 的合成。在一些微生物中，生理过程的动力也能够通过钠离子浓度梯度产生。

在人类及其他动物中，质子动力产生在线粒体的内膜两侧，在植物中则产生于叶绿体的内膜两侧，而在需氧菌中则发生在质膜两侧。因此，化学渗透的机制取决于跨膜的 pH 梯度，而这种梯度是通过一系列的电子传递建立的。ATP 的合成同时伴随着质子的跨膜传递。总体的反应可以写成如下两个反应方程的简单加和：

$$\mathrm{ADP+P_i \Leftrightarrow ATP+H_2O}$$

$$\frac{x\mathrm{H}^+_{\mathrm{out}} \Leftrightarrow x\mathrm{H}^+_{\mathrm{in}}}{\mathrm{ADP}+\mathrm{P_i}+x\mathrm{H}^+_{\mathrm{out}} \Leftrightarrow \mathrm{ATP}+x\mathrm{H}^+_{\mathrm{in}}+\mathrm{H_2O}}$$

跨膜氢离子梯度所储存的能量来自于两个方面。第一，膜两侧不同的氢离子运动导致不同的化学势：

$$\Delta G_{\mathrm{m}} = G_{\mathrm{m,in}} - G_{\mathrm{m,out}} = RT\ln\left(\frac{a^+_{\mathrm{H,in}}}{a^+_{\mathrm{H,out}}}\right)$$

这种化学势来源于膜两侧的混合物有着不同的熵值。

第二，膜两侧不同的静电相互作用（膜外为正、膜内为负）会产生的膜电势差 $\Delta\phi=\phi_{\mathrm{in}}-\phi_{\mathrm{out}}$。每一摩尔的氢离子所产生的跨膜电荷差为 $N_{\mathrm{A}}e=F$，即法拉第常数，该过程的 ΔG 等于 $F\Delta\phi$。

因此，当一个质子从膜内被转移到膜外，总共储存的吉布斯能为（根据化学渗透理论，这些吉布斯能可被用于磷酸化）：

$$\Delta G_{\mathrm{trans}}=F\Delta\phi-(RT\ln 10)\Delta\mathrm{pH}$$

在此，我们用活性代替摩尔浓度并且引入 $\mathrm{pH}=-\log[\mathrm{H}^+]$ 代入下式，即

$$\Delta\mathrm{pH}=\mathrm{pH_{in}}-\mathrm{pH_{out}}=-\log[\mathrm{H}]^+_{\mathrm{in}}+\log[\mathrm{H}]^+_{\mathrm{out}}$$

在线粒体中 $\Delta\mathrm{pH}\approx-1.4$，对应于温度 25°C 时的 ΔG 为 $8\mathrm{kJ\cdot mol^{-1}}$；而 $\Delta\phi\approx0.14\mathrm{V}$，对应于 25℃时的 ΔG 为 $13.5\mathrm{kJ\cdot mol^{-1}}$，于是 25°C 时的 $\Delta G_{\mathrm{trans}}=21.5\mathrm{kJ\cdot mol^{-1}}$。由于 ADP 的磷酸化需要 $31\mathrm{kJ\cdot mol^{-1}}$ 的能量，所以至少需要跨膜转运 2mol 的氢离子（可能更多，因为我们并没有考虑被动的质子穿膜泄露）以磷酸化 1mol 的 ADP。线粒体的有效电容量及缓冲液容积决定了自由能中 $\Delta\phi$ 和 $\Delta\mathrm{pH}$ 的分布。

8.3.2.2 结构

电子显微镜（EM）已经观察到 ATP 合酶呈现一个与线粒体膜连接的、独特的棒棒糖状结构（图 8.16）。

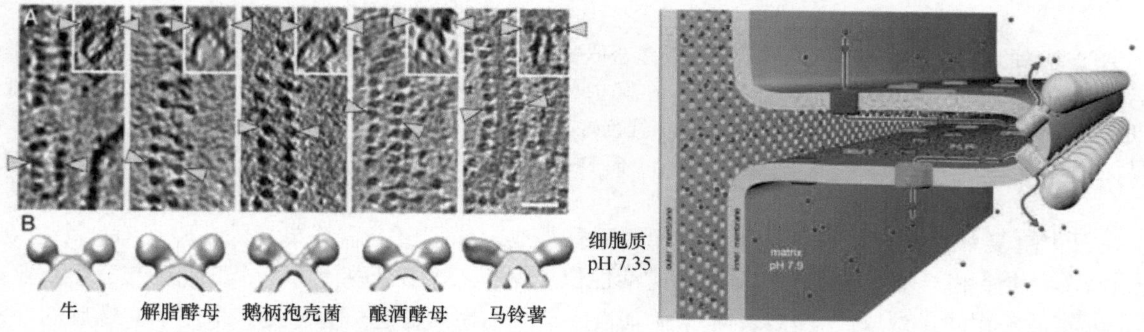

图 8.16 左：在电子显微镜下观察到的棒棒糖状结构，该结构出现在线粒体内膜嵴的末端（箭头所示），这些是 ATP 合酶。右：嵴膜由相邻的末端 ATP 合酶（黄色）和电子转运复合物（主要复合物Ⅰ，绿色）的质子泵组成。质子（红色）被泵入嵴中被用于 ATP 合酶利用［经许可转载自 Davies *et al.* (2011) Macromolecular organization of ATP synthase and complex Ⅰ in whole, mitochondria. *PNAS* **108**: 14121-14126］。

ATP 合酶有两个独立元件，即 $\mathrm{F_o}$ 及 $\mathrm{F_1}$。$\mathrm{F_o}$ 为穿膜结构，而 $\mathrm{F_1}$ 位于膜的胞质一侧。两个元件中的亚基分别属于马达中的转子和定子（表 8.4）。在其行使功能的过程中，跨膜的质子梯度驱使 ATP 合酶的转子转动，而定子部分仍然是固定的（图 8.17）。

表 8.4 常见的 F-、A-和 V-ATP 合酶的亚基（Muench et al.，2011）

V-ATPase	A_1A_o-ATPase[b]	F_1F_o-ATPase	F_1F_o-ATPase	Comment
真核生物[a]	古细菌	线粒体	细菌	
3A	3 A	3 β	3 β	定子
3B	3 B	3 α	3 α	定子
D	D	γ	γ	转子
3E	2 E	OSCP	δ	定子
F	F	—	—	转子
		δ	ε	转子
3G	2 G	b	2 b	定子
a	I	a	a	定子
c	c	10 c	10 ～ 15 c	转子
d	C	—	—	转子
C, H, e		ε, d, F_6, A6L		独特的亚基

a. V-ATP 酶是一类液泡 ATP 驱动的质子泵。

b. 古细菌的 A_1A_o-ATP 水解酶能够行使 ATP 合酶或离子泵的功能。

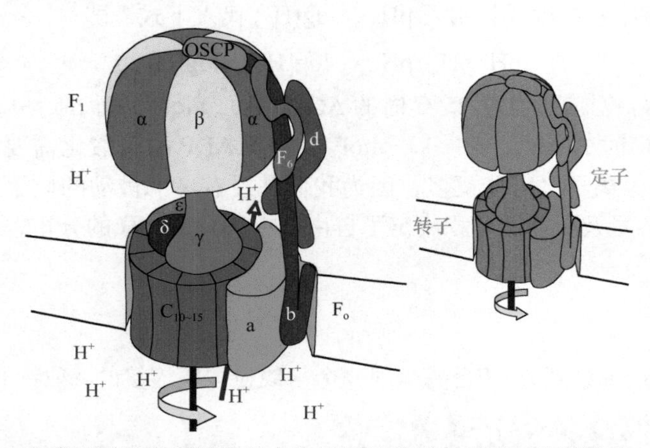

图 8.17 ATP 合酶的组成形式。跨膜的质子梯度驱使复合体转子转动以实现质子跨膜转移，同时生成 ATP。F_o 部分与膜相连而 F_1 部分伸出膜外。左：F_o 的环状 c 亚基（蓝色）在膜中转动，而 F_1 的 γ 亚基（浅绿色）、δ 亚基（深蓝色）和 ε 亚基（深紫色）也随之转动。F_o 的 a 亚基（橙色）、b 亚基（深红色）、d 亚基（棕色）、F_6（绿色）和 OSCP 亚基（蓝色）与 F_1 的三个 α 亚基（草绿色）和三个 β 亚基（浅绿色）组成了定子。右：ATP 合酶的定子部分显示为灰色，而转子部分显示为红色。

F_1 由三个重复单元组成，每个单元由 α 和 β 亚基组成。除了三个重复单元外，F_1 还有一个独立单元，包含一个 γ、一个 δ 和一个 ε 亚基。ATP 合酶的活性位点就在三个 β 亚基上。三个 β 亚基与三个 α 亚基（与 β 亚基十分相似）相间排列成一个六聚体，γ 亚基贯穿这个六聚体，这一部分是一个左手 α 螺旋的卷曲螺旋 (coiled-coil)。δ 和 ε 亚基依附在 γ 亚基较宽阔的底座上（图 8.17）。由于其不对称性，γ 亚基与三个 β 亚基以不同的方式接触，促使 β 亚基处于不同的构象（图 8.18 和图 8.19）。

α 亚基和 β 亚基都有三个结构域：一个靠近分子顶端的 N 端 β 桶结构域（图 8.19）、一个位于中部的核苷酸结合催化结构域，以及一个靠近膜的 C 端的螺旋结构域，催化位点位于 α 亚基和 β 亚基的界面上。ATP 合酶属于一个称为 AAA+ATPase 的酶家族（表 8.3），ATP 合酶的 N 端结构域形成一个假（pseudo）6 次轴对称的环。这个环为 $\alpha_3\beta_3$ 复合体提供了很强的稳定性。

不同生物组织中的 F_o 或多或少有一些差异。在细菌和叶绿体中，F_o 是由 a 亚基、b_2 亚基和 c_{10-15} 亚基组成（表 8.4）。在线粒体中 F_o 只有一个拷贝的 b 亚基、δ 亚基和 F_6 亚基部分地代替了缺失的 b 亚基的拷

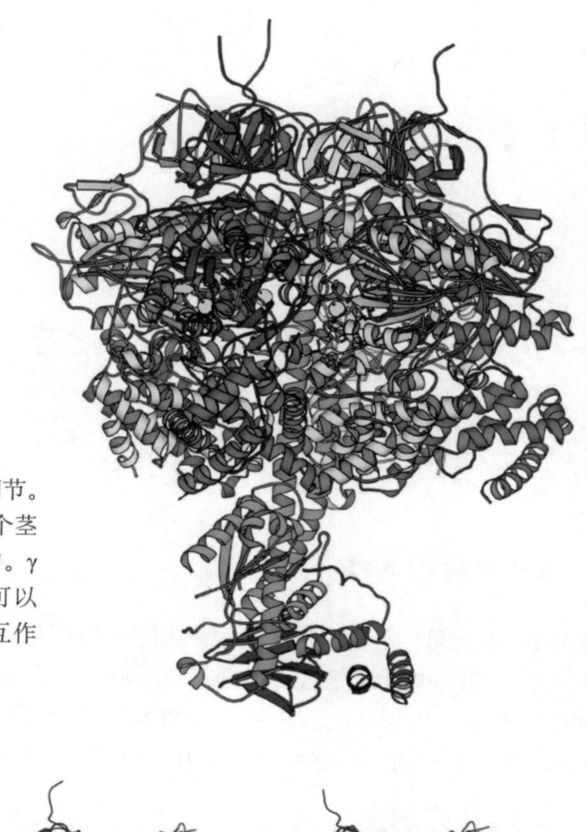

图 8.18　ATP 合酶 F_1 部分的结构细节。绿色所示为 γ 亚基，γ 亚基作为一个茎插入具有三重对称的 $\alpha_3\beta_3$ 聚合体中。γ 亚基本身是没有对称性的，所以可以与三个催化 β 亚基形成不同的相互作用（PDB：1E79）。

图 8.19　从三个截然相反的 α 和 β 亚基对中可以看出，不对称的 γ 亚基与三组亚基对分别有着不同的相互作用情况。β 亚基的活性位点具有三种不同的构象，称为空状态 β_E（empty）、结合 ADP 的状态 β_{DP}（with a bound ADP）以及结合 ATP 状态的 β_{TP}（with a bound ATP）。C 端结构域的一段环（紫色）与 γ 亚基的卷曲螺旋部分相互作用并影响了 β 亚基上活性位点的构象。

贝。b 亚基、d 亚基、F_6 亚基和 OSCP 亚基位于马达蛋白的外周的者定子（马达蛋白的柄）上。线粒体中的 OSCP 亚基（在细菌和叶绿体中是 δ 亚基）黏附在 F_1 的一个或几个 α 亚基的 N 端，以防止 F_1 的 α 和 β 亚基转动。

V-ATPase 和 A-ATPase 在定子的连接酶的膜结合部分和可溶性部分有明显的不同。细菌中 b 亚基的二聚体相当于 V-ATPase 和 A-ATPase 中 E 亚基和 G 亚基的异源二聚体。在 A-和 V-ATPase 中，在 F_o 部分和 F_1 部分有两个或三个独立的外围柄。

在 β 亚基的 C 端结构域，有一个处于两个螺旋之间的环与 γ 亚基的卷曲螺旋相互作用（图 8.19）。这影响了 β 亚基的构象及其活性位点的状态。这个环的一部分含有保守序列——DELSEED。其中前两个残基（第 394 位的天冬氨酸和第 395 位的谷氨酸）与 γ 亚基上大量正电荷相互作用（图 8.20）。这些正电荷残基中的一些是高度保守的，从而在 γ 亚基转动时为残基的负电荷提供了一个低能量的路径。

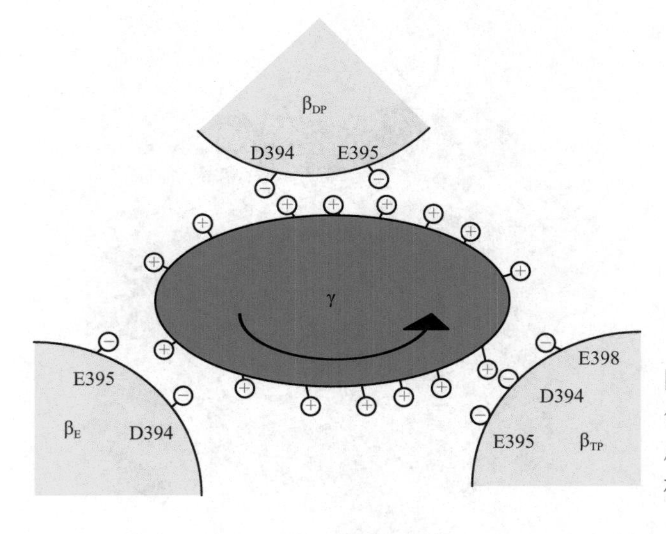

图 8.20 γ 亚基的卷曲螺旋部分（绿色）含有一定数量带正电荷的残基，从而可以和 β 亚基（黄色）上的负电荷相互作用。

8.3.2.3 ATP 水解和 ATP 合成

ATP 合酶的 F_1 部分同样具有 ATP 水解酶功能。根据催化机理，Paul Boyer 得出结论，ATP 水解时三个活性位点必须经历连续的构象变化，而只有一个旋转机制能够导致这样连续的构象变化。由质子动力驱动合成 ATP 的全酶必须经历相似的构象变化（图 8.21）。当得到 F_1 的晶体结构以后，这个“结合变换机理”得到了部分证实，即 γ 亚基的不对称性驱使了 β 亚基的不同构象（见图 8.19）。

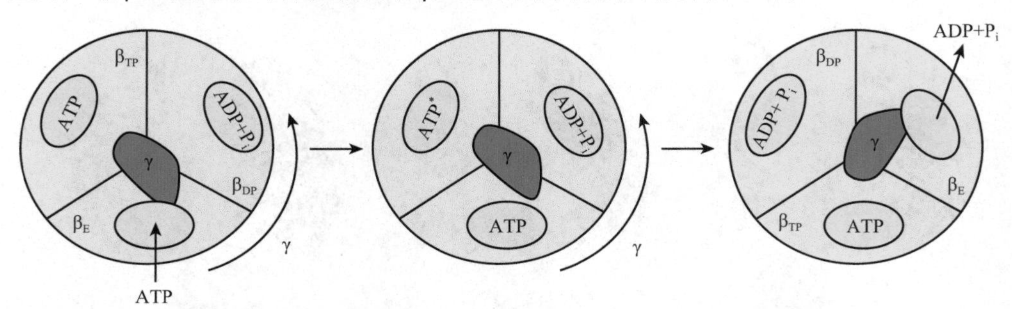

图 8.21 ATP 合酶的水解机理。这个机理最初由 Boyer 提出，之后根据晶体结构修正。图中可见三个 β 亚基在行使功能的循环中分别处于不同的构象。其中 β_E 亚基是空的状态，β_{DP} 包含了一个已经被水解的 ATP 分子，而 β_{TP} 则结合了一个 ATP 分子。当 ATP 结合到 β_E 时，γ 亚基就 β 亚基而言转动了 80°。这致使之前的 β_{TP} 亚基中的 ATP 发生活化。当 ADP 和无机磷酸（P_i）被释放，γ 亚基将继续转动 40° 并导致了 β_E 又处于开放构象。ATP 合成的过程则沿反方向进行，驱动力是跨膜的质子梯度。

关于 ATP 水解酶的转动特性的最终确认是通过如图 8.22 所示的实验完成的。N 端连接了组氨酸标签(His-tag) β 亚基，结合在包被了镍的盖玻片上。F_1 的另一端——γ 亚基则被黏上了一段荧光标记的肌动蛋白丝。在显微镜下这段肌动蛋白丝显示为一个荧光的小杆，当加入 ATP 时，这个小杆以逆时针转动（以膜的一侧观察），这使得 ATP 水解酶发生的分子事件可以被观测到。进一步分析发现，旋转过程以分步的方式进行，在 ATP 水解期间发生短时间的一步 80° 旋转，接下来是一步 40° 旋转导致 ADP 和无机磷酸的释放。当转动 120° 以后，一个 ATP 分子就被消耗。总体上看，β 亚基都处于与旋转之前相同的状态，但是每一个单独的 β 亚基在转动 360° 后都向前前进了一个步骤（图 8.21）。除了在水解过程中旋转以外，如果 γ 亚基被驱动并与 α/β 亚基以顺时针转动，那么单独 F_1 部分也能够合成 ATP。

ATP 合酶与 AAA+酶家族相关，都具有一个 P-环，这个 P-环含有一个高度保守序列——GGAGVGKT，而这个序列可以与核苷酸相互作用。图 8.23 显示的是 β 亚基上的活性位点。

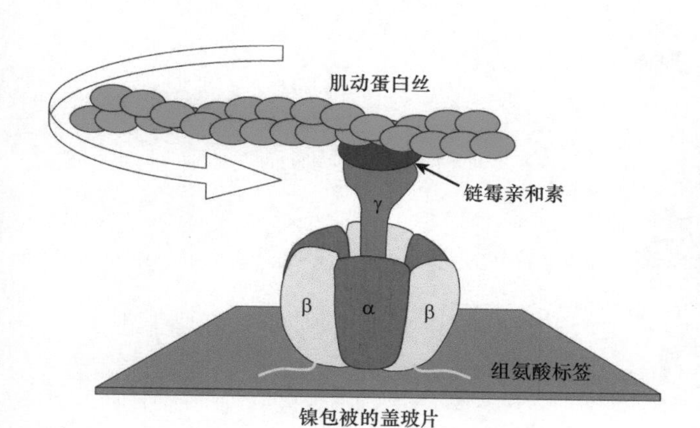

图 8.22 转动理论的证据是这样一个实验：ATP 合酶的 β 亚基 N 端被加上一段组氨酸标签，这个标签对镍有很强的亲和力，于是 F_1 就被这样黏在一个包被了镍的盖玻片上。而柄的转动是通过观察与之相连的一段带荧光标记的肌动蛋白丝的转动，这个肌动蛋白丝是通过链霉亲和素的蛋白质结合在 γ 亚基上的。链霉亲和素与肌动蛋白丝及 γ 亚基上的生物素高度亲和。加入 ATP 后，这段肌动蛋白丝可以以逆时针方向转动，转动的速率取决于 ATP 的浓度。

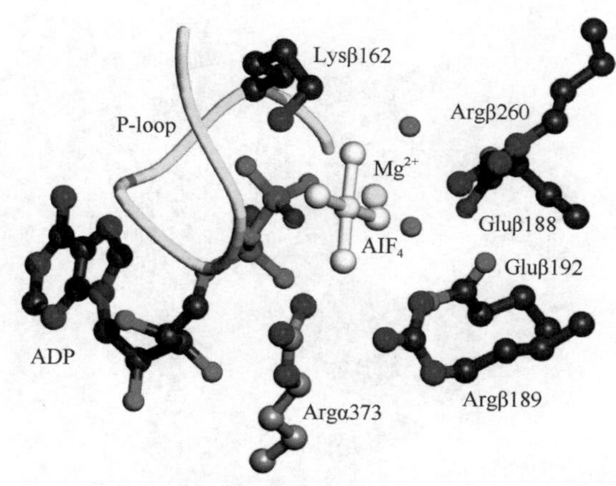

图 8.23 处于 $β_{DP}$ 构象的 β 亚基的活性位点。用来模拟 ATP 的是一个 ADP 分子和一个氟化铝离子，氟化铝所结合的位置也就是 γ 磷酸的位置。这个“ATP”分子与 P-环上第 162 位的赖氨酸及一些精氨酸相互作用。α 亚基则贡献了第 373 位的精氨酸（碳原子以灰色显示），这个精氨酸扮演的角色与 RecA-like ATP 水解酶中的“精氨酸指”一致。第 188 位的谷氨酸激活水分子促进 γ 磷酸水解。

这个酶如何在 ATP 可以自然水解的条件下合成 ATP 及如何避免 ATP 对酶的抑制作用？ATP 或 ADP+P_i 对 $β_{TP}$ 位点的亲和力是相同的，然而 $β_{DP}$ 位点更倾向于结合 ADP+P_i。在水解反应时，ATP 结合在开放的 $β_E$ 位点上，而当位点由 $β_E$ 转变为 $β_{TP}$ 状态时，则可获得大量的结合自由能。当一个 ATP 分子结合在一个新的 $β_E$ 位点时，会驱动位于 $β_{TP}$ 位点的 ATP 转为 $β_{DP}$ 状态。由于 $β_{DP}$ 相较于 ATP 更倾向于结合 ADP+P_i，所以 $β_{DP}$ 状态的 ATP 分子被水解成 ADP+P_i。这些构象变化驱动了 γ 亚基相对于 α 和 β 亚基的转动。

ATP 合成是被 γ 亚基的顺时针转动驱动的。处于半关闭状态即 $β_{HC}$ 状态的 β 亚基与 ADP+P_i 有亲和性，而与 ATP 的亲和性更小。γ 亚基的转动使得 β 亚基变为 $β_{DP}$ 状态，而在下一个转动步骤则变成 $β_{TP}$ 状态，从而导致 ATP 合成。在 γ 亚基发生进一步转动之后，又重新回到了 $β_E$ 的状态，这时位点是开放的且对 ATP 具有很低的亲和性，于是 ATP 就被解离出来。这个过程也不会被高浓度的 ATP 所抑制。

图 8.23 所示为牛的线粒体 ATP 合酶中一些对催化机制非常关键的氨基酸。第 162 位赖氨酸处于 P-环上，且在 AAA+和 RecA 家族中都是保守的。第 188 位的谷氨酸与参与 ATP 水解反应的水分子，或者在合成反应时作为产物的水分子相互作用。α 亚基的活性位点中唯一具有功能的氨基酸是第 373 位的精氨酸，用来形成一个“精氨酸指”。

8.3.2.4 一个马达酶

质子动力如何能使得 γ 亚基转动以合成 ATP？跨膜的 pH 梯度作用于 F_o 部分，F_1 的 γ 亚基和 ε 亚基结合在聚合成环的 c 亚基上。c 亚基的数量在不同的 ATP 合酶中是不同的。在酵母 ATP 合酶中的数量是 10 个，而 11 个亚基［来自酒石酸泥杆菌（*Ilyobacter tartaricus*）Na^+ ATP 合酶；图 8.24］一直到 15 个亚基的情况都有被发现。因此，c 亚基环的对称性常常与 F_1 上三重对称的 α 和 β 亚基有偏离。ATP 合酶能够在一个较低的离子运动力（ion-motive force）中运作就是得益于大量的 c 亚基。具有相对较高离子动力的物种含有更少的 c 亚基数量。

c 亚基由一个跨膜的螺旋发夹结构组成。参与结合质子的残基是一个位于膜结构中部的天冬氨酸。图 8.24 显示的是钠离子梯度驱动马达的情况的状态。钠离子结合在 c 亚基的中间位置，并位于亚基的交界处。

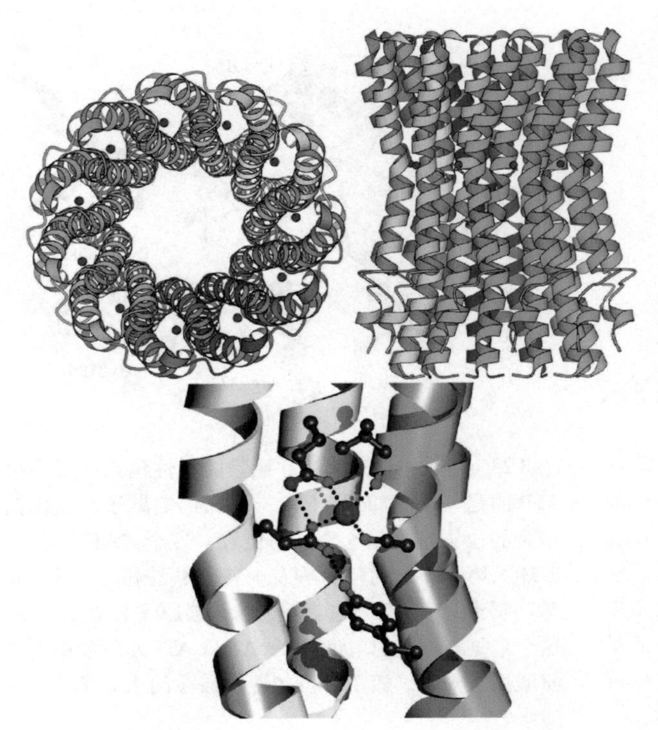

图 8.24 被钠离子驱动的来自酒石酸泥杆菌的 ATP 合酶的结构。这里 11 个 c 亚基形成一个环并穿过膜。上：分别垂直于膜和切面的视角；下：所示为一个钠离子结合在两个亚基（黄色和绿色）之间（PDB：1YCE）。

钠离子的主要配体是一个谷氨酸、一个谷氨酰胺和一个丝氨酸，其中谷氨酸对应于质子结合时的天冬氨酸。

a 亚基形成了一个供质子或离子通过的通道，使旋转过程发生。a 亚基的结构目前尚不清楚，但是通道似乎是由两个相互不连接的“半通道”组成的（图 8.25）。c 亚基的质子或离子结合位点通过离子浓度较高的一侧的入口通道加载质子或者钠离子。然后 c 亚基环被引导转动几乎一整圈以便将这个质子或离子通过出口通道释放到低离子浓度的那一侧去。当转动的 c 亚基靠近属于定子的 a 亚基时（图 8.25），定子上的一个精氨酸与 c 亚基上固定钠离子（质子）的谷氨酸（天冬氨酸）相互作用，于是这个离子被释放到出口通道而一个新的离子则被入口通道获取。这个机理可以被描述为“推与拉（push-and-pull）”机理，a 亚基的精氨酸与质子或钠离子互相竞争同酸性侧链的相互作用。

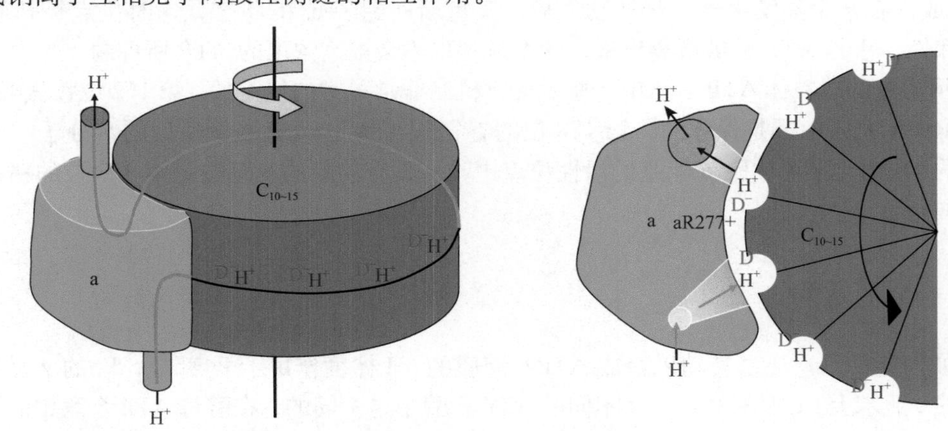

图 8.25 左：部分 F_o 中亚基的排列情况，其中 c 亚基（蓝色）被用来在膜中转动。a 亚基形成一个半通道以使质子（或钠离子）通过并到达与之结合的 c 亚基的天冬氨酸处。质子（或者钠离子）为了脱离，推动 c 亚基以棘齿（ratchet）的原理完全转动至一个新的位置，在这个位置有穿过 a 亚基的另一个半通道。这种工作方式有点类似于使用水车的磨坊，即以流水驱动轮子转动以做功。右：ATP 合酶的“推与拉”机理。c 亚基（蓝色）的天冬氨酸侧链暂时与定子 a 亚基（橙色）上的一个精氨酸相互作用。这使得天冬氨酸失去质子并将质子通过出口通道（图上方）释放。而一个新的质子将通过入口通道（图下方）结合在下一个 c 亚基带负电荷的天冬氨酸上。因此，膜外大量的质子可以驱动 c 亚基的“轮子”转动并合成 ATP。

ATP 合成不仅需要质子或钠离子的梯度，同时还需要膜电位。在放松的模式下，这个马达可以双向转动并且执行膜两侧的离子交换。而当膜电位和质子或钠离子梯度都存在时，酶便转变成只能向一个方向转动。

c 亚基的转动也涉及 γ 亚基、δ 亚基和 ε 亚基，这些亚基构成了马达酶的转子部分。其中 γ 亚基形成了酶的中心柄或者说是转动柄，而次要柄（外周柄）则连接 F_o 中的定子部件和 F_1 部分。定子部分包括 F_o 的 a、b、d、F_6 和 OSCP 亚基，以及 F_1 的 α 和 β 亚基。

当结合和释放质子或离子的时候，c 亚基的环需要转动 10 ～ 15 步以完成一整圈。由此算来，合成一个 ATP 分子需要 3 ～ 5 个质子，因为转一整圈将生成 3 个 ATP 分子。c 亚基盘的逐步旋转在 γ 亚基和周围柄上产生一个扭矩，当 γ 亚基通过 β 亚基后该扭矩被释放，这个扭矩在不同的物种及转动的不同步骤中均有不同。这个扭矩在旋转 80° 和 40° 这两个确定的步骤后被释放，相当于一整圈的 1/3 及一个 ATP 分子的生成过程。

更复杂旋转系统的结构正逐渐被阐明，如鞭毛马达，能够作为一个螺旋桨发挥功能，驱动细菌在培养基中向前运动。

8.3.3　G 蛋白或 GTP 水解酶

G 蛋白（或者说是 GTP 水解酶）是一个庞大的酶家族，与 RecA-like 家族相关。所有的 GTP 结合结构域（或者称为 G 结构域）通常都有类似的折叠方式并以相同的方式结合核苷酸。G 蛋白是一种分子开关，存在开启（ON，结合 GTP）和关闭（OFF，结合 GDP）两种状态。GTP 水解成 GDP 和无机磷酸（P_i）的反应通常是在 G 蛋白与被称为 GTP 水解酶激活蛋白（GTPase-activating protein，GAP）相互作用后引发的。为了催化 GDP 的解离及促进新 GTP 分子的结合，许多这类蛋白质与一种称为 G 核苷酸交换因子（G-nucleotide exchange factor，GEF）的特定蛋白相互作用。其中一些 G 蛋白与相应的 GAP 和 GEF 相互作用的例子可以在有关翻译（第 11 章）和信号传递（第 14 章）的章节中找到。

G 结构域一般有 160 ～ 200 个氨基酸残基，属于 RecA-like 酶家族（见表 8.3）。G 蛋白的家族可以被分为一些亚家族。一种参与某些信号转导通路的简单 G 蛋白 Ras 仅由一个结构域组成，即 G 结构域（详见第 11 章），其他的成员则是包含一个 G 结构域的多结构域蛋白。另一个亚家族是更加复杂的异源三聚体 G 蛋白，参与其他的一些信号通路。

8.3.3.1　结构、保守元件、核苷酸及镁离子结合

Ras 蛋白是由一个几乎平行的、两侧带有螺旋结构的 β 片层组成（图 8.26）。这与在许多结合核苷酸的酶中发现的 Rossmann 折叠十分相似。但不同之处在于 Ras 蛋白的 β 股顺序为 231456，其中 β 股 2 是反平行于其他股的（Rossmann 折叠的 β 股顺序为 321456 且所有的 β 股都是平行的）。

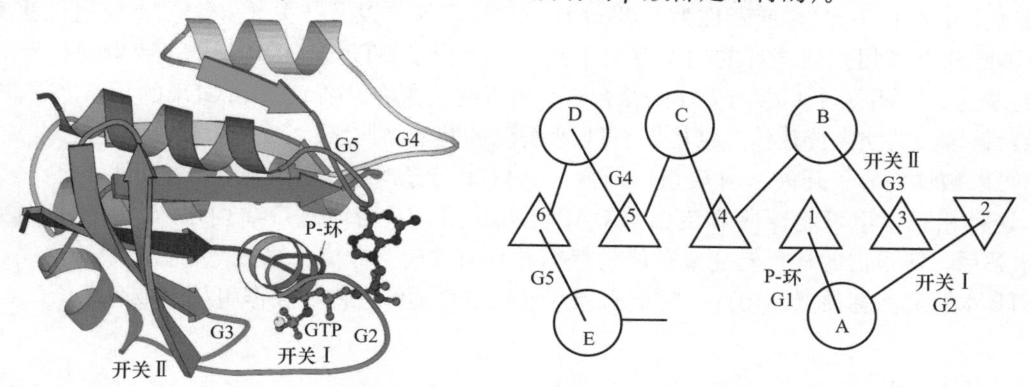

图 8.26　左：G 结构域——此图中为 Ras 蛋白的 G 结构域，Ras 蛋白活跃在许多信号转导通路中。着色的顺序是从 N 端（蓝色）到 C 端（红色）。右：G 结构域的组成。圆圈代表 α 螺旋，三角代表 β 链。每个二级元件上的数字分别代表了这个元件的序号。5 个含有一致元件的环被高亮显示。P-环、开关Ⅰ和开关Ⅱ对于与磷酸相互作用及识别 γ 磷酸来说是必需的。G4 和 G5 环用来鉴别 G 核苷酸。

所有的 G 蛋白中 G 结构域的核心部分都是保守的，但是整个结构域中的变化是常见的。G 结构域的特点是含有 5 个保守元件或者模体（consensus element or motif）（G1 到 G5）（表 8.5）。G1 和 G2 与 8.3.1 节中描述的 Walker A 和 B 模体是相同的。

表 8.5 G 蛋白的保守元件

元件	名称	序列	功能
P-环	G1	GXXXXGKT/S	与 α 和 β 磷酸相互作用
开关Ⅰ	G2	XTX	结合 γ 磷酸和镁离子
开关Ⅱ	G3	DXXG	结合 γ 磷酸并间接结合镁离子
—	G4	N/TKXD	识别 G 核苷酸
—	G5	T/GC/SAL/K	结合 G 核苷酸

5 个保守元件主要位于 β 链的 C 端和 α 螺旋的连接处，并且组成了核苷酸和镁离子的结合位点（图 8.27）。总的来说，前三个保守元件（P-环、开关Ⅰ和开关Ⅱ）与 GTP 和 GDP 的磷酸基团及镁离子相互作用；而后两个（G4 和 G5）控制着 G 核苷酸的选择性。镁离子是水解 GTP 必需的辅因子（cofactor）。

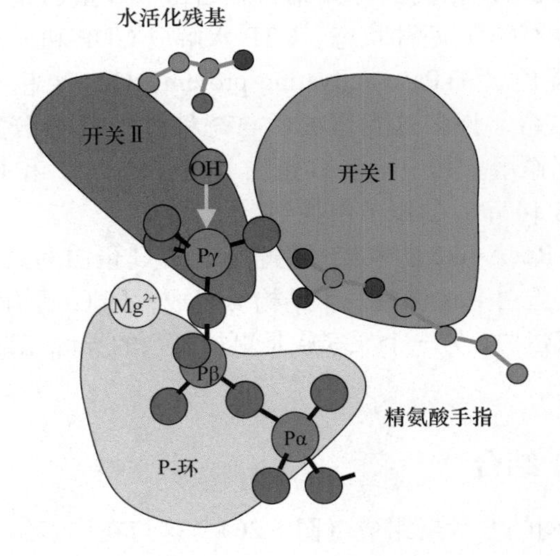

图 8.27 P-环与 α 和 β 磷酸的相互作用。G 结构域开关Ⅰ和开关Ⅱ的环与 γ 磷酸和镁离子相互作用且处于一个开启的状态。GTP 水解酶激活蛋白（GAP）诱导 G 蛋白产生一个有活性的 GTP 水解构象。这种活化一部分是由于一个精氨酸残基与 γ 磷酸相互作用，稳定了反应的过渡态。在这个过程中水分子被移动至靠近 γ 磷酸的位置并被去质子化，从而与磷酸发生直线的 sn^2 机理的反应。

第一个环（G1）被称为磷酸结合环或者 P-环（详见 8.3.1 节）。它围绕着 G 核苷酸折叠并与 α 和 β 磷酸部分形成氢键。开关Ⅰ（G2），或者称为 Walker B 或效应区域，以及开关Ⅱ（G3）主要通过镁离子与核苷酸的 β 和 γ 磷酸相互作用。这些环的构象取决于其是否结合了 GTP 或 GDP 分子，或者说核苷酸结合位点是否是空的。效应环（开关Ⅰ）参与受体的结合并且可以将构象在结合 GTP 和 GDP 的状态之间彻底地转换。开关Ⅱ将结合核苷酸的状态传达给多结构域 GTP 水解酶的其他结构域。

G 蛋白可以被称为分子开关。当 G 蛋白结合一个 GTP 分子时处于开启状态，它可以结合一个受体或者是效应子。这种相互作用可能导致 G 蛋白与 GAP 相互作用，从而促使 G 蛋白水解与其结合的 GTP 分子。当 GTP 被水解后，G 蛋白的构象转变成关闭的状态并且与效应子分离。显然，G 蛋白属于不完全的酶。它们自身的 GTP 水解酶活性很低。因此，它们必须与细胞中合适的元件相互作用从而被激活。

8.3.3.2 GTP 水解

GTP 水解的机理在许多 G 蛋白中都已经被彻底得研究过。GAP 所扮演的角色是诱导 G 蛋白发生构象变化，使 G 蛋白变成有活性的 GTP 水解酶，最后从 G 蛋白上解离。GTP 水解酶的催化机理在所有 GTP 水解酶中都是类似的，一个水分子，或者更具体地说是一个氢氧根离子，被放置于 β 磷酸对面靠近 γ 磷酸的位置，且将被用于水解 GTP。这种水分子在 GTP 水解酶的结构中经常被发现。激活 GTP 水解酶的两个要求是稳定过渡态及通过去除水分子上的一个质子以激活水分子。这种去质子化使得水分子可以以直线的 sn^2 机理进攻 γ 磷酸，并且将 GTP 水解成 GDP 和无机磷酸（图 8.28）。另一种机制是解离性水解，γ 磷酸的解离发生在它水化之前。

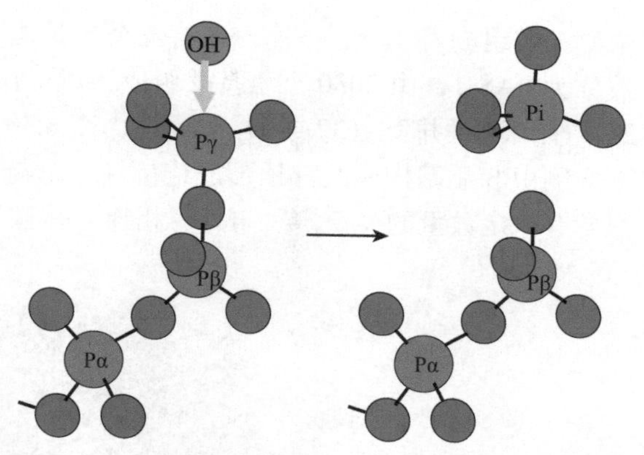

图 8.28　直线的 sn^2 进攻方式通过氢氧根进攻 ATP 或者 GTP 分子的 γ 磷酸实现。这个反应的结果可以想象成被强风吹得翻面的雨伞。

对于许多 G 蛋白来说，有一个位于开关 Ⅱ 上的谷氨酰胺残基会与水分子相互作用，并可在 GAP 的诱导下将水分子放置在适合进攻的位置。从 G 蛋白与 GDP 和 AlF_4^- 的复合体结构中，我们可以观察到 GTP 水解时不同状态的细节。通过研究活性位点附近的一些残基我们可以得出一个结论，即 γ 磷酸从水分子处获得了一个质子，从而导致其被攻击。这种机理被称为底物诱导催化（substrate-induced catalysis），这种催化在水分子尚未处于合适位置的情况下是不会发生的。通常由一个精氨酸指稳定这个反应的过渡态。这个精氨酸既可来自 G 蛋白水解酶本身（顺式），也可来自 GAP（反式）。

8.4　脂肪酸合成酶——一个多功能的酶

脂肪酸是生物膜中必需的分子，并且在生物系统中扮演许多其他的角色。脂肪酸的合成主要是由脂肪酸合成酶（fatty acid synthase，FAS）完成的。一些其他的酶也参与了脂肪合成过程中底物的生成，还有一些酶将利用合成的主产物棕榈酸酯（palmitate），以生成特定的分子用于能量储存或者一些结构用途。合成反应是通过活化前体（precursor）的一步步延伸反应实现的，其每次加上两个碳原子。在动物和真菌中，这个合成是由一个分子质量为 2.6 MDa 的 $\alpha_6\beta_6$ 十二聚体执行的。而在哺乳动物中，这个酶则是由两条相同的多肽组成的 α_2 二聚体，其中每一个单体的分子质量是 270kDa。这种酶是多结构域的蛋白质，并且具有脂肪酸合成中所需的所有功能，这被称为Ⅰ型 FAS 系统（FAS type-Ⅰ），因此说这种酶是多功能的酶。然而在细菌和真核细胞器中，通常由不同基因编码的酶分别执行不同的活性功能。这种方式被称为Ⅱ型 FAS 系统（FAS type-Ⅱ）。细菌中的上述这些酶在功能和结构上与Ⅰ型 FAS 系统中不同的结构域是对应的。Ⅰ型 FAS 脂肪酸合成酶属于一类多功能的酶，这类酶可以重复不断地聚合羧酸（聚酮合成酶）或者氨基酸（非核糖体的多肽合成酶）。

8.4.1　结构

脂肪酸合成酶的核心部件是酰基载体蛋白（acyl carrier protein，ACP），它可以在不同的活性位点之间转运反应中间体，这就增加了催化位点附近的底物浓度，从而提高了脂肪酸的催化效率。这种不同催化位点间的底物运输使得催化循环得以进行。而一旦底物的长度达到 16 ～ 18 个碳原子，就会被硫酯酶（thioesterase，TE）解离下来。目前人们已得到了有来自细菌单独亚基的高分辨率结构、来自真菌全酶的高分辨率结构及来自猪的中等分辨率结构。

从来自真菌酿酒酵母（*Saccharomyces cerevisiae*）和疏棉嗜热霉菌（*Thermomyces lanuginosus*）的 FAS 结构（图 8.29）中可以看出，其含有一个中心的轮状结构，包含了 6 个 α 亚基（又被称为 FAS-2，由 1878

个氨基酸组成)，其上、下两侧各有三个β亚基，围成了两个用于反应的腔室（reaction chamber)。β亚基（又被称为FAS-1，由2080个氨基酸组成）以三次对称（C_3）排列成为三聚体，而α亚基则形成二聚体并也以三次轴对称性排列（32或D_3对称性，图8.30)。6个α亚基相互纠缠，并且它们的N端分别与中心环上、下两侧由β亚基构成的穹顶形成连接（三个与上侧而另三个与下侧)。整个结构高270Å、宽250Å。反应腔室含有一定数量的“窗户”与外界相连，并且两个反应腔室之间也有“窗户”连接。

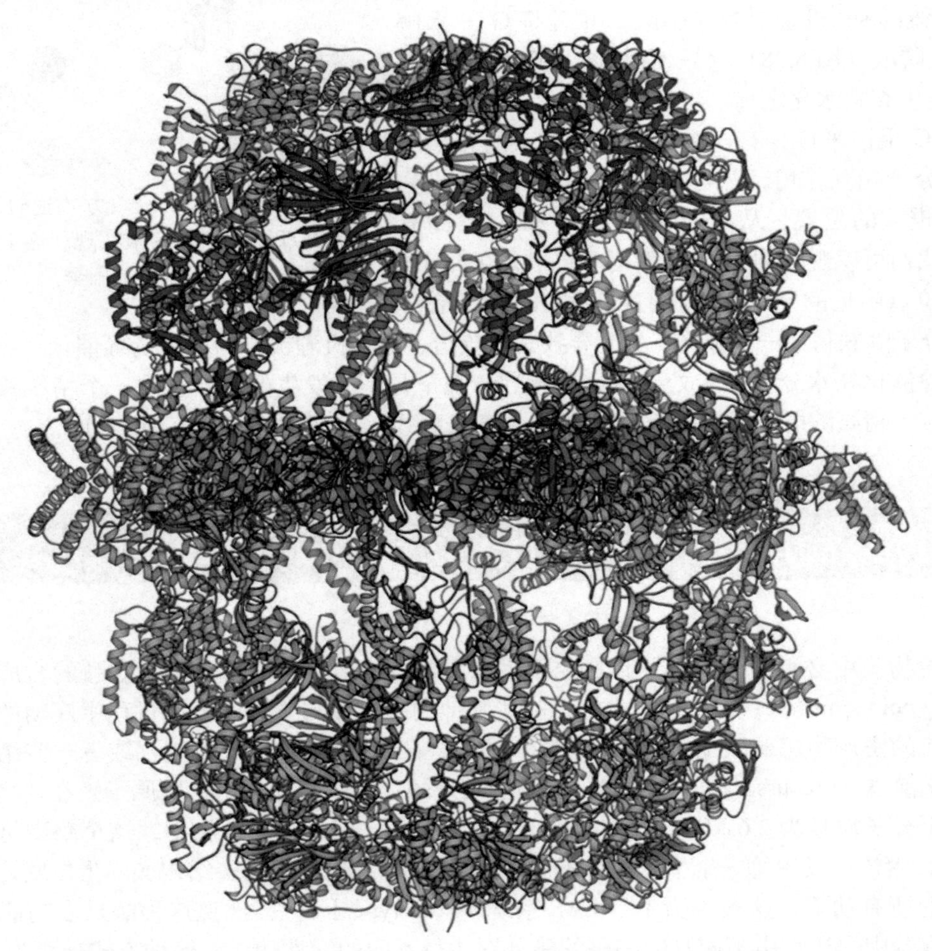

图8.29　来自嗜热丝孢菌的脂肪酸合成酶的结构。中心的α亚基形成的盘状结构以红色表示，而β亚基形成的穹顶结构以蓝色表示。其中一个α亚基和一个β亚基以较深的颜色显示（PDB：2UV9和2UVA)。

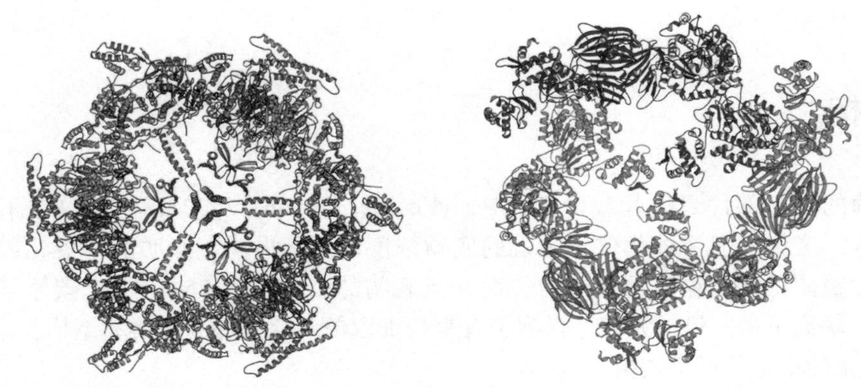

图8.30　左：脂肪酸合成酶中央的盘状结构由6个相互纠缠的α亚基组成并以D_3对称性排列；右：两个穹顶中的每一个都由三个β亚基构成。两图的视角均是顺着三次轴方向的。三个α亚基和一个β亚基被高亮显示。

来自于猪的脂肪酸合成酶是由两个相同的 270kDa 的链构成的，但它们的结构大不相同。其总体的形状是一个 X 形，含有两条腿和两只手臂（图 8.31），尺寸为 210Å × 180Å × 90Å，且有一个大致垂直的二重轴。

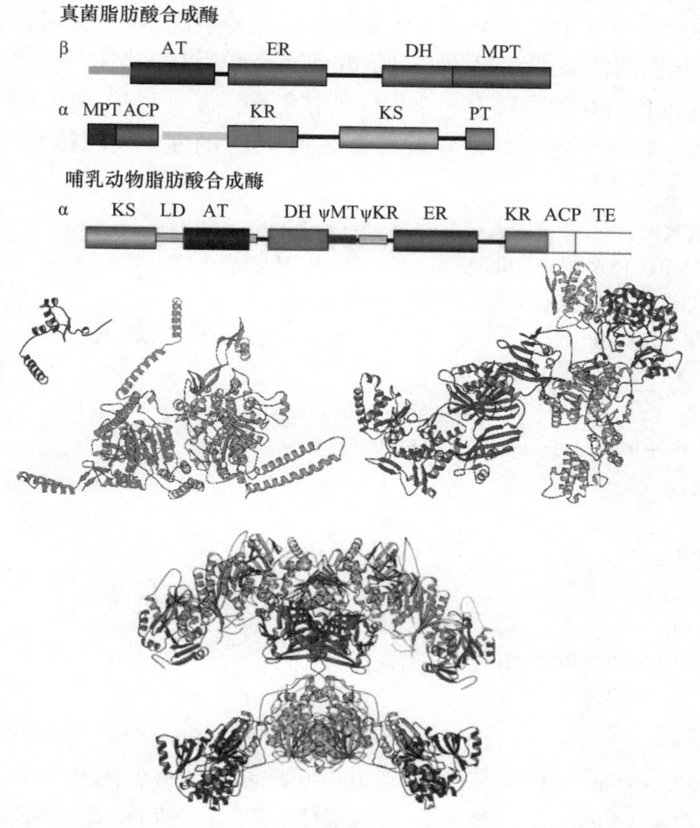

图 8.31　上：脂肪酸合成酶功能结构域组成。中：真菌的脂肪酸合成酶的 α 亚基（中图左，PDB：2UV9）和 β 亚基（中图右，PDB：2UVA）结构。在真菌的脂肪酸合成酶中，丙二酰/棕榈酰转移酶是由两个亚基共同组成的。而在哺乳动物中，MAT 结构域可以同时执行乙酰丙二酰的转移功能。下：哺乳动物二聚体酶的结构，呈现 X 形状（PDB：2VZ8）。较下面的部分用于缩合反应，较上面的部分用于修饰底物。ACP 和 TE 结构域由于柔性比较强而不能被观察到。

8.4.2　酶学功能

8.4.2.1　功能结构域

酵母的脂肪酸合成酶有 8 个功能结构域：α 亚基的 ACP（酰基载体蛋白）、KR（ketoacyl reductase，酮脂酰还原酶）、KS（ketoacyl synthase，酮脂酰合成酶）、PT（(phosphopantheine transferase，磷酸泛酰巯基乙胺转移酶），β 亚基的 AT（acetyltransferase，乙酰转移酶）、ER（enoyl reductase，烯酰还原酶）、DH（dehydratase，脱水酶）和 MPT（malonyl/palmitoyl transferase，丙二酰/棕榈酰转移酶）。其中，MPT 结构域既有来自于 β 亚基 C 端的部件，也有来自于 α 亚基 N 端的部件（见图 8.31）。另外，β 亚基还含有 4 个没有催化活性的结构域。哺乳动物的单一亚基中有位于下部的、与缩合反应相关的 KS 和 MAT（malonyl-acetyl transferase，丙二酰乙酰转移酶）结构域，以及位于上部的 DH、ER、KR、ACP 和 TE (thioesterase，硫酯酶）结构域。另外，在 MAT 结构域的两侧有一个有结构的连接区域（LD），在 DH 和 ER 结构域之间有一个拟甲基转移酶（ψPT）和一个拟酮脂酰还原酶（ψKR）结构域。

8.4.2.2 催化

图 8.32 所示为脂肪酸合成酶中每个结构域在合成脂肪酸时所扮演的角色。β 亚基的 AT 和 MPT 结构域的折叠方式类似于铁蛋白。它们的活性位点包含了组氨酸和丝氨酸残基，均位于一个裂隙中，但是功能和底物不同。特别是 MPT 在其催化口袋的底部有一个保守的精氨酸残基，用于与丙二酰基的羧基基团相互作用。AT 的催化裂隙比较狭窄，阻止了与长链底物的结合，而 MPT 的催化裂隙较大且疏水性更强，从而允许较大底物的结合。

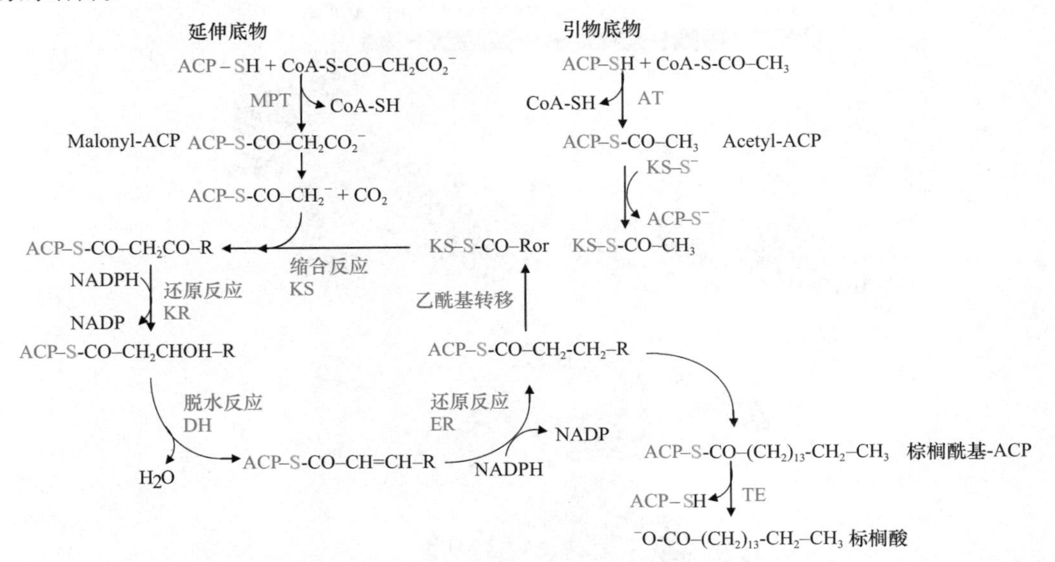

图 8.32　合成脂肪酸的主要步骤及一些催化结构域（绿色）在其中扮演的角色。合成的最初步骤是将一个乙酰基从辅酶 A（coenzyme A，CoA）上转移至 ACP（红色），该底物通过一个硫酯键附着在末端硫上。乙酰基团是脂肪酸合成最初的二碳底物，随后被转移到酮脂酰合成酶（KS）活性位点的半胱氨酸处。然后在 ACP 连接了一个带电的丙二酰基团，在脱羧后便产生了一个活性乙酰碳负离子，从而可以与黏附在 KS 的半胱氨酸上的乙酰基或者脂肪酸反应。随后底物分子被转移至酮脂酰还原酶（KR），以 NADPH 作为还原剂发生还原反应。脱水酶（DH）将底物分子脱去一分子水，接下来烯酰还原酶（ER）用另一分子的 NADPH 将其还原。此时底物分子比之前长了两个碳原子并且又被连接在 KS 结构域上。这个反应过程会一直进行直到达到 16 个或 18 个碳原子的长度，此时脂肪酸会被 MPT 转回到辅酶 A 上。在哺乳动物中还会有一个酯转移酶结构域（transesterase domain，TE）通过水解反应将底物最终释放。

ACP 结构域负责将底物分子在反应腔室中的不同活性位点之间进行运输。在真菌中，它是 α 亚基的一部分并且由两段柔性的连接肽段（linker）形成较链状的结构（图 8.33）。在酿酒酵母的脂肪酸合成酶的结构中它被固定在了 KS 的活性位点处，且是可见的。酵母 ACP 分子质量约为 18kDa 且完全是由螺旋结构组成。两个连接肽段与 α 亚基组成的盘状结构的中心相接，而外围锚点连接在 α 亚基的 N 端。长为 18Å 的磷酸泛酰巯基乙胺（PPT）是与底物共价结合的化学基团。它与 ACP 的丝氨酸残基通过 PT 结构域连接。PPT 基团位于 ACP 上两个连接肽段对面的位置，这使得 PPT 基团可以伸展到最大的距离。

KS 催化乙酰基和丙二酰基的缩合反应。KS 结构域是 α 亚基的一部分且在中心轮状结构中以二聚体的形式出现，但其催化位点分别指向两个反应腔室，它的折叠方式与硫解酶是一致的。KS 催化所有的缩合步骤，因此结合在其活性位点半胱氨酸上并为反应提供乙酰基的底物既可以是短链的也可以是长链的（$C_2 \sim C_{16}$）。

KR 结构域以 NADPH 为还原剂还原 β 碳。它具有一个 Rossmann 折叠。DH 结构域负责从羟基乙酰-ACP 上去除一个水分子。它有一个长的疏水孔道，允许长链底物的结合。ER 结构域也是一个二聚体。它利用 NADPH 催化整个延伸循环中最终的还原反应步骤。它的结构中含有一个 TIM 桶（TIM barrel）折叠。这个结构域中还含有一个黄素单核苷酸（flavin mononucleotide，FMN）结合在 TIM 桶的底部。

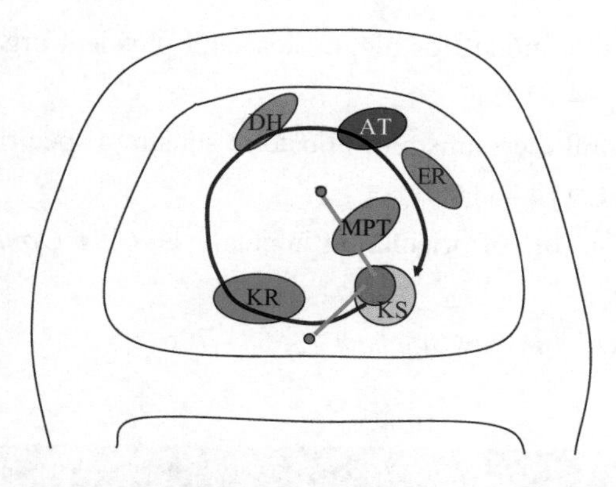

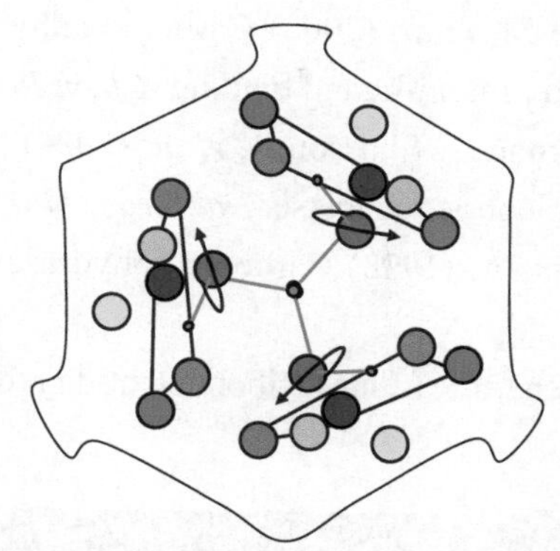

图 8.33 FAS 的一个反应腔室中各活性位点的分布。左：以横截面显示上部的反应腔室。ACP 及其两个连接肽段以红色显示。其中较下方的连接肽段与中心盘状结构连接，而较上方的（又称外围的）连接肽段连接在 α 亚基的 N 端。黑色箭头显示的是底物在反应循环中经过 4 个活性位点的走向。右：反应腔室的俯视示意图，显示了全部的三个 ACP 结构域及与之相对应的活性位点。

真菌脂肪酸合成酶的 6 个不同催化结构域（AT、MPT、KS、KR、DH 和 ER）的活性位点全部都朝向两个反应腔室的内侧，而 PT 结构域则位于反应腔室的外侧。每一个腔室包含三个 ACP 结构域。ACP 的位置及反应腔室中各活性位点的排列方式使得脂肪酸的催化十分高效。ACP 上柔性的连接肽段使得所有的活性位点都可以十分便捷地靠近相应的底物。当底物被 AT 或 MPT 装载到 ACP 上后，ACP 的结构域将以顺时针顺序（从反应腔室内看）依序经过相应的活性位点（图 8.33）。经过这样一个循环后，底物的乙酰链被加长了两个碳原子并且被送回了 KS 的半胱氨酸处，在此 ACP 会从 MPT 结构域处结合一个新的丙二酰。由于有两个连接肽段，ACP 结构域更倾向于沿着圆周的方向移动，而这个移动路径正好与各活性位点的排布位置一致（图 8.33）。每一个 ACP 结构域与来自两个 α 亚基和两个 β 亚基的活性位点相互作用。

哺乳动物系统与真菌系统差异很大，但是可能以相似的方式发挥功能。两个 ACP 结构域重新结合到柔性的连接处，并能够靠近不同的酶活中心。顶部和底部的连接处允许它们之间有 180° 旋转。另外，该部分的柔性允许顶部相对于底部摆动 25°。因此，这两个 ACP 单元反应腔室很容易靠近所有不同的亚活性位点。

延伸阅读（8.1 节和 8.2 节）

原始文献

Xu H, Faber C, Uchiki T, *et al.* (2006) Structures of eukaryotic ribonucleotide reductase I provide insight into dNTP regulation. *Proc Natl Acad Sci USA* **103**: 4022-4027.

Xu Y, Feng L, Jeffrey PD, *et al.* (2008) Structure and metal exchange in the cadmium carbonic anhydrase of marine diatoms. *Nature* **452**: 56-61.

综述文章

Eklund H, Uhlin U, Farnegardh M, *et al.* (2001) Structure and function of the radical enzyme ribonucleotide reductase. *Prog Biophys Mol Biol* **77**: 177-268.

Jordan A, Reichard P. (1998) Ribonucleotide reductases. *Ann Rev Biochem.* **67**: 71-98.

Krishnamurthy VM, *et al.* (2008) Carbonic anhydrase as a model for biophysical and physical organic studies of proteins and protein-ligand binding. *Chem Rev* **108**, 946-1051.

Larsson KM, Jordan A, Eliasson R, *et al.* (2004) Structural mechanism of allosteric substrate specificity regulation in a ribonucleotide reductase. *Nat Struct Mol Biol* **11**: 1142-1149.

Lindskog S, Liljas A. (1993) Carbonic anhydrase and the role of orientation in catalysis. *Curr Opin Struct Biol* **3**: 915-920.

Nordlund P, Reichard P. (2006) Ribonucleotide reductases. *Ann Rev Biochem* **75**: 681-706.

延伸阅读（8.3 节）

原始文献

Abrahams JP, Leslie AGW, Lutter R, Walker JE. (1994) Structure at 2.8Å resolution of F1-ATPase from bovine heart mitochondria. *Nature* **370**: 621-628.

Ariga T, Muneyuki E, Yoshida M. (2007) F1-ATPase rotates by an asymmetric, sequential mechanism using all three catalytic subunits. *Nat Struct Mol Biol* **14**: 841-846.

Bourne HR, Sanders DA, McCormick F. (1991) The GTPase superfamily: Conserved structure and molecular mechanism. *Nature* **349**: 117-127.

deVos A, Tong L, Milburn MV, *et al.* (1988) Three-dimensional structure of an oncogene protein: Catalytic domain of human c-H-ras p21. *Science* **232**: 1127-1132.

Kabaleeswaran V, Puri N, Walker JE, *et al.* (2006) Novel features of the rotatory catalytic mechanism revealed in the structure of yeast F1 ATPase. *EMBO J.* **25**: 5433-5442.

Lupas AN, Martin J. (2002) AAA proteins. *Curr Opin Struct Biol* **12**: 746-753.

Noji H, Yasuda R, Yoshida M, Kinosita K. Jr. (1997) Direct observation of the. rotation of F1-ATPase. *Nature* **386**: 299-302.

Pai EF, Kabsch W, Krengel U, *et al.* (1989) Structure of the guanine-nucleotide-binding domain of the Ha-ras oncogene product p21 in the triphosphate conformation. *Nature* **341**: 209-214.

Pan X, Eathiraj S, Munson M, Lambright DG. (2016) TBC-domain GAPS for Rab GRPases accelerate GTP hydrolysis by dual-finger mechanism. *Nature* **442**: 303-306.

综述文章

Dimroth P, von Ballamos C, Meier T. (2006) Catalytical and mechanical cycles in F-ATP synthases. *EMBO Rep* **7**: 276-282.

Gao YQ, Yang W, Karplus M. (2005) A structure-based model for the synthesis and hydrolysis of ATP by F1-ATPase. *Cell* **123**: 195-205.

Iyer LM, Leipe DD, Koonin EV, Aravind L. (2004) Evolutionary history and higher order classification of AAA+ ATPases. *J Struct Biol* **146**: 11-31.

Muench SP, Trinick J, Harrison MA. (2011) Structural divergence of the rotatory ATPases. *Quart Rev Biophys* **44**: 311-356.

Stewart AG, Laming EM, Sobti M, Stock D. (2014) Rotatory ATPases—Dynamic molecular machines. *Curr Opin Struct Biol* **25**: 40-48.

Tucker PA, Sallai L. (2007) The AAA+ superfamily—A myriad of motions. *Curr Opin Struct Biol* **17**: 641-652.

Weber J. (2007) ATP synthase—the structure of the stator stalk. *TIBS* **32**: 53-56.

延伸阅读（8.4 节）

原始文献

Jenni S, Leibundgut M, Boehringer D, *et al.* (2007) Structure of fungal fatty acid synthase and implications for iterative substrate shuttling. *Science* **316**: 254-261.

Leibundgut M, Jenni S, Frick C, Ban N. (2007) Structural basis for substrate delivery by acyl carrier protein in yeast fatty acid synthase. *Science* **316**: 288-290.

Lomakin IB, Xiong Y, Steitz TA. (2007) The crystal structure of fatty acid synthase, a cellular machine with eight active sites working together. *Cell* **129**: 319-332.

Maier T, Leibundgut M, Ban N. (2008) The crystal structure of a mammalian fatty acid synthase. *Science* **321**: 1315-1322.

综述文章

Leibundgut M, Maier T, Jenni S, Ban N. (2008) The multienzyme architecture of eukaryotic fatty acid synthase. *Curr Opin Struct Biol* **18**: 714-725.

Xu W, Qiao K, Tang Y. (2013) Structural analysis of protein-protein interaction in type Ⅰ polyketide polymerases. *Crit Rev Biochem Mol Biol* **48**: 98-122.

（邓明静　译，王　博　校）

第 9 章

基因组结构、DNA 复制和重组

9.1 基因组的组织

生物体基因组中的双链 DNA 需要被组织起来以适应有限的可用空间。这种组织可以在多个级别上完成，尤其是在真核生物中。该 DNA 和蛋白质组成的复合物被称为染色质。染色质中的蛋白质分为：①组蛋白；②非组蛋白染色体蛋白或非组蛋白，这些蛋白质占染色质总质量的一半。如果处理染色质使其部分展开，在电子显微镜下，它们的形态就像一连串珠子。这些珠子被称为核小体，连接珠子的线是连接 DNA。DNA 缠绕在组蛋白上形成核小体。核小体进一步组织成 30nm 纤维。

每个核小体由一个大约 147 个碱基对的 DNA 片段以及一个蛋白质八聚体构成。这个八聚体由两个拷贝组成，每个拷贝有四种组蛋白：H2A、H2B、H3 和 H4（图 9.1）。组蛋白在复制和转录过程中都非常重要。组蛋白 H2A、H2B 和 H3 存在变体。双链 DNA 以左手超螺旋的方式绕组蛋白八倍体约 1.65 圈（图 9.2，左）。大约一半的 DNA 表面被封闭起来，使其很难用于复制、转录和其他 DNA 依赖的活动。组蛋白的氨基酸序列在不同物种之间高度保守，并具有长氨基端尾。组蛋白富含精氨酸和赖氨酸残基，其正电荷中和来自 DNA 磷酸基团的负电荷。组蛋白分子伴侣帮助形成组蛋白八倍体，防止其错误聚集。

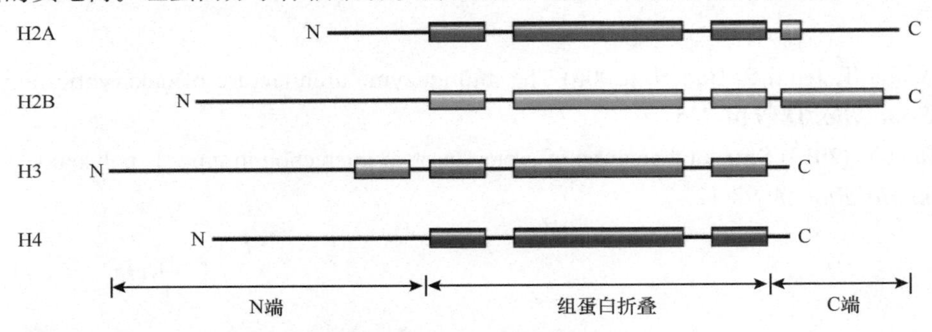

图 9.1　组蛋白组成图。它们都有一个包含组蛋白褶皱和 N 端、C 端扩展的中心区域。

四种组蛋白都由 102 ～ 135 个氨基酸残基组成，它们有一个共同的、被称为组蛋白折叠（histone fold）（图 9.2，右上）的 motif 结构。该折叠的核心由两个环路连接的三个螺旋组成。此结构在所有真核生物中保守。在组蛋白八聚体和对应的 DNA 螺旋之间形成了数百个氢键、盐键和疏水相互作用。DNA 缠绕并不均一，一些扭曲和扭结可以被观察到。

组蛋白的长氨基端尾部伸出核小体，可以被甲基化、乙酰化，以及进行一些其他的修饰（见第 10 章“信息栏”）。这些变化会影响核小体的组装，并发挥重要的调节作用，如调控基因表达。组蛋白修饰模式能够被其他蛋白质识别，这些蛋白质可以结合和调节特定基因的转录。组蛋白修饰的组合被称为组蛋白编码，并作为组合信号，指导不同分子的结合和随后的事件。当细胞为子细胞复制 DNA 时，染色质的结构也会被复制。因此，组蛋白编码也会作为表观遗传学的一部分被复制。表观遗传学描述 DNA 和组蛋白的动态修饰是如何打开或关闭基因的。因此，不仅 DNA 中的基因本身很重要，组蛋白和 DNA 的修饰也非常重要，这些修饰可以决定基因能够在多大程度上被转录。

核小体能够被组装到更高级的染色质结构中。组蛋白 H1（或者在某些物种中是 H5）参与这一过程。哺乳动物有 11 个 H1 组蛋白亚型，其中的球状结构域约含 80 个氨基酸残基，以及短氨基端（20 ～ 35 个残基）和长羧基端（100 个残基）尾部。在羧基端尾部，多达一半的氨基酸残基是碱性的，主要是赖氨酸。球状结构域的折叠不同于其他组蛋白（图 9.2）。在每个核小体中有一个拷贝的组蛋白 H1 或 H5，被称为连接组蛋白。它们在二重轴处结合，并与进出核小体的 DNA 相互作用。其尾端与连接 DNA 结合，并参与更高级结构的形成。对与连接组蛋白结合的核小体进行核酸酶切割显示，约 168 个 DNA 碱基对受到保护免于切割。额外的碱基对对称分布于核小体的两侧。

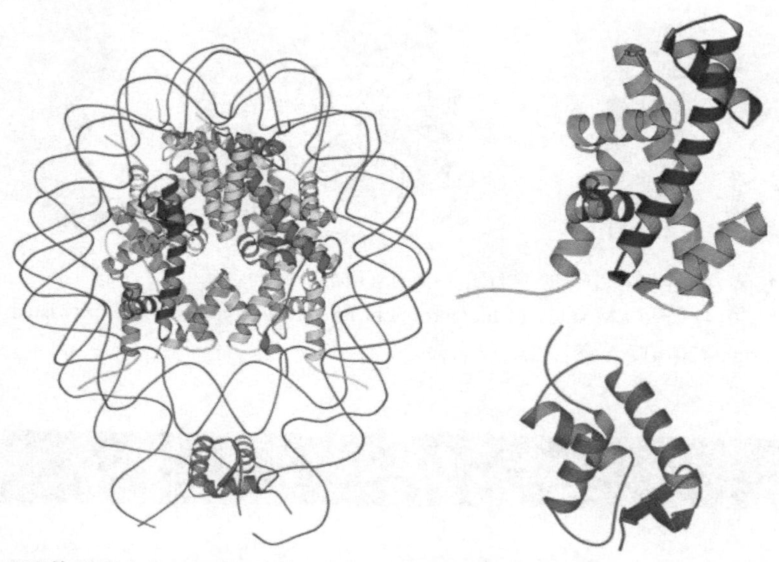

图 9.2　左图：组蛋白的八聚体形成中心，DNA 缠绕于周围。二重轴垂直穿过颗粒。核心粒子中组蛋白亚单位的配色方案与图 9.1 中相同。组蛋白 H5 的一个拷贝绑定在图的底部。右上：组蛋白 H3（绿色）和 H4（蓝色）的二聚体。右下：连接组蛋白 H5（PDB：4QLC）的“翼螺旋”结构。

核小体压缩的第一级是 30nm 纤维。通过晶体学研究确定了核小体四聚体结构，且更大的结构部分已经由冷冻电镜研究。这四个核小体以独特的方式排列（图 9.3）。这些核小体四聚体是形成 30nm 纤维的基本单位。纳米纤维由两层核小体堆叠形成，而不是一个核小体（图 9.4）。相邻两个核小体之间的连接位于纤维的内部。H1 组蛋白在近二重轴上不对称分布。组蛋白 H1 的羧基端在 DNA 连接的组织中起着重要的作用。

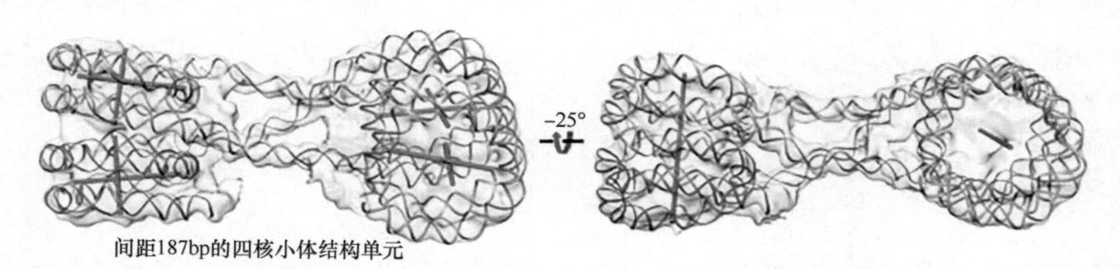

图 9.3　30nm 结构中的四核小体 DNA 结构。两个棕色核小体以 90° 排列，堆叠在相同排列的另一对上［经许可改版自 Song F, *et al.* (2014) Cryo-EM study of the chromatin fiber reveals a double helix twisted by tetranucleosomal units. *Science* **344**: 376-380. Copyright (2014) AAAS］。

30nm 结构还需要浓缩 100 多倍才能达到生物体内染色体结构的水平。这种更高水平的压缩和染色体的整体结构目前仍然还不清楚。

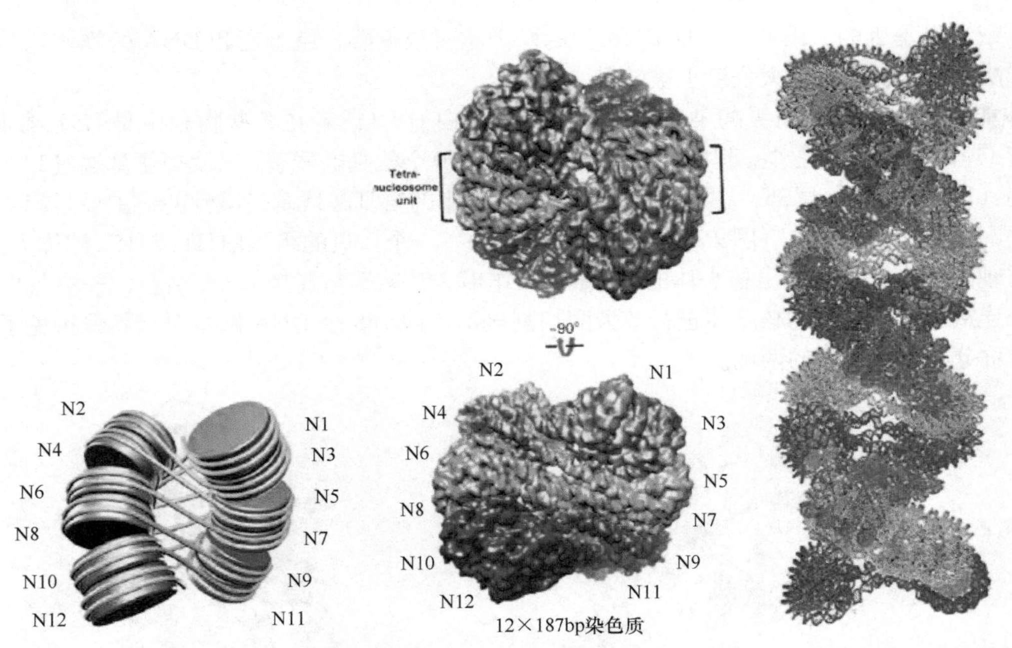

图 9.4 左：12 个核小体包装为 3 个四核小体的侧面图。中：从顶部和侧面看到的 12 个核小体。右：30nm 结构的片段［经许可改版自 Song F, *et al.* (2014) Cryo-EM study of the chromatin fiber reveals a double helix twisted by tetranucleosomal units. *Science* **344**: 376-380. Copyright (2014) AAAS］。

9.2 复制

在细胞分裂之前，其基因组必须复制。这个过程是由 DNA 聚合酶和大量其他的辅助蛋白质完成的（表 9.1）。DNA 的代谢是每个细胞的中心活动之一，除了复制外还包括修复、重组和降解。这些过程有助于将遗传信息从一个细胞传递到下一个细胞、从一代到另一代，但我们将只关注其中的几个过程。

表 9.1 涉及 DNA 复制的蛋白质名称

功能	大肠杆菌	古细菌	真核生物
复制起点识别	DnaA	Cdc6/Orc1	ORC, Cdc6, Cdt1
解旋酶	DnaB	Cdc6/Orc1, MCM	MCM (Mcm2, 3, 4, 5, 6)
解旋酶装载机	DnaC，PriA	GINS	GINS, Cdc45
ssDNA 结合蛋白	SSB		RPA (p14, p32, p70)
引物合成	DnaG	DNA 引物酶	Pol α
夹钳装载机	γ 复合物 ($\tau_3\delta\delta'\chi\psi$)	RFC	RF-C (p140, p40, p38, p37, p36)
滑动夹	β	PCNA	PCNA
复制性 DNA 聚合酶	Pol Ⅲ (α, ε, θ)	PolB, PolD	Pol α, δ, ε
5′→3′ 外切核酸酶	Pol I N 域	Fen1, Dna2	Fen1, Dna2
DNA 连接酶 1	DNA 连接酶	DNA 连接酶	DNA 连接酶 1

马修·梅塞尔森（Matthew Meselson）和富兰克林·斯塔尔（Franklin Stahl）展示了初始 DNA 双螺旋中的两条母链都作为新链的模板。由此产生的两个 DNA 双螺旋各有一条旧的和一条新的链，这被叫做半保留复制。

真核生物中的复制至少分 4 个步骤：①高度组装的核小体中的 DNA 片段从组蛋白和其他压实其结构的蛋白质中解放出来；② DNA 双螺旋被解旋，两股螺旋分离，从而使新的碱基配对成为可能；③新核苷酸通过共价键连接，新链通过与模板链碱基互补配对的方式延伸；④组蛋白被添加回两个 dna 复制体上，并进行适当的修饰，以保留表观遗传信号。

9.2.1 组蛋白分子伴侣

复制过程中组蛋白的去除和添加是一个复杂而必要的过程。在复制过程中，与基因组某些特定部分相关的组蛋白修饰应该在两个 DNA 复制体上保留。组蛋白分子伴侣参与组蛋白的去除和添加过程，该分子伴侣使组蛋白在 DNA 复制、修复和转录过程中得到保护。

生物体内存在多种不同的组蛋白分子伴侣。分子伴侣与多种 H3 和 H4 的复合体相互作用。其他的分子伴侣与 H2A-H2B 相互作用。例如，ASF1（图 9.5）在复制叉之前结合被干扰的组蛋白，在复制叉之后再为新核小体的组装提供组蛋白。ASF1 结构的其他部分与组蛋白储存因子蛋白相互作用，这些蛋白质在 DNA 合成过程中也具有活性。

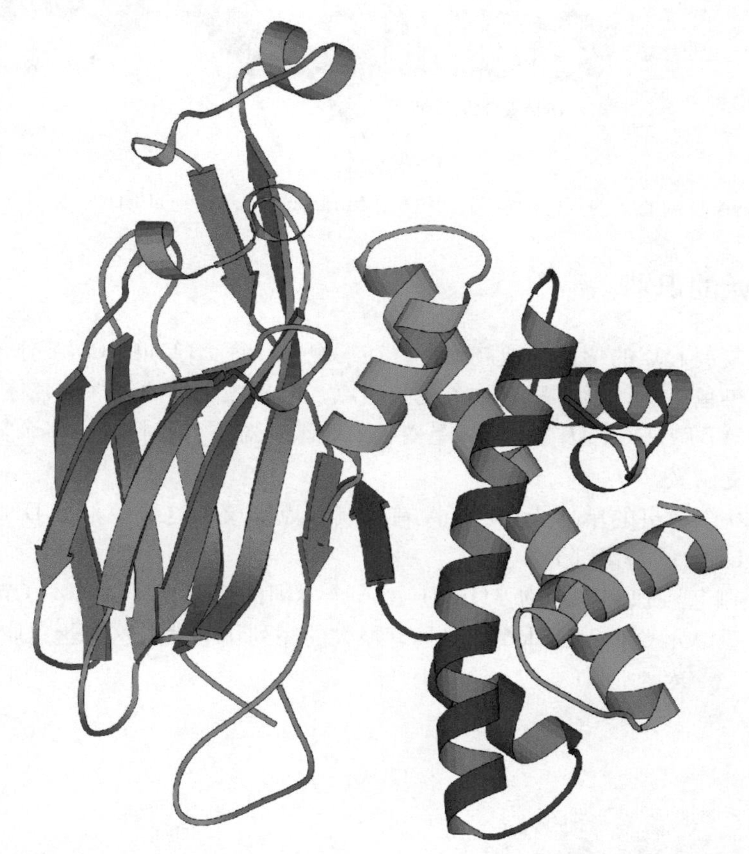

图 9.5　组蛋白分子伴侣 ASF1（棕色）结合在一个 H3-H4 的异质二聚体的旁侧，H3 结合 H3′ 从而抑制四聚化（PDB：2HUE）。

在复制叉之前，ASF1 通过主要结合 H3-H4 二聚体的方式充当组蛋白受体，达到去除组蛋白的目的。组蛋白的回收和新合成的组蛋白的储存同时进行，ASF1 可能参与该协调过程。复合物的相互作用仍然有待研究，H2A-H2B 二聚体的处理细节也仍不清楚。组蛋白分子伴侣的研究非常重要，因为分子伴侣的突变或表达水平可能导致癌症等严重疾病发生。

9.2.2 DNA 合成

在 DNA 复制过程中，DNA 聚合酶在被拷贝的 DNA 链上按照 3′ → 5′ 的方向合成 DNA，新合成的 DNA 链从 5′ 端开始到 3′ 端结束。双链 DNA 必须被分为两条模板链。这导致在 DNA 上产生一个分支点，被称为复制叉（图 9.6）。该双链的一条链方向为 3′ → 5′。此链是复制叉移动的前导链。另一条链为滞后链，方向为 5′ → 3′，该链复制的方向也是 3′ → 5′。这是通过片段的形式实现的，该片段从复制叉位置开始直到前一个片段的 3′ 端结束。因此，滞后链将以片段的方式被复制，该片段称为冈崎片段，并由 DNA 连接酶连接在一起。

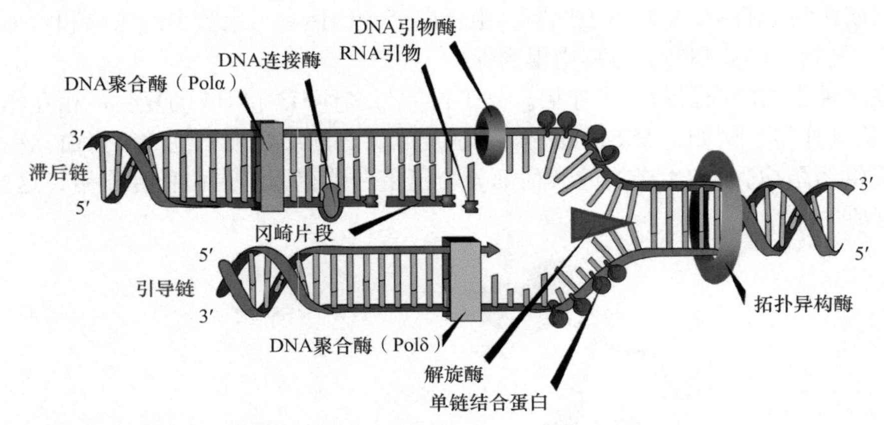

图 9.6 真核细胞中参与 DNA 复制的一些元件示意图。该图由 Mariana Ruiz Villareal 创作，来源于维基百科。

9.2.2.1 复制起始的识别

在细胞分裂之前，复制起点的位置必须被确定。在细胞中，每个单独的 DNA 分子（如染色体）至少有一个复制起点。在细菌染色体中，通常只有一个复制起点，但真核生物的线性染色体可能有多个复制起点。复制起点相对来说富含 AT 碱基对，因为 AT 碱基对比 GC 碱基对更容易打开。多个复制起点可以同时被使用，从而导致产生多个复制叉。

在细菌中，10 ～ 20 个拷贝的单体蛋白 DnaA 在复制起点寡聚。这导致部分 DNA 解离，DnaC 帮助六聚解旋酶 DnaB 结合到 DNA 的解离部分。

在真核生物中，复制起点识别复合物（ORC）由 6 个不同的亚单元（Orc1 ～ Orc6）组成并与 Cdc6 蛋白相互作用（图 9.7）。亚单元 Orc1 和 Cdc6 蛋白具有很大的序列相似性。这些蛋白质，除了 Orc6 以外，均

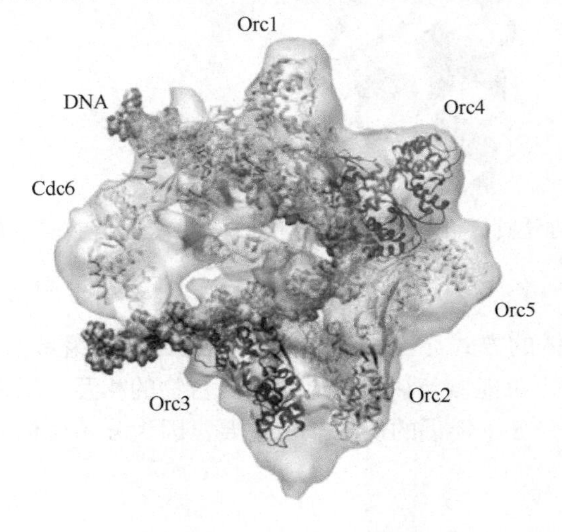

图 9.7 酵母的起始识别复合体（ORC）和 Cdc6 结合 72 对碱基对的 DNA 模型。Orc6 亚单元可能在 DNA 的急转弯处［经许可改版自 Sun *et al.* (2012) Cdc6-induced conformational changes in ORC bound to origin DNA revealed by cryo-electron microscopy. *Structure* **20**: 534-544. Copyright (2012) Elsevier］。

属于 AAA+类的 ATPase（见 8.3 节）。在古细菌中，仅 Orc1 和 Cdc6 参与复制起点识别，Orc1 的形状像一个字母 C，像龙虾的爪子一样与 DNA 复制起点结合并弯曲 DNA。在真核生物中，ORC 复合体也有一个新月形状。在构象重组层面上的 ATP 水解作用机制仍然有待研究。

9.2.2.2　复制子

复制复合体或复制子这种巨大的蛋白质聚合物是 DNA 复制的核心，它由解旋酶及其装载子、DNA 引物酶、滑动钳及其装载子和 DNA 聚合酶组成。解旋酶在复制起点处结合，通过破坏双螺旋结构诱导局部位点变性。脱氧核糖核酸聚合酶不能自行开始合成新的聚合物链，它的合成需要一段帮助 DNA 或 RNA，也称引物。通常引物是一小段 RNA，它被一种称为引物酶的 RNA 聚合酶预先合成。然后，DNA 通过两个移动的复制叉在两个方向上复制。碱基互补配对指导新链的合成。

9.2.2.3　DNA 解旋酶及其装载子

在识别到复制起点后，DNA 解旋酶会打破将两条 DNA 链凝聚在一起的作用力。解旋酶是分子马达，将 ATP 水解的能量与 DNA（或 RNA）双螺旋的解旋耦合起来。解旋酶不仅对复制至关重要，而且对重组、修复、转录和翻译也都十分重要。根据特征模体的保守程度和沿核酸模板链的移动方向，解旋酶可分为不同的家族（表 9.2）。它们的马达结构域都属于包含 P-环的 ATP 水解酶，但它们大多也同时含有行使不同功能的其他结构域。单链结合蛋白能够帮助 DNA 解旋酶稳定 DNA 的开放结构，其他的酶如 DNA 拓扑异构酶则能够辅助移动复制叉（见 9.2.3 节）。

表 9.2　DNA 解旋酶家族

超级家族	寡聚物	ATPase 和解旋酶部分的折叠	大肠杆菌酶	其他成员的例子
SF 1	单体	2 个 RecA 域	UvrD，Rep（DNA 修复）	PcrA（细菌重组）
SF 2	单体	2 个 RecA 域	RecQ，UvrB（DNA 修复）	DEAD-box rRNA 解旋酶，转录因子 TFⅡH 的一个亚基
SF 3	六聚体	AAA+域	—	
SF 4	六聚体	RecA 域	DnaB（DNA 复制）	
SF 5	六聚体	RecA 域	Rho（转录终止）	
SF 6	六聚体	AAA+域	—	Mcm2-7（真核生物中的 DNA 复制）

SF1 和 SF2 解旋酶都是由两个 RecA 类似结构域组成的单体（见 8.3.1 节），在这两个 RecA 类似结构域中间都有插入结构域。RecA 类似结构域（图 9.8）是解旋酶马达结构域的核心。几个保守序列模体参与将核苷酸水解的能量与将两条互补 DNA 和（或）RNA 链的物理分离能量耦合其中一些模体，包括 P-环模体（GXXXXGKS）为 ATP 创建了结合位点。ATP 绑定在两个 RecA 结构域之间，单链 DNA 在隧道中移动，而该隧道没有足够的空间供双链 DNA 通过。从本质上讲，由于 ATP 结合、水解和分离产生的蛋白质结构域的构象变化将双链 DNA 移动到蛋白质的负电荷区域，DNA 双链与该负电荷区域相互作用，迫使 DNA 双链分离。

SF2 解旋酶存在于所有生物体中，主要用于 DNA 修复。例如，RecQ 是具有三个保守结构域的单体：具有：①两个 RecA 类似亚结构域的螺旋酶；② RecQ C 端（RQC）；③解旋酶和 RNA 酶 D 类似 C 端（helicase-and-RNaseD-like-C-terminal，HRDC）。RQC 和 HRDC 结构域参与底物特异性识别和靶向，以及与复制复合物的其他蛋白质的相互作用。一个具有翼螺旋模体（winged-helix motif，WH）的 RQC 结构域以及双链 DNA 的复合物晶体结构显示，RQC 结构域能与 DNA 的 8 个末端碱基对结合。突出的 β 发夹是有翼螺旋模体（WH）的 β 翼的一部分，其功能就像一把小刀，可以分离两股 DNA。发夹结构的芳香侧链，与

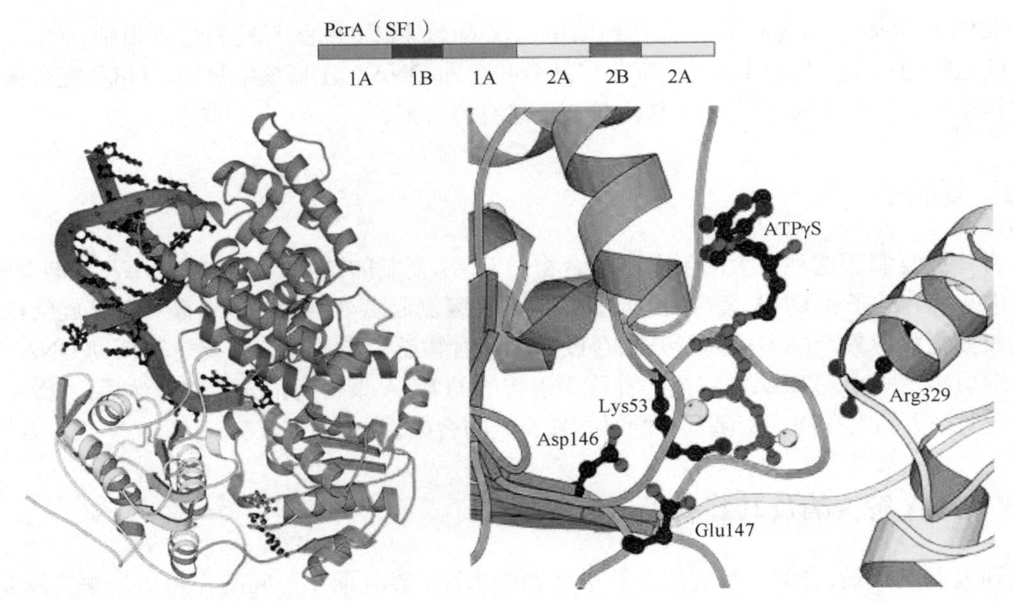

图 9.8 顶部：PcrA（SF1）结构域，具有两个类似 RecA 的域（1A 和 2A），每个域都有一个插入（2A 和 2B）。左下：带有 DNA 双螺旋尾的 PcrA。ATP 在类似 RecA 的域 1A 和 2A 之间结合，ssDNA 穿过蛋白质的狭窄隧道。右下：ATP 结合位点和催化中涉及的残基。Lys53 来自 P-环，Asp146 和 Glu147 来自第一个类似 RecA 域的第二个保守模体（DEXH）。来自另一个域的 Arg329 靠近活性位点，与其他含有 P-环的蛋白质（PDB：1OYY）中的精氨酸指类似。

DNA 的成对碱基和未成对单碱基都可以堆叠在一起。与 ATP 结合、水解和释放的化学能再次转换为类似 RecA 域之间的构象变化，从而导致抓住和释放单链 DNA，进而实现 DNA 位置的移动。

六聚解旋酶（SF3-6；表 9.2 和图 9.9）是环结构，具有 RecA（SF4-5）或 AAA+类似（SF3 和 SF6）ATPase 结构域。SF3 和 SF6 具有扁平环结构，每个亚单位与一个 DNA 核苷酸结合，而 SF4 和 SF5 形成右

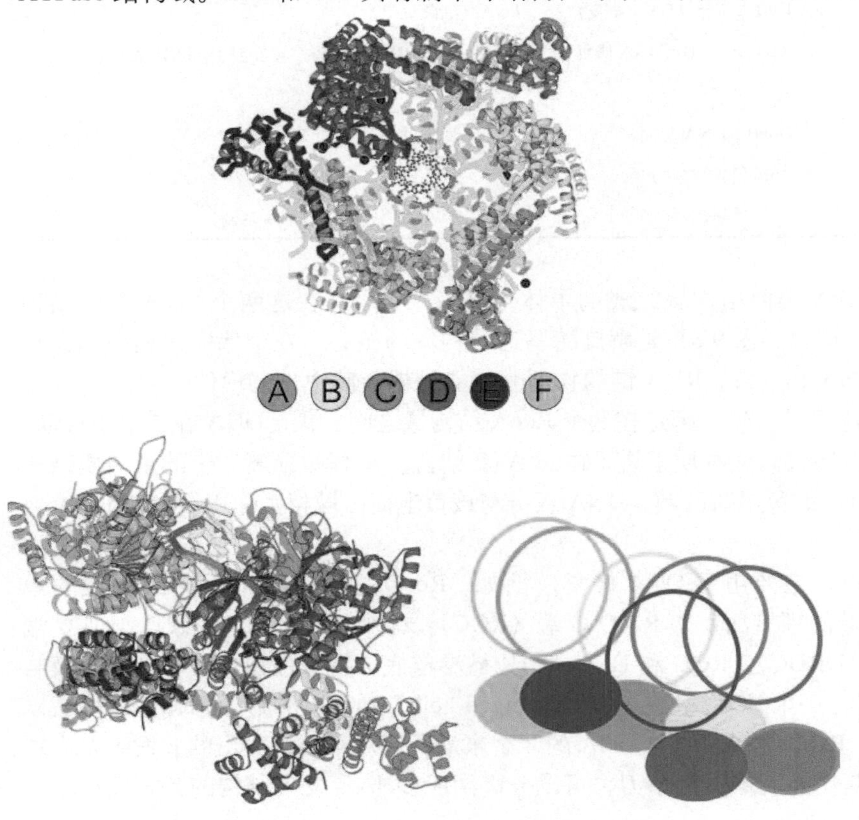

图 9.9 细菌的具有复制性的解旋酶 DnaB（SF4）结构，内腔中带有 ssDNA，在两个正交视图中显示。亚单元以不同的颜色显示（PDB 4ESV）。顶部：沿对称轴是 6 个亚单元，DNA 位于中间。蓝色亚单元的N和C终端域都以颜色显示。中间：圆的顺序显示亚单元的顺序。左下：原子细节的侧视图。靠近视角的三个亚单元以完全彩色显示。N 端处于底部，C 端位于顶部。右图：一幅示意图，N 端全都上色，C 端只展示了轮廓。螺旋楼梯结构在蓝色和红色亚单元之间有间隙。

手楼梯结构，每个亚单位与两个核苷酸结合。

在细菌中，DnaA 蛋白首先与复制起点结合。解旋酶 DnaB（SF4）由两个结构域组成，其中较大的 C 端结构域（CTD）具有单个 RecA 折叠，绑定 ATP 并具有转移解旋酶的角色。与配体未结合时的 $DnaB_6$ 具有扁平的双环结构。解旋酶装载子通过打开解旋酶的封闭环将解旋酶装载到 DNA 上。大肠杆菌中的解旋酶装载子 DnaC 与 ATP 的复合物，结合 DnaB 从而形成复杂的 $DnaB_6$-$DnaC_6$ 复合物。

解旋酶装载蛋白也是由两个结构域组成。其 CTD 具有 AAA+折叠，并绑定 ATP 和 ssDNA。NTD 具有一个结合锌的折叠，并与解旋酶的 CTD 相互作用。该蛋白质本身是单体和二聚体的混合物，以三个二聚体的形式与 DnaB 结合。其中一个二聚体的方向略有不同，从而导致结构产生一条裂痕，形成一个开放的环结构。解旋酶和解旋酶装载蛋白的复合体可以形成螺旋阶梯结构，该结构可能是装载 ssDNA 必需的（图 9.10）。该复合物通过与 DnaA 相互作用，被加载到在复制起点处的单链 DNA 上。一旦解旋酶的阶梯结构形成之后，解旋酶装载蛋白就解离了。

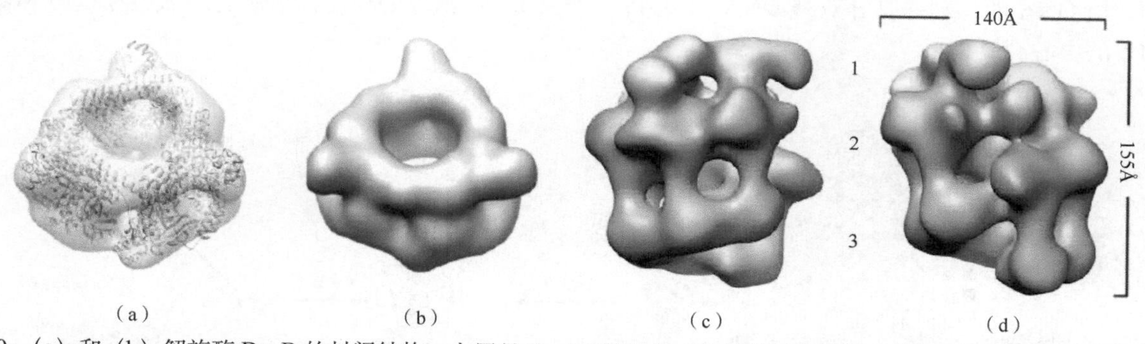

图 9.10　(a) 和 (b) 解旋酶 DnaB 的封闭结构。上层是 DnaB NTD 的二聚体的三聚结构，下层是 CTD 排列的伪六重对称结构。(c) 和 (d) DnaC（橙色）与 DnaB CTD 的结合使结构具有右手螺旋构造，具有间隙［(d)］，通过该结构可以插入 ssDNA［经许可改编自 Arias-Palomo E, *et al.* (2013) The bacterial DnaC helicase loader is a DnaB ring breaker. *Cell* **153**: 438-448. Copyright (2013) Elsevier］。

DnaB 和 ATP 类似物结合到 ssDNA 上的结构，就像两个堆叠在一起的锁紧垫圈一样（图 9.10）。氨基端结构域（NTD）的顶层组织成一个二聚体的三聚结构，它环绕着 ssDNA，也可以结合引物酶。在底层，CTD 被组织成一个伪六重轴螺旋对称结构，每个亚单元之间有一个 60° 的旋转角。CTD 与单链 DNA（ssDNA）的磷酸基团结合。同一亚单位的 NTD 和 CTD 总体上几乎不存在相互作用，但保持共价连接非常重要。顶部和底部亚单位之间的链接区域使结构保持封闭状态。总共有 11 个核苷酸与 6 个亚单元相互作用，但只有 5 个亚单元包含 ATP 类似物，因为顶部和底部亚单元之间的 ATP 结合位点是空的。

解旋酶在双链 DNA 上的移位机制就像一个攀援者换手前进（图 9.11）。

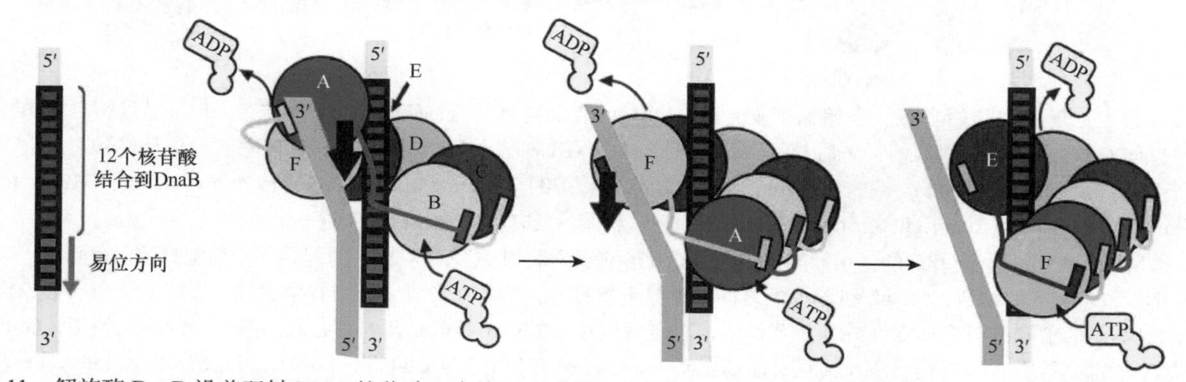

图 9.11　解旋酶 DnaB 沿着双链 DNA 的移动。在第一步（第一个箭头）亚单元 A 已经失去了它的 ADP 分子，现在拿起一个 ATP 分子，并连接到 B 亚单位上。在第二步中，亚单元 F 执行相同的过程［经许可改编自 Itsathitphalsam O, *et al.* (2012) The hexameric helicase DnaB adopts a non- planar conformation during translocation. *Cell* **151**: 267-277. Copyright Elsevier］。

古细菌和真核生物中的复制由 6 个 ORC 亚单元和 Cdc6 的复合体在复制起点处启动，Cdc6 也是解旋酶装载蛋白的一种。这个复合体首先招募一个 Mcm2-7（MCM）和 Cdt1 的七聚体到复制起点处。在 Orc1 和 Cdc6 将 ATP 水解后，Cdt1 被释放，随后第二个七聚复合物结合上去。在双六聚体中，MCM 环通过结合锌的 N 端相互作用，而 C 端含有 AAA+ATPase 模体。随后，预复制的复合体分离，另外的蛋白质被招募过来。这些是异质四聚体 GINS 复合体和 Cdc45，形成由 11 个成员组成的 CMG 复合体。所有组分对于功能的发挥都至关重要，并且都是保守的。MCM 是马达。螺旋酶这个时候具有活性，每个解旋酶六聚体作为前进复制子复合物的一部分，从复制起始位置双向进行复制。

对 CMG 与以单链 3′ 悬伸的 dsDNA 结合的低分辨率部分冷冻电镜结构的组分的组合研究给出了进一步的见解（图 9.12）。在这里，Mcm2-7 亚单元的 C 端不再形成一个圆，而是在亚单元 Mcm2 和 Mcm5 之间被打破，形成一个右手螺旋。GINS 和 Cdc45 亚单元连接了螺旋两端。然而，MCM 的 N 端保留平面分布。该复合物与 DNA 的单链部分结合，MCM 的 C 端 AAA+部分最接近 DNA，这表明 CMG 复合物的 ATPase 马达引领着沿 DNA 的移动并打开双链 DNA。Cdc45 与分叉 DNA 前导链相互作用，而滞后链穿过由 MCM 亚单元构成的中心孔。

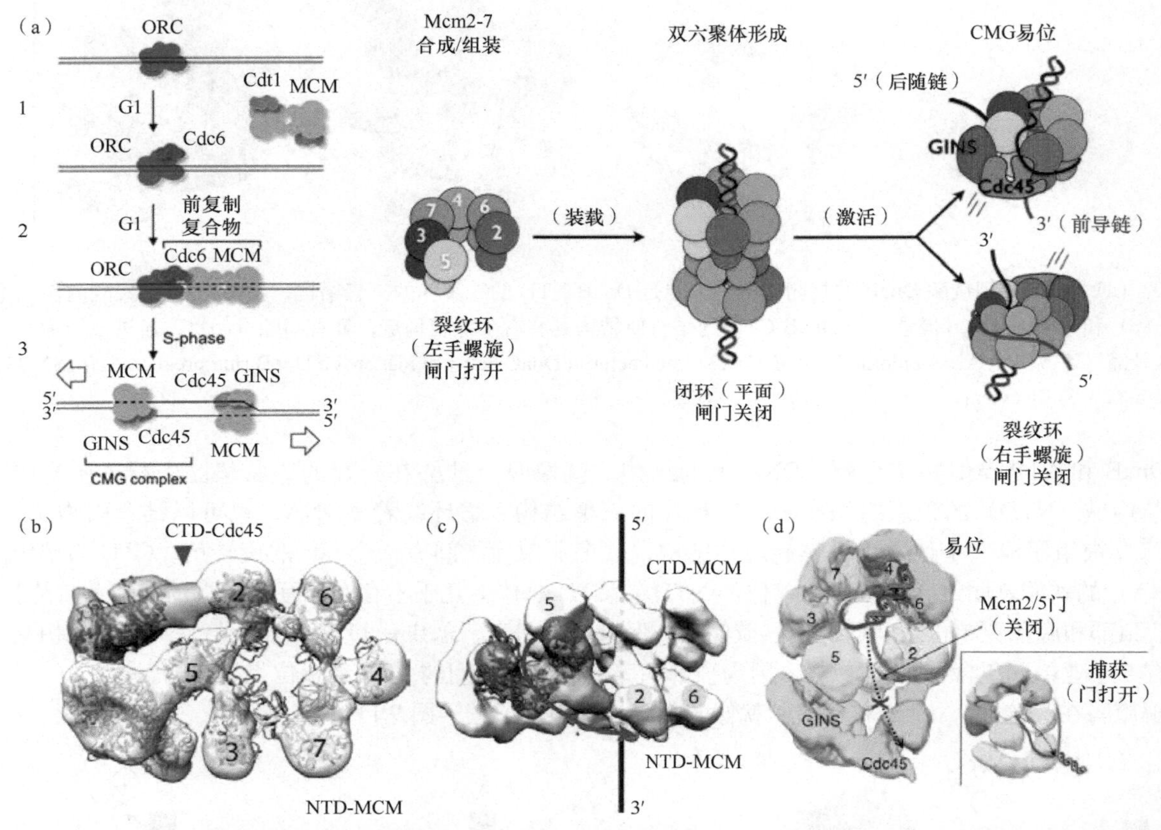

图 9.12 左上：复制的初始步骤。起始识别复合体（ORC）结合复制起点，Cdc6 和 Cdt1 结合 ORC，然后 MCM 的双六聚物可以与 ORC 结合。复制起始了之后 ORC 解离，Cdc45 和 GINS 结合 MCM。然后，解旋酶的六聚环结构可以在 DNA 的两个方向上前进［经许可改编自 Onestis，MacNeill SA（2013）Soucture and evolutionary origins of the CMG complex. *Chromosoma* **122**: 47-53. Copyright Springer Verlag GmbH］。右上：没有活性的 Mcm2-7 是一个破裂的左手螺旋。裂缝发生在 Mcm2 和 Mcm5 之间。通过 ORC 的作用和辅助蛋白 MCM 形成双六聚物，将双链 DNA 的起始部分周围封闭。在激活状态下，通过 GINS 和 Cdc45 的结合，Mcm2 和 Mcm5 之间的裂缝重新打开，但现在形成了一个右手螺旋，激活的蛋白质形成桥梁。在这里，DNA 的前导链与 Cdc45 在外部相互作用，而滞后链穿过 MCM 亚单元环的中心孔。底部：冷冻电镜图，CMG 的密度以两个方向看到，并说明了 DNA 路径［改编自 Costa A, *et al.* (2014) DNA-binding polarity, dimerization, and ATPase ring remodeling in the CMG helicase of the eukaryotic replisome. *eLife* **3**: e03273. Copyright Costa A, *et al.*］。

SF4/SF5 及其类似 RecA 的结构域与 F_1-ATPase（8.3.1 节）相关。亚单元在催化环中经历三种状态，分别是 ATP、ADP 和空状态。与 F_1-ATPase 不同，这些解旋酶只有一种类型的亚单元。因此，六聚体的所有 6 个亚单元都参与 ATP 水解。所有亚单元都可以在某个阶段与 DNA 相互作用。

一般来说，所有解旋酶 SF3-6 采用三种不同的构象，大概是三个与 ATP 结合的亚单元、两个与 ADP 结合的亚单元，以及一个不结合配体的亚单元。与 DNA 结合的环的构象与亚单元的状态相关。与 ATP 结合的亚单元位于 ssDNA 的顶部或 5′ 端，与 ADP 结合的亚单元位于中间，空亚单元位于底部。据推测，脱氧核糖核酸在催化环催化过程中被向下拉。当与 DNA 结合的亚单元到达底部时，它会结合一个 ATP 分子并移动到顶部。由于 ATP 的结合位点都在每个亚单元的边缘处，且与催化有关的精氨酸（Arg）指来自相邻亚单元，因此 ATP 水解将取决于亚单元相互作用的某个特定状态。

9.2.3 拓扑异构酶

9.2.3.1 角色和类型

在复制、转录和其他细胞活动期间，DNA 链被分离或解开。DNA 和 RNA 聚合酶（在 DNA 泡中发生移位）迫使 DNA 在其螺旋轴周围形成超螺旋，超螺旋的方向正反都有。在聚合酶后面，DNA 会产生负方向的超螺旋。负超螺旋有利于链分离，而正超螺旋可阻止其分离。正超螺旋引起的扭转应力会进一步抑制聚合酶活性。这时就需要 DNA 拓扑异构酶来释放这种拓扑应力。这些酶切割一股（Ⅰ型）或两股（Ⅱ型）DNA，以释放紧张的 DNA 拓扑应力，然后重新排列 DNA。催化过程涉及结合 DNA 中的一条，被称为 G 段，随后该段被切割。另一段称为 T 段的 DNA 被移动通过 G 段。

酪氨酸是催化过程的核心，与切割后的 DNA 形成共价连接。在拓扑异构酶 I 中，酪氨酸可以连接到 DNA 5′ 端（IA 型）或 3′ 端（IB 型）。DNA 切割后，在 IA 型中，非切割的 DNA 链通过另一股 DNA 的空隙。IB 型拓扑异构酶允许被切割的 DNA 单链的自由 5′ 端受控旋转。在拓扑异构酶Ⅱ中，酪氨酸残基与切割后的 DNA 双链的两个 5′ 端都相连，双链 DNA 在 ATP 依赖的反应下，通过切割后双链 DNA 的空隙。根据结构差异，拓扑异构酶Ⅱ也可以分为两个子类，即 A 和 B。

抑制这些酶的拓扑异构酶药物已广泛应用于抗菌和抗肿瘤治疗，在开发新药的领域具有重要的意义。

9.2.3.2 拓扑异构酶 IA——单链 DNA 通过酶

拓扑异构酶 IA（Topo IA）是一个单体，其中 N 端区域由 4 个以环形方式排列的结构域组成，可以围绕 dsDNA 关闭（图 9.13）。C 端区域不保守。

Topo IA 在不消耗 ATP 的情况下改变负超螺旋或者欠旋转（underwound）DNA 的拓扑结构。结构域 I 包含活性位点，该酶与单链 DNA 片段结合。活性位点在此过程中发生了显著的构象变化。ssDNA 被切割，其 5′ 端与活性位点处的酪氨酸（结构域Ⅲ）共价结合。与拓扑异构酶Ⅱ一样，拓扑异构酶 IA 的催化活性取决于两个金属离子。环形结构可以打开，以暂时隔离穿过被切割 DNA 单链的另一条 DNA 链。

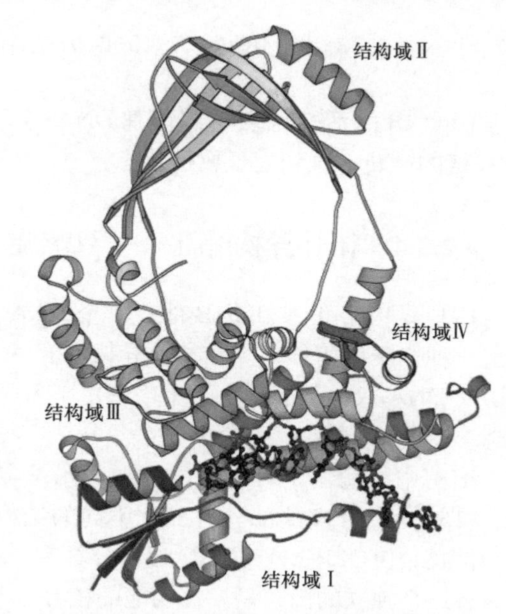

图 9.13　拓扑异构酶 IA：N 端区域的 4 个结构域，从 N 端到 C 端颜色由蓝色过渡到红色（PDB：3PX7）。

9.2.3.3　拓扑异构酶 IB——旋转酶

拓扑异构酶 IB 在不使用 ATP 的情况下可以放松正负超螺旋 DNA。拓扑异构酶 IB 也是一个单体，但其构造完全不同（图 9.14）。其折叠很常见，但分子的大小高度可变：在细菌和病毒中是 36kDa，在真核生物是 90kDa。这种酶有 C 形形状，可以夹住 DNA。

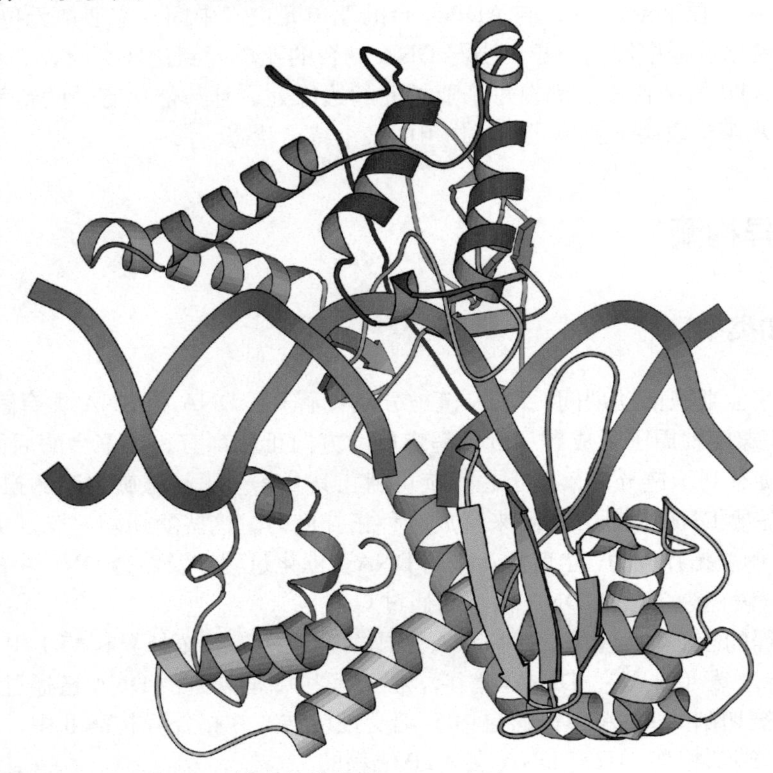

图 9.14　人类拓扑异构酶 IB 与一段双链 DNA 结合的结构（PDB：1A31）。

Topo IB 的活性位点与被切割 DNA 链 3′ 端存在一个暂时的共价相互作用。扭转的 DNA 链将会驱动 DNA 链的旋转，直到处于放松状态。

9.2.3.4　拓扑异构酶Ⅱ——双螺旋 DNA 通过酶

拓扑异构酶Ⅱ A 和Ⅱ B 催化一个 DNA 双螺旋穿过另一个，并具有相应的结构。这个过程相当复杂，并由一种二聚体酶催化。在拓扑异构酶Ⅱ A 中，N 端结构域包含结合和水解 DNA 的位点。一个 ATP 被水解切断 DNA 双链从而产生一个门，用于另一个双链 DNA 的通过，然后另一个 ATP 被水解，使酶回到初始状态。

细菌中的酶由两种不同的亚单元形成异四聚体，但在真核生物中，所有结构域都在同一个二聚肽内（图 9.15）。酶的 N 端部分有三个不同的结构域：GHKL 家族的 ATPase 结构域、传感器结构域和拓扑异构酶-引物酶（TOPRIM）域。C 端部分具有一个 CAP 结构域，其中包含催化残基酪氨酸和一个 C 端结构域。该酶有三个独立的门，是发挥功能的核心。

呈 U 形（150° 弯折）的 G 段结合到 TOPO Ⅱ A 二聚体中间部分的结合凹槽中，该凹槽由 TOPRIM 域、翼螺旋域（WHD）和塔域组成。DNA 的弯曲是由 WHD 的翼 2 区域的一个保守异亮氨酸导致的。随后，WHD 中的螺旋-转角-螺旋模体含有结合 DNA 的催化酪氨酸。与拓扑异构酶结合的 DNA 不需要任何特异性，并且其不是主要与碱基对结合。

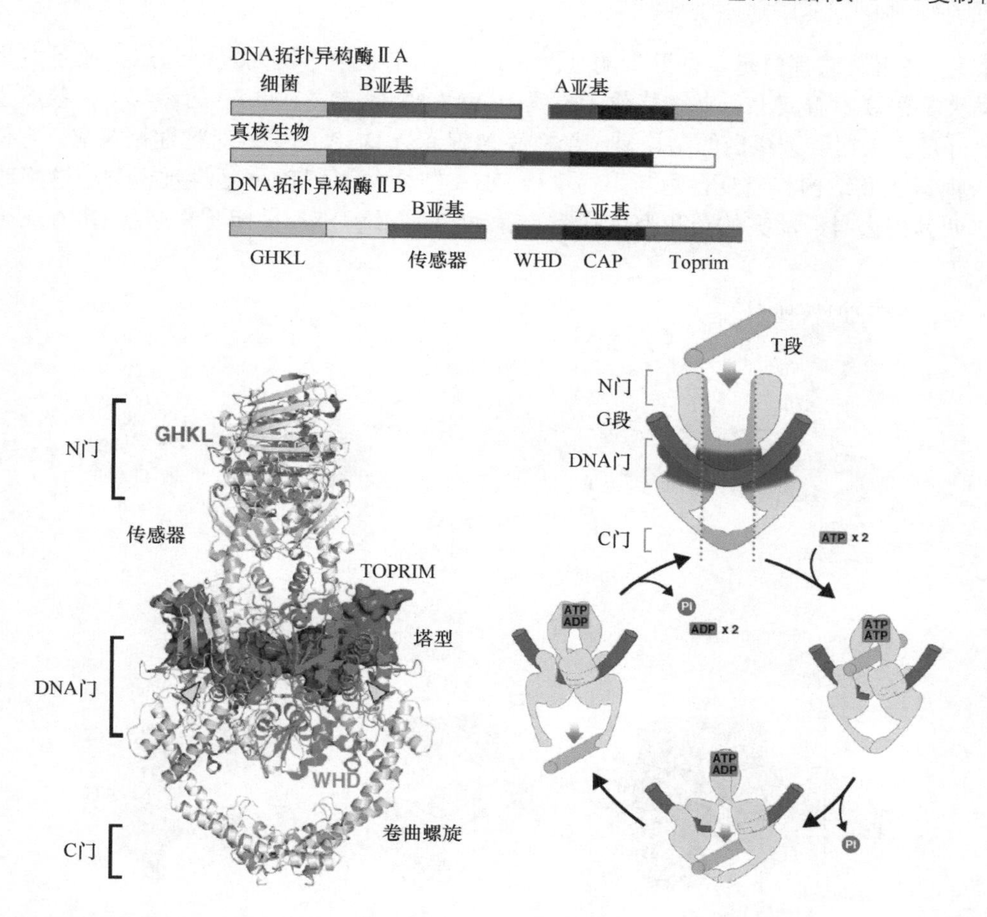

图 9.15　顶部：细菌和真核细胞的拓扑异构酶Ⅱ A 和Ⅱ B 的结构域。底部：拓扑异构酶Ⅱ A 的结构图（左图，PDB：4GFH）和催化过程的示意图（右图）[经许可改编自 Chang C-C, *et al.* (2013). New insights into DNA-binding by type Ⅱ A topoisomerases. *Curr Opin Struct Biol* **23**: 125-133. Copyright (2013) Elsevier]。

DNA 的 T 段现在可以通过 N 门进入其结合位点。该酶将 ATP 与两个 GHKL 域结合，从而导致 N 门关闭和 G 段的切割。两个酪氨酸的空间排列导致 G 段四个碱基被交错切割。在 ATP 分子的水解下，T 段首先穿过已被切割的 G 段和中间门，然后通过第三个门，此时 G 段重新连接。

9.2.3.5　滑动夹和夹钳装载蛋白

在复制过程中，聚合酶需要重复相同的催化反应数千次。DNA 聚合酶与 DNA 的结合不牢固，酶很容易脱落。因此，聚合酶使用一种通用机制与模板链保持结合。一种进程因子——滑动夹蛋白，被用于将 DNA 合成率提高到两个数量级。这些滑动夹形成一个环，包裹核酸（图 9.16）。DNA 聚合酶与夹子的结合能力比与 DNA 结合更强。滑动夹由 6 个重复结构域组成。在细菌中，滑动夹蛋白是一种同源二聚体，而在真核细胞中为同源三聚体。结构域具有面向 DNA 的正电荷 α 螺旋，其外部是 β 结构。

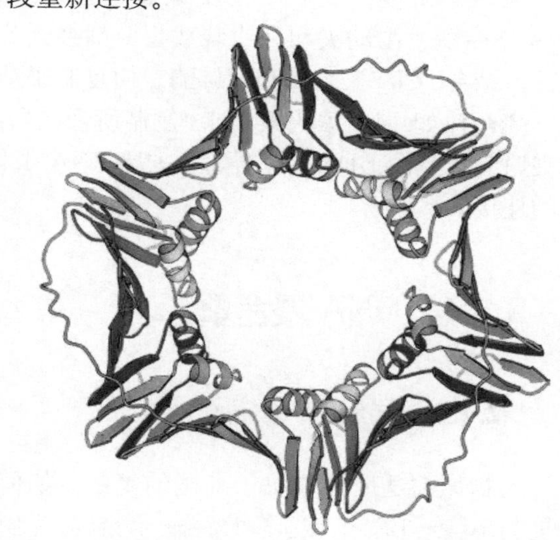

图 9.16　滑动夹：人类增殖细胞核抗原（PCNA）围绕着新复制的 DNA（PDB：1U7B）。

为了将滑动夹加载到 dsDNA 上，一种称为夹钳装载蛋白的专用蛋白质被招募过来。其功能类似于解旋酶装载蛋白（9.2.2.3 节）。夹钳装载蛋白是一种五聚酶（图 9.17）。无论是前导链的复制起点，还是滞后链的每个冈崎片段，滑动夹都需要附着其上。夹钳装载蛋白属于 AAA+酶家族。在 ATP 的参与下，装载蛋白与滑动夹蛋白结合并打开环。夹钳装载蛋白的结构是一个右手螺旋，与 DNA 的螺旋对称性相匹配。它使滑动夹形成右手形的开口锁紧垫圈结构。当复合物与引物模板 DNA 结合时，ATPase 活性被诱导。这将改变夹钳装载蛋白的结构，使其失去与滑动夹的亲和力。然后，滑动夹将围绕 DNA 关闭，并结合 DNA 聚合酶，使复制开始。

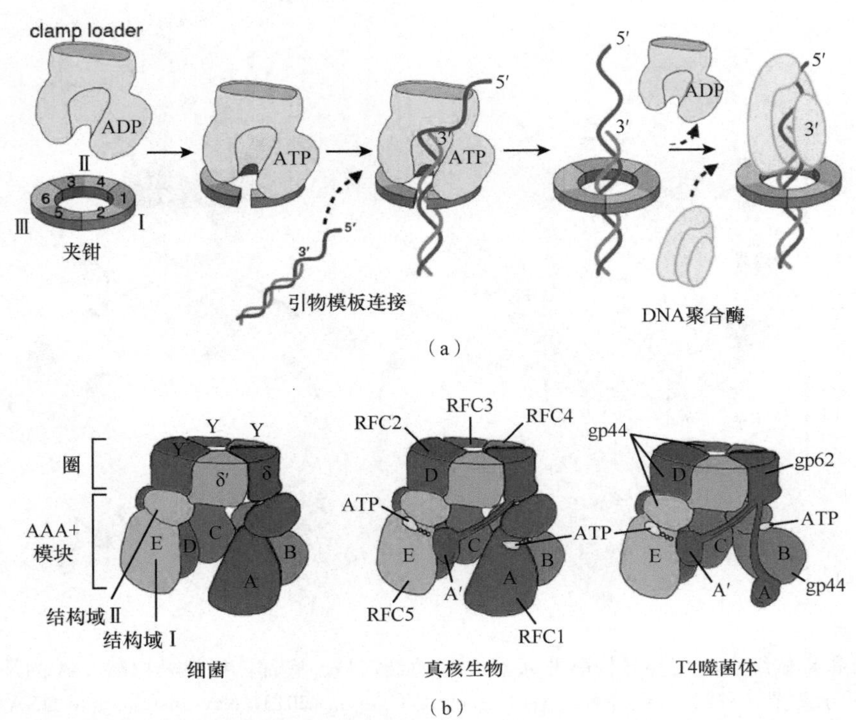

图 9.17　上图：滑动夹打开的机制以及滑动夹装载蛋白将双链 DNA 插入的机制。下图：细菌、真核生物、T4 噬菌体的滑动夹装载蛋白示意图［改编自 Kelch BA, *et al.* (2012) Clamp loader ATPases and the evolution of the DNA replication machinery. *BMC Biol* **10**: 34-48. Copyright Kelch BA, *et al.*］。

在这个阶段，复制子处于组装过程中。DNA、围绕滞后链的解旋酶、制造短 RNA 引物的引物酶、DNA 聚合酶、滑动夹和夹钳装载蛋白都会到位。在细菌中，三个 γ 亚单元的 CTD（有时也称为 τ，图 9.17 底部）结合 DNA 聚合酶和解旋酶，使复制子结合在一起。

噬菌体如 T4，编码其 DNA 复制所需的所有蛋白质，包括解旋酶、解旋酶装载蛋白、引物酶、滑动夹和夹钳装载蛋白、DNA 聚合酶、去除 RNA 引物的外切酶，以及用于连接以滞后链为模版合成的 DNA 链缺口的连接酶。

9.2.4 DNA 聚合酶

9.2.4.1 家族

生物体的适应性取决于准确的复制、如何保持其遗传物质，以及如何“允许”低频率的错误。通常，每复制 $10^9 \sim 10^{10}$ 个碱基仅产生一个错误。复制速率高达每秒 1000 个核苷酸。这种惊人的准确度是通过精准的核苷酸结合和去除错误插入的核苷酸实现的。DNA 聚合酶是保证 DNA 复制、修复和重组准确度的关键酶。除了聚合能力外，许多 DNA 聚合酶还表现出外切酶（5′ → 3′ 和 3′ → 5′）的活性。

自 1956 年 Kornberg 及其同事发现第一个聚合酶活性以来，已知的 DNA 聚合酶的数量一直在增加。大自然似乎创造了一种保证安全的机制，即通过让不同的聚合酶行使类似功能以保证准确度。例如，真核生物中的正常 DNA 复制需要三种聚合酶，即 Pol α、δ 和 ε，而其他聚合酶参与 DNA 修复或处理受损 DNA 所需的其他活动。基于一级序列同源性和晶体结构分析，DNA 聚合酶可被分为 7 个不同的类别：A、B、C、D、X、Y 和 RT（表 9.3）。真核生物复制聚合酶 α、δ 和 ε 属于 B 类。其中 6 个家族使用 DNA 作为模板，而逆转录酶（RT）聚合酶可以将单链病毒 RNA 基因组转换为双链 DNA，并且合并到宿主基因组中（原病毒 provirus）。端粒酶（9.3 节）也属于 RT 家族。一般来说，A、B、X、Y 和 RT 类遵循相同的聚合规则。

表 9.3　在不同物种中发现的 DNA 聚合酶的例子

类[a]	大肠杆菌	真核生物[b]	T4 噬菌体	主功能
A	Pol Ⅰ（Klenow 片段）			DNA 修复
		Pol γ		线粒体 DNA 的复制
B	Pol Ⅱ			DNA 修复
	DnaG	Pol α（4 su）	gp61	引物酶
		Pol δ（4 su）		主复制酶（滞后链）
		Pol ε（4 su）		主复制酶（前导链）
			gp43	复制前导链和滞后链
C	Pol Ⅲ (15 su)			复制前导链和滞后链
D	Pol D (2 su)			在古细菌中复制
X		Pol β		DNA 修复
Y	DinB			旁路合成
		Pol η		旁路合成
RT				逆转录酶。rRNA 依赖的 DNA 合成

a. 这些类基于序列相似性。主要细菌复制酶所属的 C 类在真核生物中没有成员。括号中给出了亚基的数量。

b. 在哺乳动物中发现了另外几种聚合酶。

9.2.4.2　DNA 聚合酶的结构

一旦参与压缩 DNA 的蛋白质从某段 DNA 中去除后，解旋酶和拓扑异构酶在许多其他蛋白质辅助下，会将双链 DNA 分成两股，并为 DNA 聚合酶发挥其功能创造条件。两股 DNA 的复制方向都是从母链的 3′ 端到 5′ 端。

DNA 聚合酶的基本结构可以通过第一个刻画的聚合酶——大肠杆菌聚合酶Ⅰ（PolⅠ）来最好地阐明。这种酶的大小为 109kDa，且有三个结构域。C 端结构域是聚合酶，5′ → 3′ 和 3′ → 5′ 外切酶活性由两个 N 端结构域行使。C 端部分，缺乏 5′ → 3′ 外切酶（Exo）域，被称为 Klenow 片段，且是第一个被解开的 DNA 聚合酶结构。C 端基本结构组织被描述为一个有手指、手掌、拇指的右手，并且在几乎所有种类的 DNA 聚合酶中都有发现（图 9.18）。活动位点位于手掌亚结构域中，形成被手指和拇指亚结构域包围的缝隙底部。拇指部分结合 DNA，手指部分则在核苷酸的识别和结合中很重要。

大部分 DNA 聚合酶类型的结构已经确定（图 9.19）。A、B、Y 类聚合酶，RT 以及病毒 RNA 复制子都具有保守的手掌结构域，但手指和拇指的折叠变化较大。这些特征也表现在结构域序列的不同顺序上。虽然在大体设计上类似，但 C 类和 X 类的聚合酶具有不同的手掌域拓扑结构，且在序列上结构域的顺序也不同（图 9.20）。

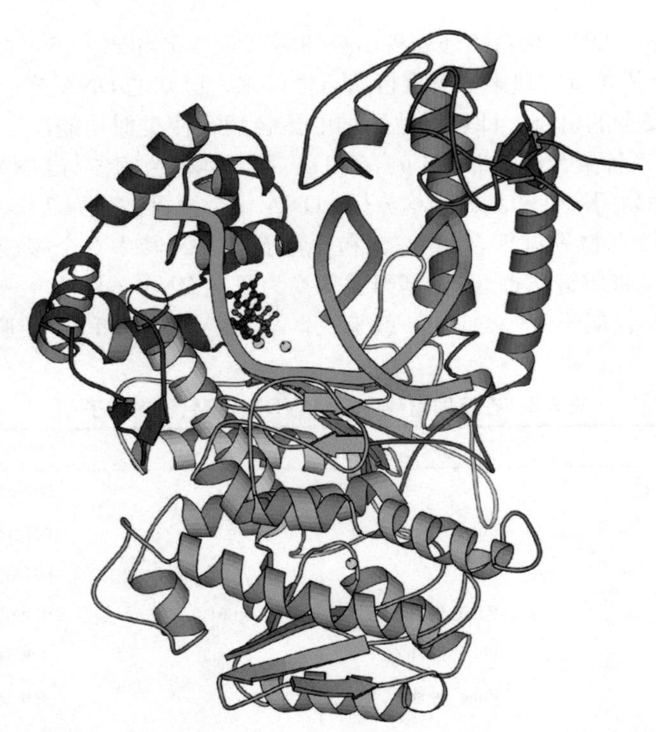

图 9.18 T7 DNA 聚合酶的结构（PDB：1T7P）。结构类似一只右手。手掌域是黄色的，手指域是蓝色的，拇指域是红色的。具有催化重要性的镁离子以黄色显示。Exo 域（灰色）参与校对。DNA 引物和模板分别为橙色和绿色。

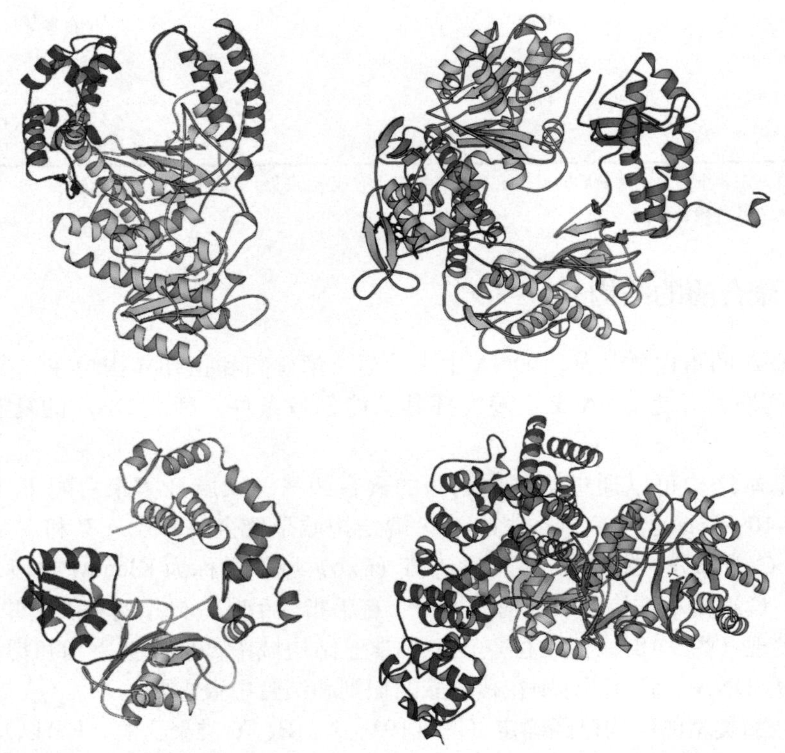

图 9.19 DNA 聚合酶族 A、B X 和 C 的结构。左上：Pol Ⅰ，Klenow 片段（A 类，PDB：1KFS）。右上：来自噬菌体 RB69 的 DNA 聚合酶（B 类，PDB：1IH7）。左下：Pol β（X 类，PDB：1PBX）。右下：Pol Ⅲ α 亚单元（C 类，PDB：2HNH）。手掌域为黄色，拇指域为红色，手指域为蓝色。上面两个聚合酶具有外切酶结构域（淡松石绿）。这些域在结构上相似，但在分子中的位置却截然不同。某些聚合物具有额外的结构域，此处显示为灰色。

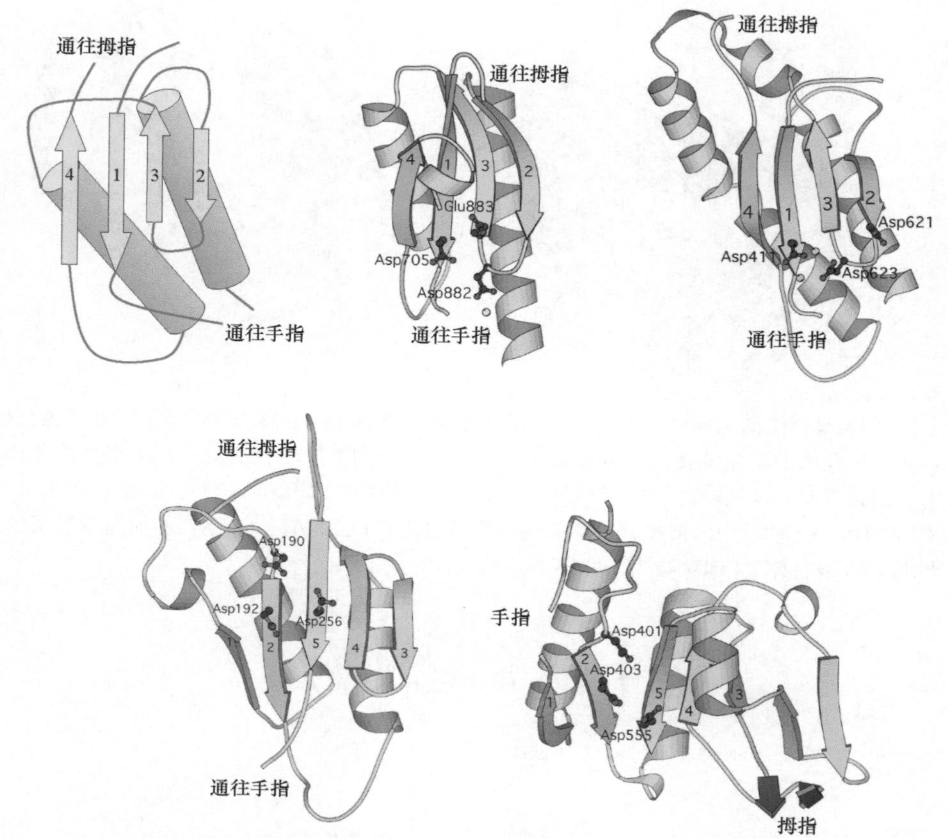

图 9.20　左上：DNA 聚合物中的手掌域具有在许多核酸结合蛋白中发现的双分裂 β-α-β 类型的保守褶皱。Pol Ⅰ（上中）和 RB69 聚合酶（右上）与 Pol β（左下）和 Pol Ⅲ（右下）的拓扑结构不同。催化镁离子的结合中涉及的三种天冬氨酸和谷氨酸残基也有显示。

9.2.4.3　DNA 聚合酶的催化机制

DNA 聚合反应循环的起始是将 DNA 分子与引物酶结合形成酶-引物/模板复合物（enzyme-primer/template complex）。随后，DNA 聚合酶（这里是细菌 Klenow 片段）结合 RNA/DNA 杂交链。然后，拇指亚结构域的结构变化，尖端移动到离 DNA 分子更近的位置（图 9.21）。该移动发生在螺旋-环-螺旋模体（helix-loop-helix motif）中，它一旦接触到 DNA 就从原本的柔性结构变得有序。手掌结构域与 DNA 小沟和引物的 3′ 端相互作用。DNA 模板单链（绿色）在其骨架中产生一个锐角，因此，它进入手指结构域和拇指结构域的裂缝中，该位置与新形成双链 DNA 的位置相同，DNA 模板链和双链 DNA 都不会通过裂缝或圆柱体。

下一步是核苷酸的插入，在 dNTP 与酶-引物/模板复合物结合时开始。不同物种的 Klenow 片段的结构都可以将所有 4 种核苷酸结合到称为 O 螺旋（O-helix）的手指亚结构域的 α 螺旋的 N 端。识别开始于三磷酸部分的浸润，三磷酸部分的移动与 O 螺旋平行，并与带正电荷的精氨酸和赖氨酸相互作用。一个特定的残基充当一个“糖门”，防止 rNTP 的结合。核苷酸碱基部分指向 DNA 结合裂缝。一旦结合到 O 螺旋上，核苷酸离活性位点 10 ～ 15Å 远，手指域的一个大的构象变化或者关闭将核苷酸移动到活性中心。该酶主要通过氢键对不正确定位或错误的核苷酸进行辨别。一些聚合酶和 dNTP 复合物的结构提供了有关手指亚结构域闭合的限速步骤的信息。聚合酶结合正确或不正确的核苷酸的效率差别很大。复制聚合酶的选择能力通常比修复聚合酶更强也更重要。

在位于手掌结构域的活性部位，两个镁离子（A 和 B）通过结合保守的羧酸盐残基稳定了 dNTP 的磷酸基团（图 9.22）。由金属 A 激活的生长链 3′ 端的自由羟基基团攻击 dNTP 的磷酸基团，导致 α-磷酸基团与 β-和 γ-磷酸基团的共价键分离，在 α-磷酸基团和自由 3′-羟基基团之间形成新共价键。

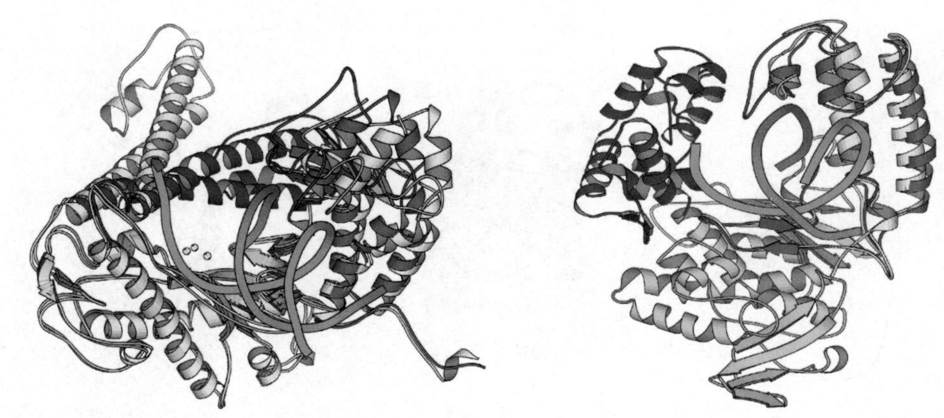

图 9.21　模板结合时 DNA 聚合酶的构象变化示例。左图：在噬菌体 RB69 的聚合酶中，拇指域（红色）稍微向核酸移动，而手指域（蓝色）则产生较大的构象变化，并将催化中使用的残基移向添加核苷酸的位点（用黄色金属离子标记）。apo 酶显示为灰色。为了清楚起见，N 端和外切酶域在这里没有显示（PDB：1IG9 和 1IH7）。右图：在水生栖热菌（*Thermus aquaticus*）聚合酶 I 的 Klenow 片段中，拇指域及其尖端弯曲以接近双链 DNA。apo 结构的拇指域为灰色。其他域在两种结构上相似，仅针对 DNA 复合体（PDB：4KTQ 和 5KTQ）显示。

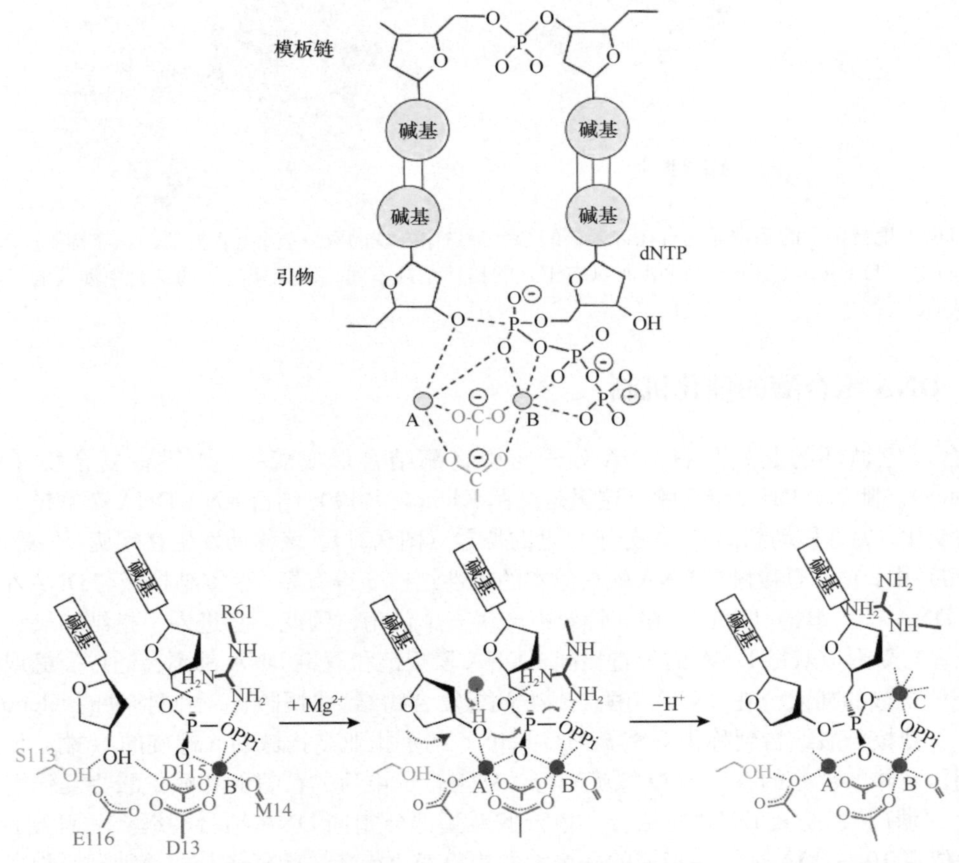

图 9.22　上部：手掌域 DNA 聚合酶的活性位点。两个镁离子 A 和 B（黄色）参与催化新核苷酸按照模板进行合成的过程。镁离子与两个桥接天冬氨酸残基（红色）结合。金属离子 A 使 3′-OH 和结合的核苷酸彼此接近，并激活引物的 3′-OH，以攻击 dNTP 分子的 α-磷酸盐。金属离子 B 与 dNTP 的 α-、β-和 γ-磷酸盐结合，并稳定 5 个配位键的过渡状态。下部：第三个镁离子通过暂时在底物核苷酸的 α-和 β-磷酸盐之间桥连而参与反应［经许可改编自 Nakamura T, *et al.* (2012) Watching DNA polymerase | making a phospho-diester bond. *Nature* **487**: 196-201. Copyright Macmillan Publisher Limited］。

在一项关于 η 聚合酶的时间分辨的晶体学研究中，第三个镁离子瞬时桥连 α- 和 β- 磷酸基团连接氧原子以及 α- 磷酸的非连接氧原子从而形成焦磷酸基团。它取代精氨酸，中和了在过渡状态下积累的负电荷，并且还可能促进焦磷酸盐的质子化。类似的三金属催化机制在几个类似的反应中均被观察到。

在真核生物中，引物酶（聚合酶 α）由两个引物酶亚单元和两个聚合酶亚单元组成。其亚单元 pol 1 合成 10 ～ 12 个核糖核苷酸（RNA）或一个螺旋的一圈左右，其聚合酶亚单元继续添加约 20 个 DNA 核苷酸。随后，聚合酶 α 从 RNA/DNA 杂交链中脱落。然后，聚合酶 δ 或 ε 继续将 dNTP 附加到引物上，直到复制完成。在这个过程中，RNA 引物被降解，代之以 dNTP，使新的链完全由 DNA 组成。B 类聚合酶，包括人类的聚合酶 α，可能具有一个不同的初始识别方式。其核苷酸结合位点在处于活性位点的模板碱基附近，因此通过直接配对控制核苷酸结合的正确与否。

核苷酸插入的限速步骤是将酶/底物/模板：dNTP 转换到激活的复合物状态。此步骤对磷酰基转移反应至关重要。活性位点被组织得更有序，从而允许酶进行化学反应。这一步（在家族 A 酶中）在核苷酸的分辨中也起着重要作用。对 T7 聚合酶和 Klenow 片段的骤冷流（quench flow）的研究表明，正确核苷酸与不正确核苷酸的插入率差别达 2000 ～ 5000 倍，从而大大减缓了核苷酸插入不正确时的反应速度。

总之，当正确的核苷酸结合时，构象发生变化，并在活性中心生成正确的配置。随后，化学反应发生（图 9.22）。当不正确的核苷酸结合时，构象也发生变化，但并不能达到活性位点的合适结构。这显著减缓了化学反应速率。

磷酰基转移反应后，发生第二次构象变化，进而释放 PPi 产物。引物/模板 DNA 的移动与手指亚结构域的打开同时发生。在打开状态下，DNA 分子可以沿着形成 DNA 结合位点的静电隧道移动，该隧道覆盖带正电荷的残基。因此，新形成的碱基对在开放的复合体中迅速移动，以便启动另一个插入周期。

在人类中，以滞后链为模版合成新链的 DNA 聚合酶 δ 由 4 个亚单元组成。亚单元 pol 3 是催化亚单元。Pol δ 和 pol ε 是高保真聚合酶（误差率为 10^{-7}），并具有一个离聚合酶活性位点超过 40Å 的、行使校对功能的外切酶活性位点。在这里，最后 5 个插入的核苷酸的正确性通过 DNA 小沟中特定的氢键被校对，这仅适用于正确的 Watson-Crick 碱基配对。外切酶结构域的突变经常会导致癌症的发生。

人类中 pol ε（pol 2）的催化亚基是一种具有两串聚合酶/外切酶部分的大蛋白。Pol 2 的手掌结构域比其他 B 类聚合酶大，并且具有多个扩展的亚结构域。由于这些拓展结构亚域的相互作用，Pol ε 即使在没有滑动夹的情况下也能具有较高的处理效率。dNTP 和模板核苷酸形成的碱基对周围的蛋白质部分紧密相互作用，维持了 pol ε 的高保真度。这些相互作用主要是范德华力。外切酶活性位点还包含两个金属离子。

9.2.5 DNA 修复

DNA 聚合酶很少引入错误的核苷酸。当这种情况发生时，DNA 修复酶将错误率降低 100 倍。此外，在所有细胞中，DNA 结构总是不断受到各种物理、化学和生物的“攻击”而发生变化，这种攻击导致 DNA 偏离正常的双螺旋结构。通过内源或环境因素，或者当细胞暴露于辐射和诱变化学物质时，DNA 损伤会发生。DNA 也可能因水的作用而遭受自发损害，如脱嘌呤/脱嘧啶、胞嘧啶脱氨和鸟嘌呤氧化。酶故障会损害 DNA。病变可能是单链或双链 DNA 断裂、特定碱基丢失或碱基的化学变化。这些变化对细胞的基因组成构成威胁，并通过一系列酶进行校正，这些酶不断检查 DNA 以识别任何损伤。下面只介绍其中的几种。

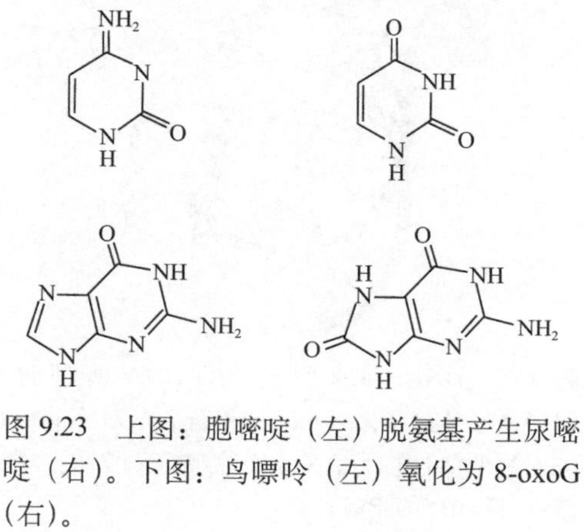

在有氧呼吸过程中，将分子氧还原成水会产生部分还原的中间体和副产品。这些自由基是潜在的亲电氧化剂，可以攻击各种

图 9.23　上图：胞嘧啶（左）脱氨基产生尿嘧啶（右）。下图：鸟嘌呤（左）氧化为 8-oxoG（右）。

细胞成分。最脆弱的目标之一是 DNA，鸟嘌呤碱基被氧化成 7,8-二氢-8-氧桥鸟嘌呤（8-oxoG）是非常常见的（图 9.23）。修改后的碱基可以产生一个带有腺苷的 Hoogsteen 碱基对（5.3.3 节），这将导致 G-C 对转变或颠换成 T-A 对（图 9.24）。8-oxoG 的产生和作用是突变及哺乳动物细胞自发转化的主要原因之一，随后会导致各种癌症的发生。因此，细胞必须保护自已免受这些变化。

N7 C8 O8

O4′

C (*anti*)• 8-oxoG(*anti*)

A(*anti*)• 8-oxoG(*syn*)

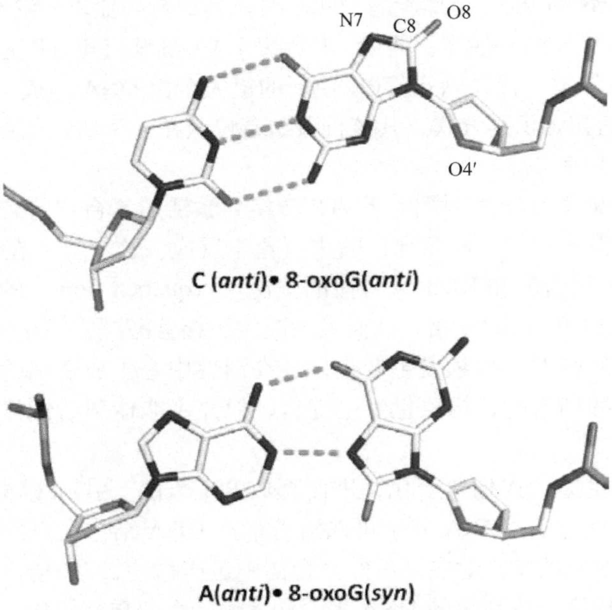

图 9.24　在 8-oxoG 的反式构象中，能够和一个胞嘧啶形成正常的碱基配对。然而，由于 8-oxo 原子存在与脱氧核糖 O4′ 的位置排斥，它更喜欢顺式构象，它会与腺嘌呤形成一个 Hoogsten 碱基对（引自 Faucher F，*et al.*，2012）。

9.2.5.1　DNA 修复酶

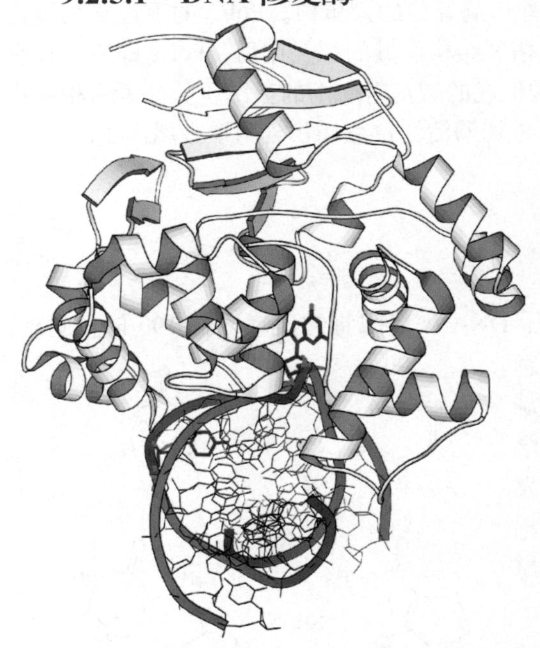

图 9.25　DNA 修复酶 8-oxoG-DNA 糖基化酶与 DNA 结合的结构。8-oxo-G 核苷酸从双螺旋中移出，进入酶的活性位点。它和它的碱基配对的胞嘧啶以蓝色（PDB：1EBM）显示。

从核苷酸池中去除 8-oxoG 的一种方法是通过三磷酸酶系统，该系统专门识别 8-oxo-dGTP 并将其水解成 8-oxo-dGMP。如果在 DNA 中发现 8-oxoG，可以通过识别、去除和更换受损单元来修复 DNA 损伤。包括哺乳动物 8-oxoG-DNA 糖基化酶（OGG1）在内的几种酶可以在细胞核或线粒体基因组中识别与胞嘧啶配对的 8-oxoG。酶基因的破坏导致基因组中 8-oxoG 的积累和自发基因突变率的升高。人类表达两种可变剪接的变体，其中一种被转运到细胞核，另一种被转运到线粒体中。与含有 8-oxoG 的 DNA 结合的人类 OGG1 的结构为有关反应机制的问题提供了答案（图 9.25）。

为了找到埋在双螺旋中的受损碱基，酶通过沿小沟一侧扩散来扫描 DNA，直到找到一个受损的碱基。有点令人惊讶的是，大多数 OGG1 并不是通过 8-oxo 碱基基团而是通过质子化的 N7 来识别的。8-oxoG 从双螺旋结构中翻转出来，并进入具有多种相互作用的糖基化酶活性中心。dsDNA 中空出的位置由蛋白质的一部分适当填充。一个保守的天冬氨酸残基作为反应中的催化残基。这是基础切除修复（BER）路径的第一步，用于修复 DNA 中的单个碱基错误（病变）。在下一步中，一个核酸内切酶切开 DNA 无碱基位点 5′ 端一侧。然后，pol β（X 家族）的裂解酶结构域去除受损的核苷酸，之后，pol β的聚合酶结构域以与对应链 Watson-Crick 碱基互补配对的方式插入一个碱基。最后，连接酶修复 DNA 结构回到原始状态。

修复受损的 DNA 还需要其他几种机制。例如，不只通过碱基部分，也可以从 DNA 骨架上识别和去除受损的核苷酸，这被称为核苷酸切除修复（NER）。一组不同的酶执行此种修复，并且其对损伤的识别是基于不同的原理：双螺旋结构的形变被识别，而不是仅通过单个经过修饰的碱基识别。另一种修复机制是基于同源重组。

9.3　端粒酶

线性染色体的复制方式与环形染色体（在大多数细菌中被发现）不同，这是因为其存在末端，这些末端不仅需要复制，而且也要保证不发生降解。DNA 聚合酶只能合成一条新的 DNA 链，因为它只能沿着模板链按照 3′ → 5′ 的方向移动（图 9.26）。这在以前导链为模版时能正常工作，但在以滞后链为模版时其复制不连续。这种不连续复制一直持续到 DNA 的结尾，这时由于 DNA 模板太短，无法形成冈崎片段。这样，每条新合成的链的 5′ 端无法完成复制，这有时会导致染色体缩短。在复制几代之后，基因可能被截断或丢失，导致复制性衰老，从而阻止细胞分裂。

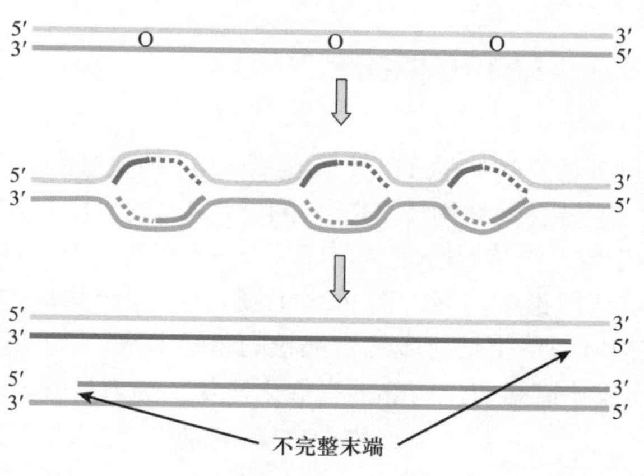

图 9.26　在一段 DNA 上同时有三个复制起点（O）的复制过程。从复制起点开始，先导链被连续复制，而滞后链必须以片段的形式合成（另见图 9.6）。这导致一个问题，就是接近末端时，新的 DNA 链（较暗颜色）的 5′ 端可能不完整。端粒酶将有助于完成新链末端的合成。

真核染色体有几个不是基因的 DNA 元件，它们也不直接参与调节基因表达。这些元件包括复制起点、参与将染色体移动到子细胞的中心粒，以及复制和保护染色体末端的端粒。

端粒位于线性染色体的两端。真核细胞端粒由短序列组成，长度只有几个碱基，重复数百到几千次，并以单链 3′ 端悬伸结束。常见的重复是 6 个碱基 TTAGGG，它可以形成四链结构（5.3.4 节）。在染色体末端结合的几个蛋白质可以形成独特的结构来将染色体末端结构从染色体损伤中分辨出来。因此，端粒受到保护，避免产生严重损害染色体结构的重组和降解。端粒还充当特化的复制起点，允许染色体末端被复制。端粒复制中涉及的这种不同寻常的 DNA 聚合酶称为端粒酶，主要存在于生殖细胞和某些干细胞中。

人类端粒酶是一种核糖核蛋白复合物，大小为 670kDa。它的主要功能是发挥逆转录酶活性，由组成它的端粒酶逆转录酶（TERT）部分行驶，将 RNA 编码的信息转化为 DNA。酶的 RNA 部分（TER）用作逆转录的模板。生成的 DNA 被添加到单链悬垂中，在正常复制周期中无法被复制。因此，TER 代表一个“记忆”元件，该元件序列与染色体末端单链悬垂的重复序列互补。因此，TER 可以一次又一次地拯救染色体末端。端粒的末端核苷酸的 3′-OH 是逆转录的引物。TERT 与 TER 结合有助于正确的核苷酸插入和保持端粒重复片段的可持续合成（图 9.27）。除了 TER 和 TERT 之外，还有几个附属蛋白参与端粒酶的组装、聚集、将端粒酶招募到端粒附近，以及一些其他的功能。

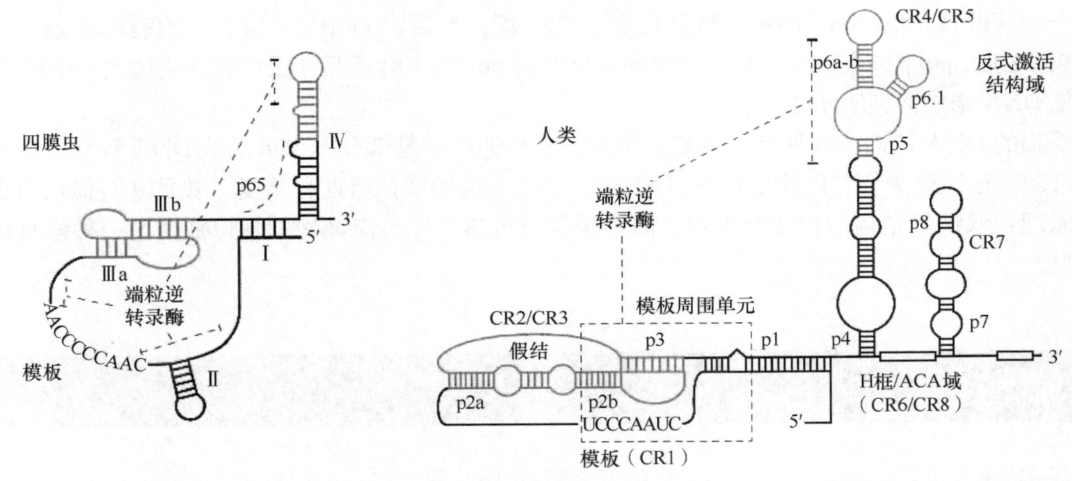

图 9.27　端粒酶 RNA（TER）的二级结构，左、右分别为一种纤毛虫四膜虫和人类的 TER。假节显示为绿色，茎环显示为蓝色（Sandin S，Rhodeso，2014）。

TER 的大小在不同的生物体之间差别很大。它在纤毛虫类中相对较短，大约 150 个碱基，脊椎动物中大约是 450 个碱基，酵母中可以超过 1300 个。但是，所有已知的 TER 都包含两个主要元件：①假节模板（pseudoknot-template）部分；②茎-环（stem-loop）元件。TER 元件的三维结构已知，并证实了预测的二级结构。

9.3.1　端粒酶全酶

来自各种生物体的 TERT 大约有 1100 种氨基酸残基，具有几个共同的模体，但也含有不同的物种特异的部分。逆转录酶结构域（RT）的结构类似于 DNA 聚合酶，但更像具有多个保守元件的病毒的逆转录酶。从 N 端开始，结构域分别为：TEN，一个可变连接；TRBD，包括手指结构域和手掌结构域的逆转录部分；CTE（包括拇指结构域；图 9.28 上图）。手指结构域涉及核苷酸和 RNA 结合，手掌结构域包含活性位点，TEN 结构域和拇指结构域结合端粒的单链 DNA，TRBD 结合 RNA 伪结（图 9.28）。有些物种缺乏 TEN 域。TERT 形成隧道结构，内部带有催化残基。隧道足够大，可以包围大约 8 对 RNA/DNA 碱基对。

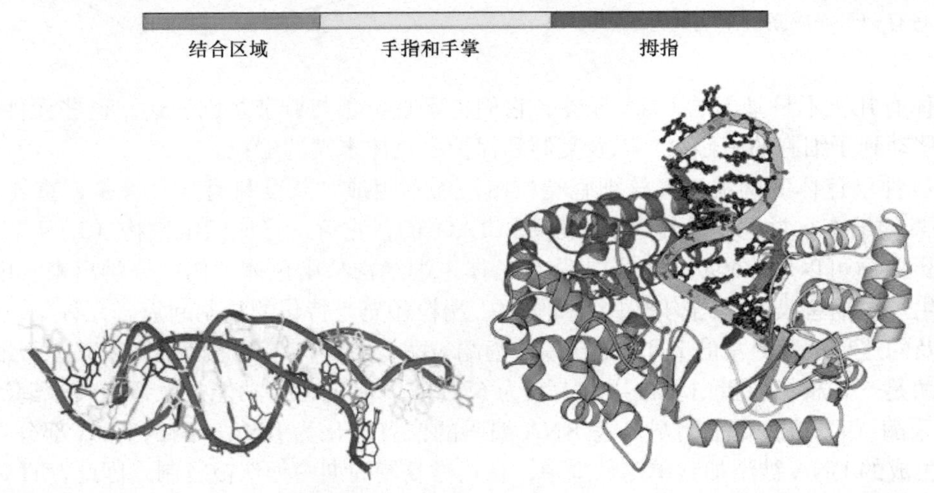

图 9.28　顶部：赤拟谷盗（*Tribolium castaneum*）的 TERT 的域结构。左下：来自人类 TER 的假结。结构包含来自茎 p3 和 p2b 的核苷酸（参见图 9.27）。核苷酸的颜色展示为蓝色（鸟嘌呤）、绿色（胞嘧啶）、黄色（腺嘌呤）和红色（尿嘧啶）。用于 RNA 分子构造的两个核苷酸显示为灰色。分子的中心部分有一个三螺旋结构（PDB：1YMO）。右下：赤拟谷盗的 TERT 结构，具有 TER RNA（橄榄色）片段和 DNA 的匹配部分（紫色 PDB：3KYL）。

仅 TER 和 TERT 就可以重组端粒酶的酶活性。人类端粒酶本身似乎是以二聚体的形式起作用。然而，在细胞中，一个含有额外蛋白质的较大复合物行使功能。

9.3.2　酶学性质

端粒酶就像其他逆转录酶一样，不同点在于，它们使用 TER RNA 分子的一部分作为模板。它们也是聚合酶，可以通过几个延伸和移位的循环反应增加模板的互补碱基对。首先，染色体末端由端粒酶全酶识别，DNA 3′ 端与 RNA 模板进行碱基对杂交。然后，模板指导 DNA 的 3′ 端核苷酸的增加，直到达到模板的 5′ 端。接下来就是一个特殊的步骤，即酶移位到新合成的 DNA 链的 3′ 端，又一轮复制 RNA 模板开始。多轮移位和核苷酸插入导致形成了数个重复片段。

端粒酶的核苷酸转移反应，与其他 DNA 聚合酶一样，基于双金属机制。与其他聚合酶一样，其催化金属是镁，结合到保守的天冬氨酸和谷氨酸残基上。

9.4　重组

不同的 DNA 分子可以被重新组合。例如，在减数分裂中，同源染色体配对并交换遗传信息。这会产生新的遗传信息，这些信息可以传给新一代，这是推动进化的主要过程之一。真核细胞中的一对同源染色体，一条来自母亲，另一条来自父亲，在第一次分裂之前配对。配对期间发生基因交换 [genetic exchange，也称为联会（crossing over)]，这是同源重组（HR）的主要事件。HR 是一种由专门针对此特定目的合成和调节的、具有酶催化的过程。此外，重组还可以使细胞：①修复因 DNA 损伤而丢失的序列；②重启停滞的复制；③调控某些基因的表达。用于删除特定基因和产生定向突变的分子遗传学的中心方法，就是基于同源重组技术，例如，产生“基因敲除”的小鼠。RecA 蛋白和相关蛋白质是 HR 过程的核心。

9.4.1　RecA 蛋白和相关重组酶

DNA 配对和 DNA 链互换是同源重组期间的主要活动。在细菌中，RecA 是一种关键酶，它参与寻找两个 DNA 分子之间的序列匹配，使这两个分子的同源部分之间进行碱基配对。RecA 属于一种叫做链交换蛋白或重组蛋白的家族，并且几乎所有生物体中都发现了类似的蛋白质。在真核生物中，蛋白质 Rad51 执行相同的功能。

RecA 具有一个被称为 RecA 折叠的主结构域（见图 8.14)。它与 ATP 结合，并与其他含有 P-环的蛋白质相关，就像解旋酶和 F_1ATPase 一样（8.3 节）。在 RecA 和 Rad51 中，谷氨酸残基参与 ATP 水解。

RecA 和 Rad51 可以在缺乏 DNA 的情况下作为螺旋非活性丝存在。单体以六重轴螺旋结构排列。蛋白质的 DNA 结合环位于螺旋的内侧。该 DNA 螺距在 75Å 左右。

ATP 和 ssDNA 可以以合作方式绑定到 RecA 单体之间的界面上。DNA 的螺距将变为约 95Å。该复合物形成大细丝，可以与其他 DNA 链相互作用。其大小是可变的，超过 100 个 RecA 单体可以参与到活性复合体中。N 端和 C 端结构域在结合 DNA 及寡聚体结构的稳定性中都有作用。

9.4.2 有活性的重组酶

像 RecA 这样的重组酶在双链断裂后开始发挥作用，3′ 端的核苷酸被降解掉，留下一条单链 DNA。ssDNA 快速结合 ssDNA 结合蛋白（在大肠杆菌中称为 SSB），防止 ssDNA 进一步降解及二级结构熔化。SSB 随后被重组酶（RecA）所取代，在调节蛋白的帮助下形成突触前长丝（presynaptic filament）（图 9.29）。

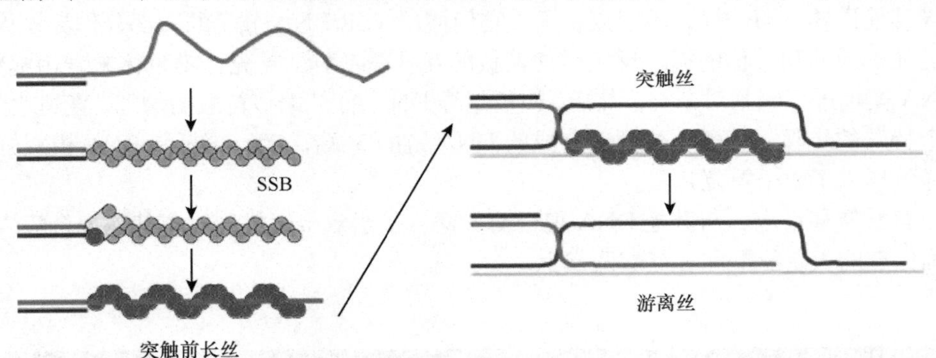

图 9.29 该过程从单链 DNA 开始，其中 SSB（绿色）分子结合、保护和熔化二级结构。SSB 随后被 RecA（蓝色）或相应的蛋白质取代，形成突触前长丝。突触前长丝可以招募 dsDNA，并搜索同源 DNA，与 ssDNA 重新组合（引自 Liu J，*et al.*，2011）。

在一组优雅的实验中，发现了带有 ssDNA 和 dsDNA 的 RecA 长丝结构。一些 RecA 分子被表达为单个多肽，这些独立的 RecA 分子通过灵活的链接连接起来。该蛋白质与 ATP 类似物（ADP-AlF_4）和 ssDNA 或 dsDNA 的寡聚体复合。在所有情况下，长丝轴基本上是直线的，碱基的 Watson-Crick 边缘与此轴靠近。每个螺旋重复是每转 6.16 个 RecA 分子，螺距约 94Å。ATP 类似物与 RecA 分子之间的沃克模体（Walker motif）结合。AlF_4 或 γ- 磷酸盐稳定了可结合 DNA 的活性 RecA-RecA 界面。ATP 水解和无机磷酸盐的释放将导致 RecA 丝形成一个不同的构象，该构象可以释放结合的 DNA。在非活性长丝和活性长丝中，RecA 的核心都与下一个 RecA 分子的 N 端结构域相互作用；但在活性长丝中，RecA 核心经过了显著的旋转和平移。

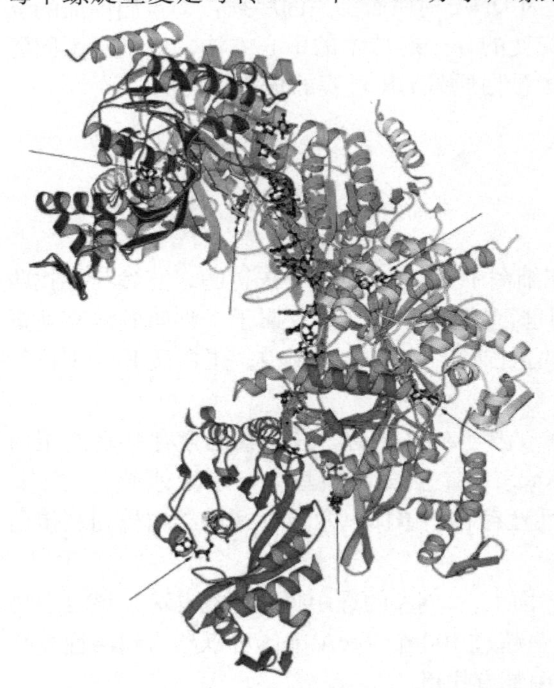

图 9.30 六种不同颜色的 RecA 分子的长丝与具有 6 个 ADP-AlF_4 分子和 $(dT)_{18}$ 的晶体结构（PDB：3CMU）。单链 DNA（红色）具有开放的构象，并沿着螺旋轴延伸。箭头指示 ATP 在 RecA 分子中的位置。

在 ssDNA 的情况下，复合物处于突触前长丝的结构，核苷酸三联体被结合到每个 RecA 分子上从而形成独立的单元（图 9.30）。丝中 DNA 的平均螺旋参数为每圈 18.5 个核苷酸，螺旋每碱基或碱基对上升 5.08Å。核苷酸三联体具有 B-DNA 状构象，右手扭曲，轴向上升 4.2Å，但在核苷酸三联体之间轴向上升 7.8Å，形成左手扭曲使 DNA 结构更开放。DNA 的骨架与蛋白质相互作用，Watson-Crick 边缘暴露在溶剂中。

结合 dsDNA 的 RecA 和结合 ssDNA 的 RecA 很容易叠合（superimposable）（图 9.31）。DNA 被安排在丝轴周围。三个碱基对堆积的结构被保持，并仍然保留开放结构。其互补链具有反平行方向，碱基对通过 Watson-Crick 氢键相互作用。DNA 的初级链（primary strand）与 ssDNA 的结构基本相同，核苷酸三联体结构与 B-DNA 非常相似

(图9.31)。从一个核苷酸三联体到下一个核苷酸三联体之间的螺旋上升距离是8.4Å，并且其缠绕度不够。互补链与RecA的接触有限。因此，异源双链的形成高度依赖于正确的碱基配对，非Watson-Crick碱基配对的合适度很差。

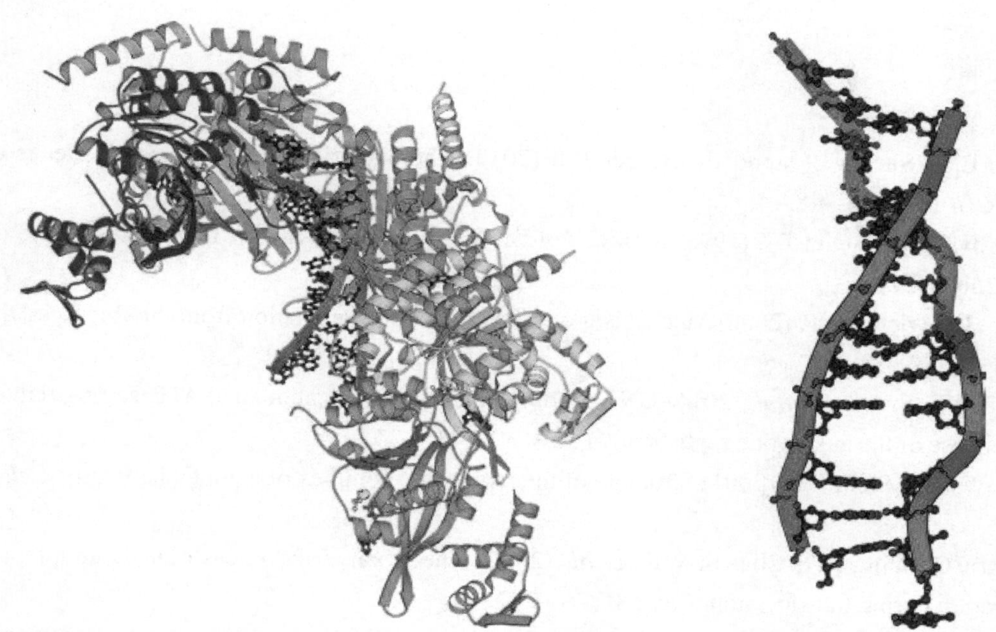

图9.31 左图：具有ADP-AlF_4和$(dT)_{15}(dT)_{12}$的五个RecA分子的复合物结构（PDB：3CMX）。dsDNA沿着长丝轴延伸，结构与结合ssDNA的情况非常相似。右图：三核苷酸的碱基对像在B-DNA中一样堆叠的双链DNA结构。

剩下是供体dsDNA如何与突触前长丝结合的问题。两个碱性残基Arg243和Lys245与此活动有关，它们距离长丝轴约25Å，并且它们与下一个RecA分子上同一对残基之间的距离约为28Å（图9.32）。长丝的表面有一个带正电的沟，dsDNA可以结合上去。建模DNA与沟内这些碱性残基相互作用，表明连续的碱基对不能很好地堆叠。此外，由于此第二位点与dsDNA的亲和力比与ssDNA更低，表明dsDNA在该位点不稳定，因此可以采样与初级DNA链形成Watson-Crick碱基互补配对的DNA链。当发现同源DNA时，DNA的剪切、连接和单链互补链的合成将会发生，相关物种中参与这些过程的酶仍然有待发现。

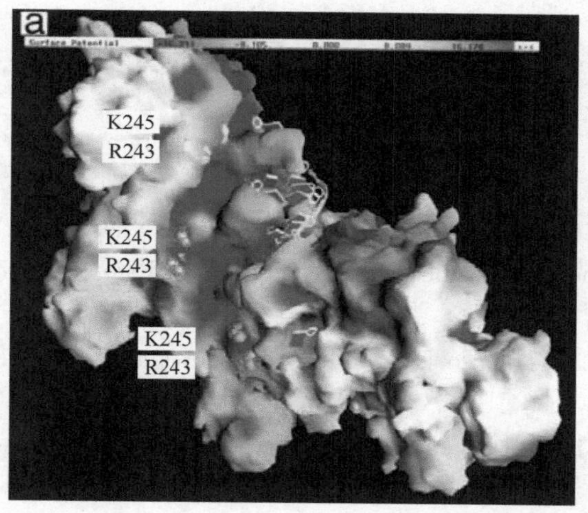

图9.32 5个RecA分子结合双链DNA的结构。此图展示了一些暴露的残基，这些残基可能是第二个双链DNA的结合位点。RecA五聚体表面的电子性能展示了带正电的沟可能会是双链DNA的结合位点［经许可改编自Chen Z, *et al.* (2008) Mechanism of homologous recombination from the RecA-ssDNA/ dsDNA structures. *Nature* **453**: 489-494. Copyright Nature Publishing Group］。

延伸阅读

原始文献

Arias-Palomo E, O'Shea VL, Hood IV, Berger JM. (2013) The bacterial DnaC helicase loader is a DnaB ring breaker. *Cell* **153**: 438-448.

Beese LS, Derbyshire V, Steitz TA. (1993) Structure of DNA polymerase I Klenow fragment bound to duplex DNA. *Science* **260**: 352-355.

Chen Z, Yang H, Pavletich NP. (2008) Mechanism of homologous recombination from the RecA- ssDNA structure. *Nature* **453**: 489-494.

Costa A, Renault L, Swuec P, *et al.* (2014) DNA binding polarity, dimerization, and ATPase ring remodeling in the CMG helicase of the eukaryotic replisome. *eLife* **3**: e03273, 1-17.

Franklin MC, Wang J, Steitz TA. (2001) Structure of the replicating complex of a pol alpha family. *Cell* **105**(5): 657-667.

Itsathitphaisarn O, Wing RA, Eliason WK, *et al.* (2012) The hexameric helicase DnaB adopts a non- planar conformation during translocation. *Cell* **151**: 267-277.

Kelch BA, Makino DL, O'Donnell M, Kuriyan J. (2011) How a DNA polymerase clamp loader opens a sliding clamp. *Science* **334**: 1675-1680.

Kitani K, Kim S-Y, Hakoshima T. (2010) Structural basis for DNA strand separation by the unconventional winged-helix domain of RecQ helicase WRN. *Structure* **18**: 177-187.

Lamers MH, Georgescu RE, Lee SG, *et al.* (2006) Crystal structure of the catalytic alpha subunit of *E. coli* replicative DNA polymerase Ⅲ . *Cell* **126**: 881-892.

Liu B, Eliason WK, Steitz TA. (2013) Structure of a helicase-helicase loader complex reveals insights into the mechanism of bacterial primosome assembly. *Nat Commun* **4**: 24951-24958.

Liu J, Ehmsen KT, Heyer W-D, Morrical SW (2011) Presynaptic filament dynamics in homologous recombination and DNA repair. *Crit Rev Biochem Mol Biol* **46**: 240-270.

Mitchell M, Gillis A, Futahashi M, *et al.* (2010) Structural basis for telomerase catalytic subunit TERT binding to RNA template and telomeric DNA. *Nat Struct Mol Biol* **17**: 513-518.

Nakamura T, Zhao Y, Yamagata Y, *et al.* (2012) Watching DNA polymerase H make a phosphpodi- ester bond. *Nature* **487**: 196-201.

Parikh SS, Walcher, G, Jones, GD, *et al.* (2000) Uracil-DNA glycosylase-DNA substrate and product structures: Conformational strain promotes catalytic efficiency by coupled stereoelectronic effects. *Proc Natl Acad Sci USA* **97**: 5083-5088.

Song F, Chen P, Sun D, *et al.* (2014) Cryo-EM study of the chromatin fiber reveals a double helix twisted by tetranucleosome units. *Science* **344**: 376-380.

Story RM, Weber IT, Steitz TA. (1992) The structure of the *E. coli rec A* protein monomer and polymer. *Nature* **355**: 318-324.

Xia S, Koningsberg H. (2014) RB69 DNA polymerase structure, kinetics and fidelity. *Biochemistry* **53**: 2752-2767.

综述文章

Chang C-C, Wang Y-R, Chen S-F, *et al.* (2013) New insight into DNA-binding by type Ⅱ A topoisomerases. *Curr Opin Struct Biol* **23**: 125-133.

Cox MM. (2007) Monitoring along with the bacterial RecA protein. *Nat Rev Cell Mol Biol* **8**: 127-137.

Gubaev A, Klostermeier D. (2014) The mechanism of negative DNA supercoiling: A cascade of DNA-induced conformational changes prepares gyrase for strand passage. *DNA Repair* **16**: 23-34.

Gurard-Levin ZA, Quivy J-P, Almouzni G. (2014) Histone chaperones: Assisting histone traffic and nucleosome dynamics. *Ann Rev Biochem* **83**: 487-517.

Johnson A, O'Donnell M. (2005) Cellular DNA replicases: Components and dynamics at the replication fork. *Ann Rev Biochem* **74**: 283-315.

Mason M, Schuller A, Skordalakes E (2010) Telomerase structure and function. *Curr Opin Struct Biol* **21**: 92-100.

Onesti S, MacNeill SA (2013) Structure and evolutionary origins of the CMG complex. *Chromosoma* **122**: 47-53.

Sandin S, Rhodes D (2014) Telomerase structure. *Curr Opin Struct Biol* **25**: 104-110.

Singleton MR, Dillingham MS, Wigley DB. (2007) Structure and mechanism of helicases and nucleic acid translocases. *Ann Rev Biochem* **76**: 23-50.

（张 鑫 译，陈 红 校）

第10章
转　　录

转录是细胞内以DNA为模板，利用四种核糖核苷三磷酸在DNA依赖的RNA聚合酶的催化下合成RNA的过程。在真核生物中，转录调控对细胞分化和有机体发育起着非常重要的作用。因此，生物体复杂的调控系统与RNA聚合酶一样重要。RNA的合成方向是从5′端到3′端。RNA是根据Watson-Crick碱基配对原则对DNA模板链的一个互补拷贝。而且是一个非常精准的复制过程，合成的RNA与DNA的非模板链完全一样，只有胸腺嘧啶换成了尿嘧啶。除了DNA依赖的RNA聚合酶，还有RNA依赖的RNA聚合酶，如在以RNA为基因组的病毒中。RNA合成之后可以作为tRNA参与翻译、作为核糖体RNA参与核糖体合成或作为携带蛋白信息的mRNA，也可以作为RNA干扰（RNAi）和小RNA参与基因表达调控。

如同所有的聚合反应一样，转录也可以分为三个独立的步骤：起始、延伸及终止阶段。为了拷贝DNA，转录起始位点（TSS）必须被识别。单独的RNA聚合酶无法有效地、特异性地开始转录，因此需要一些蛋白质作为激活子或阻遏子来参与转录起始过程。然而，病毒的转录通常是由单独的RNA聚合酶完成，不需要其他蛋白因子的辅助。

10.1　DNA中的调控元件

转录是所有细胞生命活动的中心步骤。细胞内所有分子的合成都依赖相关分子的转录。根据细胞阶段及所处环境的不同，需要的分子也不一样。因此，转录需要被高度调控。这个过程可以由多种方式实现。尤其是特异性的转录因子可以激活或抑制一些基因的转录（10.2节）。在转录起始阶段，通用转录因子（GTF）也可以调控基因的表达。紧密组装DNA的转录（9.1节）需要先解组装，它的序列信息才可以被复制下来，但是一些DNA或是核小体的化学修饰会对基因的表达进行调控来决定这些基因能否被转录，这就涉及表观遗传学的研究，在真核生物中这是非常重要的一种遗传现象。

10.1.1　细菌启动子

基因在编码区之前和之后都含有特定的序列，其目的是使转录可以被调控。最主要的调控因子就是启动子，它是处于编码区5′端的一段DNA片段。在细菌中，启动子是一段保守序列，出现在转录起始位点的上游，是RNA聚合酶的结合位点。在大肠杆菌中，启动子中有两个保守的位点，它们的中心分别位于-10bp处［普里布诺框（Pribnow box），保守序列为TATAAT］和-35bp处（保守序列为TTGACA），而第三个位点则在更远的上游。激活子和阻遏子都能结合到所调控基因的启动子区域，分别促进或者抑制RNA聚合酶结合到DNA上对基因进行转录。

10.1.2　真核生物中的启动子和调控元件

在真核生物中，没有一个普通的模体来作为 TSS。不同类型的基因，根据所在组织的不同以及发育阶段的不同，它们的启动子类型也不一样。

基因转录起始可以在一段较短的片段上进行，也可以通过散布在一段较长的片段上的多个弱起始位点进行，这些较长的 DNA 片段可以达到 100bp。一个非常重要的 DNA 调控元件就是 TATA 框，只在 10% ～ 20% 的基因中被发现。TATA 框的第一个 T 定位在转录起始位点前的第 30 个核苷酸左右的位置。含有 TATA 框的启动子 GC 含量较低，而且是单一或狭窄启动子。基因特异的转录因子对基因的转录调控是很重要的，通过结合到调控元件上激活或者抑制基因转录的起始阶段，其可以在基因的几千个碱基（kb）范围内找到（图 10.1）。

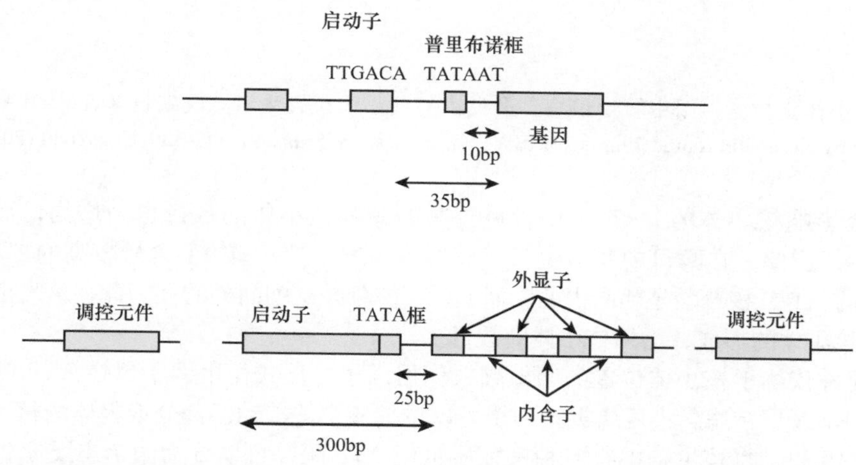

图 10.1　上图：细菌基因的轮廓图。显示了这一基因的启动子包括一些一般元件和一段特异的基因。下图：真核生物基因轮廓图。转录区域包含了内含子和外显子。内含子在转录后将被去掉。在转录部分的前后不同序列中包含了基因的调控元件。

10.1.3　通过 DNA 组装控制转录

DNA 需要被组装保护起来防止降解，同时它又必须能够参与转录。真核生物的 DNA 定位在细胞核中，紧密组装形成染色质，在染色质中，DNA 缠绕在组蛋白八聚体上形成核小体（图 10.2），这些核小体经过组装又会形成更大、更复杂的结构（9.1 节）。为了可以被转录，基因必须从核小体中释放出来。显然，真核生物转录在很大程度上受到基因组结构组织的调控。

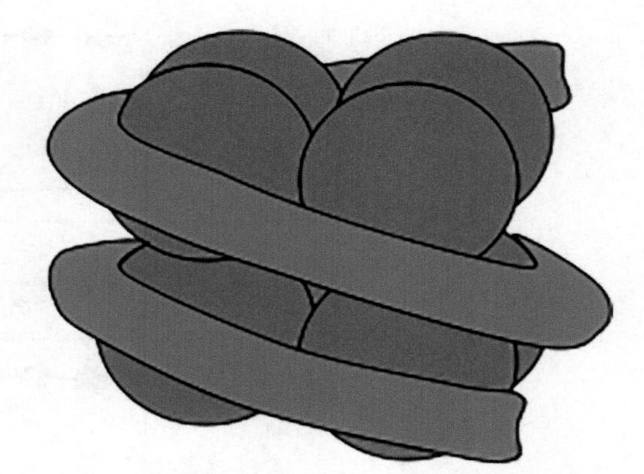

图 10.2　一个核小体的简单示意图，中间是一个组蛋白八聚体（绿色），大约两圈长度的 DNA（蓝色）以左手螺旋方式缠绕在组蛋白上。

10.1.3.1　染色质重塑

核小体在 DNA 上的分布并不是随机的，每两个核小体之间通过一段较短的 DNA 片段相连，长度大约 20 ～ 50bp。核小体分布图表明了一些因素可以影响核小体的位置，例如，碱基序列及蛋白质的结合都会影响核小体的位置（图 10.3）。基因有可能会因为高度形成核小体而表达沉默，频繁转录表达的基因也可能没有形成核小体。对于生长必需的基因，如核糖体蛋白基因，通常核小体数目较少。调控元件如启动子通常在无核小体区域（NFR）或核小体枯竭区域（NDR）。在酵母中，启动子区前后的两个核小体之间通常有一段约 140bp 长度的无核小体区域。核小体周围的启动子和增强子通常都会精准地定位，但是当与调控元件的距离增加时，定位就会变得不精准（图 10.3）。

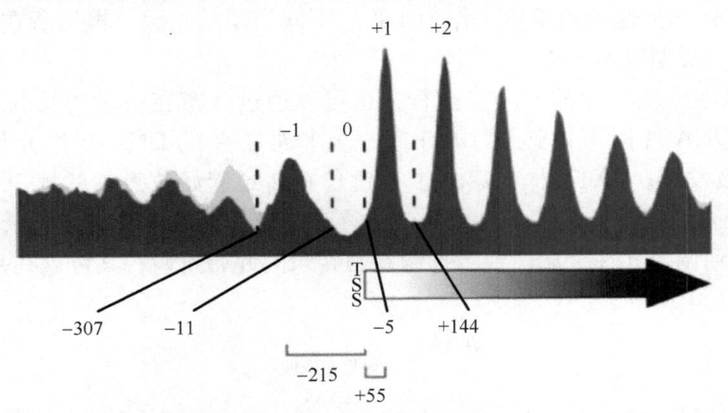

图 10.3　酵母中的核小体定位图，图中峰形最高、最尖锐的核小体位置为+1［改编自 Richmond T. (2012) Nucleosome recognition and spacing by chromatin remodeling factor ISW1a. *Biochem Soc Trans* **40**: 347-350. Copyright (2012) Portland］。

DNA 序列也会影响核小体的分布。GC 含量较高的序列核小体的数目也会增高，而 AT 含量较高的 DNA 核小体数目少。因此，在酵母中，与生长相关的基因通常都具有 AT 含量较高的启动子。另一方面，在核小体中，较短的 AT 二核苷酸是朝向内的，而 GC 二核苷酸是朝向外的。因此，重复出现的 10bp 的 AT 二核苷酸能够促进核小体的形成，增加核小体的数目。

DNA 中调控元件依赖于核小体位置的叫做顺式作用因子，反式作用因子包括 ATP 依赖的染色质重塑因子、转录因子及 RNA 聚合酶。染色质重塑因子可以诱导核小体滑动、部分或整体的核小体分离或组蛋白二聚体的置换（图 10.4）。真核生物中有多种染色质重塑 ATP 酶，可以分为四个主要家族。其中最基本的 ISWI 类型在图 10.5 中进行了展示。

核小体在 DNA 上的滑动行为通过分子荧光共振能量转移（FRET）可以观察到（图 10.6）。

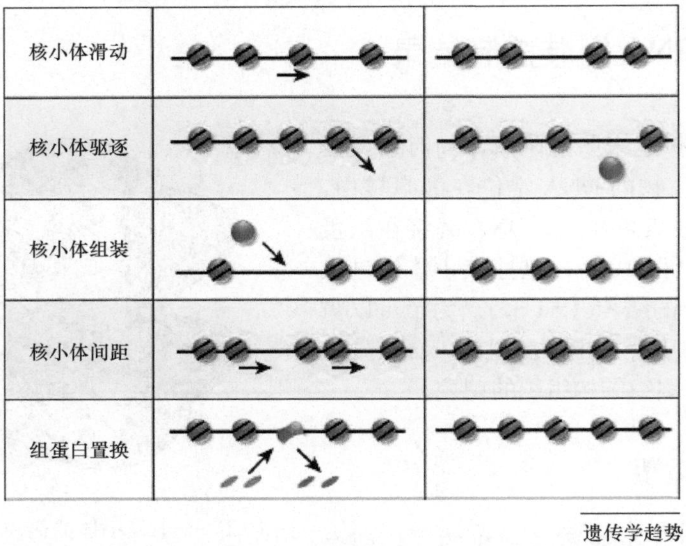

核小体滑动

核小体驱逐

核小体组装

核小体间距

组蛋白置换

遗传学趋势

图 10.4　染色质重塑 ATP 酶以及其他的一些蛋白质可以通过多种机制影响核小体的组蛋白［经许可改编自 Petty E, Pillus L. (2013) Balancing chromatin remodeling and histone modifications in transcription. *Trends Z Genetics Z* **29**: 621-629. Copyright Elsevier］。

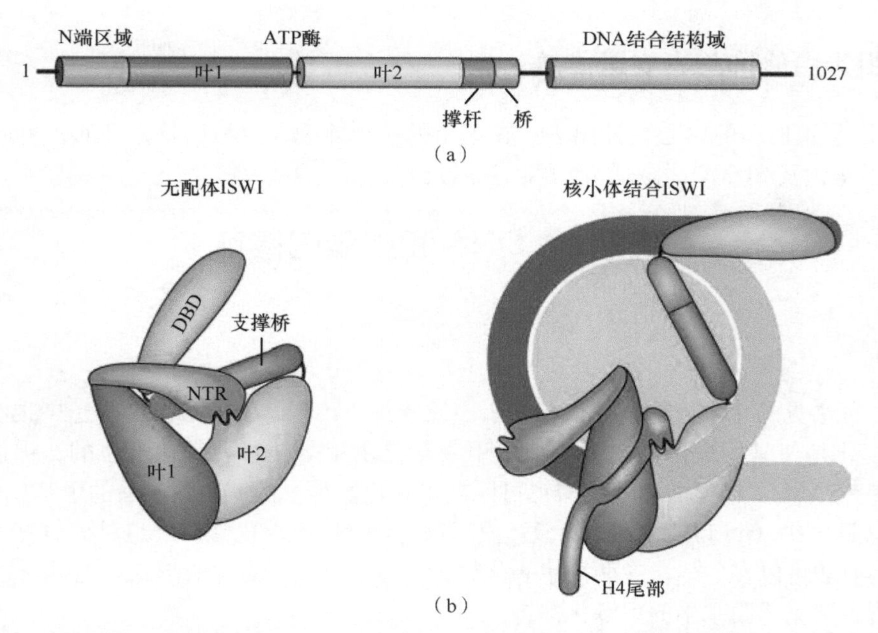

图 10.5 (a) ISWI 类型重塑因子的结构域组成。N 端区域（NTR）后面连接 ATP 酶的两个结构域。在 DNA 连接结构域（DBD）前有两个较小的元件，称为撑杆（brace）和桥（bridge）。(b) 当与核小体相互作用时，酶的构象会发生变化。当 DNA 连接结构域与 SHL-7 相互作用时，ATP 酶结构域会与超螺旋-2 位（SHL-2）相互作用［经授权改编自 Mueller-Planitz F, *et al.* (2014) Nucleosome sliding mechanisms: New twists in a looped history. *Nat Struct Mol Biol* **20**: 1026-1032. Copyright (2014) Nature Publishing Group］。

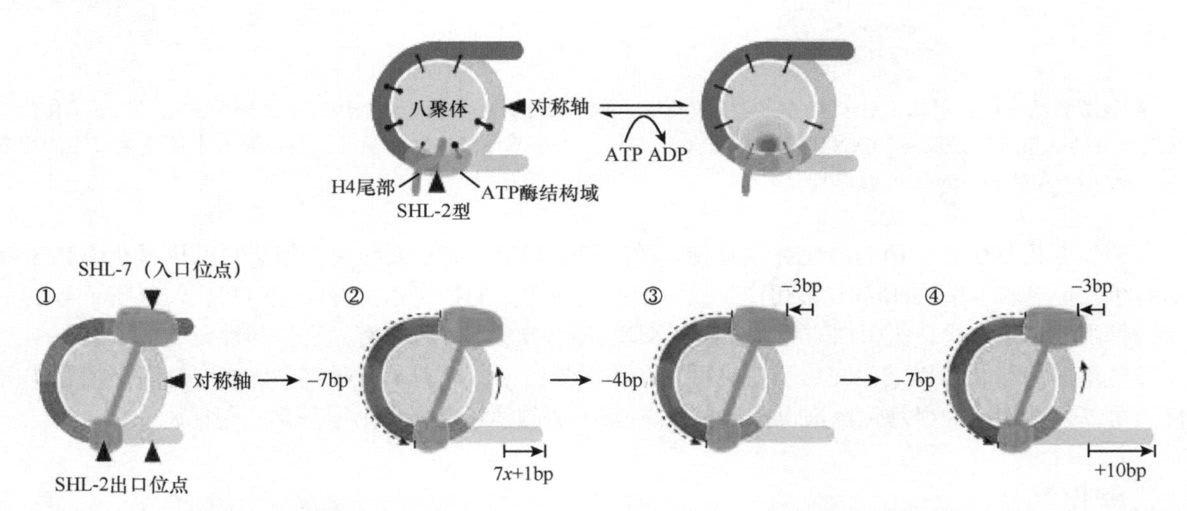

图 10.6 上：ISWI 的 ATP 酶结构域与核小体相互作用发生在 SHL-2，使得 DNA 和组蛋白之间的连接变形。下：完整的酶与核小体之间的相互作用不仅仅通过 ATP 酶结构域，在对面的 DNA 连接结构域也与 SHL-7 相互作用并诱导 DNA 在 ATP 酶的作用下于组蛋白上滑动［经许可改编自 Mueller-Planitz F, *et al.* (2014) Nucleosome sliding mechanisms: New twists in a looped history. *Nat Struct Mol Biol* **20**: 1026-1032. Copyright (2014) Nature Publishing Group］。

组蛋白有多种突变体，会影响到基因从核小体中的释放，而且会定位在特定的位置。其中一个众所周知的突变体就是组蛋白 H2A.Z。组蛋白有可能会形成两个 H2A.Z 的组合以及 H2A/H2A.Z 的组合。两个 H2A.Z 形成的核小体更稳定，DNA 不容易释放出来参与转录，而 H2A/H2A.Z 形成的核小体稳定性较低，前者通常定位于转录起始位点后的+1 处，而后者则有可能在一个活跃基因的转录起始位点处被发现。H2A.Z 组蛋白的引入是一种逐步整合的方式。

10.1.3.2 组蛋白修饰与表观遗传学

组蛋白的 N 端从蛋白质的中心延伸出去。在单个的核小体中，组蛋白是柔性的，可以通过甲基化、乙酰化、磷酸化、泛素化及 SUMO 化被修饰（见“信息栏”）。

信息栏：DNA 和组蛋白修饰

甲基化

甲基化是一种常见的化学修饰，不仅仅在蛋白质修饰中出现，在核酸及小分子中也经常发现。DNA 中胞嘧啶的甲基化是使基因失活的重要特点。甲基化是由甲基转移酶催化产生的，提供甲基基团的是 *S*-腺苷甲硫氨酸（SAM）。精氨酸和赖氨酸也可以被甲基化修饰（图 1）。赖氨酸的甲基化修饰发生在 ε-氨基基团上，可以是一次（me1）、两次（me2）或三次（me3）甲基化修饰，这种修饰并不会改变赖氨酸的带电荷性。精氨酸可以发生一次或两次甲基化修饰，后者可以是对称的形式，也可以是不对称的形式，不同的甲基化酶会催化不同水平的甲基化修饰。

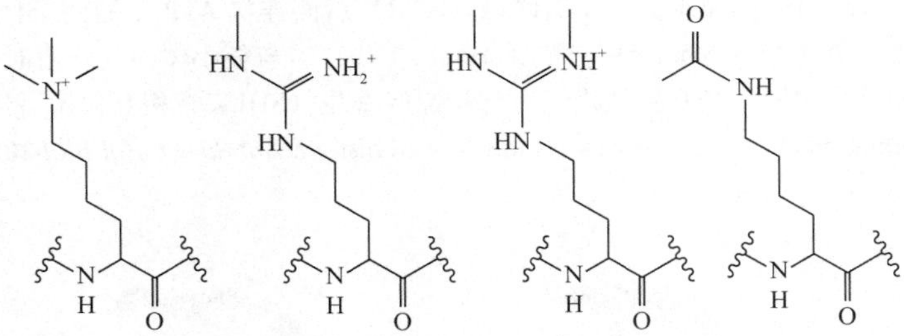

图 1　赖氨酸和精氨酸的甲基化对于蛋白质与核酸的相互作用功能有重要影响。图中左边是一个发生三次甲基化修饰的赖氨酸，中间两个分别是发生一次甲基化修饰和发生对称二次甲基化修饰的精氨酸，右边是发生乙酰化修饰的赖氨酸[图由 Lars Erik Andreas Ehnbom 制作]。

蛋白质的甲基化在细菌的趋化性以及转录调控两个系统中有重要作用。组蛋白的甲基化由高度特异性的组蛋白甲基转移酶（HMT）催化产生。特定的组蛋白中的特定赖氨酸发生甲基化，影响了与核小体结合的基因的转录层次。组蛋白去甲基化酶（KDM）也被发现并且具有高度特异性。

精氨酸的甲基化可以发生在组蛋白也可以在非组蛋白中，对转录有影响。一些与核酸有相互作用的蛋白质可以发生精氨酸甲基化修饰，富含甘氨酸-精氨酸的模块经常作为甲基化的靶标。

乙酰化

包括组蛋白在内的很多蛋白质都可以发生乙酰化修饰，氨基基团是乙酰化的位点，可以是任何氨基酸的 N 端氨基基团，也可以是赖氨酸的 ε-氨基基团（图 1）。后一种由组蛋白乙酰转移酶（HAT）催化形成。组蛋白乙酰化是一个可逆过程，因此也存在组蛋白去乙酰化酶（HDAC）。组蛋白乙酰化通常与基因组中较活跃的区域有关。

SUMO 化

赖氨酸可以发生可逆的转录后修饰 SUMO 化。SUMO（类泛素蛋白修饰分子）是一种长度大约 100 个氨基酸的蛋白质，类似于泛素化修饰，可以通过酶级联反应标记在其他蛋白质上（12.2.3 节）。SUMO 化有多种作用，当与组蛋白或转录因子相连时，通常会抑制转录。

组蛋白上的修饰可以通过酶进行添加（writers）或消除（erasers），通过基因特异性蛋白模体（readers）招募影响核小体组装的蛋白质，并在转录中起重要的调控作用。这种蛋白模体能够识别修饰的模式并招募其他的蛋白质，这些被招募的蛋白质可以对特定基因的转录进行调控。作为识别的组成部分之一，这些蛋白模体能够通过 β 折叠部分的相互作用与组蛋白尾部结合。

甲基化赖氨酸的读取比较复杂，因为单个赖氨酸的 ε- 氨基基团一次甲基化（me1）、两次甲基化（me2）及三次甲基化（me3）需要区别开，同时还要与没有甲基化修饰的赖氨酸（me0）区别开。被甲基化修饰的赖氨酸形成氢键的能力会减弱，尤其是三次甲基化（me3）赖氨酸不能形成任何氢键但是仍然带正电。特定的，蛋白模体可以特异性地鉴别出赖氨酸甲基化的不同水平，包括克罗莫结构域（chromodomain）和都铎结构域（tudor domain）。这些蛋白质的结合口袋是由一些芳香族支链构成的。芳香环的 π 键电子云与赖氨酸所带电荷相互抵消，同时保持两者间的范德华距离。对于一次甲基化（me1）或两次甲基化（me2），被修饰的氨基基团周围由芳香环包围及 1 ～ 2 个氢键受体，其中一个为酸性侧链（图 10.7）。

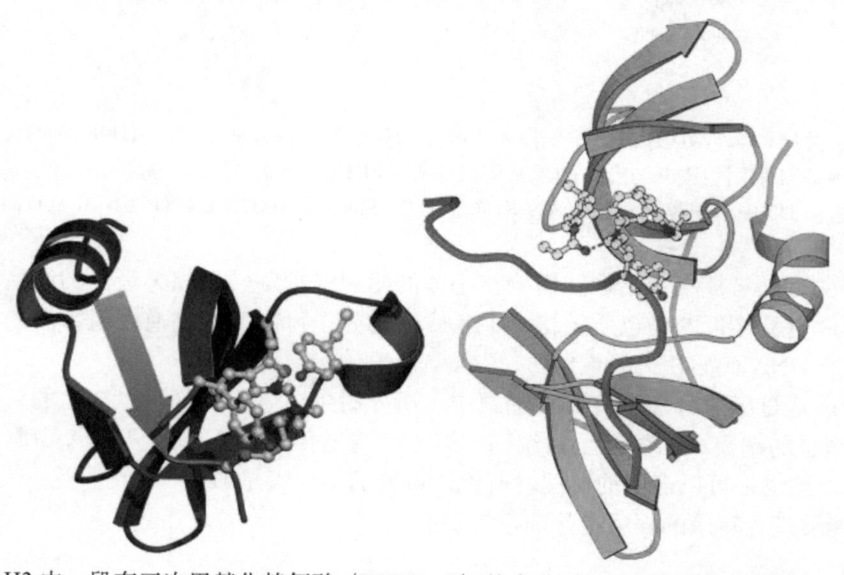

图 10.7　左：组蛋白 H3 中一段有三次甲基化赖氨酸（H3K9me3）的多肽（红色）与异染色质蛋白 1（HP1）表面凹槽相互作用。相互作用的三次甲基化修饰的基团在克罗莫结构域的三个芳香环侧链之中。在 HP1 延伸出的两个支链之间插入的多肽形成了一个 β 折叠结构（PDB：1KNE）。右：一个串联的都铎蛋白（tudor）与组蛋白 H4 中的一个二次甲基化赖氨酸（H4K20me2）相连。me2 基团与四个芳香环侧链及一个天冬氨酸盐相互作用（PDB：2LVM）。

精氨酸发生甲基化也存在一些不同的可能。当然，带电荷性是保持不变的。精氨酸可以有一个甲基修饰（Rme1）或两个甲基修饰。两个甲基基团可以是对称分布的，也可以是非对称分布的。同时，也存在一些种类的蛋白质能够鉴别精氨酸的甲基化，包括克罗莫结构域和都铎结构域。这里的精氨酸所带电荷被芳香环中和，但还是需要氢键受体，用于保留精氨酸上质子的需要，以及将修饰和未修饰的精氨酸区别开。

组蛋白的乙酰化和去乙酰化被发现与调控特定基因的转录有关。其中，乙酰化通常与转录激活有关，而去乙酰化通常与转录抑制有关。此外，赖氨酸的乙酰化还会影响核小体间的拓扑结构和相互作用，可能会改变染色质高度有序的结构。乙酰化的赖氨酸不带电但是疏水性增强。布罗莫结构域（bromodomain）是一种可以与乙酰化赖氨酸相互作用的蛋白模体（图 10.8）。

能够与组蛋白尾巴上被修饰的氨基酸残基结合的蛋白模体（即读取"写"在组蛋白上的修饰信息，"reading"）通常以串联的形式影响转录的调控，其中两个经常起作用的是 PHD 和布罗莫结构域，它们中的一个可以结合到组蛋白中一个被修饰的氨基酸残基上，另一个可能结合在另一个组蛋白被修饰的氨基酸残基上（图 10.8）。当然，"writers"和"erasers"可能包含"reader"模体。

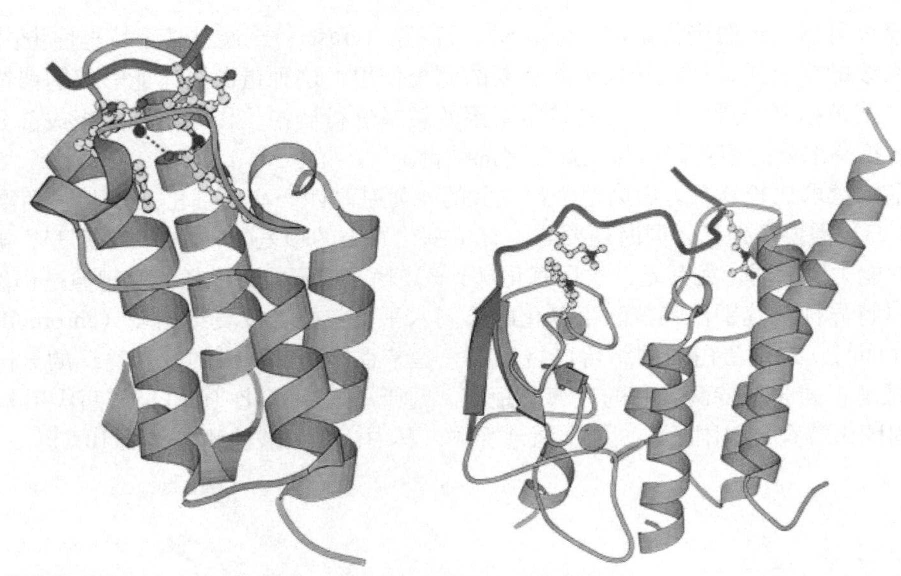

图 10.8　左：一个布罗莫结构域与组蛋白 H4 中一段有乙酰化赖氨酸修饰的多肽相结合（H4K16ac）。多肽是一种延伸的构型，修饰的赖氨酸被芳香环基团包围并与合适的配基形成氢键（PDB：1E6I）。右：串联形成的 PHD（左），以及一个布罗莫结构域（右）与组蛋白 H3 中不同类型氨基酸残基相结合（H3K9me3 和 H3K18ac）（PDB：3U5O）。

染色质结构蛋白可以与核小体结合并影响核小体的组装或抑制转录相关蛋白的结合。另一方面，染色质重塑因子可以形成更易接近的染色质结构，染色质修饰分子可以改变或逆转组蛋白的修饰，最终接头蛋白可以招募与转录或 DNA 代谢相关的蛋白质。

组蛋白修饰可以通过细胞分裂遗传到子细胞中，所以组蛋白修饰始是可以继承的。这就形成了一种不同于 DNA 中遗传信息的编码，叫做组蛋白编码，属于表观遗传学的一部分。DNA 中胞嘧啶的甲基化也会导致基因失去活性，这也是可以遗传的特性。所以，重要的不仅仅是 DNA 中的基因，这些基因由于组蛋白修饰和 DNA 修饰能够进行转录的程度也是非常重要的。

10.2　基因特异性转录因子

基因特异性转录因子（TF）通过结合 DNA 上特定位置的元件对基因转录合成 mRNA 的过程进行调控。在原核生物中，它们被称为激活子和阻遏子。然而，在真核生物中，一个特定的转录因子可以作为激活子，同时还能成为阻遏子，这取决于其他的一些因子和修饰分子。

10.2.1　先锋转录因子

在真核生物中，由于染色质结构的复杂性，使得基因激活表达的过程也很复杂。DNA 转录需要一个先锋转录因子识别缠绕在核小体上的 DNA 序列的特定元件，染色质这个区域上的染色质修饰酶的信号被激活。FoxA 就属于这样一种先锋转录因子，拥有翼状螺旋结构，与组蛋白 H1 和 H5 相似并可以替代它们使得邻近的 DNA 可以被其他分子结合。其他的先锋转录因子具有与通用型转录因子相似的结构。先锋转录因子通过招募染色质重塑因子和组蛋白修饰酶分子，将需要表达的基因从核小体结构中释放出来。在有些特殊情况下，先锋转录因子可以将已分化的细胞转变成多能干细胞。

其中一种先锋转录因子是PU.1（图10.9）。通过结合核小体，它可以引起核小体重塑、H3K4单甲基化修饰，以及特定转录因子的结合诱导转录开始。

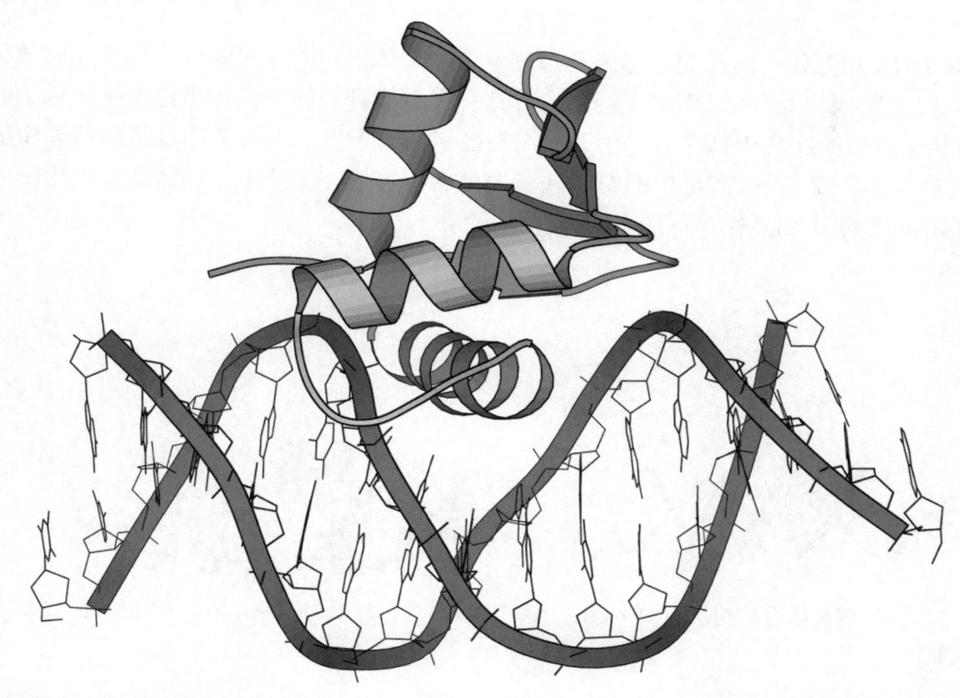

图10.9　转录因子PU.1的ETS结构域结合在DNA上（PDB：1PUE）。PU.1有一个翼状螺旋-转角-螺旋结构域，是一种先锋转录因子。

10.2.2　基因特异性转录因子

有很多蛋白家族都参与转录调控。由于DNA的双面对称，这些蛋白质通常是同源二聚体，或者也可以是异源二聚体。转录因子除了有一个DNA结合结构域外，还有一个激活结构域。DNA结合结构域在一些蛋白家族中只是一个结合到DNA大沟中的α螺旋，但是另外一些共用的模式是螺旋-转角-螺旋模式，这是原核生物中最常见的模式，还有一些不同类型的、较小的锌结合结构域被称为锌指结构（Zn finger）（表10.1）。

表10.1　真核生物转录因子根据它们的DNA结合结构域分类的几个家族

结构域类型	名称	举例	图号
亮氨酸拉链	bZIP	GCN4，Fos，Jun	10.11
螺旋-环-螺旋	bHLH	MyoD	10.12
	bHLH-ZIP	Max，Myc	
螺旋-转角-螺旋	经典结构	Trp阻遏子	10.13
	翼状螺旋	PU.1	10.9
	同源域	PU结构域	10.14
锌指	C_2H_2，经典锌指结构	Zif268	10.15
	C_4，前后串联的两个相似结构域	核受体	10.16
	Zn_2Cys	GAL4	

10.2.3 亮氨酸拉链和螺旋-环-螺旋转录因子

螺旋蛋白与 DNA 相互作用的最简单形式是通过一个二聚体蛋白的一对螺旋，这里螺旋被分开，使得它们可以正好适合去夹紧相邻的两个 DNA 大沟。含有这一简单设计的转录调控蛋白家族被称为碱性亮氨酸拉链（bZIP）。这些蛋白质的序列中都含有一个碱性结构区域。这个区域的每 7 个氨基酸残基中就含有一个亮氨酸残基（7 次重复，3.3.2 节）。酵母中的 GCN4 蛋白就含有这样一个非常长的螺旋，这里的亮氨酸重复形成了一个卷曲螺旋的二聚体相互作用（图 10.10）。

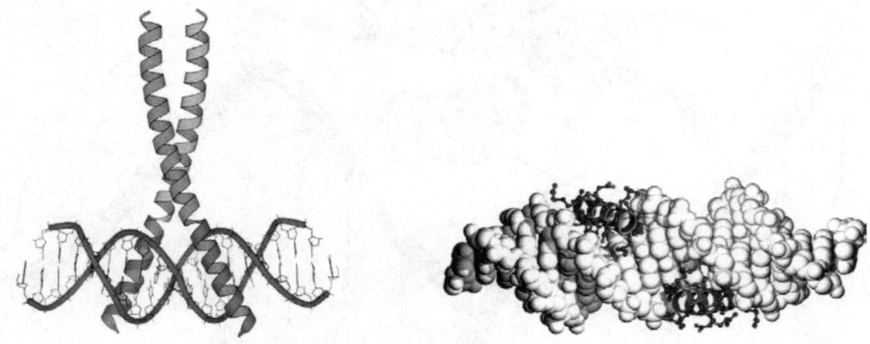

图 10.10　GCN4 的 C 端 DNA 结合结构域与 DNA 结合形成的复合物（2DGC）。左：与 DNA 结合的二聚体。右：螺旋与 DNA 的大沟相匹配。

这类蛋白质的碱性区域插入了 DNA 的大沟中。序列可以识别是因为碱性区域中的侧链可以与碱基一一相互作用。DNA 中的结合位点是一个 9 碱基对的区域，并且都是对称的。两个 GCN4 单体结合到相同的序列上，分别在对称轴的两边。另一个关于亮氨酸拉链的例子是人类致癌基因产物 Fos 和 Jun，它们会形成一个异源二聚体。

另一个二聚体转录因子家族也形成一个与 GCN4 很相似的结构，从而与 DNA 结合，但它们的二聚化形式不同。MyoD 蛋白属于这种转录因子家族。这种转录因子和一些相关蛋白与肝脏的发育有关。它们可以形成同源二聚体或异源二聚体。它们的碱性螺旋-环-螺旋（bHLH）结构包含一个环区连接的两个螺旋的 C 端部分（图 10.11）。这一碱性区域使得二聚体之间通过形成四螺旋束来实现二聚化。第一个螺旋的 N 端部分结合到 DNA 的大沟中。与亮氨酸拉链蛋白相似，这一区域碱性很强，螺旋上的侧链与 DNA 大沟上的碱基对直接相互作用。

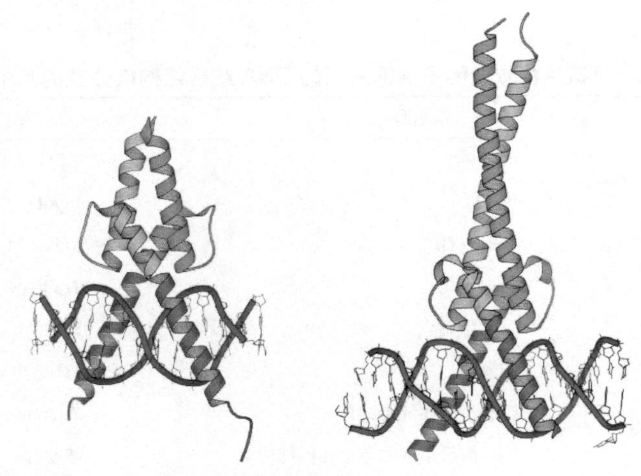

图 10.11　结合 DNA 的 MyoD，即一个碱性螺旋-环-螺旋蛋白（左，PDB：1MDY）在异源二聚体 Myc-Max 中。Myc 和 Max 单体具有非常相似的构象，也会通过一个碱性螺旋-环-螺旋区域和一个亮氨酸拉链结构二聚化（右，PDB：1NKP）。

一些致癌基因可以形成同源二聚体或异源二聚体，它们形成的方式可以是螺旋-环-螺旋结构，也可以是亮氨酸拉链区域（bHLH-ZIP 转录因子）。其中一个例子就是 Myc 蛋白，它与 bHLH 蛋白很相似，但是其模体的第二个螺旋会延伸形成另外一个亮氨酸拉链（图 10.11）。

10.2.4　转录因子中的螺旋-转角-螺旋模式

螺旋-转角-螺旋模体的蛋白质拥有不一样的与 DNA 相互作用形式。它们通常既可以是单体，也可以是二聚体，通过螺旋结合到 DNA 的大沟中。λ 家族的噬菌体具有两个阻遏子，被称为阻遏子和 cro。这两种蛋白质都是结合到噬菌体基因组的操纵子区域。cro 阻遏子是一个小的二聚体蛋白，大约有 70 个氨基酸。蛋白质结合的操纵子区域是一个回文的、含有 14 ～ 17 个碱基对的 DNA 序列。阻遏子是较大的蛋白质，它的 N 端区域与 DNA 相互作用。这两种蛋白质的 DNA 结合区域都含有三个螺旋，其中两个具有完全相对的方向，它们的螺旋轴基本是垂直的。这种螺旋-转角-螺旋模式在很多 DNA 结合蛋白中都有发现。

螺旋-转角-螺旋模式中的第二个螺旋会结合到 DNA 的大沟中去（图 10.12）。蛋白质二聚体的对称轴与回文序列相吻合，这两个单体会通过相同的区域与相邻的两个 DNA 大沟的同一侧相互作用。cro 和阻遏子蛋白的 DNA 结合部分的结构非常相似，但是二聚化后的结果是完全不同的。在 cro 中，结构域之间是通过 β 折叠相互作用的，而在阻遏子中，来自两个结构域的两个螺旋会相互作用。

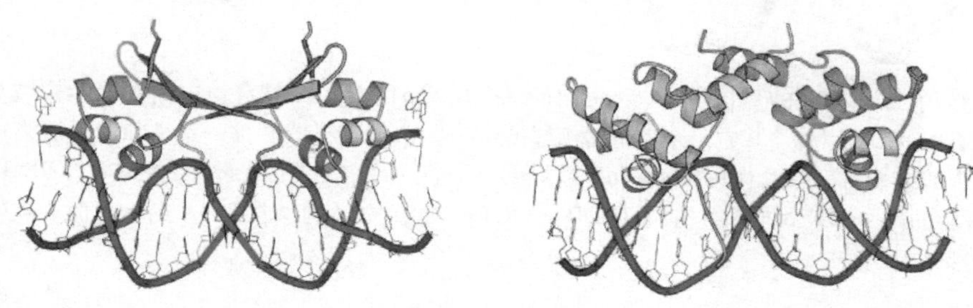

图 10.12　来自 λ 噬菌体的 cro（左，PDB：6CRO）和阻遏子（右，PDB：1LMB）二聚体结合 DNA 的复合物。阻遏子结合到 DNA 上是通过它们的螺旋-转角-螺旋模式。这个模式的 N 端螺旋在图中标为黄色。识别螺旋（蓝色）结合在 DNA 的大沟上。在 cro 中，二聚化是由来自各自单体的两个 β 折叠之间的相互作用实现的，而在阻遏子中，它们的二聚化是因为螺旋之间的作用。

阻遏子结合的调控是转录调控的一个重要部分。在细菌中，trp 阻遏子具有相同的螺旋-转角-螺旋模式，它的功能是调控色氨酸合成基因的转录，但是在这种情况下，它们的二聚化是不同的。

trp 阻遏子是对色氨酸浓度敏感的，它有一个结合色氨酸的位点。在没有色氨酸存在时，trp 阻遏子以不能结合操纵子位点的构象存在。当结合色氨酸时，蛋白质发生构象改变，使得它可以与操作子相结合，阻碍了色氨酸合成酶的转录（图 10.13）。

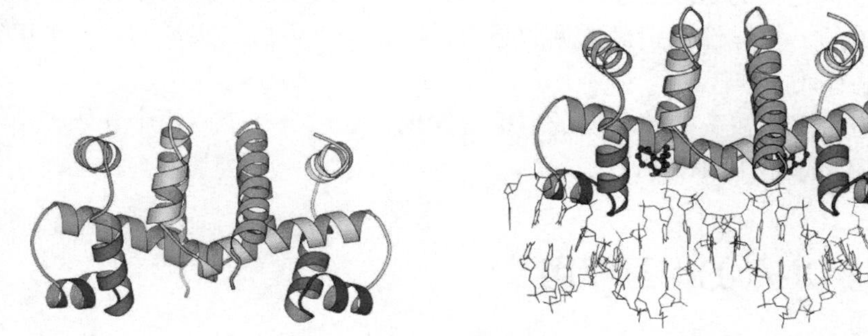

图 10.13　在大肠杆菌的 trp 阻遏子中由色氨酸结合造成的构象变化。左：apo 阻遏子（PDB：3WRP）。右：当色氨酸结合到阻遏子上，识别螺旋（红色）会被移动，可以结合到两个连续的 DNA 大沟中（PDB：1TRO）。

同源框结构域蛋白形成了一个转录激活子蛋白的单体家族，这种蛋白质第一次被发现是在果蝇（*D. melanogaster*）的身体发育活动中。通过这些蛋白质识别的 DNA 序列是非常相似的，因此被称为同源框序列（homeobox sequence）。

同源框结构域与原核生物的螺旋-转角-螺旋阻遏子结构很相似，但不同的是它们都是单体。它们是通过三个螺旋形成的，这三个螺旋中的第二和第三个，与在螺旋-转角-螺旋蛋白中的排列方式相同。与大沟的相互作用通过第三个螺旋。一个相对较大量的非特异性相互作用使得其结合更加牢固（图 10.14）。这些非特异性的相互作用是通过 N 端的臂和前两个螺旋形成的。

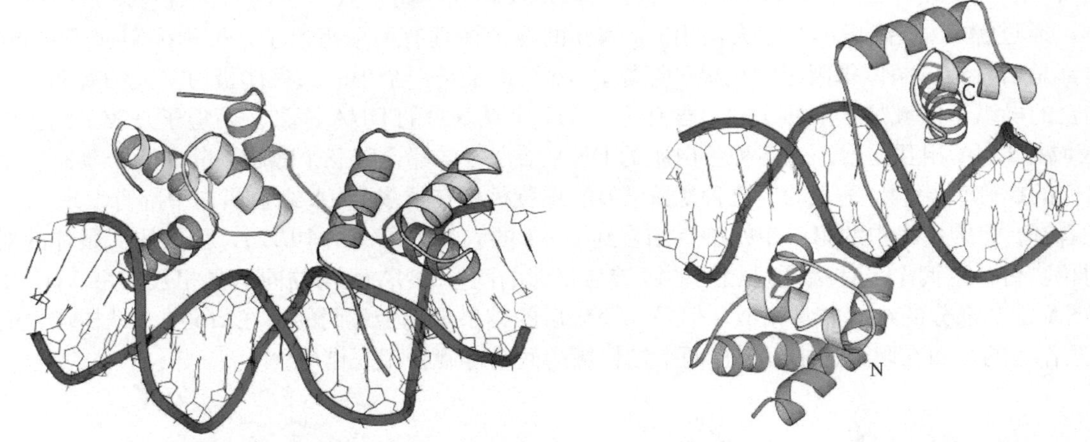

图 10.14　含有螺旋-转角-螺旋模式的真核生物转录因子。左：MATα1-MATα2 复合物中同源框结构域与 DNA 的结合。两个 DNA 结合结构域都含有三个螺旋，其中一个 N 端螺旋在螺旋-转角-螺旋模式之前（黄色和蓝色螺旋）。MATα2 的一个 N 端尾巴与碱基和小沟中的结构骨架相互作用。MATα2（绿色）还有一个螺旋是用来形成二聚体的（PDB：1LE8）。右：人类蛋白 Oct-1 中 POU 区域的两个 DNA 结合结构域（PDB：1OCT）。同源框结构域在 DNA 的上面而 λ 类似结构域在 DNA 的下面。连接的肽段是部分无序的。

为了在不同的结合位点之间形成更加有效的区分度，同源框结构域会与其他的一些转录因子共同行使功能。酵母 MAT 基因决定了细胞的交配型是与倍数性状态（ploidy status）相关的。在酵母阻遏子 MATα2 存在时，另外两个因子会与阻遏子作用，结合到 DNA 的另一个位点上。MATα1 和 MATα2 形成复合物结合到 DNA 上。MATα1 也是一个同源框结构域蛋白，这两个蛋白质是通过疏水作用结合到一起的，发生相互作用的是 MATα2 的第四个螺旋和 MATα1 的一个疏水口袋（图 10.14）。增加的特异性是同时结合在两个位点的结果，这需要结合位点具有正确的空间和相对的方向。

在蛋白质 Oct-1 中，DNA 结合是通过相同蛋白质中两个结构相似的结构域。在这种情况下，其中一个结构域是同源框结构域类型，而另一个更类似于在 λ 阻遏子中找到的螺旋-转角-螺旋构象。这两个 DNA 结合结构域结合到了 DNA 相反的两侧（图 10.14）。

同源框结构域蛋白根据它们的氨基酸序列可以被识别，但一般情况下，确定在基因组中哪里是同源框结构域结合位点是很困难的，特异性识别最常见的是通过不止一个蛋白质实现的，一个单独的结构对于识别它们的目标序列不是很有效。

翼状螺旋-转角-螺旋的模式在一些转录因子中也有发现，它包含一个由两个 β 发夹形成的 β 片层，该片层在螺旋-转角-螺旋模体的周围（图 10.9）。

10.2.5　锌指与 DNA 的相互作用

锌指模式在很多 DNA 结合蛋白中都能被找到。它们都是相对较小的、结合锌离子的单位（3.3.4 节）。

在经典的锌指中，两个组氨酸和两个半胱氨酸残基结合锌离子。这个小的单位有 30 个氨基酸残基，形成了一个独立的折叠结构域，是由锌离子来稳定的。

这一类型的锌指在蛋白质中串联出现，一个含有经典锌指结构的蛋白例子是哺乳动物转录因子 Zif268（早期生长应答蛋白 1）。这个蛋白质的 DNA 结合结构域包含了三个锌指结构。Zif268 的三个结构域的结构显示它们都是非常相似的，包含了一个 β 发夹和一个 α 螺旋结构。三个模式在大沟中的排列非常相似，由来自一个螺旋末端的残基和前面的环提供的残基与碱基特异性识别（图 10.15）。

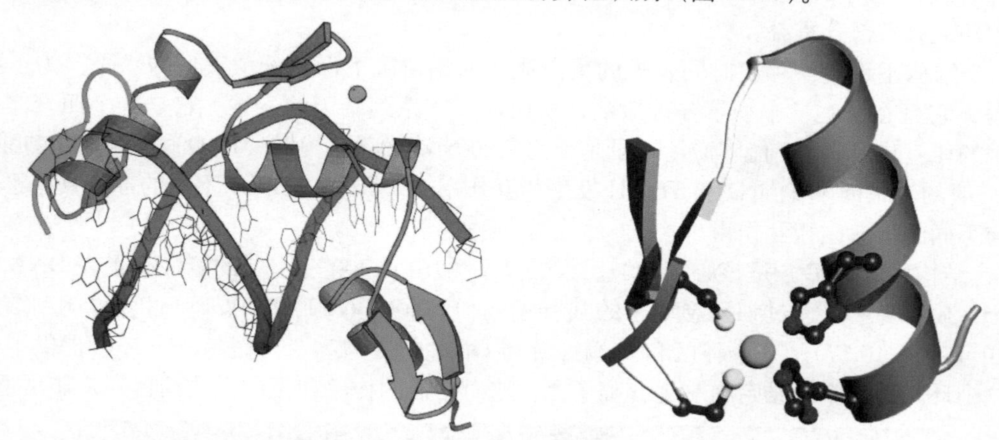

图 10.15 左：Zif268 中沿着它的 DNA 大沟的三个锌指的排列。右：细节显示了锌离子在第二个锌指结构中的配位情况（PDB：1ZAA）。

糖皮质激素（glucocorticoid）受体是细胞内的蛋白质，属于一个含有保守 DNA 结合区域的蛋白家族，这个区域大约有 70 个氨基酸残基，它在葡萄糖代谢中结合皮质醇。这一家族被称为“核受体（nuclear receptor）”，它们含有另外一个可以激活受体的结构域，其中一些蛋白质结合类固醇激素（steroid hormone），而另一些结合其他小的疏水分子。这类蛋白质 DNA 结合结构域比经典的锌指结构要大，含有两个锌结合位点，其中每个有 4 个半胱氨酸配位到金属上。这个结构域是一个单球状单元，包含了两个螺旋和一个环区域，并且它们通过锌离子结合在一起。

糖皮质激素受体是一个二聚体，结合到了 DNA 的回文序列上。在复合物中，每个亚基中的一个螺旋结合到了大沟中。它们的二聚化是通过蛋白质 C 端部分形成的，以二聚体结合到同一侧 DNA 上的两个相邻大沟上，与二聚的原核生物阻遏子的结合很相似（图 10.16）。

图 10.16 左：二聚的糖皮质激素受体在 DNA 上的排布。右：在受体中关于锌离子结合的细节（PDB：1GLU）。

10.2.6 p53 蛋白家族

p53 是一个潜在的转录激活子，可以诱导很多目标基因的表达，这些基因表达的产物可以介导 DNA 修复、细胞生长阻滞和细胞凋亡。通过这种方式，p53 能够抑制细胞的转变和肿瘤的形成。p53 突变，或者与病毒或细胞内的蛋白质结合时失去活性，这是导致人体内大约 50% 的癌症产生的原因。p53 也可以行使负调控的功能。p53 蛋白在不同的氨基酸残基上可以发生多种类型的翻译后修饰，这些修饰对细胞会产生不同的影响。

p53 多种类型能够被发现，是因为多种启动子和多种剪接变异体。p63 和 p73 也是这类转录因子蛋白家族的成员，并且也存在与 p53 类似的一些突变体。这些蛋白质有很多同源体并具有相同的功能结构域，但它们的特异性功能只有部分重叠。

p53 是一个结构不稳定、存在时间较短的蛋白质，通常情况下保持一个很低的水平。为了对体内生理环境做出应答，它会在细胞核中积累并被激活，从而激活一系列基因的表达。它是一个四聚体，因为存在四聚化结构域的相互作用。p53 能够激活转录是因为它的 N 端激活结构域（TAD）具有很高的酸性，p53 的 TAD 可以与一般的转录因子 TFⅡD 和 TFⅡH 发生相互作用（10.5 节）。TAD 不同的部分具有不同的转录激活功能，会与不同的蛋白质相互作用。

DNA 结合结构域（DBD）是核心结构域。大约 95% 的由 p53 突变引起的癌症都是在 DNA 结合结构域发生突变。p53 激活转录是通过识别启动子的共有序列：PuPuPuC(A/T)(T/A)GPyPyPy。DNA 结合表面大部分含有三个单元（图 10.17）。一个环区和 C 端螺旋与 DNA 的大沟吻合，而另一个环区提供了一个精氨酸靠近小沟。这个环和另一个环结合在一个锌离子上，这对它们的构象和蛋白质的结合都是非常重要的。

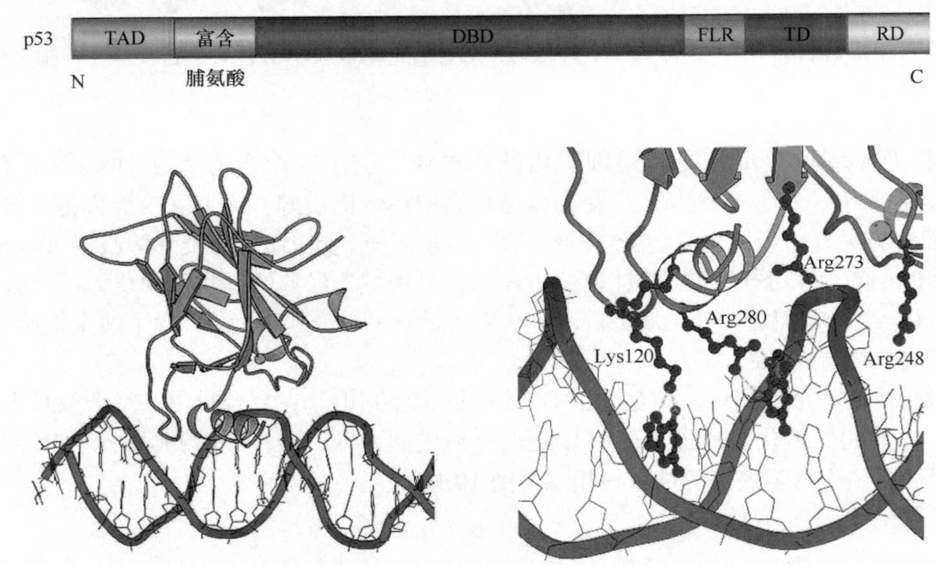

图 10.17　上：p53 的结构域示意图。转录激活结构域（TAD）可以被广泛磷酸化。DBD 结构域是 DNA 结合核心结构域。FLR 是一个紧接着四聚化结构域（TD）的柔性链区域。RD 是一个调控结构域。最后两个结构域可以发生乙酰化修饰。p53 的结构模型是通过同源模建和分子动力学模拟得到的结果（引自 Saha T，*et al.*，2015）。下左：p53 的 DBD 与 DNA 相互作用的结构。当一个螺旋和一个环结合到大沟中时，另一个环会与毗邻的小沟相互作用。下右：与 DNA 相互作用的侧链的详细表述图。Arg280 与鸟嘌呤的作用非常关键（PDB：1TUP）。Arg273 与磷酸上的氧原子相互作用，而 Arg248 像三明治一样被夹在小沟中，二者在肿瘤中是经常发生突变的。

p53 结合到一段典型的、含有四种相同序列拷贝的 DNA 区域。p53 四聚体的 DBD 可能会分别结合到这四个接近的拷贝上。

10.2.7　结合特异性

蛋白质结合到 DNA 中的特异性序列主要依赖于侧链和碱基之间的氢键，以及在相互作用中依赖于 DNA 的骨架构象。因为 DNA 大沟和小沟中的每个碱基对都显示了独一无二的氢键受体和供体图谱（图 10.18），它们可以被侧链如精氨酸和谷氨酸识别，这些侧链同样也有特定的氢键受体和供体的图谱。

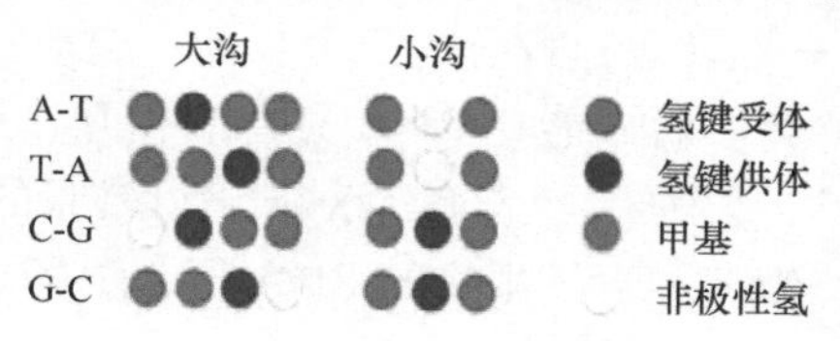

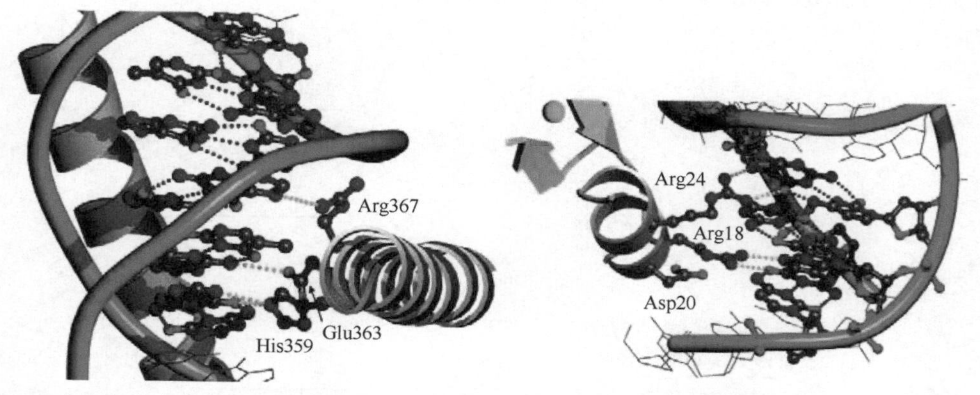

图 10.18 上：DNA 大沟和小沟中暴露出来的部分。下左：Myc 和 DNA 的相互作用（也可见图 10.11）。异源二聚体特异性结合到一个六核苷酸片段 CACGTG 上。螺旋中的三个残基和三个碱基对特异性相互作用形成了回文序列识别的一半，而在另一个单体中相同的残基会以相似的方式与另一半序列结合（没有显示）。精氨酸是特别重要的残基，识别序列第三个位置的 GC 碱基对。蛋白质和 DNA 之间的氢键用绿色表示；碱基对中的氢键用蓝色表示。在 DNA 骨架中更多的相互作用稳定了这样的结合（PDB：1NKP）。下右：Zif268 中的第一个锌指与 DNA 的相互作用（也可见图 10.15）。两个精氨酸残基与鸟嘌呤碱基相互作用。Asp20 与 Arg18 相互作用使得其位置保持稳定。

尽管大部分的转录因子是利用螺旋结合到 DNA 大沟中来特异性识别的，但是也有一些蛋白质通过不同的方式识别的例子。一个例子是来自噬菌体 P22 的 Arc 阻遏子。这个蛋白质是一个四聚体，其中一对单体形成了反平行的双链片层，结合到了 DNA 的大沟中（图 10.19）。

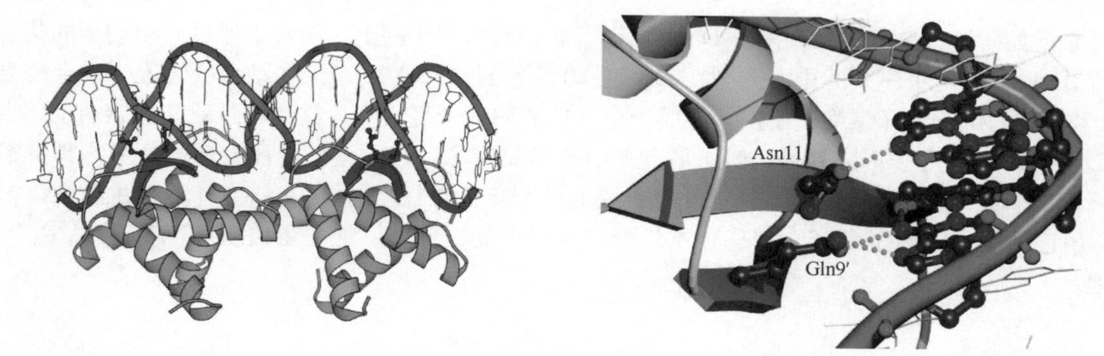

图 10.19 左：Arc 阻遏子四聚体。右：相互作用的细节显示了蛋白质是通过一个谷氨酸残基来识别腺嘌呤碱基的。一个天冬酰胺结合到胞嘧啶的氨基基团上（PDB：1BDT）。

10.3 细菌的转录

在细菌中只有一种 RNA 聚合酶（RNAP），而在真核生物中有三种。细菌酶由 4 种类型的 5 个亚基

($\alpha_2\beta\beta'\omega$）组成了一个 RNAP 的核，第五种亚基（σ 或 sigma）参与了启动子的识别并具有激活转录起始的功能。包含σ亚基的RNAP被称为全酶，这一复合物分子质量为400～500kDa。细菌激活子和阻遏子（10.2节）能够与 RNA 聚合酶直接相互作用。一般转录过程分为三个步骤：启动、延伸和终止。

首先，双链 DNA 需要先进行解旋然后才能与 RNA 聚合酶相互作用（图 10.20）。解旋的 DNA 区域被称为“转录泡（transcription bubble）”，大约有 15 个碱基对长度。转录的 RNA 和模板 DNA 链形成了一个杂合的螺旋，长度为 8 ～ 9 个碱基对。细菌和真核生物的 RNA 聚合酶都具有向前和向后移动的能力。结合核苷酸三磷酸时激活向前移动，受损 DNA 会导致向后移动。

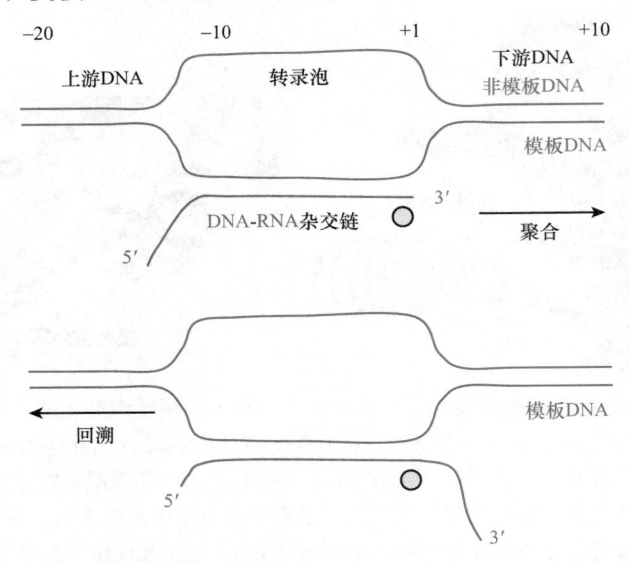

图 10.20 DNA 到 RNA 的转录需要一段双链 DNA 解旋的或者不缠绕的区域。这一区域是 RNA 聚合酶结合的位点，被称为“转录泡”。在转录中，转录泡中形成了 8 ～ 9 个碱基对的 DNA-RNA 杂合子。下游 DNA 在它们被转录后就已经恢复双链结构。RNA 聚合酶在 RNA 聚合过程中可以向前移动，但是在出现错误时，为了把错误的碱基切除，向后移动也是可能发生的。黄色标记的是活性位点，这里是核苷酸加到 RNA 链上的地方。编号是关于聚合酶活性位点的而不是开始转录的基因。

在转录起始阶段，全酶结合到两个 DNA 启动子区域的六聚序列上，相对于通过σ启动子的帮助的转录起始位置（+1），这两个序列的中心分别在–35 和–10 的位置（10.2.2 节）。在结合的情况下，全酶会在双链 DNA-12 和+12 的位置解开螺旋，使得其形成一个开放的启动子复合物，这样转录就能被启动了。当 9 个碱基对的 DNA-RNA 杂合子形成之后，转录的起始阶段就结束了，进入延伸阶段。延伸复合物具有很高的稳定性，原因之一是结合因子 NusG，并且可以合成上千个核苷酸长度的 RNA 链。在真核生物中，扮演类似于 NusG 角色的是保守因子 Spt5，它是异质二聚体 Spt4/5 的一部分。这些蛋白质可以将 DNA 锁定在 RNA 聚合酶上。

10.3.1 细菌 RNA 聚合酶的结构

RNAP 的结构就像一个螃蟹的钳子一样，各自的大小分别是大约 150Å 和 110Å（图 10.21）。其结构可以分为四个模块：核心模块（core），搁板（shelf，下颌），固定钳（clamp），颌叶（jaw-lobe，上颌），模块之间可以相对运动。核心模块与下颌模块形成了钳子的下部分，固定钳模块和上颌模块构成钳子的上部分。核心模块含有活性位点，由两个 α 亚基和 β、β′ 亚基的部分结构组成。另外三个模块围绕着 DNA 结合凹槽。当双链 DNA 进入结合凹槽后会打开双螺旋形成不缠绕或解旋状态，然后以其中一条链为模板转录形成单链 RNA。DNA 以相对于进入结合凹槽成直角的方向离开聚合酶。

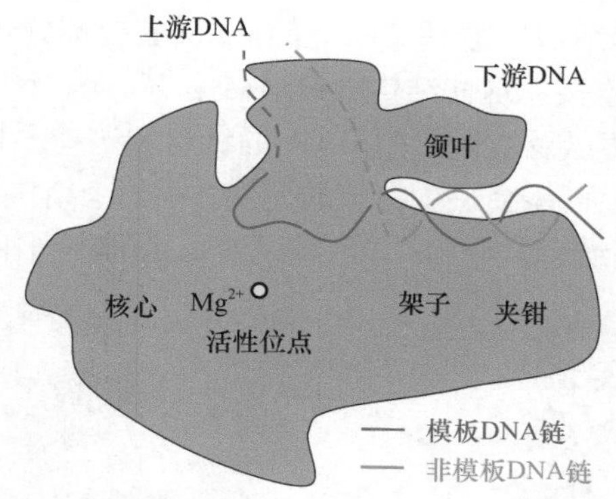

图 10.21　细菌 RNA 聚合酶的四个主要模块与 DNA 的简要图示。

细菌 RNA 聚合酶蟹钳结构的上半部分包含 β 亚基（124kDa）而下半部分包含了较大的 β′ 亚基（171kDa）。这些大的亚基是由多个结构域组成的（图 10.22）。这两个亚基的交界面在核心模块区域，是一个很宽的界面。β 亚基通过一个柔韧的侧翼环抱 β′ 亚基，β′ 的一个结构域也以相似的情况与 β 亚基相互作用。两个 α 亚基含有两个结构域，它们的 N 端结构域的二聚体在核心模块能进一步增强它们的相互作用。β 和 β′ 亚基分别与其中一个 α 亚基相互作用。β 与 β′ 亚基共同形成活性位点。ω 亚基环绕 β′ 亚基的 C 端尾部，与活性位点没有接触。

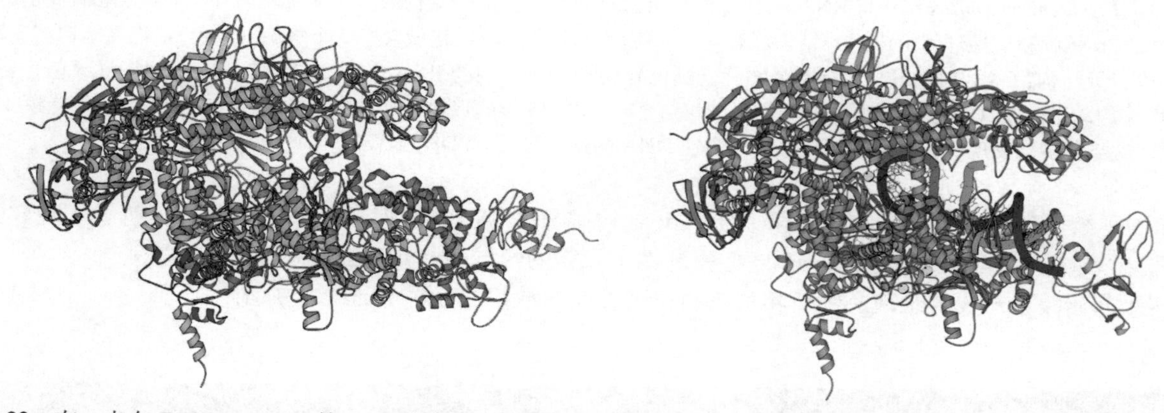

图 10.22　左：来自 *T. thermophilus* 的 RNA 聚合酶全酶结构（PDB：1IW7）。结构主要部分的 β（黄色）和 β′（绿色）亚基看上去像一个蟹钳。两个 α 亚基（Ⅰ紫色和Ⅱ亮蓝色）、ω 亚基（深蓝色）及 σ 亚基（红色）都在外侧。右：细菌 RNA 聚合酶的结构，活性位点含有下游的 DNA 及 DNA-RNA 杂交链（PDB：2O5I）。非模板链 DNA 为绿色，模板链 DNA 则是蓝色，而 RNA 链为红色。

活性位点被确认位于结合凹槽的底部，通过镁离子结合了三个绝对保守的天冬氨酸残基。

10.3.2　σ 因子

大多数 σ 因子组成同一个同源家族——σ70 家族。它们参与到细菌细胞内成千上万管家基因（housekeeping gene）的转录过程。大肠杆菌（*E. coli*）有 6 种不同的 σ70 因子，枯草芽孢杆菌（*B. subtilis*）有 18 种，天蓝色链霉菌（*S. coelicolor*）有 63 种。这些不同的 σ 因子对不同的 DNA 序列具有特异性。如果完全依靠自身，σ 因子无法结合到启动子上，但是当结合到 RNA 聚合酶上时，它的构象会发生改变，同时可以识别 DNA 的–35 位以及–10 位的片段并形成转录泡，使得 RNA 聚合酶能够开始转录。转录起始阶段过后，σ 因子会从 RNA 聚合酶的核心区域解离下来。

σ 因子具有一个延伸的“U”形结构（图 10.23）。蛋白质的主要部分包含 4 个由螺旋结构搭建的结构域，通过可被蛋白酶降解的柔性连接链连接。这些结构域被命名为 1.1、σ_2、σ_3、σ_4。它们包含了序列保守的区域。保守序列参与 σ 因子与 RNA 聚合酶以及被转录的 DNA 的结合。这些柔韧的连接链在行使功能时允许有大的构象改变。不同的 σ 因子在结构上可能会缺少特定的元件。每一个结构域可以与 DNA 的特定部分相结合。σ_4 与-35 模体结合，σ_3 与-10 区域相结合，σ_2 与-10 区域以及识别的序列相结合。

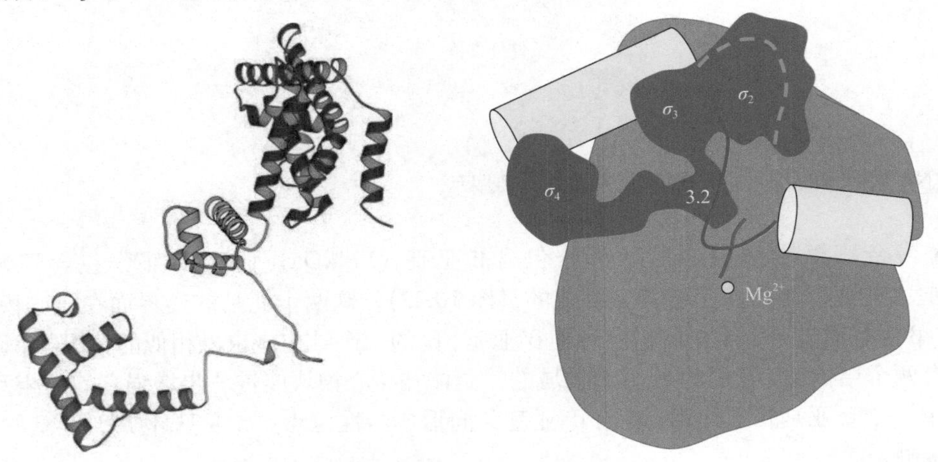

图 10.23 左：*T. thermophilus* σ70 与 RNA 聚合酶核心结合时的结构。这一结构缺少了 N 端无序的 73 个氨基酸残基。这一段结构仅由 α 螺旋和柔性环区组成。σ_2 结构域有 8 个 α 螺旋（蓝色）；σ_3 结构域含有 3 个螺旋（绿色）；连接结构域 3.2（黄色）缺少二级结构；C 端结构域 σ_4 含有 4 个螺旋（红色）。右：*E. coli* 内的 RNA 聚合酶（灰色）与 σ 因子（绿色）复合物以及 DNA 启动子区域（亮蓝色）。σ_2 与-10 位区域相结合，σ_4 与-35 位的保守序列有结合力。一个螺旋-转角-螺旋模式在 σ_4 中出现，这与很多已发现的转录因子相似，都结合在 DNA 的这一区域（PDB：1IW7）。

σ 因子结合到钳子结构外侧的 β′ 亚基上。σ_4 结构域与 RNAP 接触面最大。“U”形分子折叠环绕 β′ 亚基的一部分，“U”形结构的外侧表面与 β′ 亚基 N 端不保守的区域相互作用。

转录起始时会形成转录泡。细菌和真菌的转录过程非常相似，在 10.5 节会介绍。

10.4 真核生物转录

在真核生物中存在三种 RNA 聚合酶：PolⅠ、PolⅡ以及 PolⅢ（图 10.24）。PolⅠ只转录包含两种大核糖体 RNA 的基因。所有编码蛋白的基因都由 PolⅡ转录。PolⅢ转录小 RNA 如 tRNA 及核糖体 5S rRNA。PolⅠ转录细胞内约 60% 的 rRNA，含有 14 个亚基。PolⅡ有 12 个亚基而 PolⅢ含有 17 个亚基。细菌 RNA 聚合酶的核心部分亚基（$\alpha_2\beta\beta'\omega$）与所有真核生物 RNA 聚合酶的亚基对应（表 10.2）。

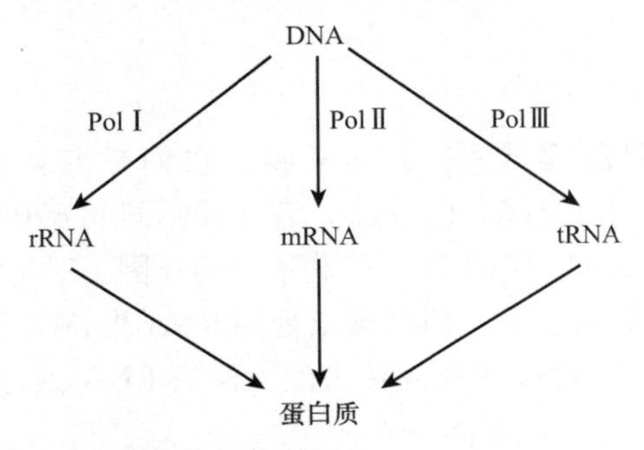

图 10.24 关于真核生物中三种不同 RNA 聚合酶功能的简单图示。

表 10.2　不同 RNA 聚合酶之间保守亚基的关系

RNAP	保守亚基					共有亚基	非保守亚基
细菌[a]	β′	β	αⅠ	αⅡ	ω	—	—
古细菌	A′+ A″	B	D	L	K		7
真核生物							
PolⅠ	A190	A135	AC40	AC19	Rpb6	5	4
PolⅡ	Rpb1	Rpb2	Rpb3	Rpb11	Rpb6	5	2
PolⅢ	C160	C128	AC40	AC19	Rpb6	5	7

a. 细菌聚合酶的两个 α 亚基（即 αⅠ 和 αⅡ）是相同的，但是它们在古菌和真核生物的聚合酶中分别对应着不同的蛋白质。

RNA 聚合酶Ⅱ（PolⅡ）有两个亚基（Rpb4/7）形成一个被称为聚合酶茎的异源二聚体，其可以从核心部分解离。在 PolⅠ和Ⅲ中，蛋白复合物 A14/43 及 C17/25 形成对应的茎。PolⅠ中也有额外的复合物 A49/34.5 和 PolⅢ中的 C37/53 及 C82/34/31，与 PolⅡ中 GTF、TFⅡF 有关。

PolⅡ是三种 RNA 聚合酶中受调控程度最高的，并且有大量的激活子和抑制子（见 10.2 节）。这些基因特异性的转录因子可以与 DNA 上的元件（调控或增强子元件）相结合，这些元件位置可以达到离基因 50kb 远。此外，通用转录因子都结合到 DNA 上与基因距离很近的启动子区域的控制元件上（图 10.1）。它们参与启动子识别以及将 RNA 聚合酶结合到启动子上等过程，同时还有其他功能。这些通用转录因子（见 10.5 节）被称为 TFⅡA、B、D、E、F、G/J、H、Ⅰ和 S（TFⅡ代表了该分子属于真核 RNA 聚合酶Ⅱ的通用转录因子）。这些通用转录因子中对于转录起始必不可少的是 TFⅡB、D、E、F 及 H。一个非常重要的蛋白质是 TATA 框结合蛋白（TBP），它是 TFⅡD 的一部分。TBP 结合到启动子上导致了多亚基启动前复合物（PIC）的形成。在一些缺少 TATA 框的启动子中，TBP 相关联的转录因子结合在启动子区域。

在转录过程之后，真核生物的 mRNA 也会进行戴帽和加尾过程，而且内含子必须通过剪接去掉（见 10.7 节）。加工过的 mRNA 从细胞核中转运到胞质中。mRNA 分子的寿命显著不同，这也是细胞内一个重要的调控检查点。

10.4.1　RNA 聚合酶Ⅱ结构

真核生物 RNA 聚合酶Ⅱ（PolⅡ）的分子质量大约 500kDa。对于一个酵母的酶结构的解析是非常困难的，Kornberg 及其合作者用了将近 20 年的时间才得到了一个好的结构（图 10.25）。这个 RNA 聚合酶的结构显示了在酶的所有形式中都会存在 5 个亚基，组成聚合酶的核心。以活性位点的镁离子为中心的半径 40Å 范围内，酶的结构非常相似，而在边缘部分的结构就各不相同。因此，我们会介绍 PolⅡ的结构并在其他 RNA 聚合酶与之有一定差异且比较重要时做一些评述。

酵母 PolⅡ中最大的两个亚基 Rpb1 和 Rpb2 分别对应细菌 RNAP 中的 β′ 和 β（表 10.2）。它们在裂口上、下两侧分别形成了两颌结构。亚基 3 和 11 对应细菌 RNAP 的 α 亚基二聚体，固定了两个颌之间的连接，并成为 Rpb1 和 Rpb2 两个亚基组装的核，与细菌中的情况类似。亚基 Rpb1 和 Rpb2 的折叠比较独特，并以多种方式相互作用。在活性位点处，它们结合形成单折叠。表 10.3 中给出了关于聚合酶结构组成的总结。酶的核心包含了 Rpb1 和 Rpb2 的区域，参与组装的亚基还有 Rpb3 和 Rpb10-12。下颌包含了 Rpb1 和 Rpb5 的大部分结构。Rpb2、Rpb9 以及 Rpb1 的一部分共同组成上颌。在凹槽一侧的夹钳主要含有 Rpb1 的 N 端区域以及 Rpb2 的 C 端区域。

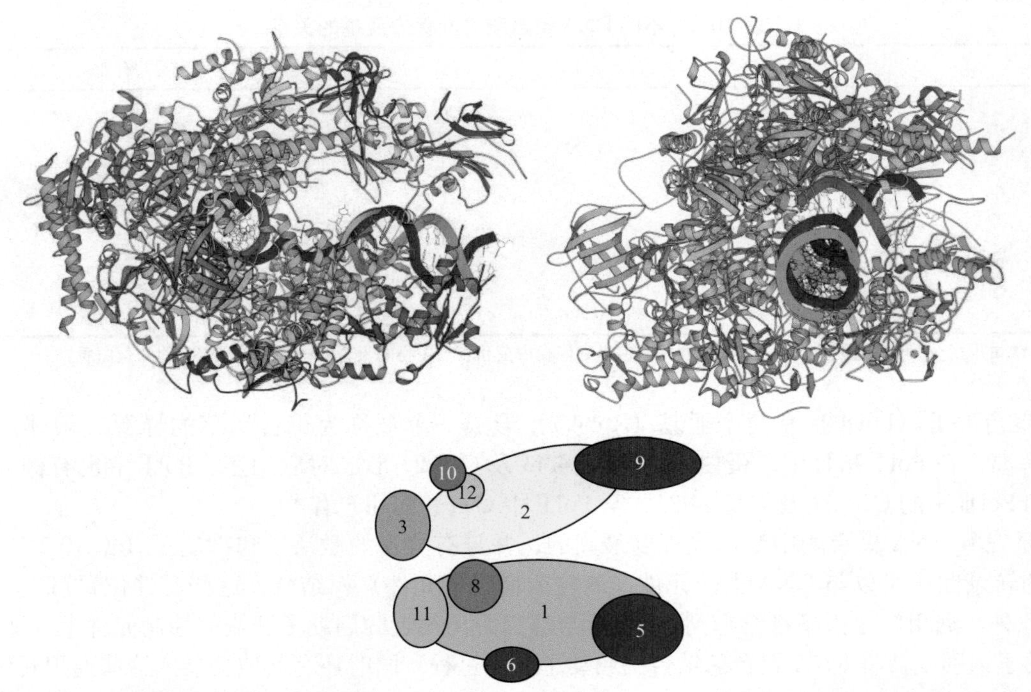

图 10.25 酵母 RNA 聚合酶Ⅱ核心部分结构在两个不同方向的展示。左上：所有的 10 个亚基分别根据下方的示意图加上颜色。右上：沿下游 DNA 往下看的俯视图。桥螺旋和钳结构标记成绿色（PDB：2E2H）。非模板 DNA 链是绿色的，模板 DNA 链是蓝色的，红色的是 RNA 链。下：与左上结构的方向相对应的一个 Pol Ⅱ结构简单示意图。

表 10.3 RNA 聚合酶的结构模块和结构域及它们的功能

名称	真核生物中的亚基	位置	功能
上颌（upper jaw）	Rpb1, Rpb2, Rpb9		
下颌（lower jaw）	Rpb1, Rpb5		
颌叶（jaw-lobe）	Rpb1, Rpb9, Rpb2 的侧翼部分	上颌	
搁板（shelf）	Rpb1, Rpb5, Rpb6	下颌	
突起（dock）	Rpb1		与 TFⅡB 的 B 带相互作用
墙（wall）	Rpb2	活性位点的后壁	使 DNA 模板链发生一个 90° 的方向转变用于催化，并且形成 DNA-RNA 杂合链。结合 TFⅡB 的第一个周期蛋白折叠
夹钳（clamp）	Rpb1N, Rpb6, Rpb1C, Rpb2C		夹钳是酶的移动部分，与双螺旋 DNA 和 DNA-RNA 杂合链相互作用
船舵（rudder）	Rpb1	夹钳的环	分离 DNA-RNA 杂合链
盖子（lid）	Rpb1	夹钳的环	分离 DNA-RNA 杂合链
拉链（zipper）	Rpb1	夹钳的环	两条 DNA 链可以在拉链后边重新结合
叉环 1（fork loop 1）	Rpb2		分离 DNA-RNA 杂合链
叉环 2（fork loop 2）	Rpb2		阻止 DNA 的非模板链延伸从而阻止其形成转录泡
桥螺旋（bridge helix）	Rpb1		在活性位点。在+1 位置接受模板碱基
扳机环（trigger loop）	Rpb1		在活性位点的柔性环处，如果底物结合是正确的话，可以经过一个构象变化来形成螺旋对。扳机螺旋的形成减小了入口开口的宽度

很多亚基之间的相互作用都通过附加的β模体，也就是一个亚基的片段延伸到邻近亚基的片层中。Rpb12 是 Rpb2 和 Rpb3 之间的桥梁，参与到两个这样的β附加模体中。三个锌离子结合区域起到了稳定夹钳的作用。在 Pol Ⅱ 中总共发现了 8 个锌离子的存在。

Pol Ⅱ 的表面基本完全带负电，除了活性位点凹槽带有正电荷的氨基酸残基。Rpb1 的一个螺旋在凹槽上架起桥梁连接两颌［桥螺旋（the bridge helix）；图 10.25］。夹钳的一个环区被称为"船舵（rudder)"，参与 RNA 从 DNA 上解离下来的过程。在催化过程的不同阶段，酶的三个模块相对于核心区域的位置会发生改变。它们位于 DNA 结合凹槽的两侧。

10.5 转录起始

转录起始过程中需要准确地将 DNA 结合到聚合酶上形成转录泡，方便聚合酶接近模板链从而能够进行转录（图 10.26）。此外，转录起始位点（TSS）需要被准确识别。由 12 个亚基组成的 Pol Ⅱ 复合物，同时含有 Rpb4/7 亚基，形成一个闭合的构象，在活性位点处只留出可容纳一条单链 DNA 大小的空间。通用转录因子（表 10.4）参与到将模板链引入活性位点的过程。目前关于转录起始的了解主要来自于对启动子区 TATA 框的研究。双链 DNA 的解旋形成的转录泡在 TATA 框下游的 12 个碱基对位置开始。转录起始的细节将会与通用转录因子一起介绍。

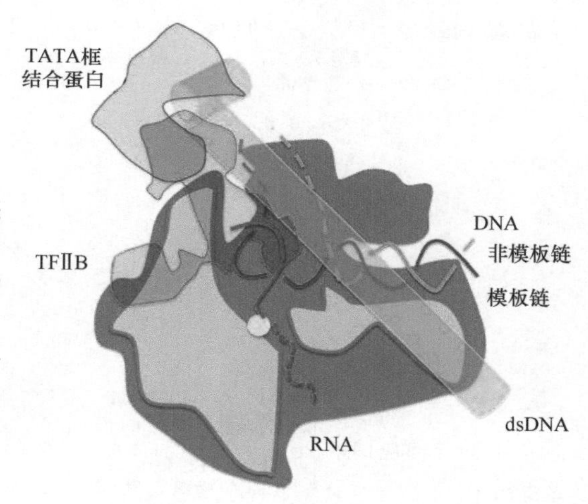

图 10.26 进行转录的双链 DNA（亮蓝色）起始时结合在 PolⅡ 酶（灰色）的表面。在 TATA 框处 DNA 会被 TBP（紫色）弯曲成 90° 左右。这被称为闭合启动子复合物（closed promoter complex）。TFⅡB 参与将模板 DNA 链引入活性位点，从而形成启动子处的转录泡。

表 10.4 RNA 聚合酶Ⅱ中的转录因子

名称	亚基的数量	总分子质量/kDa	保守	功能
TFⅡA	2～3	50	在 PolⅠ、Ⅲ中不存在	协助将 TBP 绑定到 TATA 框
TFⅡB	1	40	对应于细菌因子 σ	形成 PIC 的核心亚基
TFⅡD	1	30		TBP 结合到 TATA 框
TFⅡD	12～13	880		TAF 有助于 TBP 识别启动子，特别是在无 TATA 框的情况下
TFⅡE	2	90	在古细菌中找不到小亚基	与 TFⅡF 相互作用，并且是 TFⅡH 结合所必需的
TFⅡF	2～3	160	在古细菌中找不到	招募 PolⅡ 到启动子。被视为 PolⅠ 和Ⅲ的亚基。在启动过程中第一个与 PolⅡ 结合的蛋白质
TFⅡH	11	530	在古细菌中找不到	有解旋酶活性以打开启动子 DNA。激酶活性
中介物	25～30	1000		用于转录激活和抑制的衔接子

真核生物转录起始的关键步骤如下（图 10.27）。

（1）一个基因特异性激活的蛋白质（10.2 节）识别基因上的调控序列。它与组蛋白八聚体相互作用，并与基因及染色质重塑因子有关（见 10.1 节）。组蛋白被移除或移动使得基因能够被接触到。

（2）TBP 在基因激活蛋白的帮助下识别启动子。TBP 结合 TATA 框并使 DNA 弯曲。

（3）TFⅡD 的 TAF 与 TATA 框的弯曲 DNA 的周围序列相互作用。

（4）TFⅡB 与 TFⅡD 及 DNA 相互作用。

（5）TFⅡF 与 PolⅡ的 12 亚基复合物结合。TFⅡB 将聚合酶拉到启动子上，同时起到闭合酶-DNA 复合物的作用，这就是闭合启动子复合物。

（6）Pol Ⅱ和 DNA 的复合物经历一个大的构象变化，使 DNA 双链解旋，模板链进入 PolⅡ的活性位点（图 10.26）形成转录泡及开口启动子复合物。在这一步，TFⅡE、TFⅡF 及 TFⅡH 扮演重要角色，通过引起 DNA 的扭转变形促进双链的分离。这一过程需要 ATP，这一复合物被称为起始前复合物（PIC）。

（7）RNA 开始合成。

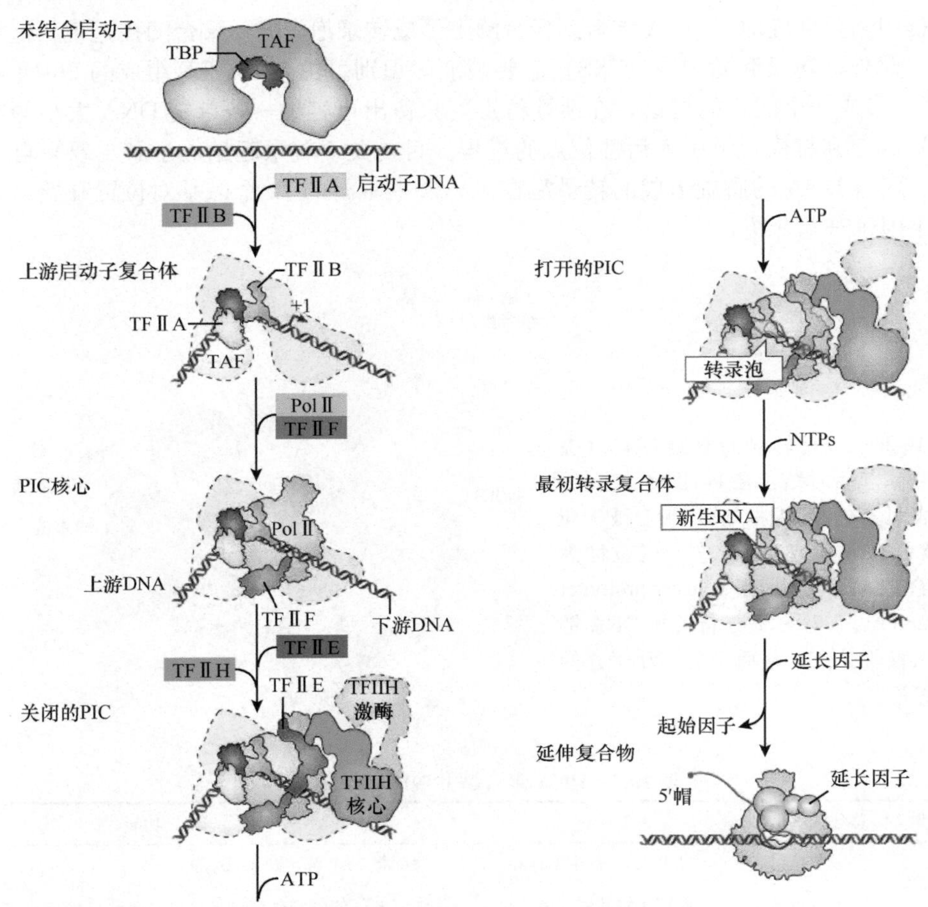

图 10.27 通用转录因子与 DNA 启动子以及 PolⅡ之间的相互作用［经许可改编自 Sainsbury S, *et al.* (2015) Structural basis of transcription initiation by RNA polymerase Ⅱ. *Nat Rev Mol Cell Biol* **16**: 129-143. Copyright (2015) MacMillan Publishers Limited］。

一个被激活的基因通常会启动 RNA 合成的多次循环。新的 PolⅡ分子也可以从转录再起始中间物开始启动新的转录过程（图 10.28）。这一过程包括基因特异性激活蛋白，TFⅡD、TFⅡA、TFⅡE、TFⅡH 以及中介物的参与。另外，TFⅡB 和 TFⅡF 会解离并参与新起始的转录过程。

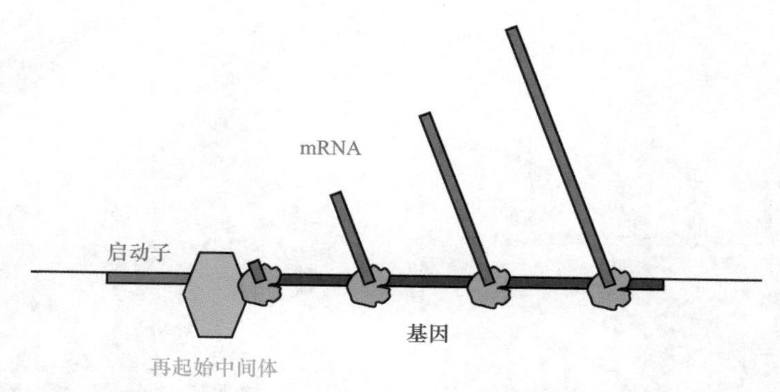

图 10.28　基因特异性激活蛋白，通用转录因子 TFⅡD、TFⅡA、TFⅡE、TFⅡH 和中介物在启动子处形成转录过程中的再起始复合物，在这里，一些 PolⅡ在 TFⅡB 和 TFⅡF 的协助下开启几轮转录循环。

10.5.1　通用转录因子

RNA 聚合酶在转录合成 mRNA 的过程中需要通用转录因子的参与。这些因子主要用于转录起始，大部分都是多亚基复合物（表 10.4）。起始前复合物 PIC 由 PolⅡ和 TBP、TFⅡA、TFⅡB、TFⅡF、TFⅡE 及 TFⅡH 在 TATA 框处共同组成。

10.5.1.1　TFⅡF

TFⅡF 是由两个 RNA 聚合酶相关蛋白组成，在人体中组成 TFⅡF 的两种蛋白质被称为 RAP30 和 RAP74；在酵母中，分别对应于被称为 Tfg2 和 Tfg1 的两种蛋白质。它们的终端都有球状结构域，由一个柔性链连接。两种蛋白质 N 端的二聚化结构域与 PolⅡ结合凹槽上侧颌叶及翼螺旋结构域（WH）相结合，处于 DNA 上 TATA 框的下游位置。TFⅡF 能够稳固转录泡以及 PolⅡ与 TFⅡB 之间的相互作用。

10.5.1.2　TFⅡD：TATA 框结合蛋白和 TATA 框

TFⅡD 是一个多蛋白复合物，包含了 TATA 框结合蛋白（TBP）及 TBP 关联蛋白（TAF）。在转录起始中，TFⅡD 对于启动子识别及 PIC 的形成是非常重要的，它提供了一个脚手架使得转录机器的其他部分能够围绕 TFⅡD 聚集。TFⅡD 能与转录激活子相互作用，并且可以识别核小体组蛋白尾巴上的表观遗传学标记。对于一些缺少 TATA 框的启动子，TAF 主要参与启动子识别。在酵母中，大多数基因转录都依赖 TFⅡD。

TATA 框是一个由 8 个碱基对组成的启动子的一部分，位于转录起始位点之前约 30 个核苷酸的位置。其保守的序列是 TATA（A/T）A（A/T）（A/G）。TATA 框结合蛋白是起始前复合物（PIC）组装的一个核心组成部分。TBP 普遍存在，真核生物三种 RNA 聚合酶都能利用它，它是一个 30kDa 左右的蛋白质分子。这个蛋白质与 DNA 结合的 C 端部分是一个马鞍形状，由两个 80 ～ 90 个氨基酸残基的结构域组成，这两个结构域具有非常相似的结构（图 10.29）。TBP 骑跨在 DNA 上，反向平行的 β 片层中的 8 个 β 折叠结合到 TATA 框的小沟中将其部分解开，并使 DNA 朝着大沟方向弯曲约 90°。TBP 的 C 端在 TATA 框的上游，N 端在 TATA 框的下游。

TBP 主要通过非特异性的疏水相互作用与碱基相结合。DNA 的 TATA 框本身有弯曲和使小沟变宽的趋势，这会诱导 TBP 的结合。TBP 的碱性氨基酸会结合 DNA 的磷酸基团。相互作用的一个重要部分是两对苯丙氨酸插入小沟中分别在 TATA 框两端与碱基相互作用（图 10.29）。这些插入的苯丙氨酸侧链引起 DNA 的明显弯曲。DNA 的弯曲拉近了原本距离较远的部分 DNA，因此其他的转录因子可以与 TATA 框上游或下游结合。

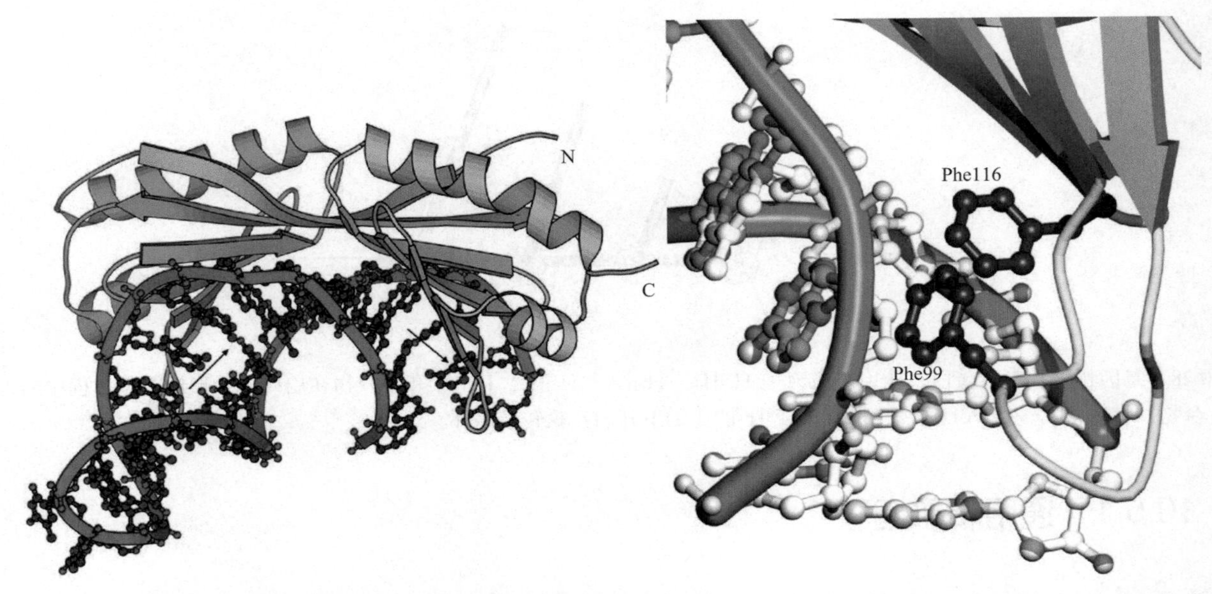

图 10.29 来自酵母的 TATA 框结合蛋白与 DNA 发夹结构的复合物。左：这个蛋白质由两个具有非常相似结构的结构域组成（橄榄色和绿色）。这一蛋白质具有马鞍形状，可以结合到双链 DNA 上。它与 TATA 框的小沟相结合，并使大沟发生一个 90° 左右的弯曲。右：两个苯丙氨酸的侧链插入碱基对中。在另一个结构域中也有相似的苯丙氨酸侧链的相互作用（PDB：1YTB）。

10.5.1.3 TFⅡD: TBP 关联蛋白（TAF）

TFⅡD 对于细胞的生存是必需的。除了 TBP，TFⅡD 由 13 个不同亚基组成（TAF）。TAF 对于 TFⅡD 特异性识别启动子有贡献。TAF 中的 6 种（TAF4、5、6、9 和 12）有两个拷贝。TAF 中的 9 种拥有与组蛋白相同折叠的结构域。TAF 6 和 9 的组蛋白折叠结构域形成一个异源四聚体结构，类似于组蛋白 H3 和 H4（图 10.30），TAF4 和 TAF12 的对应结构域形成二聚体。但是没有发现与组蛋白中的八聚体类似的排列方式存在。TFⅡD 的一个核心组成包括 TAF4、5、6、9 以及 12 形成的双重对称结构（图 10.31），但由于 TAF 8 和 10 的存在，使得对称结构有些扭曲。核心结构的 TAF5 有一个 β 螺旋桨结构，在它的 C 端有 6 个片层。

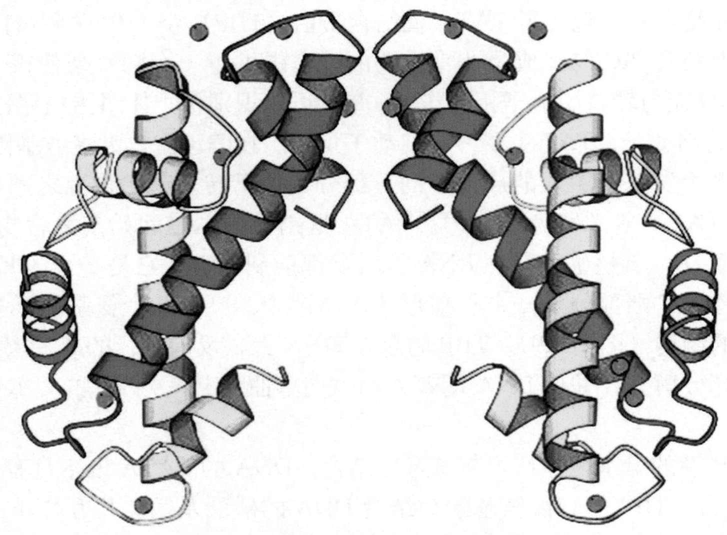

图 10.30 来自果蝇（*D. melanogaster*）的 TAF6（黄色）和 TAF9（红色）N 端组蛋白折叠（HF）结构域的两个二聚体（PDB：1TAF）。这个异四聚体与组蛋白 H3 和 H4 形成的结构相似，是 TFⅡD 核心结构的一部分。图中的绿色点是锌离子。

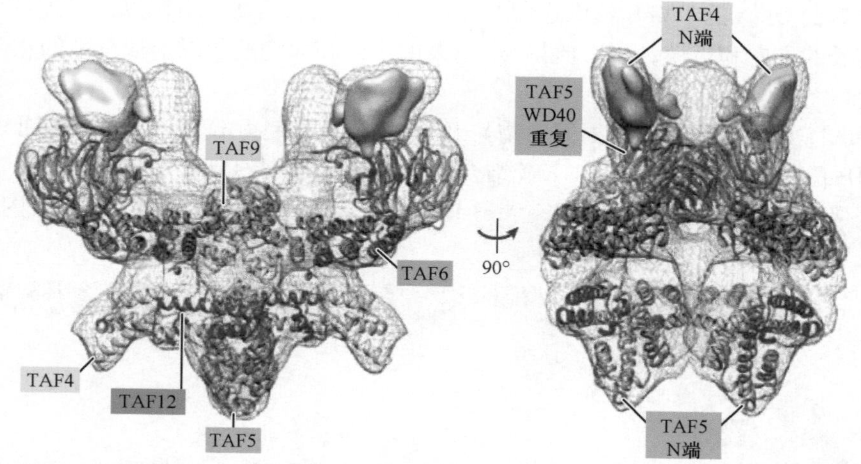

图 10.31 TFⅡD 核心的双重对称结构［经许可改编自 Sainsbury S, *et al.* (2015) Structural basis of transcription initiation by RNA polymerase Ⅱ. *Mol Cell Biol* **16**: 129-143. Copyright (2015) MacMillan Publishers Limited］。

TAF1 是 TAF 蛋白中最大的一个，人体中的 TAF1 有大约 1900 个氨基酸残基。TAF1 的 N 端结构域 TAND1 和 TAND2 能与 TBP 发生强烈的相互作用。TAND1 模仿 TATA 框 DNA 并且占据了 TBP 凹进去的、与 DNA 的结合位点，TAND2 与 TBP 凸出的一面相互结合（图 10.32）。不同于我们所预料的是，TAND1 的功能是激活而 TAND2 起到抑制作用。很多不同的蛋白质都被发现能与 TBP 的 DNA 相互作用表面（比如 TAND1 结合的部分）发生相互作用。TBP 与 TAND1 之间的相互作用动力学能保护 TBP 的表面不与其他无用的复合物相互作用，从而保证 DNA 和 TF 合适的相互作用。一些 TAF 能与 DNA 上的一系列启动子元件相互作用。它们也有结构域，能与核小体组蛋白上修饰的赖氨酸或精氨酸相互作用。这种相互作用被发现对于缺少 TATA 框的启动子的转录非常重要。

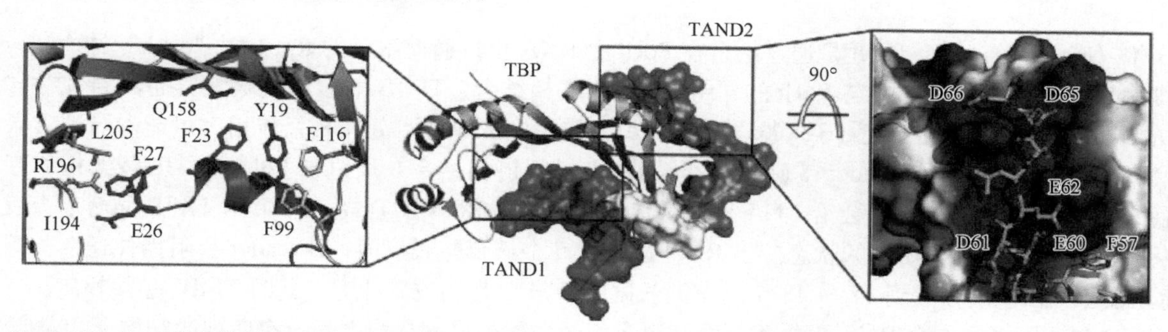

图 10.32 TAF1 的 N 端结构域 TAND1（紫色）和 TAND2（蓝色）与 TBP（绿色）相结合的结构，亮蓝色的是连接环区。TAND1 与 TBP 凹进去的部分相结合，这也是 TATA 框的结合位点［经许可改编自 Kandiah E, *et al.* (2014) More pieces to the puzzle: Recent structural insights into class Ⅱ transcription initiation. *Curr Opin Struct Biol* **24**: 91-97. Copyright (2014) Elsevier］。

10.5.2 TFⅡB

TFⅡB 是唯一一个只有一个亚基的通用转录因子。它的多肽链有一些独特的结构域或区域，对于起始前复合物（PIC）的形成非常重要。它的功能是识别转录因子的起始位点（TSS），以及将 TBP、TFⅡD 和弯曲的 DNA 结合到 PolⅡ 和 TFⅡF 复合物上。它们共同形成一个最小的起始复合物。在古细菌中，TBP 和 TFⅡB 同源物只在起始因子中需要。

TFⅡB 的 C 端区域（$TFⅡB_C$）由两个紧致的结构域组成，这两个结构域都由 5 个螺旋构成，且与细胞周期蛋白 A 类似。两个结构域的序列相似度大约为 20%。这两个结构域之间没有简单的双重对称关系。

TFⅡB_C与TBP以及弯曲DNA的TATA框两边相互作用。DNA上的相互作用位点被称为B识别元件（BRE），并且可能会确定转录的方向和极性。蛋白质只与DNA的小沟和大沟的边缘形成有限的相互作用，因此该相互作用是非特异的。

TFⅡB的功能是将TFⅡD及TATA框复合物与PolⅡ相结合，使得DNA能够与PolⅡ的凹槽处的活性位点相互作用。TFⅡB的N端开始部分是一个锌结合B带，称为锌带（zinc ribbon）或B带（B-ribbon），紧接着是TFⅡB中最保守的部分，称为B-reader和B-linker，这部分能与PolⅡ相互作用（图10.33）。

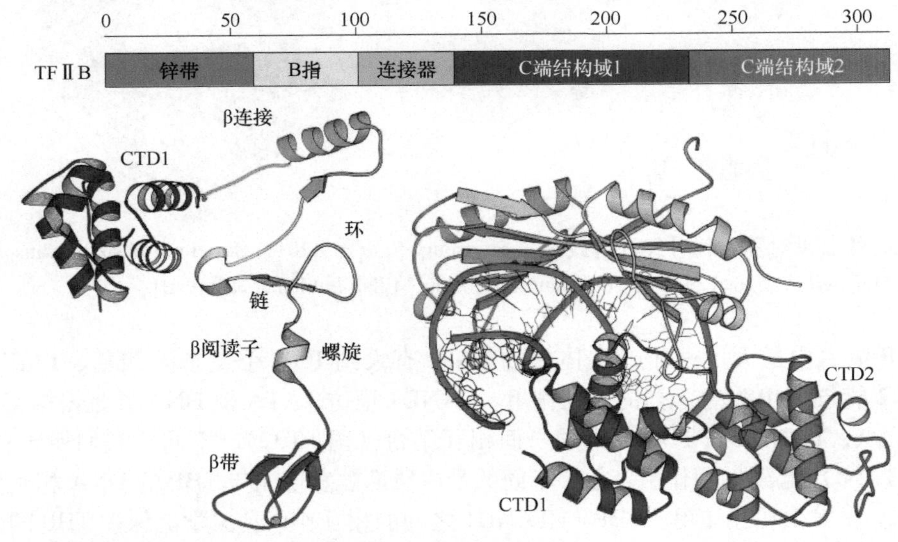

图10.33　上：TFⅡB单多肽链结构示意图。两个与细胞周期蛋白相同折叠的结构域位于C端（TFⅡB_C）。N端的B-reader是TFⅡB最保守的部分。左下：TFⅡB的结构。右下：TBP与TFⅡB_C之间的相互作用，在中间是一段包括TATA框的16个碱基对区域。TFⅡB_C与马鞍形TBP的C端马镫形结构相结合。

B带（B-ribbon）招募PolⅡ是通过结合在PolⅡ上RNA出口通道附近的Rpb1的“dock”结构域，且第一个细胞周期蛋白折叠结构域与PolⅡ的“wall”结构域相结合。TFⅡB的多肽链随着B带结合在被转录的RNA的出口通道处。B连接链（B-linker）与DNA上转录泡形成起点处有相互作用，可能参与到转录泡的打开和稳定（图10.26）。B-reader螺旋和环区与DNA模板链相结合并通过与PolⅡ的“lid”结构相互作用得以稳定（表10.3）。B-reader会给DNA模板链定位从而起始RNA的合成。PolⅡ与TFⅡB结合后会发生构象变化，从而使夹钳采取闭合的状态。当RNA合成到5个核苷酸长度时，B-reader会阻挡住通道，因此必须移动位置。当RNA合成到12～13个核苷酸长度时会与B带的位置冲突，此时TFⅡB必须解离。

TFⅡB和σ因子在结合RNA聚合酶方面有很多相同之处，尽管它们之间没有序列或结构上的对应。

10.5.3　TFⅡE和TFⅡH

TFⅡE和TFⅡH对于打开DNA启动子是必需的。TFⅡE协助TFⅡH和PolⅡ的结合。TFⅡE是一个异源二聚体，与PolⅡ的夹钳结构域结合（图10.34）。TFⅡH由10个亚基组成。这10个亚基可以分为两组，核心含有6个亚基，激酶模块含有3个亚基。第10个亚基连接两个部分。TFⅡH是唯一一个拥有多种酶活性的通用转录因子。TFⅡH的激酶活性来源于亚基CDK7，可以磷酸化Rpb1的C端结构域。TFⅡH的两个亚基XPB和XPD（对应酵母中的Ssl2和Rad3）是解旋酶，拥有ATP酶活性（图10.34）。XPB的活性对于打开启动子是必需的。XPB被认为像扳手一样以TATA框为固定点旋转DNA，这与结合到DNA解开区域的一般解旋酶不同（9.2.2.3节）。

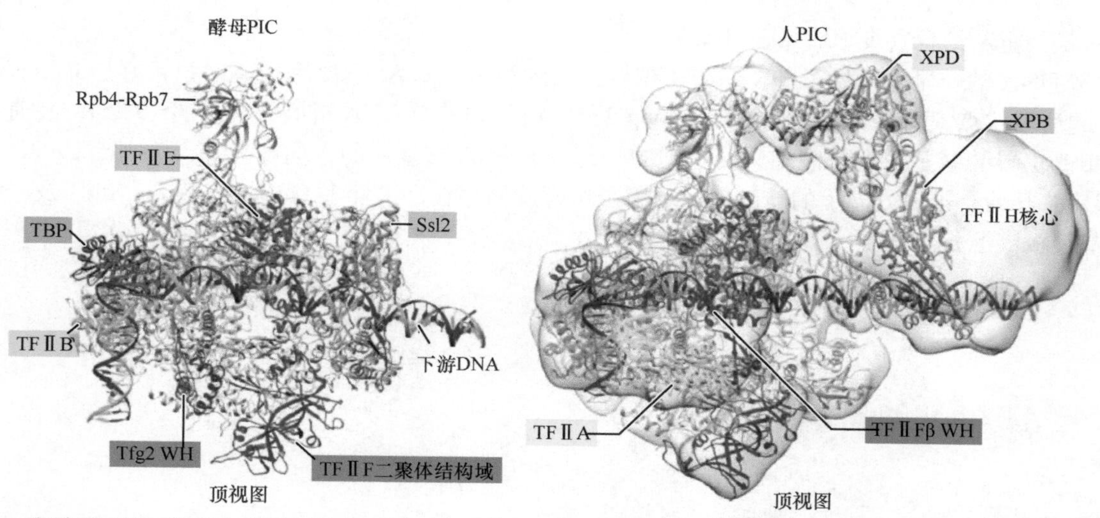

图 10.34　启动子 DNA 以及 PolⅡ与通用转录因子结合示意图［经许可改编自 Sainsbury S, *et al.* (2015) Structural basis of transcription initiation by RNA polymeraseⅡ. *Nat Rev Mol Cell Biol* **16**: 129-143. Copyright (2015) MacMillan Publishers Limited］。

10.5.4　媒介物

媒介物（mediator）是在 20 世纪 90 年代被发现的。在酵母中，它是一个含有 25 个亚基的复合物，全部分子质量总和约 1MDa。它的功能是作为转录激活或抑制的共激活子（coactivator）。媒介物的作用是在转录起始以及转录增强的过程中作为基因特异性 DNA 结合转录激活子和通用转录因子的接触界面。

媒介物由 4 个不同模块组成：头、中间部位、尾部及激酶部分。前两个模块形成核心区域。这几个模块都具有独立的功能。对媒介物的结构研究提供了头部模块和多种亚基的晶体结构，以及一个包括 15 个亚基的媒介物核心结合 PolⅡ转录起始复合物的电镜结构。媒介物有一段大约 240Å 长度的细长延伸形状，与靠近 TBP 的颌的头部相结合，媒介物的中间模块延伸到 PolⅡ之外。媒介物主要与 PolⅡ的最大亚基——Rpb1 的 C 端结构域相互作用。

10.6　RNA 聚合酶的活性位点及转录

细菌和真核生物 RNA 聚合酶的催化反应机制相近，可以放在一起进行描述。

10.6.1　转录起始

首先双链 DNA 启动子区会结合酶的表面然后解开，模板链进入转录泡（图 10.20）的活性位点金属离子处，其位于 Rpb1 和 Rpb2 之间的凹槽中（细菌中的 β′ 和 β）。下游的双链 DNA 也位于该凹槽中。夹钳（表 10.3）构成凹槽的一侧，与活性位点处的单链DNA以及下游的双链DNA相互作用（图 10.21 和图 10.25）。夹钳会形成一个构象上的大的改变，从一个开放不结合 DNA 的状态变成一个闭合的 30° 扭转结合 DNA 的状态。在转录过程中，RNA 和 DNA 在转录泡会形成一个 9 个碱基对的杂合链（图 10.20）。这个杂合链不能沿着 DNA 线性延伸，因为“wall”（表 10.3）结构阻挡了路径，而是会在与其垂直的方向上继续延伸（图 10.26 和图 10.27）。在远离杂合链区域，DNA 和 RNA 链会解离，同时在活性位点的一些元件的协助下，两条 DNA 链会重新结合（表 10.3 和图 10.27）。

模板链 DNA 的转录泡开始于 DNA 的+1 位置，大约距离 TATA 框 30 个碱基对，正好是 DNA-RNA 杂合链形成的活性位点。Rpb2 的叉环 2（fork loop 2）阻挡了非模板 DNA 链的方向（图 10.35）。在有些情况下，+2 和+3 位置的碱基也有可能称为转录泡的一部分。DNA 碱基对的方向在+1 位置转变了 90°，形成了杂合双螺旋的开始。这一方向上的转变部分原因是桥螺旋的存在。叉环 1（fork loop 1）、“lid”及“rudder”将 RNA 从模板链上分离下来。

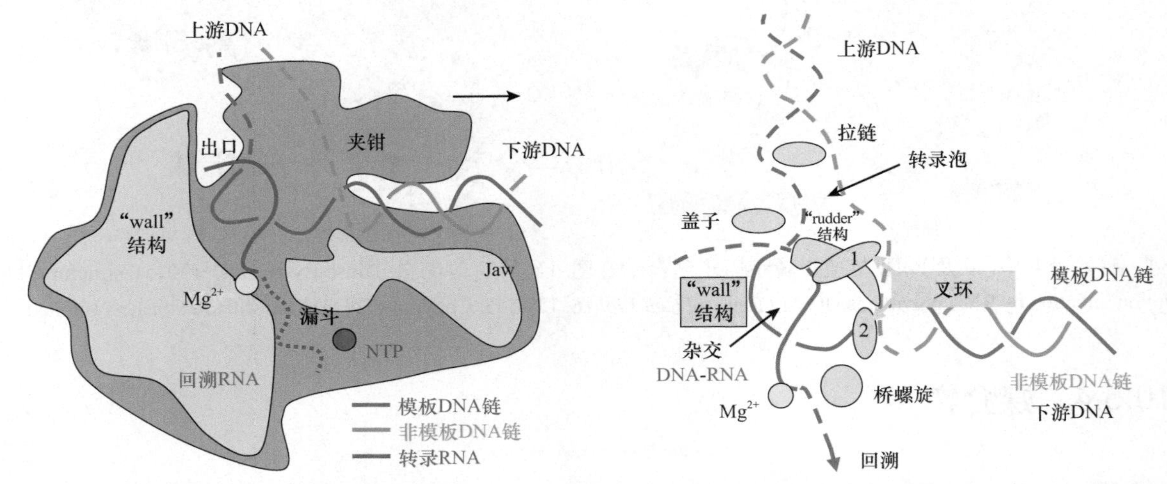

图 10.35　左：Pol Ⅱ的功能组成结构图。可以看到颌在右下部分，夹钳在双螺旋 DNA 上方。DNA-RNA 杂合链被“wall”结构强迫改变方向向上。镁离子（黄色）相当于金属 A。核苷酸（NTP）通过下方的通道进入活性位点。右：酶引导核酸的一些特征。叉环 2 参与双链 DNA 解旋进入转录泡。模板链进入活性位点，而非模板链进入另一个通道。叉环 1、“lid”以及“rudder”结构解开杂合链使得双链 DNA 在通过拉链之后能够重新形成。

10.6.2　延伸

RNA 聚合酶在转录延伸过程中会经历三种状态：转录前、转录后以及回溯状态。在第一个状态，核苷酸只是添加到 RNA 转录产物上占据着下一个添加的位点。在转录后状态这一位点是空着的，准备与新的 NTP 结合从而与 DNA 核苷酸在+1 位置配对。在回溯状态，DNA-RNA 向后移动一个或几个碱基对，而 RNA 移动到漏斗结构的通道中（图 10.35）。

在细菌系统中，除了插入位点之外，当有抑制剂（链霉素）存在时，还发现有一个插入前位点的存在（图 10.36）。进入的核苷酸（AMPcPP）在+1 位置与 DNA 碱基配对。尽管如此，在插入前位点的底物核酸的 α 磷酸是远离用于催化的 O3′ 羟基的。这里有两个镁离子，称为 Mg Ⅰ（或金属 A）和 Mg Ⅱ（或金属 B）。Mg Ⅰ结合到转录 RNA 上最后两个核苷酸的桥连磷酸以及 Rpb1 的一个环上保守的天冬氨酸残基上。Mg Ⅱ结合到插入前位点的核苷酸的三磷酸以及 Rpb1 和 Rpb2 的天冬氨酸上。

当抑制剂被去除时，会看到一个不同的结构（图 10.36）。这里的 AMPcPP 分子正好处于插入位点或 A 位点。之后焦磷酸盐从 NTP 上水解，核苷酸被包含在合成的 mRNA 中。

比较核苷酸在插入前位点和插入位点，桥螺旋是必不可少的，同时这里酶会经历一个有趣的构象变化。在易位后状态，A 位点是空着的，活性位点此时是开放状态，且含有一个移动的扳机环（trigger loop）。当结合同源 NTP 时，扳机环会折叠形成发夹螺旋结构从而关闭活性位点（图 10.37）。当结合的是非同源的 NTP 则不会引起这样的构象变化，这使得 NTP 的释放变得简单。扳机环与桥螺旋一同形成了一个三螺旋束。扳机螺旋的形成减小了活性位点通道的入口。这个闭合的构象是酶的活性状态构象。链霉素阻止了扳机环的构象转变，从而抑制了 RNAP 形成激活的构象。

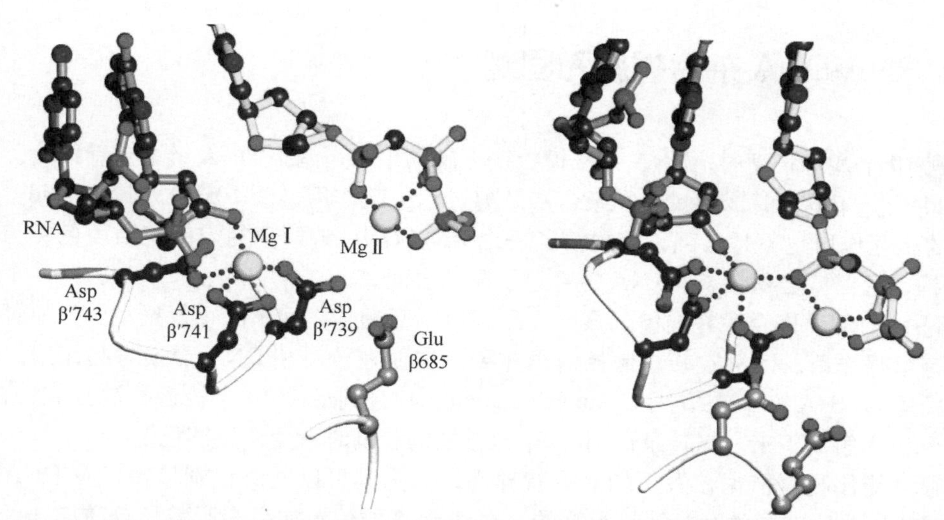

图 10.36 左：被链霉素抑制的 *T. thermophilus* 的 RNA 聚合酶晶体结构中观察到的在插入前位点中的核苷酸。进入的核苷酸（AMPcPP 含有黄色的键）在+1 位置与模板链 DNA 碱基配对。但 α 磷酸与增长的 RNA 链距离太远（PDB：2PPB）。右：核苷酸（AMPcPP）在没有抑制剂的情况下的结合。两个镁离子此时靠得很近。一个起到桥连作用的水分子（没有显示）处于合适的镁离子配位键位置使得两个镁离子能够参与催化水解焦磷酸（PDB：2O5J）。

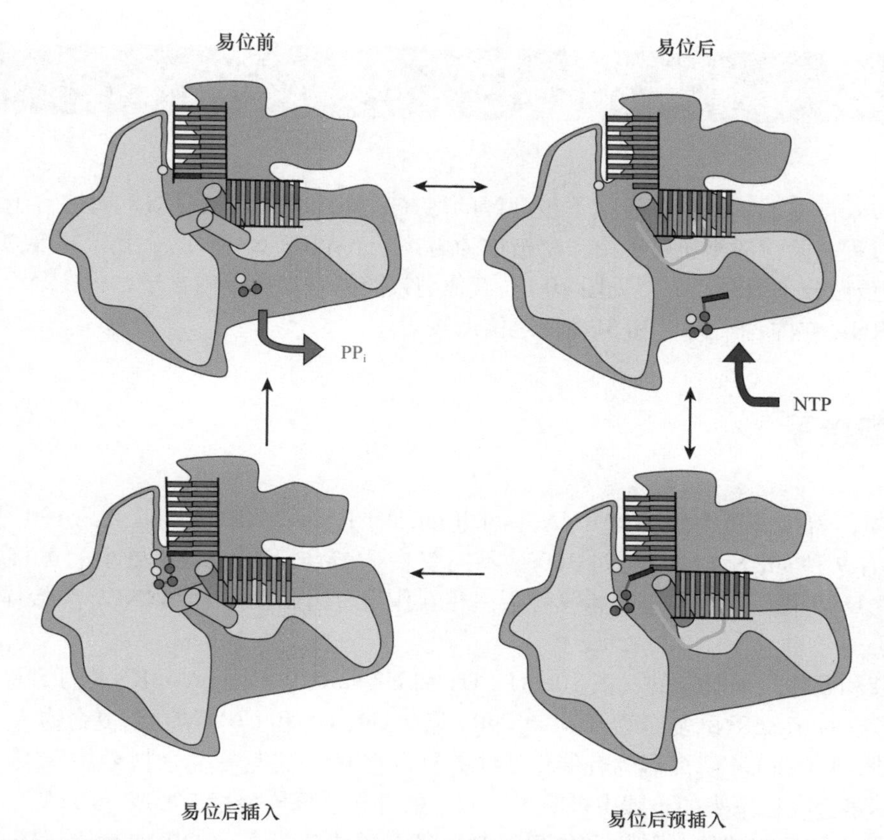

图 10.37 转录的延伸循环。模板 DNA 链（蓝色）以及非模板 DNA 链（绿色）结合在 RNA 聚合酶上。RNA（红色）与模板 DNA 链形成杂合链。图中可见桥螺旋（紫色）、扳机环（亮蓝色）以及金属 A（黄色）。右上：一个 NTP 分子（褐色碱基与三个紫色磷酸）和金属 B（黄色）被招募通过通道进入活性位点与 DNA 模板链在+1 位置互补配对。右下：NTP 结合在插入前位点。左下：NTP 被包含在 A 位点。扳机环构象改变使得邻近的螺旋形成扳机螺旋。左上：酶的催化过程。一个同源的核糖核苷酸结合在转录的 RNA 上，磷酸基团和镁离子解离。接下来的步骤中，下一个 DNA 核苷酸进入活性位点等待转录。

10.6.3 RNA-DNA 杂合螺旋和回溯

当转录达到 10 个残基长度时，RNA 会从模板链上解离下来，两条 DNA 链会重新结合。三个从夹钳中衍生的环：“rudder”、“lid”和“zipper”在杂合链解离过程中起作用（图 10.35）。其中“lid”不是特别的保守，与杂合链的相互作用也不是很强，它扮演了一个 RNA-DNA 链解离的空间位阻角色。与杂合链远离的 RNA 是单链结构，且保持堆积状态。RNA 链穿过了酶的表面。

在转录过程中，RNA 聚合酶在向前（聚合）和向后（回溯）之间不断重复摆动。扳机环的突变对酶的向前或回溯都有增强作用。回溯在转录起始时很重要，主要在校对和 DNA 受损时起作用。转录在开始阶段不断尝试合成短的 RNA（流产式尝试，abortive attempt）直到最少 10 个核苷酸被合成。在这个长度下，RNA 就会从杂和链上解离下来。当转录达到 20 个核苷酸的长度时就变得足够稳定。

核糖核酸很可能比脱氧核糖核酸更加具有特异性，因为其可以同时识别核糖以及 DNA-RNA 杂合链。蛋白质与杂合螺旋的非标准构象互补性是很高的。在-1 到-5 的位置如果有脱氧核苷酸或一个不正确碱基存在时，会使得构象变得不稳定导致回溯的发生。在这种情况下，RNA 的 3′ 端会从杂合链上解离下来，而 RNA-DNA 杂合链会暂时在 5′ 端重新形成。NTP 进入活性位点的通道同样是 RNA 在回溯情况下被拉出的通道。这一错配的核苷酸将会在活性位点被通用转录因子 TFⅡS 去掉。

10.7 剪接

真核基因的转录前体 pre-mRNA 包括不被翻译的区域。外显子区域被保留，而内含子区域会被称为剪接（splicing）的过程去除，通常该过程由一个被称为剪接子（splicesome）的大分子复合物执行，该复合物由大量的 RNA 和蛋白分子组合而成，见图 10.1。其他剪接类型有自剪接内含子，曾在第 5 章描述过。在剪接过程中，pre-mRNA 在内含子的 5′ 和 3′ 端特定位点被切开。

10.7.1 剪接子

在出芽酵母中，剪接涉及 5 种小核 RNA（small nuclear RNA，snRNA）以及约 100 种不同的蛋白质，在哺乳动物体内有 9 种 snRNA 以及超过 300 种不同蛋白质参与。snRNA 在更小的剪接体中被称为 U1、U2、U4、U5 以及 U6，每一个都与一些特异性蛋白相互作用，因此也称为 snRNP。剪接体的主要分子质量来源于这些蛋白质。

剪接体的组装和解体是很复杂的（图 10.38）。U1 和 U2 snRNP 识别 pre-mRNA 的 5′ 端剪接位点并形成复合物 A。预先形成的 tri-snRNP 复合物（tri-snRNP，包括 U4、U5 和 U6）结合到复合物 A 上形成复合物 B。然后通过构象重排，U1 和 U4 解离形成有催化活性的复合物 B*。之后在复合物 C 中 RNA 上属于内含子的部分形成套索。套索会在接下来的步骤中被除去，剩下的外显子部分会相连形成 mRNA。

通过结构研究，酵母剪接体的结构和作用机制已经开始清楚。tri-snRNP 复合物（图 10.39，左）以及包含套索的复合物结构（图 10.39，右）已经得到了。剪接体的规模超过 300Å。中心躯干结构呈现为三角形，头部和两臂向外延伸（图 10.39，右）。复合物以及延伸蛋白的结构多样性是很显著的。结构和功能的相互关系更明确了剪接体是一个非常动态的分子聚集体。

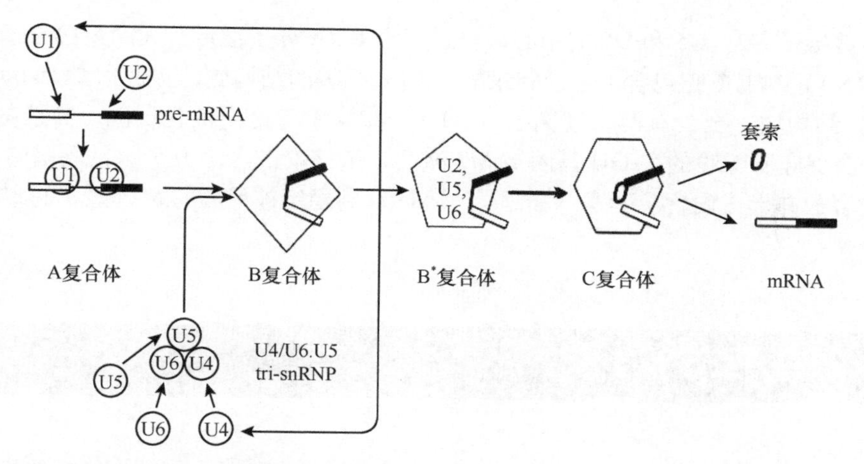

图 10.38 酵母中剪接体的组装发挥活性的简易过程示意图。

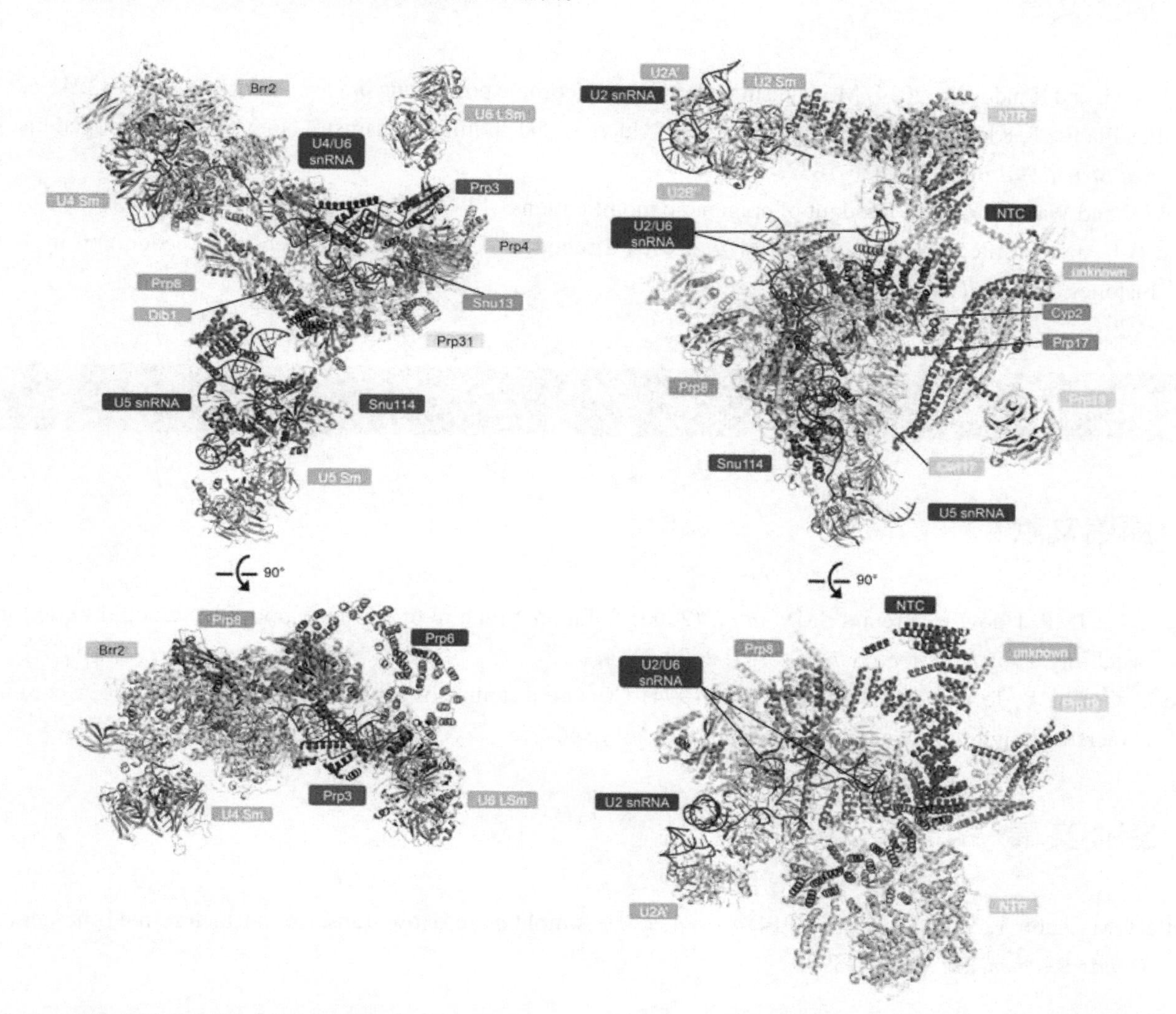

图 10.39 剪接子功能循环过程中不同状态的两个结构。左：U4/U6.U5 的 snRNP 三体复合物。右：U2.U5.U6 的剪接子结构，里面含有一个套索［经许可改编自 Nguyen HD, *et al.* (2016) CryoEM structures of two splieosomal complexes: Starter and dessert at the spliceosomal feast. *Curr Opin Struct Biol* **36**: 48-57. Printed by Elsevier. Copyright (2016) the authors］。

活性位点位于剪接子 U2、U5 和 U6 的中心，与这三个 RNA 分子很近。大的蛋白分子 Prp8 形成了主要的脚手架供 pre-mRNA 的剪接。它包含了与逆转录酶（RT）相关的结构域，包括手掌（palm）、手指（finger）以及拇指（thumb）结构域。至少有两个镁离子（M1 和 M2）参与这个催化反应。剪接的第一步，在内含子分支点序列的一个保守腺嘌呤的 2′-OH 基团被 M2 激活，亲核攻击内含子 5′ 端的鸟嘌呤核苷酸的磷原子，导致 5′ 端外显子的释放并形成内含子套索-3′-外显子。M1 起到稳定被释放的 5′ 外显子的 3′ 端作用。很明显，剪接子是一个核酶。

延伸阅读（10.1 节）

综述文章

Hughes AL and Rando OJ. (2014) Mechanism underlying nucleosome positioning *in vivo*. *Ann Rev Biophys* **43**: 41-63.

Mueller-Planitz F, Klinker H and Becker PB. (2014) Nucleosome sliding mechanism: New twists in a looped history. *Nat Struct Mol Biol* **20**: 1026-1032.

Patel DJ and Wang Z. (2013) Readout of epigenetic modifications. *Ann Rev Biochem* **82**: 81-118.

Zhou B-R, Jiang J, Feng H, Girlando R, *et al.* (2015) Structural mechanisms of nucleosome recognition by linker histones. *Mol Cell* **59**: 628-638.

延伸阅读（10.2 节）

原始文献

Canadillas JMP, Tidow H, Freund SMV, *et al.* (2006) Solution structure of p53 core domain: Stuctural basis for its instability. *Proc Natl Acad Sci USA* **103**: 2109-2114.

Cho Y, Gorina S, Jeffrey PD, Pavletich NP (1994) Crystal structure of a p53 tumor suppressor-DNA complex: Understanding tumorigenic mutations. *Science* **265**: 346-355.

综述文章

Slattery M, Zhou T, Yang L, *et al.* (2014) Absence of a simple code: How transcription factors read the genome. *Trends Biochem Sci* **39**: 381-399.

延伸阅读（10.3 ～ 10.6 节）

原始文献

Basu RS, Warner BA, Molodtsov V, *et al.* (2014) Structural basis of transcription initiation by bacterial RNA polymerase holoenzyme. *J Biol Chem* **289**: 24549-24559.

Bieniossek C, Papai G, Schaffizel C, *et al.* (2013) The architecture of human general transcription factor TFⅡD core complex. *Nature* **493**: 699-702.

Cramer P, Bushnell DA, Fu J, *et al.* (2000) Architecture of RNA polymerase Ⅱ and implications for the transcription mechanism. *Science* **288**: 640-649.

Engel C, Sainsbury A, Cheung AC, *et al.* (2013) RNA polymerase I structure and transcription regulation. *Nature* **502**: 650-655.

Nikolov DB, Chen H, Halay, ED, *et al.* (1995) Crystal structure of a TFⅡB-TBP-TATA-element ternary structure. *Nature* **377**: 119-128.

Plaschka C, Larivière L, Wenzeck L, *et al.* (2015) Architecture of the RNA polymerase Ⅱ—Mediator core initiation complex. *Nature* **518**: 376-380.

综述文章

Feklístov A, Sharon BD, Darst SA, Gross CA. (2014) Bacterial sigma factors: A historical, structural and genomic perspective. *Ann Rev Microbiol* **68**: 357-376.

Kandiah E, Trowitzsch S, Gupta K, *et al.* (2014) More pieces of the puzzle: Recent structural insights into class Ⅱ transcription initiation. *Curr Opin Struct Biol* **24**: 91-97.

Liu X, Bushnell DA, Kornberg RD. (2013) RNA polymerase Ⅱ transcription: Structure and mechanism. *Biochim Biophys Acta* **1829**: 2-8.

Sainsbury S, Bernecky C, Cramer P. (2015) Structural basis of transcription initiation by RNA polymerase Ⅱ. *Nat Rev Mol Cell Biol* **16**: 129-143.

延伸阅读（10.7 节）

原始文献

Galej WP, Wilkinson ME, Fica SM, *et al.* (2016) Cryo-EM structure of the spliceosome immediately after branching. *Nature* http://dx.doi.org/10.1038/nature19316 (2016).

Hang J, Wan R, Yan C, Shi Y. (2015) Structural basis of pre-mRNA splicing. *Science* **349**: 1191-1198.

Nguyen HD, Galej WP, Bai X, *et al.* (2016) Cryo-EM structure of the yeast U4/U6.U5 tri sn-RNP at 3.7Å resolution. *Nature* **530**: 298-302.

Wan R, Yan C, Bai R, *et al.* (2016) The 3.8Å structure of the U4/U6.U5 tri-snRNP: Insights into spliceosome assembly and catalysis. *Science* **351**: 4 66-475.

Yan C, Hang J, Wan R, *et al.* (2015). Structure of a yeast spliceosome at 3.6Å resolution. *Science* **349**: 1182-1191.

综述文章

Nguyen HD, *et al.* (2016) Cryo-EM structures of two spliceosomal complexes: Starter and dessert at the spliceosomal feast. *Curr Opin Struct Biol* **36**: 48-57.

（徐 华 译，陈 红 校）

第 11 章 蛋白质的合成——翻译

11.1 翻译系统的演化

将遗传信息翻译成有功能的蛋白分子是生命活动的中心过程。遗传密码、转运 RNA（tRNA）分子及蛋白质合成机制都是高度保守的。由蛋白质和核糖体 RNA（rRNA）组成的核糖体是进行翻译的场所。Carl Woese 发现来自大量不同物种间的 rRNA 分子片段序列都是彼此相关的，因此 rRNA 可以用来分析物种间的演化关系。直到 1977 年，他又提出当时将生物界分为原核生物（prokaryotes）和真核生物（eukaryotes）两类的方法是不正确的，应该将古细菌（archaea）作为一个单独的全新物种引入分类体系中。根据 Woese 的观点，生物界应该被分为细菌、古细菌、真核生物三类。

对已测序的全基因组进行比较，可以发现翻译装置所需的分子组分占据了生命体中保守组分的大多数。遗传密码、tRNA、rRNA、核糖体蛋白和翻译因子一定是在生命演化过程的早期共同演化而来的，并在随后的演化过程中经历了有限的变化。

与大多数蛋白质占据主导地位的细胞活动进行比较，蛋白质合成过程的一个重要特点是核酸分子扮演了中心角色。核心的组件包括信使 RNA（mRNA）、tRNA 和 rRNA 分子。mRNA 分子包含一个基因序列的拷贝并且结合到核糖体上。根据 Francis Crick 提出的适配器模型，tRNA 分子负责解码基因序列并将相应的氨基酸连接到正在核糖体中合成的多肽链上。

11.1.1 遗传密码和 tRNA

组成 mRNA 的遗传密码碱基三联体（图 11.1）称为密码子（codon），密码子对应 20 种不同的氨基酸。此外，通常还有三种终止密码子（stop codon），即 UAA、UAG 和 UGA。蛋白质的合成通常开始于起始密码子（AUG），该密码子同时也编码甲硫氨酸。生物体有特殊系统用于区分普通的甲硫氨酸密码子和起始密码子。有的氨基酸只有一个密码子编码，如甲硫氨酸和色氨酸；而有的氨基酸却有多达 6 个密码子编码，如丝氨酸、亮氨酸、精氨酸。密码子具有简并性（degeneracy），即密码子与 tRNA 分子间并非一一对应的关系。哺乳动物的线粒体只有非常有限的 tRNA 分子种类，但很多物种有大约 40 种。这关系到密码子的使用偏好性

密码子第二个碱基

密码子第一个碱基	U	C	A	G	密码子第三个碱基
U	Phe F	Ser S	Tyr Y	Cys C	U
	Phe F	Ser S	Tyr Y	Cys C	C
	Leu L	Ser S	STOP	STOP	A
	Leu L	Ser S	STOP	Trp W	G
C	Leu L	Pro P	His H	Arg R	U
	Leu L	Pro P	His H	Arg R	C
	Leu L	Pro P	Gln Q	Arg R	A
	Leu L	Pro P	Gln Q	Arg R	G
A	Ile I	Thr T	Asn N	Ser S	U
	Ile I	Thr T	Asn N	Ser S	C
	Ile I	Thr T	Lys K	Arg R	A
	Met M	Thr T	Lys K	Arg R	G
G	Val V	Ala A	Asp D	Gly G	U
	Val V	Ala A	Asp D	Gly G	C
	Val V	Ala A	Glu E	Gly G	A
	Val V	Ala A	Glu E	Gly G	G

图 11.1 普适性的遗传密码表。三核苷酸密码子对应的 20 种氨基酸同时用三字母和单字母简写表示。

及一些 tRNA 可以读取几个密码子的可能性，即 tRNA 的摆动配对（tRNA wobble base-paring）。

tRNA 分子通常由大约 75 个核苷酸组成（见 5.3.10.1 节），呈现由一条“茎（stem）”和三片“叶（leaf）”组成的三叶草形的二级结构（图 5.47）。“茎”的 3′ 端有独特的 CCA 序列。该序列中 3′ 端 A 的核糖被特异性的 tRNA 合成酶识别并氨酰化，这条“茎”也因而被称为氨酰茎或接受茎。tRNA 的三片“叶”或“手臂”分别被称为 D 茎（D stem）和环（loop）、反密码子茎（anticodon stem）和环及 T 茎（T stem）和环。此外，还有一个长度可达 21 个核苷酸的可变环（variable loop，V-loop）。丝氨酸和亮氨酸的 tRNA 以及细菌和叶绿体中酪氨酸的 tRNA 通常有较长的可变环。位于反密码子环中部的反密码子与 mRNA 中的密码子配对。整个 tRNA 分子的三维立体结构呈现独特的“L”形结构（图 5.47）。接受茎和 T 茎组成“L”形结构中较长的一笔，而反密码子和 D 茎组成“L”形结构中较短的一笔。T-环和 D-环相互作用形成“L”形结构的拐点。所以令人吃惊的是，tRNA 分子的两个功能位点分别位于其三维结构相反的两端，相互间距离大约是 75Å。

11.2 tRNA 合成酶

负责氨基酸（aa）与 tRNA 分子结合的氨酰 tRNA 合成酶（aminoacyl-tRNA synthethase，aaRS）具有氨基酸特异性，一个生物体中 20 种氨基酸通常需要 20 种不同的 tRNA 合成酶。tRNA 合成酶分子参与的反应分两步进行（图 11.2）：

(i) aa + ATP → aa-AMP + PP

(ii) aa-AMP + tRNA → aa-tRNA + AMP

反应（i）中，tRNA 合成酶必须结合正确的氨基酸，结合后由一分子 ATP 激活，形成有活性的中间体 aa-AMP。随后，在反应（ii）中，氨基酸被连接到同样结合该 tRNA 合成酶的 tRNA 分子上。tRNA 中的保守序列 CCA 的末端腺苷的 2′-OH 或 3′-OH 基团直接进攻 aa-AMP 的高能磷酸键，使氨基酸与核糖体相连。翻译过程的保真度主要取决于 tRNA 合成酶的特异性。tRNA 与氨基酸一旦发生错配，在接下来的过程中并不能够被发现。因此，tRNA 合成酶对其特异氨基酸和 tRNA 的识别必须具有极高的准确性。对于一些在大小和结构上非常相似的氨基酸，tRNA 合成酶往往衍化出了特殊的机制对它们加以区分（图 11.2）。

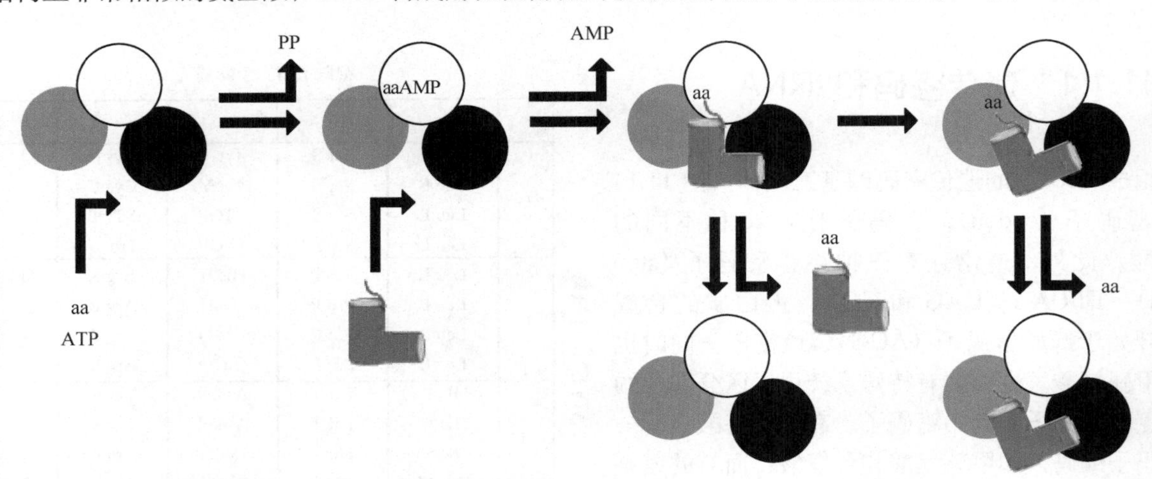

图 11.2 aaRS 对 tRNA 进行氨酰化和编校。图中黑色的区域和反密码子相互作用。白色的区域是氨酰化区域，灰色的区域是编校区域。在第一步反应中，ATP 激活氨基酸（aa）；第二步反应中，tRNA 识别并且结合氨基酸，然后结合着的 tRNA 会被释放或者编校。

11.2.1　tRNA 合成酶的分类

氨酰 tRNA 合成酶的分子质量和寡聚状态有着极大的不同（表 11.1）。根据三维结构和序列相似性可以把 tRNA 合成酶分为两大类，每一类中各有 10 种 tRNA 合成酶。其中Ⅰ类 tRNA 合成酶通常都是单体，而Ⅱ类 tRNA 合成酶总是二聚体或四聚体。

表 11.1　氨酰 tRNA 合成酶的寡聚状态

Ⅰ类											
RS	L	I	V	C	M	R	E	Q	K	Y	W
寡聚状态	α	α	α	α	α_2	α	α	α	α	α_2	α_2
Ⅱ类											
RS	S	T	G	A	P	H	D	N	K	F	
寡聚状态	α_2	α_2	$(\alpha\beta)_2$	α_2	α_2	α_2	α_2	α_2	α_2	$(\alpha\beta)_2$	

两类 tRNA 合成酶具有完全不同的结构。模块化的氨酰 tRNA 合成酶是由一些不同的结构域组成的。Ⅰ类 tRNA 合成酶的 ATP 结合或者催化结构域是带有平行 β 束（parallel β-strand）的 Rossmann 折叠（图 11.3 和图 11.4），而在Ⅱ类中则由反平行 β 束（anti-parallel β-strand）组成（图 11.5）。两类 tRNA 合成酶的催化结构域具有各自的共有序列（表 11.2）。两类 tRNA 合成酶从相反的方向识别 tRNA 并分别把氨基酸连接在 tRNA 末端核糖的 2′-OH（Ⅰ类）和 3′-OH（Ⅱ类）上。

图 11.3　谷氨酰胺 tRNA 合成酶（GlnRS）的结构，其属于Ⅰ类 b 亚型。催化结构域（绿色）带有特征性的 Rossmann 折叠，其活性位点位于平行于 β 片层的 C 端。结构域Ⅱ（编校结构域，蓝色）插入催化结构域。结构域Ⅲ（紫色）由 α 螺旋组成，结构域Ⅳ（黄色）和 V（粉色）由反平行 β 桶组成（PDB：1GTR）。

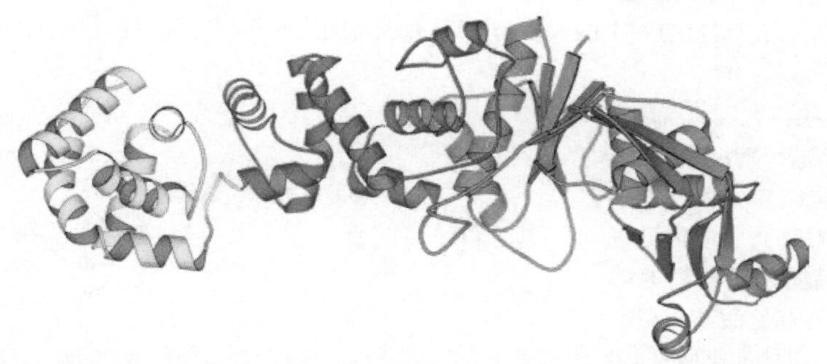

图 11.4　谷氨酸 tRNA 合成酶（GluRS）的结构。虽然该酶与谷氨酰胺 tRNA 合成酶属于相同的类和亚型，但二者仍具有相关但显著不同的结构特征。例如，谷氨酸 tRNA 合成酶的两个 C 端结构域均由螺旋结构组成（PDB：1GLN）。

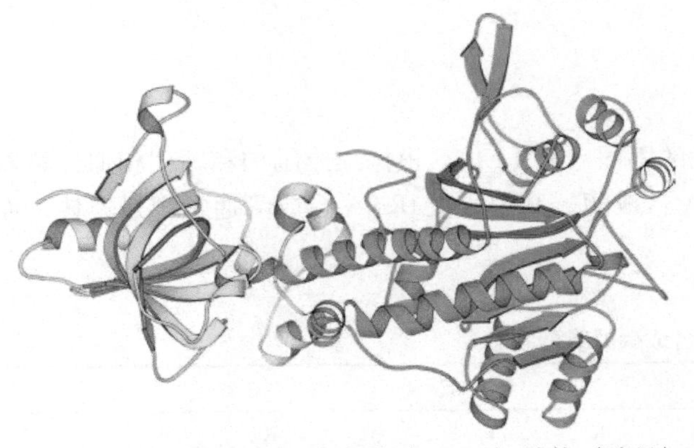

图 11.5 天冬氨酸 tRNA 合成酶（AspRS）结构（酵母）。该酶属于Ⅱ类，它的催化结构域（绿色）的特点是具有一个反平行 β 片层（PDB：1EOV）。

表 11.2 氨酰 tRNA 合成酶的特点

		Ⅰ类	Ⅱ类
基序		HIGH	FRXE/D
		KMSKS	R/HXXXF
		GXGXGXER	
亚型	a	L, I, V, C, M, R	S, T, G, A, P, H
	b	E, Q, K	D, N, K
	c	Y, W	F
氨酰化位点		2′OH	3′OH
ATP 结构域折叠方式		Rossmann (平行 β)	反平行 β 折叠
氨基酸结合位点		表面	口袋深处
tRNA 接受末端		弯曲	直

除了 ATP 结合结构域，两类 tRNA 合成酶在其他结构域上也表现出不同的特点。因此，根据序列同源性和结构域的不同，两类 tRNA 合成酶还可以进一步分成 a、b、c 三个亚型（图 11.3 ～图 11.5），两类 ATP 结合结构域定义了类型，而相似的结构域排布定义了亚型。但是，正如图 11.3 和图 11.4 所示，即使处于同一亚型的酶也有明显的差别。例如，谷氨酰胺 tRNA 合成酶（GlnRS）和谷氨酸 tRNA 合成酶（GluRS），虽然都有相关的结构域插入催化结构域，在催化结构域之后的结构也极为相似，但是两个酶各自 C 端的结构域却有着显著的差别。

ATP 和氨基酸与酶进行结合必须具有专一性。ATP 通过识别两类 tRNA 合成酶上的特征基序进行结合（图 11.6）。相反的，氨基酸的结合则是利用了一系列不同类型的相互作用（图 11.7）。

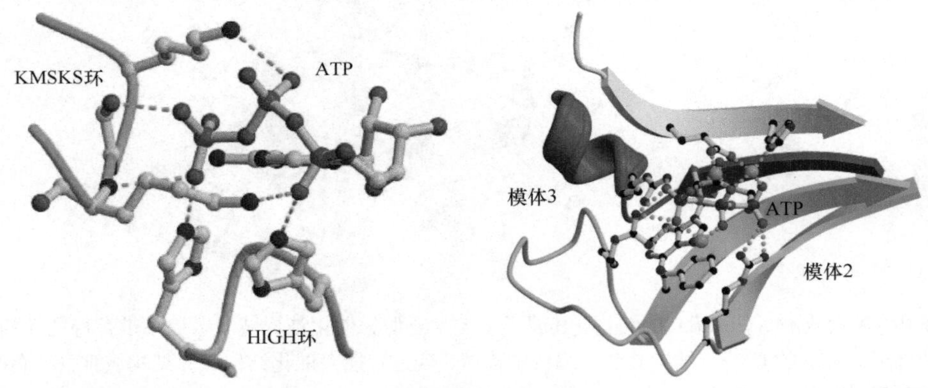

图 11.6 ATP 与两类 tRNA 合成酶的结合情况。左：酪氨酸 tRNA 合成酶（TyrRS，Ⅰ类 c 亚型）的 KMSKS 环（绿色）和 HIGH 环（蓝色）上的保守氨基酸残基通过特定的方式与 ATP 相互作用。右：ATP 结合至脯氨酸 tRNA 合成酶上（ProRS，Ⅱ类 a 亚型）。基序 2（蓝色）和 3（红色）上的残基与 ATP 有独特的相互作用方式（图片来自于 Stephen Cusack）。

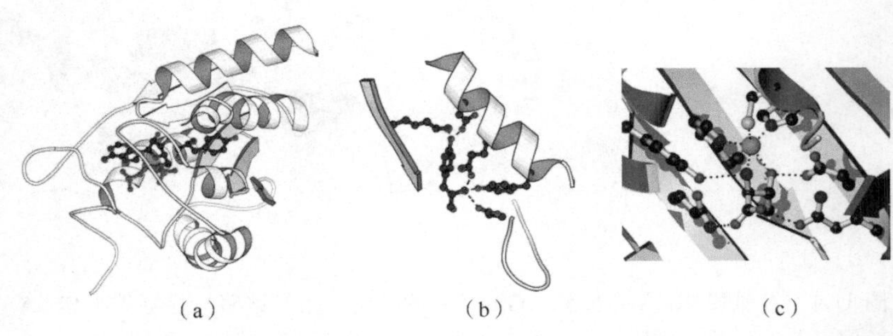

图 11.7 氨基酸与合成酶结合。(a) 结合了一个 ATP 分子的酪氨酸 tRNA 合成酶（TyrRS，Ⅰ类 c 亚型）催化结构域和一个准备反应的酪氨酸（PDB：1H3E）。(b) 酪氨酸 tRNA 合成酶通过与-OH 基团之间的氢键结合特异性地识别酪氨酸。(c) 苏氨酸结合在苏氨酸 tRNA 结合酶（ThrRS，Ⅱ类 a 亚型）上，其中包含了一个 Zn^{2+}，与羟基和氨基相互作用（PDB：1EVK）。

11.2.2　tRNA 的结合

能在非同源的 tRNA 中识别出正确同源 tRNA 是因为每个转运 RNA 上具有大量有特征的识别元件（recognition element）（图 11.8）。两类 tRNA 合成酶结合在 tRNA 相对的两个位点上两侧。大多数识别因子定位在 tRNA 面对氨酰 tRNA 合成酶的一侧。在大多数情况下，tRNA 合成酶通过接受臂和反密码子识别不同的 tRNA（图 11.9），识别反密码子的中间碱基（35 位）是非常普遍的。

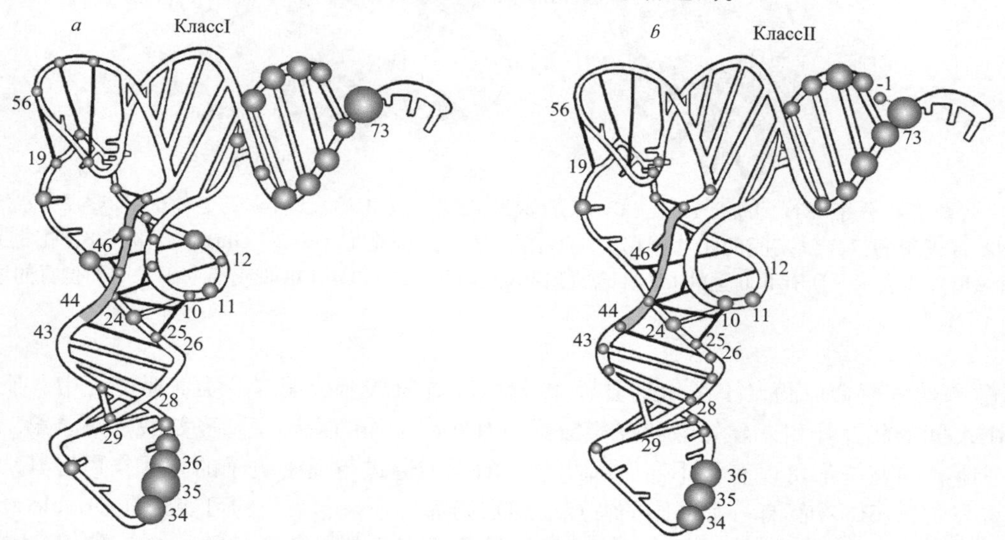

图 11.8　Ⅰ类（左）和Ⅱ类（右）tRNA 合成酶识别元件在 tRNA 上的分布。在丝氨酸和酪氨酸 tRNA 合成酶中识别的可变臂可长达 21 个氨基酸［经许可转载自 Vasileva IA, Moor NA. (2007) Interaction of aminoacyl-tRNA synthetases with tRNA: General principles and distinguishing characteristics of the high-molecular-weight substrate recognition. *Biochemistry* (*Moscow*) **72**: 306-324. Copyright Springer Verlag］。

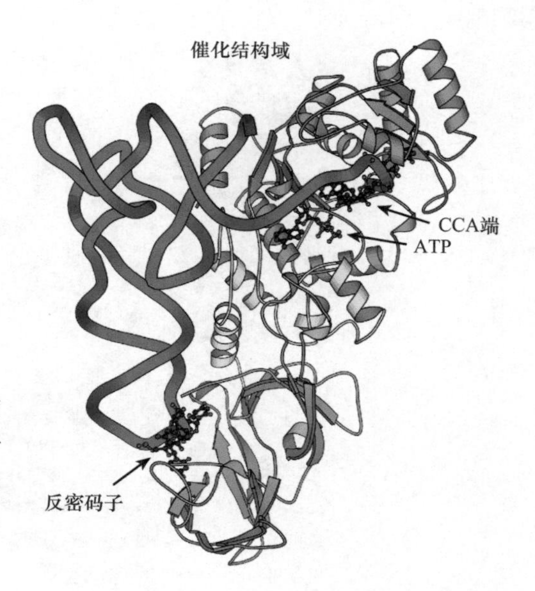

图 11.9　谷氨酰胺 tRNA 合成酶（Ⅰ类）与 tRNA 的复合体结构。接受臂末端和反密码子均与酶有相互作用（PDB：1GTR）。很明显，可以看到 ATP 与弯曲的 CCA 末端非常接近。编校结构域用蓝色表示。

因为氨基酸被连接在反密码子对面的 tRNA 的末端，tRNA 合成酶需要同时与 tRNA 的两端相互作用（图 11.9）。在天冬氨酸 tRNA 合成酶中，反密码子碱基与酶的反密码子结合结构域相互作用，并由它们之间的氢键决定结合的特异性，然后通过与 RNA 骨架的堆积和接触的相互作用进一步稳定酶与 RNA 之间的结合（图 11.10）。

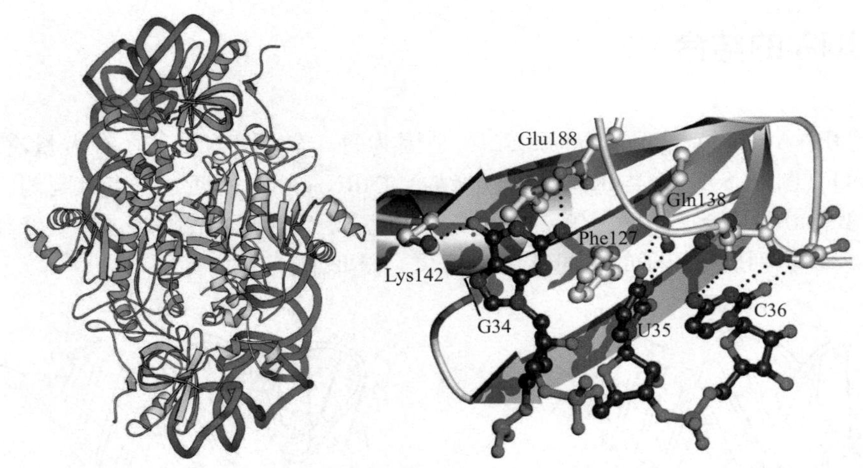

图 11.10 左：结合了两分子 tRNA 的天冬氨酸 tRNA 合成酶二聚体（Ⅱ类）。右：天冬氨酸 tRNA 的反密码子 GUC 与天冬氨酸 tRNA 合成酶的保守残基间的相互作用。从右图可以看到氢键（Lys142、Glu188、Gln138、主链）与堆积作用（Phe127），氢键用虚线表示。所有Ⅱ b 型的 tRNA 合成酶都是由 Phe127 和 Gln138 识别反密码子中间位置的尿嘧啶（PDB：1ASY）。

在亮氨酸和丝氨酸合成酶（Ⅰ类 a 亚型）、丙氨酸和甘氨酸合成酶（Ⅱ类 a 亚型）中，反密码子并不参与酶与 tRNA 间的相互作用。丝氨酸和亮氨酸都各有 6 种不同的密码子。亮氨酸密码子第二位碱基总是 U，但丝氨酸所有的碱基都可以有所不同，因此单一酶很难通过与反密码子的相互作用对其加以区分。然而，亮氨酸和丝氨酸 tRNA 都有一个共同的特点，即它们都有一条非常长的可变臂（variable arm）。丝氨酸 tRNA 合成酶属于Ⅱ类，它与 tRNA 的复合体的结构显示该酶具备一条延长的、结合在 tRNA 的 TΨC 臂和可变臂之间的螺旋发夹结构（图 11.11），该部分结构在没有 tRNA 存在的情况下是无序的。该酶的反密码子臂指向远离酶的方向，而接受臂紧密结合在酶二聚体的另一个亚基的活性位点。对于亮氨酸 tRNA 合成酶，不同的 tRNA 的长可变臂可以被古细菌中的酶（archaeal enzyme）识别，但是不能被细菌中的酶（bacterial enzyme）直接识别。

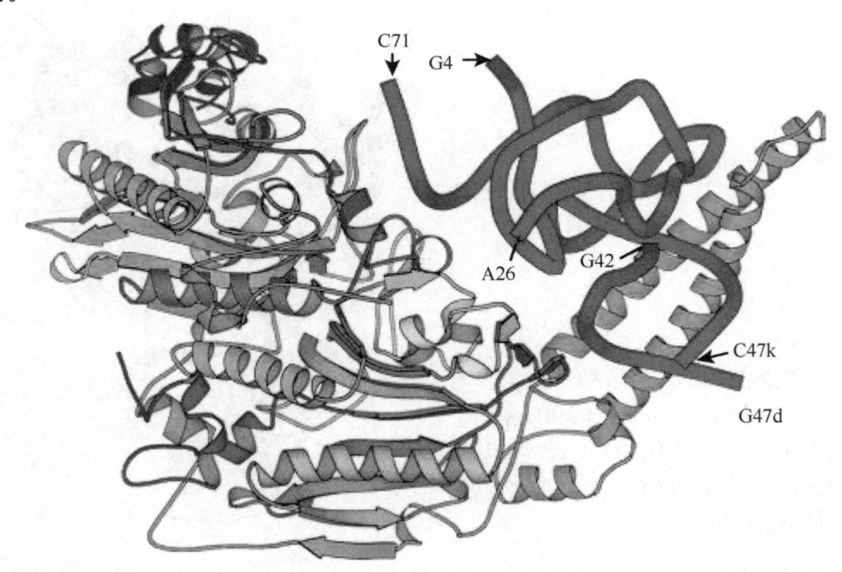

图 11.11 二聚化的丝氨酸 tRNA 合成酶（SerRS）有着长长的螺旋卷曲结构（绿色），其通过与 tRNA 上的长可变臂相互作用进行识别（PDB：1SER）。反密码子茎和环（第 26 位氨基酸至第 42 位氨基酸）与可变臂环（第 47d 和 47k 之间）在这个结构中并不能看到。

对于 aa-AMP 和 tRNA 的反应，反应底物被放置在很近的位置，以便于转移反应的进行。

11.2.3　对氨基酸的选择——编校

不仅仅是 tRNA 难以区分，一些氨基酸在结构和性质上也是非常相似的。例如，缬氨酸可以很好地放到异亮氨酸 tRNA 合成酶的口袋中；苏氨酸可以放到缬氨酸 tRNA 合成酶的口袋中；而丝氨酸可以放到苏氨酸 tRNA 合成酶的口袋中。虽然错误的氨基酸与酶的亲和性较低，但这还不足以完全避免错误的氨酰化。这些氨基酸相似性大多可以在Ⅰa 型、Ⅱa 型中找到。被异酰化的 tRNA 或错误激活的氨基酸需要被清除掉，而这就是通过某些 tRNA 合成酶所拥有的转移前和转移后的编校机制（editing mechanism）实现的。在一些氨基酸 tRNA 合成酶中发现转移后编校机制是很好理解的。这些选择过程是通过一种“双筛系统（double sieve system）”实现的（图 11.12）。一个独立的编校结构域可以从错误氨酰化的 tRNA 中水解出氨基酸（图 11.13）。

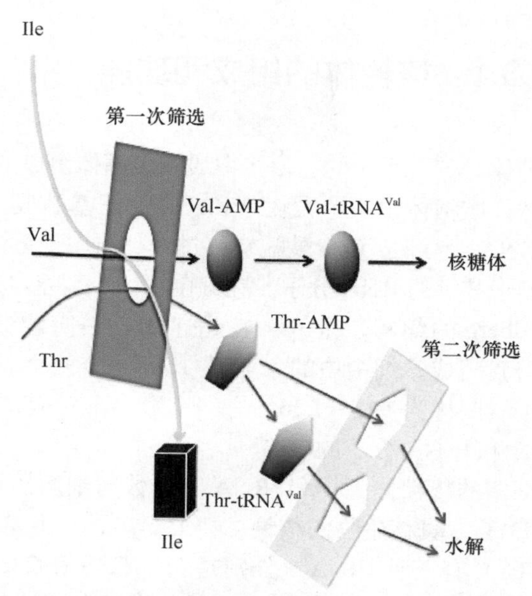

图 11.12　缬氨酸 tRNA 合成酶（ValRS）通过双筛系统选择正确的氨基酸。

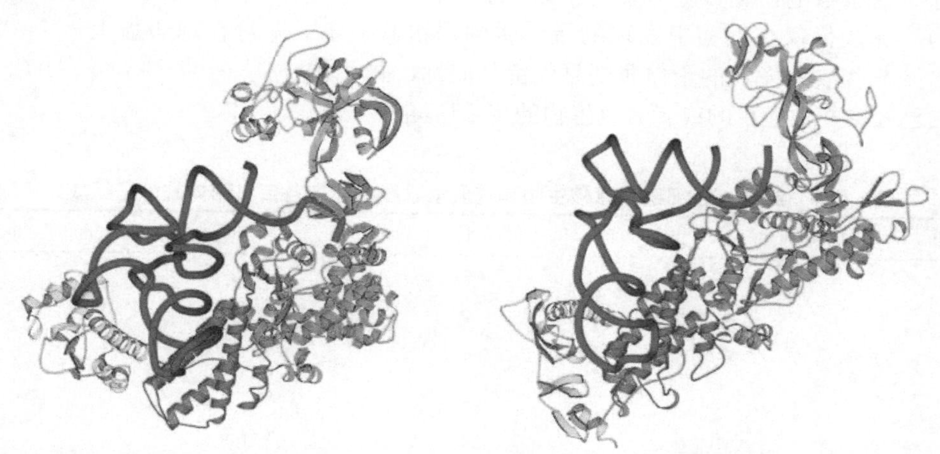

图 11.13　两个带有编校结构域（蓝绿色）的Ⅰ类酶。左：亮氨酸 tRNA 结合酶是一种并不会直接结合到反密码子上的酶，而是部分依赖可变臂，$tRNA^{Leu}$ 具有比其他 tRNA 更长的可变臂（PDB：1WZ2）。右：异亮氨酸 tRNA 合成酶的结构显示了编校结构域的作用，接受臂可以结合到催化结构域或编校结构域。注意该例中反密码子参与了对 tRNA 的识别（PDB：1QU2）。这两种酶以及缬氨酸 tRNA 合成酶有着相似的编校结构域，但是Ⅱ类酶的编校结构域有着不同的折叠方式。

亮氨酸、异亮氨酸和缬氨酸（Ⅰa 型）tRNA 合成酶都具有一个同源保守的、被称为 CP1 的编校结构域。但苏氨酸和脯氨酸的 tRNA 合成酶中的编校结构域却并不保守。在缬氨酸 tRNA 合成酶中，编校结构域有结合位点允许苏氨酸与之结合，但是编校结构域的酶活活性则会将其水解（图 11.13）。这个编校结构域的结合位点无法结合或者移除缬氨酸。在编校位点的水解反应中，tRNA 的末端腺嘌呤（A76）的自由核糖羟基（Ⅰ类酶中的 3′-OH 和Ⅱ类酶中的 2′-OH）起到重要的作用。

11.3 核糖体

11.3.1 核糖体的组成和功能

核糖体是一个巨大的、由蛋白质和核糖体组成的复合体，它是翻译信使 RNA 携带信息并合成蛋白质的分子机器。核糖体由一个大亚基和一个小亚基组成，大、小亚基间可以聚合和解聚。小亚基负责结合并解码信使 RNA，大亚基负责酰酰转移过程。与属于蛋白质酶的 DNA 或 RNA 聚合酶相比，核糖体的很多重要功能依赖于其上的 RNA 分子。在细菌中，小亚基（30S）有一个 rRNA 分子——16S 核糖体 RNA（rRNA）。S 是 Svedberg 的缩写，是一种在超速离心中衡量沉降速率的单位。小亚基大约由 21 个蛋白质（旧称为 S1 ～ S21）组成。细菌中的大亚基（50S）有两个 rRNA 分子，分别为 5S 和 23S rRNA，还有大约 33 个蛋白质分子（旧称为 L1 ～ L36，有三个数字不对应特定的氨基酸）。此外，蛋白质在核糖体中的合成还离不开 mRNA 和 tRNA 分子的参与。

古细菌的核糖体大小和 rRNA 分子数与细菌的较为接近，但小亚基和大亚基分别有 28 个和 40 个蛋白质（表 11.3）。真核生物的核糖体要大得多，小亚基（40S）有一条 18S rRNA 和大约 33 个蛋白质分子；大亚基（60S）有三种 rRNA，分别是 5S、5.8S 和 28S，以及大约 47 个蛋白质分子。在哺乳动物线粒体中，rRNA 分子明显要更小（12S 和 16S），而蛋白质的数目明显要多。哺乳动物线粒体、真菌、古细菌和真核生物的核糖体之间有超过半数的蛋白质是同源的。为了不同物种的核糖体蛋白命名的一致性，一种全新的方案被提出来了。有半数的常见核糖体蛋白，保留了其在细菌中的名字，但是在其名字前添加了一个“u”（如 uS2 和 uL1）。那些仅仅在细菌中发现的蛋白质则保留其名字，并且在前边加上一个“b”（如 bS1 和 bL2）。那些仅在真核生物中发现的蛋白质则是保留其旧称，并在其前加一个“e”（如 eS1 和 eL6）。那些古细菌核糖体蛋白已经基本被通用的或者真核生物的名字所涵盖了。

表 11.3 细菌、古细菌、真核生物和哺乳动物线粒体中各自核糖体的分子组成

来源		大小	RNA	蛋白质
细菌		70S		
	小亚基	30S	16S	23
	大亚基	50S	23S, 5S	33
古细菌		70S		
	小亚基	30S	16S	28
	大亚基	50S	23S, 5S	40
真核生物		80S		
	小亚基	40S	18S	33
	大亚基	60S	28S, 5.8S, 5S	47
哺乳动物线粒体		55S		
	小亚基	28S	12S	29
	大亚基	39S	16S	47

大、小亚基间通过大量的亚基间相互作用连接在一起（B1a-B8，图 11.14，左）。rRNA、蛋白质、镁离子及水分子调控着这些亚基间的相互作用。在核糖体上主要有三个 tRNA 分子的结合位点，即 A 位点（aminoacyl）、P 位点（peptidyl）和 E 位点（exit）（图 11.14）。另外还有一个额外的 T 位点，是 tRNA 与延伸因子 EF-Tu 和 GTP 的复合体最初的结合位点。

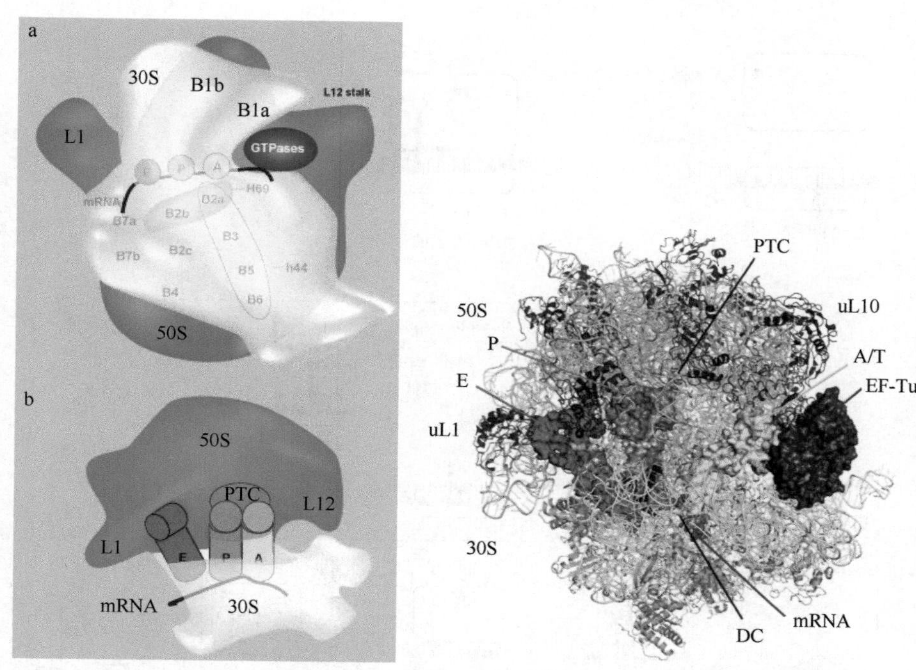

图 11.14　左上：细菌核糖体示意图。50S 大亚基位于后边，30S 小亚基位于前面；核糖体功能位点位于亚基之间。mRNA 结合在小亚基头部和身体之间的颈部；A、P、E 分别表示 tRNA 结合的三个位点；转录因子 trGTPase 的结合位点也标注出来了；B1 ～ B8 表示亚基间的相互作用位点；h44（30S）和 H69（50S）是两个特殊的 RNA 螺旋，它们在位于 tRNA 解码位点（A 位点）的 B2a 处有功能上极为重要的相互作用。左下：核糖体俯视图。能够看到 mRNA、tRNA 结合位点及肽酰转移中心（PTC）[经许可转载自 Liljas A. (2006) Deepening ribosomal insights. *ACS Chem Biol* **1**: 567-569. Copyright ACS]。右：*T. thermophilus* 的 70S 核糖体的复合物晶体结构，tRNA 结合在 E 位点、P 位点、tRNA 与 EF-Tu 结合在 A/T 杂合位点。图中的浅蓝色是大亚基中的 RNA 分子，深蓝色表示蛋白质分子。黄色表示小亚基 RNA 分子，棕色表示蛋白质分子。结合在 E 位点、P 位点和 A/T 位点的 tRNA 分别用红色、橙色和黄色来表示，EF-Tu 用红色来表示（图片由 Saraboji Kadhirvel 绘制，PDB：2WRN 和 2WRO）。

11.3.2　翻译步骤概述

翻译通常可以分为 4 步进行：起始（initiation）、延伸（elongation）、终止（termination）和再循环（recycling）（图 11.15）。在翻译的起始阶段，mRNA 分子结合到小亚基上，同时起始 tRNA 分子结合到小亚基的 P 位点上，随后大亚基进一步结合上来。在细菌中，起始由三个起始因子（initiation factor）协助催化。

延伸阶段又可以分为三步：氨酰 tRNA 的解码、肽酰基的转移及移位。多肽链随着核糖体翻译 mRNA 而延长，并沿着 mRNA 移动。当遇到终止密码子时，多肽链才能被释放，随后翻译过程中所有的组件解聚并再循环。这些步骤中的大多数，还需要各种不同的蛋白质因子的协同作用。

11.3.3　核糖体的结构研究

核糖体的结构研究一直都是一个巨大的挑战。现在只有两个细菌物种（*E. coli* 和 *Thermus thermophilus*）的处于不同功能状态的完整核糖体的结构被解析出来。最近，来自于人、酵母及嗜热四膜虫的核糖体结构得到解析，此外，来自于人及酵母的线粒体中核糖体结构也得到了解析。晶体学一直都是结构研究中很重要的技术手段，但是现在电镜技术已经很大程度上促进了核糖体结构与功能的研究。

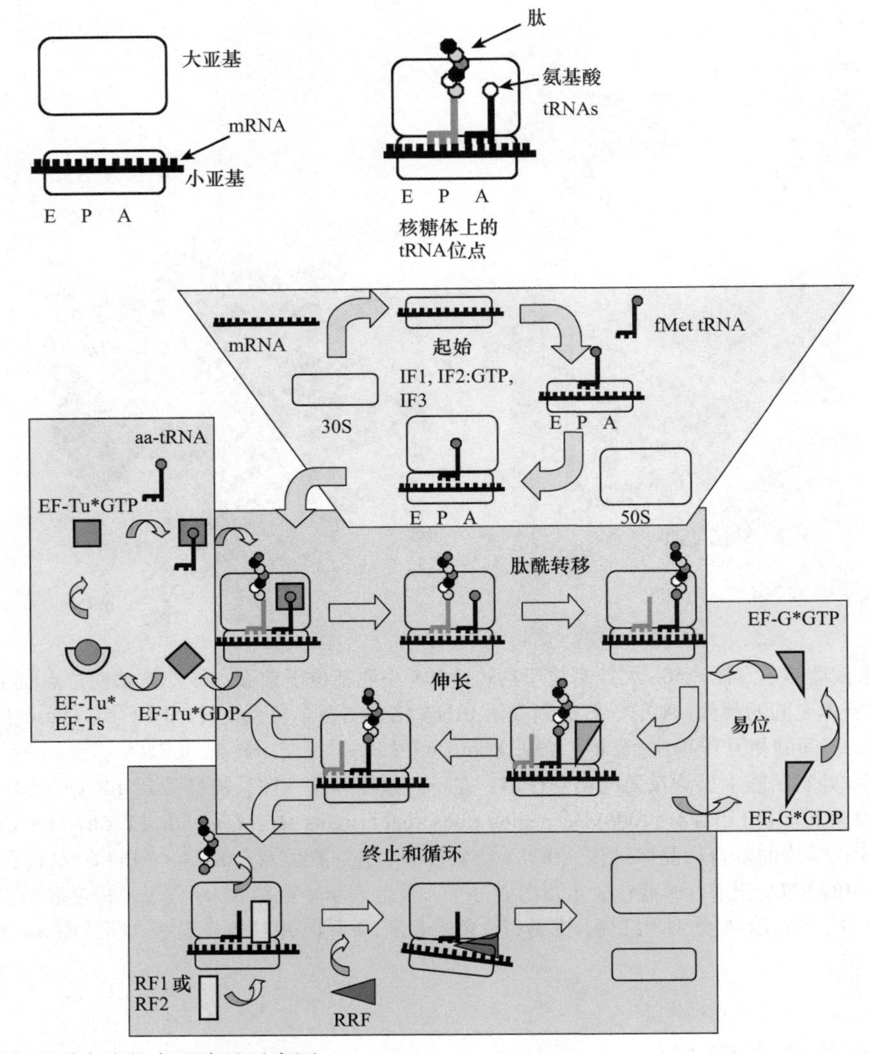

图 11.15 在细菌中蛋白质合成的主要步骤示意图。

很重要的一个结论就是：核糖体是具有柔性的。核糖体亚基在发挥功能的各步骤中会相对移动，而且亚基的结构域也是具有柔性的。其中最主要的移动是小亚基会由于 tRNA 结合在杂交位点（A/P，P/E）而沿着相对于大亚基的逆时针方向旋转 6°。随着转录因子 trGTPase 水解 GTP 后，亚基又会回到它们正常的相对位置取向，tRNA 也会回到原来的位点。在移位时，一些亚基之间的联系也会发生变化。

11.3.3.1 大亚基的结构

从交界面观察时大亚基呈皇冠状，从侧面观察时呈半球状。三个延伸出来的部分从左至右依次称为 uL1 茎（uL1 stalk）、中心突起（central protuberance）（5S rRNA 定位于此）和 bL12 茎（bL12 stalk）。两边的突出部分主要由蛋白质组成，并包含与功能相关的重要柔性区。

大亚基 rRNA 形成了亚基的核心。23S rRNA 的二级结构由大约 100 条双链螺旋形成 6 个结构域。这 6 个结构域相互紧密缠绕使大亚基形成一个稳定的结构。此外还有许多三级结构间的相互作用。

蛋白质主要位于核糖体的表面，这些蛋白质大多有着不同寻常的结构特征（图 11.16），有的蛋白质在核糖体表面的部分呈球状结构，同时具有延伸部分可以深入亚基内部与 rRNA 进行相互作用；而有的核糖体蛋白充分延伸，也能够与 rRNA 作用，这些延伸结构对核糖体的组装和稳定有着重要的作用。

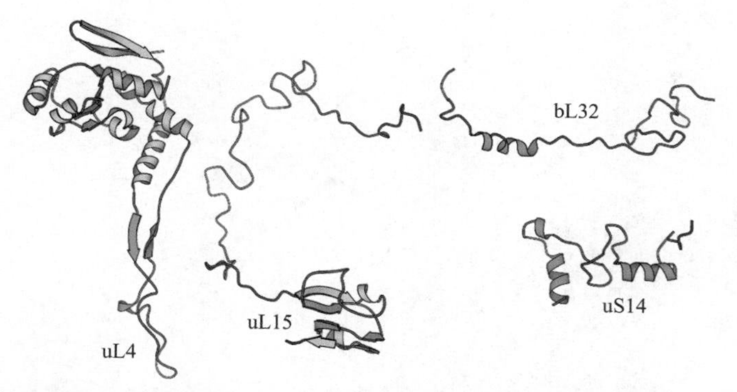

图 11.16　一些表现出不寻常构象的核糖体蛋白结构。大多数核糖体蛋白拥有延伸的末端、较长的环区，以及由不同长度的序列分隔的结构域。可能只有在与核糖体结合后才能发生折叠的部分蛋白质由绿色表示。这些蛋白质均来自 *T. thermophilus* 核糖体（PDB：2J00 和 2J01）。

大亚基的主要功能是催化肽键的形成，而肽键的形成是在肽酰转移中心（peptidyl transfer center, PTC）完成的。PTC 主要由 23S rRNA 组成，但在细菌核糖体中蛋白质 bL27 的 N 端尾巴位于 PTC，并且在肽酰转移过程中发挥重要作用。

正在延长的或新生的多肽链从大亚基的一个开口伸出（图 11.17）。这个出口开始于大亚基的 PTC，结束于大亚基的外表面。这条大约 100Å 长的通道主要由 rRNA 和几种蛋白质构成。

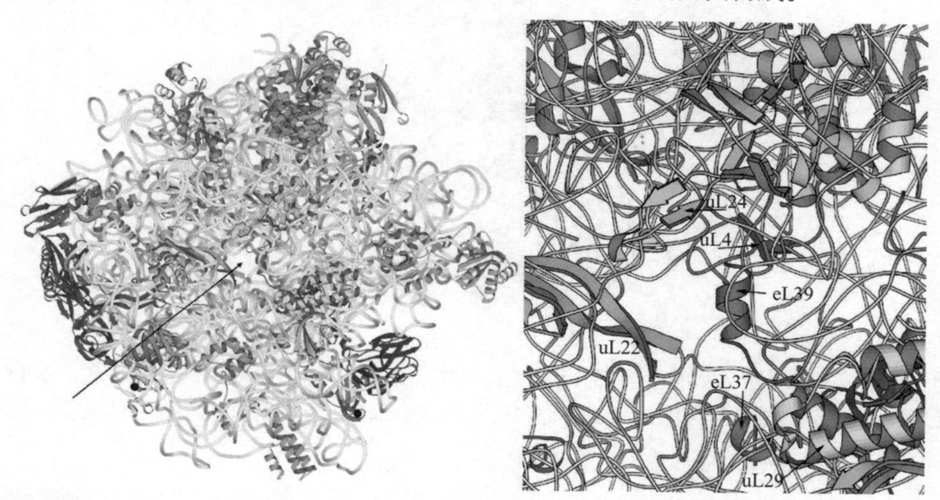

图 11.17　左：古细菌核糖体大亚基俯视图。箭头指示出了多肽段的出口通道，卷曲部分为 RNA。右：多肽段出口通道放大图。蛋白质 uL4 和 uL22 的延伸部分是该通道的重要组成部分（PDB：1FFK）。

11.3.3.2　小亚基

与大亚基类似，小亚基的核心部分也是由 rRNA 组成的。小亚基的 4 个结构域相对于 50S 亚基来说，被更加清晰地分割开来，从而使小亚基在相对取向上具有更多的可变性。如图 11.18 所示，红色部分为小亚基的体部（body），由 16S rRNA 的 5′ 端大约 1/3 的部分组成；绿色部分为小亚基的平台（plateform），它是 16S rRNA 的核心部分；黄色部分为小亚基的头部（head），头部有一个喙（beak）；蓝色部分为 3′ 端，它形成一条垂直的螺旋（h44）。蛋白质主要位于小亚基的表面，部分具有连接和稳定小亚基 rRNA 螺旋间相互作用的功能。

小亚基通过其头部与体部之间的颈部结合 mRNA，它的主要功能是参与 mRNA 的解码。小亚基还部分参与了核糖体的 A 位点、P 位点和 E 位点的构成。通过对核糖体大量的生化、晶体学及电镜实验，这三个位点的定义与划分已经越来越清晰了。

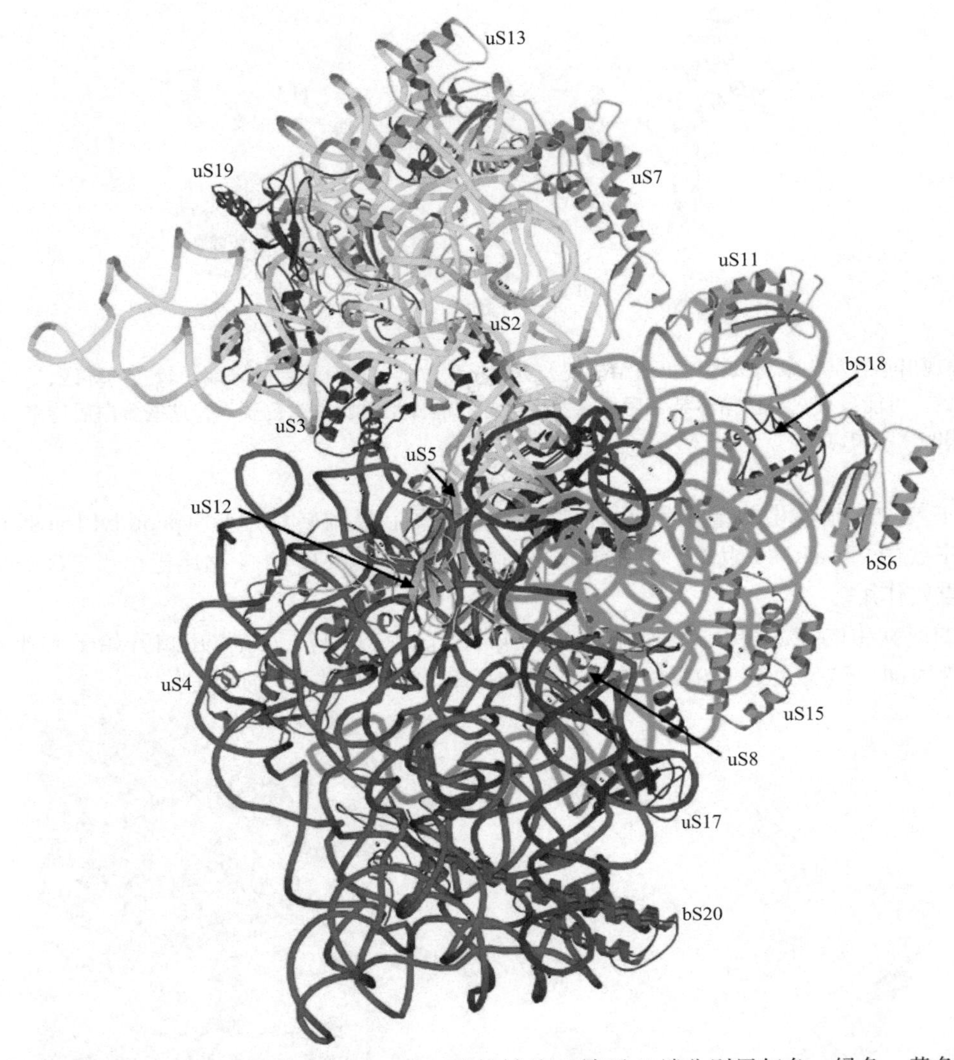

图 11.18 核糖体小亚基和 RNA 复合物的示意图。RNA 结构域从 5′ 端至 3′ 端分别用红色、绿色、黄色和蓝色的缎带表示。可以看到蓝色螺旋 h44 从右下方延伸到亚基的体部和头部的连接部分。同时标注了小亚基的大部分蛋白质组分（PDB：1FJG）。

11.3.3.3 真核生物核糖体

真核生物的 80S 核糖体和它的 40S、60S 亚基已经通过冷冻电镜技术和晶体学技术进行了深入的研究。研究发现，这些核糖体与细菌内的核糖体非常相似。然而，正如表 11.3 中所示，真核生物核糖体有一个较大的 rRNA 分子和更大量的核糖体蛋白（r-protein）。18S rRNA 上额外的蛋白质和一些延伸出来的部分主要位于亚基的外表面，而亚基之间的界面在生物的三界中高度保守。在真核生物中，有超过半数的蛋白质有额外的延伸。而且，真核生物与原核生物相比，核糖体蛋白之间有更加广泛的相互作用。

猪和人类线粒体核糖体的 55S 亚基有着更小的 rRNA，却有着更大量的核糖体蛋白。这些核糖体与细菌核糖体比较显示，真核生物 12S 和 16S rRNA 的螺旋更短。这些较短的 rRNA 都被外层的蛋白质所覆盖，亚基之间的接触面更加开放。那些额外的蛋白质并不会替代 rRNA 特定的部分，而是仅仅替代缺失的空间。尽管 rRNA 得到了精简，尤其是在 5S rRNA 缺失的情况下，线粒体核糖体大亚基还是要远比细菌核糖体大。然而，5S rRNA 位置处的中心结（central protuberance）由于结合了蛋白质，在大小上是翻倍的。由于大亚基的尺寸得到了精简，线粒体核糖体中的多肽出口通道更加开放。

11.4　起始

起始密码子 AUG 同时编码甲硫氨酸。为了避免从随机的 AUG 密码子处起始，正确的起始密码子必须结合在 P 位点。这主要是由于 mRNA 5′ 端富含嘌呤的区域通过与 16S rRNA 3′ 端的一段互补序列形成 Shine-Dalgarno 相互作用，帮助避免了从任何一个随机 AUG 都能发生起始的情况。在细菌中，一个独有的 tRNA（$tRNA^{fMet}$）和修饰过的甲硫氨酸-甲酰甲硫氨酸会参与到翻译起始中。在细菌中，三种起始因子 IF1、IF2 和 IF3 参与催化了翻译的起始。这些蛋白质的功能是帮助 mRNA、核糖体亚基及 $tRNA^{fMet}$ 三者形成正确的复合体。

IF1 是一个广泛保守的小蛋白，能够结合到 30S 亚基 A 位点的解码区。IF1 与该位点的结合可以阻止起始 tRNA 结合到 A 位点，而只允许它结合在 P 位点。此外，IF1 还参与了稳定 mRNA 和起始 tRNA 间的密码子-反密码子相互作用。

IF3 结合在核糖体小亚基上，并能防止大亚基与小亚基间过早地发生组装，同时引导起始 tRNA 定位到 P 位点。IF3 可清晰地分为 N 端和 C 端两个结构域。N 端结构域（IF3N）结合在 30S 的 E 位点，而 C 端结构域（IF3C）结合在小亚基与大亚基相互作用的界面上。这个结合位点阻止了大亚基的 H69 螺旋与小亚基之间通过亚基间的桥 B2b 进行相互作用。

IF2 属于具有 GTP 酶活性的 G 蛋白家族，并且是一种翻译型 GTP 水解酶（trGTPase，8.3.1 节）。IF2 的主要作用是催化大亚基与小亚基的结合，从而形成完整的翻译起始复合物。

在真核生物中，翻译的起始过程比原核生物复杂得多，有更多的起始因子参与反应。在真核生物翻译起始中发现了 2 个 G 蛋白，其中 eIF2 的作用是帮助起始 tRNA 结合到核糖体上；而另一个 G 蛋白，即 eIF5B，是细菌中 IF2 的同源蛋白，同样起着连接大、小亚基的作用。该蛋白质有 4 个结构域，其中的 N 端结构域是一个 G 结构域，与 Ras 结构域和其他 G 蛋白结构域相似。前两个结构域与 EF-Tu 中相应的结构域类似。

11.5　延伸

在细菌的延伸中，主要有两个蛋白质因子参与催化 tRNA 与核糖体的结合，以及在核糖体上的移位（表 11.4），它们是 EF-Tu 和 EF-G。这两个蛋白质都是 G 蛋白（8.3.1 节），而且通常它们在一次延伸反应中只催化水解一个 GTP 分子生成 GDP。延伸过程中，在 EF-Tu 和 GTP 形成的复合体的帮助下，氨酰 tRNA 结合到 A 位点。在肽酰转移完成后，EF-G 负责催化移位反应。在移位反应中，原来位于 A 位点的肽酰 tRNA 进入 P 位点，而脱酰 tRNA 会从 P 位点进入 E 位点。在这个过程中，mRNA 也会同时向前移位以使新的密码子进入 A 位点。

表 11.4　细菌和真核生物中的延伸因子

蛋白质	功能
EF1A (EF-Tu)	帮助连接氨酰 tRNA 与核糖体的 G 蛋白
(SelB)	相应于硒代半胱氨酸对应的 EF-Tu，硒代半胱氨酸是一种稀有的第 21 种氨基酸，通过特殊的 tRNA 在延伸过程中连接到多肽上
EF1B (EF-Ts)	EF1B/EF-Tu 的核苷酸转换因子。细菌与真核生物中的该蛋白质是不相关的。真核生物的 eEF1B 有两个亚基，即 α 和 γ，其中 α 是活性的转换因子，而 γ 与谷胱甘肽转移酶非常相似

续表

蛋白质	功能
EF2 (EF-G)	帮助肽酰 tRNA 从 A 位点移至 P 位点的 G 蛋白
EF3	很可能促进真核生物中去氨酰化的 tRNA 从 P 位点释放
EF4 (Lep A)	一般认为发挥逆向移位的功能。看起来该蛋白质将 tRNA 和 mRNA 移动到与 EF2(EF-G）相反的方向
(Tet M, O, S 等)	四环素抗性因子，与 EF-G 高度同源

注：括号中的名称主要用于细菌蛋白质。

11.5.1 延伸因子 EF-Tu

延伸因子 EF-Tu 负责将氨酰 tRNA 运输至核糖体。EF-Tu 由三个结构域构成。N 端结构域是一个 G 结构域，主要由平行 β 折叠组成，与其他 G 蛋白有着相同的拓扑结构（图 11.19，图 11.20）。其他两个结构域（2 和 3）都由反向平行 β 桶组成。

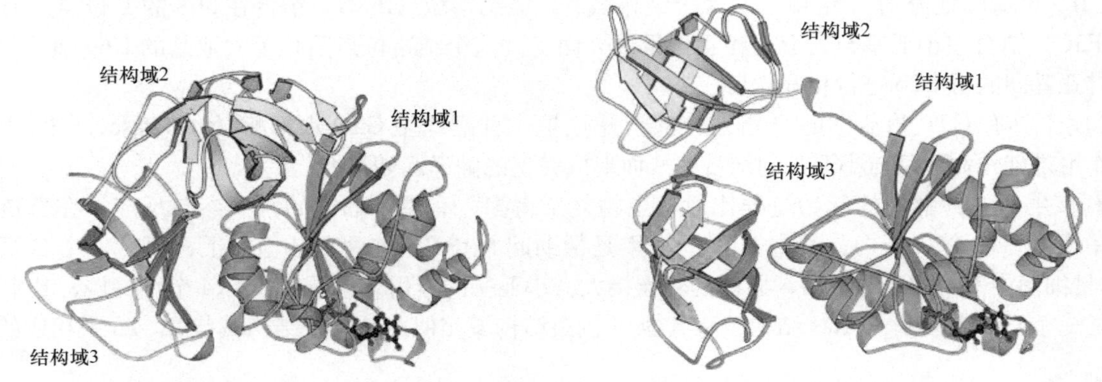

图 11.19 *T. aquaticus* EF-Tu 的 GTP 构象（左，PDB：1EFT）和 *E. coli* EF-Tu 的 GDP 构象（右，PDB：1TUI）。

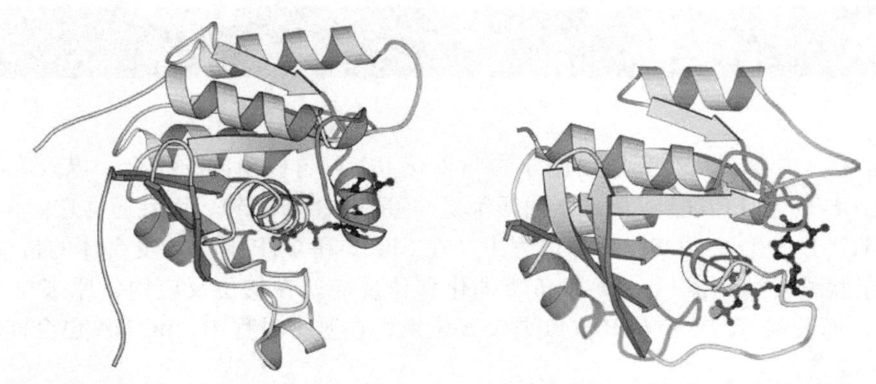

图 11.20 EF-Tu（左，PDB：1EFT）与信号蛋白 Ras（右，PDB：121P）的 N 端结构域 I 的比较。紫色：与核苷酸接触的环，G1，P-环；黄色：G2，开关 Ⅰ；绿色：G3，开关 Ⅱ；蓝绿色：G4；浅蓝色：G5。棕色的第 6 个环并未与其他部分形成任何联系。橙色：镁离子。

EF-Tu 的 GTP 和 GDP 形式在构象上有着很大的差别。在 GTP 形式中，三个结构域紧密地折叠在一起；而在 GDP 形式中，两个 β 桶结构域远离 G 结构域而使 EF-Tu 形成一个更加开放的构象（图 11.19）。在两种构象中，蛋白质的某些区域的差别可达 40Å。结构域 2 和 3 在两种形式中保持了它们的相对取向。

GTP 和 EF-Tu 的结合方式与其他 G 蛋白类似：和 Ras 一样，P-环能够结合 α 和 β 磷酸，一个镁离子与 GDP 中的 β 磷酸和 GTP 中的 β 及 γ 磷酸形成配位键（图 11.20），但与 Ras 和三聚 G 蛋白（trimeric G-protein）

相比，开关区（switch region）表现出了不同的构象变化。

EF-Tu 的开关Ⅰ和开关Ⅱ的 GDP 与 GTP 构象是不同的（图 11.21）。在 GDP 形式中，开关Ⅰ是由一个 β 缎带形成，而 GTP 形式中，开关Ⅰ则是一个螺旋的构象。在 GDP 形式中，开关Ⅱ的螺旋部分由 85 ～ 94 位的残基组成；而当结合 GTP 时，这个螺旋结构之前的环必须要发生构象变化，因为 83 位残基的羰基氧与 GTP 的 γ 磷酸过于接近。因此，GTP 形式中的该肽键相对于 GDP 形式会发生一个翻转，以便该肽上的氨基氮与磷酸形成氢键。这会使得螺旋部分“解旋”，使环延伸至 88 位残基，而新的螺旋（89 ～ 96 位残基）也具有一个不同的走向。在 GTP 形式中，螺旋部分与结构域 3 紧密作用。GTP 改变了开关Ⅱ的构象，从而产生一个与 GTP 形式中的结构域Ⅱ和Ⅲ相互作用所必需的表面，并激活 tRNA 结合所需的因子。在其他的 GTP 酶（如 Ras）中，与酶活性紧密相关的是一个谷氨酰胺（8.3 节），而在翻译型 GTP 酶（translational GTPase）中该氨基酸是一个组氨酸残基（*T. thermophilus* 的 EF-Tu 中 84 位组氨酸）。这些残基对于 GTP 水解时在 γ 磷酸处放置一个水分子是极为重要的。

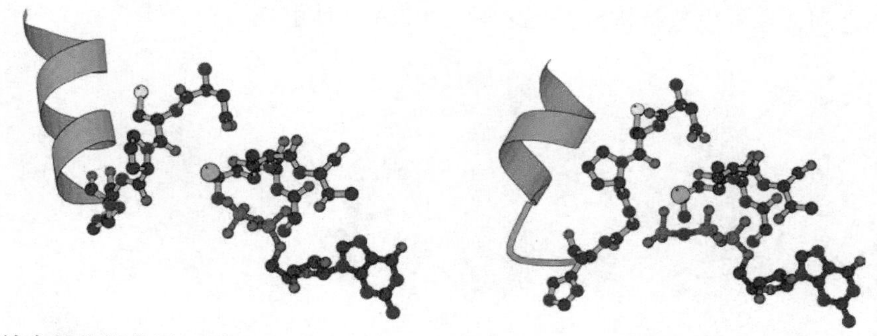

图 11.21　GDP/GTP 结合部位细节图，展示了 EF-Tu 的 P-环和开关Ⅱ。左：带有一分子 GDPNP（灰色）的 GDP 的构象，展示了 83 位的羰基氧与 γ 磷酸间的紧密相互作用；右：GTP 构象，螺旋结构具有新的位置和取向。

11.5.1.1　与 tRNA 的结合——三元复合物

激活态的 EF-Tu（结合 GTP）与转运 RNA 的结合同与氨酰 tRNA 合成酶的结合完全不同。因为 EF-Tu 能够结合所有不同的 tRNA，它必须识别 tRNA 分子上的保守位点。从整个复合体来看，EF-Tu 的三个结构域都与 tRNA 分子发生相互作用。具有保守的 CCA 序列的接受臂端参与了相互作用。反密码子茎和环不参与 EF-Tu 的相互作用（图 11.22）。EF-Tu 对于未携带氨基酸的 tRNA 的识别度很高，但这看上去有点奇怪，因为虽然携带一个氨基酸并没有明显改变 tRNA 的表面，但是其对携带氨基酸的 tRNA 的特异性识别可以通过氨基基团和连接氨基酸与 3′ 核苷酸核糖的酯键的相互作用实现。tRNA 的 3′ 端与 EF-Tu 结构域 1 和 2 交界面处的氨基酸有相互作用，而 tRNA 的 5′ 端结合在三个结构域的交界面。

图 11.22　左：EF-Tu 与 Cys-tRNA 的复合体。右：3′ 端（CAA）到末端（A76）与 tRNA 上的半胱氨酸间的相互作用。274 位的精氨酸（Arg274）的胍基与半胱氨酸羰基氧通过氢键相互作用。其他来自于结构域Ⅰ（G 结构域）和Ⅱ的侧链形成一个将半胱氨酸紧密包裹在内的牢笼结构（PDB：1B23）。

11.5.2 tRNA 的结合与解码

在延伸的第一步中，氨酰 tRNA 及 EF-Tu · GTP 组成的三元复合体需要先在 A 位点进行密码子检测。结合在核糖体上的三元复合物的结构已经得到解析。抗生素黄色酶素（kirromycin）可以用来阻断 EF-Tu 从核糖体上解离。在这种情况下，GTP 被水解为 GDP，但是由于黄色酶素阻止了因子形成 GDP 构象，所以 EF-Tu 并不会解离下来。同样的，非水解性的 GTP 类似物（GDPCP）也被用于在活性状态与延伸因子相结合。

三元复合物结合在核糖体的结合因子结合位点主要是由于 EF-Tu 的存在。tRNA 和核糖体相互作用的交界面是有限的，因为 EF-Tu 结合在核糖体的结合因子结合位点及 tRNA 的接受臂一端，所以氨基酸就无法到达肽酰转移位点。因此，氨酰 tRNA 的初始结合位点并不是 A 位点，而是在所谓的 T 状态（图 11.23）。反密码子臂和环（ASL）只有在 tRNA 发生弯折的时候才能够在 A 位点与密码子相互作用。tRNA 上的弯折发生在 ASL 和 D 茎之间，在发生弯折构象变化之后，tRNA 才能够结合在 A/T 位点上（图 11.24）。

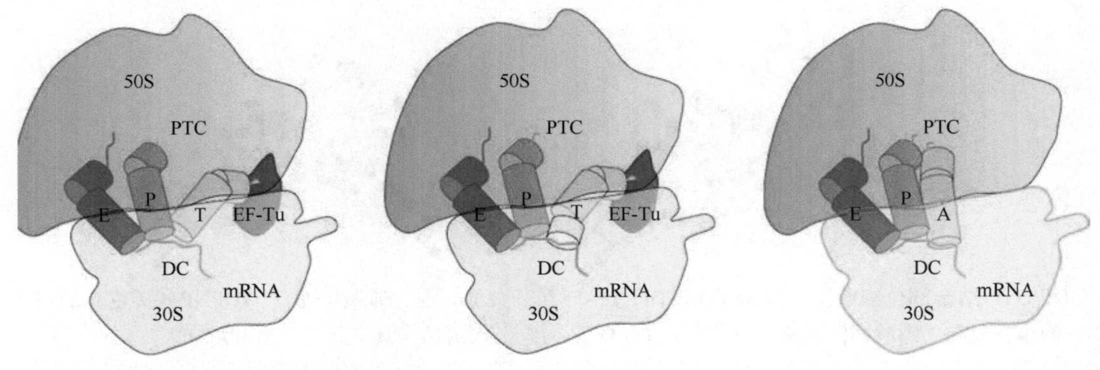

图 11.23 tRNA 与核糖体结合的简化图解。左图：EF-Tu、tRNA 和 GTP 的三元复合物与 T 位点结合。中间：tRNA 发生弯曲以便于和 mRNA 相互作用。右图：如果反密码子与密码子匹配，EF-Tu 将在 GTP 水解后解离，随后，tRNA 可以进入到 A 位点。

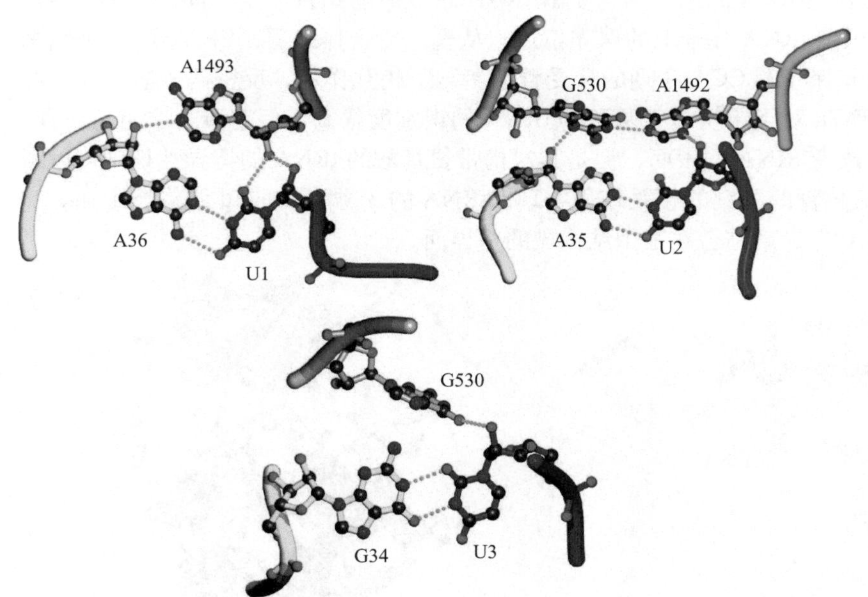

图 11.24 翻译的保真度基于密码子-反密码子间正确的相互作用。核糖体通过其小亚基 rRNA 参与到这个过程中。mRNA 由蓝色表示；tRNA 的反密码子由黄色表示；核糖体 16S rRNA 由粉色表示。前两位密码子-反密码子间的 Watson-Crick 碱基配对由 16S rRNA 的 A1493、A1492 和 G530 进行检查（见左上图和右上图，PDB：2J00）。只有正确的密码子和反密码子间的配对才允许氢键的形成。对于非 Watson-Crick 配对，如第一位的 U-G 配对，A1493 无法与密码子核糖正确相互作用。在这种情况下，tRNA 不能与核糖体形成稳定的结构从而脱落下来。密码子第三位碱基的相互配对是不太严格的（图中是一个 G-U 配对）（下图，PDB：1IBL）。

在该步骤中（被称为初始选择），核糖体参与从非同源相互作用中识别同源物。密码子-反密码子的第一、第二碱基对的正确 Watson-Crick 碱基配对是通过螺旋 h44 的 A1492、A1493 及 G530 与密码子和反密码子形成的碱基对之间的氢键来识别的（图 11.24）。这样的过程稳定了同源密码子-反密码子的相互作用。

11.5.2.1　GTP 的水解

23S rRNA 的一个区域确定参与诱导 GTP 水解。这个区域使用两个可以共价修饰 23S rRNA 该区域的抑制酶的名称命名为 sarcin-ricin 环（SRL，参见 5.3.9 节）。这些修饰导致 trGTPase 的正常功能丧失。与其他 GTP 酶的 GAP（见 8.3.3 节）相对应的功能组分是 A2662 的磷酸，而不是蛋白质。通过构象变化，His84 与该磷酸相互作用，导致了水分子向 GTP 的 γ 磷酸盐移动。组氨酸由于与两个带负电荷的磷酸距离很近而带正电，并且只能作为与水分子形成氢键的供体。水分子将一个质子转移至 γ 磷酸，从而导致 γ 磷酸受到羟基的攻击，进而导致 GTP 水解（图 11.25）。所有翻译型 GTPase 的组成中都有组氨酸，而不像其他 GTPase 中通常的谷氨酰胺。

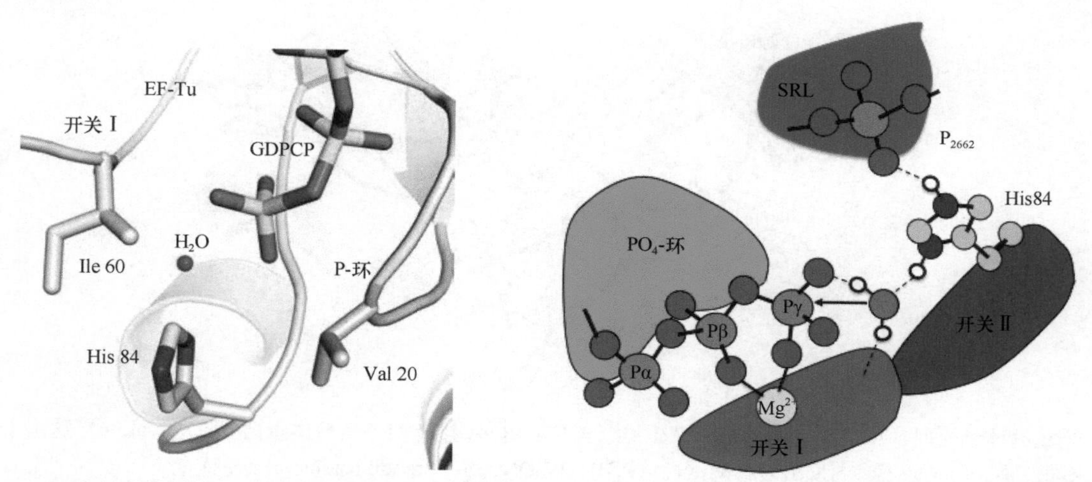

图 11.25　EF-Tu 与核糖体结合，与密码子对应的 tRNA 和一个 GTP 类似物在解码位点，His84 被稳定在一个新的位置。左图：His84 与 23S rRNA 的 A2662 相互作用，在两个疏水残基之间移动，并且与水分子相互作用，推动水分子向 γ 磷酸移动（PDB：2xqd 和 2xqe）（由 Saraboji Kadhirvel 友情提供）。右图：带正电的组氨酸促使水分子向开关 I 中的羧基基团和 γ 磷酸中的氧提供氢键。这导致了水分子将质子转移至 γ 磷酸而被激活，并且攻击 GTP 分子上生成的羧基，使 GTP 转化为 GDP。

一旦 EF-Tu 的 GTP 被水解，该因子就可以从核糖体中解离，tRNA 可以结合到 A 位点（见图 11.23）。在该调节过程中，通过所谓的校对，非同源 tRNA 有第二次机会从核糖体上脱落下来。

11.5.2.2　延伸因子 Ts——鸟嘌呤核苷酸交换因子

延伸因子 Ts（EF-Ts）是 EF-Tu 的鸟嘌呤核苷酸交换因子（G-nucleotide exchange factor，GEF）。该蛋白质不如 EF-Tu 保守，EF-Tu 与 EF-Ts 的复合物晶体结构已被解析。EF-Tu 结构中的三个变化解释了 EF-Ts 是如何作为一个核苷酸交换因子行使功能的。在复合物结构中，开关 II 的螺旋 B 被移开，导致镁离子失去配体。另一个变化是 EF-Ts 的 82 位苯丙氨酸插入到 EF-Tu 的一个口袋中，间接引起 P-环的移位。原本结合到 β 和 γ 磷酸上的 P-环的第 24 位赖氨酸，现在变成与开关 II 的第 81 位天冬氨酸相互作用（图 11.26）。另外，20 位和 21 位残基间的肽键翻转，也会造成原来结合于 GDP 上的 β 磷酸的肽键氮 N21 被羰基氧 O20 所替代，这将造成对核苷酸的排斥。

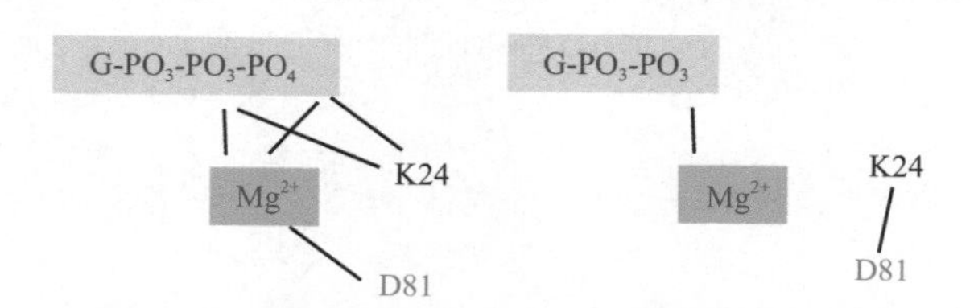

图 11.26　左图：EF-Tu 和 GTP 之间的一些主要相互作用简图。右图：EF-Tu·EF-Ts 和 GDP 复合物间的相互作用简图。EF-Ts 会使 Asp81 与 P-环的 K24 相互作用。形成复合体后对镁离子和核苷酸的结合能力都会变弱，这也导致核苷酸交换的发生。

11.5.3 肽酰转移

肽酰转移的过程并不需要延伸因子的催化作用。当氨酰 tRNA 进入 A 位点后，氨酰基的一部分被放置到肽酰转移中心（PTC），旁边是伸向大亚基多肽出口通道的、正在合成的多肽段（图 11.17）。PTC 主要由 23S rRNA 组成。在细菌中，核糖体是核酶。然而蛋白质 bL27 的 N 端会接近位于 P 位点的合成中的多肽段与 tRNA 之间形成的酯键，这也被证明对于反应的全部酶活是非常重要的（图 11.27）。bL27 的主要作用可能是参与稳定 tRNA 受体末端而不是直接起催化作用。

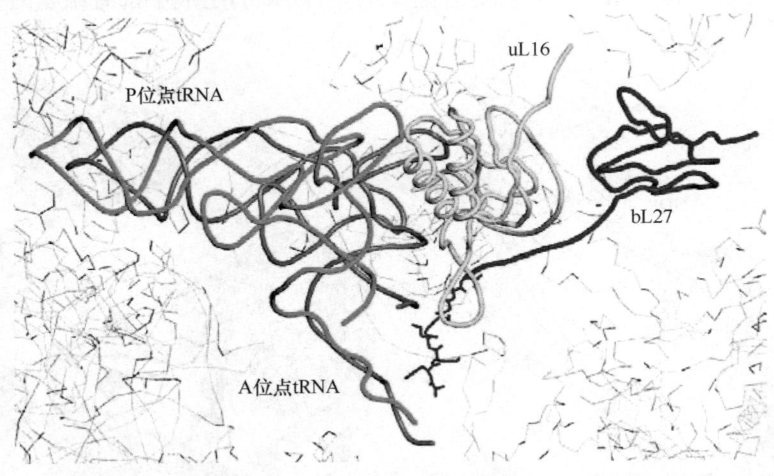

图 11.27 当核糖体结合时，A 位点（绿色）和 P 位点（黄色）tRNA 接近两个核糖体蛋白 bL27 和 uL16，这两个蛋白质稳定接受臂末端位置，但是并不参与肽酰转移酶活性（PDB：2WDN，由 Saraboji Kadhirvel 绘制）。

肽酰转移的主要步骤如图 11.28 所示。A 位点 tRNA 携带的氨酰残基的氨基基团分别与 A2451 和 P 位点 tRNA 的 A76 的 2′-OH 间形成氢键结合，这使得该氨基基团具有可以攻击 P 位点正在合成的肽段的羧基碳的取向和活性，从而使得肽酰转移得以发生。

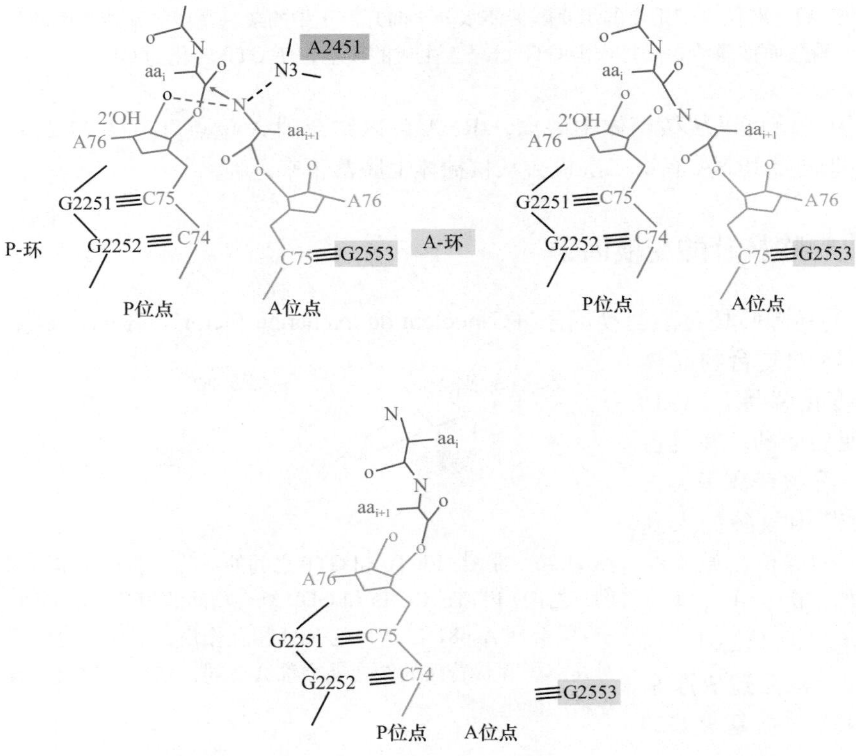

图 11.28 PTC 中肽酰转移的主要步骤。左上：A 位点及 P 位点的 CCA 末端分别能与 23S rRNA 的两个环发生碱基配对。正在合成的多肽链定位在出口通道，A 位点 tRNA 携带的氨酰残基的氨基基团通过与 A2451 和 P 位点 tRNA 末端腺嘌呤的 2′-OH 间形成氢键相互作用维持合适的朝向。右上：肽酰转移发生。下：新合成的肽酰 tRNA 的 CCA 末端代替了结合在 P-环上的脱酰化的 tRNA，并同时结合到 A 位点和 P 位点，即一个 A/P 位点。

在肽酰转移过程中，新生肽位于肽酰出口并且一直保持在相同的位置，但是在反应后，它则与 A 位点的 tRNA 连接。这一步再次将 tRNA 放置在交叉位点 A/P 位点上（图 11.28）。然而，这需要原来 P 位点的 tRNA 首先进入 P/E 位点。引起的主要变化是来自于 A 位点 tRNA 的单链 CCA 末端有一个 180° 重定向，从而与 PTC 的 P 位点中部分环的碱基互补配对。肽酰 tRNA 的 CCA 末端的 180° 旋转得益于 PTC 的二次对称性。在 A 位点时，tRNA 的 C75 与 23S rRNA 一个环的 G2253 的碱基配对，而进入 P 位点之后，它与另一个对称环的 G2251 配对。同时，C74 与 P-环的 G2252 碱基配对（图 11.28）。PTC 的二次对称性来源于 A 位点中的 110 个核苷酸与 P 位点中的 110 个核苷酸有着对应的关系。

11.5.4　延伸因子 G

延伸因子 G（elongation factor G，EF-G，真核生物中的 EF2）催化脱酰 tRNA 在核糖体上从 P 位点到 E 位点及肽酰 tRNA 从 A 位点到 P 位点的移位。同时 mRNA 沿核糖体移动并使一个新的密码子暴露在 A 位点。

EF-G 是由 5 个结构域组成的长条形分子（图 11.29）。N 端结构域是一个与其他 G 蛋白有着相同拓扑结构的 G 结构域。在 G 结构域的最后一股 β 束前还有一个由反向平行 β 片层组成的亚结构域（G′）。第二个结构域是一个反平行 β 桶结构，与所有核糖体翻译型 GTP 酶的结构域Ⅱ（如 IF2 和 EF-Tu）相关。其他的三个结构域都是由一边带有螺旋的反向平行 β 折叠片构成的。结构域Ⅲ和Ⅴ与核糖体蛋白 S6 及很多 RNA 结合蛋白有相同的拓扑结构。EF-G 分子与 EF-Tu-tRNA 复合体的结构非常相似（可以比较图 11.29 和图 11.22），结构域Ⅲ、Ⅳ和Ⅴ与 tRNA 分子类似。EF-G 结合核糖体就类似于 EF-Tu 三元复合物结合 tRNA。

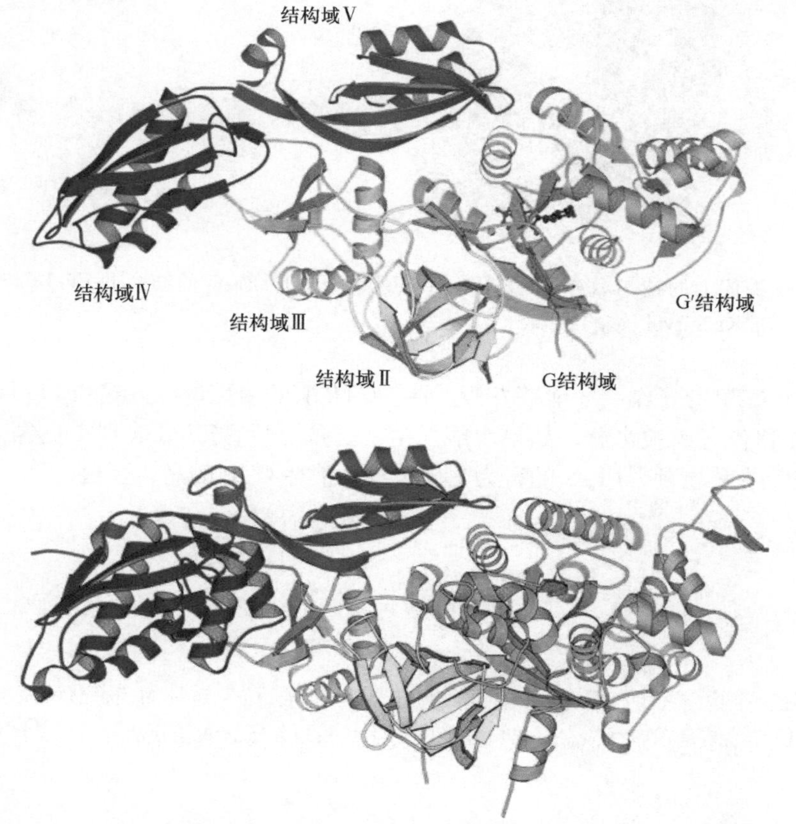

图 11.29　嗜热栖热菌（*T. thermophilus*）的 EF-G（上，PDB：1FNM）和酵母的 EF-2（下，PDB：1N0V）示意图。

EF-G 不需要核苷酸交换因子，它对核苷酸的亲和性比 EF-Tu 的要低得多，交换可以自主发生。在 EF-Tu 中，P-环的 K24 和开关Ⅱ的 D81 可以稳定 GDP 和与磷酸相互作用的镁离子。当 EF-Tu 与 EF-Ts 相互作用时，赖氨酸和天冬氨酸必须相互作用（图 11.26）。对于 EF-G 也是如此。在 EF-G 中，是 K25 与开关Ⅱ的 T84 相互作用（图 11.31）。当 EF-G 结合到核糖体上时，这些残基可能会分别与磷酸和镁离子相互作用，而当 EF-G 在溶液中时不会发生这种相互作用。所以金属离子和核苷酸与 EF-G 的结合都不太紧密，从而使得 GDP 交换为 GTP。

11.5.5 移位

延伸循环的最后一步是移位（translocation），移位是由 EF-G 催化完成的。正如上面讨论的，位于 A 位点肽酰 tRNA 的接受末端已经自发旋转 180° 进入 P 位点，产生一个处于 A/P 位点的肽酰 tRNA，tRNA 的大部分依然留在 A 位点。当 EF-G 结合到核糖体上之后，它会产生构象变化从而到达了 A 位点的解码部分并推动肽酰 tRNA 向 P 位点移动（图 11.30）。EF-G · GTP 复合体与 aa-tRNA · EF-Tu · GTP 三元复合物有相似的结构，并有相同的核糖体结合位点（比较图 11.23 和图 11.30）。

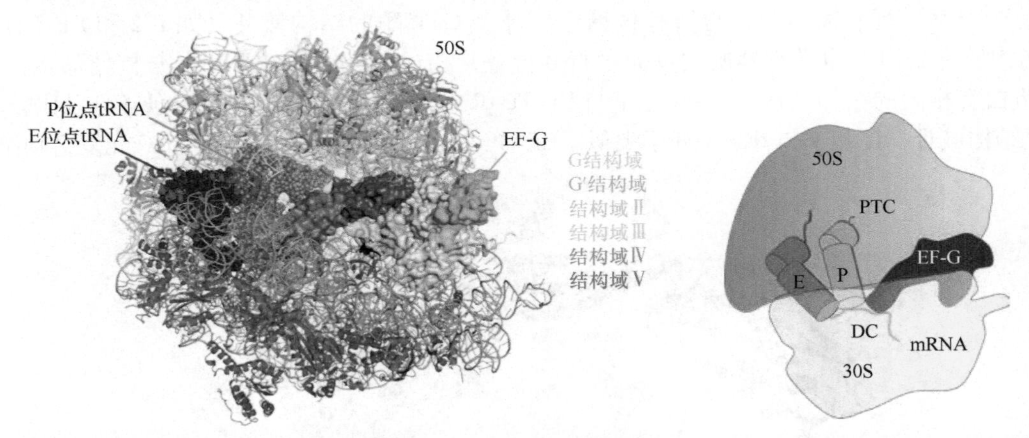

图 11.30 EF-G 结合在核糖体上的结构示意图（PDB：2WRI 和 2WRJ）。EF-G 的结合同 EF-Tu 与 tRNA 的结合非常相似（图 11.23）（图片由 Saraboji Kadhirvel 绘制）。

EF-G 需要与一个 GTP 分子结合才能够发挥活性。GTP 酶的活性诱导方式和 EF-Tu 相同（11.4.2.1 节）。有可能的是，GTP 在移位之前被水解。如果水解发生在移位之后，EF-G 表现得更像一个经典 G 蛋白和分子开关。如果水解发生在移位前，EF-G 的行为则更像一个消耗 GTP 的马达蛋白。

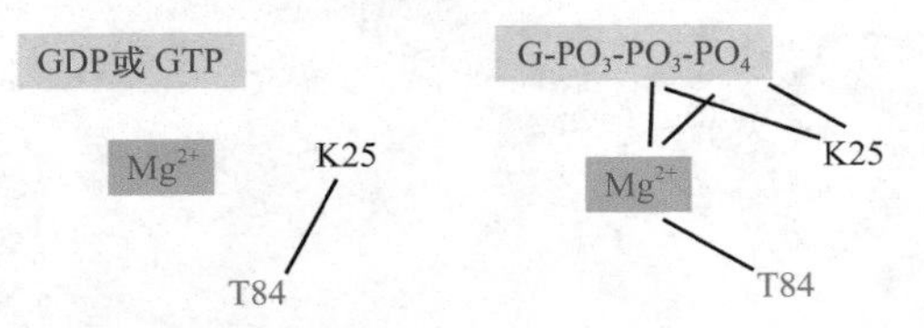

图 11.31 左：EF-G 存在一个构象，可以允许天然核苷酸与其交换 GDP。位于 P-环的赖氨酸可以与位于开关Ⅱ的 T84 相互作用。右：GTP 可以很稳定地结合在核糖体上。这可能是由于赖氨酸和苏氨酸残基分别与磷酸基团和镁离子相互作用。

11.6　多肽释放及核糖体再循环

11.6.1　释放因子

在细菌中主要有三种释放因子（release factor），它们是 RF1、RF2 和 RF3（表 11.5）。RF1 和 RF2 识别三个终止密码子（UAA、UAG 和 UGA）并促进肽段从 P 位点 tRNA 上水解下来。RF3 是一个翻译型 GTP 酶（trGTPase），能够催化 RF1 和 RF2 从核糖体上释放。在真核生物中一个单独的释放因子 eRF1 行使了 RF1 和 RF2 的所有功能去识别终止密码子，而 eRF3 对应于细菌中的 RF3。

表 11.5　原核生物和真核生物中的释放因子

细菌	终止密码子	真核生物	功能
RF1	UAA, UAG	eRF1	识别终止密码子并水解多肽段
RF2	UAA, UGA	eRF1	识别终止密码子并水解多肽段
RF3	—	eRF3	翻译型 GTP 酶将其他的释放因子再循环

真核生物中的释放因子 eRF1 负责识别 mRNA 上的所有终止密码子，并且能够促进肽段从 tRNA 上水解。因为 mRNA 和合成的多肽段位于 P 位点 tRNA 上不同的两端，要同时与这两部分相互作用就要求 eRF1 至少与 tRNA 分子有相同的大小甚至形状。人源 eRF1 是一个有着三个结构域的伸长结构（图 11.32）。无论是在真核生物还是细菌中，在结构域 2 的末端都发现了一个共同的 GGQ 基序，该基序对核糖体 23S RNA 上的肽酰转移中心发挥的水解活性非常重要。eRF1 的另一个末端由两个螺旋结构构成，突变研究证明这一端能够结合 mRNA 上的终止密码子。大多数 RNA 结合蛋白都是基于反平行 β 折叠片的结构，因此这是一种特殊的结合 RNA 的构象。在一定程度上，eRF1 分子与 tRNA 有相似的大小和形状，它能够与 A 位点的终止密码子结合，并能以 tRNA A 位点延伸过程中相同的方式，与 P 位点带有肽段的 tRNA 相互作用。因此，这是另一个具有 tRNA 类似结构的例子。

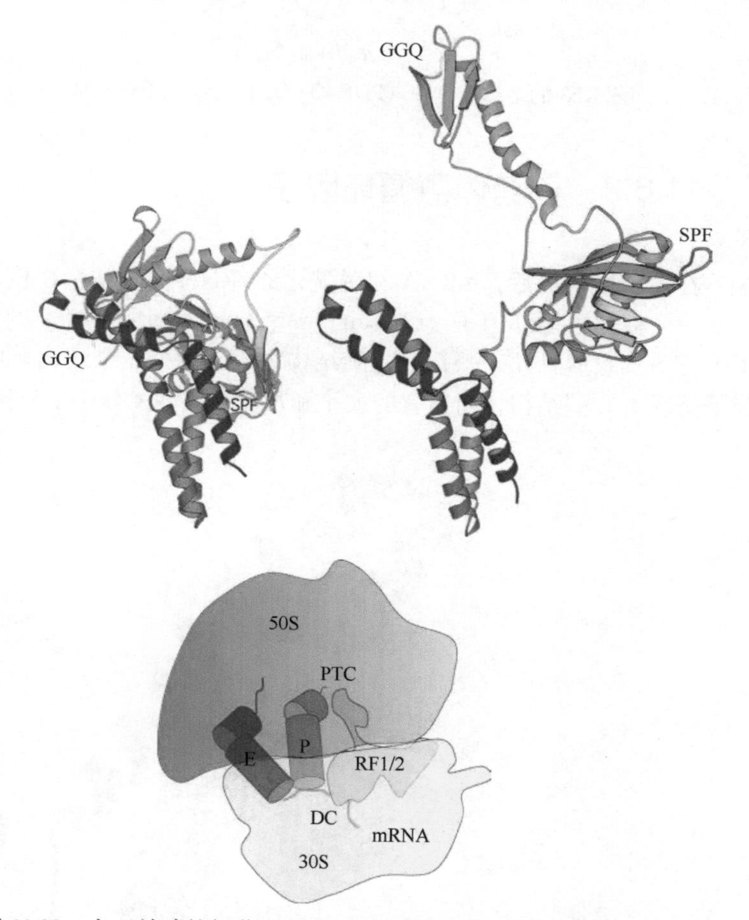

图 11.32　上：单独的细菌 RF2 的晶体结构（左，PDB：1GQE）和结合在核糖体上的晶体结构（右，PDB：1MI6）。参与水解的 GGQ 基序和位于解码位点的 SPF 模体的距离在单独存在时与结合到核糖体上时截然不同。下：细菌的释放因子结合到核糖体上的模式图。

细菌中的释放因子 RF1 和 RF2 有与 eRF1 类似的功能。它们同样有参与肽键水解和释放的 GGQ 模体。但是细菌与真核生物中的释放因子没有序列或结构上的相似性。从单独的 RF2 晶体结构看，GGQ 基序与解码终止信号相关的三肽序列间距离不超过 23Å，该距离比小亚基解码位点和大亚基 PTC 间的距离要短得多。但是，当结合到核糖体上时，该蛋白质的构象表现出了极大的不同（图 11.32）。几个独立的结构解析和研究已经证实了当结合到核糖体上后该蛋白质存在一个大的构象变化，而对于这一点在功能上的重要性还需要进一步的研究。

RF3 的作用是将 RF1 和 RF2 从核糖体上释放出来，RF3 是一个结构与 EF-Tu 很像的 GTP 酶（图 11.19）。它的结合位点与 RF1/2 的结合位点有部分重复（图 11.33）。

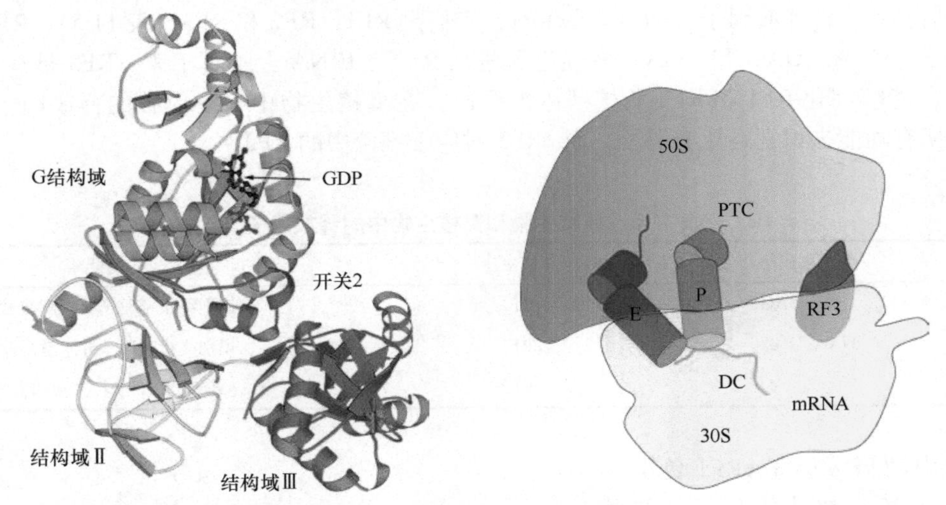

图 11.33　细菌 RF3 的结构示意图（PDB：3VQT）与其位于核糖体上的结合位点图示。

11.6.2　核糖体再循环因子

在多肽段释放后，mRNA 和脱酰化的 tRNA 仍然结合在核糖体上，该复合体的解聚需要另外一个蛋白质——核糖体再循环因子（ribosome recycling factor，RRF）的帮助。该蛋白质由两个结构域组成。结构域Ⅰ由三条长条形且几乎平行的螺旋结构组成；另外一个结构域由 N 端的长螺旋结构之后的序列组成。整个分子呈现出 L 型结构，而且它的大小和形状与 tRNA 分子十分接近（图 11.34）。

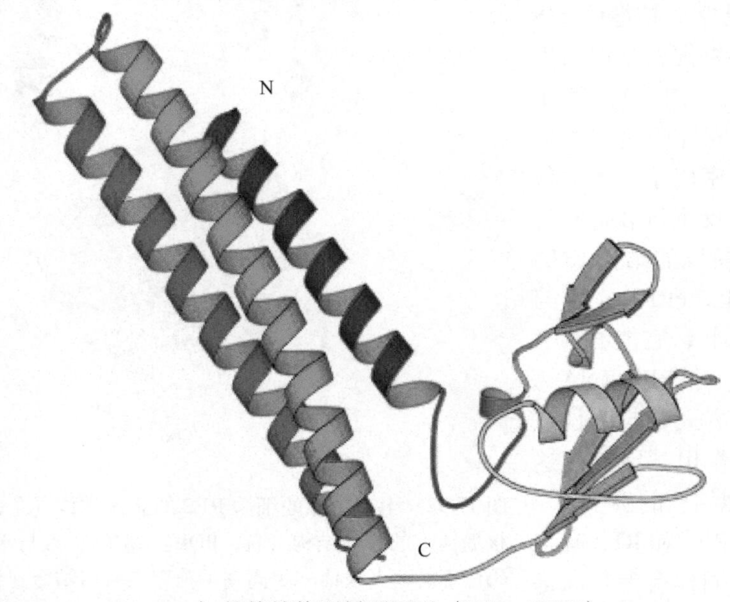

图 11.34　海栖热袍菌（*Thermotoga maritima*）的核糖体再循环因子（PDB：1DD5）。

多个 RRF 的结构已经得到解析，这些结构证实了两个结构域间的铰链具有很强的柔性。RRF 是另一个具有类似 tRNA 结构的蛋白质，但是该蛋白质并不结合在核糖体上的一个单独的 tRNA 位点，而是同时结合在 A 位点和 P 位点 tRNA 的接受臂部分（图 11.35）。

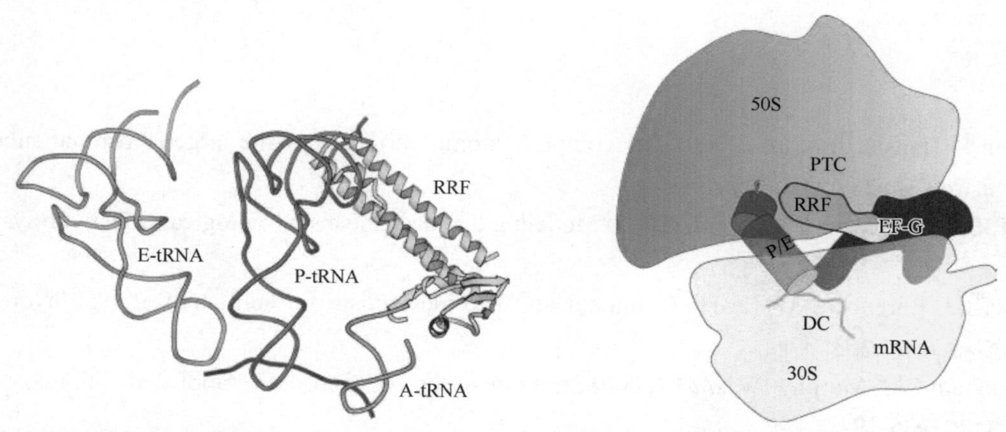

图 11.35　左：RRF 在 70S 核糖体上的结合位点同时跨越了 A 位点和 P 位点。RRF 与 70S 核糖体的结合将 P 位点的接受臂移向 E 位点。右：PDB：2J00 和 2V46。RRF 在连接处与 EF-G 共同作用，使核糖体解聚。

RRF 需要 EF-G 和 GTP 的帮助才能行使核糖体解聚的功能。这会诱导 RRF 的两个结构域发生构象变化以打断核糖体亚基间的相互作用。再循环是翻译过程的第四步，也是最后一步，之后 IF3 的结合阻止了亚基间过早的聚合。

延伸阅读（11.1 ～ 11.2 节）

原始文献

Crick FHC. (1958) On protein synthesis. *Symp Soc Exp Biol* **12**: 138-163.

Hoagland MB, Zamecnic P, Stephenson ML. (1957) Intermediate reactions in protein biosynthesis. *Biochim Biophys Acta* **24**: 2015-2016.

Holley RW, Apgar J, Everett GA *et al.* (1965) Structure of a ribonucleic acid. *Science* **147**: 1462-1465.

综述文章

Fukai S, Nureki O, Sekine S, *et al.* (2000) Structural basis for double-sieve discrimination of L-valine from L-isoleucine and L-threonine by the complex of tRNAVal and Valyl-tRNA Synthetase. *Cell* **103**: 793-803.

Giege R, Sissler M, Florenz C. (1998) Universal rules and idiosynchratic features in tRNA identity. *Nucl Acids Res* **26**: 5017-5035.

Vasileva IA, Moor NA. (2007) Interaction of aminoacyl tRNA synthetases with tRNA: General principles and distinguishing characteristics of the high molecular weight substrate recogni- tion. *Biochemistry* (*Moscow*) **72**: 306-324.

延伸阅读（11.3 ～ 11.6 节）

原始文献

Ban N, Nissen P, Hansen J, *et al.* (2000) The complete atomic structure of the large ribosomal subunit at 2.4Å resolution. *Science* **289**: 905-920.

Carvalho ATP, Szeler K, Vavitsas K, *et al.* (2015) Modeling the mechanisms of biological GTP hydrolysis. *ABB* **582**: 80-90.

Liljas A, Åqvist J, Ehrenberg M. (2011) Comment on "The mechanism for activation of GTP hydrolysis on the ribosome". *Science* **333**: 37a.

Selmer M, Dunham CM, Murphy FV, *et al.* (2006) Structure of the 70S ribosome complexed with mRNA and tRNA. *Science* **313**: 1935-1942.

Schmeing TM, Huang KS, Strobel SA, Steitz TA. (2005) An induced-fit mechanism to promote peptide bond formation and exclude hydrolysis of peptidyl-tRNA. *Nature* **438**: 520-524.

Voorhees RM, Schmeing M, Kelley AC, Ramakrishnan V. (2010) The mechanism for activation of GTP hydrolysis on the ribosome. *Science* **330**: 835-838.

Wimberly BT, Brodersen DE, Clemons WM, *et al.* (2000) Structure of the 30S ribosomal subunit. *Nature* **407**: 327-339.

Yusupova GZ, Yusupov MM, Cate JH, Noller HF. (2001) The path of messenger RNA through the ribosome. *Cell* **106**: 233-241.

Zhou J, Lancaster L, Donohue JP, Noller HF. (2013) Crystal structures of EF-G-ribosome complexes trapped in intermediate states of translocation. *Science* **340**: 1236086, 1-9.

综述文章

Liljas A, Ehrenberg M. (2013) *Structural Aspects of Protein Synthesis*, 2nd edn. World Scientific, Singapore.

Moore PB. (2009) The ribosome returned. *J. Biol.* **8**(8): 1-10.

（王 博 译，张 羿 校）

第 12 章
蛋白质折叠和降解

12.1 蛋白质折叠

蛋白质合成是生物科学的中心主题。然而，除非能正确地折叠到特定的三维结构中，否则蛋白质是无法发挥作用的。半个世纪以前，Anfinsen 的实验表明蛋白质折叠可能是一个自发过程，因为具有功能的金黄色葡萄球菌核酸酶可以从变性的蛋白质片段中通过再折叠的方式获得。氨基酸序列决定了蛋白质如何折叠，因此，通过氨基酸序列的分析可以推测出蛋白质的结构特征和可能的折叠。这是一个尚未得到很好解决的根本问题。看起来，蛋白质不太可能会协助折叠过程，针对多种多样的折叠，会不会存在模具？反过来说，这些模具又是怎么折叠的呢?

另一方面，折叠的速率也是一个问题，Levinthal 指出，一个多肽尝试完所有可能的构象需要花费的时间会超过宇宙的年龄。此外，细胞内总蛋白浓度约为 300mg/ml，并且蛋白质周围环境并不友好（因为有蛋白水解酶的存在），一旦蛋白质不能正确折叠，就会多聚或被降解。但是在体外试验中已经确定，单独结构域的蛋白质从变性状态到活性功能构象需要的时间在毫秒到秒的级别。显然，蛋白质折叠一定遵循了一定路径而避开了 Levinthal 的方案，多肽链上的局部结构很可能引发折叠。

12.1.1 自发和辅助的蛋白质折叠

蛋白质的自发折叠在 3.1.1.1 节中已有描述，很多蛋白质在合成的时候就已经自发折叠了。然而，细胞内的条件可以使某些蛋白质失去或无法达到其固有结构。因此，有些情况下，如温度升高时，蛋白质需要援助来达到或恢复其功能结构。没有适当折叠的蛋白质可能聚集成破坏性的淀粉样结构（3.3.3 节），它可能对生物体有害。例如，在蛋白质过度表达时，经常形成包涵体。然而，大自然已经开发了一系列的救援机制来帮助需要折叠的蛋白质。总的来说，这些系统为蛋白质折叠提供了辅助自组装（assisted self-assembly）的功能。这些机制在进化过程中高度保守，表明它们在所有生物系统中都起着至关重要的作用。

第一次对辅助折叠过程的认识，伴随着肽基脯氨酸顺反异构酶（PPIase）和蛋白质二硫键异构酶（PDI）的发现。在加入能帮助主链上脯氨酸残基顺反构象转化的蛋白质后，一些含有脯氨酸的蛋白质折叠速率大大提高。

同时，有很多由细胞热应力诱导表达的蛋白质被鉴定出来，它们叫做热激蛋白（heat shock protein，Hsp），其中一些会挽救热变性的蛋白质。目前已经观察到了不同大小的热激蛋白，也发现了不同物种中的热激蛋白有同源性，所以有可能这些蛋白质并非只在细胞应激条件下有功能，在正常条件下也有功能。

12.1.1.1 脯氨酸顺反异构酶类

在肽段中，脯氨酸残基理论上既可采用顺式构象，也可采用反式构象，因为肽键扭角 ω 可以采用 0° 和 180°（见 2.2.4 节）。一些脯氨酸需要采取顺式构象来使蛋白质的其他部分正确折叠，且脯氨酸的异构过程会大大降低蛋白质折叠速率。第一个脯氨酸顺反异构酶（PPIase）在 1984 年被分离出来。同年，免疫抑制剂 cyclloporine A 的受体蛋白 CypA（cyclophilin）被发现。另一个免疫抑制剂 FK506 的受体（FKBP）也被分离出来。几年后，研究者们意识到这些受体与脯氨酸顺反异构酶酶类一样，并且与自发过程相比，酶的加速速率可达到 $10^3 \sim 10^6$。目前已知至少有三个家族的 PPIase：CyPs、FKBP 和小孢子蛋白（parvulin），这三个家族的蛋白质在各类生命形式中都有存在。家族大小随蛋白质组的复杂性而变化。三个家族的催化结构域在结构上是不同的，底物特异性也是如此。经过 PPIase 的正确折叠的底物蛋白具有明显的细胞调节作用，因此，它们能广泛地调节生理反应，如转录、氧化还原系统、热激反应和光合作用中各个水平的反应活性。除了催化结构域之外，PPIase 还具有额外几个对底物选择来说重要的结构域。

两种脯氨酸构象的 PPIase 晶体结构都已经有研究报道（图 12.1 和图 12.2）。

图 12.1 上：三个主要家族 PPIase 的结构。左：FKBP（PDB：1Q6U）；中：cyclophilin（PDB：2NUL），右：parvulin（PDB：1JNT）。下：亲环素 A（左）与 HIV-1 CA（衣壳）蛋白（右）的 N 端结构域的复合体结构。病毒蛋白上突出的环里含有一个脯氨酸残基，该残基发生顺反异构（PDB：1M9C）。

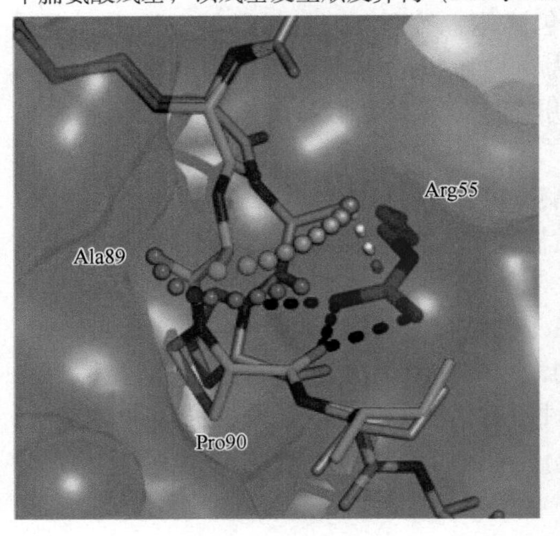

图 12.2 HIV-1 CA 蛋白中与亲环素 A 结合的 Pro90 的特写图。顺式构象显示为绿色，反式构象显示为橙色。Cβ 和 Ala89 的羰基氧的构象变化路径用绿色或红色球体表示。这两种结构在构象上的差异本质上仅限于 Ala89-Pro90。亲环素 A 的 Arg55 通过其与 Pro90 的羰基氧之间形成的氢键来限制 Pro90 残基 C 端的构象变化。此外，精氨酸和肽氮之间的氢键稳定了脯氨酸氮在过渡状态下的锥体 sp^3 杂化，从而也稳定了肽键的单键特性，这有利于催化作用［经许可转载自 Howard BR *et al.* (2003) Structural insight into the catalytic mechanism of cyclophilin A. *Nat Struct Biol* **10**: 475-481. Copyright (2003) Nature］。

异构化引起的总结构变化不大，只是羰基氧和脯氨酸前面的侧链发生了较大的变化。因此，它们之间的相互作用是不同的。肽的双键特性发生还原会引起催化作用。

PPIase 有时与分子伴侣相互作用，可被视为共伴侣（cochaperone）（12.1.2 节）。事实上，一些分子伴侣也包含 PPIase 结构域或功能。其中一个例子是伴侣触发因子，当正在翻译的多肽从核糖体中露出时，它可以与之相互作用，具有伴侣和 PPIase 的双重功能（12.1.4.1 节）。

12.1.1.2　蛋白质二硫键异构酶

蛋白质二硫键异构酶（PDI）于 1963 年由安芬森（Anfinsen）首次分离并进行了表征。一个具有潜在二硫键的蛋白质，其硫原子需要被氧化以形成二硫键。如果要形成的二硫键中含有几对半胱氨酸，可能会造成错误的连接。此外，氧化半胱氨酸可导致聚集。为了避免聚集或错误折叠，错误形成的二硫键需要还原，并重新尝试将蛋白质氧化成正确的折叠。这一过程在细菌和真核生物中的实现方式有些不同。

DsbA 是一种细菌蛋白，起始氧化细菌中含有二硫键的蛋白质，而 DsbC 负责异构化（图 12.3）。细菌的酶主要存在于周质中。在真核生物中，氧化和异构化只需要一种酶（图 12.4）。真核细胞的 PDI 以高浓度存在于内质网（ER）中。

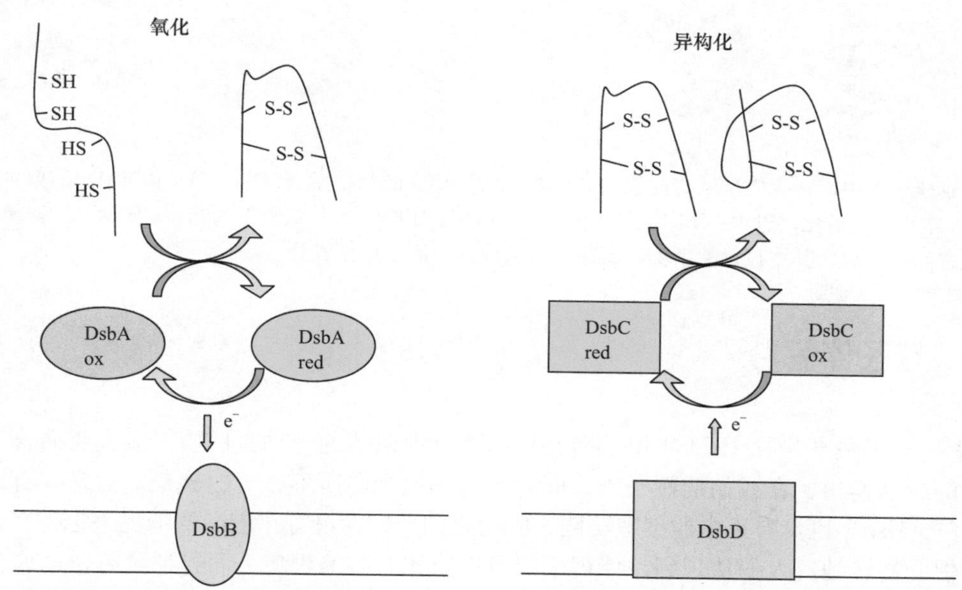

图 12.3　细菌中含二硫键的蛋白质的氧化及异构化。蛋白质 DsbA 负责氧化，而 DsbB 是一种膜蛋白，它可以再氧化 DsbA。还原型的 DsbC 催化异构化反应。DsbC 持续被 DsbD 还原。

氧化和异构化蛋白质包含一个或多个硫氧还蛋白结构域。在人类中，有 4 个称为 a-b-b′-x-a′ 的结构域，其中 x 是一个链接（linker）。CxxC 序列模体（在人类 CGHC 中）是 a 和 a′ 结构域的催化部分，在这里两个半胱氨酸可以被还原或氧化形成二硫键。已有少数物种的完整 PDI 结构（图 12.4）被确定。在四个结构域形成的 U 形结构中观察到显著的柔性，但–CGHC–活性位点出于相对面。x-linker 是灵活性的主要来源。氧化态更为开放，暴露出显著的疏水斑，这为客户蛋白的氧化提供了一个诱人的结合位点。人类 PDI 被 Ero1a 和 Ero1b 蛋白重新氧化，但缺乏结构数据。

PDI 在催化浓度下的活性较低，但在化学计量浓度下，底物蛋白的功能得到了充分和快速的实现，这是在 ER 中的情况。即使当 PDI 的活性位点半胱氨酸被阻断或突变，底物蛋白也可以得到高度的恢复。因此，PDI 也可以被视为分子伴侣（见下文）。它们可以被称为氧化还原依赖型分子伴侣。疏水表面，特别是 b′ 区的疏水表面与分子伴侣活性有关。

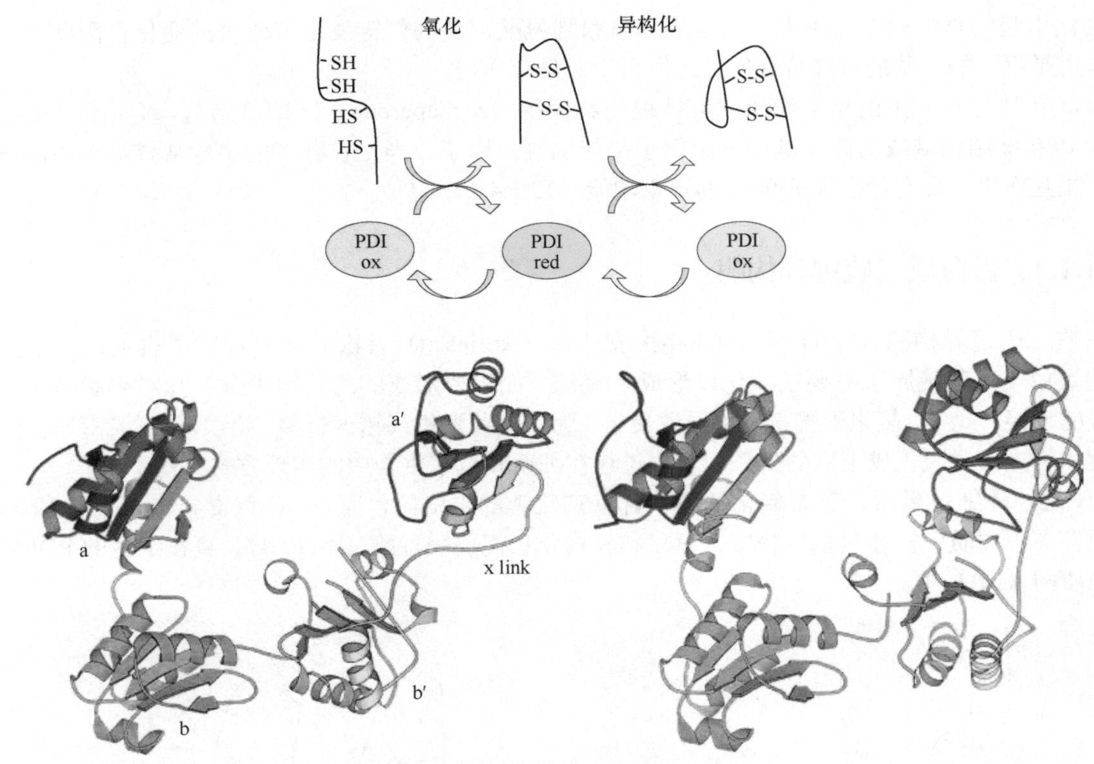

图 12.4 上：在真核生物中，负责内质网中的氧化和异构化的是相同的蛋白质（PDI）。PDI 被 FAD 依赖的 ER 氧化还原蛋白再氧化。下：人体 PDI 在氧化（PDB：4EL1，左）和还原（PDB：4EKZ，右）状态下的结构，显示了一些最明显的灵活性，即 a 和 a′ 结构域之间的距离，其中包含 4 个类硫氧还蛋白结构域的活性位点成分。

12.1.2 分子伴侣

“分子伴侣”一词最早是在 1978 年用于防止核小体错误组装的一种蛋白质。对人类而言，分子伴侣可以防止不适当的相互作用，在我们的例子中，即防止与其他蛋白质不必要的聚集。后来，有人认为，越来越多的热激蛋白（Hsp）也具有正常的细胞功能，因为它们即使在没有热应激的情况下也存在。它们被鉴定归类为分子伴侣。慢慢地，人们认识到，伴侣不仅可以防止有害的聚集，而且还具有协助许多蛋白质折叠的重要作用。这一功能的一部分是对因热或其他变性条件而展开的蛋白质进行复性。本节将阐明一些关于这些伴侣的基本结构的见解。

热激蛋白（表 12.1）可分为三大类：小热激蛋白（sHsp）、分子伴侣蛋白（chaperone，通常为单体蛋白），以及大的、中空的、低聚结构的伴侣蛋白（chaperonin）。最后两组蛋白质利用 ATP 对部分变性蛋白质进行复性。“Hsp”后面的数字表示其以 kDa 为单位的近似分子质量。

表 12.1 分子伴侣的一些代表性家族

名称	别称	功能	共同发挥作用的蛋白质
sHsp	小热激蛋白	结合非天然构象蛋白	Hsp40+Hsp70，Hsp100
Hsp70	DnaK	非天然蛋白的重折叠 折叠新合成的蛋白质	Hsp40
Hsp40	DnaJ	结合疏水多肽 Hsp70 的伴侣	Hsp70

续表

名称	别称	功能	共同发挥作用的蛋白质
GrpE	—	Hsp70 的核苷酸交换因子	Hsp70
Hsp110	—	与 Hsp70 部分相关联	
Hsp60	GroEL（伴侣素）	重折叠非天然构象蛋白	GroES
Hsp10	GroES	伴侣蛋白与 GroEL	GroEL
Hsp90	—	激活调控和信号蛋白	p23/Sba1
Hsp100	ClpA，ClpB	聚集的蛋白质重新溶解	ClpS
Hsp104	ClpB		ClpS
Hsp78	线粒体 ClpB 同源物		
TF	触发因子	帮助新生多肽链折叠	核糖体

12.1.2.1　小热激蛋白

在生命的所有领域中，都有一大类不同种类的分子伴侣，称为小热激蛋白（sHsp），分子质量在 12kDa 到 40kDa 之间。人类有大约 10 种不同的 sHsp，而线虫（*C. elegans*）有 16 种。它们是应激条件下的第一道防线，结合那些处于部分折叠构象的蛋白质，防止蛋白质聚集。sHsp 参与许多基本的细胞进程，sHsp 突变与包括白内障、肌病和神经病变在内的人类疾病有关。像在阿尔茨海默病和帕金森病等退行性疾病中出现的那样。

sHsp 的共同特点是具有约 80 个氨基酸残基的保守 α-晶状体蛋白结构域（ACD）。α-晶状体蛋白是眼晶状体的主要成分，其总蛋白含量很高。αA-和 αB-晶状体蛋白可能阻止蛋白质在眼晶状体中聚集，从而导致不理想的视觉效果。在 sHsp 单体中，ACD 有时在 sHsp 单体中会出现两次。ACD 具有可变长度的 N 端延伸和短的 C 端延伸（图 12.5a）。α-晶状体蛋白具有类免疫球蛋白一样的 β 片层。这两个 β 片层分别有三股和四股。基本的排列是一个二聚体的形成，其中一个结构域中的长环与另一个结构域中的片状边缘相互作

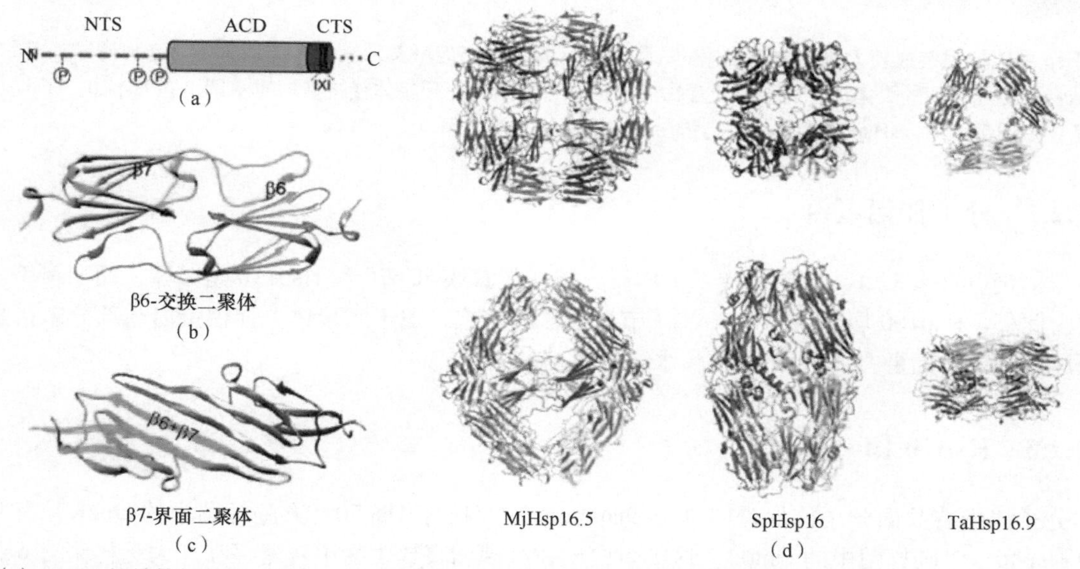

图 12.5　(a) SHSP 的结构域组装。(b) 一个 *M. jannaschii* 的 Hsp16.5 的 β6-交换二聚体（PDB：1SHS）。(c) 一个人 αB-晶状体蛋白 β7-界面二聚体（PDB：2KLR）。(d) *M. jannaschii* 的 Hsp16.5 的 24-mer 结构；*S. pombe* 的 Shsp16 的 16-mer 结构和 *Tritium aestivum* 的 Hsp16.9 的 12-mer 结构。二聚体以绿色/青色和黄色/红色突出显示［经许可改编自 Haslbeck Vierling M E. (2015) A first line of stress defense: Small heat shock proteins and their function in protein homeostasis. *J Mol Biol* **427**: 1537-1548. Copyright (2015) Elsevier］。

用（图 12.5b）。在第二个二聚变体中，β7 和 β6 融合形成与另一个单体具有相同结构的反平行相互作用（图 12.5c）。

这些晶状体蛋白有规律地形成内部中空的、大而动态的低聚物。这些寡聚态的亚基数目不同（图 12.5d）。柔性末端区域影响寡聚物的大小，对分子伴侣活性至关重要。sHsp 能与非天然蛋白质形成大的复合物。它们也可以成为包涵体的一部分，包涵体是在表达系统中合成大量蛋白质时偶尔形成的大量细胞内沉淀。

sHsp 可被热激活。在真核生物中，延伸的 N 端磷酸化也导致激活。在激活状态下，小的寡聚体形式的 sHsp 能够结合客户蛋白。随后，形成更大的聚集体 sHsp 与非天然蛋白质紧密结合，防止它们聚集或降解。为了释放它们的基质，它们通常需要帮助，这些帮助通常由更大的分子伴侣提供，需要 ATP 的复性反应（图 12.6）。

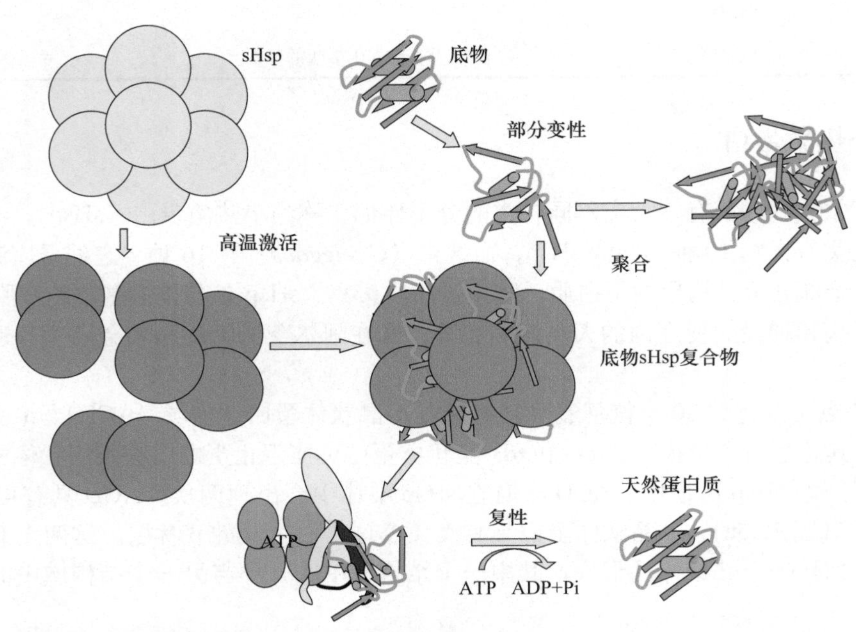

图 12.6 sHsp 由能够组装成较大寡聚物聚集体的二聚体单元构成。当应激条件激活时，低分子状态被诱导，使非天然构象的蛋白质结合，形成更大的聚集体。这可防止蛋白质形成不可逆的沉淀聚集体或被蛋白质水解。在 Hsp40、Hsp70、Hsp100 等单体分子伴侣的帮助下，sHsp 寡聚体与底物蛋白的复合物可以被分解。

12.1.2.2 分子伴侣蛋白

许多伴侣蛋白（表 12.1）是单体或二聚体。分子伴侣家族 Hsp70 和 Hsp110 是单体，而 Hsp40 和 Hsp90 是二聚体。此外，Hsp100 属于 AAA+（8.3.1 节）蛋白超家族，属于六聚体。伴侣蛋白与部分未折叠蛋白的结合及释放依赖于伴侣蛋白的 ATP 结合和水解。

12.1.2.3 Hsp70 和 Hsp40

许多分子伴侣有共同分子伴侣蛋白（co-chaperone），例如，Hsp70（大肠杆菌中的 DnaK）有共同分子伴侣蛋白 Hsp40（大肠杆菌中的 DnaJ）。这类蛋白质在细菌和真核生物中普遍存在。大肠杆菌有 6 种不同类型 Hsp40，酵母有 22 种，人有 47 种。Hsp40 有两种类型（1 和 2），但都是以二聚体发挥功能，两种单体之间有很大的裂缝。Hsp40 结合未折叠的底物蛋白并防止其聚集。Hsp70 与 Hsp40 相互作用，帮助未折叠的蛋白质折叠。Hsp40 的 N 端结构域称为 J 结构域，它能刺激 Hsp70 的 ATP 酶活性，调节其与底物蛋白的结合。C 端区域由两个或三个区域组成。肽底物作为反向平行 β 链与结构域 I 中的 β 片层结合（图 12.7）。

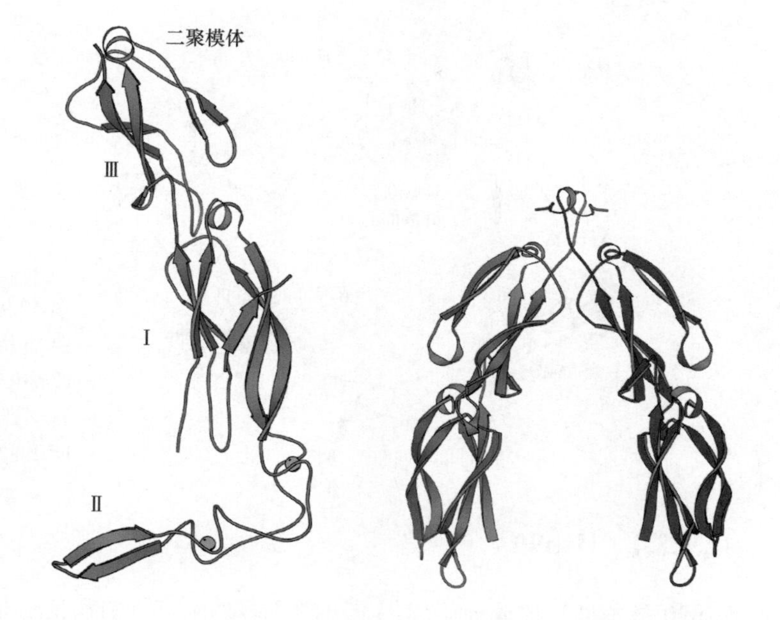

图 12.7　左：Hsp40 1 型肽结合 C 端片段的单体（酵母 Ydj1，PDB：1NLT）。标记了三个域Ⅰ、Ⅱ和Ⅲ。两个锌指基序和锌离子（绿色）是 Hsp40 1 型的特征。结合底物肽的位置显示为红色。右：2 型二聚体（来自酵母的 Sis1，PDB：1C3G），这种蛋白质缺乏结构域Ⅱ。

Hsp70 是该偶联物的 ATP 结合和水解组分。它有一个 N 端 ATP 结合域（NBD），有两个裂片，由四个子域（ⅠA、ⅠB、ⅡA 和ⅡB）组成，具有类肌动蛋白折叠。C 端底物结合结构域（SBD）由 SBDα 和 SBDβ 两个亚结构域组成，其中 SBDβ 与底物结合，SBDα 的作用类似于“盖子（lid）”结构域。NBD 和 SBD 之间的连接体是灵活的（图 12.8）。Hsp70 可以与一种叫做 GrpE 的核苷酸交换蛋白相互作用。底物蛋白或肽的结合和释放受 ATP 结合及水解的调节。

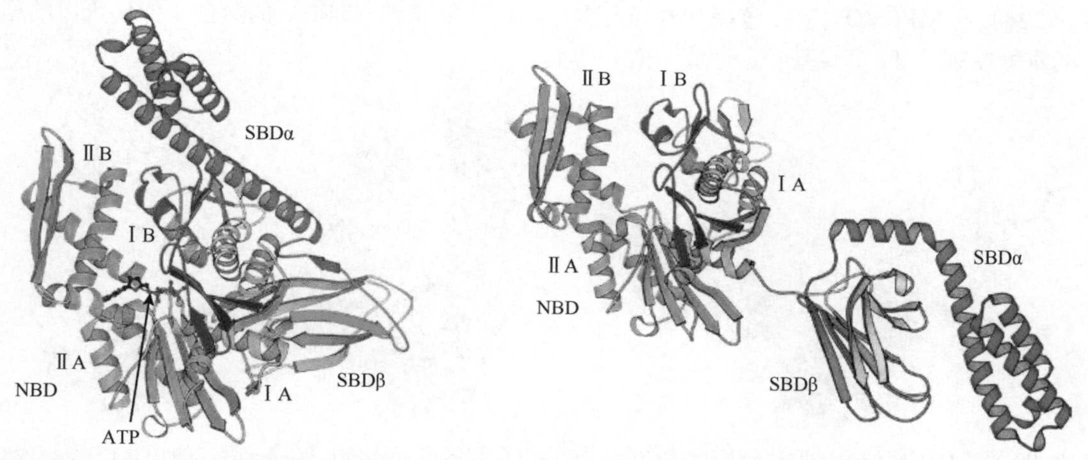

图 12.8　Hsp70 与 ATP（左，低亲和力状态）和 ADP（右，高亲和力状态）结合的两种状态。核苷酸结合亚结构域ⅠA、ⅠB、ⅡA 和ⅡB 以 N 端蓝色开始的顺序着色显示。ATP 结合在ⅠB 和ⅡB 亚结构域之间的裂缝底部。底物结合亚结构域 SBDα（红色）特别是 SBDβ（黄色）在 ADP 状态下结合肽（PDB：4B9Q 和 2KHO）。在低亲和力状态下，NBD 的 ATP 结合位点关闭，在 NBD 的另一侧开了一个凹槽，NBD 和 SBD 之间的柔性连接体可以在这里结合。这使得底物结合部位不易接近。在高亲和力状态下（与 ADP），核苷酸结合位点是开放的，它关闭了连接体的凹槽，使 SBD 能够与底物相互作用。

Hsp70 与延伸的 5 ～ 7 个疏水残基组成的疏水肽段结合，疏水残基两侧有带正电的残基。在结合和释放肽时，SBD 受 ATP 与 NBD 之间的结合和水解的别构相互作用控制。当 ATP 结合时，Hsp70 的疏水连接区与 NBD 的凹槽结合，从而打开盖子（SBDα），允许底物与 SBDβ 结合。ATP 水解导致连接体从 NBD 释放并通过盖子关闭 SBD（图 12.9）。

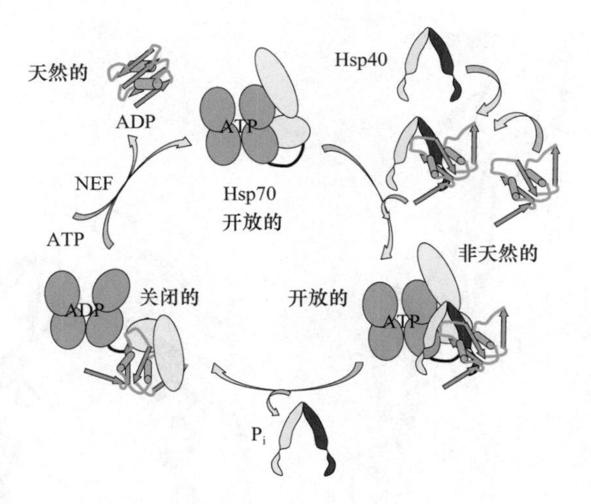

图 12.9 Hsp40 和 Hsp70 与非天然蛋白质相互作用的示意模型。底物与 Hsp40 二聚体相互作用。Hsp40 将底物转移到 Hsp70，并在 ATP 水解时释放。NEF 的核苷酸交换导致底物的释放。

12.1.2.4 Hsp90

Hsp90 是一种二聚体分子伴侣，可激活多种调节蛋白和信号蛋白，包括致癌蛋白激酶和抑癌基因 p53。它是抗癌药物开发的重要靶点。它在蛋白质折叠的晚期起作用，有时与 Hsp70/Hsp40 共同起作用。Hsp90 有大量的共分子伴侣，其中包括 PPIase FKBP52。

拉长的亚基有三个结构域（图 12.10）。中间结构域（MD）连接 N（NTD）和 C（CTD）结构域，并与客户蛋白相互作用。ATP 结合位点位于 NTD，NTD 具有 GHKL 折叠［旋转酶（gyrase）Hsp90，组氨酸激酶 MutL］。该折叠具有四股反向平行 β 结构，其中 ATP 结合在 β 片层的顶部（见 8.3.1 节）。CTD 负责二聚体的形成。C 端具有 MEEVD 序列，该序列介导与多个四肽重复序列（TPR）的共分子伴侣蛋白的相互作用。每个这样的重复序列是 34 个残基长，形成一对 α 螺旋。

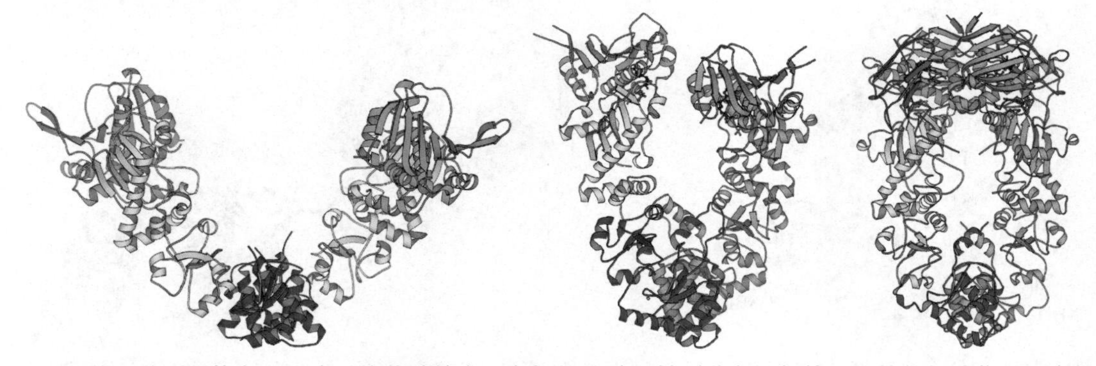

图 12.10 Hsp90 的三种不同构象，取决于核苷酸结合。底部的 C 端区域（蓝色）保持二聚体的相互作用。在绿色结构域的下部可见核苷酸结合位点。左：来自大肠杆菌的无结合核苷酸的开放酶（PDB：2IOQ）。中：部分封闭酶与 ADP（PDB：2O1V）。右：含 ATP 的封闭酵母酶（PDB：2CG9）。C 端域（绿色）相互作用。两亲环位于 M 结构域（黄色）之间的中空空间。

没有核苷酸时的构象可能呈现一个开放的 V 形，但这是一个极端，会有更多的封闭构象共存。当 ATP 结合时，N 结构域通过 N 端的结构域交换紧密地相互作用，而亚基则紧密地接触。当 ATP 水解时，N 结构域失去接触，结构部分打开（图 12.10）。与底物或客户蛋白相互作用的双亲环是 Hsp90 单体之间空腔中 M 结构域的一部分。

底物或客户蛋白可与开放的无核苷酸构象结合。当 ATP 被结合时，N 结构域将发生二聚，从而封闭 M 结构域之间的空间，并有助于底物蛋白的构象变化。在 ATP 水解时，N 端二聚体丢失，二聚体打开并释放激活的客户蛋白（图 12.11，上图）。

在许多共分子伴侣蛋白中，HOP 在早期结合。它是一种 TPR 蛋白，有助于“客户”从 Hsp70 转移（图 12.11，底部）。另一种共分子伴侣蛋白是 p23，它抑制 ATP 水解，并在 ATP 结合时结合到 N 结构域，从而使底物蛋白处于活性状态。p23 的释放可能是由于底物构象的改变或其他共分子伴侣蛋白的相互作用。

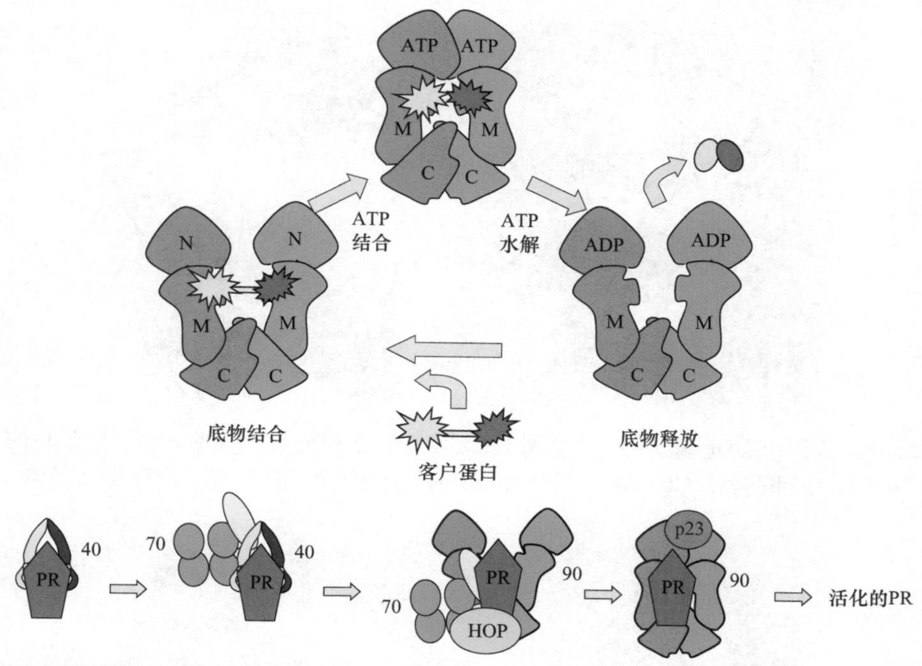

图 12.11　上：Hsp90 的功能模型。在 apo-Hsp90 中，二聚体具有一种开放的形式，客户蛋白可以与之结合。ATP 诱导形成封闭构象，该封闭构象下 N 结构域相互作用。ATP 水解后，N 结构域之间的相互作用消失，激活的底物蛋白被释放。下：在折叠“客户”蛋白时，Hsp90 可以与 Hsp40/Hsp70 相互作用，在这种情况下，就是孕酮受体（PR）。HOP 共伴侣蛋白可以结合 Hsp70 和 Hsp90，从而使底物蛋白从 Hsp70 转移到 Hsp90。

12.1.3 伴侣蛋白

一组称为伴侣蛋白的蛋白质是寡聚体折叠室，用非天然折叠隔离蛋白质。最著名的是 GroEL（Hsp60），它属于Ⅰ类伴侣蛋白。Ⅰ类成员主要为同源寡聚体，主要存在于细菌、线粒体和叶绿体中。Ⅱ类成员通常为异寡聚体，存在于古细菌或真核细胞胞质中。伴侣蛋白由两个环组成，每个环有 7 个、8 个或 9 个亚基。GroEL 有七元环，而古细菌热体和人类 TRiC 有八元环，但也有 9 个亚基环的。

12.1.3.1 GroE

GroEL 伴侣蛋白，也称为 Hsp60，是 GroE 蛋白复合物的一部分，它有另一个组成部分——co-chaperonin-GroES（Hsp10）。GroEL 由两个环组成，每个环有 7 个亚基。每个环形成一个大的腔室，未折叠的蛋白质可以与之结合。GroEL 有三个结构域：赤道（E）结构域、中间（Ⅰ）结构域和顶端（A）结构域。Ⅰ结构域的功能类似于其他两个域之间的枢纽。N 端和 C 端均位于 ATP/ADP 结合的 E 区，形成了两个环的界面。A 结构域位于 GroEL 圆柱体的两端（图 12.12）。

GroEL 有助于多种底物蛋白的折叠。A 结构域的顶端在性质上是疏水的，可以在圆筒的入口处结合并捕获未折叠或部分折叠的底物蛋白质。两个螺旋上的疏水斑是主要的接触点。大的疏水接触面积可能导致结合的底物蛋白进一步展开。结合底物诱导 ATP 结合。当 ATP 结合时，顶端结构域的构象发生变化，以促进作为圆筒盖的 GroEL 的结合（图 12.14）。通过这种方式，底物蛋白被困在由 GroEL 覆盖的腔室中。由于

ATP 和 GroES 的结合作用，空腔变大，疏水残基隐藏在与 GroES 的相互作用中。相反，亲水性残基，主要是带负电的残基，暴露在圆筒的内部（图 12.14）。然后，底物蛋白将经历从疏水性到亲水性的剧烈环境变化，并在更宽的腔室中进行。然后，蛋白质被迫在细胞内重新折叠。

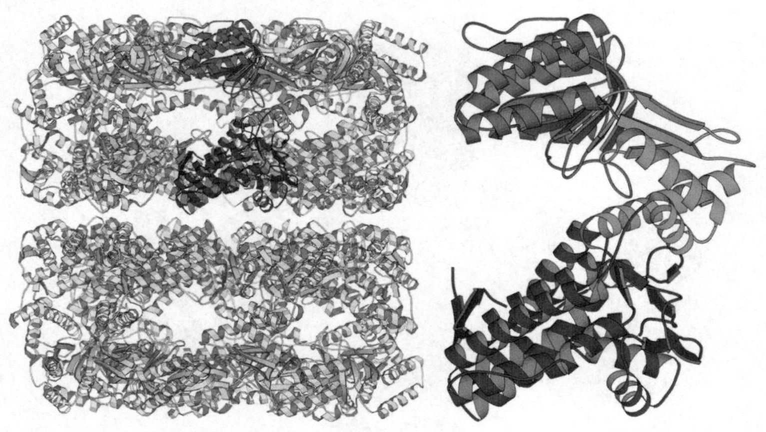

图 12.12 未结合核苷酸的大肠杆菌 GroEL 结构。左：图中显示了 2 个七元环。14 个相同的亚基中有 1 个是有色的。右：具有赤道结构域（E，蓝色）、中间结构域（Ⅰ，绿色）和顶端结构域（A，红色）的 GroEL 亚基的详细结构（PDB：1XCK）。

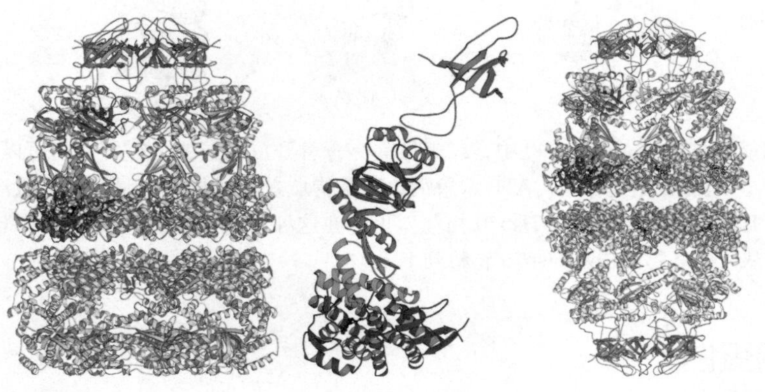

图 12.13 左：含有 ADP 的大肠杆菌 GroEL 的结构。由 7 个亚基组成的 1 个环（洋红色）作为盖子与顺式环结合并改变其结构。A 结构域移动到右上方的位置与 GroEL 互动。反式环几乎不受影响。这种结构被称为“子弹模型”。中：GroES 和 GroEL 的单亚基相互作用（PDB：1SX4）。右：$(GroEL\text{-}GroES)_2$ 的“足球”结构（PDB：3WVL）。

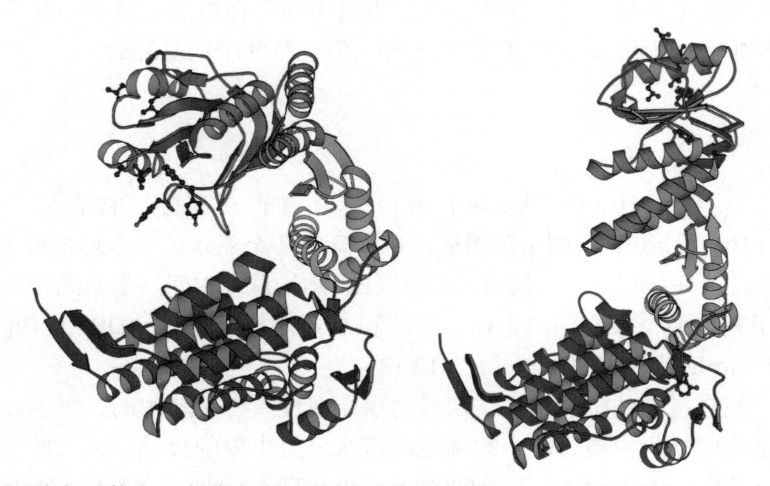

图 12.14 GroEL 亚基的两种主要构象。与底物结合有关的疏水侧链显示为球和棒模型。左：无配体的 GroEL（PDB：1XCK）。右：GroEL 与 ADP 和复合物中的 GroEL（PDB：1SX4）。

在体外试验中，已经出现了两种功能周期模型，但尚不清楚这两种模型是否都在体内存在。在经典的“子弹”模型中，GroES 选择性地结合在 GroEL 的两个桶状结构的任意一侧，即一侧仅与其中一个结合（图 12.15）。在最近的“脚-球”模型中，GroES 可以绑定到 GroEL 桶的两侧（图 12.16）。

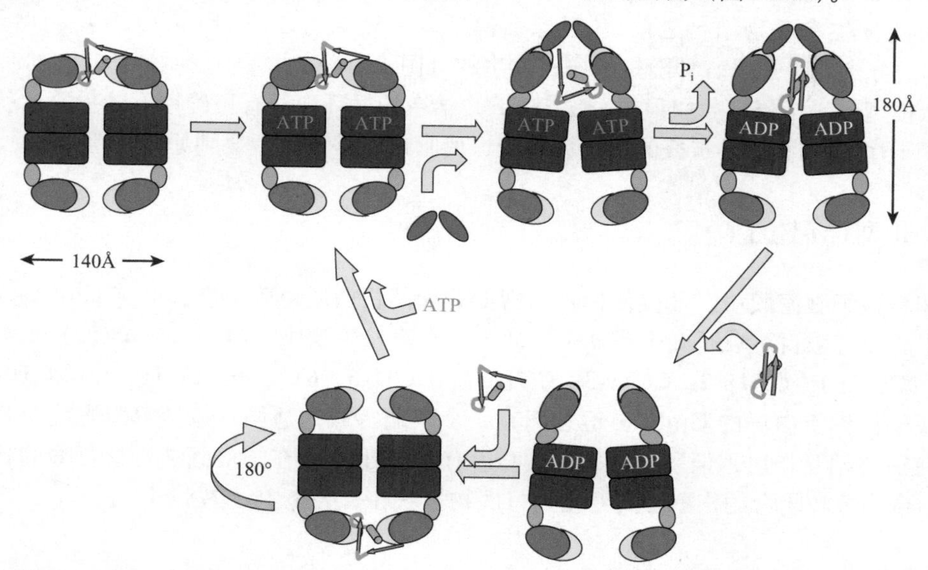

图 12.15　“子弹”模型中 GroE 的功能循环。2 个环在结合 ATP 和非天然蛋白质方面具有负协同性。当 GroES 与顺式环结合时，反式环的开口增大，可以更容易地结合新的底物蛋白。原来的反式环变成了新的顺式环。

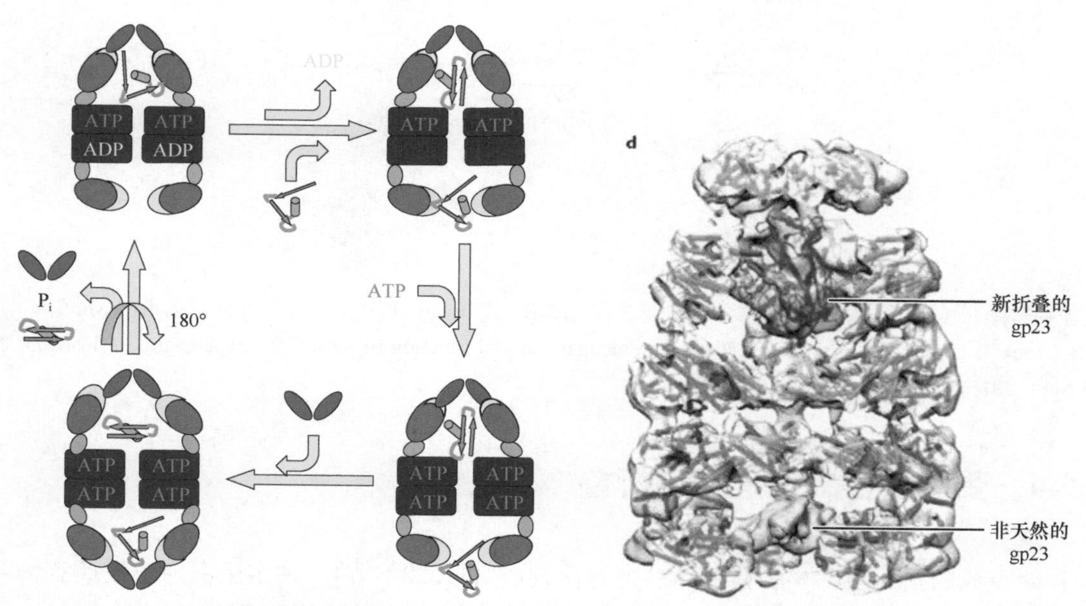

图 12.16　左：“足球”模型的功能循环。注意最左边图片的 180° 旋转。右：GroEL-GroES 复合体的冷冻电镜结构被切开，以显示折叠和非天然底物蛋白在两个环中的电子密度［经许可改编自 Saibil H. (2013) Chaperone machines for protein folding, unfolding and disaggregation. *Nat Rev* **14**: 630-642. Copyright (2003) Macmillan Publishers Limited］。

在“子弹”模型中，ATP 与一个亚基的结合刺激 ATP 与同一（顺式）环中其他亚基的结合（正协同性），而阻止 ATP 与相反（反式）环的结合（负协同性）。在这个过程中，亚基经历了一系列的构象变化，然后刺激 GroES 与顺式环结合，但阻止其与反式环结合（图 12.15）。GroES 的结合导致 GroEL 亚基的构象发生了很大的变化。顶部区域变得更加直立，与 GroES 相互作用。“两缸发动机”的“反式气缸”现在可以执行相同的步骤。当非天然多肽和 ATP 分子与 GroES 的反式柱结合时，折叠的多肽从原顺式环释放出来。前一个反式环变成顺式环。

自从结晶学和低温电镜观察到（GroEL-GroES）$_2$ 对称复合物后，“足球”模型就出现了（图 12.13）。此外，ATP 结合可能发生在底物结合之前。“足球”模型现在被认为是 GroEL-GroES 功能循环的中间环节。GroES 与复合体的分离似乎是以一种随机的方式发生的（图 12.16）。

不管是什么模型，一个蛋白质如果在一次与 GroE 结合的循环中没有正确地重新折叠，就会重复地经历这个过程。GroE 还可以刺激错误折叠的蛋白质展开，使它们能够重新折叠到原始状态。

12.1.3.2 Ⅱ型伴侣蛋白

在古生菌和真核细胞溶胶中，Ⅱ类伴侣蛋白帮助非天然蛋白质正确折叠。其与 GroEL-GroES 的关系很明显，一个环中的亚基数目可以是 8 个或 9 个。此外，在真核生物中，CCT（或 TRiC）具有 8 个氨基酸序列不同的亚基（CCTα-1、CCTβ-2、CCTγ-3、CCTΔ-4、CCTε-5、CCTζ-6、CCTη-7 和 CCTθ-8）。Ⅱ型伴侣蛋白缺乏一个像辅伴侣蛋白样的 GroES，但它们有一个顶端区域的延伸，包括突出螺旋。Ⅱ型伴侣蛋白的每个环中都存在别构相互作用，但环之间的别构相互作用似乎不存在。根据结合核苷酸的状态，分子伴侣在开放的底物结合构象和闭合的构象之间变化，将底物捕获在折叠室中（图 12.17）。

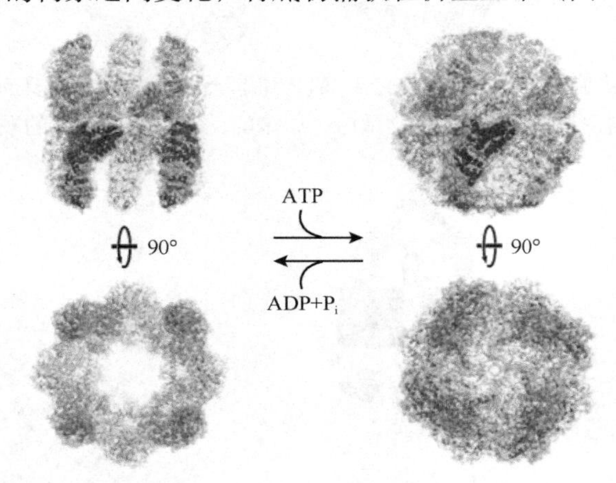

图 12.17 无核苷酸开放型（左）和 ATP 结合封闭型（右）(PDB：3IYF，3LOS）的古细菌Ⅱ型伴侣蛋白 MmCpn 的结构［经许可改编自 Lopez T, Dalton K, Frydman J. (2015) The mechanism and function of group Ⅱ chaper-onins. *J Mol Biol* **427**: 2919-2930. Copyright (2015) Elsevier］。

12.1.4 蛋白质合成过程中的折叠

当一种新合成的蛋白质从核糖体的出口通道出现时（11.2.2.1 节），许多蛋白因子彼此竞争与这段多肽的相互作用，其中包括肽脱甲酰化酶（peptide deformylase）、甲硫氨酸氨基肽酶（methionine amino-peptidase）、信号识别粒子和伴侣触发因子（chaperone trigger factor，TF）。细胞内拥挤的环境需要新生链的快速适当折叠，以防止降解或不必要的聚集。核糖体的出口通道很窄，不允许新生多肽的任何显著折叠。有些蛋白质在从出口通道出来时会自发折叠。然而，在许多情况下，新生多肽的正确折叠需要伴侣蛋白。在原核生物和真核系统生物中，一些伴侣蛋白直接与核糖体和新生链相互作用。在细菌中，新生链主要与结合在核糖体上的小的或“持有”伴侣蛋白相互作用。TF 和 Hsp70（DnaK）即属于这类，且是单体的伴侣蛋白，主要阻止正在表达的多肽发生聚集。

12.1.4.1 触发因子

触发因子是一种双功能蛋白，属于 Hsp70 类伴侣蛋白，也是一种肽基脯氨酰顺反异构酶（PPIase）。它在识别需要折叠的新生肽和输出肽方面起着核心作用。

TF 由三个结构域组成：N 端结构域、中间结构域（PPIase）和 C 端结构域（图 12.18）。核糖体结合位点和 PPIase 位于分子的两端。PPIase 域是可有可无的，其作用并不明确。TF 是一个二聚体，沿着细长蛋白质的延长方向有相互作用。然而，当它与核糖体结合时，它是一个单体。TF 的 N 端结构域在大亚基外表面的出口通道开口处与核糖体蛋白 uL23 和 uL29 结合。

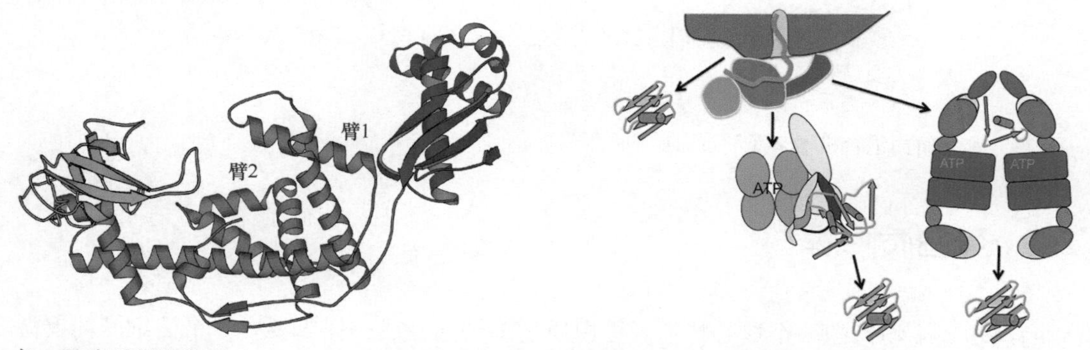

图 12.18　左：霍乱弧菌触发因子（TF）的结构。触发因子是核糖体结合的伴侣。核糖体结合域的 N 端在右边（蓝色），向左依次是 C 端结构域（红色）、中间 PPIase 结构域（绿色）。底物结合在两个臂之间的凹槽中（PDB：1W26）。右：细菌中，核糖体出口通道中新生链的折叠。这种蛋白质可以自行折叠，也可以与 TF 结合。另外，Hsp40、Hsp70 和 GroEL-GroES 可能被需要用于协助新生多肽的折叠。

TF 在其全长的凹槽中与疏水性的底物肽结合。TF 的二聚表面与其肽结合表面一致。

在核糖体的肽出口通道中，特定肽的总长度，加上触发因子的长度，足以表明肽几乎完全伸展。新生多肽合成过程中在 TF 中逐步推进的事实表明，这种结合不可能很强。此外，结合区域是开放的凹槽。TF 可能形成很好的保护作用来对抗不正确的折叠和降解，但当有足够的氨基酸与 TF 结合来形成蛋白质的部分折叠时，它们会从凹槽中分离出来，并完成折叠。

12.1.4.2 新生链的辅助折叠

在细菌中，与 TF、Hsp40 和 Hsp70 的相互作用通常足以使蛋白质正确折叠（图 12.18）。在其他生物体中，蛋白质的正确折叠需要与更复杂的伴侣蛋白如 GroEL-GroES 相互作用。目前还不知道伴侣蛋白与核糖体的相互作用。在真核生物中，可能需要许多伴侣蛋白来完成折叠过程。

12.2 折叠、展开和降解

如前几节所述，一系列蛋白质有助于多肽的折叠。本节将继续讨论这个主题，但主要集中在维持蛋白质稳态所需的蛋白质降解上。在蛋白质被水解成短肽或氨基酸之前，折叠的蛋白质或聚集体必须被溶解，以使它们发生蛋白水解。因此，有许多复合物结合两种功能：展开和蛋白水解（图 12.19）。

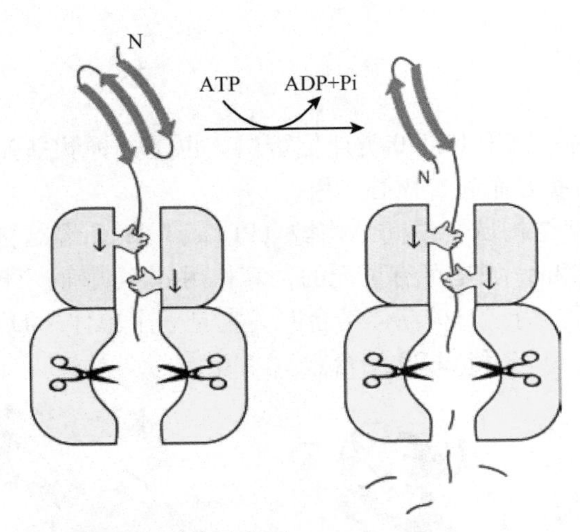

图 12.19　一个展开和水解的组合机器来降解蛋白质的示意图。

12.2.1　蛋白质降解

蛋白质的周转是生物体的一个核心特征。蛋白质的降解同合成一样重要。一个活细胞需要源源不断的提供氨基酸以合成新的蛋白质。这些氨基酸可以来自膳食中蛋白质的分解，也可以来自细胞蛋白质的降解，因此不论在胞内还是胞外，蛋白质均能被水解。真核细胞中有一种叫做溶酶体的细胞器，能降解包括蛋白质在内的大分子。膳食中蛋白质的降解主要是通过消化系统的胞外蛋白水解酶如胃蛋白酶、胰蛋白酶和糜蛋白酶在肠道内完成的。在简单的生物体中，类似的需求是通过胞外蛋白酶来提供的，通过降解外部蛋白质以提供氨基酸。由于这些蛋白酶在生物化学教科书中有广泛的介绍，所以在这里只做简要展示（表 12.2）。

表 12.2　几类单体蛋白酶

蛋白酶种类	活性位点的氨基酸	序列模体	例子
Ser（胰蛋白酶类）	Ser, His, Asp	—	胰蛋白酶
Ser（枯草芽孢杆菌蛋白酶类）	Asp, His, Ser	—	枯草杆菌蛋白酶
Cys	Cys, His	—	木瓜蛋白酶
酸	Asp, Asp	—	胃蛋白酶
锌	Zn 配体：His, His, Glu	HEXXH	羧肽酶 A

注：更多信息请参见 MEROPS 数据库。

细胞中蛋白质的生命周期有很大的不同，这与它们的功能有关。一些蛋白质具有长期的功能，而一些蛋白质发挥作用可能只需要几分钟。不同的蛋白质水解活性负责调节蛋白质的寿命。

细胞内蛋白酶有两个基本的控制作用：调节和质量控制。蛋白质分解必须是明确的和彻底的控制，以防止细胞蛋白质的随机破坏。蛋白质水解功能可以是：

- 由需要特定激活的酶调节，如在凝血系统中；
- 被各种细胞蛋白抑制剂抑制；
- 蛋白质正确折叠无法达到。

细胞中蛋白质的分解是由非特异性蛋白酶完成的，它们大多是寡聚物。这些蛋白酶被设计用来控制它们的活性，以便只有某些特定的底物被降解。通过寡聚物结构，可以使折叠好的蛋白质无法进入它们的活性位点。当蛋白质暴露降解标签（degron）时，蛋白水解酶将识别它们。这些降解标签隐藏在正确折叠的蛋白质中，但在错误折叠时会暴露出来。一些降解标签可以作为信号添加到蛋白质中，如泛素（12.2.3 节）。

这些标记的蛋白质接着被引导到蛋白酶或蛋白酶体中从而被降解成片段，随后再被其他酶分解成氨基酸。在感染过程中，蛋白酶体生成抗原肽，由细胞表面 MHC 分子展示出来（第 17 章）。这些外源肽标志着细胞被感染，应该被清除。

非天然折叠的蛋白质会带来严重的健康问题，因为它们可能相互聚集（3.3.3 节）。通过分子伴侣协助来重折叠和通过蛋白水解酶来降解是处理错误折叠蛋白的两种主要途径。各途径之间存在功能和结构联系。许多寡聚体胞内蛋白酶是 ATP 酶，但也有很大一部分是与 ATP 无关的。

12.2.2 寡聚的 ATP 调节肽酶

一些大的寡聚肽酶需要 ATP 才能发挥活性。它们是细胞内的酶，其活性位点封闭在桶中，因此它们更喜欢降解未折叠的肽，而保留大多数蛋白质的原样。在许多分子伴侣中（12.1.2.2 节），ATPase 的相关活性里，是由一种常见的结构域 AAA+模块来负责展开要降解的蛋白质。AAA+蛋白是能改变其他蛋白质构象的化学驱动酶（8.3 节）。AAA+结构域的中心孔是底物蛋白转移到蛋白水解腔的关键。负责参与这种转移的是中心孔环上一个高度保守的芳香型氨基酸，通常是酪氨酸。蛋白质水解活性可以通过蛋白质的一个结构域或单独的亚基来进行（表 12.3 和图 12.20）。蛋白质的展开，不论是被降解还是被复性，这两个看似相反的活动都要消耗 ATP。

表 12.3　寡聚的 ATP 依赖性蛋白酶

蛋白质	蛋白环的数目	AAA+ ATP 酶的寡聚体结构	蛋白酶寡聚体结构	活性位点入口的直径	活性位点
LonA/B	2	6 个结构域	6 个结构域	18Å	Ser+Lys
FtsH	2	6 个结构域	6 个结构域	20Å	Zn
HslVU	4	蛋白酶桶每侧 6 个 HslU（或 ClpY）亚基	6 × 2 HslV（或 ClpQ）亚基	20Å	N 端 Thr
Hsp100, ClpA, ClpB	2	6 个亚基	—	15Å	—
ClpAP/ClpXP	4	蛋白酶桶每侧 6 个 ClpA/ClpX 亚基	2 × 7 ClpP 亚基	10Å	Ser, His, Asp
26S 蛋白酶体	6	6 个亚基	7α+7β+7β+7α 亚基	13Å	N 端 Thr

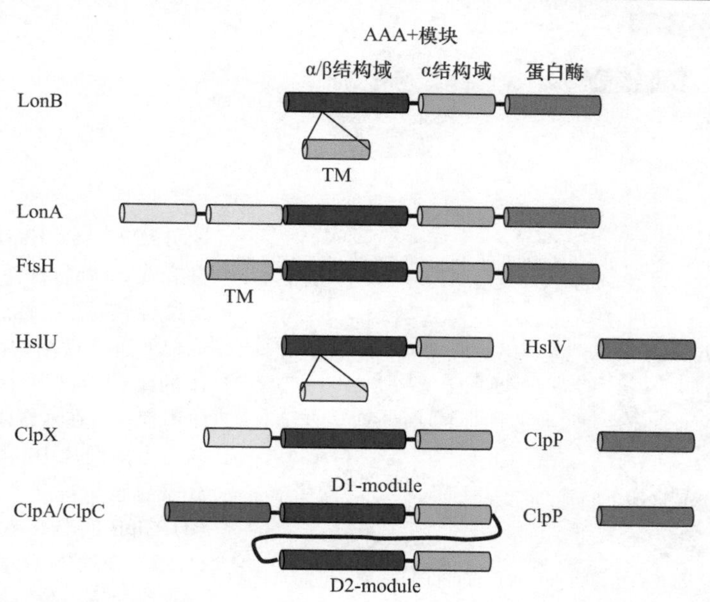

图 12.20　一些 ATP 依赖性蛋白酶的结构域。有些是由 1 个多肽组成，有些是 2 个，但都有 AAA+模块。

AAA+模块由两个结构域组成：α 结构域（较小）和 α/β 结构域（较大；图 12.20）。核苷酸与两个结构域的元件都能结合。α 结构域的螺旋 1 是一个关键元件。它可以是直的、弯曲到可变范围，或者在中间包含两个残基的凸起。这会影响 α 结构域与 α/β 结构域之间的空间和角度。此外，α 结构域和 α/β 结构域之间的关系取决于亚基之间结合的腺嘌呤核苷酸的状态。当核苷酸与 1 个亚基的 2 个结构域结合时，精氨酸指（8.3 节）来自一个相邻的亚基。ATP 水解导致六元环的构象变化，可能由此将底物肽或蛋白质拉进降解室。AAA+组分的六聚体性质可能表明，亚基和 ATP 合成酶一样，依次经历 ATP 水解和 ADP → ATP 交换（5.3 节）。

未折叠 ATP 酶 ClpX 与其密切相关的 ClpA 一样，与蛋白酶 ClpP 有关。其亚基不以对称方式运作。在 ClpX 中，只有 4 个相同的亚基是可装载（L）ATP 的，而另外 2 个不行。在不可装载（U）ATP 的亚基中，小结构域和大结构域的构象可以防止核苷酸结合。环中亚基的排布为 L-U-L-L-U-L（图 12.21）。然而，一个亚基的小结构域和下一个亚基的大结构域总是以相同的方式相互作用，即静态相互作用。

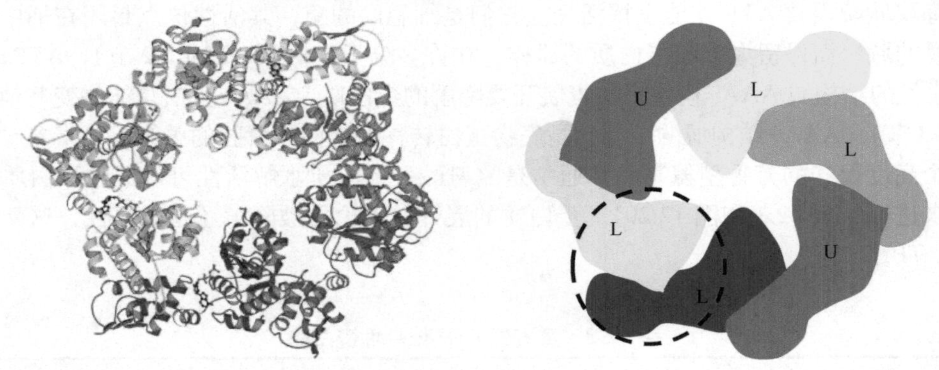

图 12.21　ClpX 中可装载（L）和不可装载（U）ATP 的 AAA+亚基的不对称排列。图中还显示了一个亚基的小结构域和下一个亚基的大结构域之间的刚性相互作用。黑线表示可加载和不可加载的亚基（PDB：4I81）之间的刚性接触。

12.2.2.1　Hsp100

Hsp100（真核生物）或 ClpB（细菌）蛋白质既能自身参与蛋白质分解，也能结合水解蛋白参与同蛋白质水解蛋白结合时的降解。Hsp100 家族包括 Hsp104、ClpA、ClpB、Hsp78，是具有两个 AAA+结构域的同源六聚体低聚物（图 12.22 和 8.3 节）。双环的作用仍然不清楚。

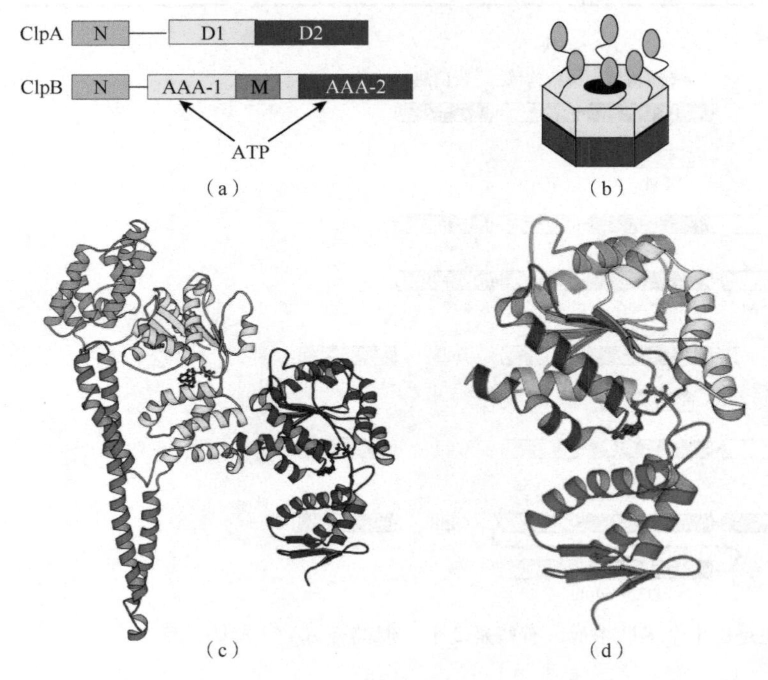

图 12.22　(a) Hsp100/ClpA 和 Hsp104/ClpB 具有双 ATPase 环。(b) 六聚体（绿色）的 N 端结构域通过柔性连接体连接，AAA+结构域形成 6 重双盘结构。(c) 嗜热链球菌 ClpB 单体的结构。红色中间（M）结构域，Hsp100 中不存在，在六聚体表面形成翼状结构，颜色与左上角图片中的颜色相对应。两个 ADPNP 分子显示为球状和棒状模型（PDB：1QVR）。(d) ClpB 的 C 端 AAA+结构域，颜色从蓝色（N 端）到红色（C 端）。与核苷酸结合的 P-环，与片层的第一条链相互作用。C 端螺旋束（红色）是所有 AAA+ATPase 结构域的一部分。

N 端结构域（NTD）与六聚体的主体（图 12.22）松散地连接在一起，参与由小的接头蛋白如 ClpS 介导的底物识别。ClpS 将 Hsp100 的活性导向聚集蛋白。NTD 由两个螺旋束组成，每个螺旋束有四个螺旋，由一个伪双轴相连，并且具有疏水表面。ClpS 通过若干个位点与 NTD 相互作用。NTD 的黏性表面可能导致底物的非特异性结合，而功能性结合发生在 AAA-1 或 AAA-2 结构域上（图 12.22）。通过中央通道，蛋白质重新获得结构或准备降解，这个通道的宽度大约是 15Å。AAA-1 或 D1 环中央通道的保守酪氨酸残基对 ClpB 的解聚活性有重要影响。如果酪氨酸发生突变并且 NTD 被移除，那么活性就会丧失。

12.2.2.2　HslVU

在一些细菌和真核生物中，蛋白酶体有一个远亲（见下文）。这组蛋白酶的名称是 HslV（热激位点 V）或 ClpQ。HslV 是由热诱导的，并且降解非天然折叠的蛋白质。与 20S 蛋白酶体类似，该颗粒由 2 个六元环构成，形成一个用于蛋白质水解的空腔（图 12.24）。HslV 与蛋白酶体 β 亚基有 20% 的序列相似性，但缺少蛋白酶体 α 亚基。HslV 是一种以 Thr1 为亲核基团的 Ntn 水解酶（N 端亲核水解酶）。内腔的活性位点自身的蛋白酶活性对短肽较低，对蛋白质更是忽略不计。

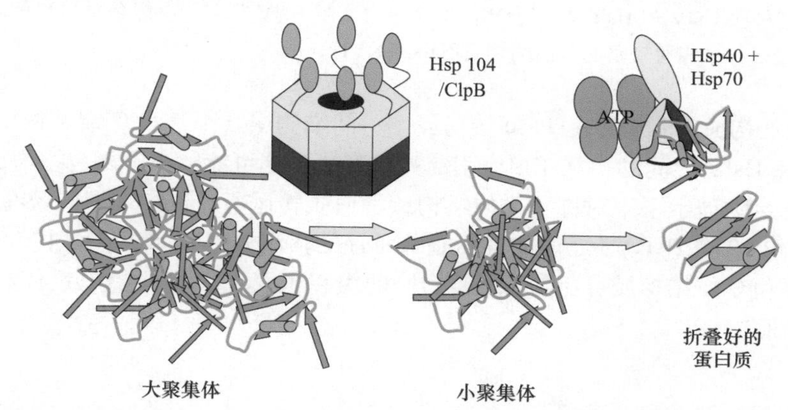

图 12.23　解聚集的可能路径。Hsp104/ClpB 将较大的聚集体分解成较小的聚集体，这些聚集体可以作为 Hsp70/DnaK 家族分子伴侣的底物，这些分子伴侣可以产生具有天然折叠的蛋白质。

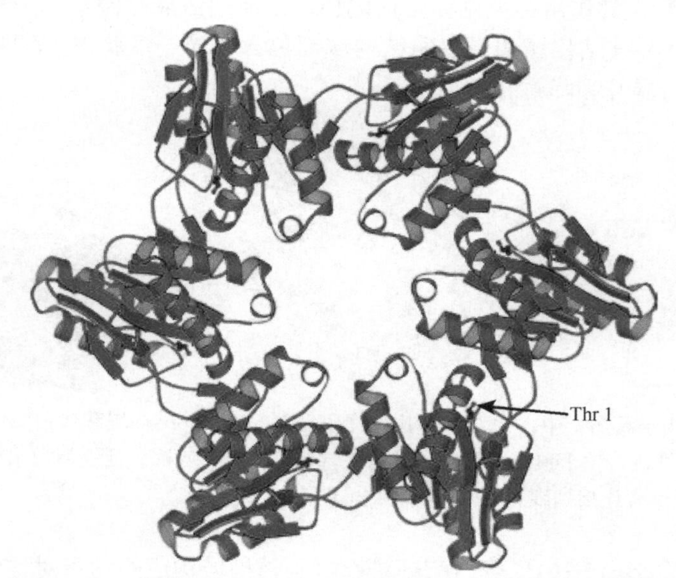

图 12.24　海栖热袍菌（*Thermotoga maritima*）的 HslV 结构，一种细菌相关的 20S 蛋白酶体。它由两个相同亚基的六元环组成（仅示出其中一个环）。亚基的结构与蛋白酶体的 β 亚基有关，是一种苏氨酸蛋白酶（PDB：1M4Y）。催化 N 端的残基（Thr 1）已标记。

像 20S 蛋白酶体一样，HslV 可以与 AAA+超家族的 ATP 酶相结合，称为 HslU 或 ClpY。HslU 可使 HslV 的蛋白水解活性提高 1 ～ 2 个数量级。HslU 还形成六元环，并结合到双 HslV 环的每侧（图 12.25）。HslU 是 Clp/Hsp100 分子伴侣家族的一员，但与 HslV 同时参与靶蛋白的降解。

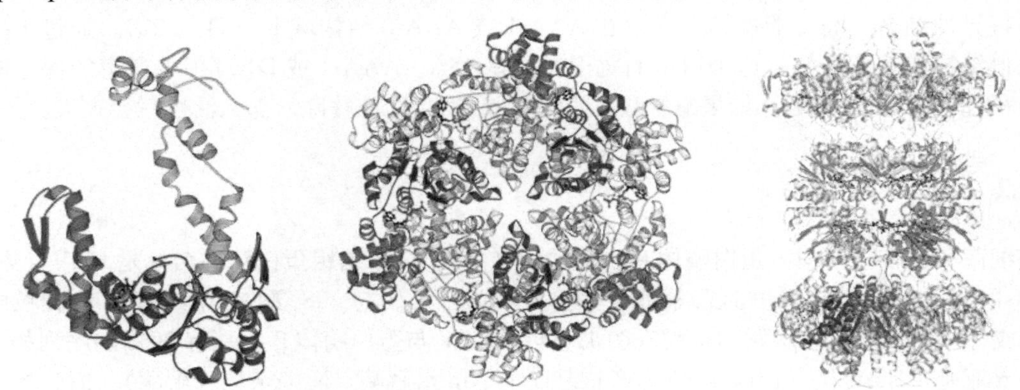

图 12.25 左：ClpY（PDB：1E94）的结构及其 3 个结构域（N 蓝色、I 青色和 C 红色），以单体形式和六聚体（中间）形式与 ATP 结合。右：大肠杆菌 HslV 和 HslU 的复合物。两个蛋白水解 HslV 环（一个绿色单体）可以被一个或两个 ATPase HslU 环围绕。完全复合物是一个相对完整的蛋白酶体（PDB：1KYI）。

HslU 单体有 3 个结构域：N 端或 ATPase 结构域、中间结构域（Ⅰ）和 C 端结构域。ATPase 结构域背对 HslV 亚基。HslU 和 HslV 之间的相互作用会引起构象变化，这可能解释了复合物增加的活性。2 个 HslV 环和 1 个 HslU 环的复合物展示了不对称重排的结构。蛋白质转运所通过的环型区域在 HslU 环结合后变得更宽，直径几乎为 20Å。2 个 HslV 环之间的界面是疏水性的，而 HslV-HslU 界面中有许多氢键，明显是亲水性的。HslU 的 N 端和 C 端结构域可能参与了复合物的组装和激活，而Ⅰ结构域可能参与了选择和引导底物进入 HslV 蛋白水解腔。

12.2.2.3 FtsH

FtsH 与其他 AAA+蛋白酶有几个不同之处。它结合在细胞质膜的内部，在细菌中是必需的和保守的，在线粒体和叶绿体中很重要。其作用是控制膜蛋白的质量。N 端区域有两个跨膜螺旋，一个区域位于周质内（图 12.26）。跨膜区、AAA+结构域和蛋白酶结构域都包含在同一多肽中。ATP 的能量被用来将非天然的蛋白质从膜中拉出来进行展开和降解。

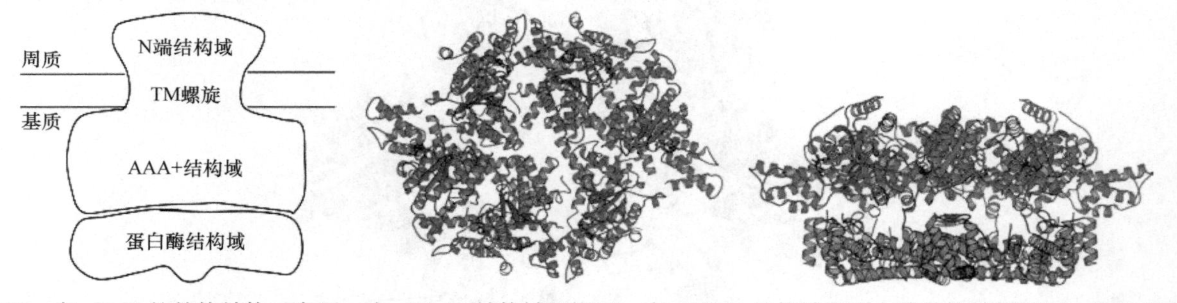

图 12.26 左：FtsH 的整体结构示意图。中：AAA+结构域顶视图。右：AAA+结构域和蛋白酶结构域侧视图。这两个环由 6 个多肽组成。AAA+结构域（红色）位于顶部，蛋白酶结构域（棕色）位于底部。活性蛋白水解位点位于内腔。AAA+结构域通过每个亚单位的两个跨膜螺旋连接到细胞膜上（PDB：2CE7）。

FtsH 的结构为 2 个环（图 12.26）。蛋白酶环是由螺旋结构域构成的六重对称的平面六边形。活性位点在环之间，锌离子被 2 个组氨酸和 1 个天冬氨酸残基结合。组氨酸是蛋白酶或“锌蛋白（zincin）”（HEXXH）中经常出现的锌结合模体的一部分。六聚体中的活性位点相距约 34Å。

AAA+结构域形成一个圆环体。虽然蛋白酶环是一个几乎完美的六聚体，但 6 个 AAA+结构域具有双重对称性。AAA+结构域之间的孔隙宽度为 20Å。AAA+环在 ATP 的结合、水解、靶蛋白的引入和变性过程中可能发生构象变化和对称性变化。参与引入活性的芳香残基是一种苯丙氨酸，其在静态晶体结构中，在 FtsH 的中心孔处有 3 个不同的水平。

12.2.3 泛素途径和蛋白酶体

真核细胞的两个主要蛋白水解系统是溶酶体和蛋白酶体。溶酶体是一种细胞器，含有大量能降解各种生物分子的酶。蛋白酶体是一种大的寡聚体，负责在细胞内将蛋白质分解成更小的片段，随后被更小的蛋白酶降解为氨基酸。蛋白质通过被泛素共价连接而被标记为要销毁的蛋白质，蛋白酶体就负责处理这些被标记的蛋白质。这个系统被称为“垃圾处理”。泛素-蛋白酶体系统的功能失调会导致错误折叠和聚集蛋白的积累，通常会导致神经退行性疾病。

12.2.3.1 泛素标记系统

泛素（ubiquitin，Ub）是一种由 76 种氨基酸组成的小而稳定的蛋白质。它可以共价连接到蛋白质上，作为各种细胞用途的信号。Ub 在柔性 C 端有 1 个 Gly-Gly 序列，它是目标蛋白的附着点。3 种不同的蛋白质（E1、E2 和 E3）参与标记过程（图 12.27）。泛素激活蛋白（E1）腺苷酸化 Ub 的 C 端，然后通过硫酯键将其转移到 E1 的半胱氨酸上。随后，E1 将 Ub 部分转移到泛素偶联酶（E2）的半胱氨酸上。因此，E1 执行 3 种不同的反应通过腺苷酸化激活泛素、硫酯化和转硫酯化。这种酶相当复杂，有 2 个 Rossmann 折叠结构域（1 个活跃，1 个不活跃）、1 个半胱氨酸结构域和 1 个泛素折叠结构域。泛素与活性 Rossmann 折叠结构域结合。此外，E2 是相对较小的单结构域蛋白质。泛素连接酶（E3）最终将泛素转移到底物蛋白上，通过其赖氨酰基残基和 Ub 的 C 端 Gly 之间形成的异肽键共价连接在一起。E3 分子对不同类型的靶蛋白具有特异性，可分为 3 类，分别为 RING、HECT 和 RBR。E2 偶联分子对某些类型的 E3 具有特异性。虽然哺乳动物细胞中只有两种 E1 蛋白，但有大约 40 种 E2 变体和 600 多种 E3 酶。

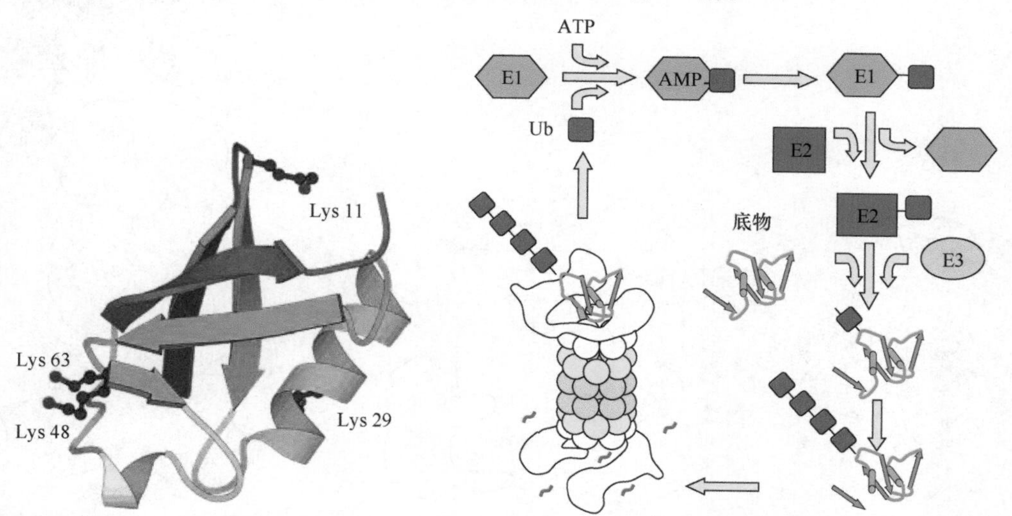

图 12.27 左：泛素分子（Ub；PDB：1UBQ）。右：标记底物蛋白（红色）和 Ub（紫色）的步骤。E1（绿色）是泛素激活蛋白。它首先通过将 Ub 转移到 ATP 分子的 AMP 部分的激活来激活 Ub，然后将其转移到 E1 的半胱氨酸残基上。泛素偶联酶（E2，蓝色）随后被标记 Ub。最后，泛素连接酶（E3，浅棕色）将 Ub 转移到底物蛋白质的赖氨酸氨基上。在某些情况下，E3 酶首先共价结合 Ub。将要降解的底物将变成多泛素化，与蛋白酶体结合并被展开，这将导致底物蛋白转移到蛋白水解腔里并被降解。Ub 部分被释放并重新利用。

Ub标记在细胞中有许多不同的功能，其中一个是蛋白酶体降解的信号。Ub可以附着在蛋白质的一个或多个赖氨酸残基上，Ub分子的整条链可以附着在特定的赖氨酸上。这种多泛素化可以是线性的或分支的。当一种底物蛋白被多泛素化时，这是通过起始和延伸步骤来完成的。通常，蛋白酶体降解需要4个Ub分子作为信号（图12.27）。然而，对于小的底物蛋白质或肽，即使1个Ub也足以作为降解的信号。也有许多类泛素蛋白被连接到不同的蛋白质底物上，但它们通常具有除降解标记以外的其他细胞作用。SUMO（小的泛素相关修饰剂）可能是类泛素蛋白，因其标记不同的转录因子而受到最大的关注。

Ub有7个赖氨酰残基，其中4个（K11、K29、K48、K63）参与多泛素化中下一个泛素的C端甘氨酸的异肽键连接。通过K48和K29连接的多泛素化是蛋白酶体降解的信号。靶蛋白的单泛素化具有不同的细胞作用。

12.2.3.2 蛋白酶体

蛋白酶体存在于生命的各个分支中。它们对所有真核细胞都是必需的，但对古细菌的生存不是必需的，只在一些真细菌中有发现。蛋白酶体是细胞内泛素化蛋白调控降解为寡肽的场所。底物可以是短生存周期的调节蛋白或非天然折叠蛋白。通常，蛋白酶体降解后产生的多肽是7～9个残基长度。这些多肽可以被其他蛋白酶进一步加工。

完整的蛋白酶体是一个26S颗粒，分子质量为2.5MDa。真核细胞26S蛋白酶体由至少34个不同的亚基组成。1个或2个19S调节颗粒从中心结构，即核心或20S蛋白酶体延伸出来。20S颗粒是一个高约150Å、直径110Å的圆柱体，由4个七元环组成。外面2个环由α亚基组成，内部2个环是头对头的朝向，由14个β亚基组成。

α和β亚基有一个共同的折叠，2个五股β片层形成“三明治”结构，每侧有2个α螺旋（图12.29）。H1和H2螺旋负责α和β亚基之间的接触，而H3和H4螺旋形成β环之间的接触。β亚基的环形成腔室，α亚基在腔室入口处形成窄环。蛋白水解活性位点位于β亚基的内侧（图12.28）。因此，一个蛋白酶体中可能有14个蛋白水解活性位点。

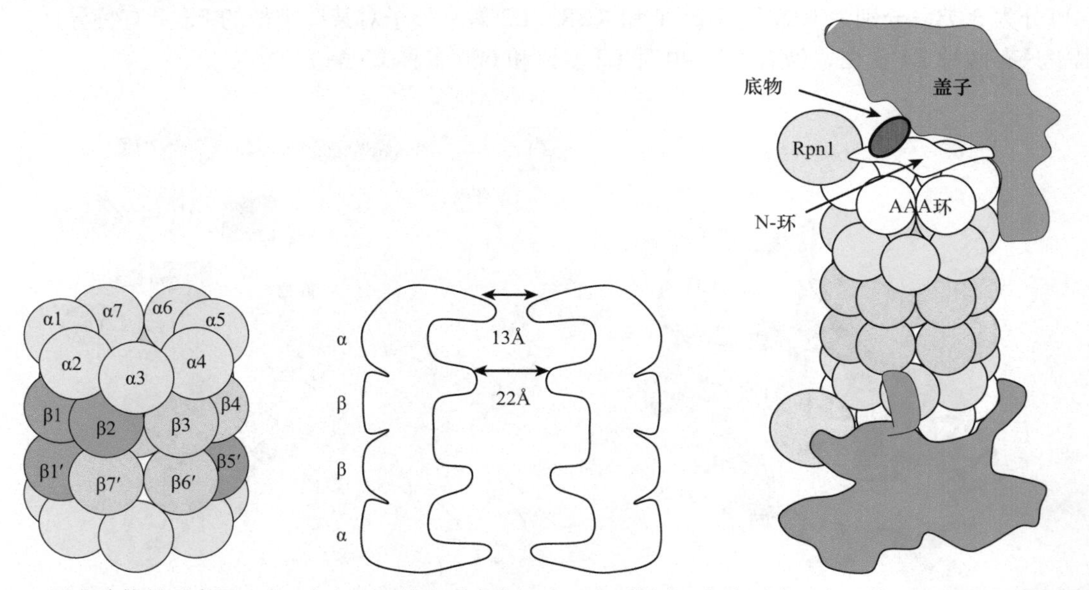

图12.28　26S蛋白酶体的示意图。左：中心20S核心（有色）由4个环组成，每个环有7个亚基。两个β环（棕色）在中心，α亚基（蓝色）形成外圈。在真核细胞20S蛋白酶体中，7个α亚基和7个β亚基都是唯一的。该图显示了蛋白水解腔一侧的活性β亚基（深棕色）1、2和1′与另一侧的5′和5之间的空间关系。中：一条狭窄的通道通向前腔，然后进入中央蛋白水解腔。活性位点面向β亚基形成的内腔。右：在26S蛋白酶体中，由20个亚基组成的19S调节复合物在20S核心的两侧覆盖。底座最接近20S核心，盖子形成外部部分。

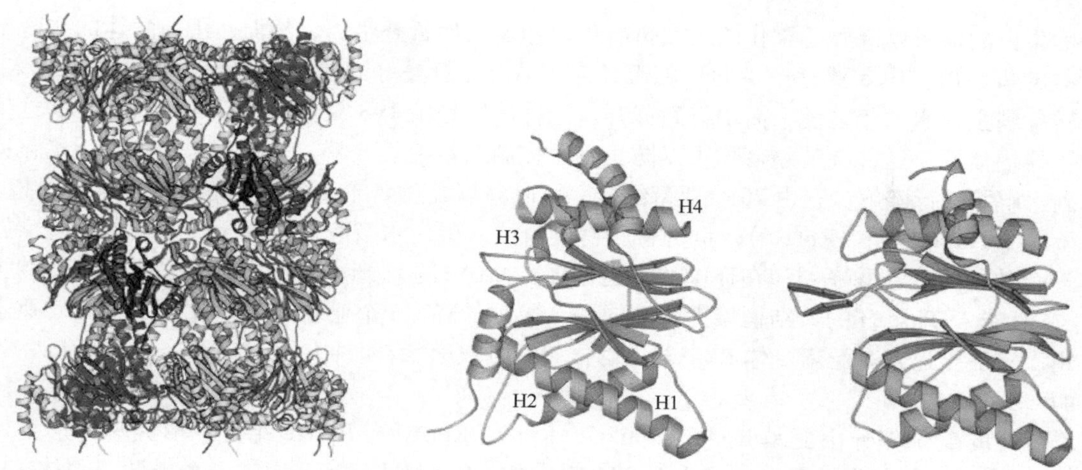

图 12.29 左：闪烁古生球菌（*Archaeoglobus fulgidus*）20S 蛋白酶体的晶体结构。右：α 和 β 亚基具有非常相似的结构（PDB：1J2Q）。

所有细菌和大多数古细菌蛋白酶体都是仅由一种 α 亚基和一种 β 亚基组成的。对于一些古细菌和真细菌，有两种不同的 α 亚基和两种不同的 β 亚基。在真核生物中，α 型和 β 型各有 7 个不同但同源的亚基（图 12.30）。因此，在真核生物 20S 蛋白酶体中，精确的七重对称性被打破。

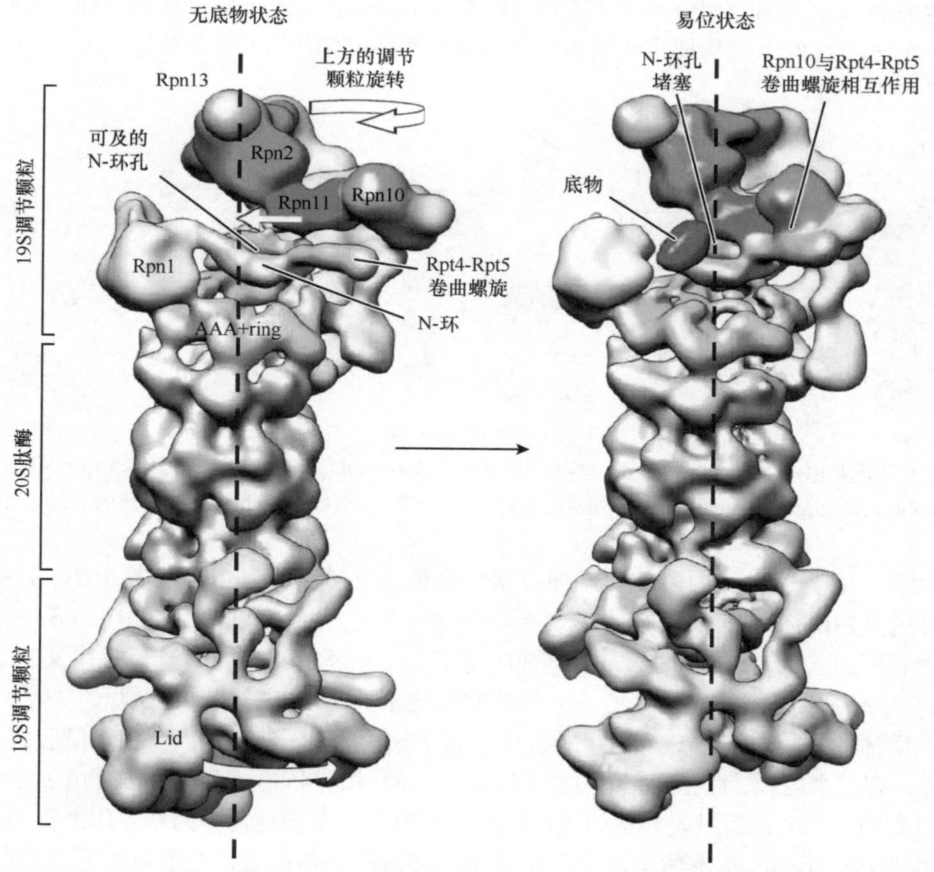

图 12.30 完整 26S 蛋白酶体的冷冻电镜结构。中央 20S 组份显示为灰色。19S 调控复合物与 20S 相连，底座（蓝色）形成两个环，即 AAA+环和 N-环。在右边的结构中，底物蛋白被结合［经许可改编自 Matyskiela ME, Lander GC, Martin A. (2013) Conformational switching of the 26S proteasome enables substrate degradation. *Nat Struct Mol Biol* **20**: 781-788. Copyright Nature America Inc (2013)］。

完整的蛋白酶体可以降解泛素化的天然折叠蛋白和非天然折叠蛋白。然而，蛋白酶体的 20S 部分只能降解未折叠的蛋白质。由 α 亚基产生的环隙直径为 13Å，对折叠好的蛋白质来说太窄而难以进入。因此，在将底物转移到蛋白水解腔之前，需要将其展开。这种活性是由 19S 复合物执行的，对应于圆柱体一侧或两侧的分子伴侣活性。这种调节复合物可以防止不受控制的蛋白质分解，并负责识别、去泛素化、展开和转移底物到水解腔进行降解。它由 20 个亚基组成，可以分解成两个部分，称为底座和盖子（图 12.30）。该底座含有 6 个 ATPase 亚基（Rpt1-6），负责将底物蛋白拉入蛋白水解腔，它属于 AAA+酶的超家族。每个亚基都有一个独特的氨基酸序列和在环中的固定位置。AAA+的 N 端小结构域具有寡聚物结合的折叠方式（OB），并在形成 ATPase 环的大结构域上方形成一个单独的环，6 个亚基的 C 端尾部与 7 个 α 亚基特异性地相互作用。该底座还含有泛素受体 Rpn13。此外，该底座还含有两种大的支架蛋白 Rpn1 和 2，以及一种去泛素化酶 Ubp6。

19S 复合物的盖子部分由亚基 Rpn3、Rpn5-7、Rpn9、Rpn10 和 Rpn12 组成，形成马蹄形结构。它最重要的功能是从底物中去除泛素，这是由 Rpn11 完成的，Rpn11 与 Rpn8 形成一个异源二聚体。Rpn13 和 Rpn10 共同参与识别附着在底物上的多泛素链。

在没有底物蛋白的情况下，ATP 酶亚基被排列成一个固定的螺旋形阶梯。此外，N-环和 ATPase 环的对称轴与 20S 复合体的对称轴不重叠。然而，结合一个泛素化的底物蛋白（图 12.31），发生的构象变化会使孔重叠，ATP 酶环基本上变平。然而，由于大结构域的倾斜程度不同，参与底物迁移的孔环仍呈螺旋阶梯状排列。目前尚不清楚 ATP 酶亚基和孔环在爆发的 ATP 水解和 ADP、Pi 释放过程中的行为。在结合底物时，Rpn11 也将位置从离轴（off-axis）移动到在轴（on-axis）。与 ClpX 的情况一样，AAA+亚基的小结构域和下一个 AAA+亚基的大结构域之间的相互作用起着刚体的作用（12.2.2 节）。

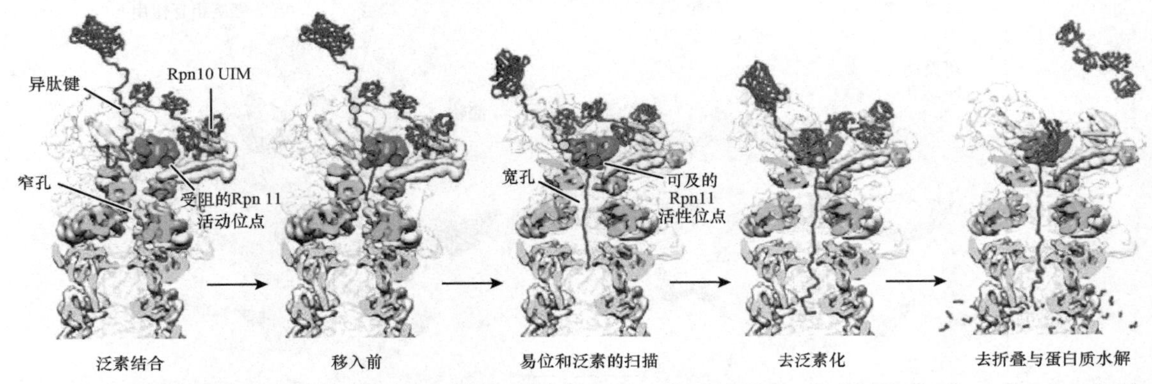

图 12.31　蛋白酶体对泛素化蛋白的结合和加工［经许可改编自 Matyskiela ME, *et al.* (2013) Conformational switching of the 26S proteasome enables substrate degradation. *Nat Struct Mol Biol* **20**: 781-788. Copyright (2013) Nature America Inc］。

在哺乳动物中，有另一种蛋白酶体叫做免疫蛋白酶体。它被认为是用来制备 MHC Ⅰ类分子展示的抗原肽。这种特殊的蛋白酶体有一个 11S/PA26 复合物与 20S 核心结合（图 12.32）。在 20S 中，α 亚基的 N 端通过环隙封闭了腔室的入口。PA26 的七重对称性决定了 7 个 α 亚基的 N 端。这反过来又有一个效果是环隙打开，以简化进入蛋白水解腔的途径。另一个相关的系统是 Blm10/PA200。在这里，一个大的单链激活剂包裹在 20S 蛋白酶体的末端。7 个 α 亚基的 N 端只有部分有序排列，使得进入蛋白水解腔的途径受到限制。

20S 蛋白酶体有三个内腔，直径约 50Å（图 12.28）。由面对面朝向的 β 亚基形成的中央室含有活性位点。这个内室的入口大约是 30Å，而进入外室的入口则更窄。与 19S 调节复合体的相互作用打开了这些外环。

蛋白酶体 β 亚基属于 Ntn 水解酶类。它们总是作为非活性前体产生，并通过内部自催化裂解转化为活性形式。这使得 Thr1（N 端残基）能够充当亲核基团，而 N 端的游离氨基则充当水解的普遍碱基。这个自由 N 端氨基是所有 Ntn 水解酶的共同特征。苏氨酸羟基氧与底物 S1 残基的羰基碳共价结合。在接下来的步骤中，键被水解。

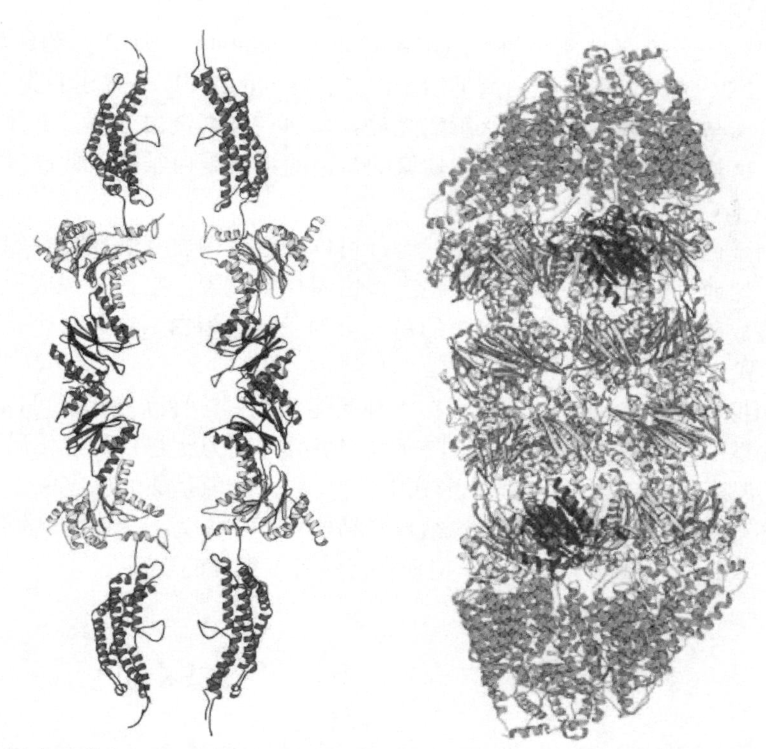

图 12.32　左：酵母 20S 蛋白酶体与 11S 激活剂 PA26（红色）复合物的中心部分。黄色部分是蛋白酶体 α 亚基（PDB：1Z7Q）有序排列的 N 端。右：酵母 Blm10（绿色）的单链与 20S 颗粒（PDB：4V7O）复合物的晶体结构。其中一个 14α 亚基在两个双层中都有标示（蓝色）。活跃的位点总是位于中心环的内部。

前肽具有不同的长度和序列，但苏氨酸之前的残基始终是甘氨酸。对于自催化裂解，没有可用的质子受体，因此需要水分子。苏氨酸附近的一些保守残基参与了酶内及其与底物的相互作用。活性位点之间的距离约为 28Å，这可能与所产生肽的大小有关。

在真核生物中，有 7 种不同的 β 亚基，但只有 β1、β2 和 β5 是活性酶。因此，与细菌中 2×7 个活性亚基相比，真核生物只有 2×3 个活性亚基。这些亚基结合醛抑制剂。其中一个亚基的 Thr1 突变导致至少一种经典蛋白酶体活性丧失。β1 偏好在 Glu 后切割，β2 在 Arg 或 Lys（如胰蛋白酶）后，β5 在糜蛋白酶等芳香残基后。然而，其特异性并不严格，真核蛋白酶体能切开大多数肽键。两个 β 环的活性位点和非活性亚基在结合底物及指导裂解方面表现出复杂的协同性。

蛋白酶体通过不同途径对关键蛋白进行调控降解。因此，蛋白酶体抑制剂具有重要的研究意义。细胞周期可在不同阶段被阻滞，导致细胞增殖减少。已对许多抑制剂进行了结构和功能分析。

12.3　丝氨酸蛋白酶抑制蛋白：蛋白酶抑制剂

有大量的蛋白质作为蛋白酶抑制剂发挥作用，对防止蛋白水解酶造成灾难来说非常重要。在这些抑制剂中，丝氨酸蛋白酶抑制剂有 20 多个家族，其中在高等生物中最丰富的是丝氨酸蛋白酶抑制蛋白（serpin）。这种类型的抑制剂是一种不寻常的结构活性的例子，它在现有的 β 片层中间插入 β 链。

丝氨酸蛋白酶抑制蛋白是丝氨酸蛋白酶抑制剂的一个大家族，存在于生命的所有界中。它们是自杀性抑制剂，以计量比例的方式与其抑制的特定靶点一起被消耗。该家族成员包括抗胰蛋白酶（antitrypsin）、抗胸腺三肽（antichymotrypsin，ACT）、抗凝血酶（antithrombin）、纤溶酶原激活物抑制物-1（plasminogen activator inhibitor-1，PAI-1）、α1-蛋白酶抑制物（α1-proteinase inhibitor，α1-PI）和卵清蛋白（ovalbumin）。卵清蛋白约占卵蛋白的 2/3，它与丝氨酸蛋白酶抑制蛋白具有相同的结构，但不起抑制剂的作用。在人体中，丝氨酸蛋白酶抑制蛋白参与严格调控的蛋白水解酶途径：凝血、纤维蛋白分解、补体级联、组织重塑、肿瘤转移、炎症和凋亡。尽管序列相似性较低，但丝氨酸蛋白酶抑制蛋白结构彼此高度相似，有 9 个 α 螺旋（A ～ I）和 3 个 β 片层（A ～ C）。

丝氨酸蛋白酶抑制蛋白类蛋白质折叠成亚稳状态，可以通过蛋白质水解变得稳定。它们最初被认为在这方面是独一无二的。然而，现在有许多其他亚稳态蛋白质也被发现。它们折叠成亚稳状态，可通过共价或非共价相互作用转换成稳定形式。亚稳态蛋白的另一个例子是朊蛋白，它有一个正常的亚稳态形式，可以转化为致病的稳定形式。

天然丝氨酸蛋白酶抑制蛋白在动力学上滞留在一种高能状态，这种高能状态可以通过两种不同的方式被松弛，如下所示。典型的丝氨酸蛋白酶抑制蛋白亚稳态折叠（应力状态）的融化温度为 60℃，而稳态折叠（松弛状态）的融化温度为 120℃。在亚稳态形式中，20 ～ 25 个氨基酸的反应中心环（RCL）暴露在外，并且非常灵活。这个环可以以一种不寻常的方式结合到结构中；它作为一个新的 β 链插入到 β 片层 A 的中间（图 12.33）。这种类型的结构重排出乎意料，但现在已经有了很好的表征。

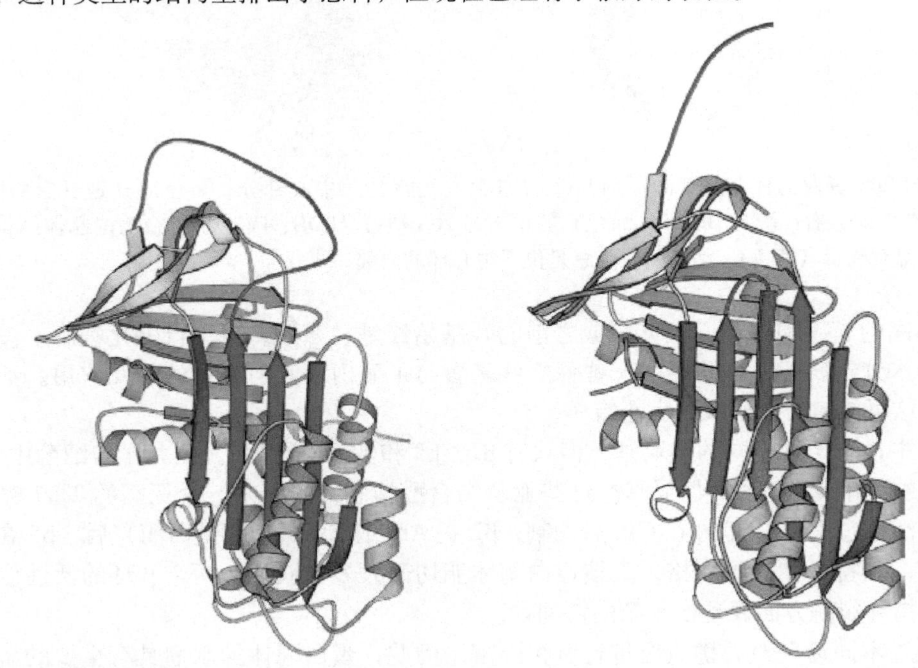

图 12.33　抗胰蛋白酶的亚稳态或应力状态（左，PDB：1HP7），以及稳定或松弛状态（右，PDB：1QMB）的结构。蛋白质有三个 β 片层，即 A（红色）、B（绿色）和 C（黄色）。亚稳型的反应中心环（RCL，紫色）被切割并整合在 A 片层的中间，成为稳定的松弛状态。

RCL 环对丝氨酸蛋白酶抑制剂活性具有核心作用。不同的蛋白水解酶将环的特定氨基酸序列识别为底物（图 12.34）。它们结合并催化环的断裂。然而，酶的活性位点丝氨酸仍然与丝氨酸蛋白酶抑制蛋白裂解位点的 N 端共价连接。这导致丝氨酸蛋白酶抑制蛋白的构象发生了很大的变化，环被插入到 β 片层 A 中，这意味着蛋白酶从丝氨酸蛋白酶抑制蛋白的近端到远端大约转移了 75Å。复合物在这种状态下的晶体结构表明，如晶体学中 B 因子所示，部分蛋白酶的柔韧性大大提高。胰蛋白酶-抗胰蛋白酶复合物的核磁共振分析表明，蛋白酶进入熔融球状态。蛋白酶的柔性区域容易被水解，从而导致其解构。然而，丝氨酸蛋白酶抑制蛋白的 RCL 已经被切开，不能再重复使用，因此丝氨酸蛋白酶抑制蛋白也被降解。

丝氨酸蛋白酶抑制蛋白也可以在不切割 RCL 的情况下进行插入这个 β-链。这是一种调节机制，通过这种机制，抑制剂被转化成一种潜在的、不活跃的形式。图 12.35 显示了 RCL 若干个结构在没有肽的裂解的情况下，将环插入 β 片层 A 中心的一些中间步骤。将 RCL 插入另一个丝氨酸蛋白酶抑制蛋白分子的 A 片层中只是可能的替代方法之一。

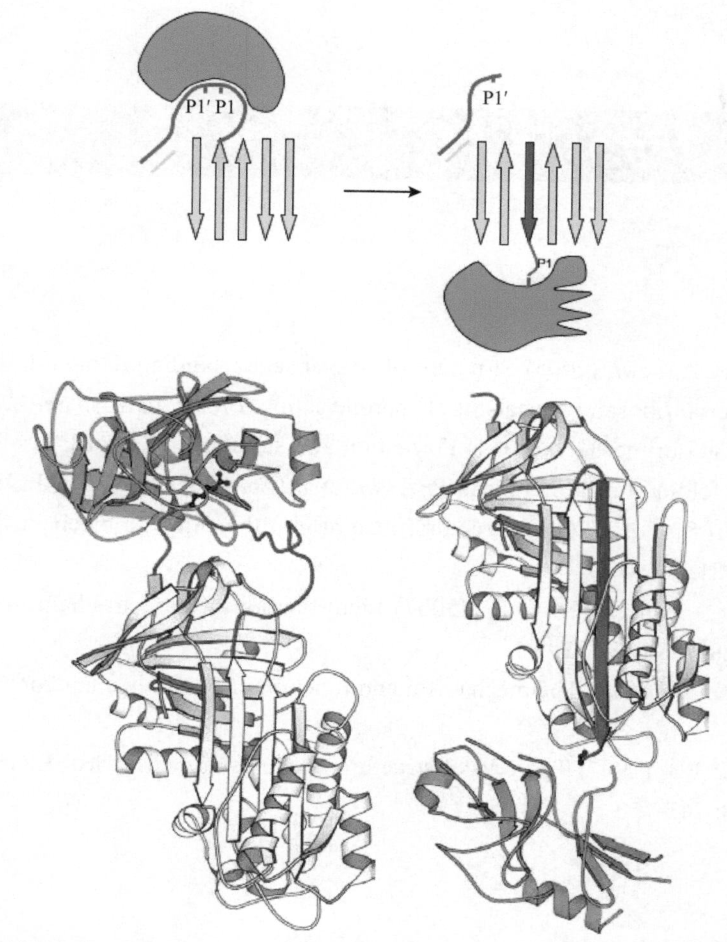

图 12.34　丝氨酸蛋白酶抑制蛋白作用的简化图（上部）和示意图（下部）。左：蛋白酶（绿色）与丝氨酸蛋白酶抑制蛋白（紫色）的（PDB：1OPH）环结合，丝氨酸蛋白酶抑制蛋白（紫色）环与片层中的一条中心链相连。右：这导致 RCL 环的水解并以 β 链的形式整合入 A 片层中（PDB：1EZX）。作为这个过程的一部分，蛋白酶被摆动到丝氨酸蛋白酶抑制蛋白的另一边。这种相互作用导致蛋白酶的灵活性，进而使其易被蛋白酶降解和消除。

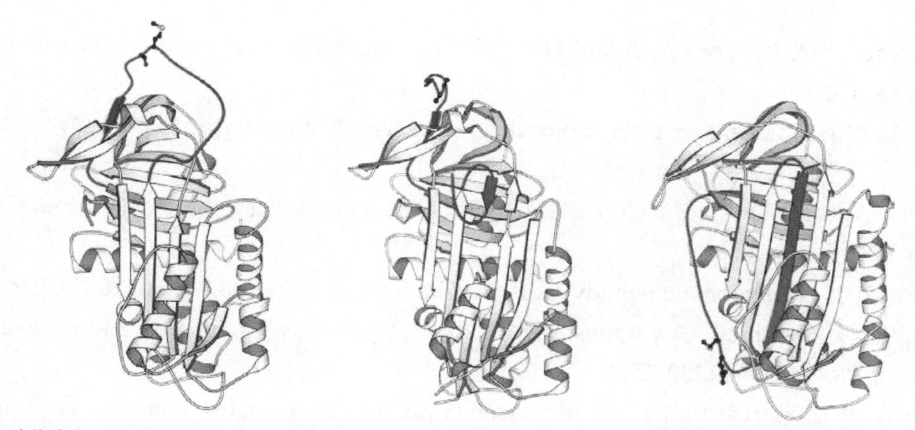

图 12.35　RCL 环（紫色）逐渐自发地并入 β 片层 A 的中间的结构说明。环中的肽键未被水解，抑制剂转化为潜在的非活性形式。在活性抑制剂中被切掉的键两侧的氨基酸侧链用“球-棒”模型显示。左起：α1-抗胰蛋白酶（PDB：1QLP）、α1-抗胰凝乳蛋白酶的 δ 形式（PDB：1QMN）和纤溶酶原激活抑制剂 PAI-1（PDB：1LJ5）。

亚稳态显然含有与高稳定蛋白质不相容的结构元素，包括疏水基团的暴露和亲水基团的掩埋没有适当氢键匹配。同时，RCL 包含的元素能够很好地适应 β 片层 A 中中间链的位置，即使将部分 RCL 插入片层中也是一个能量上有利的步骤。

延伸阅读（12.1 节）

原始文献

Baram D, Pyetan E, Sittner A, *et al.* (2005) Structure of trigger factor binding domain in biologically homologous complex with eubacterial ribosome reveals its chaperone action. *Proc Natl Acad Sci USA* **102**: 12017-12022.

Fei X, Ye X, LaRonde NA, Lorimer GH. (2014) Formation and structures of GroEL-GroES2 complex chaperonin footballs, the protein folding functional form. *Proc Natl Acad Sci USA* **111**: 12775-12780.

Howard BR, Vajdos FF, Li S, *et al.* (2003) Structural insight into the catalytic mechanism of cyclo-philin A. *Nat Struct Biol* **10**: 475-481.

Lakshmipathy SK, Tomic S, Kaiser CM, *et al.* (2007) Identification of nascent chain interaction sites on trigger factor. *J Biol Chem* **282**: 12186-12193.

Lopez T, Dalton K, Frydman J. (2013) The mechanism and function of group Ⅱ chaperonins. *J Mol Biol* **427**: 2919-2930.

Xu Z, Horwich AL, Sigler PB. (1997) The crystal structure of the asymmetric GroEL-GroES-(ADP)7 chaperonin complex. *Nature* **388**: 741-750.

综述文章

Haslbeck M, Vierling E. (2015) A first line of stress defense: Small heat shock proteins and their function in protein homeostasis. *J Mol Biol* **427**: 1537-1548.

Harrison CJ. (1997) La cage aux fold: Asymmetry in the crystal structure of GroEL-GroES-(ADP)7. *Structure* **5**: 1261-1264.

Krukenberg KA, Street TO, Lavery LA, Agard DA. (2011) Conformational dynamics of the molecular chaperone Hsp90. *Quart Rev Biophys* **44**: 229-255.

Mayer MP, Kityk R. (2015) Insights into the molecular mechanism of allostery of Hsp70s. *Front Mol Biosci* **2**(58): 1-7.

Saibil HR, Fenton WA, Clare DK, Horwich AL. (2013) Structure and allostery of the chaperonin GroEL. *J Mol Biol* **425**: 1476-1487.

Schiene-Fischer C. (2015) Multidomain peptidyl-prolyl cis/trans isomerases. *BBA* **1850**: 2005-2016.

Skjærven L, Cuellar J, Martinez A, Valpuesta JM. (2015) Dynamics, flexibility, and allostery in molecular chaperonins. *FEBS Lett* **589**: 2522-2532.

Wang l, Wang X, Wang C. (2015) Protein disulfide isomerase, a folding catalyst and a redox-regulated chaperone. *Free Radic Biol Med* **83**: 305-313.

Ünal CM, Steinert M. (2014) Microbial peptidyl-prolyl cis/trans isomerases (PPIases): Virulence factors and potential alternative drug targets. *Microbiol Mol Biol Rev* **78**: 544-571.

延伸阅读（12.2 节）

原始文献

Matyskiela ME, Lander GC, Martin A. (2013) Conformational switching of the 26S proteasome enables substrate degradation. *Nat Struct Mol Biol* **20**: 781-788.

Vostrukhina M, Popov A, Brunstein E, *et al.* (2015) The structure of Aquifex aeolicus FtsH in the ADP-bound state reveals a C2-symmetric hexamer. *Acta Cryst* **D71**: 1307-1318.

综述文章

Ciechanover A. (2004) Intracellular protein degradation: From a vague idea, through the lysosome and the ubiquitin-proteasome system, and onto human diseases and drug targeting. *Les Prix Nobel* (ed. Frängsmyr T), 1197-1211.

Ciechanover A, Stanhill A. (2014) The complexity of recognition of ubiquinated substrates by the 26S proteasome. *BBA* **1843**: 86-96.

Huntington JA. (2006) Shape-shifting serpins—Advantages of a mobile mechanism. *TIBS* **31**: 427-435.

Komander D, Rape M. (2012) The ubiquitin code. *Ann Rev Biochem* **81**: 203-229.

Lorenz S, Cantor AJ, Rape M, Kuriyan J. (2013) Macromolecular juggling by ubiquitylation enzymes. *BMC Biol* **11**: 65.

Nyquist K, Martin A. (2014) Marching to the beat of the ring: Polypeptide translocation by AAA+ proteases. *TIBS* **39**: 53-60.

Saibil H. (2013) Chaperon machines for protein folding, unfolding and disaggregation. *Nat Rev* **14**: 630-642.

Sauer RT, Baker TA. (2011) AAA+ proteases: ATP-fueled machines of protein destruction. *Ann Rev Biochem* **80**: 587-612.

Whisstock JC, Bottomley SP. (2006) Molecular gymnastics: Serpin structure, folding and misfold- ing. *Curr Opin Struct Biol* **16**: 761-768.

蛋白酶数据库

http://merops.sanger.ac.uk

（帅 瑶 译，陈 红 校）

第 13 章
跨膜运输

13.1 蛋白质催化的跨膜转运的种类

生物膜的一个基本功能是通过膜转运蛋白的活性控制转运和信号转导。细胞转运系统通常是高度特异的，并受到多种调节方式的影响，不同种类的膜蛋白促进不同类型的转运。溶质转运的方向与电化学梯度相反，因此是主动运输（即消耗能量）。这种运输方式是由一级和二级转运蛋白辅助的。另外，运输可以沿着电化学梯度降低的方向，因此是被动的（即不需要能量的输入）。孔和通道就是这种情况。

膜转运蛋白有三种主要的家族，如图中所述（图 13.1，左）。第一个家族是初级主动转运蛋白（primary active transporter）[或泵（pump）]，它们通过水解 ATP 来建立或维持其底物电化学梯度。这些蛋白质主要包括 P 型 ATP 酶（13.3.1.1 节）和 ABC 转运蛋白（13.3.1.2 节）。一些主动运输蛋白也可以利用光能进行运输（13.3.2 节）。

另一个家族是次级主动转运蛋白（secondary active transporter）（13.4 节），它利用由泵产生的电化学梯度能量逆浓度梯度转运另一种底物。换句话说，次级主动转运蛋白转移了两种物质：一种是能量上有利于运输的，顺着其电化学梯度向下移动；另一种是能量上不利于运输的，逆浓度梯度移动（图 13.1，左）。这些蛋白质也被称为共转运蛋白（cotransporter）或交换体（exchanger）。如果两个底物沿同一方向移动，则称为同向运输（symport）；如果它们朝相反的方向移动，则称为反向运输（antiport）。同向转运蛋白的典型例子是葡萄糖转运蛋白，它使用钠离子的下坡梯度来传输葡萄糖以克服上坡浓度梯度。反向运输的经典案例是钠钙交换器（NCX）。当钠沿着其梯度向下流动时，钙以另一种方式（逆向运输）运出细胞，并逆着其自身梯度释放。然而，离子的净流量是下坡的。

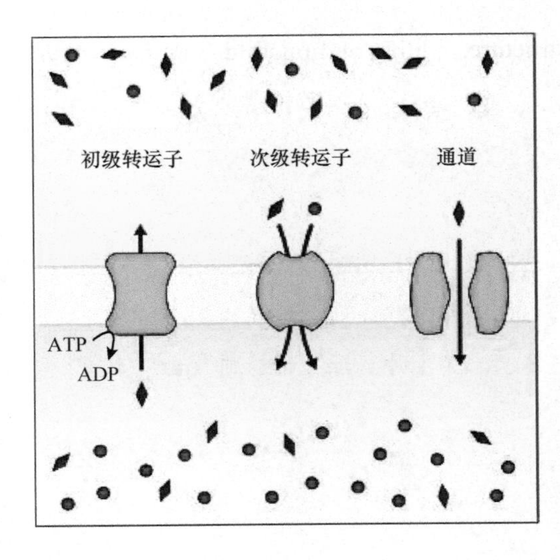

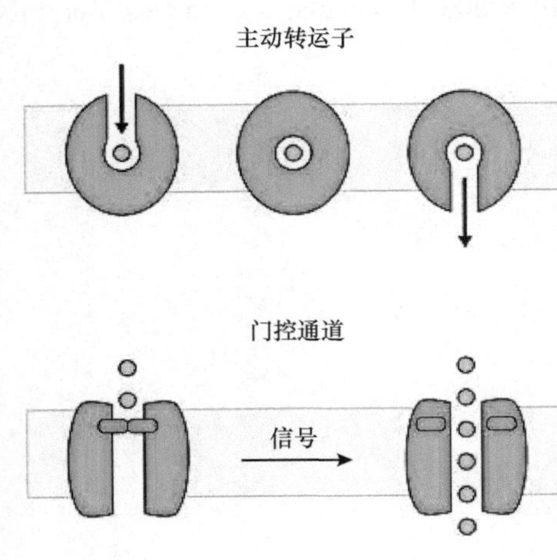

图 13.1 左：三种不同运输机制的概述。在此示例中，次级运输是同向运输（而不是反向运输），因为两个底物都在同一方向上共同运输。右：主动转运蛋白和门控通道的不同机制。转运蛋白具有交替进入机制，并在向外打开状态（左）、被遮挡（中）和向内打开状态（右）之间循环。通道在打开时具有一条连续的路径，其底物被动地沿其电化学梯度下降。

转运蛋白的第三个家族是通道蛋白（channel protein），它被动地允许底物顺浓度梯度运动（图 13.1，左）。这些蛋白质的转运速率受到选择性过滤器（选择正确底物的蛋白质）扩散的限制（图 13.1，左）。

蛋白通道涉及的扩散速率和主动转运蛋白涉及的构象变化在时间尺度上有很大的差异。主动转运蛋白在任何情况下都不会允许一个同时向膜两侧开放的通道存在，因为这会轻易地平衡了梯度，让花在转运上的工作全无效果——就像一个打气筒在活塞处漏气一样。主动转运蛋白是通过大的构象变化来控制的，这些变化造成向内和向外的构象，由中间态或者过渡态的封闭状态将之隔开［即交替通路机制（the alternating access mechanism），见图 13.1，右上］。其结果就是转运蛋白的转换速率很慢，在毫秒量级（或者更慢）。另外，当门控机制打开了通道之后，通道蛋白就能提供一个完整的跨膜通路，其转运速率仅由扩散速率来限制。其转换速率通常在微秒到皮秒量级，这使快速响应和信号传送成为可能。这方面的一个例子是参与了神经组织中动作电位的形成和传导电压门控的通道（见 13.2.3.2 节）。

通常，通道对特定离子具有选择性（例如，Na^+相对于 K^+，反之亦然）。许多通道都是门控的（图 13.1，右下），这表明有信号来打开或者关闭它们。这个信号可以是如 cAMP、钙离子、光信号、膜电势的变化，或者是机制的改变（见 13.2.3.2 节）。这样一个被门控的通道同时也是一个信号转移体，或者换言之是一个受体蛋白。门控离子通道是亲离子受体（ionotropic receptor）。类似地，构象变化被用作跨膜信号转导的一种方式，如那些底物结合到转运蛋白上引起的构象变化。当底物结合到感受器引起一个构象变化时，一个转运体系可以被简化为一个非转移的感知体系。这个构象变化随后吸引招募胞内因子，并将之激活，引起下游反应。这类的例子包括 G 蛋白偶联受体（见 14.4.1 节），这是一种从细菌视紫红质演化出丰富多样的受体类型。当这类受体通过第二信使间接调节离子通道时，它们被称为促代谢受体（metabotropic receptor）而不是亲离子受体。

在第 4 章中详细探讨了膜蛋白的基本结构特征。在以下各节中，我们将看到这些结构特征如何结合在一起形成功能性转运蛋白。尽管此处无法描述到目前为止确定的所有转运蛋白折叠和亚家族的结构特征，但以下示例共同概述了膜转运中的主要结构功能原理。

13.2　膜通道

13.2.1　β 桶状孔蛋白

孔蛋白是 β 桶状膜蛋白的原型，其细节已在 4.7 节中详细讨论过。孔蛋白仅存在于革兰氏阴性菌和真核生物线粒体及质体的外膜中。在门控机制中，孔蛋白的中心腔可能被用作盖子或塞子的结构单元占据或暂时覆盖。一个例子是细菌中负责寡糖摄取的 OmpG 蛋白（图 13.2）。

图 13.2　细菌外膜孔蛋白 OmpG。该蛋白质具有充当盖的环，打开和关闭跨膜的通道，PDB：2IWW（封闭形式）和 2IWV（开放形式）。

许多孔蛋白与其底物结合时并无显著的亲和力和特异性，而是允许小极性物质在其浓度梯度驱动下（< 600Da）通过。但是，对于低浓度的物质，被动扩散是不够的。因此，此类物质通过底物特异性通道来运输，例如，对麦芽糖有选择性的 LamB、对磷酸盐有选择性的 PhoE，以及转运柠檬酸铁的 FecA。

β 桶状蛋白还是一些细菌和病毒致病性的基础，协助其入侵或者传播，或利用多聚自组装的膜孔穿透宿主细胞膜。一个研究较为透彻的例子是 α 溶血素膜孔（图 13.3），它是由可溶性的 α 溶血素在宿主细胞膜上寡聚化形成的。事实上，这个机制与先天免疫系统的一个关键组成部分，即攻膜复合物很像，它通过补体因子（C5b、C6、C7、C8、C9）组成复合体，在病原和其他异源细胞（如移植器官的组织）的膜上形成一个大的跨膜膜孔。

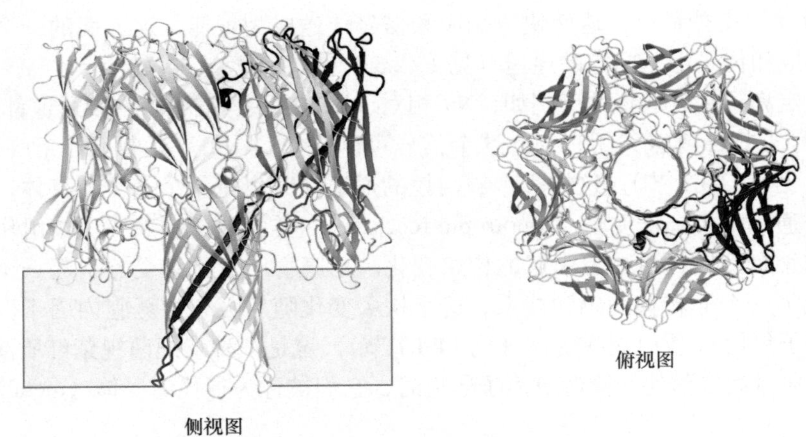

图 13.3 α-溶血素孔。孔由组装成单个 β 桶的多个亚基（其中一个为深蓝色）形成（PDB：7AHL）。

13.2.2 水通道

水可以跨膜扩散，但扩散效率低，不能满足很多细胞的生理需求。因此，很久以前就有人推测存在水通道，最终在 20 世纪 90 年代初被彼得 · 阿格雷（Peter Agre）发现。这类通道被称为水通道（aquaporins）蛋白，相关类型的蛋白质普遍存在。许多细胞拥有这些对水分子有特异性的膜通道。这个家族中的一些蛋白对甘油、尿素和氨有通透性。水通道带来了一个困难的选择性问题：在允许水通过的同时，如何避免小的离子或者质子通过？

水通道蛋白是四聚体，每个亚基都有独立的孔道（图 13.4，左上）。每条链由 6 个跨膜螺旋和 2 个在膜中间“相遇”的折返环组成（4.6.4.3 节）（图 13.4，右）。每个亚基的 N 端半部分和 C 端半部分似乎起源于基因重复复制，并且在膜平面上有近似的二重轴相关对称性［反向重复（inverted repeat），4.6.6.2 节］。通道具有沙漏状结构，两个门庭由一个 20Å 的通道相连，通道最窄部分的宽度不超过 2.8Å。水分子需要排成单列穿过这个通道（图 13.4）。两个折返环都包含高度保守的标志性模体 NPA，它位于膜的中央，和两个 NPA 序列并排。该基序中的天冬酰胺残基（Asn112 和 Asn224）氢键与通道中间的水分子结合（图 13.4）。

孔道具有部分疏水的表面，但是也有一些极性基团包括一些羧基氧，这允许水分子通过孔道。选择性过滤器位于通道的细胞外部分，由极性主链羰基，以及精氨酸、组氨酸和苯丙氨酸侧链组成（图 13.4；未显示苯丙氨酸）。选择性过滤器可防止带正电的离子（如 H_3O^+）通过通道。这是通过以下三点实现的：①精氨酸残基的正电荷；②对称的两个环中两个折返环的 N 端螺旋偶极子的部分正电荷；③没有合适数量的配体来补偿 H_3O^+水合壳的损失。OH^-被排除在外，是因为它们不具有理想的氢键供体基团数量，无法满足选择性过滤器中的氢键要求。最后，该蛋白质的超高分辨率结构（分辨率为 0.88Å）表明通道中排列的水分子不共享连续的单向氢键网络，因此根据 Grotthuss 机理，该通道阻止了质子通过通道传输。通过这些方式，水通道蛋白结构相对于其他小离子来说对水具有出色的选择性。

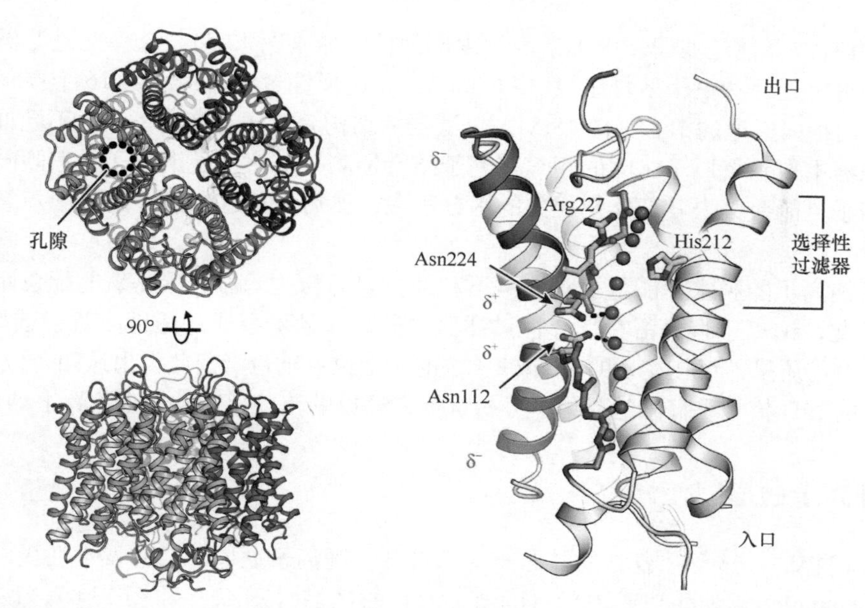

图 13.4 左：水通道蛋白四聚体在每条链中都有一个孔（PDB：3ZOJ）。右：一种水通道蛋白单体，显示保守 NPA 基序的天冬酰胺（Asn112 和 Asn224）、精氨酸（Arg227）和组氨酸（His212）限制了 H_3O^+的通过。折返环颜色为橙色。水分子显示为红色球体，天冬酰胺与中心水分子之间的氢键用黑色虚线表示。折返环中的选择性过滤器主链羰基显示为橙色棒。为了清楚起见，已删除了两个螺旋。

13.2.3 钾离子通道

13.2.3.1 钾离子通道概述

钾离子通道既存在于真核细胞又存在于原核细胞中。例如，在真核细胞里，它们在神经元中为电压门控通道。这些通道根据电压来调节开关，对于神经传导中的动作电位形成具有极其重要的作用。

钾离子通道是一类四聚体分子家族的成员，这个家族还包括其他阳离子通道，如钠离子通道和钙离子通道。这些蛋白质都有不同数量的跨膜螺旋。一个细菌的钾离子通道，即 KcsA，其组成非常简单，只有两个跨膜螺旋。四个亚基排列成具有垂直于膜的四重对称轴，从而形成八螺旋束（图 13.5）。但是，与水通道蛋白不同（见 13.2.2 节），钾离子通道中的孔是通过寡聚体的中心形成的（图 13.5）。

图 13.5 KcsA 钾离子通道的结构特征。四聚体具有选择性过滤器、中央前庭和内门。选择性过滤器的放大视图（右下）仅显示了两个子单元。过滤器中填充了许多钾离子（黄色）。结合晶体学分析和分子动力学模拟的最新研究表明，实际上传导通道的所有位置都被占据。在中央前庭中发现一个离子，该离子由 8 个水分子配位并由 4 个螺旋偶极子的带负电荷的末端稳定（PDB：1K4C）。

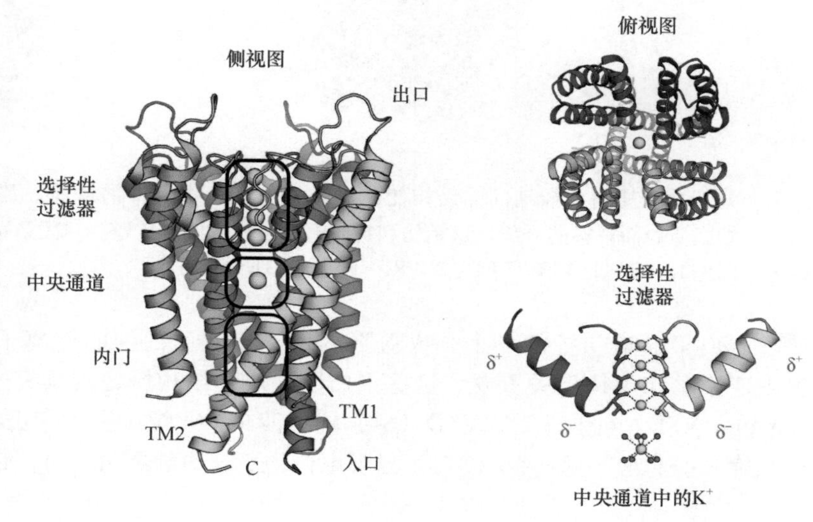

KcsA 四聚体具有选择性过滤器、中央前庭和内部门控区域（图 13.5）。选择性过滤器位于蛋白质的细胞外部分，由 4 个可折返环的主干区域组成（4.6.4.3 节）。选择性过滤器由总共 16 个羰基氧（每个亚基中有 4 个）组成，它们指向通道的中心（图 13.5）。过滤器的结构允许转运钾离子，但不允许转运较小的钠离子。这是因为过滤器中羰基氧原子之间的距离有利于结合钾离子，而不是钠离子（它倾向于较短的键长）。因此，水合的钾离子可能会失去其低能量损失的水分子壳，然后沿着过滤器穿过与羰基氧的四个环相互作用的连续点。

相反，较小的钠离子的脱水在能量上是非常不利的，因为与过滤器的羰基氧的配位距离太长而不能补偿水合的损失。因此，钠离子将停留在选择性过滤器之外，并且不会通过通道。对于选择性过滤器中的 4 个位点是否同时被占用还是钾仅在交替的 1-3 或 2-4 位的两个位点结合（因此得出这四个位点的总体占有率）仍存在争议。最近的 MD 模拟和仔细的晶体学分析认为，开放的传导通道在 4 个位置上均已完全占用。

13.2.3.2 钾离子通道门控

钾离子通道是门控的，这意味着它们并非一直都打开。钾离子通道的门控发生在蛋白质的内表面，在一个称为束交叉（bundle crossing）或内门（inner gate）的区域（图 13.5 和图 13.6）。该门由孔的第二个 TM 螺旋的 C 端（四个亚基中的一个亚基的一个螺旋）构成。在通道的关闭状态下，四个螺旋相互关联以防止离子通过。在响应信号时（例如，电压变化、Ca^{2+}、pH），蛋白质中的结构变化导致 TM2 在保守的甘氨酸或脯氨酸残基处形成扭结（4.6.4.2 节）。因此，螺旋的 C 端在膜的平面内横向移动，从而打开了通道（图 13.6）。有时将这种机制描述为类似于相机光圈的打开和关闭。由于中央前庭的水性和选择性过滤器的螺旋偶极子（图 13.5），离子必须通过的有效跨膜距离 *d* 明显短于膜的真实宽度（图 13.6，右上）。

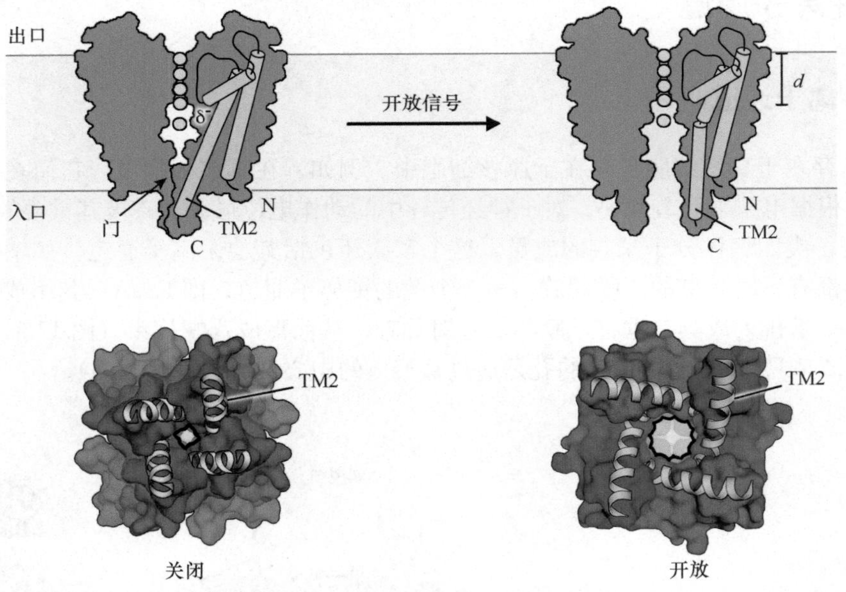

图 13.6 钾离子通道门控期间的结构变化。上：响应信号 TM2 的弯曲导致内门打开，从而将中央前庭与细胞质连接。下：从细胞质表面观察的开放通道结构和封闭通道结构之间的比较。封闭结构是细菌 KcsA（PDB：1K4C），开放结构是真核电压门控 Kv1.2/2.1 通道（PDB：2R9R，不包括电压传感域）。

钾离子通道门控的一个令人着迷的例子是电压门控的钾离子（Kv）通道，这对于神经元和心脏细胞中产生动作电位至关重要。这些蛋白质在成孔结构域之前具有一个额外的电压感知域（voltage-sensing domain，VSD）（图 13.7）。VSD（S4）的第四个 TM 螺旋富含带正电荷的精氨酸和赖氨酸残基，这对于膜埋螺旋来说非常罕见（4.6.2 节）。当膜电位为负（内部更负）时，带正电的 S4 螺旋被吸引向细胞内，通道关闭。当电势变为正值时，S4 螺旋上的静电力会推动其向细胞外部移动。S4 的移动使其转向孔结构域，导致孔的打开和钾离子流出细胞外（图 13.7）。通道从关闭切换到打开的特定电压决定了电压门控通道的灵敏度。

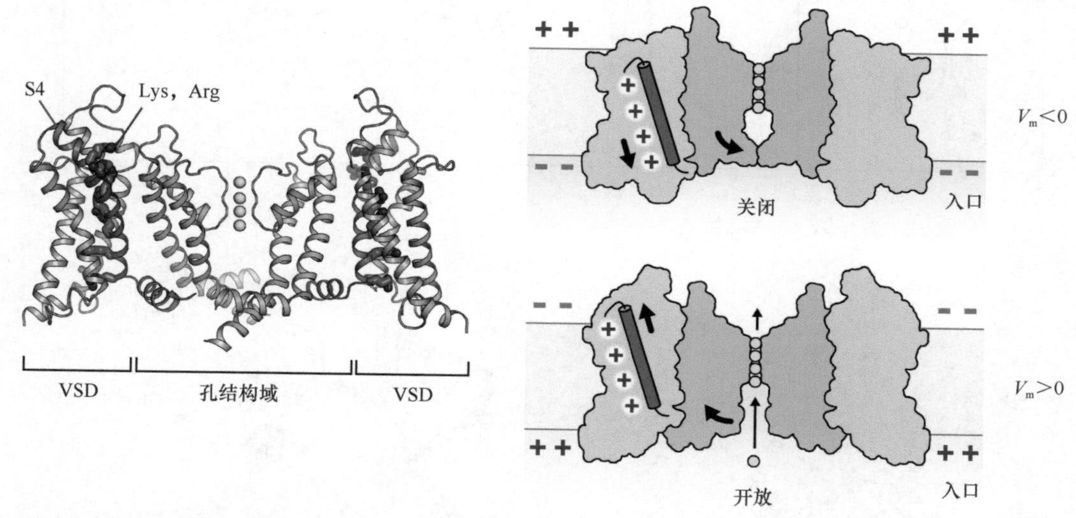

图 13.7　电压门控钾通道的机制。左：真核 Kv1.2/2.1 通道的结构。仅显示了两个电压感应域（VSD）和孔结构域的两个亚基。S4 上带正电荷的残基显示为蓝色 stick（PDB：2R9R）。右：电压门控机制示意图。VSD 中的螺旋 S4 根据膜电位（V_m）上下移动，从而打开和关闭邻近孔结构域的入口。

除电压门控外，钾通道的打开和关闭还可以通过 pH 的变化（KcsA 就是这种情况）、机械应力（机械敏感的通道；请参见 6.2.1.1 节）或配体结合来调节。配体门控离子通道的例子包括通过钙结合激活的 MthK 通道、由多胺调节的向内整流通道（Kir）和环核苷酸（cAMP 或 cGMP）调控通道。配体诱导的门控通常由配体可以结合的额外胞质结构域介导。配体结合诱导了胞质结构域的构象变化，然后配体被转导至孔结构域。

13.3　初级主动转运蛋白

初级主动转运蛋白使用外部能源，如光或 ATP，以使溶质逆着其电化学势跨膜移动。例如，初级主动转运蛋白可以泵送 H^+（如细菌视紫红质；见 13.3.2 节），阳离子如 H^+、Na^+、K^+和 Ca^{2+}（如 V 型和 P 型 ATPase 泵；见 13.3.1.1 节），以及较大的化合物（如 ABC 转运蛋白；见 13.3.1.2 节）。

13.3.1　ATP-驱动转运蛋白

13.3.1.1　P 型 ATP 酶

P 型 ATP 酶是一类主要的初级主动转运蛋白，它们利用 ATP 水解的能量逆浓度梯度转运溶质（另一类是 ABC 转运蛋白；13.3.1.2 节）。P 型 ATP 酶消耗的 ATP 约占人体消耗的总 ATP 的 1/3，作为回报，它们在细胞膜上产生并维持电化学梯度——也可以说成是它们可以为电池充电。

在生命的三个领域中都发现了 P 型 ATP 酶，该家族几乎所有成员都是阳离子转运蛋白。一些重要的 P 型 ATP 酶如图 13.8 所示，包括 Na^+/K^+-ATPase（维持质膜电化学梯度）、Ca^{2+}-ATPase（细胞内 Ca^{2+}稳态和肌肉松弛所必需）和 H^+/K^+-ATPase（使胃内环境呈酸性）。

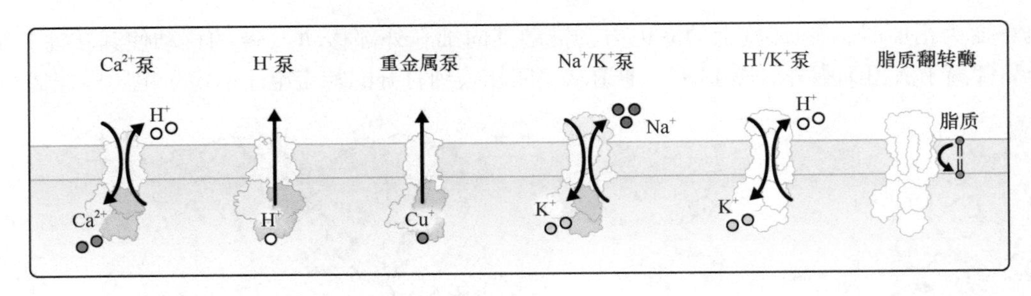

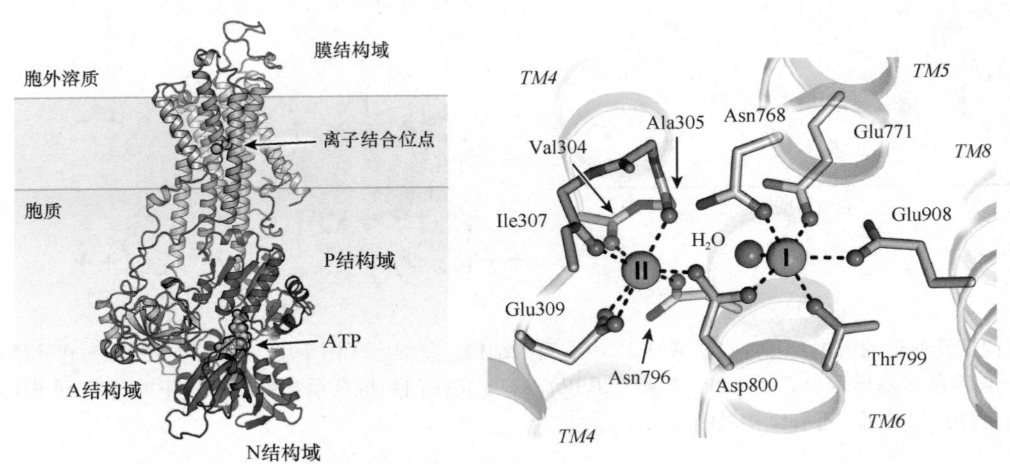

图 13.8　上：P 型 ATP 酶及其底物的一些例子。细胞质被染成蓝色。用彩色显示的泵已经确定了其结构。脂质翻转酶将脂质从外膜小叶运输到内膜小叶。左下：P 型 ATP 酶的整体结构。原子坐标来自运输 Ca^{2+}的肌浆网/内质网 ATPase（SERCA，PDB：1T5S）。右下：SERCA 的 Ca^{2+}结合位点（PDB：1T5T）。钙离子Ⅰ和Ⅱ呈绿色。通过在膜内解开 TM4，三个主链羰基是 Ca-Ⅱ的配体（即不连续的螺旋；4.6.4.3 节）。

介导 P 型 ATP 酶运输的构象变化与保守的天冬氨酸残基的磷酸化和去磷酸化循环相关联（因此命名为“P 型”ATPase，如“磷酸化型”ATPase）。此反应中的磷酸盐（和能量）来自 ATP，ATP 被蛋白质水解为 ADP，并且末端 γ-磷酸盐转移到天冬氨酸残基上。

所有 P 型 ATP 酶都有一个共同的结构，该结构由三个胞质结构域和一个运输离子的膜结构域组成（图 13.8，左下）。一些 P 型 ATP 酶（如 Na^+/K^+-ATPase）可以与较小（β）亚基形成二元复合物。

这三个胞质结构域对于膜结构域中 ATP 依赖的构象变化都是必不可少的。磷酸化结构域（“P 结构域”）通过两个接头直接偶联至膜结构域。该结构域包含在运输过程中被瞬时磷酸化的保守的 Asp 残基。核苷酸结合结构域（“N 结构域”）是插入 P 结构域的一个结构域，并且与 ATP 核苷酸结合。最后，执行器结构域（“A 结构域”）具有保守的序列基序 Thr-Gly-Glu-Ser（TGES），其催化 P 结构域的去磷酸化。

尽管目前的研究没有肌浆网/内质网 Ca^{2+}转运 ATPase（SERCA）的研究透彻，但是现在已经确定了许多 P 型 ATP 酶的结构。沿着其反应轨迹，几乎所有主要构象状态下的 SERCA 结构都被解析了，使我们对与离子迁移相关的结构变化有了详细的了解。泵在所谓的“E1”状态（对钙具有高亲和力）和“E2”状态（对钙具有低亲和力但对反转运质子具有高亲和力）之间循环。运输周期中的主要步骤如图 13.9 所示，可以总结如下。

（1）两个 Ca^{2+}进入并结合到跨膜结构域。

（2）和（3）蛋白质重新排列，以吸收 Ca^{2+}。当 γ-磷酸盐转移到保守的 Asp 残基（SERCA 中的 Asp351）上时，ATP 水解为 ADP。

（4）ADP 离开并且 A 结构域旋转，使 TGES 基序接近磷酸化的 Asp 残基。这些运动导致膜结构域向双层的相反侧开放。Ca^{2+}离开，2 ～ 3 个逆向转运的 H^+结合。

(5) 调节性 ATP 与 N 结构域结合。TGES 结构域完全参与 P 结构域的活性位点。H^+被吸留。TGES 基序中的 Glu (SERCA 中的 Glu183) 从水分子中提取出质子,然后质子开始对磷酸化的 Asp 残基进行亲核攻击。

(6) 磷酸基团离开,蛋白质松弛,进入胞质溶胶的出口通道打开,H^+可以通过该通道扩散。蛋白质返回到状态 (1),循环重新开始。

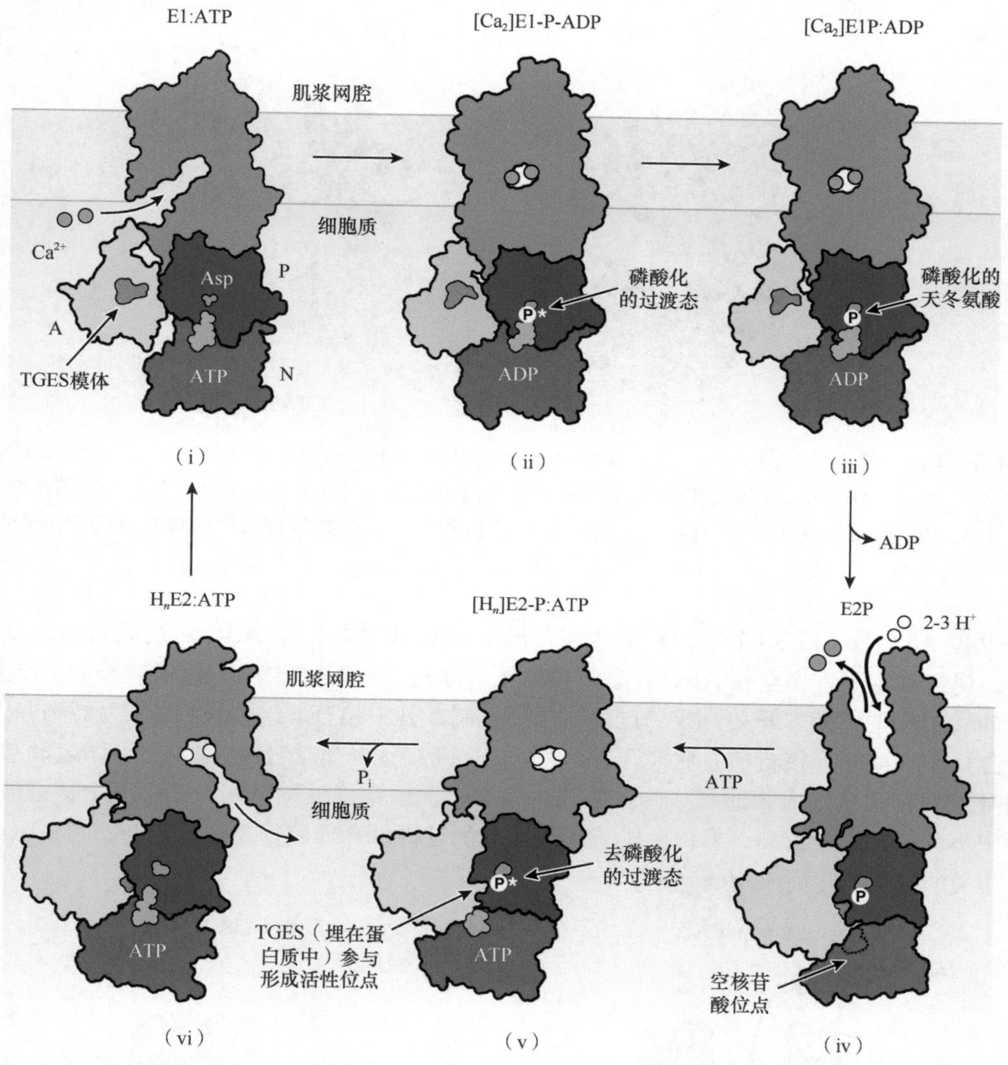

图 13.9 典型的 P 型 ATPase SERCA 中 ATP 依赖的构象变化。A 结构域的旋转(围绕页面平面中的垂直轴)由 TGES 模体位置的变化指示。

13.3.1.2 ATP 结合匣(ABC)转运蛋白

像 P 型 ATP 酶一样,ABC 转运蛋白也利用 ATP 水解的能量将底物跨膜转运。ABC 转运蛋白既可以充当输入子(importer)(在原核生物和真核生物中),也可以充当出口子(exporter)(仅在真核生物中),并且可以运输多种底物,如离子、维生素甚至脂质。ABC 转运蛋白家族包括许多与临床相关的蛋白质,最显著的是参与囊性纤维化的 CFTR 蛋白(是该家族的非典型成员)和人类 p 糖蛋白,在大约一半的人类癌症中赋予多药耐药性。

ABC 转运蛋白共有一个通用的总体结构:两个跨膜结构域可容纳和转运底物,两个胞质 ATP 结合匣

(ATP binding cassette)(因此称为 ABC 转运蛋白)结构域可结合并水解 ATP(图 13.10,左)。跨膜结构域既可以作为单个多肽链连接至核苷酸结合结构域,也可以是组装的转运蛋白中分散的独立亚基。来自 ABC 转运蛋白的膜结构域通常由两个含有 6 ~ 10 个螺旋的螺旋束组成。每个核苷酸结合结构域都具有单个 ATP 结合位点的一半,另一半由对面结构域以"头对尾"的方式提供(图 13.10,右)。原核生物的输入子还具有周质可溶性底物结合蛋白,与底物结合并直接将其递送至膜结构域(图 13.10,左)。

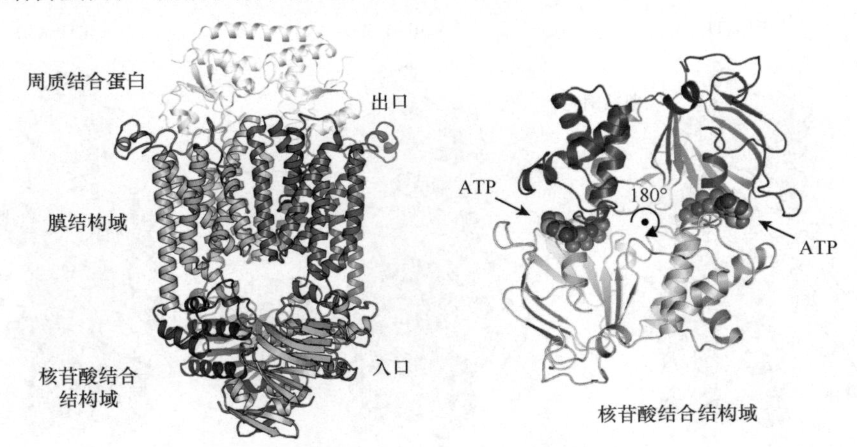

图 13.10 ABC 转运蛋白的整体结构。左:维生素 D 转运蛋白 BtuCD(彩色部分)(cartoon)的结构及其周质结合蛋白 BtuF(白色部分)。在这个例子中,转运蛋白由四个亚基形成:两个膜结构域(绿色和蓝色)和两个核苷酸结合结构域(红色和黄色)(PDB:4FI3)。右:从膜下方观察到,含有多个药物的转运蛋白的核苷酸结合域在 ATP 结合时呈二聚体形式(PDB:2ONJ)。

类似于 P 型 ATP 酶(13.3.1.1 节)和次级主动转运蛋白(13.4 节),ABC 转运蛋白通过交替进入的原理发挥作用。已经确定了许多全长 ABC 转运蛋白的原子结构,从而提出了可能的溶质转运机制。最简单和最广泛接受的转运模型称为"开关"或"过程钳位"机制,其中核苷酸结合域在 ATP 水解过程中在二聚体(与 ATP 结合)和解离(无核苷酸)状态下循环(图 13.11)。核苷酸结合结构域的刚体运动被传递到膜结构域,进而导致底物交替进入膜的每一侧。第二种模型是"恒定接触"机制,其中两个核苷酸结合结构域在运输周期中不会彼此完全解离,但仍会影响膜结构域的结构以介导底物易位。目前,与 ABC 转运蛋白中的底物转运相关的结构变化尚未明确确定。

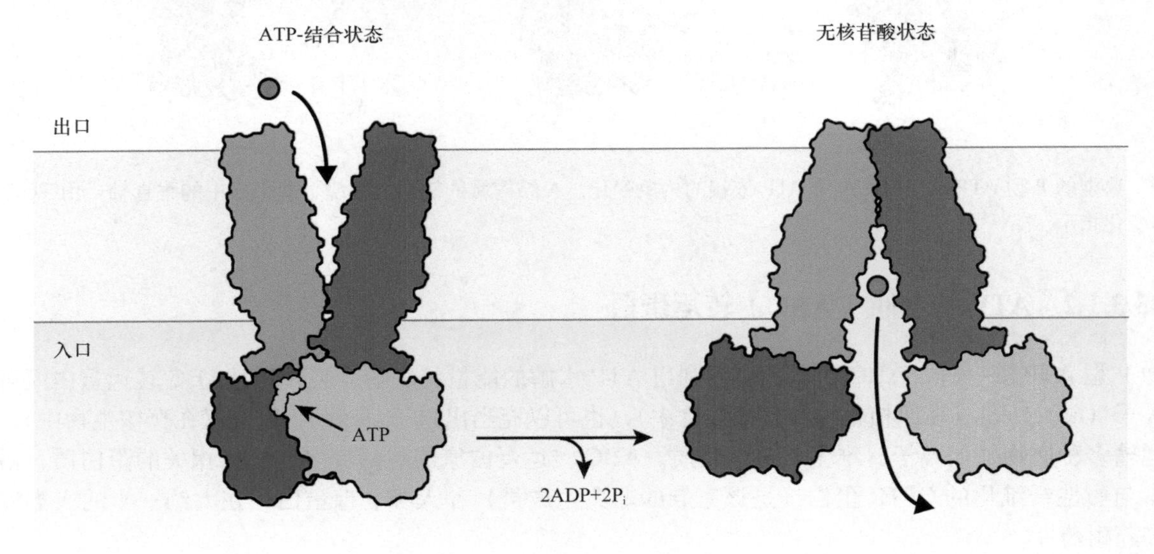

图 13.11 被提出的 ABC 转运蛋白的开关机制。每个运输周期总共水解 2 个 ATP 分子。

13.3.2 光驱动转运蛋白

细菌视紫红质是第一个在近原子水平上确定其结构的膜蛋白（4.3 节）。它是古细菌中复杂而简单的质子泵系统，利用阳光的能量在整个细胞膜上产生质子梯度（图 13.12）。ATP 合成酶（见 8.3.2 节）利用该质子梯度的能量来生成 ATP，供细胞使用。

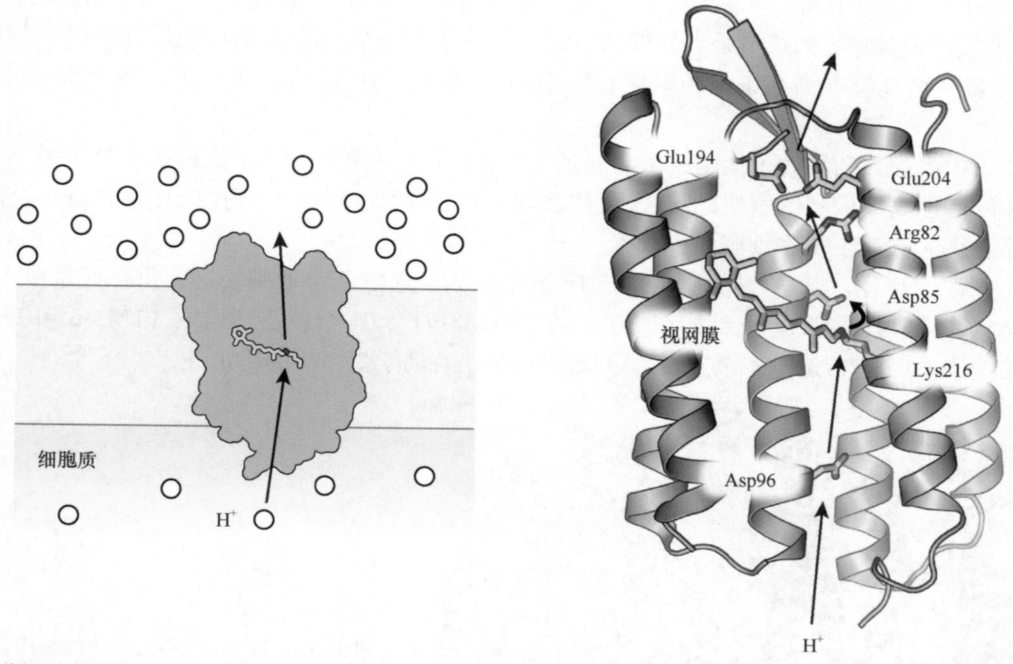

图 13.12 细菌视紫红质的结构。箭头指示质子易位路径。尽管蛋白质在天然膜中是同源三聚体，但为简单起见仅显示了单体（PDB：1C3W）。

细菌视紫红质以同源三聚体的形式存在于天然膜中，每个亚基均充当质子转运蛋白。细菌视紫红质机理的关键是视网膜发色团（每个亚基一个），它吸收光能，通过席夫碱与蛋白质的 Lys216 共价连接（图 13.12），光子的吸收可将视网膜的异构化从全反式基态变为 13 顺式高能态。由于与 Lys216 的共价连接，光致异构化导致蛋白质重新配置，从而有效地破坏席夫碱和与 Asp85 之间的离子相互作用（图 13.12）。膜中孤立的电荷非常不利，这会导致 Asp85 的 pK_a 值增加。因此，质子从席夫碱中转移出来，以中和 Asp85 侧链。

在高能态松弛期间，Arg82 接近 Asp85 并刺激其去质子化，从而重置 pK_a。质子通过 Glu194-Glu204 逃逸到细胞外环境。席夫碱通过掩埋的 Asp96 残基从细胞质侧质子化。因此，此过程创建了一个质子传输链，每个光异构化周期将一个质子从细胞质泵送到细胞外环境。这种质子传导的机制，包括可滴定的 Asp 和 Glu 残基，其中 Arg 残基调节 pK_a 值，这在许多质子泵送系统中都存在。

13.4 次级主动转运蛋白

次级主动转运蛋白属于溶质载体（SLC）超家族膜蛋白。这个超家族蛋白包含近 400 个成员，这些成员目前被分为 SLC1 ～ SLC52 子家族。

13.4.1 反转运蛋白

13.4.1.1 阳离子/质子反转运蛋白（CPA）: NhaA

阳离子/质子反转运蛋白（CPA，也称为 SLC9 家族）属于转运蛋白的超家族，在所有生物中都被发现过。这些蛋白质易位特定阳离子（主要是 Na^+）以交换质子，从而帮助调节细胞内 pH、Na^+水平和细胞体积。

CPA 超家族中最具特征的成员是大肠杆菌 Na^+/H^+交换子 NhaA。NhaA 的功能是调节细胞内 Na^+和 H^+的浓度，并使大肠杆菌能够在高盐条件和碱性 pH 下生存。但是，在 Li^+毒性条件下，蛋白质也可以充当 Li^+/H^+交换剂。

NhaA 位于内膜中，利用质子梯度产生的能量（每个转运周期用 1 个 Na^+交换 2 个 H^+）将 Na^+转运出细胞质。NhaA 的活性高度依赖细胞质的 pH，大约在 pH ＜ 6.5 时无活性，大约在 pH ＞ 8 时完全激活。这种 pH 依赖性阻止了高浓度的 H^+在细胞质中积累。

NhaA 是同源二聚体，其总体结构如图 13.13 所示。离子通过两个亚基转运，每个亚基由 12 个跨膜螺旋组成。每个单体都由一个二聚化结构域（TM1-2 和 TM8-9）和一个核心结构域（TM3-5 和 TM10-12）组成，离子通过该结构域进行运输。最后，两个螺旋 TM6-7 有助于蛋白质的稳定性。

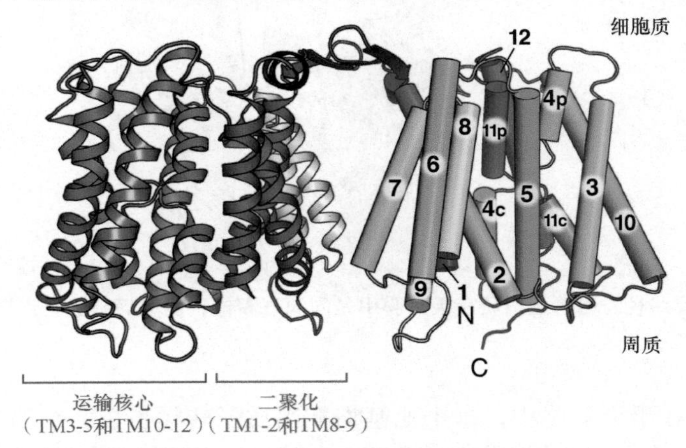

图 13.13 NhaA 同源二聚体的结构。一条链以 ribbon 形式显示，并根据结构域进行着色。另一条链以圆柱（cylinder）形式显示，从 N 端到 C 端呈彩虹色（PDB：4AU5）。

像许多其他次级主动转运蛋白如 LeuT（13.4.2.1 节）和 EmrE（13.4.1.2 节）一样，NhaA 具有反向重复拓扑结构（4.6.6.2 节）。反向重复在核心域中很容易看出，其中 TM3-5 和 TM10-12 通过膜平面中的双重轴相互关联（图 13.14，左）。二聚化结构域也是 TM1-2 和 TM8-9 形成的近似反向重复序列。

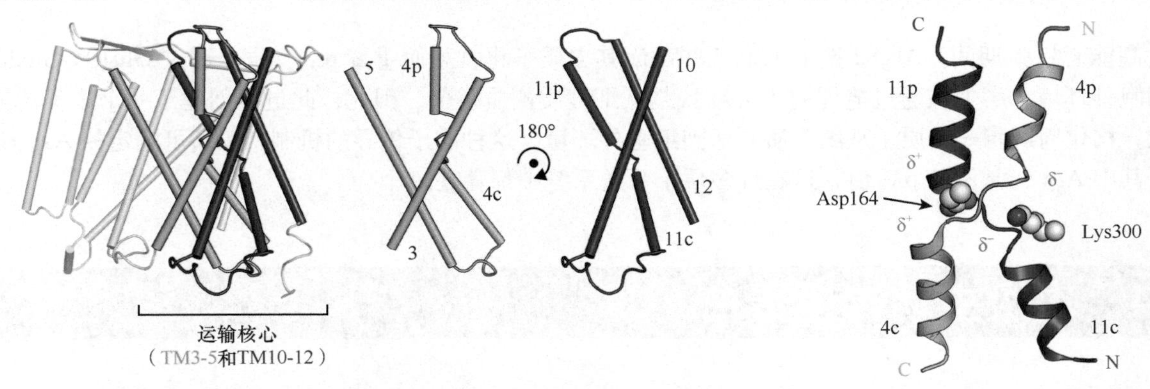

图 13.14 左：NhaA 核心域中的反向重复部分。双重旋转对称轴进入页面（由黑点表示），并平行于膜的平面。仅显示单体。右：标记越过 NhaA 的不连续螺旋。不连续螺旋 TM4 和 TM11，后缀“p”和“c”分别表示周质和细胞质的一半（PDB：4AU5）。

NhaA中假定的离子结合位点涉及两个不连续的螺旋（4.6.4.3节和图13.14，右）。尽管这在膜转运蛋白中很常见，如P型ATPase（13.3.1.1节）和LeuT（13.4.2.1节），但NhaA和更广泛的CPA超家族中的不连续螺旋形成了独特的结构基序，并且在膜的中心相互交叉。这使得来自相对的螺旋偶极子上的类似电荷彼此靠近。这些螺旋偶极子被Asp164和Lys300的侧链中和（图13.14，右），这对蛋白质的活性至关重要。

迄今为止，NhaA的结构仅在H^+结合的向内开放的非活性构象中确定。这是因为晶体在pH ≤ 4的情况下获得，在该条件下蛋白质处于非活性状态，因此，钠结合位点和朝外的蛋白质构象尚未直接被视察到。尽管如此，通过综合运用结构分析、序列分析、突变研究、分子动力学模拟和电生理学，人们已经确定了可能的离子结合位点，并提出了可能的转运机理。

NhaA通过交替接触机制（13.1节）起作用，在向内打开和向外打开状态之间循环。在核心和二聚化结构域之间的向内开放构象中存在带负电荷的途径，这是所运输离子进入和离开细胞质的途径。在隧道的末端是不连续的螺旋及保守残基Asp164、Lys300和Asp163（图13.14，左；为清楚起见，省略了Asp163）。Na^+结合位点可能同时由Asp163和Asp164形成。Asp164的酸性侧链也是一个反向转运的H^+离子结合位点，而另一个H^+最有可能与Asp163或Lys300之一结合。

现已显示，蛋白质的pH依赖性源自Na^+和H^+对离子结合位点的竞争，这是两个离子具有一个（Asp164）或更多（可能也是Asp163）共同配体的结果。当细胞质的pH低时，高浓度的H^+意味着Asp164的侧链（以及第二个H^+结合位点）将被质子化。这意味着Na^+不能结合并且该蛋白质是无活性的（图13.15，最右边）。但是，当细胞质的pH升高时，Asp164（以及第二个H^+结合位点）就会去质子化，其带电荷的-COO-侧链可以参与Na^+结合。Na^+结合会触发构象重排，其中蛋白质采用向外开放的形式，从而允许Na^+离开、H^+结合，并顺着其浓度梯度运输。

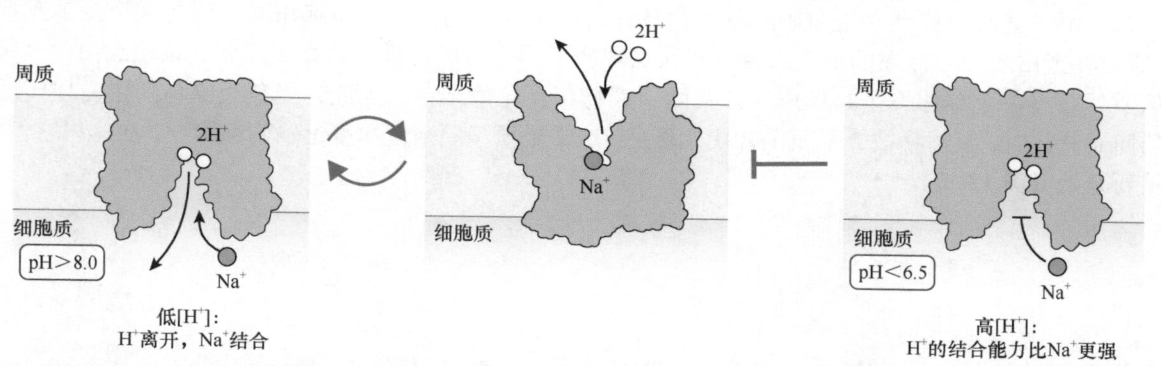

图13.15 NhaA的离子传输受细胞质pH调节。Na^+逆浓度梯度运输，而H^+顺浓度梯度运输。为简单起见，仅显示NhaA二聚体的一条链。

13.4.1.2 小耐多药性转运蛋白：EmrE

小耐多药性（small multidrug resistance，SMR）转运蛋白是细菌内膜蛋白，可赋予细胞对多种毒性化合物的抗性。这些蛋白质是次级主动转运蛋白中最小的，可以同源二聚体或异源二聚体的形式发挥作用，每个单体仅包含约120个氨基酸。SMR转运蛋白的例子有大肠杆菌蛋白EmrE。EmrE是一种反向转运蛋白（13.1节），利用质子动力将质子顺浓度梯度的运动与多环芳香族阳离子［如地喹氯铵（dequalinium）、吖啶黄素（acriflavine）和四苯基鏻（tetraphenylphosponium）］移出细胞的运动耦合在一起。该蛋白质为每个输出的底物分子运输两个质子。

EmrE是次级主动转运蛋白典型的结构实例。在4.6.6.1节和4.6.7.2节中，我们看到了螺旋膜蛋白如何具有优选的拓扑结构，该拓扑结构在其序列中编码并在插入双层时得以建立。但是，结构和生物物理研究已经确定EmrE代表了该规则的一个明显例外。EmrE在“内部”和“外部”环路之间没有明显的、可根据“正内部规则”（4.6.6.1节）指示其方向的电荷偏差。因此，在没有其他强拓扑信号（如大的细胞质N端结构域）的情况下，该蛋白质以$N_{in}C_{in}$和$N_{out}C_{out}$方向等概率插入（图13.16）。因此，EmrE被称为双重拓扑蛋白。

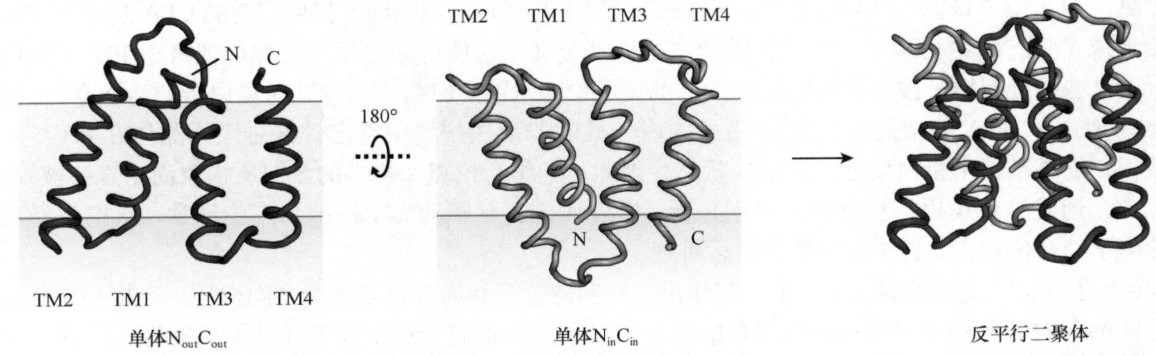

图 13.16　EmrE 的双重拓扑。该蛋白质形成 1 个反平行同源二聚体，在膜的平面内具有 1 个近似两重对称轴（PDB：3B5D）。

长期以来，EmrE 是以平行还是反平行的方式二聚化一直存在争议，但是压倒性的数据最终确定了生理相关形式是反平行状态（图 13.16）。“头到尾”同源二聚体的形成在膜平面上产生了近似双重对称轴，这一特性已在 4.6.6.2 节中讨论，并在许多膜转运蛋白中被观察到。然而，尽管大多数次级主动转运蛋白在单个多肽链内具有内部结构对称性（例如，13.4.1.1 节中的 NhaA），但在 EmrE 中，对称性发生在以反平行方式排列的两个相同亚基之间。

EmrE 的对称性是其运输机制必不可少的。蛋白质通过交替进入的原理转运其底物（13.1 节和图 13.17）。由于其假对称性，蛋白质的总体构象在这两个状态的每一个中都相同（因为两个亚基互换其构象）。通过在蛋白质中心存在的单个结合位点，实现质子运输与底物排出的直接偶联。该位点由两个带负电的谷氨酸残基（每个单体一个）形成，并且两个底物相互竞争结合。因此，当负载底物的蛋白质向质子浓度高的周质开放时，底物将被 2 个质子替代。然后，这 2 个质子顺浓度梯度运输到细胞中，在这里它们解离，循环重新开始（图 13.17）。

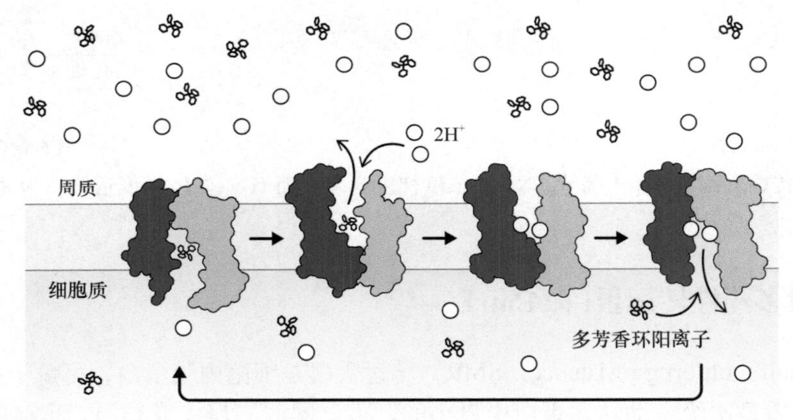

图 13.17　EmrE 运送底物的概述。质子（白色圆圈）顺浓度梯度运输，而多芳香环阳离子［此处为四苯基鏻（tetraphenyl-phosphonium)］逆其浓度梯度运输。在运输周期中，随着蛋白质在向内和向外状态之间切换，两个亚基交换构象。

13.4.1.3　RND 转运蛋白：AcrB

革兰氏阴性菌同时具有内部和外部细胞膜。这意味着从细胞环境中排出物质需要跨越两者进行运输。对于许多化合物或离子而言，运输它们通过紧密的内部膜并释放到周质空间即可，在该周质空间中通过外膜孔的自发扩散就可以进一步将其排到膜外，然而，对于自发地重新分配进入内膜的疏水性物质或与任何蛋白质紧密结合的离子/物质，这种机理是不够的。这是因为这些物质将返回细胞或破坏暴露于周质空间的重要蛋白质。因此，在革兰氏阴性菌中，RND（resistence-nodulation-division）转运蛋白已经进化为沿着一条直接通向细胞外环境的连接途径，跨两层膜进行偶联转运。

RND 转运蛋白执行与质子动力耦合的跨内膜主动运输。它们可以运输各种各样的底物，如许多不同的抗生素（因此会导致抗生素抗性）和有毒的铜，且能区分重要的化合物，如葡萄糖和氨基酸。重要的 RND 外排系统包括 AcrAB-TolC、MexAB-OprM（多药耐药性决定因素）和 CusABC（有毒铜挤压）。我们对 RND 转运蛋白的结构和作用机理的了解是基于我们从这三个同源系统中所学到的知识的结合，主要是通过单个组分的 X 射线晶体学和全络合物的电子显微镜观察。RND 转运蛋白通常由 3 个亚基组成：①驻留在内膜中的 AcrB、MexB 或 CusA 质子偶联的主动反转运蛋白单元；②质膜 AcrA、MexA 或 CusB 适配体单元；③ TolC、OprM 或 CusC 外膜孔蛋白单元（图 13.18，左）。除了 AcrA/MexA/CusB 适配体单元（也可以是六聚体或九聚体）之外，这些亚基中的每一个均为同源三聚体。

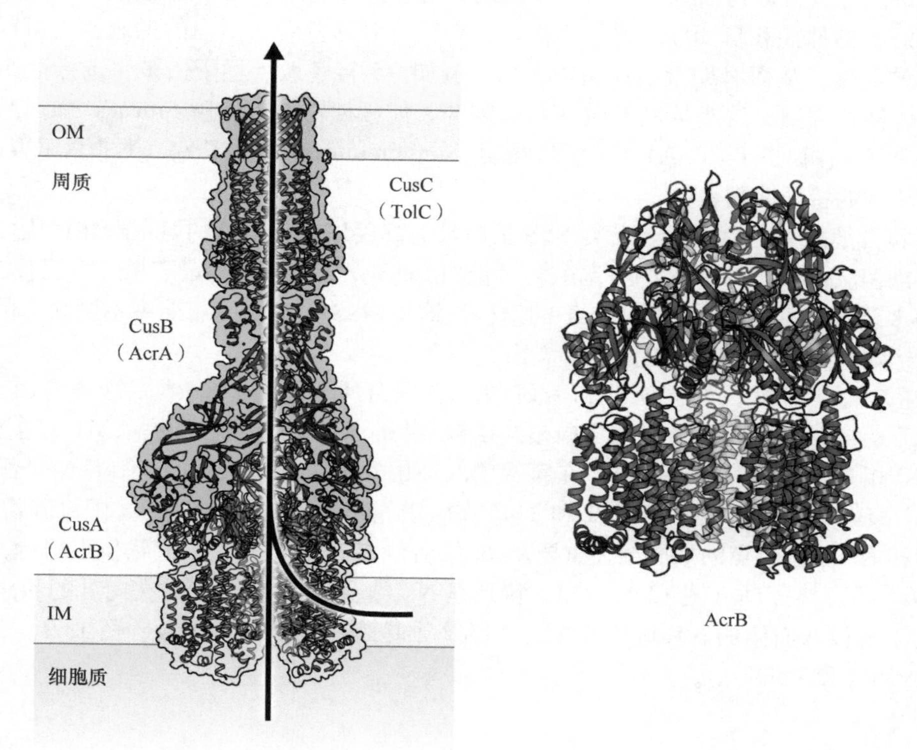

图 13.18　AcrB 和 CusABC（AcrAB-TolC）外排复合物的结构概述。左：AcrB 的结构。功能蛋白是不对称同源三聚体（PDB：1IWG）。右：细菌 CusABC 铜外排泵的示意图。CusABC 复合物与 AcrAB-TolC 多药外排泵同源。“OM”和“IM”分别表示外膜和内膜［PDB：3PIK（CusC）和 3NE5（CusAB)］。

来自质子偶联的反向转运蛋白的关键输入，可确保底物负载和主动转运沿 RND 途径（图 13.18，右）。目前，已经对 AcrB 的亚基进行了详细的研究。AcrB 的第一个结构显示其为对称的、空的三聚体，以三方晶体形式排列。许多尝试使完全不同的蛋白质结晶的实验室无意中都可以重新得到这种晶型。这是因为在实验室使用的抗生素选择下，AcrB 通常会上调。此外，它与用于纯化的 Ni^{2+} 亲和柱结合，即使作为膜蛋白污染物，在非常低的浓度下也很容易结晶。然而，AcrB 三聚体也可以结晶为不对称的三聚体，有进入状态、结合状态和空的挤出状态，用于运输底物。进入和结合状态分别显示出暴露于膜上的底物结合位点的周边及深层结合区域。相反，挤出状态有结合位点被向外封闭并向内开放的运输路径。此外，不对称三聚体连接到质子化途径，该质子化途径支持质子反向运输位点距离底物结合位点约 50Å。关键的 Glu/Asp 残基的质子化/去质子化状态相关的构象变化，以及它们与保守的 Lys/Arg 残基相互作用的方式会影响底物结合位点，并控制三聚体中 3 个状态的顺序交换。

13.4.2 协同转运子

13.4.2.1 神经递质：钠协同转运蛋白（NSS）：LeuT

有一类协同转运体家族能利用 Na^+梯度向细胞内转运氨基酸。在动物中，这类氨基酸转运蛋白家族也负责从突触间隙中回收神经递质。其中的一类转运蛋白家族（SLC6）称为神经递质 Na^+协同转运蛋白（NSS）家族。它可以主动摄取神经递质和（或）氨基酸，如多巴胺、5-羟色胺、去甲肾上腺素、γ-氨基丁酸(GABA)、甘氨酸和非极性氨基酸。这些转运蛋白通常具有 11 或 12 个跨膜螺旋，并共同转运两个 Na^+及其底物。该家族的许多哺乳动物转运蛋白也共同转运 Cl^-和逆转运 K^+。例如，5-羟色胺转运蛋白（SERT）将一种 Na^+、Cl^-和 5-羟色胺转运到细胞中，其中 K^+逆向转运。神经递质转运蛋白的功能异常会导致许多疾病，如癫痫、帕金森病、抑郁症和自闭症。另一方面，精神药物对这些转运蛋白的抑制作用可以有利地延长突触间隙神经递质的活性，从而有助于治疗精神疾病。例如，5-羟色胺转运蛋白被“选择性 5-羟色胺再摄取抑制剂”（SSRI 药物）抑制，这类抑制剂包括抗抑郁药，如氟西汀（百忧解 Prozac）和西酞普兰（西普拉普利 Cipramil）。三环抗抑郁药（TCA）（如氯米帕明 Clomipramine）代表了另一类非常重要的临床抑制剂，此类药品对分子靶标的特异性稍差。

在许多细菌和古细菌中也发现了与人类 NSS 蛋白具有高度序列相似性的氨基酸转运蛋白。NSS 家族的第一个结构来自细菌 *Aquifex aeolicus* 的氨基酸转运蛋白 LeuT。随后，还测定了果蝇多巴胺转运蛋白 dDAT 和嗜盐芽孢杆菌多疏水氨基酸转运蛋白 MhsT 的结构。这类 NSS 蛋白功能周期中不同状态的结构已经得到解析，也揭示了运输周期被调节和抑制的关键方面。

LeuT 可转运多种氨基酸，如亮氨酸和丙氨酸。该蛋白质是同源二聚体，每条链由 12 个跨膜螺旋（图 13.19，左上）组成，排列成 5+5 双重反向拓扑结构（4.6.6.2 节）。也就是说，TM1-5 通过膜平面中的伪双重轴与 TM6-10 相关（图 13.19，左下）。在膜两侧的环中发现了一些额外的螺旋，两个额外的 C 端片段 11 和 12 形成了二聚化界面。核心螺旋 TM1 和 TM6 在膜中间不连续（4.6.4.3 节），围绕底物结合位点排列。解螺旋对于底物和 Na^+结合位点的形成至关重要。Na^+结合位点 1（Na1）位于底物位点附近，对于转运的氨基酸，羧基是 Na1 的直接配体（图 13.9，右）。特别是 Na^+结合位点 2（Na2）在向外的状态下显示出三角双锥体配位（而不是像八面体的 Na1）。5 个配体中的 2 个是跨膜螺旋 1（TM1a；图 13.9，右）N 端部分的主链羰基氧（$Gly20_{CO}$ 和 $Val23_{CO}$）。

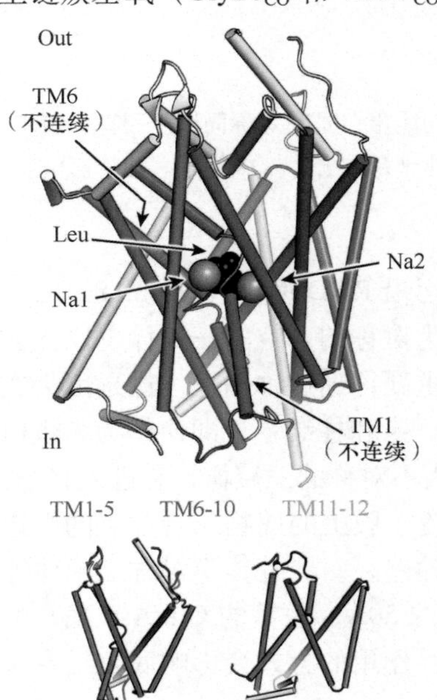

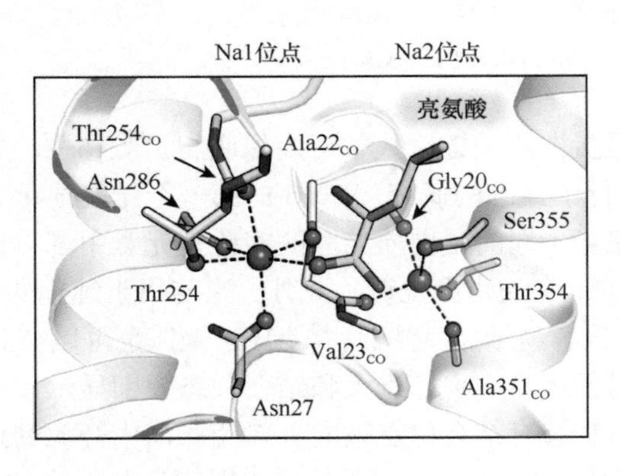

图 13.19 LeuT 的结构特征。左上：LeuT 的结构，与底物结合，处于向外封闭状态。亮氨酸（运输的底物）显示为黑色球体。共迁移的 Na^+离子为紫色（PDB：3F3E）。左下：TM1-5 和 TM6-10 之间的内部结构对称性很明显。为了便于比较，图中已旋转 TM6-10。右：Na^+结合位点。下标“CO”表示该键源自骨架羰基。$Ala22_{CO}$ 和 $Val23_{CO}$ 来自 TM1 的未缠绕部分，突显了不连续螺旋的重要性。

在 LeuT 的向外定向状态下，较大的疏水腔会导致细胞外环境成为底物的进入途径，而包含 Arg-Asp 盐桥的薄门会封闭结合的底物（图 13.20）。底物结合只能与 Na^+一起发生，并且只有结合了 Na^+和氨基酸底物时，转运蛋白才能达到这种封闭状态。一旦被阻塞，转运蛋白可以即刻从向外状态转换为向内状态。向内状态是通过封闭细胞外疏水腔达到的，同时跨膜片段 5（TM5）在细胞内界面处延伸并变形。在 TM5 处的这种结构变化允许细胞内环境到达 Na2 位点，并在 Na2 处以八面体配位形式添加细胞质水分子作为第六个配体（之前是向外取向状态的三角双锥型）。这促进了 Na^+的释放，其也可能被负的膜电位刺激。一旦 Na2 释放，TM1a 的紧密配位就失去了，它的开放允许 Na1 和结合的底物进一步释放到细胞质中。转运蛋白连同 H^+逆转运蛋白的返回（在氨基酸转运蛋白的情况下）与占据空转运位点的 TM1 的未缠绕核心片段的保守亮氨酸残基的重新定向有关。

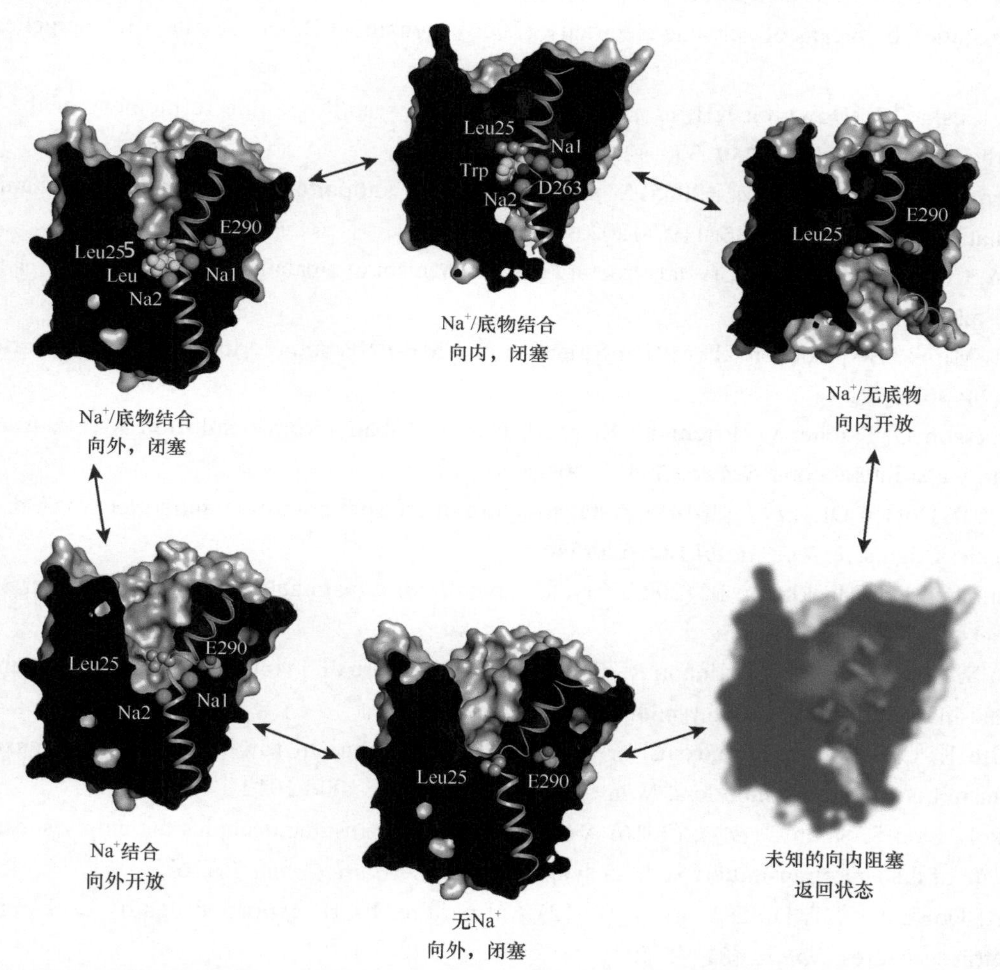

图 13.20 NSS 家族的氨基酸转运蛋白 LeuT 的转运机制显示出 Na^+/底物吸收和 H^+逆向转运的向内和向外封闭状态（图由 Lina Malinauskaite 博士友情提供）。

为了使转运蛋白高效工作，其必须具有动态性，而且还应防止非协同运动。确保这一点的一种方法是通过过渡中的每个闭塞状态的能量损失和增益，来降低向外闭锁状态和向内封闭状态之间的能垒。同时，在向外的封闭状态下，只存在结合 Na^+和底物的形式，且该结合 Na^+和底物的形式可以进入这种平滑的能量面，在促进动态转运功能的同时，可以防止未耦合的 Na^+耗散或下游底物外排。

抑制剂可以干扰细胞外腔（阻止其封闭，从而过渡到向内状态），也可以干扰与底物位点的更深结合（也阻止封闭）。三环抗抑郁药共结晶的 LeuT 在细胞外腔处显示出结合，从而使向外的闭塞状态稳定（图 13.20）。相反，与预期相似，具有相似化合物的 dDAT 结构表明它们在底物结合位点结合。

延伸阅读

原始文献

Doyle DA, Morais Cabral J, Pfuetzner RA, *et al.* (1998) The structure of the potassium channel: Molecular basis of K^+ conduction and selectivity. *Science* **280**: 69-77.

de Grotthuss CJT. (1806), translated from French as: Memoir on the decomposition of water and of the bodies that it holds in solution by means of galvanic electricity. (2006) Biochim et Biophys Acta—Bioenergetics **1757**: 871-875.

Grigorieff N, Ceska TA, Downing KH, *et al.* (1996) Electron-crystallographic refinement of the structure of bacteriorhodopsin. *J Mol Biol* **259**: 393-421.

Hunte C, Screpanti E, Venturi M, *et al.* (2005) Structure of a Na^+/H^+ antiporter and insights into mechanism of action and regulation by pH. *Nature* **435**: 1197-1202.

Jiang Y, Lee A, Chen J, *et al.* (2002) Crystal structure and mechanism of a calcium-gated potassium channel. *Nature* **417**: 515-522.

Korkhov VM, Mireku SA, Locher KP. (2012) Structure of AMP-PNP-bound vitamin B12 transporter BtuCD-F. *Nature* **490**: 367-372.

Kosinska-Eriksson U, Fischer G, Friemann R, *et al.* (2013) Subangstrom resolution X-ray structure details aquaporin-water interactions. *Science* **340**: 1346-1349.

Lee C, Yashiro S, Dotson DL, *et al.* (2014) Crystal structure of the sodium-proton antiporter NhaA dimer and new mechanistic insights. *J Gen Physiol* **144**: 529-544.

Long SB, Campbell EB, Mackinnon R. (2005) Crystal structure of a mammalian voltage-dependent Shaker family K^+channel. *Science* **309**: 897-903.

Long SB, Tao X, Campbell EB, MacKinnon R. (2007) Atomic structure of a voltage-dependent K^+ channel in a lipid membrane-like environment. *Nature* **450**: 376-382.

Malinauskaite L, Quick M, Reinhard L, *et al.* (2014) A mechanism for intracellular release of Na^+ by neurotransmitter: Sodium symporters. *Nature Struct Mol Biol* **21**: 1006-1012.

Malinauskaite L, Said S, Sahin C, *et al.* (2016) A conserved leucine residue occupies the empty substrate site in a return state of the neurotransmitter: Sodium symporter LeuT. *Nature Comm* **7**: 11673.

Morrison EA, DeKoster GT, Dutta S, *et al.* (2012) Antiparallel EmrE exports drugs by exchanging between asymmetric structures. *Nature* **481**: 45-50.

Olesen C, Picard M, Winther AM, *et al.* (2007) The structural basis of calcium transport by the calcium pump. *Nature* **450**: 1036-1042.

Song L, Hobaugh MR, Shustak C, *et al.* (1996) Structure of staphylococcal alpha-hemolysin, a heptameric transmembrane pore. *Science* **274**: 1859-1866.

Toyoshima C, Nakasako M, Nomura H, Ogawa H. (2000) Crystal structure of the calcium pump of sarcoplasmic reticulum at 2.6Å resolution. *Nature* **405**: 647-655.

Walz T, Hirai T, Murata K, *et al.* (1997) The three-dimensional structure of aquaporin-1. *Nature* **387**: 624-627.

Winther AM, Bublitz M, Karlsen JL, *et al.* (2013) The sarcolipin-bound calcium pump stabilizes calcium sites exposed to the cytoplasm. *Nature* **495**: 265-269.

Yildiz O, Vinothkumar KR, Goswami P, Kuhlbrandt W. (2006) Structure of the monomeric outer membrane porin OmpG in the open and closed conformation. *Embo J* **25**: 3702-3713.

Zhou Y, Morais-Cabral JH, Kaufman A, MacKinnon R. (2001) Chemistry of ion coordination and hydration revealed by a K^+ channel-Fab complex at 2.0Å resolution. *Nature* **414**: 43-48.

综述文章

George AM, Jones PM. (2012) Perspectives on the structure-function of ABC transporters: The switch and constant contact models. *Prog Biophys Mol Biol* **109**: 95-107.

Gouaux E, Mackinnon R. (2005) Principles of selective ion transport in channels and pumps. *Science* **310**: 1461-1465.

Henzler-Wildman K. (2012) Analyzing conformational changes in the transport cycle of EmrE. *Curr Opin Struct Biol* **22**: 38-43.

Møller JV, Olesen C, Winther AM, Nissen P (2010). The sarcoplasmic Ca^{2+}-ATPase: Design of a perfect chemi-osmotic pump. *Q Rev Biophys* **43**: 501-66.

Schlessinger A. (2013) SLC classification: An update. *Clin Pharmacol Ther* **94**: 19-23.

Yan N. (2015) Structural biology of the major facilitator superfamily transporters. *Ann Rev Biophys* **44**: 257-283.

（陈雷实验室 译，徐永萍 校）

第 14 章
信 号 转 导

信号转导在所有生物中都是重要的话题，对多细胞生物来说更是如此。一般而言，所有的生命活动都是需要被调控的，而这些调控通常是由较小的信号分子或大分子来实现的。有一些章节已经涉及了不同的信号转导系统，例如，转录过程（第 10 章）是被高度调控的过程，大分子的降解过程也是这样（第 12 章）。外部信号与细胞核进行信息交流的主要途径之一是通过蛋白质的磷酸化这种方式。此外，免疫系统（第 17 章）也是一个典型的、具有复杂信号转导的系统。这些信号通常经过一系列反应被级联放大来实现最后的调控目的。

14.1 信号转导从外部控制细胞活性

真核细胞的诸多生理活动都会受到细胞外各种因子的调控。在多细胞生物中尤其如此，不同组织中不同类型的细胞需要做出不同的响应，才能使整个机体正常工作。

胞外因子是通过信号通路来影响细胞功能的。在大多数信号通路中，胞外因子结合在细胞膜的受体分子上。受体分子将信号（而不是分子本身）传递到胞内。在胞内，其他分子感受信号并做出响应，信号被逐级放大，最后完成细胞所需的活动。这些胞外因子可以是小分子（如肾上腺素、气味分子等），也可以是短肽（如胰高血糖素），或者是蛋白质（如生长激素、干扰素等）。还有一些信号通路利用脂溶性分子作为胞外因子，这些脂溶性分子可以穿过细胞膜，激活胞内受体。上述整个过程被称为信号转导。

信号通路主要分为以下两类：

（1）一些信号需要细胞对刺激做出快速的状态变化，如人眼视觉细胞对光子的反应。在这个例子中，信号导致视觉细胞状态的快速变化，这一变化能被神经细胞感知并转化成脉冲传递到大脑。信号通常会引起一些蛋白质活性的变化，这种信号通路通常利用的是 G 蛋白偶联受体（GPCR）和可以激活多种效应因子的 G 蛋白三聚体。

（2）另外一些信号导致细胞发生持续性更久的性质变化，并改变特定蛋白的胞内含量。在这里，这些信号通路一般以细胞核内的转录抑制因子的激活或者失活而终止。在这些信号通路中，胞外信号通常是由其他细胞产生的激素或生长因子。

在细胞内部，蛋白质的磷酸化和去磷酸化（见 14.2.2 节）是控制多种生理活动的两种主要方式。许多信号通路都包含蛋白激酶，它们可以磷酸化酪氨酸或丝氨酸/苏氨酸侧链的羟基，反之，这些激酶也可以被自身酪氨酸和丝氨酸/苏氨酸的磷酸化或去磷酸化调控。特定的磷酸酶可以水解掉被磷酸化的激酶上的磷酸基团，从而使其恢复激酶活性，而这些磷酸酶同时也能受到胞外信号的调控。

诸多信号通路都是利用 G 蛋白的特点（见 8.3.3 节）来发挥作用的。G 蛋白在细胞内发挥分子开关的作用。它们之所以存在于众多信号通路中，是因为它们可以被开启而处于活化（开启）状态。而这种状态的持续又受到该通路中其他受体和蛋白质的调节。这些蛋白质可以使 G 蛋白回到“关闭”状态。

至少有两类重要的 G 蛋白参与信号转导过程：一类是与 G 蛋白偶联受体相关联的三聚体 G 蛋白；另一类是单体 G 蛋白——RAS 超家族（表 14.1）。

表 14.1　RAS 超家族中的单体 G 蛋白家族及其功能举例

Ras	控制基因表达的胞内信号通路
Rho	调控细胞骨架的生长
Rab	调控细胞内囊泡的运输
Ran	调节细胞入核及出核运输过程
Arf	调节囊泡运输

信号是怎样穿过细胞膜进行通讯的呢？所有的细胞膜受体都需要将与胞外配体的结合过程转化为膜内的信号。细胞膜外侧的变化会影响位于膜内侧的蛋白胞内域的构象变化或重排。这一过程可以通过如下方式进行：

- 寡聚受体蛋白的构象变化；
- 单体受体蛋白的构象变化；
- 通道。

为了更好地解释信号通路的工作机制，我们将通过几个例子来进行说明：细胞因子受体通路、酪氨酸激酶受体通路和 G 蛋白偶联受体通路。

14.2　细胞因子介导的信号传递

细胞因子是小分子质量蛋白（5 ～ 20kDa），在信号转导过程中发挥重要作用。它们由细胞释放，并对其他细胞的生理活动产生影响。细胞因子通常以非常低的浓度在体内循环，但遇到特殊情况时其含量会显著增加。细胞因子有很多类型，如白细胞介素（interleukin）和干扰素（interferon），其中最大的一类细胞因子属于具有 4 个 α 螺旋束的家族。

细胞因子受体（cytokine receptor）形成了一大类可以结合细胞因子和一些小分子激素的受体分子，这种结合可以产生诱导细胞分化、分裂和凋亡的信号。这些受体通常是膜蛋白，具有胞外组分、一个单次跨膜部分和胞内结构域。有些受体分子，如生长激素受体，是由两个完全相同的受体分子组成的；而有些受体分子则是由两个不同的受体分子（通常被称为 α 亚基和 β 亚基）与细胞因子形成活性复合体。受体的胞外部分含有一个受体结合结构域，根据不同受体家族的特点，胞外部分也会存在其他多种结构域。

细胞因子受体通常是二聚体，它们通过与细胞因子的结合引发信号转导过程，这个过程能够激活 Janus 激酶家族（JAK）的酪氨酸激酶。这些激酶能够磷酸化受体的胞内结构域，信号转导和转录激活因子（signal transducers and activators of transcription，STAT）被招募到磷酸化的受体上，并通过后续的步骤实现对细胞核内基因转录的调控（JAK-STAT 信号通路）。STAT 家族有 7 个成员，每个成员调控特定的一系列基因。

14.2.1　生长激素受体介导的信号转导

一直以来，生长激素（growth hormone，GH）介导的信号转导都是被研究的热点。1992 年，生长激素受体的胞外部分与其配体生长激素的复合物晶体结构被解析。生长激素受体的胞外部分是由两个结构域（D1 和 D2）组成的，这两个结构域都有Ⅲ型纤连蛋白折叠模式（fibronectin type Ⅲ fold）（图 14.1）。这类折叠模式在受体分子的胞外部分很常见（表 14.2），它与 Ig 折叠（Ig-fold，免疫球蛋白折叠）十分相似（见第 17 章）。生长激素受体的胞内结构域大约由 350 个氨基酸构成。令人惊讶的是，这个复合体的结构显示一个激素分子结合两个受体分子（1∶2 复合体模式）。位于每个受体结构域一端的环状（loop）区域会与底物形成结合面。结构域D1的配体结合环区域相当于免疫球蛋白结构中的高变区，而结构域D2将β三明治（β sandwich）结构的另一端暴露于配体。过去的活化模型是受体单体分子因为激素的结合而产生二聚化。不过更多近期的实验给出了不同的观点：没有配体结合的受体的主要存在形式是二聚体，而这种二聚体是通过一些跨膜螺旋（transmembrane helix）的作用形成的。激素结合后会使受体像剪刀一样运动（a "scissor-like" movement）（图 14.2）。

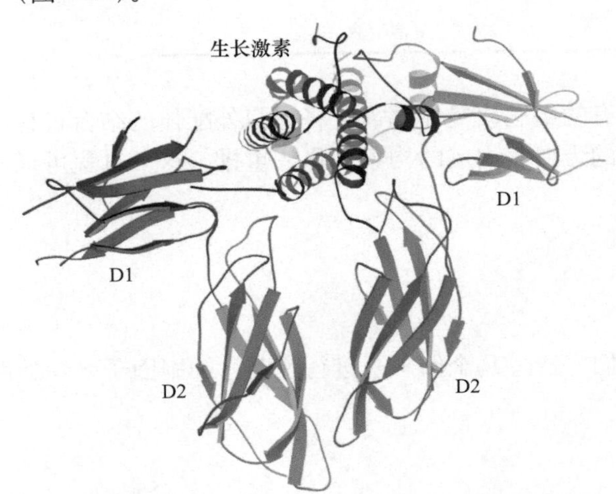

图 14.1 生长激素受体胞外区，以及与之结合的激素。激素的结构和许多细胞因子一样，4个螺旋聚成一束（a four-helix bundle）。受体的两个相同的单体分子都含有两个结构域，并且该结构域具有Ⅲ型纤连蛋白折叠模式。跨膜螺旋区和胞内域的连接处位于图的底端（PDB：3HHR）。激素的结合引起受体胞内部分的构象改变。

表 14.2 受体分子胞外区域结构域与其他胞外蛋白举例

结构域名称	大小和构象	含有该结构域的蛋白质举例
Fn1（Ⅰ型纤连蛋白）	约 40 个残基，由二硫键连接的两个小片层结构	纤连蛋白等其他胞外结合蛋白
Fn2（Ⅱ型纤连蛋白）	约 40 个残基，由二硫键连接的两个小片层结构	纤连蛋白，存在于血液凝集物中的蛋白质
Fn3（Ⅲ型纤连蛋白）	约 100 个残基，反平行 β 三明治结构，与 Ig 结构很相似	纤连蛋白和其他表面结合蛋白，细胞因子受体，受体酪氨酸激酶
受体 L 结构域	约 190 个残基，β 螺旋	受体酪氨酸激酶
C（类弗林、半胱氨酸富集）结构域	约 120 个残基，含有几个小的 β 发夹，由二硫键稳定整体构象	受体酪氨酸激酶
Ig（类免疫球蛋白）	约 100 个残基，反平行 β 三明治结构，与 Fn3 结构很相似	受体酪氨酸激酶，免疫系统中的许多分子

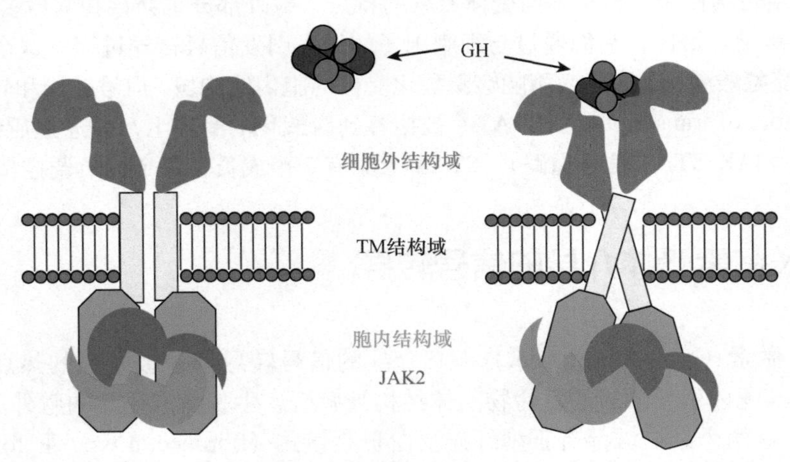

图 14.2 生长激素的结合引起其受体的构象改变。酪氨酸激酶 JAK2 结合到受体二聚体上从而被活化，并磷酸化受体的胞质结构域。

激素分子是不对称的，但两个受体单体分子与配体结合的元素是相同的。由于配体分子的不对称性，导致受体二聚体也是不对称的。两个大分子与对方结合亲和力的大小基本与结合表面面积的大小成正比。在激素与其受体的复合物中，一个受体分子与激素的作用面要大于另一个分子，这就暗示了配体介导的受体构象变化的机制：在激素存在的情况下，一个受体单体分子以高亲和力与配体激素结合。受体单体-配体复合体暴露出足够大的相互作用表面，该表面包含了受体分子和激素分子的结合元素，其中第二个受体分子是在构象改变之后结合上去的。

磷酸化酶JAK2结合在受体接近于跨膜结构域的胞内部分，它由好几个结构域组成：一个是激酶结构域，还有一个是假激酶结构域，后者具有调控的功能。当JAK2结合在没有结合激素的受体二聚体上时，假激酶结构域会抑制激酶结构域的功能。当激素结合在受体上时，受体胞内部分才能够获得正确的取向以激活结合的JAK2分子。此时两个激酶结构域处于并列关系，相互反式激活对方来磷酸化受体胞质部分的酪氨酸。

STAT分子属于多结构域转录因子中的一个家族，可以传输信号。STAT含有SH2结构域（SH2 domain），该结构域能够特异地结合在磷酸化的酪氨酸残基上（见下），也就是这个结构域可以结合受体中磷酸化的酪氨酸残基。STAT中靠近C端的酪氨酸残基也可以被JAK2激酶磷酸化，这导致STAT分子从受体上分离，并通过它们的SH2结构域二聚化。之后STAT进入细胞核，利用其DNA结合结构域（DNA-binding domain）与DNA结合，从而调控特定基因的转录（图14.3）。

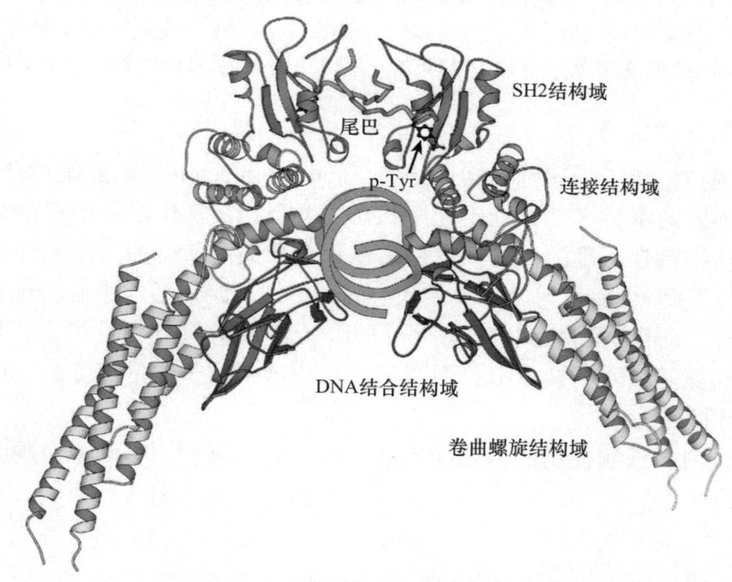

图14.3 胞内活性：STAT3二聚体与一段双链DNA（绿色）相结合的复合物。该图中，二重轴的方向接近于垂直。可以介导STAT2二聚化的磷酸化酪氨酸（p-Tyr）位于蛋白质羧基端尾部（淡紫色），并与另一个单体分子的SH2结构域（蓝色）相结合。连接SH2结构域和尾部之间的氨基酸在结构上处于无序状态。DNA结合结构域（红色）具有与p53转录因子相似的免疫球蛋白类折叠（见10.2.6节），它位于卷曲螺旋结构域（coiled-coil domain）（黄色）序列之前，其后接有一段连接结构域（linker domain）（橙色）。在该模式图中，氨基端结构域没有包含在其中（PDB：1BG1）。

14.2.2 激酶活性的调控

蛋白质中有大约30%可以在特定的时间内被磷酸化。人类基因组编码超过500种不同的蛋白质激酶，这些激酶参与很多信号通路，能够磷酸化酪氨酸或丝氨酸/苏氨酸残基。蛋白质激酶这个酶类大家族中的激酶都有两个结构域：氨基端结构域由5股反向平行的折叠片和1个C螺旋组成；羧基端结构域包含了7个螺旋（图14.4）。活性中心位于2个结构域之间的缝隙中。

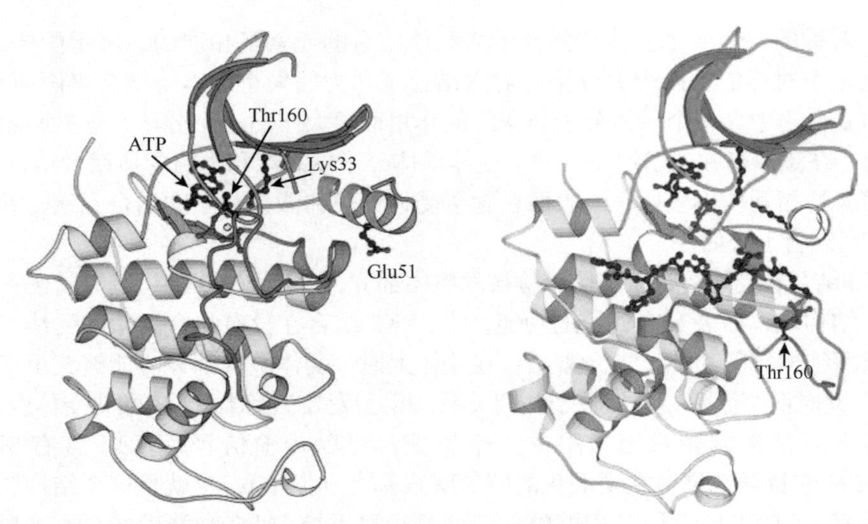

图 14.4　细胞周期蛋白依赖性激酶的失活和活性状态，激酶的两个结构域分别以绿色和黄色标识，活性卷曲以橙色标识。在失活状态下（左），活性卷曲阻挡了活性中心，阻止三磷酸腺苷（ATP）的结合。保守的第 51 位谷氨酸（Glu51）指向远离活性中心。在活性状态下（右），活性卷曲结合了细胞周期蛋白（未展示），第 160 位的苏氨酸（Thr160）被磷酸化后从活性中心移开，位于上方的结构域的 C 螺旋发生旋转并移向活性中心。第 51 位谷氨酸与第 33 位赖氨酸相互作用，并且它与 ATP 十分接近。具有丝氨酸的底物多肽十分靠近 ATP 的 γ 位磷酸，靠近 ATP 的部分以原子形式展示（PDB：1HCK 和 1QMZ）。

酪氨酸激酶活性的调控依赖于一段称为活性片段（activation segment）的柔性环区（flexible loop）。在酶的失活状态下，这些环区通常有一部分处于无序状态，会阻挡活性中心；而在活性状态下，这些环区是结构上有序的，允许底物结合在正确的方向。这种活性状态和失活状态的构象差异利用一种激酶——细胞周期蛋白依赖性激酶进行说明（图 14.4）。在失活状态时，C 螺旋距离活性中心很远；在活性状态时（当细胞周期蛋白与激酶结合时），阻挡在活性中心的部分挪开，C 螺旋移动到活性中心。在许多激酶中，活性状态是由于位于活性环区的氨基酸残基被磷酸化而引起的，在这个例子中是苏氨酸。这种活化的例子还将在 14.2.3.1 节和 14.3.1 节中讨论到。

磷酸根的除去是由蛋白磷酸酶控制的。在哺乳动物中，有几百种不同的蛋白磷酸酶，所有的磷酸酶都有它们特定的蛋白底物。

14.2.3　利用结合结构域调控蛋白质活性

许多蛋白质都是模块化的，即具有多个结构域。多结构域蛋白的功能是将多种生理活性带到细胞中有需要的地方，即带到需要特定酶活的靶标上、细胞膜上或其他特定的位置（表 14.3）。

表 14.3　胞内蛋白结合结构域举例

结构域名称	结构	结合特异性	信号通路中有该结构的蛋白质举例
SH2（Src 同源蛋白结构域 2）	约 100 个残基，反向平行 β 片层，两边各有 1 个螺旋（图 14.6）	含有磷酸化酪氨酸的肽段	γ 型磷脂酶 C、酪氨酸激酶（src）、磷脂酰肌醇-3-激酶、酪氨酸磷酸酶、RasGAP、GRB2
SH3（Src 同源蛋白结构域 3）	约 50 个残基，小的 β 桶（图 14.6）	富含脯氨酸的肽段	磷脂酶 C、酪氨酸激酶（src）、细胞骨架蛋白、RasGAP、GRB2
PH（Pleckstrin 结构域）	约 120 个残基，具有羧基端螺旋的 β 三明治结构	膜黏连及其他特异性	磷脂酶 C、蛋白激酶、GEF 蛋白（Sos）、GAP 蛋白、细胞骨架蛋白

续表

结构域名称	结构	结合特异性	信号通路中有该结构的蛋白质举例
FERM	约 300 个残基，3 个亚结构域	膜黏连	酪氨酸激酶、蛋白磷酸酶、细胞骨架蛋白（ezrin，moesin，radixin）
PTB（磷酸化酪氨酸结合结构域）	类似于 PH 结构域	含有磷酸化酪氨酸的肽段	Shc 衔接蛋白、IRS-1 胰岛素受体底物分子
C2（蛋白激酶 C 结构域）	约 120 个残基，免疫球蛋白类折叠	膜黏连	磷脂酶 C、蛋白激酶 C、其他激酶、RasGAP
C1（蛋白激酶 C 结构域）	约 50 个氨基酸，结合两个锌离子的富含半胱氨酸的结构域	甘油二酯、佛波酯	蛋白激酶 C、其他激酶
PDZ（DHR 结构域，GLGF 重复）	80 个残基，β 桶	常以缬氨酸结束的短肽	信号转导系统中的许多蛋白质，通常串联存在
WD40	7 瓣螺旋桨	多样的	三聚体 G 蛋白 β 亚基、Arp2/3 复合物
EF 手结构域	约 25 个残基	钙离子	含有 4 个 EF 手的磷脂酶 C

14.2.3.1 SH2 和 SH3 结构域

SH2 和 SH3 结构域在很多蛋白质中都存在，它们是以非受体类酪氨酸激酶（non-receptor tyrosine kinases）src（src 同源蛋白）来命名的。Src 和其他类似的激酶可以与细胞膜结合，并激活众多信号通路。它们含有一个激酶结构域、一个 SH2 结构域和一个 SH3 结构域（图 14.5）。

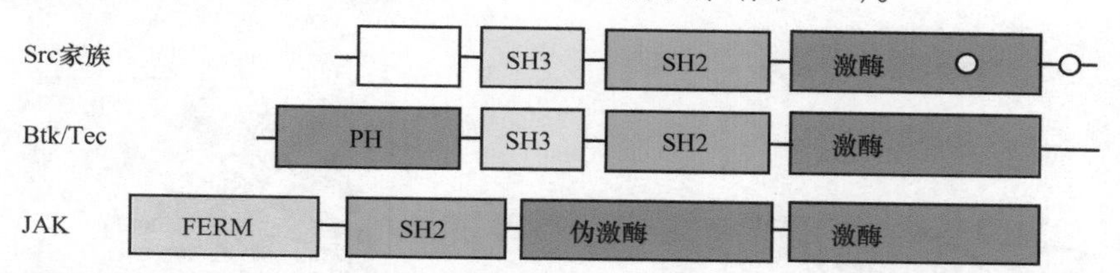

图 14.5 一些非受体酪氨酸激酶的结构域分布图。Src 在其激酶结构域和羧基端尾部含有磷酸化位点（以小球标识）。关于 PH、SH2、SH3 和 FERM 结构域的描述见表 14.3。

SH2 结构域只结合含有磷酸化酪氨酸残基的蛋白质区段。一个 SH2 结构域主要包含一个反向平行的片层结构，在片层结构的两端各有一个螺旋（图 14.6）。肽段结合表面由片层的边缘和两个螺旋的侧面构成。在这里有两个口袋（pocket），一个用于结合磷酸化的酪氨酸，另一个用于结合 Y+3 残基（如 YEEI）。不同的 SH2 结构域有不同的底物结合特异性，该特异性主要是由口袋附近残基的性质决定的。

SH3 结构域比较小，具有由 5 个折叠束组成的反向平行 β 桶结构（图 14.6）。SH3 结构域的功能与 SH2 结构域相似，是特异地结合其他蛋白质。这些蛋白质片断结合在 SH3 的两个环区形成的沟槽（groove）中。被结合的肽段的序列通常是 RXLPPLPXX 或 XXXPPLPXR。这些富含脯氨酸的肽段以多聚脯氨酸螺旋（polyproline helix）的结构与 SH3 结构结合。此类结构的结合力相对较弱，在一些情况下需要多个 SH3 结构域参与结合以提高亲和力。

Src 酪氨酸激酶和一些相关激酶都含有一个羧基端尾巴，其尾部有一个酪氨酸磷酸化位点。当这个酪氨酸被磷酸化后，它可以结合到 SH2 结构域上的磷酸化酪氨酸口袋中，但在 SH2 的第二个口袋上是不会发生结合的，因此该结合力较弱。这个尾巴对于该蛋白质的活性调控十分重要。当酪氨酸被磷酸化后，蛋白质处于失活状态。人们发现 src 蛋白的一种致瘤性突变体存在于劳氏肉瘤病毒（Rous sarcoma virus）中，该病毒会引起鸡肿瘤的产生。这个蛋白质被命名为 v-src，它缺少羧基端的尾巴，因此这个致癌基因的激酶活性不能像正常 src 蛋白那样被调控，这就导致了细胞生长不受控制和肿瘤形成。

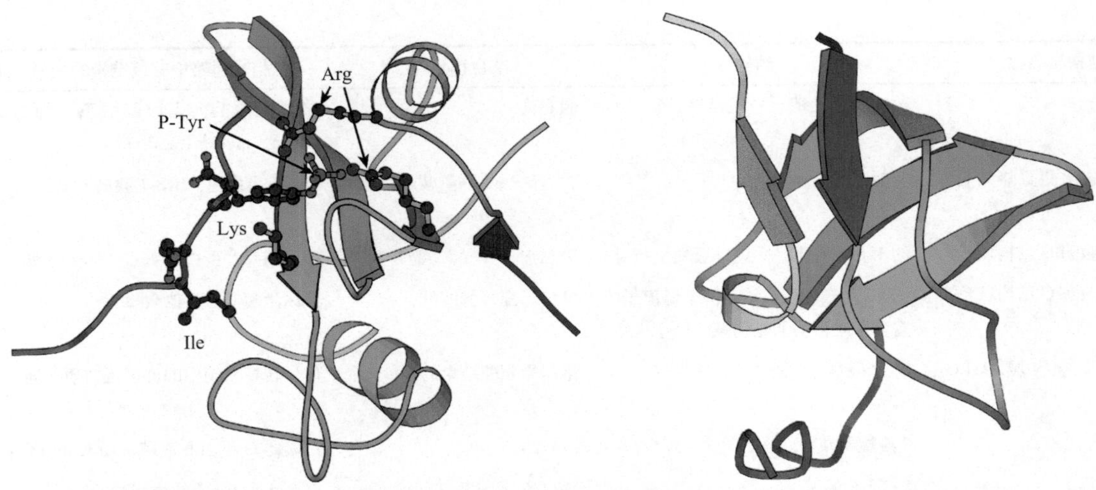

图 14.6 左：SH2 结构域模式图：src 蛋白的 SH2 结构域与多肽 YEEI（红色）结合的复合体。2 个精氨酸和 1 个赖氨酸参与磷酸化酪氨酸（p-Tyr）上磷酸基团的结合（PDB：1SPS）。右：与多肽结合的 SH3 结构域模式图，这个结构域源自 Abl 酪氨酸激酶。结合的肽段（红色）具有 APTMPPPLPP 序列，并形成左手多聚脯氨酸螺旋的构象（PDB：1ABO）。

SH2 结构域和 src 激酶之间的连接区域（linker region）含有一些脯氨酸残基，可以结合在 SH3 结构域上。失活的 src 蛋白在三维结构上拥有多个结构域相对紧密结合的构象（图 14.7）。

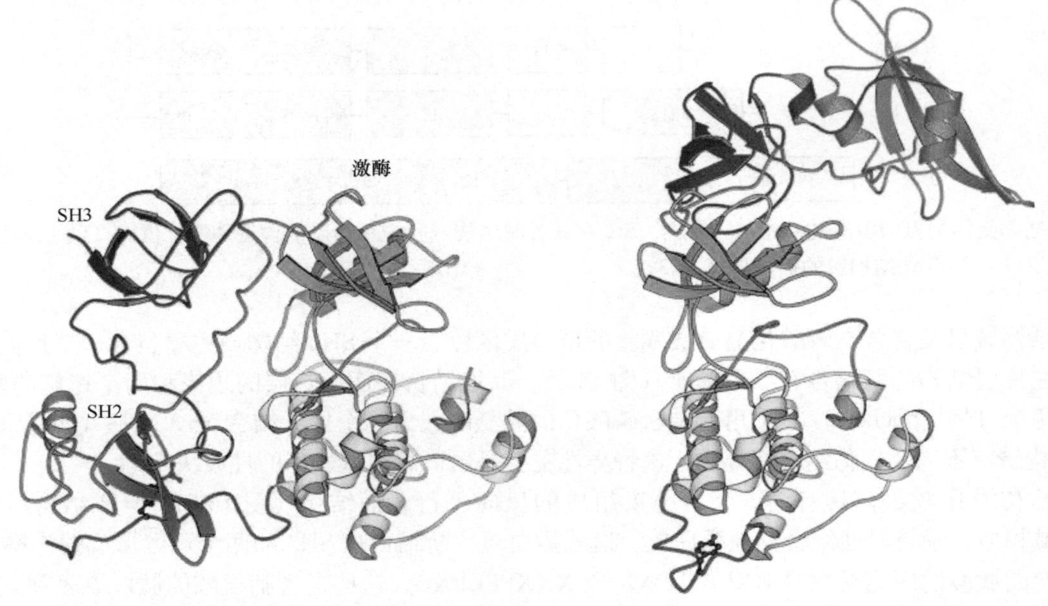

图 14.7 src 酪氨酸激酶的失活型和激活型。激酶部分的颜色与图 14.4 中的一致。在失活状态下（左），SH2 结构域结合在尾部磷酸化的酪氨酸上，SH3 结构域结合在连接区域。在活性状态下（右），羧基端尾部的酪氨酸未被磷酸化，使得 SH2 和 SH3 结构域（分别是浅蓝色和深蓝色）能找到完全不同的方向，并且能够结合其他分子（PDB：1FMK 和 1Y57）。

该酶的激活机制还不是十分清楚。在与其他激酶进行比较后发现，在 src 蛋白激酶结构域的一种构象中，活性位点（第一个结构域的螺旋）所在的方向可以抑制其催化活性。尾部和连接区域与 SH2 和 SH3 结构域的结合能够稳定这种失活构象；而 SH2 和 SH3 结构域结合在与活性位点相对的一端。当尾部去磷酸化时，或 SH2 和 SH3 结构域以高亲和力结合肽段时，src 蛋白结构域之间的紧密结合关系就会被打破，并允许该分子中的激酶结构域形成有活性的酶。当活化部分的另一个酪氨酸被磷酸化后，激酶完全被激活。

14.3 受体酪氨酸激酶通路

一大类信号通路利用本身具有特异性酪氨酸激酶活性的受体参与信号转导。人类基因组包含大约 60 种受体酪氨酸激酶（RTK），这其中包括重要的胰岛素受体和大量的生长因子受体。这些受体蛋白本身具有酪氨酸激酶活性，与细胞因子受体不同的是，细胞因子受体信号会激活其他独立存在的激酶。

受体酪氨酸激酶由一个胞外受体区、一个单次跨膜螺旋和胞质部分的酪氨酸激酶结构域组成。受体胞外部分由富含半胱氨酸的结构域与亮氨酸重复结构域组成，或者由含有不同拷贝数目的免疫球蛋白类结构域组成。一些受体分子除了常见的结构域之外，还会含有一些特殊的结构域。一些具有代表性的受体酪氨酸激酶的结构域示意图在图 14.8 中展示。

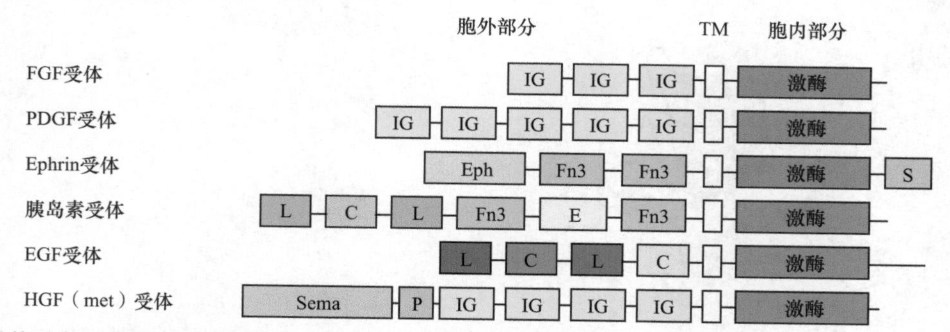

图 14.8 一些受体酪氨酸激酶的结构域分布图。它们都含有相似的胞内激酶结构域和跨膜区域（transmembrane region，TM）（由一小块白色长方形表示）。其他模块是免疫球蛋白结构域（IG）、Ⅲ型纤连蛋白结构域（Fn3）、亮氨酸重复结构域（L）、弗林蛋白酶或富含半胱氨酸结构域（C）、SAM 结构域（S）和肾上腺素受体配体结合结构域（Eph）。胰岛素受体含有一些其他类型受体分子中没有的结构域，肝细胞生长因子受体或甲硫氨酸受体含有一个大的 7 瓣螺旋桨结构的 Sema 结构域，其后跟随一个 PSI 结构域（P）。

配体与所有受体的结合都会激活酪氨酸激酶活性。在大多数受体酪氨酸激酶中，配体与受体胞外部分结合会导致受体链的二聚化。然而，胰岛素受体在配体不存在时也会形成二聚化。在这种情况下，配体的结合会导致已形成受体复合体的胞内结构域发生重组。

受体中被磷酸化的肽段会成为信号通路中其他蛋白质的靶标。这些蛋白质会利用如 SH2 结构域结合到受体酪氨酸激酶上。

14.3.1 表皮生长因子受体通路

表皮生长因子（epidermal growth factor，EGF）是利用受体酪氨酸激酶通路发挥作用的。这个家族包含 4 种相关的受体。由于受体活性的增加可能会导致某些癌症的发生，所以它们一直受到广泛关注。该受体的活化与胞内许多信号通路相关。在这里我们将描述 MAP 激酶通路的激活，而 JAK/STAT 通路（见 14.2 节）和蛋白激酶 B 通路也可以被 EGF 受体（EGFR）激活。

表皮生长因子受体包含两条肽链，同源二聚体和异源二聚体都是存在的。每个单体分子有 4 个胞外结构域、1 个具有二聚化模块 GxxxG 序列的单次跨膜螺旋（见 4.6.3.2 节）和 1 个胞内酪氨酸激酶结构域（图 14.8）。

14.3.1.1 EGFR 的胞外部分

胞外结构域由 2 个富含亮氨酸重复序列结构域和 2 个富含半胱氨酸结构域（C domain）组成，并且在

12个不同的位点上连有大约40kDa的糖链。该受体胞外部分的一些结构已经被解析（图14.9）。结构域Ⅰ和Ⅲ也被称为L1和L2（因为富含亮氨酸重复序列），它们拥有β螺旋折叠模式。β螺旋折叠是以平行的β片层作为重复单元形成的短矩形棒。C结构域Ⅱ和Ⅳ是由富含半胱氨酸的重复单元组成的，该结构域的构象是由若干二硫键来维持的。受体的胞外部分是两个结构域的串联重复。

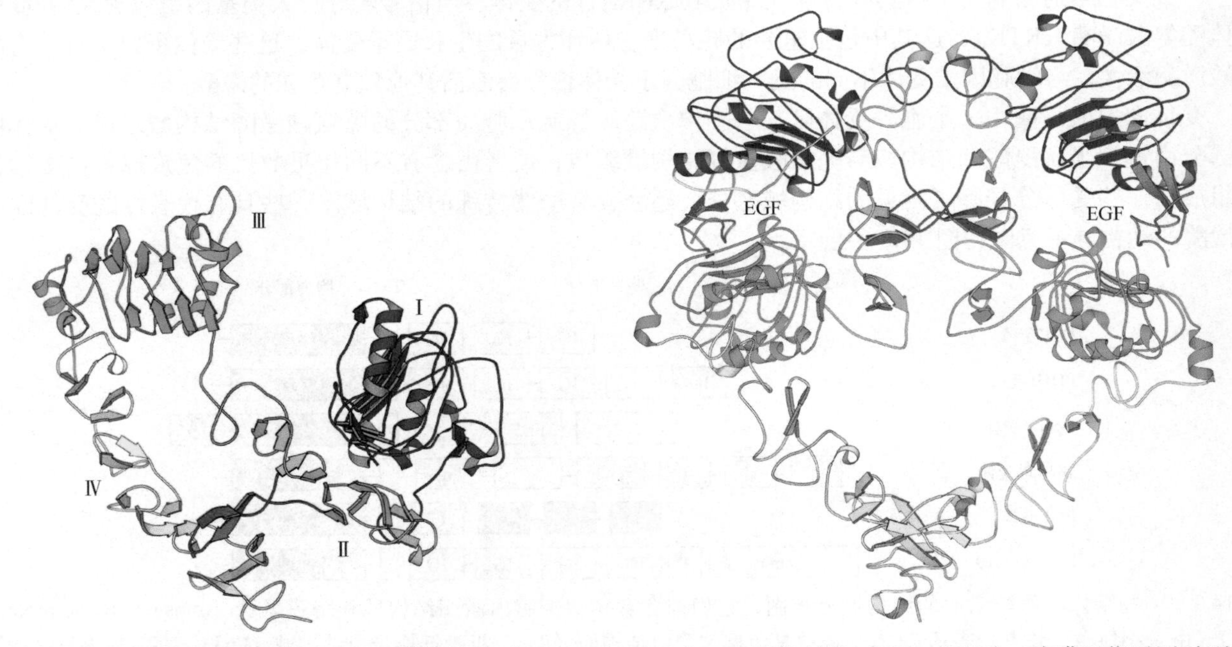

图14.9 EGFR胞外部分结构图。左：单体结构（PDB：INQL）；右：二聚体结构（PDB：3NJP）。跨膜区位于图示下方。结构域Ⅱ中对于稳定二聚化十分重要的卷曲部分用红色表示。值得注意的是，配体EGF并没有参与受体二聚化的形成。

在单体结构中，4个结构域形成一个弯曲的构象。但在某些情况下，有另一种伸展的构象被发现。在二聚体形式中，结构域发生了重排以形成伸展的构象。与弯曲构象中的相对位置相比，这种构象下的结构域Ⅰ和结构域Ⅱ发生了130°的旋转。在单体结构中，结构域Ⅱ与结构域Ⅳ发生相互作用；但在二聚体结构中，它在一定程度上通过这个家族受体所特有的一段较为伸展的环区部分（二聚臂），与另一个结构域Ⅱ发生相互作用。与其他受体不同的是，配体不参与二聚体的连接，而是与二聚体外面的结构域Ⅰ和结构域Ⅲ结合。配体的结合可以稳定受体的这种伸展的构象以形成二聚化。

14.3.1.2 EGFR的胞内部分

EGF与受体的结合会导致EGFR二聚化，并在胞内部分产生自身磷酸化。EGFR的磷酸化发生在羧基端的200多个氨基酸残基上（图14.8）。激酶结构域活化形式的结构不对称性曾令人惊讶。在这个二聚体中，一个单体是具有酶活的活化结构域，另一个则是激活结构域。促进活化的激酶单体分子羧基端半段结构（C-lobe）的疏水表面与有活性的激酶单体分子的氨基端半段结构（N-lobe）的疏水表面相互作用（图14.10）。这里别构活化的形式与细胞周期蛋白依赖性激酶的活化形式相似（见14.2.2节），都是一个单体分子以一种导致活化的方式结合另一个单体分子。磷酸化不是活化状态所必需的，但磷酸化的羧基端可以结合信号通路中一些蛋白质的SH2结构域。

在其他的受体酪氨酸激酶（RTK）中，自身磷酸化通常发生在活化的环区部分，以此来调控如14.2.2节中所描述的酪氨酸激酶的活性。这里提到的二聚化中，一个单体可以反式磷酸化另一个单体的亚基。有活性的环区部分（activation loop）的灵活性允许它短暂地移动到别处，暴露出活性位点，允许ATP和其他亚基的环区进入活性位点。因此，许多亚基的联合补偿了酶的低活性。

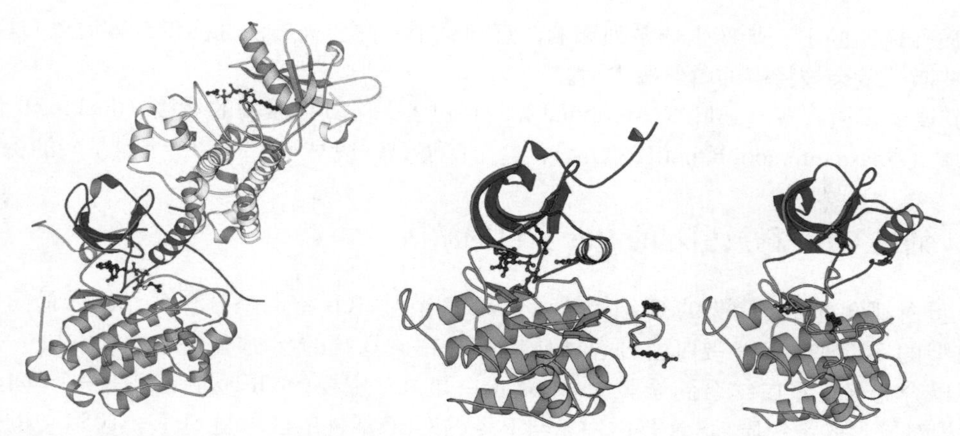

图 14.10　EGFR 的酪氨酸激酶结构域。左：不对称的二聚体（PDB：2GS6），活性亚基由蓝色表示，促进激活的亚基由黄色表示。右：胰岛素受体相应结构域的激活状态和失活状态（PDB：1IR3 和 1IRK）。

14.3.2　MAP 激酶通路

包括 EGF 通路在内的许多 RTK 信号通路，都利用 G 蛋白 Ras（见 8.3.3 节）来激活一系列被称为促分裂原激活蛋白激酶（MAPK）的激酶级联反应（图 14.11）。许多不同类型的疾病就是由于 MAPK 信号通路系统不正常引起的。

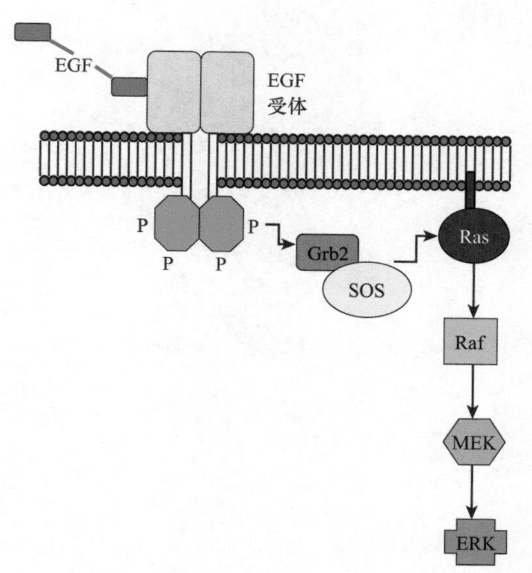

图 14.11　通过 EGFR 激活 Ras 通路的示意图。Raf、MEK、ERK 激酶也分别被称为 MapKKK、MapKK 和 MapK。MapK（ERK）被运输至细胞核内来影响转录因子。

这条通路反应的第一步是 Grb2 蛋白与自身磷酸化的 EGFR 的羧基端相结合。Grb2 含有 2 个与 SH2 侧面相接的 SH3 结构域，SH2 结构域可以与受体磷酸化的酪氨酸残基结合。Grb2 作为一个接头蛋白发挥作用，不具有酶活性。与其他 SH3 结构域类似，Grb2 的 SH3 结构域结合脯氨酸富集的序列。在这里，它结合在 Sos（Son of sevenless）蛋白上。Sos 蛋白通过作为 Ras 的鸟苷酸置换因子（G nucleotide exchange factor，GEF）来激活膜结合 G 蛋白 Ras（图 14.11）。

膜上结合了 GTP 的 Ras 蛋白招募并激活 Raf（也被称为 MapKKK），Raf 是一种具有 Ras 结合结构域的激酶。活化的 Raf 会磷酸化另一个激酶 Mek（也被称为 MapKK）的丝氨酸残基，Mek 再去磷酸化激酶 MapK［也被称为细胞外信号调节激酶（extracellular signal regulated kinase，ERK）］。ERK 被运输至细胞核内，磷酸化并激活特定的转录因子。就这样，EGF 结合到受体上会导致一些特定基因的表达发生变化。一个活化的蛋白质在通路的下一步产生一系列影响，直到这个蛋白质失去活性。当 Ras 通过 GTP 水解作用失去活性后，这些激酶就会被特定的磷酸酶失活。

MapK 及其调节蛋白在羧基端叶（C-terminal lobe）包含一个其他激酶的对接（docking）位点，叫做激酶相互作用区域（kinase interaction motif，KIM），这个区域是一段具有 13 ～ 15 个氨基酸的保守序列。

14.3.2.1 通过 GDP 释放引起的 Ras 蛋白的激活

所有的 G 蛋白都含有一个常见的 G 结构域（见 8.3.3 节）。Ras 蛋白是含有 G 结构域最简单的一种，也常被归为最典型的 G 蛋白。Ras 蛋白通过翻译后修饰，在羧基端的半胱氨酸残基上添加了一个脂肪酸分子，该分子可以介导 Ras 蛋白结合到质膜上。Sos 蛋白是 Ras 主要的 GEF 蛋白，是一个具有大约 1400 个氨基酸残基的相对较大的蛋白质。Sos 蛋白中参与 Ras 的 GEF 活性的区域是 560 ～ 1050 位的残基，这段区域由螺旋构成，含有两个结构域，其中一个结构域与 Ras 的开关区域结合。这两部分的相互作用面积较大（图 14.12）。Sos 的一个螺旋发夹（helical hairpin）结构插入 Ras 的开关Ⅰ和开关Ⅱ区域之间（图 14.13）。开关Ⅰ区域取代了核苷酸的结合位点，Sos 螺旋发夹的残基侧链插入到镁离子的结合位点和一部分 GDP 的结合位点中，这样便启动了 GDP 分子的释放。

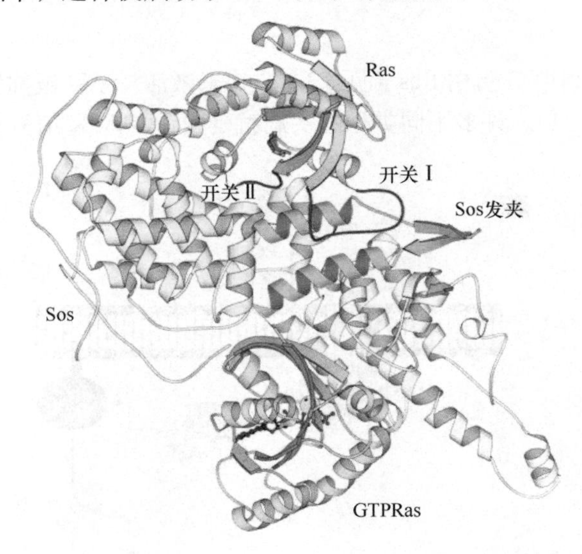

图 14.12 Sos 与 Ras 蛋白复合物结构。Sos 是一种可以结合到其 G 蛋白伴侣上的 GEF 蛋白。Sos 中 Ras 结合部分的两个结构域已标出，分别是 Cdc25 同源结构域（浅绿色）和 Rem（Ras exchanger motif）结构域（浅黄色）。Cdc25 结构域的螺旋发夹结构（蓝绿色）插入到 Ras 蛋白（浅蓝色）的开关Ⅰ和开关Ⅱ（深蓝色）之间，导致 GDP 的释放。GTP 构象中的第二个 Ras 分子与 Rem 结构域结合，具有调控的功能（PDB：1XD2）。

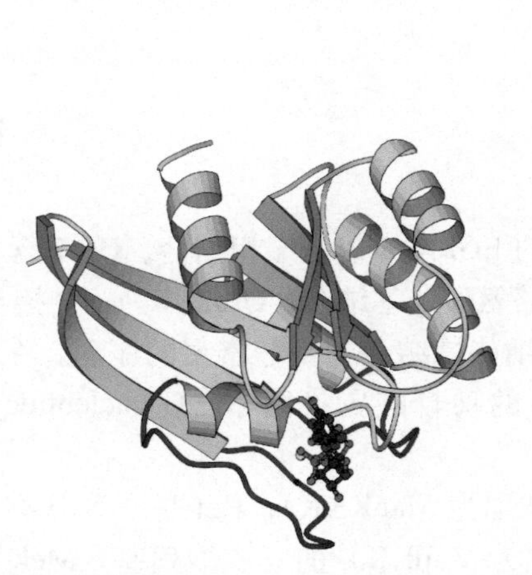

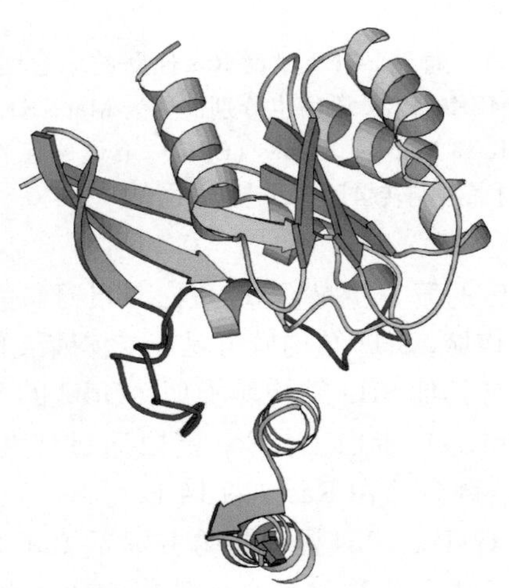

图 14.13 Ras 与结合的核苷酸（PDB：121P）和 Ras-Sos 复合物（PDB：1BKD）结构比较。从图中可以看出 Sos 的螺旋发夹结构（右下角）是如何插入到开关Ⅰ（两图的左边）和开关Ⅱ之间，并将核苷酸挤出的。2 个开关区域用深蓝色标出。

14.3.2.2 G 蛋白的三磷酸鸟苷酸水解酶活性和 GAP 蛋白发挥的作用

三磷酸鸟苷酸水解酶（GTPase）通常作为分子开关（molecular switch）(见 8.3.3 节)。当有 GTP 存在时，它们处在“开”的状态；当 GTP 水解为 GDP 时，它们处在“关”的状态。开关 I 和开关 Ⅱ 的构象与这两种构象完全不同。G 蛋白的三磷酸鸟苷酸水解酶活性通常较低。开关 Ⅱ 的谷氨酰胺和开关 I 的精氨酸（精氨酸指，the arginine finger）参与了这个催化反应。但在 Ras 蛋白和相关蛋白中，精氨酸是不存在的。这些过程中的 GAP（GTPase activating protein，三磷酸鸟苷酸水解酶激活蛋白）贡献了一个反式（*trans*）构象的精氨酸指，这个精氨酸指的位置正好与其他 G 蛋白中的精氨酸位置相同，因此可以增加 Ras 的水解速率，使其提高 1000 倍。

RasGAP 结合在 Ras 蛋白的开关 I 和开关 Ⅱ 区域（图 14.14）。GAP 的结合使活性位点的残基处于催化的正确位置，这些残基使得参与反应的水分子处于正确的位置并且可以被活化（见 8.3.3.2 节）。这些活性中心的环区部分柔性变小，所产生的负熵效应会被 GAP 蛋白的结合能中和掉。

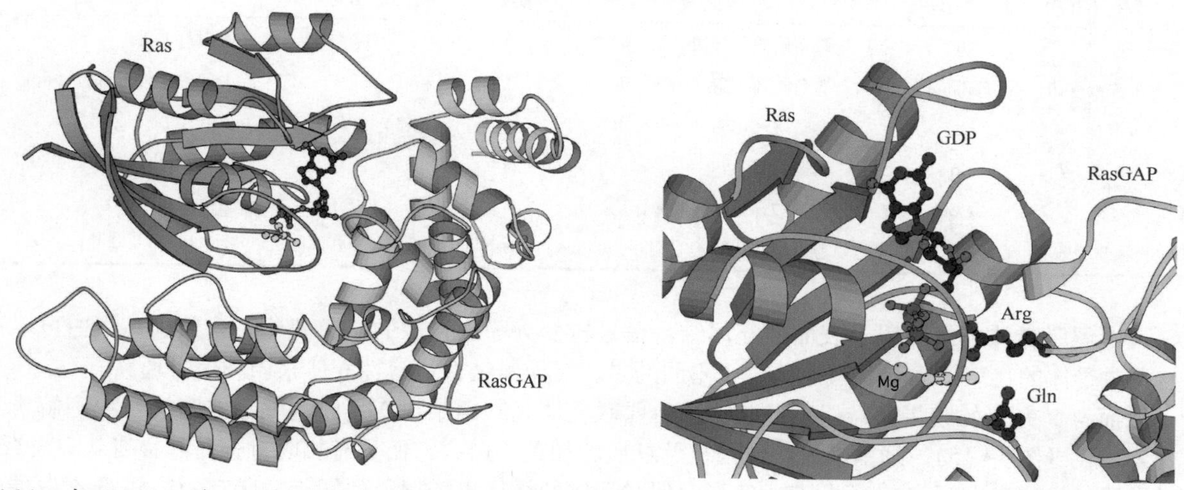

图 14.14 上：RasGAP 与 Ras 蛋白的复合物结构。RasGAP 的结合稳定了 Ras 蛋白部分活性中心的卷曲。下：Ras、RasGAP、GDP 和 AlF_3 复合物的结构细节，该图模拟了 GTP 水解的中间过渡状态。RasGAP 贡献的精氨酸残基参与 GTP 的水解［精氨酸指（arginine finger)］(PDB：1WQ1)。

14.3.2.3 Ras 蛋白和癌症

Ras 蛋白的一些突变与多种癌症相关。这些突变通过阻止 GTP 水解，使 Ras 蛋白永久地停留在“开”的状态。有两种突变十分常见：一种是 P-环上第 12 位甘氨酸突变为缬氨酸，会阻止 RasGAP 对 GTPase 的激活；另一种常见的突变发生在第 61 位的谷氨酰胺，而该残基可以使参与催化反应的水分子正确定位。

14.4 G 蛋白偶联受体通路

大量的信号通路利用一些相似的组分来改变细胞中蛋白质的活性，有一种信号通路利用一些由 7 个跨膜螺旋组成的膜蛋白作为受体。在细胞内，每一种受体会与三聚体 G 蛋白家族中的一个特定成员蛋白发生相互作用。因此这些受体被称为 G 蛋白偶联受体（G-protein coupled receptor，GPCR)，这些相关通路通常被称为 GPCR 信号通路。G 蛋白通常与效应分子相互作用，许多效应分子可以控制 cAMP 或钙离子等第二信使的水平。

14.4.1 受体

在人体中大约有800个不同的编码GPCR的基因，因此这个蛋白家族是基因组中编码的最大的蛋白家族。这类受体中有名的例子是肾上腺素受体、视紫红质和各种嗅觉受体（表14.4）。根据这些蛋白质氨基酸序列的相似性，可以将其分为6个家族（表14.5）。大多数受体属于视紫红质类G蛋白偶联受体（rhodopsin-like GPCR）。人类所拥有的其他家族有分泌素类G蛋白偶联受体家族（也被称为胰高血糖素受体类）和代谢型谷氨酸受体家族。值得注意的是，这些家族的蛋白质位于跨膜区域前的胞外氨基端部分的大小有所不同。视紫红质类受体的氨基端部分比较短，而谷氨酸受体的氨基端部分比较大，大约由600个氨基酸构成了受体的胞外表面。

表14.4 一些G蛋白偶联受体通路中主要组分举例

受体（GEF）	G蛋白	效应物	类别
视紫红质	Gt（转导素）	环单磷酸鸟苷酸磷酸二酯酶	A
β2-肾上腺素受体	Gs_{α}	腺苷酸环化酶（刺激作用）	A
CXCR4受体	Gi_{α}	腺苷酸环化酶（抑制作用）	A
乙酰胆碱M1受体	Gq_{α}	磷脂酶C	A
嗅觉受体	$Golf_{\alpha}$	腺苷酸环化酶（刺激作用）	A
胰高血糖素受体	Gai	腺苷酸环化酶	B

表14.5 GPCR受体的类别

类别	名称
A	视紫红质类
B	分泌素受体家族
C	代谢型谷氨酸/信息素
D	真菌交配信息素受体
E	环腺苷酸受体
F	卷曲受体/平滑受体

G蛋白偶联受体将细胞膜外表面的配体结合信号转变为膜内蛋白的构象变化。视紫红质蛋白可以被看成是这一类受体的代表，而与其他受体分子不同的是，它无需结合可溶性配体来启动信号通路。

一般而言，完整的膜蛋白难以结晶，G蛋白偶联受体尤其困难。G蛋白偶联受体第一个得到解析的结构是视紫红质（图14.15）。细菌视紫红质是视紫红质的相关蛋白，它们具有相同折叠，并且自从20世纪70年代以来已经被研究。后来，一些其他G蛋白偶联受体的结构也陆续得到解析。所有的这些G蛋白偶联受体都有由7个跨膜螺旋构成的相似折叠。胞外部分包含了氨基端和3个环区，胞内表面由羧基端和3个环区构成。将已知的结构进行对比可以看到，它们的胞外部分差异很大，这反映出它们结合具有不同性质特征的配体（图14.15）。胞内部分都是相似的，都与三聚体G蛋白相互作用，并且在G蛋白偶联受体之间，该表面的差异不大。

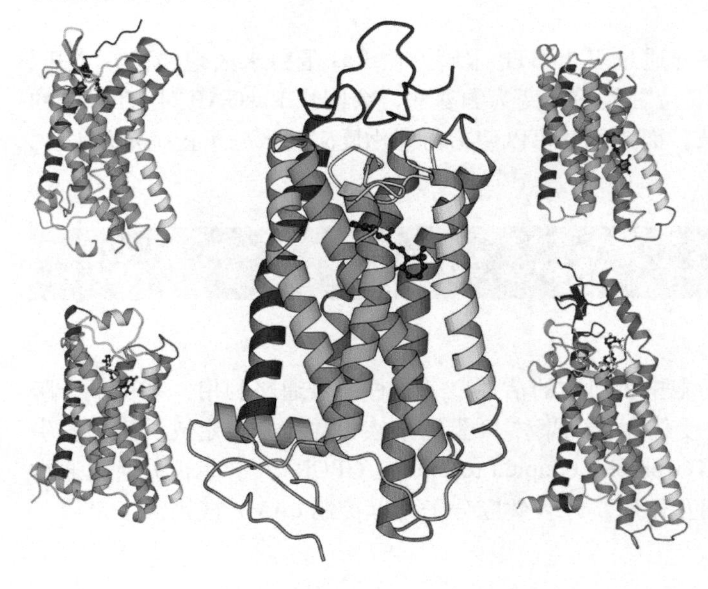

图14.15 G蛋白偶联受体分子胞外部分（上）和胞内部分（下）的差别。一些G蛋白偶联受体胞内的卷曲部分可以通过一段插入的蛋白质结构域来修改，使其更容易结晶。这种修改没有在图中展示出来。中间：视紫红质结构图（PDB：1U19）。左上：CXCR4受体（PDB：3ODU）。左下：β2肾上腺素受体（PDB：3P0G）。右上：羧基端截短的促肾上腺皮质激素释放因子受体（PDB：4K5Y）。右下：平滑受体（PDB：4JKV）。其中7个跨膜螺旋的颜色依次从蓝色到红色。大多数情况下羧基端是一个螺旋，由粉色标出。每一个结构都展示了结合的配体。

14.4.2 三聚体 G 蛋白：开关

G 蛋白是分子开关。三聚体 G 蛋白（trimeric G-protein）在 G 蛋白偶联受体信号通路中起着信号放大的作用：当其被激活时，如结合到活化的受体上，它们可以激活许多效应物，之后再失活。三聚体 G 蛋白包含三条链：α，β 和 γ 链。与大多数 G 蛋白偶联受体不同的是，编码 α 链的只有大约 20 个基因，编码 β 和 γ 链的基因更少。因此，每一个三聚体 G 蛋白会结合许多不同的 G 蛋白偶联受体。

14.4.2.1 三聚体 G 蛋白的结构

三聚体 G 蛋白的结构在图 14.16 中展示。这个复合物通过脂分子与膜相连接，而脂分子是与 α 亚基的氨基端和 γ 亚基的羧基端共价连接的。由于受 G 蛋白影响的激活受体和效应分子都是与膜结合的，这就增加了 G 蛋白的效率。

Gβ 是一个七瓣状的螺旋桨结构蛋白（seven-blade propeller protein），每一个瓣状结构是由反向平行的 4 个 β 折叠束所形成的 β 折叠片层结构（图 14.17）。它的氨基端含有一段螺旋结构，其后是由 36 ～ 40 个残基组成的 7 个重复的模体，这个模体以相对保守的色氨酸和天冬氨酸结尾（WD）。第一个 β 折叠束处在第 7 个即最后一个螺旋片瓣的最外侧，其中保守的残基对于该结构的稳定性发挥着重要作用。Gγ 单独存在时是一小段无序的结构，但当其与 Gβ 结合时，Gγ 以 2 个螺旋结构构成整个蛋白质的一部分。

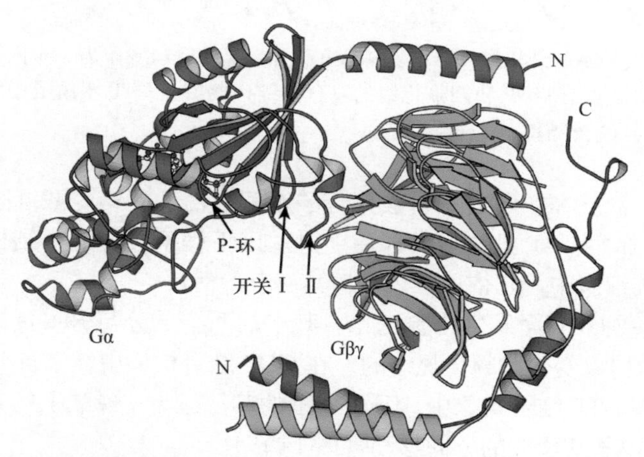

图 14.16 转导素（transducin）的 Gαβγ 复合物结构（PDB：1GOT）。α 链拥有 G 结构域（蓝色）和一个插入其中的螺旋结构域（红色）。Gβγ（Gβ 显示为绿色，Gγ 显示为橄榄色）结合到 G 结构域的 switch 区域。

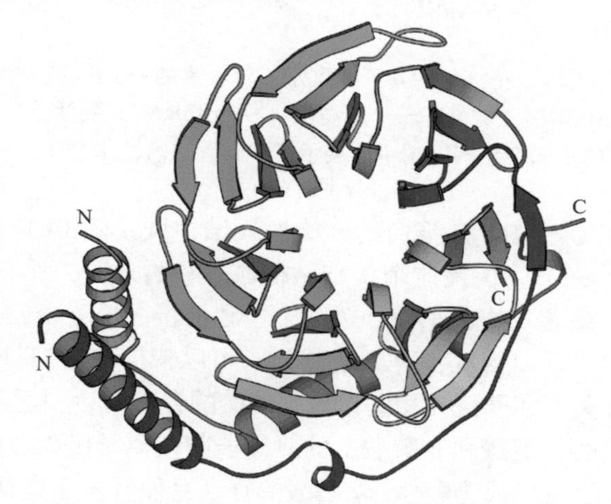

图 14.17 转导素中的 Gβγ 复合体。Gγ 显示为橙色和红色（PDB：1GOT）。

G 蛋白的 Gα 亚基通过开关区域与 Gβγ 结合，结合发生后它们被锁定在 GDP 构象的状态（图 14.16）。βγ 亚基将 α 亚基稳定在非活性的 GDP 状态下。α 亚基氨基端原来无序折叠的部分也变得有序起来，形成一段与 βγ 亚基相结合的 α 螺旋。

14.4.2.2 三聚体 G 蛋白的作用机制

三聚体 G 蛋白的非活性 GDP 形式与 G 蛋白偶联受体结合。此时受体处于休眠状态，但是当配体（如肾上腺素）结合到受体上时，或当视紫红质感受到光子时，受体的构象会改变。活化的受体会作为 GEF 蛋白，诱导非活性的 G 蛋白释放 GDP，随之 GTP 结合并激活 G 蛋白。

当 GTP 结合时，活化的 G 蛋白分成两部分：Gα 和 Gβγ，它们对于受体的结合力比较小。亚基从受体上分离下来，结合效应蛋白来激活或抑制它们。当 GTP 被水解为 GDP 时，G 蛋白才会失活。因此信号的持续时间依赖于 G 蛋白的三磷酸鸟苷酸水解酶的活性。当 GTP 被水解为 GDP 时，Gα 和 Gβγ 重新结合并形成三聚体，结合到受体分子上，使得下一轮的激活可以发生。

三聚体 G 蛋白的 Gα 亚基具有两个结构域：一个是三磷酸鸟苷酸水解酶结构域（GTPase domain），另一个是螺旋结构域（图 14.18）。三磷酸鸟苷酸水解酶结构域是一个与 Ras 相似的经典的 G 结构域。螺旋结构域较长，插入到开关 I 区域处，这个结构域像一个盖子盖住了与蛋白质结合的核苷酸。

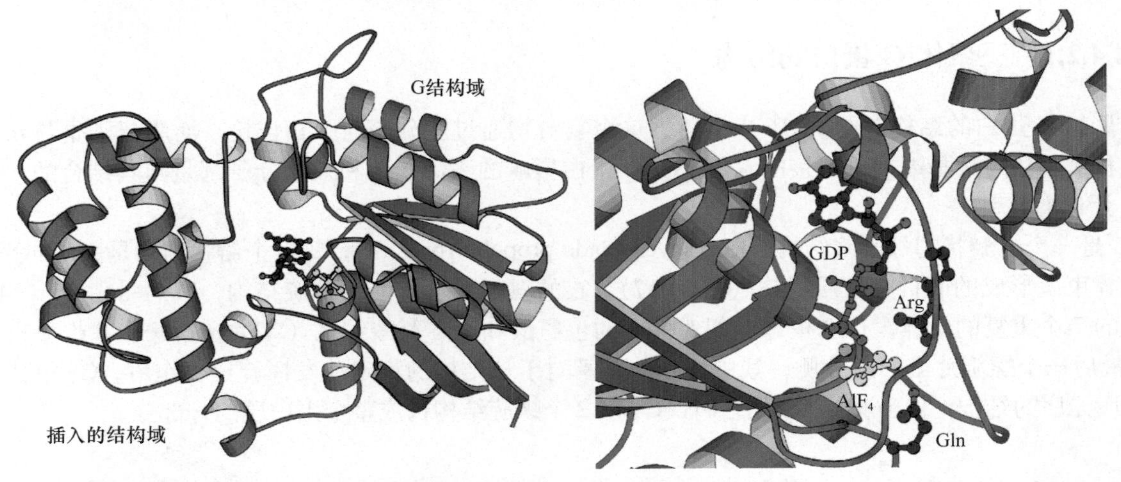

图 14.18　左：Gs 的 α 亚基展示了转导素的 G 结构域和插入的螺旋结构域（PDB：1TAD）。右：螺旋结构域作为一个内部的 GAP 蛋白，贡献了一个精氨酸（“Arg-finger”）到活性中心。含有 GDP 和四氟化铝的复合物结构模拟了 GTP 水解成中间产物的中间态结构。图中也展示了参与固定活性水分子的谷氨酰胺残基。

三聚体 G 蛋白的螺旋插入结构域（图 14.18）贡献一个参与三磷酸鸟苷酸水解酶活性的精氨酸（“Arg finger”）。因此这个螺旋结构域可被看成是一个内部的 GAP 结构域。即使通过基因工程手段将这个结构域从 G 蛋白中分离，作为一个单独的蛋白质分子放入细胞中，它依然可以发挥其应有的活性。

G 结构域含有三个部分，可以依据结合 GTP 或 GDP 而发生构象变化。其中的两个部分与 Ras 蛋白的开关 I 和开关 II 相同。由 γ 磷酸的存在与否引起的构象变化是颇为显著的。在 GDP 结合构象中，来自 P-环上的丝氨酸和 β 磷酸上的氧原子与镁离子配位。在 GTP 结合构象中，开关 I 上的苏氨酸与 γ 磷酸上的氧原子也可以成为配体。γ 磷酸的存在会使开关 I 向镁离子和磷酸的方向移动（图 14.19）。

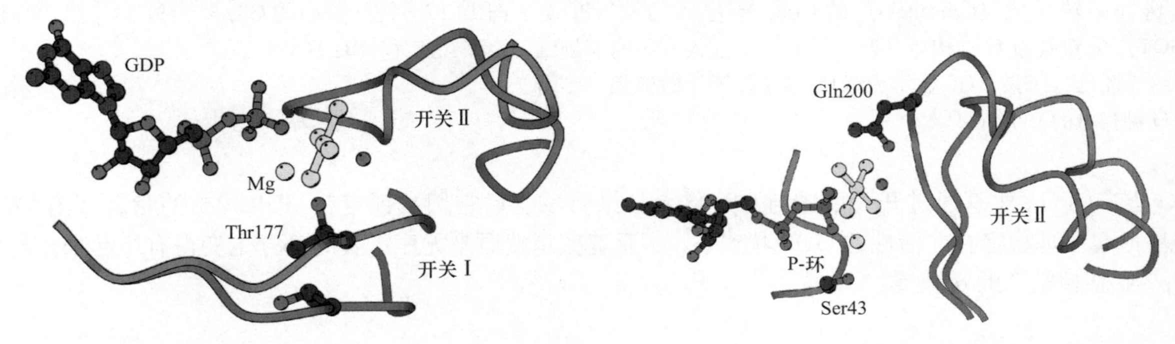

图 14.19　镁离子和 γ 磷酸附近的构象变化。左：在 GTP 结合构象中，177 位的苏氨酸结合到镁离子和 γ 磷酸上（红色，PDB：1TAD）。在其他的 GTPase 蛋白的结构研究中，GTP 的结合构象通常是由 GTP 类似物或中间态结构得到的，在这个例子中是利用 GDP 和 AlF_4^- 模拟中间态。蓝色的部分为开关 I 和开关 II 在 GDP 结合状态下的构象（PDB：1TAG）。右：在结合 GTP 类似物的过程中，由于与“第三个磷酸基团”的氧原子形成了新的相互作用，开关 II 发生了构象变化。这导致了开关 II 螺旋的移动。在包含 P-环的蛋白质中，43 位的丝氨酸是保守的 GXXXXGKS 模块的一部分。

开关Ⅱ的构象变化是由于它和γ磷酸的直接相互作用造成的。开关Ⅱ上的一个主链氮原子与磷酸形成氢键，改变了由该环区所连接的β折叠束和螺旋的方向。

14.4.3 视觉系统

在视觉转导系统中，受体被称为视蛋白（opsin），作为发色团的视黄醛（retinal）与此蛋白质结合。在视杆细胞（rod cell）中，脱辅基蛋白视蛋白和视黄醛的复合物称为视紫红质（rhodopsin），视紫红质分子对光子（photon）十分敏感（图14.20）。当它被光激活时，视黄醛分子改变了异构化状态，从11-顺式视黄醛（11-*cis*-retinal）变为全反式视黄醛（all-*trans*-retinal）。这导致了视紫红质分子的变化，转导素的鸟苷酸置换蛋白（G-nucleotide exchange protein，GEF）诱导GDP的释放和GTP的结合。活化的视紫红质通过激活数百个转导素分子来产生重要的放大步骤。活化的转导素反过来通过去掉其抑制性的γ亚基来激活cGMP磷酸二酯酶。这个酶会降解cGMP，关闭cGMP门控钠离子通道。在这个过程中，转导素立即水解它的GTP分子，并被视紫红质再活化。因此，可见光子在视网膜碰撞视紫红质分子，导致膜电位产生变化，神经传导物质的分泌水平造成神经脉冲信号产生，使我们能够看到物体。

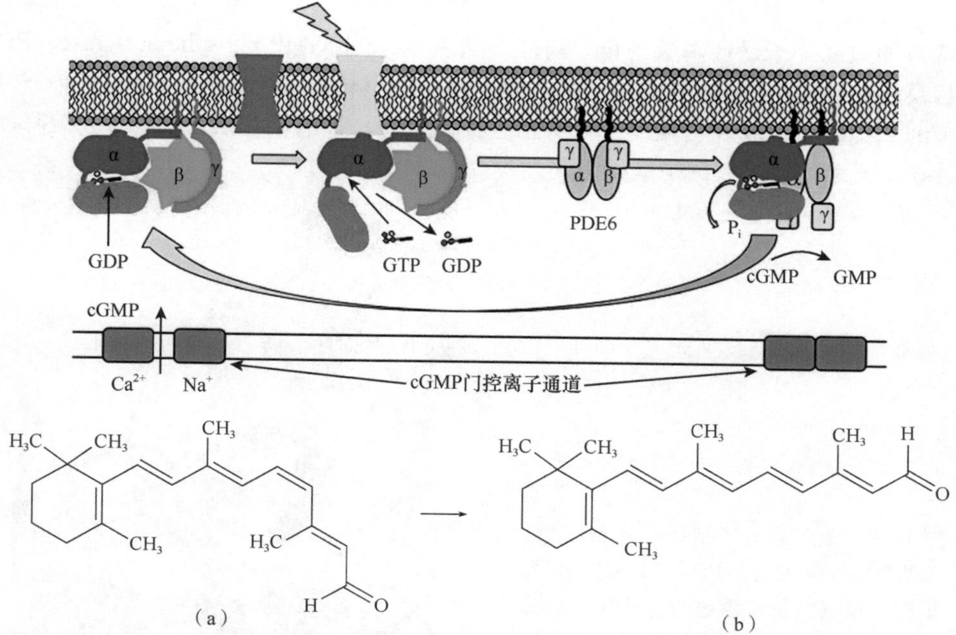

图14.20 上：眼睛视杆细胞中的信号通路模式图。在接收到信号之前，cGMP保持cGMP门控离子通道打开。当视紫红质被光子（闪光）激活时，三聚体G蛋白转导素被视紫红质（黄色）激活，将自己的GDP转换为GTP。Gα亚基被释放并与cGMP磷酸二酯酶（PDE6）相互作用，取代抑制的γ亚基。这导致cGMP的水解和离子通道的关闭。下：视黄醛分子及其光诱导的构象变化。(a) 11-顺式视黄醛。(b) 激活的全反式视黄醛。

14.4.3.1 视紫红质的结构

视紫红质是个例外，因为它不会结合外部的配体，相反，信号是共价结合视黄醛分子所产生的构象变化。视黄醛分子是含有一个尾巴和一个环状结构的碳氢化合物分子（图14.21），尾巴与蛋白质的一个赖氨酸残基共价连接。光的激活会将视黄醛的结构从11-顺式构象转变为全反式构象。在这个转变中，能量势垒很高，因此没有任何光进入时，基础的信号转导是会被阻碍的。这一变化会影响细胞内螺旋和环区的排列，在某种程度上影响G蛋白转导素的结合（见14.4.3节）。光敏感视黄醛分子构象变化产生的影响，相当于其他受体结合配体后造成的影响——光子就是“配体”，可以“结合”共价连接的视黄醛。

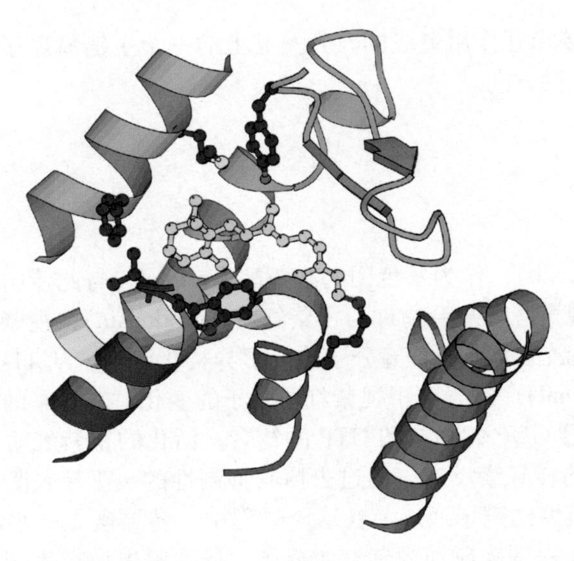

图 14.21　视黄醛（粉色）通过环状结构与疏水口袋的结合，结合在视紫红质上。其尾部共价结合在赖氨酸的侧链上（PDB：1F88）。

14.4.3.2　效应分子

由转导素调节的效应分子是环磷酸鸟苷单磷酸二酯酶（cyclic GMP phosphodiesterase，PDE6），存在于视杆细胞中，与膜连在一起。PDE6 有三个亚基，即 α、β 和 γ。γ 亚基充当该酶的抑制剂。转导素 α 亚基的激活型结合在磷酸二酯酶 γ 亚基羧基端部分，防止它抑制该酶。该酶活化后，cGMP 会被降解（图 14.22）。视紫红质信号转导是很迅速的，大约是毫秒级别。

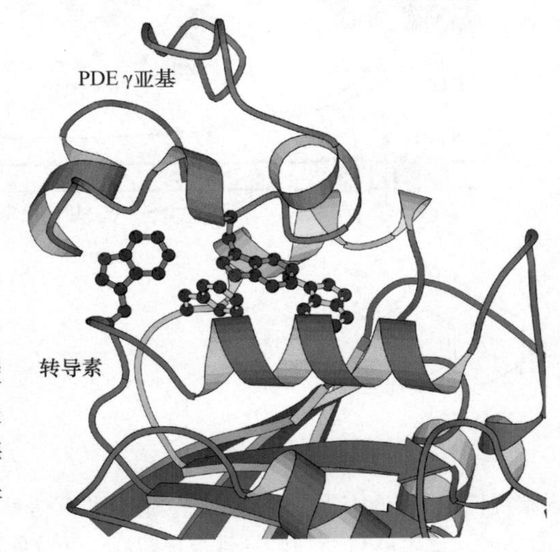

图 14.22　转导素分子结合到 cGMP 磷酸二酯酶的 γ 亚基上（PDB：1FQJ）。开关Ⅱ卷曲和螺旋是蓝绿色的。磷酸二酯酶的色氨酸与转导素 α 亚基的开关Ⅱ中保守的氨基酸残基相互作用。

在 PDE6 的 γ 亚基和转导素的复合体中，效应分子的芳香族残基插在 G 蛋白的开关Ⅱ螺旋和 α3 螺旋之间，连接保守的氨基酸残基。这种相互作用依赖于 G 蛋白的核苷酸状态，因为开关Ⅱ螺旋在 GDP 构象中具有不同的方向。因此，当转导素的 GTP 水解时，PDE6 的 γ 亚基将会分离并再次抑制该酶。

14.4.4　β2 肾上腺素受体

β2 肾上腺素受体（β2-adrenergic receptor，β_2AR）已经成为研究 GPCR 的一种模型系统。它是神经递质 9 个相关基因中的一个。神经递质肾上腺素调节心率和血压。普萘洛尔（propanolol）是一种 β 抑制剂（β-blocker），也是用在心脏和血压相关治疗中的一种药物。

由于 β2 肾上腺素受体（β_2AR）及其三聚体 G 蛋白（Gs）复合体的晶体结构的解析，使 G 蛋白偶联受体通路的激活得以被研究（图 14.23 和图 14.24）。这个复合体的结构是花费了很大努力才得到的，它显示了 G 蛋白偶联受体结合激动剂后产生的构象变化，这是仅有的 G 蛋白偶联受体及其 G 蛋白复合体的结构。

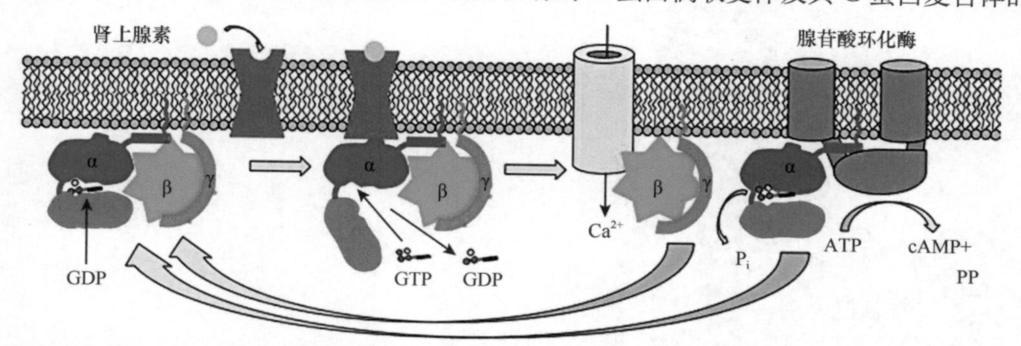

图 14.23　β2 肾上腺素受体及其三聚体 G 蛋白 Gs 模式图。整个过程从左边开始：非活性的 Gs 蛋白锚定在膜上，激动剂（肾上腺素）与受体结合使其构象发生变化，能够使 Gs 结合上来，并将 Gs 中的 GDP 替换为 GTP，这使得 α 亚基从 β 和 γ 亚基上解离下来。α 亚基激活腺苷酸环化酶，将 ATP 转化为 cAMP。β 和 γ 亚基激活钙离子通道。

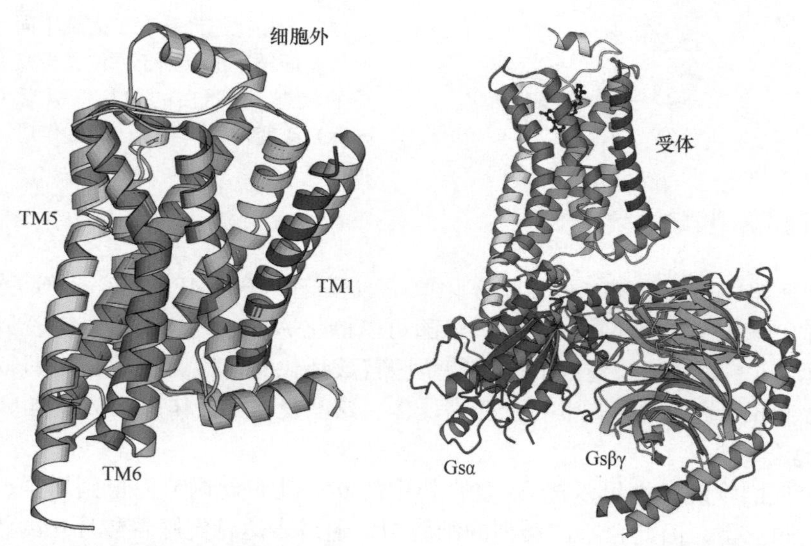

图 14.24　左：由于结合高亲和力的激动剂而导致的 β_2AR 构象变化。活化型（彩色）来源于与三聚体 G 蛋白的复合体（PDB：3SN6），失活型（PDB：2RH1）显示为灰色。TM6 通过移动来适应 G 蛋白的结合。右：β_2AR 与 Gs 蛋白的复合体结构（PDB：3SN6）。受体（黄色）的第 5 个跨膜螺旋被延长，并与 G 蛋白的 α 亚基相互作用。

像其他许多 G 蛋白偶联受体一样，β_2AR 是各种疾病治疗的药物靶标。β_2AR 的激活由其天然激动剂肾上腺素完成，但其信号转导的效率比视紫红质低得多。肾上腺素以较低的亲和力结合 β_2AR（Ki 约为 1μmol/L），由于低亲和力和快速解离，不能确定每个激动剂结合之后都会产生信号。

激动剂与 β_2AR 的结合引起剧烈的构象变化，这与蛋白质的动态特性有关。第五个跨膜螺旋（TM5）通过几个螺旋形弯曲（helical turn）延长，第六个跨膜螺旋（TM6）向外移动大约 14Å（图 14.24）。这样的变化使受体产生了一个新的口袋，三聚体 G 蛋白可以结合在其中。

单独的三聚体 G 蛋白是没有晶体结构的，但与已知的三聚体 G 蛋白的比较表明，G 蛋白的羧基端螺旋（C-terminal helix）已经移动并与受体有强烈的相互作用。此螺旋的另一端到达核苷酸结合位点，配体（激动剂）结合受体而引起的构象变化可能引起 GDP 从 G 蛋白释放。两种构象最明显的不同之处是：在无核苷酸的三聚体 G 蛋白中，Gsα 的螺旋结构域（helical domain）移动到了新的位置（图 14.25）。这使得结合核苷酸位置的盖子被移开，表明分子具有相当大的灵活性。

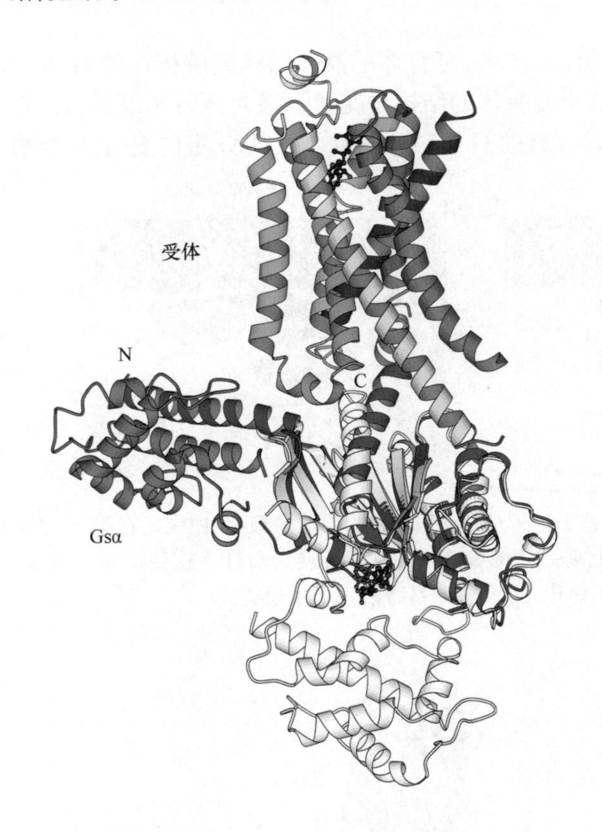

图 14.25 受体 G 蛋白复合体（彩色）与在 GTP 构象下的 Gsα 结构（PDB：1AZT，灰色）叠加示意图。GTP 类似物在结构中的位置已显示。受体复合体中 Gsα 的螺旋结构域与 G 蛋白本身相比已经具有了完全不同的构象，这使核苷酸结合位点处于方便物质交换的完全开放的状态。G 蛋白的羧基端螺旋（C-terminal helix）改变构象，与受体相互作用。

14.4.4.1 腺苷酸环化酶的激活

G 蛋白偶联受体通路中主要的第二信使是环化单磷酸腺苷酸（cAMP），该分子是腺苷酸环化酶的反应产物。人类腺苷酸环化酶含有 9 个不同的亚型，该酶可以催化 ATP 生成 cAMP，并受到多个信号通路的调控。GPCR 通路中激活机制研究得最清楚的效应物是腺苷酸环化酶，该酶受 G 蛋白 Gsα 的调控。这个通路是以大量受体的激活为开始标志的，如 β 肾上腺素受体。这些受体都会作用于三聚体 G 蛋白 Gs，这里“s”代表激活（stimulatory）。

腺苷酸环化酶较低的本底活性可以被 Gs 复合物中的 α 亚基 Gsα 调节而得到增强。其他激活因子作用于腺苷酸环化酶的不同亚型，因此在不同类型的细胞中，通过表达特定腺苷酸环化酶的亚型，使这些细胞可以做出不同的反应。例如，尽管 Giα 与 Gsα 十分相似，Giα 却可以抑制某些腺苷酸环化酶的活性。

腺苷酸环化酶是由单个肽链构成的，它含有一个短的氨基端胞质部分和紧随其后的两个相似的结构单元（module）。每个结构单元含有一个由 6 个跨膜螺旋组成的膜结构域和一个胞质催化部分。这两个胞质部分分别称为 C_1 和 C_2，它们都含有两个结构域。每个部分的一个结构域 C_{1a} 和 C_{2a} 是同源的，都处于催化活性状态，并且这些结构域的构象十分相似。每个胞质部分的两个结构域形成异源二聚体（heterodimer）。只含有 C_{1a} 和 C_{2a} 结构域的截短体是具有催化活性的，这个结构域有位于中间的 4 个反向平行折叠片层，两边有螺旋结构。折叠片层中的两个折叠束向外延伸形成了一个臂状亚结构域，羧基端也有一个由螺旋构成的亚结构域。折叠片层的拓扑结构与 DNA/RNA 聚合酶相似，ATP 的结合位点与聚合酶的 ATP 结合位点是相同的，两个保守的天冬氨酸残基结合两个镁离子，这两个镁离子反过来又和 ATP 的磷酸相结合。酶反应活性中心位于两个结构域之间的作用面上，两个结构域都贡献了自己的一部分参与酶活反应。C_{1a} 和 C_{2a} 结构域、Gsα 以及另一个效应物 forskolin 的复合物晶体结构已经得到解析（图 14.26）。Gsα 的 switch Ⅱ 的螺旋结合在环化酶的沟槽中。在 GDP 结合构象中，这个螺旋所处的位置使其不能与环化酶结合。只有 GTP 结合状态下的活性 G 蛋白，才可以与活化的腺苷酸环化酶结合。

图 14.26 Gsα 与腺苷酸环化酶催化部分的复合物结构。该酶的两个亚基分别是 C_{1a}（黄色）和 C_{2a}（绿色）。腺苷酸环化酶的结合表面只有 Gsα 的 GTP 构象才会结合上来，并将酶激活。一个 GTP 类似物结合在 Gsα 亚基上，一个可以激活腺苷酸环化酶的复杂小分子 forskolin 也结合在酶上（PDB：1AZS）。

延伸阅读

原始文献

Boriack-Sjodin P, Margarit SM, Bar-Sagi D, Kuriyan J. (1998). The structural basis of the activation of Ras by Sos. *Nature* **394**: 337-343.

Brooks AJ, Dai W, O'Mara ML, Abankwa D, *et al.* (2014). Mechanism of activation or the protein kinase JAK2 by the growth hormone receptor. *Science* **344**: 1249783.

de Vos AM, Ultsch M, Kossiakoff AA. (1992). Human growth hormone and extracellular domain of its receptor: crystal structure of the complex. *Science* **255**: 306-313.

Lambright DG, Noel JP, Hamm HE, Sigler PB. (1994). Structural determinants for activation of the α-subunit of a heterotrimeric G protein. *Nature* **369**: 621-628.

Lambright DG, Sondek J, Bohm A, Skiba NP, Hamm HE, Sigler PB. (1996). The 2.0Å crystal structure of a heterotrimeric G protein. *Nature* **379**: 311-319.

Lu C, Mi LZ, Grey MJ, Zhu J, Graef E, Yokoyama S, Springer TA. (2010). Structural evidence for loose linkage between ligand binding and kinase activation in the epidermal growth factor receptor. *Mol Cell Biol* **30**: 5432-5443

Ogiso H, Ishitani R, Nureki O, Fukai S, Yamanaka M, Kim JH, Saito K, Sakamoto A, Inoue M, Shirouzu M, Yokoyama S. (2002). Crystal structure of the complex of human epidermal growth factor and receptor extracellular domains. *Cell* **110**: 775-87.

Palczewski K, Kumasaka T, Hori T, Behnke CA, Motoshima H, Fox BA, Le Trong I, Teller DC, Okada T, Stenkamp RE, Yamamoto M, Miyano M. (2000). Crystal structure of rhodopsin: A G protein-coupled receptor. *Science* **289**: 739-745.

Rasmussen SG, DeVree BT, Zou Y, Kruse AC, Chung KY, Kobilka TS, Thian FS, Chae PS, Pardon E, Calinski D, Mathiesen JM, Shah ST, Lyons JA, Caffrey M, Gellman SH, Steyaert J, Skiniotis G, Weis WI, Sunahara RK, Kobilka BK (2011) Crystal structure of the beta2 adrenergic receptor-Gs protein complex. *Nature* **477**: 549-555.

Tesmer JJ, Sunahara RK, Gilman AG, Sprang SR. (1997). Crystal structure of the catalytic domains of adenylyl cyclase in a complex with Gsα. GTPβS. *Science* **278**: 1907-1916.

Xu W, Harrison SC, Eck MJ. (1997). Three-dimensional structure of the tyrosine kinase c-Src. *Nature* **385**: 595-602.

综述文章

Hubbard SR, Miller WT. (2007). Receptor tyrosine kinases: mechanisms of activation and signaling. *Curr Opin Cell Biol* **19**: 117-123.

Kovacs E, Zorn JA, Huang Y, Barros T, Kuriyan J. (2015). A structural perspective on the regulation of the Epidermal growth factor receptor. *Annu Rev Biochem* **84**: 739-764.

Oldham, W.M. and Hamm H.E.. (2007). How do receptors activate G proteins? *Adv. Prot Chem* **74**: 67-93.

Palczewski, K. (2006). G protein-coupled receptor rhodopsin. *Annu Rev Biochem*, **75**: 743-767.

Scheffzek, K. and Ahmadian, M.R. (2005). GTPase activating proteins: structural and functional insights 18 years after discovery. *Cell Mol Life Sci*, **62**: 3014-3038.

Wells JA, Kossiakoff A. (2014). New tricks for an old dimer. *Science* **344**: 703-704.

（李雅鑫　王禹心　译，程乃嘉　校）

第 15 章

细胞的运动与物质运输

在真核细胞中，有很多系统用以维持细胞正确的形状和运动。出于这些目的，细胞有一个由纤维组成的系统，即细胞骨架。同时，细胞中还存在物质运输系统，负责将物质从内质网或者细胞膜运输到细胞的其他部位。沿着细胞骨架纤维移动的囊泡承担着蛋白质与其他分子的运输任务。另外，在许多动物的肌细胞中，存在一种由纤维组成的分子，它可以使有机体进行受控的运动。在细菌中可以找到与部分上述系统相似但更简单的版本。

15.1 肌动蛋白丝

15.1.1 肌动蛋白：一种可以组成动态纤维的蛋白质

肌动蛋白单体的分子质量大约为 42kDa。在脊椎动物中，肌动蛋白有 3 种亚型：α、β 和 γ。α-肌动蛋白是肌肉纤维的主要组成成分，其可以形成细肌丝。β-和 γ-肌动蛋白广泛存在于真核生物的非肌肉组织中，是构成细胞骨架的主要组分。肌动蛋白微丝对细胞运动、细胞内部运动和细胞分裂起重要作用。显然，微丝在这一高度动态过程中需要不断地自我重构。

肌动蛋白有两种形式，即 G-肌动蛋白和 F-肌动蛋白。F-肌动蛋白是肌动蛋白的纤维形式，形成长的螺旋结构。G-肌动蛋白（球形）则是单体形式。这两种形式存在一种平衡关系：G-肌动蛋白在高于某一浓度时会自发形成 F-肌动蛋白，而在低浓度时肌动蛋白纤维可以解离。F-肌动蛋白存在极性，即多聚体的两个自由末端是不相同的。F-肌动蛋白通常沿一个方向生长，称为“+”方向，该末端也被称为“倒钩”末端，而另一端被称为“尖”末端。“倒钩”末端的一个主要特点是存在一个靶向结合裂口，也是肌动蛋白相互作用区域。在中间浓度时，F-肌动蛋白可以在“倒钩”末端生长，也可以在“尖”末端解离，这个过程被称为“踏车运动”（tread milling）。

肌动蛋白的生长离不开 ATP 的结合。只有结合了 ATP 的肌动蛋白才可以被添加到纤维的“+”末端。在 ATP 水解为 ADP 时，纤维的生长端存在很多带有 ATP 的肌动蛋白单体。在水解过程中磷酸盐的产生是非常缓慢的，但距离“尖”末端更近的肌动蛋白单体已经失去了磷酸盐。这意味着结合 ATP 的肌动蛋白被添加到“+”端而带有 ADP 的肌动蛋白在“–”端被解离。ATP 的水解速度是控制肌动蛋白纤维降解过程的关键。

肌动蛋白的多聚化对许多细胞特性（如细胞形状与运动）是必需的。因此，细胞中 F-肌动蛋白纤维的生长受到许多蛋白质的调控。部分蛋白阻止 F-肌动蛋白的多聚化或去多聚化（如帽蛋白），另一些能够将肌动蛋白纤维剪切成更小的片段（如裂解蛋白）。在肌肉及细胞骨架中，有许多蛋白质参与肌动蛋白纤维的交联，其中部分蛋白质参与肌动蛋白纤维束的形成，另一些蛋白质则将这些纤维组成三维交联网络。

在人体内，共有 6 种不同的肌动蛋白基因，这些基因不同的表达情况取决于细胞的类型。α-肌动蛋白存在于肌肉组织，β-和 γ-肌动蛋白同时存在于大多数细胞类型中，构成细胞骨架并参与细胞的内部运动。

多种物种的肌动蛋白序列仅存在很小一部分的差异。肌动蛋白是最保守的蛋白质之一。对于肌动蛋白及其他一些高度保守的蛋白质来说，其蛋白质表面非常重要，因为所有与其他蛋白质的相互作用都发生于表面区域。因此，这些蛋白质的氨基酸序列在长期的进化过程中都保持着很少的变化。

15.1.1.1 肌动蛋白单体

单体肌动蛋白是一个相对紧致的蛋白质。肌动蛋白分为两个部分，每部分都有 2 个结构域（图 15.1）。结构域 2 插入结构域 1，结构域 4 插入结构域 3。紧接在结构域 3 后边序列的 C 端的 40 个残基形成了几个螺旋结构，其是结构域 1 的一部分。ATP 所结合的活性位点在肌动蛋白分子两部分中间一个很深的裂隙中。结构域 1 和 3 有着相同的拓扑结构，由中间的一个平行折叠片和两侧的螺旋所组成。同样的折叠方式在一些看似与肌动蛋白无关的蛋白质中也被发现，如分子伴侣 Hsp70（见 12.1.2.3 节）、己糖激酶和其他一些激酶。虽然这些蛋白质的功能各异，却都具有 ATP 依赖的活性。

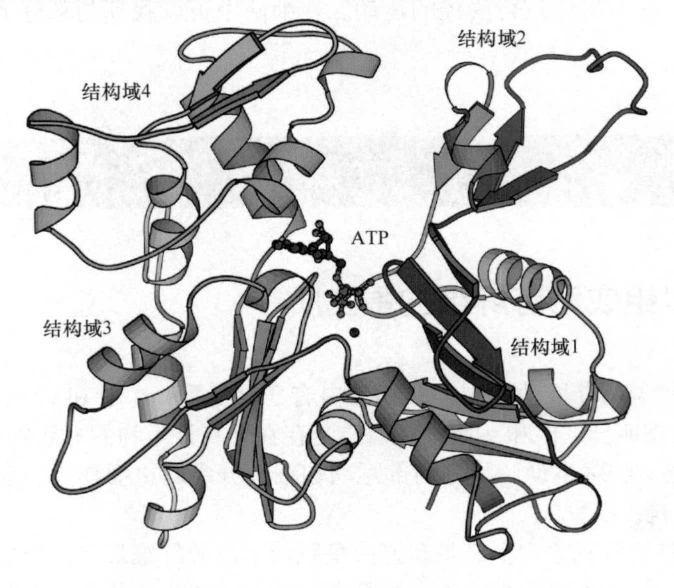

图 15.1 肌动蛋白单体示意图。“–”端在顶部。颜色从 N 端（蓝色）到 C 端（红色）(PDB：1ATN)。在肌动蛋白和肌动蛋白复合物的晶体结构中，结构域 2 中的长环（D-环）经常是无序的。

己糖激酶分子是一个由结合底物葡萄糖而引起结构域转动的经典例子。这种折叠方式可能适合结构域转动。这一结构柔性可能对控制纤维生长、ATP 水解、ADP 释放、ATP 结合，以及其他肌动蛋白网络的形成和降解机制非常重要。目前肌动蛋白多种形式的结构都已知，但观察到的其结构域转动幅度不如己糖激酶的结构域转动幅度大。有强烈形成纤维趋势的柔性分子结晶是困难的，因此很难判断结晶过程会对蛋白质最终的构象产生多大的影响。例如，结合 ATP 或 ADP 的肌动蛋白结构很相似，尽管它们在肌动蛋白纤维上的亲和性差异较大。

15.1.1.2 肌动蛋白纤维的结构

纤维衍射和高分辨率冷冻电镜揭示了肌动蛋白纤维的结构，即由 2 股螺旋形成的超螺旋（图 15.2）。如果将其作为单螺旋来看，从一个单体分子到另一个单体的转动角度为 166.4°，距离为 27.5Å。结构域 2 在整个肌动蛋白分子中暴露最多。单体肌动蛋白不但与沿着螺旋的相邻分子产生相互作用，与超螺旋的两股螺旋之间也可以产生相互作用。F-肌动蛋白的构象与 G-肌动蛋白不同，在纤维中结构域的转动导致单体分子更扁平。

单体肌动蛋白的低 ATP 水解活性在纤维中得到激发。这一激活机制尚不清楚，但或许与 G 蛋白中的一些 GAP 蛋白作用相似，即通过与其他分子的接触使得酶的激活状态构象被稳定。

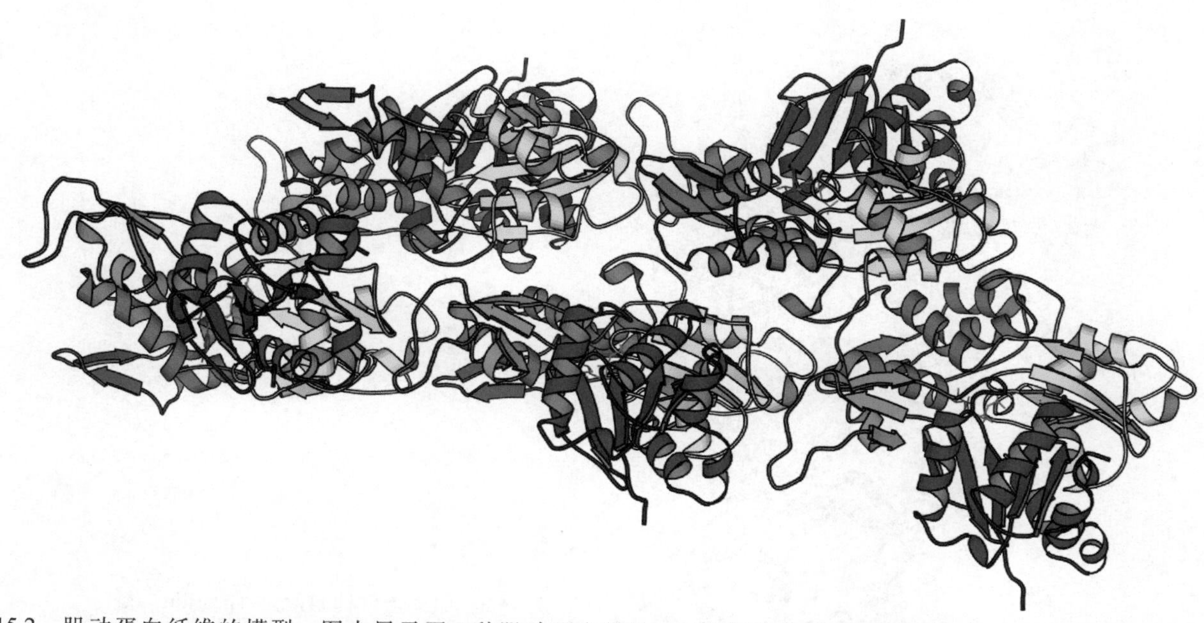

图 15.2　肌动蛋白纤维的模型。图中显示了 5 种肌动蛋白单体，3 种在肌动蛋白双螺旋的下链，2 种在上链。“–”端（图 15.1 中向上）位于左侧。结构域 1 为蓝色，结构域 2 为绿色，结构域 3 为黄色，结构域 4 为红色。结构域 1 和结构域 2 比结构域 3 和结构域 4 更暴露（PDB：3J8A）。

15.1.2　肌动蛋白多聚化的调控

15.1.2.1　与肌动蛋白单体结合的蛋白质

有许多蛋白质与肌动蛋白相结合。至少有 100 个蛋白质参与调控肌动蛋白的多聚化（表 15.1）。这些蛋白质有的结合肌动蛋白单体、阻碍肌动蛋白纤维生长（加帽），有的参与剪切肌动蛋白纤维。

表 15.1　参与肌动蛋白多聚化调控的蛋白质举例

名称	功能	与肌动蛋白结合的结构域的结构
胸腺素 β4	储存单体肌动蛋白	带 WH2 模体的短肽
螺旋蛋白		带 4 个 WH2 模体的大蛋白
形成素（Cappuccino）		包括 FH1 和 FH2 结构域
肌动蛋白抑制蛋白	结合单体肌动蛋白的“+”端，核苷酸交换	肌动蛋白抑制蛋白结构域
凝溶胶蛋白	肌动蛋白纤维“+”端加帽，剪切	凝溶胶蛋白结构域
Arp2/3 复合物	与“–”端结合并且在肌动蛋白纤维的侧面形成新的“+”端	与肌动蛋白类似

15.1.2.2　肌动蛋白抑制蛋白

肌动蛋白抑制蛋白（profilin）与胸腺素 β4 协同发挥作用，在浓度高于“倒钩”末端多聚化时维持肌动蛋白的单体形式。其可以使 ADP-肌动蛋白变为 ATP-肌动蛋白。肌动蛋白抑制蛋白的结合导致了肌动蛋白单体两部分温和的结构域转动，打开中间的裂隙，从而释放 ADP 并重新结合 ATP。肌动蛋白与肌动蛋白抑制蛋白复合物晶体结构显示其结合于“+”端。因此，这一复合物仅会被添加在肌动蛋白纤维的倒钩“+”端（图 15.3）。

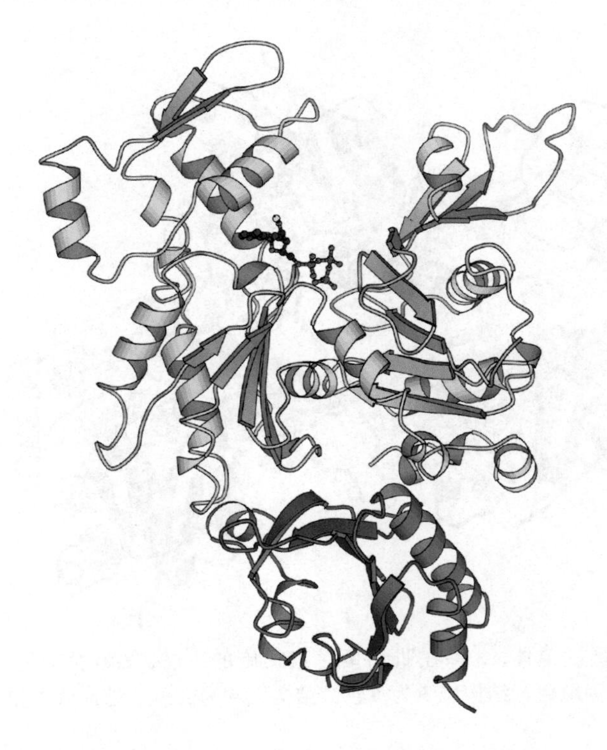

图 15.3 肌动蛋白抑制蛋白（profilin）复合物示意图（PDB：1HLU）。肌动蛋白的“+”端被肌动蛋白抑制蛋白（红色）阻断。

15.1.2.3 胸腺素 β4 与 spire 蛋白

在细胞中，含有 43 个氨基酸的胸腺素 β4 能结合肌动蛋白。它存在的数量较大并在维持肌动蛋白单体的巨大数量中发挥作用。它在溶液中没有紧密的球状结构。当结合到肌动蛋白时，其 N 端螺旋与肌动蛋白的“+”端结合，同时另外的一个螺旋与“–”端结合。一个延伸片段连接着这两个螺旋。通过这种方式，这个小蛋白可以同时包裹肌动蛋白单体的两个末端并防止多聚化。

许多参与肌动蛋白组装调控的蛋白质都含有一个小（17 ～ 22aa）的结构模块，称为 WH2（Wiskott-Aldrich syndrome 蛋白或 WASP homology 2）。这一模块与胸腺素 β4 的 N 端螺旋有着相似的结构，并且形成一个螺旋用于与肌动蛋白结构域 1 和 3 之间的倒钩端的凹槽结合（图 15.4）。在延展区域后面的 C 端有 4 个高度保守的氨基酸残基 L++T/V（+表示 K 或 R），结合于一个疏水凹槽。碱性的残基与邻近的酸性残基相互作用。

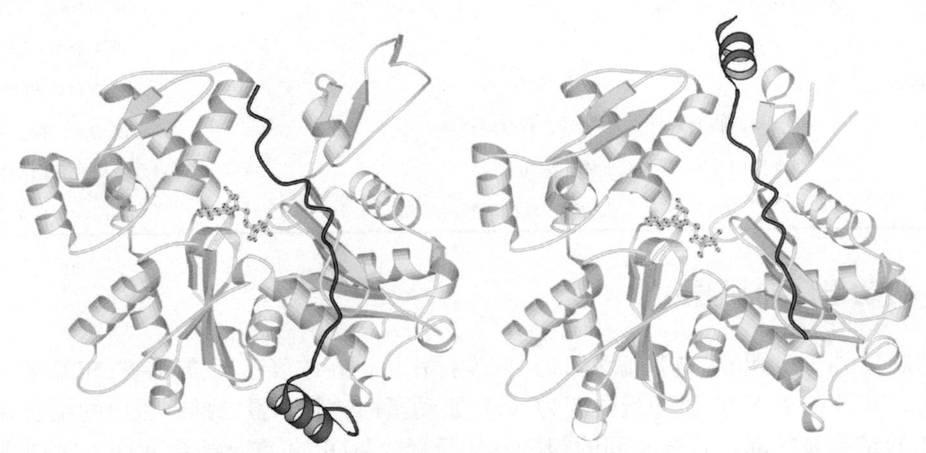

图 15.4 胸腺素 β4（红色）片段阻断单体肌动蛋白聚合。左：WH2 模块与肌动蛋白的结合。WH2 模体是 WASP 同源 2 蛋白（PDB：2A41）的一部分。一个 N 端螺旋结合在结构域 1 和 3 之间的靶向结合沟中，其延伸部分沿着肌动蛋白分子结合。右：胸腺素 β4 的 C 端连接到肌动蛋白的“–”端（PDB：1T44）。这两个片段共同代表胸腺素 β4 的结合。

WH2 结构域对于肌动蛋白微丝的成核与延伸是必需的，在成核相关蛋白中常表现为串联重复。Spire 蛋白就是 4 个 WH2 重复形成的（图 15.5）。重复的 WH2 结构域结合肌动蛋白单体分子并使肌动蛋白单体分子在多聚体中保持同样的方向。另外，Spire 蛋白还有一个被称为 KIND 的 C 端结构域（kinase non-catalytic C-lobe domain）和另一个称为 FYVE 的结构域。FYVE 是一个锌指结构域，其中的 8 个半胱氨酸残基结合 2 个锌离子，并结合于细胞质膜上。

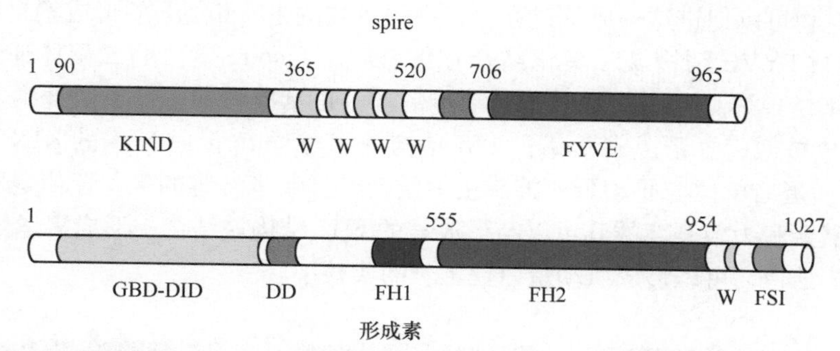

图 15.5　spire 和形成素的结构域排布。W 代表 WH2 结构域。

15.1.2.4　形成素

许多蛋白质参与肌动蛋白纤维成核，其中一个家族称为形成素（formin）。哺乳动物中有 15 种不同的形成素，一般是由两种不同的结构域，即形成素同源域 1 和 2（FH1 和 FH2，图 15.5）构成的多域二聚体。FH1 结构域富含脯氨酸，可与肌动蛋白抑制蛋白结合，从而招募肌动蛋白抑制蛋白-肌动蛋白复合体促进纤维延伸。FH2 结构域位于 FH1 之后、C 端之前。FH2 结构域负责形成肌动蛋白的双股纤维束排布。

FH2 结构域有 5 个亚结构域，从氨基到羧基分别称为套索（lasso）、接头（linker）、把手（knob）、卷曲螺旋（coiled-coil）（三螺旋束）和立柱（post）。晶体结构显示一个 FH2 二聚体与两个肌动蛋白单体形成了有二重对称轴的环状结构。两个肌动蛋白单体之间不会相互接触，而是与 FH2 结合（图 15.6）。套索区域显示出了独特的 FH2 单体的连接形式。它通过接头从把手延伸到另一个单体的立柱，套索环绕在其周围。肌动蛋白单体与 FH2 结构域的结合稳定了这一结构。另一晶体结构显示，三个肌动蛋白单体通过双螺旋轴排列，并与 FH2 二聚体结合。

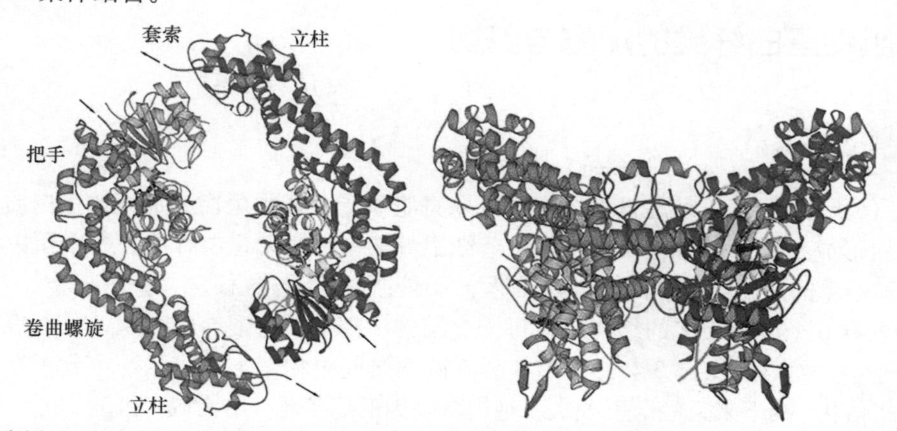

图 15.6　在两个垂直视图中的形成素 FH2 结构域的二聚体结构。结构可分为五个结构域或区域：套索、接头、把手、卷曲螺旋和立柱（PDB：4EAH）。套索是一种绳状结构，缠绕在另一个亚基的立柱状部分。接头是无序的，其位置由箭头指示。两个肌动蛋白分子中的一个以与图 15.2 相同的结构域颜色显示。

形成素还有一个二聚化结构域和位于 C 端的、被称为 FSI（formin spire interaction）的小片段，FSI 结构域可以与 spire 蛋白的 KIND 结构域相互作用。

15.1.3 肌动蛋白纤维的成核

大多数肌动蛋白单体在溶液中都与肌动蛋白抑制蛋白形成复合体。肌动蛋白抑制蛋白扮演着核苷酸交换因子的角色，但也有助于肌动蛋白丝的成核与延伸。肌动蛋白丝的成核需要三个肌动蛋白单体互相的稳定结合。许多蛋白复合物可以促进这一成核过程，其中最重要的是 spire 蛋白-形成素复合体。

spire 蛋白可以通过 FYVE 结构域二聚化结合在细胞膜上。spire 蛋白的二聚体通过 WH2 重复体松弛地结合多达 8 个肌动蛋白单体，这一数量对于肌动蛋白丝的正常成核并且形成肌纤维是足够的。与形成素的相互作用可以提升成核效率。形成素 C 端的 FSI 结构域能与 spire 蛋白 N 端的 KIND 结构域相结合（图 15.7）。虽然大多数肌动蛋白单体与肌动蛋白抑制蛋白结合，抑制了纤维的生长，但是肌动蛋白抑制蛋白有一个表面区域对脯氨酸亲和力较强，故其可以与形成素的 FH1 结构域结合。形成素二聚体的 FH2 结构域与二或三个肌动蛋白单体结合，可以形成肌动蛋白丝生长的成核中心。

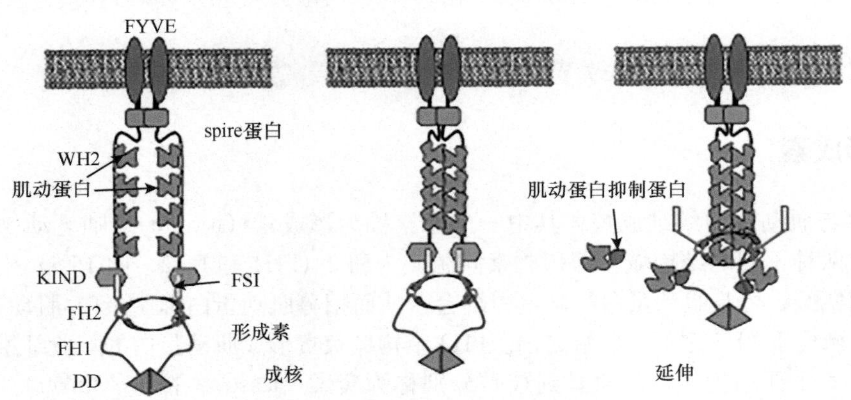

图 15.7 一个通过 spire 蛋白和形成素形成肌动蛋白纤维的核和延伸模型。spire 蛋白以二聚体形式与膜结合。它的四个 WH2 区域可以分别结合一个肌动蛋白单体（尖端向上，倒钩端向下）。单体可以形成肌动蛋白纤维的细胞核。形成素可以形成肌动蛋白核，但也参与延伸。肌动蛋白和抑制蛋白的复合物与 FH1 结构域的聚脯氨酸蛋白序列结合，并通过圆形 FH2 二聚体进入生长的纤维。

15.1.4 肌动蛋白纤维的加帽与剪切

15.1.4.1 凝溶胶蛋白

凝溶胶蛋白（gelsolin）是一种在真核细胞中可以将肌动蛋白纤维剪切或加帽的蛋白质。它既可以阻止血浆中的肌动蛋白形成纤维，也可以在细胞内调节细胞骨架中的肌动蛋白纤维。一个蛋白质同时被用于细胞内和细胞外是不多见的。凝溶胶蛋白还可以在纤维形成过程中参与成核。

凝溶胶蛋白含有 6 个构象相似的结构域。每一个结构域都有一个混合的片层，一些螺旋位于片层的一侧。在完整的分子中，结构域 1 ～ 3 与结构域 4 ～ 6 两两之间很相似，这暗示这个分子在进化上先经历了一次祖先基因的三倍化，接下来又经历了一次三结构域基因的双倍化。结构域 1 和 3 形成了一个连续的片层，结构域 4 和 6 也是如此。在调控肌动蛋白的多聚化时，凝溶胶蛋白的不同结构域有着不同的功能。结构域 1 主要负责剪切肌动蛋白纤维。

已知的晶体结构有：凝溶胶蛋白的一个单独结构域与肌动蛋白的复合体、凝溶胶蛋白的结构域 1 ～ 3 与肌动蛋白的复合体，以及凝溶胶蛋白结构域 4 ～ 6 与肌动蛋白的复合体。在复合体中，凝溶胶蛋白结构域 1 或 4 与靶向结合槽的结合方式与肌动蛋白抑制蛋白相同。一个螺旋的结合位置与 WH2 结构域中的螺旋相同（图 15.4）。结构域 1 ～ 3 或结构域 4 ～ 6 与肌动蛋白复合体结构显示出一个大的结构域重排。结构域

1 和 3 之间及结构域 4 和 6 之间形成的连续的片层被破坏了，从而释放出了结合肌动蛋白的表面。在结构域 1 和 4 中，一个天冬氨酸侧链分别与结构域 3 和 6 中的赖氨酸侧链相互作用，以稳定未激活状态的凝溶胶蛋白结构。而在结合了钙离子时，这个天冬氨酸侧链与离子结合，从而打破了原本的盐键，于是结构域间的连接被削弱，使凝溶胶蛋白的肌动蛋白结合表面得以与肌动蛋白结合（图 15.8 和图 15.9）。

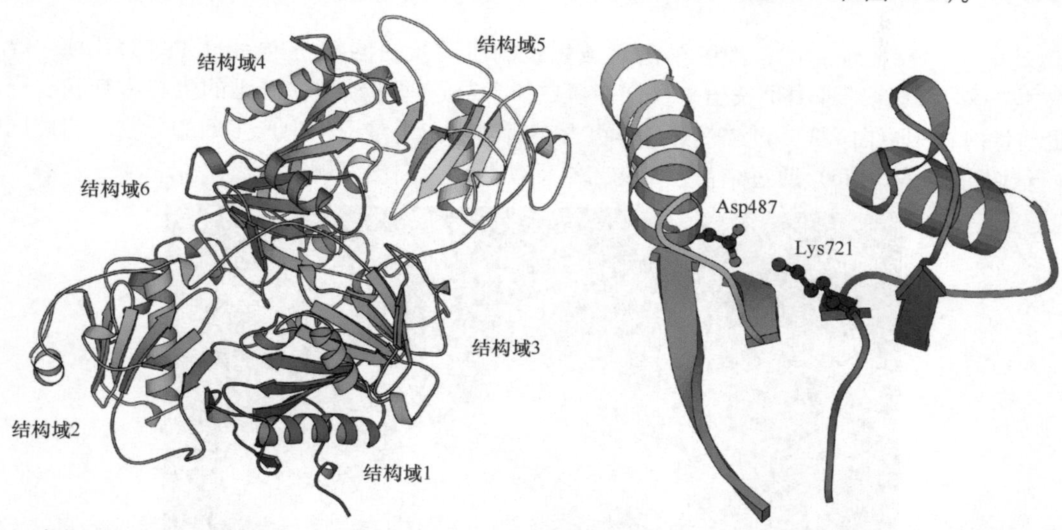

图 15.8　左：血浆凝溶胶蛋白的结构。在这种构象中，肌动蛋白结合表面被完全覆盖了。通过钙离子的调节，复合体中相应的连接被破坏，从而把肌动蛋白结合表面给暴露出来。右：结构域 4 和 6 相互作用细节。487 位的天冬氨酸（结构域 4）与 721 位的赖氨酸（结构域 6）形成了盐键，用以稳定结构域间的连接（PDB：1D0N）。

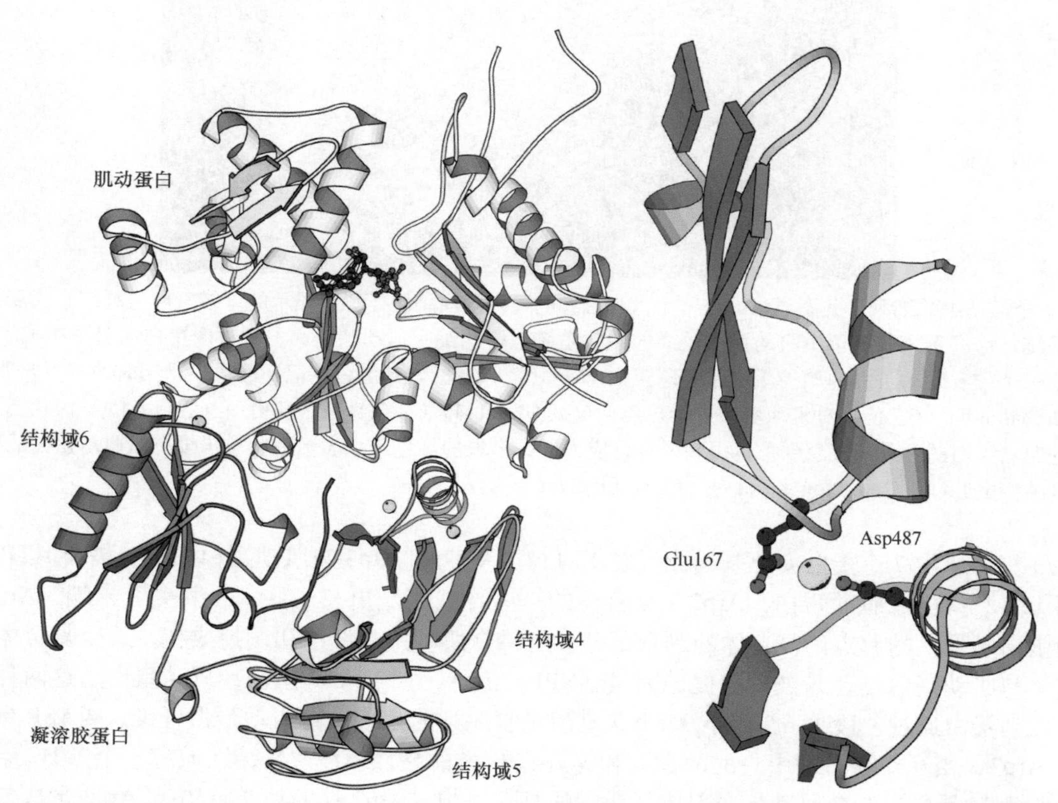

图 15.9　左：肌动蛋白（灰色）与凝溶胶蛋白结构域 4 ～ 6 复合体结构。注意复合体结构域 4 ～ 6 之间的连续片层被打破，很可能是由于钙离子引起的活化（黄色）。右：接触表面的细节。其中凝溶胶蛋白结构域 4 的 487 位天冬氨酸和肌动蛋白的 167 位谷氨酸都与钙离子相结合（PDB：1H1V）。

15.1.5 肌动蛋白的附着和交联

15.1.5.1 Arp2/3 复合体

在有运动能力的真核细胞中，细胞前沿是被生长的肌动蛋白网络所推动的（图 15.10）。新的肌动蛋白纤维像树枝一样从其他纤维中生长出来。许多蛋白质参与这些肌动蛋白纤维的生长和交联。一个被称为 Arp2/3（肌动蛋白相关蛋白 2/3）的蛋白复合体负责在肌动蛋白纤维网络中产生新的分岔。与此同时，另一些蛋白质如丝切蛋白（cofilin）通过结合在倒钩末端促使肌动蛋白网络解聚。

图 15.10 一个运动中的细胞。此图显示的是一个人工培养的黑色素瘤细胞。荧光显示的纤维（应力纤维）代表了一个蛋白质多聚体系统，这一系统从属于由肌动蛋白组成的微丝系统，驱动细胞运动和迁移。数百个蛋白质分子组成了这个系统。细胞转染了一个带有肌动蛋白的调控蛋白原肌球蛋白 TM5（带有绿色荧光蛋白标记）的质粒，同时使用罗丹明-鬼笔环肽（rhodamine phalloidin）（红色）对肌动蛋白进行显色。根据 GFP-TM5（绿色）与肌动蛋白（红色）的平衡状态不同，含有纤维结构的肌动蛋白的颜色从红色到黄色再到绿色。应力纤维末端的红色斑点表示那些位于没有原肌球蛋白的黏性位点的肌动蛋白（图片由 Louise Bertilsson 拍摄，并由 Uno Lindberg 提供）。

Arp2/3 复合体由 7 个蛋白质亚基构成（图 15.11）。Arp2 和 Arp3 与肌动蛋白相似，需要 ATP 才能产生活性（图 15.12）。相比肌动蛋白，Arp2/3 复合体的一些环状区域更长一些。在“尖”末端，Arp2 和 Arp3 是新肌动蛋白多聚化的起点。复合体的剩余部分参与结合肌动蛋白纤维和调控成核。这个复合体是没有活性的，直到与肌动蛋白结合并被成核促进因子（NPF）激活，如 WASP 蛋白、皮动蛋白。这两种蛋白质协同工作，皮动蛋白通过一段含 6.5 倍于 37 个氨基酸重复序列的片段结合肌动蛋白纤维。WASP 蛋白分为两个部分与 Arp2/3 相互作用，即中央的两性亲和螺旋和 C 端的酸性模体。N 端区域有一个 WH2 结构域（该蛋白质被称为 V 蛋白）结合肌动蛋白单体。激活的复合体中，Arp2 移动约 25Å 并与 Arp3 形成二聚体，就像给一个短的肌动蛋白丝提供了新纤维成核的模板。在这里，WASP 蛋白的 WH2 结构域可以产生肌动蛋白单体。

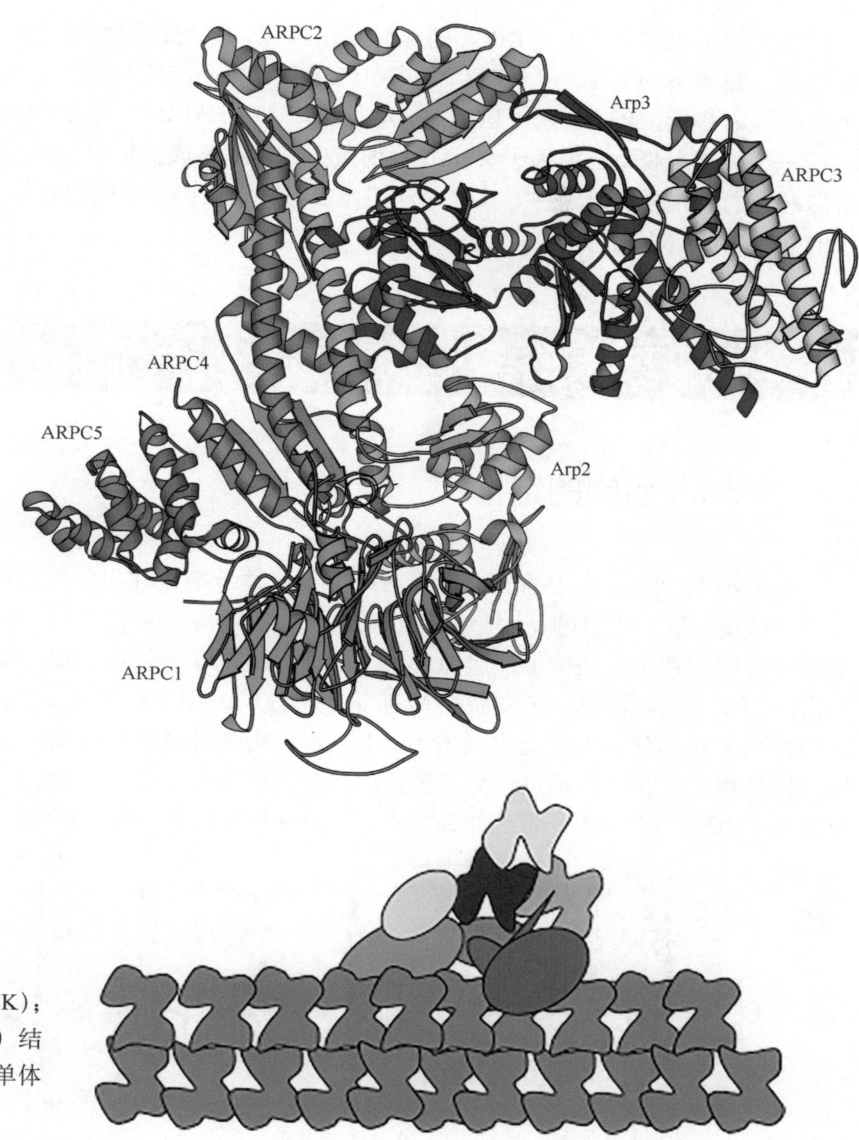

图 15.11　上：Arp2/3 复合体（PDB：1K8K）；下：复合体（彩色）与肌动蛋白（灰色）结合引入分岔机制示意图。一个肌动蛋白单体（浅灰色）添加到了生长分岔中。

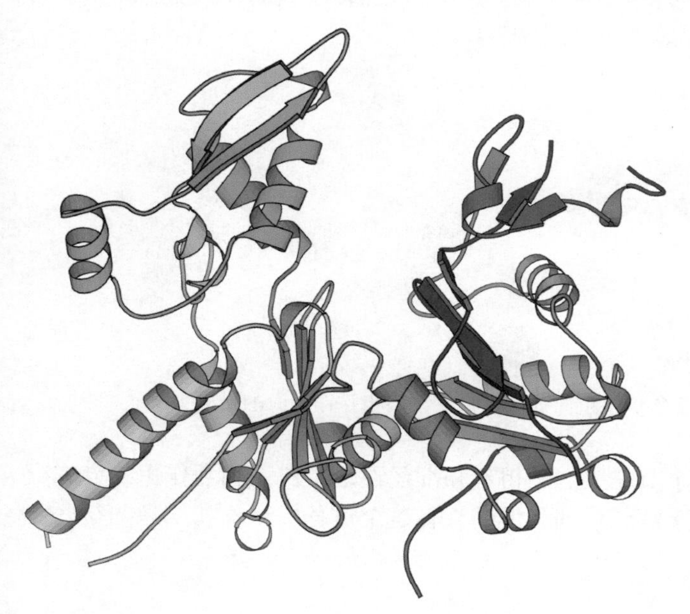

图 15.12　Arp2/3 复合物中类似肌动蛋白的 Arp3 亚基结构。其结合核苷酸的裂隙比肌动蛋白要大。

另一个常见的折叠是 ARPC1 的螺旋桨结构域，其与细胞信号通路（14.4 节）中的三聚 G-蛋白的 β 亚基相似。在剩下的亚基中，ARPC2 和 ARPC4 有着相同的拓扑结构，有一个卷曲类型的反向平行片层和一个长的 C 端螺旋。P34 有两个这样的折叠。ARPC3 与 ARPC5 蛋白都是螺旋结构。

一个被称为胶质成熟因子（GMF）的蛋白质可抑制成核作用，并且通过结合 Arp2 的倒钩末端解聚肌动蛋白纤维的网状分岔，这种方式类似丝切蛋白与肌动蛋白纤维的相互作用机制。GMF 还可与 Arp2/3 复合体中的其他蛋白质相互作用。

15.2 肌球蛋白与肌肉功能

15.2.1 肌肉的结构

肌肉细胞中含有成束的收缩性蛋白纤维，这种纤维被称为肌原纤维。在肌原纤维中，我们可以（通过电子显微镜）看到重复的、明暗相间的条纹及盘状结构（图 15.13）。暗条纹中含有粗丝，明条纹含有细丝。细丝纤维附着在盘状结构上。肌原纤维上的一个重复单元被称为肌小节，位于相邻的两个 Z 盘之间。粗丝是由约 300 个肌球蛋白分子交联在 M 条带上形成的。细丝的主要组成部分是肌动蛋白纤维。细丝以一个规则的排列方式部分嵌入粗丝中（图 15.14）。Z 盘由多种蛋白质组成，它是来自两个肌小节的 α-肌动蛋白纤维倒钩端相互交联的连接点。另一类蛋白质是肌联蛋白，是一个由 35 000 个氨基酸构成的长蛋白质，分子质量是 4MDa。它从 M 条带延伸到 Z 盘，可能参与维持肌小节的长度，以及保持 M 条带在肌小节中的位置。

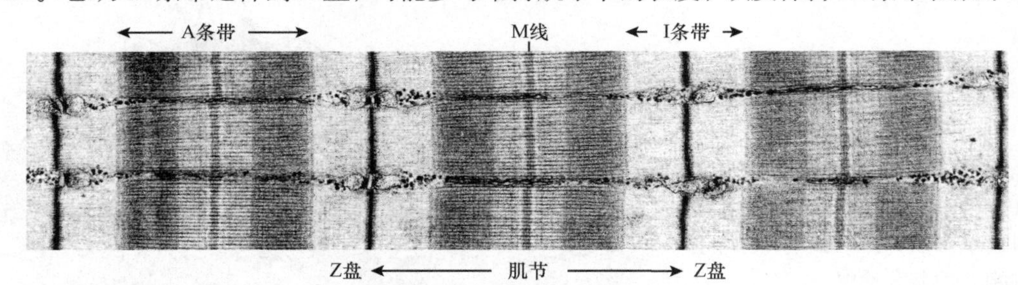

图 15.13 电镜下的肌肉纤维。暗的 A 条带由粗丝组成，而亮的 I 条带是由连接在 Z 盘上的细丝组成的。粗丝被交联在 M 线上。最暗的区域是粗丝和细丝交叠处（由马萨诸塞大学 Roger Craig 博士提供）。

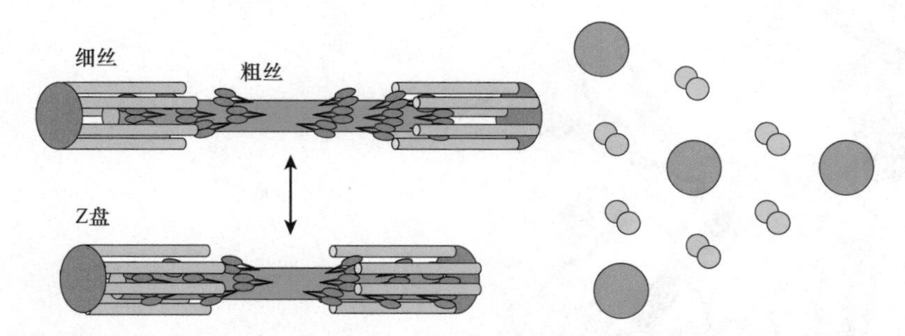

图 15.14 放松与收缩状态的肌小节示意图。右图是细丝（蓝色）和粗丝（橙色）在它们相互作用区的排列方式。

肌肉的收缩运动是通过肌丝的滑动从而缩短肌小节完成的。粗丝和细丝通过蛋白质相互作用的方式交联在一起。肌丝的滑动是通过将粗丝向着 Z 盘相对于细丝移动形成的，在这个过程中粗丝和细丝间交联会形成和打破（图 15.14）。

15.2.2　与细丝结合的蛋白质：原肌球蛋白和肌钙蛋白

细丝与两个蛋白质相互作用，并参与钙依赖的肌肉收缩。其中的原肌球蛋白是一个十分细长的蛋白质。哺乳动物中有 4 个编码原肌球蛋白的基因，但是却可以产生 40 种不同的亚型。它们有两种主要形式：肌肉和非肌肉原肌球蛋白。原肌球蛋白由两个相同的 α 螺旋链组成，形成一个 385Å 长的、头尾相接的卷曲螺旋二聚体（见 3.2.2 节）。其序列中含有 40 个七肽重复片段 abcdefg，与其他卷曲螺旋一样，其中的 a 和 d 大多为非极性氨基酸。原肌球蛋白可分为 7 个伪重复单元，组成一个缠绕在肌动蛋白细丝上的连续结构（图 15.15）。每一个原肌球蛋白二聚体结合 7 个肌动蛋白单体。正常情况下，两个原肌球蛋白二聚体分别结合在肌动蛋白丝的两端。

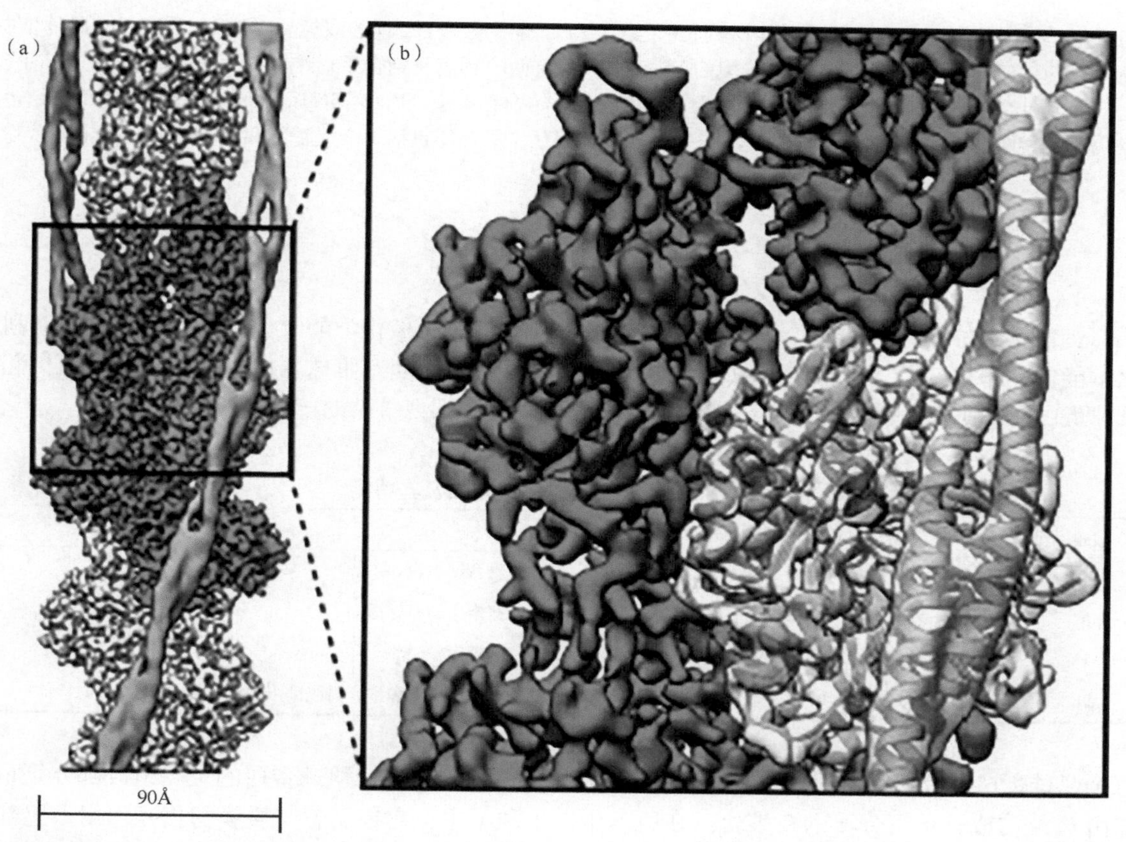

图 15.15　冷冻电镜下的 3.7Å 的肌动蛋白和 6.5Å 的原肌球蛋白结构图［经许可改编自 von der Ecken J *et al.* (2015) Structure of the F-actin—tropomyosin complex. *Nature* **519**: 114-117. Copyright Macmillan Publishers Ltd］。

原肌球蛋白整体上带负电荷，与肌动蛋白沟中的正电荷区域相互作用。肌动蛋白丝上有两处原肌球蛋白的结合位点，其中的一个阻碍了肌球蛋白在细丝上的结合点。

肌钙蛋白是一个对肌肉感应钙离子非常重要的蛋白质。肌钙蛋白由 3 条链组成，即 C 链、I 链和 T 链。肌钙蛋白 C 是一个有 4 个 EF 手结构的钙结合蛋白。它与其他蛋白质结合形成一个用于调控的头部。其他的两个分子形成长螺旋（图 15.16）。一个肌钙蛋白复合物与每个原肌球蛋白结合，通过移动原肌球蛋白分子来控制其活动，从而消除其对肌动蛋白纤维上肌球蛋白结合位点的封闭。原肌球蛋白、肌钙蛋白和肌动蛋白的比例是 1∶1∶7。原肌球蛋白作为分子标尺使由钙离子控制的肌钙蛋白之间有规则的间隔。在低钙离子浓度下，肌钙蛋白使得原肌球蛋白保持封闭状态；在钙离子浓度升高的情况下，原肌球蛋白位置发生变化，使得肌球蛋白能够结合于纤维上。

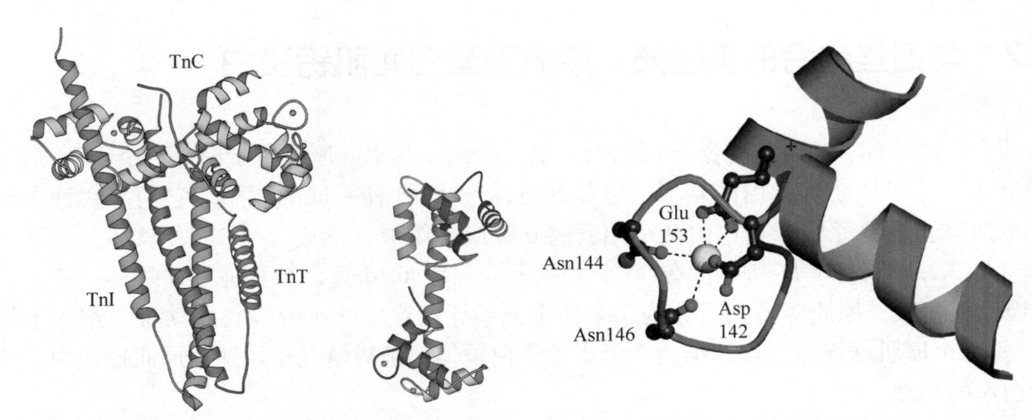

图 15.16　左：肌钙蛋白复合体。肌钙蛋白 I 与肌钙蛋白 T 的 C 端形成筷子一样的双螺旋（PDB：1YTZ）。肌钙蛋白 C 的位置则像操作筷子的手。中：肌钙蛋白 C 是典型的 EF 手结构，有两个钙离子结合手，中间由一段螺旋相连。EF 手分别用蓝色、青色、黄色和红色标注。在这个晶体中，只有 C 端的 EF 手结合钙离子（PDB：5NTC）。右：EF 手与钙离子结合细节图。来自天冬氨酸、天冬酰胺和谷氨酸侧链的氧原子都与钙离子相互作用，还包括 1 个羰基氧和 1 个水分子（未展示）。

15.2.3　肌球蛋白

肌球蛋白是一种 ATP 水解酶，可以沿着肌丝移动；它们是机械化学酶及分子马达蛋白。它们利用 ATP 中的化学能做功来完成分子水平的运动，从而导致宏观水平的运动。肌球蛋白种类众多，在肌肉粗丝上的叫做肌球蛋白Ⅱ。肌球蛋白Ⅰ和Ⅴ则与细胞膜相关，也是活性细胞骨架的一部分（表 15.2）。

表 15.2　一些类型的肌球蛋白及其功能

类型	重链的分子质量/kDa	主要功能
Ⅰ	110 ～ 150	结合细胞膜
Ⅱ	220	肌肉中的肌丝滑动
Ⅴ	170 ～ 220	囊泡运输
Ⅵ	140	运输胞吞的囊泡，沿肌动蛋白纤维的“–”端方向移动

每个肌球蛋白都有头部（马达结构域）、颈部和尾部（图 15.17）。肌球蛋白的主要组成部分是重链。它的尾部由 C 端构成，负责分子的二聚化。在肌球蛋白Ⅰ和Ⅴ中，它控制着与质膜的相互作用。尾部的很大一部分是一个 28 个氨基酸的重复。这与提出的尾部构象相一致：两条重链形成了一个由两个长螺旋缠绕形成的卷曲螺旋。肌球蛋白Ⅴ和Ⅵ的 C 端结构域负责结合货物，用于细胞运输（囊泡或细胞器）。

图 15.17　肌球蛋白Ⅱ结构示意图。从左向右分别为头部、颈部、尾部区域。它有 2 条重链、2 条轻链。

所有肌球蛋白的重链都与钙结合蛋白的EF手型结构相互作用。其在颈部区域被发现。在肌球蛋白Ⅱ中，重链与调控轻链（RLC）和基本轻链（ELC）作用；而在肌球蛋白Ⅰ、Ⅴ和Ⅵ中，重链与钙调蛋白作用。

15.2.3.1 交联桥的结构

肌球蛋白Ⅱ的N端片段称为S1（图15.18），包含了头部和颈部的区域。C端尾部区域约有1000个氨基酸残基。颈部包含了S1的C端部分和两条轻链。颈部有一个长而弯曲的螺旋，轻链则围绕该螺旋排列。轻链与钙调蛋白和肌钙蛋白C有关，有两个球状结构域，每个结构域含两个EF手，两个结构域通过一段柔性且部分螺旋的片段连接。调控轻链（RLC）和基本轻链（ELC）上的EF手仅有少数可以与钙离子结合。

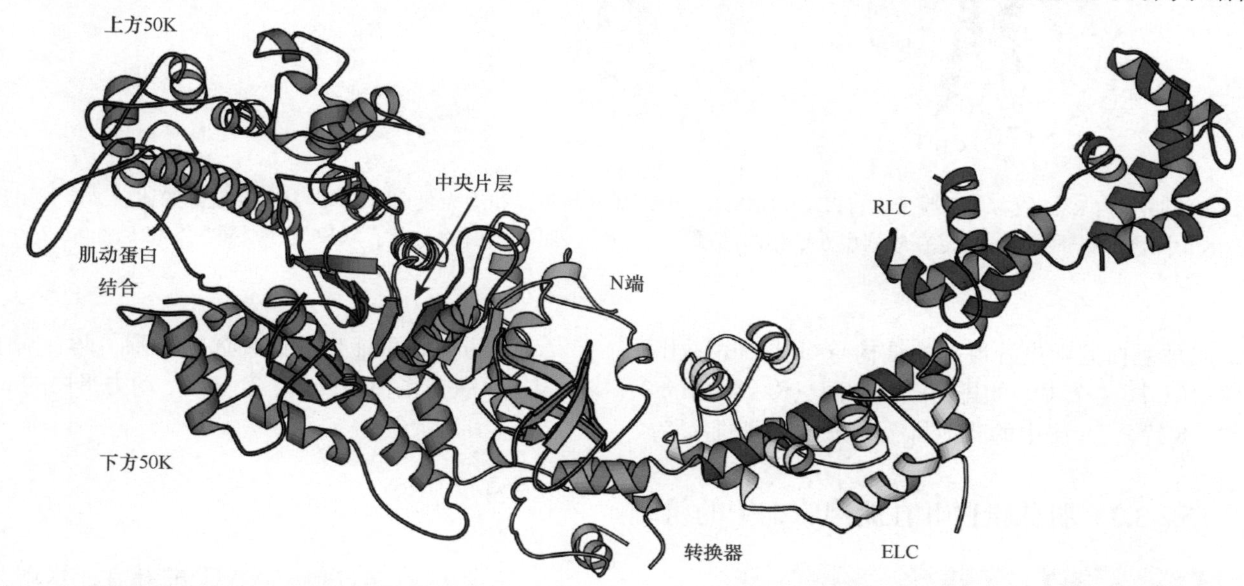

图15.18 肌球蛋白S1片段（头、颈部）结构。其包括重链的N端和2条轻链（PDB：2MYS）。头部有5个结构域：N端的桶状结构域（青色）、中央结构域（绿色）、上下50K结构域（红色）、转化结构域（蓝色）和C端螺旋（浅蓝色）。中央头部片层（绿色）结合ATP。颈部或杠杆臂由基本轻链（黄色）和调控轻链（紫色）组成。两条轻链都是由两个EF手和一个连接片段组成（图15.16）。基本轻链和调控轻链决定了杠杆臂的长度；其他肌球蛋白最多可结合6个钙调蛋白，导致从头部到尾部更大的相对位移。

肌球蛋白的头部是一个非常复杂的结构，可以分为几个结构域。在其N端有一个小的反平行β折叠片层或者β桶（N端结构域，NTD）。头部的中央部分也是一个β片层，由来自蛋白质链上的3个不同片段的折叠束组成。这个片层主要是平行排布的。连接折叠束的主要是螺旋。其中一些螺旋形成了2个独立的结构域，它们被称为上方50K和下方50K结构域。头部的C端部分形成了一个小的转换结构域。颈部或杠杆臂和尾部直接连接在转换结构域上。

这导致C端螺旋（浅蓝色）。头部的中心部分由薄板（绿色）构成。ATP分子与这张纸结合。颈部或杆臂由ELC（基本光链，黄色）和RLC（调节光链，紫色）组成，与C端螺旋结合。ELC和RLC由两个与连接器相连的波瓣（EF指针）组成（图15.16）。ELC和RLC定义了杠杆臂的长度；其他肌球蛋白有多达六种钙调蛋白结合，导致头部相对于尾部的较大运动。

15.2.3.2 肌球蛋白结构与G蛋白的关系

中央片层有一段ATP酶常见的序列：GXXXXGKS/T，即P-环（见8.3节）。ATP分子结合在这一区域，与G蛋白中GTP结合在P-环区类似（图15.19）。

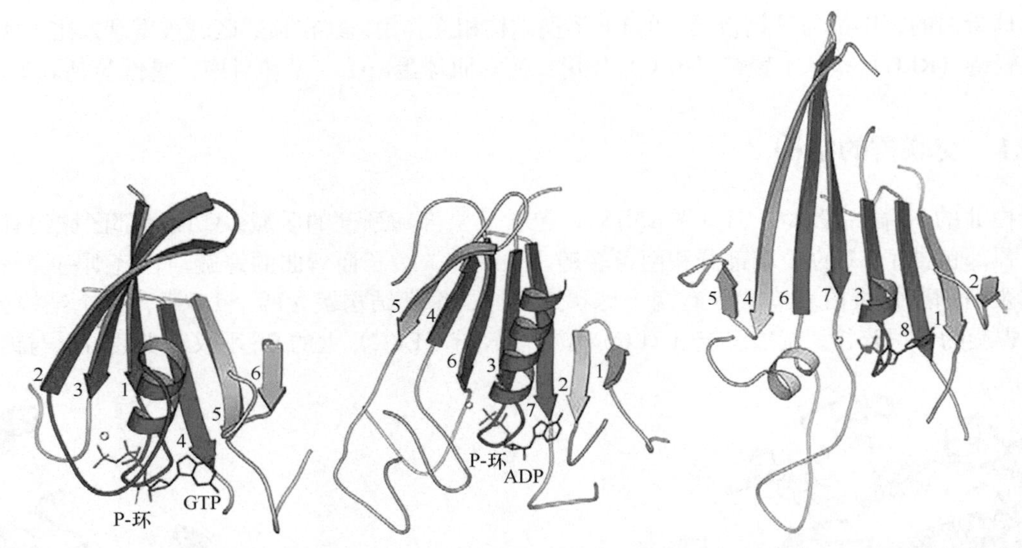

图 15.19 G 蛋白 Ras（左）、肌凝蛋白（PDB：1MMA，中，来自黏菌）和动力蛋白（PDB：1BG2, 右）的比较。序列中数字表示 β 折叠片的顺序。一些链在序列中处于相同的顺序（红色）。肌凝蛋白的上、下 50K 域分别插在 5 和 6 之间、6 和 7 之间。

肌球蛋白的中央片层拓扑结构与 G 蛋白并不相同，但二者在进化上可能也有比较远的关系。两者除了 P-环相似外，4 个中心的排列顺序相同（Ras 蛋白的 2、3、1、4 片；肌球蛋白的 4、6、3、7 片；动力蛋白的 6、7、3、8 片）。片层中的其他折叠束来自不同的片段。

15.2.3.3 肌球蛋白 II 在肌肉收缩中的机制

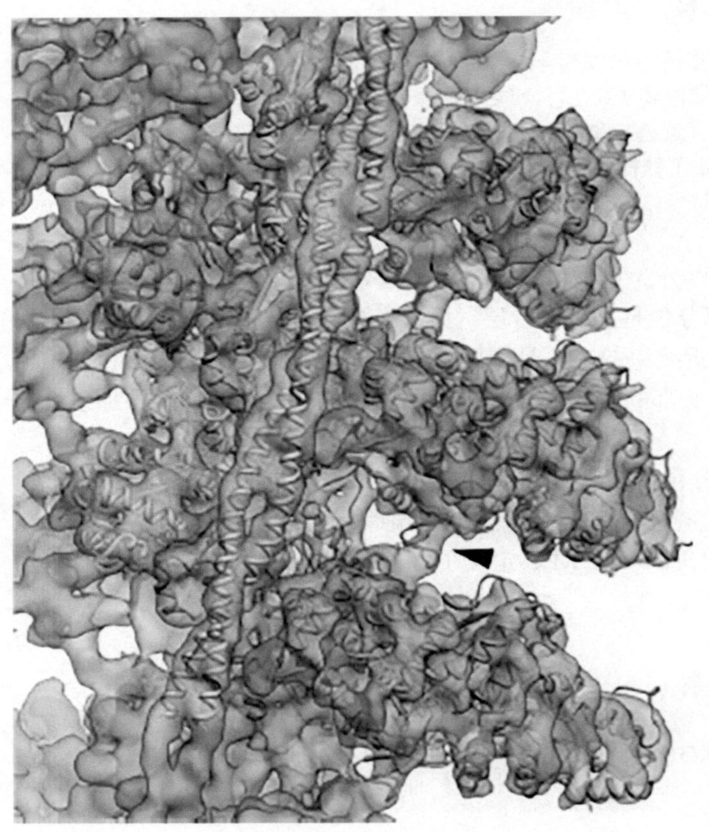

在肌肉收缩过程中，ATP 的结合、水解与释放控制着交联桥结合到肌动蛋白丝、能量冲程和结合到纤维上的新位点。肌动蛋白纤维和肌球蛋白的复合体无法结晶，我们对这一机制的理解基于将肌球蛋白片段（头部和完整的交联桥）的晶体结构研究嵌入肌动蛋白纤维与肌球蛋白头部及原肌球蛋白复合物的冷冻电镜结构图中（图 15.20）。其分辨率可以很好地区分这些相互作用分子。

图 15.20 肌动蛋白（灰色）的装配、原肌球蛋白（蓝色）和肌球蛋白头部（红色）的 8Å 冷冻电镜结构［经许可改编自 Behrmann *et al.* (2012) Structure of the rigor actin-tropomyosin-myosin complex. *Cell* **150**: 327-338. Copyright (2012) Elsevier］。

有两种构象可以解释杠杆臂的位置，如鸡骨骼肌肌球蛋白和鸡平滑肌肌球蛋白的原结构（图 15.21）。这些结构可能分别代表了所谓的“后僵硬状态”和“前做功冲程状态”。后僵硬状态和前做功冲程状态接近于在分子构象变化的开始和结束时的边界构象。在后僵硬状态下，手臂处于运动（能量冲程）后的位置，但头部不再与肌动蛋白结合。在前做功冲程状态下，当肌球蛋白头部在 ATP 水解后重新结合肌动蛋白时，手臂被“重定位”。

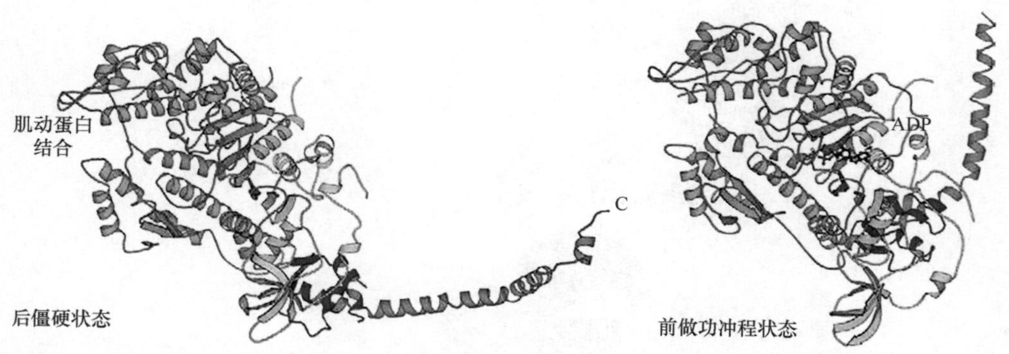

图 15.21　肌球蛋白 S1 片段颈部的两个边界构象。右：鸡平滑肌肌球蛋白（ADP 和 AlF4，PDB：1BR1），前做功冲程状态。左：鸡骨骼肌肌球蛋白（不含核苷酸，PDB：2MYS），后僵硬状态。头部在相同的方向上，颈部的方向则有较大变化。后僵硬状态大致相当于循环结束时手臂的方向，而当头部与肌动蛋白的新位置相结合时，更接近于前做功冲程状态。

杠杆臂的大运动由头部的许多灵活的部位控制。开关Ⅰ环和Ⅱ环具有重要的功能，类似 G 蛋白（见 8.3 节）。杠杆臂的运动是由与颈部连接的转换器控制的。转换结构域的方向依次由中继螺旋控制，它连接到开关Ⅱ环上（图 15.22）。在没有绑定核苷酸的情况下（与后僵硬状态相对应），开关Ⅱ环与核苷结合位点有一定距离，而中继螺旋是直的。ATP 结合使开关Ⅱ环更接近核苷结合位点，当转换结构域旋转到它的位置时（重定位之前），它就会在中继螺旋中产生一个扭结。

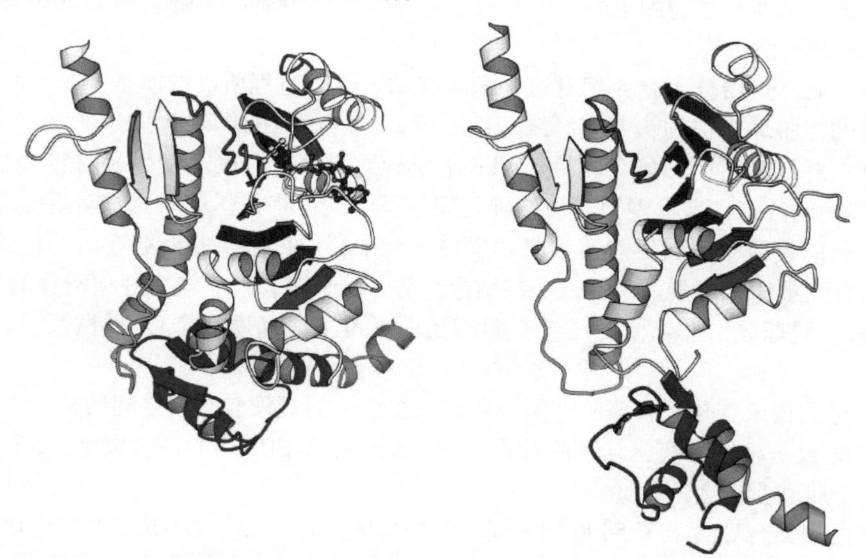

图 15.22　肌球蛋白头部的构象变化导致头部和尾部的相对方向变化。中央的片层是深灰色的。右：鸡骨骼肌肌球蛋白，左：鸡平滑肌肌球蛋白。亚结构域由不同的部分连接起来：开关Ⅱ（红色）、SH1 螺旋（黄色）和中继螺旋（绿色）。开关Ⅱ的结构是不同的，包括中继螺旋和转换结构域（蓝色）的变化。这些片段对 ADP 或 ATP 的存在和肌动蛋白纤维的结合较为敏感。

肌球蛋白头部对肌动蛋白纤维的亲和力是由上、下 50K 结构域的相对运动控制的（图 15.23）。其与肌动蛋白的紧密结合使得这些结构域与肌动蛋白纤维的间隙被封闭。ATP 结合可能导致开关Ⅰ的变化，这反过来导致了缺口的打开和解离。开关Ⅰ和Ⅱ的运动使酶处于激活状态并使得 ATP 水解。间隙的关闭打开了核苷结合位点的入口，允许在水解后释放 ADP。

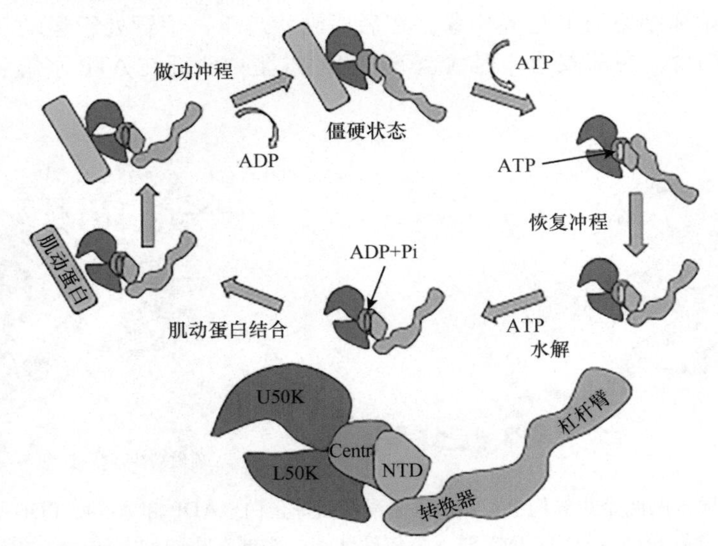

图 15.23 肌肉收缩的步骤。上：后僵硬状态，其次是 ATP 结合和水解、肌动蛋白结合和做功冲程（Behrmann *et al.* 2012. Structure of the rigor actin-tropomyosin-complex. *Cell* **150**: 327-338）。下：肌球蛋白的头部区域。

15.2.4 肌肉收缩中的肌球蛋白Ⅱ

肌球蛋白Ⅱ是在动物体内被发现的，也存在于像酵母这样的简单生物体中。它是肌肉纤维粗丝的主要组成部分，但也存在于其他类型的细胞中。肌球蛋白Ⅱ由 6 条链组成：两条大约 1950 个氨基酸的重链，以及调控轻链和基本轻链的两个拷贝。

当肌肉收缩时，肌球蛋白分子就会相对这些细丝移动。这个过程所需的能量来源于肌球蛋白中 ATP 的水解。粗丝是两极的，肌球蛋白的头部在纤维两端形成一个螺旋状的排列。肌球蛋白分子的头部和颈部通过与细丝的肌动蛋白纤维结合而形成交联桥。ATP 水解导致肌球蛋白颈部发生相对较大的构象变化。颈部就像一个杠杆臂（“摆动的杠杆臂模型”），使纤维之间相互滑动，将粗丝移动到肌动蛋白纤维或 Z 盘的“+”端，并缩短肌节。肌球蛋白头部然后能够从肌动蛋白纤维中释放出来，并能够在新的位置结合，重复这个循环。因为粗丝上有大量的肌球蛋白头部，一些结合，另一些分离，几乎没有任何滑移的危险。

当没有 ATP 时，肌球蛋白非常紧地结合在肌动蛋白纤维上（僵硬状态）。根据假说，肌球蛋白循环步骤如下：

（1）ATP 结合导致构象变化，打破肌球蛋白和肌动蛋白（后僵硬状态）之间的相互作用。

（2）ATP 水解导致一种构象变化，使肌球蛋白结合到肌动蛋白纤维的新位置上。ATP 水解可能发生在肌球蛋白头部附着于肌动蛋白之前。

（3）与肌动蛋白的结合导致上下 50 K 域之间的裂隙关闭。这导致了 ATP/ADP 结合口袋的打开。

（4）肌球蛋白去磷酸化导致另一个构象变化。

（5）当 ADP 被释放时，肌球蛋白会回到它的静止状态或“僵硬”状态，准备开始重新启动。这就导致了纤维的运动（“做功冲程”）。

15.2.4.1 肌动蛋白和肌球蛋白在细胞运输中的作用

肌动蛋白丝也参与细胞运输和细胞极性的发展。微管参与长距离运输，而肌动蛋白和肌球蛋白（Ⅵ型）

运输细胞物质，如运输线粒体和 mRNA 到合适的位置。病毒成分还可以劫持肌动蛋白运输系统，以便快速组装新的病毒粒子。

15.3　微管

15.3.1　微管蛋白的结构与功能

微管是管状结构，在细胞中有两个功能：一是用于细胞质内的囊泡运输；二是参与细胞分裂，分离染色体。微管主要由微管蛋白组成，微管蛋白是由 α 亚基和 β 亚基组成的异源二聚体。这些二聚体头尾相连排列成原丝。13 条原丝侧面相互作用形成微管，直径约为 25nm（图 15.24）。这个管状结构比肌动蛋白微丝的结构更硬，用于需要机械强度的功能。微管生长和分解的方式类似于肌动蛋白，由其他蛋白质调控。

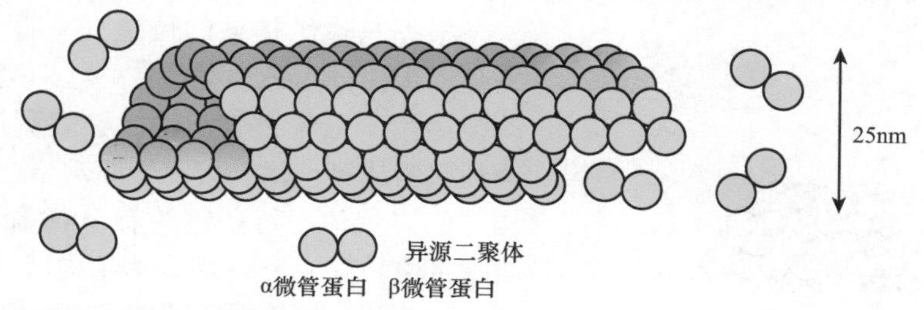

图 15.24　微管是由微管蛋白 α/β 异源二聚体组成的运输管道。

α 和 β 微管蛋白亚基都可以结合 GTP，但是只有 β 亚基具有 GTPase 活性。在微管的生长端，所有单体都包含 GTP，但其他部分的 β 亚基中的 GTP 已经被降解成 GDP。在微管末端的 GTP 含量决定了它的状态，即生长或解离。

α 和 β 亚基具有非常相似的紧凑结构（图 15.25），由三个结构域组成。第一个是 GTP 结合域，有 6 条平行折叠束组成的经典 Rossmann 折叠，折叠束之间通过螺旋连接，类似于脱氢酶。第二个结构域由一个混合的折叠片和两侧螺旋组成。第三个结构域有两个螺旋，与第一个结构域相对排列。GTP 结合结构域的拓扑结构与 G 蛋白类似但不相同，G 蛋白中含有能够与核苷酸磷酸基团相互作用的 P-环，但在微管蛋白的 GTP 结合结构域的环状结构中并没有与之对应的 GXXXXGKT/S 序列。

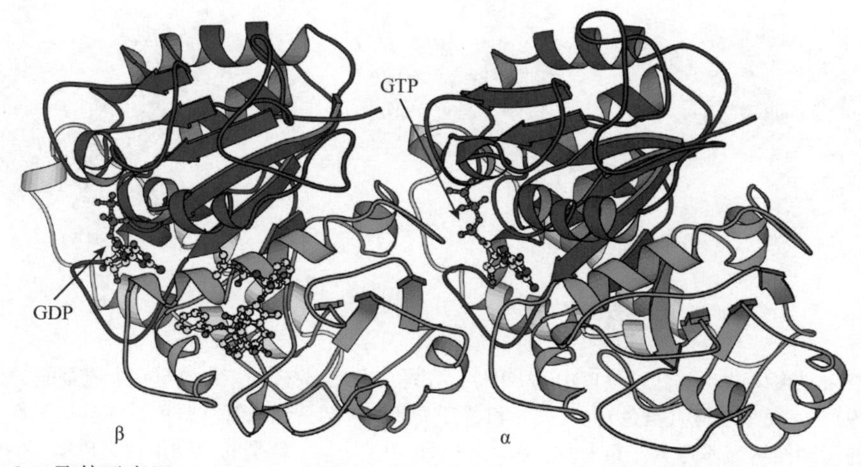

图 15.25　微管蛋白 αβ 二聚体示意图。Rossmann 结构域（蓝色）位于上方。第二结构域显示为绿色，C 端螺旋显示为黄色。其中有一个结合在 β 结构域的药物分子（PDB：1TUB）。

三维结构解释了α和β亚基的GTPase活性的差异。在二聚体中，α亚基的GTP位点被β亚基阻塞。但是β亚基的GTP位点暴露于水中，使得水解反应可以被α亚基所激活。

微管生长的起始取决于第三种微管蛋白，即γ微管蛋白，其与其他微管蛋白有着相似的结构和GTPase活性。一些蛋白质稳定了微管蛋白的纤维结构，如微管相关蛋白（MAP），而另一些分子则具有去稳定的功能，如胞质磷蛋白家族或秋水仙碱。

15.3.2 微管相关的马达蛋白

在微管上，囊泡的运输需要用到两种蛋白质，即动力蛋白（dynein）和驱动蛋白（kinesin）。驱动蛋白是一种类似肌球蛋白的马达蛋白，二者有着共同进化背景。动力蛋白结构更加复杂，它主要由6个相同的AAA+结构域和其他一些亚结构组成，动力蛋白复合物也可以沿着微管运输货物。

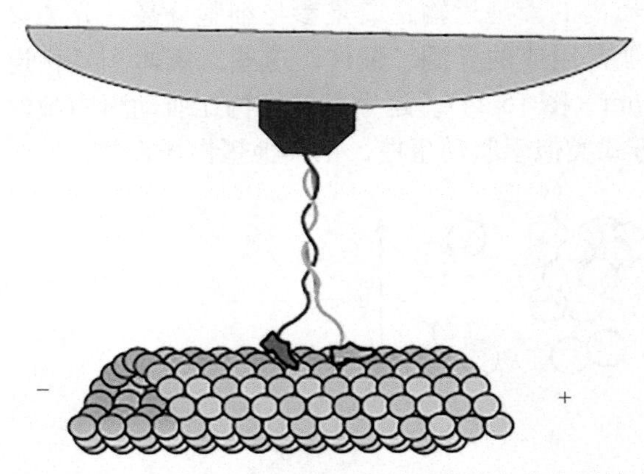

图15.26 驱动蛋白分子通过轨道运动的方式来运输大的货物，它的马达结构域这里用脚步表示。

根据马达结构域的位置（N端、C端、中间），可以将驱动蛋白分为三种类型：N型、C型和M型。N型的驱动蛋白用于沿着微管运输。它们利用ATP水解供能，移动细胞器或染色体。大多数驱动蛋白是由两条相同的重链构成的二聚体，每条链约有1000个氨基酸。N型（类似肌球蛋白）有一个N端马达结构域（头部）和一个负责二聚化（茎部）的长螺旋区域。要运输的货物通过与C端尾部螺旋连接（图15.26）。

15.3.2.1 驱动蛋白的结构和功能

N型驱动蛋白的马达结构域与肌球蛋白头部相似，但是要小得多（对比图15.27和图15.19）。它们由一个主要是平行排列的片层和两边的螺旋组成。其大小的差异主要是由于在肌球蛋白一些位置有大的插入结构域，这形成了肌动蛋白结合的裂隙。图15.19显示了肌球蛋白、驱动蛋白和一种G蛋白的对比图。磷酸结合环状区的顺序是一样的。

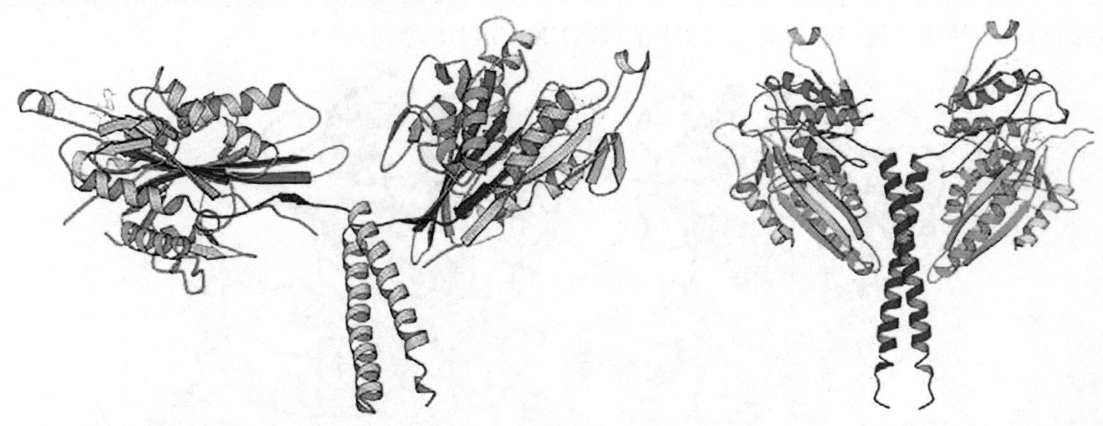

图15.27 左：驱动蛋白二聚体的颈部区域（PDB：3KIN）。在螺旋状颈部末端有大约600个氨基酸的杆部。片层的中心部分（红色，见图15.19），开关Ⅰ区域（黄色）、开关Ⅱ和“开关Ⅱ簇”结合到微管（绿色）和马达头部与颈部之间的连接片段（蓝色）。二聚体的运动结构域不遵从二重对称。右：一个ncd二聚体（C型的驱动蛋白，PDB：2NCD）。在运动域和杆之间没有连接片段。

两个驱动蛋白头部交替结合于微管上。在这个动作中，一个头在另一个上摇摆，旋转到新的位点(图 15.28)。用这种方法，二聚体可以拉动一个连接在其茎部的物体，如一个细胞器。头部区域的构象变化可能类似于肌球蛋白头部的变化。连接卷曲螺旋和马达结构域的颈部是由 15 个氨基酸组成的保守片段，是行使该功能必需的。当 ATP 类似物被连接到头部的时候，该片段就会被连接到头部的核心，但在其他结构中则是无序的。它的一部分通过 N 端上的一条 β 片段固定在头部。

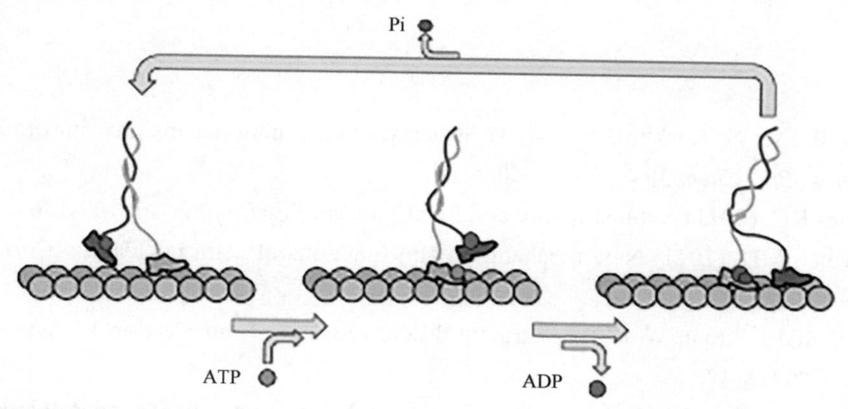

图 15.28　驱动蛋白在微管上行走示意图。

另一个微管相关的马达蛋白被称为 ncd (non-claret disjunctional)，它在染色体分离中很活跃。这种蛋白质属于 C 型驱动蛋白，马达结构域在蛋白质的 C 端。它与 N 型驱动蛋白相似，但方向相反，即向微管的“–”端移动。这个差异可能与链中的马达结构域的位置有关。这种类型的驱动蛋白没有颈部的连接片段。

第三种类型的驱动蛋白，即 M 型或 KinI 驱动蛋白，具有类似的马达结构域，但不能沿微管传输物质。它们的功能是结合和解聚微管。催化中心的结构表明它们与其他驱动蛋白相似。与其他驱动蛋白一样，如果缺少驱动蛋白与微管复合体的结构信息，我们就很难理解它的作用机制。

延伸阅读

原始文献

Behrmann E, Müller M, Penczek PA, *et al.* (2012) Structure of the rigor。actin-tropomyosin-myosin complex. *Cell* **150**: 327-338.

Kabsch W, Mannherz,HG, Suck D, *et al.* (1990) Atomic structure of the actin: DNase 1 complex. *Nature* **347**, 37-44.

Nogales E, Wolf SG, Downing KH. (1998) Structure of the αβ tubulin dimer by electron crystallography. *Nature* **391**, 199-203.

Rayment I, Rypniewski WR, Schmidt-Bäse K, *et al.* (1993) Three-dimensional structure of myosin subfragment-1: A molecular motor. *Science* **261**: 50-58.

Robinson RC, Turbedsky K, Kaiser DA, *et al.* (2001) Crystal structure of arp2/3 complex. *Science* **294**(5547), 1679-1684.

Rouiller I, Xu X-P, Amann KJ, *et al.* (2008) The structural basis of filament branching by the Arp2/3 complex. *J Cell Biol* **180**: 887-895.

Thompson ME, Heimsath EG, Gauvin TJ, *et al.* (2013) FMNL3 FH2-actin structure gives insight into formin-mediated actin nucleation and elongation. *Nat Struct Mol Biol* **20**: 111-118.

von der Ecken J, Müller M, Lehman W, *et al.* (2015) Structure of the F-actin—Tropomyosin complex. *Nature* **519**: 114-117.

综述文章

Dietrich S, Weiss S, Pleiser S, Kerkhoff E. (2013) Structural and functional insights into the Spir/ formin actin nucleator complex. *Biol Chem* **394**: 1649-1660.

Dominguez R, Holmes KC. (2011) Actin structure and function. *Ann Rev Biophys* **40**: 169-186.

Firat-Karalar EN, Welch MD. (2011) New mechanisms and functions of actin nucleation. *Curr Opin Cell Biol* **23**: 4-13.

Moore JR, Campbell SG, Lehman W. (2016) Structural determinants of muscle thin filament cooperativity. *Arch Biochem Biophys* **594**: 8-17.

Schmidt H. (2015) Dynein motors: How AAA+ ring opening and closing coordinates microtubule binding and linker movement. *Bioessays* **37**: 532-543.

Wang W, Cao L, Wang C, *et al.* (2015) Kinesin, 30 years later: Recent insights from structural studies. *Prot Sci* **24**: 1047-1056.

（于 洋 译，郭秋芳 校）

第 16 章

细胞间互作的结构基础

16.1 细胞外基质蛋白

在动物组织中，细胞被有序地组织在一个称为细胞外基质（extracellular matrix，ECM）的网络中。细胞外基质的主要成分是胶原蛋白纤维、蛋白聚糖（见第 7 章）和各种可以与其他成分结合的胞外基质蛋白。不同的组织由不同的基质构成，从而使这些组织具有相应的特征。细胞外基质的成分是由组织内的细胞合成的，并持续更新。

16.1.1 胶原蛋白纤维

胶原蛋白是纤维状蛋白，是很多组织，如肌腱、韧带、皮肤、血管及牙组织中牙本质的主要成分。胶原蛋白是我们体内最丰富的蛋白质，它们主要起结构作用，很多蛋白质可以与组织和细胞外基质中的胶原蛋白结合。

人类基因组中有 44 个胶原蛋白基因，可编码生成长度为 700 ～ 3000 个氨基酸残基的各种胶原蛋白。它们可以组合形成不同类型的胶原蛋白纤维，以满足不同组织的需要。胶原蛋白以前体分子的形式合成。每条胶原蛋白链由易形成纤维的约 1000 个氨基酸残基的中心部分和 N 端及 C 端结构域组成。这两端的结构域对于组装成为原胶原三聚体（tropocollagen）很重要，随后这两个结构域会被蛋白酶降解移除。在原胶原中，蛋白链相互缠绕成为一个三聚体螺旋，原胶原三聚体螺旋错位交叉组装，使纤维加长，形成长纤维。三聚体螺旋通过赖氨酸侧链共价连接，这些赖氨酸残基被细胞外基质的赖氨酸氧化酶氧化成醛，随后醛基与相邻链的赖氨酸发生反应并交联。

胶原蛋白有高度重复的 X-Y-Gly 序列，其中 X 和 Y 残基通常是脯氨酸或羟脯氨酸。羟脯氨酸是脯氨酸残基在一种特定酶的催化下，经过翻译后修饰而成。三股胶原蛋白链螺旋组装成超螺旋（见 2.3.1.5 节）。三股螺旋中的链可以通过氢键相连，这些氢键的形成是因为胶原蛋白中有丰富的无侧链甘氨酸，从而允许胶原蛋白链之间紧密排列（图 16.1）。

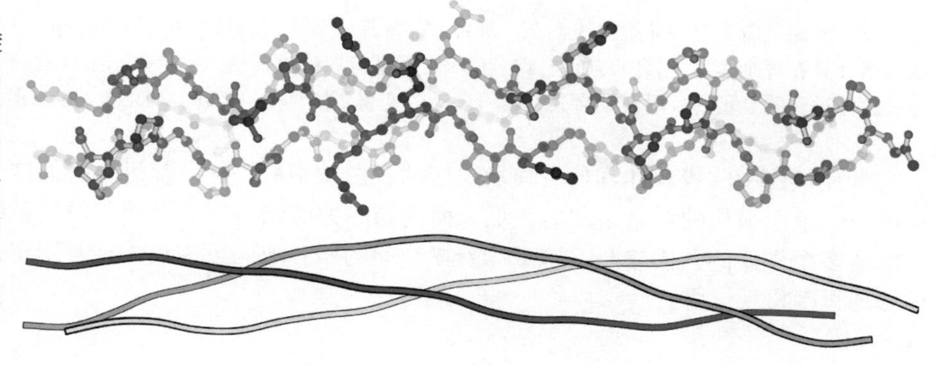

图 16.1 一段原胶原的三螺旋结构。上：球棍（ball-and-stick）模型；下：绳子（rope）模型，其胶原蛋白链与上图使用了相同的颜色。三条链的一级结构具有一段脯氨酸-羟脯氨酸-甘氨酸的重复序列，其中甘氨酸残基允许链紧密排列，从而形成链间氢键（PDB：1Q7D）。

16.1.2 纤连蛋白

细胞外基质含有糖基化的纤连蛋白聚集体，细胞主要是通过与纤连蛋白的结合而贴附在细胞外基质上的。纤连蛋白也存在于血浆中，以C端二硫键介导的二聚体形式存在。在细胞外基质中，每条纤连蛋白链结合几个其他分子，如胶原蛋白、硫酸乙酰肝素、血纤蛋白或整联蛋白。

单个纤连蛋白基因含有47个外显子，产生几种不同剪切形式的蛋白质。纤连蛋白有一个220kDa的模块化结构，含有6个结构域，每个结构域又是由很多模块组成的（图16.2）。组成纤连蛋白的模块分为Ⅰ、Ⅱ和Ⅲ型，每个模块的组成在不同的纤连蛋白分子中有一定的区别。根据序列的相似性，在其他的蛋白质中也发现了与纤连蛋白类似的模块。

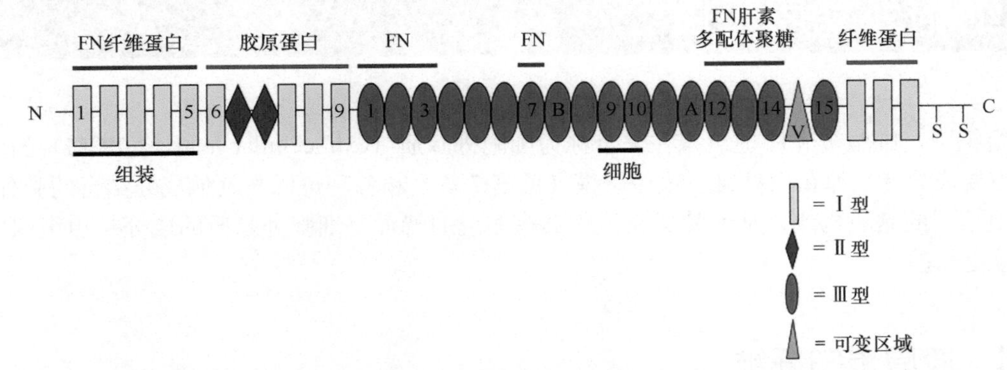

图16.2 一个人类纤连蛋白单体的结构示意图。根据其结合特性，纤连蛋白可以分成6个区域或结构域：区域1、3、4、5与其他纤连蛋白（FN）相互作用；区域2与胶原蛋白相互作用；区域1和区域5与肝素相互作用；区域1和区域6与血纤蛋白相互作用。每个区域由多种模块构成并用不同颜色表示。三种不同模块（Ⅰ、Ⅱ、Ⅲ）从N端开始用数字分别依次编号。纤连蛋白链与链之间通过C端的二硫键相连（示意图来自Wikipedia。作者：AllWorthLettingGo）。

Ⅰ型纤连蛋白模块含有约45个氨基酸。它构成了一个β发夹堆积在一个很小的三链β折叠片上的结构。由于这个结构很小，一般来说不太稳定，但在该结构中，通过两个二硫键将二级结构单元连接起来，从而稳定了该结构模块。

纤连蛋白和整联蛋白受体对于体内胶原纤维的形成也很重要。胶原蛋白会与纤连蛋白的第二个结构域相互作用（图16.3）。

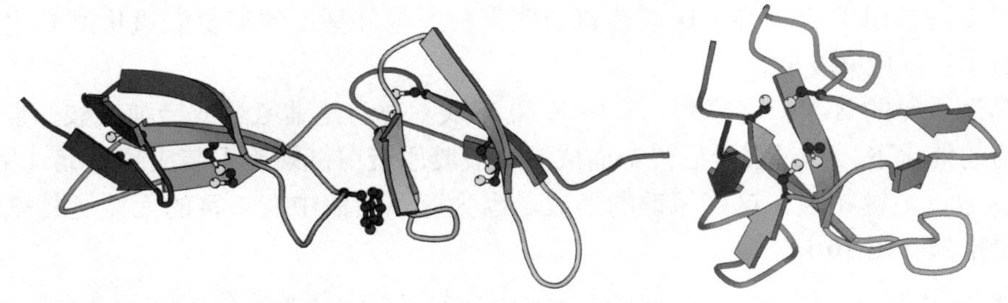

图16.3 纤连蛋白Ⅰ型和Ⅱ型模块。左：来自人类纤连蛋白Ⅰ型模块的8（蓝色）和9（绿色）与胶原蛋白（黄色）的一段肽段结合。在每个模块中，β1与β4、β4与β5之间都有二硫键连接。图中显示了结合到模块8口袋中的来自模块9的两个侧链。注意到胶原蛋白片段在结合到纤连蛋白时会变得更加延展（PDB：3EJH）。右：Ⅱ型模块（PDB：2FN2）。

纤连蛋白中的模块和其他由模块组成的蛋白质中的一样，都是小的但独立存在的折叠单位。在大多数情况下，单个模块的结合亲和力较低，而高亲和力的结合需要大面积的接触。因此，与其他分子的结合通常需要多个模块的共同参与，这意味着模块间的相对取向可能也需要被固定，如纤连蛋白的第8和第9个模块的直接相互作用。

Ⅱ型模块也很小，大约有 45 ～ 60 个氨基酸残基，其结构与Ⅰ型模块相似，同样是通过形成二硫键而被稳定，但其形成二硫键的位置与Ⅰ型不同。

Ⅲ型模块是一种类似于免疫球蛋白的 β 三明治结构域。这种模块类型存在于 2% 的动物蛋白中，包括受体蛋白、胞外蛋白和胞内蛋白。这种模块参与了很多类型的相互作用。通常来说，连接 β 折叠链的环状区决定了相互作用的特异性，主要与整联蛋白和肝素相互作用。

纤连蛋白与整联蛋白的结合主要通过第 10 个模块。该模块的一个环状区中含有一个 RGD 序列模体，该环状区比Ⅲ型模块中的其他环状区都长（图 16.4）。另外，与整联蛋白的结合同时也需要第 8 和第 9 模块及第 9 模块中的一个被称为“协同作用位点”（synergy）的参与。模块间的相对取向似乎对于结合整联蛋白非常重要。7 ～ 10 模块及其他包含一些Ⅲ型模块的片段结构已经被解析。第 9 和第 10 模块的相对取向大致一样，这是不常见的。

图 16.4　纤连蛋白Ⅲ型模块。左：人类纤连蛋白 7 ～ 10 模块（PDB：1FNF）；右：模块 10。显示了 RGD 序列模体残基的侧链（PDB：1FNA）。

16.2　细胞与细胞外基质或其他细胞的连接

细胞外黏附分子（cellular adhesion molecule，CAM）将细胞与细胞外基质或其他细胞连接起来。CAM 的主要家族见表 16.1。在本章中，我们只讨论整联蛋白家族。

表 16.1　细胞外黏附分子的不同家族

家族名称	接触类型	折叠结构
钙黏蛋白	同种细胞之间的接触	含有 5 个钙黏蛋白折叠的结构域，与其他细胞的钙黏蛋白结合
Ig 类 CAM	同种细胞之间的接触①	几个 Ig 结构域，与其他细胞的 CAM 结合
整联蛋白	与细胞外基质的黏附	两个多结构域链
选择素	不同种细胞之间的接触	N 端凝集素结构域（C 型凝集素）。与其他细胞的碳水化合物结构结合

注：所有这些蛋白质都具有一个跨膜螺旋和一个小的胞内结构域。

① 译者注：原文如此，但不准确。有异种细胞之间 Ig 类 CAM 的接触，如 CD2/CD58。

16.2.1 整联蛋白的组成和结构

整联蛋白是一种连接在膜上的蛋白质，其伸在细胞外的部分与细胞外基质结合，或参与细胞与细胞间的相互作用。整联蛋白可以介导细胞内向细胞外和细胞外向细胞内两个方向的信号传递。对于细胞内向细胞外的信号传递来说，其活化信号来自细胞质，其他受体分子将整联蛋白的构象从失活状态改变为激活状态，从而使其在与细胞外配体结合时具有高亲和性。配体与整联蛋白的细胞外结构域结合，也会改变其构象，进而使胞内感受到来自细胞外的信号（即细胞外向细胞内传递信号），激活肌动蛋白多聚化并促使细胞迁移。

整联蛋白由 α 和 β 两条链组成，其中 α 链较长，为 150 ～ 180kDa；而 β 链较短，约 90kDa。它们是细胞表面受体，且 α 和 β 两条链都具有胞外部分（胞外域）、跨膜螺旋和大约 30 ～ 50 个残基组成的胞内部分。在人类基因组中，整联蛋白至少存在 18 种 α 链和 8 种 β 链。根据细胞类型的不同，它们可以形成多种组合(表 16.2)。不同的整联蛋白结合多种配体，如细胞外基质中的胶原蛋白和纤连蛋白，以及其他细胞表面的蛋白质。最普遍的整联蛋白识别序列是精氨酸-甘氨酸-天冬氨酸（RGD）序列，这些序列存在于诸如纤连蛋白等蛋白质中。

表 16.2　一些整联蛋白及其配体

β 链	α 链[a]	配体举例	识别序列
β1	α1、α2、α10、α11	胶原蛋白、层粘连蛋白	GFOGER[b]
	α4、α9	纤连蛋白、VCAM-1	LDV
	α5、α8、αV	纤连蛋白、波连蛋白	RGD
	α3、α6、α7	层粘连蛋白	
β2	αL	ICAM-1、ICAM-2	
	αM、αX	补体 C3b、纤连蛋白、ICAM	
	αD	ICAM-3，VCAM-1	
β3	αV、αIIb	纤连蛋白和很多其他蛋白质	RGD
β4[c]	α6	层粘连蛋白	
β5	αV	波连蛋白	RGD
β6	αV	纤连蛋白	RGD
β7	α4	纤连蛋白、VCAM-1、MAdCAM-1	LDV
	αE	E-钙黏蛋白	—
β8	αV	波连蛋白	RGD

a. β2 整联蛋白的 α 链，结合胶原蛋白的 α1、α2、α10、α11 与 αE 的头部区域都含有一个插入 I 结构域。

b. GFOGER 中的 O 代表羟脯氨酸。

c. β4 链有一个大约 1000 个氨基酸残基的胞内结构域，而其他整联蛋白链的胞内结构域较小。

整联蛋白的胞外部分具有一个由 α 和 β 亚基的 N 端结构域构成的头部。该头部与跨膜区通过一个茎部相连（图 16.5）。β 链的头部含有三个结构域：I 结构域或 A 结构域、杂合（hybrid）结构域和 PSI（plexin-semaphorin-integrin）结构域（图 16.6）。hybrid 结构域插入 PSI 结构域中；而 I 结构域则插入 hybrid 结构域中。Hybrid 结构域属于一种免疫球蛋白折叠类型。I 结构域负责与配体结合，它具有一个与很多核酸结合蛋白中存在的 Rossmann 折叠类似的结构，但其中心片层 N 端部分的链之间的连接有差异。

α 链的头部含有一个与三聚 G 蛋白的 β 链相同的螺旋桨结构域（图 16.6）。螺旋桨结构域和 I 结构域之间的相互作用也与三聚 G 蛋白中 α 和 β 亚基的相互作用类似。这种相似性表明螺旋桨结构域和 I 结构域之间通过与三聚 G 蛋白的螺旋桨结构域阻断 Gα 亚基活性的类似方式来调节整联蛋白的活性。

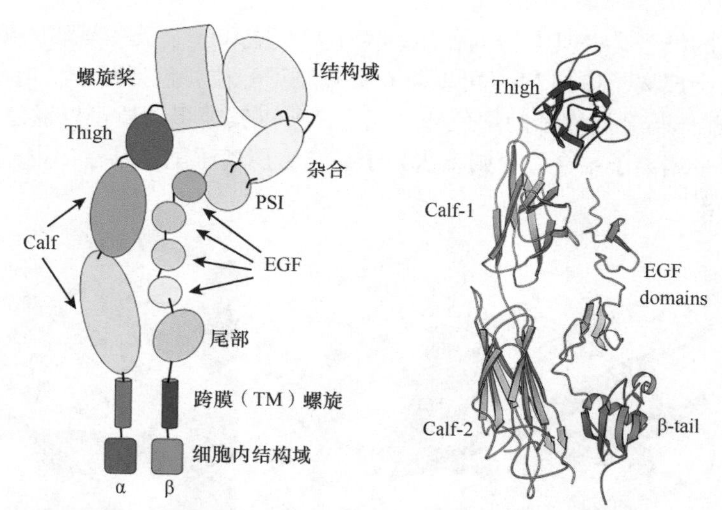

图 16.5　左：带有结构域名称的整联蛋白分子的示意图。右：αVβ3 整联蛋白的茎区。在结构中只显示了两个 EGF 结构域。连接到跨膜区域的部分位于图的下方。

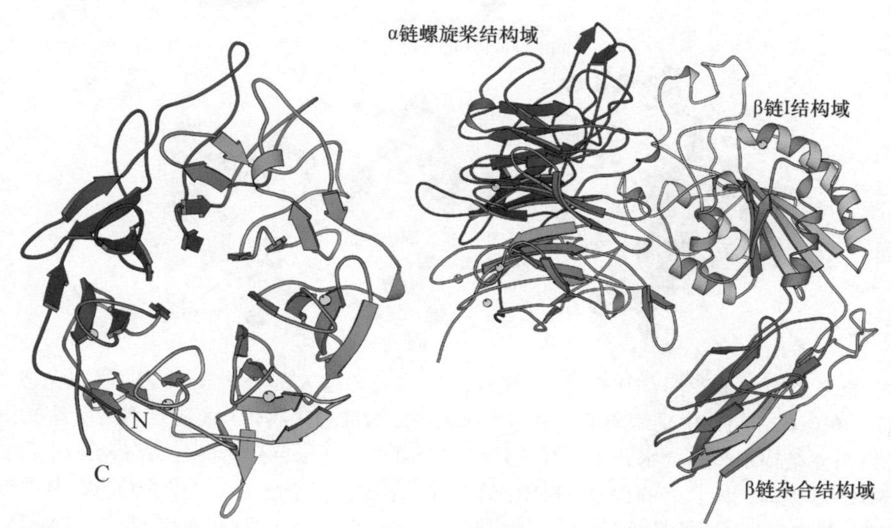

图 16.6　左：αVβ3 整联蛋白 α 链中的 β 螺旋桨结构域。黄球显示的是 4 个钙离子结合位点。它们结合在 7 个螺旋片中的 4 个等价位置。右：胞外结构域的头部。β 链的 I 结构域与 α 链的 β 螺旋桨结构域相互作用（PDB：1JV2）。

整联蛋白茎部包括 α 亚基的多个被称为 calf-1 和 calf-2 的 Ig 类型结构域，以及 β 链的多个 EGF 模块。β 链的 C 端结构域具有一个独特的折叠，通常被称为 β-尾结构域。

很多整联蛋白在其 α 链的螺旋桨结构域中含有一个插入结构域，形成与 β 链的 I 结构域相同折叠的另一个 I 结构域。与 β2 相互作用的 α 链中基本都含有插入结构域（表 16.2）。整联蛋白若含有 αI 结构域，则该蛋白质会通过该结构域来与配体结合。

16.2.1.1　金属结合模体

整联蛋白的 I 结构域与其配体结合的方式很独特。该相互作用由金属离子位点调控，其中的一个被称为金属离子依赖的附着位点（MIDAS），邻近该位点处有两个其他金属结合位点，即 ADMIDAS（adjacent to MIDAS）和 LIMBS（ligand associated metal binding site；或者 SyMBS）。虽然 LIMBS 和 ADMIDAS 位点更倾向于结合钙离子而不是镁离子，但 MIDAS 更倾向于结合锰或者镁。金属离子与 LIMBS 的结合稳定了

MIDAS 位点与金属离子的结合，并具有协同作用。两个丝氨酸和一个天冬氨酸的侧链与 MIDAS 金属离子形成配位键（图 16.7）。金属离子诸如 Mg^{2+}可以与 6 个氧原子配位，包括两个负电荷（3.3.4.2 节）。由于来自 I 结构域中的氧原子配体与金属离子的配位并不完全，所以其他蛋白质可以通过带负电荷的氨基酸残基（天冬氨酸或谷氨酸）与金属离子结合。否则，水分子会与金属离子配位结合，进一步使其形成完全配位的状态。

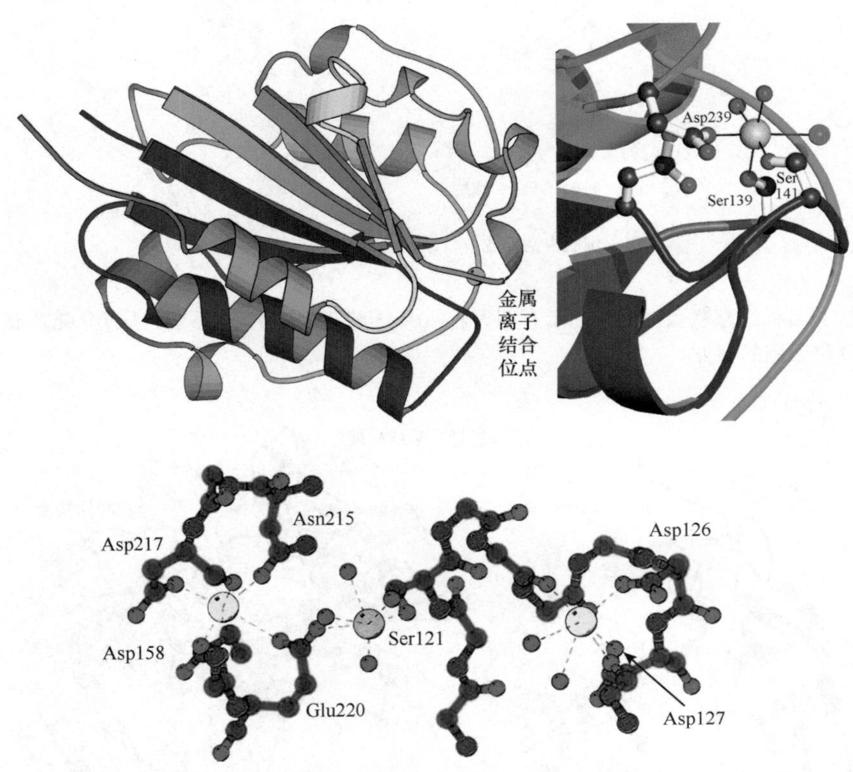

图 16.7　左上：αL 中的 I 结构域示意图；其来自 αL 螺旋桨结构域的插入部分（表 16.2）。右上：金属结合位点的放大图。金属离子（橙色，在该晶体结构中是锰离子，虽然体内该酶结合的是镁离子）配位结合两个丝氨酸（下方）和一个天冬氨酸（左侧）。在该晶体结构中，两个水分子（红色）和一个氯离子（绿色）也参与了与金属离子的配位结合，总共形成 6 个配体。这是 MIDAS 模体关闭状态的构象（PDB：1LFA）。下图：三个金属离子结合位点，从左到右分别是 LIMBS、MIDAS 及 ADMIDAS，其中 Ca^{2+}显示为黄色，Mg^{2+}显示橙色。

I 结构域与一段类似胶原蛋白结构的肽段的复合体结构证实了金属离子与酸性氨基酸残基的相互作用对结合是非常重要的。类似胶原蛋白的三聚体螺旋通过一个谷氨酸残基的侧链与整联蛋白的 MIDAS 模体结合。其结合表面的面积较大，而且具有极性和非极性相互作用（图 16.8）。

16.2.2　整联蛋白结合的调控机制

信号是如何从细胞质通过跨膜螺旋传递到胞外或者从胞外传递到细胞质的？其中的一种方向是由外向内，即配体的结合影响了细胞内的细胞骨架；另一种是自内而外，即细胞质的状态会影响胞外结构域的结合亲和力。

整联蛋白的胞外部分可以假设为至少含有三种不同的构象。一种弯曲构象（非活化状态），以及两种被称为关闭和打开（活化状态）的延伸构象形式。关闭和打开构象在它们跨膜部分的相应位置上有区别。该跨膜部分会将信号传入细胞质。一种在整联蛋白信号转导中起重要作用的、位于胞质中的蛋白质是踝蛋白（talin）。踝蛋白的 F3 结构域与整联蛋白 β 亚基的胞内结构域的结合激活了整联蛋白与配体的结合，而配体

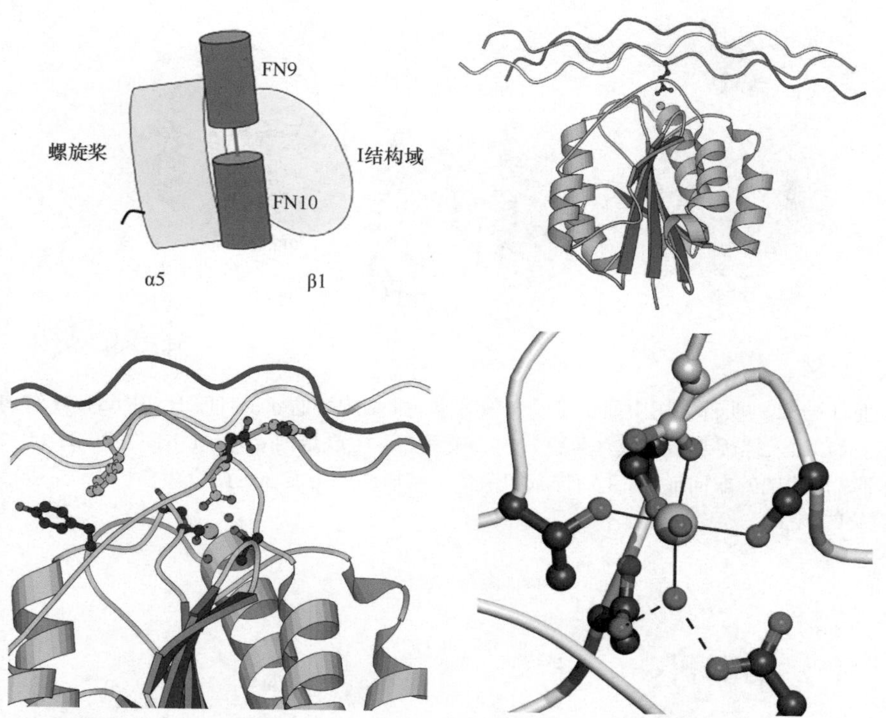

图 16.8　纤连蛋白和胶原蛋白与整联蛋白的结合。左上：整联蛋白 α5β1 的头部与Ⅲ型纤连蛋白结构域 9 和 10 的结合模型。右上：胶原蛋白三聚体螺旋与整联蛋白 α2β1 的 I 结构域的结合情况（PDB：1DZI）。左下：金属（橙色，在该晶体结构中是金属钴离子）与氧原子配体结合位点的放大图。一些参与分子间直接相互作用的氨基酸用球棍模型显示，胶原蛋白中的侧链碳原子显示为灰色。右下：金属配体的细节图。来自整联蛋白的两个丝氨酸和一个苏氨酸的氧原子与金属离子结合（实线）。两个水分子和胶原蛋白中的一个谷氨酸（灰色碳原子）完成了金属原子的 6 配位。整联蛋白中的两个天冬氨酸与和金属配位的一个水分子形成了氢键（虚线表示）。这是 MIDAS 模体打开状态的高亲和性构象。

与胞外域的结合会诱导细胞质中的踝的结合。活性状态与非活性状态最重要的区别是 βI 结构域和杂合结构域之间的角度（图 16.10）。在非活性状态下，这些链之间距离很近。

低亲和力状态（关闭状态）与高亲和力状态（打开状态）的主要区别是 I 结构域的 C 端螺旋（α7），该螺旋在两种状态之间相差 9Å（图 16.9 和图 16.11）。该移动距离与 MIDAS 模体中的金属离子的配位键的改变耦合。在关闭状态下，金属离子与一个带负电的侧链和两个不带电的侧链配位。而在打开状态，只有不带电的残基与金属离子直接结合，这导致了其与带负电的配体结合时具有更高的亲和性（图 16.11）。

α7 螺旋的移动与金属配位的变化的耦合允许整联蛋白将与配体结合的信号转化为构象的改变。螺旋的运动改变了 I 结构域和杂合结构域之间的相对位置。这导致了 PSI 结构域末端的大约 70Å 的移动（图 16.10）。

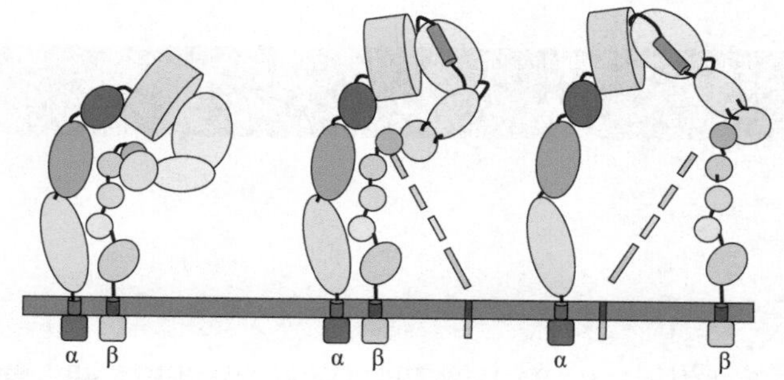

图 16.9　整联蛋白头部可能构象的示意图。弯曲（左）和关闭（中）状态的亲和力低，而打开（右）状态的亲和力高。虚线表示该复合物具有柔性。当处于高亲和力状态时，I 结构域的 C 端 α 螺旋（红色）会移动并为配体（紫色）打开一个结合位点。

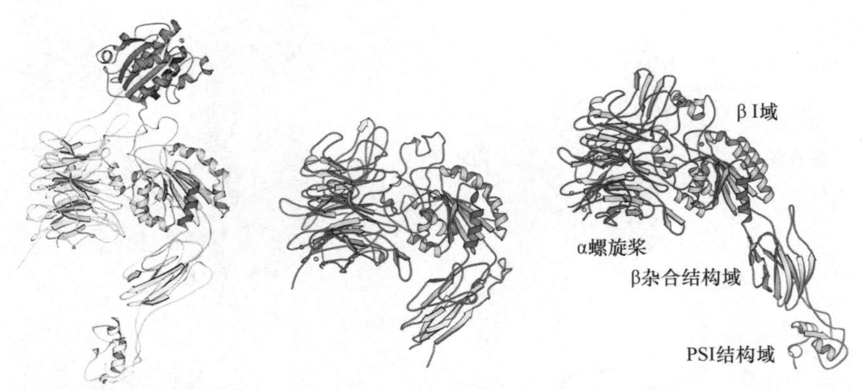

图 16.10 左：整联蛋白 αχβ2 的头部，图中显示了一条带有插入 I 结构域的 α 链（PDB：3K6S）。I 结构域通过它的 C 端螺旋（紫色，部分未显示）插入螺旋桨结构域（蓝色）中。中和右：整联蛋白 αVβ3（中间，PDB：1JV2）和 αⅡbβ3(右图，PDB：2VDK）的头部，以相同的取向显示。I 结构域和杂合结构域间的角度在这两个蛋白质中是不同的。该角度受到 I 结构域（红色）C 端螺旋的调控。

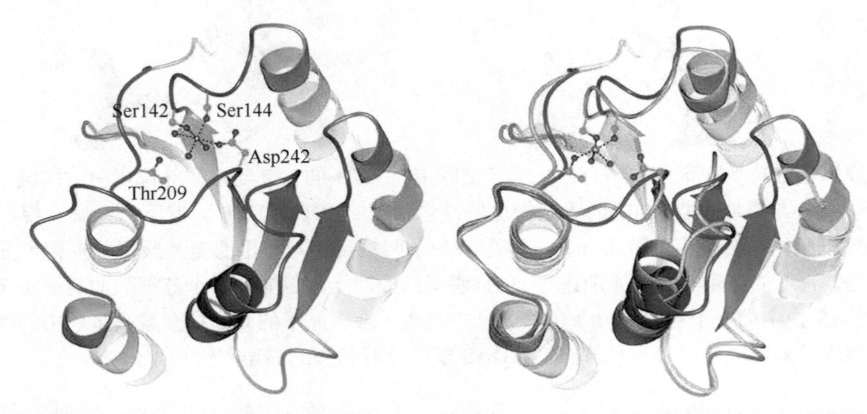

图 16.11 左：关闭状态的 I 结构域中的金属（灰色）与两个丝氨酸、一个天冬氨酸残基及三个水分子形成配位键。右：激活的打开状态（粉色）的配位键只涉及不带电的残基；Thr209 替换了 Asp242。关闭状态（蓝色）与之叠合用于显示 C 端螺旋（最右端）的构象差异（PDB：1JLM 和 1IDO）。

具有两个 I 结构域的整联蛋白，其 α 链的 I 结构域（αI 结构域）负责结合底物。在这些整联蛋白中，αI 结构域和配体的亲和力与 β 链构象变化的偶联是间接的，且明显涉及 αI 结构域中的一个带负电荷的氨基酸侧链与 βI 结构域的 MIDAS 模体的结合（图 16.10）。如果这种结合调控 αI 结构域的亲和力，细胞内的状态和整联蛋白分子的整体构象则可以调控这些整联蛋白的活性。

延伸阅读

原始文献

Dong X, Mi L-Z, Zhu J, *et al.* (2012). αVb3 integrin crystal structures and their functional implications. *Biochemistry* **51**: 8814-8828.

Emsley J, Knight CG, Farndale RW, *et al.* (2000) Structural basis of collagen recognition by integrin $\alpha_2\beta_1$. *Cell* **101**: 47-56.

Erat MC, Slatter DA, Lowe ED, *et al.* (2009) Identification and structural analysis of type I collagen sites in complex with fibronectin fragments. *Proc Natl Acad Sci USA* **106**: 4195-4200.

Nagae M, Re S, Mihara E, *et al.* (2012) Crystal structure of α5β1 integrin ectodomain: Atomic details of the fibronectin receptor. *J Cell Biol* **197**: 131-140.

van Agthoven JF, Xiong J-P, Alonso JL, *et al.* (2014) Structural basis for pure antagonism of integrin αVβ3 by a high-affinity form of fibronectin. *Nature Struct Mol Biol* **21**: 383-388.

综述文章

Campbell ID, Humpfries MJ. (2011) Integrin structure, activation and interactions. *Cold Spring Harb Perspect Biol* **3**: a004994.

Das M, Ithychanda SS, Qin J, Plow EF. (2014) Mechanisms of talin-dependent integrin signaling and crosstalk. *Biochim Biophys Acta* **1838**: 579-588.

Luo BH, Carman CV, Springer TA. (2007) Structural basis of integrin regulation and signaling. *Ann Rev Immunol* **25**: 619-647.

（苏晓东　译，陈　红　校）

第 17 章
免 疫 系 统

所有生物都必须保护自己以防止病毒或微生物的感染。细胞也需要能够区分自己和异己。这些复杂任务都需要高度精密的系统来完成。所有的真核生物都具有一个非获得性免疫系统（non-adaptive immunity system）或固有免疫系统（innate immunity system），这个系统是非特异的。从解剖学上来说，我们的主要免疫屏障有皮肤、胃、口、鼻、呼吸道、肺和眼睛。另外，固有免疫系统还有关于细胞和分子防御的机制，这些不在本书讨论的范围内。

脊椎动物还存在一个获得性免疫系统。获得性免疫系统通过以下两条途径来保护生物体：抗体介导的免疫系统（antibody-mediated system）[又称体液免疫（humoral immunity）] 和T细胞介导的免疫系统（T-cell mediated system）[又称细胞免疫（cellular immunity）]。获得性免疫系统具有两个关键特性：它能够特异地正确识别外来分子并消灭异己，如外来寄生虫。此外，它还具有一个记忆系统，可以帮助生物体在发生再感染时迅速做出免疫应答。抗体（antibody）由B细胞产生，并且可识别抗原（antigen）分子的表面决定簇(epitope)。这种体液免疫系统处理细胞外的病毒和细菌感染。反之，细胞免疫对已经被病毒、细菌感染的细胞，或者任何类型的外来物质或组织做出应答。细胞表面的主要组织相容性复合物（MHC）分子将外源蛋白的肽段呈递给T细胞受体（T-cell receptor，TCR），经过识别以后，那些含有外源物质的细胞就会被消灭。 MHC分子又被称为移植抗原（transplantation antigen），它们如此多样，以至于任何两个生物个体不太可能拥有相同的一组MHC分子。因此，宿主会将被移植的组织细胞识别为异物。免疫系统蛋白质的众多结构信息为我们理解免疫系统中发挥中心作用的重要分子之间的相互作用提供了详细视图。

17.1 体液免疫——抗体介导的免疫系统

在体液免疫中，抗体对抗原的特异性识别导致对抗原的中和，进而通过吞噬或激活补体系统来破坏外来物质或细胞。吞噬作用是指白细胞摄入并消化异物。补体系统由一系列能够发生级联激活反应的丝氨酸蛋白酶组成，这种级联反应最终导致补体系统通过裂解细胞膜来消灭外源细胞。

为了能够特异地识别大量的不同分子，B细胞产生的抗体或免疫球蛋白需要具有丰富的多样性。这是如何实现的呢？为了解释这一点，我们需要描述抗体的结构。抗体由相同类型的结构域重复构成，这个结构域是具有两层反平行β折叠的β三明治（图 17.1）。

17.1.1 免疫球蛋白G分子（IgG）

抗体由两种类型的多肽链构成，分别为重链和轻链。轻链总是由两个结构域组成，每个结构域大约含110个氨基酸残基。轻链有两种主要类型，即κ和λ。重链至少具有4个结构域。在哺乳动物中，有5种不

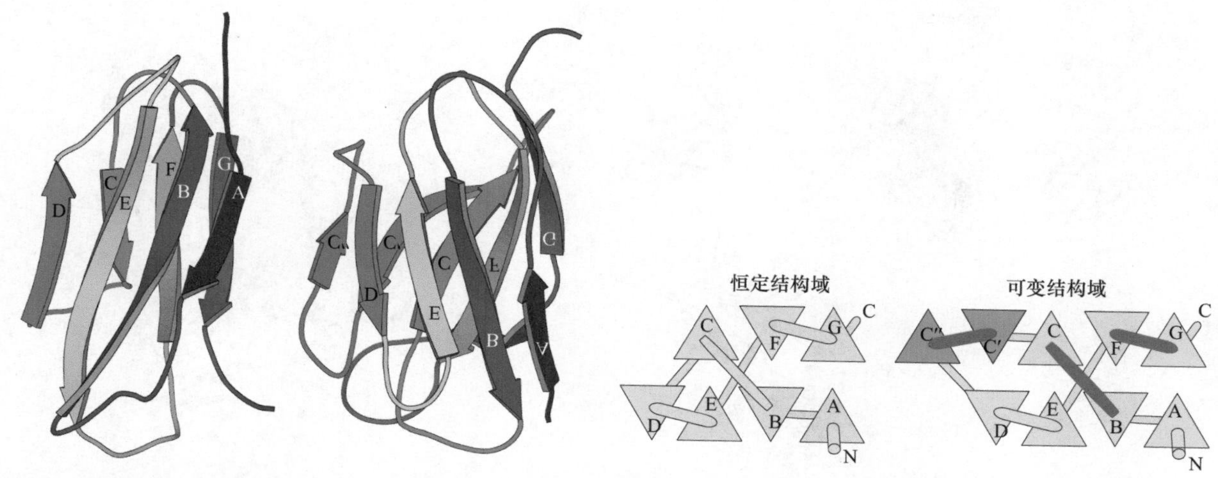

图 17.1 免疫球蛋白（Ig）折叠。免疫系统中的许多蛋白质具有这种 Ig 折叠，参与细胞黏附和神经系统中的一些蛋白质也含有这种折叠。左：一个恒定（constant）结构域和可变（variable）结构域（PDB：1AQK，重链）折叠的带状示意图。右：一个由 β 三明治构成的 Ig 折叠的简化表示。恒定域 β 三明治的两层分别具有四条和三条反平行片层（三角形表示），但是在可变域中有两条额外的 β 链，即 C′ 和 C″（深蓝色）。可变域中某些 β 链之间的红色连接是所谓的互补决定区（complementarity-determining region）CDR1、CDR2 和 CDR3。这些区域形成抗原结合表面。

同的抗体类型，分别为 IgA、IgD、IgE、IgG 和 IgM，它们在体内的组织定位及功能特性都不同。与哺乳动物相比，其他脊椎动物的抗体构成方式比较有限。所有类型的抗体都具有不同类型的重链，并且可以形成不同的寡聚体。在血浆中，IgG 分子是免疫球蛋白中最常见的类型。它含有两条重链和两条轻链，共有 12 个免疫球蛋白结构域（Ig 结构域）（图 17.2）。重链和轻链的氨基端结构域配对形成抗原结合结构域。一个 IgG 分子具有 2 个相同的、可以结合抗原的轻重链配对区域。

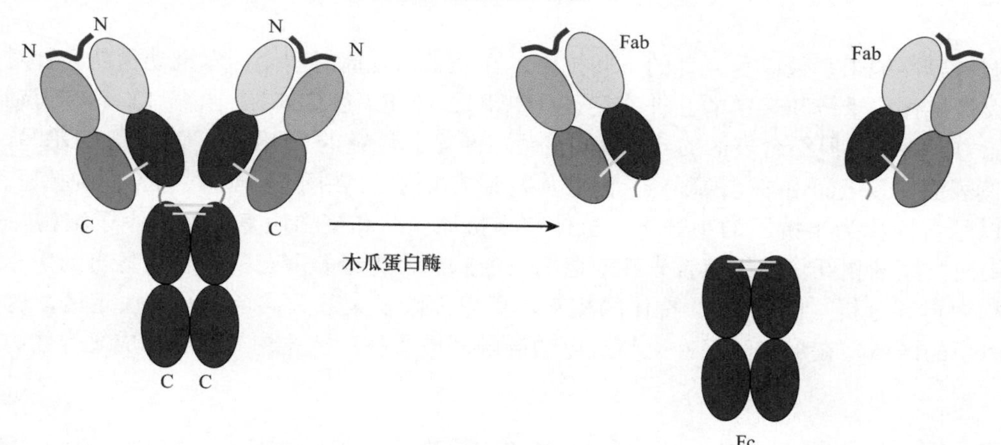

图 17.2 IgG 分子由 4 条多结构域肽链组成，两条重链（蓝色）和两条轻链（红色）。重链由 4 个 Ig 结构域组成，而轻链具有 2 个 Ig 结构域。浅蓝色和浅红色域是发生抗原结合的可变域（紫色）。深色结构域是恒定结构域。重链间彼此连接，并且轻链各自通过二硫键（黄色）与重链中的一条连接。如果用像木瓜蛋白酶这样的蛋白水解酶处理 IgG，重链会在第一和第二恒定域之间断裂，从而产生 3 个片段。仅由重链恒定结构域组成的片段称为 Fc（“晶体片段”，早年刚获得这个片段时，它在透析管中就自发结晶了）。其他两个相同的片段称为 Fab（抗原结合片段）。

Ig 结构域通常以成对的方式相互作用。它们配对的方式可以是 Fab 中重链和轻链 N 端结构域形成的异源对（hetero-pairs），也可以是 Fc 片段中的同源对（homo-pairs）（图 17.2 和图 17.3）。此外，也存在由轻链形成的同源二聚体，如由特定类型的癌细胞大量产生的、被称为本周蛋白（Bence-Jones protein）。

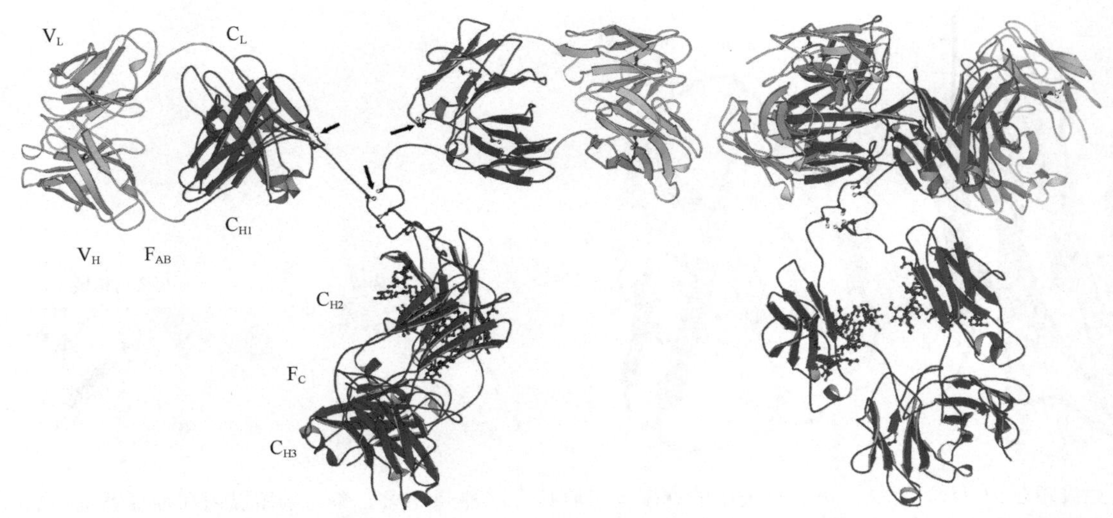

图 17.3 两种取向的 IgG 的结构细节图。重链由 V_H、C_{H1}、C_{H2} 和 C_{H3} 结构域组成，轻链由 V_L 和 C_L 结构域组成。上方的 Fab 单元与下方的 Fc 单元通过柔性的部分连接。重链间以及重链与轻链间通过二硫键连接。图中显示了所有形成二硫键的半胱氨酸，箭头标识连接这些链的二硫键。Fc 单元在 C_{H2} 结构域上的糖基化修饰用球棍模型显示（PDB：1IGT）。

与抗原结合的四条链的氨基端结构域也称为可变结构域（V_H 或 V_L），羧基端结构域称为恒定结构域（C_H 或 C_L）。恒定结构域通常由含 7 个 β 折叠的两层 β 三明治组成，可变结构域在只有 3 个 β 折叠链那层加入了两个额外的 β 折叠链（图 17.1）。

17.1.2 抗原的识别

抗体能够特异性地识别数以百万计的不同抗原。在几天到几周时间内，脊椎动物就会针对一个新的外源分子产生大量抗体。重链和轻链的互补决定区（CDR1、CDR2 和 CDR3，图 17.1）具有识别和结合大量不同抗原的能力。每个抗原结合表面的 6 个高可变环（重链和轻链的 CDR1、CDR2 和 CDR3）形成一个约 1000Å^2 的连续表面。该表面由平坦的部分、沟槽及裂缝结构构成，用于特异性结合不同的抗原。

抗体可以结合被称为半抗原的小分子。抗体与半抗原、肽和蛋白质复合物的原子结构特征已经被刻画。抗体和蛋白抗原的相互作用细节首先在溶菌酶或流感病毒神经氨酸苷酶与它们各自的单克隆抗体的晶体复合物结构中得到分析（图 17.4）。抗体的相互作用表面涉及大部分或全部互补决定区，这些互补决定区形成比较平坦的区域，在形状和极性上与抗原的接触区域互补。抗体在与抗原形成复合物时，整体构象变化较小。

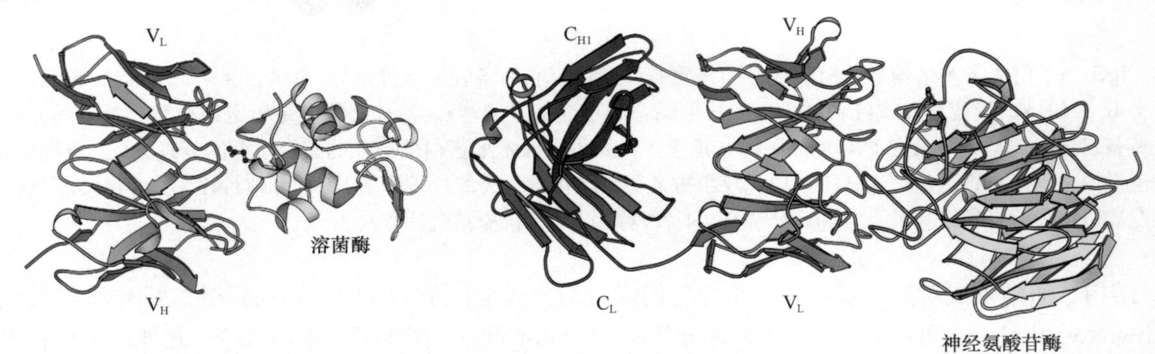

图 17.4 单克隆抗体与其抗原的结合。左：Fab 片段的可变域与溶菌酶分子结合示意图（PDB：1VFB）。右：一个 Fab 片段与流感病毒的神经氨酸苷酶结合示意图（PDB：1NCA）。高可变环区（CDR 区域）以绿色显示。

17.1.3 中和抗体

中和抗体（nAb）通过阻止抗原或传染病原体可能具有的破坏作用来保护细胞。白喉毒素是可以被nAb中和的一个例子。nAb能与抗原结合并中和其生物学活性。另外，该结合状态还会向白细胞发出抗原已被击中并需要被消灭的信号。

在HIV病毒的研究工作中（第18章），一类新的抗体——广谱中和抗体（bnAb）被鉴定出来。该病毒的外层蛋白Env高度可变，该蛋白质可被切割成gp120和gp41。Env介导与宿主细胞的膜融合，而且被高度糖基化（第7章）。Env的高可变环和糖基化区域使抗体难以结合，其特定表位或抗原决定簇。但是，广谱中和抗体具有黏性更大且更长的高可变环区，这些环可以跨过外部非特异层并识别病毒蛋白表位。在gp120的研究中，还观察到广谱中和抗体可以与糖基化区域发生特异的相互作用，即把识别蛋白质和糖结合起来了（图17.5）。

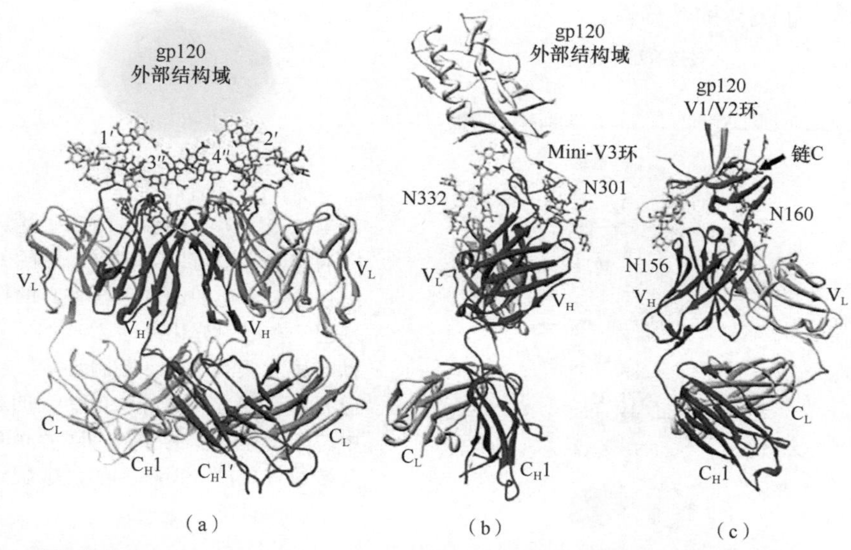

图17.5 (a) HIV的高糖基化外表面蛋白Env（gp120 + gp41）与广谱中和抗体（bnAb）的结合，显示了糖基和蛋白质以及蛋白质之间（PDB：1OP5、3TYG和3U4E）的相互作用。在（b）和（c）中，展示了与糖基连接的天冬酰胺（Asn）残基（N332、N301、N156和N160）。较长的高变环可使抗体与gp120相互作用［经许可重绘自Julien JP，Lee PS，Wilson IA. (2012) Structural insights into key sites of vulnerability on HIV Env and influenza HA. *Immunol Rev* **250**: 180-198. Copyright John Wiley & Sons A/S］。

抗体与糖基的相互作用取决于结构的稳定性，如gp120中的Asn332。曾研究过几种广谱中和抗体能够结合在与N332连接的$GlcNAc_2Man_6$周围的不同位置（图17.6）。这表明可以开发用糖基化肽段组成的抗原作为疫苗。

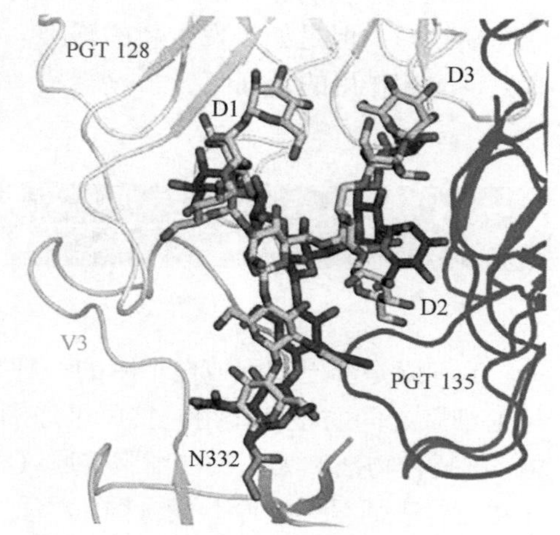

图17.6 gp120的糖基化位点Asn332以及结合在糖基两边的广谱中和抗体（bnAb）的突出部分（PGT128和PGT135）。抗体的结合高度依赖于糖基［经许可重绘自Kong *et al.* (2013) Supersite of immune vulnerability on the glycosylated face of HIV-1 envelope glycoprotein gp120. *Nat Struct Mol Biol* **20**: 796-803］。

17.1.4 基因组片段（重组）赋予抗体多样性

基因组（比如拥有约 3 万个基因的人类基因组）是如何产生数百万种特异性抗体的？抗体的多样性归因于基因重组。人类基因组包含许多基因片段，它们以不同方式重组而形成抗体。轻链（κ 或 λ）是由三种不同遗传元件的任意组合构成的。这三种遗传单元分别是 V（variable，可变）片段（κ 和 λ 的拷贝数都超过 70）、J（joining，连接）片段（κ 有 5 个拷贝，λ 至少有 7 个拷贝）和 C（constant，恒定）片段（κ 仅存在 1 个拷贝，λ 至少存在 7 个拷贝）（图 17.7）。重链有超过 100 个 V 片段、9 个 J 片段和 11 个 C 片段，以及 27 个在轻链中不存在的 D（diversity，多样化）片段。然而，其中的某些片段很少或根本不会被使用到。轻链中的 J 片段或重链中的 J 和 D 片段编码 CDR3 的一部分。这增强了 CDR3 的高变性，尤其是重链的高可变性。另外，基因连接并不总是正好在同一个位置，这进一步增加了高可变环区的可变性。最重要的是，当 B 细胞成熟时，CDR 区会发生高频突变。各重链和轻链间的差异因此变得非常大，并且通过轻链与重链的随机配对进一步增加了抗体的多样性。

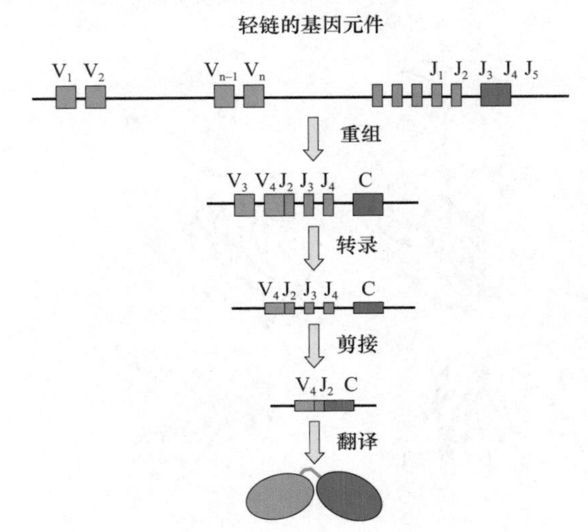

图 17.7 轻链的基因重组和表达。不同的基因片段可以以许多不同的方式组合。未分化的细胞包含整套的抗体基因。在细胞分化期间，一个 V 基因以随机方式与一个 J 基因连接。在随后的将 DNA 转录为 pre-mRNA 的过程中，会有进一步的缩减。随后 mRNA 剪接成成熟的 mRNA，然后被翻译成一条特异的轻链。

在未成熟 B 细胞分化过程中，IgM 首先被表达并暴露在细胞表面。一个细胞呈现多个相同 IgM 拷贝，然后每个细胞会靶向一个特定抗原。当一个特定细胞遇到其所识别的抗原时，该细胞表面的 IgM 就会寡聚化。通过特定磷酸化信号转导以及与 T 细胞的相互作用，细胞得到刺激而生长，进一步的细胞分化就开始了。然后，B 细胞的很大一部分可以更进一步分化并形成可分泌大量针对该抗原的抗体的浆细胞。

幸免于某种病原体感染的脊椎动物，对同一病原体的进一步感染具有免疫力。通常 T 细胞和 B 细胞生命周期较短，但是如果发生新的感染，特异性记忆 T 细胞和 B 细胞会迅速增殖，产生针对该病原体的、具有免疫防御作用的新细胞。

17.2 细胞免疫——T 细胞介导的免疫系统

T 细胞是淋巴细胞或白细胞的一种类型，对于细胞介导的免疫至关重要。T 细胞系统涉及抗原呈递细胞与 T 细胞之间的相互作用。抗原呈递细胞在细胞表面具有主要的组织相容性复合体（MHC）蛋白。在人类中，该复合物被称为人类白细胞抗原（HLA）。MHC 分子分为 I 和 II 两类。两者都在抗原呈递细胞上被发现，并在细胞表面呈递抗原肽段（图 17.8）。

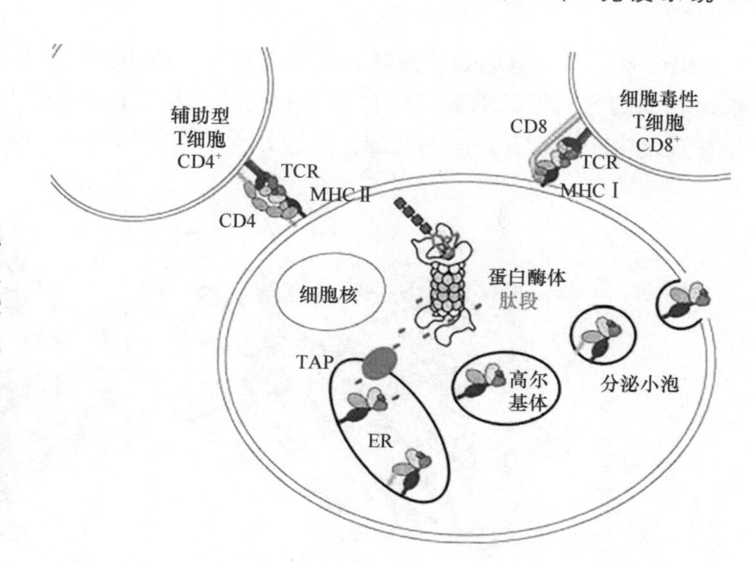

图 17.8　示意性地展示产生短肽的细胞机器，这些短肽由Ⅰ类或Ⅱ类 MHC 呈递并与不同的 T 细胞相互作用。MHC 复合物在内质网中组装，并通过高尔基体由分泌小泡转运到细胞表面。在细胞表面，MHC 携带的肽段可以被 T 细胞受体识别。TAP 是一种膜蛋白复合物，可将蛋白酶体产生的肽段转运到 ER 中，进而装载到Ⅰ类和Ⅱ类 MHC 上。

与Ⅰ类 MHC 结合的肽段来自胞质，而Ⅱ类 MHC 与胞外蛋白的肽段结合。由于Ⅰ类 MHC 在其表面会呈递来自细胞内部的肽段，T 细胞可以识别这些细胞是否包含不正常的蛋白质，如病毒蛋白或癌变细胞产生的蛋白质，之后这些细胞会被杀死。

由Ⅱ类 MHC 呈递的肽来自细胞外，例如，来自细菌或真菌感染。外源蛋白会被内吞到细胞中，并在溶酶体中片段化，然后装载到Ⅱ类 MHC 分子上进而呈递在细胞表面。当 T 细胞识别出细菌感染时，它们会触发适当的免疫反应。肽段的运输、加工和装载到 MHC 分子上的过程，涉及一系列分子系统（图 17.8）。

T 细胞具有 T 细胞受体和一系列其他辅助分子，这些辅助分子主要包括 CD3 和 CD4 或 CD8，所有这些分子均与信号系统有关。虽然中心重要分子的结构已知，但它们的相互作用仅部分被理解。

17.2.1　MHC 对抗原的呈递作用

MHC 的Ⅰ类和Ⅱ类都是由四个结构域组成的异源二聚体（图 17.9）。其中两个结构域具有 Ig 型折叠，而其他两个结构域是一起形成肽段结合位点的 αβ 结构域。在Ⅰ类 MHC 中，肽结合位点位于重链的 α_1 与 α_2 结构域间。第一个Ⅰ类 MHC（HLA）结构的测定是非常有趣的，除了揭示蛋白质结构外，还在抗原识别位点发现了与之结合的不同肽段的混合物。轻链是一个 β_2-微球蛋白亚基，主要与重链的 α_3 结构域相互作用。

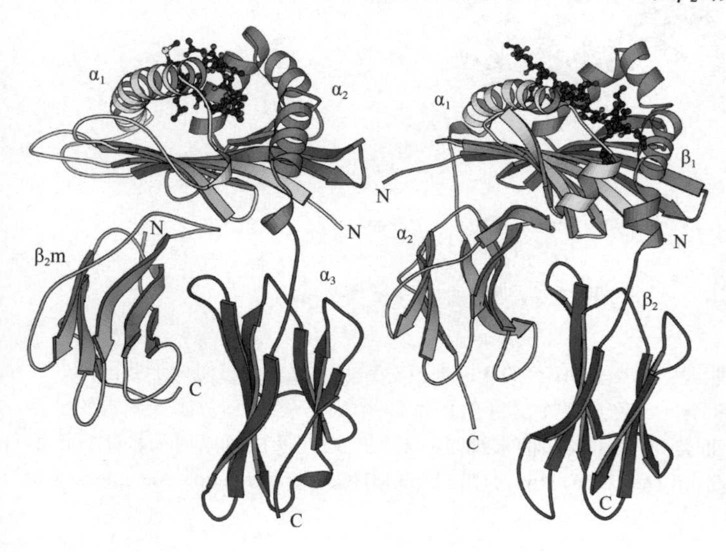

图 17.9　Ⅰ类（左）和Ⅱ类（右）主要组织相容性复合体蛋白的结构。Ⅰ类 MHC 具有一条轻链、β_2-微球蛋白（β_2m，绿色）和一条具有三个结构域的重链［α_1（黄色）、α_2（橙色）和 α_3（棕色）］，其中 α_1 和 α_2 形成肽段结合位点。第三个结构域和 β_2-微球蛋白均具有免疫球蛋白恒定区折叠（PDB：1A1M）。Ⅱ类 MHC 分子的两条链中的四个结构域有非常相似的排列，但是结构域之间的连接与Ⅰ类（PDB：1DLH）的连接不同。

在Ⅱ类 MHC 中，两条链均对肽段结合位点起作用（图 17.10）。然而，在两种类型的 MHC 中，肽段的结合位点都以相同的方式设计而成。结合位点的底部由 8 条 β-折叠片层构成，肽段的两侧都有一段螺旋。这两类分子在进化中必定具有共同的起源。这种分子结构类似于一片面包中的热狗。

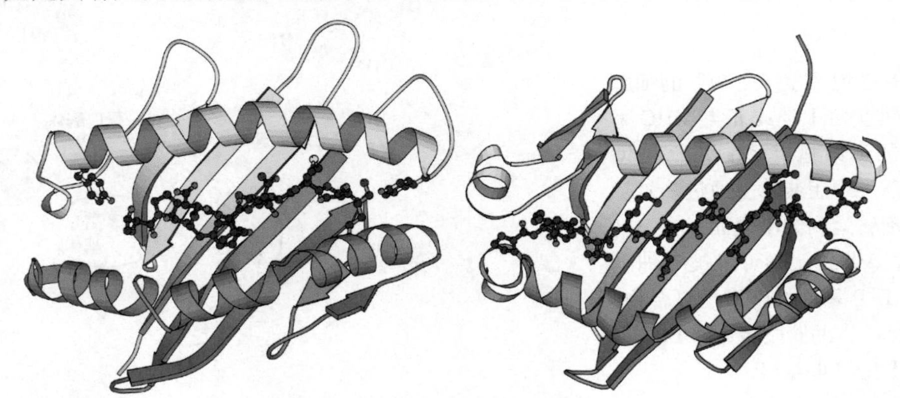

图 17.10 肽段与Ⅰ类 MHC（左）和Ⅱ类 MHC（右）分子的结合。肽段结合位点是一个具有 8 个 β 链和围绕肽段的两个 α 螺旋构成的凹槽。结合的肽段以球-棍模型显示。在Ⅰ类 MHC 中，一些氨基酸残基会堵住凹槽的两端；而在Ⅱ类 MHC 中，凹槽的末端呈开放状态。

Ⅰ类 MHC 呈递来自胞质中的、通过胞内降解蛋白质产生的肽，而Ⅱ类 MHC 呈递胞外抗原在胞内体结构（endosomal compartment）中降解产生的肽。

Ⅰ类 MHC 分子通常结合长度为 8 ～ 14 个残基的肽段。肽段的构象比较伸展，通过锚定氨基酸残基结合在 MHC 分子特异性口袋中，这些口袋因不同 MHC 分子等位基因而异。由于结合位点的末端是封闭的，较长的肽段在结合时会引起肽段中部凸出。在Ⅱ类 MHC 结合位点中，结合的肽段采取一个直的构象，即左手多聚脯氨酸螺旋构象。结合位点在两端均是开放状态，允许较长的肽段在任一末端突出。因此，Ⅱ类 MHC 可以结合比Ⅰ类更长的肽段。还有一些非经典的 MHC 分子，它们结合糖脂和脂肽进而呈递给 T 细胞。不同 MHC 分子上结合位点的多样性适应了呈递大范围不同肽段的需要（图 17.11）。与 MHC 分子结合的肽段分子的某些残基的侧链被暴露出来，可与 T 细胞受体相互作用。

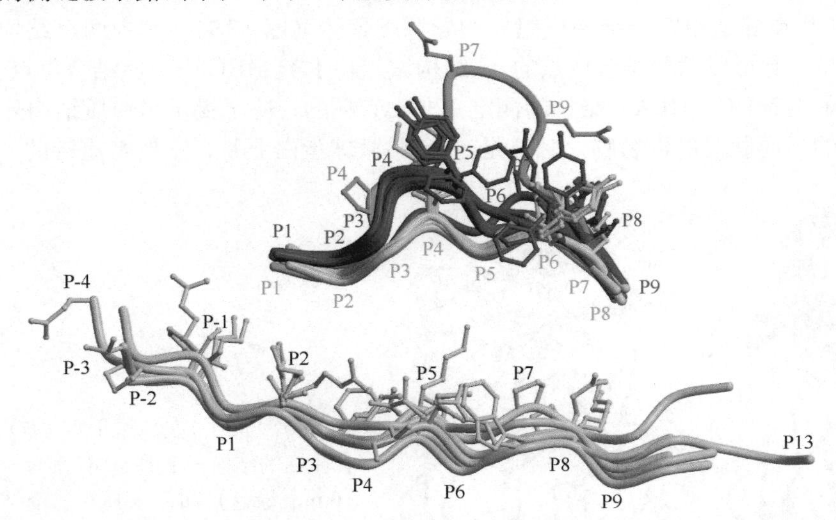

图 17.11 与Ⅰ类 MHC（上）和Ⅱ类 MHC（下）结合的肽段的结构。MHC 的 β 折叠被对齐但未显示。它们位于肽段下方。Ⅰ类肽段以不同的颜色显示，它们的长度不同，分别为 8 个（黄色）、9 个（红色）和 13 个残基（绿色）。Ⅰ类末端的结合槽是封闭的，因此长度超过 8 个残基的肽会凸出。对于Ⅱ类 MHC，其凹槽末端没有封闭，这些肽段可以更长，并且不形成任何凸起［经许可转载自 Rudolph MG, Stanfield RL, Wilson IA. (2006) How TCRs bind MHCs, peptides and coreceptors. *Ann Rev Immunol* **24**: 419-466. Copyright Annual Reviews］。

17.2.2　T 细胞受体

T 细胞受体（TCR）在体内免疫监视中至关重要。它们分布于 T 细胞表面。除了跨膜区和一段短的胞质尾巴，T 细胞受体还具有一个与抗体 Fab 片段相同的结构域。T 细胞受体具有一个恒定和可变的 Ig 样结构域，并且由 α 和 β 链或 γ 和 Δ 链组成。它们都以与 Ig 分子相似的方式由二硫键连接。αβTCR 与结合 MHC 的抗原肽段相互作用，γΔTCR 与由病原体产生的糖蛋白或非经典 MHC 分子直接结合。同抗体 Fab 一样，与 MHC 以及结合其上的肽段相互作用的 TCR 区域被称为互补决定区（CDR）。

CDR 区与结合 MHC 的肽段的暴露氨基酸侧链相互作用，但也与包埋肽段的 MHC 分子 α 螺旋相互作用（图 17.12）。α 链的可变结构域（Vα）与抗原肽段的氨基端部分相互作用，而 Vβ 与其羧基端部分相互作用（图 17.13）。

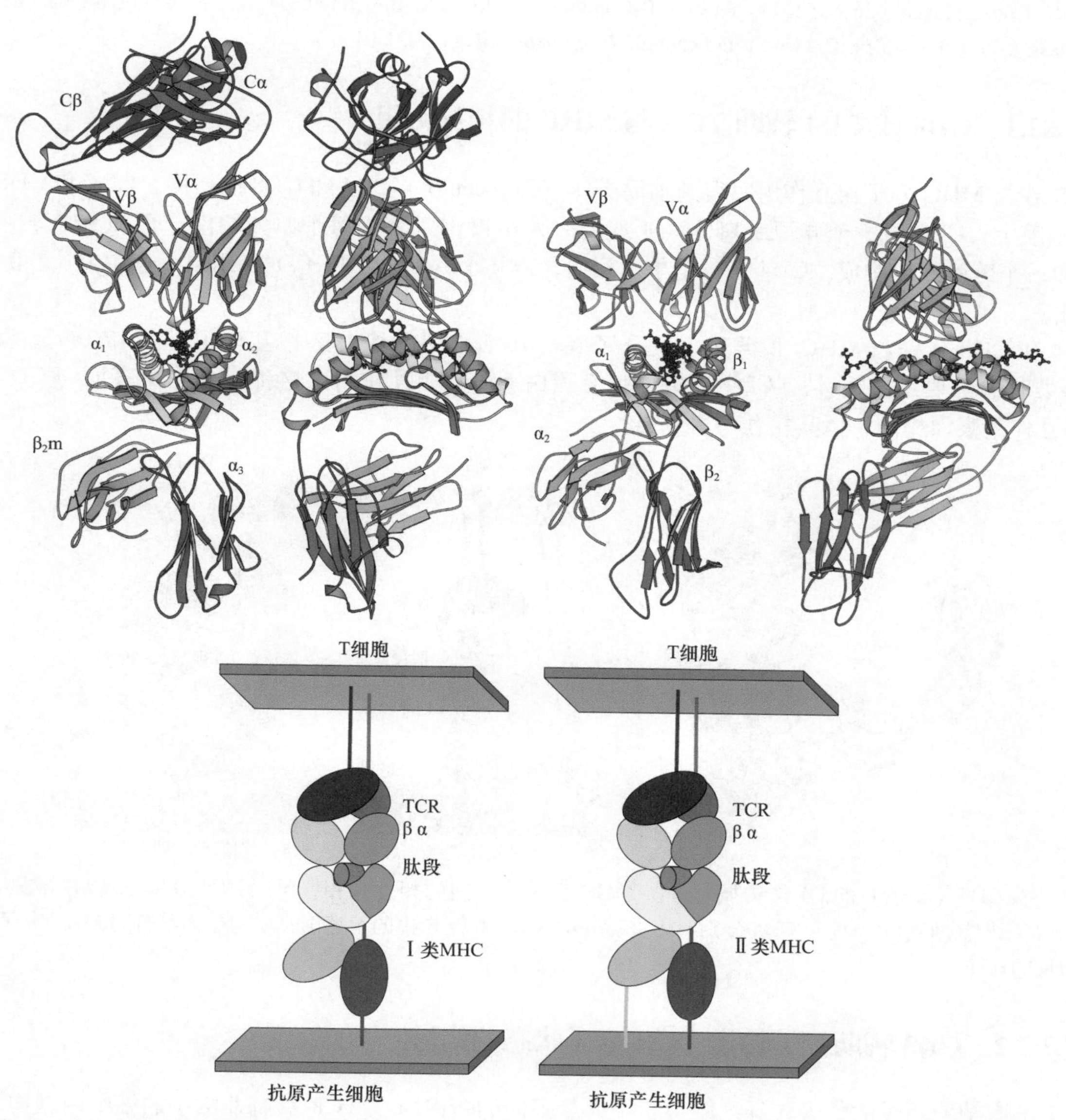

图 17.12　MHC 分子与 T 细胞受体之间的相互作用。左：与 HLA-A201（Ⅰ类 MHC）结合的 T 细胞受体 α 和 β 链的细胞外 V 和 C 结构域的两个正交的视角。一条病毒肽段与 MHC 分子结合。右：与 MHC I-A^k（Ⅱ类 MHC 分子）结合的 T 细胞受体 D10 的 α 和 β 链的可变域。上方是 T 细胞受体，下方是 MHC 分子，其结合的肽段位于凹槽中（PDB：1BD2 和 1D9K）。相互作用示意图在下图（图 17.13）显示。

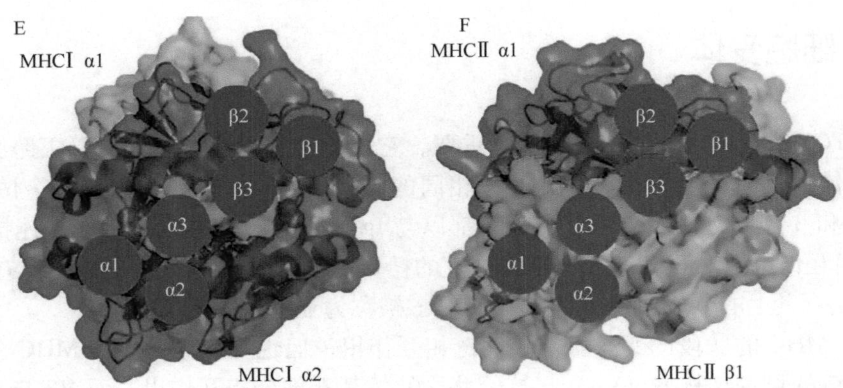

图 17.13　MHCⅠ和 MHCⅡ与 TCR 之间的相互作用发生在Ⅰ类和Ⅱ类 MHC 表面的保守位点（蓝色圆圈）[经许可重绘自 Holland CJ，Cole DK，Godkin A（2015）的 Cole DK, Godkin A. (2015) Re-directing CD4$^+$ responses with the flanking residues of MHC class Ⅱ-bound peptides: The core is not enough. *Front Immunol* **4**(172): 1-9]。

17.2.2.1　CD8 或 CD4 辅助 TCR 与 MHC 的相互作用

TCR 在与 MHC 分子相互作用时得到辅助受体（co-receptor）CD4 和 CD8 的协助，CD4 和 CD8 也锚定在 T 细胞膜上。CD8 是一个异源二聚体（亚基被称为 α 和 β），其中每个单体均由一个 Ig 结构域、一个长链接区和一个跨膜螺旋构成。CD4 是一个单体蛋白，由 4 个 Ig 域（D1 ～ D4）组成，其中 D1 与Ⅱ类 MHC 相互作用。

CD4 和 CD8 分别与 MHC Ⅱ类和Ⅰ类分子底部几乎相同的保守区相互作用（图 17.14）。CD4 还是 HIV1 感染时的主要细胞受体。CD4 与病毒刺突蛋白 gp120 相互作用。这种相互作用表面与 CD4 和Ⅱ类 MHC 相互作用表面相同，但其相互作用更强。

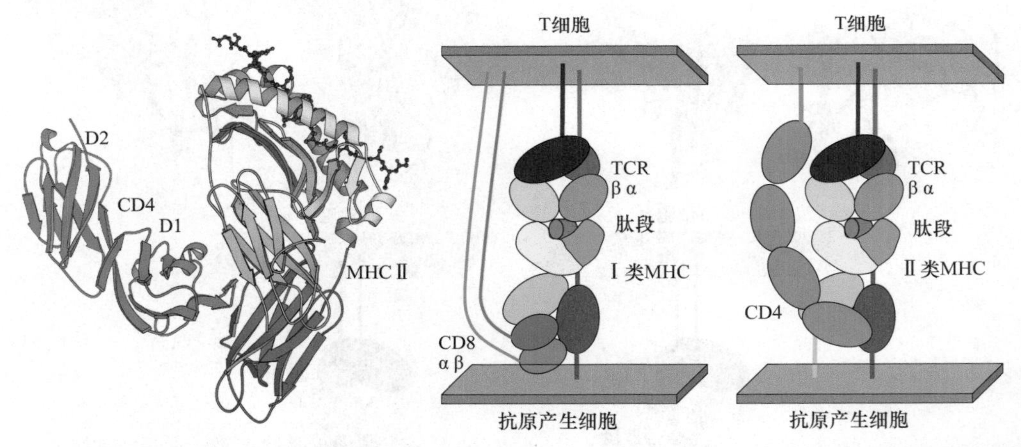

图 17.14　左：CD4（青色）的 D1 结构域与Ⅱ类 MHC 复合物之间的相互作用。结合的肽段用球-棍模型显示（PDB：1JL4）。右：TCR 辅助受体 CD8 和 CD4 分别与Ⅰ类和Ⅱ类 MHC 相互作用的示意图。辅助受体结合到 MHC 分子与肽段结合位点相反的一侧。

17.2.2.2　CD3 辅助分子传递 TCR 分子状态的信号

与 T 细胞功能相关的信号转导系统包含了大量不同的蛋白质。TCR 具有非常小的细胞内结构域，不足以将信号传递到细胞器中。相反，TCR 得到三种类型的 CD3 辅助分子的协助，这些分子包含参与细胞内信号转导的结构域。CD3 有两种类型的异源二聚体（γε 和 δε），它们与 TCR 的两条链和另一种同源二聚体分子（ζζ）组成一个八链的复合体，每条链都穿过细胞膜。CD3γε 和 CD3δε 异源二聚体的胞外结构域由通过

β 折叠相互作用的 Ig 折叠组成（图 17.15）。将 CD3 的 Ig 折叠连接至跨膜区域的肽相对较短，并含有半胱氨酸，这些半胱氨酸形成二硫键有助于稳定二聚体的结构。这些短连接使 CD3 仅到达 TCR 面向细胞膜部分的位置。 CD3 的跨膜区域包含保守的带负电荷的残基，这些残基对于与 TCR 分子带正电荷的跨膜部分的相互作用很重要。CD3 的细胞内部分包含称为免疫受体酪氨酸活化模体（immunoreceptor tyrosine-based activation motif，ITAM）的短序列模体，并参与细胞内信号转导。酪氨酰残基可以被 Src 家族的激酶磷酸化。ζζ 在细胞外侧仅具有 9 个残基，但是具有参与信号转导的更大的细胞内结构域。

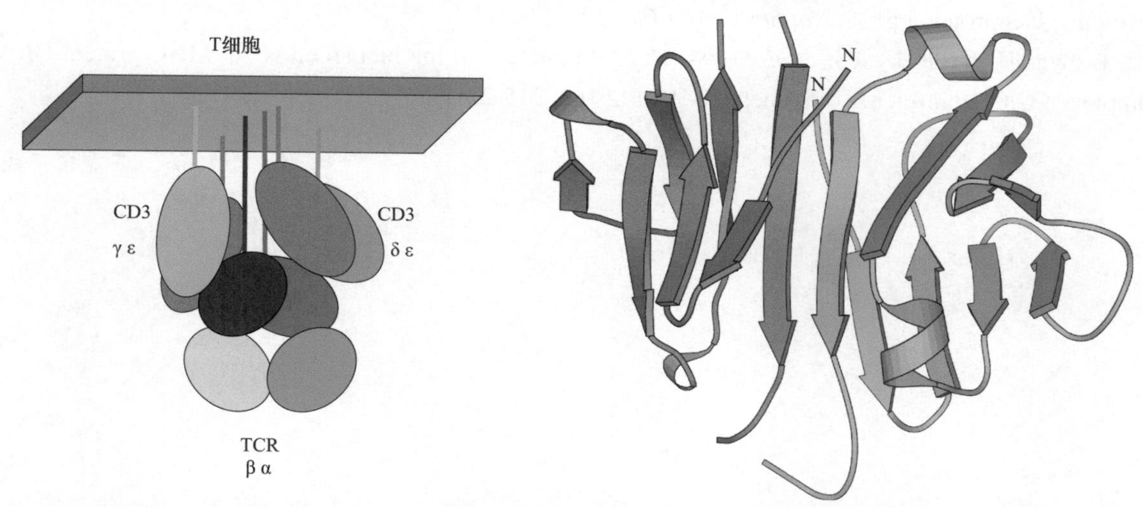

图 17.15 左：T 细胞中 TCR 和 CD3 之间相互作用的示意图。 CD3γε 和 CD3δε 是与 TCR 相互作用的异源二聚体。它们在细胞膜中的位置决定了它们的相互作用和所传递的细胞内信号。右：CD3ε/δ 二聚体的细胞外结构域通过 β 结构结合，并具有一个与该视角垂直的近似二重轴。ε/γ 二聚体以相同的方式构成。该结构域的两个氨基末端通往跨膜区（PDB：1XIW）。

结合到 MHC 的抗原由 TCR 识别，随后该信息通过受体聚集的方式从 TCR 传递给 CD3 二聚体，并进一步与下游信号体系通讯。然而，细胞外和细胞内区域之间的通信仅得到部分理解。

延伸阅读

综述文章

Brazin KN, Mallis RJ, Das DK, *et al.* (2015) Structural features of the αβTCR mechanotransduction apparatus that promote pMHC discrimination. *Frontiers Immunol* **6**: 1-13.

Julien J-P, Lee PS and Wilson IA. (2012) Structural insights into key sites of vulnerability on HIV Env and influenza HA. *Immunol Rev* **250**: 180-198.

Li Y, Yin Y, Mariuzza RA. (2013) Structural and biophysical insights into the role of CD4 and CD8 in T cell activation. *Frontiers Immunol* **4**: 1-11.

Mayerhofer PU, Tampe R. (2015) Antigen translocation machineries in adaptive immunity and viral immune evasion. *J Mol Biol* **427**: 1102-1118.

Rudolph MG, Stanfield RL, Wilson IA. (2006) How TCRs bind MHCs, peptides and coreceptors. *Ann Rev Immunol* **24**: 419-466.

原始文献

Garcia KC, Degano M, Stanfield RL, *et al.* (1996) An αβ T cell receptor structure at 2.5Å and its orientation in the TCR-MHC complex. *Science* **274**: 209-219.

Kong L, Lee JH, Doores KJ, *et al.* (2013) Supersite of immune vulnerability on the glycosylated face of HIV-1 envelope glycoprotein gp120. *Nat Struct Mol Biol* **20**: 796-803.

Stern LJ, Brown JH, Jardetzky TS, *et al.* (1994) Crystal structure of the human class Ⅱ MHC protein HLA-DR1 complexed with an influenza virus peptide. *Nature* **368**: 215-221.

（陈　红　译，苏晓东　校）

第 18 章

病毒的结构与功能

18.1 病毒的组成

病毒（virus）是一种遗传物质由保护性蛋白质外壳所包裹的实体。也有些病毒具有更为复杂的结构，这些病毒的核酸被包裹在一层膜中（被膜病毒，enveloped virus）。病毒依赖于宿主进行新蛋白质的合成。通常来说，一类病毒只侵染一类宿主，但也有能够感染包括细菌、古细菌、真菌、植物和动物等各类活细胞的病毒。病毒具有不同的大小和形状（表 18.1）。它们的遗传物质既可以是 DNA 也可以是 RNA。这些核酸可以是单链也可以是双链，它们的基因组可分成一个或几个片段，可以编码多至数百种、少至四五种蛋白质。病毒的结构蛋白组成能够感染宿主细胞的病毒颗粒（virus particle），绝大部分非结构蛋白仅在被感染的细胞中产生，负责有效地生产组装病毒颗粒的组分。例如，RNA 病毒能编码一种催化自身遗传物质复制的酶，这是因为宿主细胞通常不含有类似功能的酶。

表 18.1 具有不同大小和基因组类型的几种常见人类病毒

名称	基因组类型[a]	估测的基因组编码的蛋白质数	衣壳组成
脊髓灰质炎病毒	1 条 ss+RNA 链	4 种结构蛋白，4 种非结构蛋白	二十面体对称，三种蛋白质共 60 个拷贝
流感病毒	8 条 ss-RNA 链	5 种结构蛋白，S 种非结构蛋白	被膜，外表面由血球凝集素和唾液酸苷酶组成
轮状病毒	11 个 ds RNA 分子	6 种结构蛋白，6 种非结构蛋白	三层蛋白质组成，两内层分别含有 120 个和 780 个蛋白质分子
艾滋病病毒（HIV）	1 条 ss+RNA 链	5 种结构蛋白，10 种非结构蛋白	被膜，外表面由糖蛋白 SU 和 TM 组成
天花病毒（variola）	1 个线性 dsDNA 分子	大约 200 种蛋白质	被膜，非常大

a. RNA 基因组为单链（ss）或者双链（ds）；可能是正义链（+），也可能是反义链（−）。RNA 必须得到复制才能够进行蛋白质合成。也存在含有 ssDNA 的人类病毒（细小 DNA 病毒，parvovirus）。更大的感染阿米巴虫的 Mimiviridae 家族病毒已经被发现，它们的基因组编码约 1000 种蛋白质，比一些细菌的基因组还要大。

18.1.1 蛋白外壳的对称性

包裹着基因组的保护性衣壳（protective shell）是由蛋白质分子组成的（图 18.1）。在被膜病毒（enveloped virus）中，其脂膜是在病毒通过出芽（budding）方式离开宿主时包裹上的宿主细胞膜，膜上还带有病毒编码的、参与组成病毒颗粒外表面的蛋白质。病毒进入宿主细胞的机制取决于“保护性外衣”的类型：被膜病毒可以通过将病毒颗粒自身的外膜融合到宿主细胞膜或者细胞器的膜上侵染宿主，但非被膜病毒就只能靠其他机制进入宿主细胞。

图 18.1 病毒颗粒示意图。左：脊髓灰质炎病毒（poliovirus），一种简单的二十面体病毒，直径约300Å（基于晶体结构）；右：黄病毒（flavivirus），一种被膜病毒，晶体直径约 470Å（基于冷冻电镜模型密度与衣壳蛋白晶体结构的模型拟合）。不同颜色代表了不同的蛋白质亚基［来源：VIPER（http://viperdb.scripps.edu/)］。

一段核酸分子无法编码一个足够大的蛋白质将这段核酸分子包裹住，因此病毒的蛋白质衣壳是由多个相同的蛋白质分子组装而成的。要保护好病毒基因组需要一个非常稳定的衣壳。为达到这一点，病毒衣壳的蛋白质分子组装是对称排布的，不同亚基间的相互作用依赖于相同的蛋白质-蛋白质相互作用表面。在病毒中发现了两种本质上不同的对称性——螺旋对称和二十面体对称。螺旋对称导致病毒颗粒包装成杆状，如烟草花叶病毒（tobacco mosaic virus）；二十面体对称导致病毒颗粒包装成密闭的、近似球体的结构。

病毒颗粒的形状依赖于衣壳的组成。由于外膜的柔性，一些被膜病毒的形状是可变的；而其他病毒由于膜蛋白之间或内部的对称蛋白层之间的重复相互作用而具有固定的形状。非被膜病毒通常具有螺旋对称或者二十面体对称，也有的病毒具有更为复杂的形状。大的 DNA 噬菌体家族的病毒具有正二十面体，或者长方形的头部和螺旋型的尾。在 T4 噬菌体（phage T4）中，这些头和尾结构与其他蛋白复合物一起组成纤维结构及其他对感染过程具有重要作用的蛋白复合物结构（见 18.4 节）。

18.1.2 准等价性

二十面体是由 20 个等边三角形组成的物体，它具有五重、三重和二重对称性。要产生一个正二十面体，需要 60 个具有完全等同周边环境的单位（即都具有五重、三重和二重对称轴，见图 18.2）。在一个封闭的物体中，这是可能产生的最高的对称性（由 12 个五边形产生的正十二面体有相同的对称性）。

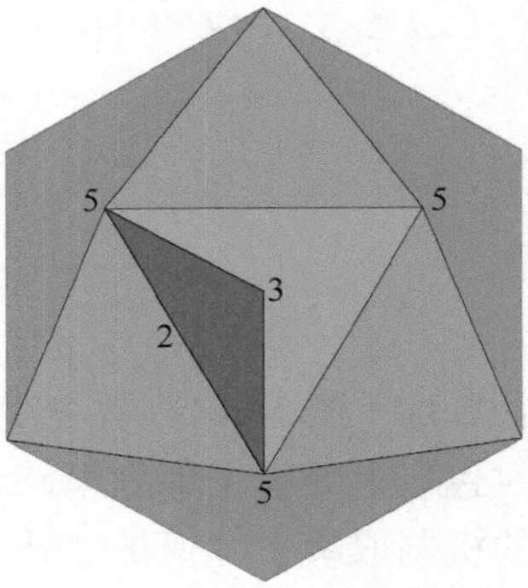

图 18.2 一个正二十面体中的五重、三重和二重对称轴位置。重复的单元用灰色标记，这种重复的单元还可以有多种可能的选择。

有的病毒的衣壳由同一个衣壳蛋白的 60 个拷贝组成，但大多数病毒颗粒的相同亚基数超过了 60 个。在 1962 年，病毒结构的细节还远不为人所知时，Caspar 和 Klug 就提出了准等价理论（quasi-equivalence theory），该理论尝试解释大量的等同衣壳蛋白分子是如何组装成正二十面体的。如果一个衣壳含有 60 的倍数个蛋白质亚基，那么相同的蛋白质分子就会处于不同的环境中。该理论基于蛋白质亚基间的接触面是相似的、准等价的，并且蛋白质亚基的组装使用相同的、只有轻微形变的化学连接的假设提出。

准等价的理论基础是亚基间通过相似的接触面有可能形成六重或者五重相互作用。通过一种简单的方式将六重对称接触面替换成五重对称接触面，一个平面的三角形网格可以被转变成一个正二十面体。五重对称接触面产生了曲度，根据这些五重轴位置的不同，可以形成由不同数量三角形组成的正二十面体。Caspar 和 Klug 发现某些 60 倍数个分子可以以这种方式组装成具有正二十面体对称性的结构。这些倍数按公式 $T=h^2+k^2+hk$（h 和 k 是整数）对应着三角化数（triangulation numbers）T=1, 3, 4, 7, 9, 13, 19, 21, 25 等（图 18.3）。衣壳中亚基总数量则是 60T。

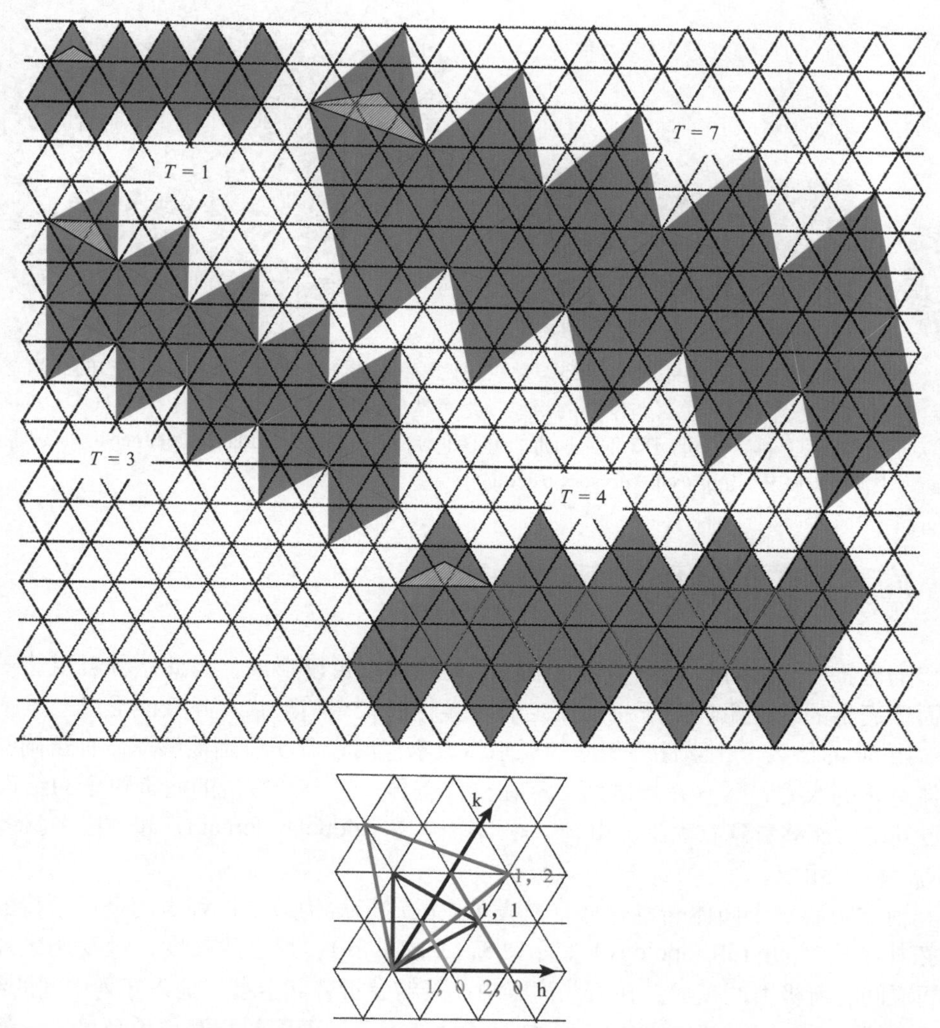

图 18.3　将六重对称规则性地换成五重对称的三角网格。20 个三角形（绿色）对应着二十面体的表面，三角形的每一个角对应着一个五重轴。不对称单元如图 18.2 所示。三角化数 T=1, 3, 4 和 7 的排列也展示出来。六重对称轴变成了一个符合正二十面体三重轴（T=3）和二重对称轴（T=4）的准六重轴。在 T=1 时，只有五重对称；T=7 时，准六重轴不符合任何二十面体对称轴。下：h-, k-网格坐标系。对每一个 T 展示了一个三角形（橙色：T=1；蓝色：T=3；绿色：T=4；红色：T=7）。

准等价理论对蛋白亚基排布的预测已大部分被病毒结构研究所证实。三角化数 T=1, 3, 4, 7 和 13 的病毒粒子的晶体结构的解析使得在原子水平分析准等价理论成为可能（图 18.4）。有的情况下，蛋白亚基接触面确实像 Caspar 和 Klug 预测的一样符合准等价理论。而在另一些情况下，即使病毒表面的蛋白亚基的位置符合理论的预测，准等价接触面也主要是在不同组原子间形成的。也有一些情况与预测的接触面相似性相去甚远。在 T=7 的多瘤病毒（polyomavirus）和 SV40 中，六重对称位置和五重对称位置是由亚基的五聚体占据的。病毒粒子因此具有 360 个蛋白亚基而不是预测的 420 个。在蓝舌病毒（blue-tongue virus）及相关的含有双层蛋白的病毒中，内层含有 120 个拷贝分子的衣壳蛋白，这对应着 T=2，这在准等价理论中是不会出现的。对于这些病毒来说，两个亚基间的相互作用有着极大的不同。

图 18.4　三角化数 *T*=1, 3, 4, 7 和 13 及腺病毒（*T*=25）颗粒的比较，六重轴位置上六邻体壳蛋白的三聚体标示出它们的相对大小。病毒颗粒表面的颜色表示出其位置与中心的距离，距离越近越暗。所有粒子都具有二十面体对称性。图示病毒晶体结构分别为（从左至右）：上排，卫星烟草坏死病毒，噬菌体 MS2；下排，Nudaurelia capensis ω 病毒，噬菌体 HK97，蓝舌病毒，腺病毒［来源：VIPER（http://viperdb.scripps.edu/）］。

18.1.3　病毒颗粒组装及稳定性的调控

在很多简单的病毒中，病毒颗粒不需要其他分子的协助就可以形成，因此这种自组装一定有某种内在属性。正二十面体病毒的衣壳蛋白分子主要决定病毒颗粒的大小和形状，并且能形成五重、三重和二重对称的相互作用。当 60 的倍数个化学性质相同的亚基组成衣壳时，分子一定能够以一种正确的方式形成包裹有序的二十面体对称的衣壳，尽管在接触面上存在少许差异。第一个解析的病毒粒子的结构是 *T*=3 的一种植物病毒。通过其结构能够看到衣壳蛋白由一个球形结构域（globular domain）和一段多肽链 N 端的延伸部分（extended segment）组成。

与大多数其他非被膜二十面体病毒一样，衣壳蛋白的球形结构域是一种由两个反平行的 4 股 β 折叠片形成的蛋糕卷拓扑结构（jellyroll topology）（图 18.5，3.2.3.1 节）。片层的长度，以及连接片层的环的长度和构象在不同病毒间有着极大的差异。在某些病毒中，蛋糕卷折叠甚至会被插入序列中间的结构域所打断。

在一种 *T*=3 的病毒中，完全相同的单个蛋白亚基会处于三种不同的相互作用环境中。例如，其中一个亚基形成五重接触面而另两个在正二十面体三重轴的地方形成准六重相互作用面。在第一个被研究的 *T*=3 的植物病毒中，衣壳蛋白的延伸部分被用来稳定亚基组装时的正确排布。在三个亚基分子中，其中两个的延伸部分是完全无序的，而另一个却是部分有序的（图 18.6）。这些结构有序的臂部分插入一些亚基的交界面之间，并在三重对称轴的位置发生相互作用形成所谓的 β 套环（beta annulus）结构。在有序臂插入的交界面处，亚基-亚基间的相互作用与无序臂形成的准等价相互作用是完全不同的。N 端臂就像一个能控制组装使之达到一定曲度的开关。N 端臂以及这种有序/无序的开关机制对病毒颗粒的大小十分重要。衣壳蛋白的开关部分被敲除的突变体只能形成 *T*=1 的病毒颗粒，而不能形成 *T*=3 的病毒颗粒。

这种延伸臂（N 端或者 C 端）的有序/无序开关机制存在于大多数非被膜二十面体病毒中，包括 *T*=3、*T*=4 和 *T*=7 的病毒颗粒。但是这些病毒中开关机制对于不同种属的病毒细节却不尽相同。也有具有准等价排布的病毒不含有延伸臂部分的例子。在这种情况下，衣壳蛋白的折叠不是普通的蛋糕卷折叠方式，因此延伸臂的存在可能是蛋糕卷折叠的特点。而无序臂结构存在如此广泛的原因很可能是不同衣壳蛋白具有共同的祖先，并非该部分在功能上的不可或缺性。

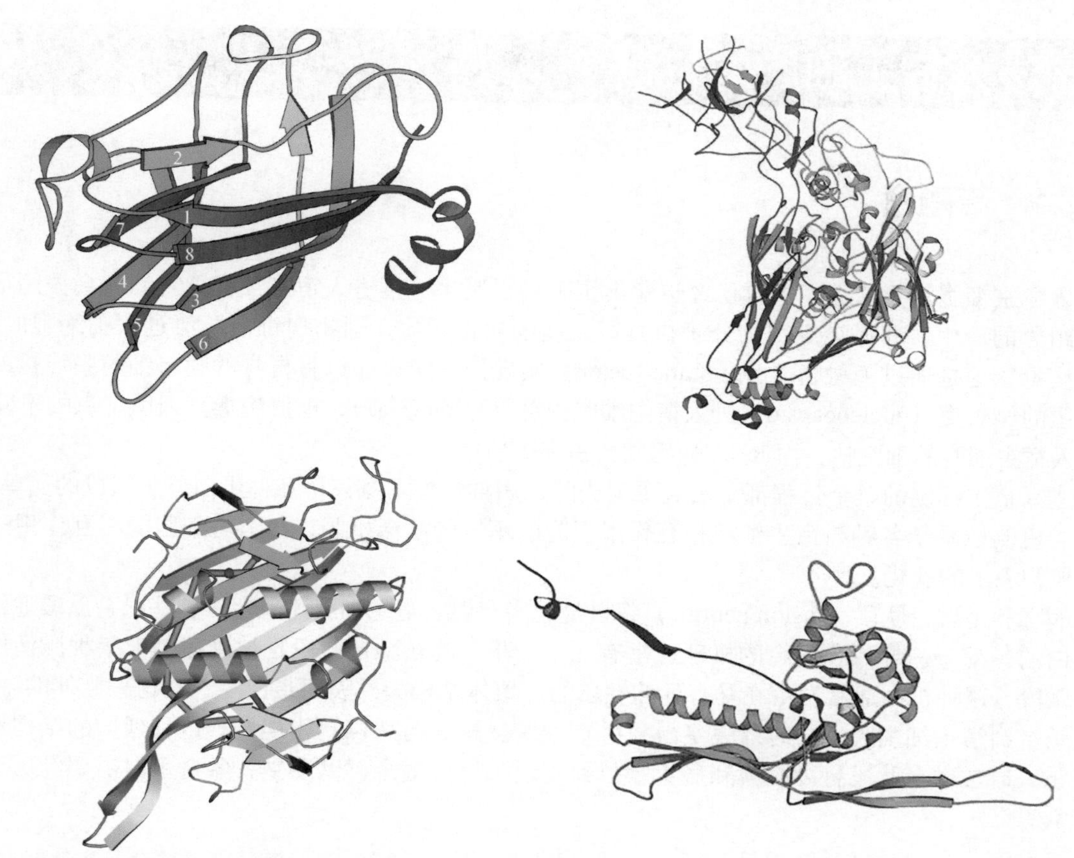

图 18.5　正二十面体非包膜病毒中发现的最常见外壳蛋白的折叠类型。左上：病毒衣壳蛋白亚基中的蛋糕卷折叠（卫星烟草坏死病毒，PDB：2BUK）。其 N 端螺旋（蓝色）延伸至病毒颗粒内部，与 RNA 相互作用。右上：出现在腺病毒以及其他几种可感染各种生命界物种的大病毒衣壳中的双蛋糕卷折叠（double jellyroll）。视图大致正切于病毒表面（腺病毒的六重体蛋白，PDB：3TG7）。左下：MS2 折叠（PDB：2MS2），存在于小 RNA 噬菌体的一个家族中。右下：HK97 折叠（PDB：1OHG），存在于一种在香港发现的带尾的 DNA 噬菌体衣壳蛋白中。

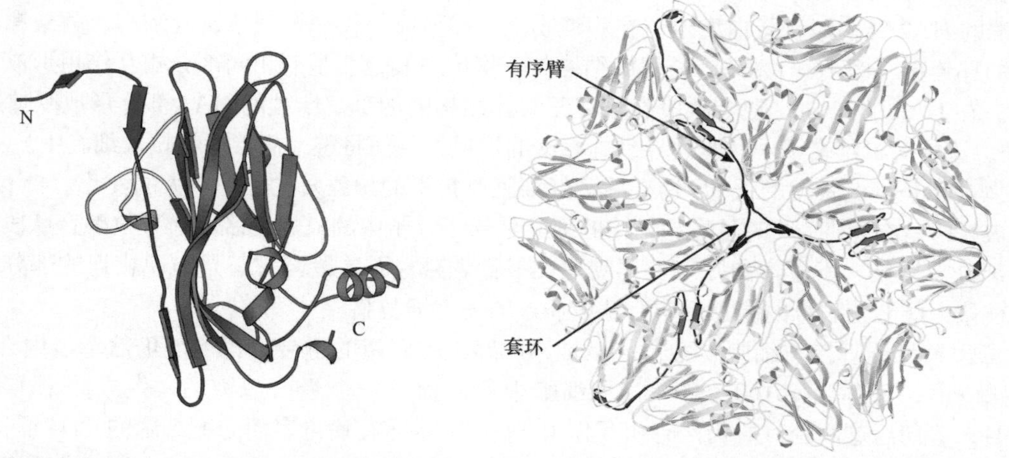

图 18.6　T=3 的病毒中亚基的组装。左：南部豇豆花叶病毒（SCMV，以前也称为南部蚕豆花叶病毒）的衣壳蛋白的蛋糕卷折叠（红色）及 N 端臂（蓝色）结构（PDB：4SBV）。这个图展示了 C 亚基的构象，其中 N 端臂只是部分有序的。右：SCMV 中 18 个亚基围绕三重轴（准六重轴）的排布。亚基中一部分有序的臂结构（红色）与对称相关的亚基臂结构在三重轴处相互作用形成 β 套环（箭头指示处）。在这种病毒中，所有亚基中的 N 端 23 个残基都是无序的。这一部分包括几个带正电荷的残基，很可能与非对称性的病毒 RNA 相互作用。

18.2 进入宿主细胞的机制

18.2.1 膜融合

在进入宿主细胞的方式上，病毒已经进化出了多种机制。一旦进入宿主细胞，它们就会关闭宿主细胞自身细胞组分的产生，并操纵细胞的分子机器产生新的病毒颗粒。动物病毒需要穿过宿主细胞的细胞膜，对于被膜病毒，这是通过膜融合（membrane fusion）实现的：病毒通过将自身的膜与细胞膜连接，使含有病毒基因组的核衣壳（nucleocapsid）进入宿主细胞内部（见 6.6.3 节）。根据病毒基因组特点的不同，DNA 病毒会进入宿主细胞的细胞核，而 RNA 病毒则会留在胞质中。

病毒进入宿主细胞的整个过程都是由病毒编码的。病毒颗粒本身只是几种蛋白分子组成的简单复合物，不同的进入机制取决于各种与宿主细胞相互作用引起的不同的激活机制。与宿主细胞的相互作用一般会导致病毒颗粒构象上的变化。

被膜病毒利用融合肽段（fusion peptide）将自身的脂双层与宿主细胞膜融合。这些融合肽段通常是病毒外表面蛋白的一部分。导致膜融合的机理通常有几个步骤。起初融合肽段是被隐藏的，某种激活机制会暴露出这些肽段，这种机制通常发生在具有延伸性质的三聚体结构的外表面蛋白上。在这种延伸的中间体中，融合肽段结合到宿主细胞膜，同时外膜蛋白利用 C 端跨膜螺旋与病毒膜相连接。这种延伸的结构经历巨大的构象变化，通过融合肽段将细胞膜和病毒膜拉到一起，使得融合可以发生。融合蛋白需要经历至少两步很大的构象变化。

18.2.1.1 第一类膜融合——由蛋白质剪切调控

有三种机制调控融合肽段的产生。在第一种机制中，以流感病毒（influenza virus）和 HIV（human immunodeficiency virus）为代表，负责膜融合的表面蛋白由一种蛋白水解酶剪切。这是启动步骤，导致亚稳状态的产生。流感病毒中膜融合的机理是最先被详细研究的。其红细胞凝集素（hemagglutinin）是一个很大的糖基化膜蛋白，它以三聚体的形式在病毒表面形成刺突。在形成病毒颗粒时，该蛋白质会在特异性位点被剪切。C 端的 HA2 结构域将蛋白质定位在病毒膜上，并形成一长一短两条螺旋结构，两条螺旋结构之间被一条很长的环连接（图 18.7）。部分长螺旋结构与三聚体中其他亚基的相同部分相互作用形成三螺旋卷曲的卷曲结构。在 HA2 的 N 端，融合肽段隐藏在三聚体结构的内部。N 端的 HA1 部分形成受体结构域并沿着 HA2 延伸。流感病毒结合于一种受体导致内吞泡的形成，从而将整个病毒颗粒拉入细胞中。

被胞内体（endosome）中的低 pH 诱导后，红细胞凝集素的构象发生了非常大的变化。低 pH 状态的晶体结构已经被解析，在中性 pH 时呈环状结构的部分延长了分子中的长螺旋区域，导致融合肽段的暴露。在另一端，一部分螺旋结构发生弯曲并与长螺旋呈反平行走势，而这段区域正是与膜相连的部分。这种对折的构象变化被认为能够使病毒的膜靠近融合肽段插入的宿主细胞膜。

HIV 病毒颗粒可能直接与细胞膜融合，但是体内感染中利用的融合途径可能仍然牵涉内吞作用。HIV 融合蛋白叫做 env，又称为 gp160，它在宿主细胞中释放前被一个蛋白酶剪切，生成两个剪切产物——gp120 和 gp41。剪切后这两个片段仍然有相互作用。gp120 暴露在病毒表面与靶细胞的 CD4 受体相互作用。同时还需要与一个共受体结合，即趋化因子受体 CXCR4（或 CCR5）。gp41 具有 C 端跨膜螺旋，参与靶细胞的融合。与流感病毒类似，三聚体复合物 gp41 的巨大构象变化使得融合肽段结合到宿主细胞膜，并且使病毒颗粒的跨膜螺旋与之在空间上更接近。

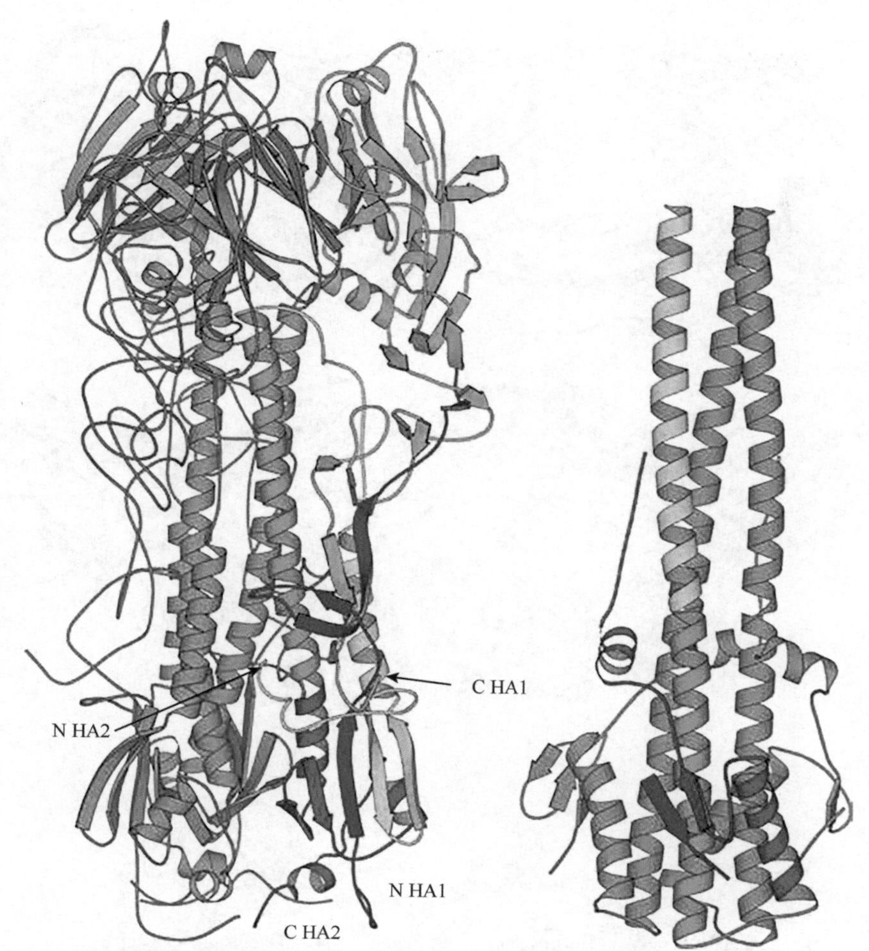

图 18.7　流感病毒红细胞凝集素。两幅图的颜色显示相同，并且都仅在三聚体的一个亚基上着色。左：在中性 pH 下剪切成 HA1 和 HA2 肽段后的三聚体（PDB：3HGM）。膜结合发生在 HA2 的 C 端。膜融合肽段（HA2 的 N 端）位于分子中部，并与其他部分相互作用，藏在了三聚体之中。右：低 pH 下的三聚体蛋白结构（PDB：1HTM）。膜融合肽段为无序结构，但必须定位在三个螺旋结构的顶部。只有 HA1 的一小部分（蓝色）是可见的。在低 pH 条件下，构象发生了很大的变化。长螺旋的下部结构（红色）发生弯曲并包裹到长螺旋结构的侧面；注意，中性条件下与膜相近的 5 条 β 链的一小部分在低 pH 条件下仍然被保留（红色和蓝色链），但在螺旋周围整体有一定的旋转。中性 pH 条件下，长螺旋上部（黄绿色）形成一条长的环形结构和一段螺旋结构。低 pH 条件下，HA2（红色）C 端的可见部分在结构中指向上方，与 N 端无序融合肽段的方向一致。

18.2.1.2　第二类融合——由分子伴侣蛋白调控

第二类融合肽段是在黄病毒（flavivirus）和甲病毒（alphavirus）中发现的，它们都是有着正二十面体对称性的被膜病毒。这类病毒的融合肽段也是通过蛋白质间的相互作用被包裹在膜内部的。负责进入宿主细胞的延展的长型膜蛋白分别被称为 E（黄病毒）和 E1（甲病毒属），这两个蛋白质在构象上与流感病毒中的红细胞凝集素完全不同（图 18.8）。这两个蛋白质中的融合肽段是两个 β 折叠束之间的一段环状结构。在未被激活的状态下，两个蛋白质以相切的走向形成一个二聚体，一个亚基中的融合肽段与另一个亚基的一个结构域相互作用。这种结构被分子伴侣蛋白 prM 和 E2 所稳定，prM 和 E2 分别对应于这两个家族的病毒。这些分子伴侣蛋白是完全不相关的，但是都会剪切产生亚稳状态。在低 pH 条件下，亚基间的相互作用会发生巨大改变并导致融合肽段在一个三聚体结构尖部暴露出来。结构域之间的旋转使得融合肽段与 C 端跨膜螺旋接近，从而使得病毒膜和细胞膜接触。

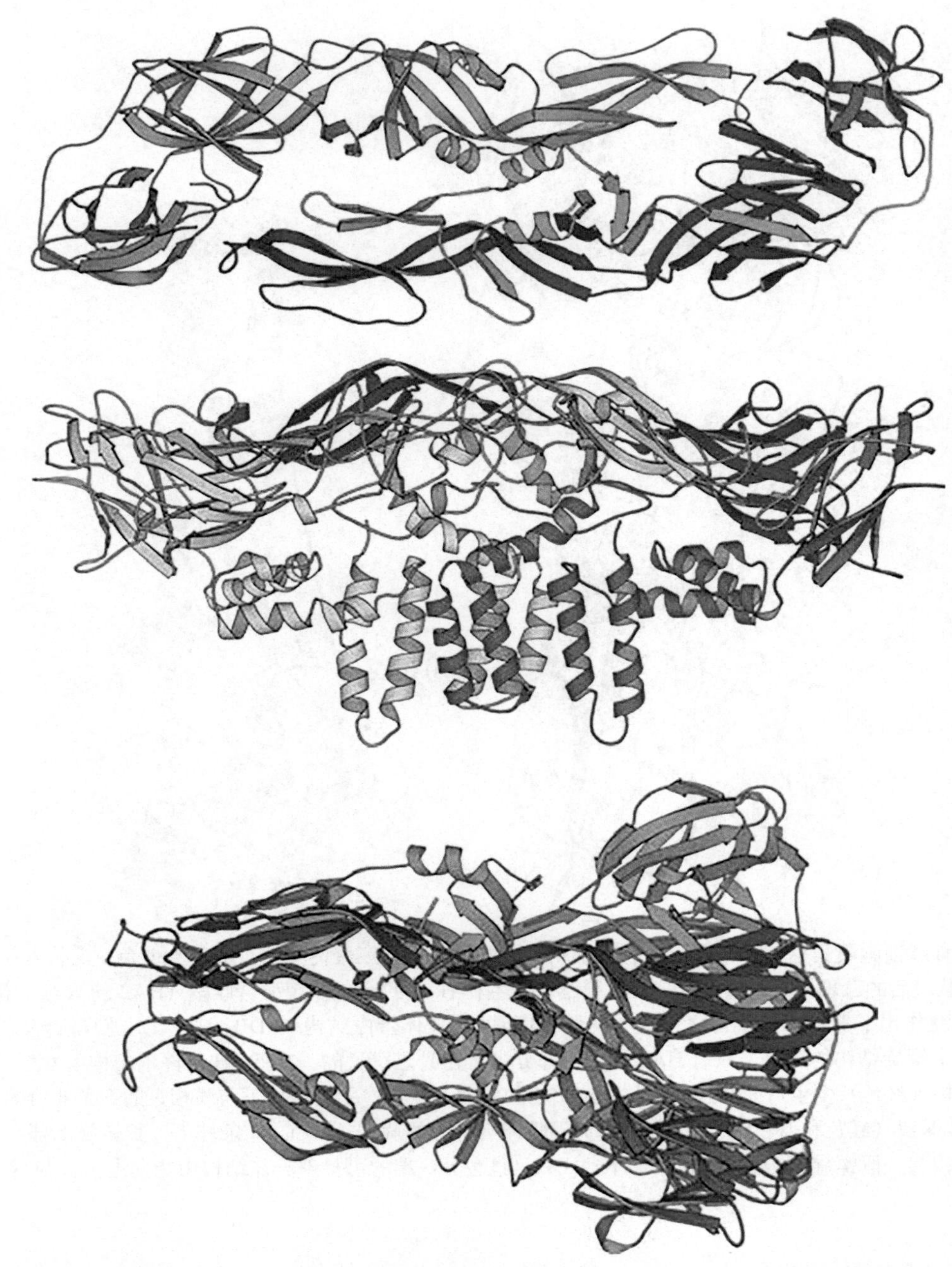

图 18.8　上：登革热病毒（一种黄病毒）中的 E 蛋白二聚体（PDB：1OAN）。图 18.1 显示了病毒颗粒表面完整的 E 蛋白层，从 N 端（蓝色）到 C 端（红色）着色。融合肽段位于标注颜色分子的极左边环状区，平时隐藏于其他蛋白质的同源二聚体接触面中（灰色）。中：E 蛋白二聚体与膜表面相切的视图（PDB：3J27）。其中一个亚基如上图中的标色。这是完整病毒颗粒的冷冻电镜结构，包括了与膜结合的螺旋。E 蛋白的 C 端锚定在病毒膜上（一个亚基中的红色螺旋）。分子伴侣蛋白 M 也被显示出来（其中的一个亚基用紫色标注）。下：融合后的三聚体结构。融合肽段是最左边的环形结构。C 端结构域（红色）相对于其他蛋白质旋转了（PDB：3G7T）。

18.2.1.3　第三类融合

第三类融合机制在一些病毒，如水泡性口炎病毒（vesicular stomatitis virus，VSV）及单纯性疱疹病毒（herpes simplex virus，HSV）中被发现。这些病毒不被蛋白酶切割且无分子伴侣蛋白。融合机制涉及三聚体结构的形成以及将病毒和宿主细胞膜拉近，类似于上面讨论过的融合类型。

18.2.2 非被膜病毒进入宿主细胞的机制

非被膜病毒无法利用膜融合进入宿主细胞，而是使用其他机制。一种情况是病毒能够在宿主细胞上形成一个小孔而使病毒颗粒或病毒基因组通过。

小 RNA 病毒（picornavirus），包括脊髓灰质炎病毒（poliovirus）和鼻病毒（rhinovirus，普通感冒病毒），是只含有几个结构蛋白和非结构蛋白的简单病毒。它们进入宿主细胞的机制被作为寻找抗病毒感染药物的手段而得以广泛研究。成熟的脊髓灰质炎病毒颗粒包括三种衣壳蛋白，分别是 VP1、VP2 和 VP3，在成熟的病毒颗粒中，这三种蛋白质各含有 60 个拷贝的分子。这三种蛋白质均含有蛋糕卷折叠，以及能在颗粒内部形成网络结构的 N 端延伸区域（图 18.9）。在蛋白质衣壳内部还有一个单独的多肽称为 VP4，它起初是 VP2 的 N 端延伸的一部分，但在病毒颗粒形成后被自催化切割。这种“成熟切割”（maturation cleavage）机制在病毒中广泛存在，病毒颗粒为酶切反应的发生提供了良好的环境。虽然作为酶本身自催化的效率并不高，但对病毒来说也不需要很高的催化周转率。

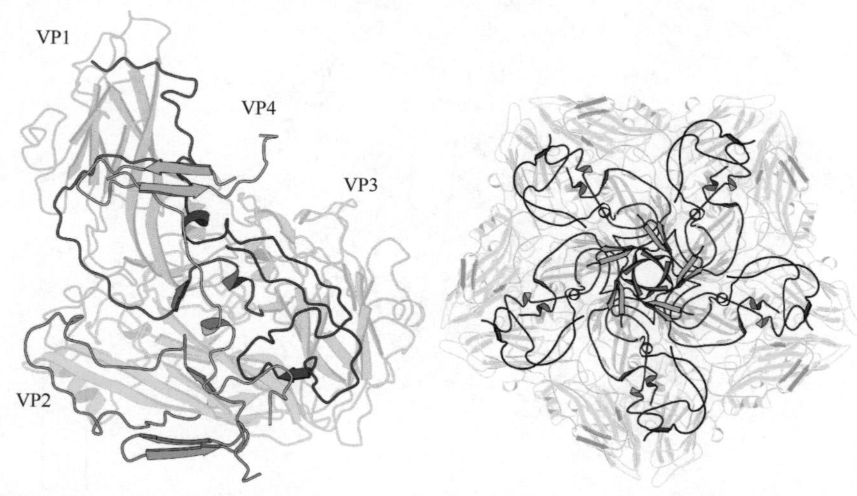

图 18.9 脊髓灰质炎病毒衣壳结构的 N 端臂部分。左：从细胞内部观察的重复单位（单体）结构。蛋白质的主体部分经淡化处理，颜色加深的是 N 端延伸部分。VP1 和 VP3 的 N 端分别与对方的主体部分的 VP3 和 VP1 对应相互作用。而 VP2 在酶切下 VP4 后剩下的 N 端延伸部分结合在自身亚基上。右：从内部观察的病毒颗粒亚基绕五重轴的折叠。VP1 组成外表面，VP3 的 N 端（红色）“嵌入”正中轴心的开口。在结合受体后，VP4（青色）离开病毒颗粒并使 VP1（蓝色）的 N 端暴露出来。

感染开始于病毒颗粒对宿主细胞表面受体分子的结合。脊髓灰质炎病毒的受体是一种细胞黏连蛋白 CD155，又称为脊髓灰质炎病毒受体（poliovirus receptor，PVR）。病毒与受体蛋白的相互作用会介导病毒本身发生大的构象变化。VP4 的 N 端尾部是豆蔻酰化（myristoylated）的，因此对膜有较强的亲和性。已有实验证实在结合到受体后，VP4 会离开病毒颗粒，而 VP1 的 N 端区域向外暴露出来。这表明病毒颗粒本身是非常动态的，允许在衣壳上形成开孔以使切割下来的多肽从病毒内部释放出来。这些变化很可能参与了在宿主细胞膜上打开一个通道并使 RNA 进入宿主细胞质的过程，但是人们对这个过程具体的细节尚不清楚。

18.3 病毒对宿主核酸的结合

在组装过程中，将正确的核酸分子整合进感染性的病毒颗粒是非常重要的。这个过程存在多种机制，但了解得最清楚的是噬菌体 MS2 使用的方式。噬菌体 MS2 是一种简单的 T=3 的病毒，它由 180 个拷贝的同种衣壳蛋白和一条 3500bp 的单链 RNA 分子组成。衣壳蛋白能够结合到一段 19bp 的 RNA 发夹结构上，阻遏了复制酶基因起始密码子的识别，从而抑制病毒基因的翻译。而这个衣壳蛋白与 RNA 的结合同时也是病毒颗粒组装的起始步骤。因此，RNA 发夹结构既是一个翻译调控子，又是病毒组装核衣壳化的一个信号。

MS2 衣壳蛋白具有由一个片层和两个螺旋结构组成的独特的折叠方式。两个单体通过很强的相互作用形成二聚体，该作用来自于一个亚基的螺旋结构嵌入另一个亚基的口袋中（图 18.5）。

很多 RNA 结合蛋白都是由一个反平行片层和几个螺旋结构组成的。虽然与此类似，但 MS2 衣壳蛋白与其他的 RNA 结合蛋白的拓扑结构并不相同。MS2 在片层的表面处结合 RNA（图 18.10）。MS2 与 RNA 的结合是通过 RNA 分子的单链区实现的，即靠近发夹结构处的四核苷酸环状结构和发夹结构茎上突起的腺苷酸（A）。

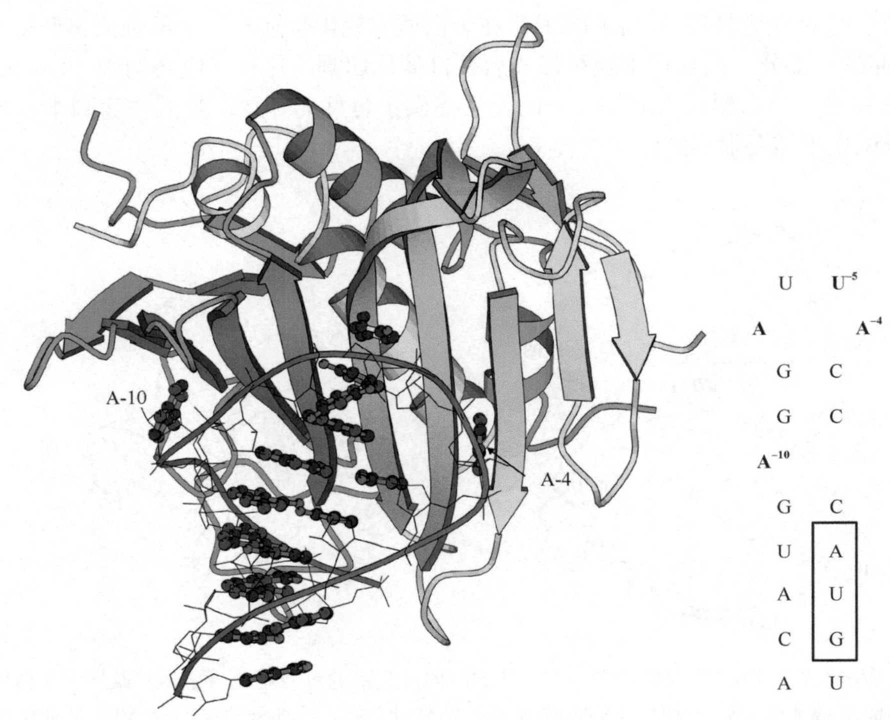

图 18.10　左：噬菌体 MS2 衣壳蛋白二聚体结合 RNA 发夹结构（PDB：1ZDI）。–10 和–4 处的两个腺嘌呤（A）结合在二聚体两个单体的相关的口袋中。–5 位的尿嘧啶（U）堆积在其中一个亚基侧链上的酪氨酸附近。右图的核酸序列表示 RNA 发夹结构的二级结构。框中的 AUG 是复制酶的起始密码子。

18.4　一种复杂病毒——T4 噬菌体的结构

细菌病毒本身并不进入宿主细胞，而是通过不同的机制将自身的基因组注射到细菌细胞内部。上面描述过的小 RNA 噬菌体利用细菌间常用来传递遗传物质的菌毛（pili）使自己的 RNA 进入细菌细胞。而另一大类细菌噬菌体自身带有能够注射遗传物质的尾（tail）。带有尾部的噬菌体中最为复杂的一个家族称为肌尾病毒，T4 噬菌体就属于这个家族（图 18.11）。T4 噬菌体的头部为 T=13 的正二十面体，另有一圈额外的亚基使之拉长。尾部末端的基板（baseplate）连有两种类型的尾丝（fiber）。基板具有部分六重对称性，由至少 14 种不同的蛋白质组成，其中大部分蛋白质具有好几个拷贝。对于噬菌体尾部的结构和功能的理解来自于电镜、单独蛋白或蛋白质寡聚体的晶体结构，以及大量的生化实验研究的组合结果（图 18.12 和图 18.13）。

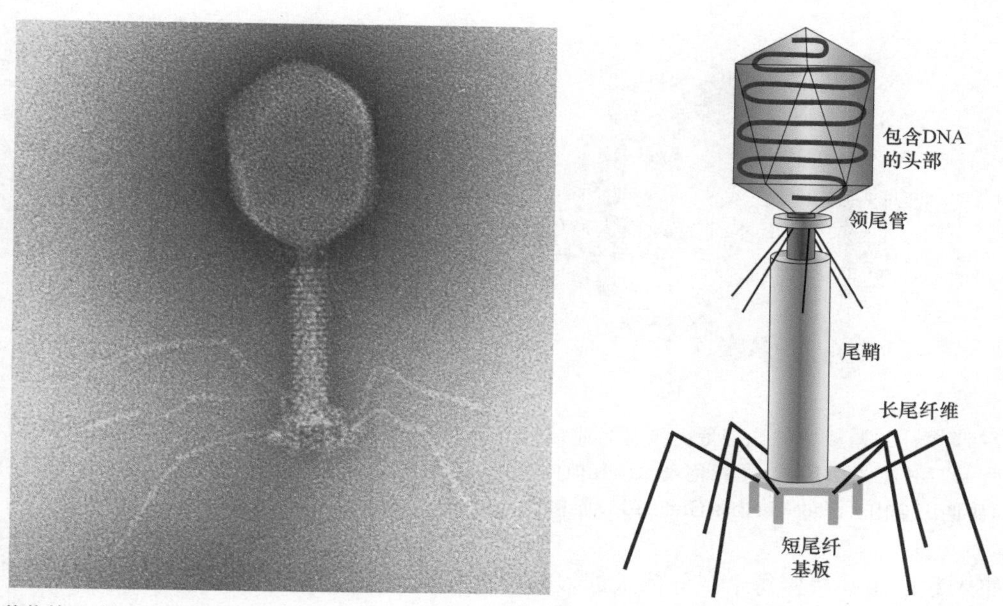

图 18.11　T4 噬菌体。左：噬菌体电镜照片（感谢 R. Duda, Pittsburgh 友情提供）；右：病毒颗粒的主要部分被标出的示意图。

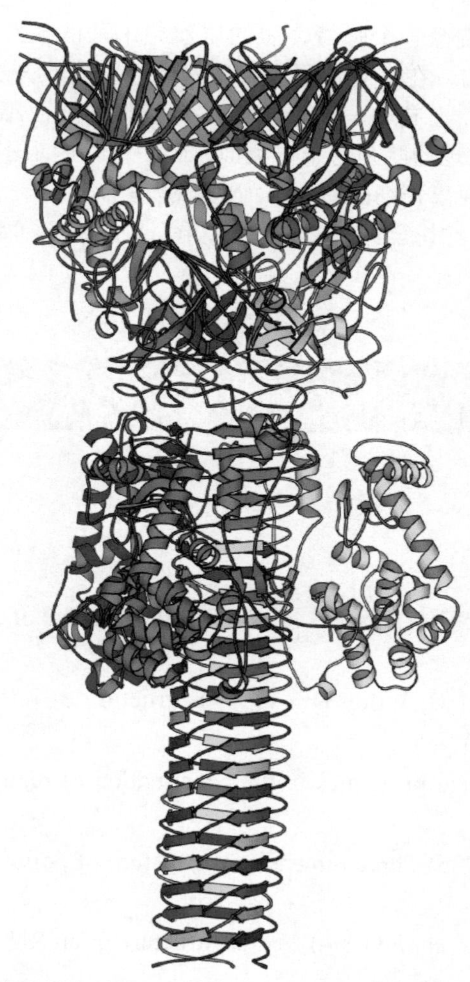

图 18.12　三聚体 gp5-gp27 的复合物结构。三个单体 gp5 用红色、蓝色、黄色标出，而单体的 gp27 为绿色、褐色及紫色。gp5 的溶菌酶结构域在构成这个复合物的三重 β 螺旋主干的上部。

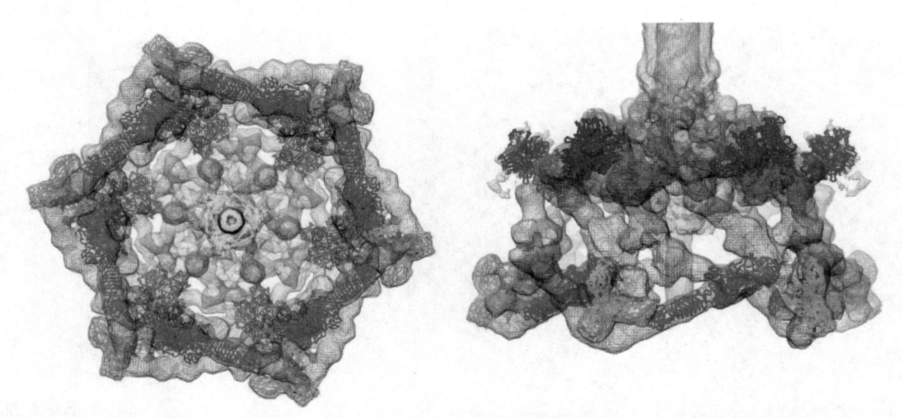

图 18.13 将 T4 噬菌体的基板中的几种蛋白质的晶体结构搭建到冷冻电镜密度图中。gp5-gp27 复合物位于模型的中心。gp5 为黄色，而 gp27（几乎看不见）用青色表示。其他构建到模型中的蛋白质是 gp9（蓝色）、gp8（红色）、gp11（橙色）、gp12（紫色）（感谢旧金山大学的 Thomas Goddard 友情提供）。

完整病毒颗粒的组装按照每个组分依次加入的特别方式进行。头部的组装利用了一个脚手架蛋白，该蛋白质在通道蛋白（portal protein）将 DNA 注入细菌细胞前就会被降解。尾部独立组装并连接到包裹了 DNA 的头部。

在成熟的病毒颗粒中，尾部就像一个弹簧，短的尾丝与细菌的相互作用会引起基板构象的变化。这些变化诱导尾鞘（tail sheath）收缩。在这个过程中，尾管穿过细胞膜并将 DNA 注射到细胞内部。基板含有实现这个特殊功能的各种蛋白质，其中一个蛋白质具有能降解细菌细胞壁的酶的结构域。这个结构域（图 18.12）与大多数在生命体中发现的溶菌酶结构类似。噬菌体基因组本身也编码了一个溶菌酶（T4 溶菌酶），但是这个酶是在噬菌体颗粒要离开细菌时裂解细菌细胞用的。

几种参与组成基板的蛋白质的结构已经得到了解析，图 18.13 展示了将详细的晶体结构构建到冷冻电镜密度图中的结果。

延伸阅读

原始文献

Abad-Zapatero C, Abdel-Meguid SS, Johnson JE *et al.* (1980) Structure of southern bean mosaic virus at 2.8Å resolution. *Nature* **286**: 33-39.

Bullough PA, Hughson FM, Skehel JJ, Wiley DC. (1994) Structure of influenza haemagglutinin at the pH of membrane fusion. *Nature* **371**: 37-43.

Caspar DLD, Klug A. (1962) Physical principles in the construction of regular viruses. *Cold Spring Harb Symp Quant Biol* **27**: 1-24.

Hogle JM, Chow M, Filman DJ. (1985) Three-dimensional structure of poliovirus at 2.9Å resolution. *Science* **229**: 1358-1365.

Valegård K, Murray JB, Stockley PG, *et al.* (1994) Crystal structure of an RNA bacteriophage coat protein-operator complex. *Nature* **371**: 623-626.

Wilson IA, Skehel JJ, Wiley DC. (1981) Structure of the haemagglutinin membrane glycoprotein of influenza virus at 3Å resolution. *Nature* **289**: 366-373.

Zhang X, Ge P, Yu X, *et al.* (2013) Cryo-EM structure of the mature dengue virus at 3.5Å resolution. *Nat Struct Mol Biol* **20**: 105-110.

综述文章

Harrison SC. (2015) Viral membrane fusion. *Virology* **479-480**: 498-507.

Hogle JM. (2002) Poliovirus cell entry: Common structural themes in viral cell entry pathways. *Ann Rev Microbiol* **56**: 677-702.

Johnson JE, Speir JA. (1997) Quasi-equivalent viruses: A paradigm for protein assemblies. *J Mol Biol* **269**: 665-675.

Smith AE, Helenius A. (2004) How viruses enter animal cells. *Science* **304**: 237-242.

（苏晓东　译校）

第 19 章

结构生物学中的生物信息学工具

如今有许多生物信息学工具用来预测生物大分子的折叠和功能。在本章中，我们对其中一些方法的原理、应用及其应用的限制进行介绍。

19.1　结构比较和折叠分类

19.1.1　结构比较的方法

结构比对方法可以用来比较不同的结构，从而可以辨别出用肉眼不易看到的不同结构之间的相似与不同之处。相似之处有助于揭示这些蛋白质进化过程中的相互联系及功能的相似之处。特别是在序列相似性较低时，基于结构叠合的序列比对在阐明相互关系时可以提供非常有用的信息。

结构比对不像序列比对那样直截了当。两两比对可以基于两个结构中应存在能够重叠的残基的先验假设。如果蛋白质之间有明显的序列相似性，那么可使用序列比对来获得残基间初步的对应关系。通过利用这些残基上 Cα 的坐标，并将这些大分子视作刚体，则可以计算得到一个分子与另一个分子的最佳叠合方式。参与结构叠合的残基可以使用先前的初步比对结果加以修正，由此将相互距离在一个合适阈值以内的残基对纳入叠合。经过一系列的迭代，即可得到两结构部分残基的叠合结果，以及这些残基距离的均方根（root mean square）。在比对的过程中，有时需要将一个蛋白质分子分割成一定数量的若干片段（往往结构域上相互对应），考虑到结构域的旋转，因而将这些片段分别进行叠合。

当不存在明显的初始叠合或是需要将结构与整个蛋白结构数据库比较时，就需要一个更为通用的方法进行结构比对。由于在最终的比对中可能存在间隙和插入片段，这就需要一种对蛋白质折叠的简化描述，借此即可仅比较结构的组成元素，而非整个分子。距离矩阵就是这样一种描述，它描述的是每个残基对之间的距离。图 19.1 所描述的是 Cα 原子间的邻近度。螺旋结构是沿着对角线的厚粗部分。β 折叠则是那些与对角线垂直（反向平行）或与对角线平行（平行）的线。较长距离的接触表示存在距离接近的二级结构元素。很容易看出，相似的结构具有相似的距离矩阵。一些寻找叠合的办法正是将序列片段配对并对它们的距离图谱加以比较。在运用最广的 Dali 比对方法中，首先从进行比较的两个蛋白质中分别多次截取六肽片段进行配对，再对配对序列的相似性进行打分，之后分数合适的短片段可以被组合起来延伸为更长的比对。

众多比较折叠的程序都用到了一个替代的简化表示方法，那便是只考虑螺旋与折叠，并且寻找那些具有相似取向的二级结构子集。

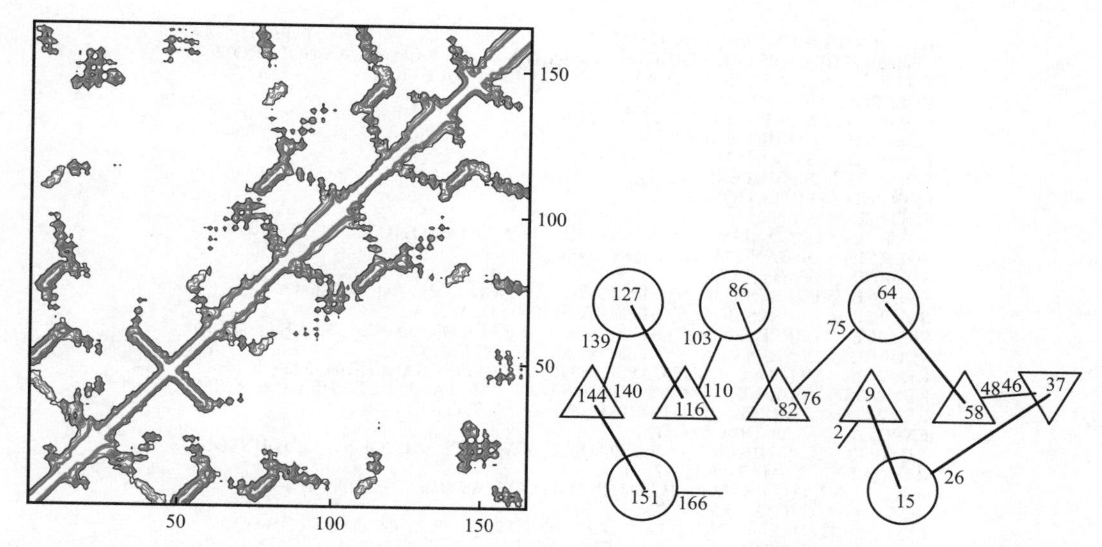

图 19.1 左：Ras 蛋白的距离图谱。等高线表明空间接近的 Cα 碳原子。这个图谱表明蛋白质结构中存在 5 个螺旋结构（沿对角线的厚粗部分），以及 5 个平行折叠和 1 个反平行折叠。Ras 蛋白的结构部分是由 βαβ 单位组成的。右：Ras 蛋白的折叠示意图，数字表明在每个二级结构元素从起始到终止位点的氨基酸残基的编号（螺旋：圆圈；β 折叠：三角）。距离图谱的特征可以和折叠示意图相互关联。

19.1.2 折叠数据库

19.1.2.1 蛋白质数据库

蛋白质数据库（Protein Data Bank，PDB）是蛋白质结构信息的主要来源，它是由 RCSB PDB（美国）、PDBe（英国）和 PDBj（日本）组成的国际联盟 wwPDB 支持的。这个数据库存储了通过实验测定的蛋白质分子和核酸分子中原子的坐标。这些信息主要从 X 射线晶体衍射、核磁共振（NMR）波谱和电子显微镜测定出的结构中得到。该数据库基本上涵盖了由以上技术得到的大分子化合物的全部结构信息。其内容包括实验者提交的数据及 wwPDB 员工所加的注释。另外，在 X 射线衍射的结构中，由实验得到的衍射数据也经常上传存储。图 19.2 列出了一个 PDB 数据库中的条目作为示例。

19.1.2.2 实验模型的质量

PDB 中的条目（图 19.2）是基于实验数据解释产生的分子模型。在坐标中有统计误差存在，但遗憾的是，并没有估计与实验数据解释相关的误差。误差可以分为两类：由实验数据的局限性引入的随机误差；由实验者造成的各种错误引入的局部或全体的系统误差。在数据被公布之前，这些提交的数据要经过一系列的测试来检测误差及异常特征。这一过程被称为认证（validation），它可为模型作为一个整体或其单个残基的正确性或质量提供重要的信息。认证过程最重要的结果则写在了条目的开头或通过链接提供。每个条目都有参考信息，包括相关发表文章、蛋白质的序列、确定该构象方法的描述，这些参考信息有助于专业用户判断这些数据的质量。

Ramachandran 图谱（见 2.2.4 节）是一个非常有效的分析手段，它是反映蛋白质所有残基的主链构象扭转角度的散点图（图 19.4）。一个好的模型的这些角度几乎都位于图谱的偏好区域内；否则，则需要怀疑模型是否有些部分存在问题。

```
HEADER    VIRUS/VIRAL PROTEIN                                    05-APR-05   1ZA7
TITLE     THE CRYSTAL STRUCTURE OF SALT STABLE COWPEA CHOLOROTIC
TITLE    2 MOTTLE VIRUS AT 2.7 ANGSTROMS RESOLUTION.
COMPND    MOL_ID: 1;
COMPND   2 MOLECULE: COAT PROTEIN;
COMPND   3 CHAIN: A, B, C;
COMPND   4 SYNONYM: CAPSID PROTEIN, CP;
COMPND   5 ENGINEERED: YES;
COMPND   6 MUTATION: YES
SOURCE    MOL_ID: 1;
SOURCE   2 ORGANISM_SCIENTIFIC: COWPEA CHLOROTIC MOTTLE VIRUS;
SOURCE   3 ORGANISM_COMMON: VIRUS;
SOURCE   4 GENE: RNA4;
SOURCE   5 EXPRESSION_SYSTEM: VIGNA UNGUICULATA;
SOURCE   6 EXPRESSION_SYSTEM_COMMON: COWPEA;
SOURCE   7 EXPRESSION_SYSTEM_STRAIN: CALIFORNIA BLACKEYE;
SOURCE   8 EXPRESSION_SYSTEM_VECTOR_TYPE: RNA
KEYWDS    MUTANT VIRUS CAPSID STRUCTURE, ICOSAHEDRAL PARTICLE,
KEYWDS   2 STABLIZING MUTATION, STABLE MUTANT, BETA HEXAMER, BETA
KEYWDS   3 BARREL, BROMOVIRUS, POINT MUTATION
EXPDTA    X-RAY DIFFRACTION
AUTHOR    B.BOTHNER,J.A.SPEIR,C.QU,D.A.WILLITS,M.J.YOUNG,J.E.JOHNSON
REVDAT   1   21-MAR-06 1ZA7    0
JRNL        AUTH   J.A.SPEIR,B.BOTHNER,C.QU,D.A.WILLITS,M.J.YOUNG,
JRNL        AUTH 2 J.E.JOHNSON
JRNL        TITL   ENHANCED LOCAL SYMMETRY INTERACTIONS GLOBALLY
JRNL        TITL 2 STABILIZE A MUTANT VIRUS CAPSID THAT MAINTAINS
JRNL        TITL 3 INFECTIVITY AND CAPSID DYNAMICS
JRNL        REF    J. VIROL.                                V.  80  3582 2006
JRNL        REFN   ASTM JOVIAM  US ISSN 0022-
...
ATOM      1   N    GLN A  40    127.326  141.523  188.649  1.00  78.03     N
ATOM      2   CA   GLN A  40    126.941  142.963  188.796  1.00  78.71     C
ATOM      3   C    GLN A  40    126.007  143.163  190.001  1.00  77.96     C
ATOM      4   O    GLN A  40    125.985  142.326  190.932  1.00  79.06     O
ATOM      5   CB   GLN A  40    126.243  143.450  187.516  1.00  78.74     C
ATOM      6   CG   GLN A  40    124.899  142.758  187.236  1.00  79.59     C
ATOM      7   CD   GLN A  40    124.192  143.322  186.009  1.00  79.24     C
ATOM      8   OE1  GLN A  40    124.588  143.058  184.869  1.00  81.35     O
ATOM      9   NE2  GLN A  40    123.138  144.104  186.239  1.00  79.15     N
ATOM     10   N    GLY A  41    125.239  144.262  189.970  1.00  76.76     N
ATOM     11   CA   GLY A  41    124.308  144.563  191.051  1.00  72.98     C
ATOM     12   C    GLY A  41    122.914  144.020  190.777  1.00  69.88     C
ATOM     13   O    GLY A  41    121.981  144.798  190.541  1.00  69.83     O
```

图 19.2 PDB 条目（1ZA7）中标题开头以及原子坐标（标记为“ATOM”）列表的起始部分。此处的格式（PDB 格式）是条目中可用的格式中的一种。这里给出了条目中的头两个氨基酸残基（Gln A40 和 Gly A41）的坐标。前三列的数字是原子相对于合适坐标系的坐标（Å）。第四列是占有率（通常状态下是完全占有，用 1.0 表示）。在高分辨率的结构中，某些侧链可能有多个构象，此时原子则有多个坐标，它们有不同的占有率。此外，与大分子结合的分子可能具有只与体系中所有大分子的一部分结合的情况，也由占有率表示。(例如，如果配体仅与晶体中 50% 的蛋白质分子结合，该配体的占有率将为 0.5)。倒数第二列数据给出了这些原子热无序或原子运动量的估计值（B 因子，见图 19.3）。

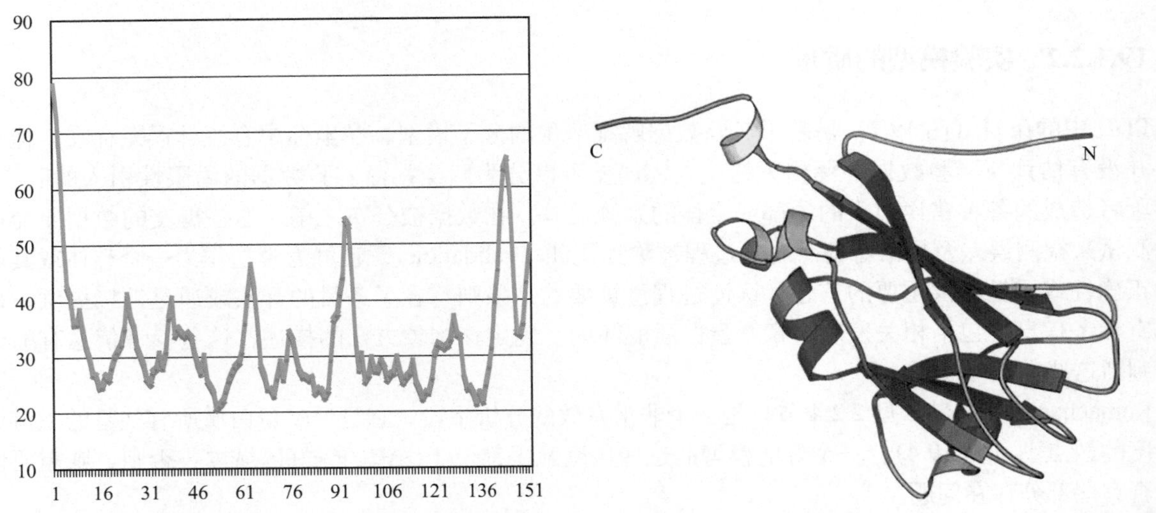

图 19.3 左：植物病毒的衣壳蛋白的 Cα 原子的 B 因子图谱（条目 1ZA7 中三条等同链中的一条）。右：根据 B 因子绘制的蛋白质的颜色图解（低：蓝色，高：红色）。B 因子通常在表面环状结构中或在链的终端比较高。

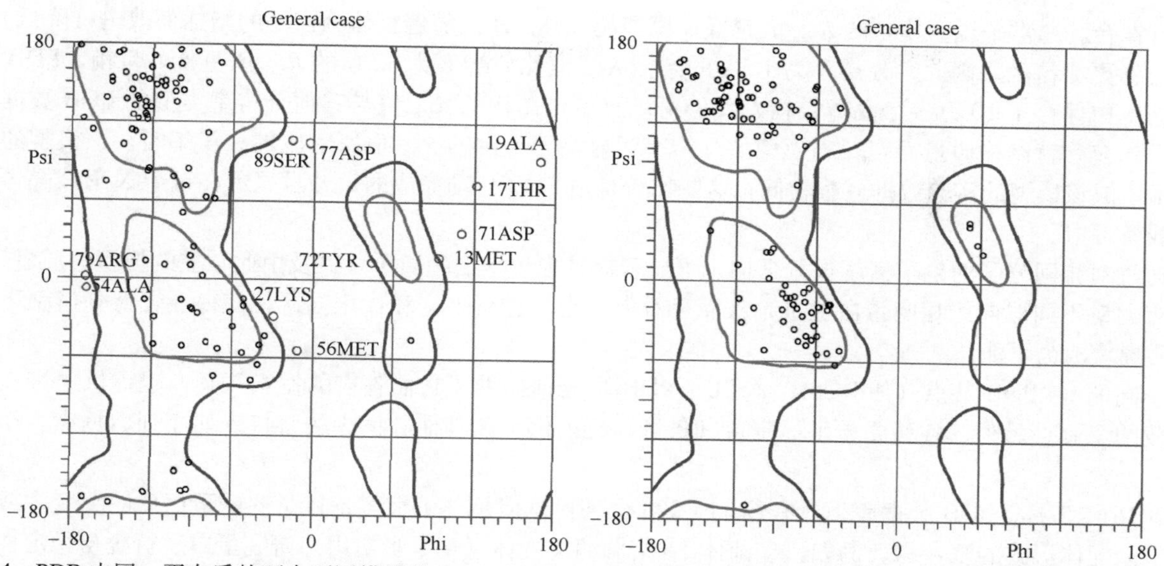

图 19.4　PDB 中同一蛋白质的两个不同模型的 Ramachandran 图谱。红色圈标注的残基超出了允许的范围。左图标注的红色圆圈暗示该坐标是不正确的。

对于 X 射线衍射结构而言，考虑到随机误差和错误风险的存在，数据分辨率是很好的质量评判标准。分辨率衡量的是实验所得衍射数据的详细程度，数值越小分辨率越高，这就意味着数据可以用来描述更精细的结构信息。如果分辨率达到 2.0Å 或更高，所得模型通常被认为是可以信赖的。有些情况下分辨率甚至高于 1.0Å，这种“原子级别分辨率”的模型是非常精确的，它包含了氢原子位置和侧链可变构象的详细信息。倘若在结构测定过程中加以特殊处理，分辨率在 3 ～ 4Å 的模型仍然是正确且可用的，表 19.1 给出了在分辨率不断提高时所能评估的分子特征。

表 19.1　鉴别蛋白质和核酸的某些分子特性所需分辨率的评估

蛋白质	核酸	分辨率/Å
大致形状	可将核酸与蛋白质区分	20
	双螺旋	12
α 螺旋	单链	9
β 折叠	堆积的碱基对、磷酸基团和核糖	4
大侧链		3.5
小侧链上形成的泡状密度	可区分的嘌呤和嘧啶	3.2
侧链的构象		2.9
羰基，肽平面	单个碱基	2.7
	糖分子的构型	2.4
脯氨酸残基的构型、芳香环的孔		2.0
单个原子	单个原子	1.5

电子密度本身可以提供很多信息，并且很多条目的电子密度信息可通过电子密度服务器（Electronic Density Server，EDS）获得。通过这个服务器，可以很容易地获得侧链和配体构象的实验数据。PDB 数据库也提供了可以用来重建电子密度的实验数据。

R 值可以用来描述所得原子模型对衍射数据解释的优劣程度。其中最重要的是 R_{free}，该值将模型与未在精修时使用的衍射数据进行比较。也就是说，R_{free} 数据集并未用作创建模型，或是用作优化模型，对衍射数

据进行拟合。通常来说，模型的 R_{free} 值越低，模型越准确。R 值随着整体分辨率的增加而改进（降低），因为模型将更加精确。因此，分辨率为 1.5Å 的结构 R_{free} 值比分辨率为 3.5Å 的 R_{free} 值更低。目前，PDB 蛋白质数据库中保存了 10 万多个晶体结构，我们可以将给定结构的 R_{free} 值与其他分辨率类似的 PDB 数据库条目进行比较。就结构质量而言，当模型的分辨率明显高于正常的 R_{free} 值所对应的分辨率时，该模型的质量或用于生成该模型的实验数据质量较低。这些比较是由 PDB 自动完成的，并且显示在每个 X 射线晶体结构的在线条目中。

通过对相同分子的电子密度进行平均，可显著提升电子密度的质量（以及由此建立的模型的质量）。病毒具有大量不同取向的相同蛋白亚基，从而可对电子密度进行平均和优化。这就使得在较低分辨率下进行蛋白质建模成为可能。

不同的 wwPDB 节点（如 RCSB、MSD、PDBj）分别提供了它们各自的搜索工具，也提供了进一步分析下载的工具。另外，各种原子坐标集合（条目）也提供了到其他数据库的链接，如序列数据库、结构图示等。

2016 年 2 月，PDB 数据库虽然有约 115 000 个条目，但是其中很多条目是同一蛋白质的突变体或蛋白质与不同配体形成的复合物。例如，噬菌体 T4 溶菌酶突变体（一个最常用来研究蛋白质折叠与稳定性的蛋白质）有超过 400 个不同的条目，HIV 蛋白酶与不同抑制剂形成的复合物有超过 700 个条目。

19.1.2.3 分级折叠数据库：SCOP 和 CATH

大量的数据库基于 PDB 数据库收集的数据构建而成。这些数据库包括分子图像、序列和其他的一些信息。两个数据库以分级的方式整理了已存在的结构信息。这些数据库在分析进化关系及比较功能时非常有用。

SCOP（Structural Classification of Proteins）数据库是 A. 穆尔津（Murzin）和他的同事一起创建的，在这个数据库中，所有已知蛋白质结构均根据其折叠进行了分类。这个数据库主要是基于对蛋白质折叠的人工分类，因此该分类是主观的。另一方面，该数据库在蛋白质构象信息和特殊蛋白质的进化细节上积累了大量经验用于分类，但是这些经验却不易整合到计算程序中去自动地对折叠进行分类。

分类的等级（表 19.2）为类、折叠、超家族、家族和结构域（单个蛋白或蛋白质的结构域）。主要的类有全 α、全 β、α/β 和 α+β。相同家族中的结构域被认为是同源的，即是从共同的祖先分化而来的。同源蛋白结构域具有相似结构的假设是基于其序列和功能的相似性。在同一超家族中的蛋白质具有相同的折叠和相关的功能，因此它们也可能具有共同的祖先，但是它们在序列和功能上都有太多不同，很难判断是否同源。在“折叠”这一等级中，蛋白质具有相同的拓扑结构（3.2.3 节），但是除了有限的结构相似性外，没有证据表明它们之间存在进化关系。

表 19.2 SCOP 中的层次结构级别

类	主要组分（α、β 等）
折叠	折叠类型
超家族	结构相似性和可能的共同祖先
家族	共同祖先
结构域	蛋白质

SCOP 数据库是针对结构域而不是整个蛋白质分类的。这就意味着多结构域蛋白会被按照组成它的结构域进行划分。许多时候当一种结构域被不同的蛋白质共享时，这种分类方式是非常有用的。

另一个类似的数据库是 CATH，它是由 C. 奥伦加（Orengo）和 J. 桑顿（Thornton）（英国）创建的。这个数据库按照种类、构造、拓扑（折叠家族）、超家族及序列家族来分类［CATH 是种类（class）、构造（architecture）、拓扑（topology）、同源超家族（homologous superfamily）的缩写］。CATH 数据库中的拓扑结构在本质上与 SCOP 分类中的折叠相对应，但是它在类和折叠（表 19.2）之间增加了一个等级，该等级表示蛋白质在二级结构元素组中具有相同的空间排列。CATH 中的构造在图 3.2 ～图 3.4 中进行了说明。

CATH 中的结构分类在很大程度上是由自动程序来完成的。这种自动程序需要先对蛋白质结构域进行定义。目前已开发出了大量能够自动完成这一任务的程序。由于分类步骤不同，有些蛋白质在 SCOP 和 CATH 中的分类是不同的。

19.1.2.4　其他结构分类方法

也有一些结构数据库不通过分级归类，而是基于已知结构自动归类。Dali 就是这样一个数据库，它通过 Dali 程序来比较蛋白质折叠，并对其进行分类（表 19.3）。

表 19.3　与己糖激酶结构相近的蛋白质

Chain[a]	Z 分值[b]	%ID[c]	LALI[d]	RMSD[e]	描述
1qhaA	69.1	100	903	0.0	己糖激酶（人）
1bg3B	62.4	92	883	0.9	己糖激酶（鼠）
1bdg	55.4	45	439	1.5	己糖激酶（吸血虫）
1v4sA	55.2	54	444	1.5	葡萄糖激酶异构体 2
1hkg	40.7	15	432	2.3	己糖激酶（酵母）
1ig8A	39.2	34	438	3.4	己糖激酶 P Ⅱ（酵母）
1xc3A	19.8	10	265	3.1	推断的果糖激酶
1q18A	18.5	13	280	4.5	葡萄糖激酶
1woqA	17.7	16	239	3.0	无机多磷酸/ATP 葡萄糖甘露糖激酶
1e4gT	14.8	10	261	4.0	细胞分化蛋白 FtsA（海栖热袍菌）
1yagA	14.8	9	266	4.1	肌动蛋白（酵母）
2btfA	14.7	9	269	4.1	肌动蛋白（牛）
1jcfA	14.7	11	258	3.6	棒状确定蛋白 MreB（海栖热袍菌）
1dkgD	14.6	10	267	3.9	核苷酸交换因子（大肠杆菌）
1s3χA	14.1	10	269	4.3	HSP70（人）
1mwkA	13.5	10	250	3.5	质粒隔离蛋白（大肠杆菌）
1huχA	13.3	14	224	3.8	羟基物二酰辅酶 A 脱氢酶激活剂（发酵支原体）
1nbwA	12.2	10	265	4.0	甘油脱氢酶激活酶 α 亚基
1tuuA	11.7	10	252	4.2	乙酸激酶
1glfY	10.6	14	245	3.7	甘油激酶
1hjrA	6.2	5	123	4.0	Holiday 结点，解离酶
1c0mC	4.3	5	87	2.9	整合酶（Rous 肿瘤病毒）

a. PDB 编码后为链的名称（A、B 等）。该表展示 1QHA（己糖激酶）条目下结构相近的链 A。

b. Z 分值表示结构相似性。这个列表是删减过的。列表最上方包含了几种己糖激酶的结构。较高的分值也表示它们是肌动蛋白（见 15.1 节）和肌动蛋白相关蛋白（MreB、FtsA、ParM）以及热激蛋白（Hsp70，见 12.1.2.3 节）。这几组蛋白质尽管在序列上与己糖激酶有很大的不同，但在结构上都与己糖激酶有一部分相似。这些蛋白质共有的功能（ATP 结合及水解）表明它们在进化上有一定的关系。列表中最后两项作为与蛋白质仅有局部结构相似的例子收录。

c. 比对残基中相同残基所占百分比。

d. 比对残基数量。

e. 结构叠合后 Cα 间距离的均方根（Å）。

与 CATH 和 SCOP 的程序不同，Dali 的程序是完全自动的。对于一组序列相似度低于 90% 的结构，Dali 数据库列出了 PDB 数据库中所有的结构相似分子。Dali 给出的列表包括某一个蛋白质与其他蛋白质间的结构和序列的相似度信息。通过由 Z 分值来评判的结构相似性，所列蛋白质可进一步被分类。Z 分值是列表中蛋白质相似度高出相同尺寸的随机蛋白平均结构相似度标准差的个数。Z 分值小于 2.0 的蛋白质被认为是不相似的，从而不被列出。但是也不存在一个明确的 Z 分值作为评判进化关系的界限。由于 Dali 所列蛋白质纯粹是基于计算所得的相似性分值，因此蛋白质间功能相似性可作为评判蛋白质间进化关系的另一重要的补充。

另外还有一些用于结构比较的程序。例如，NCBI 通过 VAST（Vector Alignment Search Tools）程序来比较结构，它的结构数据库 MMDB 包含与所有 PDB 条目相近的结构。另外，PDeFold 是一个用于结构比较的服务器。

19.2 蛋白质构象的预测

19.2.1 二级结构的预测

19.2.1.1 二级结构预测方法的基本原理

蛋白质的序列包含所有指导蛋白质折叠的必要信息，这一认知激励着科学家们试图从序列中直接预测蛋白质的构象。然而，尽管经过数十年的努力，除了一些简单折叠的小蛋白，这一目标依然还没有实现。原因主要有两点。第一，即使一个很小的蛋白质，也存在着大量可能的构象。即便使用现代计算机，并将任务简化到只考虑每个氨基酸残基的少数排列方式，计算所有可能生成的构象并计算它们的能量也是不太可能的。第二，我们仅能使用简化的势能方程计算得到体系的自由能（蛋白质和周围溶剂间），而这一做法可能无法准确地将体系中所有可能的作用都考虑在内，从而得到正确的能量最小值。另外，这些折叠的构象只比非折叠的状态稍微稳定一些（3.1.1.1 节）。

在该领域的早期研究阶段，人们认识到可以通过将预测分为两个阶段来对这个问题进行简化：首先预测出蛋白质的二级结构，然后将折叠束或是螺旋装配成正确的折叠。从某种程度上讲，这一方法模拟了一种可能的蛋白质折叠机理，即首先形成的是局部的二级结构，然后将它们排列为折叠构象。

折叠蛋白质的多肽片段二级结构是由其氨基酸序列决定的。利用氨基酸对某一种二级结构构象的偏好便是一种方法。目前已有许多二级结构的预测方法是基于氨基酸残基形成 β 束、螺旋或是转角的倾向性来进行预测。这种倾向性源于对溶液中的小肽构象的研究，或是源于在已知结构的蛋白质中，特定残基在不同类型的二级结构中出现频率的统计分析。某些氨基酸残基（尤其是 Gly 和 Pro 残基）与蛋白质折叠间的关系见 2.2.4 节。

19.2.2 预测方法

19.2.2.1 Chou-Fasman 法

第一个被广泛用来预测二级结构的方法就是 Chou-Fasman 法。这一方法基于所有 20 种氨基酸形成 α 螺旋和 β 束的倾向性。这些氨基酸则被分类为易于形成 α 螺旋或断开 α 螺旋、易于形成 β 束或断开 β 束（表 19.4）。这些倾向性是在对已知结构的蛋白质二级结构中不同残基的出现次数进行统计学分析的基础上得到的。这一方法由若干规则组成。这些规则使用短片段中氨基酸残基的平均倾向来预测 α 螺旋和 β 束的形成及延伸。该方法会最终输出二级结构的三种状态中的一个，分别是螺旋、束和环状结构，其中环状结构为非螺旋和 β 束的其他所有二级结构。简单的 Chou-Fasman 预测方法可以通过纸笔来完成，不过该方法通常是通过程序来实现的。

表 19.4　Chou-Fasman 方法中形成 α 螺旋、β 链和转角的倾向性

α 螺旋			β 链			转角	
谷氨酸	1.51	H	缬氨酸	1.70	H	天冬酰胺	1.56
甲硫氨酸	1.45	H	异亮氨酸	1.60	H	甘氨酸	1.56
丙氨酸	1.42	H	酪氨酸	1.47	H	脯氨酸	1.52
亮氨酸	1.21	H	苯丙氨酸	1.38	h	天冬氨酸	1.46
赖氨酸	1.16	h	色氨酸	1.37	h	丝氨酸	1.43
苯丙氨酸	1.13	h	亮氨酸	1.30	h	半胱氨酸	1.19
谷氨酰胺	1.11	h	半胱氨酸	1.19	h	酪氨酸	1.14
色氨酸	1.08	h	苏氨酸	1.19	h	赖氨酸	1.01
异亮胺酸	1.08	h	谷氨酰胺	1.10	h	谷氨酰胺	0.98
缬氨酸	1.06	h	甲硫氨酸	1.05	h	苏氨酸	0.96
天冬氨酸	1.01	I	精氨酸	0.93	i	色氨酸	0.96
组氨酸	1.00	I	天冬酰胺	0.89	i	精氨酸	0.95
精氨酸	0.98	i	组氨酸	0.87	i	组氨酸	0.95
苏氨酸	0.83	i	丙氨酸	0.83	i	谷氨酸	0.74
丝氨酸	0.77	i	丝氨酸	0.75	b	丙氨酸	0.66
半胱氨酸	0.70	i	甘氨酸	0.75	b	甲硫氨酸	0.60
酪氨酸	0.69	b	赖氨酸	0.74	b	苯丙氨酸	0.60
天冬酰胺	0.67	b	脯氨酸	0.55	B	亮氨酸	0.59
脯氨酸	0.57	B	天冬氨酸	0.54	B	缬氨酸	0.50
甘氨酸	0.57	B	谷氨酸	0.37	B	天冬酰胺	1.56

H=strong former, h=former, I, i=indifferent, B=strong breaker, b=weak breaker. [引自 Chou PY, Fasman GD. (1978) *Ann Rev Biochem* **47**: 251-276]。如果残基的特征在 6 个或 5 个残基的窗口中是有利的，残基倾向于形成螺旋或束，就可以预测其为螺旋或束。螺旋或束被延长，直到在 4 个残基的窗口中残基形成螺旋或束的平均倾向低于 1。

19.2.2.2　神经网络方法

许多方法比早期的一些方法有了很大的改进，这些改进在一定程度上归功于多序列比对。同源蛋白中的取代和插入/删除包含着关于蛋白质折叠特性的重要信息。例如，在二级结构元件中，插入和删除是不常见的，在转角中很可能出现保守的甘氨酸和脯氨酸等。

PHDsec 便是这样一个程序，它是通过双层的前馈神经网络来预测二级结构的。

一个神经网络就是一个能够建立不同类型输入和输出信息关系的计算机程序。这些信息在程序中以参数（权重）的形式储存。当用神经网络来预测二级结构时，其目的就是要将序列的信息与观察到的它们相对应的二级结构联系起来。这个网络包含了一系列的层（输入层、隐藏层、输出层），信息将以输送的方式从其中一层流向下一层（前馈）。可以用已知结构的同源序列比对来“训练”这一网络。在这一过程中，序列和所观察到的二级结构之间的关系被用来计算参数。这些参数暗示了特定的残基与某种二级结构相对应

的可能性，因此可以用来预测结构未知的蛋白序列的二级结构。

PHD 神经网络（图 19.5）中包含一个将序列信息与二级结构连接起来的层（序列-结构层）。在训练过程中，从原始序列依次取 13 个氨基酸大小的窗口作为整体输入网络，将窗口中每个残基各氨基酸出现的频率与处于中心位置的残基的二级结构元素联系起来。之后，取来自第一层网络输出的 17 个残基大小的窗口作为整体输入第二层网络（结构-结构层），用于进一步预测中心残基的二级结构，这样的训练策略有助于阻止网络预测出不切实际的、只具有很短片段的二级结构。

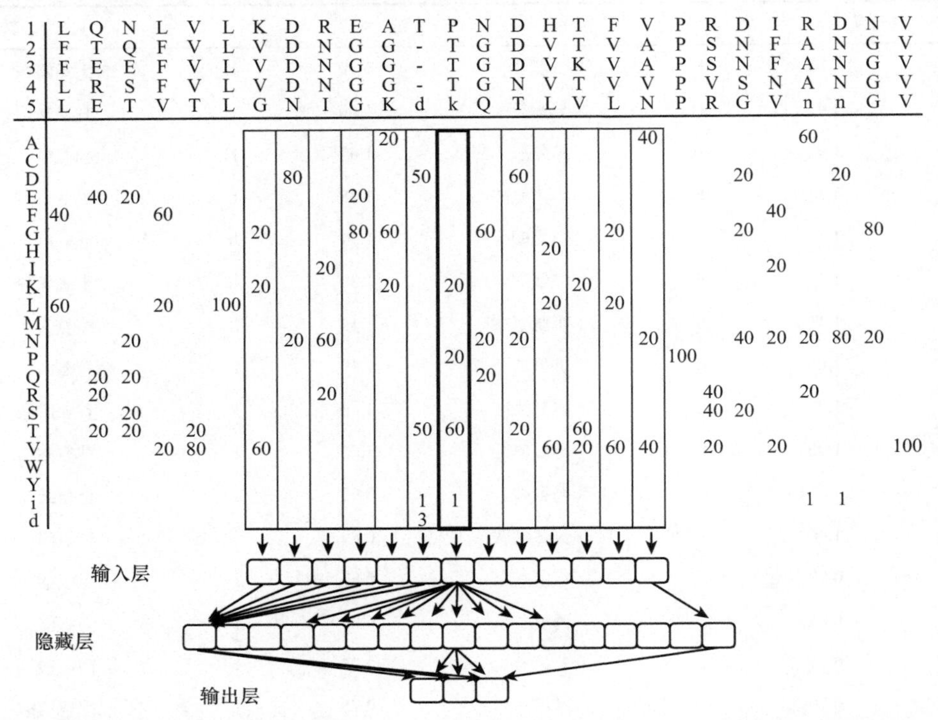

图 19.5　PHDsec 中部分神经网络的示意图。蛋白质与 4 个相关的序列相比对，在由 13 个残基组成的窗口中，序列信息被输入 13*24=312 个单元组成的输入层中（每个单元对应一个氨基酸，或是末端或间隙）。一个由 17 个节点组成的隐藏层将输入层和输出层联系起来，输出层中的每一个节点对应于螺旋、折叠束和环的可能性。另一个网络被用来改进从该步骤所得的局部预测。

当已用多个已知结构的蛋白质将神经网络训练完成后，这个网络就可以用来预测二级结构了。PHDsec 的一个主要特性是首先去寻找可与搜寻序列比对的同源序列（运用 BLAST 序列比对工具）。比对序列被输入网络中进行预测。

19.2.2.3　准确性评估

评估二级结构预测方法准确性的标准方法是预测一系列已知结构蛋白的二级结构并且计算出其 Q 值，也就是蛋白残基被正确分类的百分比。对于一个完整的随机预测，如果蛋白质具有相等数量的三种类型（Q3 分值、螺旋、片层及其他类型）的构象，则其 Q 值将会是 33%。当有多条序列存在时，基于神经网络和其他方法的预测程序中，最好的程序的准确性可达到 80%。如果能够对特定预测结果的质量进行评估将会非常有用，但是还没有一种方法可以较好地完成这项工作。

有些情况下，许多二级结构元件可以被准确地预测出来，但是都对它们起始和结尾部分预测的准确性不高。事实上，即使结构已知，对二级结构元件的起始与末尾的界定也是含糊不清的。

目前，最好的二级结构预测方法已相对准确。一些程序结合利用了不同方法的特点来获得更好的预测结果。二级结构的预测方法往往是基于其局部序列，而真实的折叠和二级结构则依赖于非局域相互作用。

有实例表明，多达 8 个相同氨基酸残基的序列形成完全不同的结构，这说明非局域影响对多肽构象的形成至关重要（多变序列；图 19.6）。

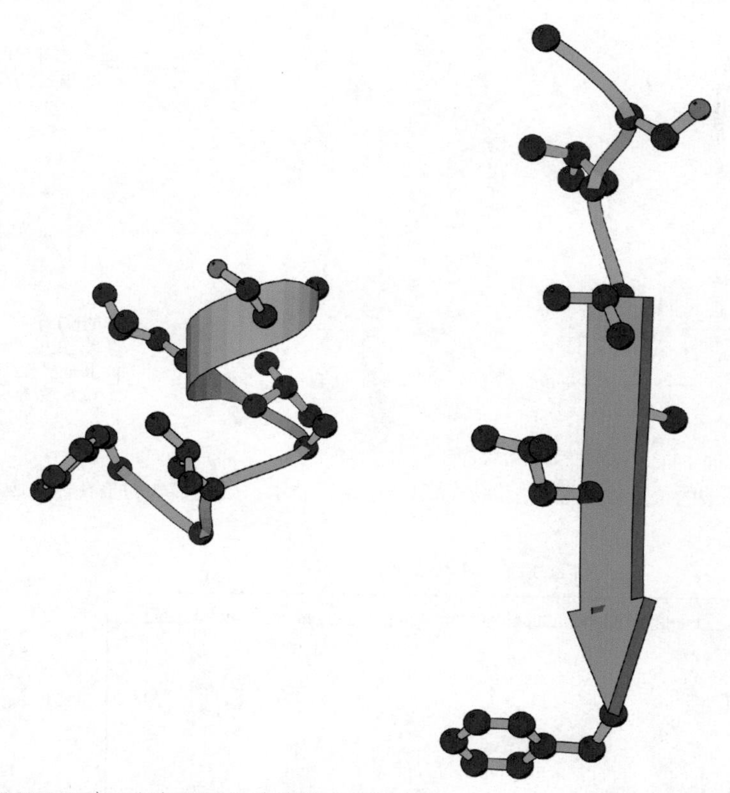

图 19.6　相同的八肽（GSLVALGF）可以分别在磷脂酰 3-激酶（PDB：1PHT）（左图）和胰凝乳蛋白酶抑制剂（PDB：1WBC）（右图）中具有 α 螺旋和 β 片层的构象。

19.2.2.4　CASP

对预测方法最好的测试是将它们用在那些结构尚未被解析出的蛋白质上。这些测试是蛋白质结构预测技术评估（Critical Assessment of Techniques for Protein Structure Prediction，CASP）会议的关注点。在会议上，参与建模和方法发展的科学家被邀请来对一些结构即将通过实验方法被解析的蛋白质进行建模。这些模型在提交后，与通过实验测定出来的结构进行比较，比较的结果将在每两年一次的会议上进行讨论。CASP 会议对本章涉及的所有预测方法的发展都尤为重要。

19.2.3　其他局部性质的预测

19.2.3.1　跨膜蛋白的拓扑结构预测

在第 4 章的 4.6 节中，我们描述了螺旋膜蛋白的不同区域有不同的序列特征（图 19.7 小结）。鉴于这些氨基酸的偏好性不同，我们应该能够利用这些知识来预测蛋白质的拓扑结构。对这一目标的尝试已经进行了 20 多年，最初的尝试依赖于螺旋膜蛋白的两个特点：延伸的疏水氨基酸（4.6.2 节）；内部-正电荷规则（positive-inside rule）（4.6.6.1 节）。目前已研发出了许多预测拓扑结构的程序，其中一部分会在本章的结尾列出。大多数的现代程序都是基于“机器学习”的方法，这类方法使用已知结构或已知拓扑结构的膜蛋白数据库来识别不同区域（如疏水核、界面区域和内、外环）氨基酸的显著偏好性。这些位置上的偏好性可以用来分析未知结构的蛋白质序列，并生成最有可能的拓扑模型。图 19.8 展示了预测的牛视网膜色素蛋白的拓扑结构，以及和实验所得结构的比较。

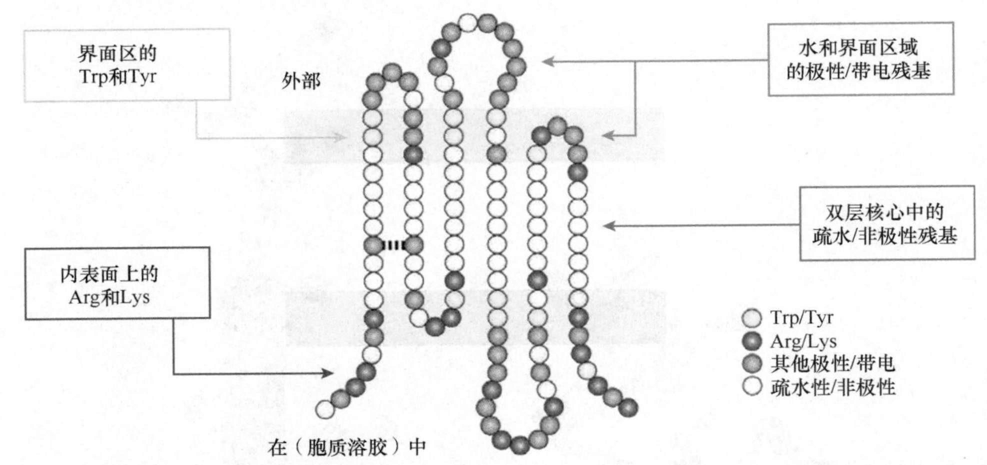

图 19.7　螺旋膜蛋白中氨基酸的位置偏好性。接触界面用红色条带表示。虚线代表的是在嵌入膜中的极性残基之间的氢键。

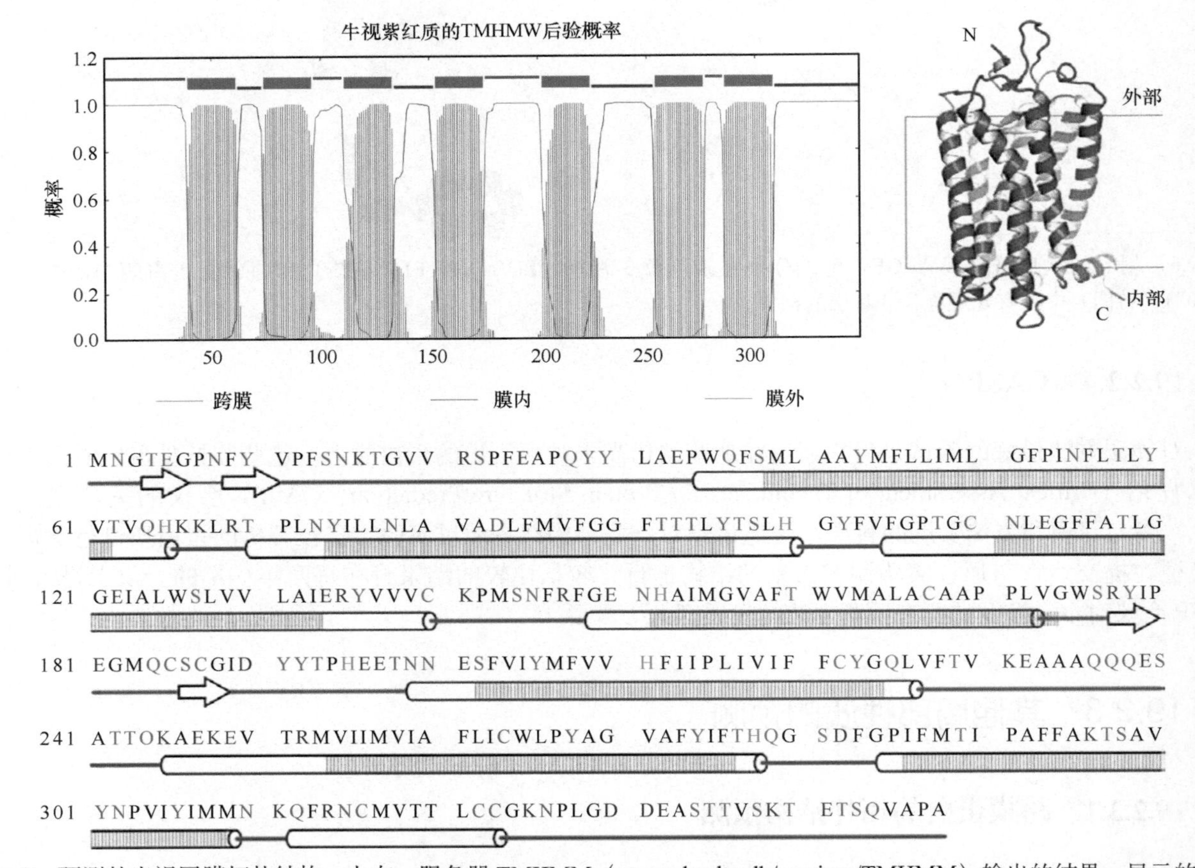

图 19.8　预测的牛视网膜拓扑结构。上左：服务器 TMHMM（www.cbs.dtu.dk/services/TMHMM）输出的结果，显示的是从牛视网膜色素序列中预测得到的拓扑结构。下：牛视网膜色素的序列（UniProt ID P02699）。牛视网膜色素实验得到的三维结构（上右，PDB：1FF8）中的二级结构元素用圆柱体（螺旋）和箭头（束）标注在序列下面。红色阴影与 TMHMM 预测的跨膜区域相对应，表明了预测结构与真实结构之间的高度一致性。内圈和外圈分别用蓝色和紫色表示。从序列上可明显看出精氨酸和赖氨酸残基在内环上较多，这与内部正电荷规则一致（4.6.6.1 节）。

除了标准的氨基酸分析，一些拓扑结构预测程序还会结合其他信息来增加预测的准确性。例如，预测使用多序列比对而非单条序列，或者是利用先验的拓扑信息（也许是来自实验数据）将序列区域限制到特定的位置。这些方法和其他一些方法的进步极大地提高了膜蛋白拓扑预测质量，并能达到较高的准确率。然而，还是有一些挑战有待解决。例如，预测会被折返环（4.6.4.3 节）的存在误导，或者将可切割的 N 端膜定位信号序列（4.4.2 节）误认为是跨膜螺旋（因为它们在本质上都是疏水的）。为了克服这个常见的陷阱，一些拓扑预测程序现在分别检测和解释这些信号序列。

19.2.3.2　无序片段的预测

大多数蛋白质都具有规则的构象，但是不同程度的灵活性对这些蛋白质行使功能来说往往是非常重要的。许多蛋白质包含无序的片段。在有些蛋白质中，这种无序片段不具备任何显著的功能；而在另一些蛋白质中，这些无序片段则显得至关重要。当这些无序片段与其他分子相互作用时，可以由无序变得有序，这一特性可以被用来改善结合的亲和力及特异性。这些现象在 3.2.4 节中有更深入的探讨。

无论是对功能的分析，还是对结构研究的适当片段的选择而言，对无序区域的预测都是很有趣的。蛋白质中的无序区域有时候也被称为“低复杂性”区域，其中氨基酸的分布不同于球蛋白中氨基酸的分布。这些区域中如赖氨酸、谷氨酰胺、谷氨酸、甘氨酸、脯氨酸等残基会更频繁地出现，而较大的非极性残基则相对较少。

对无序片段的预测可以通过神经网络来实现，该网络可用 X 射线晶体衍射或其他实验方法得到的无序片段或整个蛋白结构来进行训练。上述流程和蛋白质的二级结构预测（19.2.2.2 节）相似。DISOPRER 和 SPINE-D 就属于这类方法。此外，也有如 DisProt 和 IDEAL 的无序蛋白或蛋白质片段数据库可供查询。

19.3　蛋白质三级结构的建模

19.3.1　比较建模

在拥有了大量实验确定的结构之后，就可以使用合适的已知结构作为起点对蛋白质进行建模（同源建模、比较建模或是基于模板的建模）。这一方法的基础是，同源蛋白拥有相似的结构。这样的建模方法在序列相似性较低的情形下也可能有用。使用这个方法进行蛋白质建模的第一步就是要找出一个或一些合适的已知蛋白结构作为模板。

19.3.1.1　通过折叠来寻找同源模型——折叠识别

在许多情况下，建模是基于与我们感兴趣的、在序列上有明显相似性的已知蛋白结构。但对于许多蛋白质来说，则很难找到一个已知结构的同源蛋白。只使用由一个蛋白家族对应的序列集合来构建同源性是仅使用序列来检测同源性的最灵敏的方法。PSI-BLAST 就运用了该方法。当这些方法无法找到同源蛋白时，则可以使用其他利用结构信息来辅助比较的方法。这些程序是从所有已知折叠的数据库中选择最有可能的蛋白质折叠，这一过程被称为折叠识别。因为需要寻找一个序列是否与一种特定的折叠模式兼容，所以这类方法也被称为逆折叠。折叠识别方法要在模板中找到最佳比对，并对其进行打分来判断特定序列和模板的匹配程度。这个分值被用来确定这些已知折叠的蛋白质是否可用作模型的模板。

早期的方法，也叫做穿针引线法，利用接触势能来计算每一个目标序列对每个模板的比对的分数。这些接触势能考虑了疏水核和表面的特性。计算大量的比对分数需要花费很长时间，这就使得人们开发了可以更快找到最佳比对的方法。

模式（profile）方法则运用强大的动态规划方法来对模板和目标序列的线性描述进行比对。这类方法使用模板和目标蛋白的氨基酸序列进行比对并打分。打分策略可以是通用的，如常用的 BLOSUM62 打分矩阵或者基于模板同源序列的位置特定的打分矩阵（position-specific scoring matrix）。蛋白质的二级结构和溶剂可及性也可作为额外信息用于对蛋白质的线性描述。对于模板而言，这些信息都可以通过已知结构获得，而对于目标序列而言，这些信息可通过预测得到。综合序列相似性和结构相似性可以得到最后的总分。

相对来说，许多现代的折叠识别方法难以用三言两语讲清楚，但是它们都能够获得未知蛋白的序列和已知结构的远源相关蛋白之间的同源性。这些方法通常提供了免费访问的网络服务用，如 Phyre2、I-TASSER、SWISS-MODEL、HH-PRED 和 Raptor。

这些数据库也利用已知的蛋白结构来构建模型。建模过程中最关键的步骤是将目标序列和模板序列进行比对。如果序列并不十分相似，最大的问题就是如何正确地安置删除和插入的位点。序列比对可以基于对很多相关序列的分析来进行，而一些自动化的方法可能使用多个比对结果来分别建模。

19.3.1.2 模型的质量

同源模建可以产生较为准确的模型，特别是模板与目标蛋白具有较高的序列相似性，且二者序列在比对上没有出现错误的时候。

当序列的相似性较低时（低于 30%），基于序列同源性的建模很可能部分不正确。即使正确地识别出折叠类型，也难以正确地比对序列，这使序列不仅可能在表面环上被匹配错，还可能在二级结构元件的区域出现错误。另外，当起始模型与真实结构的构象差距较大时，模建也不容易得到正确的构象。由于蛋白质的活性位点和一些对功能较为重要的部分相对于其他区域通常更为保守，对这些部分的同源建模对于预测可被实验检验的功能特性而言仍是十分有效的。

在 CASP 项目中已经分析了各种折叠识别方法的成功率。这种“竞争”有利于这些方法的发展，而且即便是在序列相似度很难检测的情况下，也可以找到相当一部分序列的正确折叠。因此，这些程序之所以有用，是因为有可能给一个未知的蛋白质分配一个可能的折叠以及一个推测的功能。

19.3.1.3 没有同源结构的建模：从头建模

在没有相似结构的特定模板的情况下进行三维结构的建模已经有很长的历史了，这些方法被称为从头算法（*ab initio* method）、新折叠预测方法或是自由建模方法。早期的方法使用了氨基酸残基的简化描述，并且尝试对能量最小化以得到能量最低的构象。那些尝试对蛋白质分子折叠过程进行建模的方法，也因此被划分为从头折叠的方法。由于最初的方法遇到了来自势能方程和计算能力的限制，这些方法与折叠识别的方法相比，成功率有限。然而，通过计算机来模拟蛋白质折叠仍然是一个非常活跃的研究领域。分子动力学的方法可以被用来模拟蛋白质分子在溶液中的轨迹，但是这些计算只能执行大多数蛋白质完全折叠所需时间尺度的一小部分。

19.4　蛋白质功能的鉴定

19.4.1　通过序列相似性鉴定功能

19.4.1.1　序列相似性和同源性

大量的基因组序列数据使建立起各种方法来探寻未知基因编码的蛋白质的可能功能变得很有必要。蛋白质功能最主要的鉴定方法是通过序列比对，找出已知功能的同源蛋白。两条序列之间相似性可用序列比对分值来衡量，结合适当的统计学处理，比对分值也可用于衡量该比对在多大程度上是偶然得出的。该方法的前提是假定真正不相关的序列没有系统相似性。尽管单个蛋白质中的少量氨基酸残基存在趋同适应性变化的现象，但是目前还并未发现全长蛋白质或结构域水平上的序列趋同性。因此，不同蛋白质或不同结构域之间的序列显著相似性通常可以用来证明它们之间的同源性。

虽然决定两个蛋白质是否同源的最好方法是对序列比对分值进行适当的统计学分析，但通常用序列一致性程度来衡量蛋白质同源性更为方便。分析结果显示，若两条序列具有 35% 的一致性（两条序列中一致的氨基酸残基数与两条序列中较短序列的氨基酸残基总数的比值），则可以视为两条序列同源。对于较长的序列，可以使用更低一些的一致性百分比阈值（图 19.9）。在阈值线以下的灰色区域（有时也标记为“模糊区”）可以找到很多真正的同源蛋白，但是不能断定相似性是否来源于同源性。如果序列一致性较低，则需要更为复杂的方法来测定序列的相似度，如蛋白特征集（protein-specific profile）或隐马尔可夫模型（hidden Markov model，HMM）等方法。

如在第 3 章中所述，有些蛋白质虽然具有相同的折叠类型，但并无证据表明其起源相同。这种相似性是由结构趋同性（structural convergence）造成的，即不同蛋白质的祖先各自独立进化形成同样的结构折叠。

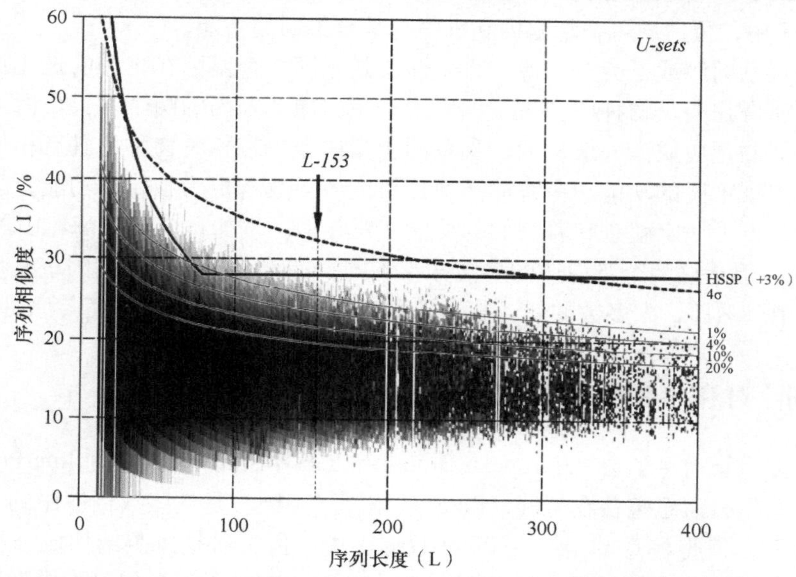

图 19.9　通过对 130 万个不相关的、不同长度的蛋白质序列比对得出的蛋白质一致性与序列长度的关系图。序列比对采用 Needleman-Wunsch 算法进行，序列末端的间隙不罚分。不同的同源性阈值在图中用曲线表示［经许可重印自 Abagyan RA, Batalov S. (1997) *J Mol Biol* **273**: 355-368］。

19.4.1.2 保守序列模式

在很多情况下，同源蛋白的保守氨基酸残基显示出特定的模式。由于功能重要的氨基酸残基倾向于保守，因此这些保守的模式可以被试着用于鉴定未知蛋白，并在缺少总体序列相似性的情况下预测其功能。例如，胰岛素含有特征序列 C-C-{P}-{P}-x-C- [STDNEKPI]-x(3)-[LIVMFS]-x(3)-C，大括号 {} 中的残基表示不应出现的氨基酸残基，中括号 [] 中的残基则为可能的残基。这个模式包含有可形成 2 个二硫键的 4 个保守的半胱氨酸残基。使用这个保守模式在SwissProt数据库中可以搜索到大约200条胰岛素链（真阳性结果），但是有 10 条胰岛素链并未搜索到（假阴性结果），而且搜索结果中有 3 条不是胰岛素链（假阳性结果）。判断该模式是否有用，可以用它的选择性（即正确的搜索结果所占的比例）和敏感性（使用该模式检索出的蛋白质中目标蛋白所占的比例）来描述。

球蛋白家族的保守序列非常短，搜索短的保守序列会产生很多的假阳性结果。使用涵盖了一条完整序列和各序列位点上氨基酸概率的序列模式来代替上述短保守序列进行搜索，则可以更精确地鉴定球蛋白。将该序列与特定的保守序列模式进行比对并计算出比对分值，如果最高比对分值大于阈值，则该序列为一个符合条件的检索结果。在 ProSite 中，采用这种搜索方式已经在 SwissProt 中鉴定了 738 个球蛋白，其中只有一个假阳性结果。

19.4.1.3 同源蛋白是否具有相同的功能?

大多数情况下，蛋白质之间的显著序列相似性意味着它们具有相同或类似的功能，但也存在很多例外。最为极端的例子是蛋白质“兼职”，即同一个蛋白质在一个物种中具有两种或两种以上的功能。这种蛋白质的例子很多，而且其不同的功能之间可以完全不相关。这种现象的著名例子是眼睛晶状体中的晶状体蛋白(crystallin)，它们具有代谢酶特性，其中也有一些具有催化活性。在进化过程中，这些蛋白质（例如，醌还原酶，quinone reductase）可能被招募为晶体蛋白，因为它们具有合适的性质，可以大量产生用来填充晶状体。在另外的一些例子中，蛋白质可在细胞内和细胞外具有不同的功能。

同源蛋白可能是直系同源或是旁系同源。直系同源是指同一个基因在物种的进化过程中发生改变，旁系同源是指基因重复使得在同一物种中产生了编码同一蛋白质的基因的两个拷贝，而这两个拷贝经过基因突变进化成为两个不同的蛋白质。一般认为，直系同源蛋白至少在相关物种中具有相似的功能，但是旁系同源蛋白则可能具有多种不同的功能。旁系同源蛋白可能各自具有更为独特的功能。即使旁系同源蛋白具有很高的序列相似性，也不一定就意味着它们的功能非常相似。例如，鸡溶菌酶和山羊 α-乳清蛋白具有高达 45% 的序列一致性，但是这两个蛋白质的功能非常不同。在这个例子中，基因重复可能发生在鸟类和哺乳类动物共同的祖先中。然而，大多数的旁系同源蛋白在同一物种中被用来行使与原始功能相关的功能。

19.4.1.4 序列比对和序列保守模式数据库

由位于英国的欧洲生物信息学会（European Bioinformatics Institute）维护的 InterPro 数据库正尝试将不同数据库中蛋白质家族相关信息整合在一起。Pfam 数据库（英国）是这些数据库中的一员，它含有大量的结构域家族的比对序列。值得注意的是，在 Pfam 数据库中，蛋白质是按照结构域分类的，所以多结构域的蛋白质可以在多个结构域家族中找到。Pfam 数据库中序列比对是用隐马尔可夫模型进行的。每个家族的隐马尔可夫模型都是基于 Clustal 软件对一定数量的序列进行初始比对，并结合手动调整［称为“种子比对“(seed alignment)］而建立的，然后再通过 HMM 在非冗余蛋白质序列数据库（SwissProt+TrEMBL）中进行搜索，将其他蛋白质序列加入相应的蛋白质家族中。在 Pfam 数据库中，蛋白质的结构域组织关系用图表显示，搜索序列也可以通过同样的方式进行分析。

很多数据库和服务器拥有蛋白质保守序列特征信息。由瑞士生物信息学会（Swiss Institute of Bioinformatics）维护的 ProSite 数据库包含将近 1500 个可以用于鉴定蛋白质功能的保守序列模式信息。该数据库拥有一个涵盖每个保守序列样式的条目列表（带链接）。真阳性、假阳性和假阴性的结果都有标识。另外，该数据库还具有对保守序列模式以及蛋白质家族的说明。

19.4.2　基于结构的功能预测

19.4.2.1　结构基因组学

虽然确定蛋白质功能最主要的方法是寻找显著相似的序列，但是在很多情况下无法找到与所研究蛋白质序列相似的已知功能的蛋白质。在不存在显著序列同源性的情况下，另一种可以鉴定蛋白质功能的方法是解析蛋白质的三维结构，然后根据蛋白质折叠类型预测其可能的功能。虽然一般来说蛋白质折叠类型与功能没有必然联系，但也有些折叠方式可与一个或若干相关功能联系起来。

19.4.2.2　利用模板的功能预测

若蛋白质的三维结构已知，则可以根据局部结构相似性推测蛋白质的功能。酶活性位点的三维结构模板、DNA 结合和配体结合的表面，以及由目的蛋白本身定义的反向模板都可以用来寻找目的蛋白与功能已知蛋白之间的结构相似性。描述活性位点的模板含有 2 ～ 5 个氨基酸残基，而另一些模板含有 3 个氨基酸残基。ProFunc 服务器（EBI，UK）利用这种方法，将模板方法、序列比对以及整体结构比较相结合，用来预测已知结构的蛋白质的功能。

19.4.3　根据基因组比较进行功能鉴定

未知基因的功能也可以通过间接方法获得。了解两个蛋白质是否参与同一个代谢途径的一种方法是看这两个蛋白质在其他基因组中的同源蛋白是否融合成一个基因。在一个物种中，某个基因的融合很可能表明融合基因编码的两个蛋白质在另一个物种中在生理上有相关性或参与了连续的生理过程。在细菌基因组中，已发现数百个蛋白质对在其他物种中以融合蛋白形式存在。

另一个鉴定蛋白质功能的方法是分析系统进化图，现在有很多此类基于基因组背景的方法。在基因组中同时存在或同时不存在的蛋白质对或蛋白质组很可能在生理或功能方面相关，保守的基因顺序或共享的调节元件也预示着蛋白质功能的相关性。

建议阅读

Bonneau R, Strauss C, Rohl C, *et al.* (2002) De novo prediction of three dimensional structures for major protein families. *J Mol Biol* **322**: 65-78.

Bowie JU, Luthy R, Eisenberg D. (1991) A method to identify protein sequences that fold into a known three-dimensional structure. *Science* **253**: 164-170.

Holm L, Sander C. (1993) Protein structure comparison by alignment of distance matrices. *J Mol Biol* **233**: 123-138.

Laskowski RA, Watson JD, Thornton JM. (2005) Protein function prediction using local 3D templates. *J Mol Biol* **351**: 614-626.

Murzin AG, Brenner SE, Hubbard T, Chothia C. (1995) SCOP: A structural classification of proteins database for the investigation of sequences and structures. *J Mol Biol* **247**: 536-540.

Orengo CA, Michie AD, Jones S, *et al.* (1997) CATH—A hierarchic classification of protein domain structures. *Structure* **5**: 1093-1108.

Rost B, Sander C. (1994) Combining evolutionary information and neural networks to predict protein secondary structure. *Proteins* **19**: 55-72.

von Heijne G. (1992) Membrane protein structure prediction. Hydrophobicity analysis and the positive-inside rule. *J Mol Biol* **225**: 487-494.

数据库及服务器链接

PDB at RCSB: www.rcsb.org/pdb/home/home.do
PDB at PDBe: www.ebi.ac.uk/pdbe
PDBj: www.pdbj.org/
SCOP: scop2.mrc-lmb.cam.ac.uk
CATH: www.cathdb.info
Dali: ekhidna.biocenter.helsinki.fi/dali/start
NCBI structural database MMDB: www.ncbi.nlm.nih.gov/Structure/MMDB/mmdb.shtml
VAST: www.ncbi.nlm.nih.gov/Structure/VAST/vast.shtml
CASP: predictioncenter.org/
ModBase: modbase.compbio.ucsf.edu/modbase-cgi/index.cgi
SignalP (distinguishing signal sequences in membrane proteins): cbs.dtu.dk/services/SignalP
SwissModel: swissmodel.expasy.org/
PredictProtein (Server for several prediction programs): www.predictprotein.org/
PHYRE2, fold recognition and other prediction programs: www.sbg.bio.ic.ac.uk/
Membrane-spanning barrels: http:// cubic.bioc.columbia.edu/services/proftmb/
InterPro: www.ebi.ac.uk/interpro/
Pfam: pfam.xfam.org
Phobius (topology prediction membrane proteins): phobius.binf.ku.dk
ProSite: prosite.expasy.org
ProFunc: www.ebi.ac.uk/thornton-srv/databases/profunc/
TMHMM (topology prediction membrane proteins): cbs.dtu.dk/services/TMHMM
TOPCONS (consensus topology prediction membrane proteins): topcons.net

（程乃嘉 译，彭天博 校）

索　引

L

M

N

O

P

Q

R

S

Y

Z

其他